D1690361

BERGMANN-SCHAEFER
LEHRBUCH DER EXPERIMENTALPHYSIK
BAND III
OPTIK

BERGMANN-SCHAEFER

LEHRBUCH DER EXPERIMENTALPHYSIK

ZUM GEBRAUCH BEI AKADEMISCHEN
VORLESUNGEN UND ZUM SELBSTSTUDIUM

Band III

Optik

Mit 505 Abbildungen und 1 Ausschlagtafel
5. unveränderte Auflage

Von

Prof. Dr. phil. F. Matossi †
Universität Freiburg i. Br.

1972

WALTER DE GRUYTER · BERLIN · NEW YORK

©

Copyright 1955, 1958, 1961, 1964, 1966, 1971 by Walter de Gruyter & Co., vorm. G. J. Göschen'sche Verlagshandlung, J. Guttentag, Verlagsbuchhandlung, Georg Reimer, Karl J. Trübner, Veit & Comp., Berlin 30, Genthiner Str. 13 — Alle Rechte, auch die des auszugsweisen Nachdrucks, der photomechanischen Wiedergabe, der Herstellung von Mikrofilmen und der Übersetzung, vorbehalten — Printed in Germany — Satz und Druck: Walter de Gruyter & Co., Berlin 30. Einband: U. Hanisch, Berlin-Zehlendorf

ISBN 3 11 003937 0

Aus dem Vorwort zur 1. Auflage

Hiermit legen wir den Fachkollegen den ersten Teil des dritten Bandes des Lehrbuches der Experimentalphysik vor; er behandelt die sog. klassische Optik, d.h. diejenigen Erscheinungen, die durch die Annahme einer wellenförmigen Ausbreitung des Lichtes (Undulationstheorie, speziell die elektromagnetische Interpretation derselben) erklärbar sind. Die geometrische Optik wurde mitaufgenommen, da sie als Grenzfall der Wellenoptik für hinreichend kleine Wellenlängen aufgefaßt werden kann. Wir hoffen, dem Leser einen Eindruck von der Schönheit und der außerordentlichen Leistungsfähigkeit dieser Anschauung vermittelt zu haben. Anderseits haben wir von Anfang an betont, daß es zahlreiche optische Erscheinungen gibt, namentlich diejenigen, bei denen Licht mit Materie in Wechselwirkung tritt (Emission, Absorption, Wärmestrahlung, lichtelektrischer Effekt, Fluoreszenz, Phosphoreszenz, Zeeman- und Stark-Effekt usw.), die sicher nicht durch die Undulationstheorie erklärt werden können. Diese Erscheinungen können vielmehr nur durch die Annahme erklärt werden, daß das Licht einen korpuskularen Charakter besitzt; die besondere Form dieser Korpuskulartheorie ist durch die Quantentheorie bestimmt.

Die allgemeinen Grundsätze, auf denen unsere Darstellung aufgebaut ist, entsprechen den im Vorwort zum ersten Bande ausführlich dargelegten, so daß darauf verwiesen werden darf.

Wetzlar und Köln, im Herbst 1955

Ludwig Bergmann
Clemens Schaefer

Aus dem Vorwort zur 2. Auflage

Die erste Auflage ist im allgemeinen freundlich besprochen worden, und wir möchten gleich hier für alle Abänderungs- und Verbesserungsvorschläge unseren aufrichtigen Dank aussprechen. Nach reiflicher Überlegung erwies es sich jedoch als unmöglich, allen Wünschen gerecht zu werden, da verschiedene Kritiken diametral entgegengesetzte Wünsche äußerten. ... Aus einer solchen Divergenz der Wünsche haben wir geglaubt schließen zu können, daß wir im allgemeinen den richtigen Mittelweg gegangen sind. Manche Kritiker haben ein wesentlich stärkeres Eingehen in Details gewünscht z. B. bei den modernen Methoden der Messung der Lichtgeschwindigkeit, die gegenüber den klassischen Verfahren zu wenig hervorgehoben seien. Derartige Forderungen ... verkennen, wie uns scheint, den Charakter eines Lehrbuches. Ein solches muß sich auf die Darstellung des Grundlegenden beschränken und darf sich nicht in Einzelheiten verlieren. Wo die Grenze zu ziehen ist, wird freilich immer Ansichtssache bleiben.

Wetzlar und Köln, im Herbst 1958

Ludwig Bergmann
Clemens Schaefer

Aus dem Vorwort zur 3. Auflage

An der Haltung des Bandes ist nichts geändert worden. ...

Daß die neue Auflage auf dem Titelblatt auch als „vermehrte" bezeichnet wird, brauchte an sich keine Verbesserung darzustellen; deshalb möchte ich kurz andeuten, welche Gründe mich dazu bestimmt haben. In den bisherigen Auflagen waren in den Nummern 51, 52, 53 einige elektrooptische und magnetooptische Erscheinungen etwas unsystematisch behandelt. Ich habe mich daher entschlossen, in einer besonderen Nummer 53 die wichtigsten dieser Phänomene zusammenzufassen, was dann von selbst dazu führte, den Zeeman- und Stark-Effekt zu erörtern; bei diesen beiden Effekten ist im Grunde die Gültigkeitsgrenze der klassischen Physik erreicht bzw. überschritten. Außerdem schien es mir richtig, ein Kapitel VI (Relativitätstheorie) hinzuzufügen, das ursprünglich für den 2. Halbband (III, 2) bestimmt war. Da aber die Relativitätstheorie doch die Krönung der klassischen Physik darstellt, erschien Bergmann und mir die Aufnahme in Bd. III, 1 sachlich richtiger.

Das ganze Manuskript ist dann von Herrn Dr. Hans Krüger (Wetzlar) noch einmal kritisch durchgearbeitet, und schließlich von uns beiden zusammen durchdiskutiert worden. Herrn Dr. Krüger bin ich daher zu ganz besonderem Danke verpflichtet.

Köln, im Herbst 1961

Clemens Schaefer

Vorwort zur 4. Auflage

Nachdem sich Herr Cl. Schaefer entschlossen hat, sich von der aktiven Mitarbeit am Bergmann-Schaeferschen Lehrbuch zurückzuziehen, haben Herr H. Gobrecht und der Unterzeichnete die Aufgabe übernommen, das Werk zu bearbeiten und fortzuführen. Als erster Teil dieser Neubearbeitung erscheint nun die „Optik" in erweiterter vierter Auflage. Ich bin der Aufforderung zur Bearbeitung des III. Bandes um so lieber nachgekommen, als ich mich mit der Grundhaltung dieses Lehrbuches als einem solchen für Anfänger, das auch unabhängig von Vorlesungen benutzt werden kann, im Einklang weiß.

Leitgedanke dieser Bearbeitung war, den bisherigen Charakter des Lehrbuchs beizubehalten. Das bedeutet zunächst eingehende Darstellung elementarer Grundlagen, dabei aber gleichzeitig Hinführung zu mathematischer Durchdringung und zu neueren Problemen an Hand geeigneter Beispiele und gelegentlich selbst Vertiefung in Einzelheiten, um auch dem, der die Physik nur als Hilfswissenschaft braucht, genügend Kenntnisse mitzugeben. Schließlich bedeutet es auch Vermittlung eines Gefühls dafür, daß die Physik sich entwickelt hat und nicht als fertiges Lehrgebäude anzusehen ist.

Der jetzt vorgelegte Band III enthält zunächst (in den Kapiteln I—V und IX) den Inhalt des bisherigen Bands III_1. Dieser wurde einer sorgfältigen Durchsicht unterzogen, wobei der ursprüngliche Text, wenn auch mit zahlreichen kleineren Änderungen und Ergänzungen beibehalten wurde. Zu den kleineren Ergänzungen gehören unter anderem Abschnitte über Relaxationsdispersion, Kosselsche Rillenplatte, Minimum-Strahlkennzeichnung, Sagnacschen Versuch. Als größere Ergänzung ist nur ein Abschnitt über „Messungen an Farben" zu nennen. Hinzu kommt nun der Abschluß der „Optik" durch die Korpuskular- oder Quantenoptik. Neu aufgenommen sind ferner Literaturhinweise zum vertieften Studium und zum Nachweis einiger neuerer Originalarbeiten, die im Text durch *(Lit)* gekennzeichnet sind, sowie ein deutsch-englisches Fachwörterverzeichnis.

Die ursprünglich für Band III_2 beabsichtigte Darstellung der Atomphysik ist abgetrennt worden; sie wird in allgemeinerem Rahmen in einem Band IV („Aufbau der Materie") Platz finden. Daß trotzdem Motive aus dem zukünftigen Band IV anklingen, war weder zu vermeiden noch erscheint es unerwünscht.

Mein Dank gilt in erster Linie Herrn Professor Dr. Cl. Schaefer für mehrere Unterredungen und dafür, daß er großzügig ein Manuskript aus seiner und Bergmanns Hand zur Verfügung stellte, das als Grundlage für die Nummern 56 bis 71 dienen und vielfach wörtlich übernommen werden konnte.

Für kritisches und konstruktives Korrekturlesen bin ich zu besonderem Dank verpflichtet den Herren Professor Dr. H. Gobrecht, Dozent Dr. G. Koppelmann, Dozent Dr. R. Seiwert (alle in Berlin) und — last not least — meiner Frau.

Freiburg i. Br., im Frühjahr 1966 *Frank Matossi*

Inhaltsübersicht

Optik

A. Wellenoptik

I. Kapitel. Geometrische Optik

1. Allgemeine Vorbemerkungen; Historisches; Grundbegriffe 1
2. Die geradlinige Ausbreitung des Lichtes; Schatten 4
3. Die Reflexion des Lichtes; ebene Spiegel und ihre Anwendungen 7
4. Gekrümmte Spiegel; Konkav- und Konvex-Spiegel 13
5. Brechung des Lichtes; Totalreflexion 24
6. Brechung des Lichtes beim Durchgang durch Prismen; Spektrometer und Refraktometer ... 36
7. Brechung des Lichtes an einer Kugelfläche 47
8. Brechung und Abbildung durch ein zentriertes System brechender Kugelflächen 58
9. Abbildung durch Linsen 66
10. Die Abbildungsfehler der Linsen 84
11. Die Strahlenbegrenzung, die Wirkung von Blenden 96
12. Das Auge und die optischen Instrumente 100
13. Der Fermatsche Satz: das Eikonal; der Satz von Malus 126

II. Kapitel. Photometrie

14. Photometrische Grundbegriffe, allgemeine Definitionen 130
15. Normallichtquellen, Photometer 138
16. Helligkeitsempfindlichkeit (Farbenempfindlichkeit) des Auges; mechanisches Lichtäquivalent 147
17. Helligkeitsverhältnisse bei den optischen Instrumenten 150

III. Kapitel. Dispersion und Absorption des Lichtes

18. Messung der Fortpflanzungsgeschwindigkeit des Lichtes 156
19. Phasengeschwindigkeit, Gruppengeschwindigkeit, Frontgeschwindigkeit 161
20. Die Dispersion des Lichtes. I. Normale Dispersion 166
21. Achromatische und geradsichtige Prismen; chromatische Aberration 173
22. Ultrarote (infrarote) und ultraviolette Strahlen 178
23. Absorption der Strahlung 184
24. Dispersion des Lichtes. II. Anomale Dispersion 189
25. Theorie der Dispersion und Absorption für schwach absorbierende Substanzen; Anwendungen 196
26. Dispersion und Absorption der Metalle (stark absorbierende Stoffe) 208
27. Spektralanalyse; Emissions- und Absorptionsspektren; Dopplereffekt; Spektralapparate.... 215

IV. Kapitel. Interferenz und Beugung

28. Allgemeines über Interferenz von Lichtquellen; Kohärenz und Inkohärenz 226
29. Fresnelscher Spiegelversuch und Varianten 234
30. Interferenzerscheinungen an dünnen Schichten, Farben dünner Blättchen; Kurven gleicher Dicke und gleicher Neigung 239
31. Vielstrahlinterferenz; Interferenzspektroskopie 251
32. Interferenzen an zwei dicken Planparallelplatten; Brewstersche Streifen 262
33. Stehende Lichtwellen; Farbenphotographie nach Lippmann 264
34. Lichtschwebungen 267
35. Grunderscheinungen der Beugung; Beugung an Spalt, rechteckiger und kreisförmiger Öffnung 269
36. Das Auflösungsvermögen optischer Instrumente (Fernrohr, Auge, Mikroskop, Prisma) 279
37. Beugung durch mehrere kongruente, regelmäßig angeordnete Öffnungen; Youngscher Interferenzversuch; Beugungsgitter; Stufengitter; Ultraschallwellengitter 283
38. Beugung an zwei- und dreidimensionalen Gittern; Röntgenstrahlbeugung 295
39. Bildentstehung im Mikroskop nach E. Abbe; Phasenkontrastverfahren nach Zernike; Schlierenverfahren 305
40. Beugung an vielen unregelmäßig angeordneten Öffnungen oder Teilchen; Theorie des Himmelsblau 318

V. Kapitel. Polarisation und Doppelbrechung des Lichtes

41. Polarisation des Lichtes durch Reflexion und gewöhnliche Brechung 324
42. Theorie der Reflexion, Brechung und Polarisation; Fresnelsche Formeln 332
43. Polarisation des Lichtes bei Totalreflexion; Herstellung von elliptisch- und zirkularpolarisiertem Licht 338
44. Polarisation des Lichtes bei Metallreflexion 348
45. Die Doppelbrechung 351
46. Doppelbrechung und Polarisation 366
47. Zweiachsige Kristalle 372
48. Polarisatoren: Nicolsches Prisma, Glan-Thompson-Prisma, Turmalinplatte, Polarisationsfilter, Wollaston-Prisma; Polarisationsphotometer 375
49. Interferenzerscheinungen in parallelem polarisiertem Licht 380
50. Interferenzerscheinungen im konvergenten polarisierten Licht 390
51. Akzidentelle Doppelbrechung in isotropen Körpern 394
52. Drehung der Schwingungsebene polarisierten Lichtes (zirkulare Doppelbrechung) 397
53. Magneto- und elektrooptische Phänomene 409

Anhang

54. Optik der Atmosphäre 419
55. Messungen an Farben 426

B. Quantenoptik

VI. Kapitel. Die Gesetze der Wärmestrahlung

56. Temperatur- und Lumineszenzstrahlung 437
57. Definition und Grundtatsachen 438
58. Das Kirchhoffsche Gesetz 443
59. Der schwarze Körper 446
60. Das Stefan-Boltzmannsche Gesetz 450

61. Das Wiensche Verschiebungsgesetz 454
62. Die Spektralgleichungen von Rayleigh-Jeans, Wien und Planck; Eingreifen der Quantenhypothese 457
63. Strahlung nichtschwarzer Körper 463
64. Sichtbare Strahlung; Folgerungen für die Leuchttechnik 468
65. Bemerkungen über die Quantentheorie der spezifischen Wärme 473

VII. Kapitel. Der korpuskulare Charakter des Lichts

66. Der lichtelektrische Effekt 474
67. Einsteins korpuskulare Theorie des Lichts 480
68. Prüfung der Einsteinschen Theorie mit Röntgenstrahlen 483
69. Anwendung lichtelektrischer Erscheinungen 487
70. Eigenschaften des Photons 491
71. Compton-Effekt; Mößbauer-Effekt; Raman-Effekt 494
72. Das Linienspektrum des Wasserstoffs 507
73. Einsteins Ableitung des Strahlungsgesetzes; Schwankungserscheinungen 513
74. Strahlungsverstärkung durch induzierte Emission 517

VIII. Kapitel. Wellencharakter der Materie

75. Elektronenbeugung 521
76. Elektronenoptik 526
77. Die Heisenbergsche Unbestimmtheitsbeziehung 534

C. Relativitätstheorie

IX. Kapitel.

78. Das Relativitätsprinzip der Mechanik (Galileisches Relativitätsprinzip) 540
79. Galileisches Relativitätsprinzip und Elektrodynamik 542
80. Der Michelsonsche Versuch; die Lorentz-Kontraktion 545
81. Die Einsteinsche Lösung des Problems; das Relativitätsprinzip der Elektrodynamik ... 549
82. Invarianz der Gleichungen der Elektrodynamik und der Mechanik gegenüber der Lorentz-Transformation 559
83. Energie und Masse 564
84. Überblick über den Gedankenkreis der allgemeinen Relativitätstheorie 567

Literaturverzeichnis 573

Wörterverzeichnis (deutsch-englisch) 575

Namenverzeichnis 581

Sachverzeichnis 584

A. Wellenoptik

I. Kapitel
Geometrische Optik

1. Allgemeine Vorbemerkungen; Historisches; Grundbegriffe

Die von unserem Sinnesorgan „Auge" wahrgenommene Empfindung nennen wir im Sprachgebrauch des täglichen Lebens „Licht". Das Erkennen unserer Umgebung ist nur dadurch möglich, daß von den Gegenständen außerhalb von uns „etwas" in unser Auge dringt und auf der Netzhaut desselben Nervenreize auslöst; auch dieses „Etwas" wird als „Licht" bezeichnet. Man erkennt, daß hier das Wort „Licht" in verschiedenem Sinne gebraucht wird: im ersten subjektiven (physiologischen) Sinne ist „Licht" der Inbegriff der durch das Auge vermittelten Sinnesempfindungen, im zweiten objektiven (physikalischen) Sinne dagegen verstehen wir darunter den Vorgang in der Außenwelt, der die Netzhaut des Auges erregt. Das Wort „Licht" werden wir in diesem Bande i. a. nur im letzteren Sinne benutzen, wir treiben „physikalische Optik" zum Unterschiede von der „physiologischen Optik", auf die wir nur gelegentlich eingehen werden.

Auf die physikalische Optik wurden wir bereits in der Elektrizitätslehre (Band II) bei der Lehre von den elektromagnetischen Wellen geführt. Es wurde dort gezeigt, daß diese Wellen sich im leeren Raume, unabhängig von ihrer Wellenlänge, mit der gleichen Geschwindigkeit wie das Licht ausbreiten, daß die Erscheinungen der Reflexion, Brechung, Interferenz und Beugung der elektrischen Wellen sich genau so abspielen, wie man es auch vom Licht weiß, worauf wir später eingehen werden. Daraus wurde bereits damals geschlossen, daß die Lichtausbreitung eine Wellenausbreitung sein müsse und daß die Lichtwellen elektromagnetischer Natur seien. Die enge Beziehung zwischen Elektrodynamik und Optik wurde auch dadurch bekräftigt, daß z. B. eine elektrische Größe (die Dielektrizitätskonstante) mit einer optischen Größe (dem Brechungsquotienten) quantitativ zusammenhängt. Aus dieser „elektromagnetischen Lichttheorie" folgern wir zunächst, daß von den elektromagnetischen Wellen, die praktisch von der Wellenlänge „Null" bis zur Wellenlänge „unendlich" reichen, ein bestimmter Wellenbereich das Auge erregt, d. h. den Eindruck von Licht (im physiologischen Sinne) hervorruft. Dies ist nicht so zu verstehen, als ob dieser Wellenbereich eine besondere Eigenschaft hätte, es ist vielmehr eine Eigenschaft des Auges, nur auf diesen Wellenbereich anzusprechen, (die zu erklären eine Aufgabe der physiologischen Optik ist). Vom Standpunkte der physikalischen Optik dagegen können wir keinen qualitativen Unterschied zwischen dem „sichtbaren" Wellenbereich und dem „unsichtbaren" Bereiche anerkennen[1]); wir betrachten daher grundsätzlich den Gesamtbereich der elektromagnetischen Wellen als Gegenstand der physikalischen Optik, die wir somit nicht auf Licht im engeren Sinne des Wortes beschränken. Dies ist genau dasselbe Verfahren, das wir auch in der Akustik befolgt haben: Neben dem „Hörschall" haben wir als physikalisch gleichwertig auch den „Infraschall" und „Ultra-

[1]) Vor einem Mißverständnis, das die kurze Bezeichnung „sichtbarer Bereich" oder „sichtbare Strahlen" usw. hervorrufen könnte, muß gewarnt werden: „sichtbar" sind überhaupt keine elektromagnetischen Wellen.

schall" behandelt (Band I). — Die Wellentheorie des Lichtes hat außerordentliche Erfolge und Leistungen bei der Erklärung bekannter und in der Voraussage noch unbekannter optischer Erscheinungen aufzuweisen. Trotzdem muß gleich hier betont werden, daß durch die Undulationstheorie des Lichtes sicher nicht alle optischen Erscheinungen erklärt werden können. Es sind dies vor allem diejenigen, bei denen Licht mit Materie in Wechselwirkung tritt (Emission, Absorption, Fluoreszenz, Phosphoreszenz, Streuung usw.). Zur Erklärung dieser Phänomene muß angenommen werden, daß das Licht einen korpuskularen Charakter besitzt, daß es aus bestimmten „Quanten", sog. „Photonen", besteht. Dies scheint ein vollkommener Widerspruch zur Wellenauffassung zu sein; denn bei einer Wellenausbreitung verteilt sich die Gesamtenergie gleichmäßig auf die einzelnen Elemente der Wellenfläche, sie „verdünnt" sich also um so mehr, je weiter man von der Lichtquelle entfernt ist; umgekehrt behält eine Korpuskel, ein Lichtquant oder Photon, seine Energie während der Fortpflanzung unverändert bei, wie eine materielle Partikel (Gewehrkugel) ihre kinetische Energie. Wie dieser Gegensatz, den man wohl auch als „Dualismus" bezeichnet, überbrückt werden kann, wird später (in der Quantenoptik) ausführlich zu erörtern sein; dort müssen auch die Tatsachen selbst genau besprochen werden. —

Es ist eine merkwürdige Erscheinung, daß die Theorie des Lichtes im Laufe der Zeit zwischen den beiden Polen — Korpuskulartheorie und Wellentheorie — hin und her geschwankt hat. Die erste Theorie des Lichtes nämlich, die von I. Newton herrührt (1669), war eine Korpuskulartheorie[1]. Newton stellte sich vor, daß von den Lichtquellen kleine Korpuskeln ausgesandt würden, die sich mit sehr großer Geschwindigkeit geradlinig ausbreiten und entweder direkt das Auge treffen oder nachdem sie von anderen Körpern reflektiert oder gebrochen worden sind. Diese Auffassung erklärt also auf einfachste Weise die geradlinige Ausbreitung des Lichtes und vermag auch die Erscheinung der Reflexion und Brechung wiederzugeben. Sie fand aber unübersteigbare Schwierigkeiten bei der Erklärung der Interferenzerscheinungen, d. h. des Phänomens, daß unter Umständen Licht zu Licht hinzugefügt Dunkelheit ergibt. So entwickelte sich allmählich durch die Arbeiten von Chr. Huygens (1677), Th. Young (1807) und Aug. Fresnel (1815) die Undulationstheorie des Lichtes in ihrer ersten Form, die die Lichtwellen als „elastische" Wellen in einem das Weltall erfüllenden Medium, dem sog. Lichtäther, auffaßte; diese Theorie mündete schließlich in die von Faraday und Maxwell inaugurierte „elektromagnetische Lichttheorie" ein, die wir in großen Zügen in Band II besprochen haben. Die Wellentheorie vermag die Erscheinungen der Interferenz ohne Schwierigkeit zu erklären, aber ebenso Reflexion und Brechung; sie vermag auch zu zeigen, daß im allgemeinen die Lichtfortpflanzung geradlinig geschieht. Freilich zeigt die Wellentheorie darüber hinaus, daß auch Abweichungen von der Geradlinigkeit vorkommen, die man als „Beugung" bezeichnet (aus der Allgemeinen Wellenlehre, die in Band I ausführlich dargestellt wurde, sind diese Erscheinungen uns ja bereits bekannt). Während aber früher die Antithese Welle oder Korpuskel bestand, hat die heutige Physik die Aufgabe vor sich, zu erklären, wie Welle und Korpuskel gleichzeitig miteinander bestehen können.

In diesem ersten Kapitel brauchen wir uns um diese tiefer liegenden Fragen nicht zu kümmern. Denn wir beschränken uns hier auf den Fall der geradlinigen Ausbreitung, der Reflexion und der Brechung des Lichtes, die von beiden Theorien gleich gut erklärt werden können. In der Korpuskulartheorie bezeichnet man die Bahnen der Lichtteilchen als Strahlen; aber auch die Wellentheorie kann diesen Begriff benutzen, dem sie nur eine andere Deutung gibt: Sie versteht unter Strahlen die Normalen auf der Wellenfläche. So können wir, ohne auf feinere Einzelheiten einzugehen, den Teil der

---

[1] Es sei aber gleich hier darauf aufmerksam gemacht, daß die moderne Form der Korpuskulartheorie des Lichtes etwas anderes als die Newtonsche Theorie ist.

1. Allgemeine Vorbemerkungen; Historisches; Grundbegriffe

Optik aufbauen, in dem nur geradlinige Ausbreitung, die Gesetze der Reflexion und Brechung und die Fortpflanzungsgeschwindigkeit benutzt werden; außerdem wird noch Unabhängigkeit der einzelnen Strahlen vorausgesetzt. Dieses so bestimmte Teilgebiet der Optik wird als „geometrische Optik" oder besser als „Strahlenoptik" bezeichnet. Wir werden trotzdem auch in diesem Kapitel von der Wellenauffassung Gebrauch machen, um uns kurz und präzise ausdrücken zu können: Wir sprechen z. B. von der Wellenlänge des roten oder grünen Lichtes usw.

Nach diesen allgemeinen Bemerkungen gehen wir jetzt zur Besprechung einiger Grundbegriffe über.

Die Körper, die Licht aussenden, nennen wir **Lichtquellen.** Dabei unterscheidet man zwischen **Selbstleuchtern** und **Nichtselbstleuchtern,** je nachdem der betreffende Körper selbst die Quelle des von ihm ausgehenden Lichtes ist oder erst infolge Bestrahlung durch einen Selbstleuchter zu einer Lichtquelle wird, indem er das ihm zugestrahlte Licht durch ungerichtete „diffuse" Zurückwerfung wieder ausstrahlt. Zu den Selbstleuchtern gehören z. B. die Sonne, die Fixsterne sowie alle Körper, die durch Erhitzen zum Leuchten gebracht werden (Kerzenflamme, Gasglühlicht, elektrische Glühlampe, elektrisches Bogenlicht), ferner durch elektrische Entladungen zum Leuchten angeregte Gase und die Phosphoreszenzstoffe. Zu den Nichtselbstleuchtern gehören alle Körper, die wir zwar sehen können, die aber selbst kein Eigenlicht aussenden, z. B. ein Stück weißen Papiers, eine Wolke; auch der Mond und die Planeten sind Nichtselbstleuchter, die von der Sonne bestrahlt werden.

Die von den Lichtquellen (direkt oder indirekt) ausgesandte Strahlung ist verschiedenartig: Manche Lichtquellen senden einen großen kontinuierlichen Wellenbereich aus, der fast immer über die Grenzen der sog. sichtbaren Strahlung hinausreicht; manche liefern nur einzelne Wellenlängen oder Gruppen von solchen. Die sichtbare Strahlung selbst empfinden wir entweder als „farblos" oder „weiß" — dann sprechen wir kurz von „weißem" Licht und „weißen" Lichtquellen — oder aber als „farbig" — entsprechend reden wir dann von „farbigen" Lichtern und Quellen. Welche verschiedenen physikalischen Vorgänge diesen beiden Arten von Empfindungen zugeordnet sind, muß später erörtert werden.

Die verschiedenen Körper unserer Umwelt kann man in durchsichtige, durchscheinende und undurchsichtige Stoffe einteilen. Durchsichtige Körper (Luft, Glas, Wasser usw.) lassen das Licht merklich ungeschwächt hindurchgehen, so daß man z. B. die Gestalt anderer Körper durch sie hindurch erkennen kann. Die undurchsichtigen Körper dagegen absorbieren das Licht bereits in dünnen Schichten nahezu vollständig, so daß praktisch kein Licht durch sie hindurchdringt; dies ist z. B. der Fall bei Metallen, Holz, Hartgummi, schwarzem Papier usw. Diese Unterscheidung ist jedoch fließend und beruht keineswegs auf einem absolut gegensätzlichen Verhalten der „durchsichtigen" und „undurchsichtigen" Körper; vielmehr sind die im gewöhnlichen Sprachgebrauch als durchsichtig bezeichneten Körper (z. B. Wasser) in sehr dicker Schicht undurchsichtig. Daher herrscht in großen Meerestiefen nächtliches Dunkel, weil eine mehrere Kilometer dicke Wasserschicht praktisch alles Licht absorbiert. Anderseits lassen undurchsichtige Stoffe, wenn man sie nur in hinreichend dünner Schicht herstellt, Licht hindurch. Z. B. erscheinen Blattgold oder Blattsilber in Dicken von $1/20000$ mm in der Durchsicht grün oder bläulich. Auch ist der Fall häufig, daß ein Stoff z. B. für sichtbares Licht undurchsichtig, für längere elektromagnetische Wellen von einigen cm dagegen vollkommen durchlässig ist und umgekehrt; der erstere Fall trifft z. B. für Hartgummi und schwarzes Papier zu, der zweite für elektrolytische Lösungen (z. B. H_2SO_4-Lösung), die für elektrische Wellen undurchsichtig sind.

Durchscheinende Körper (z. B. Milchglas, Seidenpapier) lassen zwar Licht durch, zerstreuen es aber gleichzeitig nach allen Richtungen, so daß man durch sie hindurch die Gestalt anderer Körper nicht erkennen kann.

Zu beachten ist, daß alle Lichtquellen tatsächlich eine endliche Ausdehnung haben. Es ist jedoch häufig bequem und zulässig, die endliche Größe einer Lichtquelle zu vernachlässigen und von einem „**Lichtpunkt**" zu sprechen, indem man darunter eine sehr kleine leuchtende Fläche versteht. Experimentell kann man eine punktförmige Lichtquelle annähernd dadurch herstellen, daß man eine sehr kleine kreisrunde Öffnung intensiv von der Rückseite beleuchtet, oder indem man das an einer verspiegelten Kugelfläche reflektierte Sonnenlicht benutzt.

Da wir — gleichgültig welche Theorie des Lichtes wir annehmen — den Begriff des Lichtstrahles benutzen dürfen, seien noch zwei Bezeichnungen eingeführt, die wir im folgenden stets gebrauchen werden. Die Gesamtheit von Lichtstrahlen, die von einem Punkte aus divergieren, heißt ein **Strahlenbüschel**[1]), die Gesamtheit paralleler Lichtstrahlen, die also überall einen endlichen konstanten Querschnitt besitzt, bezeichnen wir als **Strahlenbündel**[1]). Ferner ist zu beachten, daß der Verlauf der Strahlen von der Fortpflanzungsrichtung unabhängig ist; ein (geometrisch) gezeichneter Strahlenverlauf gilt auch für die entgegengesetzte Strahlrichtung **(Satz von der Umkehrbarkeit des Lichtweges).**

Unter dem vorhin schon erwähnten Satze von der Unabhängigkeit der einzelnen Strahlen und Strahlenbüschel verstehen wir die Tatsache, daß Strahlen beliebiger Herkunft sich durchkreuzen können ohne sich gegenseitig zu stören: **Jeder Strahl verläuft so, als ob die anderen nicht da wären.**

2. Die geradlinige Ausbreitung des Lichtes; Schatten

Fällt in ein völlig verdunkeltes Zimmer durch eine kleine Öffnung direktes Sonnenlicht, so kann man die Geradlinigkeit eines einfallenden Lichtbündels direkt beobachten, wenn die Luft kleine schwebende Teilchen (Rauch, Staub usw.) enthält. Da diese vom einfallenden Licht beleuchtet werden, lassen sie den Weg des Lichtes erkennen. Man sieht natürlich nicht das Licht selbst, sondern nur die vom Licht beleuchteten Teilchen, die in ihrer Gesamtheit das Lichtbündel sichtbar machen. Ebenso zeigen die von der Sonne durch ein Loch in den Wolken in die darunter befindliche trübe, Wasserdampf enthaltende Luftschicht einfallenden Lichtstrahlen die geradlinige Ausbreitung. —

Auf ihr beruht die schon von Levi Ben Gerson (1321) erwähnte **Lochkamera**. Diese besteht aus einem Kasten (Abb. 1), der in seiner Vorderwand ein feines Loch O und als Rückwand eine Mattscheibe besitzt. Befindet sich vor dem Loch ein lichtaussendender Körper, z. B. eine Kerze oder eine Landschaft, so erblickt man auf der Mattscheibe ein umgekehrtes Bild des Gegenstandes. Dieses kommt, wie Abb. 1 zeigt, dadurch zustande, daß jeder Punkt des Gegenstandes (Kerze in Abb. 1) ein von der Öffnung O begrenztes sehr schmales Lichtbüschel in den Kasten eintreten läßt, das auf der Mattscheibe einen kleinen Lichtfleck erzeugt, dessen Helligkeit derjenigen des den Strahl aussendenden Punktes entspricht. Indem so jeder Punkt des Gegenstandes sein Licht gesondert nach einer anderen Stelle der Mattscheibe entsendet, setzt sich durch stetige Aneinanderreihung der vielen hellen Flecke ein Bild des Gegenstandes zusammen. Die Schärfe dieses Bildes sollte bei streng gerad-

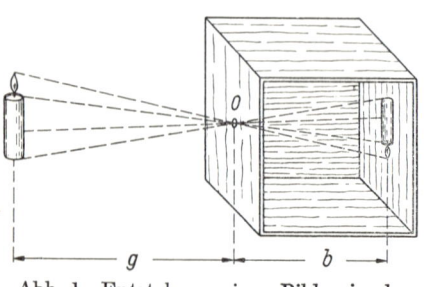

Abb. 1. Entstehung eines Bildes in der Lochkamera

---

[1]) Diese Bezeichnungen stimmen nicht mit denen der Geometrie überein.

liniger Ausbreitung des Lichtes um so größer sein, je kleiner die Öffnung O ist. Dies ist, wenn man die Öffnung O nicht zu klein macht, wirklich der Fall; über die Abweichungen vgl. den Schluß dieser Nummer. Nach Abb. 1 hängt die Größe des Bildes auf der Mattscheibe von dem Abstand Lochebene — Mattscheibe ab. Das Bild ist um so größer, aber auch um so lichtschwächer, je weiter die Mattscheibe von O entfernt ist. Bezeichnet G die Größe des Gegenstandes, B die des Bildes und bedeuten g und b die Abstände von Gegenstand und Bild von der Lochebene (Abb. 1), so besteht die Beziehung:

$$\frac{B}{G} = \frac{b}{g}.$$

Das Verhältnis B/G heißt **Abbildungsmaßstab**. Bringt man an Stelle der Mattscheibe eine photographische Platte, so kann man eine Lochkamera zum Photographieren benutzen, wobei man aber große Belichtungszeiten verwenden muß. Denn es ist ja schon ohne die genauere Betrachtung der Intensitätsverhältnisse klar (vgl. Nr. 14 u. 17), daß eine kleine Lochblende nicht so viel Strahlungsenergie aufnehmen kann wie etwa ein Objektiv einer normalen Kamera.

Solange die Öffnung O klein ist gegenüber der Struktur des Gegenstandes, spielt ihre Form (ob rund oder eckig) keine Rolle. Hierfür bietet sich in der Natur ein schönes Beispiel in den runden Sonnenbildchen, die man häufig auf dem schattigen Waldboden unter einem Laubbaum beobachtet. Sie entstehen dadurch, daß die vielen unregelmäßig gestalteten Lücken zwischen den Blättern des Baumes wie kleine Öffnungen wirken und auf dem Boden kleine Bilder der Sonnenscheibe erzeugen. Bei einer partiellen Sonnenfinsternis dagegen erhält man sichelförmige Bilder der Sonne.

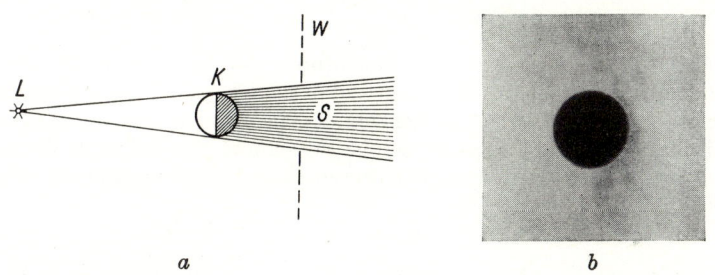

Abb. 2. Schattenbildung hinter einer Kugel bei punktförmiger Lichtquelle
a) Strahlenverlauf   b) Bild des Schattens

Die Lochkamera bildet übrigens ein gutes Beispiel für die Unabhängigkeit der sich in der Öffnung O durchkreuzenden Strahlenbüschel; bestände diese nicht, so könnte offenbar kein vernünftiges Bild zustande kommen. — Vom Standpunkt der Wellentheorie bedeutet dies, daß die von den verschiedenen Stellen ausgehenden Wellen sich durchkreuzen ohne sich zu stören, d. h. **ungestörte Superposition** (vgl. Bd. I).

Auf der geradlinigen Ausbreitung des Lichts beruhen auch die **Schattenerscheinungen**. Bringt man vor einen leuchtenden Lichtpunkt L (Krater einer Bogenlampe) in einiger Entfernung einen undurchsichtigen Körper K (Abb. 2a), z. B. eine Kugel, so wird dieser nur auf der der Lichtquelle zugewandten Hälfte beleuchtet, während die andere Hälfte dunkel bleibt. Hinter der Kugel bildet sich ein **Schattenraum** S aus, der von den Strahlen begrenzt wird, die die Kugel berühren und der die Gestalt eines abgestumpften Kegels hat. Bringt man hinter die Kugel eine weiße Wand W, so entsteht auf dieser ein Schatten des Körpers (Abb. 2b), der von einer gleichmäßig erhellten Fläche umgeben ist und die Umrisse des schattenwerfenden Körpers erkennen läßt. Im Falle der schattenwerfenden Kugel hat der Schatten, wenn das Licht sich geradlinig ausbreitet, da dann eine Zentralprojektion vorliegt, die Gestalt eines Kegelschnitts, je nach der Stellung der Wand zur Kegelachse; steht sie senkrecht dazu, wie in Abb. 2a, so liefert die Kugel einen kreisförmigen Schatten (Abb. 2b); die geometrische Gestalt des Schattens ist also ebenfalls ein Beweis für die Geradlinigkeit der Ausbreitung. — Wird der Körper, z. B. wieder eine Kugel K, von zwei punktförmigen Lichtquellen beleuchtet (Abb. 3a), so entstehen hinter dem Körper drei verschiedene Schattenräume. Der Raum H_1 wird nur von L_1, der Raum H_2 nur von L_2 beleuchtet, während der Raum S überhaupt kein Licht bekommt. Die nur teilweise beleuchteten Räume H_1 und H_2 liegen im **Halbschatten**, während der Raum S den **Kernschatten** bildet. Auf einem in den Schattenraum gebrachten weißen Schirm W erhält man das Bild von Abb. 3 b, aus dem man deutlich die verschiedenen Schattenräume erkennt. — Wird schließlich der schattenwerfende Körper von einer flächenhaften Lichtquelle F

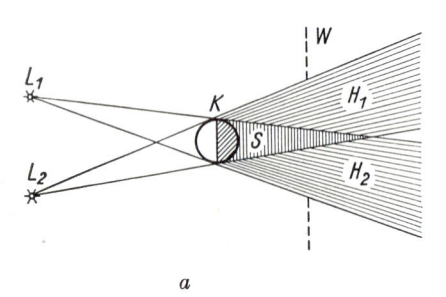

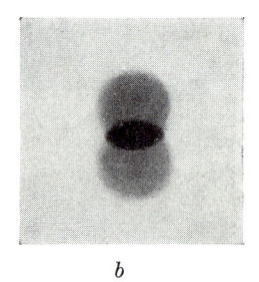

Abb. 3. Schattenbildung hinter einer Kugel bei zwei punktförmigen Lichtquellen
    a) Strahlenverlauf b) Bild des Schattens

beleuchtet (Abb. 4a), so muß man für jeden Punkt der Lichtquelle den Schattenkegel entwerfen und ihre gemeinsame Wirkung hinter dem Körper durch Summierung feststellen. Es zeigt sich dann, daß sich hinter dem Körper ein Kernschatten S ausbildet, der keinerlei Licht erhält; dieser Kernschatten ist von einem Halbschatten H umgeben, der nach außen allmählich in den vollerleuchteten Raum und nach innen allmählich in

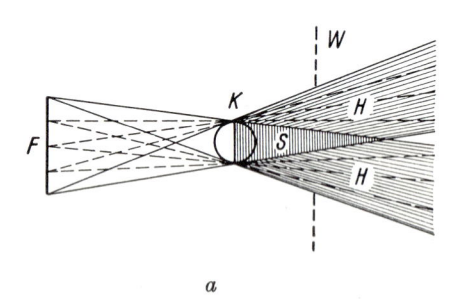

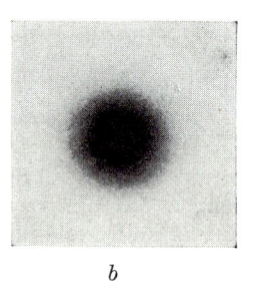

Abb. 4. Schattenbildung hinter einer Kugel bei flächenhafter Lichtquelle
    a) Strahlenverlauf b) Bild des Schattens

den Kernschatten übergeht (Abb. 4b). In diesem Halbschatten findet also ein stetiger Übergang von voller Helligkeit zu voller Dunkelheit statt. Der Kernschatten ist daher nur dicht hinter dem Körper scharf begrenzt und bekommt, je weiter man sich von dem schattenwerfenden Körper entfernt, eine immer unschärfere Begrenzung. Ist, wie in Abb. 4, der Querschnitt des schattenwerfenden Körpers kleiner als der der Lichtquelle, so entsteht in großer Entfernung hinter dem Körper kein Kernschatten mehr, sondern nur noch Halbschatten.

Im Sonnenlicht ist der Kernschatten einer Kugel etwa 105mal so lang wie der Kugeldurchmesser. Dies folgt aus der Beziehung

$$\frac{\text{Schattenlänge}}{\text{Sonnenentfernung}} \cong \frac{\text{Kugeldurchmesser}}{\text{Sonnendurchmesser}}$$

Die Abb. 4a gibt gleichzeitig die Verhältnisse wieder, die bei einer Sonnen- oder Mondfinsternis auftreten. Stellt F die Leuchtfläche der Sonne und K die Erde dar, so entsteht eine Mondfinsternis, wenn der Mond in den Kernschatten hinter der Erde eintritt, und zwar ist die Finsternis total oder partiell, je nachdem die ganze Mondfläche oder nur ein Teil derselben im Schattenraum verdunkelt wird. Ist dagegen K der Mond, so entsteht eine Sonnenfinsternis auf der Erde, wenn letztere in den Schattenraum hinter dem Mond gelangt. Da der Durchmesser der Erde (13754,8 km) fast viermal größer als der des Mondes (3480 km) ist, entsteht für diejenigen Orte der Erde, die vom Kernschatten getroffen werden, eine totale Sonnenfinsternis, während für alle die Orte, die im Halbschatten liegen, nur eine partielle Finsternis eintritt, d. h. es bleibt für sie noch ein mehr oder minder großer sichelförmiger Teil der Sonnenscheibe sichtbar. Ist schließlich der Mond zur Zeit der Sonnenfinsternis soweit von der Erde entfernt, daß die Spitze des Kernschattens diese nicht mehr trifft, so entsteht eine ringförmige Sonnenfinsternis.

Die vorangehenden Darlegungen über die geradlinige Ausbreitung des Lichtes und das Zustandekommen von Schatten gelten in Strenge nur, wenn die Hindernisse bzw. Öffnungen groß gegen die Wellenlänge des Lichtes sind. In allen anderen Fällen, in denen die Lichtwellenlänge und die linearen Dimensionen der Hindernisse und Öffnungen vergleichbar werden, treten die Erscheinungen der **Lichtbeugung**, d. h. **Abweichungen von der Geradlinigkeit** auf, die wir in Nr. 35 behandeln werden. Z. B. wird bei immer stärkerer Verkleinerung der Öffnung der Lochkamera von einer gewissen Stelle ab das Bild nicht mehr schärfer, sondern diffuser. In diesen Fällen ist von Geradlinigkeit der Lichtausbreitung keine Rede mehr, und der Begriff der Lichtstrahlen versagt dann vollkommen. Die geometrische Optik sieht aber von den Beugungserscheinungen ab und arbeitet nur mit Lichtstrahlen.

3. Die Reflexion des Lichtes; ebene Spiegel und ihre Anwendung

Fällt ein paralleles Strahlenbündel auf die Oberfläche eines Körpers, so wird es von dieser mehr oder weniger stark zurückgeworfen; man nennt diese Erscheinung **Reflexion**. Dabei erfährt das auffallende Licht eine Richtungsänderung, die i. a. für die

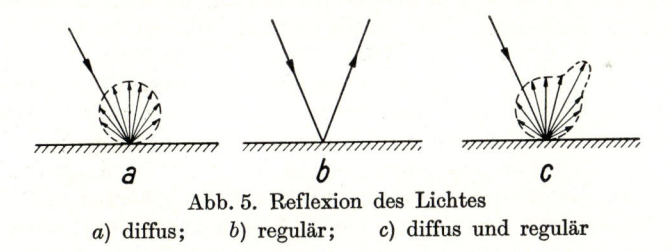

Abb. 5. Reflexion des Lichtes
a) diffus; *b)* regulär; *c)* diffus und regulär

verschiedenen Strahlen eines Lichtbündels ganz verschieden ist, da diese auf verschiedene und ganz verschieden orientierte Stellen der Oberfläche auffallen[1]). In diesem Falle wird selbst ein kleines Oberflächenelement des Körpers zum Ausgangspunkt einer diffusen Strahlung (Abb. 5 a). Das betreffende Oberflächenelement verhält sich also wie ein Selbstleuchter, ohne einer zu sein, und so ist es zu erklären, daß es sichtbar wird. **Diffuse Reflexion** oder **Remission** zeigt z. B. eine weiße Gipsfläche, die daher in der Farbe des auffallenden Lichtes erscheint, bei Belichtung mit Sonnenlicht also weiß. Ebenso erscheint eine von der Sonne beschienene Wolke weiß; auch sie verhält sich wie ein Selbstleuchter. Ist die Remission vollkommen diffus, so erscheint die Fläche, aus allen Richtungen betrachtet, gleich hell.

Anders liegen die Verhältnisse, wenn ein Lichtbündel auf eine ebene Glasplatte, eine polierte Metallfläche oder eine vorderseitig versilberte Glasplatte fällt. Man be-

---
[1]) In den Abb. 5 ist das einfallende Bündel, das natürlich einen endlichen Querschnitt hat und als aus unendlich vielen „Strahlen" bestehend anzusehen ist, durch einen Strahl repräsentiert, in Abb. 5b auch das regulär reflektierte Bündel.

obachtet dann, daß das Lichtbündel nur in einer ganz bestimmten Richtung, die von der Orientierung der Platte zum Lichtstrahl abhängt, reflektiert wird (Abb. 5 b). Wir bezeichnen diesen Fall als **reguläre Reflexion** oder **Spiegelung**. Zwischen den Grenzfällen der regulären und der diffusen Reflexion bestehen alle möglichen Übergänge. Z. B. zeigt Abb. 5 c, wie ein Lichtbündel an einer halbmatten Fläche zum Teil regulär, zum Teil diffus reflektiert wird. Maßgebend dafür ist die Beschaffenheit der Körperoberfläche, die man durch Angabe ihres „Streuungsvermögens" kennzeichnet; letzteres ist gleich Null bei der regulären und gleich Eins bei der vollkommen diffusen Reflexion.

Ein Spiegel, der das Streuungsvermögen Null besäße, würde überhaupt nicht sichtbar sein; daß man ihn sieht, beruht immer auf dem Vorhandensein kleiner Rauhigkeiten, die eine partielle Diffusion des Lichtes erzeugen, die Fläche also als Selbstleuchter erscheinen lassen. — Übrigens hat das „Streuvermögen" einer Fläche für die verschiedenen Wellenlängen nicht den gleichen Wert. Je größer die Wellenlänge, desto kleiner wird es, d. h. die Reflexion nähert sich bei Vergrößerung der Wellenlänge des verwendeten Lichtes immer mehr der ideal regulären Reflexion an. Eine und dieselbe Fläche kann also sehr kleine Wellenlängen völlig diffus und sehr große völlig regulär reflektieren.

Wir beschäftigen uns im folgenden mit der regulären Reflexion. Untersucht man die gegenseitige Zuordnung von einfallendem Strahl, reflektiertem Strahl und Lage der Spiegelfläche, die man durch das im Auftreffpunkt des Lichtstrahles errichtete „Einfallslot" charakterisiert, so kommt man zu dem bereits in Band I mitgeteilten **Reflexionsgesetz: Einfallender und reflektierter Strahl bilden mit dem Einfallslot gleiche Winkel; einfallender Strahl, Einfallslot und reflektierter Strahl liegen in einer Ebene.**

Ein senkrecht auf einen Spiegel fallender Lichtstrahl wird also in sich selbst zurückgeworfen. Zum Nachweis des Reflexionsgesetzes kann die in Abb. 6 skizzierte Anordnung dienen. Im Mittelpunkt einer mit Gradeinteilung versehenen größeren Scheibe ist ein kleiner ebener Spiegel S drehbar angebracht. Der Spiegel trägt senkrecht zu seiner Fläche einen Zeiger Z, der das Einfallslot darstellt. Läßt man aus der Richtung LS ein schmales Lichtbündel, über die Scheibe streifend, auf den Spiegel einfallen, so daß sich sein Weg auf der Scheibe als helle Lichtlinie abzeichnet, so ist bei jeder Stellung des Spiegels der Winkel α zwischen einfallendem Strahl und Einfallslot gleich dem Winkel zwischen reflektiertem Strahl und Einfallslot. Diese Anordnung läßt gleichzeitig folgendes erkennen: **Wird der Spiegel S aus einer bestimmten Stellung um den Winkel δ verdreht, so dreht sich der reflektierte Strahl um den doppelten Winkel 2δ**; denn es ändern sich sowohl der Einfalls- als auch der Reflexionswinkel gleichzeitig um δ. Man macht von der Richtungsänderung des reflektierten Strahles bei Drehung eines Spiegels eine vielseitige Anwendung bei der Messung kleiner Drehwinkel z. B. beim Spiegelgalvanometer (Poggendorffsche Spiegelablesung, 1872).

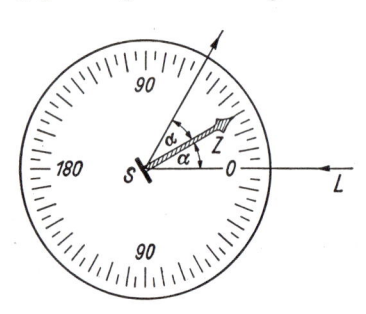

Abb. 6. Nachweis des Reflexionsgesetzes

Die Entstehung von Bildern am ebenen Spiegel. In Abb. 7 befindet sich eine punktförmige Lichtquelle L in der Entfernung a vor einem ebenen Spiegel S. Wir zeichnen eine Anzahl Strahlen $LP_1, LP_2, \ldots$ von L nach dem Spiegel und konstruieren nach dem Reflexionsgesetz die reflektierten Strahlen. Verlängern wir diese rückwärts über den Spiegel hinaus, so schneiden sie sich in einem Punkt L' hinter dem Spiegel, der dieselbe Entfernung a vom Spiegel hat wie die Lichtquelle L. In Abb. 7 ist z. B. $\triangle LOP_1 = \triangle L'OP_1$, da nach dem Reflexionsgesetz $\sphericalangle LP_1O = \sphericalangle L'P_1O$; dasselbe gilt für jeden anderen Strahl. Das Auge verlängert die Strahlen rückwärts bis zu ihrem Schnittpunkte L', der also für das Auge die Eigenschaft einer Lichtquelle zu haben scheint, nämlich nach allen

Richtungen hin Strahlen auszusenden. Man nennt daher L' — ebenso in allen gleichartigen Fällen — das „Bild" des wirklichen Gegenstandes (der Lichtquelle) L. Im besonderen nennt man hier, wo die Strahlen sich nicht wirklich in L' schneiden, sondern erst nach Rückwärtsverlängerung, das Bild „**virtuell**" oder „**scheinbar**". Virtuelle Bilder können im Gegensatz zu „**reellen**" **Bildern,** in denen die Strahlen sich wirklich schneiden, nicht auf einem Schirm aufgefangen werden.

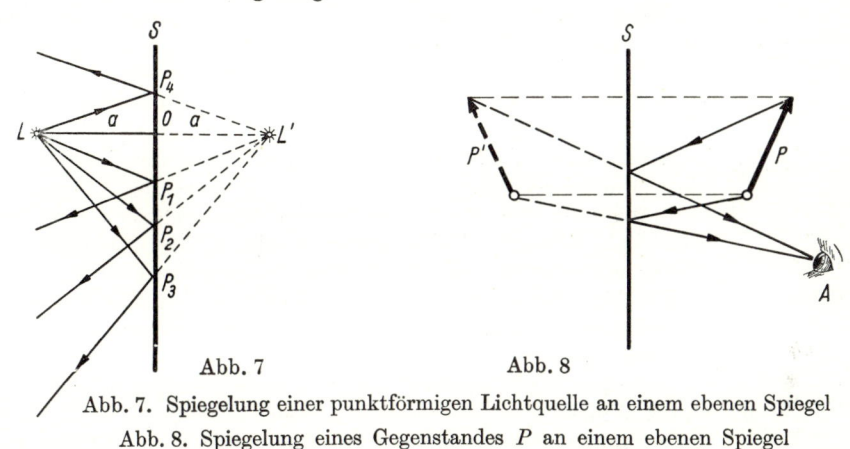

Abb. 7.   Abb. 8.

Abb. 7. Spiegelung einer punktförmigen Lichtquelle an einem ebenen Spiegel

Abb. 8. Spiegelung eines Gegenstandes P an einem ebenen Spiegel

Man findet bei der Spiegelung die Lage des virtuellen Bildes eines Punktes, indem man von diesem das Lot auf die Spiegelfläche fällt und dieses um sich selbst verlängert. Auf diese Weise kann man, wie Abb. 8 für einen Pfeil P zeigt, die Lage des virtuellen Bildes eines ausgedehnten Gegenstandes konstruieren; Bildgröße und Gegenstandsgröße

Abb. 9. Spiegelung einer brennenden Kerze an einer Glasplatte

Das Spiegelbild liegt ebenso weit hinter der Glasplatte, wie die im Vordergrund direkt sichtbare Kerze vor der Platte liegt. Die Flasche steht hinter der Glasplatte am Ort des Spiegelbildes, so daß der Eindruck erweckt wird, als ob die Kerze in der mit Wasser gefüllten Flasche brenne

sind dabei stets gleich. Nach Abb. 8 ist die dem Spiegel zugewandte Seite des Gegenstandes im Bild nach der anderen Seite, also auf den gegen den Spiegel schauenden Beobachter hingerichtet. Infolgedessen ist auch rechts und links, vom Standpunkte des Beobachters beurteilt, im Bilde vertauscht; eigentlich ist aber im Bilde dagegen vorn und hinten vertauscht. Dies kann man leicht feststellen, wenn man z. B. in einem Spiegel seine rechte Hand betrachtet; sie erscheint im Spiegel als linke Hand. Gegenstand und Spiegelbild lassen sich also niemals zur Deckung bringen; sie sind also nicht gleich oder kongruent, sondern nur spiegelbildlich gleich. — Von der **symmetrischen Lage des Spiegelbildes zu seinem Gegenstand** und damit von der Richtigkeit des Reflexionsgesetzes kann man sich durch den in Abb. 9 widergegebenen Versuch überzeugen. Als Spiegel dient eine ebene Glasplatte, durch die man einen

10   I. Kapitel. Geometrische Optik

Gegenstand auch hinter der Spiegelebene erkennen kann. Man stellt vor diese eine brennende Kerze und hinter dieselbe an den Ort ihres Spiegelbildes ein mit Wasser gefülltes Gefäß. Dann gewinnt man den Eindruck, als ob die Kerze in dem Gefäß unter Wasser brenne. Auf diese Weise werden häufig optische Täuschungen (z. B. Gespenstersehen) erzeugt, wenn Glasplatte und Gegenstand so aufgestellt sind, daß sie selbst vom Beschauer nicht gesehen werden können.

Da die vom Spiegel in Abb. 7 zurückgeworfenen Strahlen so verlaufen, als ob sie von einer hinter dem Spiegel befindlichen Lichtquelle L' ausgesandt würden, kann man das Spiegelbild L' an einer zweiten Spiegelfläche nochmals spiegeln usw. Stellt man z. B. zwei ebene Spiegel S_1 und S_2 parallel zueinander auf und zwischen sie einen Gegenstand G (Abb. 10), so erhält man außer den beiden Spiegelbildern erster Ordnung $B_{1,1}$ und $B_{1,2}$ (die erste Indexziffer soll die Ordnungszahl, die zweite den Spiegel angeben) noch eine beliebig große Zahl von Spiegelbilder höherer Ordnung, von denen die zweiter, dritter und vierter Ordnung in Abb. 10 gezeichnet sind. Man kann diese Bilder gut beobachten, wenn man in einem der Spiegel (etwa S_1) bei O eine kleine Öffnung anbringt und durch diese nach dem anderen Spiegel schaut. —

Abb. 10. Mehrfachspiegelung an zwei parallelen ebenen Spiegeln

Bei dem **Winkelspiegel** sind zwei ebene Spiegel S_1 und S_2 unter einem Winkel α gegeneinander geneigt. In Abb. 11 ist für $\alpha = 72^0$ der Strahlenverlauf gezeichnet, der für ein bei O befindliches Auge A vier Spiegelbilder von dem Gegenstand G liefert, und zwar die Spiegelbilder erster Ordnung $B_{1,1}$ am Spiegel S_1 und $B_{1,2}$ am Spiegel S_2, sowie die Spiegelbilder zweiter Ordnung $B_{2,1}$ und $B_{2,2}$. Mehr Bilder können nicht auftreten. Rechnet man den Gegenstand G als fünftes Bild hinzu, so sieht das Auge den Gegenstand so oft, wie der Winkel 72^0 im ganzen Kreisumfang von 360^0 enthalten ist. Allgemein sieht man also in einem Winkelspiegel vom Winkel α insgesamt $n = \dfrac{360}{\alpha}$ Bilder (den Gegenstand mit eingerechnet). Wird $\alpha = 0$, so wird $n = \infty$, d. h. wir haben den bereits oben erledigten Fall unendlich vieler Spiegelbilder bei parallel gestellten Spiegeln. Wie man übrigens aus Abb. 11 sieht, liegen Gegenstand und sämtliche Spiegelbilder auf einem Kreis um den Schnittpunkt S der beiden Spiegelebenen mit GS als Radius. Eine endliche Zahl von Spiegelbildern ergibt sich nur, wenn α ein Teiler von 360^0 ist. In allen anderen Fällen zeigt der Versuch, daß man unendlich viele Spiegelbilder sieht,

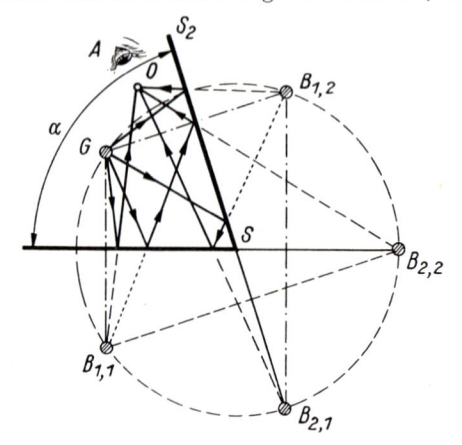

Abb. 11. Mehrfachspiegelung an einem Winkelspiegel von 72^0

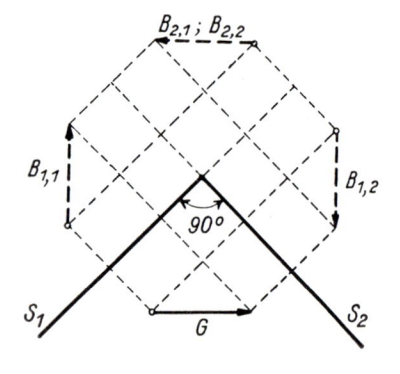

Abb. 12. Spiegelung an einem rechtwinkligen Winkelspiegel

3. Die Reflexion des Lichtes; ebene Spiegel und ihre Anwendung

vorausgesetzt, daß die Spiegel unendlich groß sind. — Auf dem Prinzip des Winkelspiegels beruht das von D. Brewster (1817) erfundene **Kaleidoskop**. Dieses besteht aus zwei Spiegelstreifen, die unter einem Winkel von 60° in einem innen geschwärzten Rohr stecken. An einem Ende des Rohres befindet sich eine kleine Öffnung zum Hineinblicken, am anderen Ende zwischen einer Glasplatte und einer Mattscheibe eine Anzahl farbiger Glasstückchen, Perlen usw. Beim Hineinblicken sieht man diese Gegenstände mit ihren Spiegelbildern zu einem sechsfachen Stern angeordnet, dessen Muster sich beim Schütteln immer wieder verändert.

Bei einem rechtwinkeligen Winkelspiegel ($\alpha = 90°$) entstehen drei Spiegelbilder (ohne den Gegenstand). Sie sind in Abb. 12 gezeichnet, wobei als Gegenstand ein Pfeil gewählt ist. Blickt man von vorn in einen solchen Winkelspiegel mit vertikaler Winkelkante, so erscheint das mittlere Spiegelbild genau wie in einem gewöhnlichen einfachen Spiegel, nur mit dem Unterschiede, daß **jetzt rechts und links nicht mehr vertauscht sind**. Man sieht also ein naturgetreues Bild und kein Spiegelbild in dem vorhin erwähnten Sinne[1]).

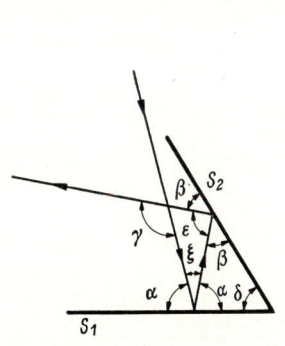

Abb. 13. Reflexion eines Lichtstrahles an zwei unter einem Winkel δ gegeneinander geneigten Spiegeln

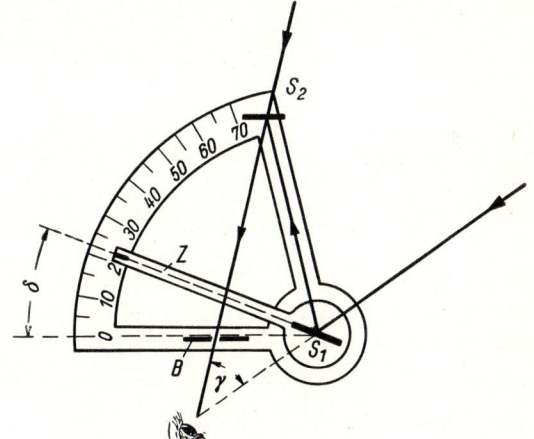

Abb. 14. Prinzip des Spiegelsextanten

Wird (Abb. 13) ein Lichtstrahl an zwei unter einem Winkel δ gegeneinander geneigten Spiegeln S_1 und S_2 zweimal reflektiert, so gilt der Satz, daß der Winkel γ, um den der Strahl aus seiner ursprünglichen Richtung abgelenkt wird, gleich dem doppelten Neigungswinkel der beiden Spiegel gegeneinander ist. Wie man aus Abb. 13 abliest, gelten die Beziehungen:

$$\gamma = \varepsilon + \xi; \quad \varepsilon = 180° - 2\beta; \quad \xi = 180° - 2\alpha; \quad \alpha + \beta = 180° - \delta,$$

so daß wir erhalten:

$$\gamma = 180° - 2\beta + 180° - 2\alpha = 360° - 2(\alpha + \beta) = 2\delta.$$

Von diesem Satz wird in der Meßtechnik verschiedentlich Gebrauch gemacht. Wählt man z. B. $\delta = 45°$, so stehen einfallender und ausfallender Strahl aufeinander senkrecht. Ein solcher Winkelspiegel wird in der Geodäsie dazu gebraucht, um zwei zueinander senkrechte Richtungen abzustecken. Man hält dazu den Winkelspiegel so, daß man über ihn hinwegsehend, die eine Richtung im Auge hat; durch Hineinblicken in den Spiegel sieht man dann gleichzeitig in die dazu senkrechte Richtung. — Eine weitere

---

[1]) Das folgt daraus, daß nach Ausweis der Abb. 12 das Bild $B_{2,1}$ (bzw. $B_{2,2}$) durch eine Drehung des Gegenstandes G um die Spiegelkante erhalten wird. Bei horizontaler Spiegelkante sind aus dem gleichen Grunde oben und unten vertauscht.

Anwendung ist der von I. Newton (1742) erdachte und von J. Hadley (1751) ausgeführte **Spiegelsextant,** den Abb. 14 im Aufblick zeigt. Im Mittelpunkte eines Kreissektors ist ein kleiner Spiegel S_1 drehbar so angebracht, daß seine Ebene senkrecht auf der des Kreissektors steht. An dem Spiegel ist ein Zeiger Z befestigt, der die Verdrehung des Spiegels auf einer am Umfang des Kreissektors angebrachten Gradteilung abzulesen gestattet. Gegenüber S_1 ist ein zweiter Spiegel S_2, nur in seiner unteren Hälfte versilbert, fest angebracht, so daß seine Ebene dann parallel der von S_1 steht, wenn der Zeiger Z auf den Nullpunkt der Teilung weist. Blickt man nun durch die Öffnung einer Blende B (einen sog. Diopter), oder ein an dessen Stelle befestigtes kleines Fernrohr durch den unbelegten Teil von S_2 nach einem fernen Gegenstand, so kann man gleichzeitig über den spiegelnden Teil von S_2 und den Drehspiegel S_1 nach einer zweiten

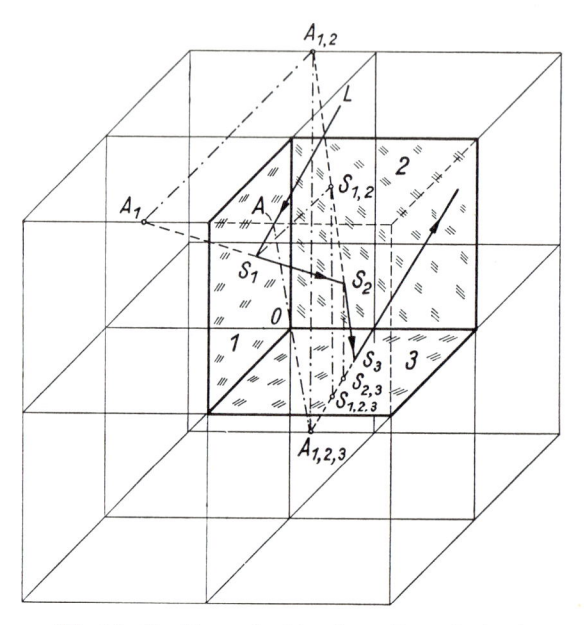

Abb. 15. Strahlenverlauf in einem Zentralspiegel

Richtung visieren. Der Winkel γ zwischen diesen beiden Richtungen ist dann nach dem Obigen gleich dem doppelten Wert des auf der Teilung abgelesenen Winkels δ. Der besondere Vorteil des Sextanten — der Name rührt daher, daß die Gradeinteilung nur ein Sechstel des Kreisumfanges zu sein braucht, um Winkel bis zu 120° zu messen — besteht darin, daß er keine feste Aufstellung benötigt, sondern frei in der Hand gehalten werden kann. Deshalb wird er in der Seefahrt dazu benutzt, um von Bord des Schiffes aus Sonnen- und Sternhöhen zu messen, aus denen sich die geographische Breite[1]) des Schiffsortes ergibt. — Ordnet man drei Spiegel so an, daß sie die Ecke eines Würfels darstellen, so erhält man den sog. **Zentralspiegel** (A. Beck, 1887). Bei diesem wird jeder in die Spiegelecke einfallende Lichtstrahl nach dreimaliger Reflexion um insgesamt 180° abgelenkt, so daß der aus dem Spiegelsystem herauskommende Strahl stets parallel zum einfallenden Strahl verläuft.

In Abb. 15 ist ein Zentralspiegel gezeichnet, der aus den drei Flächen (1), (2) und (3) besteht, die in dem Punkt 0 zusammenstoßen. In diese Spiegelecke falle ein von L (von oben) kommender Lichtstrahl so ein, daß er die obere vordere Würfelkante im Punkt A schneidet. Der Strahl trifft die

---

[1]) Zur Bestimmung der geographischen Länge (z. B. relativ zum Meridian von Greenwich) dient die Differenz zwischen der Greenwicher Lokalzeit und der des Schiffes; vier Zeitminuten entsprechen dabei 1° Längendifferenz.

Spiegelfläche (1) in S_1. Wir finden den reflektierten Strahl, indem wir A an (1) spiegeln und den Spiegelpunkt A_1 mit S_1 verbinden. Die Verlängerung von A_1S_1 trifft den Spiegel (2) in S_2. Um den von (2) reflektierten Strahl zu erhalten, kann man entweder A_1 an Fläche (2) spiegeln und den so gewonnenen Spiegelpunkt $A_{1,2}$ mit S_2 verbinden oder man kann den Spiegelpunkt $S_{1,2}$ von S_1 an der Fläche 2 konstruieren und mit S_2 verbinden. Die Verlängerung der Verbindungslinie $S_2A_{1,2}$ oder $S_2S_{1,2}$ trifft den Spiegel (3) in S_3. Der von dieser Fläche reflektierte Strahl muß von dem Punkt $A_{1,2,3}$, dem Spiegelpunkt von $A_{1,2}$ an der Fläche (3), herkommen. Statt dessen kann man auch S_3 mit dem Spiegelpunkt $S_{2,3}$ von S_2 an der Fläche (3) oder mit $S_{1,2,3}$ dem Spiegelpunkt von $S_{1,2}$ an der gleichen Fläche verbinden. Der Punkt $A_{1,2,3}$ stellt also das Spiegelbild von A am Zentralspiegel dar, und zwar geht die Verbindungslinie dieser beiden Punkte durch den Eckpunkt 0 des Spiegelsystems, wie man ohne weiteres aus der Konstruktion in Abb. 15 folgert. Es wird also jedes in der Ecke des Spiegelsystems einfallende Lichtbündel in der gleichen Richtung zurückreflektiert.

Man benutzt daher Zentralspiegel als **Rückstrahler** für Warnzwecke. Z. B. bestehen die bei den Verkehrszeichen, an Kraftwagen und an den Tretpedalen der Fahrräder befindlichen Rückstrahler aus einer Vielzahl von mosaikartig zusammengesetzten Zentralspiegeln. Vgl. auch den Tripelspiegel S. 44.

Schließlich sei noch erwähnt, daß man in der Längenmeßtechnik sowie beim Ablesen von Zeigerausschlägen bei Meßinstrumenten zur Vermeidung der Parallaxe (Band I) auf Glasspiegel gravierte Skalen benutzt. Wenn man den anzuvisierenden Objektpunkt entweder mit seinem eigenen Spiegelbild oder mit dem des Auges zur Deckung bringt, hat man die Gewähr dafür, daß die Visierlinie auf der Teilung senkrecht steht.

4. Gekrümmte Spiegel; Konkav- und Konvexspiegel

Da man jedes hinreichend kleine Flächenelement einer gekrümmten Fläche als eben betrachten kann, darf man auch bei gekrümmten Spiegeln das Gesetz der ebenen Reflexion anwenden.

Wir betrachten im allgemeinen nur sphärische Spiegel; darunter versteht man solche, die die Gestalt einer Kugelkalotte haben, also einen Teil einer Kugelfläche bilden. Ist die innere Seite der Kalotte verspiegelt, so haben wir es mit einem **Hohl-** oder **Konkavspiegel** zu tun, während Spiegel mit nach außen gewölbter Reflexionsfläche **Wölb-** oder **Konvexspiegel** genannt werden. Abb. 16 stellt einen ebenen Schnitt durch einen solchen Kugelspiegel dar; der Punkt S der Kalotte wird als **Scheitelpunkt** bezeichnet, die Verbindung von S mit dem Kugelzentrum M heißt die **Hauptachse**

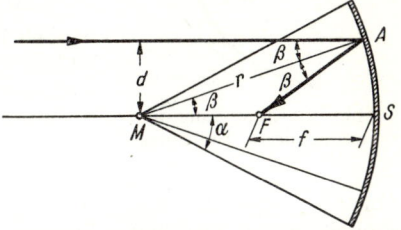

Abb. 16. Zur Definition des Brennpunktes eines Hohlspiegels

des Spiegels, die von M nach den einzelnen Punkten des Spiegels gezogenen Geraden (z. B. MA) sind Radien und daher die Normalen der Kugelfläche. Wir betrachten zunächst Strahlen, die parallel der Hauptachse auf den Spiegel auffallen; ein solcher treffe ihn in A, die Spiegelnormale ist AM, der Winkel, den der Strahl mit der Normale bildet, sei β; dann wird der reflektierte Strahl unter dem gleichen Winkel β in die Richtung AF reflektiert. Da die Normale AM die Hauptachse auch unter dem Winkel β trifft, ist das Dreieck MAF gleichschenklig, und daraus folgt unmittelbar, daß

$$MF = FA = \frac{MA}{2\cos\beta} = \frac{r}{2\cos\beta} \text{ ist.}$$

Da nach Abb. 16 $\sin\beta = \dfrac{d}{r}$ ist, wenn d den senkrechten Abstand des einfallenden Parallelstrahls von der Hauptachse bedeutet, so wird β um so kleiner, je kleiner d ist, d. h. je mehr der einfallende Strahl der Hauptachse benachbart ist. Wenn wir uns also auf der Achse sehr benachbarte Strahlen, sog. „**paraxiale**" Strahlen beschränken, so ist β klein und $\cos\beta \approx 1$, d. h. die Schnittweite aller Paraxialstrahlen mit der Achse ist unabhängig von β, d. h. alle der Hauptachse hinreichend benachbarten Parallelstrahlen schneiden sich in einem Punkte F, den man als den **Brennpunkt** bezeichnet: der Abstand des Brennpunktes vom Scheitel S des Spiegels heißt die **Brennweite** f; für f ergibt sich also aus der vorstehenden Gleichung:

$$f = \frac{1}{2}r,$$

d. h. die Brennweite eines sphärischen Spiegels ist gleich dem halben Kugelradius.

Bezeichnet man den Winkel α (Abb. 16), den ein vom Spiegelmittelpunkt nach der Spiegelbegrenzung gezogener Radius mit der Spiegelachse bildet, als Öffnungswinkel des Spiegels, so erkennt man, daß der maximale Wert von β gerade gleich α ist, und daher kann man auch sagen: **Fällt auf einen sphärischen Hohlspiegel mit hinreichend kleinem Öffnungswinkel ein achsenparalleles Strahlenbündel, so werden alle Strahlen in einem Brennpunkt vereinigt, der den Abstand vom Scheitelpunkt zum Krümmungsmittelpunkt gerade halbiert.**

Es folgt aus der obigen Darlegung, daß keineswegs alle achsenparallelen Strahlen sich in einem Punkte vereinigen, sondern nur die „Paraxialstrahlen", da die „Schnittweite" SF i. a. von β, d. h. vom Abstand der einfallenden Parallelstrahlen von der Achse abhängt; je weiter der Strahl von der Achse entfernt ist, um so kleiner die Schnittweite.

Läßt man daher die Bedingung eines kleinen Öffnungswinkels fallen, so vereinigen sich von allen zur Achse parallel einfallenden Strahlen nur die innersten im Brennpunkte, während die achsenferneren Strahlen die Achse näher am Scheitelpunkt schneiden (Abb. 17). Man nennt diese Abweichung die **sphärische Aberration**. Die Gesamtheit der am Spiegel reflektierten Strahlen wird von einer „Brennfläche" eingehüllt, deren Schnitt mit einer durch die Achse gelegten Ebene die **Katakaustik** ergibt; ihre Spitze liegt im Brennpunkt des Spiegels. Die Katakaustik ist eine Epizykloide, die entsteht, wenn man einen Kreis vom Radius $f/2$ auf einem um den Spiegelmittelpunkt O beschriebenen Kreis mit dem Radius f abrollt; die Epizykloide ist dann die Bahn desjenigen Punktes des kleinen Kreises, der den großen Kreis ursprünglich in F berührt. Man kann (Abb. 18) die Katakaustik sichtbar machen, indem man paralleles Licht in einen blanken Metallring fallen läßt. Abb. 19 zeigt bei demselben Metallring den Verlauf von 7 isolierten parallel zur Achse einfallenden Strahlen.

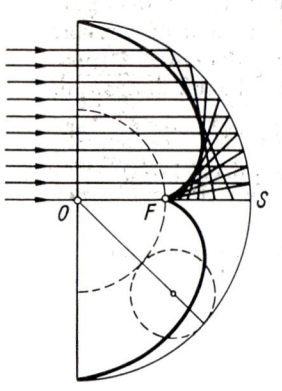

Abb. 17. Entstehung der Katakaustik am Hohlspiegel

Die sphärische Aberration verhindert also i. a. die Benutzung weit geöffneter sphärischer Hohlspiegel. Für manche Zwecke ist daher ein **Parabolspiegel** vorzuziehen, dessen Fläche durch Rotation einer Parabel um ihre Achse entstanden gedacht werden kann. Abb. 20 zeigt einen Achsenschnitt durch einen Parabolspiegel P, gleichzeitig ist eine Anzahl zur Achse paralleler Strahlen gezeichnet, die auf den Spiegel auffallen. Da bei einer Parabel die Normale den Winkel zwischen einem beliebigen achsenparallelen Strahl und dem zugehörigen Brennstrahl halbiert, wird jeder zur Achse parallel einfallende Strahl nach dem Brennpunkt F reflektiert. Wenn also ein achsenparalleles Strahlenbündel auf einen Parabolspiegel auffällt, so gehen die reflektierten Strahlen sämtlich durch den Brennpunkt des Spiegels. Wegen der Umkehrbarkeit des Strahlenganges kann man auch sagen: Bringt man eine möglichst punktförmige Lichtquelle in den Brennpunkt eines Parabolspiegels, so verlassen die von der Lichtquelle ausgehenden Strahlen den Spiegel als achsenparalleles Strahlenbündel. Man verwendet daher Parabolspiegel z. B. bei Scheinwerfern, Blinkgeräten usw., bei denen es auf gute „Bündelung" der Strahlen ankommt; auch bei Spiegelfernrohren (s. Nr. 12) werden sie verwendet. Ein sphärischer Hohlspiegel würde für Scheinwerfer usw. unzweckmäßig sein.

4. Gekrümmte Spiegel; Konkav- und Konvexspiegel

Wir wollen die Krümmung der Parabel im Scheitelpunkt S durch den Radius R_0 des Krümmungskreises an dieser Stelle ersetzen; dieser Radius ist gleich der doppelten Brennweite der Parabel ($R_0 = 2f$). In Abb. 21 ist der Krümmungskreis mit dem genannten Radius ($= SM$) an die Parabel im Punkte S konstruiert; man sieht daraus, daß für hinreichend kleinen Öffnungswinkel der Kugelspiegel sich praktisch nicht von einem Parabolspiegel unterscheidet.

Elliptische Zylinderspiegel werden z. B. benutzt, um eine Lichtquelle unter Ausnutzung aller von ihr ausgehender Strahlung in ein zu bestrahlendes Gefäß abzubilden.

Abb. 18. Katakaustik

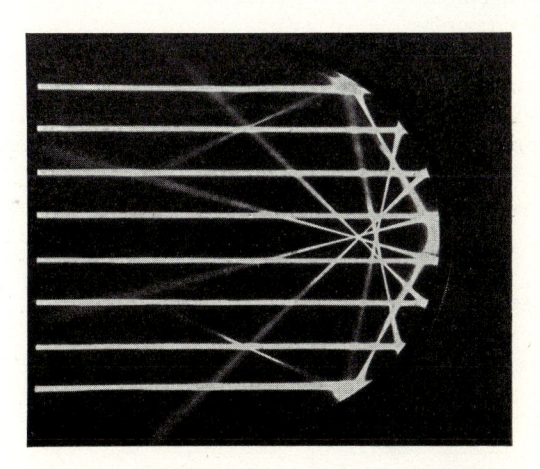

Abb. 19. Verlauf von acht parallel zur Achse in einen Hohlspiegel einfallenden Lichtstrahlen

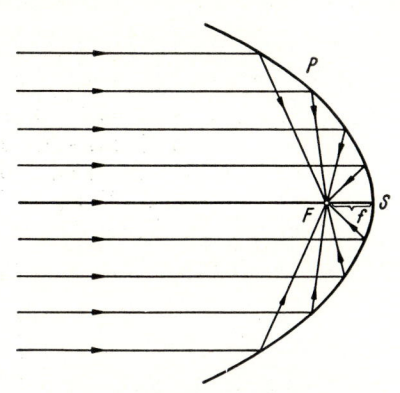

Abb. 20. Einfall eines parallelen Strahlenbündels in einen Parabolspiegel

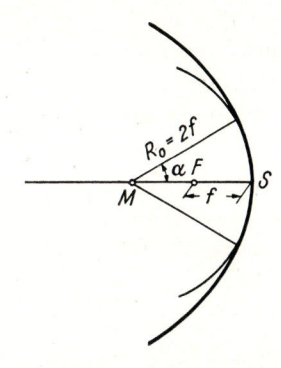

Abb. 21. Ersatz der Parabelkrümmung im Scheitelpunkt durch einen Krümmungskreis

Wir betrachten nun an Hand der Abb. 22 den Verlauf eines Strahles, der von einem außerhalb des Spiegelmittelpunktes M auf der Achse liegenden Punkt G auf den sphärischen Spiegel fällt, diesen in A trifft und nach dem Punkt B auf der Achse reflektiert wird. Dann folgt aus den Dreiecken GAM und MAB nach dem Sinussatz:

$$\frac{\sin \beta}{\sin (\pi - \alpha)} = \frac{\sin \beta}{\sin \alpha} = \frac{MG}{AG} = \frac{MB}{AB}.$$

Dafür können wir, da für paraxiale Strahlen (d. h. für kleine Winkel α und β) $AG = SG = g$ und $AB = SB = b$ ist, schreiben:

$$\frac{g-r}{g} = \frac{r-b}{b} \quad \text{oder:} \quad \frac{1}{g} + \frac{1}{b} = \frac{2}{r}.$$

I. Kapitel. Geometrische Optik

Da der Krümmungsradius r gleich der doppelten Brennweite f des Spiegels ist, erhalten wir statt dessen:

(1) $$\frac{1}{g} + \frac{1}{b} = \frac{1}{f}.$$

Das, was wir hier für einen von G ausgehenden Strahl abgeleitet haben, gilt natürlich auch für alle anderen von diesem Punkt auf den Spiegel treffenden Strahlen, soweit diese ein paraxiales Strahlenbüschel bilden (Abb. 23). Man kann daher ganz allgemein sagen:

Alle Strahlen, die von einem Achsenpunkt herkommen (homozentrische Strahlen) und unter kleinem Einfallswinkel auf einen Hohlspiegel treffen, gehen nach der Reflexion wieder durch einen einzigen Punkt, welcher auf der zu dem ersten Punkt gehörenden Achse liegt; die Strahlen bleiben also auch nach der Spiegelung homozentrisch.

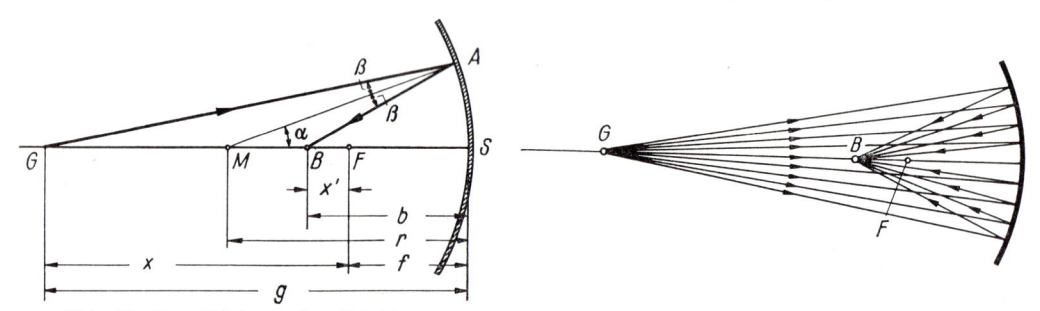

Abb. 22. Zur Ableitung der Abbildungsgleichung beim Hohlspiegel

Abb. 23. Einfall eines homozentrischen Strahlenbüschels in einen Hohlspiegel

Wir nennen den Abstand g des Punktes G vom Spiegel die **Gegenstandsweite**, den Abstand b des Bildpunktes B vom Spiegel die **Bildweite**. Die Größen g, b, sowie r und f betrachten wir als algebraische Größen, die positive und negative Werte annehmen können. Wir setzen (willkürlich) fest, daß positiven Werten der physikalische Sachverhalt entspricht, daß sie alle vor dem Hohlspiegel liegen. Bei einem Hohlspiegel liegt es in der Natur der Sache, daß g, r, f positiv sein müssen; die Bildweite b kann aber nach Gl. (1) positiv und negativ ausfallen; das letztere entspricht dann dem Falle, daß das Bild hinter dem Spiegel liegt, worauf wir weiter unten genauer eingehen werden. Der Sinn unserer Festsetzungen ist der, daß Gl. (1) für alle Fälle gilt; man kann also (1) in Worten folgendermaßen aussprechen: **Die Summe der reziproken Werte von Gegenstandweite und Bildweite ist gleich dem reziproken Wert der Brennweite.**

Es ist ferner üblich, die durch den Gegenstandspunkt G, Bildpunkt B und Brennpunkt F senkrecht zur Hauptachse des Spiegels gelegten Ebenen als **Gegenstands-** oder **Dingebene**, **Bild-** und **Brennebene** zu bezeichnen.

Da die Größen $1/g$ bzw. $1/b$ ein Maß für den Öffnungswinkel des von G kommenden bzw. nach B hingerichteten Strahlenbüschels sind, bezeichnet man diese Werte häufig als die **Konvergenz** A_G bzw. A_B des Gegenstands- und Bildpunktes. Nennt man ferner die reziproke Brennweite $1/f$ die **Stärke** S des Hohlspiegels, so kann man Gl. (1) auch schreiben:

(1a) $$A_G + A_B = S,$$

d. h. **die Summe der Konvergenzen von Gegenstandspunkt und Bildpunkt ist gleich der Stärke des Hohlspiegels.**

Es ist üblich, die Stärke eines Hohlspiegels in **Dioptrien** anzugeben, indem man die Brennweite in Metern rechnet. Ein Hohlspiegel hat also die Stärke 1 Dioptrie, wenn seine Brennweite 1 m, d. h. sein Krümmungsradius 2 m, ist.

4. Gekrümmte Spiegel; Konkav- und Konvexspiegel

Bezeichnet man als Maß der Gegenstandsweite die Entfernung x des Punktes G in Abb. 22 vom Brennpunkt F statt vom Scheitel S des Spiegels und als Maß der Bildweite die Entfernung x' des Bildpunktes B ebenfalls vom Brennpunkt F, so daß die Beziehungen gelten:

(1b) $$g = x + f, \quad b = x' + f,$$

so erhalten wir an Stelle von Gleichung (1):

$$\frac{1}{x+f} + \frac{1}{x'+f} = \frac{1}{f},$$

woraus eine zweite, von Newton angegebene, ebenfalls allgemein gültige Hohlspiegelgleichung

(2) $$x \cdot x' = f^2$$

folgt, die wir auch in der Form

(2a) $$(g-f)(b-f) = f^2$$

schreiben können. Aus den Gleichungen (1) oder (2) läßt sich zu jeder Gegenstandsweite g bei gegebener Brennweite f die Bildweite g und umgekehrt berechnen sowie aus g und b die Brennweite f bestimmen. Es gelten dafür die Beziehungen:

(3) $$b = \frac{gf}{g-f} \quad ; \quad g = \frac{bf}{b-f} \quad ; \quad f = \frac{gb}{g+b},$$

(3a) $$x' = \frac{f^2}{x} \quad ; \quad x = \frac{f^2}{x'} \quad ; \quad f = \sqrt{x \cdot x'}.$$

Die durch die Gl. (1) und (2) bzw. (2a) gegebenen funktionalen Zusammenhänge zwischen den Größen g, b oder x, x' einerseits und f anderseits können wir in folgender Weise graphisch darstellen: In einem rechtwinkligen Koordinatensystem mit den Achsen x und x' stellt Gl. (2) eine gleichseitige Hyperbel dar (Abb. 24). Der eine ihrer Scheitelpunkte hat die Koordinaten $(+f, +f)$, der andere die Koordinaten $(-f, -f)$. Legen wir durch letzteren ein dem ersten paralleles Koordinatenkreuz mit den Achsen g und b, so gibt dieselbe Hyperbel die Gl. (1) wieder. Aus Abb. 24 lesen wir z. B. ab, daß, wenn g aus dem Unendlichen nach $+f$ wandert, d. h. wenn der Gegenstandspunkt sich aus dem Unendlichen nach dem Brennpunkt verschiebt, die Bildweite b sich von $+f$ nach $+\infty$ verändert. Mit anderen Worten: Aus dem Unendlichen kommende Strahlen vereinigen sich im Brennpunkte, und aus dem Brennpunkt kommende Strahlen verlaufen als parallele Strahlenbündel nach dem Unendlichen. Für jeden zwischen $+\infty$ und $+f$ liegenden Gegenstandspunkt liegt der Bildpunkt ebenfalls vor dem Hohlspiegel zwischen $+f$ und $+\infty$. Rückt aber der Gegenstandspunkt zwischen Brennpunkt und Scheitel-

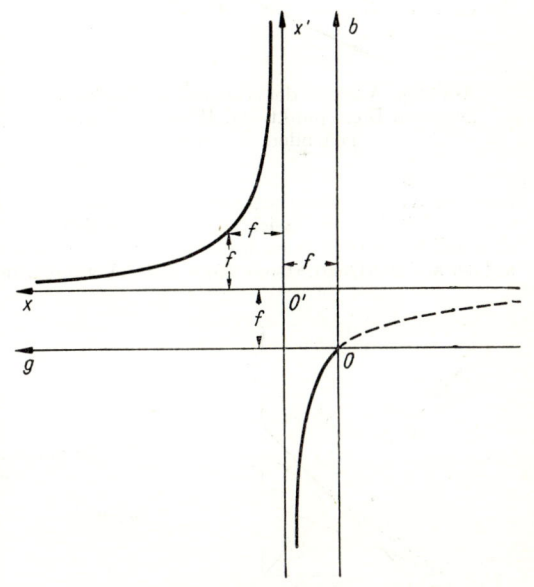

Abb. 24. Graphische Darstellung der Abbildungsgleichung beim Hohlspiegel

punkt des Spiegels, d. h. liegt g zwischen $+f$ und 0, so gilt der ausgezogene Teil des rechten Hyperbelastes, d. h. es wird sowohl x' wie auch b negativ, der Bildpunkt liegt hinter dem Spiegel. In diesem Fall kann er nur virtuell sein, wie z. B. aus der Abb. 25 zu erkennen ist, in der die von G auf den Spiegel fallenden Strahlen so reflektiert werden, als ob sie von dem Punkt B kämen; wie aus Abb. 24 ersichtlich, rückt dabei das virtuelle Bild dem Spiegel um so näher, je dichter der Gegenstandspunkt an den Spiegel heranrückt. Da nur positive Werte von g möglich sind, d. h. x nicht kleiner als $-f$ werden kann, hat von dem unteren Hyperbelast nur der ausgezogene Teil physikalische Bedeutung.

Um graphisch aus Gegenstandsweite g und Bildweite b die zugehörige Brennweite f zu ermitteln, kann man folgendermaßen verfahren (Abb. 26): Man trägt rechtwinklig zueinander g und b ab, verbindet die Endpunkte durch eine Gerade und zieht vom Anfangspunkt O unter 45^0 eine zweite Gerade, die die erwähnte Gerade in dem Punkt P trifft. Fällt man sodann von P auf die beiden Strecken g und b die Lote, so haben diese die gesuchte Länge f. Denn man liest aus Abb. 26 sofort ab, daß $(g-f):f = f:(b-f)$ ist, was gerade der Gl.(2a) entspricht. Ebenso kann man, wenn f und

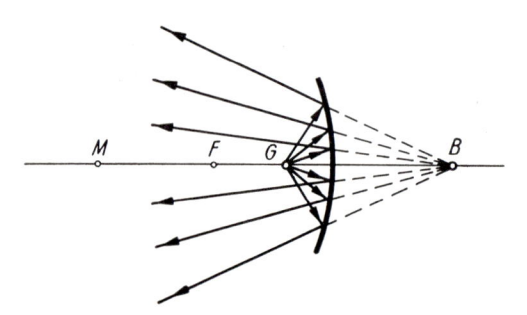

Abb. 25. Verlauf der von einem Punkt G zwischen Brennpunkt und Hohlspiegel ausgehenden Strahlen

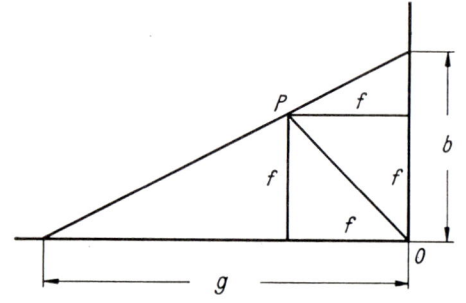

Abb. 26. Graphische Ermittlung von Brennweite f, aus Gegenstandsweite g und Bildweite b

einer der Werte b oder g gegeben sind, den dritten Wert graphisch ermitteln, indem man zunächst ein Quadrat mit der Seite f zeichnet, längs einer Seite entweder b oder g abträgt und von dem so erhaltenen Endpunkt eine Gerade nach der nächsten Ecke (Punkt P) des Quadrates zieht; diese schneidet dann auf der anderen Quadratseite (bzw. ihrer Verlängerung) die gesuchte Größe ab.

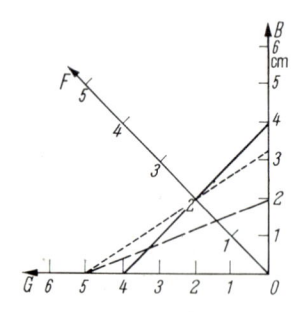

Abb. 27. Nomogramm zur Bestimmung von Brennweiten, Bildweiten oder Gegenstandsweiten

Beispiele: ——— $g = 4$, $b = 4$, $f = 2$
— — — $g = 5$, $b = 2$, $f = 1{,}43$
· · · · · · · $g = 5$, $b = 3{,}3$, $f = 2$

Diese Konstruktion liefert ein einfaches Beispiel für ein „Nomogramm": Drei Skalen G, F, B (Abb. 27) unter Winkeln von je 45^0 sind in geeignete Intervalle geteilt, die bei Anlegung eines Lineals durch je einen Punkt zweier Skalen den zugehörigen Punkt auf der dritten Skala ablesen lassen, wobei natürlich die Genauigkeit durch die Feinheit der Teilung beschränkt ist.

Bisher haben wir einen auf der Achse des Hohlspiegels liegenden Punkt G abgebildet; jetzt wollen wir zeigen, wie das Bild eines ausgedehnten Gegenstandes, z. B. des in Abb. 28 gezeichneten Pfeiles GG', zustande kommt. Aus dem Vorhergehenden

4. Gekrümmte Spiegel; Konkav- und Konvexspiegel

wissen wir, daß ein achsenparalleler Strahl nach dem Brennpunkt des Spiegels, daß ein durch den Brennpunkt gehender Strahl als achsenparalleler Strahl reflektiert und daß jeder durch den Spiegelmittelpunkt M gehende Strahl in sich selbst zurückgeworfen wird sowie daß schließlich ein den Spiegel im Scheitelpunkt treffender Strahl vor und nach der Reflexion mit der Achse gleiche Winkel bildet. Ziehen wir diese vier Strahlen von Punkt G' in Abb. 28a aus, (sie sind durch die Ziffern 1—4 bezeichnet), so schneiden sie sich in einem Punkte B', der somit das (in diesem Fall reelle) Bild von G' darstellt. Da der Bildpunkt B von G auf der Achse des Spiegels liegen muß, stellt das Lot von B' auf die Achse das Bild von GG' dar.

Natürlich sind zu dieser Bildkonstruktion nur 2 von den 4 ausgezeichneten Strahlen notwendig; dies zeigt z. B. für einen speziellen Fall Abb. 28b. In dieser befindet sich der Gegenstand in der Entfernung $g = 2f$ vor dem Spiegel; dann entsteht an der gleichen Stelle $b = 2f$ das reelle umgekehrte Bild in der gleichen Größe wie der Gegenstand.

Wir erhalten also bei der Anordnung nach Abb. 28a und 28b vom Gegenstand GG' ein reelles umgekehrtes Bild.

Für das Verhältnis von Bildgröße zur Gegenstandsgröße, das man als **Abbildungsmaßstab** v oder auch als **Lateralvergrößerung** bezeichnet, folgt aus der Ähnlichkeit der beiden Dreiecke SBB' und SGG' (Abb. 28a) die Beziehung:

$$(4) \qquad v = \frac{BB'}{GG'} = \frac{b}{g} ;$$

hierfür kann man unter Benutzung von (3a) auch schreiben:

$$(4a) \qquad v = \frac{f}{g-f} = \frac{b-f}{f} .$$

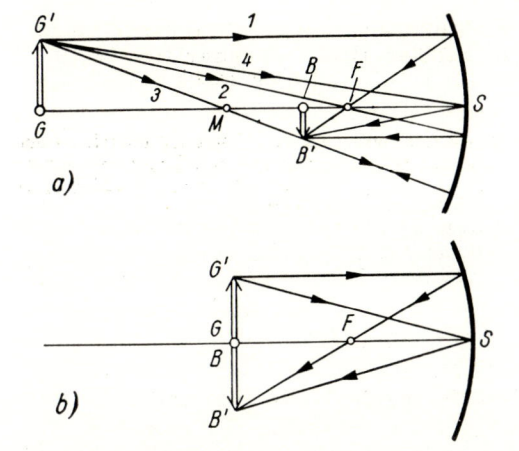

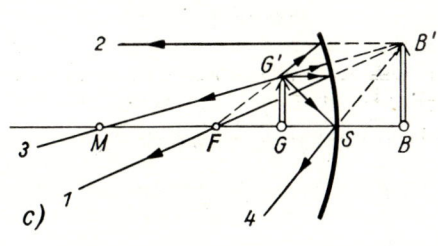

Abb. 28. Bildkonstruktion am Hohlspiegel
a) $g > f$;   b) $g = 2f$;   c) $g < f$

Aus (4) folgt, daß v gleichfalls positive und negative Werte annehmen kann; sind g und b beide positiv, so ist es auch v, d. h. ein positives v entspricht dem Falle, daß ein **umgekehrtes** Bild entsteht. In der Abb. 28a ist $0 < v < 1$, während in Abb. 28b $v = +1$ ist. Anders ist es im Fall der Abb. 28c. Hier ist der Fall dargestellt, daß sich der Gegenstand zwischen Brennpunkt und Spiegel befindet. Dann entsteht **hinter** dem Spiegel in der Entfernung $|b|$ ein aufrechtes, vergrößertes, aber virtuelles Bild; b selbst ist < 0. Für den Abbildungsmaßstab gelten auch hier die Gl. (4) und (4a); v ist also hier selbst negativ, aber absolut genommen größer als 1, da das Bild aufrecht und vergrößert ist.

Man kann dies auch aus Abb. 28c entnehmen, wobei zu beachten ist, daß in der Figur die auftretenden Strecken alle positiv zu nehmen sind. Es folgt nämlich aus der Ähnlichkeit der Dreiecke SBB' und SGG':

(4b) $$|v| = \frac{BB'}{GG'} = \frac{|b|}{g} = \frac{f}{g-f} = \frac{|b|-f}{f}.$$

Aus der Ähnlichkeit der Dreiecke MBB' und MGG' enthält man ferner:

$$\frac{|b|}{g} = \frac{r+|b|}{r-g} = \frac{2f+|b|}{2f-g}.$$

Aus dieser Gleichung folgt der Reihe nach

$$2f \cdot |b| - |b| \cdot g = 2fg + |b| \cdot g,$$

oder:

$$f \cdot |b| = fg + |b| \cdot g$$

und schließlich:

$$\frac{1}{f} = \frac{1}{g} - \frac{1}{|b|}.$$

Setzt man hier statt $-|b|$ den (negativen) Wert b ein, so folgt wieder die alte Abbildungsgleichung (1):

$$\frac{1}{f} = \frac{1}{g} + \frac{1}{b}$$

wie es sein muß.

An Hand der Figuren von Abb. 28 können wir zusammenfassend sagen:

Rückt der Gegenstand aus der Entfernung $g = \infty$ immer näher an den Hohlspiegel heran, so rückt sein reelles Bild, von der Stelle $b = f$ beginnend, immer weiter vom Spiegel ab. Dabei wächst der Abbildungsmaßstab zunächst von 0 bis $+1$, wenn der Gegenstand sich dem Spiegel von $g = \infty$ bis $g = r = 2f$ nähert, und dann weiter bis $+\infty$, wenn der Gegenstand bis in die Brennebene ($g = f$) rückt, wobei $b = \infty$ wird. Sobald der Gegenstand die Brennebene überschreitet, springt das reelle und bisher relativ zum Gegenstand umgekehrte Bild von $+\infty$ nach $-\infty$ und wird virtuell und aufrecht. Bei weiterer Annäherung des Gegenstandes an den Spiegel nähert sich auch von der andern Seite das virtuelle Bild dem Spiegel. Dabei ändert sich der Abbildungsmaßstab von $-\infty$ bis -1, wenn der Gegenstand bis unmittelbar an den Spiegel herangeführt wird.

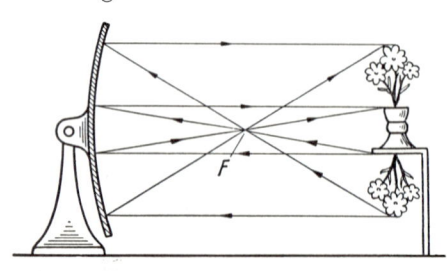

Abb. 29. Demonstrationsversuch zum Nachweis des von einem Hohlspiegel erzeugten reellen Bildes

Einen Überblick über die gegenseitige Lage von Gegenstand und Bild beim Hohlspiegel gibt die Tabelle auf S. 21.

Experimentell lassen sich diese Verhältnisse einfach verfolgen, indem man als Gegenstand eine Glühlampe vor dem Hohlspiegel verschiebt und das Bild auf einer Mattscheibe auffängt. Ein Demonstrationsversuch ist in Abb. 29 wiedergegeben. Im Abstand der doppelten Brennweite befindet sich vor einem Hohlspiegel eine leere Blumenvase und unterhalb derselben ist verdeckt für den in den Spiegel blickenden

Beobachter ein Blumenstrauß in umgekehrter Lage aufgehängt. Von diesem entwirft der Spiegel über der Vase ein reelles Bild in natürlicher Größe, so daß der Betrachter den Eindruck gewinnt, als ob sich der Blumenstrauß in der Vase befinde. Natürlich wird die Täuschung sofort bemerkt, wenn das Auge so weit verschoben wird, daß die Verbindungslinie Auge-Bild nicht mehr den Spiegel trifft.

Gegenstandsort	Bildort	Bildart
zwischen Unendlich u. Spiegelmittelpunkt	zwischen Brennebene und Spiegelmittelpunkt	reell, umgekehrt, verkleinert; $0 \leq v \leq +1$
im Spiegelmittelpunkt	im Spiegelmittelpunkt	reell, umgekehrt, gleich groß; $v = +1$
zwischen Spiegelmittelpunkt u. Brennebene	zwischen Spiegelmittelpunkt u. Unendlich	reell, umgekehrt, vergrößert; $1 \leq v \leq \infty$
zwischen Brennebene u. Scheitelpunkt	zwischen minus Unendlich und Scheitelpunkt	virtuell, aufrecht, vergrößert; $-\infty \leq v \leq -1$

Wir haben bisher die Abbildung eines Gegenstandes durch einen Hohlspiegel nur längs der Hauptachse mittels paraxialer Strahlenbüschel vorgenommen. Wir können aber von jedem Punkt des Gegenstandes durch den Krümmungsmittelpunkt M des Spiegels eine Nebenachse zeichnen, z.B. $G_1 S_1, G_2 S_2, G_1' S_1', G_2' S_2'$ in Abb. 30, und längs

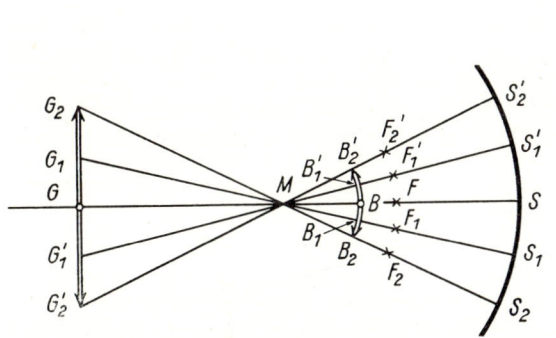

Abb. 30. Einfluß der sphärischen Aberration bei der Abbildung durch einen Hohlspiegel

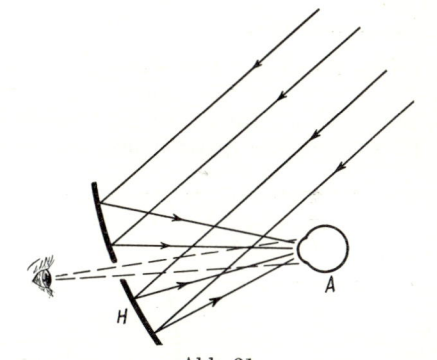

Abb. 31. Der Hohlspiegel als Augenspiegel

jeder Nebenachse den betreffenden Ggenstandspunkt durch ein zu dieser Achse paraxiales Strahlenbüschel abbilden. Wir erhalten dann eine Reihe von Bildpunkten B_1, B_2, B_1', B_2', die, wie man erkennt, keineswegs auf einer Geraden senkrecht zur Hauptachse, sondern (angenähert) auf einem Kreisbogen liegen: Das Bild $B_2 B B_2'$ des zur Hauptachse senkrechten geraden Gegenstandes $G_2 G G_2'$ ist gekrümmt. Je weiter entfernt sich ein Gegenstandspunkt seitlich von der Hauptachse befindet, um so mehr rückt sein Bildpunkt vom Spiegel aus der Bildebene heraus, welche durch den Bildpunkt auf der Hauptachse bestimmt ist. Entwirft man daher das reelle Bild auf einer Mattscheibe, um es sichtbar zu machen, so wird stets nur der mittlere Teil des Bildes scharf abgebildet, während die seitlichen Teile verschwommen erscheinen. Statt eines seitlichen Bildpunktes entsteht auf der Mattscheibe ein kleiner Zerstreuungskreis, da sich die Strahlen des abbildenden Büschels erst hinter der Mattscheibe in einem Punkt vereinigen. Hier zeigt sich im Gegensatz zu der sphärischen Aberration (S. 14), die bei Abbildung eines punktförmigen Gegenstands mit weit geöffneten Bündeln auftritt, eine andere Art von „Abbildungsfehler", eine Bildwölbung bei Abbildung eines ebenen ausgedehnten Gegenstands mit paraxialen Strahlen (vgl. Nr. 7 u. 10).

Außer der Verwendung in Beleuchtungsanlagen zur Erzeugung eines parallelen oder eines konvergenten Lichtbüschels (z. B. bei einem Mikroskopspiegel) hat der Hohlspiegel als abbildendes System eine wichtige Anwendung in den Spiegelteleskopen gefunden, auf die wir in Abschnitt 12 näher eingehen. In der Augenheilkunde besteht der

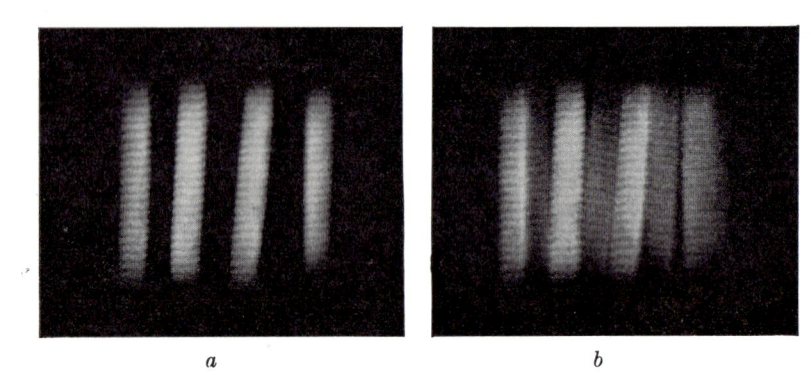

Abb. 32. Abbildung der Wendeln einer Projektionsglühlampe (a) in die Lücken zwischen den einzelnen Wendeln (b)

zuerst von H. v. Helmholtz (1851) angegebene **Augenspiegel** (in den späteren Ausführungen) aus einem Hohlspiegel H von etwa 10 cm Durchmesser und etwa 25 cm Brennweite, der in seinem Scheitelpunkt eine Öffnung von etwa 1 cm Durchmesser hat (Abb. 31). Indem der Arzt durch diese Öffnung nach dem zu untersuchenden Auge A blickt, kann er dieses durch geeignete Haltung des Spiegels gleichzeitig intensiv be-

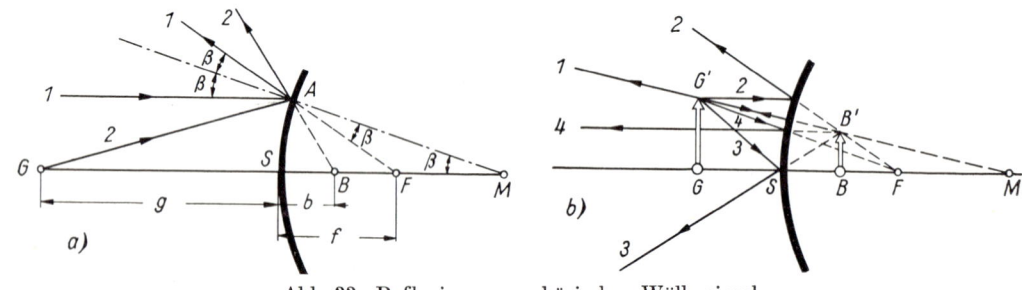

Abb. 33. Reflexion am sphärischen Wölbspiegel
a) Zur Definition von Bild- und Brennpunkt; b) Bildkonstruktion

leuchten, ohne selbst geblendet zu werden. Auf diese Weise ist es möglich, innere Teile des Auges, namentlich die hintere Wand und den das Auge ausfüllenden Glaskörper, deutlich zu sehen und zu untersuchen. — Bei modernen mit einer Glühlampe als Lichtquelle ausgestatteten Projektionsapparaten benutzt man einen Hohlspiegel, um die einzelnen Wendeln der Glühlampe in die dazwischen liegenden Lücken abzubilden (Abb. 32), wodurch die Helligkeit beträchtlich gesteigert wird.

Zum Schluß gehen wir noch kurz auf die sphärischen **Konvex-** oder **Wölbspiegel** ein, bei denen die nach außen gewölbte Fläche als Spiegel dient. Ein auf einen solchen Spiegel fallender achsenparalleler Strahl (1 in Abb. 33a) wird so reflektiert, als ob er von einem hinter dem Spiegel liegenden, also virtuellen Brennpunkt F herkäme. Der Abstand des Brennpunktes vom Scheitelpunkt S des Spiegels heißt wieder die Brennweite f, wobei wir aber beachten müssen, daß diese hinter dem Spiegel liegt und somit negativ anzusetzen ist. Aus der Gleichschenkeligkeit des Dreiecks MFA folgt wieder, daß $f = \frac{r}{2}$ ist. Ein von einem Gegenstandspunkt G auf der Spiegelachse ausgehender Strahl (2 in Abb. 33a) wird so reflektiert, als ob er von einem ebenfalls hinter dem Spiegel zwischen Brennpunkt und Scheitelpunkt liegenden virtuellen Bildpunkt B herkomme. Auch die Bildweite b hat einen negativen Wert. In Abb. 33b ist die Bildkonstruktion für einen Gegenstand GG' wiedergegeben. Von G' aus ist erstens ein Strahl 1 nach dem Spiegelmittelpunkt M hin gezeichnet, der in sich selbst reflektiert wird, zweitens ein zur Achse parallel verlaufender Strahl 2, der nach Reflexion vom Brennpunkt F herzukommen scheint, drittens ein nach dem Scheitelpunkt S gerichteter Strahl 3, der mit der Achse vor und nach der Reflexion gleiche Winkel bildet, und viertens ein nach dem Brennpunkt F gerichteter Strahl, der parallel zur Achse reflektiert wird. Die rückseitigen Verlängerungen dieser vier Strahlen schneiden sich im Bildpunkt B'; natürlich sind nur zwei von diesen Strahlen notwendig zur Konstruktion. Wir erhalten also von dem Gegenstand ein aufrechtes, verkleinertes, virtuelles Bild. Aus der Ähnlichkeit der Dreiecke SBB' und SGG' folgt für den Abbildungsmaßstab v und seinen Absolutbetrag $|v|$:

$$(5) \qquad |v| = \frac{BB'}{GG'} = \frac{|b|}{g} \quad ; \quad v = \frac{b}{g} = -\frac{|b|}{g}.$$

Dabei bedeutet das negative Vorzeichen, daß jetzt das Bild die gleiche Richtung wie der Gegenstand hat (d. h. $v < 0$). Aus der Ähnlichkeit der beiden anderen Dreiecke MBB' und MGG' in Abb. 33b folgt ferner:

$$(5\text{a}) \qquad |v| = \frac{|b|}{g} = \frac{MB}{MG} = \frac{2|f| - |b|}{2|f| + g}.$$

Aus den Gl. (5) und (5a) findet man als Abbildungsgleichung für den Wölbspiegel wieder die alte Beziehung (1):

$$(1) \qquad \frac{1}{f} = \frac{1}{g} + \frac{1}{b}.$$

Würde man — statt f, g, b als algebraische Größen zu betrachten — unter f, g, b die Absolutbeträge verstehen, so erhielte man eine andere Abbildungsgleichung, nämlich:

$$(5\text{b}) \qquad -\frac{1}{f} = \frac{1}{g} - \frac{1}{b},$$

die sich zuweilen in elementaren Lehrbüchern findet; der Leser muß also stets prüfen, was gemeint ist. Unsere Darstellung hat den Vorzug, daß in allen Fällen Gl. (1) erhalten bleibt.

Setzt man nach (1a) auch hier

$$g = x + f, \qquad b = x' + f,$$

so gilt natürlich auch die Newtonsche Form der Abbildungsgleichung unverändert:

$$(5\text{c}) \qquad xx' = f^2.$$

Den durch die Abbildungsgleichungen (1) und (5c) gegebenen funktionalen Zusammenhang zwischen g, b bzw. x, x' und f stellt Abb. 34 dar, die in vollkommener Analogie zur Abb. 24 auf S. 17 steht. Man erkennt, daß nur der ausgezogene Teil der Hyperbel für die Abbildungsverhältnisse beim Konvexspiegel in Frage kommt.

Bewegt sich beim Konvexspiegel der Gegenstand vom Unendlichen her auf den Spiegel zu, so wandert sein virtuelles Bild vom Brennpunkt nach dem Spiegel, wobei sich der Abbildungsmaßstab von 0 bis — 1 ändert. Ein Konvexspiegel liefert also stets nur verkleinerte virtuelle Bilder.

Sphärische Konvexspiegel dienen oft dazu, dem Fahrer eines Kraftwagens ein verkleinertes Bild der Vorgänge hinter seinem Fahrzeug zu liefern.

Sowohl für den Konkav- als auch Konvexspiegel gilt übrigens, daß bei einer Bewegung des Gegenstandes auf den Spiegel zu oder von ihm fort das Bild sich stets in der entgegengesetzten Richtung verschiebt. Daher spricht man von einer **rückläufigen Abbildung**.

Ähnlich wie bei den Hohlspiegeln der parabolisch gekrümmte Spiegel eine ausgezeichnete Rolle spielt, kommt bei den Wölbspiegeln dem **hyperbolisch** gekrümmten Spiegel eine gewisse Bedeutung

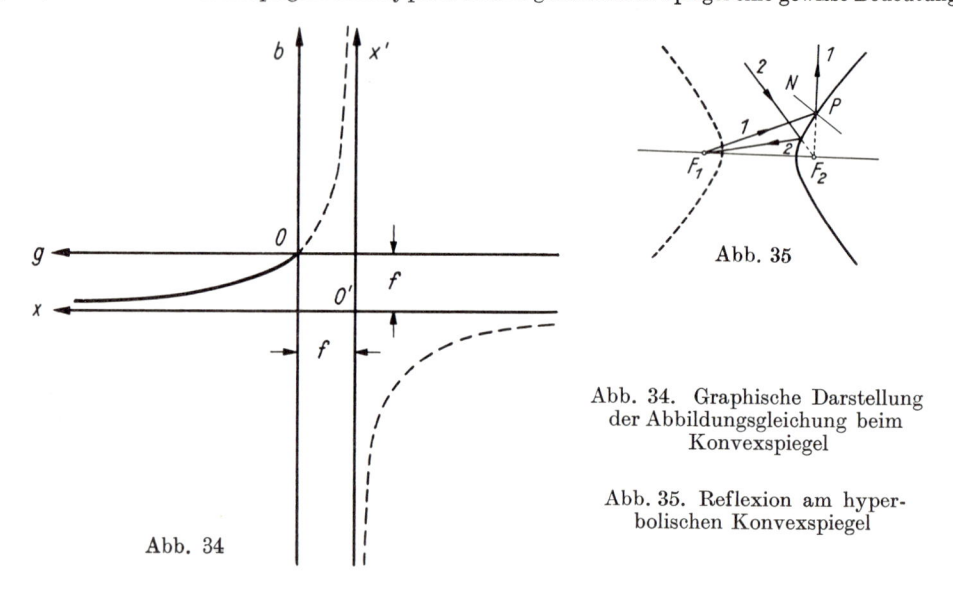

Abb. 34. Graphische Darstellung der Abbildungsgleichung beim Konvexspiegel

Abb. 35. Reflexion am hyperbolischen Konvexspiegel

Abb. 34

zu. Bekanntlich wird der Winkel zwischen zwei von einem Hyperbelpunkt P nach den beiden Brennpunkten F_1 und F_2 gezogenen Brennstrahlen von der Normalen N in diesem Punkt P halbiert (Abb. 35). Es wird daher jeder vom Brennpunkt F_1 nach dem gegenüber liegenden Hyperbelast gerichtete Strahl 1 von diesem so reflektiert, als ob er von dem andern Brennpunkt F_2 herkomme, und umgekehrt wird jeder nach dem Brennpunkt F_2 gerichtete Strahl 2 zum Brennpunkt F_1 gespiegelt. Man kann daher mit einem hyperbolischen Konvexspiegel, dessen Fläche man sich durch Rotation eines Hyperbelastes um die Hyperbelachse entstanden zu denken hat, die Konvergenz eines auf den Spiegel fallenden Strahlenbüschels verkleinern, ohne daß dabei die Homozentrizität des Büschels gestört wird, d. h. sämtliche Strahlen gehen nach der Spiegelung wieder durch einen Punkt. Über die Verwendung hyperbolischer Konvexspiegel beim Spiegelfernrohr siehe Nr. 12.

5. Die Brechung des Lichtes; Totalreflexion

Fällt Licht auf die Trennungsfläche zweier durchsichtiger Körper (z. B. aus Luft in Glas oder Wasser), so wird nur ein Teil in das erste Medium zurückgeworfen, während der übrige Teil in das zweite Medium eindringt; dabei erleidet bei schrägem Auftreffen auf die Grenzflächen der Strahl eine Richtungsänderung beim Übertritt in das andere Medium, die sogenannte **Brechung**.

Ähnlich wie bei der Reflexion kann man auch hier zwischen einer **diffusen** und einer **regulären** Brechung unterscheiden, je nachdem die Trennungsfläche rauh oder glatt ist. Bei der diffusen Brechung wird die in das zweite Medium eindringende Lichtenergie mehr oder weniger nach allen Richtungen gebrochen, während bei der regulären

5. Die Brechung des Lichtes; Totalreflexion

Brechung die Richtung des eindringenden Lichtstrahles eine ganz bestimmte ist, die nur von der Richtung des einfallenden Strahles und der Natur der beiden Medien abhängt.

Von der Tatsache der Brechung beim Eintritt von Licht aus Luft in Wasser kann man sich durch einfache Versuche überzeugen. Legt man z. B. auf den Boden eines leeren Gefäßes mit undurchsichtigen Wänden eine Münze und blickt in einer solchen Richtung schräg in das Gefäß, daß die Münze gerade durch die Seitenwand verdeckt

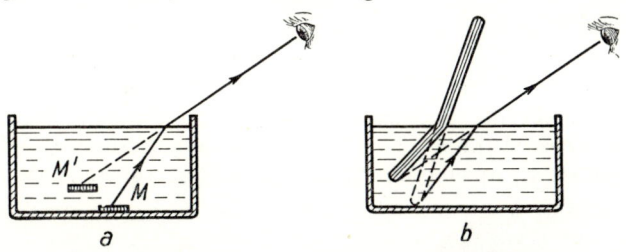

Abb. 36. Versuche zum Nachweis der Lichtbrechung
a) scheinbare Hebung einer im Wasser liegenden Münze
b) scheinbare Knickung eines schräg ins Wasser getauchten Stabes

wird, so wird sie sofort sichtbar, wenn man Wasser in das Gefäß gießt (Abb. 36a): die von der Münze kommenden Lichtstrahlen werden beim Austritt aus dem Wasser gebrochen und gelangen dadurch in das Auge; dieses sieht die Münze M in der Lage M', d. h. in der Verlängerung der ins Auge gelangenden Strahlen, also etwas gehoben (vgl. S. 53). Aus demselben Grunde erscheint ein schräg ins Wasser getauchter Stab an der Eintrittsstelle geknickt (Abb. 36b).

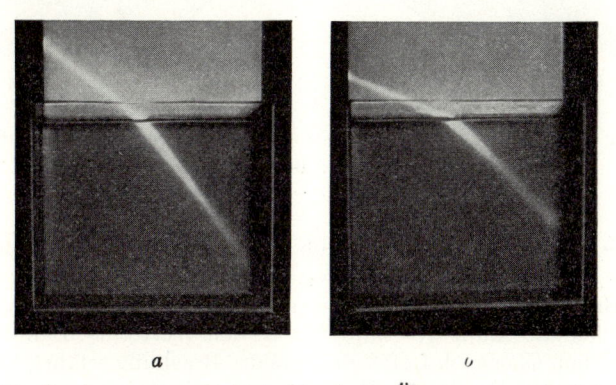

Abb. 37. Brechung eines Lichtstrahles beim Übergang von Luft in Wasser
a) Einfallswinkel = 52°; *b*) Einfallswinkel = 67°

Um die Gesetzmäßigkeit der Lichtbrechung zu finden, lassen wir ein schmales Lichtbündel schräg auf eine Wasseroberfläche im Inneren eines schmalen Glastroges fallen und verfolgen die Richtung der Lichtstrahlen in Luft und Wasser in der Weise, daß wir vertikal in das Wasser eine Mattscheibe stellen, auf der das Licht seinen Weg als helle Linie aufzeichnet (Abb. 37). Statt dessen kann man auch nach J. Tyndall Luft und Wasser durch Zusatz von Rauch bzw. Milch etwas trüben und so den Weg des Lichtes sichtbar machen. Man beobachtet, daß die Richtung des Strahles beim Eintritt in das Wasser eine Knickung erfährt und (in dem betrachteten Falle) zum Einfallslot hingebrochen wird, und zwar werden die Strahlen um so mehr von ihrer ursprünglichen

Richtung abgelenkt, je schräger sie auf die Grenzfläche fallen (Abb. 37b). Gleichzeitig liegen einfallender Strahl, Einfallslot und gebrochener Strahl in einer Ebene. Bezeichnen wir den Winkel des einfallenden Strahles mit dem Lot als den Einfallswinkel α, und den Winkel, den der gebrochene Strahl mit dem Lot bildet, als Brechungswinkel β, so gilt das von W. Snellius (1620) aufgefundene **Brechungsgesetz: Der Sinus des Einfallswinkels steht zum Sinus des Brechungswinkels in einem konstanten Verhältnis, das nur von der Natur der beiden Medien abhängt.**

Es gilt also die Gleichung:

(6) $$\frac{\sin \alpha}{\sin \beta} = n_{21} = \text{Const.}$$

Die Konstante n_{21} heißt die **Brechzahl** (auch Brechungsindex, Brechungsexponent, Brechungsquotient) des Mediums 2 in bezug auf das Medium 1. Beim Übergang von Luft in Wasser ist n_{21} annähernd $^4/_3$, beim Übergang von Luft nach gewöhnlichem

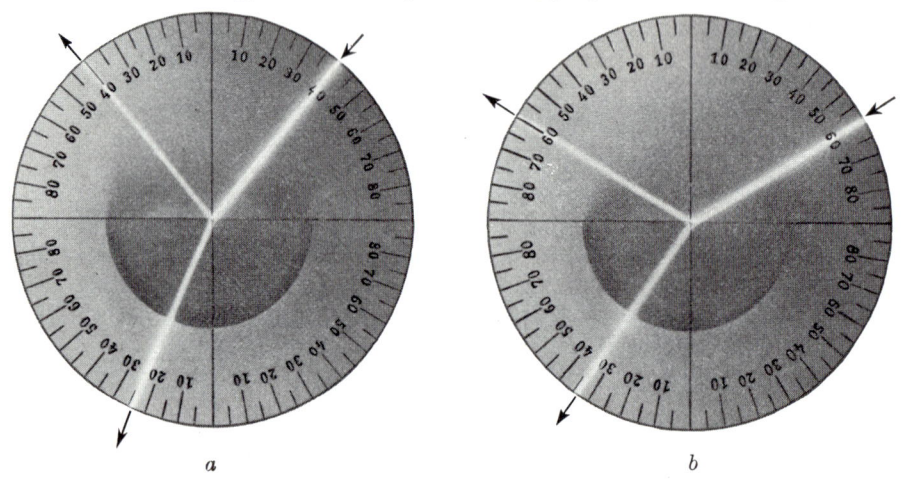

Abb. 38. Brechung und Reflexion eines Lichtstrahles beim Übergang von Luft nach Glas
 a) Einfallswinkel $\alpha = 40^0$; Brechungswinkel $\beta = 24{,}5^0$
 b) Einfallswinkel $\alpha = 60^0$; Brechungswinkel $\beta = 34^0$

Spiegelglas hat n_{21} etwa den Wert $^3/_2$. Abb. 38 zeigt die Brechung des Lichtes beim schrägen Eintritt in ein Stück Glas, und zwar für die beiden Einfallswinkel 40^0 und 60^0; als zugehörige Brechungswinkel entnimmt man aus den Aufnahmen $24{,}5^0$ und 34^0: dies liefert nach dem Brechungsgesetz (6) für n_{21} den Wert 1,55. Damit der Lichtstrahl beim Austritt aus dem Glas nach Luft keine erneute Brechung erfährt, hat das Glasstück halbkreisförmige Gestalt. Alle Strahlen befinden sich in der gemeinsamen „Einfallsebene".

Wie bereits in Band I in der allgemeinen Wellenlehre gezeigt, ist die Ursache für die Brechung einer Welle die Änderung ihrer Fortpflanzungsgeschwindigkeit. Der Brechungsquotient stellt, wie wir dort gezeigt haben, direkt das Verhältnis der Fortpflanzungsgeschwindigkeiten in den beiden Medien dar. Bezeichnen wir diese mit c_1 und c_2, so können wir schreiben:

(7) $$n_{21} = \frac{c_1}{c_2} = \frac{\sin \alpha}{\sin \beta}.$$

Da es nach dem Satze von der Umkehrbarkeit des Lichtweges gleichgültig ist, ob der Lichtstrahl vom Medium 1 nach 2 oder umgekehrt von 2 nach 1 läuft, können wir auch schreiben

$$\frac{\sin \beta}{\sin \alpha} = \frac{c_2}{c_1} = n_{12},$$

wobei jetzt β den Einfallswinkel im Medium 2, α den Brechungswinkel im Medium 1 und n_{12} den Brechungsquotienten des Mediums 1 in bezug auf 2 bedeuten. (Natürlich wird bei der Strahlungsumkehr der Strahl vom Einfallslot weggebrochen, wenn er vorher aufs Lot zugebrochen wurde.) Es gilt also

$$n_{12} = \frac{1}{n_{21}}.$$

Man nennt n_{12} bzw. n_{21} genauer die **relativen** Brechungsquotienten der beiden Stoffe im Gegensatz zu dem **absoluten** Brechungsquotienten eines Stoffes, der sich auf den Eintritt des Lichtes aus dem Vakuum in den betreffenden Stoff bezieht. In diesem Falle gilt:

$$\frac{c_0}{c_1} = n_{10} = n_1 \quad \text{und} \quad \frac{c_0}{c_2} = n_{20} = n_2;$$

da man das Vakuum als das normale Bezugsmedium betrachtet, läßt man den Index „0" fort und schreibt die absoluten Brechungsquotienten nur mit einem Index. Aus den beiden letzten Gleichungen folgt durch Division und Berücksichtigung von (7):

(8) $$\frac{c_1}{c_2} = \frac{n_2}{n_1} = n_{21};$$

d. h. der relative Brechungsquotient n_{21} zweier Stoffe 1 und 2 ist gleich dem Quotienten der absoluten Brechungsquotienten beider Stoffe. Hat man, wie das meistens der Fall ist, den relativen Brechungsquotienten eines Mediums gegen Luft gemessen — er sei n_{xL} —, so kann man nach Gl. (8) seinen absoluten Brechungsquotienten n_x ermitteln, wenn man den absoluten Brechungsquotienten der Luft n_L kennt. Es ist dann

$$n_x = n_{xL} \cdot n_L.$$

Nun ist, wie wir auf S. 40 experimentell noch zeigen werden, der absolute Brechungsquotient der Luft $n_L = 1{,}000292$, so daß die gegen Luft gemessenen Werte der relativen Brechzahlen nur wenig von den absoluten abweichen.

In der folgenden Tabelle sind die Brechungsquotienten einer Anzahl Stoffe zusammengestellt. Sie gelten für das Licht der gelben Natriumlinie (D-Linie). Diese Angabe ist erforderlich, da die Brechzahl, wie wir in Nr. 20 noch zeigen werden, von der Farbe (Schwingungszahl) des Lichtes abhängt.

Tab. 1. Absolute Brechungsquotienten einiger Stoffe für Na-Licht bei 20^0 C

Feste Stoffe:		Flüssigkeiten:	
Eis	1,31	Wasser	1,3330
Lithiumfluorid	1,3915	Äthylalkohol	1,3618
Flußspat	1,4338	Leinöl	1,486
Sylvin	1,4903	Benzol	1,5012
Steinsalz	1,5443	Zedernöl	1,505
Casiumjodid	1,7899	Kassiaöl	1,605
Optische Gläser:		Schwefelkohlenstoff	1,6276
Borkron *BK* 1	1,5100	Monobromnaphthalin	1,6582
Schwerkron *SK* 1	1,6102	Methylenjodid	1,7417
Flint *F* 3	1,6128	Gase: (0^0C, Atmosphärendruck)	
Schwerflint *SF* 4	1,7550	Sauerstoff	1,000271
schwerstes Flint	1,9	Stickstoff	1,000298
Quarzglas	1,4588	Kohlendioxyd	1,00449
Plexiglas	1,50..1,52	Stickoxydul	1,000516
Diamant	2,4173	Luft	1,000292

Man nennt einen Stoff **optisch dichter** (**optisch dünner**) als einen anderen, wenn sein absoluter Brechungsquotient größer (kleiner) ist als der des andern; die optische Dichte ist jedoch nicht mit der (stofflichen) Dichte zu verwechseln.

Zum Beispiel hat Wasser trotz seiner größeren stofflichen Dichte eine kleinere Brechzahl als das spezifisch leichtere Benzol. Bei ein und demselben Stoff wächst allerdings die Brechzahl mit der Dichte des Stoffes; wird diese also z. B. durch Druck erhöht, so steigt auch die Brechzahl an.

Die Gl. (6) oder (7), die das Brechungsgesetz aussprechen, kann man unter Berücksichtigung von (8) in der Form schreiben:

(9) $$n_1 \sin \alpha = n_2 \sin \beta = \text{Const.}$$

Da man wegen der Umkehrbarkeit des Lichtweges auch den Winkel α als Brechungswinkel bezeichnen kann, läßt sich das Brechungsgesetz in folgender Form aussprechen: **Das Produkt aus Brechungsquotient und Sinus des Brechungswinkels ist bei der Brechung unveränderlich.**

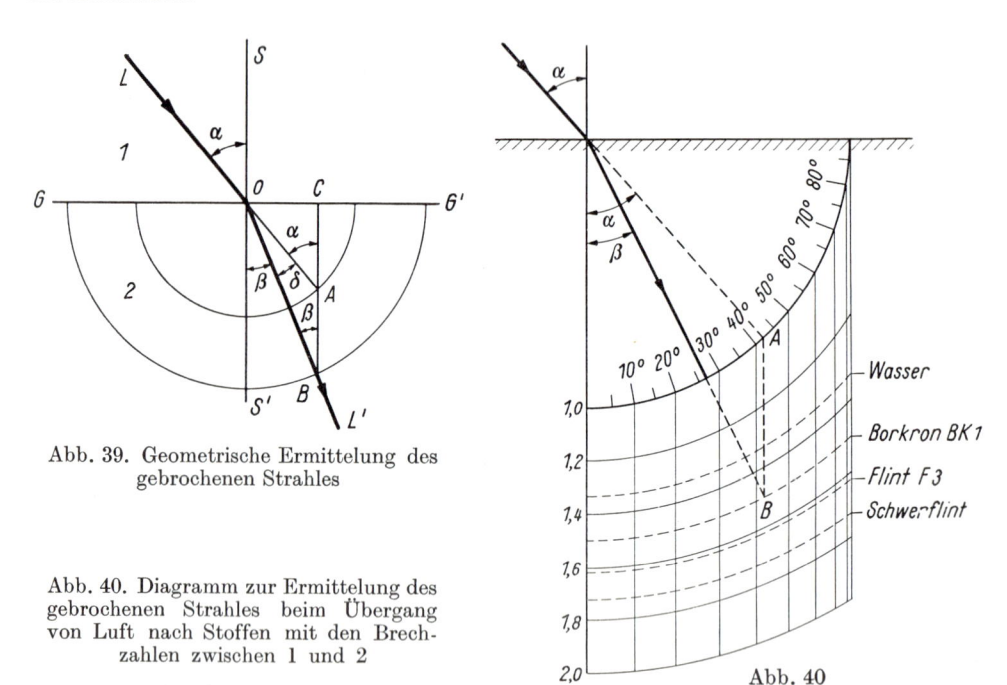

Abb. 39. Geometrische Ermittelung des gebrochenen Strahles

Abb. 40. Diagramm zur Ermittelung des gebrochenen Strahles beim Übergang von Luft nach Stoffen mit den Brechzahlen zwischen 1 und 2

Das Produkt $n \sin \alpha$ heißt nach E. Abbe (1873) die **numerische Apertur** des Strahles gegen das Einfallslot. Das Brechungsgesetz sagt also aus, **daß die numerische Apertur bei der Brechung eines Lichtstrahls unverändert bleibt**. Auf diese Weise ist das Brechungsgesetz in Form einer sog. optischen Invariante dargestellt, indem der Wert der numerischen Apertur $n \sin \alpha$ bei beliebig vielen aufeinanderfolgenden Brechungen unverändert bleibt.

Rein formal schließt Gl. (9), d. h. das Brechungsgesetz, auch das Reflexionsgesetz in sich; man hat nur $n_2 = -n_1$ zu setzen und erhält dann das Reflexionsgesetz in der Form $\beta = -\alpha$; das Minuszeichen rührt davon her, daß β im ersten Medium auf der anderen Seite des Lotes liegt wie α; diese Bemerkung gilt für alle Reflexionsprobleme, worauf wir später noch zurückkommen werden.

Wir zeigen zunächst, wie man die Richtung eines gebrochenen Strahles zu einem vorgegebenen einfallenden Strahl geometrisch ermitteln kann. In Abb. 39 falle im Punkte O ein Lichtstrahl LO auf die ebene Grenzfläche GG' zwischen zwei Medien 1 und 2. Wir errichten in O das Einfallslot SS' und schlagen um O im Medium 2 zwei Kreise, deren Radienverhältnis gleich dem relativen Brechungsquotienten $n_{2,1}$ des Mediums 2 gegen Medium 1 ist (in der Fig. ist 2 als das optisch dichtere Medium angenommen). Die Verlängerung des einfallenden Strahls schneidet den kleineren Kreis in A. Von hier fällen wir das Lot AC auf die Grenzfläche GG' und verlängern dasselbe rückwärts bis zum Schnittpunkt B mit dem größeren Kreise. Dann gibt die Verbindung OB die Richtung des gebrochenen Strahles im Medium 2 wieder. Es ist nämlich

$$\frac{\sin \alpha}{\sin \beta} = \frac{\sin CAO}{\sin CBO} = \frac{CO}{AO} : \frac{CO}{BO} = \frac{BO}{AO} = n_{2,1} ,$$

was zu beweisen war. Ist umgekehrt der aus dem (dichteren) Medium 2 kommende Strahl $L'O$ gegeben, so fällt man von B das Lot auf die Grenzfläche GG', das den kleineren Kreis in A schneidet. Die Verlängerung von AO über O hinaus liefert dann den in das (dünnere) Medium gebrochenen Strahl.

Abb. 40 gibt ein auf Grund dieser Konstruktion gezeichnetes Diagramm wieder, aus dem man sofort für den Übergang von Luft zu einem Stoff mit den Brechzahlen 1 bis 2 oder umgekehrt den gebrochenen Strahl finden kann.

Nach Abb. 39 ist die Ablenkung δ, die ein Strahl durch die Brechung erfährt, durch

(10) $$\delta = \alpha - \beta$$

gegeben. Aus dem Brechungsgesetz (6) folgt $\sin \alpha = n_{21} \sin \beta$ und weiter

$$\sin \alpha - \sin \beta = (n_{21} - 1) \sin \beta .$$

Nach dem Additionstheorem der trigonometrischen Funktionen ist diese Gleichung identisch mit der folgenden:

$$2 \sin \frac{\alpha - \beta}{2} \cdot \cos \frac{\alpha + \beta}{2} = (n_{21} - 1) \sin \beta ,$$

woraus sich ergibt:

$$\sin \frac{\delta}{2} = \frac{n_{21} - 1}{2} \frac{\sin \beta}{\cos \frac{\alpha + \beta}{2}} .$$

Da β mit zunehmendem α wächst, ist die Ablenkung δ des Lichtes um so größer, je größer der Einfallswinkel α ist. —

Beim Übergang von einem optisch dünneren zu einem optisch dichteren Medium wird der Lichtstrahl stets zum Einfallslot hin gebrochen, da der relative Brechungsquotient $n_{2,1}$ dann größer als 1 ist; umgekehrt ist es, wenn Licht aus einem optisch dichteren Medium 1, z. B. Wasser oder Glas, in ein optisch dünneres Medium 2, z. B. Luft, übertritt. Dann findet eine Brechung vom Einfallslot weg statt (Strahl 1 und 2 in Abb. 41). Der Brechungswinkel ist nach dem Brechungsgesetz (6) gegeben durch:

$$\sin \beta = n_{12} \sin \alpha ,$$

wobei jetzt $n_{12} = \frac{n_1}{n_2} > 1$, d. h. $n_1 > n_2$ ist. Nun ist aber der größte Wert, den $\sin \beta$ überhaupt annehmen kann, gleich 1, wenn nämlich β gleich 90^0 wird. In diesem Falle tritt der in das dünnere Medium gebrochene Strahl **streifend zur Grenzfläche** in dieses ein (Strahl 3 in Abb. 41). Der zugehörige Einfallswinkel α_g im dichteren Medium ist dann durch die Gleichung

(11) $$\sin \alpha_g = \frac{1}{n_{12}} = n_{21} = \frac{n_2}{n_1}$$

gegeben. Einfallswinkeln α, die größer als der durch Gl. (11) definierte **Grenzwinkel** α_g **sind, entspricht kein reeller Brechungswinkel** β **mehr;** daher kann ein Übertritt des Lichtes in das dünnere Medium nicht mehr erfolgen. Das Licht wird vielmehr an der Grenzfläche regulär reflektiert, und zwar mit seiner vollen Intensität (Strahl 4 in Abb. 41). Man bezeichnet daher diesen zuerst von J. Kepler (1611) beobachteten Vorgang als **Totalreflexion.** Wir können also sagen:

Totalreflexion tritt stets dann ein, wenn Licht aus einem optisch dichteren Medium auf die Grenzfläche eines optisch dünneren fällt und der Einfallswinkel größer als der durch die Gleichung $\sin \alpha_g = n_{1,2}$ bestimmte Grenzwinkel ist.

Wir müssen uns hier mit dieser empirischen Feststellung begnügen. Auf die feineren Vorgänge bei der Totalreflexion kommen wir in Kap. V, Nr. 43 zurück.

Beim Übergang von Wasser nach Luft ist $\sin \alpha_g = {}^3/_4$, d. h. $\alpha = 48^0\,35'$. Abb. 42 zeigt für diesen Fall den in der vorangehenden Abb. 41 schematisch dargestellten Strahlenverlauf experimentell: Einige Zentimeter unter der Wasseroberfläche befindet sich eine (in der Abb. verdeckte) Lichtquelle, die durch mehrere Schlitzblenden einige scharf begrenzte Strahlenbündel schräg gegen die Wasseroberfläche strahlt. Von diesen werden nur die, deren Einfallswinkel kleiner als der Grenzwinkel von $48^0\,35'$ ist, in den Luftraum hineingebrochen, während die anderen in das Wasser zurück totalreflektiert werden. Man sieht in der Abb. 42 auch deutlich die weit größere Intensität der totalreflektierten Strahlen gegenüber den normalreflektierten. — Abb. 43

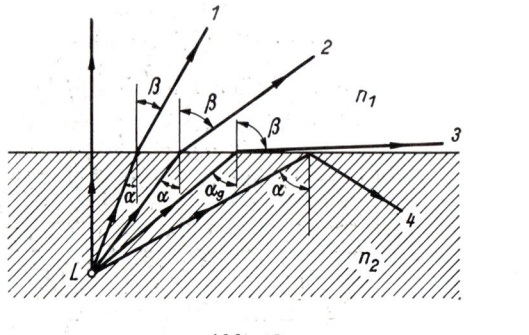

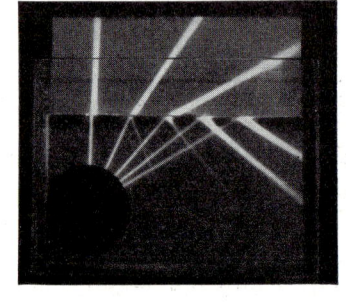

Abb. 41.

Abb. 42.

Abb. 41. Brechung und Totalreflexion beim Übergang des Lichtes von einem dichteren in ein dünneres Medium

Abb. 42. Versuchsanordnung zum Nachweis der Brechung und Totalreflexion an der Grenzfläche Wasser—Luft. Die Lichtquelle befindet sich links unten im Wasser in einer mit Schlitzen versehenen Dose

zeigt den Übergang des Lichtes von Glas nach Luft. Bei den Einfallswinkeln 30^0 und 40^0 findet sowohl Brechung als auch Reflexion statt, bei den Einfallswinkeln 50^0 und 60^0 haben wir bereits totale Reflexion. Der Grenzwinkel liegt bei dem benutzten Glase mit $n = 1,55$ bei $40,5^0$. — Blickt man schräg von unten gegen eine Wasseroberfläche unter einem Einfallswinkel, der größer ist als der Grenzwinkel der Totalreflexion, so kann man nicht durch die Wasseroberfläche hindurchsehen; diese erscheint vollkommen spiegelnd. Aus dem Wasser heraus kann man nur innerhalb des durch den Grenzwinkel der Totalreflexion gegebenen räumlichen Winkels sehen. Abb. 44a zeigt, wie ein unter Wasser befindliches Auge eines Schwimmers die Außenwelt erblickt: Er sieht sie — natürlich verzerrt! — innerhalb eines Kegels, dessen halber Öffnungswinkel gleich dem Grenzwinkel ist; außerhalb des Kegels sieht er nur totalreflektiertes Licht, z. B. den Grund des Bassins, in dem er sich befindet. — Ein leuchtender Punkt unmittelbar oberhalb der Wasserfläche strahlt in den Außenraum gleichmäßig nach allen Richtungen, im Wasser dagegen nur innerhalb eines Kegels, dessen halber Öffnungswinkel gleich dem Grenzwinkel ist (Abb. 44b).

Der in Abb. 44a dargestellte Fall, daß Licht von einem optisch dichteren Medium nach einem optisch dünneren strahlt, tritt regelmäßig beim Gebrauch eines Mikroskops

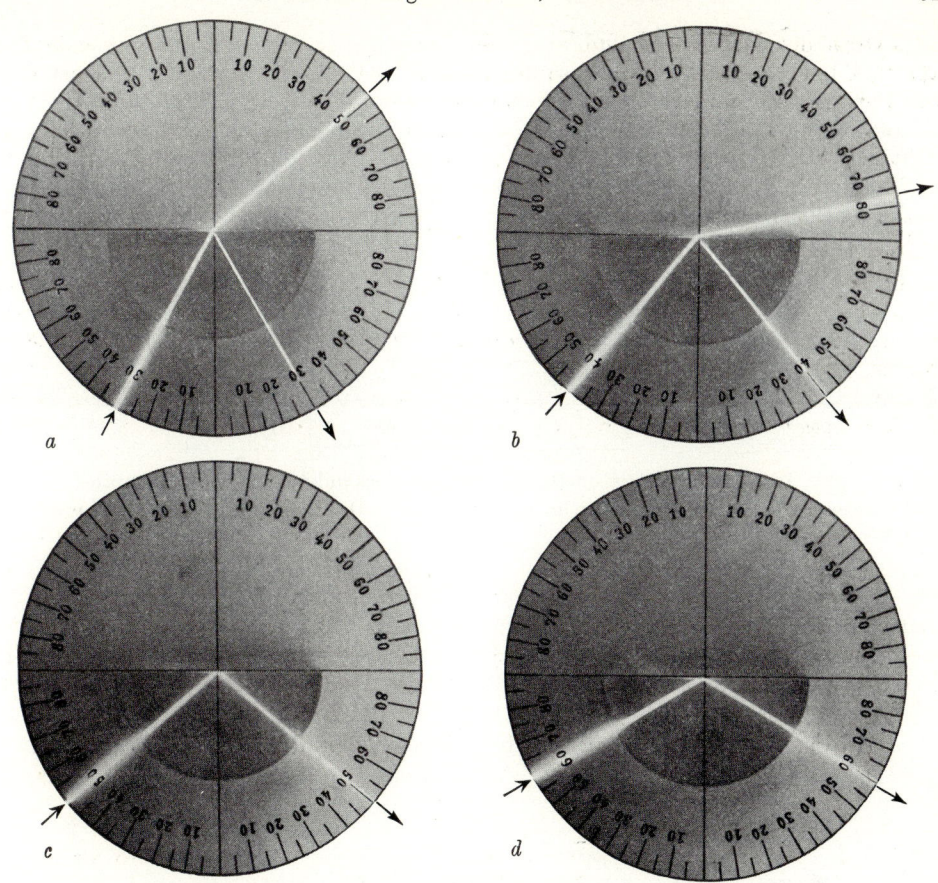

Abb. 43. Brechung und Reflexion des Lichtes beim Übergang von Glas nach Luft
a, b) Einfallswinkel 30° bzw. 40° kleiner als Grenzwinkel 40,5° ergibt Brechung und Reflexion;
c, d) Einfallswinkel 50° bzw. 60° größer als Grenzwinkel 40,5° ergibt Totalreflexion

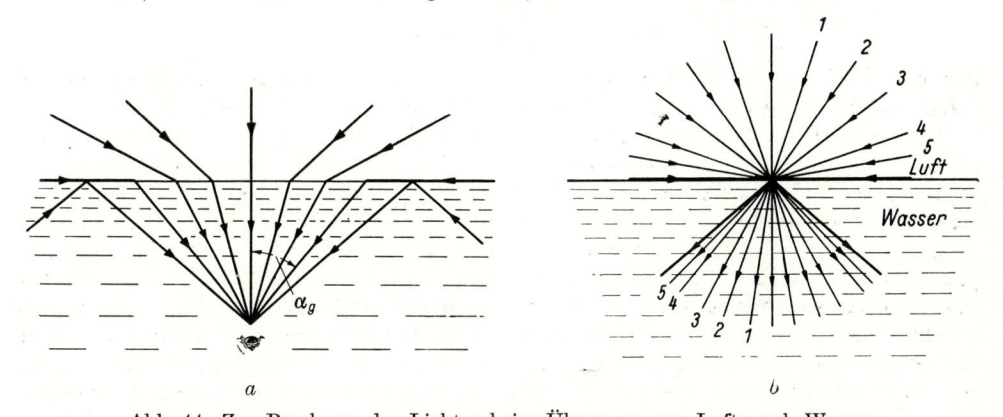

Abb. 44. Zur Brechung des Lichtes beim Übergang von Luft nach Wasser
a) Ein unter Wasser befindliches Auge sieht innerhalb eines durch den Grenzwinkel der Totalreflexion gegebenen Winkels (2 · 48° 30′ = 97°) die ganze, natürlich verzerrte Außenwelt
b) Von einem leuchtenden Punkt unmittelbar oberhalb der Wasseroberfläche tritt das Licht in das Wasser nur innerhalb eines Kegels, dessen halber Öffnungswinkel gleich dem Grenzwinkel der Totalreflexion (48° 30′) ist

auf. Denn das von einem Punkte P des beleuchteten Präparates kommende Licht verläuft, bevor es in die Frontlinse des Mikroskop-Objektivs eintritt, zunächst durch das Deckglas mit dem absoluten Brechungsquotienten $n = 1{,}515$ und dann durch eine Luftschicht. Dabei kann wegen der Totalreflexion an der Grenze zwischen Glas und Luft nur ein Strahlenbüschel austreten, dessen äußerster Strahl einen Winkel von $41{,}5^0$ mit dem Einfallslot einschließt (Abb. 45a). Bringt man aber zwischen Deckglas und Frontlinse noch eine Wasserschicht, so vergrößert sich dieser Winkel auf $61{,}5^0$ (Abb. 45b), während bei Verwendung von Öl, das den gleichen Brechungsquotienten

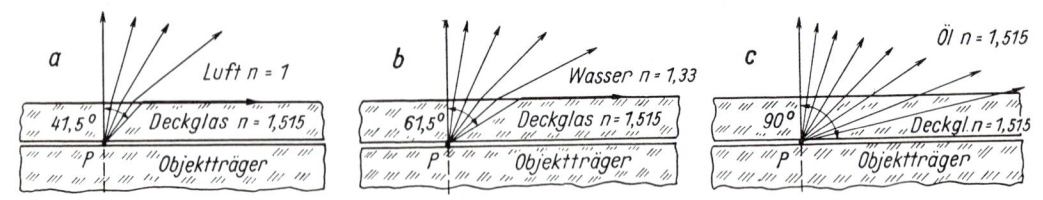

Abb. 45. Strahlenverlauf durch das Deckglas eines mikroskopischen Präparates
a) Deckglas grenzt an Luft, numerische Apertur $= 1$; b) Deckglas grenzt an Wasser, numerische Apertur $= 1{,}33$; c) Deckglas grenzt an Öl gleicher Brechzahl, numerische Apertur $= 1{,}515$

wie das Deckglas hat, der Winkel sogar 90^0 wird (Abb. 45c). Dies hat zur Folge, daß viel mehr Licht in das Objektiv gelangt, also die Helligkeit des Bildes erheblich gesteigert wird. (Über die weitergehende Bedeutung dieser sog. „Immersion" s. Nr. 12.) In den in Abb. 45 dargestellten drei Fällen sind die numerischen Aperturen der äußersten noch austretenden Strahlen der Reihe nach

$$1{,}515 \sin 41{,}5^0 = 1 \; ; \qquad 1{,}515 \sin 61{,}5^0 = 1{,}33 \text{ und } 1{,}515 \sin 90^0 = 1{,}515 ,$$

d. h. gleich den absoluten Brechungsquotienten, der auf das Deckglas gebrachten Stoffe.

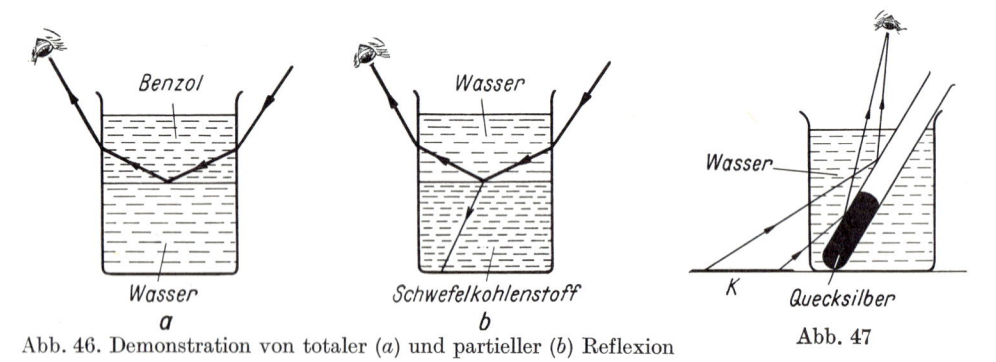

Abb. 46. Demonstration von totaler (a) und partieller (b) Reflexion

Abb. 47. Eine durch Totalreflexion an der Grenze Wasser—Luft gespiegelte weiße Fläche K erscheint heller als bei Spiegelung an reinem Quecksilber

Den quantitativen Unterschied zwischen totaler und partieller Reflexion zeigen folgende Versuche: In ein Becherglas gießt man etwas Wasser ($n = 1{,}33$) und schichtet darüber Benzol ($n = 1{,}496$), in ein zweites Becherglas bringt man Schwefelkohlenstoff ($n = 1{,}618$) und darüber Wasser (Abb. 46). Blickt man schräg von oben auf die Trennungsfläche der beiden Flüssigkeiten, so sieht man im ersten Falle (Abb. 46a) infolge der totalen Reflexion eine in lebhaftem Silberglanz erscheinende Fläche, während im zweiten Falle (Abb. 46b) die Grenzfläche zwischen Schwefelkohlenstoff und Wasser nur einen matten Glanz zeigt, da die Strahlen an ihr nur partiell gespiegelt werden. — Stellt man ein zum Teil mit Quecksilber gefülltes Reagenzgläschen schräg in ein mit

Wasser gefülltes Becherglas (Abb. 47) und blickt von oben darauf, so sieht man bei richtiger Neigung des Reagenzglases das von einer weißen Kartonfläche K in das Glas fallende Licht an der Luft im Reagenzglase total-reflektiert. Diese Reflexion ist vollständiger als die an Quecksilber; man erkennt das deutlich daran, daß der mit Quecksilber gefüllte Teil des Reagenzglases grau im Vergleich zu dem oberen totalreflektierenden Teil erscheint. Gießt man Wasser in das Reagenzglas, so verschwindet der Silberglanz, soweit das Wasser steigt.

Auch die Tatsache, daß Luftblasen im Wasser wie silberglänzende Perlen erscheinen, ist eine Folge der Totalreflexion. Fällt dagegen Licht auf die Grenzfläche zweier Medien mit gleichen Brechungsquotienten, so findet weder Brechung noch Reflexion statt; das Licht geht vielmehr ungebrochen hindurch. Man kann daher einen (blasenfreien) Glasstab, den man in eine Flüssigkeit von gleicher Brechzahl, z. B. Zedernholzöl (oder besser in eine Lösung von Chloralhydrat in etwas Glyzerin) taucht, überhaupt nicht mehr sehen. — Besonders effektvoll läßt sich nach J. D. Colladon (1841) die Totalreflexion des Lichtes zeigen, wenn man (Abb. 48) in die Achse eines ausfließenden Wasserstrahles ein intensives Lichtbündel einstrahlt. Das Licht kann dann aus dem Wasserstrahl nicht mehr austreten, da es infolge wiederholter totaler Reflexion gezwungen wird, innerhalb des Strahles diesem zu folgen. Der Wasserstrahl würde also vollkommen dunkel sein, wenn nicht die Oberfläche kleine Störungen und Kräuselungen aufwiese, durch die das Licht austreten kann, und so den Strahl in seiner ganzen Länge leuchtend macht; dies ist besonders der Fall, wenn der Strahl sich in Tropfen aufgelöst hat (Fontaines lumineuses). — Ersetzt man den Wasserstrahl durch einen gebogenen Glasstab, so kann man durch diesen Licht von einer Lichtquelle nach einem anderen Punkt, z. B. unter das Präparat in einem Mikroskop, auch über mehrere Krümmungen hinwegleiten. — Dieses Prinzip ist neuerdings in der sog. Fiber- (oder Faser-) Optik sehr vollkommen durchgeführt worden, indem Licht durch sehr dünne Fasern fortgeleitet wird (Faserdurchmesser einige μ bis 1 mm).

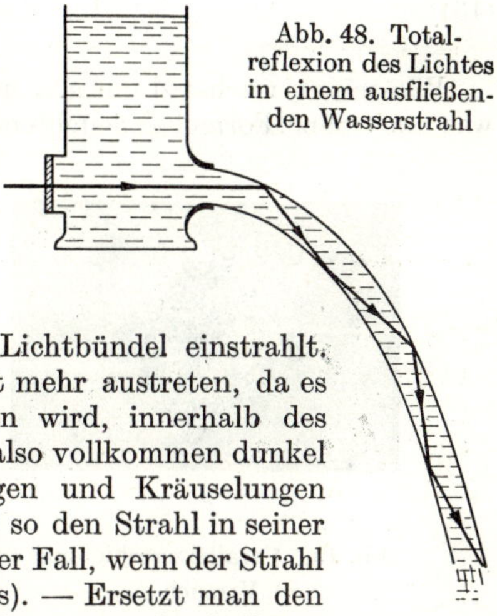

Abb. 48. Totalreflexion des Lichtes in einem ausfließenden Wasserstrahl

Daß schließlich auch eine Totalreflexion des Lichtes an der Grenze zwischen zwei Gasschichten verschiedener Dichte stattfindet, kann man in der Weise zeigen, daß man ein schmales Lichtbündel schräg von unten gegen die Öffnung eines flachen, innen geschwärzten Kastens richtet. Heizt man nun die Luft in dem Kasten (z. B. elektrisch) auf, so wird das Lichtbündel an der Grenze zwischen heißer und kalter Luft totalreflektiert. In der Natur tritt Totalreflexion des Lichtes häufig an den über stark erhitztem Boden lagernden Luftmassen ein. Wir kommen auf die Vorgänge der Luftspiegelung in Nr. 54 zurück.

Beim schrägen Durchgang durch eine **planparallele Glasplatte** erleidet ein Lichtbündel eine zweifache Brechung (Abb. 49a). Beim Eintritt in das Glas wird es zum Einfallslot hin, beim Austritt aus der Platte vom Einfallslot weg gebrochen. Im Glas läuft das Lichtbündel ebenso wie in der Luft geradlinig. Da schon aus Symmetriegründen der Einfallswinkel gleich dem Austrittswinkel ist, erfährt das Lichtbündel beim Durchgang durch eine planparallele Platte keine Richtungsänderung, sondern nur eine Parallelverschiebung Δ, die um so größer ist, je größer die Plattendicke d, der Brechungsquotient n und der Einfallswinkel α ist. Aus Abb. 49b findet man

$$\sin(\alpha - \beta) = \frac{\Delta}{AB} \quad ; \quad AB = \frac{d}{\cos \beta},$$

also
(12)
$$\Delta = \frac{d \sin(\alpha - \beta)}{\cos \beta}.$$

Führt man mittels des Brechungsgesetzes (6) die Brechzahl n des Glases gegen Luft ein, so ist:

$$\sin \beta = \frac{\sin \alpha}{n} \quad \text{und} \quad \cos \beta = \sqrt{1 - \frac{\sin^2 \alpha}{n^2}}.$$

Damit folgt für die Parallelverschiebung Δ:

(13)
$$\Delta = d \sin \alpha \left(1 - \frac{\cos \alpha}{\sqrt{n^2 - \sin^2 \alpha}}\right).$$

Wie gesagt, wächst Δ mit d, α und n; Δ wird Null für $d=0$ oder $\alpha=0$ oder $n=1$, was auch ohne Formel einleuchtend ist.

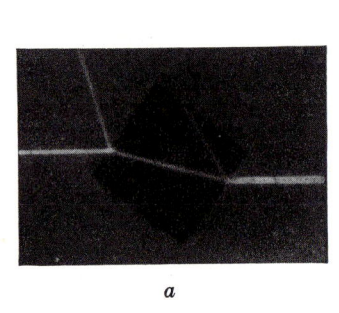

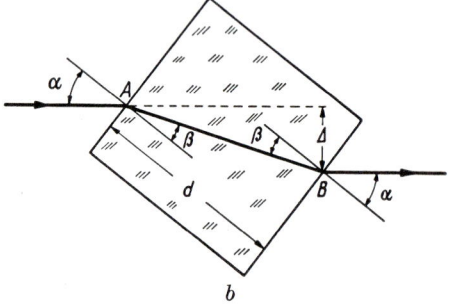

Abb. 49. Parallelverschiebung eines Lichtstrahles durch eine planparallele Platte
a) Versuch   b) Strahlenkonstruktion

Die Parallelverschiebung eines Lichtstrahles durch eine planparallele Platte wird in dem von H. v. Helmholtz (1856) angegebenen **Ophthalmometer** zur optischen Messung der Abstände zweier Punkte an einem Objekt benutzt, an das man mit den gewöhnlichen Längenmeßmethoden nicht herankommen kann, z. B. Durchmesser der Augenpupille. Das Ophthalmometer besteht aus zwei dicht übereinander angebrachten gleich dicken Glasplatten G_1 und G_2, deren jede die Hälfte eines Fernrohrobjektivs F bedeckt (Abb. 50). Beide Platten lassen sich um eine gemeinsame Achse gleichzeitig um gleiche Winkel gegeneinander verdrehen. Dadurch werden die beiden Objektmarken P und P' gleichmäßig um gleiche Beträge nach rechts und links verschoben, so daß man 4 Punkte P_1 und P'_1 sowie P_2 und P'_2 sieht. Verdreht man die Platten soweit, daß die mittleren Punkte P_2 und P'_1 zusammenfallen, so ist die gesuchte Entfernung a von P und P' unter Benutzung von Gl. (13):

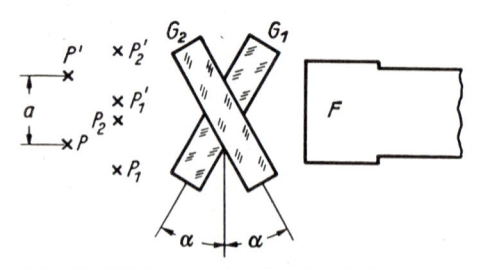

Abb. 50. Wirkungsweise des Ophthalmometers

$$a = 2\Delta = 2d \sin \alpha \left(1 - \frac{\cos \alpha}{\sqrt{n^2 - \sin^2 \alpha}}\right) = d \left(2 \sin \alpha - \frac{\sin 2\alpha}{\sqrt{n^2 - \sin^2 \alpha}}\right),$$

wenn α den Winkel bedeutet, um den jede der beiden Platten von der Dicke d und der Brechzahl n aus ihrer Nullage verdreht werden mußte. Bemerkenswerterweise geht der Abstand des auszumessenden Gegenstandes vom Ophthalmometer in die Formel nicht ein.

5. Die Brechung des Lichtes; Totalreflexion

Eine planparallele Platte kann in verschiedener Weise zur Messung der Brechzahl des Stoffes, aus dem sie besteht, verwendet werden. Nach Duc de Chaulnes (1767) stellt man zum Beispiel mit Hilfe eines Mikroskopes, dessen Verschiebung längs der optischen Achse mikrometrisch gemessen werden kann, zunächst auf eine Marke M, zum Beispiel einen Strich auf einem Objektträger, scharf ein (Abb. 51a). Dann bringt man zwischen M und Mikroskop die planparallele Platte. Dadurch erscheint M in die Höhe gehoben nach M' (vgl. S. 53). Um wieder ein scharfes Bild zu erhalten, muß man das Mikroskop um die Strecke $MM' = a$ anheben, die gleich der Strecke BC ist. Ist d die Dicke der Platte, so ist

$$\tang \alpha = AD : (d-a) \quad \text{und} \quad \tang \beta = \frac{AD}{d}.$$

Unter der Voraussetzung, daß die Winkel α und β und damit auch AD gegen d klein sind, so daß der Tangens der Winkel gleich ihrem Sinus gesetzt werden kann, erhält man:

$$n = \frac{\sin \alpha}{\sin \beta} = \frac{d}{d-a}.$$

Für Platten der Dicke $d = 1$ cm läßt sich n bis auf eine Einheit der dritten Dezimale genau messen.

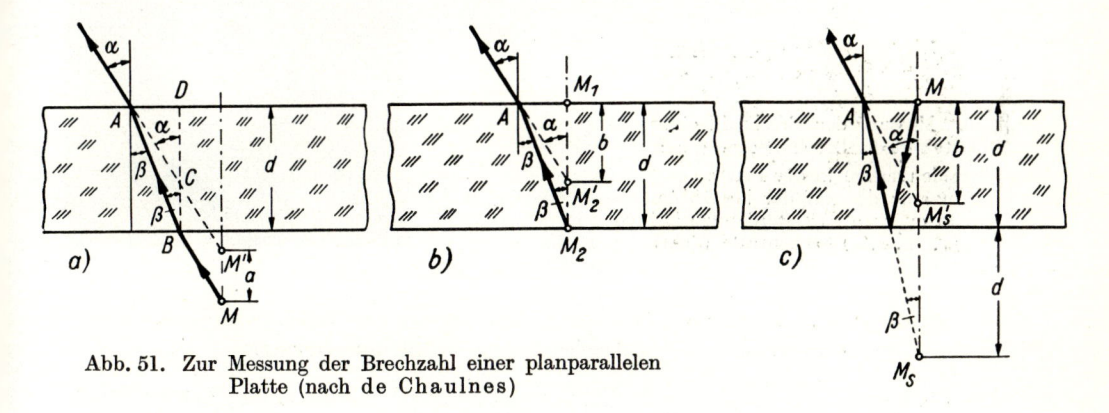

Abb. 51. Zur Messung der Brechzahl einer planparallelen Platte (nach de Chaulnes)

Dieses Verfahren kann in zweierlei Weise variiert werden. Bringt man auf der oberen und der unteren Seite der Platte je eine Marke M_1 und M_2 an und stellt nacheinander das Mikroskop auf beide Marken ein, so ist dazu eine Verschiebung b des Mikroskopes notwendig, da die Marke M_2 nach der Stelle M_2' gehoben erscheint (Abb. 51b). Für die Brechzahl n der Platte gilt dann (wieder unter den gleichen Voraussetzungen):

$$n = \frac{d}{b}.$$

Bringt man schließlich auf der Oberfläche der Platte eine helle Marke an, die man schräg von oben beleuchtet, und stellt das Mikroskop einmal direkt auf die Marke M und dann auf ihr an der unteren Plattenfläche gespiegeltes Bild M_s ein, das von M den Abstand $2d$ hat und scheinbar bei M_s' liegt (Abb. 51c), so ist wieder eine Verschiebung b des Mikroskops erforderlich, und es gilt jetzt:

$$n = \frac{2d}{b}.$$

Ein weiteres Verfahren (von A. Pfund) verwendet die Erscheinung der Totalreflexion. Beleuchtet man durch eine planparallele Platte hindurch einen auf ihrer Rückseite angebrachten weißen Fleck P aus Papier oder weißer Farbe möglichst punktförmig und recht intensiv, so tritt das diffus in die Platte zurückgestrahlte Licht nur bis zum Grenzwinkel der Totalreflexion aus der Platte wieder aus, während es vom Grenzwinkel der totalen Reflexion ab zwischen der Vorder- und Rückseite der Platte hin und her totalreflektiert wird (Abb. 52a). Bestäubt man die Rückseite der Platte mit einem feinen Pulver, z. B. Bärlappsamen, so zeichnen sich die Reflexionsstellen, die dem Grenzwinkel der totalen Reflexion entsprechen, durch plötzliche Zunahme der Helligkeit ab, wie die photographische Aufnahme Abb. 52b zeigt, bei der der zentrale Fleck zur Vermeidung einer Überbelichtung abgeblendet ist. Statt der erwarteten Intensitätsstufen beobachtet man hier aber helle und dunkle Ringe Infolge der Bestäubung sind die wirklichen Verhältnisse wesentlich weniger einfach, als unsere elementare Darstellung annimmt.

Wie man aus der Abb. 52a abliest, gelten die Beziehungen:

$$\sin\alpha_g = \frac{r_1/2}{PR'} \quad \text{und} \quad \cos\alpha_g = \frac{d}{PR'},$$

so daß wir erhalten:

$$\sin\alpha_g = \frac{r_1}{2d}\sqrt{1-\sin^2\alpha_g}.$$

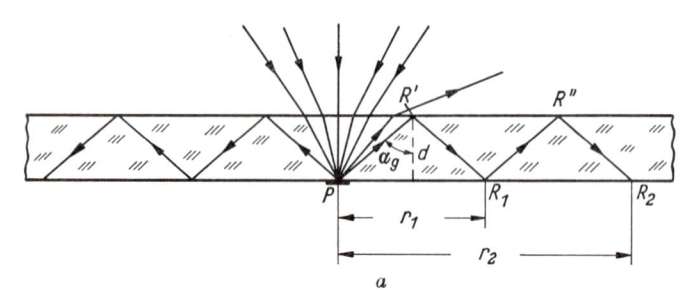

Abb. 52. Messung der Brechzahl einer planparallelen Glasplatte mittels Totalreflexion (nach A. H. Pfund)
a) Strahlenverlauf in der Platte
b) Aufnahme der auf der bestäubten Platte durch Totalreflexion sichtbar werdenden Ringe mit den Radien $r_1, r_2 \ldots$. Der zentrale Lichtfleck in der Mitte ist abgedeckt; der innerste Ring mit dem Radius r_1 ist stark überstrahlt

Nun ist aber nach Gl. (11) $\sin\alpha_g = \frac{1}{n}$; dies liefert nach einiger Umrechnung:

$$n = \frac{\sqrt{r_1^2 + 4d^2}}{r_1},$$

wenn r_1 der Radius des ersten Ringes ist; wenn r_k den Radius des k-ten Ringes bezeichnet, folgt allgemeiner:

$$n = \frac{\sqrt{r_k^2 + (2kd)^2}}{r_k}.$$

Durch Ausmessen der Kreisradien läßt sich also der Brechungsquotient des Glases bestimmen.

6. Brechung des Lichtes beim Durchgang durch Prismen; Spektrometer und Refraktometer

In der Optik versteht man unter einem **Prisma** einen von zwei ebenen, polierten, gegeneinander geneigten Flächen (*ABED* und *CBEF* in Abb. 53) begrenzten Körper aus Glas oder einem anderen durchsichtigen Material. Als brechende Kante des Prismas wird die Gerade bezeichnet, in der sich die genannten Flächen schneiden (*BE* in der Abbildung); der an dieser Kante liegende Prismenwinkel heißt der brechende Winkel, die der brechenden Kante gegenüberliegende dritte Fläche (*ACFD* in der Abb. 53) die Basis; ein auf der brechenden Kante senkrecht stehender Schnitt durch das Prisma wird Hauptschnitt genannt.

Wir betrachten den Strahlengang in der Ebene eines Hauptschnittes, der mit der Papierebene zusammenfallen möge (Abb. 54a). Zu dem bei *A* auf das Prisma mit dem brechenden Winkel ε unter dem Einfallswinkel α_1 einfallenden Strahl *LA* konstruieren

6. Brechung des Lichtes beim Durchgang durch Prismen; Spektrometer und Refraktometer

wir nach dem Brechungsgesetz den im Prisma verlaufenden Strahl, der bei B die zweite Prismenfläche trifft und hier vom Einfallslot weg eine zweite Brechung in den Außenraum hinein erfährt. Um die Ablenkung δ zwischen dem einfallenden Strahl LA und dem austretenden Strahl BL' zu finden, verlängern wir beide Strahlen bis zum Schnittpunkt C. Als Außenwinkel am Dreieck ABC ist dann:

$$\delta = \alpha_1 - \beta_1 + \alpha_2 - \beta_2.$$

Ferner ist, wie aus dem Dreieck ABD folgt:

$$\varepsilon = \beta_1 + \beta_2,$$

so daß wir erhalten:

(14) $\qquad \delta = \alpha_1 + \alpha_2 - \varepsilon.$

Nach dem Brechungsgesetz bestehen die Gleichungen:

$$\sin \alpha_1 = n \sin \beta_1 \quad \text{und} \quad \sin \alpha_2 = n \sin \beta_2.$$

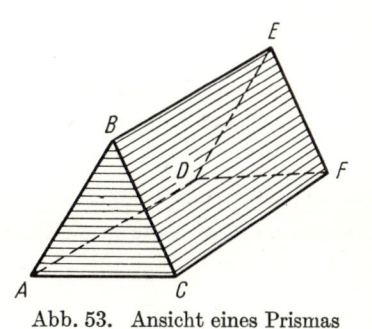

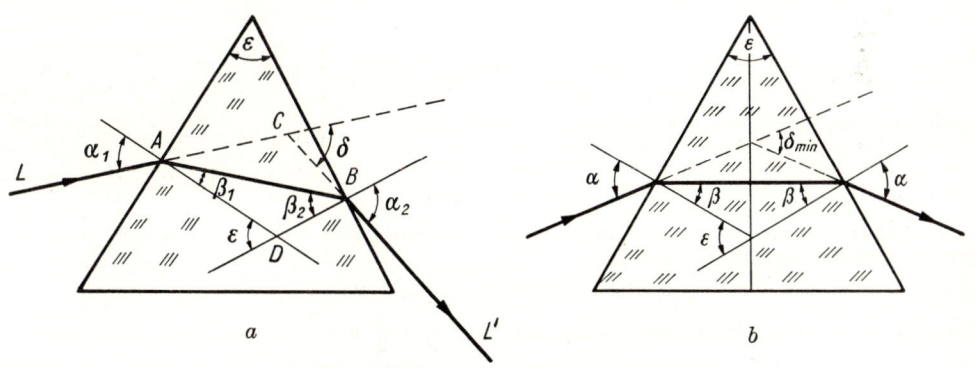

Abb. 53. Ansicht eines Prismas

Abb. 54. Strahlenverlauf durch ein Prisma
a) bei beliebigem Einfallswinkel   b) im Minimum der Ablenkung

Wir können also schreiben:

$$\sin \alpha_2 = n \sin (\varepsilon - \beta_1) = n \sin \varepsilon \cos \beta_1 - n \cos \varepsilon \sin \beta_1 = \sin \varepsilon \sqrt{n^2 - \sin^2 \alpha_1} - \cos \varepsilon \sin \alpha_1,$$

und erhalten damit für die totale Ablenkung nach (14):

(14a) $\qquad \delta = \alpha_1 + \arcsin \left[\sin \varepsilon \sqrt{n^2 - \sin^2 \alpha_1} - \cos \varepsilon \sin \alpha_1 \right] - \varepsilon,$

eine Beziehung, die es ermöglicht, zu jedem Einfallswinkel bei gegebenem Prisma die gesamte Ablenkung δ zu bestimmen.

Wir fragen nach dem kleinsten Wert der Ablenkung δ bei gegebenem n und Prismenwinkel ε in Abhängigkeit vom Einfallswinkel α_1. Man hat zu diesem Zwecke die Ableitung $\dfrac{d\delta}{d\alpha_1}$ zu bilden und gleich Null zu setzen.

Die elementare Rechnung verläuft folgendermaßen: Es ist nach (14):

$$\frac{d\delta}{d\alpha_1} = 1 + \frac{d\alpha_2}{d\alpha_1} = 0.$$

Für $\dfrac{d\alpha_2}{d\alpha_1}$ können wir schreiben:

$$\frac{d\alpha_2}{d\alpha_1} = \frac{d\alpha_2}{d\beta_2} \cdot \frac{d\beta_2}{d\beta_1} \cdot \frac{d\beta_1}{d\alpha_1}.$$

Aus dem Brechungsgesetz $\sin \alpha_2 = n \sin \beta_2$ folgt durch Differentiation nach β_2:

$$\cos \alpha_2 \frac{d\alpha_2}{d\beta_2} = n \cos \beta_2 \quad \text{und daher} \quad \frac{d\alpha_2}{d\beta_2} = n \frac{\cos \beta_2}{\cos \alpha_2}.$$

Ebenso finden wir aus $\sin \alpha_1 = n \sin \beta_1$ durch Differentiation nach α_1:

$$\frac{d\beta_1}{d\alpha_1} = \frac{1}{n} \frac{\cos \alpha_1}{\cos \beta_1}.$$

Schließlich liefert die Beziehung $\varepsilon = \beta_1 + \beta_2$:

$$\frac{d\beta_2}{d\beta_1} = -1.$$

Setzen wir diese Werte in die Gleichung für $\frac{d\alpha_2}{d\alpha_1}$ ein, so erhalten wir:

$$\frac{d\alpha_2}{d\alpha_1} = -\frac{\cos \alpha_1 \cos \beta_2}{\cos \beta_1 \cos \alpha_2},$$

also schließlich:

$$\frac{d\delta}{d\alpha_1} = 1 + \frac{d\alpha_2}{d\alpha_1} = 1 - \frac{\cos \alpha_1 \cos \beta_2}{\cos \beta_1 \cos \alpha_2} = 0.$$

Damit also ein Extremwert der Ablenkung δ eintritt, muß

$$\frac{\cos \alpha_1}{\cos \beta_1} = \frac{\cos \alpha_2}{\cos \beta_2}$$

sein. Indem man hier noch mit Hilfe des Brechungsgesetzes alles durch n, $\sin \alpha_1$ und $\sin \alpha_2$ ausdrückt, gewinnt man die Gleichung:

$$(n^2 - 1)(\sin^2 \alpha_1 - \sin^2 \alpha_2) = 0.$$

Da natürlich $n \neq 1$ und die Winkel α_1 und α_2 zwischen 0 und $\frac{\pi}{2}$ liegen müssen, folgt daraus die Bedingung $\alpha_1 = \alpha_2$. Daß wirklich ein Minimum von δ vorliegt, zeigt die Untersuchung des zweiten Differentialquotienten $\frac{d^2\delta}{d^2\alpha_1}$, der positiv ist.

Wir können also sagen:

Bei einem Prisma erreicht die Ablenkung eines Lichtstrahles ihren kleinsten Wert, wenn Eintritts- und Austrittswinkel gleich sind, d. h. wenn der Strahl das Prisma symmetrisch durchläuft, wobei der im Prisma verlaufende Strahl senkrecht auf der Winkelhalbierenden des brechenden Winkels steht (Abb. 54b).

Dreht man das Prisma um eine zu seiner brechenden Kante parallele Achse (Abb. 55), so daß der Einfallswinkel von Null an langsam wächst, so wandert der abgelenkte Strahl entgegengesetzt zu dieser Drehrichtung nach der Prismenkante zu, bleibt dann einen Augenblick stehen, um dann rückläufig zu werden. Während also der Einfallswinkel dauernd zunimmt, wird der Ablenkungswinkel zunächst kleiner, erreicht ein Minimum für $\alpha_1 = \alpha_2$ und wächst dann wieder.

Wie aus Abb. 54b folgt, ist bei symmetrischem Durchgang

$$\alpha_1 = \tfrac{1}{2}(\delta_{\min} + \varepsilon) \quad \text{und} \quad \beta_1 = \tfrac{1}{2}\varepsilon,$$

so daß das Brechungsgesetz die Form annimmt:

(15) $$n = \frac{\sin \tfrac{1}{2}(\delta_{\min} + \varepsilon)}{\sin \tfrac{1}{2}\varepsilon}.$$

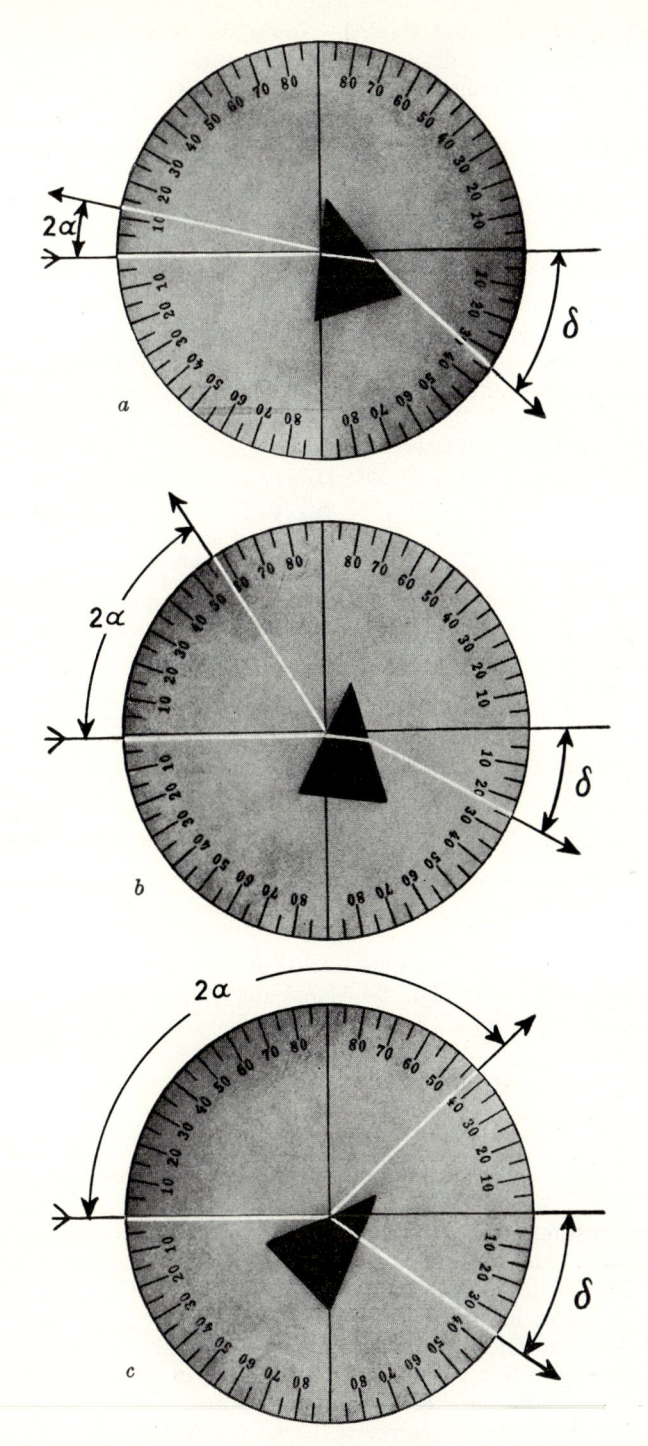

6. Brechung des Lichtes beim Durchgang durch Prismen; Spektrometer und Refraktometer

Abb. 55. Brechung des Lichtes in einem Glasprisma bei wechselndem Einfallswinkel α
a) $\alpha = 6,5^0$, $\delta = 34^0$ *b*) $\alpha = 28,5^0$, $\delta = 25^0$ (Minimum der Ablenkung)   *c*) $\alpha = 68,5^0$, $\delta = 35^0$

Mißt man daher den brechenden Winkel ε sowie das Minimum der Ablenkung $\delta_{\min}$, das sich sehr scharf einstellen läßt, so kann man nach Gl. (15) den Brechungsquotienten des Prismenmaterials bestimmen (J. Fraunhofer, 1817). Auch die Brechzahl von Flüssigkeiten läßt sich so bestimmen, indem man letztere in ein Hohlprisma füllt, dessen brechende Flächen durch ebene Glasplatten mit parallelen Flächen, die ja selbst keine Ablenkung erzeugen, gebildet werden.

Aus Gl. (15) ergibt sich schließlich für ein gegebenes Prisma das Minimum der Ablenkung zu:

(15a) $$\delta_{\min} = 2 \arcsin\left(n \sin \frac{\varepsilon}{2}\right) - \varepsilon.$$

Das Brechungsvermögen von Luft und anderen Gasen kann man ebenfalls mit einem Hohlprisma nachweisen. Entfernt man mit einer Luftpumpe aus demselben die Luft, während ein Lichtstrahl hindurchgeht, so erfährt dieser eine geringe Ablenkung nach der Prismenkante zu, die sich auf einer mehrere Meter entfernten Skala nachweisen läßt. In diesem Fall ist der relative Brechungsindex der Prismensubstanz $n_{\text{vak}}/n_{\text{Luft}}$ < 1, und das bedeutet nach Gl. (15) oder (15a) $\delta_{\min} < 0$.

Das Fraunhofersche Verfahren wurde von E. Abbe (1874) folgendermaßen verändert: Halbiert man das Prisma der Abb. 54b, so entsteht ein rechtwinkeliges Prisma gemäß Abb. 56. Stellt man nun das Prisma so, daß der in das Prisma eintretende Strahl an der Rückseite des Prismas in sich selbst reflektiert wird, so kehrt er nach dem Ausgangspunkt zurück. Bei dieser Anordnung ist, wie man aus Abb. 56 entnimmt, der Brechungswinkel $\beta = \varepsilon$. Mißt man daher für diese Prismenstellung den Eintrittswinkel α und den Prismenwinkel ε, so ist einfach:

$$n = \frac{\sin \alpha}{\sin \varepsilon}.$$

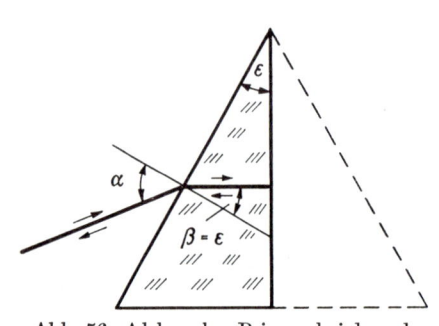

Abb. 56. Abbesches Prisma, bei dem der einfallende Strahl im Minimum der Ablenkung nach Reflexion an der Kathetenfläche in sich selbst zurückkehrt

Neben dem Vorteil der sehr einfachen Durchführung dieser Messung hat das Abbesche Verfahren den weiteren Vorzug, daß unter sonst gleichen Umständen für das Prisma nur die Hälfte des Materials wie beim Fraunhoferschen Verfahren benötigt wird.

Für Prismen mit sehr kleinem brechendem Winkel ε ist für Strahlen, die unter kleinem Einfallswinkel α auffallen, die Ablenkung δ unabhängig von α und stets dem brechenden Winkel proportional. Für kleine Einfallswinkel α und entsprechend kleine Brechungswinkel β kann man nämlich das Brechungsgesetz in der Form $\alpha_1 = n \beta_1$ bzw. $\alpha_2 = n \beta_2$ schreiben. Damit nimmt Gl. (14) die Gestalt an:

(14b) $$\delta = n(\beta_1 + \beta_2) - \varepsilon = (n-1)\varepsilon,$$

aus der in der Tat hervorgeht, daß die Ablenkung δ proportional dem brechenden Winkel ε und unabhängig von α ist.

Zur genauen Bestimmung der Winkel bei derartigen Messungen dient das **Spektrometer** (Abb. 57). An einer vertikalen Achse ist ein horizontal gelagerter Teilkreis K drehbar angebracht, der in seiner Mitte ein kleines Tischchen T mit Prisma P trägt. Ein horizontal liegendes Fernrohr F ist an einem seitlichen Arm A so befestigt, daß es nach der Achse hinzielt, um die es mittels des Armes A gedreht werden kann. An einem mit der Achse fest verbundenen zweiten Arm B ist das ebenfalls nach der Achse hingerichtete Spalt- oder Kollimatorrohr S angebracht. Es enthält an seinem hinteren Ende einen in seiner Breite verstellbaren vertikalen beleuchteten Spalt Sp und an seinem anderen Ende eine Sammellinse, in deren Brennebene sich der Spalt befindet, so daß die von einem Punkte des Spaltes ausgehenden Strahlen die Linse als parallele

6. Brechung des Lichtes beim Durchgang durch Prismen; Spektrometer und Refraktometer

Strahlenbündel verlassen. Dadurch wird erreicht, daß der Spalt gewissermaßen im Unendlichen liegt; er wird dann mit dem auf unendlich gestellten Fernrohr F scharf gesehen. Fernrohr und Spaltrohr stehen in einer Richtung, wenn das Bild des Spaltes mit dem im Fernrohrokular angebrachten Fadenkreuz zusammenfällt. Stellt man auf das Tischchen T ein Prisma, so muß man das Fernrohr zur Seite drehen, um den abgelenkten Strahl und damit das Spaltbild wieder mit dem Fadenkreuz zur Deckung zu bringen. Sowohl die Fernrohr-Verdrehung als auch die Drehung des Tischchens läßt sich an dem Teilkreis K mittels Nonien sehr genau ablesen.

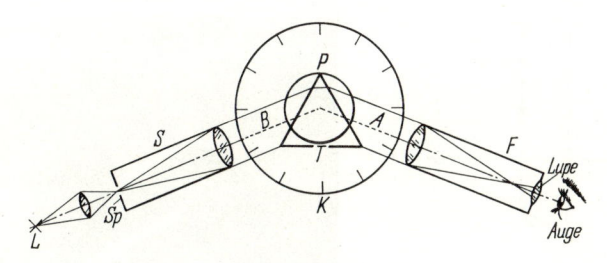

Abb. 57. Spektrometer, schematisch

Wir haben bisher stets nur den Weg eines einzelnen Strahles betrachtet; in Wirklichkeit haben wir es aber stets mit einem Lichtbündel von endlichem Durchmesser zu tun. Fällt ein Lichtbündel mit kreisförmigem Querschnitt vom Durchmesser d auf die Grenzfläche eines optisch dichteren Mediums schräg auf, so wird sein Durchmesser nach der Brechung in der Brechungsebene auf d' vergrößert, wie man sofort aus der Abb. 58 erkennt. Umgekehrt wird beim Übergang von einem optisch dichteren Medium zu einem dünneren der Lichtbündeldurchmesser in der Brechungsebene verkleinert. Dagegen tritt in der zur Brechungsebene senkrechten Richtung keine Querschnittsveränderung auf. Betrachtet man z. B. (Abb. 59a) durch ein Prisma eine an der Stelle B befindliche kreisrunde Lochblende, die von einfarbigem (monochromatischem) Licht[1]) beleuchtet wird, so erscheint sie dem bei A befindlichen Auge in Gestalt einer Ellipse, deren größere Achse senkrecht zur Prismenkante liegt. Vertauscht man Lochblende und Auge, d. h. blickt man in der umgekehrten Richtung durch das Prisma, so sieht man an Stelle der kreisrunden Lochblende eine Ellipse, deren große Achse parallel zur Prismenkante liegt. Wie Abb. 59b zeigt, kann man diesen Effekt durch geeignete Hintereinanderstellung mehrerer Prismen verstärken und dabei gleichzeitig erreichen, daß die Strahlenrichtung nur eine seitliche Versetzung erfährt.

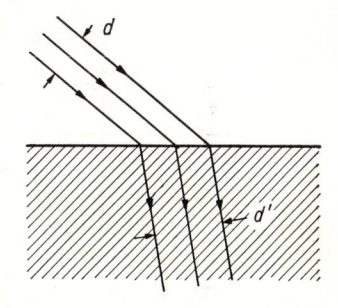

Abb. 58. Verbreiterung des Querschnittes eines Lichtbündels in der Brechungsebene bei Eintritt in ein optisch dichteres Medium

Ersetzt man die Lochblende durch einen schmalen Spalt, dessen Richtung parallel der Prismenkante verläuft, so erscheint dieser breiter oder schmäler je nach der Richtung, in der man bei dem in Abb. 59a gezeichneten Strahlenverlauf durch das Prisma blickt; letzteres wirkt also in der zu seiner brechenden Kante senkrechten Richtung

---

[1]) Bei weißem Licht tritt bei allen Brechungsvorgängen eine Zerlegung (Dispersion) des Lichtes in seine Spektralfarben ein. Davon sehen wir hier und bei den folgenden Versuchen bewußt ab, indem wir nur einfarbiges Licht, z. B. das gelbe Natriumlicht, verwenden. Auf die Dispersion des Lichtes gehen wir in Nr. 20 näher ein.

vergrößernd oder verkleinernd. Diese Erscheinung tritt um so stärker hervor, je flacher das Lichtbündel in das Prisma einfällt; sie ist jedoch nicht vorhanden, wie man leicht erkennt, im Falle der minimalen Strahlenablenkung, d. h. bei symmetrischem Strahlenverlauf durch das Prisma.

Eine große Bedeutung haben in der praktischen Optik Prismen erlangt, deren Hauptschnitt ein rechtwinkliges (meist gleichschenkliges) Dreieck darstellt. Läßt man (Abb. 60) Licht senkrecht zu einer Kathetenfläche eintreten, so wird es an der Hypothenusenfläche total reflektiert, da der Grenzwinkel der totalen Re-

Abb. 59. Querschnittsveränderung eines Lichtbündels beim Durchgang durch ein (a) bzw. zwei Prismen (b)

Abb. 60. Totalreflektierendes Prisma

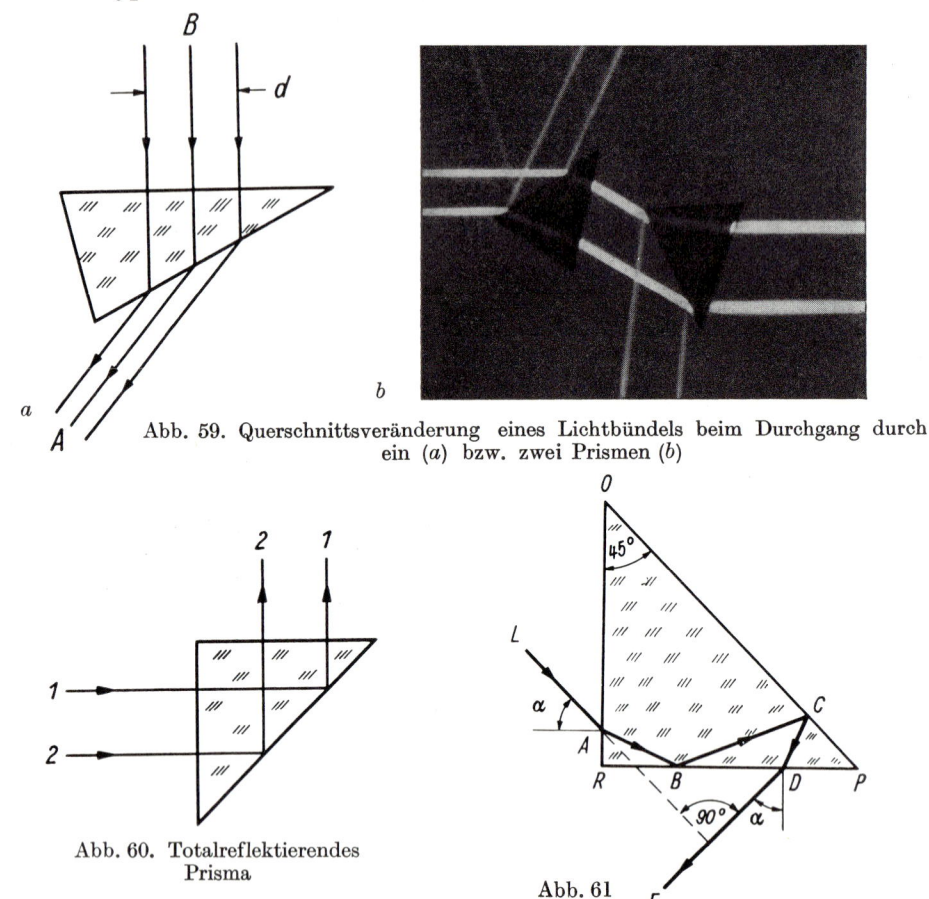

Abb. 61

Abb. 61. Prisma für geodätische Zwecke zum Abstecken rechter Winkel

flexion in diesem Falle kleiner als 45^0 ist. Der Lichtaustritt erfolgt dann senkrecht aus der anderen Kathetenfläche. Man kann daher ein solches **totalreflektierendes Prisma** statt eines ebenen Oberflächenspiegels benutzen, was in geeigneten Fällen von Vorteil sein kann.

Für geodätische Zwecke wird das gleichschenkelig-rechtwinkelige Prisma zum Abstecken rechter Winkel mit dem von K. M. v. Bauernfeind (1851) vorgeschlagenen Strahlengang (Abb. 61) benutzt. Der schräg unter dem Winkel α in eine Kathetenfläche eintretende Strahl LA wird an der anderen Kathetenfläche bei B totalreflektiert, darauf an der verspiegelten Hypothenusenfläche bei C zum zweitenmal reflektiert und verläßt bei D das Prisma. Bis auf die zweimalige Brechung bei A und D stellt das Prisma einen mit Glas ausgefüllten Winkelspiegel von 45^0 dar. Infolgedessen bilden die Strahlen AB und CD miteinander einen rechten Winkel. Da der Prismenwinkel bei R

6. Brechung des Lichtes beim Durchgang durch Prismen; Spektrometer und Refraktometer 43

ein rechter Winkel ist, ist der Einfallswinkel α bei A gleich dem Ausfallswinkel α bei D, so daß also auch die Strahlen LA und DE einen rechten Winkel bilden. Indem man also ein längs ED direkt anvisiertes Objekt mit dem durch das Prisma in Richtung AL gesehenen zur Deckung bringt, kann man im Gelände rechte Winkel abstecken. Dabei bleibt der Strahlenverlauf erhalten, auch wenn man das Prisma um seine Kante bei R um kleine Winkel verdreht.

Läßt man ein Strahlenbündel senkrecht auf die Hypothenusenfläche eines rechtwinklig-gleichschenkligen Prismas fallen, so wird es zweimal um 90^0 an den beiden Kathetenflächen totalreflektiert, so daß der Strahlenweg insgesamt um 180^0 geknickt wird. Dabei vertauschen die beiden in Abb. 62 gezeichneten Strahlen ihre gegenseitige Lage zueinander, so daß das Bild eines Gegenstandes (Pfeil in Abb. 62) um 180^0 verdreht wird. — Fügt man (Abb. 63) in den Strahlengang ein zweites identisches, um die Strahlrichtung durch 90^0 gedrehtes Prisma hinzu, so erhält man das **Porrosche Um-**

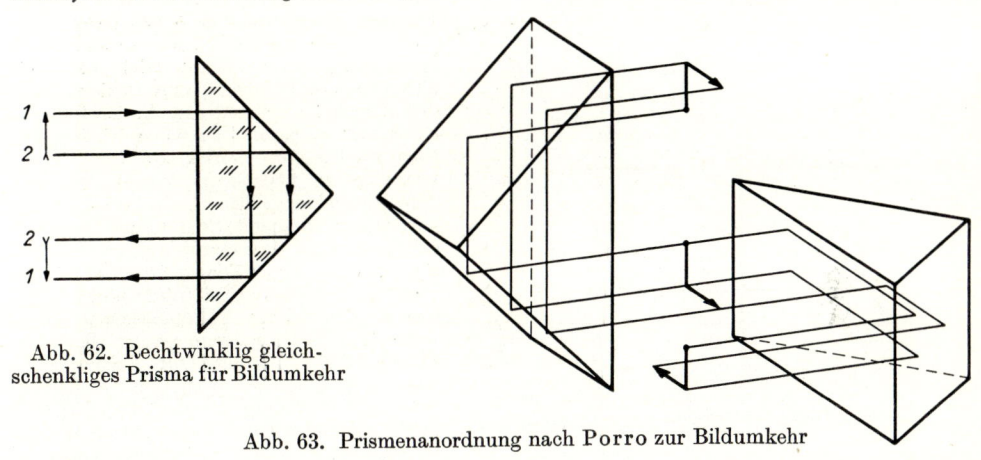

Abb. 62. Rechtwinklig gleichschenkliges Prisma für Bildumkehr

Abb. 63. Prismenanordnung nach Porro zur Bildumkehr

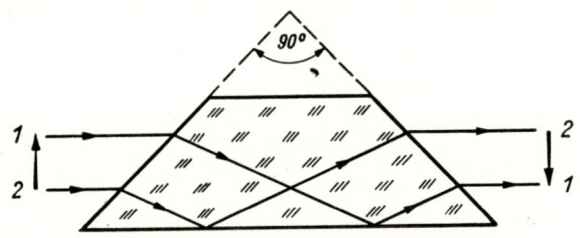

kehrprisma (J. Porro 1848); bei diesem findet infolge der viermaligen Totalreflexion um je 90^0 eine Drehung des Strahlenbündels um seine Achse durch 360^0 statt, so daß rechts und links sowie oben und unten vertauscht werden, wobei die Strahlrichtung nur eine Parallelverschiebung erfährt. Man benutzt daher eine solche Prismenkombination zur Bildumkehrung in den sog. Prismenfeldstechern (s. Nr. 12).

Abb. 64. Umkehrprisma nach Amici

Eine weitere Anwendung des gleichschenkelig-rechtwinkeligen Prismas zeigt Abb. 64. Ein parallel zur Hypothenusenfläche, also mit einem Einfallswinkel von 45^0 auf eine Kathetenfläche fallender Strahl wird in dem Prisma zur Hypothenusenfläche gebrochen, dort totalreflektiert und verläßt dann die andere Kathetenfläche nach nochmaliger Brechung wieder in der ursprünglichen Richtung, jedoch mit einer gewissen Parallelverschiebung. Blickt man daher parallel zur Hypothenusenfäche durch ein solches Prisma, so ist das Bild, das man sieht, höhen- oder seitenverkehrt, je nachdem die Hypothenusenfläche waagerecht oder senkrecht steht. Man benutzt daher dieses von G. B. Amici (1823) angegebene **Umkehr-** oder **Wendeprisma** bei vielen optischen Geräten zu einer Bildumkehr; dem Prisma gibt man meistens die Gestalt eines gleichschenkeligen Trapezes (Abb. 64). Bringt man nach J. L. Delaborne (1838) zwei solcher Prismen hintereinander, aber um 90^0 in der Strahlrichtung gegeneinander verdreht an, so erhält man wieder eine Vorrichtung, die den Strahlengang um seine Richtung durch 360^0 dreht. —

Ein weiteres in der Geodäsie und in der Optik viel gebrauchtes Prisma ist das von Goulier (1865) angegebene **Pentagonal-Prisma,** das im wesentlichen einen mit Glas ausgefüllten Winkelspiegel von 45° darstellt (Abb. 65). Die zu den Seiten BC und DE des Hauptschnittes senkrechten Flächen sind versilbert. Ein durch die zu AB senkrechte Fläche eintretender Strahl tritt nach zweifacher Reflexion genau senkrecht zu seiner ursprünglichen Richtung durch die zu AE senkrechte Fläche aus. Diese Strahlablenkung um 90° ist unabhängig von einer Drehung des Prismas um seine Kanten, so lange der Winkel bei A genau 90° ist.

Als letztes Prisma besprechen wir noch kurz den **Tripelspiegel.** Dieser entsteht, wenn man von einem genau rechtwinklig geschliffenen Glaswürfel eine Ecke abschneidet, so daß die Schnittfläche mit den drei an der betreffenden Würfelecke zusammenstoßenden Flächen gleiche Winkel bildet (Abb. 66a). Fällt in eine solche Würfelecke durch die Schnittfläche ein Strahlenbündel ein, so wird dieses nach dreimaliger Totalreflexion an den drei Würfelflächen, und zwar in den Punkten S_1, S_2 und S_3, parallel zu seiner Einfallsrichtung wieder zurückreflektiert (Abb. 66b). Um dies zu übersehen, spiegeln wir den Tripelspiegel zunächst an der Fläche AOC, an der der einfallende Strahl zum erstenmal reflektiert wird. Wir erhalten das Spiegelbild $AB'CO$, das wir an der zweiten Reflexionsebene BOC in die Lage $A'CB'O$ und schließlich an der dritten Reflexionsebene in die Lage $A'B'C'O$ spiegeln. Dann liegt die Fläche $A'B'C'$ parallel zur Fläche ABC. Ein bei E in den Tripelspiegel einfallender Strahl LE würde also die planparallele Platte in F' verlassen, ohne dabei eine Knickung zu erleiden. F' ist aber der Spiegelpunkt des

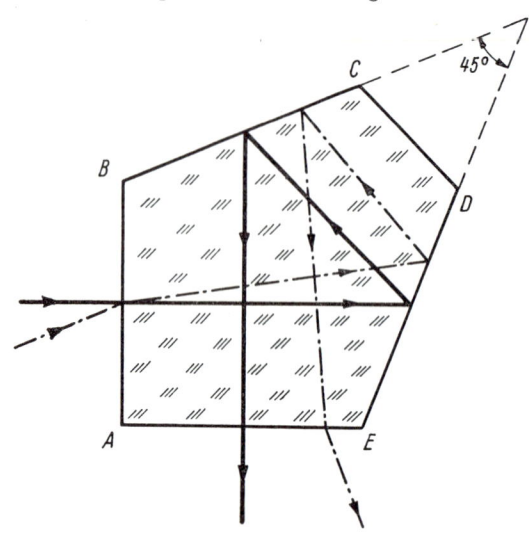

Abb. 65. Pentagonalprisma nach Goulier

tatsächlichen Austrittspunktes F in bezug auf den Scheitel O des Tripelspiegels. Damit ist gezeigt, daß der Strahl FL' parallel zum einfallenden Strahl LE den Tripelspiegel verläßt. Der Tripelspiegel wird daher ähnlich wie der auf S. 12 erwähnte Zentralspiegel für Signal- und Warnzwecke benutzt. Wir können uns den Tripelspiegel aus dem Zentralspiegel entstanden denken, indem wir letzteren mit Glas ausfüllen.

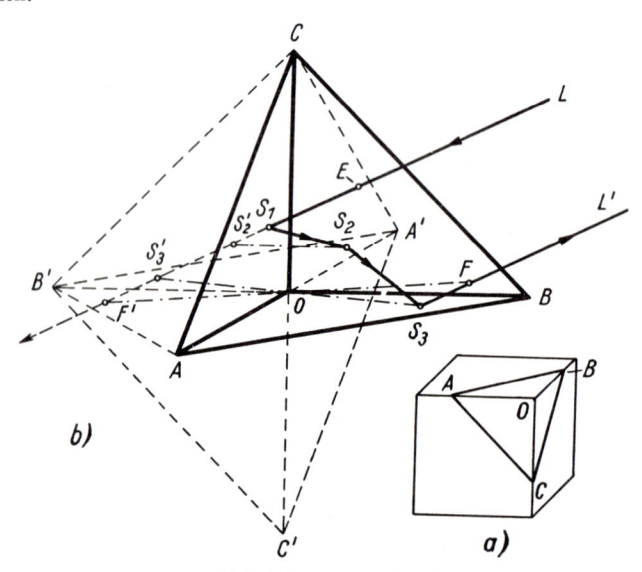

Abb. 66. Tripelspiegel
a) Entstehung des Tripelspiegels als abgeschnittene Ecke eines Glaswürfels
b) Strahlenverlauf im Tripelspiegel. (S_2' ist Spiegelpunkt von S_2 an Fläche AOC; S_3' ist Spiegelpunkt von S_3 in bezug auf O)

6. Brechung des Lichtes beim Durchgang durch Prismen; Spektrometer und Refraktometer

Auf dem Grundgedanken, daß sich nach Gl. (11) — $\sin \alpha_g = n_{21} = \frac{n_2}{n_1}$ — aus dem Grenzwinkel der Totalreflexion α_g das Verhältnis der Brechzahlen $\frac{n_2}{n_1}$ der beiden aneinander grenzenden Medien bestimmen läßt, beruhen die sog. **Refraktometer.** Wir besprechen im folgenden die gebräuchlichsten Ausführungsformen.

Bei dem Refraktometer nach C. Pulfrich (1887) ist auf einem als Hilfsmedium benutzten Glaswürfel G von hoher Brechzahl ein Glaszylinder Z aufgekittet, in den die zu untersuchende Flüssigkeit, die einen kleineren Brechungsquotienten als das Glas G haben muß, gefüllt wird (Abb. 67). Läßt man dann monochromatisches Licht (z. B. von einem Natriumbrenner) streifend auf die Grenzfläche zwischen Glaswürfel und Flüssigkeit auffallen, so daß der Einfallswinkel 90° ist, so wird es unter dem Grenzwinkel β_g in das Glas hineingebrochen und gelangt nach nochmaliger Brechung beim Austritt aus dem Glaswürfel in Luft unter dem Winkel α in das Fernrohr F. Die unter kleinerem Winkel als 90° einfallenden Strahlen, z. B. der in Abb. 67 strich-punktierte Strahl, gelangen natürlich ebenfalls in das Fernrohr. Der Strahl, der genau unter dem Winkel β_g in das Glas eintritt, bildet daher die Grenze zwischen Hell und Dunkel im Gesichtsfeld des Fernrohres, auf die man das im Okular angebrachte

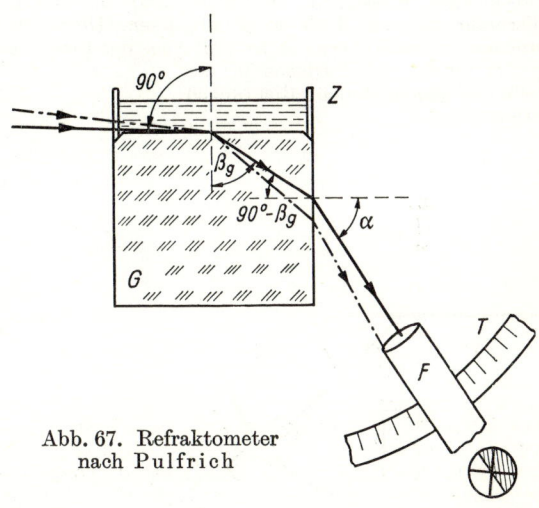

Abb. 67. Refraktometer nach Pulfrich

Fadenkreuz einstellt; der Winkel α läßt sich an dem Teilkreis T ablesen. Bezeichnen wir die Medien Luft, Glas und Flüssigkeit der Reihe nach mit 1, 2 und 3, so ist nach dem Brechungsgesetz für den aus Glas in Luft austretenden Strahl

$$\frac{\sin\left(\frac{\pi}{2} - \beta_g\right)}{\sin \alpha} = \frac{\cos \beta_g}{\sin \alpha} = \frac{n_1}{n_2}, \text{ also } \cos \beta_g = \frac{n_1}{n_2} \sin \alpha \ .$$

Für den Grenzwinkel β_g gilt ferner Gl. (11), die wir jetzt folgendermaßen schreiben müssen:

$$\sin \beta_g = \frac{n_3}{n_2} \ .$$

Aus diesen beiden Gleichungen ergibt sich nach einfacher Rechnung:

$$\frac{n_3}{n_1} = \sqrt{\left(\frac{n_2}{n_1}\right)^2 - \sin^2 \alpha} \ ,$$

oder in etwas anderer Schreibweise:

$$n_{31} = \sqrt{n_{21}^2 - \sin^2 \alpha} \ .$$

n_{31} ist aber der gesuchte relative Brechungsquotient der Flüssigkeit gegen Luft, während n_{21} der relative Brechungsquotient des Glaswürfels gegen Luft ist; diesen ermittelt man ein für allemal, indem man als Flüssigkeit Wasser mit $n_{31} = 1{,}333$ verwendet. Will man statt einer Flüssigkeit die Brechzahl eines festen Körpers bestimmen, so klebt man ihn auf die obere Fläche des Glaswürfels mit einem Tropfen Flüssigkeit von größerem Brechungsquotienten, z.B. Monobromnaphthalin, auf. Bei den üblichen Ausführungsformen dieses Refraktometers wird n_{21} entweder gleich 1,755 oder 1,622 gewählt; die zu untersuchenden Flüssigkeiten können also Brechzahlen bis zu diesem Werte haben.

Zur Bestimmung der Brechzahl von Kristallplatten in Abhängigkeit von ihrer Orientierung dient das Kristallrefraktometer von C. Pulfrich, das von E. Abbe (1890) modifiziert wurde; es unterscheidet sich von dem Pulfrich-Refraktometer nur dadurch, daß an Stelle des Glaswürfels G eine um eine vertikale Achse A in sich drehbare Glashalbkugel K mit genau horizontal liegender Planfläche benutzt wird (Abb. 68). Der zu untersuchende Kristallschnitt P wird auf die Planfläche mit einer stärker brechenden Flüssigkeit aufgeklebt und der Winkel β_g direkt mit dem Fernrohr an dem Teilkreis T abgelesen. Dreht man dann die Halbkugel um die vertikale Achse A so läßt sich der Brechungsquotient der Kristallplatte für die verschiedenen in der Schnittebene liegenden Richtungen ermitteln.

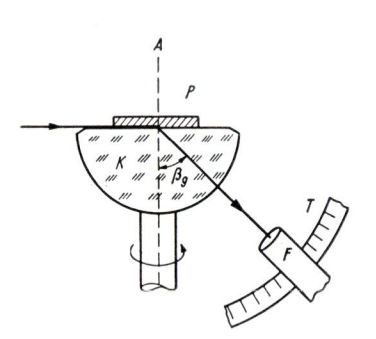

Abb. 68. Kristallrefraktometer nach Pulfrich

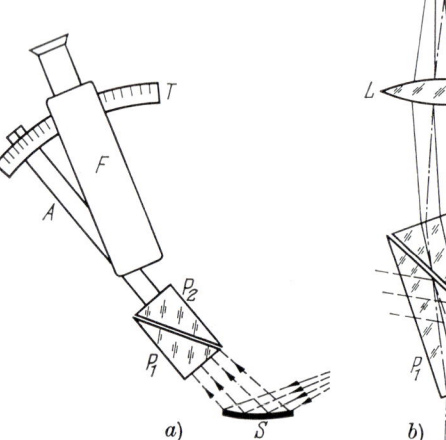

Abb. 69. Refraktometer nach Abbe
a) Aufbau   b) Strahlenverlauf

Schließlich ist in Abb. 69 das häufig benutzte Abbesche Refraktometer wiedergegeben. Das von einer monochromatischen Lichtquelle (Natriumbrenner) kommende Licht fällt über einen Hohlspiegel S als konvergentes Strahlenbüschel auf ein Doppelprisma, das aus zwei rechtwinkeligen Prismen P_1 und P_2 aus schwerem Flintglas mit hoher Brechzahl besteht. Zwischen die beiden Prismen wird die zu untersuchende Flüssigkeit, deren Brechzahl kleiner als die des Prismenglases sein muß, als planparallele Schicht gebracht. Beim Auftreffen auf diese Flüssigkeitsschicht durchsetzen nur jene aus dem dichteren Medium (Prisma P_1) kommenden Strahlen die Flüssigkeit, die unter einem Winkel auffallen, der kleiner als der Grenzwinkel der totalen Reflexion ist (strichpunktierte Strahlen in Abb. 69b). Der letzte Strahl, der noch in die Flüssigkeit eindringt, ist der unter dem Grenzwinkel auffallende (in Abb. 69b ausgezogen). Alle folgenden Strahlen (gestrichelt) werden an der Flüssigkeitsschicht totalreflektiert. Aus dem Prisma P_2 tritt also nur Licht rechts von dem ausgezogenen Strahl, der Raum links davon ist dunkel. Zur Beobachtung der Trennungslinie zwischen hellem und dunklem Winkelraum dient das Fernrohr F, das im Okular ein Fadenkreuz besitzt. Das Fernrohr ist mit einer Teilung T fest verbunden, während das Doppelprisma mit dem Arm A gegen das Fernrohr drehbar ist; dadurch kann der Einfallswinkel des Lichtes so lange variiert werden, bis der Grenzwinkel der Totalreflexion erreicht ist; dann verdunkelt sich das Gesichtsfeld im Fernrohr von einer Seite her, und man stellt die Grenzlinie zwischen Hell und Dunkel auf den Schnittpunkt des Fadenkreuzes ein. Auf der

Teilung T sind nicht die Grenzwinkel, sondern direkt die Brechzahlen aufgetragen. — Auch feste Körper lassen sich mit diesem Refraktometer untersuchen: Man nimmt zu diesem Zwecke das Prisma P_1 ab und klebt den festen Körper mit einer stärker brechenden Flüssigkeit gegen die Hypothenusenfläche des Prismas P_2.

7. Brechung des Lichtes an einer Kugelfläche

1. Abbildung eines leuchtenden Punktes. Wir denken uns zwei Medien 1 und 2 mit den Brechungsquotienten n_1 und n_2 durch eine Kugelfläche mit dem Radius r voneinander getrennt. Wir zeigen zunächst, wie man zu einem auf die Kugelfläche auffallenden Strahl den gebrochenen Strahl findet; denn im Gegensatz zu einer ebenen Trennungsfläche, bei der alle untereinander parallelen Strahlen den gleichen Einfalls- und Brechungswinkel haben, ist dies bei einer kugelförmigen Trennungsfläche natürlich nicht der Fall. Von K. Weierstrass rührt folgende Konstruktion

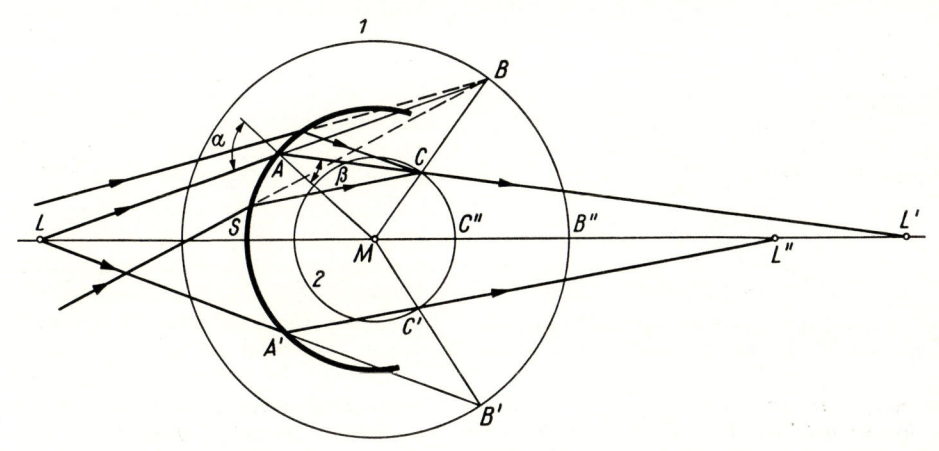

Abb. 70. Konstruktion des an einer Kugelfläche gebrochenen Lichtstrahles (nach Weierstrass)

her (Abb. 70): Man zeichnet um den Mittelpunkt der Kugelfläche zwei Hilfskugeln 1 und 2 mit den Radien $r_1 = \frac{n_2}{n_1} r$ und $r_2 = \frac{n_1}{n_2} r$, wobei n_2 die Brechzahl des von der Kugelfläche mit dem Radius r eingeschlossenen Mediums 2 und n_1 die Brechzahl des die Kugelfläche umgebenden Mediums 1 ist. Den von L aus einfallenden, die Kugelfläche bei A treffenden Strahl verlängert man bis zum Schnittpunkt B mit der Kugel 1; B verbindet man mit dem Kugelmittelpunkt M; diese Verbindungslinie schneidet die Kugel 2 in C. Dann gibt die Gerade AC die Richtung des gebrochenen Strahles AL' an. Es sind nämlich die beiden Dreiecke AMB und AMC einander ähnlich, da sie den Winkel AMB gemeinsam haben und die diesen Winkel einschließenden Seiten in gleichem Verhältnis stehen; denn es ist $\frac{AM}{MC} = \frac{BM}{AM} = \frac{n_2}{n_1}$. Dann ist also $\sphericalangle ACM = \sphericalangle BAM = \alpha$, und nach dem Sinussatz folgt:

$$\frac{\sin ACM}{\sin CAM} = \frac{\sin \alpha}{\sin \beta} = \frac{AM}{CM} = \frac{n_2}{n_1},$$

woraus sich ergibt, daß β der zum Einfallswinkel α zugehörige Brechungswinkel ist. Konstruiert man so zu allen von einem leuchtenden Punkt L kommenden Strahlen die gebrochenen, so findet man, daß diese sich keineswegs wieder in einem Punkte schneiden; dies zeigt z. B. der in Abb. 70 gezeichnete Strahl $LA'C'$, der den senkrecht auf die Kugelfläche fallenden und daher ungebrochenen Strahl LSM in L'', statt wie der Strahl LAC in L' schneidet.

Aus der Weierstrassschen Konstruktion folgt aber, daß alle nach dem Punkt B hinzielenden Strahlen sich nach der Brechung im Punkte C schneiden müssen. Nach dem Gesetz von der Umkehrbarkeit des Lichtweges bedeutet dies aber, daß alle von Punkt C im zweiten Medium ausgehenden Strahlen so gebrochen werden, als ob sie sämtlich vom Punkte B herkämen, m. a. W.: **zu dem reellen Gegenstandspunkt C gehört der virtuelle Bildpunkt B, bzw. zu dem virtuellen Gegenstandspunkt B existiert ein reeller Bildpunkt C.** In Abb. 70 sind drei von C ausgehende Strahlen gezeichnet, die bei ihrer Rückwärtsverlängerung sämtlich nach der Brechung durch B hindurchgehen; C und B sind „konjugierte Punkte", und zwar für beliebig weit geöffnete Strahlenbüschel. Deshalb heißen C und B **aberrationsfreie Punkte der Kugel.** Es ist wesentlich, sich klar zu machen, daß zu jedem Punkte, z. B. $C', C'', \ldots$ in Abb. 70, auf der Hilfskugel 2, die gemäß Konstruktion innerhalb der brechenden Kugel mit dem Brechungsquotienten n_2 liegen, je ein zugehöriger aberrationsfreier Punkt $B' B'' \ldots$ auf der Hilfskugel 1, d. h. außerhalb der brechenden Kugel, gehört. In Abb. 71 ist dies für die Punkte C'' und B'' noch einmal ausgeführt: Ein von C'' ausgehendes, beliebig weit geöffnetes Strahlenbüschel wird so gebrochen, als ob es von B'' herkäme. Da hier $n_2 > n_1$ angenommen ist, ist das von C'' ausgehende stark divergente Büschel durch die Brechung in das von B'' ausgehende weniger divergente Büschel übergeführt worden.

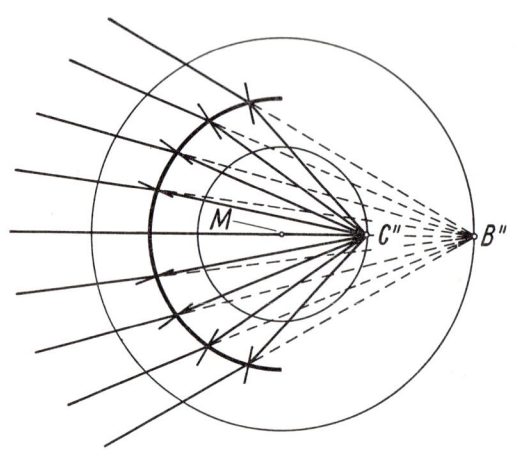

Abb. 71. Zur Erklärung der aberrationsfreien Punkte (C'' und B'') bei der Lichtbrechung an einer Kugelfläche

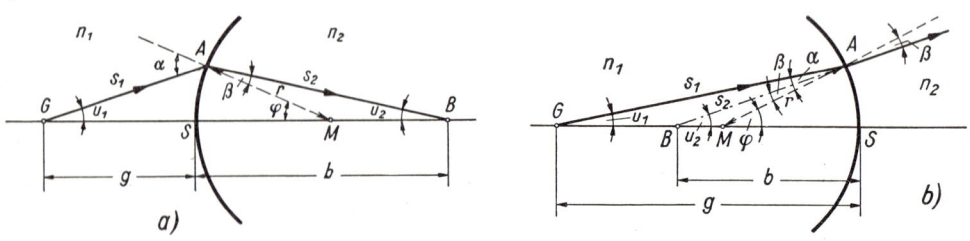

Abb. 72. Abbildung eines Achsenpunktes G durch eine konvexe (a) bzw. konkave (b) brechende Kugelfläche

Abb. 72 stellt nochmals zwei Meridianschnitte durch eine brechende Kugelfläche dar, wobei $n_2 > n_1$, also das Medium auf der rechten Seite optisch dichter ist als das auf der linken Seite der brechenden Fläche. Im Falle der Abb. 72a haben wir es für einen im Medium 1 befindlichen Beobachter mit einer konvexen, in Abb. 72b mit einer konkaven Trennungsfläche zu tun. Im Medium 1 befinde sich ein leuchtender Punkt G, den wir mit dem Kugelzentrum M verbinden. Die Verbindungslinie bzw.

7. Brechung des Lichtes an einer Kugelfläche

ihre Verlängerung über M hinaus schneidet die Kugelfläche im Scheitelpunkte S. Wir nennen BM die **optische Achse**. Ein von G unter dem Winkel u_1 gegen die Achse ausgehender Strahl schneidet im Falle der Abb. 72a nach Brechung an der Kugelfläche bei A die Achse in einem im Medium 2 liegenden reellen Punkt B, dem Bildpunkt von G; im Falle der Abb. 72b dagegen wird der Strahl so in das zweite Medium hereingebrochen, daß seine rückwärtige Verlängerung die optische Achse in dem virtuellen, im Medium 1 liegenden Bildpunkt B schneidet. Wir nennen den Abstand GS des Punktes G vom Scheitel der Fläche die **Gegenstandsweite** g und den Abstand des Bildpunktes von S die **Bildweite** b; beide Größen werden auch häufig als **Scheitel-** oder **Schnittweiten** bezeichnet. Über das Vorzeichen der angegebenen Größen treffen wir folgende Verabredung: Bei allen unseren Verabredungen verlaufe **die Lichtrichtung stets von links nach rechts. Der Radius r der brechenden Fläche sei positiv, wenn diese nach der Seite, von welcher das Licht vom Gegenstandsraum her einfällt, konvex ist; ist die Fläche konkav, wird r negativ angesetzt. Die Gegenstandsweite g und die Bildweite b werden stets vom Scheitelpunkt der Fläche aus gezählt, und zwar g positiv nach links, b positiv nach rechts. Die Strahllängen s_1 und s_2 werden in demselben Sinne wie g und b gerechnet. Wir zählen ferner die Richtung eines Gegenstandes senkrecht zur Achse positiv nach oben und die eines Bildes positiv nach unten**[1])[2]).

Aus den Abb. 72a und 72b finden wir auf Grund des Sinussatzes, den wir auf die Dreiecke GAM und BAM anwenden:

$$\frac{\sin\alpha}{\sin\varphi} = \frac{GM}{GA} \quad \text{und} \quad \frac{\sin\beta}{\sin\varphi} = \frac{BM}{BA}.$$

Nach dem Brechungsgesetz ist aber $n_1 \sin\alpha = n_2 \sin\beta$, so daß sich aus obigen Gl. nach Erweiterung mit n_1 bzw. n_2 ergibt:

$$n_1 \frac{GM}{GA} = n_2 \frac{BM}{BA}.$$

Wie man aus der Abb. 72a entnimmt, ist aber $GM = g + r$ und $BM = b - r$; setzen wir ferner $GA = s_1$ und $BA = s_2$, so erhalten wir:

(16) $$n_1 \cdot \frac{g+r}{s_1} = n_2 \cdot \frac{b-r}{s_2}.$$

Benutzen wir Abb. 72b, so haben wir
$GM = g - |r| = g + r$, $BM = |b| - |r| = r - b$ und $AB = |s_2| = -s_2$ zu setzen und erhalten dann dieselbe Gleichung.

---

[1]) Diese Vorzeichenwahl wird in der Optik als das **anschauliche System** bezeichnet; sie ist natürlich eine willkürliche und wurde deswegen gewählt, weil bei den elementaren Abbildungsvorgängen die Objekte reell vor den abbildenden Systemen (bei unserer Darstellung also links) sich befinden, die Gegenstandsweite also positiv von der ersten abbildenden Fläche aus gerechnet wird, und weil bei der Sammellinse mit positiver Brennweite das Bild eine zum Objekt umgekehrte Lage aufweist. Im Gegensatz dazu findet man in vielen Lehrbüchern und besonders in der rechnenden Optik das sog. **rationelle System**, bei dem alle Strecken positiv im Sinne der Lichtbewegung und negativ im entgegengesetzten Sinne gerechnet werden. In diesem Fall wird dann auch ein dem Objekt gleichgerichtetes Bild als positiv bezeichnet. In diesem System haben dann sowohl die Sammellinse wie auch die Zerstreuungslinse eine positive und eine negative Brennweite, während bei dem von uns benutzten anschaulichen System eine Sammellinse stets positive und eine Zerstreuungslinse stets negative Brennweiten erhält. Beide Systeme haben ihre Vorteile und Nachteile, eine vollkommene Einigung wird sich daher kaum erreichen lassen. Der Leser tut daher gut, wenn er sich bei Benutzung anderer Werke zuerst über die in ihnen benutzte Vorzeichenwahl orientiert, damit das Verständnis des Stoffes nicht an der Tücke der Vorzeichen scheitert.

[2]) Zu beachten ist dabei, daß wir hier die Vorzeichen für Bildweite, Brennweiten, Krümmungsradien umgekehrt wählen wie bei den Hohlspiegeln.

Gl. (16) gilt also ganz allgemein für jeden von G nach der brechenden Fläche ausgehenden Strahl. Es ergeben jedoch, wie man sich leicht überzeugt (siehe auch Abb. 70) von G unter verschiedenen Öffnungswinkeln u_1 gezogene Strahlen verschiedene Bildpunkte. Diese Komplikation fällt aber, wie beim Hohlspiegel, fort, wenn wir nur achsennahe (paraxiale) Strahlen betrachten; dann können wir $s_1 \approx g$ und $s_2 \approx b$ setzen, da dann $\cos u_1$ und $\cos u_2$ nahezu gleich 1 sind, und erhalten an Stelle von Gl. (16) nach einiger Umrechnung:

(16a) $$\frac{n_1}{g} + \frac{n_2}{b} = \frac{n_2 - n_1}{r}.$$

Diese Gleichung gilt für paraxiale Strahlen ganz allgemein, wenn man die Strecken g, b, r mit ihrem richtigen Werte — je nach den Umständen positiv oder negativ — einsetzt.

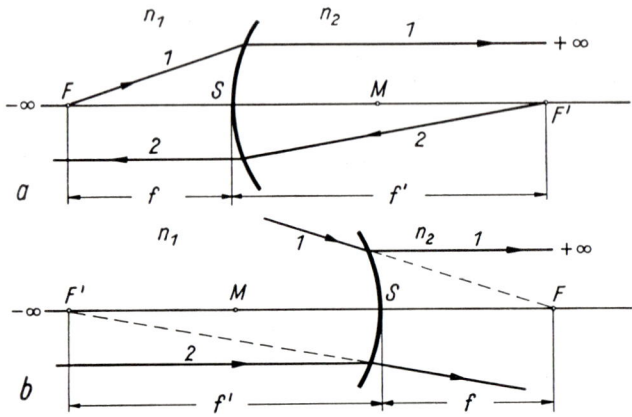

Abb. 73. Zur Definition der Brennpunkte bei einer konvexen (*a*) bzw. konkaven (*b*) brechenden Kugelfläche

Ergibt sich aus Gl. (16a) der Wert von b, den man i. a. sucht, positiv oder negativ, so heißt das, daß der Bildpunkt von G rechts oder links vom Scheitelpunkte der Kugelfläche liegt, d. h. reell oder virtuell ist.

Nach dem Satz von der Umkehrbarkeit des Lichtweges ist es für den Strahlenverlauf gleichgültig, welche Richtung das Licht hat. Werden also die von G ausgehenden Strahlen in B vereinigt, so treffen umgekehrt die von B ausgehenden Strahlen in G zusammen. Zwei so miteinander verknüpfte Punkte nennt man **konjugierte Punkte**. Gl. (16a) sagt dann aus, daß — immer unter der Voraussetzung **paraxialer Strahlen** — ein homozentrisches Strahlenbüschel auch nach der Brechung an einer Kugelfläche homozentrisch bleibt. Man bezeichnet diese punktweise Abbildung aller auf der Achse gelegenen Objektpunkte durch paraxiale Strahlen als **Gaußsche Abbildung**, weil sie von C. F. Gauß (1840) zuerst in allgemeiner Weise behandelt wurde. Aus Gl. (16a) entnimmt man noch, daß G und B stets im gleichen Sinne auf der Achse wandern: geht G von links nach rechts auf der Achse, d. h. wird $|g|$ kleiner, so wandert B ebenfalls von links nach rechts, d. h. es wird bei positivem r (konvexe Kugelfläche) $|b|$ größer und bei negativem r (konkave Kugelfläche) $|b|$ kleiner. Man nennt daher diese Abbildung **rechtläufig**; sie kommt nur bei der Brechung vor, denn bei der Reflexion hatten wir es mit einer rückläufigen Abbildung zu tun.

Wir führen nun noch die **Brennpunkte** F und F' ein: als solche bezeichnet man die zum unendlich fernen Gegenstandspunkte bzw. Bildpunkte gehörenden konjugierten Punkte, also diejenigen Punkte, in denen parallel zur Achse auf die Trennungsfläche fallende paraxiale Strahlen im anderen Medium die Achse schneiden (Abb. 73a) bzw. von denen parallel einfallende Strahlen nach der Brechung herzukommen scheinen (Abb. 73b). Die beiden Brennpunkte liegen also auf entgegengesetzten Seiten der brechenden Fläche. Wir wollen den dem unendlich fernen Achsenpunkt des Bildraumes entsprechenden Brennpunkt als den objektseitigen oder vorderen Brennpunkt F bezeichnen. Alle von ihm ausgehenden (Abb. 73a, Strahl 1) oder nach ihm hin zielenden (Abb. 73b, Strahl 1) Strahlen werden so gebrochen, daß sie im Bildraum parallel zur Achse laufen. Umgekehrt bezeichnen wir den anderen Brennpunkt als bildseitigen oder hinteren Brennpunkt F': alle von ihm ausgehenden (Abb. 73a, Strahl 2) oder nach ihm hinzielenden (Abb. 73b, Strahl 2) werden so gebrochen, daß sie im Objektraum parallel zur Achse laufen. Die Abstände der Brennpunkte vom Scheitelpunkt nennen wir die Brennweiten f und f', die Wahl ihrer Vorzeichen soll denen von g und b entsprechen. Es bedeutet z. B. ein positives f' stets einen im Bildraum liegenden reellen Brennpunkt, während man an einem negativen Vorzeichen von f' erkennt, daß es sich um einen virtuellen bildseitigen, im Gegenstandsraum liegenden Brennpunkt handelt. Wie man aus Abb.73b ersieht, sind z. B. für eine konkave Fläche mit $n_2 > n_1$, wie hier angenommen war, die Brennpunkte virtuell, da sowohl f wie auch f' negative Werte annehmen.

Die Werte für f und f' erhält man aus Gl. (16a), wenn man darin g und b unendlich werden läßt. Für $b = \infty$ folgt:

(17a) $$f = \frac{n_1 r}{n_2 - n_1},$$

und für $g = \infty$:

(17b) $$f' = \frac{n_2 r}{n_2 - n_1}.$$

Als Differenz der beiden Brennweiten ergibt sich:

(18) $$f' - f = r,$$

und für ihr Verhältnis:

(19) $$\frac{f}{f'} = \frac{n_1}{n_2}.$$

Die beiden Brennweiten haben also stets das gleiche Vorzeichen, d. h. die beiden Brennpunkte liegen stets auf entgegengesetzten Seiten der brechenden Fläche (Abb. 73), und die beiden Brennweiten verhalten sich wie die Brechzahlen der beiden Medien, die durch die Kugelfläche getrennt werden. Aus Gl. (17b) erkennt man insbesondere, daß f' nur positiv wird, wenn r und $n_2 - n_1$ gleiches Vorzeichen haben. Eine brechende Fläche sammelt also parallele Strahlen in einem Punkt, wenn ihr Mittelpunkt im stärker brechenden Medium liegt, einerlei, von welcher Seite das Licht auf die Fläche fällt (Abb. 73a).

Führt man die Brennweiten in Gl. (16a) ein, so erhält man die **Abbildungsgleichung für paraxiale Strahlen:**

(20) $$\frac{f}{g} + \frac{f'}{b} = 1.$$

Diese Grundgleichung, aus der man zu jeder Gegenstandsweite die zugehörige Bildweite berechnen kann, nimmt besonders einfache Gestalt an, wenn man statt der Scheitelwerte von g und b die auf die Brennpunkte bezogenen Koordinaten von Gegenstands- und Bildpunkt einführt. Bezeichnet man den Abstand des Gegenstandspunktes vom objektseitigen Brennpunkt F mit x, und den Abstand des Bildpunktes B vom bildseitigen Brennpunkt mit x', so ist $g = f + x$ und $b = f' + x'$. Setzt man diese Werte in Gl. (20) ein, so erhält man:

$$\frac{f}{f+x} + \frac{f'}{f'+x'} = 1,$$

woraus die **Newtonsche Form der Abbildungsgleichung** folgt:

(21) $$xx' = ff'.$$

In Nr. 76 werden wir in anderem Zusammenhang eine allgemeinere Ableitung der Gl. (20) kennenlernen, in der für die Existenz punktweiser Abbildung nur vorausgesetzt werden muß, daß der Ablenkungswinkel, $\alpha-\beta$, proportional zum Abstand von A von der Achse, also proportional $\sin \varphi$ sein muß. Für paraxiale Strahlen ist dies hier der Fall, da $\alpha-\beta \simeq \sin(\alpha-\beta) \simeq \sin\alpha - \sin\beta = \left(\dfrac{d+r}{s_1} - \dfrac{b-r}{s_2}\right)\sin\varphi$.

Gl. (16a) können wir unter Benutzung der Gl. (17a) und (17b) auch in folgender Form schreiben:

(16b) $$\frac{n_1}{g} + \frac{n_2}{b} = \frac{n_2 - n_1}{r} = \frac{n_1}{f} = \frac{n_2}{f'},$$

aus der hervorgeht, daß den durch die zugehörigen Brechzahlen dividierten Größen g, b, f, f' eine besondere Bedeutung zukommt. Die Größen $\dfrac{f}{n_1}$ und $\dfrac{f'}{n_2}$ heißen die reduzierten Brennweiten, entsprechend sind $\dfrac{g}{n_1}$ und $\dfrac{b}{n_2}$ die reduzierten Schnittweiten. Nach A. Gullstrand (1908) nennt man $\dfrac{n_1}{g} = A_g$ die reduzierte Konvergenz der Gegenstandsweite, $\dfrac{n_2}{b} = A_b$ die reduzierte Konvergenz der Bildweite und $\dfrac{n_1}{f} = \dfrac{n_2}{f'} = S$ die Brechkraft der brechenden Fläche. (Es ist üblich, Brechkraft und Konvergenz in Dioptrien [s. S. 16] anzugeben). Mit diesen Bezeichnungen kann man Gl. (16b) in der Form schreiben:

(22) $$A_g + A_b = S$$

und den Satz aussprechen:

Bei einer brechenden Kugelfläche ist die Summe der reduzierten Konvergenzen von Gegenstands- und Bildweite gleich der Brechkraft der brechenden Fläche.

Entsprechend läßt sich Gl. (21) in die Form bringen:

(23) $$XX' = S^2$$

wobei $X = \dfrac{n_1}{x}$ und $X' = \dfrac{n_2}{x'}$ die reduzierten Konvergenzen der von den Brennpunkten aus gerechneten Gegenstands- und Bildweite bedeuten. Gemäß Gl. (16b) kann man sich zur Bildung der Brechkraft einer Kugelfläche merken: Man durchdringt die Fläche in Richtung des Lichtes, schreibt den hinter der Fläche herrschenden Brechungsquotienten hin, zieht davon den Brechungsquotienten vor der Fläche ab und dividiert (durch den in Metern ausgedrückten) Radius der Fläche.

Experimentell kann man die Brechung an einer Kugelfläche zeigen, indem man ein Bündel paralleler Lichtstrahlen von oben auf einen mit Wasser gefüllten Standzylinder fallen läßt und auf die Wasseroberfläche ein Uhrglas bringt, das die Oberfläche je nach seiner Lage konkav oder konvex gestaltet. Der Strahlenverlauf im Wasser und die Lage des Brennpunktes bei konvex gekrümmter Fläche läßt sich verfolgen, wenn man das Wasser mit etwas Fluoreszein versetzt.

In Gl. (16a) ist übrigens formal auch der Fall der Reflexion enthalten. Setzt man nämlich $n_2 = -n_1$, so nimmt Gl. (16a) die Gestalt an:

$$\frac{1}{g} - \frac{1}{b} = -\frac{2}{r}.$$

Dies stimmt mit der Abbildungsgleichung (1) für sphärische Spiegel (s. S. 16) überein, wenn man berücksichtigt, daß man beim Hohlspiegel die Bildweiten, Brennweiten, Krümmungsradien mit umgekehrtem Vorzeichen nimmt wie bei der Brechung; vgl. auch Anm. 2 auf S. 49.

Lassen wir ferner in Gl. (16a) $r = \infty$ werden, d. h. gehen wir von einer gekrümmten Trennungsfläche zwischen den beiden Medien zu einer ebenen Fläche über, so wird:

$$\frac{n_1}{g} + \frac{n_2}{b} = 0,$$

d. h.

$$b = -\frac{n_2}{n_1} g.$$

Diese Gleichung sagt aus, daß ein im Abstand g hinter einer brechenden Fläche liegender Gegenstand bei senkrechtem Einblick in die Fläche in der Entfernung $b = \frac{n_2}{n_1} g$ hinter der Fläche gesehen wird. Nun wird in praktischen Fällen das Medium 2, in das die vom Gegenstandspunkt ausgehenden Strahlen eindringen, Luft sein, also $n_2 = 1$. Beim Einblick in die brechende Fläche scheint also der Gegenstand um $g - \frac{n_2}{n_1} g = \frac{n_1 - n_2}{n_1} g$ der Fläche genähert. Dies ist der Grund dafür, daß der Boden von Gewässern bei senkrechtem Einblick gehoben erscheint, und zwar um $\frac{4/3 - 1}{4/3} g = \frac{1}{4} g$. Von dieser Erscheinung hatten wir bereits auf S. 35 Gebrauch gemacht bei der Messung der Brechzahl einer Glasplatte (Abb. 51b).

Diese Überlegung gilt wegen der Beschränkung auf paraxiale Strahlen nur bei senkrechtem Einblick in die Wasserfläche. Bei schiefem Einblick wird der betreffende Punkt P unter der Wasseroberfläche nicht nur stärker gehoben, sondern auch seitlich verschoben. Verlängert man z. B. zwei benachbarte, von P ausgehende, ins Auge gelangende Strahlen (Abb. 74) nach ihrer Brechung geradlinig rückwärts in der Blickrichtung, so schneiden sie sich bei P'. Je tiefer sich das Auge zur Wasseroberfläche senkt, umso näher rückt der virtuelle Bildpunkt P' längs einer Kurve bis zur Wasseroberfläche. Man nennt diese Kurve die **Diakaustik** des Punktes P; es bilden nämlich sämtliche von P in die Luft

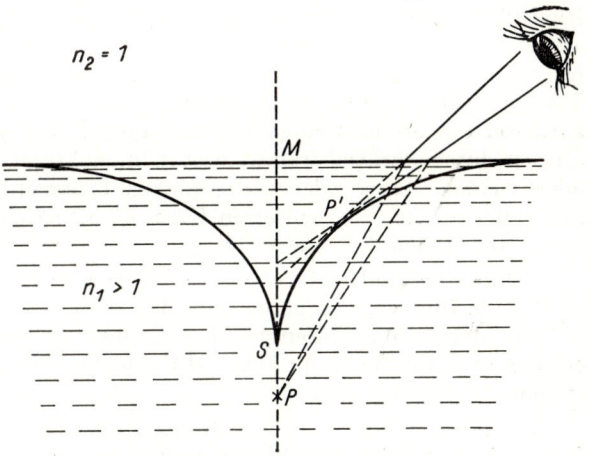

Abb. 74. Entstehung der Diakaustik

gebrochenen Strahlen mit ihrer rückwärtigen Verlängerung Tangenten an die **kaustische Fläche**, die durch die Rotation der Diakaustik um die Achse MP entsteht. Die Spitze S der Diakaustik ist der Punkt, in dem P bei senkrechtem Einblick gesehen wird.

2. Abbildung eines ausgedehnten Gegenstandes. Wir haben bisher nur die Abbildung eines auf der optischen Achse liegenden Punktes G durch eine Kugelfläche betrachtet. Wir wollen aber jetzt einen senkrecht zur Achse ausgedehnten Gegenstand abbilden. Zu dem Zwecke können wir folgendermaßen vorgehen: Um den Mittelpunkt M der brechenden Kugelfläche schlagen wir eine konzentrische Kugel mit dem Radius MG (in Abb. 75 gestrichelt) und nehmen auf dieser Kugelfläche irgendeinen Punkt G' an. Verbinden wir nun auch G' mit dem Mittelpunkt M der brechenden Fläche, so können

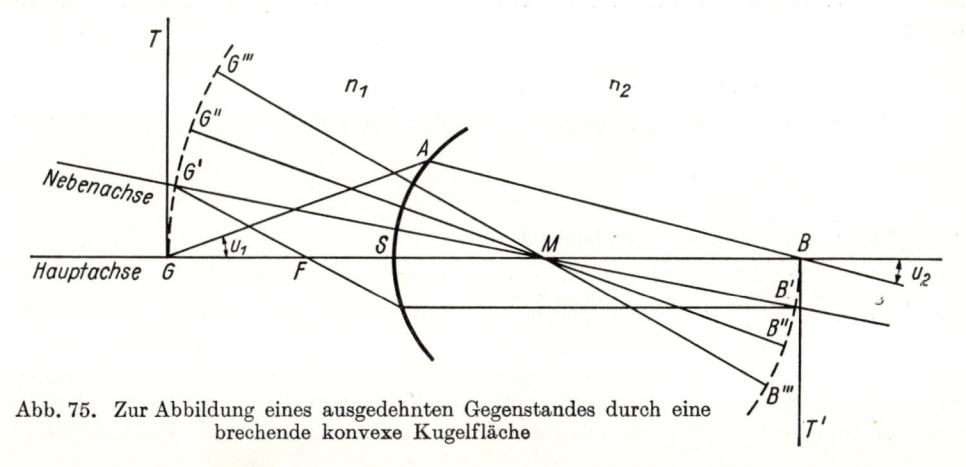

Abb. 75. Zur Abbildung eines ausgedehnten Gegenstandes durch eine brechende konvexe Kugelfläche

wir $G'M$ ebenfalls als optische Achse (Nebenachse) betrachten und nun dieselben Überlegungen wie bisher anstellen, um den Bildpunkt B' zu G' zu finden: dieser liegt offenbar auf einer mit dem Radius MB um M geschlagenen zweiten konzentrischen Kugelfläche, die in der Abbildung ebenfalls gestrichelt ist. Was für G' und B' gilt, gilt für jeden Punkt G'', G''' ... der ersten Kugelfläche: jedem ihrer Punkte entspricht je ein Bildpunkt B'', B''' ... der zweiten Kugelfläche. D. h. es gilt der Satz: **Liegen die Objektpunkte auf einer zur brechenden Fläche konzentrischen Kugelfläche, so liegen die konjugierten Bildpunkte ebenfalls auf einer mit der brechenden Fläche konzentrischen Kugelfläche.** Beschränken wir uns aber auf einen zylindrischen, rings um die Hauptachse gelegenen sehr engen Raum, d. h. auf paraxiale Strahlen, so können wir offenbar die kleinen Stücke der beiden Kugelflächen innerhalb dieses Raumes als eben, d. h. mit den Tangentialebenen T bzw. T' zusammenfallend betrachten. In dieser Näherung können wir also sagen, daß **senkrecht zur Hauptachse gelegene Ebenen durch Paraxialstrahlen wieder in senkrecht zur Achse liegende Ebenen abgebildet werden.** Man vergleiche das analoge Problem beim Spiegel (S. 21). Um also einen senkrecht zur Achse orientierten Gegenstand geringer Ausdehnung durch eine Kugelfläche abzubilden, können wir drei ausgezeichnete Strahlen ziehen, nämlich:

1. Ein vom Endpunkt G' des Gegenstandes parallel zur Achse einfallender Strahl (1 in Abb. 76a) wird so gebrochen, daß er bei einer konvex gekrümmten Fläche für $n_1 < n_2$ durch den bildseitigen Brennpunkt F' hindurchgeht, und bei einer konkav gekrümmten Fläche (1 in Abb. 76b) vom virtuellen bildseitigen Brennpunkt F' herzukommen scheint.

2. Ein von G' durch den objektseitigen Brennpunkt F gehender Strahl (2 in Abb. 76a) bzw. bei einer konkaven Fläche nach dem Brennpunkt F hinzielender Strahl (2 in Abb. 76b) wird für $n_1 < n_2$ so gebrochen, daß er parallel zur Achse weiterläuft.

3. Ein von G' nach dem Mittelpunkt M der brechenden Fläche gezogener Strahl (3 in Abb. 76a und 76b) erfährt keine Brechung.

Ist umgekehrt $n_1 > n_2$, so gilt der Strahlverlauf von 76a für eine konkave, der von 76b für eine konvexe Kugelfläche (Abb. 76d und 76c). Man erhält demnach von einem außerhalb des Brennpunktes F befindlichen Gegenstand im Falle $n_1 < n_2$ bei einer konvexen Brechungsfläche ein umgekehrtes reelles Bild und bei einer konkaven ein virtuelles aufrechtes Bild. Im Falle $n_1 > n_2$ liegen die Verhältnisse gerade umgekehrt.

3. Die optischen Vergrößerungen, Satz von Lagrange. Wie bei den sphärischen Spiegeln bezeichnen wir das Verhältnis von Bildgröße y_2, gemessen in der zur Achse senkrechten Richtung, zu der Gegenstandsgröße y_1 als **laterale** oder **transversale Vergrößerung** v. Aus den einander ähnlichen Dreiecken $BB'M$ und $GG'M$ in Abb. 76a folgt:

$$v = \frac{y_2}{y_1} = \frac{b-r}{g+r}.$$

Unter Benutzung von (16a) folgt hieraus nach einiger Umrechnung:

(24) $$v = \frac{y_2}{y_1} = \frac{n_1 b}{n_2 g}.$$

Aus Abb. 76b erhalten wir die gleiche Formel:

$$v = \frac{b-r}{g+r} = \frac{n_1 b}{n_2 g}.$$

Nur ist zu beachten, daß im letzteren Falle nach unserer Vorzeichenbestimmung b einen negativen Wert hat, also auch v negativ ausfällt. Das bedeutet, daß das virtuelle Bild oberhalb der optischen Achse liegt. Umgekehrt bedeutet ein positiver Wert von v, daß das Bild dem Gegenstand entgegengesetzt, also umgekehrt ist. Da v bei einem

7. Brechung des Lichtes an einer Kugelfläche

gegebenen brechenden System nur von g und b abhängt und von der Gegenstandsgröße y_1 unabhängig ist, gilt der Satz: **Die laterale Vergrößerung ist in konjugierten Ebenenpaaren konstant und variiert nur von Ebenenpaar zu Ebenenpaar.**

Setzt man in Gl. (24) für $\frac{n_1}{n_2}$ nach Gl. (19) den Wert $\frac{f}{f'}$ ein und ersetzt g und b durch $g = f + x, b = f' + x'$, so kann man schreiben:

$$v = \frac{f(f' + x')}{f'(f + x)}.$$

Ersetzt man schließlich im Zähler ff' nach (21) durch xx', so ergibt sich:

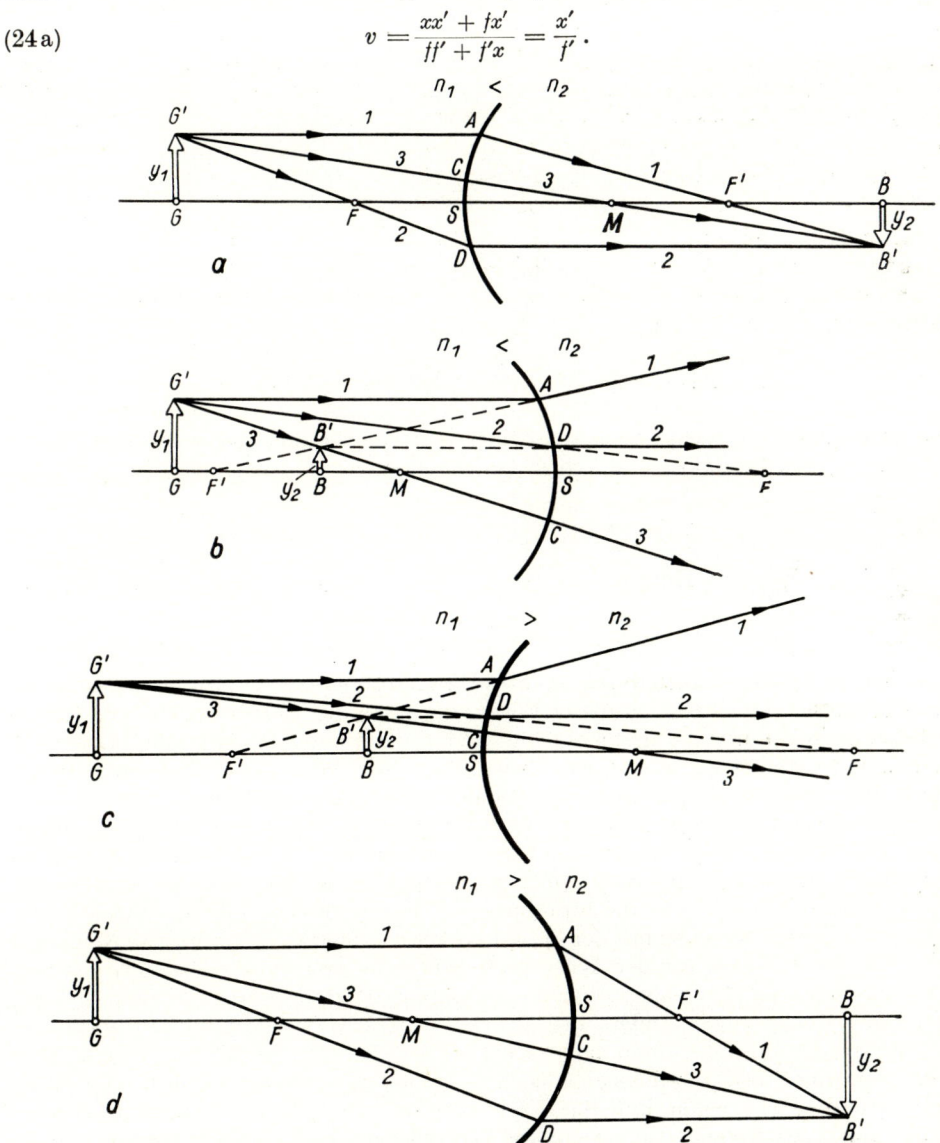

(24a) $$v = \frac{xx' + fx'}{ff' + f'x} = \frac{x'}{f'}.$$

Abb. 76. Abbildung eines Gegenstandes durch eine konvexe (a, c) bzw. konkave (b, d) brechende Kugelfläche für die beiden Fälle, daß $n_1 < n_2$ (a, b) und $n_1 > n_2$ (c, d) ist.

Unter nochmaliger Benutzung von Gl. (21) kann man dafür auch schreiben:

(24b) $$v = \frac{f}{x}.$$

Außer der Lateralvergrößerung kann man auch eine **Tiefen-** oder **axiale Vergrößerung** definieren. Denken wir uns einen längs der Achse liegenden Gegenstand GG' von der Länge Δx, so entspricht ihm ein Bild BB' von der Größe $\Delta x'$ (Abb. 77). Das Verhältnis $\frac{\Delta x'}{\Delta x}$ ist die Tiefenvergrößerung t. Um sie zu berechnen, differenzieren wir am einfachsten die Newtonsche Form der Abbildungsgleichung (21). Das liefert:

$$x\Delta x' + x'\Delta x = 0$$

und folglich

(25) $$t = \frac{\Delta x'}{\Delta x} = -\frac{x'}{x}.$$

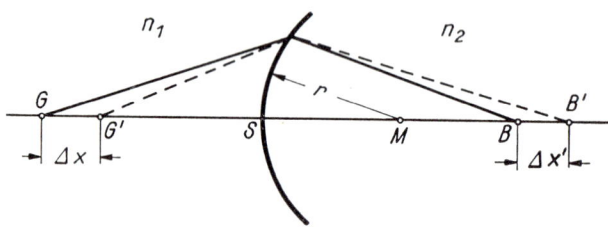

Abb. 77. Zur Definition der Tiefenvergrößerung

Multipliziert man die rechte Seite im Zähler und Nenner mit x oder x', und ersetzt nach Gl. (21) das Produkt xx' durch ff', so erhält man:

(25a) $$t = -\frac{ff'}{x^2} = -\frac{x'^2}{ff'};$$

$t = -\frac{x'}{x}$ kann man mit Hilfe der Gl. (16a) und (17) auch in folgende Form bringen:

(25b) $$t = -\frac{n_1}{n_2}\frac{g^2}{b^2},$$

eine Gleichung, die man auch durch direktes Differenzieren der Gl. (16a) erhalten kann. Man erkennt am einfachsten an dieser Form von t, daß die Tiefenvergrößerung für ein gegebenes System nur von g und b abhängt und von der Gegenstandsgröße Δx gänzlich unabhängig ist. Daher gilt auch für t — wie für v — der Satz: **Die Tiefenvergrößerung t ist in konjugierten Ebenenpaaren konstant und variiert nur von Ebenenpaar zu Ebenenpaar.** Schließlich kann man noch eine dritte, die angulare Vergrößerung w einführen. Den Winkel, unter dem ein vom Gegenstandspunkt G auf der Achse ausgehender Strahl diese verläßt bzw. im Bildraum vom Bildpunkt auf der Achse gegen diese geneigt weiterläuft, nennt man die **Strahlneigung**. Die Winkel u_1 und u_2 (Abb. 75) der beiden konjugierten Strahlen mit der optischen Achse bilden zwei konjugierte Neigungswinkel; sie werden beide von der Achse aus gezählt, und zwar im Gegenstandsraum (u_1) positiv in dem der Uhrzeigerbewegung entgegengesetzten Sinne, im Bildraum (u_2) positiv im Uhrzeigersinne. Anders ausgedrückt: u_1 ist positiv und stets kleiner als 90^0, wenn der Strahl von links unten nach rechts oben geht, u_2 ist positiv und stets kleiner als 90^0, wenn der Strahl von links oben nach rechts unten verläuft; in Abb. 75 sind beide Winkel positiv. Man nennt nun das Verhältnis der Tangenten der Strahlneigungen vor und nach der Brechung die **angulare Vergrößerung** oder das **Konvergenzverhältnis** w. Aus den beiden Dreiecken GAS' und BAS' in der Abb. 75 (S' sei der Fußpunkt der von A auf die Achse gefällten Lotes) folgt:

7. Brechung des Lichtes an einer Kugelfläche

$$\tan u_1 = \frac{AS'}{GS'} \quad \text{und} \quad \tan u_2 = \frac{AS'}{BS'}$$

also:

$$\frac{\tan u_2}{\tan u_1} = \frac{GS'}{BS'}.$$

Wegen der Kleinheit der Winkel u_1 und u_2 — in Abb. 75 sind sie der Deutlichkeit halber viel zu groß gezeichnet — fällt nun der Punkt S' praktisch mit S zusammen, und die letzte Gleichung kann daher annähernd geschrieben werden:

(26) $$w = \frac{\tan u_2}{\tan u_1} = \frac{GS}{BS} = \frac{g}{b}.$$

Auch die angulare Vergrößerung w ist also konstant in konjugierten Ebenenpaaren und variiert nur von Ebenenpaar zu Ebenenpaar. Führen wir wieder für g und b die Ausdrücke $f + x$ und $f' + x'$ ein, so können wir schreiben:

$$w = \frac{f + x}{f' + x'},$$

und mit Bezug auf Gl. (21):

(27) $$w = \frac{f + ff'/x'}{f' + x'} = \frac{xx'/f' + x}{f' + x'} = \frac{f}{x'} = \frac{x}{f'}.$$

Zwischen den drei Vergrößerungen v, t, w bestehen verschiedene Beziehungen. Aus den Gl. (24), (25 b) und (26) ergibt sich, wie man sofort sieht:

$$v = \frac{n_1}{n_2}\frac{1}{w}; \quad t = -\frac{n_1}{n_2}w^2 = -\frac{n_1^3}{n_2^3}\frac{1}{v^2};$$

insbesondere folgt aus der ersten dieser Gleichungen

$$vw = \frac{n_1}{n_2} = \frac{f}{f'},$$

wenn man noch (16b) berücksichtigt. Das bedeutet: **Das Produkt vw ist nicht nur für konjugierte Ebenenpaare, sondern für das ganze gegebene System konstant.**

Gl. (26) für die Angularvergrößerung läßt sich noch anders formulieren, indem man für g/b den Wert aus (24) einsetzt:

(27a) $$w = \frac{\tan u_2}{\tan u_1} = \frac{n_1 y_1}{n_2 y_2},$$

oder schließlich:

(28) $$n_1 y_1 \tan u_1 = n_2 y_2 \tan u_2,$$

bzw. für die in Frage kommenden kleinen Winkel:

(28a) $$n_1 y_1 u_1 = n_2 y_2 u_2.$$

Diese beiden Gleichungen sagen aus: **Wird ein achsensenkrechter Gegenstand durch eine Kugelfläche abgebildet, die zwei brechende Medien voneinander trennt, so bleibt das Produkt aus seiner Größe, dem Brechungsquotienten und dem Tangens der Strahlneigung (bzw. dieser selbst) konstant (Satz von J. L. Lagrange, 1803).**

Bezeichnet man $n \tan u$ als **optische Divergenz**, so läßt sich dieser Satz in folgender Form aussprechen: **Das Produkt aus optischer Divergenz und achsensenkrechter Gegenstandsgröße bleibt bei jeder Brechung konstant.**

Die Größe $ng \tan u$ (bez. nyu) stellt also wieder eine optische Invariante dar.

Unter Benutzung der Strahlneigung kommt man nach C. F. Gauß zu einer neuen Definition der Brennweite. Rückt nämlich (Abb. 78) ein Gegenstand y_1 in die Brennebene des Gegenstandsraumes, so läuft in bekannter Weise der achsenparallele Strahl nach der Brechung durch den bildseitigen Brennpunkt F' zu dem im Unendlichen liegenden Bildpunkt und schneidet dabei die Achse unter dem Winkel u_2^*. Auch der von G_1 nach dem Mittelpunkt M der brechenden Fläche gezogene Strahl verläuft daher unter derselben Neigung u_2^* nach dem unendlich fernen Bildpunkt. Obwohl das

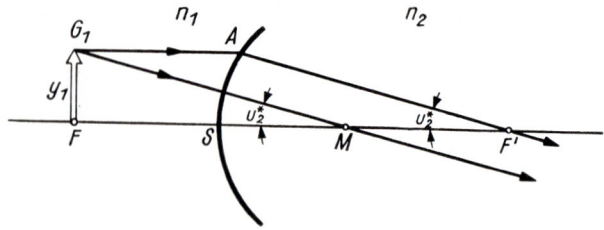

Abb. 78. Zur Definition der Brennweite einer brechenden Kugelfläche nach Gauß

Bild von $y_1 = FG_1$ unendlich groß wird, erscheint es doch unter dem bestimmten endlichen Winkel u_2^* von jedem Punkt der Achse aus, und man nennt daher tang u_2^* die **angulare** oder **scheinbare Größe** des Bildes von FG_1. Nach Abb. 78 besteht die Beziehung:

$$(29) \qquad f' = \frac{y_1}{\tan g\, u_2^*},$$

in Worten:

Die Brennweite des Bildraumes ist gleich dem Verhältnis der Größe y_1 eines in der Brennebene des Gegenstandsraumes liegenden achsensenkrechten Gegenstandes zur angularen Größe tang u_2^* seines im Unendlichen liegenden Bildes.

Analog erhält man für die Brennweite f des Gegenstandsraumes:

$$(29\,\mathrm{a}) \qquad f = \frac{y_2}{\tan g\, u_1^*},$$

die in Worten entsprechend zu formulieren ist.

8. Brechung und Abbildung durch ein zentriertes System brechender Kugelflächen

Der bisher behandelte Fall der Brechung des Lichtes durch eine einzige brechende Kugelfläche tritt in der Praxis nur selten auf; im allgemeinen haben wir es mit brechenden Körpern zu tun, die mindestens von zwei solchen Flächen begrenzt werden oder bei denen mehrere Kugelflächen Medien mit verschiedenen Brechzahlen voneinander trennen. Wir wollen daher jetzt den Strahlenverlauf durch eine Anzahl brechender Kugelflächen verfolgen, deren Mittelpunkte auf einer Geraden, der optischen Achse des Systems, liegen (**zentriertes optisches System**). In Abb. 79 ist der Längsschnitt durch

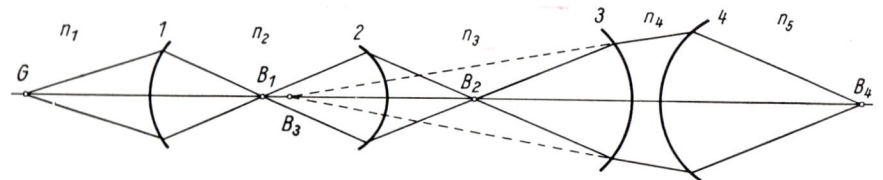

Abb. 79. Strahlenverlauf durch ein aus vier brechenden Kugelflächen bestehendes zentriertes optisches System

8. Brechung und Abbildung durch ein zentriertes System brechender Kugelflächen 59

ein solches System mit vier brechenden Kugelflächen gezeichnet, die 5 verschiedene Medien mit den Brechzahlen $n_1 < n_2 < n_3 < n_4 > n_5$ voneinander trennen. Wie wir wissen, werden die von einem auf der Achse liegenden leuchtenden Punkt ausgehenden paraxialen Strahlen durch die erste brechende Fläche in einem Achsenpunkt B_1 vereinigt, der in Abb. 79 reell ist und im Medium n_2 liegt. Dieser Bildpunkt B_1 kann als Objektpunkt für die zweite Fläche aufgefaßt werden, die von ihm ein Bild B_2 entwirft, das im Medium n_3 wieder auf der Achse liegt und im Falle der Abb. 79 ebenfalls reell ist. Die nächste Fläche 3 erzeugt von B_2 einen (virtuellen) Bildpunkt B_3, der den Gegenstandspunkt für die letzte Fläche 4 bildet, die von ihm einen reellen Bildpunkt B_4 auf der Achse im Medium n_5 erzeugt. Man sieht aus der Abbildung, daß auch beim **Durchgang durch beliebig viele brechende Kugelflächen eines zentrierten Systems ein homozentrisches Strahlenbüschel homozentrisch bleibt.** Die folgende Abb. 80 zeigt weiter, wie ein kleiner achsensenkrechter Gegen-

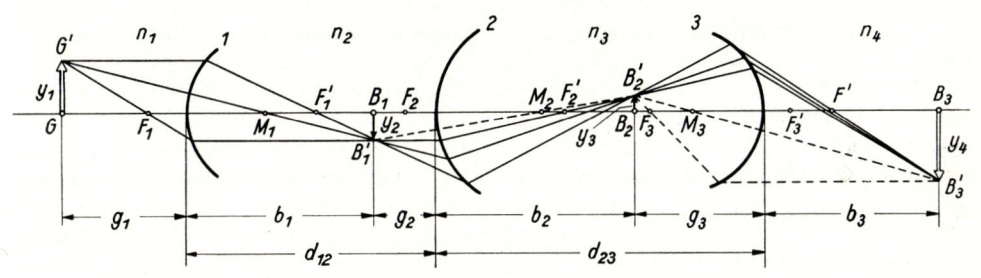

Abb. 80. Abbildung eines Gegenstandes durch ein aus drei brechenden Kugelflächen bestehendes zentriertes optisches System

stand GG' durch drei Kugelflächen in ein reelles Bild $B_3 B_3'$ abgebildet wird. Es ist klar, daß man die Lage des letzten Bildes berechnen kann, wenn man die Krümmungsradien der einzelnen Flächen, ihre gegenseitigen Abstände und die Brechzahlen der verschiedenen Medien kennt. Man hat zu diesem Zweck die Gl. (16a) mehrmals anzuwenden und dabei zu berücksichtigen, daß $b_1 + g_2 = d_{12}$, $b_2 + g_3 = d_{23}$ usw. ist, wobei d_{ik} die Abstände der i-ten von der k-ten Fläche bedeuten.

Bezeichnet y_1 die Größe des Gegenstandes und y_m die des Bildes nach einem Strahlenverlauf durch $m - 1$ brechende Flächen eines zentrierten Systems, so gilt für die Lateralvergrößerung v:

$$v = \frac{y_m}{y_1};$$

hierfür kann man unter Benutzung von Gl. (24) schreiben:

$$v = \frac{y_2}{y_1} \cdot \frac{y_3}{y_2} \cdot \frac{y_4}{y_3} \cdots \cdots \frac{y_m}{y_{m-1}} = \left(\frac{n_1}{n_2} \frac{b_1}{g_1}\right)\left(\frac{n_2}{n_3} \frac{b_2}{g_2}\right) \cdots \cdots \left(\frac{n_{m-1}}{n_m} \frac{b_{m-1}}{g_{m-1}}\right).$$

Dies ergibt:

$$(30) \qquad v = \frac{n_1}{n_m} \cdot \frac{b_1}{g_1} \cdot \frac{b_2}{g_2} \cdot \frac{b_3}{g_3} \cdots \cdots \frac{b_{m-1}}{g_{m-1}};$$

hierbei sind $g_1, g_2, g_3, \cdots g_{m-1}$ bzw. $b_1, b_2, b_3, \ldots b_{m-1}$ die einzelnen (auf die verschiedenen Brechungsflächen bezogenen) Gegenstands- bzw. Bildweiten (siehe z. B. Abb. 80).

Analog finden wir für die Angularvergrößerung (das Konvergenzverhältnis) unter Beachtung von (27a):

$$(31) \qquad w = \frac{\operatorname{tang} u_m}{\operatorname{tang} u_1} = \frac{n_1 y_1}{n_m y_m} = \frac{n_1}{n_m} \frac{1}{v}.$$

Die für eine einzige brechende Fläche von Lagrange aufgestellte Gleichung (28) oder Gl. (28a) gilt nämlich auch für ein zentriertes System mehrerer brechender Flächen; wir können ja schreiben:

$$n_1 y_1 \operatorname{tang} u_1 = n_2 y_2 \operatorname{tang} u_2 = \ldots\ldots n_m y_m \operatorname{tang} u_m,$$

so daß auch gilt:

(32) $$n_1 y_1 \operatorname{tang} u_1 = n_m y_m \operatorname{tang} u_m$$

bzw. (für kleine Winkel):

(32a) $$n_1 y_1 u_1 = n_m y_m u_m,$$

wobei sich die Buchstaben mit dem Index 1 auf das Objektmedium und die mit dem Index m auf den Bildraum beziehen: das ist aber bereits die zu beweisende Gleichung (31). Da die Gl. (32) bzw. (32a) für ein System mit mehreren Flächen von H. von Helmholtz aufgestellt wurden, werden sie als **Lagrange-Helmholtzsche Gleichungen** bezeichnet.

Es ist klar, daß, genau wie eine einzelne Kugelfläche, auch ein zentriertes System brechender Flächen zwei Brennpunkte besitzen muß, einen hinteren oder bildseitigen F', in dem sich parallel aus dem Objektraum einfallende Strahlen schneiden (bzw. von dem sie nach der Brechung herzukommen scheinen), und einen objektseitigen vorderen Brennpunkt F, in dem sich diejenigen Strahlen schneiden (bzw. wenn er virtuell ist, herzukommen scheinen), die im Bildraum das System parallel zur Achse verlassen. In Abb. 80 schneidet z. B. der von G' parallel zur Achse einfallende Strahl beim Austritt aus der letzten Fläche 3 die Achse im bildseitigen Brennpunkt F'. Entsprechend läßt sich der objektseitige Brennpunkt finden, indem man vom Bildraum achsenparallele Strahlen durch das System schickt, die sich dann im vorderen Brennpunkt F schneiden (in der Abb. nicht gezeichnet). Eine scheinbare Ausnahme bildet das sog. **teleskopische System,** bei dem Lage und Krümmung der einzelnen Flächen derartig sind, daß ein parallel einfallendes Bündel das System auch wieder als Parallelstrahlenbündel verläßt; in diesem Falle liegen beide Brennpunkte im Unendlichen.

Außer diesen Brennpunkten des Gesamtsystems hat natürlich jede der brechenden Flächen je einen vorderen und hinteren Brennpunkt (F_k, F_k' für die k-te Fläche) und entsprechende Brennweiten (f_k, f_k'), die jeweils von den Scheitelpunkten an gerechnet werden, wie bisher. Die Abb. 80 zeigt auch die Einzelbrennpunkte (F_1, F_1', F_2, F_2', F_3, F_3'), während die entsprechenden Brennweiten nicht bezeichnet sind, um die Figur nicht noch mehr zu komplizieren.

Haupt- und Knotenebenen. Es ist nun wohl zu beachten, daß mit der Kenntnis der Brennpunkte F und F' des Gesamtsystems noch nicht die zugehörigen Brennweiten f und f' bekannt sind, da nicht von vornherein feststeht, von welchen Punkten des Systems aus sie zu rechnen sind; eine zweckmäßige Festsetzung werden wir aber weiter unten treffen. Ebensowenig ermöglicht die Kenntnis der Lage der beiden Systembrennpunkte, — anders wie bei der einzelnen brechenden Fläche — Lage und Größe des von dem System entworfenen Bildes zu konstruieren; es sieht also so aus, als müsse man zu dem Zweck den Strahlenverlauf von Fläche zu Fläche verfolgen, wie es z. B. in Abb. 80 für 3 Flächen in der Tat geschehen ist. Es gibt aber, wie zuerst Gauß gezeigt hat, für jedes beliebige zentrierte optische System zwei ausgezeichnete Ebenen, die es ermöglichen, zu jedem Objekt Lage und Größe des Bildes zu finden, wenn außer ihnen noch die beiden Brennpunkte F und F' gegeben sind. Man findet diese **Gaußschen** „Hauptebenen" in folgender Weise: Blendet man aus einem Parallelstrahlenbündel (Abb. 81) durch zwei gleich große ringförmige Blenden B_1 und B_2 ein ringförmiges Strahlenbündel aus, das parallel zur Achse auf das zentrierte System fällt, so werden die Strahlen so gebrochen, daß sie die letzte Fläche auf einem Kegelmantel verlassen, dessen

8. Brechung und Abbildung durch ein zentriertes System brechender Kugelflächen 61

Spitze der bildseitige Brennpunkt F' auf der Achse des Systems ist. Dieser kann reell (wie in Abb. 81) oder auch virtuell sein. Der wirkliche Strahlenverlauf innerhalb des Systems ist in Abb. 81 nicht gezeichnet und braucht nicht bekannt zu sein. Wir setzen in das austretende konvergente Büschel eine dritte ringförmige Blende B_3, die das konische Lichtbüschel gerade durchläßt. Entfernen wir nun das brechende System und bringen an Stelle des Brennpunktes F' eine punktförmige Lichtquelle, so werden die von F' ausgehenden und die Blende B_3 durchsetzenden Strahlen das von der anderen Seite einfallende ringförmige Strahlenbündel in einer Ebene $\mathcal{H}'\mathcal{H}'$ schneiden, deren Lage man dadurch finden kann, daß man die Blende B_2 solange parallel zur Achse

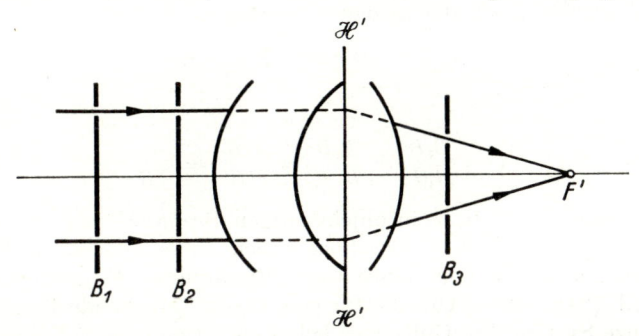

Abb. 81. Experimentelle Bestimmung der Hauptebenen eines optischen Systems

verschiebt, bis sie die von F' kommenden Strahlen gerade durchläßt. $\mathcal{H}'\mathcal{H}'$ ist die bildseitige Gaußsche Hauptebene. Führt man den gleichen Versuch in der umgekehrten Richtung aus, indem man das parallele Licht von der anderen Seite auf das System brechender Flächen auffallen läßt, so erhält man den objektseitigen Brennpunkt F und eine zweite objektseitige Hauptebene $\mathcal{H}\mathcal{H}$, in der die vom Bildraum einfallenden parallelen Strahlen bei gedachtem geradlinigem Durchgang durch das

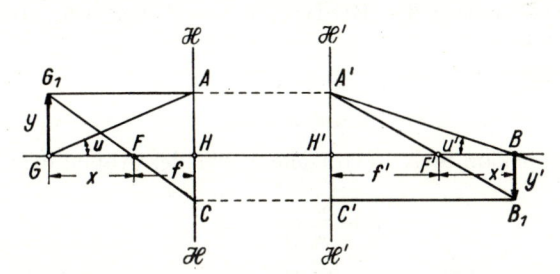

Abb. 82. Bildkonstruktion mit Hilfe der Hauptebenen und Brennpunkte

System eine Knickung nach dem Systembrennpunkt F im Objektraum erfahren. Die Schnittpunkte H und H' der beiden Hauptebenen mit der Systemachse heißen die **Hauptpunkte.**

Man sieht nun sofort ein, daß man bei Kenntnis der Lage der Brennpunkte und der Hauptebenen Lage und Größe des Bildes eines vorgegebenen Gegenstandes finden kann, ohne den wirklichen Strahlenverlauf durch das System zu kennen. In Abb. 82 befinde sich bei G ein achsensenkrechter Gegenstand GG_1. Wir ziehen von G_1 einen achsenparallelen Strahl sowie einen Strahl durch den objektseitigen Brennpunkt F. Damit erhält man auf der objektseitigen Hauptebene $\mathcal{H}\mathcal{H}$ die Schnittpunkte A und C. Diesen beiden Punkten entsprechen auf der bildseitigen Hauptebene $\mathcal{H}'\mathcal{H}'$ zwei Punkte A' und C' in gleichem Abstand von der Achse wie A und C. Von A' ziehen wir einen

Strahl durch den bildseitigen Brennpunkt F' und von C' aus einen achsenparallelen Strahl, die sich beide in dem Bildpunkt B_1 von G_1 schneiden. Nach dieser Methode kann man zu jedem Punkt des Gegenstandes GG' den zugehörigen Bildpunkt finden. Des weiteren folgt nun, da jedem Punkt der ersten Hauptebene $\mathscr{H}\mathscr{H}$ ein gleich weit von der Achse entfernter Punkt auf der zweiten Hauptebene $\mathscr{H}'\mathscr{H}'$ entspricht, daß ein in der Hauptebene $\mathscr{H}\mathscr{H}$ gedachter Gegenstand in der anderen Hauptebene $\mathscr{H}'\mathscr{H}'$ in gleicher Größe und Lage abgebildet wird. Es muß daher für die beiden Hauptebenen — nach unserer Vorzeichenfestsetzung — die Lateralvergrößerung $v = -1$ sein. Aus Abb. 82 liest man ab, daß die Lateralvergrößerung v allgemein gegeben ist durch die beiden Gleichungen:

$$v = \frac{B_1 B}{G_1 G} = \frac{HC}{G_1 G} = \frac{FH}{FG} = \frac{FH}{x},$$

und ebenso:

$$v = \frac{B_1 B}{G_1 G} = \frac{B_1 B}{H'A'} = \frac{F'B}{F'H'} = \frac{x'}{F'H'}.$$

Denn die Strecke FG ist die vom objektseitigen Brennpunkt F gerechnete Gegenstandsweite, die wir immer mit x bezeichnet haben; entsprechend ist $F'B$ die mit x' bezeichnete Größe, d. h. die vom bildseitigen Brennpunkt F' gerechnete Bildweite. Sollen nun die Gl. (24a) und (24b), die für eine einzige brechende Kugelfläche gelten, auch für das ganze System ihre Gültigkeit behalten, so muß man FH als objektseitige Brennweite f, $F'H'$ als bildseitige Brennweite f' bezeichnen. Damit gewinnt man in der Tat die Gl. (24a) und (24b) für das Gesamtsystem wieder:

(33) $$v = \frac{f}{x} = \frac{x'}{f'}.$$

Da für die Hauptebene $v = -1$ ist, muß gleichzeitig $x = -f$ und $x' = -f'$ sein, d. h. die Hauptpunkte liegen zwischen den Brennpunkten und sind von diesen um die Brennweiten f und f' entfernt. Damit ist auch festgelegt, daß die Gegenstandsweite $g = f + x$ und die Bildweite $b = f' + x'$ von den Hauptebenen ab gerechnet werden.

Aus Gl. (33) ergibt sich ferner:

(34) $$xx' = ff',$$

d. i. die uns bereits bekannte Newtonsche Form der Abbildungsgleichung sowie

(35) $$v = \frac{y'}{y} = \frac{f}{x} = \frac{x'}{f'}.$$

Die Gleichungen (34) und (35), die sog. Abbeschen Abbildungsgleichungen, gelten ganz allgemein und liefern alle möglichen Abbildungsverhältnisse, die an einem System brechender Kugelflächen auftreten können.

Eine allgemein übliche Charakterisierung und Bezeichnungsweise der zentrierten Systeme sei noch eingeführt: Wenn im Sinne der Lichtbewegung der objektseitige Brennpunkt F vor dem objektseitigen Hauptpunkt H und entsprechend der bildseitige Hauptpunkt H' vor dem bildseitigen Brennpunkt F' liegt, d. h. wenn die Brennweiten f und f' positiv sind — dies ist nach Ausweis der Abb. 91 z. B. bei einer normalen Bikonvexlinse der Fall —, so nennt man das System kollektiv. Liegt dagegen H vor F und entsprechend F' vor H' — wie z. B. bei einer Bikonkavlinse (Abb. 92), so nennt man das System dispansiv. Diese Bezeichnung ist eine naturgemäße, leicht verständliche Verallgemeinerung des Verhaltens der einfachen Linsen.

Schreiben wir Gl. (34) in der Form $f/x = x'/f'$, so liefert Addition von 1 auf beiden Seiten die Beziehung:

$$\frac{f + x}{x} = \frac{f' + x'}{f'}.$$

8. Brechung und Abbildung durch ein zentriertes System brechender Kugelflächen

Aus der Abb. 82 finden wir, wenn wir die Neigungen der beiden einander zugeordneten Strahlen GA und $A'B$ gegen die Hauptachse mit u und u' bezeichnen:

$$\operatorname{tang} u = \frac{AH}{HG} = \frac{AH}{f+x} \quad \text{und} \quad \operatorname{tang} u' = \frac{A'H'}{H'B} = \frac{A'H'}{f'+x'},$$

und da $AH = A'H'$ ist, erhalten wir unter Bezug auf die letzte Gleichung

$$x \operatorname{tang} u = f' \operatorname{tang} u'.$$

Nun ist aber nach Gl. (35)

$$x = \frac{fy}{y'},$$

so daß wir erhalten:

(36) $$fy \operatorname{tang} u = f' y' \operatorname{tang} u'$$

oder in etwas anderer Schreibweise:

(36a) $$\frac{\operatorname{tang} u'}{\operatorname{tang} u} = \frac{f}{f'} \cdot \frac{y}{y'} = \frac{f}{f'} \frac{1}{v} = w = \text{Const.}$$

Man nennt diese Relation das **Konvergenzverhältnis**. Es sagt aus, **daß das Tangentenverhältnis tang u'/tang u, d. h. die Angularvergrößerung w, für alle konjugierten Punktpaare in der Gegenstands- und Bildebene konstant sein muß,** wie bei einer einzigen brechenden Kugelfläche.

Ein Vergleich des Konvergenzverhältnisses in der Form der Gl. (36) mit der Helmholtz-Lagrangeschen Beziehung (32) von S. 60 liefert für paraxiale Strahlen die Gleichung:

(37) $$\frac{f}{n} = \frac{f'}{n'},$$

die wir bereits in Gl. (19) auf S. 51 für eine einzige brechende Kugelfläche abgeleitet hatten. Gl. (37) sagt jetzt aus, **daß sich die Brennweiten eines Systems wie die Brechzahlen der beiden Medien vor und hinter dem System verhalten.**

Wir können noch zwei weitere ausgezeichnete Punkte unseres Systems festlegen, wenn wir verlangen, daß für eine bestimmte Lage zweier einander zugeordneter Gegenstands- und Bildpunkte auf der Achse des Systems die angulare Vergrößerung (das Konvergenzverhältnis) $w = -1$ werden soll. Mit anderen Worten: Die Strahlneigung aller vom Objektpunkt ausgehenden Strahlen soll mit der Neigung derselben Strahlen im Bildpunkt übereinstimmen. D. h. zum Beispiel, daß ein von links oben nach rechts unten durch den Objektpunkt verlaufender Strahl auch im Bildpunkt wieder von links oben nach rechts unten unter dem gleichen Winkel die optische Achse schneiden soll, so daß $-\operatorname{tang} u' = \operatorname{tang} u$, also nach Gl. (36a) $w = -1$ ist. Die so ausgezeichneten Achsenpunkte werden **Knotenpunkte** genannt. Aus der Gl. (36a) folgt unter Berücksichtigung von Gl. (35), daß die Bedingung $w = -1$ nur erfüllt ist, wenn gleichzeitig $x = -f'$ und $x' = -f$. Die Knotenpunkte K und K' sind demnach von den Brennpunkten F und F' um die Brennweiten f' bzw. f entfernt, d. h. sie liegen von den Hauptpunkten um die Differenz beider Brennweiten im gleichen Sinne entfernt (Abb. 83). Nur in dem besonderen, freilich meistens vorkommenden Falle, daß $f' = f$ ist, also das erste und letzte Medium gleichen Brechungsquotienten haben, fallen die Knotenpunkte mit den Hauptpunkten zusammen.

Wir wollen nun zur Vorbereitung der folgenden Nummer unsere Darlegungen auf den in der Praxis am häufigsten vorkommenden Fall **zweier zentrierter brechender**

Kugelflächen anwenden und bei diesen die Lage der beiden Brennpunkte und Hauptpunkte sowie die resultierenden Brennweiten aus den Einzelwerten der beiden Flächen, d. h. den beiden Radien und den drei Brechzahlen n_1, n_2, n_3 vor, zwischen und hinter den beiden Flächen, berechnen. Wir betrachten zu diesem Zwecke die Abb. 84. Die Entfernung des vorderen Brennpunktes F_2 der Fläche 2 vom hinteren Brennpunkt F_1' der ersten Fläche, die wir als **optisches Intervall** bezeichnen, sei Δ. Wir rechnen Δ positiv, wenn F_2 rechts von F_1' liegt. Ein von links auf die Fläche 1 parallel zur Achse einfallender Strahl I wird an dieser so gebrochen, daß er durch F_1' hindurchgeht, beim Hindurchtreten durch die Fläche 2 erfährt Strahl I eine weitere Brechung zum hinteren Brennpunkt F' des Gesamtsystems.

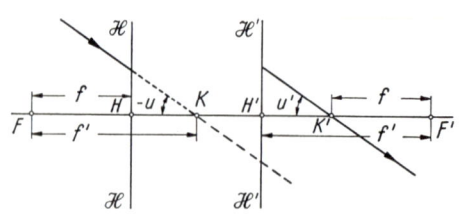

Abb. 83. Bestimmung der Knotenpunkte eines optischen Systems

In bezug auf die Fläche 2 sind F_1' und F' konjugierte Punkte, F' ist so das Bild des Punktes F_1'. Wenden wir also die Gl. (21) an, so gilt, wenn wir die Entfernung $F_2'F'$ mit σ' bezeichnen:

$$\sigma'\Delta = f_2 f_2'$$

und somit:

(38) $$\sigma' = \frac{f_2 f_2'}{\Delta}.$$

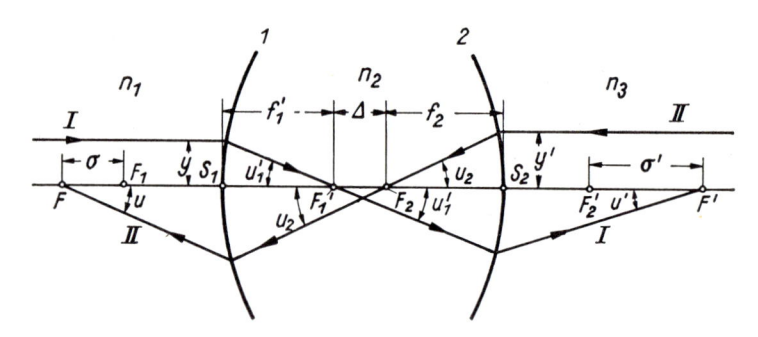

Abb. 84. Bestimmung der Brennweiten eines Systems zweier zentrierter brechender Kugelflächen

Betrachten wir analog einen von rechts auf die Fläche 2 parallel zur Achse auffallenden Strahl II, so geht dieser durch F_2 und nach Brechung an der Fläche 1 durch den objektseitigen Brennpunkt F des Gesamtsystems. Jetzt sind F und F_2 konjugierte Punkte in bezug auf die Fläche 1, so daß wir in analoger Bezeichnungsweise schreiben können (siehe Abb. 84):

$$\sigma\Delta = f_1 f_1'$$

und somit:

(39) $$\sigma = \frac{f_1 f_1'}{\Delta}.$$

Damit sind also die Lagen der Brennpunkte F und F' des Systems relativ zur Lage des objektivseitigen Brennpunktes F_1 von Fläche 1 und des bildseitigen Brennpunktes F_2' von Fläche 2 gefunden. Um die Brennweiten f und f' des Systems zu gewinnen, wenden wir die Gaußsche Definition der Brennweite (siehe S. 58) auf das System an.

8. Brechung und Abbildung durch ein zentriertes System brechender Kugelflächen

Danach ist

$$f' = \frac{y_1}{-\tan u'},$$

wobei u' den Winkel darstellt, den der Strahl I auf der Bildseite des Systems mit der Achse bildet. Betrachten wir ferner das Konvergenzverhältnis für den Strahl I zwischen den beiden konjugierten Punkten F_1' und F', so ist nach Gl. (26):

$$\frac{\tan u'}{\tan u_1'} = \frac{\Delta}{f_2'}.$$

Eliminieren wir aus diesen beiden Gleichungen $\tan u'$, so erhalten wir

$$f' = \frac{y_1}{-\tan u_1'} \cdot \frac{f_2'}{\Delta}.$$

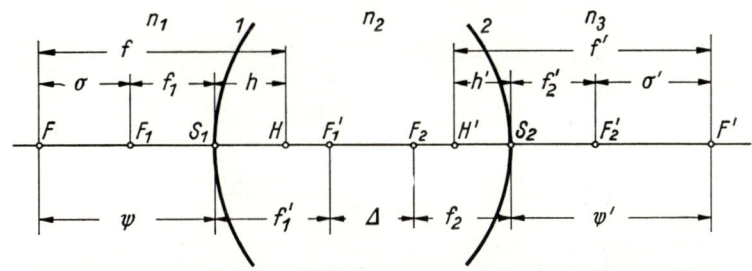

Abb. 85. Lage der verschiedenen Brennpunkte und Hauptpunkte bei einem System zweier zentrierter brechender Kugelflächen

Nun ist aber

$$\frac{y_1}{\tan u_1'} = f_1',$$

so daß sich ergibt:

(40) $$f' = \frac{f_1' f_2'}{\Delta}.$$

Analog erhält man durch die Betrachtung des Strahles II:

(41) $$f = \frac{f_1 f_2}{\Delta}.$$

In Worten: **Die vordere (hintere) Brennweite eines Systems von zwei zentrierten brechenden Kugelflächen ist gleich dem negativen Produkt der vorderen (hinteren) Brennweiten der beiden einzelnen Flächen, dividiert durch die Entfernung der beiden einander zugewandten Brennpunkte.**

Das in Gleichungen (38) bis (41) vorkommende „optische Intervall" Δ können wir noch durch den Abstand d der brechenden Flächen ausdrücken. Nach Abb. 84 ist:

(42) $$\Delta = d - f_1' - f_2.$$

Durch die beiden Brennweiten f und f' ist nun auch die Lage der beiden Hauptpunkte H und H' des Systems, d. h. ihre Entfernung von den beiden Brennpunkten F und F', gegeben. Häufig interessieren auch noch die beiden Entfernungen h und h' der Hauptpunkte von den zugehörigen Scheitelpunkten S_1 und S_2 sowie die Entfernungen ψ und ψ' der Brennpunkte F und F' von den Scheitelpunkten. Nach Abb. 85 ist:

(43) $$\psi = \sigma + f_1, \quad \psi' = \sigma' + f_2'$$

sowie

(44) $$\begin{aligned} h &= f - \psi = f - \sigma - f_1, \\ h' &= f' - \psi' = f' - \sigma' - f_2'. \end{aligned}$$

Setzen wir nun in den Gl. (38) bis (44) die Werte für f_1, f'_1, f_2, f'_2 aus den Gl. (17) auf S. 51 ein, so finden wir für den Fall, daß die beiden Kugelflächen 1 und 2 die drei Medien mit den Brechzahlen n_1, n_2, n_3 voneinander trennen, die folgenden Gleichungen:

$$(38\text{a}) \qquad \sigma' = \frac{n_2 n_3 r_2^2 (n_2 - n_1)}{(n_3 - n_2) N},$$

$$(39\text{a}) \qquad \sigma = \frac{n_1 n_2 r_1^2 (n_3 - n_2)}{(n_2 - n_1) N},$$

$$(40\text{a}) \qquad f' = -\frac{n_2 n_3 r_1 r_2}{N},$$

$$(41\text{a}) \qquad f = -\frac{n_1 n_2 r_1 r_2}{N},$$

$$(42\text{a}) \qquad \Delta = \frac{(n_2 - n_1)(n_3 - n_2) d - n_2 r_1 (n_3 - n_2) - n_2 r_2 (n_2 - n_1)}{(n_2 - n_1)(n_3 - n_2)},$$

$$(43\text{a}) \quad \begin{cases} \psi = \dfrac{n_1 r_1 (n_2 - n_1)[(n_3 - n_2) d - n_2 r_2]}{(n_2 - n_1) N}, \\[6pt] \psi' = \dfrac{n_3 r_2 (n_3 - n_2)[(n_2 - n_1) d - n_2 r_1]}{(n_3 - n_2) N}, \end{cases}$$

$$(44\text{a}) \quad \begin{cases} h = \dfrac{n_1 r_1 (n_3 - n_2) d}{N}, \\[6pt] h' = \dfrac{n_3 r_2 (n_2 - n_1) d}{N}, \end{cases}$$

wobei zur Abkürzung gesetzt ist:

$$N = (n_2 - n_1)(n_3 - n_2) d - n_2 r_1 (n_3 - n_2) - n_2 r_2 (n_2 - n_1).$$

9. Abbildung durch Linsen

Unter einer (sphärischen) Linse[1]) versteht man einen von zwei zentrierten Kugelflächen bzw. von einer Kugelfläche und einer Ebene begrenzten Körper aus einem lichtdurchlässigen Stoff. Je nach Anordnung der begrenzenden Flächen gibt es sechs verschiedene Formen, deren Querschnitte in Abb. 86 wiedergegeben sind. Die ersten drei Arten, die in der Mitte dicker als am Rande sind, heißen allgemein **Sammellinsen**; sie haben die Eigenschaft, achsenparallel auffallende Strahlen konvergent zu machen, so daß sich diese in einem (im allgemeinen) außerhalb auf der anderen Seite der Linse liegenden reellen Brennpunkt vereinigen (kollektives System)[2]). Man nennt daher Sammellinsen häufig auch positive Linsen. Man unterscheidet bikonvexe (Abb. 86a), plankonvexe (Abb. 86b) und konkavkonvexe (Abb. 86c) Sammellinsen; Linsen der letzten Art werden vielfach auch positive Menisken genannt. Die übrigen drei Arten, die in der Mitte dünner als am Rande sind, heißen **Zerstreuungslinsen**; durch sie werden achsenparallel auffallende Strahlen divergent gemacht (dispansives System), so daß sie von einem auf der Seite des einfallenden Lichtes liegenden virtuellen Brennpunkt herzukommen scheinen. Diese Linsen werden daher auch häufig als negative

---
[1]) Außer den am häufigsten benutzten sphärischen Linsen gibt es in der Optik auch asphärische Linsen, bei denen an Stelle der Kugelflächen andere Rotationsflächen z. B. parabolische Flächen treten. Eine besondere Linsenart sind die Zylinderlinsen, die entweder von zwei achsenparallelen Zylinderflächen oder von einer Zylinderfläche und einer Kugelfläche oder Ebene begrenzt werden.
[2]) Dies gilt nicht mehr, wenn die Linse sehr dick ist (sog. Stablinse); hier kann es vorkommen, daß eine solche Linse ein dispansives System ist. Wir geben weiter unten ein Beispiel dafür.

9. Abbildung durch Linsen

Linsen bezeichnet. Man unterscheidet bikonkave (Abb. 86d), plankonkave (Abb. 86e) und konvexkonkave (Abb. 86f) Zerstreuungslinsen; letztere heißen auch negative Menisken. — In Abb. 87 ist der typische Verlauf achsenparalleler paraxialer Strahlen durch eine Sammellinse und eine Zerstreuungslinse wiedergegeben.

Diese Aufnahmen sowie die weiter unten folgenden Abb. 94, 95, 96, 100, 106, 107, 112 wurden so gewonnen, daß aus einem parallelen Strahlenbündel mittels fünf schmaler Blenden fünf Lichtstrahlen ausgeblendet wurden, deren Bahn auf einem weißen Schirm sichtbar wird, über den die Strahlen entlanglaufen. Als Linse diente ein von Zylinderflächen begrenztes Glasstück vom Querschnitt der Abb. 86a bzw. 86d.

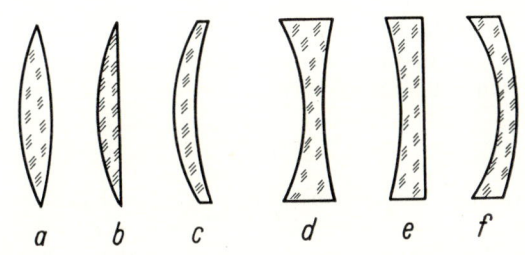

Abb. 86. Querschnitte verschiedener Sammel- (a, b, c) und Zerstreuungslinsen (d, e, f)
a) bikonvex, b) plankonvex, c) konkavkonvex, d) bikonkav, e) plankonkav, f) konvexkonkav

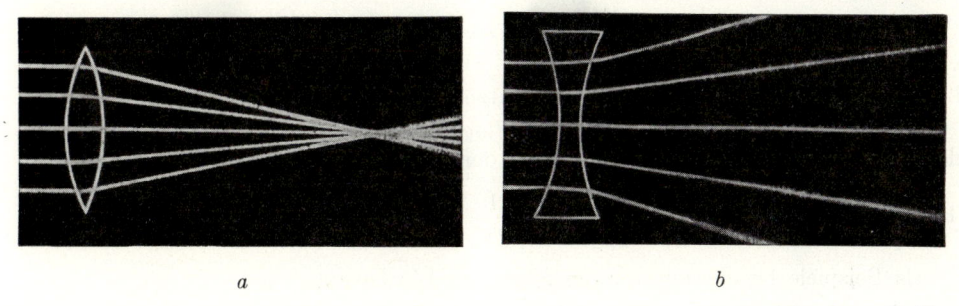

Abb. 87. Verlauf achsenparalleler Strahlen durch eine bikonvexe (a) und eine bikonkave (b) Linse

Allgemein gesprochen unterscheiden sich die Linsenarten nur durch den Abstand d der begrenzenden Flächen, durch die Größe und das Vorzeichen der beiden Kugelradien r_1 und r_2 und den Brechungsquotienten des Linsenmaterials. Bezeichnen wir letzteren mit $n_2 = n$ und nehmen wir an, was meistens der Fall ist, daß die Linsen sich in Luft mit $n_1 = n_3 = 1$ befinden, so nehmen die in der vorhergehenden Nummer abgeleiteten Gleichungen (38a) bis (44a) die folgende Gestalt an:

(38b) $$\sigma' = \frac{nr_2^2}{(n-1)[(r_2-r_1)n + d(n-1)]},$$

(39b) $$\sigma = \frac{nr_1^2}{(n-1)[(r_2-r_1)n + d(n-1)]},$$

(40b) $$f' = \frac{nr_1 r_2}{(n-1)[(r_2-r_1)n + d(n-1)]} = f,$$

(41b) $$f = \frac{nr_1 r_2}{(n-1)[(r_2-r_1)n + d(n-1)]} = f',$$

(42b) $$\Delta = \frac{n(r_2-r_1) + d(n-1)}{n-1},$$

1. Kapitel. Geometrische Optik

(43 b)
$$\begin{cases} \psi = \dfrac{nr_1 r_2 + r_1 (n-1) d}{(n-1)[(r_2 - r_1) n + d(n-1)]}, \\ \psi' = \dfrac{nr_1 r_2 - r_2 (n-1) d}{(n-1)[(r_2 - r_1) n + d(n-1)]}, \end{cases}$$

(44 b)
$$\begin{cases} h = \dfrac{-r_1 d}{(r_2 - r_1) n + d(n-1)}, \\ h' = \dfrac{r_2 d}{(r_2 - r_1) n + d(n-1)}. \end{cases}$$

Aus den Gl. (40b) und (41b) ersieht man zunächst, daß die beiden Brennweiten einer Linse gleich sind, da das Medium vor und hinter der Linse dieselbe Brechzahl hat. Für das Verhältnis von h/h' ergibt sich:

$$\frac{h}{h'} = -\frac{r_1}{r_2}$$

d. h. die Abstände der Hauptpunkte von den Flächenscheiteln verhalten sich, abgesehen vom Vorzeichen, wie die Krümmungsradien der zugehörigen Flächen. Die Hauptpunkte rücken also den Scheiteln der Linse immer näher, je stärker diese gekrümmt sind.

Für das Produkt der beiden Scheitelweiten der Linsenbrennpunkte ergibt sich die einfache Beziehung:

$$\psi \psi' = f\left(f - \frac{d}{n}\right),$$

die man zur Kontrolle der ψ-Werte benutzen kann.

Wie bei einer einzelnen brechenden Fläche bezeichnet man auch bei einer Linse als Brechkraft D den reziproken Wert der Brennweite f (s. S. 52). Es ist also:

(45)
$$D = \frac{1}{f} = (n-1)\left\{\frac{1}{r_1} - \frac{1}{r_2} + \frac{(n-1)d}{n r_1 r_2}\right\}.$$

Als Beispiele betrachten wir die folgenden Linsentypen:

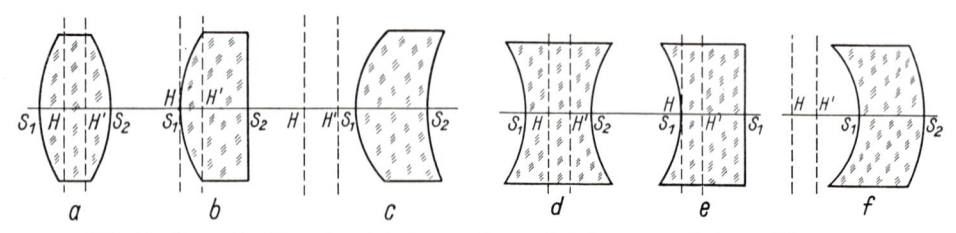

Abb. 88. Lage der Hauptpunkte bzw. -ebenen bei den verschiedenen Linsenarten

1. **Bikonvexlinse mit gleichen Krümmungsradien** (Abb. 88a). Hier ist $r_1 = r$, $r_2 = -r$. Dann folgt aus Gl. (40b) oder (41b):

$$f = f' = \frac{n r^2}{(n-1)[2rn - d(n-1)]}.$$

Die Brennweiten sind also positiv, solange die Linsendicke $d < \dfrac{2rn}{n-1}$ ist, was fast immer der Fall ist (daher die Bezeichnung positive Linse). Für die Brechkraft D folgt aus Gl. (45):

$$D = (n-1)\left\{\frac{2}{r} - \frac{(n-1)d}{n r^2}\right\}.$$

9. Abbildung durch Linsen

Aus den Gl. (43b) ergibt sich für die Scheitelweiten der Brennpunkte:

$$\psi = \psi' = \frac{nr^2 - r(n-1)d}{(n-1)[2rn - d(n-1)]},$$

und aus den Gl. (44b) folgt für die Abstände der Hauptpunkte von den Scheitelpunkten:

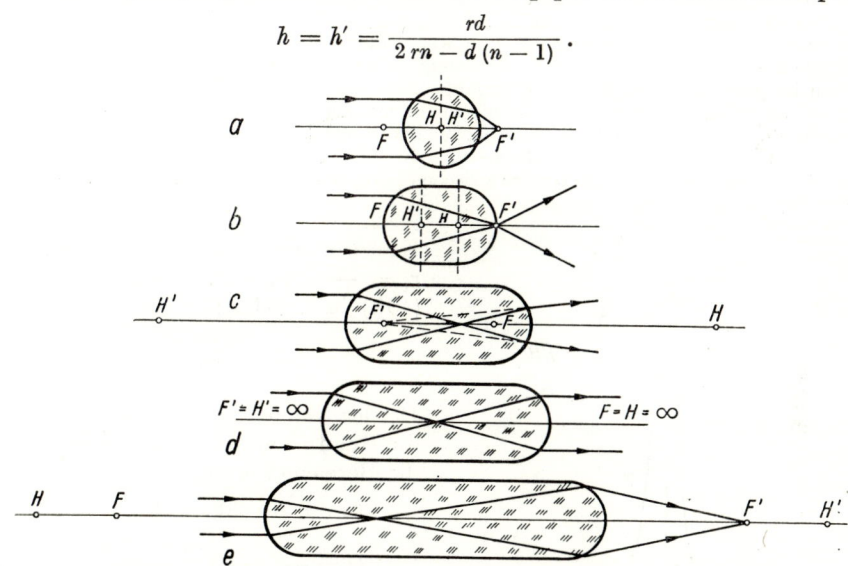

$$h = h' = \frac{rd}{2rn - d(n-1)}.$$

Abb. 89. Lage der Brenn- und Hauptpunkte bei bikonvexen Linsen von kugel- bzw. stabförmiger Gestalt

Die Hauptpunkte liegen also gleichweit von den Scheitelpunkten ab, und zwar im Linseninneren (Abb. 88a), solange $d < \frac{r(2n-1)}{n-1}$ ist; wenn nämlich $d = \frac{r(2n-1)}{n-1}$ ist, wird, wie man leicht ausrechnet, $h = \frac{r(2n-1)}{n-1} = d$, d. h. die Hauptpunkte fallen in die Scheitelpunkte.

Für eine Glassorte mit $n = 1{,}5$ finden wir als Brennweiten der Bikonvexlinse:

$$f = f' = \frac{6r^2}{6r - d} = \frac{r}{1 - d/6r},$$

und als Brechkraft

$$D = \frac{6r - d}{6r^2} = \frac{1 - d/6r}{r}.$$

Ist $d/6r$ klein gegen 1, so können wir hierfür setzen:

$$f = f' = r(1 + d/6r) = r + d/6,$$

und

$$D = \frac{1}{r + d/6}.$$

Ferner ist

$$\psi = \psi' = \frac{6r^2 - 2rd}{6r - d} \quad \text{und} \quad h = h' = \frac{2dr}{6r - d},$$

bzw. für d klein gegen $6r$:

$$\psi = \psi' = r - \frac{1}{3}d \quad \text{und} \quad h = h' = \frac{1}{3}d.$$

Aus diesen letzten Gleichungen kann man ein sehr merkwürdiges Verhalten sehr dicker bikonvexer Linsen von kugel- bzw. stabförmiger Gestalt (Abb. 89) ablesen. Für eine Linse von Kugelform, d. h. $d = 2r$, rückt der Brennpunkt bis auf $\psi = \psi' = r/2$ an die Linsenfläche heran (Abb. 89a).

Wird $d = 3r$, so wird $\psi = \psi' = 0$, d. h. die Brennpunkte liegen in den Scheitelpunkten (Abb. 89b). Mit weiter zunehmender Dicke rücken die Brennpunkte sogar in das Linseninnere hinein (Abb. 89c), um schließlich bei $d = 6r$, ebenso wie die beiden Hauptpunkte, nach beiden Seiten ins Unendliche zu wandern (Abb. 89d). In diesem Fall stellt die stabförmige Linse ein teleskopisches System dar (vgl. S. 80). Vergrößert man die Linsendicke noch weiter ($d > 6r$), so rücken die Brenn- und Hauptpunkte von den entgegengesetzten Seiten wieder auf die Scheitelpunkte der Linse zu. In den Fällen der Abb. 89a bis 89c liegt — im Sinne der Lichtbewegung — F vor H und H' vor F': Die Stablinse wirkt also als kollektives System mit positiven Brennweiten f (und f'). Dagegen ist im Falle der Abb. 89e die Lage der genannten Punkte umgekehrt: die Brennweiten f (und f') sind negativ, das System ist jetzt dispansiv. Den Übergang bildet der teleskopische Fall der Abb. 89d. Ausdrücklich sei bemerkt, daß diese Bezeichnung nichts mit der Frage zu tun hat, ob die Linse reelle oder virtuelle Bilder erzeugt. Die Stablinse Abb. 89e kann reelle, aufrechte Bilder erzeugen, obwohl das System dispansiv genannt wird. Man vergleiche auch die graph. Darstellung in Abb. 90, aus der hervorgeht, daß der teleskopische Fall die Grenze zwischen positiven und negativen Brennweiten darstellt.

2. **Bikonkavlinse mit gleichen Krümmungsradien** (Abb. 88d): Hier ist $r_1 = -r$; $r_2 = r$. Dann folgt aus Gl. (40b) bzw. (41b):

$$f = f' = \frac{-nr^2}{(n-1)[2rn + d(n-1)]}.$$

Da der Nenner immer positiv ist, bleiben die Brennweiten stets negativ (daher die Bezeichnung negative Linse).

Für die Brechkraft folgt aus (45):

$$D = -(n-1)\left\{\frac{2}{r} + \frac{d(n-1)}{nr^2}\right\}.$$

Aus Gl. (43b) bzw. (44b) ergibt sich:

$$\psi = \psi' = -\frac{nr^2 + r(n-1)d}{(n-1)[2rn + d(n-1)]}$$

und

$$h = h' = \frac{rd}{2rn + d(n-1)}.$$

Die Hauptpunkte liegen also stets innerhalb der Linse in gleichen Abständen von den Linsenscheiteln.

Für $n = 1,5$ ergeben sich die Ausdrücke:

$$f = f' = \frac{-6r^2}{6r + d} = \frac{-r}{1 + d/6r}$$

und

$$D = -\frac{6r + d}{6r^2} = -\frac{1 + d/6r}{r}.$$

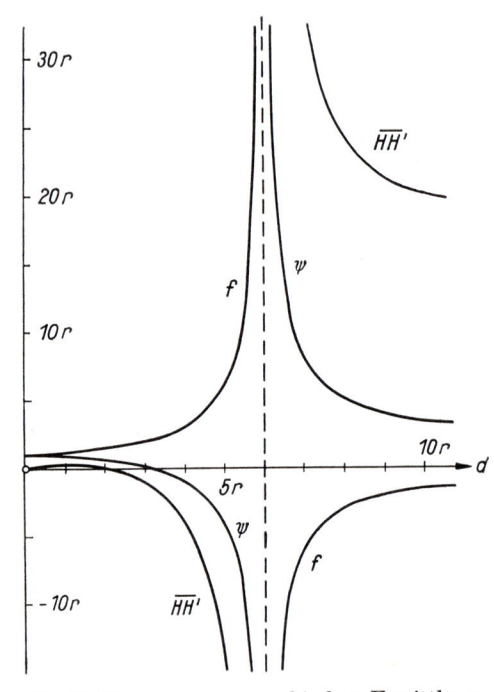

Abb. 90. Diagramm zur graphischen Ermittlung der Brennweite f (Abstand des Brennpunktes von dem Hauptpunkt), der Größe ψ (Abstand des Brennpunktes vom Scheitelpunkt) und des gegenseitigen Abstandes $\overline{HH'}$ der beiden Hauptpunkte bei bikonvexen Linsen von kugel- bzw. stabförmiger Gestalt

Ist $d/6r$ klein gegen 1, so kann man dafür schreiben:

$$f = f' = -r(1 - d/6r) = -(r - d/6)$$

und

$$D = \frac{-1}{r - d/6}.$$

Ferner ist:

$$\psi = \psi' = -\frac{6r^2 + 2rd}{6r + d} \quad \text{und} \quad h = h' = \frac{2dr}{6r + d},$$

bzw. für d klein gegen $6r$:

$$\psi = \psi' = -\left(r + \frac{1}{3}d\right) \quad \text{und} \quad h = h' = \frac{1}{3}d.$$

3. **Plankonvexlinse** (Abb. 88b). Bei dieser ist entweder $r_1 = r$, $r_2 = \infty$, oder $r_2 = -r$ und $r_1 = \infty$. Im ersten Fall dividieren wir in Gl. (40b) oder (41b) Zähler und Nenner durch r_2. Dies liefert:

$$f = f' = \frac{nr_1}{(n-1)\left[\left(1 - \frac{r_1}{r_2}\right)n + d\frac{(n-1)}{r_2}\right]}$$

und ergibt:

$$f = f' = \frac{r}{n-1}$$

und

$$D = \frac{n-1}{r}.$$

Zu derselben Gleichung gelangt man aber auch im zweiten Falle. Die Brennweiten der Plankonvexlinse sind also stets positiv, und zwar unabhängig von der Dicke der Linse. Diese wirkt also immer als Sammellinse.

In derselben Weise erhalten wir aus (43b) oder (44b) für $r_1 = r$ und $r_2 = \infty$:

$$\psi = \frac{r}{n-1}; \quad \psi' = \frac{nr - (n-1)d}{(n-1)n}.$$

und

$$h = 0; \quad h' = \frac{d}{n}.$$

Der Hauptpunkt H fällt also mit dem Scheitelpunkt S_1 der Kugelfläche 1 zusammen, während H' ins Linseninnere fällt.

Für $r_1 = \infty$ und $r_2 = -r$ sind die Werte von ψ und ψ' bzw. von h und h' gerade vertauscht.

Für $n = 1{,}5$ erhalten wir:

$$f = f' = 2r; \quad D = \frac{1}{2r};$$

$$\psi = 2r; \quad \psi' = 2\left(r - \frac{d}{3}\right);$$

$$h = 0; \quad h' = \frac{2d}{3}.$$

4. **Plankonkavlinse** (Abb. 88e). Bei dieser ist auch eine Fläche eben, die andere aber konkav. Es ist also entweder $r_1 = -r$, $r_2 = \infty$ oder aber $r_1 = \infty$, $r_2 = r$. Dies ergibt in beiden Fällen:

$$f = f' = \frac{-r}{n-1}; \quad D = -\frac{n-1}{r}.$$

Infolge der negativen Brennweite wirkt die Linse stets zerstreuend. Für $r_1 = -r$, $r_2 = \infty$ erhalten wir ferner:

$$\psi = -\frac{r}{n-1}; \quad \psi' = \frac{-nr - (n-1)d}{(n-1)n};$$

$$h = 0; \quad h' = \frac{d}{n},$$

während für $r_2 = r$, $r_1 = \infty$ die Werte von ψ und ψ' sich ebenso wie die von h und h' vertauschen.

Mit $n = 1,5$ ergibt sich:

$$f = f' = -2r; \quad D = -\frac{1}{2r};$$

$$\psi = -2r; \quad \psi' = -2\left(r + \frac{d}{3}\right);$$

$$h = 0; \quad h' = \frac{2d}{3}.$$

5. **Konkavkonvexlinse (Abb. 88c).** Bei dieser Linse, die auch positiver Meniskus genannt wird, sind je nach der Stellung der Linse zum einfallenden Licht r_1 und r_2 beide positiv und $r_2 > r_1$ (wie in Abb. 88c) oder r_1 und r_2 beide negativ und $|r_1| > |r_2|$. In beiden Fällen bleibt $r_2 - r_1$ stets positiv; aus den allgemeinen Gl. (40b) und (41b), in denen der Nenner in unserem Falle stets positiv ist, folgt, daß auch $f = f'$ stets positiv ist. Die Konkavkonvexlinse wirkt also stets als Sammellinse. Auch die Brechkraft ist natürlich immer positiv. Für ψ, ψ', h, h' gelten die allgemeinen Formeln (43b) und (44b) mit der Maßgabe, daß $r_2 - r_1$ in ihnen positiv zu nehmen ist.

Der Hauptpunkt, der zur stärker gekrümmten Fläche gehört (z. B. H für $r_1 < r_2$) liegt, wie man aus dem Vorzeichen erkennt, stets außerhalb der Linse. Bei abnehmender Differenz der Krümmungen rückt er immer weiter heraus, so daß auch der zweite Hauptpunkt auf der gleichen Seite der Linse heraustreten kann, wie dies z. B. in Abb. 88c der Fall ist.

Für den Sonderfall $n = 1,5$ ergibt sich:

$$f = f' = \frac{6 r_1 r_2}{3(r_2 - r_1) + d}; \quad D = \frac{3(r_2 - r_1) + d}{6 r_1 r_2};$$

$$\psi = \frac{6 r_1 r_2 + 2 r_1 d}{3(r_2 - r_1) + d}; \quad \psi' = \frac{6 r_1 r_2 - 2 r_2 d}{3(r_2 - r_1) + d};$$

$$h = \frac{-2 r_1 d}{3(r_2 - r_1) + d}; \quad h' = \frac{2 r_2 d}{3(r_2 - r_1) + d}.$$

6. **Konvexkonkavlinse (Abb. 88f).** Bei diesem negativen Meniskus sind wieder je nach Stellung der Linse zum einfallenden Licht r_1 und r_2 beide negativ und $|r_1| < |r_2|$ (wie in Abb. 88c) oder r_1 und r_2 beide positiv und $r_1 > r_2$. In beiden Fällen ist aber jetzt $r_2 - r_1$ negativ. Aus der allgemeinen Gl. (40b) oder (41b)

$$f = f' = \frac{n r_1 r_2}{(n-1)[(r_2 - r_1)n + d(n-1)]}$$

folgt also, daß $f = f'$ sowohl negative wie positive Werte annehmen kann. Die Brennweite ist negativ, wenn $(r_2 - r_1)n + d(n-1) < 0$ d. h. $d < -\frac{(r_2 - r_1)n}{n-1}$ oder $d < \frac{n}{n-1}|r_2 - r_1|$ ist. Dann wirkt der Meniskus als Zerstreuungslinse.

Für ψ und ψ', h und h' gelten wieder die allgemeinen Gl. (43b) und (44b), aber hier mit der Maßgabe, daß $r_2 - r_1$ negativ ist. Von den beiden Hauptpunkten fällt wieder der zur stärker gekrümmten Fläche gehörende außerhalb der Linse. Bei genügender Dicke kann auch der zweite aus der Linse herauswandern, wie es in Abb. 88f der Fall ist.

Wird aber $d > \frac{n}{n-1}|r_2 - r_1|$, so werden f und f' positiv, und der Meniskus wirkt als Sammellinse.

Den Übergang zwischen den beiden Möglichkeiten bildet der teleskopische Fall, der eintritt, wenn $d = \frac{n}{n-1}(r_1 - r_2)$. Dann sind $f = f' = h = h' = \psi = \psi' = \infty$.

Einen besonderen Fall stellt schließlich eine „Linse mit Nullkrümmung" dar, bei der beide Flächen den gleichen Krümmungsradius r haben, so daß $r_2 - r_1 = 0$ wird. Dann haben wir:

$$f = f' = \frac{nr^2}{(n-1)^2 d} \; ; \qquad D = \frac{(n-1)^2 d}{nr^2} \; ;$$

$$\psi = \frac{nr^2 + r(n-1)d}{(n-1)^2 d} \; ; \qquad \psi' = \frac{nr^2 - r(n-1)d}{(n-1)^2 d} \; ;$$

$$h = -\frac{r}{n-1} \; ; \qquad h' = \frac{r}{n-1} \; .$$

Diese Linse wirkt also stets als Sammellinse. Die beiden Hauptpunkte liegen außerhalb der Linse und zwar vor der konvex gekrümmten Fläche. Der Abstand der beiden Hauptpunkte ist $d-(h+h') = d$, also gleich der Linsendicke.

Für $n = 1{,}5$ gehen die obigen Gleichungen über in:

$$f = f' = \frac{6 r^2}{d} \; ; \qquad D = \frac{d}{6 r^2} \; ;$$

$$\psi = \frac{6 r^2 + 2 rd}{d} \; ; \qquad \psi' = \frac{6 r^2 - 2 rd}{d} \; ;$$

$$h = -2r \; ; \qquad h' = 2r \; .$$

Dünne Linsen. Besonders einfach werden die Verhältnisse bei dünnen Linsen, bei denen die Dicke d der Linse gegenüber den Krümmungsradien der Linsenflächen so klein wird, das man $d(n-1)$ gegenüber $n(r_2 - r_1)$ vernachlässigen darf. Dann treten an Stelle der Gl. (40b) bis (44b) die folgenden:

(40c) $\qquad f' = \dfrac{r_1 r_2}{(n-1)(r_2 - r_1)} = f \; ;$ (41c) $\quad f = \dfrac{r_1 r_2}{(n-1)(r_2 - r_1)} = f' \; ;$

(42c) $\qquad \Delta = \dfrac{n(r_2 - r_1)}{n-1} \; ;$

(43c) $\qquad \psi = \dfrac{nr_1 r_2 + r_1(n-1)d}{(n-1)(r_2 - r_1)n} \; ; \qquad \psi' = \dfrac{nr_1 r_2 - r_2(n-1)d}{(n-1)(r_2 - r_1)n} \; ;$

(44c) $\qquad h = \dfrac{-r_1 d}{(r_2 - r_1)n} \; ; \qquad h' = \dfrac{r_2 d}{(r_2 - r_1)n} \; .$

In diesem Falle ergibt sich für den Abstand der beiden Hauptpunkte der Ausdruck:

$$d - (h + h') = d - \frac{d}{n} = \frac{n-1}{n} d \; ,$$

der unabhängig von den Krümmungsradien ist. Für die Brechkraft D der dünnen Linse folgt aus Gl. (45):

(45c) $$D = (n-1)\left(\frac{1}{r_1} - \frac{1}{r_2}\right) .$$

Es bleibe dem Leser überlassen, die oben aufgestellten Gleichungen für die verschiedenen Linsentypen auf den Fall dünner Linsen zu spezialisieren.

Macht man die Linse schließlich so dünn, daß man ihre Dicke ganz vernachlässigen darf, so spricht man von sehr dünnen oder ideellen Linsen. Die Gl. (40c) bis (42c) bleiben bestehen, die Gl. (43c) für ψ und ψ' werden mit (40c) und (41c) identisch, d. h. es wird $\psi = \psi' = f = f'$ und aus (44c) folgt $h = h' = 0$. Es fallen also die Scheitelpunkte mit den beiden Hauptpunkten in dem sog. optischen Mittelpunkt (siehe weiter unten) der Linse zusammen.

Natürlich hätte man die Verhältnisse bei dünnen und ideellen Linsen auf einfachere Weise direkt herleiten können, wie es in der Schulbuchliteratur zu geschehen pflegt. Wir haben demgegenüber Wert darauf gelegt, die dünnen Linsen als Spezialfall eines zentrierten Systems zu behandeln.

Abbildung durch Linsen. Für die Abbildung eines Gegenstandes durch Linsen gelten natürlich dieselben Vorschriften wie bei einem zentrierten System. Man zieht zunächst von dem betreffenden Punkt, z. B. G_1 in Abb. 91, einen achsenparallelen Strahl bis zum

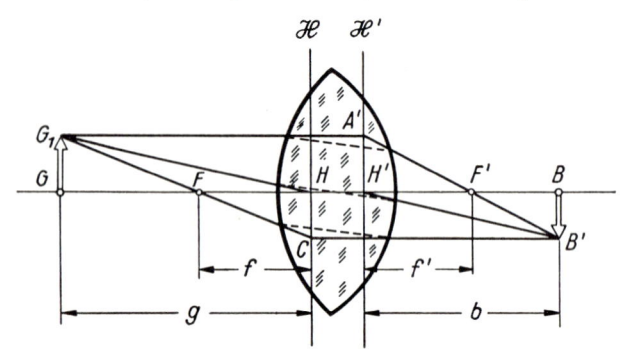

Abb. 91. Bildkonstruktion bei einer bikonvexen Linse mit Hilfe der Hauptebenen und Hauptpunkte

Schnittpunkt A' mit der bildseitigen Hauptebene $\mathcal{H}'$. Von A' zieht man einen Strahl durch den bildseitigen Brennpunkt F'. Von G_1 zieht man einen zweiten Strahl durch den objektseitigen Brennpunkt F, der die Hauptebene $\mathcal{H}$ in C schneidet. Von C zieht man einen achsenparallelen Strahl, der den durch F' verlaufenden Strahl $A'F'$ im Punkte B', dem Bildpunkt zu G_1, schneidet. Verbindet man ferner G_1 mit dem Haupt-

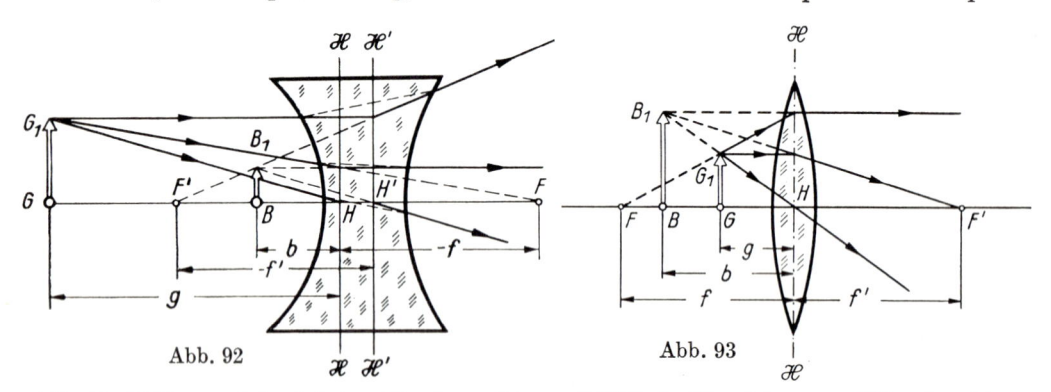

Abb. 92. Bildkonstruktion bei einer bikonkaven Linse mit Hilfe der Hauptebenen und Hauptpunkte

Abb. 93. Bildkonstruktion bei einer dünnen bikonvexen Linse für den Fall, daß der Gegenstand zwischen Brennpunkt und Linse liegt

punkt H, der wegen $f = f'$ gleichzeitig objektseitiger Knotenpunkt der Linse ist, so geht eine durch den bildseitigen Knoten- bzw. Hauptpunkt H' zu G_1H gezogene Parallele ebenfalls durch B'. Bei einer sehr dünnen Linse fallen $\mathcal{H}$ und $\mathcal{H}'$, somit auch H und H' zusammen, so daß sich die Konstruktion des Bildes noch etwas vereinfacht. In Abb. 92 ist die Konstruktion des bei einer bikonkaven Linse entstehenden virtuellen Bildes wiedergegeben, und schließlich zeigt Abb. 93 für eine dünne Linse die Konstruktion des virtuellen Bildes, das bei einer Sammellinse entsteht, wenn der Gegenstand zwischen Brennpunkt und Linse rückt.

9. Abbildung durch Linsen

Die gegenseitige Lage von Gegenstand und Bild bei der Abbildung durch eine Linse wird auch hier durch die allgemeine Abbildungsgleichung (34) auf S. 62 geregelt, die hier wegen $f = f'$ die Gestalt annimmt:

(46) $$xx' = f^2 \quad \text{(Newtonsche Abbildungsgleichung)},$$

und diese ist identisch mit der folgenden Gleichung:

(46a) $$\frac{1}{g} + \frac{1}{b} = \frac{1}{f}.$$

Die Gleichungen (46) und (46a) sind der Form nach identisch mit den Gl. (1) und (2) für den Hohl- und Wölbspiegel; es gelten daher für die Abbildung durch Linsen die gleichen Überlegungen wie für sphärische Spiegel. Der Grund dafür, daß sowohl das Reflexions- als auch das Brechungsgesetz zu derselben Abbildungsgleichung führen, liegt darin, daß in beiden Fällen ein parallel zur Achse einfallender Strahl nach der Reflexion bzw. Brechung durch den Brennpunkt geht, während ein durch den Brennpunkt einfallender Strahl als achsenparalleler Strahl reflektiert bzw. gebrochen wird. Die folgende Tabelle gibt einen Überblick über die gegenseitige Lage von Gegenstand und Bild bei den zwei Linsenarten (Sammel- und Zerstreuungslinsen).

A. Sammellinsen

Gegenstandsort	Bildort	Bildart	Lateralvergrößerung
zwischen $g = \infty$ u. $g = 2f$	zwischen $b = f$ u. $b = 2f$	reell, umgekehrt, verkleinert	$v < 1$
bei $g = 2f$	bei $b = 2f$	reell, umgekehrt gleich groß	$v = 1$
zwischen $g = 2f$ u. $g = f$	zwischen $b = 2f$ u. $b = \infty$	reell, umgekehrt vergrößert	$v > 1$
zwischen $g = f$ u. $g = 0$	zwischen $b = -\infty$ u. $b = 0$	virtuell, aufrecht vergrößert	$|v| > 1$ [1]
bei $g = 0$	bei $b = 0$	virtuell, aufrecht gleich groß	$|v| = 1$ [1]

B. Zerstreuungslinsen

Gegenstandsort	Bildort	Bildart	Lateralvergrößerung
zwischen $g = \infty$ u. $g = 0$	zwischen $b = -f$ u. $b = 0$	virtuell, aufrecht verkleinert	$|v| < 1$ [1]
bei $g = 0$	bei $b = 0$	virtuell, aufrecht gleich groß	$|v| = 1$ [1]

Für die graphische Darstellung dieser Verhältnisse können die Abbildungen 24 und 34 verwendet werden.

In den folgenden Abb. 94 bis 96 ist nach der auf S. 67 beschriebenen Methode der Strahlenverlauf durch einige Linsen von endlicher Dicke sichtbar gemacht. Bei Abb. 94a fallen auf eine bikonvexe Linse von links drei parallele Strahlen; sie werden so gebrochen, daß sie sich im bildseitigen Brennpunkt F' schneiden. Verlängert man die einfallenden Strahlen geradlinig in ihrer Richtung und die austretenden geradlinig rückwärts, so schneiden sich diese (gestrichelt eingezeichneten) Linien in der bildseitigen Hauptebene $\mathscr{H}'$. Abb. 94b zeigt den gleichen Versuch bei der gleichen Linse, nur mit dem Unterschied, daß der Einfall der parallelen Strahlen von der anderen Seite erfolgt, so daß sie sich im objektseitigen Brennpunkt F schneiden. Die Verlängerung der Strahlen liefert jetzt die objektseitige Hauptebene $\mathscr{H}$. In den Abb. 95a und b ist derselbe Versuch für eine gleich dicke konkav-konvexe Linse wiederholt; beide Hauptebenen sind nach links verschoben, und die objektseitige Hauptebene fällt sogar aus dem

---

[1] Da bei unserer Vorzeichenwahl bei aufrechtem Bilde die Lateralvergrößerung v negativ ausfällt, ist hier der Absolutbetrag von v angegeben.

76 I. Kapitel. Geometrische Optik

Linsenkörper heraus. Die letzte Abb. 96 zeigt den schiefen Durchgang eines Strahles durch eine bikonvexe Linse. Der Strahl fällt dabei so auf die Linse, daß die geradlinige Verlängerung des einfallenden bzw. austretenden Strahles die Achse in den beiden Knotenpunkten schneidet. Da sich vor und hinter der Linse dasselbe Medium (Luft) befindet, stellen die Knotenpunkte gleichzeitig die beiden Hauptpunkte dar. Nach Definition der Knotenpunkte müssen die in die Linse eintretenden und aus ihr aus-

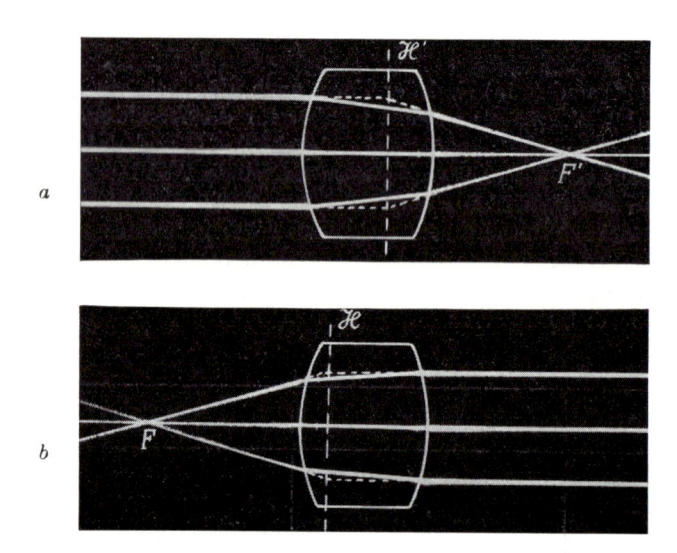

Abb. 94. Verlauf von drei parallelen Strahlen durch eine dicke bikonvexe Linse.
a) Einfall der Strahlen von links   *b*) Einfall der Strahlen von rechts

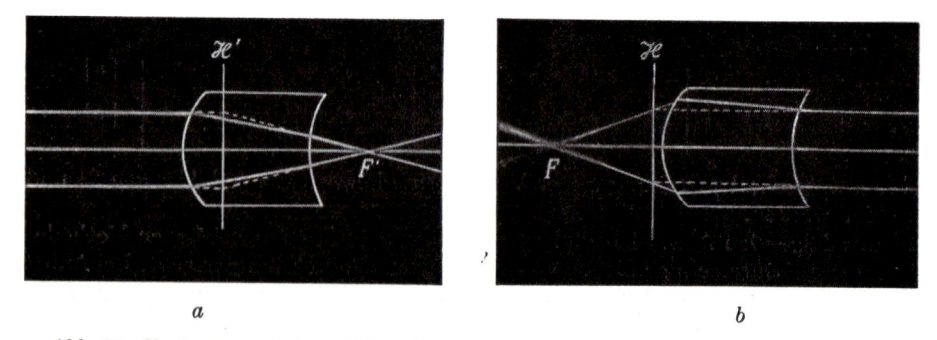

Abb. 95. Verlauf von drei parallelen Strahlen durch eine dicke konkav-konvexe Linse.
a) Einfall der Strahlen von links   *b*) Einfall der Strahlen von rechts

tretenden Strahlen mit der Linsenachse gleiche Winkel bilden, d. h. der Strahl erleidet in diesem Falle beim Durchgang durch die Linse nur eine Parallelverschiebung, sein Schnittpunkt mit der Achse heißt der **optische Mittelpunkt** der Linse.

Über seine Lage in einer Linse von endlicher Dicke können wir noch folgendes aussagen: In der Abb. 97 sind von den Krümmungsmittelpunkten der die Linse begrenzenden Kugelflächen die beiden einander parallelen Radien $M_1 R_1$ und $M_2 R_2$ gezogen. Die Verbindungslinie $R_1 R_2$ sei ein Teil eines die Linse durchsetzenden Strahles $P R_1 R_2 Q$, von dem vorausgesetzt sei, daß er durch den

9. Abbildung durch Linsen

optischen Mittelpunkt gehe. Für diesen Strahl wirkt die Linse wie eine planparallele Platte, und zwar eine solche, die von den beiden parallelen Tangentialebenen T_1 und T_2 durch R_1 und R_2 gebildet würde. Die geradlinige Verlängerung des einfallenden und die rückwärtige Verlängerung des austretenden Strahles liefern wieder die beiden Knotenpunkte K_1 und K_2. Für die Lage des optischen Mittelpunktes O, in dem der Strahl die Achse schneidet, folgt aus der Ähnlichkeit der Dreiecke $O R_1 M_1$ und $O R_2 M_2$ die Proportion:

$$O R_1 : O R_2 = r_1 : r_2 .$$

Wegen der Ähnlichkeit der Dreiecke $O R_1 S_1$ und $O R_2 S_2$ ist ferner

$$O S_1 : O S_2 = O R_1 : O R_2 ,$$

so daß die Beziehung besteht:

$$O S_1 : O S_2 = r_1 : r_2 ,$$

in Worten: **Der optische Mittelpunkt einer Linse teilt die Linsendicke im Verhältnis der Krümmungsradien ihrer Flächen.**

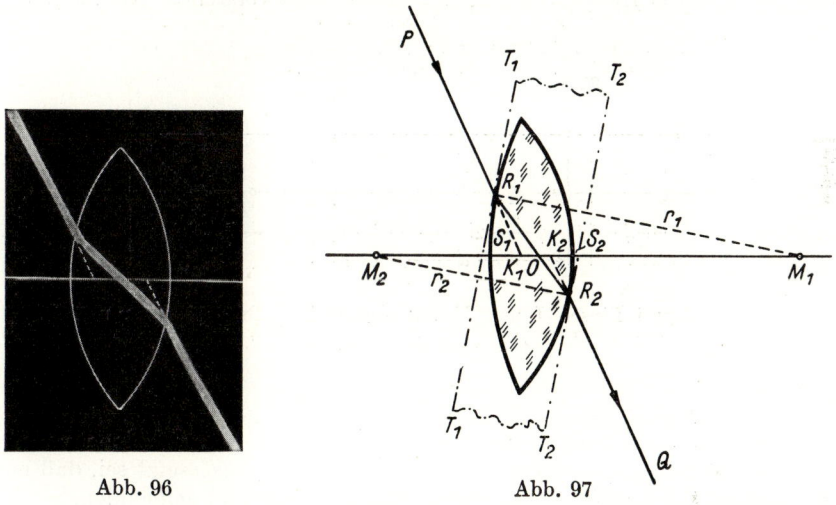

Abb. 96.

Abb. 97.

Abb. 96. Schiefer Durchgang eines Lichtstrahles durch eine bikonvexe Linse
Abb. 97. Zur Bestimmung des optischen Mittelpunktes einer Bikonvexlinse

Die Eigenschaft der Knotenpunkte, wonach die durch sie hindurchgehenden Strahlen im Gegenstands- und Bildraum parallel verlaufen, läßt sich zur **experimentellen Bestimmung der Hauptpunkte (Hauptebenen)** einer Linse oder eines Linsensystems benutzen. Man setzt zu diesem Zwecke das System O auf ein Stativ St, das auf einem Schlitten Sch verschiebbar angeordnet ist, wobei die Verschiebung parallel der optischen Achse des Systems erfolgt (Abb. 98). Die Schiene selbst ist auf einer Drehachse A angebracht. Entwirft man mit dem System O das Bild einer Lichtquelle auf einem Schirm, so wird dieses Bild im allgemeinen beim Drehen des Systems um die Achse A hin und her wandern und nur dann stillstehen, wenn die Drehachse durch den bild-

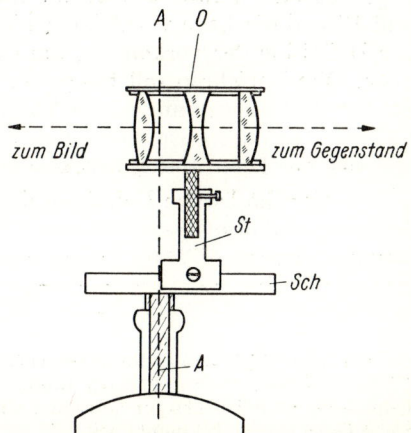

Abb. 98. Anordnung zur experimentellen Bestimmung der Hauptpunkte (Hauptebenen) eines Linsensystems

seitigen Knotenpunkt geht und die Drehungswinkel genügend klein sind, so daß $\sin \varphi$ mit $\tang \varphi$ identifiziert werden kann. Denn nur in diesem Falle wird ein von einem Punkt des Bildes zum bildseitigen Knotenpunkt gezogener Strahl im Gegenstandsraum eine Parallelverschiebung erfahren. Die Achse liegt dann gleichzeitig in der bildseitigen Hauptebene.

Sehr häufig liegt der Fall vor, daß zwei oder mehrere Linsen sich hintereinander in einem Strahlengang befinden. Eine solche Kombination ist ein System zentrierter Kugelflächen, auf das die Gleichungen (38) bis (44) anzuwenden sind. Wir betrachten eine Kombination von zwei Linsen und fragen nach den resultierenden Systembrennweiten f und f'. Beide Linsen sollen sich in Luft befinden, so daß für jede von ihnen die beiden Einzelbrennweiten gleich sind, d. h. $f'_1 = f_1$, $f_2 = f'_2$. Unter dem Abstand d der beiden Linsen wollen wir die Entfernung der vorderen Hauptebene $\mathscr{H}_2$ der zweiten Linse von der hinteren Hauptebene $\mathscr{H}'_1$ der ersten Linse verstehen (Abb. 99).

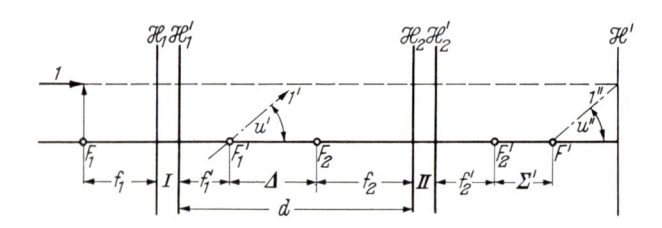

Abb. 99. System aus zwei Linsen I und II mit zugehörigen Brennpunkten und Hauptebenen
Δ = optisches Intervall

Dann kann man, auch ohne den Verlauf der Strahlen im einzelnen verfolgen zu können, folgende Aussagen machen, wobei wie immer vorausgesetzt sei, daß man sich im Bereich Gaußscher Abbildung befindet: Einem von links kommenden, zur Systemachse parallelen Strahl muß im Bildraum[1]) von I ein Strahl 1' entsprechen, der im hinteren Brennpunkt F'_1 der Linse I unter einem Winkel u' die Achse schneidet. Die Linse II bilde F'_1 im Punkt F' ab. Dementsprechend wird den Strahlen 1 bzw. 1' nun ein Strahl 1'' im Bildraum des Gesamtsystems entsprechen, etwa unter dem Winkel u''. Im übrigen ist es nicht notwendig, daß die gezeichneten Strahlen die Achse real in den angegebenen Punkten schneiden. Die in Abb. 99 eingezeichneten Richtungen von 1' und 1'' und die Lage von $\mathscr{H}'$, der hinteren Hauptebene des Systems, dienen daher nur zur Definition der vorkommenden Größen und sind nicht Wiedergabe realer Verhältnisse. Dies Verfahren soll besonders unterstreichen, daß es bei der Ableitung der folgenden Beziehungen nur auf die Voraussetzung der Existenz einer Gaußschen Abbildung und auf Definitionen ankommt, nicht aber auf irgendeinen realisierten Strahlengang, den sich der Leser aber selbst konstruieren möge.

Aus der Gaußschen Definition der Brennweite, Gl. (29), folgt sodann für die hintere Brennweite f' des Gesamtsystems

$$f' = \frac{y}{\tang u''} = \frac{y}{\tang u'} \frac{\tang u'}{\tang u''}.$$

---

[1]) Unter Objekt- bzw. Bildraum versteht man nur die Zusammenfassung aller möglichen Objektpunkte bzw. der zugehörigen Bildpunkte eines optischen Systems. Diese „Räume" sind also keineswegs räumlich absolut getrennt; ein und derselbe reale Punkt kann je nach Betrachtungsweise Objekt- oder Bildpunkt sein.

9. Abbildung durch Linsen

Nach Gl. (35a) ist
$$\operatorname{tang} u'/\operatorname{tang} u'' = f_2'/x,$$

wo x den Abstand des von II abgebildeten Gegenstands von F_2 aus bedeutet, also in der Bezeichnung von Abb. 99, $x = -\Delta = -(d - f_1 - f_2)$. Außerdem ist, wieder auf Grund der Brennweitendefinition,
$$y/\operatorname{tang} u' = f_1',$$

also schließlich

(47)
$$f' = -\frac{f_1' f_2'}{\Delta} = -\frac{f_1 f_2}{\Delta} = f.$$

Um die Lage von F' und des zu ihm im Objektraum konjugierten vorderen System-Brennpunkts F festzulegen, etwa durch die Abstände $\Sigma' = F' - F_2'$ oder $\Sigma = F - F_1$ von den als bekannt anzunehmenden Brennpunkten F_2' oder F_1, so sieht man sofort, da F' der Bildpunkt von F_1' mit Bezug auf die Linse II ist, daß auf Grund der allgemein für Gaußsche Abbildung gültigen Gleichung (24) sein muß

(48)
$$(-\Delta) \cdot \Sigma' = f_2^2;$$

entsprechend ist

(48a)
$$\Sigma \cdot \Delta = f_1^2.$$

Damit ist die Abbildung durch das Gesamtsystem durch Angabe der Brennweiten und der Lage der Brennpunkte eindeutig beschrieben. Für die Abstände der resultierenden Hauptebenen von den Scheitelpunkten S_1 und S_2 folgt auf Grund von Gl. (44) nach einiger Rechnung

(49)
$$h' = \frac{f_2 d}{f_1 + f_2 - d},$$

(49a)
$$h = \frac{f_1 d}{f_1 + f_2 - d}.$$

Es ist ohne weiteres ersichtlich, daß man an Stelle der „Linsen" I und II ebenso schon Linsensysteme hätte benutzen können.

Für dünne Linsen, bei denen die Hauptebenen praktisch in der Linsenmitte zusammenfallen, bedeutet d den Abstand der beiden Linsenmitten. Bringt man zwei dünne Linsen zur Berührung, so daß d praktisch gleich Null wird, so erhält man aus Gl. (47) für die resultierende Brennweite:

(50)
$$f = f' = \frac{f_1 f_2}{f_1 + f_2},$$

oder

(50a)
$$\frac{1}{f} = \frac{1}{f'} = \frac{1}{f_1} + \frac{1}{f_2}.$$

Führt man statt der Brennweiten die Brechkräfte ein, so liefert die letzte Gleichung:

(50b)
$$D = D_1 + D_2.$$

Bei zwei aneinander liegenden dünnen Linsen addieren sich die reziproken Brennweiten oder die Brechkräfte. Es ergeben also zwei aufeinandergelegte Linsen von gleicher Brennweite eine Linse von halber Brennweite oder doppelter Brechkraft.

Ein besonderer Fall tritt ein, wenn man zwei Linsen in eine solche Entfernung bringt, daß ihr Abstand d gleich der (algebraischen) Summe der Einzelbrennweiten beider Linsen wird. Dann wird das optische Intervall Δ entsprechend Gl. (42) Null und nach Gl. (47) die resultierende Brennweite unendlich. Wir haben dann ein teleskopi-

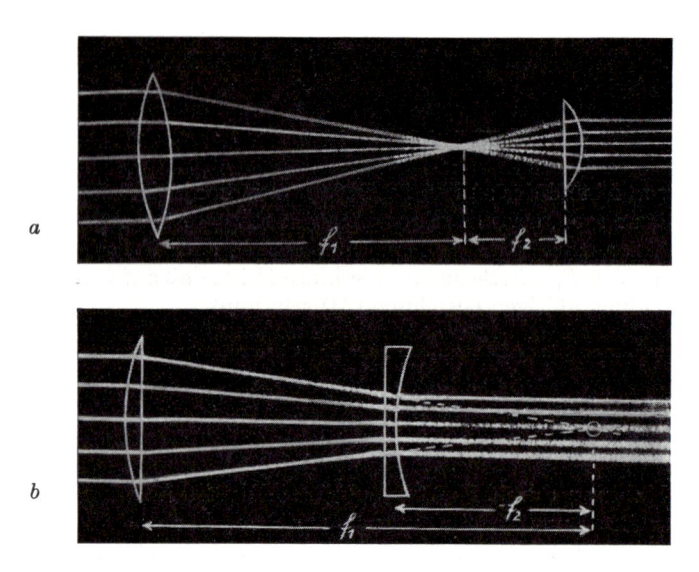

Abb. 100. Verlauf von 5 parallelen Lichtstrahlen durch ein teleskopisches System, das aus einer bikonvexen und plankonvexen Linse (a) bzw. aus einer plankonvexen und einer plankonkaven Linse (b) besteht

sches System vor uns, bei dem parallel einfallende Strahlen wieder als paralleles Strahlenbündel austreten. In Abb. 100 sind die Strahlengänge durch zwei teleskopische Systeme wiedergegeben, bei Abb. 100a sind eine bikonvexe und eine plankonvexe Linse miteinander kombiniert, in Abb. 100b eine plankonvexe und eine plankonkave. Die Lage des gemeinsamen Brennpunktes beider Linsen ist angegeben. Bezeichnen wir den Durchmesser des einfallenden Lichtbündels mit d_1, den des austretenden mit d_2, so gilt die aus Abb. 100 sofort ablesbare Beziehung:

$$d_1 : d_2 = f_1 : f_2 .$$

Eine solche Kombination zweier Linsen zeigt — wie der Leser bemerken wird — sämtliche Eigenschaften, die wir bei den Stablinsen auf S. 69 festgestellt haben und die zunächst überraschen, weil es sich bei diesen um eine Linse handelt; das Sonderbare verschwindet, wenn man, wie hier, zwei Linsen in variablem Abstande betrachtet.

Bestimmung der Brennweite. Zur Frage der experimentellen Bestimmung der Brennweite ist folgendes zu sagen: Bei dünnen Sammellinsen läßt sich die Brennweite aus der Abbildungsgleichung (46a) ermitteln, indem man mit der Linse einen Gegenstand, z. B. ein in eine Metallscheibe eingeschnittenes, von der Rückseite beleuchtetes Zeichen (Buchstabe) auf einer Mattscheibe scharf abbildet und die Gegenstandsweite g und Bildweite b mit einem Maßstabe bestimmt. Dann folgt aus (46a):

$$f = \frac{gb}{g+b}.$$

9. Abbildung durch Linsen

Ein zweites Verfahren besteht darin, daß man die auszumessende Sammellinse vor ein auf Unendlich eingestelltes Fernrohr setzt und damit (durch die Linse hindurch) einen Gegenstand (Skala) betrachtet. Damit man ein scharfes Bild bekommt, muß der Gegenstand sich in der Brennebene der Linse befinden, denn nur dann werden alle vom Objekt ausgehenden Strahlen nach Brechung in der Linse als parallele Strahlen in das Fernrohr eintreten.

Auch die Brennweiten von Zerstreuungslinsen lassen sich auf diese beiden Arten bestimmen, indem man die zu untersuchende Zerstreuungslinse mit einer Sammellinse

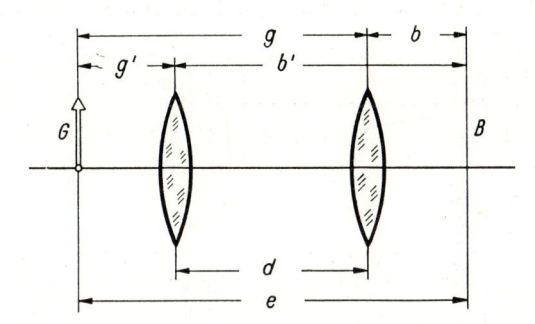

Abb. 101. Bestimmung der Brennweite einer Linse mittels der Besselschen Methode

von solcher Brechkraft kombiniert, daß das resultierende System noch als Sammellinse wirkt. Bezeichnen f_z die gesuchte Brennweite der Zerstreuungslinse, f_s die der benutzten Sammellinse und f_k die der Kombination, so folgt aus (50a):

$$f_z = \frac{f_k \cdot f_s}{f_s - f_k}.$$

Bei Linsen mit nicht mehr zu vernachlässigender Dicke werden die beschriebenen Verfahren dadurch unsicher, daß die von der Linse aus zu messenden Entfernungen nicht mehr genau definiert sind. In diesem Falle hilft eine von F. W. Bessel (1840) angegebene Methode weiter. Wählt man nämlich den Abstand von Objekt- und Bildebene größer als die vierfache Brennweite der Linse, so gibt es zwischen diesen beiden Ebenen zwei Stellungen der Linse, bei denen eine scharfe Abbildung erfolgt. Man kann nämlich in der Abbildungsgleichung (46a) die Werte von g und b gegeneinander austauschen, wobei man einmal ein vergrößertes, das andere Mal ein verkleinertes Bild des Gegenstandes in der festgehaltenen Bildebene B erhält. Die dazu erforderlichen beiden Linsenstellungen sind in bezug auf G und B symmetrisch; der Abstand beider Einstellungen sei d, die Entfernung von G und B sei e. Dann ist, wie aus Abb. 101 hervorgeht, da $g = b'$ und $b = g'$ ist:

$$g + b = e \quad \text{und} \quad g - b = d.$$

Addition und Subtraktion beider Gleichungen liefern:

$$g = \frac{1}{2}(e + d) \quad \text{und} \quad b = \frac{1}{2}(e - d).$$

Setzt man diese Werte für g und b in die Abbildungsgleichung (46a) ein, so folgt:

$$f = \frac{1}{4}\left(e - \frac{d^2}{e}\right).$$

Dabei ist allerdings vorausgesetzt, daß der Abstand der beiden Hauptebenen in der zu messenden Linse so klein ist, daß er gegen die Brennweite vernachlässigt werden kann. Beträgt dieser Abstand j, so ist genauer
$$e = g + b + j,$$
und man findet für f:
$$f = \frac{1}{4} \frac{(e-j)^2 - d^2}{e-j}.$$

Mit folgendem, von E. Abbe (1904) herrührenden Verfahren läßt sich die wirkliche Brennweite, d. h. der Abstand des Brennpunktes von der zugehörigen Hauptebene

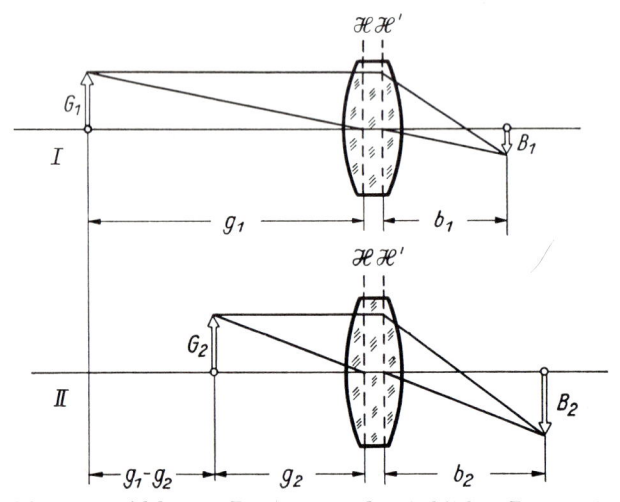

Abb. 102. Verfahren von Abbe zur Bestimmung der wirklichen Brennweite einer Linse

ermitteln. Nach der Abbildungsgleichung (46a) ist für zwei verschiedene Stellungen I und II von Objekt, Linse und Bild, wie sie Abb. 102 zeigt:
$$g_1 = f\left(1 + \frac{g_1}{b_1}\right); \quad g_2 = f\left(1 + \frac{g_2}{b_2}\right),$$
woraus durch Subtraktion
$$f = \frac{g_1 - g_2}{g_1/b_1 - g_2/b_2}$$
folgt. Nun kann man für das Verhältnis von Gegenstandsweite zu Bildweite das Verhältnis von Gegenstandsgröße zu Bildgröße einsetzen, so daß man erhält:
$$f = \frac{g_1 - g_2}{G_1/B_1 - G_2/B_2} = \frac{g_1 - g_2}{1/v_1 - 1/v_2} = \frac{(g_1 - g_2) v_1 v_2}{v_2 - v_1},$$
wobei $v_1 = B_1/G_1$ und $v_2 = B_2/G_2$ die in beiden Stellungen gemessenen Lateralvergrößerungen bedeuten. Man hat also zur Bestimmung der Brennweite f bei zwei verschiedenen Gegenstandsweiten g_1 und g_2 (die sich zwar auf den Abstand des Gegenstandes von ihrer der Lage nach unbekannten Hauptebene beziehen aber nicht selbst, sondern nur mit ihrer Differenz g_1-g_2 bekannt zu sein brauchen) die zugehörigen Größen von Gegenstand und Bild, d. h. die Lateralvergrößerungen v_1 und v_2, zu messen. Die diesem Zweck dienenden Apparate heißen Fokometer.

9. Abbildung durch Linsen

Wir haben bisher nur Linsen betrachtet, die aus einem stärker brechenden Stoff (z. B. Glas) als ihre Umgebung (Luft) bestehen. Liegt der Fall aber umgekehrt, daß die Linse aus einem Medium besteht, dessen Brechzahl kleiner als die der Umgebung ist, so wirken Konvexlinsen als Zerstreuungslinsen und Konkavlinsen als Sammellinsen, da sich in den Gleichungen (38a) bis (44a) die Vorzeichen der Glieder $(n_2 - n_1)$ und $(n_3 - n_2)$ umkehren. Man kann dies zeigen, indem man sich aus zwei Uhrgläsern eine bikonvexe Linse oder unter Zuhilfenahme eines Metallringes eine bikonkave zusammenkittet, die als Linsenmedium Luft enthält. Taucht man solche „Luftlinsen" in Wasser, so wird ein Parallelstrahlenbündel durch eine Konvexlinse zerstreut und durch die Konkavlinse in einem Brennpunkt gesammelt.

Zum Schluß dieses Abschnittes seien noch zwei besondere Linsenformen erwähnt, die für Scheinwerfer und Beleuchtungszwecke Anwendung finden. Will man z. B. das von einer Lichtquelle (Glühlampe, Krater einer Bogenlampe) ausgehende Licht zu einem parallelen Strahlenbündel zusammen-

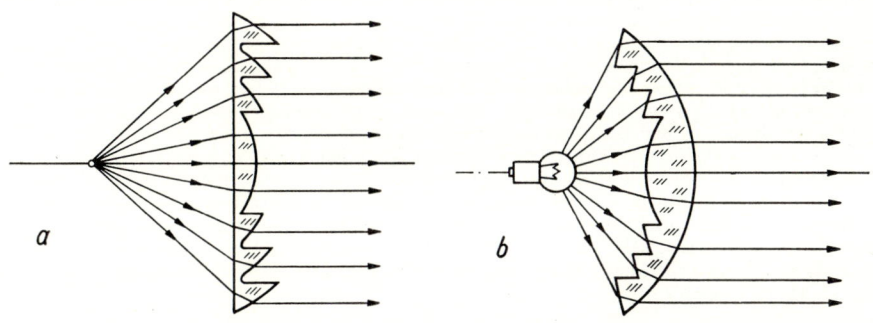

Abb. 103. Plankonvexe (a) und bikonvexe (b) Fresnelsche Ringlinse

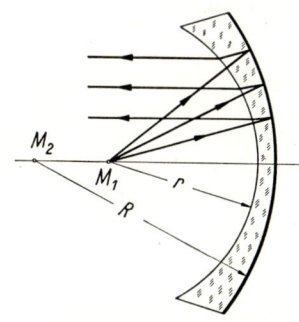

Abb. 104. Schnitt durch einen Mangin-Spiegel

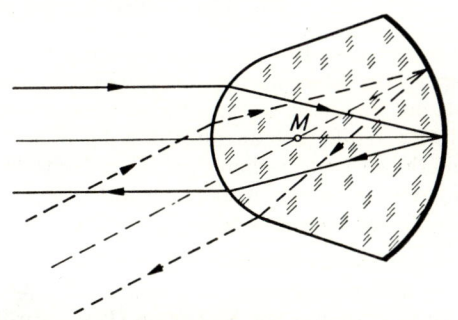

Abb. 105. Strahlenverlauf in einem Rückstrahler (Katzenauge)

fassen, so muß man die Lichtquelle in den Brennpunkt einer Sammellinse stellen. Um dabei möglichst viel Licht zu erfassen, ist eine Linse von kurzer Brennweite und möglichst großem Durchmesser, also großem Öffnungsverhältnis (siehe weiter unten) erforderlich. Kurze Brennweite bedingt aber nach (41b) kleine Krümmungsradien, d. h. dicke und schwere Linsen. Z. B. würde eine Bikonvexlinse aus Kronglas ($n = 1,5$) bei einer Brennweite von 22 cm und einem Durchmesser von 27 cm bereits eine Dicke von 10 cm besitzen. Abgesehen vom hohen Gewicht und den großen Abbildungsfehlern solcher Linsen besteht noch die Gefahr, daß die Linsen bei einseitiger Erwärmung durch die Lichtquelle leicht zerspringen.

Zur Vermeidung dieser Nachteile hat A. Fresnel (1820) sogenannte **Ringlinsen** angegeben, die aus einer Hauptlinse bestehen, die mit ringförmigen Ausschnitten aus Linsen von größerer Öffnung umgeben ist. Abb. 103 zeigt zwei Ausführungsformen solcher Linsen, wie sie bei Scheinwerfern von Leuchttürmen, Kraftwagen usw. verwendet werden.

Eine zweite Art von Linsen sind die sog. **Spiegellinsen**. Bekanntlich läßt sich ein sphärischer Hohlspiegel zur Erzeugung eines parallelen Strahlenbündels von einer in seinem Brennpunkt befindlichen Lichtquelle nur bei kleinem Öffnungsverhältnis, d. h. bei kleinem Spiegeldurchmesser, verwenden. Der für diese Zwecke ideale Parabolspiegel ist wegen seiner asphärischen Fläche verhältnismäßig schwer herstellbar. Der französische Pionieroffizier A. Mangin hat daher 1876 einen sphärischen Hohlspiegel angegeben, der dem einfachen Kugelspiegel weit überlegen ist. Nach Abb. 104

stellt ein derartiger Manginspiegel einen negativen Meniskus dar, bei dem die äußere konvexe Grenzfläche verspiegelt ist: wir haben es also mit einer Spiegellinse zu tun. Um störende Wirkungen der Reflexion des Lichtes an der vorderen (unverspiegelten) Fläche zu vermeiden, befindet sich die Lichtquelle in ihrem Krümmungsmittelpunkt. Das Licht tritt also senkrecht in die Glasschicht ein, wird an der verspiegelten Fläche reflektiert und erfährt beim Austritt aus der vorderen Fläche eine derartige Brechung, daß die austretenden Strahlen ein paralleles Strahlenbündel bilden. Für diesen Fall gilt nach Mangin die Beziehung:

$$R = 2 \frac{nr^2 + (2n-1)2d + (n-1)^2 d^2}{(2n-1)r + 2(n-1)d},$$

worin R den Radius der verspiegelten äußeren Fläche, r den der unverspiegelten inneren Fläche, d die Dicke des Spiegels in der Achse und n die Brechzahl des benutzten Glases bedeuten. Charakteristisch für die Leistungsfähigkeit aller dieser Anordnungen ist das sog. **Öffnungsverhältnis**, d. h. das Verhältnis des Durchmessers der Linse (bzw. Spiegels) zur Brennweite f. Mit Spiegellinsen lassen sich Öffnungsverhältnisse von 1:1,5 gegenüber 1:10 bei einfachen Kugelspiegeln erreichen. Später (1915) ist es R. Straubel gelungen, bei Spiegellinsen, bei denen eine Fläche parabolisch, die andere paraboloidähnlich gestaltet ist (sog. R-Spiegel), das Öffnungsverhältnis auf 5:1 zu erhöhen. Solche Spiegel dienen in der Hauptsache für Scheinwerferzwecke.

Die an der Rückseite von Fahrzeugen angebrachten **Rückstrahler** stellen übrigens auch eine Art von Spiegellinsen dar. Wie Abb. 105 zeigt, werden die an der Vorderseite gebrochenen, nahezu parallel einfallenden Strahlen auf der verspiegelten Rückseite der Linse vereinigt und werden im selben Bündel zurückgeworfen, aus welcher Richtung auch immer die Lichtstrahlen kommen. Voraussetzung ist, daß beide Kugelflächen den nämlichen Mittelpunkt haben. Die Krümmung der ersten Fläche richtet sich natürlich nach der Brechzahl des Materials, aus dem die Spiegellinse hergestellt ist (sog. Katzenaugen).

10. Die Abbildungsfehler der Linsen

Das bisher über die optische Abbildung durch Linsen Gesagte gilt nur für achsennahe Strahlen. Dieser Idealfall tritt aber in Wirklichkeit nur selten auf; wir haben es vielmehr meistens mit Strahlen zu tun, die auch durch die Randpartien der Linse gehen oder die Achse unter Winkeln schneiden, für die man nicht mehr den Sinus oder den Tangens mit dem Bogen vertauschen darf. Dann tritt bei gewöhnlichen Linsen eine Anzahl von Mängeln der optischen Abbildung auf, die man als **Abbildungsfehler** bezeichnet. Die hauptsächlichen Fehler sind:

1. die **sphärische Aberration**,
2. der **Astigmatismus**,
3. die **Krümmung der Bildebene (Bildfeldwölbung)**,
4. die **Verzeichnung oder Verzerrung der Abbildung (Distorsion)**,
5. die **chromatische Aberration** (bei Verwendung weißen, an Stelle einfarbigen [monochromatischen] Lichtes; siehe Nr. 21).

Die **sphärische Aberration**. Wir hatten bereits beim sphärischen Hohlspiegel gesehen, daß nur die achsennahen Parallelstrahlen im Brennpunkt des Hohlspiegels vereinigt werden, während die achsenfernen Strahlen die Achse in Punkten schneiden, die näher am Scheitelpunkt des Spiegels liegen. Das gesamte auf die Spiegelfläche auftreffende Strahlenbündel bildet nach der Reflexion eine Brennfläche, deren Schnitt mit einer durch die Achse gelegten Ebene die Katakaustik ergibt. Entsprechendes gilt auch bei den Linsen. Eine Umwandlung der achsenparallelen Strahlen in Strahlen durch den Brennpunkt und umgekehrt findet nur im paraxialen Gebiet statt: es werden keineswegs sämtliche auf eine Linse mit großer Öffnung fallende achsenparallele Strahlen in einem Brennpunkt vereinigt. Wie z. B. der an einer plankonvexen Linse aufgenommene Strahlengang (Abb. 106a) zeigt, haben die Randstrahlen eine kürzere Brennweite als die Strahlen in Achsennähe. Man nennt die Entfernung der Brennpunkte F_r und F_m (die Indizes „r" und „m" weisen auf „Rand" und „Mitte" hin) den **Öffnungsfehler** oder die **sphärische Längsaberration** der Linse. Denken wir uns also durch den Brenn-

10. Die Abbildungsfehler der Linsen

punkt F_m der achsennahen Strahlen eine Bildebene senkrecht zur Achse gelegt, so bilden die Randstrahlen, die vom Brennpunkt F_r kommen, auf dieser Ebene einen Kreis, dessen Radius man als **Lateralaberration** der Linse bezeichnet. In Abb. 107 fällt auf eine bikonvexe Linse ein paralleles Strahlenbündel; man erkennt deutlich hinter der Linse die Form der Diakaustik. Das alle Strahlen umfassende Lichtbündel zieht sich hinter der Linse nicht mehr in einem Brennpunkt zusammen, sondern sein engster Querschnitt ist eine kleine Kreisfläche, der sog. Abweichungskreis.

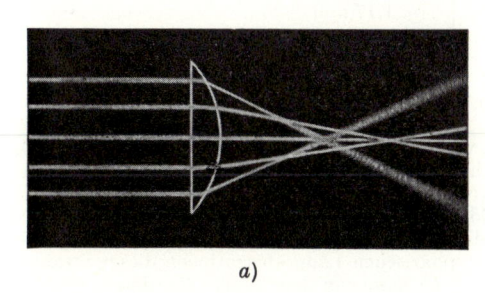

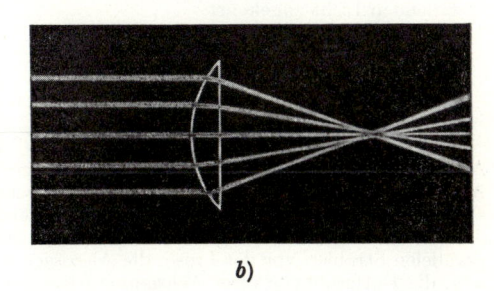

Abb. 106. Bei einer plankonvexen Linse haben die Randstrahlen eine sehr viel kürzere Brennweite als die achsennahen Strahlen, wenn das Licht die Linse von der planen Seite her durchsetzt (a); im umgekehrten Fall (b) verringert sich diese sphärische Längsaberration

Die sphärische Aberration ist bei gegebener Linsenöffnung um so größer, je stärker die Linsenkrümmung, d. h. je kürzer die Brennweite ist. Sie ist jedoch nicht nur von der Linsenform abhängig, sondern auch wesentlich durch die Art der Brechung in der Linse bedingt. Dreht man z. B. die in Abb. 106a benutzte plankonvexe Linse um, so daß sie ihre konvexe Seite dem einfallenden Licht zukehrt (Abb. 106b), so wird die Aberration wesentlich kleiner. Im letzteren Fall sind beide Flächen der Linse an der Brechung beteiligt, während im Fall der Abb. 106a an der Planfläche keine Brechung stattfindet. Es gilt dabei die allgemeine Regel, die Linse zwecks Erreichung möglichst kleiner Aberration so zu benutzen, daß die Brechung möglichst auf beide Flächen gleichmäßig verteilt ist. Man kann die Aberration weiter

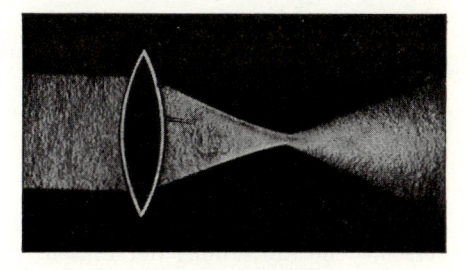

Abb. 107. Diakaustik hinter einer bikonvexen Linse

dadurch verringern, daß man bei einfachen Linsen die Krümmungsradien möglichst groß hält, aber dafür, um die Brennweite nicht zu groß werden zu lassen, ein hochbrechendes Glas wählt. Schließlich läßt sich auch durch passende Wahl der Krümmungsradien eine Verringerung der Aberration erzielen. Für eine bestimmte Brennweite und gegebene Linsenöffnung erreicht die sphärische Aberration (nach L. Euler, 1762) ein Minimum, wenn das Verhältnis r_1/r_2 der Krümmungsradien der Bedingung

$$\frac{r_1}{r_2} = -\frac{4 + n - 2n^2}{2n^2 + n}$$

genügt. Dies ergibt z. B. für $n = 1{,}5$ den Wert $r_1/r_2 = -1/6$, was entweder einer Bikonvex- oder Bikonkavlinse entspricht, wobei die stärker gekrümmte Fläche dem einfallenden Licht zugewandt sein muß. Die folgende Tabelle ergibt einen Überblick über die Größe der (longitudinalen) Aberration, die sich bei einer Linse der Brennweite 100 mm und vom Durchmesser 20 mm in Abhängigkeit von ihrer Form ergibt.

I. Kapitel. Geometrische Optik

Tab. 2. Sphärische Aberration

Form der Linse	$n = 1{,}5$		$n = 2$	
	$r_1 : r_2$	sphär. Aberration	$r_1 : r_2$	sphär. Aberration
1. Plankonvexlinse; Planfl. dem einfallenden Licht zugekehrt	∞	4,5 mm	∞	2,0 mm
2. Bikonvexlinse, mit gleichen Radien . .	1	1,67 mm	1	1,0 mm
3. Plankonvexlinse, konvexe Fl. dem einfallenden Licht zugekehrt	0	1,17 mm	0	0,5 mm
4. Günstigste Linsenform, bei $n = 1{,}5$ bikonvex, bei $n = 2$ konkav-konvex, die stärker gekrümmte Fläche dem einfall. Licht zugekehrt	1:6	1,07 mm	1:5	0,44 mm

In Abb. 108 ist die Art und Weise dargestellt, wie man in der rechnenden Optik die sphärische Aberration graphisch anzugeben pflegt. Man zeichnet ein Koordinatensystem, dessen horizontale Achse durch die optische Achse und dessen senkrechte Achse durch ein im Brennpunkt F_m der achsenparallelen Strahlen errichtetes Lot E gebildet wird. Die sphärische Aberration wird dann durch die Kurve K wiedergegeben, bei der die Ordinaten die Einfallshöhen h_1, h_2 usw. der achsenparallelen Strahlen vor der Linse, die Abszissen die sphärischen Längsaberrationen dieser Strahlen, d. h. die Entfernungen ihrer Achsenschnittpunkte F_1, F_2 usw. von dem Punkt F_m sind.

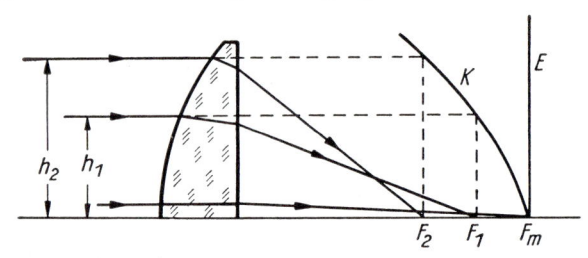

Abb. 108. Graphische Darstellung der sphärischen Aberration

Auch Zerstreuungslinsen haben eine sphärische Aberration. Man findet sie, indem man die von der Linse gebrochenen, parallel einfallenden Strahlen für die Mitte und den Rand der Linse rückwärts bis zum Schnitt mit der Achse verlängert. Durch die Kombination einer Konvexlinse mit einer Konkavlinse größerer Brennweite ist eine Verminderung der Aberration möglich; dabei kann man den Grad der Verbesserung durch verschiedene Entfernung der Linsen verändern und das System sogar überkorrigieren, d. h. das Vorzeichen der Aberration umändern, so daß die achsennahen Strahlen die kleinere, die achsenfernen die größere Brennweite bekommen; entsprechend ist dann Abb. 108 abzuändern.

Um eine aberrationsfreie Abbildung bei sehr großen Öffnungswinkeln zu erreichen, wie sie bei Mikroskopobjektiven bis zu Werten von nahezu 180⁰ vorkommen, benutzt man nach G. B. Amici die Tatsache (s. S. 48), daß es bei jeder kugelförmigen Linse unendlich viele Punkte innerhalb derselben gibt, derart, daß alle von ihnen ausgehenden Strahlen so gebrochen werden, daß sie bei der Rückwärtsverlängerung genau, also ohne jede sphärische Aberration, wieder durch den entsprechenden konjugierten Punkt gehen. Wir haben bereits auf S. 48 gezeigt, wie man mittels der Weierstrassschen Konstruktion diese Punkte finden kann. Bei einem Mikroskopobjektiv benutzt man eine halbkugelförmige Frontlinse, deren Brechungsquotient n und deren Radius r sei, die ihre ebene Fläche dem abzubildenden punktförmigen Objekt zuwendet. Letzteres bettet man in ein Medium, das denselben Brechungsquotienten n wie das Glas der Linse hat, und fügt zwischen das Objekt und die Linse eine Flüssigkeit, die ebenfalls denselben Brechungsquotienten aufweist (z. B. Zedernholzöl). Man denke sich nun um den Mittelpunkt M der Frontlinse mit dem Radius r/n, wie in Abb. 70, die Hilfskugel 2 geschlagen,

10. Die Abbildungsfehler der Linsen

die die Mikroskopachse in A trifft; dorthin wird das Objekt gebracht. A ist dann der auf der Achse liegende aberrationsfreie Punkt, dem der konjugierte Punkt B entspricht, der gleichfalls auf der Achse, und zwar auf dem Schnittpunkt derselben mit der Hilfskugel 1 vom Radius nr liegt. Wie Abb. 109 zeigt, wird dann aus dem stark divergenten, von A ausgehenden Lichtbüschel ein weniger divergentes Strahlenbüschel, das von dem virtuellen Punkt B herzukommen scheint. Man kann nun hinter der Halbkugellinse einen positiven Meniskus so anbringen, daß der Mittelpunkt seiner inneren Fläche mit dem Punkt B zusammenfällt, während ihre äußere Fläche einen solchen Radius hat, daß B wieder im aberrationsfreien Punkt dieser Kugelfläche liegt. Dann

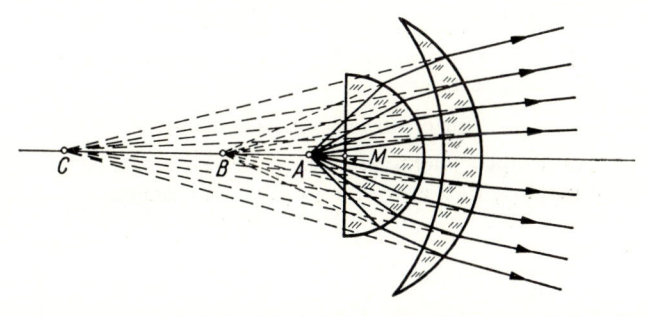

Abb. 109. Aberrationsfreie Punkte bei einem zweilinsigen optischen System

treten die Strahlen in diese Linse ohne Brechung ein und verlassen sie so, als ob sie von einem noch weiter entfernten Punkt C herkämen, wobei auch dieser Strahlengang aberrationsfrei ist. Durch Anbringung einer dritten, vierten usw. konkavkonvexen Linse kann man immer weiter nach links liegende, virtuelle, aber aberrationsfreie Bilder vom Objekt A erzeugen und so die Divergenz des ursprünglichen Strahlenbüschels sukzessive verkleinern, ohne daß Aberrationsfehler auftreten. Freilich beschränkt man

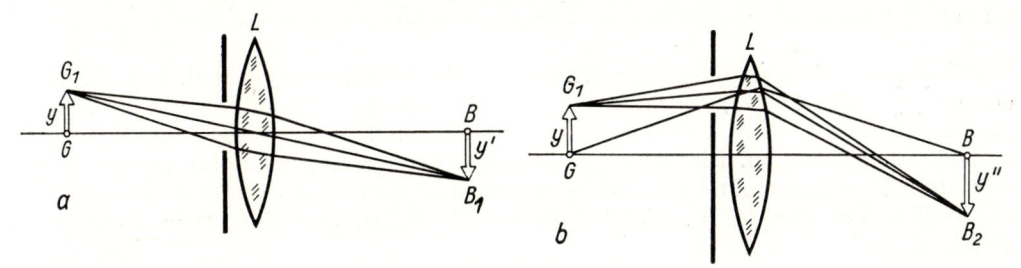

Abb. 110. Abbildung eines Gegenstandes durch eine bikonvexe Linse vermittels eines achsennahen (a) oder randnahen (b) Strahlenbündels

sich meistens auf die ersten beiden Linsen, da andere Linsenfehler, hauptsächlich der chromatische, zu sehr anwachsen.

Wenn man es auch durch das soeben beschriebene Verfahren erreicht hat, daß durch die Linse oder das Linsensystem ein Achsenpunkt durch weitgeöffnete Strahlenbüschel aberrationsfrei in einen wieder auf der Achse liegenden Bildpunkt abgebildet wird, so ist damit noch keineswegs die weitere Forderung erfüllt, daß eine kleine senkrecht zur Achse stehende Figur wieder in eine ihr genau ähnliche Figur abgebildet wird. Wenn wir durch eine aberrationsfreie Linse einen zur Achse senkrechten Gegenstand GG_1 abbilden wollen, so kann dies nach Abb. 110 in zweierlei Weise geschehen, und zwar entweder durch ein schmales achsennahes Bündel (Abb. 110a) oder durch ein nur aus Randstrahlen gebildetes Strahlenbüschel (Abb. 110b). Man erhält dann aber zwei Bilder BB_1 und BB_2 verschiedener Größe. Dies folgt z. B. aus der auf S. 60 mitgeteilten

Helmholtz-Lagrangeschen Beziehung. Denn danach ist die Lateralvergrößerung $v = y'/y$ für den hier vorliegenden Fall, daß das Medium vor und hinter der Linse die gleiche Brechzahl hat, gleich $\tang u/\tang u'$, dem Verhältnis der Tangenten der Strahlneigungen im Gegenstands- und Bildraum, und das hängt davon ab, durch welche Zonen der Linse die Abbildung erfolgt. Die dadurch bedingte unscharfe Abbildung eines seitlich der Achse gelegenen Punktes tritt aber dann nicht ein, wenn Gleichheit der lateralen Vergrößerung für alle Zonen des abbildenden Systems besteht. E. Abbe (1873) und H. v. Helmholtz (1874) haben nachgewiesen, daß dafür die Beziehung

(51) $$n \sin u : n' \sin u' = y' : y = \text{Const.}$$

bestehen muß, wenn n und n', wie üblich, die Brechungsquotienten im Gegenstandsraum und Bildraum bedeuten. Für den Normalfall, daß $n = n'$ ist, geht diese sog. **Sinusbedingung** in die Gestalt über:

(51a) $$\sin u : \sin u' = y' : y = \text{Const.}$$

Den Beweis dieses für die Optik wichtigen Satzes, den wir hier nicht bringen, hat Helmholtz in der Weise geführt, daß er verlangte. daß die Energiestrahlung, die von der

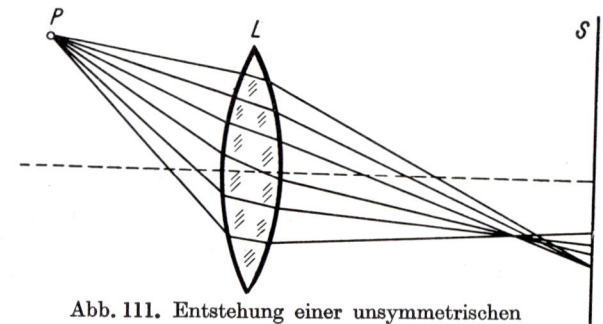

Abb. 111. Entstehung einer unsymmetrischen kaustischen Kurve beim schiefen Durchgang eines Strahlenbüschels durch eine bikonvexe Linse

Oberfläche des Objektes ausgeht, vollständig in die Oberfläche des ähnlichen Bildes eintritt (vgl. auch Nr. 17). Nach Abbe heißt ein optisches System, das die Sinusbedingung erfüllt und somit auch für die außerhalb der Achse liegenden Punkte aberrationsfrei ist, **aplanatisch.** Die dafür erforderlichen Bedingungen sind aber nur für bestimmte bei der Konstruktion des Bildes zugrunde gelegten Gegenstands- und Bildorte zu erfüllen. Die Punkte, für die sie erfüllt sind, heißen gleichfalls **aplanatische Punkte**.

Nebenbei sei bemerkt, daß für die beiden konjugierten Punkte B und C der Abb. 70 (Brechung des Lichtes an einer Kugelfläche) die Sinusbedingung erfüllt ist. Bezeichnen wir in der genannten Abbildung den Winkel ABC mit u, den Winkel ACM mit u', und beachten, daß $\sphericalangle MAC = \sphericalangle ABC$, also ebenfalls gleich u ist, so gilt für das Dreieck ACM die Beziehung $\sin MAC : \sin ACM = \sin u : \sin u' = MC : MA = n_1 : n_2 = \text{const.}$ Daher werden auch die beiden Punkte B und C aplanatische Punkte genannt.

Schließlich sei darauf hingewiesen, daß die Sinusbedingung (51) nicht mit der Helmholtz-Lagrangeschen Gl. (32) verwechselt werden darf. Nur für paraxiale Strahlen, für die $\sin u = \tang u = u$ gesetzt werden kann, fallen beide Bedingungen zusammen. Dagegen stehen für größere Werte von u beide Bedingungen in direktem Gegensatz, so daß mit einem aplanatischen System, das für die Abbildung zweier Flächenelemente ineinander notwendig ist, die Bedingungen der sog. „kollinearen" Abbildung, d. h. die punktweise Abbildung beliebig großer Räume durch weit geöffnete Strahlenbüschel, physikalisch nicht zu verwirklichen sind.

Bildet man — vgl. die schematische Abb. 111 — durch eine Linse einen stark seitlich von der Achse liegenden Punkt P auf einen Schirm ab, so erhält man infolge der

10. Die Abbildungsfehler der Linsen

sphärischen Aberration kein scharfes punktförmiges Bild, sondern eine einseitig stark verzerrte Figur, die infolge der unsymmetrisch auftretenden kaustischen Kurve (Abb. 112) entsteht. An einen einigermaßen scharfen Kern schließt sich eine kometenschweifartige Figur an (Abb. 113a), so daß man der Erscheinung den Namen **Koma**,

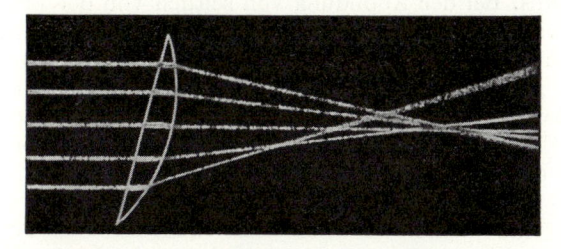

Abb. 112. Verlauf von fünf parallelen Strahlen beim schiefen Durchgang durch eine plankonvexe Linse

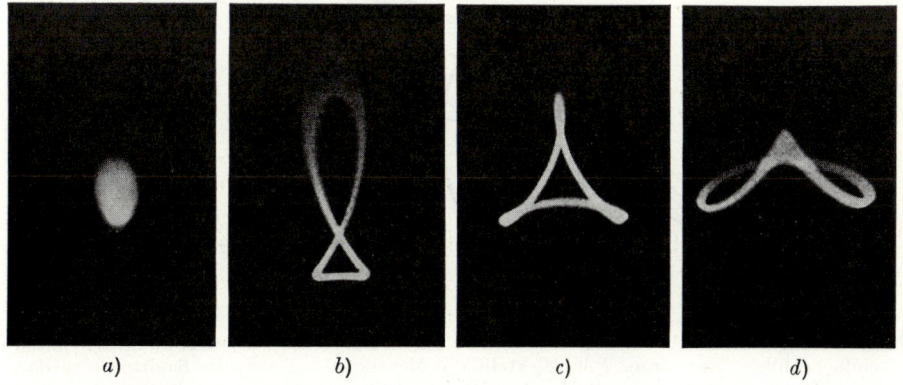

a)   *b)*   *c)*   *d)*

Abb. 113. Verschiedene Formen der bei schiefem Lichtdurchgang durch eine Sammellinse entstehenden Koma.

a) Bild einer punktförmigen Lochblende bei Benutzung des Strahlengangs von Abb. 111.

b)—d) Bilder einer punktförmigen Lochblende in verschiedenen Bildebenen bei Abblendung der Linsenmitte und Benutzung der Randstrahlen.

(vom griechischen κόμα oder κόμη, Haar) gegeben hat. Die Koma ist also ein Abbildungsfehler, der auf einer einseitigen Lichtanhäufung in der Bildebene beruht. Wie man aus der Abb. 111 sieht, ist die Gestalt der Koma zu der durch P und die optische Achse der Linse gelegten Meridianebene (Zeichenebene von Abb. 111) symmetrisch. Dies zeigt die Aufnahme Abb. 114, die die Abbildung eines regelmäßig gelochten Bleches durch eine bikonvexe Linse darstellt. Je weiter die einzelnen Löcher von der optischen Achse entfernt sind, um so stärker tritt bei ihnen die Erscheinung der Koma auf.

Blendet man bei der Abbildung eines einzelnen seitlich der Achse gelegenen Punktes die Mitte der Linse ab, so daß nur die durch die Randzone der Linse gehenden Strahlen zur Wirkung kommen, so erhält man überhaupt

Abb. 114. Mit Koma behaftete Abbildung eines gleichmäßig gelochten Bleches

I. Kapitel. Geometrische Optik

kein einigermaßen definiertes Bild des Punktes, sondern Figuren, wie sie in Abb. 113b—113d für verschiedene Entfernungen der Bildebene von der Linse wiedergegeben sind.

Die Erscheinung der Koma läßt sich durch hinreichendes Abblenden der benutzten Linse unterdrücken.

Der Astigmatismus. Bei der Abbildung von seitlich von der Linsenachse gelegenen Punkten eines Gegenstandes durch eine Linse tritt ein weiterer Abbildungsfehler auf, indem das schräg durch die Linse tretende Lichtbüschel keinen Bildpunkt, sondern zwei in einem gewissen Abstand liegende zueinander senkrechte Bildlinien erzeugt. Man nennt diesen Fehler **Astigmatismus (Punktlosigkeit) schiefer Strahlenbüschel.** Zum Verständnis dieser Erscheinung betrachte man Abb. 115. In dem vom seitlich der Achse gelegenen Punkt P ausgehenden Strahlenbüschel, das die Konvexlinse außerhalb ihrer

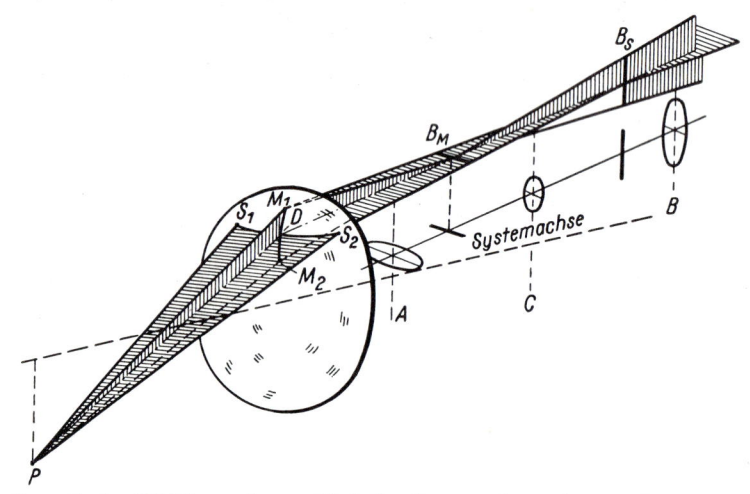

Abb. 115. Astigmatische Abbildung eines seitlich der Systemachse gelegenen Punktes P durch eine einfache bikonvexe Linse. PM_1M_2 stellt die Meridional-, PS_1S_2 die Sagittalebene dar. Die Krümmung längs M_1M_2 ist in Wirklichkeit schwächer als die längs S_1S_2.

Mitte trifft, sind zwei zueinander senkrechte Ebenen (Hauptschnitte) hervorgehoben: Die Ebene PM_1M_2 enthält die Linsenachse und die Büschelachse PD und wird **Meridionalebene** genannt; die zu dieser senkrechte Ebene PS_1S_2, die ebenfalls die Büschelachse, aber nicht die Linsenachse enthält, heißt **Sagittalebene**. Da nun die Linse längs der Kurve M_1M_2 eine stärkere Krümmung als längs S_1S_2 besitzt, werden, wie Abb. 115 erkennen läßt, die in der Meridionalebene verlaufenden Strahlen stärker gebrochen als die in der Sagittalebene liegenden. Erstere schneiden sich in der Bildlinie B_M, die in der Sagittalebene liegt, während die in dieser Ebene verlaufenden Strahlen sich erst in der weiter entfernt liegenden Bildlinie B_S kreuzen, die ihrerseits in der Meridionalebene liegt. Beide Bildlinien liegen also in zueinander senkrechten Ebenen (Sturmscher Satz); der Abstand zwischen den Bildlinien wird **astigmatische Differenz** genannt. Bringt man hinter der Linse einen Schirm senkrecht zur Büschelachse an die Stelle A, so hat der auf ihm entstehende Lichtfleck die Gestalt einer horizontal liegenden Ellipse, an der Stelle B die einer vertikal stehenden Ellipse, während er in der Mitte zwischen den beiden Bildlinien an der Stelle C die Form eines Kreises annimmt. (Kreis der kleinsten Konfusion). Nur an den Stellen B_M und B_S erhält man ein einigermaßen scharfes Bild einer Linie (Abb. 116). Je schiefer die Lichtstrahlen die Linse durchsetzen, desto weiter rücken die Bildlinien auseinander, desto stärker ist der astigmatische Fehler. Bildet man schräg durch eine Linse ein Kreuzgitter ab, so wird entweder nur die eine oder die dazu senkrechte andere Schar der Gitterstriche deutlich abgebildet, und zwar jede nur am Ort der zu ihr parallelen Bildlinie. Bei der Abbildung eines zur Achse der Linse senkrecht stehenden Gegenstandes macht sich der Astigmatismus durch eine Unschärfe am Bildrand bemerkbar (astigmatische Verzerrung), auf die wir bei Besprechung der Bildfeldwölbung näher eingehen werden.

Ein besonderer Typus astigmatisch brechender Flächen ist die Zylinderfläche (Abb. 117); bei ihr werden auch von der Achse ausgehende Strahlen zu einem astigmatischen Strahlenbündel. Die von dem Objektpunkt P kommenden Strahlen, die die Zylinderfläche längs der Kreislinie abc schneiden, werden in dem reellen Bildpunkt B_1 auf

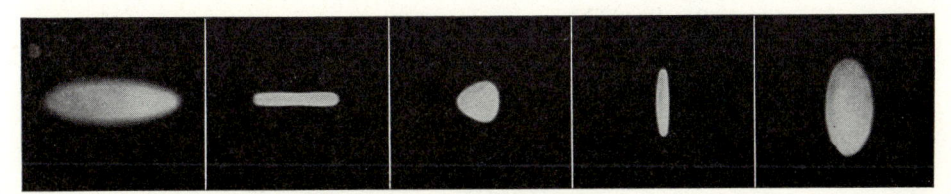

Abb. 116. Querschnitte des in Abb. 115 gezeichneten Lichtbündels hinter der Linse an den Stellen A, B_M, C, B_S und B

der Achse hinter der Fläche vereinigt, während die längs der Geraden dbe einfallenden Strahlen nach der Brechung von dem virtuellen Bildpunkt B_2 vor der Fläche herzukommen scheinen. Stellt man in P ein Kreuzgitter als Objekt so auf, daß seine beiden Linienscharen parallel zu ab und de verlaufen, so werden die vertikalen Linien V in der durch B_1 gehenden Ebene als reelles Bild, die horizontalen Linien H als virtuelles Bild in einer durch B_2 gehenden Ebene abgebildet.

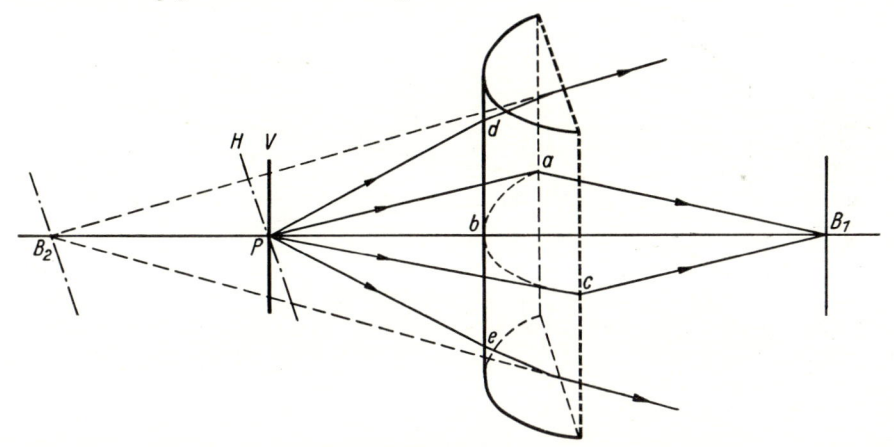

Abb. 117. Astigmatische Abbildung bei einer Zylinderfläche

Astigmatismus tritt nicht nur bei der Brechung an gekrümmten Flächen, sondern ganz allgemein bei der Brechung eines Lichtbüschels an einer ebenen Fläche auf. In Abb. 118 sei z. B. TT eine brechende Fläche, etwa die Grenzfläche zwischen Luft und Glas oder Wasser. Von dem leuchtenden Punkte P falle ein eng begrenztes Strahlenbüschel schräg auf die Fläche TT. Der Mittelstrahl des Büschels treffe die Fläche in A, die Begrenzung des Büschels auf der Fläche sei durch die Ellipse $M_1S_1M_2S_2$ angedeutet. Wir fällen vom Punkte P auf die Fläche das Lot, das diese im Fußpunkt F trifft; die Verbindungslinie von F und A schneidet die Ellipse in M_1 und M_2. Die von P aus nach M_1 und M_2 einfallenden Strahlen des Büschels werden so gebrochen, daß sie nach der Brechung in der Einfallsebene PFA bleiben. Ihre rückwärtigen Verlängerungen schneiden sich in dem virtuellen Bildpunkt B_M. Man nennt, wie oben, diese in der Einfallsebene bleibenden Strahlen des Büschels die Meridionalstrahlen. Anders liegen die Verhältnisse bei den Strahlen, die von P nach den Enden S_1 und S_2 des senkrecht zu M_1M_2 gezogenen Ellipsendurchmessers verlaufen: diese Strahlen bestimmen die Sagittalebene des Büschels. Die Strahlen PS_1 und PS_2 werden so gebrochen, daß ihre rückwärtigen Verlängerungen sich in dem Punkt B_S schneiden, der auf der Verlängerung von FP liegt. Die Brechung des Strahlenbüschels an der ebenen Fläche erfolgt also so, daß die gebrochenen Strahlen von zwei virtuellen, in einer gewissen Entfernung liegenden Bildpunkten herzukommen scheinen. Man kann diesen Astigmatismus an einer ebenen Fläche beobachten, wenn man z. B. mit einem Mikroskop schräg durch eine planparallele dickere Glasplatte eine beleuchtete Blendenöffnung betrachtet. Es gibt dann zwei Einstellungen des Mikroskops, in denen man die Blendenöffnung scharf sieht.

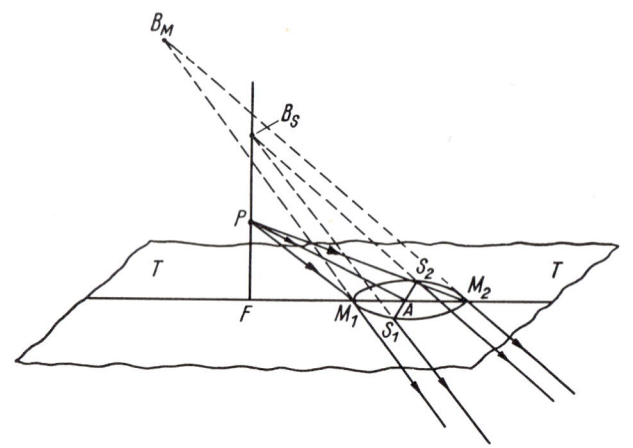

Abb. 118. Astigmatismus bei der Brechung eines Lichtbüschels an einer ebenen Fläche

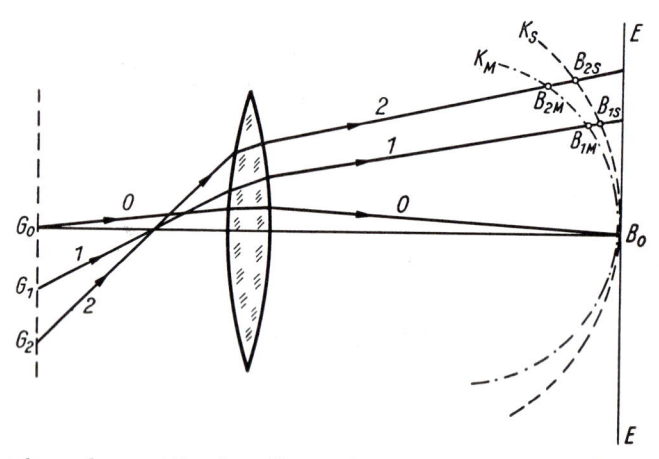

Abb. 119. Entstehung der meridionalen (K_M) und sagittalen (K_S) Bildschale bei der Abbildung durch eine bikonvexe Linse

Krümmung der Bildebene (Bildwölbung). Wir fanden im Vorhergehenden, daß der astigmatische Fehler, d. h. der Abstand des meridionalen und des sagittalen Bildes um so größer ist, je schiefer das betreffende Lichtbündel die Linse durchsetzt. In Abb. 119 sind diese Verhältnisse nochmals für einige durch eine Bikonvexlinse gehende Strahlen gezeichnet, die von einem fernen Objekt kommen. Für den paraxialen Strahl 0 fallen beide Bildpunkte in einem Punkt B_0 auf der Achse zusammen. Für den Strahl 1 liegen sie bei B_{1M} und B_{1S} und für den Strahl 2 bei B_{2M} und B_{2S} usw. Das Gesamtbild des abzubildenden Gegenstandes wird sich also auf zwei gewölbte Bildflächen verteilen, deren Gestalt man erhält, wenn man die in Abb. 119 durch die Punkte B_{2M}, B_{1M}, B_0 und B_{2S}, B_{1S}, B_0 gezeichneten Kurven K_M und K_S um die Linsenachse rotieren läßt. Die so

10. Die Abbildungsfehler der Linsen

entstehenden beiden Flächen nennt man die **meridionale** und **sagittale Bildschale**. Den mittleren Abstand der beiden auf einem Strahl liegenden Bildpunkte von der durch den Punkt B_0 gehenden Einstellebene (Gaußsche Bildebene) nennt man die **Bildfeldwölbung**. Sie ist die Ursache von Unschärfen in dem optischen Bild, da es i. A. nicht möglich ist, die Auffangfläche für das Bild (Mattscheibe, photographische Platte) so zu krümmen, daß sie zwischen die beiden Bildschalen fällt. Außerdem treten infolge des Astigmatismus auch noch Verfälschungen des Bildes auf, indem die Einzelheiten des Objektteiles teils auf der meridionalen, teils auf der sagittalen Bildschale scharf wiedergegeben, gewissermaßen also aussortiert werden. Nehmen wir z. B. eine Schar kon-

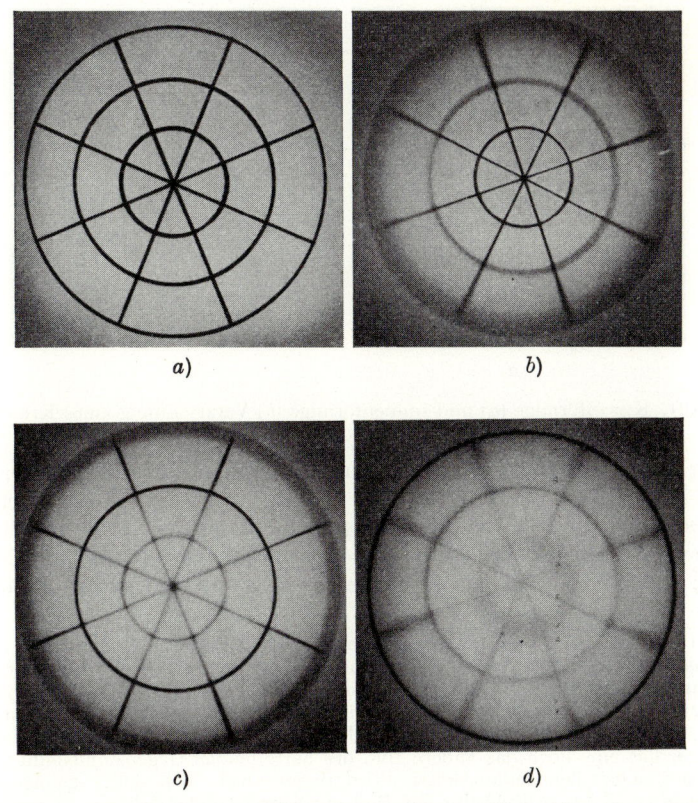

Abb. 120. Abbildung eines aus drei konzentrischen Kreisen und drei Durchmessern bestehenden Gegenstandes (a) durch eine astigmatische Linse in verschiedenen Bildebenen. In b geht die Bildebene durch den Punkt B_0 der Abb. 119, es werden nur die Durchmesser und der Kreis in der Bildmitte scharf; in c befindet sich das Bild des äußeren Kreises auf der Sagittalschale, z. B. im Punkt B_{2S} der Abb. 119, so daß nur die äußeren Teile der Durchmesser sowie der zweite Kreis, der sich zufällig auf der Meridionalschale befindet, scharf werden. Geht man mit der Bildebene noch näher an die Linse heran, so wird nur der äußere Kreis scharf, da er bei dieser Einstellung auf der meridionalen Schale, z. B. in Punkt B_{2M} in Abb. 119, liegt

zentrischer Kreise mit einer Anzahl von Durchmessern an (Abb. 120a), und stellen dies Objekt senkrecht zur Achse im Gegenstandsraum so auf, daß die Achse durch den Mittelpunkt der Kreise geht, so kann man zunächst eine Einstellung der Bildebene (im Punkt B_0 der Abb. 119) finden, bei der die Bildmitte, und zwar sowohl die Kreise wie auch die Durchmesser, scharf werden (Abb. 120b). Wie man sieht, werden mit fortschreitender Entfernung von der Bildmitte Durchmesser und Kreise immer unschärfer. Geht man mit der Bildebene näher an die Linse heran, so findet man eine zweite Einstellung, bei der nur die äußeren Teile der Durchmesser scharf werden (Abb. 120c). In diesem Falle befindet sich das Bild des äußeren Kreises gerade auf der Sagittalschale (also z. B. im Punkte B_{2S} der Abb. 119), in der nach Abb. 115 nur die zur Achse radialen Teile scharf abgebildet werden. Nähert man die Bildebene noch mehr der Linse, so erhält man schließlich das in Abb. 120d wiedergegebene Bild, bei der nur die äußersten Kreise scharf abgebildet sind, während die anderen Kreise und die Radien unscharf sind. Der äußere Kreis liegt bei dieser Einstellung auf der meridionalen Bildschale (z. B. im Punkt B_{2M} der Abb. 119). Man benutzt das soeben beschriebene Verfahren in der Optik

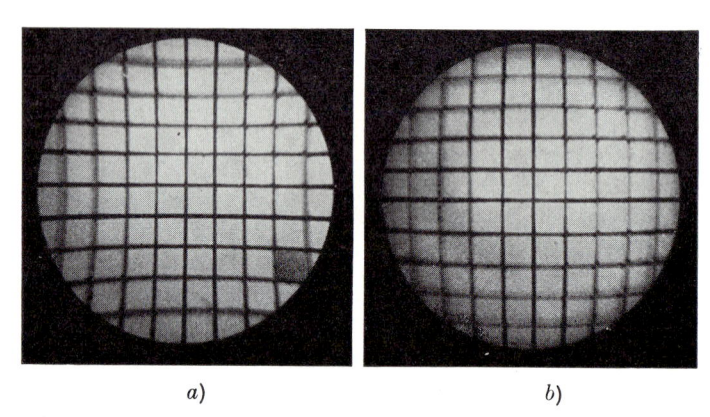

Abb. 121. Kissenförmige (a) und tonnenförmige (b) Verzeichnung eines Kreuzgitters

zur Prüfung von Linsen und Objekten auf Astigmatismus. Aufgabe der praktischen Optik ist es, durch Kombination mehrerer Linsen aus geeigneten Glassorten nicht nur den Astigmatismus durch Zusammenbringen der sagittalen und meridionalen Bildschale in eine einzige Schale zu beseitigen, sondern gleichzeitig auch die Bildfeldwölbung aufzuheben; Objektive, bei denen beide Fehler beseitigt sind, werden **Anastigmate** genannt.

Man kann übrigens bereits durch eine geeignete vor die Linse gesetzte Blende gleichzeitig den Astigmatismus und die Bildfeldwölbung annähernd korrigieren (anastigmatische Bildfeldebnung). Man erreicht dadurch, daß die meridionale und sagittale Bildschale symmetrisch zur Ebene, auf der das Bild entstehen soll, zu liegen kommen, also eine nach vorne und nach hinten gewölbte Fläche bilden. Der Astigmatismus selbst bleibt also bestehen, aber es entsteht auf der Bildebene weder das eine noch das andere Bild des betreffenden Gegenstandspunktes, sondern ein verschwommener kleiner Zerstreuungskreis. Wird dieser auch noch durch genügendes Abblenden hinreichend klein gemacht, so erscheint das Bild mit ausreichender Schärfe.

Verzeichnung oder Verzerrung des Bildes (Distorsion). Die bisher erörterten Linsenfehler lassen sich, wie wir sahen, z. T. durch Abblenden der Linse, d. h. durch Einengung ihrer wirksamen Öffnung beheben. Das Anbringen einer Blende vor oder hinter der Linse kann aber trotz der erwähnten Verbesserung einen neuen Fehler hervorrufen, der sich in einer Verzerrung des Bildes bemerkbar macht. Bildet man z. B. durch eine Konvexlinse ein Kreuzgitter auf einen Schirm ab und setzt hinter die Linse im Bildraum eine den Strahlengang begrenzende Lochblende, so erhält man das in Abb. 121a wiedergegebene Bild, das eine deutliche Verzeichnung erkennen läßt, indem die Randpartien auseinandergezogen sind. Man spricht in diesem Falle von einer **kissenförmigen Verzeichnung**. Setzt man dagegen dieselbe Blende vor die Linse in den Objektraum, so erhält man das verzerrte Bild der Abb. 121b, bei dem die Randpartien zusammengezogen sind (sog. **tonnenförmige Verzeichnung**). Zum Verständnis dieser Erscheinung betrachten wir die in Abb. 122 gezeichneten Strahlengänge. Von dem senkrecht zur

10. Die Abbildungsfehler der Linsen

Linsenachse stehenden Gegenstand G_1G_2 möge der Achsenpunkt G_1 in B_1 abgebildet werden, während das Bild des achsenfernen Punktes G_2 infolge der die Linse schief durchsetzenden Strahlen näher zur Linse bei B_2 entsteht. Auf einem im Punkte B_1 senkrecht zur Achse aufgestellten Schirm erhält man daher von G_2 einen Zerstreuungskreis mit dem Durchmesser ZZ', sein Mittelpunkt M werde von einem von G_2 kommenden durch die Linsenmitte gehenden Strahl getroffen. Setzt man nun hinter die Linse (Abb. 122a) die Blende Bl, die nur ein enges Strahlenbündel durchläßt, so entsteht auf dem Schirm ein wesentlich kleinerer Lichtfleck mit dem Zentrum bei M', das aber weiter von der Achse entfernt liegt; das ist dadurch bedingt, daß der Mittelstrahl G_2B_2 durch die untere Hälfte der Blende abgeschnitten wird. Da nun M' den Ort des Bildes von G_2 angibt, ist dieses in den Randpartien auseinandergezogen: wir erhalten also die in Abb. 121a dargestellte kissenförmige Verzeichnung. Analog erklärt sich nach 122b die

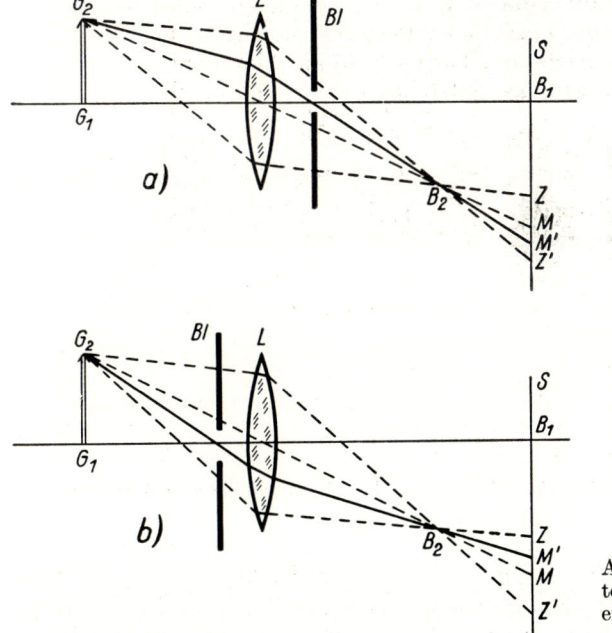

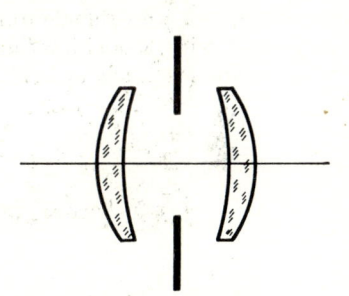

Abb. 123. Aus zwei positiven Menisken mit dazwischen befindlicher Blende bestehendes orthoskopisches System

Abb. 122. Erklärung der kissen- bzw. tonnenförmigen Verzeichnung durch eine hinter die Linse (a) bzw. vor die Linse (b) gesetzte Blende

tonnenförmige Verzeichnung, wenn die Blende Bl sich vor der Linse im Objektraum befindet; die Mitte des Lichtflecks rückt dann von M näher nach der Linsenachse nach M'. Hier wird der Mittelstrahl G_2B_2 von der oberen Hälfte der Blende abgeschnitten, die Randpartien des Bildes werden hier zusammengezogen. Damit eine Blende keine Verzeichnung des Bildes hervorruft, muß sie so in den Strahlengang eingesetzt werden, daß sie die durch den optischen Mittelpunkt der Linse gehenden Strahlen ungehindert durchläßt. Dies ist praktisch nur möglich, wenn das abbildende Linsensystem aus mindestens zwei Linsen zusammengesetzt ist, damit die Blende zwischen ihnen angebracht werden kann. Derartige Linsensysteme, die keinerlei Verzerrung hervorrufen, heißen **orthoskopische Objektive**. Sie wurden erstmalig durch H. A. Steinheil (1865) bei dem „Periskop" genannten System verwirklicht, das aus zwei einfachen konkavkonvexen Linsen (positiven Menisken) mit dazwischen befindlicher Blende besteht (Abb. 123). Auf die zu erfüllende Bedingung zur Erlangung der Verzeichnungsfreiheit kommen wir auf S. 98 zurück.

11. Die Strahlenbegrenzung, die Wirkung der Blenden

In dem vorhergehenden Abschnitt wurde bereits mehrfach die Tatsache erwähnt, daß man durch Anbringung von Blenden den Querschnitt des das optische System durchsetzenden Lichtbüschels begrenzen und z. B. durch die Abblendung der Randstrahlen eine Verringerung der Linsenfehler erzielen kann. Auch die Erscheinung, daß je nach dem Blendenort die Abbildung verschieden ausfällt, wurde bereits besprochen. Es wird sich herausstellen, daß die Blenden zwei Funktionen ausüben, nämlich einerseits die Helligkeit des Bildes und andererseits die Größe des Gesichtsfeldes bestimmen.

Als Blende kann sowohl die Fassung einer Linse wie auch jede in den Strahlengang eingefügte Öffnung dienen. Gelegentlich tritt an die Stelle einer solchen Durchlaßblende eine Spiegelblende, die durch die wirksame Spiegelfläche das auf sie fallende Lichtbündel begrenzt (z. B. Galvanometerspiegel). In allen diesen Fällen hat man zu beachten, daß jede Blende durch das optische System, dem sie angehört, selbst wieder abgebildet wird, wobei ihr Bild je nach ihrer Lage sowohl im Bildraum oder im Gegenstandsraum wie auch in beiden zusammen entstehen kann, wenn nämlich die Blende

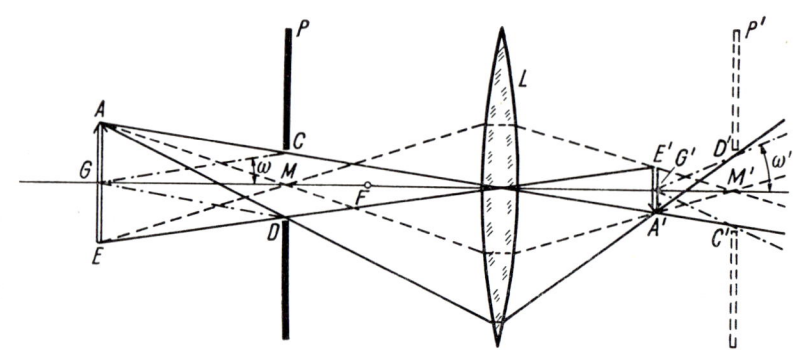

Abb. 124. Zur Definition von Aperturblende, Eintritts- und Austrittspupille sowie Apertur- und Projektionswinkel

zwischen zwei Linsen liegt, die zusammen das optische System bilden. Es gehören daher zu jeder körperlich vorhandenen reellen Blende immer ein oder zwei optisch wirksame Blendenbilder. Man bezeichnet die körperliche Blende selbst als **Iris, Pupille** oder als **Aperturblende**, ihr i. a. im Gegenstandsraume liegendes Bild als **Eintrittspupille**, das i. a. im Bildraum auftretende als **Austrittspupille**.

Wir wollen uns diese Verhältnisse an einigen einfachen Beispielen klarmachen. In Abb. 124 befinde sich vor der Konvexlinse L im Gegenstandsraum außerhalb der Brennweite eine kreisförmige Blende P; von ihr erzeugt die Linse ein reelles Bild P'. Von dem vor der Blende befindlichen Gegenstand AE in G wird durch die Linse in G' ein ebenfalls reelles verkleinertes Bild $A'E'$ hervorgebracht. Wie man sieht, werden die von jedem Punkte des Gegenstandes ausgehenden Strahlenbüschel durch die Blende P begrenzt. In Abb. 124 ist z. B. ein solcher Strahlenkegel vom Punkte A des Gegenstandes aus gezeichnet, der die Öffnung CD der Blende zur Basis hat. In diesem Falle ist also die Aperturblende P gleichzeitig Eintrittspupille. Verfolgt man die Strahlen AC und AD weiter, so schneiden sie sich im Punkte A' des Bildes G' und treten dann durch die Randpunkte C' und D' des Blendenbildes P' aus: P' ist also Austrittspupille. Während die Eintrittspupille P maßgebend für die Öffnung eines auf das optische System einfallenden Strahlenbüschels ist, begrenzt die Austrittspupille P' die Öffnung des aus dem System austretenden Strahlenbüschels. Man bezeichnet den halben Öffnungswinkel des durch die Eintrittspupille gehenden Strahlenkegels, der von einem auf der optischen Achse liegenden Punkte (G) des Gegenstandes ausgeht, als **Öffnungs-** oder **Aperturwinkel** ω; analog nennt man den zu ω konjugierten Winkel, der durch den die **Austrittspupille** durchsetzenden Strahlenkegel bestimmt wird, den **Projektionswinkel** ω'.

Macht man die Eintrittspupille sehr klein, so bleiben schließlich nur noch die durch ihren Mittelpunkt M und nachher durch den konjugierten Mittelpunkt M' der Austrittspupille laufenden Strahlen übrig. Sie sind in Abb. 124 gestrichelt und heißen **Hauptstrahlen**, ihren Verlauf nennt man den **Strahlengang** des Systems.

In Abb. 125 ist nochmals der Gegenstand G und die Eintrittspupille aus der vorhergehenden Abbildung vergrößert dargestellt, und es sind von den Randpunkten A und E sowie von der Mitte G des Gegenstandes Strahlenbüschel gezeichnet, die sämtlich die Eintrittspupille zur Basis haben. Diese Strahlen kann man nun auch als Strahlenkegel betrachten, die von den Rändern C und D sowie von der Mitte M der Eintrittspupille ausgehen und den Gegenstand zur Basis haben. **Zwischen Objekt und Eintrittspupille und analog zwischen Bild und Austrittspupille besteht also eine Reziprozität**, d. h. man kann sämtliche wirksamen Strahlen in zweierlei Art zusammenfassen, einmal als Strahlenkegel ausgehend von den Objektpunkten mit der Eintrittspupille als Basis und zweitens als Strahlenkegel ausgehend von den Punkten der Eintrittspupille mit dem Objekt als Basis. **Man kann mit anderen Worten Eintrittspupille und Objekt sowie Austrittspupille und Bild miteinander vertauschen.**

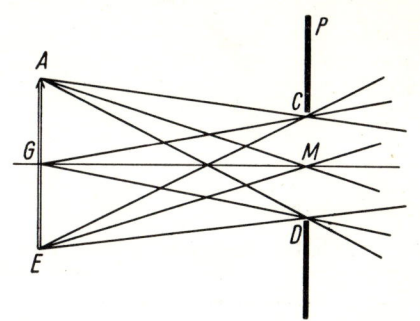

Abb. 125. Reziprozität zwischen Objekt und Eintrittspupille

Wie man weiter aus Abb. 124 erkennt, kann man zu einem Gegenstand das Bild finden, wenn die Lage der Eintritts- und Austrittspupille sowie die Lage der Linse bekannt sind. Man hat dazu lediglich von einem Punkte des Gegenstandes zwei Strahlen nach zwei Punkten der Eintrittspupille zu ziehen und sie über die Linse nach den konjugierten Punkten der Austrittspupille weiterzuzeichnen. Man kann sich dies leicht klarmachen, wenn man bedenkt, daß durch Eintrittspupille und Austrittspupille zwei konjugierte Ebenen des abbildenden Systems bekannt sind, aus denen man rückwärts z. B. die beiden Brennpunkte F und F' usw. bestimmen kann; durch F und F' und die Linse (die beiden Hauptebenen) ist aber natürlich die Lage des Bildes zu jedem Objekt festgelegt. In Abb. 124 sind z. B. $ADA'D'$ und $AMA'M'$ zwei solche Strahlen, die den zu A konjugierten Bildpunkt A' liefern. Man kann dies auch noch anders ausdrücken: Sind Eintrittspupille und Austrittspupille sowie Objekt und Bild gegeben, so sind die durch die Austrittspupille austretenden Strahlen durch die in die Eintrittspupille eintretenden bestimmt. Jedem von einem Objektpunkte (z. B. A) nach einem Punkt der Eintrittspupille (z. B. C) zielenden einfallenden Strahl entspricht ein ausfallender Strahl durch die konjugierten Punkte A' und C', dabei braucht man den Strahlengang im System gar nicht zu kennen.

Verschieben wir die Blende P in Abb. 124 näher zur Linse, so daß sie sich innerhalb der Brennweite befindet (Abb. 126), so entwirft die Linse von der Blende ein virtuelles Bild P' im Gegenstandsraum P. Auch jetzt ist wieder P die Eintrittspupille, die jedes von einem Gegenstandspunkt ausgehende Strahlenbündel begrenzt. P' ist dagegen die Austrittspupille, die das aus der Linse auf der Bildseite austretende Strahlenbündel begrenzt, und zwar unter dem Projektionswinkel ω'. Schließlich ist in Abb. 127 der Fall wiedergegeben, daß sich hinter einer Sammellinse im Bildraum eine Blende P befindet und man durch diese Blende und die Linse einen innerhalb der Brennweite befindlichen Gegenstand GA betrachtet. Man erhält dann von letzterem das virtuelle

Bild $G'A'$. Die scheinbar von diesem Bilde herkommenden Strahlen (in der Abbildung sind nur die von A' ausgehenden Strahlen gezeichnet) werden jetzt von der Blende P begrenzt, die also die Rolle der Austrittspupille spielt, während ihr Bild P' die Eintrittspupille für die vom Gegenstand ausgehenden Strahlen darstellt. In der Praxis kommt dieser Fall vor, wenn man eine Sammellinse als Lupe benutzt. Dann wird die reelle Austrittspupille von der Pupille des Auges gebildet, das man an die Stelle M vor die Linse bringt (Abb. 127).

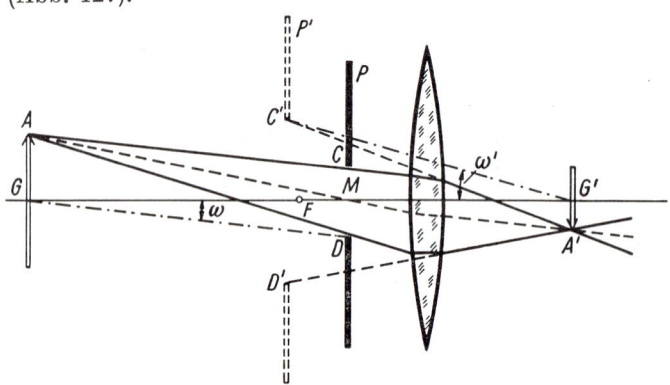

Abb. 126. Lage von Eintritts- und Austrittspupille bei der verkleinerten Abbildung eines Gegenstandes durch eine Bikonvexlinse

Besteht das optische System aus zwei oder mehr Linsen, zwischen denen sich die Aperturblende befindet, so werden Eintritts- und Austrittspupillen durch die virtuellen Bilder der Aperturblende geliefert. In Abb. 128 ist dieser Fall für ein zweilinsiges Sy-

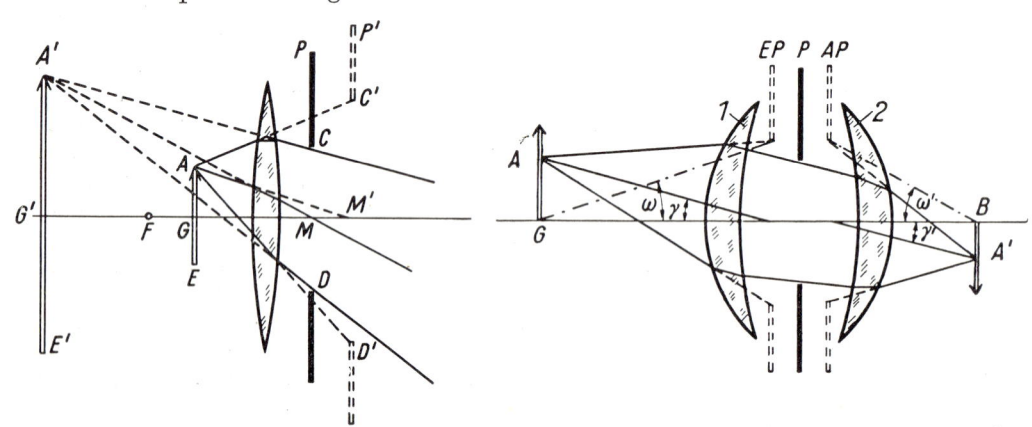

Abb. 127. Lage von Eintritts- und Austrittspupille bei der Benutzung einer Sammellinse als Lupe

Abb. 128. Lage von Aperturblende, Eintritts- und Austrittspupille bei einem zweilinsigen optischen System

stem dargestellt. Das von der Linse 1 erzeugte virtuelle Bild EP der Blende P ist die Eintrittspupille, das von der Linse 2 erzeugte, ebenfalls virtuelle, Bild AP ist die Austrittspupille des Systems. Erstere begrenzt im Objektraum alle das System durchdringenden Strahlen, letztere tut das gleiche im Bildraum mit den austretenden Strahlen.

Damit ein solches System eine verzerrungsfreie Abbildung liefert, muß die Beziehung

$$\frac{AG}{A'B} = \frac{\operatorname{tang}\gamma}{\operatorname{tang}\gamma'} = \text{const}$$

11. Die Strahlenbegrenzung, die Wirkung der Blenden

für jeden Wert von γ, d. h. für jede Lage des Punktes A auf dem abzubildenden Gegenstand gelten. Diese bereits von G. B. Airy (1827) und unabhängig von E. Abbe (1879) aufgestellte Relation heißt die **Tangensbedingung**.

Bei subjektiver Betrachtung eines durch ein optisches Gerät erzeugten Bildes kommt zu der Austrittspupille als weitere die austretenden Strahlen begrenzende Blendenöffnung die Augenpupille hinzu. Um möglichst viele Strahlen ins Auge treten zu lassen und so die Helligkeit des Instrumentes auszunutzen, muß man die Augenpupille mit der Austrittspupille zur Deckung bringen. Man nennt daher den Achsenpunkt der Austrittspupille selbst den **Augenpunkt** und die kreisförmige Austrittspupille selbst den **Augenkreis oder Okularkreis**.

Befinden sich in einem optischen System mehrere Blenden, wozu auch die Fassungen der einzelnen Linsen zu zählen sind, so findet man die für einen axialen Objektpunkt maßgebende Eintrittspupille, indem man zunächst sämtliche Blenden nach dem Objektraum durch die vorgelagerten Linsen des Systems abbildet und dann feststellt, welches Blendenbild von dem Objektpunkt aus unter dem kleinsten Öffnungswinkel erscheint: Dieses Blendenbild ist die gesuchte Eintrittspupille, die zu dem Blendenbild zugehörige konjugierte körperliche Blende ist die Aperturblende.

Ganz allgemein gilt also:

Die Eintrittspupille (bzw. die zugehörige Aperturblende) begrenzt die Strahlen, die das Bild des Objektes erzeugen. Je größer die Öffnung des durch die Eintrittspupille eintretenden Strahlenkegels ist, um so größer ist die Energiemenge (Lichtmenge), die dem Bilde zugeführt wird, um so größer ist demnach die Helligkeit des Bildes. Damit ist die Funktion der Aperturblende festgestellt: sie bestimmt die Helligkeit des Bildes. Genauer werden wir darauf im II. Kapitel (Photometrie) eingehen.

Bei den bisherigen Betrachtungen war der abzubildende Gegenstand so klein gewählt worden, daß von allen Punkten desselben Strahlen durch die Linse und die Austrittspupille zum Bild gelangen konnten. Diese Einschränkung lassen wir jetzt fallen und nehmen in Abb. 129 einen sehr ausgedehnten flächenhaften Gegenstand $G_1 G_6$ an; bei A befindet sich die als Eintrittspupille fungierende Aperturblende P. Zwischen A und dem Gegenstande sei eine weitere Blende B eingefügt. Denkt man sich das Auge in den Mittelpunkt der Eintrittspupille (Aperturblende) gebracht, so erkennt dieses, daß die Blende B das Gesichtsfeld begrenzt, indem nicht mehr von allen Punkten des Gegenstandes $G_1 G_6$ Strahlen durch die Eintrittspupille und das optische System hindurchtreten können. Zwar gelangen von allen Punkten der zentralen Partie des Objektes zwischen G_1 und G_2 noch Strahlen zu allen Punkten der Eintrittspupille; für die von diesen Teilen des Objektes ausgehenden Strahlen ist die Blende B also ohne jeden Einfluß. Je näher man aber dem Rande des Gegenstandes kommt, um so mehr Strahlen werden durch B abgeblendet. Z. B. gelangen von dem Punkte G_3 nur noch Strahlen auf die untere, von G_4 nur noch auf die obere Hälfte der Eintrittspupille. Von den Punkten G_5 und G_6 gelangen überhaupt keine Strahlen mehr durch die Eintrittspupille. Der Gegenstand erscheint dem Auge in A also nach dem Rand hin immer dunkler, um schließlich ganz unsichtbar zu werden. Genau ebenso erscheint das vom optischen System entworfene Bild des Gegenstandes. Die Blende B begrenzt also das Gesichtsfeld, das ein im Mittelpunkt A der Eintrittspupille befindliches Auge erblickt. Als **Gesichtsfeldwinkel** (γ in Abb. 129) bezeichnet man den halben Öffnungswinkel des von A nach dem Gegenstand hinzielenden Strahlenkegels.

Bei der in Abb. 129 angenommenen Stellung von B ist das Gesichtsfeld überhaupt nicht scharf begrenzt, da die Randpartien allmählich immer weniger hell werden. Man nennt diese Erscheinung **Vignettierung oder Abschattierung**. Will man ein scharf begrenztes, nicht vignettiertes Gesichtsfeld haben, so muß die **Gesichtsfeldblende**, wie man sofort sieht, in der Ebene des Objekts angebracht werden. Nun braucht die Gesichtsfeldblende nicht, wie in Abb. 129 angenommen, eine körperliche Blende zu sein, vielmehr kann auch ein Bild einer Blende das Gesichtsfeld begrenzen: in diesem Falle spricht man von einer **Luke**, und zwar von einer **Eintrittsluke**, falls das Bild der körperlichen Blende im Gegenstandsraum liegt und dort das Gesichtsfeld begrenzt. In Abb. 130 ist dieser Fall angenommen. Hinter der Linse befinden sich die beiden Blenden P_1 und P_2; ihre von der Linse entworfenen Bilder sind P_1' und P_2'. Wie man sofort sieht, stellt P_1' die Eintrittspupille dar, da sie vom Achsenpunkt G des Objektes unter dem kleinsten Winkel erscheint. P_2' dagegen ist die Eintrittsluke, die das von M, dem Mittelpunkt der Eintrittspupille, gesehene Gesichtsfeld begrenzt. P_2 ist die zu P_2' konjugierte körperliche Gesichtsfeldblende. Befindet sich diese innerhalb eines (z. B. zweilinsigen) Systems, so daß sie auch in den Bildraum abgebildet wird, so heißt dieses Bild die **Austrittsluke**, die natürlich auch zur Eintrittsluke konjugiert ist. Damit in diesem allgemeineren Fall das Gesichtsfeld scharf begrenzt ist, muß die Eintrittsluke in die Ebene des Objektes fallen, die Gesichtsfeldblende selbst also mit dem Bilde des Objektes zusammenfallen. — Der zum Gesichtsfeld (γ) konjugierte Winkel, der vom Mittelpunkt der Austrittspupille aus den durch die Austrittsluke tretenden Strahlenkegel bestimmt, heißt sinngemäß **Bildwinkel**.

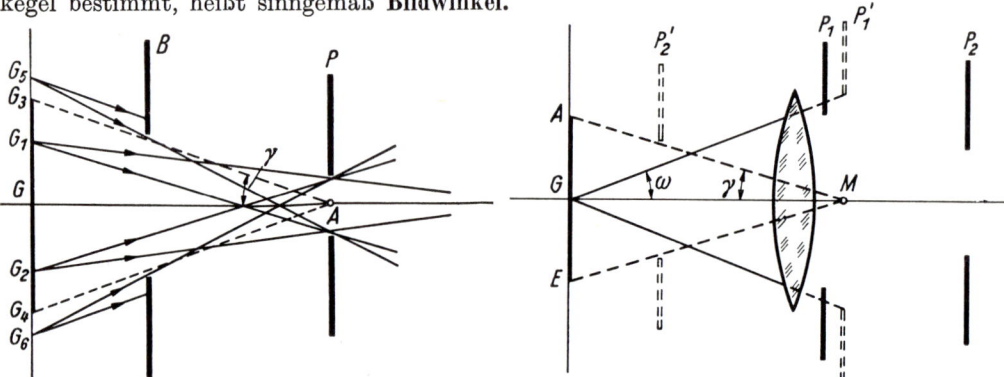

Abb. 129. Zur Definition von Gesichtsfeldblende und Gesichtsfeldwinkel

Abb. 130. Zur Definition von Eintritts- und Austrittsluke

12. Das Auge und die optischen Instrumente

Bevor wir uns den eigentlichen optischen Instrumenten (Lupe, Fernrohr, Mikroskop usw.) zuwenden, müssen wir erst das menschliche Auge näher betrachten, das ja für die Benutzung aller optischen Instrumente unentbehrlich ist und selbst ein von der Natur geschaffenes optisches Instrument darstellt.

Das Auge. Das menschliche Auge besteht aus dem äußeren Auge, das von den Augenbrauen, den Augenlidern mit den Augenwimpern, der Tränendrüse, der Augendrüse und den Augenmuskeln gebildet wird, und dem eigentlichen Augapfel (Abb. 131). Er ist von nahezu kugelförmiger Gestalt und wird von der undurchsichtigen weißen Sehnenhaut (Sclerotica) S umschlossen, die an der Vorderseite in die etwas vorgewölbte durchsichtige Hornhaut (Cornea) H übergeht. Hinter der Hornhaut ist die Regenbogenhaut (Iris) I ausgespannt, die die Farbe des Auges bestimmt. Sie enthält in ihrer Mitte eine kreisförmige Öffnung, die Pupille, die dem Licht den Eintritt in das Augeninnere gestattet und die sich automatisch mehr oder weniger, je nach der herrschenden Helligkeit, öffnet und so als Blende wirkt. Hinter der Iris befindet sich die Kristallinse L; sie ist als Bikonvexlinse mit verschieden gekrümmten Flächen ausgebildet und setzt sich in ihrem Aufbau aus vielen durchsichtigen Schichten zusammen. Der Raum zwischen Hornhaut und Linse, die sog. vordere Augenkammer, K, ist mit einer wässerigen Flüssigkeit gefüllt. Der hinter der Linse gelegene Hohlraum enthält eine durchsichtige gallertartige Masse, die Glaskörper (Corpus vitreum) heißt. Die Innenwand dieser großen Augenkammer ist zunächst von der sog. Aderhaut (Chorioidea) ausgekleidet, die dunkel gefärbt ist und nach vorn in die Iris übergeht. Über diese Aderhaut legt sich die Netzhaut (Retina) N, die die eigentlich lichtempfindlichen Organe enthält und als Fortsetzung des bei A eintretenden Sehnerven angesehen werden kann. An der Eintrittsstelle des Sehnervs ist die Netzhaut für Licht unempfindlich, die betreffende Stelle heißt der Blinde Fleck (Macula coeca) B. Man kann sich von seiner Existenz leicht überzeugen, indem man mit geschlossenem linken Auge das Kreuz in Abb. 132 fixiert. Bei einem bestimmten Abstand des Bildes vom Auge verschwindet der schwarze Punkt völlig, da sein Bild im Auge auf den blinden Fleck fällt. Dicht neben der Stelle, an der die optische Achse die Netzhaut trifft, liegt etwas schläfenwärts die für das Sehen empfindlichste Stelle, der sog. Gelbe Fleck (Macula lutea) G. Seine mittlere, etwas eingesenkte Stelle heißt Netzhautgrube (Fovea centralis). An dieser Stelle entsteht das Bild desjenigen Gegenstandes, den das Auge beim „direkten Sehen" fixiert. Die Verbindungslinie der Netzhautgrube mit der Mitte der Pupille heißt daher die Sehachse, Blicklinie oder Gesichtslinie.

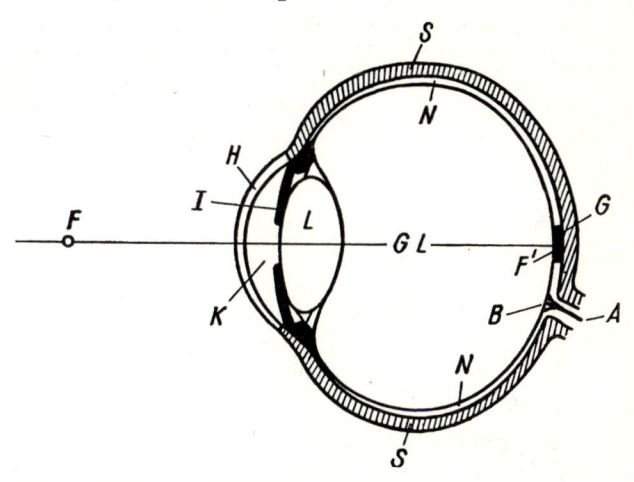

Die optische Wirkung des Auges beruht auf der Abbildung des betrachteten Gegenstandes auf die Netzhaut. Die Abbildung wird dabei nicht nur durch die eigentliche Linse L, sondern auch wesentlich durch die Brechung des Lichtes in der Hornhaut, in der mit Kammerwasser gefüllten Augenkammer K und in dem Glaskörper GL bewirkt. Da dieses brechende System vorn von Luft und hinten vom Glaskörper begrenzt ist, der vordere und der hintere Brennpunkt also in Medien von verschiedenen Brechungsquotienten liegen, sind auch die vordere und die hintere Brennweite voneinander ver-

Abb. 131. Waagerechter Schnitt durch ein menschliches Auge

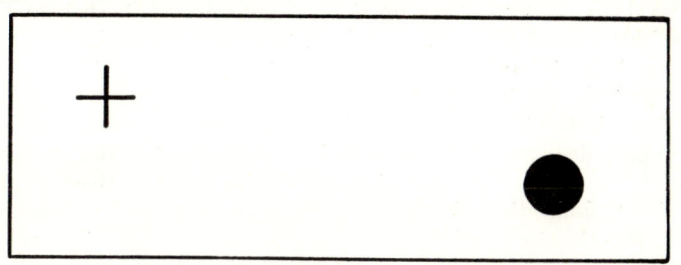

Abb. 132. Zur Erkennung des blinden Flecks

schieden. In Abb. 133 ist nochmals der Querschnitt durch ein normales auf die Ferne eingestelltes Auge in doppeltem Maßstabe gezeichnet. Dabei sind die Brennweiten, Krümmungsradien sowie die Lage der Haupt- und Knotenebenen im richtigen Maßverhältnis eingetragen. Man beachte, daß die Knotenpunkte nicht mit den Hauptpunkten zusammenfallen, da wir vor und hinter dem System verschiedene Brechzahlen haben. In der folgenden Tabelle sind die für ein normales Auge geltenden Werte nach

I. Kapitel. Geometrische Optik

Tab. 3. Daten des menschlichen Auges

	Ferne	Nähe
Brechzahl des Kammerwassers und des Glaskörpers . . .	1,3365	1,3365
Brechzahl der Kristallinse	1,358	1,358
Radius der Hornhaut	7,829 mm	7,829 mm
Radius der vorderen Linsenfläche	10 mm	5,33 mm
Radius der hinteren Linsenfläche	− 6 mm	− 5,33 mm
Vordere Brennweite des Auges f	+ 17,055 mm	+ 14,169 mm
Hintere Brennweite des Auges f'	22,785 mm	18,930 mm
Ort des vorderen Brennpunktes	− 15,707 mm	− 12,377 mm
Ort des hinteren Brennpunktes	24,387 mm	21,016 mm
Ort des vorderen Hauptpunktes [1]	1,348 mm	1,722 mm
Ort des hinteren Hauptpunktes	1,602 mm	2,086 mm
Ort des vorderen Knotenpunktes	7,079 mm	6,533 mm
Ort des hinteren Knotenpunktes	7,332 mm	6,844 mm

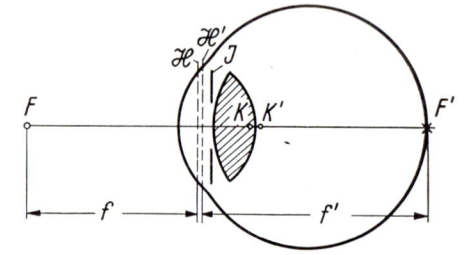

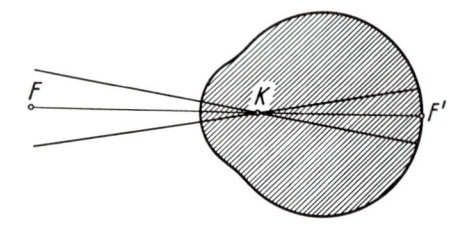

Abb. 133. Lage der Brennpunkte, Hauptebenen und Knotenpunkte im menschlichen Auge

Abb. 134. Reduziertes Auge nach Listing

Messungen von A. Gullstrand (1908) zusammengestellt. Die Spalte „Ferne" bezieht sich auf das auf Unendlich eingestellte Auge, die Spalte „Nähe" auf ein solches, das auf einen 15,2 cm vom Hornhautscheitel entfernten Punkt akkomodiert ist.

Nach J. B. Listing (1845) kann man das wirkliche Auge durch ein sog. „reduziertes" Auge ersetzen, dessen optische Wirkung auf die einer einzigen brechenden Fläche zurückgeführt ist, die bei einer Brechzahl des dahinter befindlichen Mediums von 1,34 einen Krümmungsradius von 5,12 mm besitzt und deren Scheitel etwa 2,3 mm hinter dem Hornhautscheitel liegt. Bei einer vorderen Brennweite von −16,740 mm beträgt die hintere, vom Scheitel der brechenden Fläche gemessene Brennweite 20,1 mm. In Abb. 134 ist das reduzierte Auge im Schnitt gezeichnet. Die beiden Knotenpunkte fallen mit dem Mittelpunkt K der brechenden Fläche zusammen, in ihm kreuzen sich die Achsen aller ins Auge fallenden Lichtbüschel.

Wie schon erwähnt, ist die eigentliche lichtempfindliche Schicht des Auges die rosa gefärbte **Netzhaut**. Abb. 135 zeigt einen sehr stark vergrößerten schematischen Schnitt durch dieses Organ, das einen sehr verwickelten geschichteten Bau besitzt. Von außen nach innen, d. h. in Richtung gegen das einfallende Licht, haben wir zunächst eine **Pigmentschicht**, dann die **Schicht der Stäbchen und Zapfen** (Sinnesepithel), darauf folgt die **Schicht der bipolaren Nervenzellen** und schließlich, dem Augeninneren am nächsten gelegen, eine **Schicht der Nervenfasern und Ganglienzellen**. Die eigentlich lichtempfindlichen Elemente der Netzhaut sind die Stäbchen und Zapfen; beide sind spindelförmig gebaut, die Stäbchen etwas länglicher und dünner als die Zapfen, die kurz und dick sind. Sie sind dicht nebeneinander angeordnet und durch die Zwischenschichten mit den Nervenfasern gekoppelt. I. a. sind mehrere Stäbchen und Zapfen mit einer Nervenfaser verbunden, wie es die rechte Hälfte von

---

[1]) Die angegebenen Orte sind vom Hornhautscheitel aus gerechnet. Negative Werte bei den Ortsangaben bedeuten, daß der betreffende Punkt vor dem Hornhautscheitel liegt.

12. Das Auge und die optischen Instrumente

Abb. 135 zeigt, nur im Gelben Fleck, wo etwa 13000 bis 14000 Zapfen auf den Quadratmillimeter kommen, hat jeder Zapfen seine eigene Nervenleitung (linke Seite von Abb. 135). Die Gesamtzahl aller Stäbchen und Zapfen im Auge dürfte in der Größenordnung von 10^7 bis 10^8 liegen. Nach den Untersuchungen verschiedener Forscher (H. v. Helmholtz 1865, E. Hering 1876, J. v. Kries 1904, O. Lummer 1906) haben die Stäbchen und Zapfen verschiedene Funktionen. Eine Farbempfindung ist nur mit Hilfe der Zapfen möglich, dagegen unterscheiden die Stäbchen nur Hell und Dunkel; dafür sind sie wesentlich empfindlicher als die Zapfen. Im Dämmerlicht und in der Nacht sehen wir daher nur mit den Stäbchen, und zwar im indirekten Sehen, da

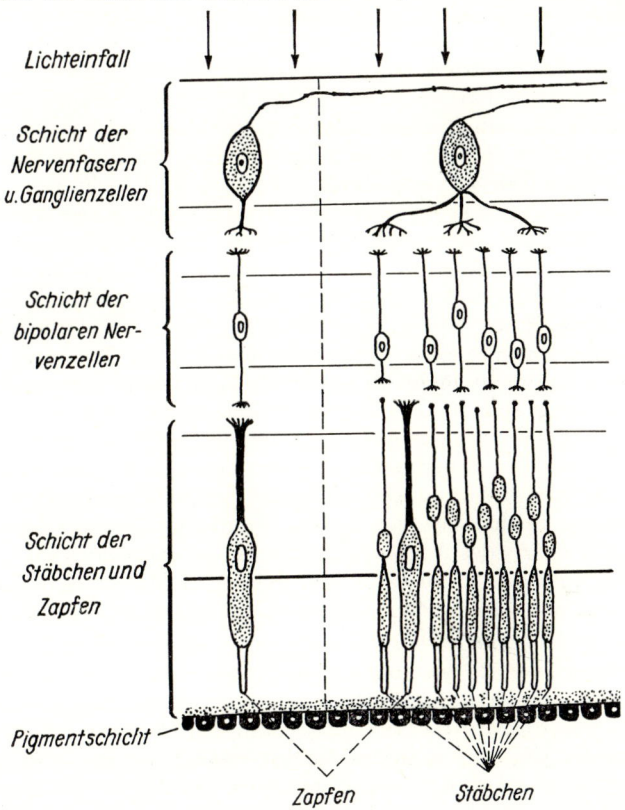

Abb. 135. Querschnitt durch die Netzhaut eines menschlichen Auges (vergrößert)

die für das direkte Sehen in Betracht kommende Netzhautgrube mit dem Gelben Fleck nur Zapfen enthält. Auf dieser unsicheren Art des indirekten Sehens in der Dämmerung und der Nacht beruht die Erscheinung, daß man „Gespenster" zu sehen glaubt, die hin- und herhuschen und sofort verschwinden, wenn man sie direkt fixieren will. Da anderseits die Stäbchen farbunempfindlich sind, sehen wir bei schwacher Beleuchtung alle Dinge in einem farblosen Grau („Des Nachts sind alle Katzen grau"). Regelt man z. B. in einem völlig verdunkelten Zimmer den Heizstrom einer möglichst dickdrähtigen Glühlampe langsam herauf, so erblickt man im indirekten Sehen den Glühdraht, bevor er zur Rotglut kommt, in einem eigentümlichen, „düsternebelgrauen" Licht, das man nach H. F. Weber (1878) als Grauglut bezeichnet. Daß diese Lichtwahrnehmung von den farbenuntüchtigen Stäbchen herrührt, kann man durch den folgenden, von O. Lummer herrührenden Versuch zeigen: Man schaltet drei gleiche Glühlampen parallel und stellt sie in einer Entfernung von 1 bis $1^1/_2$ m nebeneinander auf. Solange man die Helligkeit der Lampen nur so weit heraufregelt, daß die Stäbchen den Zapfen Konkurrenz machen, erblickt man nur diejenige Lampe farbig, nämlich schwach rotglühend, die man direkt fixiert; die anderen erscheinen weißlich, da man sie nur indirekt erblickt. —

Bei einem normalsichtigen (emmetropen) Auge liegt der hintere Brennpunkt genau auf der Netzhaut, wenn das Auge in die Ferne blickt. In diesem Fall entsteht also von einem fernen Gegenstand ein stark verkleinertes, reelles, umgekehrtes, scharfes Bild auf der Netzhaut. Es werden aber beim normalen Auge auch noch näher liegende Gegenstände bis herab zur Entfernung der sog. deutlichen Sehweite von 25 cm (auch ohne Akkomodation, siehe weiter unten) als scharf empfunden. Der Grund dafür liegt in der Struktur der Netzhaut. Die Reizung eines einzelnen Stäbchens oder Zapfens erweckt immer nur den Eindruck eines Lichtpunktes, wenn auch das Bild jedes Objektpunktes ein wenig unscharf, d. h. eine kleine Fläche ist. Solange diese nicht wesentlich größer als der Querschnitt eines einzelnen Stäbchens oder Zapfens ist, bleibt der Eindruck eines scharfen Bildpunktes erhalten. Erst wenn der Lichtfleck mehrere Stäbchen oder Zapfen bedeckt, empfindet das Auge die Unschärfe.

Am dichtesten stehen, wie oben erwähnt, die Zapfen in der Netzhautgrube, der empfindlichsten Stelle der Netzhaut; ihr gegenseitiger Abstand beträgt dort etwa 0,004 mm. Damit ein Netzhautbild von dieser Größe zustande kommt, müssen zwei Strahlen durch den vorderen Knotenpunkt des Auges unter einem Sehwinkel von 1' eintreten. Dies wäre z. B. der Fall bei zwei Strahlen, die von zwei um 0,2 mm entfernten Punkten ausgehen, die sich in einer Entfernung von 1 m vor dem Auge befinden. Diese Punkte sieht das Auge nicht mehr als getrennt. Man nennt den angegebenen Winkel von 1' den physiologischen Grenzwinkel des Auges. Dem reziproken Wert desselben ist die sog. Sehschärfe des Auges proportional. Man bestimmt sie durch Probetafeln mit Buchstaben und Schriftzeichen, deren einzelne Striche gerade so dick sind, daß sie von bestimmten Entfernungen aus unter einem Winkel von 1' erscheinen. Die Breite und Höhe der Buchstaben beträgt das Fünffache der Schriftdicke. Wie bereits erwähnt, ist die Sehschärfe des Auges am größten in der Netzhautgrube, sie nimmt nach dem Rande hin schnell ab. Beim ,,direkten Sehen" richtet man daher das Auge unbewußt stets so, daß das Bild des angeschauten Gegenstandes in die Netzhautgrube fällt.

Damit das Auge auch noch Dinge innerhalb der sogenannten deutlichen Sehweite, für die ein Normwert von 25 cm konventionell festgelegt ist, scharf sehen kann, läßt sich die Krümmung der Kristallinse durch einen sie ringförmig umgebenden Muskel (Ziliarmuskel) vergrößern (Helmholtz). Man nennt diese Fähigkeit des Auges, seine Brennweite der Entfernung der zu beobachtenden Gegenstände anzupassen, das Anpassungs- oder Akkomodationsvermögen des Auges. Bei einem jugendlichen Auge kann der Radius der vorderen Linsenfläche zwischen 10 und 5,33 mm variieren (siehe obige Tabelle). Nach Untersuchungen von A. Gullstrand ändert sich hierbei übrigens nicht nur der Radius der Linsenfläche, sondern es verdicken sich auch die inneren Teile der Linse durch Verschiebung der einzelnen Schichten, aus denen die Linse sich aufbaut, so daß sich der mittlere Brechungsquotient bei Akkomodation auf nahe Gegenstände etwas erhöht. Der nächstgelegene Punkt, auf den das Auge eben noch scharf einstellen kann, wird der Nahpunkt genannt; er liegt für 20jährige Personen bei etwa 10 cm. Bei der Akkomodation auf noch nähere Punkte empfindet man die Anstrengung des Ziliarmuskels bereits als Schmerzgefühl im Auge. Die Akkomodationsfähigkeit nimmt mit dem Alter ab. Mit 30 Jahren ist der Nahpunkt auf etwa 14 cm herausgerückt, mit 60 Jahren liegt er bei etwa 200 cm, mit 75 Jahren ist infolge Erschlaffung des Ziliarmuskels die Akkomodationsfähigkeit meist erloschen. Man bezeichnet den Mangel an Akkomodationsvermögen als Alterssichtigkeit (Presbyopie). Meist rückt dann auch der Fernpunkt aus dem Unendlichen in eine solche Entfernung, daß er mit dem Nahpunkt zusammenfällt.

Die für ein normalsichtiges Auge gültige Bedingung, daß der hintere Brennpunkt mit der Netzhaut zusammenfällt (siehe Abb. 136a), ist bei den **fehlsichtigen (ametropischen) Augen** nicht erfüllt. Beim **kurzsichtigen (myopischen) Auge** liegt infolge zu langer Augenachse der Brennpunkt schon vor der Netzhaut (Abb. 136b). Infolgedessen kann ein kurzsichtiges Auge Gegenstände jenseits einer bestimmten Entfernung nicht mehr scharf sehen, sein Fernpunkt liegt im Endlichen. Durch Akkomodation kann es aber den Nahpunkt wesentlich näher an das Auge verlegen, als das normalsichtige Auge. Dies ist häufig beim Betrachten kleiner Gegenstände ein Vorteil, insofern die Benutzung einer Lupe überflüssig werden kann.

Bei dem **weitsichtigen (hypermetropischen) Auge** liegt der Brennpunkt hinter der Netzhaut (Abb. 136c). Ein solches Auge muß also schon beim Sehen eines fernen Gegenstandes unter allen Umständen akkomodieren, um die Brennweite zu verkleinern und scharf zu sehen. Es hat also keinen natürlichen Fernpunkt und sein

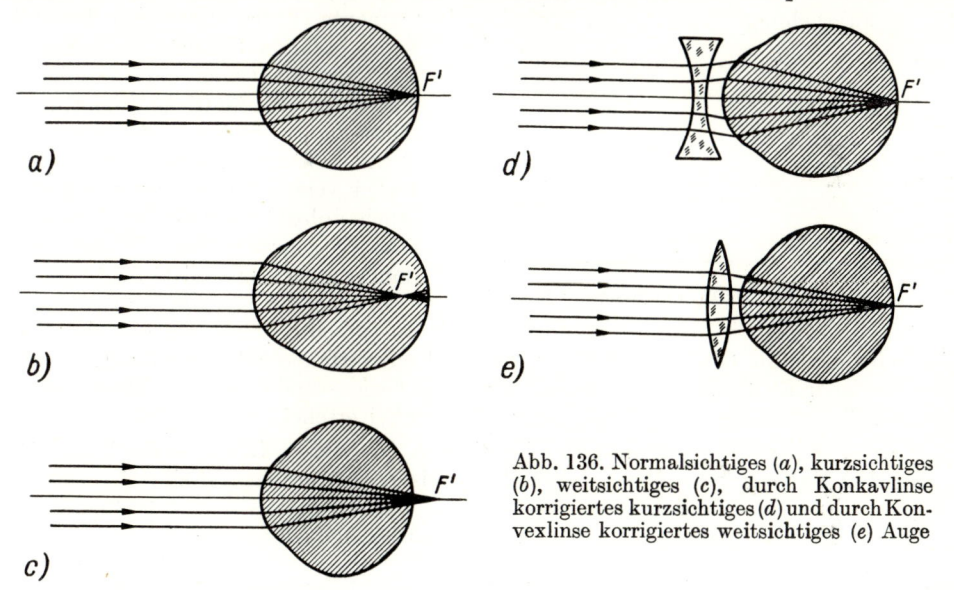

Abb. 136. Normalsichtiges (a), kurzsichtiges (b), weitsichtiges (c), durch Konkavlinse korrigiertes kurzsichtiges (d) und durch Konvexlinse korrigiertes weitsichtiges (e) Auge

Nahpunkt liegt weiter entfernt als beim normalen Auge. Weitsichtigkeit ist also das größere Übel, da sie nicht wie die Kurzsichtigkeit mit einem Vorteil verbunden ist, und außerdem durch das ständige Akkomodieren das Auge dauernd überanstrengt wird.

Die genannten beiden Augenfehler lassen sich durch **Brillen** korrigieren. Die zu kurze Brennweite des myopischen Auges wird durch eine vor das Auge gesetzte Konkavlinse auf die richtige Größe gebracht und das Auge so wieder zum Sehen in die Ferne befähigt (Abb. 136d), während das weitsichtige Auge eine Sammellinse benötigt, die seine zu lange Brennweite verkürzt (Abb. 136e). Auch die Alterssichtigkeit läßt sich durch Brillen beheben, und zwar ist zum Sehen in die Ferne eine Konkavlinse, zum Erkennen naher Gegenstände eine Konvexbrille erforderlich.

Zu den genannten Anomalien kann noch der **Augenastigmatismus** hinzutreten. Er besteht darin, daß das Auge dann nicht achsensymmetrisch ist, sondern in zwei zueinander senkrechten Richtungen verschiedene Brennweiten besitzt. Die Folge davon ist, daß zueinander senkrechte Striche, die in derselben Ebene liegen, nicht gleichzeitig scharf gesehen werden. Durch eine Brille, deren Gläser aus einer Zylinderlinse bestehen, läßt sich der Astigmatismus bei einem sonst normalen Auge beheben. Ist das Auge aber gleichzeitig noch weit- oder kurzsichtig, so bedarf es eines Brillenglases, bei dem die eine Fläche sphärisch, die andere zylindrisch geschliffen ist.

Zum Schluß noch eine Bemerkung über die **Empfindlichkeit des Auges**. Ein im Dunklen ausgeruhtes Auge (**Dunkeladaption**) kann noch eine Lichtmenge wahrnehmen, die einer ins Auge eintretenden Energie von $2 \cdot 10^{-10}$ erg entspricht. Es ist dies etwa die Lichtmenge, die beim Betrachten eines Sternes 6. Größe (Reiterchen im großen Bären) in das Auge dringt.

In der Lichtquanten-Auffassung von der Natur des Lichts (Kap. VII) entspricht dies einer Anzahl von etwa 50 Lichtquanten grünen Lichts.

Allgemeine Funktion der optischen Instrumente. Wir wenden uns nun zur Besprechung der eigentlichen optischen Instrumente. Wie wir beim menschlichen Auge sahen, kann dieses von weiter entfernten Gegenständen Einzelheiten nicht mehr erkennen, wenn diese unter zu kleinem Sehwinkel erscheinen. Anderseits kann das Auge kleine Gegenstände, auch wenn sie sich ihm beliebig nahebringen lassen, wegen seiner begrenzten Akkomodationsfähigkeit nur undeutlich und somit auch nicht in Einzelheiten wahrnehmen. Aufgabe der optischen Instrumente (Lupe, Mikroskop, Fernrohr) ist es, in dieser Hinsicht zu helfen und von den zu fernen oder zu kleinen Gegenständen deutliche Bilder in der deutlichen Sehweite und unter hinreichend großem Sehwinkel zu erzeugen. Dabei versteht man unter **Sehwinkel** (**auch scheinbare Größe des Gegenstandes genannt**) den Winkel, unter dem ein Gegenstand $G\,G_1$ (Abb. 137) vom optischen Mittelpunkt des Auges aus gesehen wird. Da von der Größe

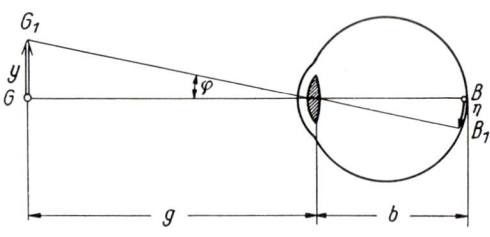

Abb. 137. Zur Definition des Sehwinkels

des Sehwinkels die Größe des auf der Netzhaut entworfenen Bildes abhängt, haben in verschiedener Entfernung vom Auge befindliche Gegenstände doch die gleiche scheinbare Größe, wenn sie unter dem gleichen Sehwinkel erscheinen.

Lupe, Mikroskop, Fernrohr bewirken in erster Linie eine **Vergrößerung des Sehwinkels**. Es ist daher üblich, als **Vergrößerungszahl eines Instrumentes** das Verhältnis der trigonometrischen Tangente des Sehwinkels ψ mit Instrument zur Tangente des Sehwinkels φ ohne Instrument zu bezeichnen, d. h.

(52) $$v = \frac{\tang \psi}{\tang \varphi}.$$

Dabei ist vorausgesetzt, daß beide Male das Objekt sich in der gleichen Entfernung vom Auge befindet.

Die Definition (52) der Vergrößerungszahl läßt sich folgendermaßen rechtfertigen: Aus Abb. 137 folgt

$$\tang \varphi = \frac{y}{g} = \frac{\eta}{b},$$

d. h. die Tangente des Sehwinkels φ ist proportional der Größe y des Gegenstandes bzw. der Größe η des auf der Netzhaut entstehenden Bildes. Wird nun vom Gegenstand GG_1 nach Zwischenschaltung eines optischen Instruments in der gleichen Entfernung g vom Augenmittelpunkt ein Bild entworfen, das unter dem Sehwinkel ψ erscheint, so gilt ebenfalls:

$$\tang \psi = \frac{y'}{g} = \frac{\eta'}{b}, \quad \text{d. h.} \quad \frac{\tang \psi}{\tang \varphi} = \frac{y'}{y} = \frac{\eta'}{\eta}.$$

Das Verhältnis der Tangenten der Sehwinkel mit und ohne Instrument ist also gleich dem Verhältnis der linearen Dimensionen der auf der Netzhaut in beiden Fällen entstehenden Bilder, d. h. der vom Auge subjektiv empfundenen Vergrößerung, die man deshalb passend auch als „**subjektive Vergrößerung**" bezeichnet.

Da es sich in der Regel um kleine Winkel handelt, setzt man häufig statt der Tangenten die Winkel selbst, so daß annähernd gilt:

(52a) $$v = \frac{\psi}{\varphi}.$$

Die Lupe. Die Lupe ist eine Sammellinse von kurzer Brennweite, d. h. großer Brechkraft $1/f = D$. Sie dient beim Betrachten naher Gegenstände zur Erzielung schwacher Vergrößerung. Zu diesem Zweck muß man den zu betrachtenden Gegenstand innerhalb der Brennweite nahe an den Brennpunkt der Lupe bringen. Dann entwirft die Linse ein vergrößertes, aufrechtes, virtuelles Bild des Gegenstandes, das von dem dicht an die Lupe gebrachten Auge wahrgenommen werden kann (Abb. 138). Um die Vergrößerung zu berechnen, müssen wir den Gegenstand $GG_1 = y$ in den Ort des Bildes y' verlegen, so daß $BC = y$ wird. Der Sehwinkel φ ohne Lupe ist dann $= \sphericalangle BOC$, der mit Lupe $= \sphericalangle B_1OB = \psi = \sphericalangle G_1OG$. Nun ist $\tang \varphi = \frac{BC}{b}$ und $\tang \psi = \frac{BB_1}{b}$. Die Vergrößerung v ist also gleich dem Abbildungsmaßstab

$$v = \frac{y'}{y} = \frac{BB_1}{BC} = \frac{BB_1}{GG_1}.$$

Aus den ähnlichen Dreiecken BB_1O und GG_1O folgt weiter, daß

$$v = \frac{y'}{y} = \frac{b}{g}$$

ist. Ersetzen wir aus der allgemeinen Abbildungsgleichung $1/g + 1/b = 1/f$ die Größe g durch b und f, so erhalten wir:

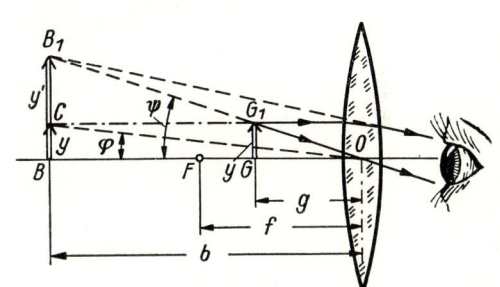

Abb. 138. Vergrößernde Wirkung einer Sammellinse als Lupe

$$v = \frac{b}{f} - 1,$$

wobei zu beachten ist, daß nach unseren Festsetzungen b hier negativ ist; die Vergrößerung ist also, absolut genommen, größer als 1, aber in Übereinstimmung mit unseren Vorzeichenfestsetzungen (S. 49) negativ, weil das Bild aufrecht ist. Nun bringt man beim normalen Gebrauch der Lupe das Bild BB_1 in eine Entfernung b, die der deutlichen Sehweite $s = 25$ cm gleich ist. Dann ist die Normalvergrößerung der Lupe (f ist hier natürlich auch in cm zu messen!):

(53) $$v = -\frac{s}{f} - 1 = -\frac{25}{f} - 1$$

oder genähert, wenn $s \gg f$ ist:

(53a) $$v = -\frac{s}{f} = -\frac{25}{f}.$$

Eine Sammellinse von $f = 5$ cm Brennweite liefert also nach (53) eine 6fache Vergrößerung: um eine 10fache Vergrößerung zu bekommen, muß man eine Linse von 2,27 cm Brennweite benutzen.

Will man bei Benutzung einer Lupe mit völlig entspanntem, d. h. auf große Entfernungen eingestelltem Auge beobachten, so muß man den Gegenstand in die Brennebene der Lupe bringen. Dann treten die von jedem Punkte des Gegenstandes kommenden Strahlenbüschel als Parallelstrahlen ins Auge ein und werden von diesem auf der Netzhaut zu Bildpunkten vereinigt.

Das Mikroskop. Auch das Mikroskop hat wie die Lupe die Aufgabe, ein sehr kleines, mit dem unbewaffneten Auge nicht mehr wahrnehmbares Objekt in der deutlichen Sehweite dem Auge unter stark vergrößertem Sehwinkel darzubieten. Im Prinzip besteht das Mikroskop aus zwei Sammellinsen bzw. Linsensystemen, dem Objektiv L_1 und dem Okular L_2, deren Abstand voneinander wesentlich größer ist als die Summe ihrer beiden Brennweiten f_1 und f_2. In Abb. 139 ist der Strahlengang durch ein solches (zusammengesetztes) Mikroskop gezeichnet. Der zu betrachtende kleine Gegenstand G_1G_2 liegt dicht vor dem vorderen Brennpunkt F_1 des Objektivs L_1. Dieses erzeugt von G_1G_2 ein umgekehrtes, vergrößertes, reelles Bild B_1B_2, und zwar innerhalb der vorderen Brennweite des Okulars L_2. Letzteres wirkt daher als Lupe und erzeugt von dem Bild B_1B_2 ein virtuelles nochmal vergrößertes aufrechtes Bild $B_1'B_2'$. Das bei A befindliche Auge sieht also von dem Gegenstand G_1G_2 in der deutlichen Sehweite ein **umgekehrtes virtuelles stark vergrößertes Bild**.

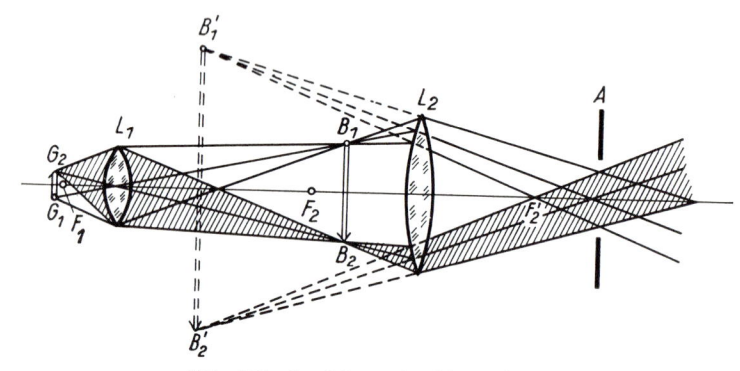

Abb. 139. Strahlenverlauf im Mikroskop

Wir fragen zunächst nach der **Vergrößerung des Mikroskops**. Bezeichnen wir wieder mit ψ den Sehwinkel mit und mit φ den Sehwinkel ohne Instrument, so gilt nach (52) für die Vergrößerung v die Beziehung:

$$v = \frac{\tang \psi}{\tang \varphi}.$$

Aus Abb. 140b liest man zunächst ab, daß

$$\tang \varphi = \frac{G_1G_2}{s} = \frac{\text{Gegenstandsgröße}}{\text{Bildweite}}$$

ist.

Das liefert sofort:

$$v = \frac{s}{G_1G_2} \tang \psi,$$

d. h. die Vergrößerung ist gleich dem Verhältnis von deutlicher Sehweite zur wirklichen lateralen Größe des Gegenstandes, multipliziert mit der Tangente des Bildwinkels ψ. Ferner ist nach Abb. 140a

$$\tang \psi = \frac{CO_2}{O_2A},$$

so daß wir auch schreiben können

$$v = \frac{CO_2}{G_1G_2} \cdot \frac{s}{O_2A}.$$

12. Das Auge und die optischen Instrumente

Aus der Abbildung folgt weiter:

$$\frac{CO_2}{G_1G_2} = \frac{O_1O_2}{G_1O_1} = \frac{l}{G_1O_1}.$$

Da ferner A das Bild von O_1 ist, liefert die Abbildungsgleichung (46a):

$$\frac{1}{O_2A} + \frac{1}{l} = \frac{1}{f_2}$$

und somit

$$O_2A = \frac{lf_2}{l - f_2}.$$

Nehmen wir ferner an, daß das Bild B_2B_1 von G_2G_1 annähernd in der vorderen Brennebene der Okularlinse L_2 entsteht, so liefert die Abbildungsgleichung für die Linse L_1:

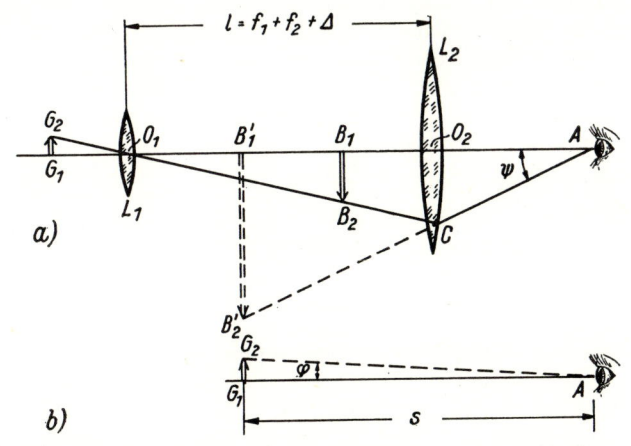

Abb. 140. Zur Bestimmung der Vergrößerung des Mikroskops

$$\frac{1}{G_1O_1} + \frac{1}{l - f_2} = \frac{1}{f_1}$$

und somit:

$$G_1O_1 = \frac{f_1(l-f_2)}{l - f_1 - f_2} = \frac{f_1(l-f_2)}{\Delta}.$$

Die Größe Δ ist dabei der Abstand der hinteren Brennebene des Objektivs L_1 von der vorderen Brennebene des Okulars L_2; sie wird als optische Tubuslänge bezeichnet und ist identisch mit dem auf S. 65 und 78/79 für ein aus zwei Linsen bestehendes System eingeführten „optischen Intervall".

Mit den obigen Werten für O_2A und G_1O_1 erhalten wir schließlich:

(54) $$v = \frac{ls}{\frac{lf_2}{l-f_2} \cdot \frac{f_1(l-f_2)}{\Delta}} = \frac{s\Delta}{f_1 f_2}.$$

Die Vergrößerung des Mikroskops ist also direkt proportional der deutlichen Sehweite des Beobachters und der optischen Tubuslänge, d. h. dem Abstand der einander benachbarten Brennpunkte von Objektiv und Okular und umgekehrt proportional dem Produkt der beiden Brennweiten. Nach Gl. (47) auf S. 79 ist aber $-\frac{f_1 f_2}{\Delta}$ die resultierende vordere Gesamtbrennweite f des Mikroskops, die sich als negativ[1]) ergibt; wir können also die Mikroskopvergrößerung auch in der Form $v = -\frac{s}{f}$ schreiben, und im Hinblick auf (53a) das Mikroskop als eine Lupe betrachten; um eine starke Vergrößerung zu erhalten, muß die Brennweite hinreichend klein sein. Dies läßt sich technisch mit einer einzelnen Linse nicht erreichen, da diese im Durchmesser viel zu klein würde. Mittels zweier um ein optisches Intervall getrennter Einzellinsen läßt sich jedoch eine fast beliebig kleine Brennweite erzielen. Aus Gl. (47) auf S. 79 ersieht man sofort, daß man aus einer Linse mit der Brennweite f_1 durch Hinzufügung einer weiteren Linse mit der Brennweite f_2 im Intervall Δ ein System von m mal kleinerer Brennweite herstellen kann, wenn man das optische Intervall gleich mf_2 wählt. In dieser Weise macht die Herstellung eines Systems mit einer Brennweite von wenigen Zehnteln eines Millimeters keine Schwierigkeiten.

Dabei ist in dioptrischer Hinsicht noch folgendes zu beachten: Beim Mikroskop bildet das Objektiv ein Flächenelement mittels weitgeöffneter Büschel ab (aplanatische Abbildung, siehe S. 88), während das Okular das ausgedehnte, vergrößerte, vom Objektiv erzeugte Bild mittels enger Büschel abbildet. Diese Teilung der optischen Leistung ermöglicht erst eine einwandfreie Abbildung trotz der verlangten starken Vergrößerung.

Schreibt man die Mikroskopvergrößerung nach (54) in der Form

$$v = \frac{\Delta}{f_1} \cdot \frac{s}{f_2},$$

so haben beide Faktoren eine einfache Bedeutung:

(55) $$v_{\text{Objektiv}} = \frac{\Delta}{f_1}$$

ist die Lateralvergrößerung des Objektivs, wie eine Anwendung der Gl. (24a) auf S. 55 zeigt;

(55a) $$v_{\text{Okular}} = \frac{s}{f_2}$$

ist aber (abgesehen vom Vorzeichen) die Lupenvergrößerung des Okulars, gemäß Gl. (53a). Die Gesamtvergrößerung des Mikroskops setzt sich also aus den Teilvergrößerungen (55) und (55a) multiplikativ zusammen.

Die Gesamtvergrößerung eines Mikroskops läßt sich einfach messen, indem man einen durch das Mikroskop gesehenen vergrößerten Maßstab bekannter Teilung mit einem unvergrößerten in der deutlichen Sehweite liegenden Maßstab vergleicht. Man stellt zu diesem Zweck einen mit einer Millimeterteilung versehenen Maßstab seitlich vom Mikroskop parallel zu seiner optischen Achse in 25 cm Entfernung vom Okular auf. Unmittelbar über dem Okular befestigt man einen halbdurchlässig versilberten, unter 45° geneigten Spiegel; dieser wirft das von der Seite kommende Licht nach oben in das Auge des Beobachters. Gleichzeitig sieht man, da der Spiegel halbdurchlässig ist, die auf dem Mikroskoptisch liegende Teilung. Als solche wählt man zweckmäßig eine in $1/100$ mm geteilte Glasskala. Fallen a Skalenteile dieser $1/100$ mm Teilung auf b Skalenteile des unvergrößerten Vergleichsmaßstabes, so ist

$$\frac{a}{100} v = b,$$

d. h. die gesuchte Vergrößerung v hat den Wert

$$v = 100 \frac{b}{a}.$$

Die bei modernen Mikroskopen benutzten **Objektive** bestehen durchweg aus mehreren Linsen, da sich nur so die verschiedenen Abbildungsfehler beseitigen lassen. Zur Kenn-

---

[1]) D. h. das Mikroskop ist ein **dispansives** System (vgl. S. 66).

zeichnung eines Objektivs dienen die Angaben über seine **bildseitige Brennweite** und seine **numerische Apertur**. Aus der Brennweite läßt sich nach (55) sofort bei bekannter Tubuslänge die Objektivvergrößerung bestimmen. Die numerische Apertur bildet dagegen ein Maß für das ins Objektiv eintretende Licht, d. h. für die Bildhelligkeit. Ebenso hängt von der Apertur das sog. Auflösungsvermögen des Mikroskops ab, ein Begriff, den wir hier noch nicht erörtern können, da die geometrische Optik dazu nicht ausreicht, vielmehr die Wellentheorie des Lichtes dazu herangezogen werden muß. Auf das Auflösungsvermögen aller optischen Instrumente kommen wir in Nr. 36 noch eingehender zurück. Wie bereits auf S. 28 angegeben, versteht man unter **numerischer Apertur** das Produkt aus Brechungsquotient n und dem Sinus des Brechungswinkels α. Hier ist α der maximale, im Deckglas des Präparates gegen das Lot gemessene Winkel, unter dem ein aus dem Deckglas austretender Strahl gerade noch in die Frontlinse des Objektivs eintreten kann. Nach den Darlegungen auf S. 32 kann bei einem Brechungs-

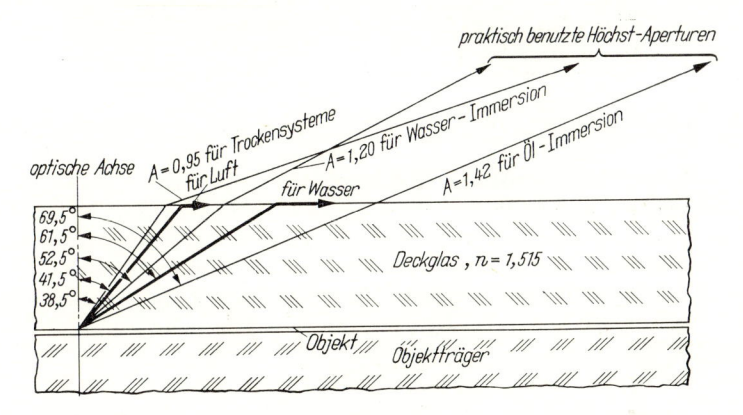

Abb. 141. Strahlenverlauf im Deckglas eines mikroskopischen Präparates für die gebräuchlichen Höchstaperturen

quotienten $n = 1{,}515$, wie ihn die Deckgläser besitzen, infolge der Totalreflexion (s. Abb. 45a) nur eine Höchstapertur von $1{,}515 \cdot \sin 41{,}5^0 = 1$ erreicht werden, in Wirklichkeit geht man für solche „Trockensysteme" nicht über den Wert

$$A = 1{,}515 \cdot \sin 39^0 = 0{,}95$$

hinaus. Wenn man aber zwischen Deckglas und Frontlinse des Objektivs eine Flüssigkeit mit einem Brechungsquotienten höher als dem von Luft bringt, kann man die numerische Apertur auf Werte von $A = 1{,}515 \cdot \sin 61{,}5^0 = 1{,}33$ unter Verwendung von Wasser ($n = 1{,}333$) und sogar auf $A = 1{,}515 \cdot \sin 90^0 = 1{,}515$ bei Zedernholzöl ($n = 1{,}51$) steigern. In der Praxis geht man bei Wasserimmersion nicht höher als

$$A = 1{,}515 \cdot \sin 52{,}5^0 = 1{,}20$$

und bei Ölimmersion nur bis zu $A = 1{,}515 \cdot \sin 69{,}5^0 = 1{,}42$ (s. Abb. 45b und 45c). Objektive, die mit einer Flüssigkeit zwischen Frontlinse und Deckglas benutzt werden, heißen **Immersionssysteme.** In Abb. 141 sind nochmals die praktisch verwendeten Maximalaperturen für die drei Objektivarten (Trockensystem, Wasser- und Ölimmersion) übersichtlich zusammengestellt.

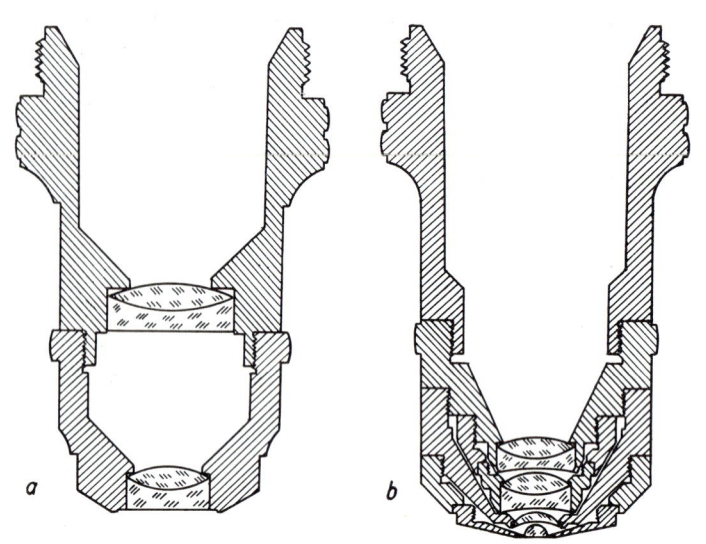

Abb. 142. Ausführungsformen von Mikroskopobjektiven. *a*) Trockensystem; *b*) Ölimmersion

In Abb. 142 sind zwei Ausführungsformen von Mikroskopobjektiven im Längsschnitt wiedergegeben, und zwar ein Trockensystem und eine Ölimmersion. Um mit der letzteren bei den in Betracht kommenden sehr großen Öffnungswinkeln eine aberrationsfreie Abbildung zu erreichen, wird die auf S. 87 besprochene und in Abb. 109 dargestellte Linsenkombination benutzt. Ölimmersionsobjektive werden bis zu einer

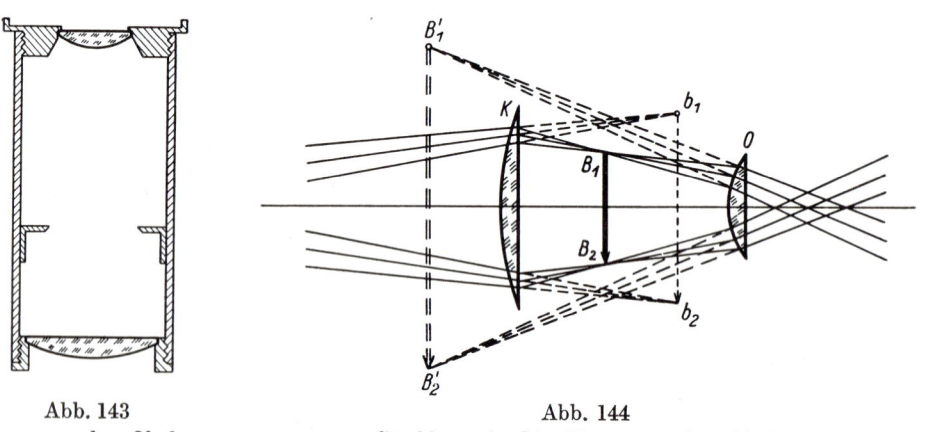

Abb. 143
Huygenssches Okular

Abb. 144
Strahlenverlauf im Huygensschen Okular

114fachen Vergrößerung bei einer Brennweite von etwa 1,6 mm hergestellt; bei ihrem Gebrauch ist zu beachten, daß sie nur für eine bestimmte Deckglasdicke (0,16 bis 0,18 mm) optisch korrigiert sind.

Auch die **Mikroskopokulare** sind zum Ausgleich der Abbildungsfehler aus mehreren, meist zwei Linsen zusammengesetzt. Das wohl am meisten benutzte Huygenssche Okular (Abb. 143) besteht aus zwei plankonvexen Linsen, die mit ihren gekrümmten Flächen dem Objektiv zugewandt sind. Wie aus dem Strahlengang Abb. 144 hervorgeht, wirkt dabei nur die Augenlinse O als Lupe zur Betrachtung des Bildes $B_1 B_2$, während die vordere sog. Kollektivlinse K die vom Objektiv kommenden Strahlen bereits auffängt, bevor sie sich zu dem vom Objektiv erzeugten Bild b_1b_2 vereinigen. Dadurch wird das ursprünglich divergente Strahlenbüschel wieder konvergent gemacht und an der Stelle B_1B_2 ein reelles Bild hervorgebracht. Der Abstand der beiden Okularlinsen ist gleich der halben Summe der Brennweiten der einzelnen Linsen.

Um eine noch vorhandene geringe Bildfeldkrümmung zu beseitigen, wird als Augenlinse häufig die sphärisch korrigierte Doppellinse benutzt (periplanatisches Okular).

Da das durch die Augenlinse des Okulars betrachtete, von Objektiv und Kollektivlinse entworfene Bild im Okular entsteht, bringt man in der Bildebene eine das Gesichtsfeld begrenzende runde Gesichtsfeldblende an. Das vom Objektiv am Orte des Objektes entworfene reelle Bild dieser Blende bildet also die Eintrittsluke, während das von der Augenlinse des Okulars in der Ebene des Bildes $B_1' B_2'$ erzeugte virtuelle Bild die Austrittsluke darstellt. Außer der Gesichtsfeldblende kann in der Ebene des Bildes B_1B_2 auch ein Fadenkreuz oder eine durchsichtige, etwa auf Glas geritzte, Teilung angebracht werden, die man dann gleichzeitig mit dem Bilde scharf sieht. Auf diese Weise ist es möglich, Messungen an dem reellen Bilde B_1B_2 vorzunehmen (Mikrometerokular, siehe auch Bd. I).

Abb. 145 zeigt die normale Ausführung eines Mikroskops. In einem Tubus Tu steckt oben das Okular Ok, während am unteren Ende durch einen drehbaren Revolver R auswechselbar das Objektiv Ob sitzt. Die Entfernung zwischen dem oberen Tubusrand T_1 und der Ansatzfläche T_2 des Objektivgewindes wird als mechanische Tubuslänge T bezeichnet. Sie soll stets auf denselben Wert (i. a. 170 mm) eingestellt werden, da so — beim Auswechseln von Objektiven und Okularen — die Scharfeinstellung des

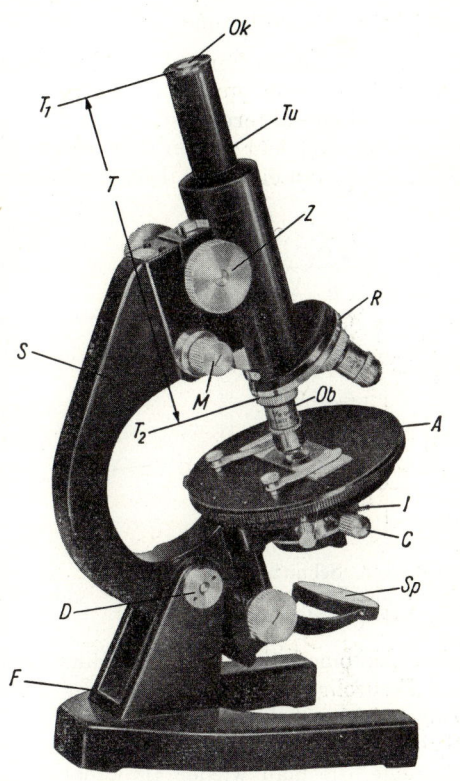

Abb. 145
Ansicht eines Mikroskops

Mikroskops nur sehr geringer Korrekturen bedarf. Der Tubus Tu ist an dem Stativ S verschiebbar angebracht; die Grobeinstellung geschieht mittels des Zahntriebs Z, die Feineinstellung mit der Mikrometerschraube M. Das Objekt liegt auf dem Objekttisch A, dessen Platte meistens drehbar ist. Unter dem Tisch befindet sich der Beleuchtungsapparat; dieser besteht aus dem Kondensor, der von unten in eine Fassung an der Tischplatte eingeschoben wird, der Irisblende I, die mittels einer Schraube C zentrisch oder exzentrisch eingestellt werden kann, und dem Beleuchtungsspiegel Sp, der das von der Seite kommende Licht von unten in das Mikroskop spiegelt. Der Oberteil S des Statives ist im Fuß F um die Achse D drehbar, um auch mit geneigtem Instrument beobachten zu können.

Abb. 146 zeigt im Schnitt als Beispiel einen zweilinsigen Beleuchtungskondensor. Wie der Strahlengang erkennen läßt, wird das vom Spiegel kommende parallele Strahlenbündel auf einen Punkt konzentriert und somit an dieser Stelle eine intensive Beleuchtung des Präparats erreicht.

8 Bergmann-Schaefer, III

Die Fernrohre. Während Lupe und Mikroskop von sehr nahen, aber sehr kleinen Gegenständen vergrößerte Bilder entwerfen, ist es die Aufgabe des Fernrohrs, von sehr weit entfernten Gegenständen dem Auge ein Bild darzubieten, nämlich den fernen Gegenstand unter einem größeren Sehwinkel erscheinen zu lassen, als er mit dem freien Auge erblickt wird. Darin ist folgender Unterschied in der Bedeutung von $\operatorname{tang} \psi/\operatorname{tang} \varphi$ begründet: Bei Lupe und Mikroskop soll man Objekt und Bild in eine im Endlichen, nämlich in der deutlichen Sehweite befindliche Ebene bringen; dann ist die subjektive Vergrößerung $\dfrac{\operatorname{tang} \psi}{\operatorname{tang} \varphi} = \dfrac{y'}{y}$, d. h. gleich der objektiven Vergrößerung des Instruments. Beim Fernrohr ist das anders, da Objekt und Bild im Unendlichen liegen. Dimensionen von unendlich fernen Gegenständen kann man aber nur durch die Sehwinkel charakterisieren.

Da die von sehr fernen Gegenständen kommenden Strahlen annähernd parallel ins Auge fallen und ein normalsichtiges (emmetropisches) Auge parallel einfallende Strahlen

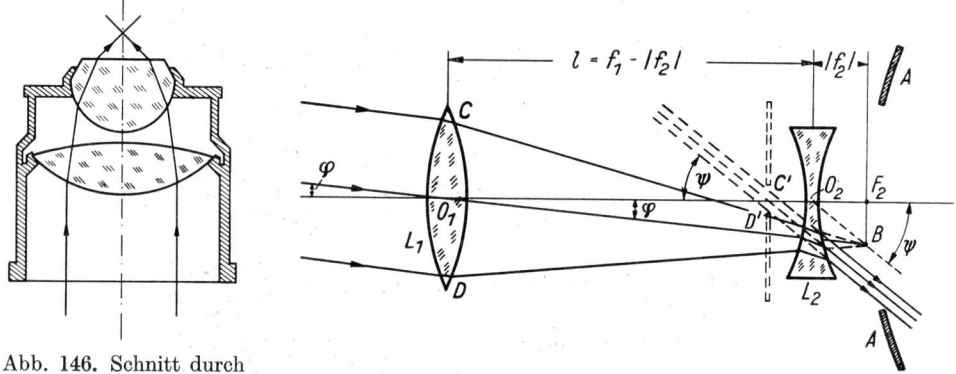

Abb. 146. Schnitt durch einen zweilinsigen Mikroskopkondensor

Abb. 147. Strahlenverlauf im holländischen Fernrohr

ohne Akkomodation zu einem Bilde auf der Netzhaut vereinigt, müssen die parallel ins Fernrohr einfallenden Strahlen dieses auch wieder parallel verlassen, damit das Auge nicht zu akkomodieren braucht. Das Fernrohr stellt also ein **teleskopisches System** (s. S. 79) dar. Dies wird dadurch erreicht, daß zwei abbildende optische Systeme, die man wieder als Objektiv und Okular bezeichnet, in einer solchen Entfernung voneinander angebracht sind, daß der hintere Brennpunkt des Objektivs mit dem vorderen Brennpunkt des Okulars zusammenfällt (s. Abb. 100 auf S. 80). Wir teilen die Fernrohre in zwei Haupttypen ein, in die **dioptrischen Fernrohre** (auch **Refraktoren** genannt), bei denen beide optischen Systeme aus Linsen oder Linsensystemen bestehen, und die **katoptrischen Fernrohre** (Spiegelteleskope), bei denen als Objektiv ein Hohlspiegel dient.

Refraktoren. Das älteste dioptrische Fernrohr ist das holländische oder Galileische Fernrohr (H. Lipperhey, 1608 u. G. Galilei, 1609). Bei diesem besteht das Objektiv aus einer Sammellinse, während das Okular aus einer Zerstreuungslinse gebildet wird. Der Abstand von Objektiv und Okular beträgt bei Einstellung auf einen im Unendlichen liegenden Gegenstand, wie z. B. aus Abb. 100b hervorgeht:

$$l = f_1 - |f_2|,$$

wo $|f_2|$ der Absolutbetrag der (hier negativen) Brennweite f_2 ist.

In Abb. 147 ist der Strahlengang im holländischen Fernrohr für ein unter dem Winkel φ gegen die Achse einfallendes Parallelstrahlenbündel gezeichnet. Ohne die Okularlinse L_2 würden sich die drei gezeichneten Strahlen in dem Bildpunkt B schneiden, der in der hinteren Brennebene von L_1 und damit gleichzeitig auch in der vorderen Brennebene von L_2 liegt. Bei Vorhandensein der Okularlinse werden die nach B zielenden Strahlen so abgelenkt, daß sie von einem im Unendlichen liegenden Bildpunkt herzukommen scheinen, wobei sie die optische Achse unter dem Winkel ψ schneiden. Für die subjektive Vergrößerung (absolut genommen) des Fernrohres erhalten wir also:

$$|v| = \frac{\operatorname{tang}\psi}{\operatorname{tang}\varphi} = \frac{BF_2}{F_2O_2} : \frac{BF_2}{F_2O_1} = \frac{F_2O_1}{F_2O_2} = \frac{f_1}{|f_2|};$$

da f_2 hier negativ ist, ist v selbst auch negativ, und das Galileische Fernrohr liefert aufrechte Bilder, in Übereinstimmung mit unseren Festsetzungen. **Beim holländischen oder Galileischen Fernrohr ist also die Vergrößerungszahl gleich dem Quotienten aus den beiden Brennweiten von Objektiv und Okular.**

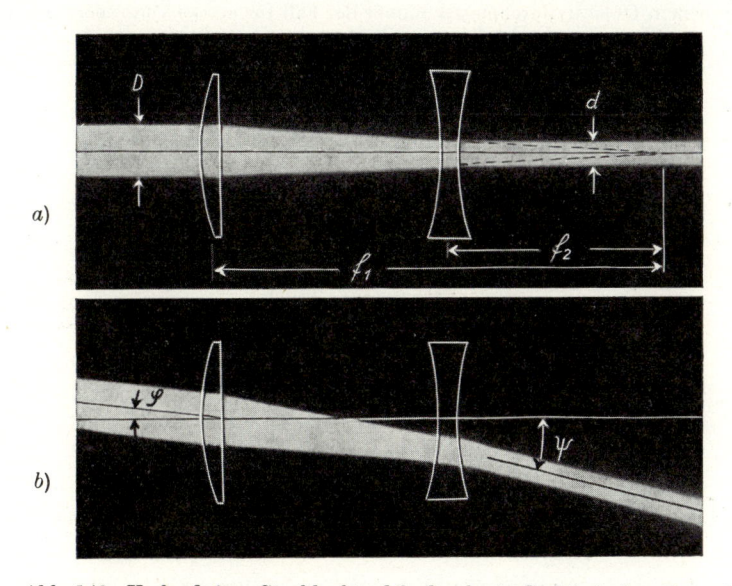

Abb. 148. Verlauf eines Strahlenbündels durch ein Galileisches Fernrohr
 a) Einfall parallel zur Achse *b)* Einfall geneigt zur Achse

In Abb. 148 ist der Strahlengang durch ein Galileisches Fernrohr für die beiden Fälle photographiert, daß das Strahlenbündel einmal parallel zur Achse und zum andern unter dem Winkel φ gegen die Achse geneigt einfällt. Aus diesen Aufnahmen kann man auf dreierlei Weise die Vergrößerungszahl feststellen. Erstens ist $|v| = f_1/|f_2|$, zweitens ist $|v| = \dfrac{\operatorname{tang}\psi}{\operatorname{tang}\varphi}$, und drittens gilt $|v| = D/d$, wenn D und d die Durchmesser des einfallenden und austretenden Lichtbündels bedeuten. Die Aufnahme 148a liefert z. B.

$$|v| = \frac{f_1}{|f_2|} = 2{,}1; \qquad |v| = \frac{\operatorname{tang}\psi}{\operatorname{tang}\varphi} = 2{,}03; \qquad |v| = \frac{D}{d} = 2{,}07.$$

Wir fragen weiter nach der Strahlenbegrenzung im holländischen Fernrohr. Wenn wir zunächst von dem betrachtenden Auge absehen, bildet die Öffnung CD der Objektivlinse die Aperturblende und gleichzeitig die Eintrittspupille. Das von letzterer durch die Okularlinse entworfene virtuelle Bild $C'D'$ bildet die Austrittspupille. Ihr Radius hat die Größe

$$r' = \frac{r}{f_1/|f_2|} = \frac{r}{|v|},$$

(r der Radius der Objektivlinse). Diese Gleichung ergibt sich folgendermaßen: Nach Abb. 147 ist der Abstand des „Objektes" r von der abbildenden Linse L_2, d. h. die Gegenstandsweite $g = f_1 - |f_2|$, bzw., wenn wir, wie immer, nicht mit den Absolutbeträgen, sondern mit den algebraischen Größen selbst rechnen, $g = f_1 + f_2$. Ist b (ebenfalls als algebraische Größe betrachtet) die Bildweite, d. h. der Abstand r' des „Bildes" von L_2, so haben wir zunächst die gewöhnliche Abbildungsgleichung:

$$\frac{1}{f_1 + f_2} + \frac{1}{b} = \frac{1}{f_2}.$$

Dazu kommt die Aussage, daß Bildgröße r' zu Objektgröße r sich verhält wie b zu $g = f_1 + f_2$, d. h.

$$\frac{r'}{r} = \frac{b}{f_1 + f_2}.$$

Eliminiert man aus beiden Gleichungen das unbekannte b, so folgt sofort die zu beweisende Gleichung. Da die Austrittspupille zwischen Objektiv und Okular liegt, kann die Augenpupille (AA in Abb. 147) nicht mit ihr in eine Ebene gebracht werden. Wenn daher, wie in Abb. 147, die Augenpupille größer ist als die Austrittspupille, so wirkt die Augenpupille als Gesichtsfeldblende. Dies ist bei gegebenem Objektivdurchmesser immer der Fall für starke Vergrößerungen ($f_1 \gg |f_2|$); das Gesichtsfeld des Fernrohrs ist in diesem Fall ein sehr beschränktes. Ist dagegen durch entsprechende Wahl der Brennweiten die Fernrohrvergrößerung klein, so wird die Austrittspupille $C'D'$

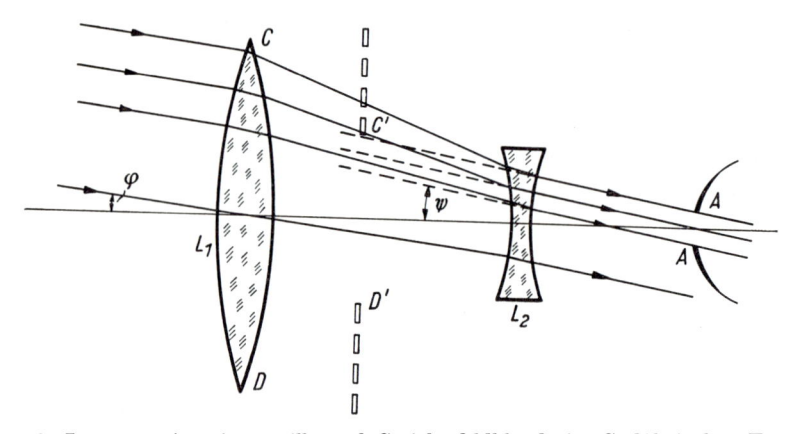

Abb. 149. Lage von Austrittspupille und Gesichtsfeldblende im Galileischen Fernrohr

des Fernrohrs größer als die Augenpupille (Abb. 149), so daß letztere als Austrittspupille für den ganzen Strahlengang (Instrument + Auge) wirkt. In diesem Fall wird das bildseitige Gesichtsfeld durch das Bild $C'D'$ der Objektivöffnung begrenzt. $C'D'$ ist also die Austrittsluke, und die Objektivöffnung CD ist die Gesichtsfeldblende des Fernrohrs. Man kann also in diesem Falle das Gesichtsfeld des Fernrohrs durch Wahl eines Objektivs mit großem Durchmesser vergrößern.

Zwischen diesen beiden extremen Möglichkeiten bildet den Übergang der Fall, daß die Austrittspupille $C'D'$ gerade gleich der Augenpupille wird. Die diesen Fall erzeugende Vergrößerung heißt nach Helmholtz „Normalvergrößerung". Wegen der Gleichung $r' = r/v$ folgt nun eine Beziehung zwischen der Größe des Objektivradius r und dem der Augenpupille, den wir ϱ nennen wollen. Im ersten Falle (Abb. 147) ist offenbar:

$$r' < \varrho, \quad \text{d. h. } r < \varrho |v| \text{ (starke Vergrößerung)},$$

im zweiten Falle (Abb. 149) ist:

$$r' > \varrho, \quad \text{d. h. } r > \varrho |v| \text{ (schwache Vergrößerung)},$$

und im Grenzfall ist:

$$r' = \varrho, \quad \text{d. h. } r = \varrho |v| \quad \text{(Normalvergrößerung)}.$$

Nehmen wir beispielsweise $\varrho = 2$ mm und eine Vergrößerung $|v| = f_1/|f_2| = 4$ an, so muß der Radius des Objektivs $r = 2 \cdot 4$ mm $= 8$ mm sein, damit die gegebene Vergrößerung 4 die Normalvergrößerung wird; denn dann ist gerade $r' = r/|v| = 8$ mm$/4 = 2$ mm $= \varrho$. Würde man $r = 16$ mm wählen, so läge der Fall vor, daß $r' = 16$ mm$/4 = 4$ mm, d. h. $r' > \varrho$ ist. Die Vergrößerung 4 ist dann kleiner als die Normalvergrößerung. Umgekehrt, wenn man $r = 4$ mm wählt, dann ist

12. Das Auge und die optischen Instrumente

$r' = r/|v| = 4\,\text{mm}/4 = 1\,\text{mm}$, d. h. $r' < \varrho$; $|v| = 4$ ist hier größer als die Normalvergrößerung. — Betont sei noch, daß das Gesichtsfeld des Galileischen Fernrohrs niemals scharf begrenzt ist, da die Gesichtsfeldblende (bzw. ihr Bild) im Endlichen, also nicht am Bildort liegt. Über die Rolle der Normalvergrößerung für die Helligkeit der Bilder siehe Nr. 17.

Für den Fall, daß das Objektiv die Gesichtsfeldblende darstellt, findet man die Größe des Gesichtsfeldwinkels an Hand der Abb. 150. Der in das Fernrohr einfallende Strahl S falle gerade unter

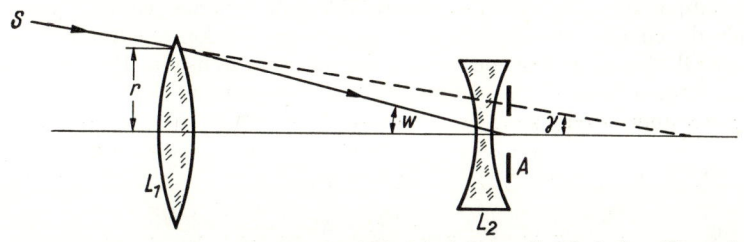

Abb. 150. Bestimmung des Gesichtsfeldwinkels beim Galileischen Fernrohr

dem Gesichtsfeldwinkel γ am Rande des Objektivs ein. Er muß dann im Bildraum unter dem konjugierten Winkel w durch die Mitte der dicht hinter dem Okular befindlichen Augenpupille A hindurchgehen. Dann ist:

$$\tang w = \frac{r}{f_1 - |f_2|}$$

und im Hinblick auf die Gültigkeit der Beziehung $v = \dfrac{\tang w}{\tang \gamma}$ folgt weiter:

(56) $$\tang \gamma \approx \gamma = \frac{r}{f_1 - |f_2|} \cdot \frac{1}{|v|};$$

$r/(f_1 - |f_2|)$ ist aber das Verhältnis $\dfrac{\text{Radius des Objektivs}}{\text{Länge des Fernrohrs}}$, d. h. die sog. relative Objektivöffnung, und da das Gesichtsfeld natürlich dem Quadrat des Gesichtsfeldwinkels proportional ist, folgt aus (56), daß es **umgekehrt proportional dem Quadrat der Vergrößerung und direkt proportional der relativen Objektivöffnung** ist.

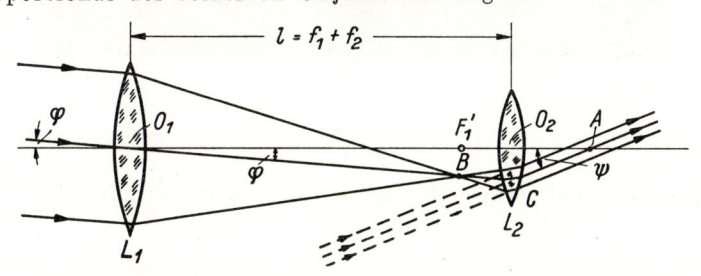

Abb. 151. Strahlenverlauf im astronomischen Fernrohr

In der Praxis besteht die Objektivlinse des Galileischen Fernrohrs zur Vermeidung der sphärischen und chromatischen (s. Nr. 21) Aberration aus einer verkitteten Doppellinse. Das Okular ist dagegen meistens eine einfache Zerstreuungslinse. Zur Betrachtung irdischer, also in endlicher Entfernung liegender Gegenstände muß die Entfernung zwischen Objektiv und Okular zwecks Scharfeinstellung des Bildes etwas vergrößert werden. Zwei im Augenabstand parallel zueinander angeordnete Galilei-Fernrohre bilden das sog. **Opern- oder Theaterglas**.

Das astronomische oder Keplersche Fernrohr. (J. Kepler, 1611.) Bei diesem besteht das Objektiv aus einer langbrennweitigen, das Okular aus einer kurzbrennweitigen Sammellinse, die in dem Abstand der Summe ihrer Brennweiten angeordnet sind (Abb. 151). Damit ist wieder ein teleskopischer Strahlengang hergestellt. Das Objektiv erzeugt von einem fernen Gegenstand in seiner Brennebene ein umgekehrtes, reelles, stark verkleinertes Bild; dieses wird durch das als Lupe fungierende Okular betrachtet. Infolgedessen sieht das Auge vom Gegenstand ein umgekehrtes, vergrößertes, virtuelles Bild. Dabei muß das Auge „auf Unendlich" akkomodieren, da das durch das Okular betrachtete Bild in seiner Brennebene liegt, so daß die aus dem Okular austretenden Strahlen parallel verlaufen.

Um die subjektive Vergrößerung dieses Fernrohrs zu berechnen, verfolgen wir in Abb. 151 den durch die Objektivmitte O_1 unter dem Winkel φ einfallenden Strahl. Er wird von dem Okular so gebrochen, daß er die optische Achse im Punkte A, wo wir uns das Auge zu denken haben, unter dem Winkel ψ schneidet. Für die (subjektive) Vergrößerung gilt daher wieder:

$$v = \frac{\operatorname{tang} \psi}{\operatorname{tang} \varphi}.$$

Nun ist: $\operatorname{tang} \psi = \dfrac{CO_2}{b}$ und $\operatorname{tang} \varphi = \dfrac{CO_2}{f_1 + f_2}$. Also $v = \dfrac{f_1 + f_2}{b}$. Da A das durch das

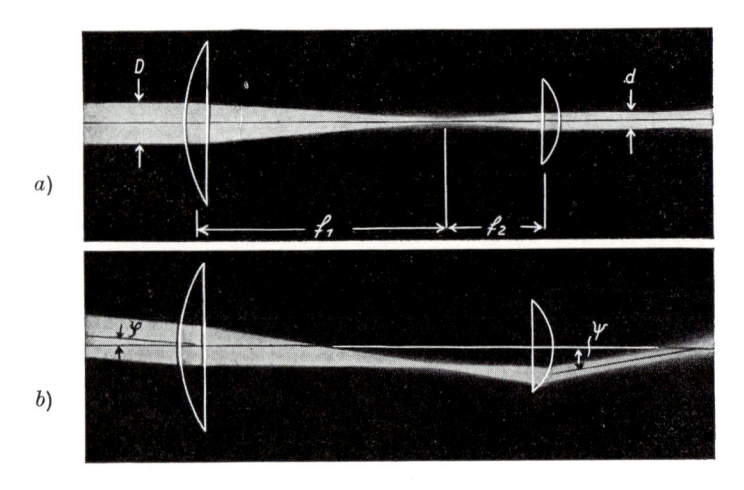

Abb. 152. Verlauf eines Strahlenbündels durch ein astronomisches Fernrohr
a) Strahleneinfall parallel zur Achse   b) Strahleneinfall geneigt zur Achse

Okular vom Punkte O_1 entworfene Bild ist, gilt die Linsengleichung:

$$\frac{1}{f_1 + f_2} + \frac{1}{b} = \frac{1}{f_2},$$

aus der folgt:

$$\frac{1}{b} = \frac{f_1}{f_2(f_1 + f_2)}.$$

Damit erhalten wir:

$$v = \frac{f_1}{f_2}.$$

Die Vergrößerung des Keplerschen Fernrohrs ist also auch wieder gleich dem Quotienten der Brennweiten von Objektiv und Okular; aber sie ist positiv, in Übereinstimmung damit, daß das Bild umgekehrt ist.

In Abb. 152 ist der Strahlengang durch ein Keplersches Fernrohr für ein parallel zur Achse und ein geneigt zur Achse einfallendes Strahlenbündel photographiert. Für die Vergrößerung des benutzten Instruments gewinnt man, wieder nach 3 verschiedenen Methoden, die Werte:

$$v = \frac{f_1}{f_2} = 2{,}5 \; ; \quad v = \frac{\operatorname{tang} \psi}{\operatorname{tang} \varphi} = 2{,}6 \; ; \quad v = \frac{D}{d} = 2{,}5.$$

12. Das Auge und die optischen Instrumente

Bei einem auf Unendlich eingestellten Fernrohr kann man die Vergrößerung sehr einfach messen, indem man vor das Objektiv eine z. B. quadratische Blende setzt und dann das durch das Okular von dieser Blende erzeugte reelle verkleinerte Bild z. B. mit einer Meßlupe ausmißt. Ist die Kantenlänge der Blende G, die ihres Bildes B, so hat man die beiden Gleichungen:

$$\frac{G}{B} = \frac{f_1 + f_2}{b} \quad \text{und} \quad \frac{1}{f_1 + f_2} + \frac{1}{b} = \frac{1}{f_2},$$

woraus durch Elimination von b

$$\frac{G}{B} = \frac{f_1}{f_2} = v$$

folgt.

Wie steht es mit der **Strahlenbegrenzung**? Da im Fernrohr in der gemeinsamen Brennebene von Objektiv und Okular das reelle Bild des Gegenstandes entsteht, bringt man an dieser Stelle eine runde Blende an, die das Gesichtsfeld begrenzt (Abb. 152 A). Sie ist die eigentliche **Gesichtsfeldblende**. Da ihr Bild auf der Objektseite im Unendlichen liegt, begrenzt sie das Gesichtsfeld bei Betrachtung sehr weit entfernter Gegenstände scharf.

Als **Aperturblende** und gleichzeitig als **Eintrittspupille** dient die Objektivöffnung. Ihr im Bildraum von der Okularlinse entworfenes reelles Bild stellt die **Austrittspupille** dar. Mißt man den Durchmesser dieser Austrittspupille (des sog. Augenkreises), so ist sein Ver-

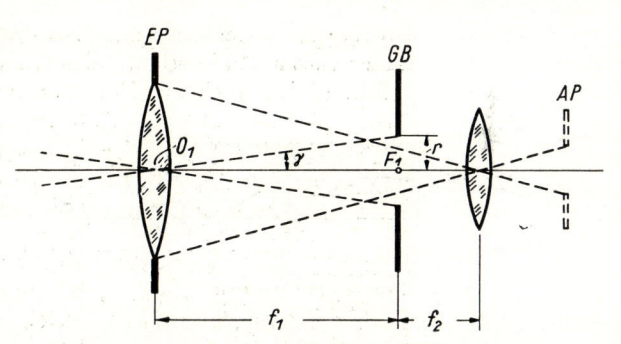

Abb. 152 A. Lage von Eintrittspupille, Gesichtsfeldblende und Aperturblende beim astronomischen Fernrohr

hältnis zum Objektivdurchmesser gleich der reziproken Fernrohrvergrößerung, das entspricht gerade der eben beschriebenen experimentellen Methode zur Bestimmung der Vergrößerung. Im Gegensatz zum Galileischen Fernrohr liegt die Austrittspupille außerhalb des Fernrohres, so daß man an diese Stelle das Auge bringen kann. Dabei sind wieder, wie beim Galilei-Fernrohr, drei Fälle zu unterscheiden, nämlich ob die Austrittspupille größer, gleich oder kleiner als die Augenpupille ist, m. a. W., ob die Normalvergrößerung unterschritten, erreicht oder überschritten ist. Im ersteren Fall übernimmt die Augenpupille die Rolle der Austrittspupille.

Wie man aus Abb. 152 A entnimmt, ist der Gesichtsfeldwinkel γ durch den von der Mitte der Eintrittspupille EP (Objektivöffnung) nach dem Rande der Gesichtsfeldblende gezogenen Strahl und somit durch die Beziehung

(56a) $$\tang \gamma \approx \gamma = \frac{r}{f_1}$$

gegeben, wenn r den Radius der Gesichtsfeldblende bedeutet. **Das Gesichtsfeld des Keplerschen Fernrohrs ist also dem Quadrat der relativen Öffnung der Gesichtsfeldblende direkt proportional, aber unabhängig von der Objektivöffnung und der Okularbrennweite.** Der Leser vergleiche damit die entsprechende Gl. (56) für das Galileifernrohr, wo die Verhältnisse vollkommen anders liegen.

Hohe Vergrößerung geht also einher mit kleinerem Gesichtsfeld (bei gegebenem f_2 und r). Was für den Gebrauch als Fernrohr nachteilig erscheint, kann bei anderer Verwendung vorteilhaft sein, z. B. dann, wenn ein Strahlenbündel großer Divergenz in ein solches kleiner Divergenz verwandelt werden soll. Man würde dann etwa in der Abb. 151 den Strahlengang von rechts nach links verlaufen lassen, um das gesuchte Ziel zu erreichen. Die eingezeichneten Strahlenbündel mit den Winkeln φ und ψ sind dabei als die äußere Begrenzung des Büschels aufzufassen.

Auch beim **Keplerschen Fernrohr** muß das Objektiv aus zwei verkitteten Linsen bestehen, um die sphärische und die chromatische Aberration zu beseitigen. Als Okulare verwendet man ebenfalls Systeme aus zwei oder mehreren Linsen, z. B. das beim Mikroskop beschriebene **Huygenssche Okular** oder das in Abb. 153 wiedergegebene **Ramsdensche Okular**. Dieses besteht aus zwei plankonvexen Linsen, die einander ihre konvexen Flächen zukehren und deren Abstand etwa gleich der Brennweite jeder einzelnen Linse ist. Von Bedeutung ist für den praktischen Gebrauch des Fernrohres die in Form eines Okulardeckels auf dem Okular sitzende **Okularblende**, die die Austrittspupille begrenzt. Dadurch ist die Stellung des Auges beim Hineinblicken in das Fernrohr fixiert, und es wird alles falsche von seitlichen Lichtquellen kommende Störlicht abgeblendet.

Ein Nachteil des Keplerschen Fernrohres ist, daß das Bild umgekehrt ist, was bei Beobachtung irdischer Gegenstände stört, bei astronomischen Beobachtungen freilich nicht ins Gewicht fällt (daher auch der Name „astronomisches Fernrohr"). Bei dem **terrestrischen Fernrohr** (J. Kepler 1611) bringt man zwischen Objektiv L_1 und Okular L_3 noch eine Sammellinse L_2 an, so daß das vom Objektiv entworfene Bild noch einmal umgekehrt wird (Abb. 154). Macht man den Abstand des Objektivbrennpunktes F_1' von der Umkehrlinse L_2 gleich der doppelten Brennweite der letzteren, so liegt auch das umgekehrte Bild in der doppelten Brennweite hinter

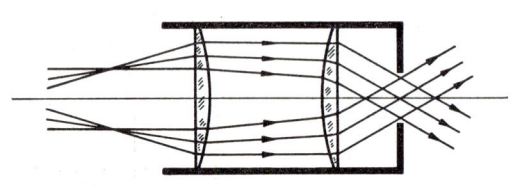

Abb. 153. Strahlenverlauf in einem Ramsdenschen Fernrohrokular

der Umkehrlinse. Die Gesamtlänge des terrestrischen Fernrohrs, gemessen zwischen Objektiv und Okular, beträgt dann:

$$l = f_1 + 4f_2 + f_3 .$$

Ein solches Fernrohr hat daher immer eine etwas unhandliche Länge.

Das Prismenfernrohr. Der eben erwähnte Nachteil der großen Länge des terrestrischen Fernrohrs läßt sich dadurch beseitigen, daß man zur Umkehr des Bildes des

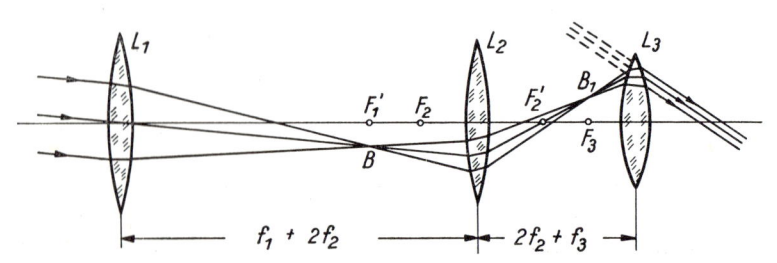

Abb. 154. Strahlenverlauf in einem terrestrischen Fernrohr

astronomischen Fernrohrs eine viermalige Totalreflexion an zwei rechtwinkeligen Prismen in der von J. Porro (1848) angegebenen und in Abb. 63 auf S. 43 dargestellten Anordnung benutzt. In Abb. 155 ist ein aus zwei Prismenfernrohren zusammengesetztes **binokulares Fernrohr** (sog. **Prismenfernglas**) wiedergegeben. Dadurch daß die beiden Prismen einen gewissen Abstand voneinander haben, der von den

Strahlen auf dem geknickten Weg dreimal durchlaufen wird, erreicht man eine beträchtliche Verkürzung des Fernrohres. Wie man weiter aus Abb. 155 erkennt, sind der ins Objektiv eintretende und der aus dem Okular austretende Strahl seitlich gegeneinander verschoben. Dadurch erhält man einen gegen den Okularabstand (d. h. gegen den Augenabstand) vergrößerten Objektivabstand und infolgedessen einen erhöhten stereoskopischen Effekt bei der Beobachtung mit beiden Augen. Prismenferngläser werden heute bis zu 20facher Vergrößerung und Gesichtsfeldern von 60⁰ bis 70⁰ gebaut; an Stelle der Porro-Prismen werden häufig auch andere Umkehrprismen benutzt.

Spiegelteleskope. Wir kommen nun zur Besprechung der zweiten Klasse von Fernrohren, den fast ausschließlich in der Astronomie benutzten Spiegelteleskopen. Bei ihnen wird das Objektiv durch einen Hohlspiegel gebildet. Dieser erzeugt von den weit entfernten Gegenständen ein reelles umgekehrtes verkleinertes Bild, das durch eine Okularlupe betrachtet wird. Je nach Anordnung dieses Okulars unterscheidet man die in Abb. 156 skizzierten Spiegelfernrohre. Bei dem von J. Gregory (1611) gebauten Teleskop (Abb. 156a) werden die Strahlen, nachdem sie sich über den Objektivspiegel S_1 in dem kleinen reellen Bild B vereinigt haben, durch einen zweiten kleinen Hohlspiegel S_2 so zurückreflektiert, daß sie durch eine Öffnung in der Mitte des Spiegels S_1 in das Okular O gelangen. Dabei entwirft der Hohlspiegel S_2 von dem Bild B direkt vor dem Okular ein aufrechtes reelles Bild B' des fernen Gegenstandes. — Bei dem Spiegelteleskop von G. Cassegrain (1671) werden die vom Objektivspiegel S_1 kommenden Strahlen (Abb. 156b), bevor sie sich zu dem Bild B vereinigen, durch einen hyperbolischen Konvexspiegel, also mit verringerter Konvergenz, so reflektiert, daß sie durch eine Öffnung in der Mitte von S_1 dicht vor dem Okular O ein umgekehrtes reelles Bild liefern, das wieder durch das Okular als Lupe betrachtet wird.

Abb. 155. Binokulares Prismenfernrohr

Bei den folgenden Typen wird die Durchbohrung des Objektivspiegels vermieden. Bei der Anordnung von I. Newton (1671) werden die vom Hauptspiegel S_1 kommenden Strahlen durch einen kleinen unter 45⁰ gegen die Rohrachse geneigten Planspiegel S_2 zur Seite geworfen, so daß das reelle verkleinerte Bild nach B zu liegen kommt, wo es wieder durch das Okular O betrachtet werden kann (Abb. 156c). In dem W. Herschelschen (1789) Spiegelteleskop (Abb. 156d) ist der Objektivspiegel S_1 etwas zur Rohrachse geneigt, so daß das von ihm erzeugte reelle verkleinerte Bild durch das am Eingang des Rohres seitlich angebrachte Okular direkt betrachtet werden kann. Da die beiden letztgenannten Typen eine Blickrichtung haben, die von der Fernrohrachse verschieden ist, bringt man beim Gebrauch derselben kleine zur Fernrohrachse parallel gerichtete Hilfsfernrohre (sog. Sucher) an.

Die Bedeutung der Spiegelteleskope lag früher darin, daß Spiegel keinen chromatischen Fehler aufweisen, dessen Beseitigung bei Linsen man damals für unmöglich hielt. Durch die Erfindung der achromatischen Linsen (s. Nr. 21) wurden sie etwas in den Hintergrund gedrängt; sie werden jedoch neuerdings wieder in erhöhtem Maße zur astronomischen Forschung benutzt, nachdem man gelernt hat, große Spiegel mit der erforderlichen Genauigkeit herzustellen. Z. B. befindet sich auf dem Observatorium des Mount Wilson in Kalifornien ein Spiegelteleskop mit einem Spiegel von 258 cm Durchmesser und 12,9 m Brennweite. Ein noch größeres Instrument mit einem Spiegel von 5 m Durchmesser und einer Brennweite von 16,8 m besitzt das Observatorium auf dem Mount Palomar.

Wie wir in Nr. 4 auf S. 22 gesehen haben, besitzt der sphärische Hohlspiegel eine sphärische Aberration, die sich besonders bei großem Öffnungsverhältnis störend bemerkbar macht. Nach B. Schmidt (1931) läßt sich diese sphärische Aberration dadurch korrigieren, daß man im Krümmungsmittelpunkt der Spiegelfläche eine meist aus Kunststoff hergestellte Korrektionsplatte (Schmidtsche Platte) in der Öffnungsblende des Spiegels anbringt. Der Querschnitt der Platte muß dabei so gestaltet sein, daß die Schnittweite der Randstrahlen relativ zu der Schnittweite der Zentralstrahlen vergrößert wird; dadurch wird der sphärische Hohlspiegel in seiner Wirkungsweise einem Parabolspiegel angenähert.

Bei der Betrachtung von Fixsternen durch ein Fernrohr erscheinen uns diese selbst bei den stärksten Vergrößerungen immer noch als Lichtpunkte, da der vergrößerte Sehwinkel stets unter-

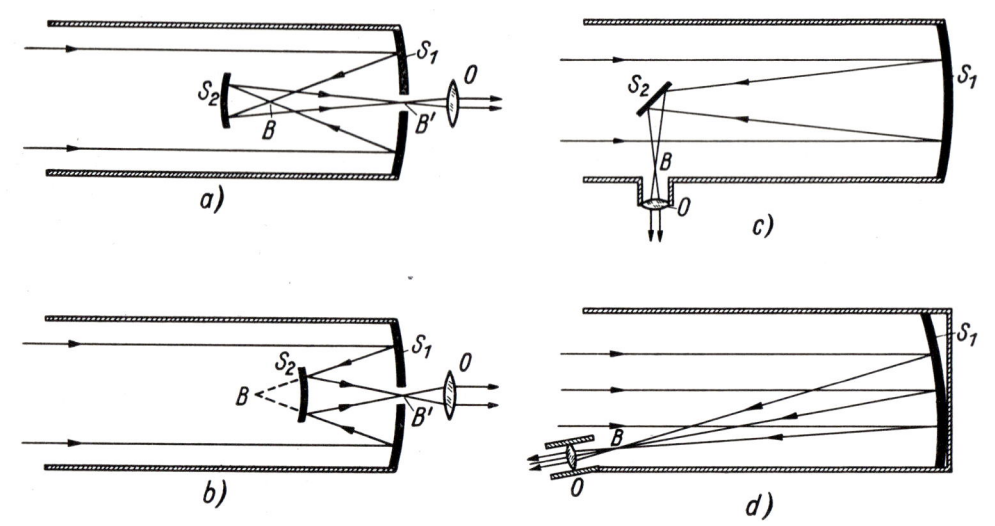

Abb. 156. Verschiedene Ausführungsformen von Spiegelteleskopen
a) nach Gregory   *b)* nach Cassegrain   *c)* nach Newton   *d)* nach Herschel

halb des Betrages von 1' bleibt. Daß man durch ein Fernrohr mehr Sterne als mit dem bloßen Auge erblickt, beruht auf einer Erhöhung der scheinbaren Helligkeit derselben. Das in unser Auge eintretende Strahlenbündel ist durch die Größe der Augenpupille gegeben. Nennen wir ihren Durchmesser d, so ist bei einem teleskopischen System bei Normalvergrößerung, d. h. wenn dessen aus dem Okular austretendes Strahlenbündel gerade den Durchmesser d hat, der Durchmesser des in das Objektiv mit dem Durchmesser D eintretenden Strahlenbündels durch die Gleichung

$$D = d\frac{f_1}{f_2} = dv$$

gegeben, wenn v die Fernrohrvergrößerung ist. Es verhalten sich also die Querschnitte von eintretendem und austretendem Strahlenbündel wie

$$\frac{Q}{q} = \frac{D^2}{d^2} = v^2.$$

Um den Faktor v^2 wird also bei Benutzung eines Fernrohrs die von einem Fixstern in das Auge gelangende Lichtmenge — gegenüber der Beobachtung mit bloßem Auge — vergrößert. Dagegen wird die Helligkeit des flächenhaften Untergrundes nicht erhöht, da die Fläche im gleichen Maße vergrößert wird, wie die Energie zugenommen hat. Da nun die scheinbare Helligkeit eines Sternes mit dem Quadrat seiner Entfernung vom Auge abnimmt, kann man Sterne, die man mit bloßem Auge in einer bestimmten Entfernung gerade noch wahrnimmt, durch ein Fernrohr mit v-facher Vergrößerung noch in der v-fachen Entfernung wahrnehmen. Der unserer Beobachtung zugängliche Raum und die darin enthaltene Zahl von Objekten wird also bei Benutzung eines Fernrohres von der Vergrößerung v auf das v^3-fache, d. h. bei 100 facher Vergrößerung bereits auf das 10^6-fache erweitert.

Photographische Apparate. Zum Schluß dieses, den optischen Instrumenten gewidmeten Abschnittes betrachten wir noch kurz die photographische Kamera und den Lichtbildapparat. Bei der **photographischen Kamera** entwirft eine Sammellinse bzw. ein mehrlinsiges optisches System, das Objektiv, vom Objekt ein reelles, i. a. verkleinertes, umgekehrtes Bild auf einer Mattscheibe, die bei der Aufnahme durch die photographische Platte oder den Film ersetzt wird. Das Objektiv befindet sich zu diesem Zweck in der Vorderseite eines lichtdichten Gehäuses, dessen Rückseite die Mattscheibe bzw. Photoplatte trägt. Bei der Aufnahme weit entfernter Gegenstände (z. B. einer Landschaft) fällt die Bildebene (Mattscheibe) mit der Brennebene des Objektivs zusammen. Bei Aufnahme naheliegender Gegenstände muß dagegen die Entfernung b zwischen Objektiv und Mattscheibe vergrößert, d. h. die Kamera ausgezogen werden, damit die Abbildungsgleichung $1/g + 1/b = 1/f$ erfüllt werden kann.

Das photographische Objektiv muß eine ganze Anzahl von Bedingungen erfüllen. Zunächst muß es sphärisch und chromatisch korrigiert sein, es darf keinen Astigmatismus aufweisen und muß ein vollkommen ebenes Bild ohne Verzeichnung liefern. Letzteres ist besonders für Architekturaufnahmen wichtig, während bei Landschaftsaufnahmen eine geringe Verzeichnung nicht stören würde. Verlangt wird weiter, daß der Bildwinkel nicht zu klein ist, er beträgt bei normalen Aufnahmen 40^0 bis 60^0 und erreicht bei den sog. **Weitwinkelobjektiven** Werte bis 100^0 und darüber. Zu diesen Forderungen kommt schließlich noch hinzu, daß das Objektiv eine möglichst große Lichtstärke besitzen soll, damit es für Momentaufnahmen, also kurze Belichtungszeiten, verwendet werden kann. Man muß also verlangen, daß das Objektiv die oben genannten Bedingungen auch bei großer Öffnung erfüllt. Moderne photographische Objektive, wie sie unter den Bezeichnungen Aplanate, Anastigmate, Doppalanastigmate, Tripletts usw. im Handel sind, bestehen daher stets aus mehreren (bis zu 8) z. T. miteinander verkitteten Linsen. In Abb. 157 ist als Beispiel ein unsymmetrischer Anastigmat nach dem Triplettsystem mit verkitteter Hinterlinse abgebildet, wie er sich z. B. bei dem bekannten Zeiß-Tessar-Objektiv und dem Leitz-Elmar-Objektiv findet. Bereits 1840 hat J. Petzval diesen Typ angegeben und ein Objektiv mit der verhältnismäßig hohen relativen Öffnung $1:3,4$ gebaut (s. unten). Mit geringen Modifikationen werden diese Petzvalobjektive auch heute noch benutzt.

Für die Öffnung des Objektivs und somit für die Helligkeit des erzeugten Bildes ist die im Innern des Objektivs angebrachte, von außen verstellbare Irisblende maßgebend. Sie bildet die Aperturblende, und ihr objektseitiges Bild ist die Eintrittspupille.

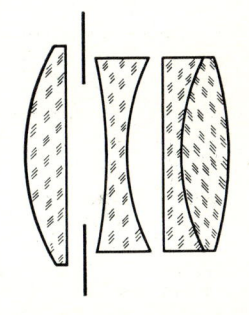

Abb. 157. Unsymmetrischer Anastigmat nach dem Triplettsystem

Die Größe der Eintrittspupille kann man in folgender Weise finden: Man stellt auf der Mattscheibe des Apparates das Bild eines fernen Gegenstandes scharf ein, dann ersetzt man die Mattscheibe durch einen undurchsichtigen Schirm mit einer kleinen Öffnung in der Mitte und beleuchtet diese von hinten. Die von der punktförmigen Öffnung in der Brennebene des Objektivs ausgehenden Lichtstrahlen verlassen das Objektiv als paralleles Strahlenbündel, dessen Querschnitt durch die Eintrittspupille gegeben ist. Hält man vor das Objektiv ein Stück durchsichtiges Papier, so entsteht auf diesem ein Lichtfleck von der Größe der gesuchten Eintrittspupille.

Die Helligkeit des vom Objektiv erzeugten Bildes ist zunächst der Größe der Eintrittspupille, oder, was auf dasselbe herauskommt, der Objektivöffnung proportional. Nimmt man als Maß der Öffnung den Durchmesser D an, so ist die Bildhelligkeit dem Quadrat von D proportional. Anderseits ist sie aber auch dem Quadrat der Bildentfernung vom Objektiv, d. h. der Objektivbrennweite umgekehrt proportional. Denn bei gleicher Objektivöffnung verteilt sich das hindurchtretende Licht auf eine umso größere Fläche, je weiter diese vom Objektiv entfernt ist. Die Bildhelligkeit auf der Mattscheibe bzw. photographischen Platte ist also proportional dem Quadrate des Quotienten aus Öffnungsdurchmesser und Brennweite. D/f nennt man oft auch, ebenso wie r/f, die relative Öffnung des Objektivs. Man gibt sie meist in Bruchform an, z. B. 1 : 3,5 oder $f:3,5$. Damit ist gemeint, daß der Durchmesser des Objektivs den 3,5ten Teil seiner Brennweite beträgt. Da die Lichtstärke mit dem Quadrate der relativen Öffnung wächst, ist die zur Belichtung erforderliche Zeit dem Quadrat derselben umgekehrt proportional. Mit einem Objektiv 1 : 7 muß man also viermal so lang belichten, wie mit dem Objektiv 1 : 3,5. Die Technik ist heute in der Lage, Objektive mit einer relativen Öffnung von 1 : 0,8 herzustellen.

Es ist üblich, die auf der Blendeneinstellung des Objektivs befindlichen Zahlen so zu wählen, daß ein Übergang von einer zur nächst kleineren Blendenöffnung einer Verdoppelung der Belichtungszeit entspricht. Trägt z. B. die Blendeneinstellung die Werte

$$f : 2;\ 2{,}8;\ 4;\ 5{,}6;\ 8;\ 11;\ 16;$$

so bedeutet dies, daß sich die Belichtungszeiten wie die Quadrate der Blendenziffern, d. h. wie

$$1:2:4:8:16:32:64$$

verhalten. Man muß also bei der Blendenöffnung 11 doppelt solange wie bei der Stellung 8 und 32mal solange wie bei der Stellung 2 belichten.

Die richtige Abblendung des Objektivs ist von besonderer Bedeutung für die **Tiefenschärfe** des Bildes. Im allgemeinen werden die einzelnen Punkte des zu photographierenden Gegenstandes nicht in einer Ebene liegen, so daß sich auch ihre Bilder in verschiedener Lage vom Objektiv befinden Da sich aber die photographische Platte nur in einem bestimmten Abstand befinden kann, können nicht alle Bildpunkte gleichzeitig scharf werden. Man ist also gezwungen, die Mattscheibe in eine Zwischenlage einzustellen. Eine solche Einstellung ist in Abb. 158a durch die strichpunktierte Linie angedeutet. Man erhält dann von den beiden in der Entfernung a auseinanderliegenden Punkten P_1 und P_2 statt punktförmiger scharfer Abbilder auf der Mattscheibe Zerstreuungskreise. Solange der Durchmesser dieser Kreise kleiner als 0,1 mm auf dem Bilde bleibt, stören sie nicht, da das Auge Punkte, die näher als 0,1 mm beieinander liegen, nicht als getrennt erkennen kann (s. S. 104). Man kann nun, wie dies aus Abb. 158b hervorgeht, durch Abblenden der Objektivöffnung den Durchmesser der Zerstreuungskreise erheblich verkleinern und damit noch Punkte scharf abbilden, die in großer Entfernung hintereinander vor dem Objektiv liegen. Durch Abblenden des Objektivs läßt sich also die Tiefenschärfe des Bildes steigern.

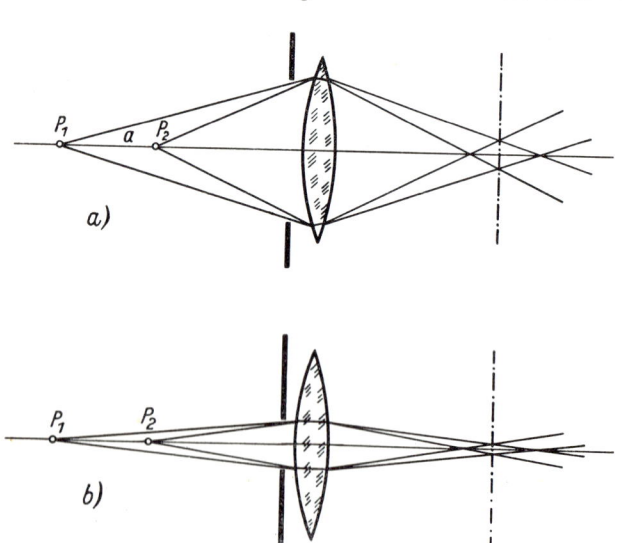

Abb. 158. Vergrößerung der Tiefenschärfe durch Abblenden
a) große,   b) kleine Blende

Es wurde bereits darauf hingewiesen, daß bei der Aufnahme von Gegenständen in großer Entfernung das Bild sich in der Entfernung der Brennweite hinter dem Objektiv oder genauer gesagt, hinter der bildseitigen Hauptebene desselben befindet. Um von weit entfernten Gegenständen möglichst große Bilder zu erhalten, müßte man langbrennweitige Objektive und infolgedessen auch eine Kamera mit sehr langem Auszug benutzen. Der Nachteil einer unhandlichen Kamera wird durch Verwendung der sog. Teleobjektive vermieden, die eine besondere Stellung unter den Objektiven einnehmen. Das zuerst von J. Porro (1851) vorgeschlagene und unter anderen von K. Martin (1905) geschaffene Teleobjektiv (Abb. 159) besteht aus einem positiven System S_1 und einem

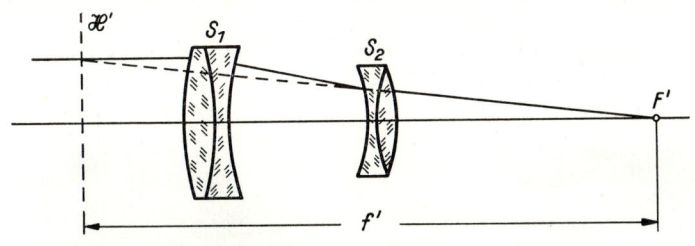

Abb. 159. Teleobjektiv

negativen S_2 und ist in gewissem Sinne ein verkürztes Galileifernrohr Wie man dem in Abb. 159 gezeichneten Strahlenverlauf entnimmt, fällt die bildseitige Hauptebene $\mathcal{H}'$ ein erhebliches Stück vor das Objektiv in den Gegenstandsraum. Da die bildseitige Brennweite von dieser Hauptebene aus zu rechnen ist, verkürzt sich damit die Kameralänge. Verwandt hierzu ist die „Gummilinse", bei der f' durch Verschieben innerer Teile des Linsensystems variiert wird.

Der **Lichtbildapparat (Projektionsapparat).** Der Lichtbildapparat dient dazu, von einem durchsichtigen Gegenstand, dem Lichtbild oder Diapositiv, ein vergrößertes Bild auf einem weißen Schirm zu erzeugen. In Abb. 160 ist die ursprünglich von J. Duboscq

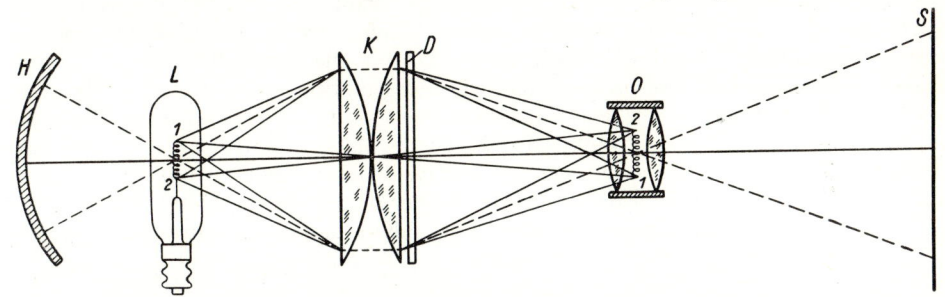

Abb. 160. Optische Anordnung eines Projektionsapparates

(1877) angegebene, auch heute noch verwendete optische Anordnung wiedergegeben. Das von der Lichtquelle ausgehende divergente Strahlenbüschel wird durch einen zweilinsigen, meist aus zwei plankonvexen Linsen bestehenden, Kondensor K konvergent gemacht, so daß es durch die Mitte des Projektionsobjektivs O hindurchgeht; die Lichtquelle wird dabei im Objektiv abgebildet. Dicht hinter dem Kondensor befindet sich das zu projizierende Glasdiapositiv D. Von ihm entwirft das Objektiv bei richtiger Einstellung ein vergrößertes, reelles aber umgekehrtes Bild auf dem Projektionsschirm S. Diese Anordnung sorgt dafür, daß D gleichmäßig beleuchtet wird und daß alles Licht, das durch K bzw. D geht, auch zur Abbildung ausgenutzt wird. Als Eintrittspupille bzw. als Austrittspupille fungieren die Lichtquelle selbst bzw. ihr Bild. Um ein aufrechtes Bild auf dem Schirm zu erhalten, muß man das Diapositiv auf dem Kopf stehend und seitenverkehrt in den Bildschieber hinter dem Kondensor einführen. Bei vorgegebener Diapositivgröße und Schirmentfernung hängt die Größe des Bildes auf dem Schirm von der Brennweite des Projektionsobjektivs ab: je kürzer diese ist, um so größer wird das Bild. Damit nun stets das aus dem Kondensor kommende Licht das Objektiv durchsetzt, muß man beim Austausch des Objektivs auch den Kondensor wechseln. Als Lichtquelle benutzt man in modernen Projektionsapparaten durchweg Glühlampen, bei denen die Leuchtwendel auf einer möglichst kleinen Fläche untergebracht ist (s. Abb. 32a). Um das nach der Rückseite ausgestrahlte Licht ebenfalls auszunutzen, bringt man hinter der Lampe einen Hohlspiegel H so an, daß die einzelnen Leuchtwendeln der Glühlampe in die dazwischen liegenden Lücken abgebildet werden (Abb. 32b).

Auch undurchsichtige Bilder und Gegenstände lassen sich projizieren. Bei den dazu benutzten **Episkopen** wird das Objekt durch eine oder mehrere sehr helle Glühlampen intensiv beleuchtet und dann durch ein Projektionsobjektiv besonders großer Öffnung

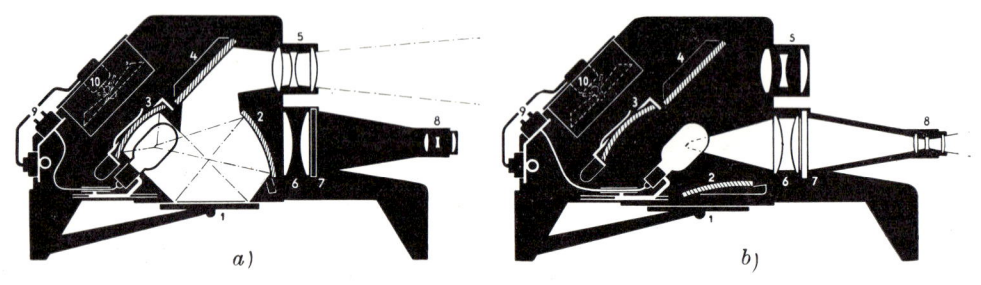

Abb. 161. Modernes Epidiaskop der Fa. E. Leitz, Wetzlar
a) als Episkop geschaltet   *b)* als Diaskop geschaltet

abgebildet. In Abb. 161 ist ein modernes **Epidiaskop** im Schnitt dargestellt, das gleichzeitig auch als Diaskop benutzt werden kann. Der zu projizierende undurchsichtige Gegenstand 1 wird von der Lichtquelle über die beiden Hohlspiegel 2 und 3 intensiv beleuchtet und über den vorderseitig belegten Spiegel 4 durch das Objektiv 5 abgebildet. Klappt man den Spiegel 2 nach unten, so kann der Apparat unter Benutzung des Kondensors 6 und des Projektionsobjektivs 8 als gewöhnlicher Lichtbildapparat zur Projektion des bei 7 einschiebbaren Diapositivs benutzt werden (Abb. 161b). Um eine schädliche Erwärmung der zu projizierenden Bilder bei hohen Lichtintensitäten zu vermeiden, ist in das Epidiaskop ein Ventilator 10 zur Kühlung des Innenraumes eingebaut.

13. Der Fermatsche Satz; das Eikonal; der Satz von Malus

Die Strahlenoptik besteht im Grunde aus einer immer wiederholten Anwendung des Reflexions- und Brechungsgesetzes. Diese beiden Gesetze — und damit auch alle sich aus ihnen ergebenden Folgerungen — sind nun in einem Satze enthalten, den Lachambre (1662) für die Reflexion und P. Fermat (1679) für die Brechung des Lichtes zuerst ausgesprochen haben und der als **Fermatscher Satz vom ausgezeichneten Lichtweg** bezeichnet wird. Dieser Satz sagt im einfachsten Falle aus, daß das Licht, welches durch Spiegelung oder Brechung von einem Raumpunkt zu einem anderen gelangt, dabei stets denjenigen Weg einschlägt, welcher am schnellsten zum Ziele führt. Es muß aber ausdrücklich betont werden, daß diese Formulierung ungenau und im allgemeinen unrichtig ist: in manchen Fällen ist der Weg des Lichtes kein Minimum, sondern im Gegenteil ein Maximum, und das gleiche gilt für die zur Zurücklegung des Weges erforderliche Zeit.

Wir wollen den Satz für die beiden Fälle der Reflexion und Brechung an einer ebenen Fläche beweisen; dann handelt es sich tatsächlich um ein Minimum. In Abb. 162

werde an der spiegelnden Fläche SS' ein von A kommender Lichtstrahl im Punkte C nach dem Punkte B reflektiert. Der vom Licht zurückgelegte Weg ist $AC + CB = AB'$, wenn AB' die geradlinige Entfernung des Punktes A von B', dem Spiegelpunkt von B, darstellt. Daß dieser Weg in der Tat die kürzeste Verbindung von A über den Spiegel nach B darstellt, erkennt man sofort, wenn man einen benachbarten Strahlengang, z. B. $AC'B$ betrachtet. Der Lichtweg wäre dann $AC' + C'B = AC' + C'B'$. Wie man aber aus dem Dreieck $AC'B'$ erkennt, ist $AC' + C'B$ stets größer als die dritte Seite AB'. In Abb. 162 lag der Weg $AC'B$, wie der wirkliche Lichtweg ACB in der Einfallsebene, es ist aber unmittelbar klar, daß der Satz a fortiori gilt, wenn C' aus der Einfallsebene

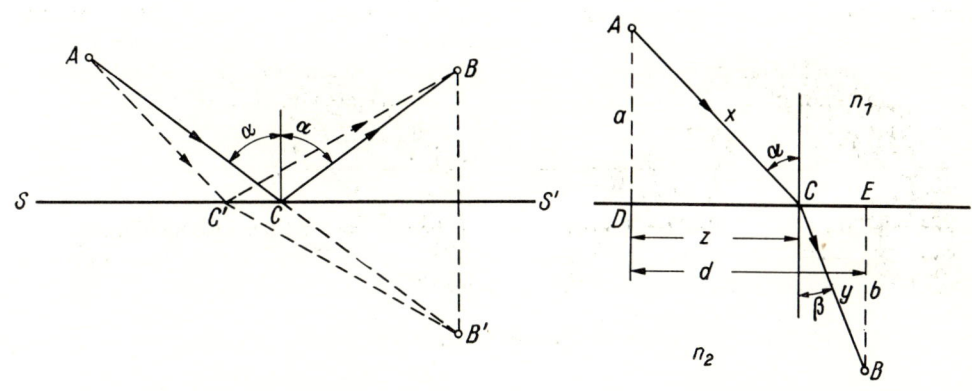

Abb. 162. Fermatsches Prinzip und Reflexionsgesetz

Abb. 163. Fermatsches Prinzip und Brechungsgesetz

herausrückt. Der wirkliche Lichtweg ist also hier kleiner als jeder andere um endliche Beträge davon abweichende Weg $AC'B$. Man kann dies etwas anders ausdrücken: Da in diesem Fall der wirkliche Lichtweg gegenüber allen anderen Wegen die Eigenschaft eines Minimums — oder allgemeiner eines Extremwertes — hat, so **muß die Variation des Lichtweges ACB gleich Null sein**, d. h. wenn der Punkt C' von C nur um sehr kleine Größen erster Ordnung abweicht, muß die Differenz $ACB - AC'B$ bis auf sehr kleine Größen zweiter und höherer Ordnung gleich Null sein. Der behauptete Satz ist ohne weiteres geometrisch evident, wenn der Punkt C' um ein endliches Stück aus der Einfallsebene ACB herausgerückt wird. Denn dann ist der wirkliche Weg ACB sicher kleiner. Liegt C' dagegen in der Einfallsebene und ist CC' eine unendlich kleine Größe erster Ordnung, so gilt folgendes: Die Differenz $(BC' - BC)$ ist bis auf unendlich kleine Größen höherer Ordnung gleich der Projektion von CC' auf BC, und die Differenz $(AC - AC')$ ist ebenso gleich der Projektion von CC' auf AC. Beide Projektionen sind aber bis auf Größen zweiter Ordnung einander gleich, da AC und BC nach dem Reflexionsgesetz gleiche Winkel mit CC' bilden. Bezeichnen wir also eine Änderung um unendlich kleine Größen erster Ordnung durch das übliche Variationszeichen δ, so haben wir bewiesen, daß

$$\delta(AC + CB) = 0$$

ist. Damit ist die Minimumseigenschaft des Lichtweges für die Reflexion am ebenen Spiegel bewiesen.

Die zur Zurücklegung des Weges $AC + CB$ erforderliche Zeit ist $\dfrac{AC + CB}{v}$, wenn v die Lichtgeschwindigkeit in dem betreffenden Medium ist; auch diese Zeit ist in dem behandelten Falle ein Minimum.

In der gleichen Weise könnten wir den Beweis für den Fall der Brechung des Lichtes führen, d. h. zeigen, daß aus dem Brechungsgesetze die Minimumseigenschaft für die Brechung an einer ebenen Fläche folgt; dies mag dem Leser überlassen bleiben. Wir wollen der Anschaulichkeit halber den Beweis auf eine andere Weise liefern, indem wir zeigen, daß aus der Minimumseigenschaft umgekehrt das Brechungsgesetz folgt; wir beschränken uns dabei wieder auf Verschiebungen in der Einfallsebene. In Abb. 163 werde ein von A ausgehender Strahl an der Stelle C einer ebenen Trennungsfläche zwischen zwei Medien mit den Brechzahlen n_1 und n_2 in das Medium 2 nach dem Punkt B hin gebrochen. Durch die Festlegung der Punkte A und B sind die von ihnen auf die Grenzfläche gefällten Lote $AD = a$ und $BE = b$ sowie der Abstand $DE = d$ der Fußpunkte der Lote gegeben. Veränderlich für verschiedene Lichtwege ist lediglich das Verhältnis der Strecken $DC = z$ und $CE = d - z$ und damit auch die Beziehung des Einfallswinkels α zum Brechungswinkel β. Sind die Geschwindigkeiten in den beiden Medien v_1 und v_2, so benötigt das Licht zum Zurücklegen des Weges von A nach B die Zeit

$$t = \frac{x}{v_1} + \frac{y}{v_2} = \frac{\sqrt{a^2 + z^2}}{v_1} + \frac{\sqrt{(d-z)^2 + b^2}}{v_2},$$

wenn wir mit x und y die Strecken AC und CB bezeichnen. t ist also eine Funktion $t(z)$ von z. Die Bedingung dafür, daß t einen Extremwert annimmt, wenn man z in $z + \delta z$ ändert, wo δz eine unendlich kleine Größe erster Ordnung bedeutet, ist

$$\delta t(z) = \frac{dt}{dz} \delta z = 0, \text{ d. h. } \frac{dt}{dz} = 0.$$

Das liefert:

$$\frac{dt}{dz} = 0 = \frac{z}{v_1 \sqrt{a^2 + z^2}} - \frac{d-z}{v_2 \sqrt{(d-z)^2 + b^2}} = \frac{z}{v_1 x} - \frac{d-z}{v_2 y} = \frac{\sin \alpha}{v_1} - \frac{\sin \beta}{v_2}$$
$$= \frac{n_1 \sin \alpha - n_2 \sin \beta}{c} = 0.$$

Diese Beziehung ist aber das Brechungsgesetz, das wir somit aus dem Fermatschen Satze abgeleitet haben. Man erkennt also, daß einerseits aus Reflexions- und Brechungsgesetz der Fermatsche Satz und andererseits aus diesem das Reflexions- und Brechungsgesetz folgen.

Aus $ct = n_1 x + n_2 y$ folgt natürlich, wenn $\delta t = 0$ ist, auch: $\delta (n_1 x + n_2 y) = 0$. Dabei sind die Lichtwege x und y in den beiden Medien mit dem zugehörigen Brechungsquotienten n_1 und n_2 multipliziert. Zum Unterschiede von den geometrischen Weglängen x und y nennt man $n_1 x$ und $n_2 y$ die optischen Weglängen. Nennt man jetzt die Wege $x = l_1$ und $y = l_2$, so kann man also die Brechung an einer ebenen Fläche in die Gestalt bringen:

$$\delta (n_1 l_1 + n_2 l_2) = 0,$$

d. h. die Summe der optischen Weglängen ist ein Extremum (hier ein Minimum).

In den hier behandelten Fällen lag wirklich ein Minimum vor; wie schon betont, ist dies jedoch nicht immer der Fall. Wenn nämlich die Spiegel- oder Brechungsfläche gekrümmt ist, kommt es ganz auf die Größe der Krümmung an, ob man es mit einem Minimum, einem Maximum oder einem Sattelwert zu tun hat; immer aber hat man es mit einem Extremum zu tun, d. h. die Variation δ des optischen Weges verschwindet. Wir zeigen dies für den Fall der Reflexion. In Abb. 164 seien $S_1 S_2$ die gekrümmte Spiegelfläche, A und B die Endpunkte des beobachteten Strahles. Es ist zu entscheiden, ob der dem Reflexionsgesetz entsprechende Lichtweg ein Minimum, ein Maximum oder ein Sattelwert ist. Zu diesem Zwecke bestimmen wir zunächst für die beiden Punkte A und B diejenige Fläche, die die Eigenschaft hat, daß die Summe der Strahlen

13. Der Fermatsche Satz; das Eikonal; der Satz von Malus

$AC + CB =$ const. ist. Man nennt diese Fläche die **aplanatische Fläche**. Sie ist offenbar ein Ellipsoid mit A und B als Brennpunkten: an welchem Punkte der Ellipsoidoberfläche der Strahl auch reflektiert wird, immer ist die Summe der Lichtwege von A nach diesem Punkte und von da nach B gleich groß. Hat nun der Spiegel $S_1 S_2$, wie in Abb. 164 angenommen ist, eine solche Krümmung, daß er — abgesehen vom Punkt C — **innerhalb** der aplanatischen Fläche liegt, so ist der Lichtweg ACB offenbar ein **Maximum**. Liegt dagegen die Spiegelfläche **außerhalb** der aplanatischen Fläche (z. B. $S_1' S_2'$ in Abb. 164), so ist der Lichtweg ein **Minimum**. Bei einer sattelartigen Spiegel-

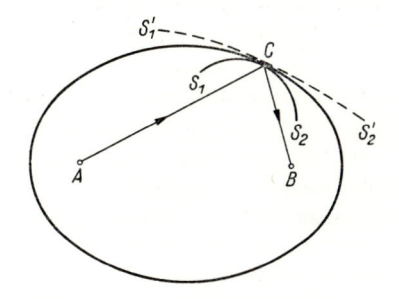

Abb. 164. Fermatsches Prinzip bei Reflexion an einer gekrümmten Fläche

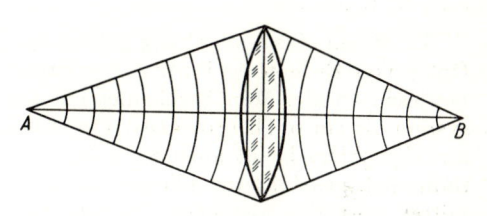

Abb. 165. Verlauf der Wellenflächen bei der Abbildung eines Punktes durch eine Linse

fläche liegt in der einen Richtung ein Minimum, in der dazu senkrechten ein Maximum vor, d. h. ein Sattelwert.

Was hier für eine Reflexion oder Brechung gezeigt wurde, gilt offenbar auch, wenn zwischen A und B beliebig viele Brechungen und Reflexionen stattgefunden haben. In Erweiterung der letzten Gleichung gilt daher allgemein:

$$(57) \qquad \delta \sum n_k l_k = 0 \, .$$

Dabei sind die Größen l_k die geometrischen Weglängen der Strahlen zwischen den einzelnen Brechungen und Reflexionen, n_k die zugehörigen Brechungsquotienten, $n_k l_k$ also die optischen Strahlenlängen. Gleichung (57) sagt also aus:

Die optische Länge eines zwischen zwei festen Endpunkten beliebig oft reflektierten oder gebrochenen Strahles besitzt einen Extremwert. Dies ist die allgemeine und exakte Form des Fermatschen Satzes vom ausgezeichneten Lichtweg.

Bisher hatten wir angenommen, daß der Strahl verschiedene Medien durchsetzt, die verschiedene Brechungsquotienten n_k und Längen l_k besitzen. Es kann aber auch der Fall eintreten, daß es sich um ein **Medium mit kontinuierlich variabelem Brechungsquotienten** handelt. Dann geht die Summe $\sum n_k l_k$ in ein Integral über, d. h. an Stelle der Gl. (57) tritt die folgende:

$$(57a) \qquad \delta \int_A^B n\, dl = 0 \, .$$

Die optische Weglänge nl ist nun wegen $n = c/v$ der Weg, den das Licht in der gleichen Zeit im Vakuum zurücklegen würde. Daraus folgt sofort der Satz: **Gleiche optische Weglängen werden vom Licht in gleicher Zeit zurückgelegt.**

Die Größe $\sum n_k l_k$ bzw. $\int n\, dl$, d. h. die Summe aller optischen Weglängen zwischen dem Ausgangs- und Endpunkt eines Strahles, gewinnt eine tiefere Bedeutung vom Standpunkte der Wellentheorie des Lichtes. Wenn wir z. B. mittels einer Linse, die vollkommen korrigiert sein möge, einen Lichtpunkt A in einem Bildpunkt B abbilden (Abb. 165), so gehen von A divergente Kugelwellen aus, und in B münden konvergente Kugelwellen ein. Die Linse hat also die Aufgabe, die von A ausgehenden Wellenflächen in die nach B einlaufenden Wellenflächen zu deformieren. A und B sind singuläre Stellen der Wellenfronten, in denen sie in einen Punkt degenerieren. Aus der Vorstellung, daß es sich um die Fortpflanzung einer Welle handelt, ergibt sich sodann die Aussage, daß die Zeit, die das Licht braucht, um von A nach B zu kommen, für alle Strahlen die gleiche ist. Andernfalls würden die verschiedenen Strahlen mit Gangunterschieden in B (oder auf einer der Wellenflächen) auftreffen, und die Abbildung würde durch Interferenzauslöschung gestört sein (Nr. 28). Nach dem oben angeführten Satz bedeuten aber gleiche Zeiten auch gleiche optische Wege für alle Strahlen zwischen A und B, wenn die Punkte aberrationsfrei ineinander abgebildet werden. Diese Aussage ist nicht etwa Folge des Fermatschen Prinzips (57); denn dort wird der wirkliche Strahlverlauf mit davon verschiedenen, nicht realisierten Verläufen verglichen und durch eine Minimalforderung ausgezeichnet. Hier dagegen werden mehrere reale Strahlenverläufe verglichen. Man sieht aus dieser Überlegung, daß die Summe $\Sigma n_k l_k$ für die optische Abbildung eine maßgebende Rolle spielt. Man nennt daher nach W. R. Hamilton (1833) diesen Ausdruck die **charakteristische Funktion,** oder nach H. Bruns (1895) das **Eikonal;** dieser Ausdruck stammt vom griechischen Wort εἰκών (Bild).

In diesen Zusammenhang gehört noch ein weiterer Satz, der für die geometrische Optik von Bedeutung ist und der zuerst von E. L. Malus (1807) ausgesprochen und bewiesen wurde. Man bezeichnet ein auf einer Fläche senkrecht stehendes Strahlensystem als ein orthogonales. Der Satz von Malus sagt nun aus: **Ein orthogonales Strahlensystem bleibt auch nach beliebig vielen Reflexionen und Brechungen an kontinuierlich gekrümmten Flächen als orthogonales System erhalten.** Der Satz läßt sich mittels des Fermatschen Prinzips beweisen, worauf wir hier nicht näher eingehen wollen. Vom Standpunkte der Wellenlehre des Lichtes sagt der Satz etwas Selbstverständliches aus. Denn da die Strahlen definitionsgemäß die Normalen zu einer Wellenfläche sind, werden die Strahlen stets wieder senkrecht zu einer Wellenfläche stehen, wie sich diese auch durch Brechung und Spiegelung deformiert haben möge.

II. Kapitel

Photometrie

14. Photometrische Grundbegriffe, allgemeine Definitionen

Wir haben in den vorhergehenden Nummern bereits gelegentliche Bemerkungen über Helligkeit und Lichtintensität (z. B. bei den optischen Instrumenten) gemacht, ohne diese Begriffe genau definiert zu haben, indem wir uns lediglich auf die Anschauung stützten. Diese Lücke müssen wir nun ausfüllen. Wir behandeln deshalb in diesem Kapitel die Lichtmessung oder Photometrie. Auch in diesem Gebiete brauchen wir tatsächlich nur den Begriff der Strahlen — nicht den der Wellen —, so daß wir die Photometrie noch zur geometrischen Optik rechnen müssen. Freilich werden wir uns trotzdem im folgenden oft der Sprache der Wellentheorie des Lichtes bedienen, aber nicht aus innerer Notwendigkeit, sondern im Interesse einer kurzen Ausdrucksweise.

Nach den Darlegungen in Bd. II ist das sichtbare Licht nur ein kleiner Ausschnitt — rund 1 Oktave — aus dem etwa 69 Oktaven umfassenden Bereich der elektromagnetischen Wellen; auf diesen Ausschnitt, der etwa die Wellenlängen von $0,4\mu$ bis $0,8\mu$ umfaßt, spricht unser Auge an: dies ist also Licht im engeren Sinne des Wortes, obwohl wir physikalisch ebensogut die unsichtbare, länger- oder kürzerwellige Strahlung als Licht bezeichnen müssen (ultraviolette, ultrarote, Röntgen-Wellen, Hertzsche Wellen). Unter Photometrie versteht man gewöhnlich nur die Methoden, die sich auf das sichtbare Licht beziehen; bei ihnen spielen natürlich die Eigenschaften des Auges eine ausschlaggebende Rolle.

Bevor wir uns speziell damit beschäftigen, wird es aber doch zweckmäßig sein, über Strahlungsmessung im allgemeinen zu sprechen, ohne sich auf den sichtbaren Bereich zu beschränken, und erst später in geeigneter Weise auf das sichtbare Licht zu spezialisieren.

Strahlung in diesem allgemeinen Sinne ist die Aussendung elektromagnetischer Energie durch die Strahlungsquellen; gemessen wird die Stärke einer bestimmten Strahlung dadurch, daß man sie auf Materie auftreffen läßt und nun die in dieser hervorgerufenen Wirkungen (Erwärmung, Thermospannungen, Aussendung von Elektronen beim lichtelektrischen Prozeß usw.) bestimmt. Davon haben wir in Band II z. B. bei der Messung elektrischer Wellen dauernd Gebrauch gemacht. Diese Art der Strahlungsmessung kann als objektive Photometrie bezeichnet werden, sie ist im Prinzip auf Strahlung jeder Wellenlänge anwendbar, also auch auf die eigentliche Lichtstrahlung. Aber bei dieser haben wir auch noch die andere Möglichkeit, die Eigenschaften des Auges auszunützen: subjektive Photometrie. Aus dieser Darlegung geht hervor, daß die Begriffsbildungen für die subjektive Photometrie, die uns nachher im besonderen beschäftigen wird, sinngemäße Abwandlungen der für die objektive Photometrie erforderlichen Begriffe sein werden.

Bei der Strahlungsmessung eines elektrischen Senders z. B. mißt das Empfangsinstrument die ihm in bestimmter Zeit zugesandte Energie; wenn der Empfänger die Strahlung nicht dauernd akkumuliert, so kommt er nach kurzer Zeit in einen Gleichgewichtszustand, und seine Anzeige ist jedenfalls proportional der sekundlichen Energiezustrahlung. Die photographische Platte summiert allerdings die empfangenen Energiebeiträge, jedenfalls innerhalb gewisser Grenzen der Belichtungszeiten; hier wird die Anordnung so getroffen, daß eine bestimmte Einstrahlungszeit gewählt wird, so daß auch hier auf die sekundlich empfangene Energiemenge geschlossen werden kann, und so ist es in allen Fällen. Natürlich hängt die empfangene Energie von der Fläche ab, die der Empfänger der Strahlung darbietet, d. h. von dem Raumwinkel ω, unter dem der Empfänger von der Strahlungsquelle aus gesehen wird: die empfangene Strahlung ist also jedenfalls proportional diesem Raumwinkel.

Die einfachsten Verhältnisse liegen vor, wenn man die Strahlungsquelle als punktförmig betrachten darf. Dann kann man i. a. annehmen, daß sie nach allen Richtungen des (als isotrop vorausgesetzten) Raumes in jeder Sekunde die gleiche Strahlung entsendet. Dann ist der Energiestrom, die pro Sekunde ausgestrahlte Strahlungsenergie oder die Strahlungsleistung Φ_e proportional dem Raumwinkel ω zu setzen:

$$(58) \qquad \Phi_e = I_e \omega,$$

wobei der Proportionalitätsfaktor I_e nur von den Eigenschaften der Strahlungsquelle abhängt und als ihre Strahlungsintensität (oder Strahlungsstärke) bezeichnet wird:

$$(59) \qquad I_e = \frac{\Phi_e}{\omega}.$$

Beide Größen (Strahlungsleistung Φ_e und Strahlungsstärke I_e) haben die gleiche Dimension $\frac{\text{Energie}}{\text{Zeit}}$ und werden im absoluten Maßsystem in der Einheit erg/s bzw. im praktischen Maßsystem in Watt gemessen[1]). Physikalisch bedeutet I_e nach (59) die in den Raumwinkel $\omega = 1$ je Sekunde gesandte Energiemenge. Ist die Strahlung isotrop, so emittiert die Quelle die Totalleistung:

$$(58\text{a}) \qquad \Phi_{e0} = 4\pi I_e,$$

da der gesamte Raumwinkel gleich 4π ist.

---

[1]) Der Index e weist auf Energiegrößen hin, im Gegensatz zu den weiter unten definierten photometrischen Größen.

Falls der punktförmige Strahler nicht gleichmäßig nach allen Seiten strahlt, so ist statt Gl. (59), die sich auf einen endlichen Raumwinkel ω bezieht, sinngemäß zu setzen:

(59a)
$$I_e = \frac{d\Phi_e}{d\omega},$$

woraus sich für den Energiestrom in den Raumwinkel ω ergibt:

(58b)
$$\Phi_e = \int_0^\omega I_e d\omega.$$

Für die Totalleistung des Strahlers in den Raumwinkel 4π kann man in diesem Falle schreiben:

$$\Phi_{e_0} = \int_0^{4\pi} I_e d\omega = 4\pi \overline{I}_e,$$

wobei $\overline{I}_e$ die **mittlere Strahlungsstärke** ist, die durch diese Gleichung definiert ist. Man erkennt ferner aus der Formulierung (59a), daß geometrische „Strahlen" ($d\omega = 0$) keine endliche Strahlungsleistung übertragen.

Für den Raumwinkel ω, unter dem eine bestrahlte Fläche (z. B. des Empfangsinstruments) von der Strahlungsquelle Q aus erscheint, kann man einen einfachen

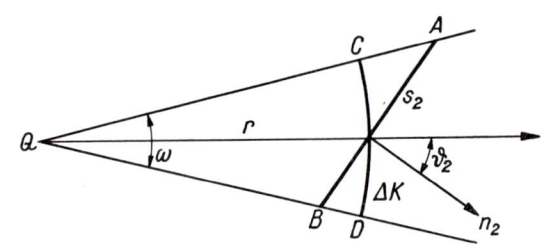

Abb. 166. Zur Definition des räumlichen Winkels

Ausdruck angeben. Die bestrahlte Fläche, die in der Abb. 166 zum Schnitt AB verkürzt ist, habe die kleine Größe s_2 — alle auf die bestrahlte Fläche bezüglichen Größen sollen den Index 2 erhalten —. Zieht man nach jedem Punkte des Umfangs von s_2 von Q aus die Verbindungslinien, so bilden sie insgesamt einen Kegel vom Öffnungswinkel ω und der Basis s_2; der mittlere Abstand von s_2 und Q sei r. Schlagen wir mit dem Radius r um Q eine Kugelfläche, so schneidet der genannte Kegel aus ihr ein Stück ΔK aus, das in der Abb. 166 zu CD verkürzt ist; ΔK kann als Projektion von s_2 aufgefaßt werden. Wenn der Winkel, den die Normale n_2 von s_2 mit der Normalen von ΔK, d. h. mit der Richtung von r bildet, mit $\vartheta_2 = \measuredangle(n_2 r)$ bezeichnet wird, so ist $s_2 \cos \vartheta_2 = \Delta K$, und der Raumwinkel ω ist offenbar gegeben durch

$$\omega = \frac{\Delta K}{r^2}, \text{ also } \omega = \frac{s_2 \cos \vartheta_2}{r^2}.$$

Demgemäß kann die Strahlungsleistung Φ_e statt (58) ausführlicher geschrieben werden:

(60)
$$\Phi_e = I_e \frac{s_2 \cos \vartheta_2}{r^2}.$$

Dieser Ausdruck ist uns hier deshalb wichtig, weil man von ihm aus auf einen neuen Begriff, den der **Bestrahlungsstärke** E_e geführt wird, worunter man die auf die

14. Photometrische Grundbegriffe, allgemeine Definitionen

Flächeneinheit von s_2 je Sekunde auffallende Energiemenge versteht:

$$(61) \qquad E_{e2} = \frac{\Phi_e}{s_2} = I_e \frac{\cos \vartheta_2}{r^2}.$$

Sie hat die Dimension $\frac{\text{Energie}}{\text{Fläche} \cdot \text{Zeit}}$ und wird in den Einheiten erg/cm² · s bzw. Watt/cm² oder Watt/m² gemessen.

Die bisherigen Erörterungen bedürfen noch einer Ergänzung. Denn der Begriff des „punktförmigen" Strahlers ist nur eine Abstraktion; in Wirklichkeit sind alle Strahler mehr oder minder ausgedehnte Körper, aus deren Inneren die Strahlung durch die Oberfläche hindurchtritt, weswegen man kurzerhand von flächenhaften Strahlern bzw. von strahlenden Flächen spricht. In sehr großem Abstand von ihnen kann man sie annähernd als punktförmig betrachten, aber i. a. müssen wir strahlende Flächen endlicher Größe in Betracht ziehen. Hier liegen nun die Verhältnisse naturgemäß komplizierter, denn die Strahlungsleistung Φ_e einer Fläche ist nicht mehr isotrop, d. h. nicht mehr nach allen Richtungen hin die gleiche, sondern sie hängt vom Ausstrahlungswinkel ϑ_1 ab — der Index 1 deutet auf die strahlende Fläche s_1 —, den die Strahlungs-

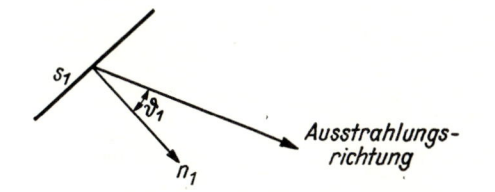

Abb. 167. Zum Lambertschen Cosinusgesetz

Abb. 168. Zur Bestimmung der von einer Fläche s_1 einer Fläche s_2 zugestrahlten Leistung

richtung mit der Normalen n_1 der Fläche s_1 bildet. Daher müssen wir statt (58) hier allgemeiner schreiben (Abb. 167) — der Deutlichkeit halber geben wir jetzt auch Φ_e den Index 1 —:

$$(62) \qquad \Phi_{e1} = I_e(\vartheta_1)\,\omega.$$

Die Funktion $I_e(\vartheta_1)$ muß empirisch bestimmt werden. In manchen Fällen gilt das von I. H. Lambert (1760) aufgestellte sog. Cosinusgesetz, wonach die Strahlungsstärke

$$(63) \qquad I_e(\vartheta) = L_{e1}\,s_1 \cos \vartheta_1$$

sein soll. Dies trifft zu für „vollkommen rauhe", diffus reflektierende Flächen, wozu z. B. auch die Sonnenoberfläche gehört. Demnach strahlt dann eine Fläche in Richtung der Normalen ($\vartheta_1 = 0$) mehr als in jeder anderen Richtung; außerdem ist natürlich (bei hinreichend kleinen Flächen) die Strahlungsleistung proportional der Flächengröße s_1 selbst. Damit wird Gl. (62) ausführlich:

$$(64) \qquad \Phi_{e1} = L_{e1} s_1 \cos \vartheta_1\,\omega.$$

L_{e1} ist eine neue Proportionalitätskonstante, die natürlich von der Natur der strahlenden Fläche s_1 abhängt und als Strahlungsdichte bezeichnet wird. Der Name erklärt sich durch Beachtung der physikalischen Bedeutung von L_{e1} nach (64): Danach ist L_{e1} derjenige Energiestrom, der von der Flächeneinheit ($s_1 = 1$) in Richtung der Normalen ($\vartheta_1 = 0$) in den Raumwinkel $\omega = 1$ je Sekunde gestrahlt wird. Da also L_{e1} ein auf die Flächeneinheit bezogener Energiestrom ist, ist die Bezeichnung als Strahlungs- „dichte" gerechtfertigt.

Führt man schließlich in (64) den schon oben benutzten Wert für den Raumwinkel $\omega = \dfrac{s_2 \cos \vartheta_2}{r^2}$ ein, so kann man schließlich schreiben:

$$(65) \qquad \Phi_{e1} = \frac{L_{e1} s_1 s_2 \cos \vartheta_1 \cos \vartheta_2}{r^2}.$$

Φ_{e1} ist danach die Strahlungsleistung, die die Fläche s_1 in Richtung ϑ_1 einer Fläche s_2 unter dem Winkel ϑ_2 zusendet (Abb. 168). Aus (65) folgt für die Bestrahlungsstärke E_{e2} auf der Fläche s_2:

$$(66) \qquad E_{e2} = \frac{\Phi_{e1}}{s_2} = \frac{L_{e1} s_1 \cos \vartheta_1 \cos \vartheta_2}{r^2}.$$

Gl. (65), die unter Voraussetzung des Lambertschen Cosinusgesetzes gilt, ist in den geometrischen Bestimmungsstücken symmetrisch. Man kann also auch s_2 als **strahlende** Fläche und s_1 als **empfangende** betrachten. Natürlich ist die Strahlungsdichte für s_2 i. a. eine andere (nämlich L_{e2}) als für s_1. Dann erhält man statt (65):

$$(65\mathrm{a}) \qquad \Phi_{e2} = \frac{L_{e2} s_1 s_2 \cos \vartheta_1 \cos \vartheta_2}{r^2},$$

wobei nun Φ_{e2} die Strahlungsleistung von s_2 unter dem Winkel ϑ_2 gegen die Normale n_2 bedeutet, die von s_1 im Abstande r unter dem Winkel ϑ_1 gegen die Normale n_1 empfangen wird. Ebenso findet man jetzt für die Bestrahlungsstärke auf der Fläche s_1:

$$(66\mathrm{a}) \qquad E_{e1} = \frac{\Phi_{e2}}{s_1} = \frac{L_{e2} s_2 \cos \vartheta_1 \cos \vartheta_2}{r^2}.$$

Sind schließlich die Strahlungsdichten beider Flächen gleich ($L_{e1} = L_{e2}$), so wird natürlich $\Phi_{e1} = \Phi_{e2}$, $s_1 E_{e1} = s_2 E_{e2}$.

Aus der obigen Darlegung geht hervor, daß der zentrale Begriff der Strahlungsmessung die Strahlungsleistung Φ_e ist; denn aus Φ_e leiten sich alle anderen Begriffe ab. Die Messung, z. B. einer monochromatischen sichtbaren oder unsichtbaren Strahlung kann daher grundsätzlich in folgender Weise vorgenommen werden: Man läßt die zu untersuchende Strahlung etwa auf eine Thermosäule von der wirksamen Fläche s_2 senkrecht ($\vartheta_2 = 0$) auffallen; die Strahlung erzeugt dort eine Bestrahlungsstärke $E_{e2} = \dfrac{\Phi_{e1}}{s_2}$, die z. B. durch den Ausschlag eines mit der Thermosäule verbundenen Galvanometers gemessen wird, der proportional E_{e2}, d. h. auch proportional Φ_{e1} ist. Wenn die Fläche s_2 bekannt und das Galvanometer geeicht ist, so kann man — was in der Ausführung ziemlich schwierig ist — Φ_{e1}, damit auch I_{e1}, in absoluten oder praktischen Einheiten messen. Bequemer ist es natürlich, Vergleichsmessungen auszuführen, etwa wenn man die Gesamtstrahlung einer Strahlungsquelle in Abhängigkeit von ihrer Temperatur feststellen will. Dann kommt es auf das Unbekanntsein eines Proportionalitätsfaktors nicht an; denn das Verhältnis der Galvanometerausschläge gibt dann direkt das Verhältnis der Strahlungsleistungen Φ_e bzw. der Strahlungsintensitäten I_e. Auf diese Weise verfährt man bei der Untersuchung der spektralen Energieverteilung einer Strahlungsquelle. Nachdem man die Strahlung durch ein geeignetes Spektrometer spektral zerlegt hat, führt man die Thermosäule durch das Spektrum hindurch und gewinnt in den Ausschlägen des Galvanometers — bis auf eine in manchen Fällen unwesentliche Konstante — die Verteilung der Energie im ganzen Spektrum, sowohl im unsichtbaren wie im sichtbaren Bereich.

In energetischer Hinsicht ist damit für Strahlung jeder Wellenlänge alles erledigt; für das sichtbare Gebiet reicht dies jedoch nicht aus, wenn das Auge als (subjektives) Empfangsinstrument benutzt wird, wobei die objektive Strahlungsleistung als „Helligkeit" empfunden wird. Es trifft zwar zu, daß für jede sichtbare monochromatische Strahlung (z. B. 500 mμ) die subjektive vom Auge wahrgenommene Helligkeitsempfindung proportional der energetisch gemessenen Strahlungsleistung Φ_e (bzw. der Strahlungsintensität I_e) ist[1], aber der Proportionalitätsfaktor zwischen Strahlungsleistung und Helligkeitsempfindung ist nicht konstant, sondern wellenlängenabhängig. Es können also sehr wohl zwei sichtbare Strahlungen verschiedener Wellenlängen gleiche Energie besitzen und trotzdem verschiedene Helligkeitsempfindungen im Auge hervorrufen und umgekehrt; jenseits der Grenzen des sichtbaren Gebietes ($\lambda < 400$ mμ und $\lambda > 800$ mμ) entspricht endlicher Strahlungsleistung ja überhaupt keine Helligkeitsempfindung mehr! Das Auge hat eben andere Eigenschaften als die gewöhnlichen Energiemeßinstrumente (Thermosäule, Bolometer, Radiometer usw.). Da aber die Lichtstrahlung doch wesensgleich mit der unsichtbaren elektromagnetischen Strahlung ist — nur das Empfangsinstrument ist ein anders geartetes, nämlich das Auge — wird man die gleichen Begriffe, die wir eben dargelegt haben, auch für die subjektive Photometrie des Lichtes benutzen müssen.

Demgemäß stellt man dem Energiestrom (Strahlungsleistung) Φ_e den Lichtstrom Φ zur Seite, den man analog zur Gl. (58) für eine punktförmige Lichtquelle proportional dem Raumwinkel ω setzt:

(67) $$\Phi = I\omega\,.$$

Der Proportionalitätsfaktor I heißt hier sinngemäß die Lichtstärke (oder Lichtintensität) der betreffenden Lichtquelle und ist von deren Eigenschaften abhängig:

(68) $$I = \frac{\Phi}{\omega}\,;$$

der gesamte Lichtstrom, der von der Lichtquelle in den Raum hinausgesandt wird, ist demgemäß ($\omega = 4\pi$):

(68a) $$\Phi_0 = 4\pi I\,.$$

Steht der punktförmigen Lichtquelle eine kleine Fläche s_2 im Abstande r gegenüber, deren Normale mit r, d. h. der Strahlrichtung, den Winkel ϑ_2 bildet, so ist, wie bisher, $\omega = \frac{s_2 \cos \vartheta_2}{r^2}$, und damit nimmt (67) die Gestalt an — analog (60) —:

(69) $$\Phi = \frac{I s_2 \cos \vartheta_2}{r^2}\,;$$

das ist der Lichtstrom, den die Fläche s_2 empfängt. Genau wie oben — Gl. (61) — definieren wir die Beleuchtungsstärke oder die Beleuchtung E_2 auf s_2 als den empfangenen Lichtstrom pro Flächeneinheit, also:

(70) $$E_2 = \frac{\Phi}{s_2} = \frac{I \cos \vartheta_2}{r^2}\,.$$

Ist die Lichtquelle nicht punktförmig — was strenggenommen nie der Fall ist —, sondern flächenhaft, so hängt die Lichtstärke I derselben von dem Winkel ϑ_1 ab, den die Ausstrahlungsrichtung mit der Normalen der Fläche s_1 bildet; außerdem ist $I(\vartheta_1)$ der Größe der Fläche proportional. Auch hier gilt annähernd in manchen Fällen das Lambertsche Cosinusgesetz, so daß weiter folgt — analog Gl. (63) —:

(71) $$I(\vartheta_1) = L_1 s_1 \cos \vartheta_1 = I_{\langle} \cos \vartheta_1\,.$$

---

[1] Streng genommen ist dies eine Definition der Stärke der Helligkeitsempfindung, da das Auge nicht messen kann, und keine Erfahrungstatsache! Man kann auch anders definieren. Es entspricht der subjektiven Empfindung besser, wenn z. B. die Helligkeit dem Logarithmus der Strahlungsleistung proportional gesetzt wird (Weber-Fechnersches Gesetz).

Schließlich wird damit Gl. (67) für den von s_1 in Richtung ϑ_1 in den Raumwinkel ω gestrahlten Lichtstrom:

(72) $$\Phi = L_1 s_1 \cos \vartheta_1 \omega,$$

und wenn wir endlich für ω den Wert $\dfrac{s_2 \cos \vartheta_2}{r^2}$ einsetzen, folgt auch hier die in den geometrischen Bestimmungsstücken symmetrische Formel:

(73) $$\Phi = \frac{L_1 s_1 s_2 \cos \vartheta_1 \cos \vartheta_2}{r^2}.$$

Für die Beleuchtungsstärke E_2 auf s_2 folgt damit aus (70):

(74) $$E_2 = \frac{\Phi}{s_2} = \frac{L_1 s_1 \cos \vartheta_1 \cos \vartheta_2}{r^2}.$$

Die hier eingeführte Proportionalitätskonstante L_1 heißt sinngemäß **Leuchtdichte** oder **Flächenhelligkeit** der Lichtquelle, von deren Eigenschaften sie natürlich abhängt. Die Leuchtdichte kann nach (71) folgendermaßen definiert werden: Die Leuchtdichte einer Fläche s_1 in bestimmter Richtung ϑ_1 ist gleich dem Quotienten aus der Lichtstärke in dieser Richtung und der senkrechten Projektion der Fläche s_1 auf eine zu dieser Richtung senkrechte Fläche. Da die Lichtstärke in der betreffenden Richtung $I(\vartheta_1) = I_0 \cos \vartheta_1 = L_1 s_1 \cos \vartheta_1$ ist und die Projektion der Fläche den Wert $s_1 \cos \vartheta_1$ hat, ist der genannte Quotient gleich $\dfrac{I_0 \cos \vartheta_1}{s_1 \cos \vartheta_1} = \dfrac{I_0}{s_1} = L_1$, was zu beweisen war. **Die Leuchtdichte einer Fläche ist also in allen Richtungen gleich groß**, falls das Lambertsche Gesetz gilt. Das beste Beispiel dafür bietet die Strahlung diffus leuchtender Kugelflächen (Sonne, Mattglas-Glühbirne), die als gleichmäßig leuchtende Scheiben gesehen werden, sowohl subjektiv (abgesehen von physiologisch bedingten Störungen der Empfindung am Rand) als auch objektiv.

Wenn die Fläche s_1 groß und gekrümmt ist, hat man sie in Flächenelemente Δs_1 zu teilen und in (71) die Summe bzw. das Integral der Ausdrücke $L_1 \Delta s_1 \cos \vartheta_1$ zu bilden:

(71a) $$I = \Sigma L_1 \Delta s_1 \cos \vartheta_1 = \int L_1 ds_1 \cos \vartheta_1.$$

Setzt man diesen Wert in den Ausdruck (74) für die Beleuchtungsstärke E_2 ein, so erhält man:

(74a) $$E_2 = \int L_1 \cos \vartheta_1 ds_1 \frac{\cos \vartheta_2}{r^2} = L_1^* \frac{\cos \vartheta_2}{r^2}.$$

E_2 erhält somit die gleiche Gestalt, wie sie in (70) für einen punktförmigen Strahler gefunden wurde: an Stelle von I, der Lichtstärke der punktförmigen Quelle, tritt jetzt L^*, die sog. **Leuchtkraft** der strahlenden Fläche:

(74b) $$L^* = \int L ds \cos \vartheta.$$

Mit den in Gl. (67) — für eine punktförmige Lichtquelle — und in Gl. (72) — für eine strahlende Fläche — erhaltenen Ausdrücken für den Lichtstrom Φ haben wir nun auch die Möglichkeit, den Begriff der **Helligkeit** (genauer den der visuellen Helligkeit) H genau zu definieren. Wir wollen darunter den auf das einzelne Netzhautelement (Zapfen bei Normalbeleuchtung) auftreffenden Lichtstrom verstehen. Dabei ergeben sich verschiedene Verhältnisse, je nachdem der Strahler punktförmig oder flächenhaft ist.

Wir beschäftigen uns zunächst mit den **Flächenstrahlern** und haben an erster Stelle den ins Auge durch die Pupille (Radius ϱ_A) eindringenden Lichtstrom Φ_A zu

14. Photometrische Grundbegriffe, allgemeine Definationen

berechnen. Dann müssen wir nach den elementaren Abbildungsgesetzen die Größe des Bildes s_A bestimmen, das auf der Netzhaut von dem leuchtenden kleinen Flächenstück s_1 entworfen wird, und schließlich haben wir festzustellen, wieviel Zapfen auf die Fläche von s_A fallen. Nach Gl. (72) ist der in einen unendlich kleinen Raumwinkel $d\omega$ entsandte Lichtstrom der Fäche s_1 mit der Flächenhelle e_1 in der Richtung ϑ_1:

$$d\Phi = L_1 s_1 \cos\vartheta_1 \, d\omega \, .$$

In der Abb. 169 befindet sich im Abstande r von der Augenpupille die leuchtende Fläche s_1. Sie entsendet einen Lichtstrom innerhalb des Kegels mit dem Öffnungswinkel u durch die Pupille P ins Auge. Durch Integration der letzten Gleichung über $d\omega$ findet man für den ins Auge eintretenden Lichtstrom:

$$\Phi_A = L_1 s_1 \int \cos\vartheta_1 \, d\omega \, .$$

Dabei ist in Polarkoordinaten in bekannter Weise

$$d\omega = \sin\vartheta \, d\vartheta \, d\varphi$$

zu setzen. Daher folgt der Ausdruck für

(75) $$\Phi_A = L_1 s_1 \int_0^u \int_0^{2\pi} \cos\vartheta_1 \sin\vartheta_1 \, d\vartheta_1 \, d\varphi \, .$$

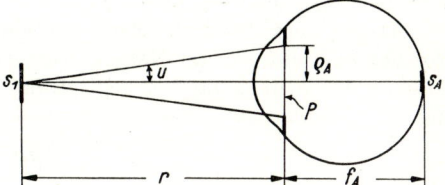

Abb. 169. Zur Berechnung des von einer strahlenden Fläche ins Auge eindringenden Lichtstromes

Die Integration über φ ist von 0 bis 2π, die über ϑ von 0 bis u zu erstrecken. Da es sich in diesem Falle um kleine Winkel ϑ_1 (und u) handelt, kann man $\cos\vartheta_1 \approx 1$, $\sin\vartheta_1 \approx \vartheta_1$, setzen und findet:

(75a) $$\Phi_A = L_1 s_1 \int_0^u \int_0^{2\pi} \vartheta_1 \, d\vartheta_1 \, d\varphi = \pi L_1 s_1 u^2 \, .$$

Wenn man die Voraussetzung kleiner Winkel ϑ_1 (und u) nicht mehr machen darf, hat man den allgemeinen Ausdruck (75) zu integrieren und findet

(75b) $$\Phi_A = L_1 s_1 \int_0^u \int_0^{2\pi} \cos\vartheta_1 \sin\vartheta_1 \, d\vartheta_1 \, d\varphi = \pi L_1 s_1 \sin^2 u \, .$$

Der in (75a) bestimmte Lichtstrom tritt durch die Pupille ein und sammelt sich auf dem Bilde s_A, dessen Größe nach den Linsengesetzen (Abb. 169) gegeben ist durch:

$$\frac{s_1}{s_A} = \frac{r^2}{f_A^2} \, ;$$

denn r ist hier die Gegenstandsweite, und die Bildweite ist in guter Näherung gleich der Augenbrennweite f_A. Es ist also

$$s_A = \frac{s_1 f_A^2}{r^2} \, .$$

Es mögen nun auf die Fläche s_A n Zapfen kommen, so daß $\frac{s_A}{n} = z_A$ die Zapfenfläche ist. Wir haben dann den obigen Ausdruck für Φ_A noch durch n zu dividieren. Das liefert also nach Definition die Helligkeit H:

$$H = \frac{\Phi_A}{n} = \frac{\pi L_1 s_1 u^2}{n} = \pi L_1 \left(\frac{s_1}{s_A}\right) z_A u^2 = \pi L_1 z_A \frac{r^2}{f_A^2} u^2 \, .$$

Schließlich erkennt man aus Abb. 169, daß $\frac{\varrho_A}{r} = \operatorname{tang} u \approx u$ ist. Einsetzen liefert dann endgültig:

(76) $$H = \pi L_1 z_A \frac{r^2}{f_A^2} \frac{\varrho_A^2}{r^2} = \left(\pi z_A \frac{\varrho_A^2}{f_A^2}\right) L_1.$$

Der Klammerausdruck hängt nur von den Eigenschaften des Auges ab und kann angenähert als konstant betrachtet werden. D. h.: eine leuchtende Fläche erzeugt im Auge eine Helligkeitsempfindung, die natürlich der Flächenhelligkeit proportional ist, aber **gänzlich unabhängig von der Größe der Fläche und ihrem Abstand vom Auge; dem Auge erscheint eine leuchtende Fläche in jeder Entfernung und in jeder Richtung gleich hell.**

Anders liegt der Fall, wenn wir einen punktförmigen Strahler haben. Von einem solchen entsteht auf der Netzhaut ein punktförmiges[1]) Bild, d. h. ein solches, das vollständig auf einem Zapfen liegt. Dann hat man von dem allgemeinen Ausdruck (67) für den Lichtstrom eines Punktstrahlers auszugehen:

$$d\Phi = \int I\, d\omega,$$

was unter Einführung des Wertes $d\omega = \vartheta_1 d\vartheta_1 d\varphi$ (wenn wir uns auf kleine Winkel ϑ_1 beschränken, was hier zulässig ist) für den ins Auge dringenden und auf einen Zapfen fallenden Lichtstrom liefert:

$$\Phi_A = I\pi u^2,$$

und da $u \approx \frac{\varrho_A}{r}$ ist:

(77) $$H = \Phi_A = \frac{I\pi \varrho_A^2}{r^2}.$$

Die **„Punkthelligkeit"** H ist also — wie zu erwarten — **proportional der Lichtstärke I des Strahlers und umgekehrt proportional dem Quadrate seines Abstandes vom Auge.**

Damit ist in jedem Falle klar, was wir unter visueller Helligkeit zu verstehen haben.

15. Normallichtquellen, Photometer

Wenn man die im Vorstehenden dargelegten Begriffe für die subjektive Photometrie so verwenden wollte, wie für die objektive Photometrie, so würde dies schon von vornherein daran scheitern, daß das Auge gar nicht imstande ist, quantitative Messungen, etwa des Lichtstromes Φ oder der Lichtstärke I, auszuführen. Vielmehr besitzt das Auge nur die Fähigkeit zu beurteilen, ob zwei aneinanderstoßende Flächen die gleiche Helligkeitsempfindung im Auge hervorrufen, vorausgesetzt, daß die zu vergleichenden Flächen von gleichfarbigen Lichtquellen beleuchtet werden. Auf dieser Eigenschaft des Auges und nur auf dieser beruht die subjektive Photometrie.

Man kann die obige Feststellung so ausdrücken: das Auge ist imstande zu erkennen, ob und wann 2 aneinanderstoßende „Felder", die einzeln von 2 gleichfarbigen Licht-

---

[1]) Dies ist nicht exakt richtig; denn wir werden später (Nr. 36) sehen, daß die stets vorhandene Beugung am Pupillenrand an Stelle eines Punktes ein „Beugungsscheibchen" erzeugt. Solange aber dieses Scheibchen nicht größer ist als der Querschnitt eines Zapfens, wird es als punktförmig empfunden. Dies ergibt sich aus der Erfahrung, daß zwei leuchtende Punkte, die einander so nahe sind, daß ihre Bilder beide auf einen Zapfen fallen, nicht mehr als zwei Punkte, sondern als ein einziger erscheinen. Hierin liegt eine Grenze für die geometrisch-optische Behandlung der Photometrie.

quellen beleuchtet werden, gleiche Beleuchtungsstärke besitzen. Das heißt aber, daß das Auge nur ein **relatives** Urteil abgeben kann. Nehmen wir etwa zwei punktförmige Strahler a und b und versehen alle darauf bezüglichen Größen mit den gleichen Indizes, so soll das Feld 1 nur von a die Beleuchtung $E_a = \dfrac{I_a \cos \vartheta_1}{r_a^2}$, das zweite Feld nur von b die Beleuchtung $E_b = \dfrac{I_b \cos \vartheta_2}{r_b^2}$ (r_a und r_b die Entfernungen der beiden Quellen von ihrem Feld) empfangen. Durch geeignete Anordnungen kann man bewirken, daß beide Beleuchtungen gleich werden: man kann z. B. die Strahlen von a und b unter gleichen Winkeln ($\vartheta_1 = \vartheta_2$) auf die beiden Flächen 1 und 2 auffallen lassen und den Abstand r_a solange ändern, bis

$$\frac{I_a}{r_a^2} = \frac{I_b}{r_b^2}.$$

Dann ist, wenn wir die Quelle b als unbekannt und als zu messend ansehen, I_b auf I_a zurückgeführt:

$$I_b = I_a \frac{r_b^2}{r_a^2},$$

d. h. die beiden Lichtstärken verhalten sich wie die Quadrate ihrer Abstände von den beleuchteten Flächen. (Bei flächenhaften Strahlern treten an die Stelle der Lichtstärken I die Leuchtkräfte L^*.) Wenn also I_a bekannt ist, so ist es auch I_b. Man sieht, daß dies darauf hinauskommt, eine **Normallichtquelle** mit als Einheit betrachteter Lichtstärke I oder Leuchtdichte (Flächenhelligkeit) L zu definieren, mit der alle anderen verglichen werden. Hat man I oder L^* in solchen Einheiten gemessen, so kann man weiter den zugehörigen

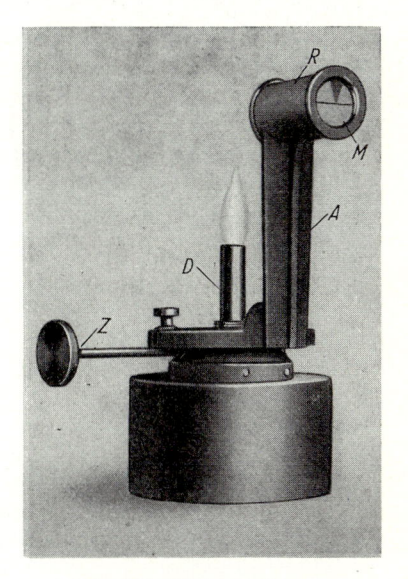

Abb. 170. Hefner-Lampe

Lichtstrom und schließlich die von ihm erzeugte Beleuchtungsstärke E bestimmen. Das ist in der Tat das Verfahren, das die Photometrie eingeschlagen hat.

Normallichtquellen. Die Herstellung einer Normallichtquelle hat sehr viele Schwierigkeiten gemacht, und in verschiedenen Ländern sind bis in die jüngste Zeit verschiedene Konstruktionen vorgeschlagen worden und in Gebrauch gewesen.

In Deutschland war es seit 1881 eine von v. Hefner-Alteneck angegebene, recht gut (bis auf 1%) reproduzierbare Flamme, die sog. Hefner-Lampe, die bis zum Jahre 1941 benutzt wurde. (Abb. 170). Die Hefner-Lampe ist eine mit Iso-Amylacetat ($C_7H_{14}O_2$) gespeiste Flamme; die Brennflüssigkeit ist in einem zylindrischen Behälter enthalten, mit einem aufgesetzten Dochtrohr D von 25 mm Länge, einem äußeren Durchmesser von 8,3 mm und einem inneren von 8 mm. Der Docht besteht aus lose umeinander gewickelten Baumwollfäden, die das Rohr locker, aber vollständig ausfüllen; durch einen Zahntrieb Z kann die Dochthöhe so einreguliert werden, daß die Flammenhöhe 40 mm beträgt. Dies wird durch die in Abb. 170 ersichtliche Vorrichtung A kontrolliert, die aus einem horizontalen zylindrischen Rohr R mit einer Sammellinse an dem einen und einer Mattscheibe M mit horizontaler Marke an dem anderen Ende besteht; auf der Mattscheibe entsteht ein reelles umgekehrtes Bild der Flamme, und die Dochtlänge wird so reguliert, daß die Spitze der Flamme gerade die erwähnte Marke berührt (Abb. 170). Die horizontale Lichtstärke dieser Flamme wurde als Einheit der Lichtstärke verwendet und als **Hefnerkerze (HK)** bezeichnet. (Genau genommen muß noch hinzugefügt werden, daß diese Festsetzung nur gilt bei einem Luftdruck von 760 Torr, einem Feuchtigkeitsgehalt von 8,8 Liter/m³ und einem CO_2-Gehalt von 0,75 Liter/m³, doch ist die Abhängigkeit von diesen Faktoren nur bei den genauesten Messungen zu berücksichtigen.) Trotz der anscheinenden Primitivität hat sich die Hefnerlampe als erstaunlich leistungsfähig erwiesen. — Für die Praxis benutzt man übrigens i. a. nicht die Hefnerlampe selbst, sondern mit ihr geeichte Glühlampen als „Zwischennormalen", die bequemer zu handhaben sind.

Die Hefnerlampe hat nur einen Nachteil, den sie übrigens mit allen übrigen Normallampen der verschiedenen Länder teilt (Bec Carcel in Frankreich, International Candle oder Standardkerze in England und den Vereinigten Staaten), daß nämlich ihre Lichtstärken von den spezifischen Eigenschaften des verwendeten Materials abhängen. Man erstrebt aber eine „rationelle" Einheit, die ein möglichst geringes Maß von willkürlichen Festsetzungen enthalten sollte (man vergleiche die oben angegebenen zahlreichen Festsetzungen, die für die Hefnerlampe notwendig sind!). Insbesondere sollten die individuellen Materialeigenschaften möglichst ausgeschaltet sein. Eine Lichtquelle, die diese Forderung erfüllt, d. h. deren Lichtstärke (Flächenhelligkeit) vom Material gänzlich unabhängig ist und nur von der Temperatur abhängt, gibt es tatsächlich; man erkennt schon daraus, daß sie theoretisch von großer Bedeutung sein wird, obwohl sie für Beleuchtungszwecke nicht in Betracht kommt. Diese Licht-(und allgemein Strahlungs-)Quelle ist ein strahlender Hohlraum. Heizt man einen Hohlraum mit Wänden aus beliebigem Material und seine Wände auf eine bestimmte Temperatur, so stellt sich im Inneren eine bestimmte Strahlung ein, die nicht mehr von dem Material abhängt, aus dem die Hohlraumwände bestehen, sondern nur von der Temperatur (vgl. Nr. 58 u. 59). Bohrt man ein kleines Loch in die Oberfläche, so dringt diese ausgezeichnete Strahlung — die sog. **Hohlraumstrahlung** — in den Außenraum, so daß mit ihr experimentiert, z. B. ihre Intensität gemessen werden kann. Die Leuchtdichte (oder Flächenhelligkeit) dieser Strahlung hat man zur Festlegung einer neuen international angenommenen Einheit der Lichtstärke, der sogenannten **Candela** (cd), benutzt, und zwar auf folgende Weise: Wenn die Temperatur des Hohlraumes $2042,15^0 K$ beträgt — das ist die Temperatur erstarrenden Platins —, dann soll die Leuchtdichte 60 cd/cm² betragen. Anders ausgedrückt: Die Lichtstärke 1 cd ist gleich $1/60$ der Leuchtdichte der Hohlraumstrahlung bei der Erstarrungstemperatur des Platins.

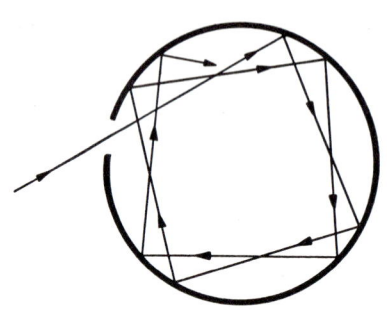

Abb. 171. Hohlraum mit Öffnung als absolut schwarzer Körper

Zwischen den Einheiten 1 HK und 1 cd besteht die Beziehung:

(78)
$$1 \text{ HK} = 0,91 \text{ cd},$$
$$1 \text{ cd} = 1,09 \text{ HK}.$$

Die Hohlraumstrahlung wird uns später bei Besprechung der Strahlungsgesetze noch eingehend beschäftigen, sie wird auch als „schwarze Strahlung" oder als „Strahlung des absolut schwarzen Körpers" bezeichnet. Diese im ersten Moment überraschende Bezeichnung hat folgenden Grund: Es sei in Abb. 171 im Querschnitt ein Hohlraum — der Einfachheit halber kugelförmig — mit einer kleinen Öffnung gezeichnet, und wir wollen von außen eine Strahlung beliebiger Wellenlänge, z. B. eine Lichtstrahlung, möglichst exzentrisch durch die Öffnung hineinschicken. Diese Strahlung wird dann an den Wänden mehrfach reflektiert und könnte erst dann durch das Loch wieder in den Außenraum gelangen, wenn sie nach einer Zahl von Reflexionen gerade wieder in die geeignete Richtung gelangte. Da aber bei jeder Reflexion die Intensität der Strahlung geschwächt wird, kommt die eingeführte Strahlung überhaupt nicht mehr heraus, da sie inzwischen unmerklich schwach geworden ist. **Der mit einer Öffnung versehene Hohlraum verschluckt also von außen eingeführte Strahlung vollständig** — gleichgültig, ob sie dem unsichtbaren oder sichtbaren Bereich angehört. Der Hohlraum verhält sich also genau so wie Ruß gegenüber sichtbarem Licht, d. h. der Hohlraum ist schwarz für alle Wellenlängen. Es ist dabei gleichgültig, ob die Wände aus Kupfer, Eisen, Schamotte usw. hergestellt sind: welches Material auch verwendet wird, der Hohlraum ist immer „absolut schwarz", d. h. die Eigenschaft der Schwärze ist materialunabhängig. Heizt man den Hohlraum, so dringt aus der Öffnung eine Strahlung nach außen, die ebenso materialunabhängig ist, und das war es ja, was von einer Normallichtquelle verlangt wurde. Diese vorläufige Erklärung muß hier genügen, sie sollte nur das Verständnis dafür erleichtern, wie es kommt, daß diese Normallichtquelle wirklich materialunabhängig ist.

Abgeleitete Einheiten. Aus der 1948 festgelegten Einheit der Lichtstärke (1 candela) lassen sich nun nach den Formeln (67), (68), (70) und (71) die übrigen Einheiten für den Lichtstrom Φ, die Flächenhelligkeit oder Leuchtdichte L und die Beleuchtungsstärke E ableiten.

Da nach (67) $\Phi = I \omega$ ist, hat man als Einheit des Lichtstromes diejenige zu betrachten, die der Lichtstärke $I = 1$ cd und dem Raumwinkel $\omega = 1$ entspricht. Diese Einheit wird allgemein als 1 Lumen (lm) bezeichnet.

Die Leuchtdichte oder Flächenhelle L ist nach (71) gleich $\frac{1}{s_1} I_{\vartheta_1 = 0}$; die Einheit der Leuchtdichte haben wir also, wenn $I = 1$ cd und $s_1 = 1$ cm² ist. Diese Einheit wird ein Stilb[1]) genannt. Da ein Stilb (sb) um etwa fünf Zehnerpotenzen über der mittleren Leuchtdichte von Nichtselbstleuchtern liegt, hat man in Deutschland als Untereinheit das Apostilb (asb) eingeführt, für das die Beziehung 1 asb = $\frac{1}{10^4 \pi}$ sb = $0{,}318 \cdot 10^{-4}$ sb gilt.

Schließlich haben wir noch die Einheit der Beleuchtungsstärke nach (70) einzuführen: $E = \Phi/s_2$; sie entspricht dem Lichtstrom 1 Lumen, der 1 cm² trifft, also 1 Lumen/cm². Diese Einheit wird ein Phot genannt (Ph); außerdem ist eine um den Faktor 10^{-4} kleinere Einheit, das Lux (Lx) eingeführt, bei dem die Fläche s_2 in Quadratmetern (statt in cm²) gemessen wird.

Einige Zahlenangaben sollen die obigen Definitionen ergänzen und anschaulicher machen. Zunächst sind in der folgenden Tabelle für einige Lichtquellen die lichttechnischen Daten angeführt.

Tab. 4. Lichttechnische Daten

Lichtquelle	Gesamtlichtstrom Φ	Lichtstärke I	Leuchtdichte[2]) L
Vakuum-Kohlefadenlampe . .	139 Lumen	10,05 Candela	55,5 Stilb
Vakuum-Wolframlampe (40 W)	444	32,2	208
desgl. gasgefüllt (50 W)	555	40,2	470
Projektions-Glühlampe (250 W)	5000	700	1800
Reinkohlebogen (500 W) . . .	10000	2200[3])	18000
Quecksilber-Höchstdrucklampe (200 W)	9500	1100	25000
Xenon-Hochdrucklampe (500W)	13500	1500	30000
Sonne durch Atmosphäre . . .			166000
außerhalb Atmosphäre .			225000
Mond			0,278

Über die Beleuchtungsstärke E seien noch folgende Angaben gemacht: Die allgemeine Beleuchtung soll zwischen 50 und 100 Lux betragen, 150 Lux für Präzisionsarbeiten; 10 Lux sind zum Lesen ausreichend. Aus den oben angegebenen Zahlen für den Mond folgt, daß er auf der Erde eine Beleuchtung von etwa 0,2 Lux erzeugt. Diese

---

[1]) Vom Griechischen στιλβότης, Glanz.
[2]) Bei den Glühlampen bezieht sich die Leuchtdichte auf den einzelnen Draht.
[3]) Gemessen in Richtung senkrecht zum positiven Krater.

reicht also zum Lesen nicht aus, ebensowenig zum Erkennen von Farben, da die Zapfen wegen ihrer geringeren Empfindlichkeit nicht erregt werden und nur die Stäbchen funktionieren. Aus den Zahlen für die Flächenhelligkeit der Sonne würde im Winter eine Beleuchtung der Erdoberfläche in mittleren Breiten mit 40000 Lx, im Sommer mit 90000 Lx folgen; gemessen wurden erheblich kleinere Werte, nämlich 5500 Lx für den Winter, 70000 Lx für den Sommer, was auf die Schwächung in der Atmosphäre zurückzuführen sein dürfte.

Photometer. Bereits im Anfang dieser Nummer haben wir das Prinzip eines Photometers angedeutet, wie es tatsächlich von W. Ritchie (1826) angegeben wurde (Abb. 172). In der Mitte einer optischen Bank ist ein rechtwinkeliges Gipsprisma P angebracht, dessen beide Flächen von je einer Lichtquelle L_1 und L_2 beleuchtet werden, z. B. von einer Glühlampe und einer Hefnerflamme, die in den Abständen r_1 und r_2 von den beiden Prismenflächen angebracht sind. Jede Prismenfläche wird nur von einer der beiden Lichtquellen beleuchtet. Wenn die Abstände r_1 und r_2 nicht zu klein gewählt werden, kann man i. a. die Lichtquellen als punktförmig betrachten. Dann ist die Beleuchtungsstärke E auf der linken Fläche proportional I_1/r_1^2, die auf der rechten I_2/r_2^2, da

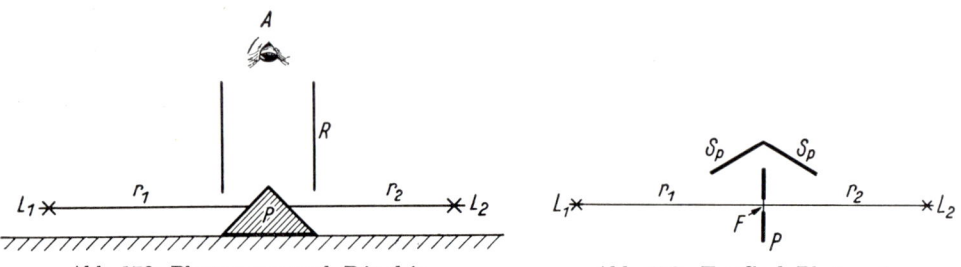

Abb. 172. Photometer nach Ritchie

Abb. 173. Fettfleck-Photometer nach Bunsen

die Strahlen der beiden Quellen unter gleichen Winkeln auffallen. Man verändert nun — am einfachsten durch Vergrößerung oder Verkleinerung von r_1 — die Beleuchtungsstärke E, solange, bis ein durch das (zur Vermeidung fremden Lichtes innen geschwärzte) Rohr R auf die beiden Prismenflächen blickendes Auge beide als gleich hell beurteilt. Das Kennzeichen dafür ist, daß die scharfe Prismenkante verschwindet, was eine sehr sorgfältige Herstellung des Prismas voraussetzt. In diesem Falle besteht die Gleichung:

$$\frac{I_1}{r_1^2} = \frac{I_2}{r_2^2}, \quad \text{d. h.} \quad I_1 = \frac{r_1^2}{r_2^2} I_2$$

oder, wenn L_2 eine Hefnerlampe ist:

$$I_1 = \frac{r_1^2}{r_2^2} \text{HK} .$$

Damit ist dann die Lichtstärke I_1 von L_1 in Hefnerkerzen bestimmt. (Es ändert sich nichts Wesentliches an diesem Verfahren, wenn man statt der Hefnerlampe als Zwischennormale eine geeichte Glühlampe verwendet, was man ohnehin tun muß, wenn man die Candela als Einheit benutzt.) Es gibt natürlich noch andere Möglichkeiten, die eine der beiden Beleuchtungsstärken zu vermindern, worauf wir weiter unten eingehen werden.

Ein sehr brauchbares Prinzip für ein Photometer — wenn auch dessen ursprüngliche Ausführung zu wünschen übrig ließ — hat R. Bunsen (1843) in seinem Fettfleck-Photometer ange-

15. Normallichtquellen, Photometer

geben. Bei diesem wird ein weißes Blatt Papier, auf dem in der Mitte ein Fettfleck angebracht ist, von links und rechts mit je einer Lichtquelle beleuchtet (L_1 und L_2), vgl. Abb. 173. Von dem Papier wollen wir (der Einfachheit halber) annehmen, daß es ein Remissionsvermögen $R = 1$ besitzt, d. h. alles auf dasselbe fallende Licht vollständig (und zwar diffus) remittiert. Ist dies der Fall, so läßt das Papier kein Licht hindurchtreten, was natürlich nur annähernd zutrifft. Der Fettfleck dagegen remittiert weniger Licht ($R < 1$) und läßt daher einen bestimmten Bruchteil D der auftreffenden Strahlung auf die andere Seite hindurchtreten. Infolge dieses Verhaltens von Papier und Fettfleck erscheint im durchfallenden Licht das Papier dunkel, der Fleck hell, während im auffallenden Licht das Papier hell, der Fleck dunkel aussieht. Das Papier P und die beiden Lichtquellen L_1 und L_2 sind in ähnlicher Weise wie vorher auf einer optischen Bank angebracht. Betrachten wir nun die Beleuchtungsstärke, in der z. B. die linke Seite von Papier und Fleck dem Auge erscheinen. Da das Papier alles von L_1 kommende Licht ohne Schwächung ($R = 1$) zurückwirft, ist seine Beleuchtungsstärke offenbar I_1/r_1^2. Anders dagegen beim Fleck: Da er nur den Bruchteil R remittiert, hätte er die Beleuchtungsstärke $\dfrac{I_1}{r_1^2} R$. Aber er läßt auch Licht von L_2 hindurch, was das Papier nicht tut. Von der durch L_2 erzeugten Beleuchtungsstärke I_2/r_2^2 läßt er den Bruchteil D hindurchtreten, also kommt zur Beleuchtung des Fleckes durch L_1, nämlich $\dfrac{I_1}{r_1^2} R$, noch der Betrag $\dfrac{I_2}{r_2^2} D$ hinzu, so daß der Fleck von links gesehen, die Beleuchtungsstärke $\dfrac{I_1}{r_1^2} R + \dfrac{I_2}{r_2^2} D$ hat. Wenn nun der Fleck den Bruchteil R reflektiert und den Bruchteil D durchläßt und nichts verschluckt oder absorbiert, so ist $R + D = 1$, d. h. $D = 1 - R$, so daß schließlich der Fleck von links die Beleuchtung $\dfrac{I_1}{r_1^2} R + \dfrac{I_2}{r_2^2} (1 - R)$ aufweist. Papier und Fleck stellen aber zwei aneinandergrenzende Felder dar, und durch Veränderung beispielsweise von r_1 kann man Papier und Fleck gleich hell machen, d. h. den Fleck zum Verschwinden bringen. Dafür lautet die Bedingung:

$$\frac{I_1}{r_1^2} = \frac{I_1}{r_1^2} R + \frac{I_2}{r_2^2} (1-R), \quad \text{d. h.} \quad \frac{I_1}{r_1^2} = \frac{I_2}{r_2^2}$$

oder:

$$I_1 = \frac{r_1^2}{r_2^2} I_2 ,$$

womit I_1 auf I_2 zurückgeführt ist. Beobachtet man die rechte Papierseite, so erhält man durch die gleiche Rechnung das gleiche Ergebnis: Bei dem von uns vorausgesetzten idealen Verhalten des Fettflecks muß der Fleck, von links und rechts gesehen, bei der gleichen Einstellung verschwinden.

Leider zeigt der Versuch, daß die Verhältnisse nicht so einfach liegen: es gelingt nicht, den Fleck gleichzeitig auf beiden Seiten zum Verschwinden zu bringen. Man kann jedoch erreichen, daß der Fleck sich gleich hell auf beiden Seiten vom Papier abhebt, also den gleichen Helligkeitsunterschied gegenüber dem Papier aufweist, und so wird denn auch beim Versuch eingestellt. Man betrachtet dazu beide Seiten des Papiers gleichzeitig mit Hilfe eines Doppelspiegels Sp.

Dieses Verhalten beruht darauf, daß der Fleck, entgegen der bisherigen Voraussetzung, einen bestimmten Bruchteil des auftreffenden Lichtes absorbiert, d. h. ein endliches Absorptionsvermögen A besitzt.

Demgemäß muß die obige Gleichung korrigiert werden. Es ist zwar noch zutreffend, daß der Fleck von links die Beleuchtung $\dfrac{I_1}{r_1^2} R$ (von der Lichtquelle L_1) und dazu die Beleuchtung $\dfrac{I_2}{r_2^2} D$ (von L_2), insgesamt also $\dfrac{I_1}{r_1^2} R + \dfrac{I_2}{r_2^2} D$ besitzt. Aber jetzt ist nicht mehr $1 = R + D$, was ja bedeuten würde, daß alles einfallende Licht nur reflektiert und durchgelassen aber nicht auch absorbiert würde. Vielmehr gilt jetzt: $1 = R + D + A$. Es ist also in der obigen Aufstellung $D = 1 - R - A$ zu setzen. Damit wird die Beleuchtung des Flecks von links $\dfrac{I_1}{r_1^2} + \dfrac{I_2}{r_2^2} (1 - R - A)$. Das Papier hat nach wie vor die Beleuchtung I_1/r_1^2. Für das Verschwinden des Flecks von links besteht also die Bedingung:

$$(1-R) \frac{I_1}{r_1^2} = (1-R-A) \frac{I_2}{r_2^2} ,$$

aus der zu erkennen ist, daß man nicht mehr auf Gleichheit von I_1/r_1^2 und I_2/r_2^2 schließen kann. Gleichzeitig folgt, wenn man die Beleuchtungsverhältnisse auf der rechten Seite ebenso behandelt, die folgende Bedingung für das Verschwinden des Flecks von rechts:

$$(1-R)\frac{I_2}{r_2^2} = (1-R-A)\frac{I_1}{r_1^2},$$

und diese kann nicht erfüllt sein, wenn die erste Gleichung gilt. Das heißt: der Fleck kann nicht gleichzeitig auf beiden Seiten verschwinden.

Glücklicherweise läßt sich durch eine optische Vorrichtung, die die Erfinder O. Lummer und E. Brodhun (1889) als „idealen Fettfleck" bezeichneten, der geschilderte Mangel des Bunsenschen Photometers vollständig beheben.

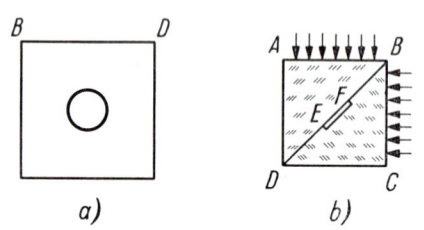

Abb. 174. Aufbau des Photometerwürfels nach Lummer-Brodhun

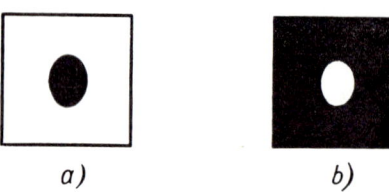

Abb. 175. Anblick der Hypothenusenfläche BD des in Abb. 174 gezeichneten Photometerwürfels bei Lichteinfall von AB (a) bzw. von BC (b)

Zwei rechtwinkelige gleichschenkelige Glasprismen ABD und BCD in Abbildung 174b werden mit ihren Hypothenusenflächen aneinandergelegt, so daß sie einen Würfel bilden. Der Kontakt kann so innig gemacht werden, daß an der Hypothenusenfläche keinerlei Reflexion auffallenden Lichtes stattfindet. Auf der Hypothenusenfläche des einen Prismas wird eine kreisförmige Vertiefung eingeschliffen, und dann erst werden die beiden Prismen zusammengeführt. Abb. 174a zeigt den Aufblick auf die Hypothenuse, Abb. 174b zeigt den zusammengesetzten Würfel, an dem man die erwähnte kreisförmige Aussparung erkennt. Die Fläche ist hier zur Geraden BD verkürzt, und EF bezeichnet die kreisförmige Aussparung. Nunmehr liegen folgende Verhältnisse vor: Wir lassen Licht entweder von oben oder von rechts einfallen und beobachten von unten etwa die Fläche $DEFB$. Nach dem vorhin Gesagten machen sich für parallel von oben einfallendes Licht die Trennungsflächen DE und FB gar nicht bemerkbar, das Licht dringt ohne Schwächung durch sie hindurch. Anders dagegen verhält sich die Stelle EF; denn an dieser Stelle wird von oben kommendes Licht totalreflektiert und zwar nach links, da der Grenzwinkel für die benutzte Glassorte kleiner als 45^0 ist. So bietet sich dem von unten blickenden Auge der Anblick von Abb. 175a dar: Der kreisförmige Ausschnitt erscheint dunkel in ellipsenförmiger Gestalt auf hellem Grund. Umgekehrt ist es mit dem von rechts kommenden Licht: dieses geht ohne Schwächung durch die Partien BF und ED hindurch und tritt links aus dem Würfel aus. An der Stelle EF tritt wiederum Totalreflexion auf, und der Anblick ist der von 175b: helle Ellipse auf dunklem Grunde. Lassen wir nun Licht gleichzeitig von oben und von rechts auffallen, so kann letzteres den dunklen Fleck soweit aufhellen, daß er verschwindet. Der Lummer-Brodhunsche Würfel ist also in der Tat ein idealer Fettfleck. (Ein von links blickendes Auge sieht dasselbe, nur sind die Abb. 175a und 175b zu vertauschen.)

Die photometrische Anordnung ist nun die folgende (Abb. 176): Auf einer optischen Bank sind die beiden zu vergleichenden Lampen L_1 und L_2, wie vorher, verschiebbar

15. Normallichtquellen, Photometer

angeordnet. Zwischen ihnen befindet sich in einem mit geeigneten Durchlaßöffnungen versehenen Kasten, dem sog. **Photometerkopf**, als wichtigster Teil der **Lummer-Brodhunsche Würfel** W. Der Kasten enthält außerdem eine Gipsplatte G, die direkt von links und rechts von je einer der beiden Lampen beleuchtet wird. Von ihr wird die Strahlung diffus auf die beiden Spiegel A und B geworfen, von denen sie von vorne und von rechts auf den Photometerwürfel fällt; durch ein schwach vergrößerndes Fernrohr F wird die Hypothenusenfläche betrachtet. Beim Gebrauch muß natürlich alles fremde Licht durch geeignete Blenden ausgeschaltet werden. In der Praxis läßt man die beiden Lampen feststehen und ändert durch Verschieben des Photometerkopfes das Verhältnis $r_1 : r_2$.

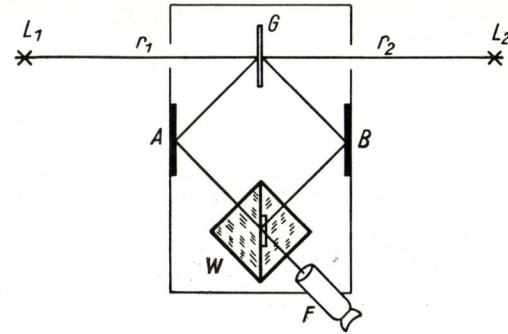

Abb. 176. Photometeranordnung mit Lummer-Brodhunschem Würfel

Im obigen haben wir nur eine der möglichen Ausführungsformen des Lummer-Brodhunschen Würfels beschrieben; bemerkt sei noch, daß man durch Anwendung des „Kontrastprinzips" die Genauigkeit der Einstellung auf $1/4\%$ steigern kann (vgl. Nr. 52).

Statt durch Veränderung der Abstände der Lampen vom Photometerkopf — bei jedem Photometer — Gleichheit der Beleuchtung herbeizuführen, kann man auch die intensivere Lampe dadurch schwächen, daß man (Abb. 177) einen **rotierenden Sektor** zwischen Lampe und Photometerkopf schaltet. Aus einer kreisförmigen Metallplatte (geschwärzt!) ist ein Sektor vom Winkel α ausgeschnitten. Läßt man diesen Sektor rasch rotieren, so daß das Auge trotz der Unterbrechungen einen kontinuierlichen Reiz empfängt, so wird die Strahlung im Verhältnis $\alpha : 360$ oder im Verhältnis t/T geschwächt (T die Umdrehungsdauer, t die Belichtungszeit). Dieses von W. H. F. Talbot (1834) aufgestellte Gesetz hat sich stets bewährt. α wird durch Drehen zweier halbkreisförmiger Scheiben gegeneinander verändert.

Abb. 177. Rotierender Sektor

Daß in den besprochenen Anordnungen das Auge als Indikator benutzt wird, ist unwesentlich; man könnte ebenso gut ein objektives Energieanzeigegerät einsetzen. Im Fall des rotierenden Sektors muß es träge genug sein, um die Intensitätsschwankungen nicht zu registrieren.

Ulbrichtsche Kugel. Um den gesamten Lichtstrom zu messen, der von einer Lichtquelle ausgeht, also das Integral $\Phi_0 = \int \frac{d\Phi}{d\omega} d\omega$, unabhängig davon, ob $\frac{d\Phi}{d\omega} = I$ eine Konstante ist oder von der Richtung abhängt, kann man die Ulbrichtsche Kugel benutzen, die hier als einfachstes Beispiel eines „integrierenden" Photometers besprochen sei. Die Lichtquelle L wird in das Innere einer Kugel gebracht, deren innere Wand aus vollkommen diffus reflektierendem, weißem Material bestehen soll (Abb. 178). Betrachten wir die Strahlung, die von einem Flächenelement s_1 der Kugel ausgeht und ein anderes Flächenelement s_2 auf der Kugelwand beleuchtet, so ist die Beleuchtungsstärke E_2 auf s_2 nach Gl. (74) gegeben durch

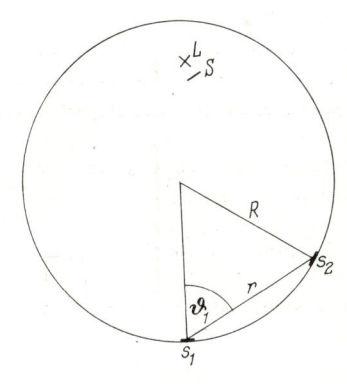

Abb. 178 Zur Ulbrichtschen Kugel

10 Bergmann-Schaefer, III

$$E_2 = \frac{L_1 s_1 \cos\vartheta_1 \cos\vartheta_2}{r^2},$$

falls kein direktes Licht von L auf s_2 fällt, was durch einen entsprechend angebrachten Schirm S erreicht werden kann. Da nach Ausweis der Abb. 178 $\cos\vartheta_1 = \cos\vartheta_2 = r/2\,R$, so wird
$$E_2 = L_1 s_1 / 4\,R^2,$$

also unabhängig von der gegenseitigen Lage von s_1 und s_2. Nun ist e_1 in unserem Fall, da s_1 ja nicht selbstleuchtend ist, proportional dem von L nach s_1 ausgesandten und an s_1 diffus reflektierten Lichtstrom. Was hier von einem ausgewählten s_1 gesagt ist, gilt in gleicher Weise für alle anderen Flächenelemente, die von L beleuchtet werden, so daß insgesamt auf s_2 eine Beleuchtung entsteht, die dem über den gesamten Raumwinkel integrierten Lichtstrom proportional ist, wenn man davon absehen darf, daß allerdings ein kleiner Bruchteil dieses Lichtstroms unberücksichtigt bleibt, nämlich der von S abgeblendete. Diesem Mangel kann dadurch abgeholfen werden, daß auch S aus ideal weißem Material gewählt wird, da dann der vorher ausgesparte Teil des Lichtstroms ebenfalls der Kugelwand durch diffuse Reflexion zugeführt wird. Die Messung von Φ_0 kann dann z. B. dadurch geschehen, daß bei s_2 ein Fenster aus Milchglas angebracht wird, dessen Leuchtdichte als Maß für Φ_0 gelten kann. Der Proportionalitätsfaktor zwischen dieser Leuchtdichte und Φ_0, der unter anderem vom diffusen Reflexionsvermögen der Wand abhängt, kann durch Eichung mit einer bekannten Lichtquelle bestimmt werden. Auf den Einfluß von Abweichungen vom hier vorausgesetzten idealen Prinzip der integrierenden Kugel und auf technische Einzelheiten brauchen wir nicht einzugehen.

Der Einfachheit halber haben wir so getan, als ob s_1 nur von L Licht empfängt. In Wirklichkeit strahlen alle von L beleuchteten Teile ebenfalls auf s_1 und es findet außerdem nicht nur einmalige sondern vielmalige Reflexion und gegenseitige Zustrahlung statt. Die ganze Kugelwand leuchtet deshalb mit überall gleicher Leuchtdichte. (Man vergleiche eine ähnliche Betrachtung beim „schwarzen Körper", Nr. 59.) Alles dies ändert natürlich nichts an der Proportionalität von E_2 mit Φ_0.

Heterochromatische Photometrie. Wenn die zu vergleichenden Lichter nicht gleiche Färbung haben, vermindert sich die Genauigkeit der bisher beschriebenen Photometer erheblich, da man natürlich nicht mehr auf Ununterscheidbarkeit der aneinander grenzenden Felder einstellen kann, wenn diese verschieden gefärbt sind. Immerhin kann man durch Intensitätsänderung der einen Lichtquelle erreichen, daß die Felder zwar nicht gleich, aber doch „möglichst ähnlich" werden. Diese **Einstellung auf „größte Ähnlichkeit"** ist namentlich dann möglich, wenn die zu vergleichenden Felder farblich nicht zu stark differieren. Daraus folgt aber nun eine Möglichkeit, auch farblich stark differierende Felder gegeneinander zu photometrieren. Es seien z. B. ein rotes und ein grünes Pigment (gefärbtes Papier) in bezug auf ihre Intensität zu vergleichen. Dies ist möglich, wenn man sie nicht direkt gegeneinander photometriert, sondern zwischen sie andere Farbtäfelchen einschaltet, die in ihrer Färbung zwischen ihnen liegen. So vergleicht man etwa das rote Pigment (1) mit einem orangefarbenen (2), dieses mit einem gelben (3), dieses mit einem gelbgrünen (4) und dieses endlich mit dem grünen Farbtäfelchen (x). Nennt man die Helligkeit der Täfelchen der Reihe nach H_1, H_2,

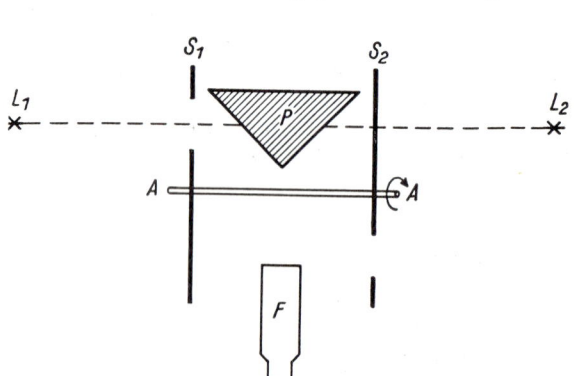

Abb. 179. Prinzip des Flimmerphotometers

$H_3, \ldots H_x$, so liefert der Vergleich von (1) mit (2) das Verhältnis H_1/H_2, von (2) mit (3) $H_2/H_3 \ldots \ldots$ des vierten mit dem letzten H_4/H_x. Das Produkt aller dieser Helligkeitsverhältnisse liefert dann schließlich

$$\frac{H_1}{H_2} \cdot \frac{H_2}{H_3} \cdot \frac{H_3}{H_4} \cdot \frac{H_4}{H_x} = \frac{H_1}{H_x},$$

d. h. das gesuchte Helligkeitsverhältnis des roten und des grünen Pigmentes. Diese Methode der kleinsten Stufen oder Kaskadenmethode ist, wenn auch etwas mühsam, doch durchaus brauchbar.

Bei der Ausführung zeigt sich, daß man praktisch nicht zu viele Zwischenstufen einschalten soll, da die Meßfehler sich natürlich im Endresultat summieren, während allerdings die einzelne Zwischenmessung um so genauer ausfällt, je weniger die Farbtöne differieren. Zwischen diesen beiden Extremen (sehr viele und wenige Zwischenstufen) muß ein Kompromiß geschlossen werden, das sich durch Probieren ergibt.

Ein anderes Prinzip hat N. Rood (1899) eingeführt. Er bietet dem Auge die verschieden gefärbten Lichter nicht gleichzeitig, sondern in regelmäßigen Zeitabschnitten abwechselnd dar, so daß also jedes der beiden Lichter (z. B. rot und grün) unterbrochen das Auge nacheinander trifft. Dann tritt i. a. ein Flackern oder Flimmern der vom Auge wahrgenommenen Empfindung ein. Wenn man aber das Helligkeitsverhältnis der beiden Lichter geeignet wählt, so verschwindet das Flimmern entweder ganz oder geht durch ein Minimum durch. Man nimmt an, daß dieses Verschwinden des Flimmerns bei Helligkeitsgleichheit der beiden (z. B. roten und grünen) Farben eintritt. Man kann dies prüfen, indem man die durch die Flimmermethode verglichenen Helligkeiten auch noch auf eine andere Weise, z. B. nach der oben besprochenen Kaskadenmethode, bestimmt. Die Erfahrung hat gezeigt, daß beide innerhalb der Fehlergrenzen gleiche Ergebnisse liefern, vorausgesetzt, daß gewisse Versuchsbedingungen, wie z. B. sehr kleines Gesichtsfeld, eingehalten werden; damit ist also die Flimmermethode legitimiert.

An und für sich wären Einstellung auf größte Ähnlichkeit und solche auf Verschwinden des Flimmerns zwei unabhängige Definitionen dessen, was man unter gleicher Helligkeit verschiedener Farben verstehen will. Die Übereinstimmung der mit diesen und anderen Methoden erhaltenen Ergebnisse zeigt also auch, daß die logisch unabhängigen Definitionen „vernünftig" gewählt sind.

Eine der einfachsten Formen eines Flimmerphotometers ist in Abb. 179 skizziert. Die beiden verschiedenfarbigen Lichter L_1 und L_2 beleuchten die beiden Seiten eines Ritchie-Prismas P über zwei auf der Achse AA befestigte Sektorscheiben S_1 und S_2 mit identischen Ausschnitten, die bei Rotation um die gemeinsame Achse abwechselnd die Strahlung von L_1 oder L_2 freigeben. Bei nicht zu schnellem Wechsel der Felder — etwa 10 in der Sekunde — kann man das durch F beobachtete Flackern z. B. durch Verschieben der Lichtquelle L_1 praktisch zum Verschwinden bringen. Dann hat man die Leuchtstärke der einen Lichtquelle mit der der anderen verglichen.

Auf die zahlreichen modernen Konstruktionen von Flimmerphotometern kann hier nur hingewiesen werden. Weiteres über Messungen an Farben siehe Nr. 55.

16. Helligkeitsempfindlichkeit (Farbenempfindlichkeit) des Auges; mechanisches Lichtäquivalent

Bereits in Nr. 14 hatten wir betont, daß zwar für eine monochromatische Lichtstrahlung die energetisch gemessene Strahlungsleistung Φ_e proportional dem subjektiv empfundenen Lichtstrom Φ ist ($\Phi = g\Phi_e$), daß aber der Proportionalitätsfaktor g für die verschiedenen Wellenlängen, die den Farben des Spektrums (Rot bis

Violett) zugeordnet sind, **nicht konstant, sondern selbst eine Funktion der Wellenlänge ist**. Wir müssen daher korrekt schreiben:

(79) $$\Phi_\lambda = g_\lambda \Phi_{e\lambda}, \quad \text{oder} \quad g_\lambda = \frac{\Phi_\lambda}{\Phi_{e\lambda}}.$$

Da Φ in Lumen, Φ_e in Watt bzw. erg/s gemessen wird, hat g_λ die Dimension lm/Watt. Um also g_λ als Funktion von λ, die sog. **Helligkeitsempfindlichkeitskurve**, zu bestimmen, muß man für alle Wellenlängen λ des sichtbaren Gebietes Φ_λ subjektiv in Lumen, $\Phi_{e\lambda}$ energetisch in Watt (z. B. durch den Ausschlag eines geeichten Energiemeßinstrumentes) messen; wie dies zu geschehen hat, haben wir in Nr. 14 kurz dargelegt. Die Bestimmung der verschiedenen Lichtströme Φ_λ eines Spektrums kann nach einer der Methoden der heterochromatischen Photometrie geschehen, z. B. mit dem Flimmerphotometer.

Bevor wir die Ausführung einer solchen Bestimmung schildern, müssen wir an einige Eigentümlichkeiten des Auges erinnern. Den farbentüchtigen Apparat des Auges bilden die **Zapfen**, die hauptsächlich in der Netzhautgrube (fovea centralis) massiert sind; in den peripheren Teilen der Netzhaut sind sie mit den **Stäbchen** untermischt, die nur eine Hell-Dunkel-Empfindung vermitteln. Die Stäbchenzahl überwiegt um so mehr die Zapfenzahl, je weiter man an die Peripherie der Netzhaut geht, wo schließlich nur noch Stäbchen vorhanden sind. Farbmessungen dürfen daher nur so gemacht werden, daß das Bild der farbigen Lichtquellen auf die fovea centralis fällt. Da die Zapfen außerdem eine geringere Empfindlichkeit haben als die Stäbchen, ist auch eine gewisse Minimalbeleuchtung einzuhalten, die größer als 3 Lux sein muß und besser etwa 30 Lux betragen soll. Sinkt die Beleuchtungsstärke unter 3 Lux, so wird das Auge „dunkeladaptiert", und es tritt dann „Stäbchensehen" ein, das rein in den peripheren Teilen der Netzhaut lokalisiert ist. Bei der Dunkeladaption des Auges tritt eine kolossale Empfindlichkeitssteigerung auf, die jeder kennt, der einmal aus dem Tageslicht in einen dunklen Raum (Keller) gegangen ist. Nach wenigen Minuten nimmt man Gegenstände wahr, die für das helladaptierte Auge nicht sichtbar waren. Man hat demnach die Farbenempfindlichkeit bei normaler Tagesbeleuchtung und bei Dämmerungsbeleuchtung (Tagessehen und Dämmerungssehen) zu unterscheiden.

Im folgenden beschreiben wir eine Anordnung, mit der es grundsätzlich möglich wäre, die Koeffizienten g_λ zu bestimmen. Tatsächlich hat man besondere Apparate (sog. Spektralflimmerphotometer), dafür konstruiert, auf die wir an dieser Stelle nicht eingehen können. Hier kommt es uns nur darauf an, eine einfache Apparatur anzugeben, mit der eine solche Bestimmung durchführbar wäre.

Wir lassen paralleles weißes Licht, das aus dem Kollimatorrohr eines Spektrometers kommen mag (vgl. Abb. 57), auf ein Prisma fallen, durch das die Strahlen gebrochen und in ein Spektrum von Rot bis Violett zerlegt werden. Dieses Spektrum fangen wir auf einem undurchsichtigen Schirm SS (Abb. 180) auf. In dem Schirm befindet sich ein schmaler vertikaler Schlitz AA. Indem man den Schirm in seiner Ebene von links nach rechts verschiebt, kann man erreichen, daß jede beliebige Farbe (genauer: jeder beliebige Wellenlängenbereich) durch den Schlitz hindurchtritt, so daß hinter dem Schirm nur diese monochromatische Wellenlänge vorhanden ist; in der Abbildung ist der Schlitz gerade so eingestellt, daß grünes Licht, etwa von der Wellenlänge $\lambda = 500\ m\mu$ hindurchtreten kann.

Das Wort „monochromatisch" ist cum grano salis zu verstehen: Exakte Monochromasie wäre nur bei unendlich dünnem Spalt zu erreichen, also bei Aussonderung eines idealen Strahls. Wie schon früher bemerkt, hat ein solcher keine endliche Energie. Ein meßbarer monochromatischer Strahl umfaßt also immer ein endliches, wenn auch kleines, Wellenlängenintervall.

Indem wir diese Strahlung z. B. auf eine Thermosäule auffallen lassen, messen wir die Strahlungsleistung $\Phi_{e\lambda}$ durch den Ausschlag des mit ihr verbundenen Galvanometers.

16. Helligkeitsempfindlichkeit des Auges; mechanisches Lichtäquivalent

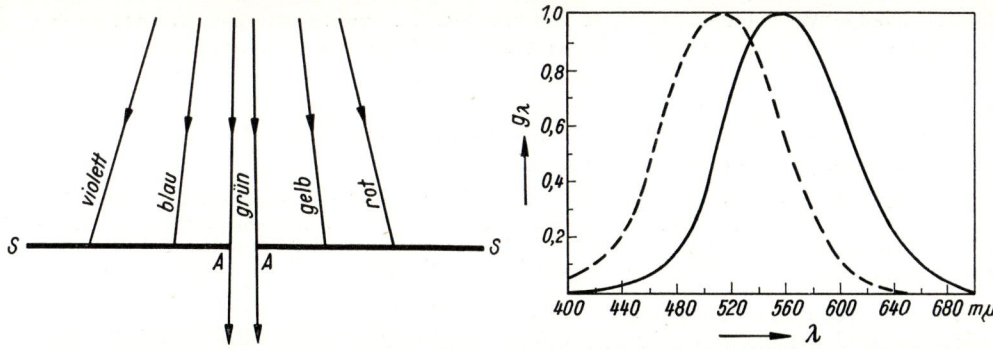

Abb. 180. Zur Messung der relativen Energieverteilung in einem Spektrum

Abb. 181. Empfindlichkeitskurve des Auges bei Helladaptation (ausgezogene Kurve) und bei Dunkeladaptation (gestrichelt). Der Maximalwert von g_λ ist hier auf 1 normiert; dann wird g_λ auch als V_λ bezeichnet (reduzierte oder relative Empfindlichkeit).

Verschiebt man den Schlitz systematisch durch das ganze Spektrum, so erhält man die relative Energieverteilung im vorliegenden Spektrum. Mißt man außerdem für eine Wellenlänge die Energie in absolutem Maße (Watt), so hat man durch die Kombination der Absolutmessung mit der relativen auch die absoluten Werte von $\Phi_{e\lambda}$ für alle Wellenlängen des vorgelegten Spektrums. (Natürlich ist diese Energieverteilung abhängig von der Natur der untersuchten Lichtquelle [z. B. Sonne]; für uns ist dies nebensächlich, da die individuellen Eigenschaften der Lichtquelle sich bei unserer Anordnung herausheben.) Damit ist der energetische Teil der Messung erledigt.

Nunmehr haben wir, um die Beleuchtung in Lumen zu messen, eine heterochromatische Photometrie durchzuführen, wozu wir das Flimmerphotometer der Abb. 179 benutzen können. Die eine Kathetenfläche des Ritchieprismas beleuchten wir mit dem Licht des durch den Schlitz AA hindurchgelassenen Wellenlängenbezirks, die andere etwa mit einer in veränderlichem Abstande aufgestellten Hefnerlampe. So gewinnen wir zu jedem Wert $\Phi_{e\lambda}$ die zugehörigen in Lumen gemessenen Φ_λ. Damit ist nach Gl. (79) die Farbenempfindlichkeitskurve g_λ gewonnen; die ausgezogene Kurve in Abb. 181 gibt die Messungen wieder. Sie stellt also die Farbenempfindlichkeit des Auges für ein energiegleiches Spektrum dar (da ja immer Φ_λ durch $\Phi_{e\lambda}$ dividiert ist). Es muß betont werden, daß diese Kurve streng genommen nur für das Auge gilt, das die Messungen von Φ_λ ausgeführt hat, und man erkennt an dieser Stelle deutlich das subjektive Element aller Helligkeitsmessungen. Immerhin kann man nach umfangreichen Messungen namentlich amerikanischer Forscher (H. E. Ives) ein „Normalauge" definieren, und die mitgeteilte Kurve ist in der Tat das aus sehr vielen individuellen Messungen gebildete, international anerkannte Mittel. Man sieht aus der Kurve deutlich, daß an den Grenzen des sichtbaren Spektrums (0,75 μ und 0,40 μ) g_λ sehr klein ist: Die Empfindlichkeit des Auges ist dort sehr gering. Die Kurve hat ein Maximum im Gelb-Grünen bei der Wellenlänge 0,555 μ; dort ist die Umsetzung elektromagnetischer Energie in Lichtempfindung am größten. Der Wert des Verhältnisses Φ_e/Φ an dieser Stelle, d. h. für die Wellenlänge des günstigsten Umsatzes der Strahlungsenergie in Lichtempfindung, also $\left(\dfrac{\Phi_e}{\Phi}\right)_{\lambda=0,555} = \left(\dfrac{1}{g}\right)_{\lambda=0,555}$, heißt das „mechanische Äquivalent des Lichtes" und wird allgemein mit M bezeichnet. Es hat nach den vorliegenden Messungen den Wert:

(80) $\qquad M = 0{,}00147$ Watt/Lumen bezogen auf die Neukerze (Candela),

bzw. (80a) $\qquad M = 0{,}00163$ Watt/Lumen bezogen auf die Hefnerkerze.

Sein reziproker Wert $1/M = K$ heißt entsprechend, „**photometrisches Äquivalent der Strahlung**"; K ist also der Maximalwert von g_λ. Dividiert man die Ordinaten der g_λ-Kurve durch K, so daß die maximale Ordinate den Wert 1 bekommt, so erhält man die „reduzierte" Empfindlichkeitskurve V_λ; einzelne gemessene Werte derselben sind in der folgenden Tabelle mitgeteilt (mit 100 multipliziert, damit die kleinen Ordinaten bequemer geschrieben werden können). Vgl. auch Nr. 64.

K ist kein Äquivalent in dem Sinn wie etwa das mechanische Wärmeäquivalent, obwohl es formal in gleicher Weise eingeführt ist. Bei letzterem entspricht jeder mechanisch geleisteten Energieeinheit ein und dasselbe Wärmequantum. Dagegen kann man mit 1 Watt räumlich ausgestrahlter Energie je nach der Verteilung der Energie über die Wellenlängen jede beliebige Lumenzahl bis zum Höchstwert von $1/0{,}00147 = 680$ Lumen erzeugen, die maximale Umsetzung eben dann, wenn nur die Wellenlänge $0{,}555\,\mu$ ausgestrahlt wird.

Nachdem die V_λ-Kurve und M bekannt sind, kann man nun auch durch **objektive** Photometrie verschiedenfarbige Lichter vergleichen, indem man z. B. $\Phi_{e\lambda}$ mit einer Thermosäule mißt, aber vor dieselbe in den Strahlengang ein Filter schaltet, dessen spektrale Durchlässigkeit gerade der V_λ-Kurve entspricht. Dieses Filter reduziert offenbar jedes $\Phi_{e\lambda}$ so, daß der gemessene Ausschlag Φ_λ angibt.

Tab. 5. Reduzierte Empfindlichkeit des Auges

λ in μ	$10^2 \cdot V_\lambda$
0,40	0,04
0,45	3,8
0,50	32,3
0,52	71,0
0,54	95,4
0,55	99,5
0,56	99,5
0,58	87,0
0,60	63,1
0,65	10,7
0,70	0,41
0,72	0,105
0,74	0,025
0,76	0,006

Die bisherigen Erörterungen bezogen sich auf Tagessehen, d. h. aei relativ großer Beleuchtung und fovealer Beobachtung. Sinkt dagegen die Beleuchtungsstärke unter 3 Lux, so treten bei indirektem Sehen die Stäbchen in Funktion, da keine Zapfen auf der Netzhautperipherie vorhanden sind. Dann erhält man statt der g_λ-Kurve der Abb. 181 (ausgezogene Kurve) eine andere (gestrichelte) Kurve, die dem Stäbchensehen entspricht. Diese Kurve hat ihr Maximum bei der Wellenlänge $0{,}520\,\mu$ (im Blaugrün), was bedeutet, daß die blauen Farbtöne jetzt empfindungsmäßig bevorzugt werden, während die roten Töne dunkler erscheinen. Das Auge erkennt dabei keine Farben mehr, sondern nur noch Hell und Dunkel: was bei Tagessehen als Blau empfunden wird, erscheint jetzt hell und Rot dunkel. Von der ersteren Tatsache kann man sich überzeugen, wenn man farbige Papiere im Vollmondlicht betrachtet: Die Leuchtdichten sind dann so gering, daß man keine Farben mehr erkennen kann. Auch die Bevorzugung der Helligkeitsempfindung von Blau gegenüber Rot kann man leicht beobachten, wenn man ein Feld mit rotem Klee und blauen Glockenblumen oder Zichorien einmal im Tageslicht, einmal in der Dämmerung betrachtet; im letzteren Fall sieht man den Klee nicht mehr, wohl aber die blauen Blüten. — In einer Gemäldegalerie hat schon Goethe bemerkt, daß in der Dämmerung die roten Farbtöne dunkler, die blauen heller erscheinen. Diese Phänomene sind zuerst von dem Physiologen J. E. Purkinje (1819), einem Zeitgenossen Goethes, wissenschaftlich beschrieben und untersucht worden; sie werden daher unter dem Namen Purkinje-Phänomen zusammengefaßt.

17. Helligkeitsverhältnisse bei den optischen Instrumenten

Zum Schlusse dieses Kapitels haben wir noch die photometrischen Verhältnisse bei den optischen Instrumenten ins Auge zu fassen, insbesondere die Frage zu beantworten, ob und wann ein optisches Instrument eine Vergrößerung der natürlich gesehenen Helligkeit bewirken kann. Dabei werden wir wie in Nr. 14 zwischen flächenhaften und punktförmigen Strahlern zu unterscheiden haben.

17. Helligkeitsverhältnisse bei den optischen Instrumenten

Flächenhafte Lichtquellen. Beim natürlichen Sehen ohne Instrument ist die Augenpupille, deren Radius wir mit ϱ_A bezeichnen wollen, stets gefüllt; die so wahrgenommene „natürliche" Helligkeit nennen wir H_0; die Bildweite im Auge sei mit f_A bezeichnet. Für eine flächenhafte Lichtquelle mit der Flächenhelle (Leuchtdichte) L_1 fanden wir in Gl. (76) auf S. 138 den folgenden Wert von H_0^*:

$$(81\,\text{a}) \qquad H_0 = \left(\pi z_A \frac{\varrho_A^2}{f_A^2}\right) L_1 = C_A L_1 \, .$$

Der Klammerausdruck ist eine Konstante des Auges, da alle Größen sich aufs Auge beziehen und wenigstens in Annäherung als konstant betrachtet werden können. Wird von diesem Objekt durch ein optisches Instrument ein Bild entworfen, dessen Flächen-

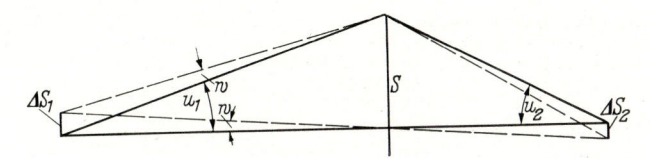

Abb. 182. Zur Bestimmung der Helligkeitsverhältnisse bei optischen Instrumenten

helligkeit L_2 sein möge, so erscheint es dem Auge, für das es ja gleichgültig ist, ob es das Objekt oder das Bild desselben sieht, in der Helligkeit

$$(81\,\text{b}) \qquad H = C_A L_2,$$

und so folgt für das gesuchte Verhältnis:

$$(81\,\text{c}) \qquad \frac{H}{H_0} = \frac{L_2}{L_1} \, .$$

Es kommt also darauf an, wie sich L_1 und L_2 zueinander verhalten. Um diese Frage zu beantworten, betrachten wir Abb. 182. Das optische Instrument ist darin schematisch angedeutet; es entwerfe von dem senkrecht zur Achse stehenden Flächenelement ΔS_1 ein Bild ΔS_2.

Das Element ΔS_1 strahlt in den Kegel mit dem halben Öffnungswinkel u_1 den Lichtstrom

$$\Phi = \pi L_1 \Delta S_1 \sin^2 u_1 \, ,$$

und wenn wir, um den günstigsten Fall zu haben, von allen Verlusten durch Reflexion und Absorption im optischen Instrument absehen, wird dieser Lichtstrom auch dem Bilde ΔS_2 zugeführt, wenn wir annehmen, daß ΔS_1 durch das Instrument aberrationsfrei auf ΔS_2 abgebildet wird, wenn also ΔS_2 dem Objekt ΔS_1 vollkommen ähnlich ist. Der Lichtstrom Φ fließt dem Flächenelement ΔS_2 innerhalb des Kegels mit dem halben Öffnungswinkel u_2 zu. Wenn wir die Flächenhelligkeit des Bildes mit L_2 bezeichnen, so ist auch:

$$\Phi = \pi L_2 \Delta S_2 \sin^2 u_2 \, ,$$

d. h. es gilt die Beziehung:

$$L_1 \Delta S_1 \sin^2 u_1 = L_2 \Delta S_2 \sin^2 u_2 \, ,$$

oder:

$$(82) \qquad L_1 = L_2 \frac{\Delta S_2 \sin^2 u_2}{\Delta S_1 \sin^2 u_1} \, .$$

Für aberrationsfreie Abbildung mittels weit geöffneter Büschel gilt aber der Helmholtz-Abbesche Sinussatz nach Gl. (51) auf S. 88, der in unserer jetzigen Ausdrucksweise lautet:

$$\frac{y_2 \sin u_2}{y_1 \sin u_1} = \frac{n_1}{n_2} \, .$$

n_1 und n_2 sind die der Allgemeinheit halber als verschieden angenommenen Brechungsquotienten im Objekt- und Bildraum, $y_2 : y_1$ ist der lineare Vergrößerungsmaßstab der Abbildung. Statt dessen können wir auch — wegen der vollkommenen Ähnlichkeit von ΔS_1 und ΔS_2 — setzen:

$$y_2/y_1 = \sqrt{\frac{\Delta S_2}{\Delta S_1}},$$

womit der Sinussatz liefert:

$$\frac{\sqrt{\Delta S_2}\,\sin u_2}{\sqrt{\Delta S_1}\,\sin u_1} = \frac{n_1}{n_2}.$$

Einführung in Gl. (82) liefert somit:

$$L_2 = L_1 \left(\frac{n_2}{n_1}\right)^2,$$

folglich nach (81c):

(83) $$\frac{H}{H_0} = \frac{L_2}{L_1} = \left(\frac{n_2}{n_1}\right)^2.$$

Falls also $n_2 > n_1$, d. h. der Brechungsquotient n_2 im Bildraum größer ist, als im Objektraum n_1, so tritt in der Tat durch Benutzung eines optischen Instruments eine Vergrößerung der Leuchtdichte ein. Dies ist der Fall beim normalen Immersionsmikroskop, bei dem die Lichtquelle aus Luft ($n_1 = 1$) durch den Kondensor in die Immersionsflüssigkeit ($n_2 > 1$) abgebildet wird. Die ins Mikroskop eintretende Lichtmenge ist daher proportional $n_2^2 \sin^2 u_2$, wenn u_2 der halbe Öffnungswinkel des Objektivs, $n_2 \sin u_2$ also seine numerische Apertur bedeutet. Da das optische Bild der Lichtquelle aber schließlich doch in Luft erzeugt wird, ist im Endergebnis die Flächenhelle wieder dieselbe geblieben — im günstigsten Falle. (Diese Betrachtung bezieht sich natürlich nicht auf das durchleuchtete Objekt, das ja nicht die Lichtquelle ist!)

Im allgemeinen kann man annehmen — und wir wollen dies von jetzt ab auch tun —, daß die Lichtquelle und ihr Bild beide in Luft ($n_1 = n_2 = 1$) liegen. Dann folgt aus (83), daß im günstigsten Falle

(83a) $$\frac{H}{H_0} = 1$$

ist. **Kein optisches Instrument kann dann die Helligkeit über die natürliche Helligkeit H_0 steigern.**

Die obige Betrachtung hat zur Voraussetzung, daß der Lichtstrom Φ, wie beim natürlichen Sehen, die Augenpupille vollständig ausfüllt. Da man das Auge i. a. an die Stelle der Austrittspupille bringt, heißt das, daß ihr Radius ϱ' größer oder mindestens gleich dem Radius ϱ_A der Augenpupille ($\varrho' \geqq \varrho_A$) sein muß. Nun wird als Normalvergrößerung v_n eines optischen Instrumentes nach Helmholtz diejenige bezeichnet, bei der $\varrho' = \varrho_A$ ist; ist die Vergrößerung $v < v_n$, so ist $\varrho' > \varrho_A$. Die Bedingung $\varrho' \geqq \varrho_A$ bedeutet also, daß das Instrument (z. B. ein Fernrohr) höchstens die Normalvergrößerung v_n besitzt. Wir können also unser Ergebnis auch so aussprechen:

Wenn die Vergrößerung eines optischen Instruments gleich oder kleiner als die Normalvergrößerung ist, ist die Helligkeit H des von ihm erzeugten Bildes höchstens gleich der natürlichen Helligkeit H_0.

Wir haben nun den Fall zu betrachten, daß umgekehrt $\varrho_A > \varrho'$ ist oder daß die Vergrößerung des Instrumentes die Normalvergrößerung überschreitet. Dann ist die Augen-

17. Helligkeitsverhältnisse bei den optischen Instrumenten

pupille, im Gegensatz zum eben behandelten Fall und zum Sehen ohne Instrument, nicht ausgefüllt, und so wird die Helligkeit im Verhältnis $\frac{\varrho_A^2}{\varrho'^2}$ verkleinert:

$$\frac{H}{H_0} = \left(\frac{\varrho'}{\varrho_A}\right)^2, \quad \text{d. h.} \quad H < H_0 \quad \text{für} \quad \varrho' < \varrho_A \quad (\text{oder für } v > v_n).$$

Ist die Normalvergrößerung v_n überschritten, so ist die mit Instrument beobachtete Helligkeit H stets kleiner als die natürliche Helligkeit H_0.

Führen wir den Radius ϱ der Eintrittspupille ein, so kann man schreiben:

(84) $$\frac{H}{H_0} = \left(\frac{\varrho'}{\varrho}\right)^2 \left(\frac{\varrho}{\varrho_A}\right)^2.$$

Darin ist nun $\frac{\varrho}{\varrho'}$ gleich der Vergrößerung v des Fernrohrs; also folgt:

(84a) $$\frac{H}{H_0} = \left(\frac{\varrho}{\varrho_A v}\right)^2.$$

Hätte das Fernrohr gerade die Vergrößerung v_n, so wäre $\varrho' = \varrho_A$, und es folgt dann aus (84) oder (84a) $H = H_0$. Dann kann man aus (84a) den Radius ϱ der Eintrittspupille, d. h. des Objektivs, bestimmen, der gerade ausreicht, um $H = H_0$ zu machen:

$$\varrho = \varrho_A v_n.$$

Hätte man z. B. eine Normalvergrößerung $v_n = 50$, so müßte das Objektiv den Radius $\varrho = 50\,\varrho_A$ cm besitzen, um volle Helligkeit zu liefern. Nimmt man den Radius der Augenpupille überschlagsweise zu 0,2 cm an, so gäbe das ein Objektiv von 10 cm Radius; das liefert dann die volle Helligkeit $H = H_0$. Würden wir aber die Vergrößerung über die Normalvergrößerung steigern, etwa $v = 2 v_n = 100$ wählen, so wäre $\varrho/\varrho' = 100$, also $\varrho' = 0,1$ cm, während der Augenpupillenradius 0,2 cm ist. Also würde die Helligkeit H nach (84) sein:

$$\frac{H}{H_0} = \left(\frac{\varrho'}{\varrho_A}\right)^2 = \left(\frac{0,1}{0,2}\right)^2 = \frac{1}{4}; \quad \text{d. h.} \quad H = \frac{1}{4} H_0 \quad \text{usw.}$$

Da die Normalvergrößerung $v_n = \frac{\varrho}{\varrho_A}$ ist, weil für sie $\varrho' = \varrho_A$ wird, kann man für $v_n < v$ die für das Fernrohr gültige Gleichung (84a) in die Form bringen:

(84b) $$\frac{H}{H_0} = \left(\frac{v_n}{v}\right)^2.$$

Daraus ersieht man unmittelbar die Richtigkeit des folgenden Satzes: **Je mehr die Normalvergrößerung des Fernrohrs überschritten wird, um so weniger hell wird das von ihm erzeugte Bild.**

Kein optisches Instrument kann also die Leuchtdichte (Flächenhelligkeit) L eines Objektes vergrößern. Dies gilt nicht nur für die Flächenhelligkeiten von Objekt und Bild sondern auch für andere, dazwischen liegende Flächen, z. B. die Linsenfläche S in Abb. 182. Dabei muß beachtet werden, daß diese Flächen keine Selbstleuchter sind, also nicht nach allen Richtungen ausstrahlen sondern nur in denjenigen Winkelbereich, der sich aus den Abbildungsgesetzen der geometrischen Optik ergibt, wobei wir wieder paraxiale Abbildung voraussetzen wollen. Von ΔS_1 geht der Lichtstrom $\Phi_1 = \pi L_1 \Delta S_1 \sin^2 u_1$ aus, der auf S auftrifft. Von der Fläche S wird dann der Lichtstrom $\Phi_s = \pi L_s S \sin^2 w$ ausgesandt. Nun ist auf Grund der Geometrie der Abbildung $\sin^2 w / \sin^2 u_1 \cong \tan^2 w / \tan^2 u_1 = \Delta S_1 / S$. Also ist $\Phi_s = \pi L_s \Delta S_1 \sin^2 u_1 = \frac{L_s}{L_1} \Phi_1$. Da aus energetischen Gründen

$\Phi_s = \Phi_1$ sein muß, so folgt $L_s = L_1$, d. h. die Linsenfläche (und auch jede andere vom Strahlenbündel durchsetzte Fläche) strahlt zwar mit gleicher Leuchtdichte, aber die Öffnungswinkel der von ihren Punkten bzw. Flächenelementen ausgehenden Strahlenbündel sind so geändert, daß die Gesamtlichtströme gleich bleiben. Statt der eigentlichen Leuchtfläche $\varDelta S_1$ kann man daher die Fläche S als „äquivalente Leuchtfläche" ansehen. Auch das Bild $\varDelta S_2$ ist äquivalente Leuchtfläche, wenn es etwa als Zwischenbild in einem weiter nach rechts verlaufenden geometrisch-optischen Strahlengang auftritt und nicht als bestrahlte, diffus reflektierende Fläche, für die die Beleuchtungsstärke dann die Rolle der Leuchtdichte spielt. Tatsächlich ist ein optisches Instrument imstande, die Beleuchtung, d. h. den empfangenen **Lichtstrom pro Flächeneinheit zu vergrößern.** Wenn wir uns an die Verhältnisse der Abb. 182 anschließen, so wird dort von einer Fläche $\varDelta S_1$, mit der Flächenhelle L (den Index können wir jetzt als überflüssig fortlassen) ein Lichtstrom in einen Kegel vom halben Öffnungswinkel u_1 gestrahlt und nach Passieren des Instruments in einem Kegel vom halben Öffnungswinkel u_2 auf $\varDelta S_2$, dem Bilde von $\varDelta S_1$, konzentriert. Da die Flächenhelle von $\varDelta S_1$ und $\varDelta S_2$ dieselbe ist, wie vorhin bewiesen, lautet mit dieser Vereinfachung die Gleichung für Φ:

$$\Phi = \pi L \varDelta S_1 \sin^2 u_1 = \pi L \varDelta S_2 \sin^2 u_2.$$

Man kann nun diese Formel sowohl von links nach rechts ($\varDelta S_1$ strahlendes, $\varDelta S_2$ empfangendes Flächenelement) als auch von rechts nach links ($\varDelta S_2$ strahlendes, $\varDelta S_1$ empfangendes Element) lesen. Im ersteren Falle erzeugt der Lichtstrom Φ auf $\varDelta S_2$ die Beleuchtung $E_2 = \dfrac{\Phi}{\varDelta S_2} = \pi L \sin^2 u_2$, im zweiten Falle auf $\varDelta S_1$ dagegen die Beleuchtung $E = \pi L \sin^2 u_1$. Die Beleuchtung kann also durch ein optisches Instrument vermehrt werden, dazu ist nur erforderlich, daß das Bild $\varDelta S_2$ von $\varDelta S_1$ verkleinert ist. Denn der gleiche Lichtstrom wird dann durch die Abbildung auf einer kleineren Fläche konzentriert. Man kann daher die Funktion der optischen Instrumente auch so ausdrücken: **Die optischen Instrumente vermögen die Beleuchtungsstärke E zu vergrößern, während die Flächenhelle L unverändert bleibt.**

Ein einfaches Beispiel mag dies noch näher erläutern: Durch eine Linse vom Radius R und einer Brennweite f wollen wir ein Sonnenbild entwerfen. Dann ist nach dem Vorhergehenden die Flächenhelle des Bildes genau die gleiche wie die der Sonne. Aber die Beleuchtung ist erheblich vergrößert, wie wir zeigen werden. Wenn das Sonnenbildchen den Radius ϱ, also die Fläche $\pi \varrho^2$ hat, so muß das Produkt aus Linsenfläche und der Beleuchtung E_1 derselben gleich dem Produkt aus Fläche des Sonnenbildes und dessen Beleuchtung E_2 sein. Denn beide Produkte stellen den Lichtstrom Φ dar, der auf die Linse auftrifft:

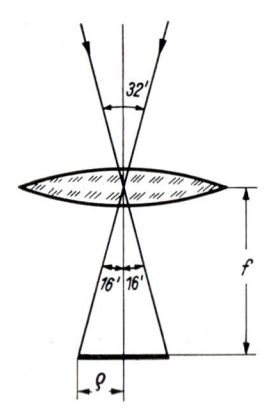

Abb. 183. Zur Berechnung der Beleuchtungsstärke in einem Sonnenbildchen

$$\Phi = E_1 \pi R^2 = E_2 \pi \varrho^2,$$

also:

$$\frac{E_2}{E_1} = \frac{R^2}{\varrho^2}.$$

Wir müssen also den Radius ϱ berechnen (Abb. 183). Vom Mittelpunkt der Linie erscheint die Sonne unter einem Winkel von 32′. Die durch die Mitte der Linse gehenden Randstrahlen von der Sonne sind auch die Randstrahlen des Bildes. Wegen der Kleinheit der Winkel kann man $\varrho/f = \mathrm{tg}\, 16′ = 16′$ setzen; man findet dann ohne weiteres für das Verhältnis ϱ/f den Wert 0,0047. Damit wird die letzte Gleichung für das Verhältnis der Beleuchtungen:

$$\frac{E_2}{E_1} = \frac{R^2}{f^2} \frac{10^8}{47^2} = 45270\, \frac{R^2}{f^2}.$$

17. Helligkeitsverhältnisse bei den optischen Instrumenten

Die Beleuchtungssteigerung im Sonnenbildchen ist also, wie zu erwarten, proportional dem Quadrate des Öffnungsverhältnisse der Linse; für $R = f$ würde die Steigerung rund das 45tausendfache betragen.

Punktförmige Lichtquellen. Besonderheiten zeigen punktförmige Lichtquellen. Aus Gl. (77) auf S. 138 folgt für die natürliche Helligkeit H_0 einer solchen der Ausdruck:

$$(77) \qquad H_0 = \Phi_0 = \frac{I \pi \varrho_A^2}{r^2}.$$

Denn H_0 ist bestimmt durch den Lichtstrom Φ_0, der durch die Pupillenöffnung des Auges $\pi \varrho_A^2$ hindurchtritt. Wird aber ein Fernrohr benutzt, dessen Eintrittspupille (Objektivöffnung) durch $\pi \varrho^2$ gegeben ist, so tritt der größere Lichtstrom

$$\Phi = \frac{I \pi \varrho^2}{r^2}$$

in das Instrument. Falls dieser vom Auge ganz aufgenommen wird, was der Fall ist, wenn $\varrho' \leqq \varrho_A$, so wird als Helligkeit mit Instrument eben dieser Lichtstrom beurteilt. Es gilt also:

$$(85) \qquad \frac{H}{H_0} = \left(\frac{\varrho}{\varrho_A}\right)^2 \quad \text{für} \quad \varrho' \leqq \varrho_A.$$

In diesem Falle ist die Vergrößerung des Fernrohres entweder größer als die Normalvergrößerung v_n oder ihr mindestens gleich. Man kann die Gl. (85) etwas anders schreiben:

$$(85\,\text{a}) \qquad \frac{H}{H_0} = \left(\frac{\varrho}{\varrho'}\right)^2 \left(\frac{\varrho'}{\varrho_A}\right)^2 = v^2 \left(\frac{\varrho'}{\varrho_A}\right)^2 = v^2 \varepsilon^2,$$

wo $\varepsilon = \dfrac{\varrho'}{\varrho_A} \leqq 1$ ist. Hier kann also eine erhebliche Vergrößerung der Punkthelligkeit durch Benutzung des Fernrohrs erzielt werden, und zwar wird die maximale Verstärkung erzielt, wenn $\varepsilon = 1$, d. h. v gleich v_n ist.

Hat aber das Fernrohr die Normalvergrößerung v_n noch nicht erreicht, d. h. ist $v < v_n$, so ist auch $\varrho' > \varrho_A$. **Dann wirkt die Augenpupille $\pi \varrho_A^2$ als Austrittspupille**, da sie jetzt den Strahlengang begrenzt. Das bedeutet, daß wir dann nicht mehr die bisherige Eintrittspupille haben. Denn stets ist ja die Eintrittspupille das durch das optische System von der Austrittspupille im Objektraum entworfene Bild. Die Eintrittspupille ist also jetzt verkleinert, und da immer für das Fernrohr gilt $v = \varrho/\varrho'$, d. h. $\varrho = \varrho' v$, so gilt als Radius der nun wirksamen Eintrittspupille $\varrho = \varrho_A v$. Mithin ist die Helligkeit H jetzt gleich $\dfrac{I \pi \varrho_A^2 v^2}{r^2}$, und für das Helligkeitsverhältnis folgt:

$$(86) \qquad \frac{H}{H_0} = v^2 \quad \text{für} \quad \varrho' > \varrho_A.$$

Das Fernrohr steigert also die Punkthelligkeit in diesem Falle auf das v^2 fache der natürlichen Helligkeit H_0.

Für $v = v_n$ gehen die Gleichungen (86) und (85) ineinander über, da in (85a) dann $\varepsilon = \dfrac{\varrho'}{\varrho_A} = 1$ geworden ist.

Es kann also die Helligkeit eines punktförmigen Objektes sehr erheblich gesteigert werden. Dies tritt z. B. ein, wenn das Objekt ein Fixstern ist. Während der flächenhafte Untergrund des Himmels höchstens mit der natürlichen Helligkeit H_0 gesehen wird, wird die Helligkeit H des Sterns sehr erheblich (bis zu $v^2 H_0$) gesteigert. Darauf beruht es, daß man mit dem Fernrohr Sterne bereits am Tage erkennen kann.

III. Kapitel

Dispersion und Absorption des Lichtes

18. Messung der Fortpflanzungsgeschwindigkeit des Lichtes

Bereits Galilei hat sich — vor aller Theorie — die Frage vorgelegt, ob das Licht eine endliche Fortpflanzungsgeschwindigkeit besitze; er hat auch einen Versuch zu ihrer Bestimmung unternommen. Er stellte zwei Beobachter A und B mit abblendbaren Laternen in größerer Entfernung auf. Wenn A seine Lampe abdeckte, sollte B dies ebenfalls tun, sobald er die Abblendung bei A beobachtete. Galilei erwartete, daß dann der Beobachter A bei endlicher Lichtgeschwindigkeit das Abblenden der Laterne B erst nach einer meßbaren Zeit wahrnehmen würde. Bei einen Abstand von etwa einer Meile ergab dieser Versuch kein Ergebnis. Man kann aus ihm nur schließen, daß die Lichtgeschwindigkeit sehr groß sein muß, falls sie überhaupt einen endlichen Wert

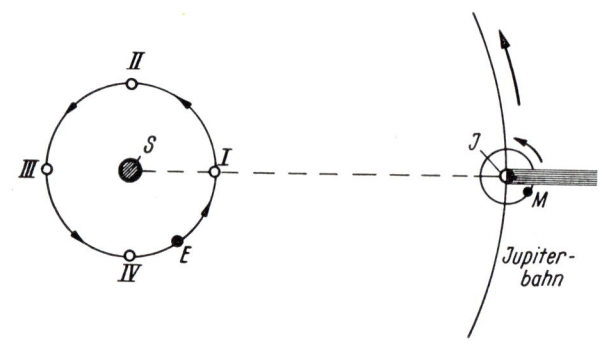

Abb. 184. Messung der Lichtgeschwindigkeit nach dem Verfahren von Römer durch Beobachtung der Verfinsterungen der Jupitermonde

hat. Man hat astronomische Entfernungen nötig, um einen derartigen Versuch mit Erfolg durchführen zu können, was die Folgezeit gelehrt hat.

1. Das Verfahren von Römer. Als erster hat 1676 der dänische Astronom Olaf Römer die Fortpflanzungsgeschwindigkeit des Lichtes aus der Beobachtung der Verfinsterungen der Jupitermonde bestimmt. In Abb. 184 stellt der Kreis um die Sonne S die Bahn der Erde E dar, während der Kreis um den Jupiter J die Bahn eines seiner Monde andeutet. Römer beobachtete die Zeitmomente, an denen einer der Monde des Jupiters in dessen Schatten verschwand. Die Zeit zwischen zwei aufeinander folgenden Verfinsterungen des dem Jupiter nächsten Mondes beträgt $42^h\,28^m\,36^s$, wenn bei der Beobachtung die Erde sich in Stellung I (Konjunktion) oder III (Opposition zum Jupiter) befindet. Wie aus Abb. 184 hervorgeht, ändert sich in I und III die Entfernung der Erde vom Jupiter während der Periode von etwa 42 Stunden nicht merklich, weil sie in I ein Minimum, in III ein Maximum ist. Bei fortlaufender Beobachtung, während der die Erde sich im Laufe eines halben Jahres von I nach III bewegt, d. h. sich vom Jupiter entfernt, fand nun Römer, daß die Verfinsterungen immer später eintraten, als nach dem Intervall $42^h\,28^m\,36^s$ zu erwarten war. Wenn die Erde in III angekommen ist, beträgt diese Verspätung im ganzen rund 1000 Sekunden. Während sich die Erde im nächsten Halbjahr wieder von III auf die Stellung I zu bewegt, d. h. dem Jupiter nähert, zeigt sich das umgekehrte Phänomen; die Verfinsterungen verfrühen sich, und zwar im ganzen, bis die Erde in I angekommen ist, wieder um 1000 Sekunden, so daß der Zeitverlust während des ersten Halbjahres durch den Zeitgewinn während des zweiten gerade kompensiert wird. Als Grund hierfür erkannte Römer, daß das vom Jupiter kommende Licht einen größeren Weg zurücklegen muß, wenn die Erde sich während der gerade beobachteten Verfinsterung vom Jupiter entfernt, während es einen kürzeren Weg durcheilt, wenn die Erde sich auf den Jupiter hinbewegt. Da sich die einzelnen scheinbaren Verlängerungen der Umlaufzeiten des Jupitermondes bei der Bewegung der Erde von I nach III und ebenso die Verkürzungen der Umlaufzeiten bei der Bewegung von III nach I summieren, muß die oben angegebene Verspätung bzw. Verfrühung von 1000 Sekunden gerade die Zeit sein, die das Licht zum Durchlaufen des Erdbahndurchmessers benötigt. Diese Strecke ist aber gleich 299 Millionen Kilometer, und so ergibt sich, daß das Licht in der Sekunde rund 299 000 Kilometer zurücklegt.

Römer selbst beobachtete eine Verspätung von 1450 Sekunden und nahm für den Erdbahndurchmesser $311 \cdot 10^6$ km an, woraus sich die Lichtgeschwindigkeit zu etwa 214 450 km/s ergibt,

2. Verfahren von Bradley. Etwa 50 Jahre später (1727) bestimmte der Astronom J. Bradley die Lichtgeschwindigkeit aus der sog. **Aberration des Lichtes.** Darunter ist folgende Erscheinung zu verstehen: In Abb. 185 sei F ein Fernrohr, in das längs seiner Achse von einer fernen Lichtquelle Q, z. B. einem Fixstern, Licht einfällt, so daß an der Stelle B im Kreuzungspunkt der Fäden des Fadenkreuzes ein Bild der Lichtquelle entsteht. Bewegt sich das Fernrohr in der Pfeilrichtung parallel zu sich selbst und senkrecht zur Richtung des einfallenden Lichtes, so verschiebt sich das Bild von

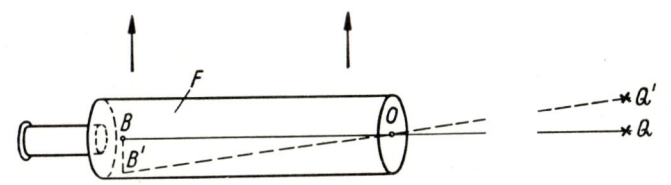

Abb. 185. Messung der Lichtgeschwindigkeit aus der Aberration des Lichtes

der Stelle B nach B', wenn sich das Fernrohr während der Zeit, die das Licht braucht, um die Fernrohrlänge von O nach B zu durchlaufen, um die Strecke BB' verschiebt. Für einen durch das Fernrohr blickenden Beobachter scheint also das Licht aus der Richtung $Q'B'$ zu kommen; der Ort der Lichtquelle Q scheint infolge dieser sog. „Aberration des Lichtes" ein wenig in Richtung der Fernrohrbewegung verschoben. Der Beobachter muß also, um das Bild wieder in die Mitte des Gesichtsfeldes bei B zu bekommen, das Fernrohr um den Winkel BOB' in die Richtung $Q'B'$ verdrehen. Nun bewegt sich jedes Fernrohr auf der Erde mit einer Geschwindigkeit von 29,77 km/s, da sich die Erde mit dieser Geschwindigkeit auf ihrer Bahn um die Sonne bewegt. Die Folge davon ist, daß jeder Fixstern, wenn die Visierlinie senkrecht zur Erdgeschwindigkeit gerichtet ist, bei der Beobachtung um einen bestimmten Winkel verschoben erscheint. Dieser Aberrationswinkel α beträgt nach astronomischen Messungen 20,6″. Zur Feststellung dieses Winkels muß der Fixstern über ein ganzes Jahr hindurch beobachtet werden, währenddessen die Geschwindigkeit der Erde sich umkehrt. Fixsterne, die nahe dem Pol der Ekliptik stehen, beschreiben im Laufe eines Jahres scheinbar einen Kreis, Sterne in der Ebene der Ekliptik führen scheinbar eine hin- und hergehende Bewegung am Himmel aus, während alle dazwischen liegenden Sterne kleine Ellipsen durchlaufen. Die Durchmesser der Kreise, die großen Achsen der Ellipsen und die Amplitude der geradlinigen Verschiebungen erscheinen bei allen Fixsternen unter dem gleichen Winkel, nämlich dem doppelten Aberrationswinkel $2\alpha = 41,2″$. Nun besteht nach Abb. 185 die Beziehung, daß die Tangente des Aberrationswinkels tang α gleich dem Verhältnis der Erdgeschwindigkeit v zur Lichtgeschwindigkeit c ist, woraus für letztere die Beziehung folgt: $c = v/\text{tang}\,\alpha$. Da tang 20,6″ = 0,0001 und v = 29,77 km/s ist, ergibt sich für die Lichtgeschwindigkeit c = 297 700 km/s.

158 III. Kapitel. Dispersion und Absorption des Lichtes

Bei allen astronomischen Bestimmungen der Lichtgeschwindigkeit spielt der Erdbahndurchmesser, der aus der relativ ungenauen Sonnenparallaxe abgeleitet wird, eine entscheidende Rolle. Wesentlich genauer als diese astronomischen Messungen sind daher auf der Erde selbst angestellte Versuche; man kann daher mittels der terrestrisch gemessenen Lichtgeschwindigkeit sogar den Wert der Sonnenparallaxe kontrollieren bzw. verbessern.

3. Methode von Fizeau. Erst 1849 gelang H. Fizeau eine solche Messung der Lichtgeschwindigkeit. Das Prinzip seiner Anordnung geht aus Abb. 186 hervor. F_1 und F_2 sind zwei auf Unendlich eingestellte Fernrohre, die in einer großen Entfernung so montiert sind, daß man durch jedes Fernrohr das Objektiv des anderen deutlich sehen kann. Im Fernrohr F_1 befindet sich am Ort des Objektivbrennpunktes bei B der Zahnkranz eines Zahnrades Z, das in rasche Umdrehungen um eine zur Fernrohrachse parallele Achse D versetzt werden kann. Durch eine seitliche Öffnung im Fernrohr F_1 wird eine punktförmige Lichtquelle L mittels einer Sammellinse A über eine unter $45°$

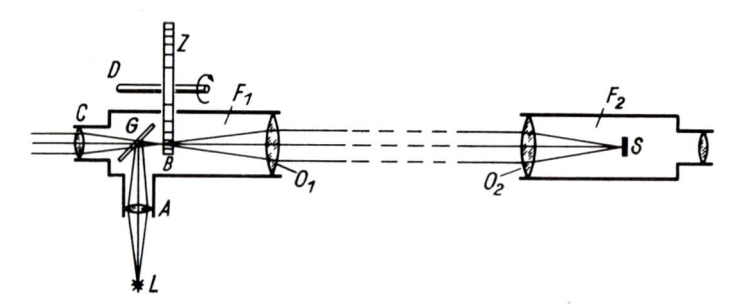

Abb. 186. Fizeausche Anordnung zur Messung der Lichtgeschwindigkeit

geneigte Spiegelglasplatte G an die Stelle B abgebildet. Befindet sich bei B gerade eine Zahnlücke des Rades Z, so gehen die Strahlen divergent weiter und verlassen das Fernrohrobjektiv O_1 als paralleles Strahlenbündel. Nach Durchlaufen der großen Luftstrecke treffen sie auf das Fernrohr F_2 und werden von dem Objektiv O_2 auf dem Planspiegel S in seinem Brennpunkt vereinigt. Nach Reflexion an diesem Spiegel laufen die Strahlen wieder denselben Weg zurück. Mit dem Okular C wird dann durch die Glasplatte G hindurch das reelle Bild der Lichtquelle wahrgenommen. Wird das Zahnrad Z in Rotation versetzt, so tritt bei einer bestimmten Umdrehungszahl eine Verdunkelung des Gesichtsfeldes ein, nämlich dann, wenn während der Zeit, die das Licht zum Durchlaufen des Weges von B nach S und zurück benötigt, an Stelle einer Lücke gerade ein Zahn des Rades getreten ist. Bei Verdoppelung der Rotationsgeschwindigkeit tritt wieder Helligkeit ein, da jetzt das Licht auf seinem Rückweg durch die nächste Zahnlücke hindurch kann, usw. Ist n die Zahnzahl des Rades, U die Anzahl seiner Umdrehungen je Sekunde, bis zum erstenmal Dunkelheit eintritt, so beträgt die Zeit, die vergeht, bis an Stelle einer Zahnlücke der folgende Zahn gerückt ist, $t = 1/2nU s$. Während dieser Zeit muß das Licht den Abstand s der beiden Fernrohre zweimal durchlaufen, so daß sich für seine Geschwindigkeit die Beziehung ergibt:

$$c = \frac{2s}{t} = 4snU.$$

Bei dem von Fizeau ausgeführten Versuch war $n = 720$, $U = 12{,}6 \text{ s}^{-1}$, $s = 8{,}633$ km. Damit ergibt sich für die Lichtgeschwindigkeit der Wert $c = 313290$ km/s. Mit vervollkommneten Hilfsmitteln fand J. A. Perrotin (1901) nach der gleichen Methode unter Benutzung einer Meßstrecke von 46 km den Wert $c = (299776 \pm 80)$ km/s.

Die Hauptschwierigkeit bei diesen Versuchen liegt in der Bestimmung der Umdrehungsgeschwindigkeit des Zahnrades und der Herstellung einer ganz gleichmäßigen Umdrehung. In neuerer Zeit haben A. Karolus und O. Mittelstädt (1928) nach einem Vorschlag von Th. Descoudres das Zahnrad des Fizeauschen Versuchs durch eine Kerrzelle (s. S. 392) ersetzt. Diese ermöglicht, auf elektrischem Wege Lichtunterbrechungen von der doppelten Frequenz der an die Zelle gelegten elektrischen Wechselspannung zu erzielen. Unter Benutzung von Wechselströmen der Frequenz 10^7 Hz, die sich leicht auf $\pm$ 200 Hz konstant halten läßt, konnte der Lichtweg s auf etwa 100 m herabgesetzt werden. Die genannten Forscher fanden den Wert $c = (299778 \pm 20)$ km/s. Mit diesem noch weiter verbesserten Verfahren fanden A. Hüttel (1940) sowie W. C. Anderson (1941) die Werte $c = (299768 \pm 10)$ bzw. (299776 ± 6) km/s. Die neuesten Untersuchungen nach dieser Methode von E. Bergstrand (1950) haben den Wert $c = 299792{,}7 \pm 0{,}25$ km/s ergeben.

4. Foucaults Verfahren. Nach einem bereits 1838 von D. F. Arago erdachten Plan verwirklichte 1869 L. Foucault das folgende Verfahren: In Abb. 187 ist S ein kleiner Planspiegel, der um die zur Papierebene senkrechte Achse A mittels einer kleinen Luftdruckturbine in schnelle Umdrehung versetzt werden kann. Dabei wird die Umdrehungszahl etwa durch den bei der Rotation entstehenden Ton auf akustischem Wege bestimmt. Über den Spiegel wird mittels eines Objektivs O eine hellbeleuchtete Teilung T ($1/10$-mm-Teilung) auf den Hohlspiegel H abgebildet; der Abstand des Hohlspiegels von der Drehachse A des Spiegels S ist gleich dem Krümmungsradius r des Hohlspiegels. In diesem Falle reflektiert H alle von S kommenden Strahlen in sich selbst zurück, so daß das reelle Bild der Teilung T mit dieser selbst zusammenfällt. Nun ist zwischen A und T eine unter 45° gegen AT geneigte Glasplatte G eingeschaltet, die einen Teil des von S zurückgeworfenen Lichtes nach D_1 reflektiert, wo ebenfalls ein reelles Bild von T entsteht, dessen Lage mit einem Mikroskop M betrachtet werden kann, das ein Okularmikrometer enthält. Erteilt man dem Spiegel S eine kleine Drehung,

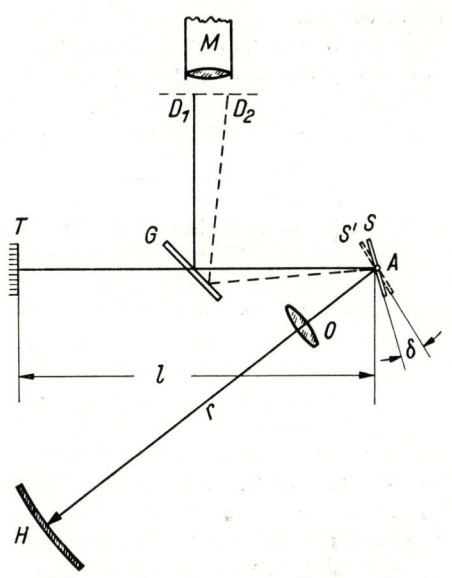

Abb. 187 Anordnung von Foucault zur Messung der Lichtgeschwindigkeit

so kommt nichts destoweniger das reelle Bild von T immer in D_1 zustande, solange das auf H erzeugte Bild von T auf diesem liegt — wenn es sich auch an eine andere Stelle von H verschiebt. Dies ist ein entscheidender Punkt für die ganze Methode. Bei langsamer Umdrehung des Spiegels S entsteht also periodisch in D_1 ein scharfes reelles Bild, nämlich immer dann und nur dann, solange ein Bild von T auf H liegt.

Dieses periodische Erscheinen und Verschwinden von T an der Stelle D_1 ist aber bereits bei 10 Umdrehungen pro Sekunde des Spiegels S wegen der Trägheit des Auges nicht mehr erkennbar. Es möge nun aber die Drehgeschwindigkeit des Spiegels S so weit erhöht werden, daß er sich in der Zeit, die das Licht zum Durchlaufen der Strecke AH und zurück benötigt, um den kleinen Winkel δ in die neue Lage S' gedreht hat. Dann wird der von S' reflektierte Strahl bei der Rückkehr um den Winkel 2δ gegenüber dem einfallenden Strahl gedreht, da die Spiegelnormale sich um den Winkel δ gedreht hat, was durch die punktierte Gerade angedeutet wird. Das reelle Bild von T kommt nun nicht mehr in D_1, sondern in D_2 zustande, es erleidet also eine Verschiebung, die Δ sein möge; Δ kann mit Hilfe des Okularmikrometers im Mikroskop gemessen werden. Andererseits ist $\Delta = l \, 2\delta$, wenn l den Abstand TS (oder $D_1 GS$) bedeutet. Da der Spiegel sich in einer Zeit $t = 2r/c$, die das Licht zum zweimaligen Durchlaufen von

AH benötigt, um $4\pi\nu r/c = \delta$ gedreht hat, wenn ν die sekundliche Umdrehungszahl von S ist, so ist:

$$\Delta = \frac{8\pi\nu rl}{c}; \quad \text{also} \quad c = \frac{8\pi\nu rl}{\Delta}.$$

Bei den ersten Versuchen Foucaults war $l = 1\,m$, $r = 4\,m$, $\nu = 8.10^2$ s^{-1}. Unter Zugrundelegung eines c-Wertes von 3.10^{10} cm/s war dann eine Verschiebung $\Delta = 0{,}268$ mm zu erwarten. Durch Verwendung mehrerer Spiegel gelang es Foucault, die Strecke r auf $20\,m$ zu vergrößern, wonach Δ sich gleich $1{,}34$ mm ergeben sollte. Die Beobachtung ergab in der Tat Verschiebungen in dieser Größenordnung, und Foucault fand bei seiner ersten Messung $c = 300\,900$ km/s. Der schwache Punkt der Methode liegt in der Kleinheit von Δ, dessen Messung mit einem Fehler von mindestens $1/2\%$ behaftet war.

Da man bei dem Foucaultschen Verfahren mit Meßstrecken von einigen Metern auskommt, eignet es sich auch zur Messung der Lichtgeschwindigkeit in andern Medien als Luft. Man hat zu diesem Zweck in der Anordnung der Abb. 187 auf der Strecke AH eine Röhre mit der betreffenden Substanz unterzubringen, durch die das Licht hin- und zurückläuft.

Das Foucaultsche Verfahren wurde von A. Michelson verbessert. Das von einem hell beleuchteten Spalt kommende Licht fällt — statt auf einen rotierenden Spiegel — auf eine Fläche eines achtflächigen Prismas aus Glas oder Nickelstahl, dessen verspiegelte Flächen mit höchster Genauigkeit so geschliffen waren, daß die Winkel bis auf 10^{-6} ihres Sollwertes einander gleich waren. Das Prisma konnte um seine Achse mittels einer Luftdruckturbine in rasche Rotation versetzt werden. Ohne auf Einzelheiten einzugehen, kann man folgendes sagen: Bei ruhendem Spiegelprisma wird der Strahl etwa an der ersten Fläche des Prismas so reflektiert, daß an einer bestimmten Stelle ein scharfes Bild der Lichtquelle (eines Spaltes) entsteht. Bei Rotation des Prismas ist das Bild dann wieder an der alten Stelle, wenn sich inzwischen das Prisma um $1/8$ einer ganzen Umdrehung weitergedreht hat, so daß nunmehr die zweite Spiegelfläche an die Stelle der ersten getreten ist. Diese Zeit, die sich aus der Drehzahl des Prismas ergibt, muß also bestimmt werden. Man sieht, daß die Michelsonsche Methode in gewissem Sinne eine Kombination des Foucaultschen und des Fizeauschen Verfahrens ist. Die ersten Messungen führte Michelson auf einer $35{,}4$ km langen Strecke zwischen zwei Bergspitzen in Kalifornien aus, die bis auf 5 cm genau vermessen war. Das Ergebnis, auf Vakuum umgerechnet, war: $c = 299\,796$ km/sec. Spätere Messungen wurden in einem 1500 m langen Rohrsystem ausgeführt, in dem das Licht 8 bis 10mal hin- und hergespiegelt wurde, bevor es wieder auf den Drehspiegel zurückgelangte. Aus 1900 Einzelmessungen ergab sich $c = 299\,774$ km/s.

5. Bestimmung der Lichtgeschwindigkeit mit elektrischen Wellen. Zu den terrestrischen Methoden zur Bestimmung von c gehören auch die in Bd. II ausführlich dargestellten Bestimmungen der Ausbreitungsgeschwindigkeit elektrischer Wellen im Vakuum an Drähten sowie die Messung der „kritischen" Geschwindigkeit, die den Zusammenhang zwischen dem elektrostatischen und elektromagnetischen Maßsystem vermittelt. Die älteren Messungen dieser Art haben zwar nicht die Genauigkeit der bisher beschriebenen „optischen" Methoden, sie genügen aber vollkommen zum Beweise der Identität beider Ausbreitungsgeschwindigkeiten, die ja eine Folgerung der Maxwellschen Theorie ist. Messungen von R. Blondlot (1891), J. Trowbridge (1895), A. Saunders (1897), Mac Lean (1899) ergaben für die Ausbreitungsgeschwindigkeit elektrischer Wellen an Drähten Werte von c zwischen $302\,200$ und $299\,100$ km/s. Für die kritische Geschwindigkeit — J. J. Thomson (1891), Ch. Perot und A. Fabry (1898), E. B. Rosa und N. E. Dorsey (1907) — ergaben sich Werte zwischen $299\,600$ und $299\,790$ km/s. In den letzten Jahren (1941—1953) sind Messungen mit elektrischen

Wellen nach einer etwas anderen Methode vorgenommen worden (L. Essen, A. C. Gordon-Smith, K. Bol, K. D. Froome): Man bestimmt die Schwingungsfrequenz ν eines sog. Hohlraumresonators (einer modernen Abart des Hertzschen Senders) und mißt gleichzeitig die von ihm ausgehende Wellenlänge λ; das Produkt $\nu\lambda$ ist nach der allgemeinen Wellenlehre gleich der Fortpflanzungsgeschwindigkeit, hier also gleich c. Diese Versuche scheinen außerordentlich genau zu sein, sogar genauer als alle bisherigen Methoden überhaupt. Sie haben zu dem Werte geführt

$$c = 299793 \text{ km/s} \pm 0{,}3 \text{ km/s},$$

der z. Z. als der genaueste Zahlenwert betrachtet wird.

Die Geschwindigkeit des Lichtes im Vakuum ist die größte in der Natur vorkommende Geschwindigkeit[1]. Ein anschauliches Bild von ihrer Größe mögen folgende Daten geben: In 1 Sekunde legt das Licht eine Strecke gleich dem 7,5fachen Umfang der Erde zurück. Von der Sonne zur Erde braucht das Licht 500 Sekunden, vom Monde zur Erde 1,28 Sekunden, vom Sirius zur Erde rd. 17 Jahre, und von den fernsten Spiralnebeln, die wir feststellen können, rd. 5 Milliarden Jahre. Es ist demnach nicht verwunderlich, daß eine so primitive Methode, wie die Galileis, nicht zum Ziele führen konnte.

Die Lichtgeschwindigkeit ist von der Intensität der Lichtquelle unabhängig. Sie bleibt z. B. nach Messungen von Th. E. Doubt (1904) mindestens auf 10^{-9} ihres Wertes konstant, wenn die Intensität im Verhältnis $1:290000$ verändert wird. Dagegen ist die Lichtgeschwindigkeit stark von dem Medium abhängig, in dem sich das Licht ausbreitet. In Materie ist die Lichtgeschwindigkeit auch von der Wellenlänge abhängig; im Vakuum dagegen nicht.

19. Phasengeschwindigkeit, Gruppengeschwindigkeit, Frontgeschwindigkeit

Bereits Foucault hat mit der Anordnung in Abb. 187 festgestellt, daß die Fortpflanzungsgeschwindigkeit v des Lichtes in Wasser kleiner ist als im Vakuum, d. h. $v < c$. Weitere Messungen dieser Art hat A. Michelson mit Luft, Wasser und Schwefelkohlenstoff ausgeführt, auf die wir weiter unten zurückkommen müssen.

Aus einem sofort klar werdenden Grunde müssen wir zuvor einige Betrachtungen über die Erklärung der Brechung nach der Wellentheorie und nach der Korpuskulartheorie anstellen. Die Begründung des Brechungsgesetzes nach der Undulationstheorie haben wir auf Grund des Huygensschen Prinzips bereits in Bd. I ausführlich mitgeteilt, so daß wir darauf verweisen können. Wenn wir den speziellen Fall betrachten, daß ein Lichtstrahl aus dem Vakuum unter dem Einfallswinkel α auf die Grenzfläche TT eines materiellen Mediums auffällt, in dem er dann unter dem Brechungswinkel β fortschreitet, so ist im Brechungsgesetz $\sin \alpha = n \sin \beta$ der Brechungsindex $n = c/v$ zu setzen. Da in diesem Falle $\beta < \alpha$ ist (jedes materielle Medium ist optisch dichter als das Vakuum), so muß auch $v < c$ sein.

Anders liegen die Verhältnisse vom Standpunkt der Newtonschen Korpuskulartheorie; in der Abb. 188 sei die Strecke AO proportional der Vakuumlichtgeschwindigkeit c, entsprechend OB proportional der Geschwindigkeit v im materiellen Medium. Nach Newtons Vorstellung üben die Moleküle des Mediums Kräfte auf die Lichtkorpuskeln aus, die aus Symmetriegründen senkrecht zur Trennungsfläche TT gerichtet sind. Wenn diese Kräfte anziehend sind, vergrößern sie beim Durchgang durch TT die Normalkomponente c_n der Vakuumlichtgeschwindigkeit, während sie die Tangentialkomponente c_t nicht beeinflussen; sind die Kräfte abstoßend, so verringern sie die Normalkomponente. Bei uns liegt der erste Fall vor, da nur dann $\beta < \alpha$ ausfallen kann. In jedem

---

[1] Vgl. hierzu die Ausführungen in Kap. IX.

Falle müssen die Tangentialkomponenten nach den Stoßgesetzen an der Trennungsfläche gleich sein, d. h. es ist:

$$c_t = c \sin \alpha = v_t = v \sin \beta$$

oder:

$$\sin \alpha = \frac{v}{c} \sin \beta \, .$$

Die Korpuskularvorstellung liefert also in der Tat auch das Brechungsgesetz, **aber jetzt ist $n = v/c$ und wegen $n > 1$ auch $v > c$, im Gegensatz zur Wellentheorie.**

Hier scheint sich also die Möglichkeit einer Entscheidung zwischen Wellentheorie und Newtonscher Korpuskulartheorie zu ergeben, und gerade das war der Grund, der Foucault dazu veranlaßte, die Lichtgeschwindigkeit im Wasser zu bestimmen. Wie oben erwähnt, fand er $v < c$, im Gegensatz zur Korpuskulartheorie. Der Versuch Foucaults wurde daher lange Zeit als eine einwandfreie und endgültige Widerlegung der Korpuskulartheorie und als Beweis für die Wellentheorie des Lichtes betrachtet.

Nun haben wir aber bereits in Nr. 1 ausdrücklich darauf aufmerksam gemacht, daß es optische Erscheinungen gibt, die auf keine Weise mit der Wellentheorie, sondern nur mit einer korpuskularen Theorie zu erklären sind. Hier liegt also anscheinend ein Widerspruch vor, der aufgelöst werden muß. Dies gelingt in der Tat durch eine genaue Analyse des Begriffes der Fortpflanzungsgeschwindigkeit einer Welle, wozu wir jetzt übergehen.

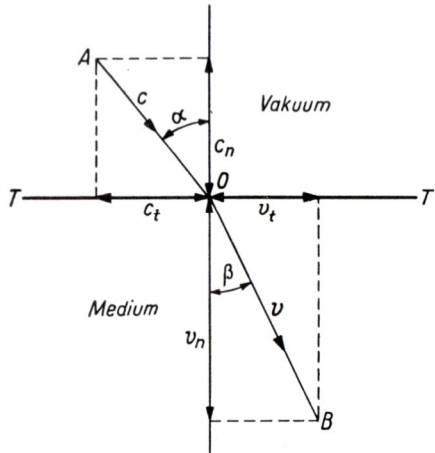

Abb. 188. Erklärung der Lichtbrechung nach der Newtonschen Korpuskulartheorie

Eine ebene, streng monochromatische Welle, die in der x-Richtung fortschreitet, die Frequenz ν und die „Wellengeschwindigkeit" v — so wollen wir vorsichtshalber sagen — besitzt, kann dargestellt werden durch den Ausdruck:

$$A \cos 2\pi \left(\frac{t}{T} - \frac{x}{\lambda} \right) = A \cos 2\pi \nu \left(t - \frac{x}{v} \right)$$

Eine solche streng monochromatische Welle haben wir aber nur dann vor uns, wenn der obige Ausdruck für alle Zeiten und für alle Stellen des Raumes gilt. Würde die Welle z. B. erst zu einer Zeit $t = t_0$ einsetzen und zu einer Zeit $t = t_1$ abbrechen, so wäre sie nicht mehr streng monochromatisch, sondern stellte ein Spektrum dar. Die Abb. 189 möge den Unterschied erläutern: die obere Kurve a, nach links und rechts ins Unendliche fortgesetzt, stellt eine streng monochromatische Welle dar; die untere b dagegen einen beiderseits abgebrochenen Wellenzug. Diese Verhältnisse haben wir nicht nur in der Optik vor uns, sondern auch in der Akustik. Daß man die untere Kurve b als einen Komplex von — nahe benachbarten — Frequenzen betrachten muß, folgt durch eine Fourierzerlegung, die wir in Bd. I ausführlich besprochen haben. Die untere Schwingung stellt also eine „Wellengruppe" benachbarter Frequenzen dar, die sich außerhalb des Intervalles $t_1 - t_0$ (durch Interferenz) vernichten. Wir müssen nun sorgfältig unterscheiden, ob wir es mit einer homogenen Welle oder einer Wellengruppe zu tun haben.

19. Phasengeschwindigkeit, Gruppengeschwindigkeit, Frontgeschwindigkeit

Setzen wir zunächst voraus, daß wir eine einzelne homogene Welle nach Abb. 189 a vor uns haben. Das Argument des Cosinus, $2\pi\nu\left(t-\dfrac{x}{v}\right)$, wird bekanntlich die **Phase** der Welle genannt. Betrachten wir nun solche Werte von x und t, daß die Phase an der Stelle x zur Zeit t gerade gleich Null ist, so kann man fragen, mit welcher Geschwindigkeit dieser Phasenwert (oder irgendein anderer) fortschreitet. Die Bedingung dafür ist offenbar $t - x/v = 0$, d. h. $v = x/t$. Da diese Geschwindigkeit sich auf die Fortpflanzung der Phase bezieht, wollen wir sie in Zukunft, wo es nötig ist, genauer als **„Phasengeschwindigkeit"** v_p bezeichnen. Von allen Methoden zur Bestimmung der Lichtgeschwindigkeit könnte höchstens die Bradleysche Methode der Aberration v_p liefern; denn bei ihr allein haben wir es anscheinend mit einem ununterbrochenen Wellenzug zu tun. Bei allen andern Methoden (O. Römer, H. Fizeau, L. Foucault) haben wir unzweifelhaft unterbrochene Wellenzüge, d. h. Wellengruppen vor uns, und es wird sich herausstellen, daß deren Fortpflanzungsgeschwindigkeit, die wir als **„Gruppengeschwindigkeit"** v_g bezeichnen werden, i. a. eine andere ist als v_p.

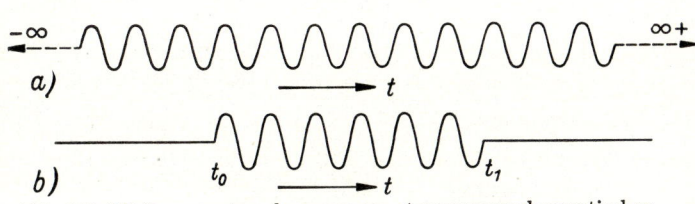

Abb. 189. Wellenzug einer homogenen, streng monochromatischen Welle (a) und einer Wellengruppe (b)

Eine tiefer eindringende Analyse von Ehrenfest (1910) und Lord Rayleigh (1911), die wir unterdrücken, hat indessen gezeigt, daß auch die Bradleysche Methode nicht v_p, sondern ebenfalls v_g liefert.

Um die Gruppengeschwindigkeit zu bestimmen, genügt es, wenn wir die einfachste Gruppe, bestehend aus zwei homogenen Wellen mit sehr benachbarten Frequenzen betrachten, denen wir der Einfachheit halber die gleiche Amplitude 1 geben:

$$\cos 2\pi\left(\frac{t}{T_1}-\frac{x}{\lambda_1}\right)+\cos 2\pi\left(\frac{t}{T_2}-\frac{x}{\lambda_2}\right),$$

genau wie in Bd. I bei den Schwebungen. Eine solche Gruppe liefert eine resultierende Schwingung (nach dem Additionstheorem der trigonometrischen Funktionen):

$$2\cos\left\{\pi t\left(\frac{1}{T_1}+\frac{1}{T_2}\right)-\pi x\left(\frac{1}{\lambda_1}+\frac{1}{\lambda_2}\right)\right\}\cdot\cos\left\{\pi t\left(\frac{1}{T_1}-\frac{1}{T_2}\right)-\pi x\left(\frac{1}{\lambda_1}-\frac{1}{\lambda_2}\right)\right\}.$$

Da T_1 und T_2, λ_1 und λ_2 sehr benachbart sein sollen, kann dieser Ausdruck, wenn man

$$\frac{T_1+T_2}{2}=T;\; T_1\cdot T_2=T^2;\; \frac{\lambda_1+\lambda_2}{2}=\lambda;\; \lambda_1\lambda_2=\lambda^2$$

setzt, mit hinreichender Näherung geschrieben werden:

$$2\cos 2\pi\left(\frac{t}{T}-\frac{x}{\lambda}\right)\cos\pi\left(\frac{t\Delta T}{T^2}-\frac{x\Delta\lambda}{\lambda^2}\right),$$

wobei noch $T_2-T_1=\Delta T$, $\lambda_1-\lambda_2=\Delta\lambda$ gesetzt sind. Für einen fest heraus-

Abb. 190. Schwebungskurve

gegriffenen Wert von x, z. B. $x=0$, stellt diese Kurve, als Funktion von t betrachtet, eine aus der Akustik wohlbekannte **Schwebungskurve** dar (Abb. 190). Diese Schwebungskurve — und so jede andere Kurve einer Wellengruppe — zeigt gegenüber dem gleichmäßigen Ablauf einer homogenen Welle (Abb. 189a) deutlich ausgeprägte Besonderheiten, hier z. B. Maxima und Minima der Schwebungskurve. Da in der letzten Gleichung das Argument des zweiten Faktors $\left(\frac{t\Delta T}{T^2} - \frac{x\Delta \lambda}{\lambda^2}\right)$ wegen der Kleinheit von ΔT und $\Delta \lambda$ selbst klein ist gegen das des ersten Faktors $\left(\frac{t}{T} - \frac{x}{\lambda}\right)$, stellt der erste Faktor $\cos 2\pi \left(\frac{t}{T} - \frac{x}{\lambda}\right)$ relativ zu dem zweiten Faktor $\cos \pi \left(\frac{t\Delta T}{T^2} - \frac{x\Delta \lambda}{\lambda^2}\right)$ eine rasch veränderliche Funktion dar. Darin liegt begründet, daß man den ganzen Ausdruck auffassen kann als eine Art von homogener Welle, aber mit der veränderlichen Amplitude $\cos \pi \left(\frac{t\Delta T}{T^2} - \frac{x\Delta \lambda}{\lambda^2}\right)$. Man kann fragen, mit welcher Geschwindigkeit sich das Maximum (oder Minimum) der Amplitude fortpflanzt: das wäre die Geschwindigkeit, die man mit Recht als Gruppengeschwindigkeit bezeichnet hat. Das Argument $\pi \left(\frac{t\Delta T}{T^2} - \frac{x\Delta \lambda}{\lambda^2}\right)$ hat z. B. den Wert 0 für $x = 0$ und $t = 0$; wir fragen, zu welcher Zeit t der Nullwert des Arguments an der Stelle x auftritt. Das liefert die Bedingung:

(87) $$\frac{t\Delta T}{T^2} = \frac{x\Delta \lambda}{\lambda^2},$$

woraus für die Gruppengeschwindigkeit v_g folgt:

(88) $$v_g = \frac{\Delta T/T^2}{\Delta \lambda/\lambda^2} = \frac{\lambda^2}{T^2}\frac{\Delta T}{\Delta \lambda} = v_p^2 \frac{\Delta T}{\Delta \lambda}.$$

Nach elementaren Rechnungen ergibt sich die fundamentale Beziehung (Lord Rayleigh 1881):

(89) $$v_g = v_p - \lambda \frac{dv_p}{d\lambda}.$$

Diese Gleichung gilt nun auch dann, wenn nicht eine Schwebungskurve aus nur zwei homogenen Wellen vorliegt sondern ein beidseitig abgebrochener Wellenzug (auch Wellenpaket genannt), der sich aus vielen Wellen mit eng benachbarten Wellenlängen und Phasengeschwindigkeiten zusammensetzt.

Es ergibt sich daraus, daß die Gruppengeschwindigkeit v_g von der Phasengeschwindigkeit v_p immer dann verschieden ist, wenn die Phasengeschwindigkeit von der Wellenlänge abhängt, anders ausgedrückt: wenn der Brechungsquotient eine Funktion der Wellenlänge ist, was in allen ponderabeln Medien zutrifft.

Wir können die Gl. (89) zunächst anwenden auf diejenigen Lichtgeschwindigkeitsmessungen, die sich aufs Vakuum beziehen, unter der Voraussetzung, daß das Licht ein Wellenvorgang, keine Korpuskelbewegung ist. Dann liefern alle Methoden v_g; aber im Vakuum sind v_g und v_p identisch. Folglich müssen die genannten Methoden den gleichen Wert für die Vakuumlichtgeschwindigkeit geben. Dies ist innerhalb der Fehlergrenzen wirklich der Fall, und man kann daraus mit Sicherheit schließen, daß im Vakuum die Strahlung aller Wellenlängen sich mit der gleichen Geschwindigkeit ausbreitet.

Anders liegen die Verhältnisse bei den Messungen Foucaults und Michelsons in ponderabeln Medien (Wasser, Schwefelkohlenstoff). Hier mißt die Foucaultsche Methode v_g, d. h. das Verhältnis c/v_g kann nicht gleich dem Brechungsindex $n = c/v_p$ sein. Bei Wasser finden zwar die genannten Forscher für die Wellenlänge $\lambda = 589\,m\mu$ der D-Linie für c/v_g den Wert 1,330, der innerhalb der Fehlergrenzen mit $c/v_p = 1,333$ zusammenfällt; das liegt aber nur daran, daß bei Wasser der Brechungsquotient sich nur wenig mit der Wellenlänge ändert (vgl. Tabelle 7 auf S. 170), so daß in (89) $\frac{dv_p}{d\lambda} \approx 0$ gesetzt werden kann. Bei Schwefelkohlenstoff kann dies nicht mehr zutreffen und trifft auch wirklich nicht mehr zu. Für die gleiche Wellenlänge (D-Linie) fand Michelson das Verhältnis $c/v_g = 1{,}76 \pm 0{,}02$, und das ist in der Tat nicht gleich dem Brechungsquotienten $n = c/v_p = 1{,}63$. Hier spielt das Glied $\lambda \dfrac{dv_p}{d\lambda}$ eine entscheidende Rolle, da die Dispersion des Schwefelkohlenstoffs ungefähr 6mal größer ist als die des Wassers. Wenn man dies berücksichtigt, kann man v_g in v_p umrechnen, und dann kommt der richtige Wert des Brechungsquotienten heraus. Man kann also sagen, daß die auf der Wellentheorie beruhende Unterscheidung zwischen v_g und v_p sich vollkommen bewährt hat.

Die Versuche von Foucault und Michelson scheinen also in der Tat die Korpuskulartheorie, wonach $v > c$ sein sollte, völlig widerlegt zu haben. Für die Newtonsche Korpuskulartheorie trifft dies wirklich zu, wenn nämlich die Lichtkorpuskeln mit Newton als gewöhnliche kleine Partikel (Massenpunkte im Sinne der klassischen Mechanik) betrachtet werden. Aber in der modernen Physik verstehen wir unter materiellen Partikeln etwas anderes als die klassische Mechanik. **Denn alle materiellen Teilchen (z. B. Elektronen, Protonen, Atome, Moleküle) sind mit einem Wellenvorgang untrennbar verbunden**, wie L. de Broglie (1924) zuerst vermutet und was sich dann später in frappanter Weise bestätigt hat (vgl. Nr. 75): für solche Partikel gilt nicht mehr die klassische Mechanik, sondern die von W. Heisenberg und E. Schrödinger inaugurierte **„Wellenmechanik"**, die der Kombination von Welle und Korpuskel Rechnung trägt. Auch bei den den Korpuskeln zugeordneten „Materiewellen" hat man zwischen v_g und v_p zu unterscheiden, und die Verbindung des materiellen Teilchens mit seinen Materiewellen ist derartig, daß **die mechanische Geschwindigkeit der Partikel gleich der Gruppengeschwindigkeit der Welle ist**. Die moderne Korpuskulartheorie des Lichtes muß also jedenfalls auch die moderne Partikelauffassung zugrunde legen, und es wäre also nach dieser Theorie der Brechungsindex $n = v_g/c$ mit $v_g > c$, und das scheint noch immer im Widerspruch mit den Tatsachen, die oben $v_g < c$ ergeben hatten. Aber der Brechungsindex von Materiewellen, also auch der der elektromagnetischen Wellen, die den Lichtkorpuskeln („Photonen") zugeordnet sind, bleibt durch $n = c/v_p$ gegeben, und das **stimmt mit der Behauptung der Wellentheorie des Lichtes überein**. Der Widerspruch ist damit beseitigt, d. h. die Versuche von Foucault und Michelson stehen einer geeigneten Korpuskulartheorie des Lichtes nicht entgegen.

Betrachten wir noch einmal den abgebrochenen Wellenzug der Abb. 189b; da er sich nach rechts vorwärts bewegt, so bezeichnet man die Stelle t_1 als den Kopf oder die Front des Wellenzuges. Wie jede Gruppe, so hat auch der plötzlich einsetzende Wellenzug ein Charakteristikum, hier die Wellenfront, da rechts von der zur Zeit t_1 noch keine Welle vorhanden ist. Man kann sich die Frage vorlegen, mit welcher Geschwindigkeit der Kopf einer Welle fortschreitet und nennt diese Geschwindigkeit, die i. a. von v_g und v_p verschieden ist, die **„Frontgeschwindigkeit"**. Im Vakuum ist sie offenbar gleich c; aber es sei wenigstens erwähnt, daß die Theorie auch zu dem überraschenden Resultat führt, daß die Frontgeschwindigkeit einer elektromagnetischen Welle in jedem Medium exakt den Wert der Vakuumlichtgeschwindigkeit c hat. Die Bemerkung auf S. 161, daß es in der Natur keine größere Geschwindigkeit gebe als c, bezieht sich auf die Gruppengeschwindigkeit. Denn es muß hier darauf aufmerksam gemacht werden, was wir in Nr. 24 noch ausführlicher besprechen werden, daß praktisch in allen Medien für gewisse Wellenlängen der Brechungsquotient $n < 1$ wird, was bedeutet, daß die Phasengeschwindigkeit $v_p > c$ ist. Aber es besteht folgender grundsätzliche Unterschied zwischen v_p und der Gruppengeschwindigkeit: Mit der Phasengeschwindigkeit kann man **keine** Signale geben, was mit der Gruppengeschwindigkeit offensichtlich möglich ist. Denn wenn ein Meßapparat irgendwo aufgestellt ist, so reagiert er erst, wenn die Gruppe, in der sich die Energie konzentriert und fortpflanzt, ankommt. Die

Phasengeschwindigkeit dagegen setzt voraus, daß man einen für alle Zeiten existierenden Wellenzug hat, bei dem also kein Merkmal oder Charakteristikum vorhanden ist, mit dem man ein Signal geben könnte. Die „Signalgeschwindigkeit" wäre danach mit der Gruppengeschwindigkeit identisch. Die genauere Theorie (A. Sommerfeld, L. Brillouin, 1914) lehrt, daß dies zutrifft, falls nicht $dn/d\lambda > 0$.

20. Die Dispersion des Lichtes: I. Normale Dispersion

Die bisherigen Angaben von Brechungsquotienten galten nur unter der stillschweigenden Voraussetzung, daß das benutzte Licht nur eine Frequenz oder Wellenlänge besäße; denn jeder Stoff hat für die verschiedenen Wellenlängen des sichtbaren Gebietes einen anderen Brechungsquotienten n. Das bedeutet, daß je nach der Wellenlänge die Lichtgeschwindigkeit in dem betreffenden Medium einen anderen Wert hat.

Die genauere experimentelle Untersuchung dieser Erscheinung verdankt man J. Newtons berühmten Arbeiten (1666—1672) über Optik. Läßt man durch eine kleine runde Öffnung O in der Wand eines verdunkelten Zimmers Sonnenlicht in dieses eintreten (Abb. 191), so entsteht auf der gegenüberliegenden Wand bei A ein weißer runder Fleck. Bringt man in den Gang der Strahlen ein Glasprisma P mit horizontaler brechender Kante, so erscheint statt des weißen Fleckes A ein vertikaler Farbstreifen RV, der der Reihe nach die Farben Rot, Orange, Gelb, Grün, Blau, Indigo und Violett enthält und dessen Breite gleich dem Durchmesser des vorher bei A entstandenen Fleckes ist. Aus diesem Versuch schloß Newton, daß das weiße Sonnenlicht aus verschiedenfarbigen Lichtarten zusammengesetzt sei, die durch das Prisma verschieden stark gebrochen werden. Das rote Licht erfährt dabei die kleinste, das violette die größte Ablenkung. Statt des Sonnenlichtes kann man auch die Strahlung jedes glühenden festen oder flüssigen Körpers verwenden, z. B. das Licht einer Bogenlampe oder Glühbirne, und statt des runden Lochs benutzt man besser einen Spalt (s. weiter unten). Man nennt diese Zerlegung des weißen Lichts **Farbenzerstreuung** oder **Dispersion des Lichtes,** das dabei auftretende Farbenband **Spektrum,** die Farben **Spektralfarben**.

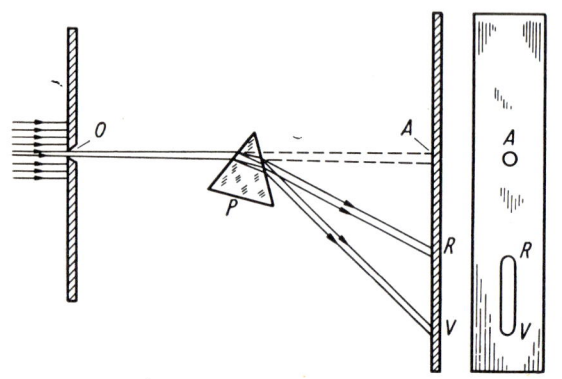

Abb. 191. Zerlegung des weißen Lichtes durch ein Prisma in ein Spektrum

Die einzelnen Farben des Spektrums können nicht weiter zerlegt werden; dies zeigte Newton in der Weise (Abb. 192), daß er das Spektrum auf einem Schirm S_1 auffing, der eine Öffnung O' enthielt, durch die z. B. gerade die gelben Strahlen hindurchtreten konnten. Hinter die Öffnung setzte Newton ein zweites Prisma P_2, dessen brechende Kante derjenigen des ersten Prismas P_1 parallel verlief. Dann wurden die durch P_2 gehenden Strahlen auf dem zweiten Schirm S_2 nicht wieder zu einem Farbband auseinandergezogen, sondern erzeugten dort lediglich einen runden gelben Fleck G'. Verdreht man das Prisma P_1, so daß nur rote Strahlen durch die Öffnung O' gehen, so entsteht auf S_2 an der Stelle R' ein roter Fleck; sind die durch O' gehenden Strahlen violett, so werden sie zu einem bei V' liegenden violetten Fleck abgelenkt. Aus diesem Versuch folgt, daß die Spektralfarben nicht weiter zerlegbar sind[1]) und

---
[1]) Dieser Satz ist nur cum grano salis richtig; wie wir später (Nr. 24) sehen werden, gibt es Fälle von Dispersion (anomale Dispersion), bei denen er nicht zutrifft.

jeder Spektralfarbe eine bestimmte Wellenlänge und ein besonderer Brechungsindex zukommt; Licht einer Wellenlänge wird daher auch als einfarbig oder monochromatisch (auch homogen) bezeichnet[1]).

Newton konnte diese letztere Tatsache noch durch folgenden Versuch der gekreuzten Prismen erhärten (Abb. 193): Stellt man hinter das erste Prisma P_1 ein zweites P_2, dessen brechende Kante senkrecht zur Kante des ersten steht, so ent-

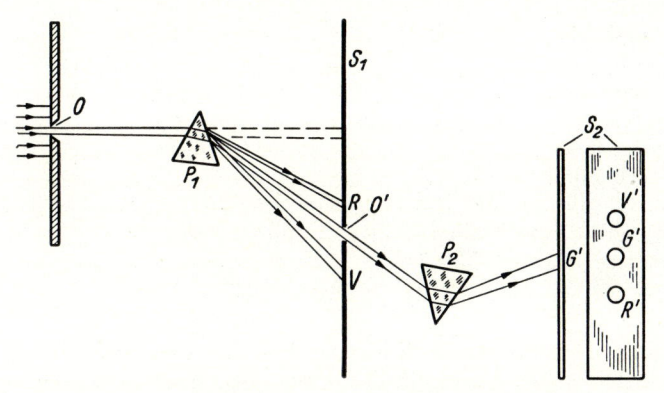

Abb. 192. Unzerlegbarkeit der Farben eines Spektrums

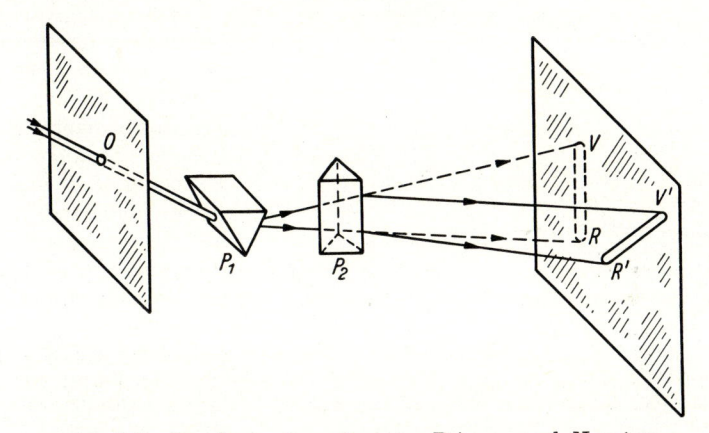

Abb. 193. Anordnung der gekreuzten Prismen nach Newton

steht auf dem Schirm an Stelle des vom ersten Prisma allein entworfenen vertikalen Spektrums RV ein schräg gegen die Vertikale verlaufendes Spektrum $R'V'$, das dadurch zustande kommt, daß das zweite Prisma die roten Strahlen nur wenig, die violetten dagegen stark zur Seite ablenkt. Die in horizontaler Richtung gemessene Breite des schrägliegenden Spektrums ist die gleiche wie die des ursprünglich vertikal gerichteten. Gerade dieser Punkt beweist, daß die von dem ersten Prisma auseinandergezogenen Farben durch das zweite Prisma keine weitere Zerlegung erfahren, sondern als homogen zu betrachten sind.

Wir haben bisher nur von einigen (sieben) Farben des Spektrums gesprochen. Dies sind die Hauptfarben, die unser Auge beim ersten Anblick des Spektrums unterscheidet.

---

[1]) Man darf aber nicht umgekehrt schließen, daß jeder beliebigen Farbe nur eine Wellenlänge entspricht, da auch ein Wellenlängengemisch Licht bestimmter Färbung erzeugt; der Satz ist nur für Spektralfarben zutreffend.

168   III. Kapitel. Dispersion und Absorption des Lichtes

In Wirklichkeit enthält dieses unendlich viele Farben, die sich in stetigem Übergang zu dem kontinuierlichen Farbenband aneinanderschließen.

Mischt man sämtliche Spektralfarben zusammen, so ergeben sie wieder weißes Licht. Man kann diesen Versuch experimentell in verschiedener Weise ausführen. Bringt man an die Stelle des Spektrums nach Abb. 194 eine Sammellinse, so daß die divergierenden Strahlen auf einen Schirm S zu einem kleinen Fleck vereinigt werden, so erscheint dieser weiß. Blendet man aber auf irgendeine Weise aus dem Spektrum eine oder mehrere Farben heraus, so erscheint der Fleck auf dem Schirm wieder farbig und

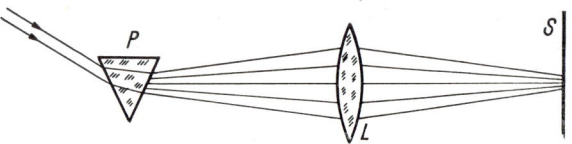

Abb. 194. Wiedervereinigung der Farben eines Spektrums zu weißem Licht

zwar in einer Mischfarbe[1]), die mit der aus dem Spektrum herausgeblendeten Farbe zusammen wieder Weiß ergibt. Zwei Farben, die sich in dieser Weise zu Weiß ergänzen, nennt man komplementäre Farben. Man findet z. B., daß bestimmte rote und grüne Farbtöne sich gegenseitig zu Weiß ergänzen (siehe hierzu auch S. 385 sowie die Tabelle auf S. 387).

Von Newton stammt auch folgender Versuch: In Abb. 195 werde durch das Prisma P_1 auf dem Schirme S das Spektrum RV entworfen. Ein zweites Prisma P_2 werde parallel zum ersten so aufgestellt, daß es an derselben Stelle auf dem Schirm ein gleich großes Spektrum entwerfen würde, wenn von A in der Richtung AF ein Lichtbündel auf das Prisma auffiele. Infolge der Umkehrbarkeit des Lichtweges müssen dann auch die vom Spektrum RV diffus nach dem Prisma P_2 remittierten Strahlen in der einheitlichen Richtung FA aus diesem austreten. Blickt man also von A aus durch P_2 nach dem Spektrum RV auf dem Schirm, so erblickt man bei F ein weißes Feld der Öffnung O.

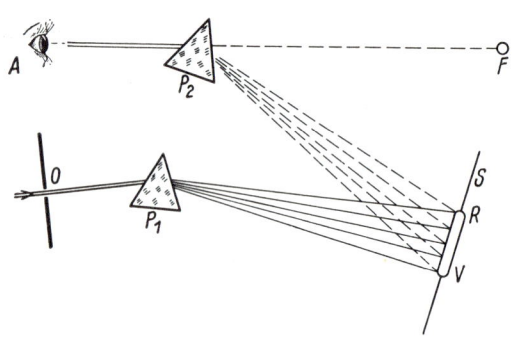

Abb. 195. Versuch von Newton zur Wiedervereinigung der Farben eines Spektrums

Man kann den Versuch der Mischung geeigneter Farben z. B. zu Weiß auch in folgender Weise, wenn auch weniger vollkommen anstellen: Man nimmt farbige (nicht glänzende) Papierscheiben in den verschiedenen Farben (Rot bis Violett) und schneidet aus ihnen Sektoren geeigneter Breite, die man auf eine kreisrunde Scheibe aufklebt, die man in rasche Rotation versetzen kann (Farbenkreisel). Bei rascher Umdrehung der Scheibe verschmelzen die dem Auge dargebotenen verschiedenen Farben zu einer Mischfarbe, die bei geeigneter Wahl der Farben und Sektorenbreite farblos ist. Da die verwendeten farbigen Papiere (Pigmentfarben) keine reinen Spektralfarben sind — sie stellen selbst schon Mischungen dar — so erscheint die Mischfarbe auf dem Kreisel nicht weiß, sondern grau. Daß dieser Versuch überhaupt möglich ist, beruht auf einer Eigenschaft des Auges. Jeder Lichteindruck besitzt im Auge eine gewisse Dauer, so daß bei hinreichend schneller Rotation des Farbenkreisels die auf dieselbe Stelle der Netzhaut nacheinander fallenden verschiedenen Farbeindrücke dennoch verschmelzen. Man bezeichnet diese Art der Farbmischung auch als physiologische oder additive Mischung (vgl. auch Nr. 55). Da die verschiedenen Farben, die durch prismatische Zerlegung aus einer Quelle weißen Lichtes stammen, ungleiche Helligkeiten besitzen, muß man diese Helligkeitsunterschiede beim Farbenkreisel dadurch nachbilden, daß man die Sektoren um so breiter nimmt, je heller die betreffende Farbe im Spektrum ist. Eine sehr bequeme Konstruktion eines Farbkreisels, die gestattet, die Sektorenbreite geeignet zu wählen und leicht zu verändern, rührt von Cl. Maxwell her (Maxwellscher Farbkreisel).

---

[1]) Vgl. hierzu Anmerkung 1 auf S. 167.

Bei der in Abb. 191 angegebenen Anordnung treten die einzelnen Spektralfarben um so klarer hervor, je kleiner der Durchmesser der Öffnung O ist und je weiter der Schirm S vom Prisma entfernt ist. Dicht hinter dem Prisma erhält man überhaupt kein Spektrum, sondern nur einen Fleck, dessen Mitte weiß und dessen Ränder rot bzw. violett gefärbt sind. Der Grund dafür ist, daß an dieser Stelle die verschiedenfarbigen Strahlenbündel noch nicht hinreichend voneinander getrennt sind, sondern sich überlagern. Blickt man z. B. durch ein Prisma nach einem hell erleuchteten Fenster, so sieht man nur die zur brechenden Kante des Prismas parallelen Fensterränder mit einem roten bzw. violetten Saum überzogen.

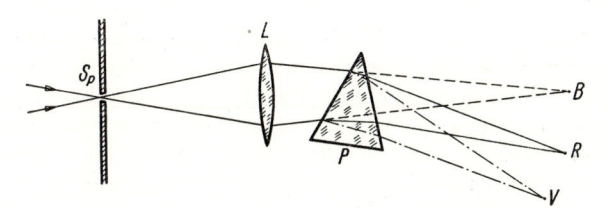

Abb. 196. Darstellung eines reinen Spektrums

Wie schon I. Newton und insbesondere W. Wollaston (1802) betonten, erhält man ein besonders reines Spektrum, wenn man einen schmalen Spalt Sp mittels einer Sammellinse auf einem Schirm in B abbildet und dicht hinter die Linse das Prisma mit seiner brechenden Kante parallel zur Spaltrichtung in den Strahlengang einsetzt (Abb. 196). Dann entspricht jeder im weißen Licht enthaltenen Farbe ein abgelenktes Bild des Spaltes. Sämtliche unzähligen schmalen Spaltbilder reihen sich nebeneinander (R bis V) und ergeben ein um so reineres Spektrum, je schmaler der Spalt ist. Abb. 13 auf Tafel 1 zeigt ein in dieser Weise aufgenommenes Spektrum des Sonnenlichtes.

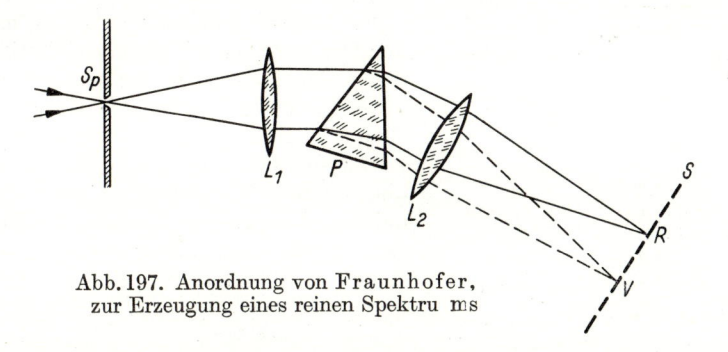

Abb. 197. Anordnung von Fraunhofer, zur Erzeugung eines reinen Spektrums

Dies Verfahren hat J. v. Fraunhofer (1814) noch dadurch verbessert, daß er das von dem beleuchteten Spalt Sp kommende, divergente Licht zunächst durch eine Sammellinse L_1 parallel macht (Abb. 197); der Spalt Sp muß zu diesem Zwecke in der Brennebene von L_1 liegen. Unmittelbar hinter der Linse L_1 ist das Prisma P angeordnet. Die gebrochenen Strahlen gehen dann durch eine weitere Sammellinse L_2, die jedes System paralleler Strahlen in ihrer Brennebene zu einem Bild des Spaltes vereinigt. So entsteht in dieser Ebene ein reines Spektrum, das man entweder objektiv auf einem Schirm S oder einer photographischen Platte oder unter Weglassung des Schirmes durch eine Lupe subjektiv betrachten kann. Spalt und Linse L_1 bilden zusammengefaßt ein Kollimatorrohr, Linse L_2 und Lupe ein auf Unendlich eingestelltes astronomisches Fernrohr: man erkennt also hier das Prinzip des in

Abb. 57 beschriebenen **Spektrometers**. Ersetzt man den Schirm durch ein objektives Meßinstrument, etwa eine photographische Platte, die durch ein lichtdichtes Gehäuse mit der Linse L_2 verbunden ist, so hat man einen **Spektrographen** vor sich. — Der Vorteil dieser Anordnung besteht darin, daß alle gleichfarbigen Strahlen das Prisma unter den gleichen Bedingungen als paralleles Strahlenbündel durchsetzen, während bei der Anordnung von Wollaston (Abb. 196) die einzelnen Strahlen das Prisma konvergent durchsetzen. Es sei ausdrücklich betont, daß auch die so verfeinerte spektrale Zerlegung die Folgerungen Newtons in vollem Umfang bestätigt hat.

Das Maß der Dispersion; Fraunhofersche Linien. Erzeugt man mit Prismen aus verschiedenem Material (evtl. mit Hohlprismen, die mit verschiedenen Flüssigkeiten gefüllt sind), aber alle vom gleichen brechenden Winkel, unter Benutzung des gleichen optischen Aufbaus Spektren etwa von Sonnenlicht, so beobachtet man, daß nicht nur die Brechung, die die Prismen infolge ihrer verschiedenen Brechungsquotienten hervorrufen, sondern auch die Länge der Spektren ganz verschieden ausfällt. Z. B. verhalten sich die Längen der Spektren, die von Prismen aus Wasser, aus Kronglas, aus Flintglas und aus Schwefelkohlenstoff unter gleichen Bedingungen erzeugt werden, wie $1:1,5:3:6,5$.

Um die Länge eines Spektrums genau festzulegen, ist es erforderlich, zwei bestimmte Farben herauszugreifen und ihren Abstand im Spektrum zu messen. Eine solche Messung ist aber nur ungenau durchführbar, da die Farben ja kontinuierlich ineinander übergehen. Hier hilft eine Entdeckung von J. von Fraunhofer (1814) weiter. Bei dem Bestreben, die Brechungsquotienten verschiedener Glassorten für ein und dieselbe Wellenlänge zu messen, entdeckte er im Sonnenspektrum eine große Zahl schwarzer Linien, die bei Benutzung eines hinreichend schmalen Spaltes sichtbar sind; d. h. es fehlen im Sonnenspektrum gewisse Lichtarten. (Fraunhofer konnte insgesamt 567 dunkle Linien zählen, heute sind über 20 000 im Sonnenspektrum bekannt.) Man nennt diese Linien **Fraunhofersche Linien**; sie ermöglichen es, im Spektrum den Ort bestimmter Farben zu identifizieren. Von den vielen Tausend im Sonnenspektrum vorhandenen Linien sind in dem Spektrum der Abbildung 13 auf Tafel 1 die zehn stärksten eingezeichnet. Es ist seit Fraunhofer üblich, sie mit großen und kleinen Buchstaben zu bezeichnen. In der nebenstehenden Tabelle sind die Wellenlängen der wichtigsten dieser Linien zusammengestellt.

Tab. 6. Fraunhofersche Linien

Linie	Wellenlänge	Farbe
A	760,8 mμ	Dunkelrot
a	718,4	Dunkelrot
B	686,7	Rot
C	656,3	Rot
D_1	589,6	Gelb
D_2	589,0	Gelb
E	527,0	Grün
b	517,2	Grün
F	486,1	Blaugrün
G	430,8	Blau
H	396,8	Violett
K	393,4	Violett

Tab. 7. Dispersion einiger Stoffe

Stoff	n_A	n_B	n_C	n_D	n_E	n_F	n_G	n_H	$n_F - n_C$	$v = \dfrac{n_D - 1}{n_F - n_C}$
Wasser	1,3289	1,3304	1,3312	1,3330	1,3352	1,3371	1,3406	1,3435	0,0059	56,4
Terpentinöl	1,4552	1,4684	1,4694	1,4723	1,4760	1,4794	1,4858	1,4915	0,0100	47,2
Benzol	1,4910	1,4945	1,4963	1,5013	1,5077	1,5134	1,5243	1,5340	0,0171	29,3
Schwefelkohlenstoff	1,6088	1,6149	1,6182	1,6277	1,6405	1,6523	1,6765	1,6994	0,0341	18,4
Flußspat	1,4310	1,4320	1,4325	1,4338	1,4355	1,4370	1,4398	1,4421	0,0045	96,4
Borkronglas BK 1	1,5049	1,5067	1,5076	1,5100	1,5130	1,5157	1,5205	1,5246	0,0081	62,9
Schwerkronglas SK 1	1,6035	1,6058	1,6070	1,6102	1,6142	1,6178	1,6244	1,6300	0,0108	56,5
Flintglas F 3	1,6029	1,6064	1,6081	1,6128	1,6190	1,6246	1,6355	1,6542	0,0165	37,0
Kalkspat/ord. Strahl	1,6500	1,6529	1,6544	1,6584	1,6634	1,6679	1,6761	1,6832	0,0135	48,8

Die Tabelle 7 bringt die Brechungsquotienten einiger Stoffe gegen Luft für die wichtigsten Fraunhoferschen Linien (auf die beiden letzten Spalten gehen wir weiter unten ein). Über den Begriff „ord. Strahl" vgl. Nr. 45.

In Abb. 198 ist die Abhängigkeit des Brechungsquotienten von der Wellenlänge, die sogenannte **Dispersionskurve**, für einige in obiger Tabelle aufgeführten Stoffe graphisch wiedergegeben und in Abb. 199 sind die Längen der Spektren dargestellt, wie sie unter übrigens gleichen Bedingungen mit Prismen aus einigen der genannten Stoffe erhalten werden. Die verschiedenen Spektren sind aber nicht nur verschieden lang, sondern auch die aus der Lage der einzelnen Fraunhoferschen Linien erkennbare Farbenverteilung im Spektrum ist ganz verschieden. Die Spektren sind in Abb. 199 so übereinander gezeichnet, daß die vom Punkt O aus gesehenen Linien C und H, die in der

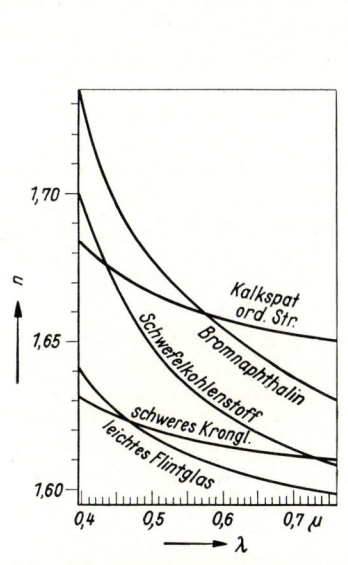

Abb. 198. Dispersionskurven verschiedener Stoffe

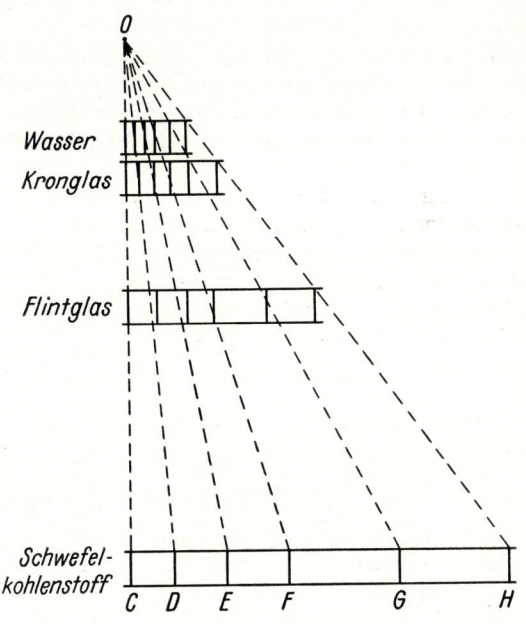

Abb. 199. Länge der unter gleichen Bedingungen mit Prismen aus verschiedenen Stoffen erzeugten Spektren

Abbildung die einzelnen Spektren begrenzen, auf einer Geraden liegen. Man sieht sofort, daß dies für die übrigen einander entsprechenden Linien nicht der Fall ist. Würde man also (z. B. bei Projektion) die einzelnen Spektren lediglich durch Verschieben des Schirmabstandes auf gleiche Länge bringen, so würden sie trotzdem ein verschiedenes Aussehen hinsichtlich der Verteilung der einzelnen Farben bzw. der Fraunhoferschen Linien darbieten.

Wir wollen dies Ergebnis noch zahlenmäßig festlegen. Nach der auf S. 40 mitgeteilten Gl. (14b) ist die Ablenkung δ_C, die die der Fraunhoferschen Linie C entsprechende Farbe durch ein Prisma mit dem kleinen brechenden Winkel ε erfährt:

(90) $$\delta_C = (n_C - 1)\varepsilon\,,$$

wenn n_C den Brechungsquotienten des Prismas für diese Lichtart bedeutet. Entsprechend ist für das durch die Linie H definierte Licht:

(90a) $$\delta_H = (n_H - 1)\varepsilon\,.$$

Die Differenz $\delta_H - \delta_C$ nennt man (willkürlich!) die **Gesamtdispersion** des Stoffes; für diese ergibt sich also:

$$(91) \qquad \Theta = \delta_H - \delta_C = (n_H - n_C)\,\varepsilon\,.$$

Θ bestimmt die Länge des Spektrums zwischen den Linien C und H und ist bei einem gegebenen Prisma der Differenz der den beiden Linien C und H zukommenden Brechungsquotienten proportional. Die Größe $n_H - n_C$ heißt entsprechend die **spezifische Dispersion** $\vartheta_{\text{spez.}}$ des betreffenden Materials. Es gilt also:

$$(92) \qquad \vartheta_{\text{spez.}} = n_H - n_C\,,$$

und somit:

$$(92\text{a}) \qquad \Theta = \vartheta_{\text{spez.}} \cdot \varepsilon\,.$$

Die für andere Fraunhofersche Linien angegebene Differenz der Brechungsquotienten wird **partielle Dispersion** genannt; die für den lichtstärksten Teil des Spektrums zwischen den Linien C und F (d. h. den Wellenlängen 656,3 mμ [rot] und 486,1 mμ [blau]), bestimmte Dispersion $n_F - n_C$ heißt **mittlere Dispersion**; sie ist in Spalte 9 der letzten Tabelle aufgeführt. Das Verhältnis der mittleren Dispersion $n_F - n_C$ zu dem um 1 verminderten Brechungsquotienten für die D-Linie wird die **relative Dispersion** $\vartheta_{\text{rel.}}$ des brechenden Stoffes genannt. Es ist also:

$$(93) \qquad \vartheta_{\text{rel.}} = \frac{n_F - n_C}{n_D - 1}\,.$$

Um bequemere Zahlen zu erhalten, ist es nach E. Abbe üblich, ihren reziproken Wert, die sogenannte **Abbesche Zahl** ν anzugeben; es ist also:

$$(94) \qquad \nu = \frac{n_D - 1}{n_F - n_C}\,.$$

Dieser Wert ist in Spalte 11 der Tabelle 7 angegeben.

Die physikalische Bedeutung von ν wird klar, wenn man bedenkt, daß analog zu Gl. (90) der Zähler $n_D - 1$ die mittlere Ablenkung des Lichtes durch das Prisma und der Nenner $(n_F - n_C)$ die mittlere Dispersion des Lichtes durch das Prisma bedeutet; die Abbesche Zahl ν stellt also kurz gesagt das Verhältnis von Brechung und Dispersion dar. Die Zahlenangaben in der 10. Spalte der Tabelle zeigen, daß die Abbesche Zahl für jeden Stoff individuell und keine universelle Konstante ist, wie Newton glaubte.

Zur groben Charakterisierung der optischen Eigenschaften eines Glases genügt die Kenntnis des mittleren Brechungsquotienten n_D sowie der Abbeschen Zahl ν; Glassorten mit starker Farbenzerstreuung haben eine große mittlere Dispersion $(n_F - n_C)$ und demzufolge eine kleine Abbesche Zahl, während Gläser mit geringer Dispersion eine kleine mittlere Dispersion und eine hohe Abbesche Zahl besitzen.

Um festzustellen, ob zwei gleiche Prismen aus verschiedenen Stoffen identische Spektren erzeugen, bildet man das Verhältnis der partiellen Dispersionen für verschiedene Linienpaare, z. B. $(n_C - n_B)/(n'_C - n'_B)$ oder $(n_G - n_F)/(n'_G - n'_F)$ usw. Sind diese Verhältnisse durch das ganze Spektrum konstant, so decken sich die Fraunhoferschen Linien auf der ganzen Länge der beiden Spektren. In der folgenden Tabelle sind diese Verhältnisse für Flintglas und Wasser sowie für Flintglas und Terpentinöl angegeben. Wie man aus diesen Zahlen sieht, ist das Verhältnis der partiellen Dispersionen für Flintglas und Wasser in den verschiedenen Spektralbereichen recht verschieden, während es für Flintglas und Terpentinöl nahezu konstant ist. Der blaue Teil eines Flintglasspektrums ist relativ länger als der eines Wasserspektrums, während bei Flintglas und Terpentinöl die Spektren praktisch identisch sind.

Stoffe	Verhältnis der partiellen Dispersionen für die Linienpaare					
	$C-B$	$D-C$	$E-D$	$F-E$	$G-F$	$H-G$
Flintglas/Wasser	2,125	2,611	2,818	2,947	3,114	3,348
Flintglas/Terpentinöl	1,700	1,620	1,675	1,647	1,703	1,701

Es war das Verdienst von G. A. Schott, in Zusammenarbeit mit E. Abbe zuerst optische Gläser geschaffen zu haben, die auf Grund der verschiedenen Zusammensetzung ihrer elementaren Bestandteile entweder bei gleicher relativer Dispersion beträchtliche Unterschiede in den Verhältnissen der partiellen Dispersion zeigen oder bei gleichem Gang der partiellen Dispersion merkliche Verschiedenheit der relativen Dispersion besitzen.

Die obige Charakterisierung eines Glases durch einen Brechungsquotienten (n_D) und die Abbesche Zahl ist, wie schon bemerkt, eine lediglich für praktische Zwecke ausreichende rohe Bewertung. Wenn man das Verhalten eines optischen Glases genau kennen will, muß man die zugehörige Dispersionskurve (Abb. 198) heranziehen. Dann ist $\frac{dn}{d\lambda}$, die Neigung der Tangente an die Dispersionskurve im Punkte (n, λ), das exakte Maß der Dispersion in jedem Punkte der Kurve. Wenn man die Dispersionskurve analytisch in der Form $n = n(\lambda)$ dargestellt hat, so folgt $\frac{dn}{d\lambda}$ durch Differentiation dieses Ausdruckes. Solche analytische Formulierung liegt in den Dispersionsgleichungen vor, die in Nr. 25 besprochen werden.

21. Achromatische und geradsichtige Prismen; chromatische Aberration

Das verschiedene Verhalten optischer Gläser bezüglich Brechung und Dispersion kann man zur Konstruktion von Prismen benutzen, die entweder eine Strahlenablenkung ohne Zerstreuung des Lichtes oder eine Farbenzerstreuung ohne gleichzeitige Ablenkung des mittleren Strahles ergeben. Prismen der ersten Art nennt man **achromatisch,** solche der zweiten Art **geradsichtig.**

Wir betrachten zunächst das **achromatische Prisma.** Es besteht aus zwei Prismen aus verschiedenem Glas von solchen brechenden Winkeln, daß die Farbenzerstreuung beider Prismen gleich groß, dagegen die Ablenkung des mittleren Strahls verschieden ist. Indem man diese beiden Prismen in umgekehrter Lage hintereinander schaltet, kompensiert man die Dispersion des Lichtes im ersten Prisma durch die gleichgroße aber entgegengesetzte zerstreuende Wirkung im zweiten; dabei wird aber die durch das erste Prisma erzeugte Strahlablenkung nur zum Teil aufgehoben, wie aus der Abbildung 200 hervorgeht. Für zwei Prismen aus dem in der Tabelle 7 auf S. 170 angeführten Kron- und Flintglas mit dem kleinen brechenden Winkel ε ergibt sich für die Gesamtablenkung δ_C der Linie C und die Gesamtdispersion Θ auf Grund der Gleichungen (90) und (91):

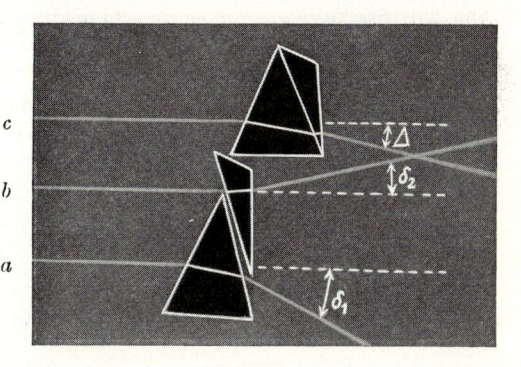

Abb. 200. Strahlenverlauf durch ein Kronglasprisma (a) und durch ein Flintglasprisma (b) sowie durch ein daraus zusammengesetztes achromatisches Prisma (c)

Kronglasprisma: $\delta_C = 0{,}5076\,\varepsilon$; $\Theta = 0{,}0170\,\varepsilon$
Flintglasprisma: $\delta_C = 0{,}6081\,\varepsilon$; $\Theta = 0{,}0461\,\varepsilon$.

Beide Prismen erzeugen also bei gleichem brechendem Winkel annähernd die gleiche Ablenkung, während die Dispersion (die Länge des Spektrums) beim Flintglasprisma fast dreimal so groß ist wie beim Kronglasprisma. Um also Spektren gleicher Länge zu erhalten, müssen sich die brechenden Winkel umgekehrt wie die spezifischen Dispersionen, d. h. wie 170 : 461, also annähernd wie 1 : 2,7 verhalten. Fügt man zwei derartige Prismen in der in Abb. 201 dargestellten Weise zusammen, so entsteht ein nahezu achromatisches Prisma, das den einfallenden Strahl um den Winkel $\varDelta = 0{,}768\,\varepsilon$ ohne Farbenzerstreuung ablenkt.

Der Strahlengang in dieser Prismenkombination ist der folgende: Von dem parallelen auf das Kronglasprisma auffallenden Strahlenbündel weißen Lichts betrachten wir nur den Mittelstrahl, der durch die erste Brechung im Innern in ein Spektrum zerlegt wird; von dem ganzen Strahlenfächer zeichnen wir nur die beiden äußersten roten und blauen Strahlen; der Winkel, den sie miteinander bilden, ist ein Maß für die Dispersion des Kronglasprismas. Beide Strahlen bleiben auch nach dem Austritt aus dem Kronglasprisma divergent und fallen so auf die erste Fläche des Flintglasprismas auf. In diesem Prisma wird — wegen der umgekehrten Wirkung desselben — ihre Divergenz verringert, und schließlich verlassen sie die letzte brechende Fläche parallel (Abb. 201). Eine Sammellinse (nicht gezeichnet) vereinigt beide Strahlen in einem Punkte ihrer Brennebene, allerdings nicht das gesamte Spektrum. Eine vollkommene Achromasie, d. h. eine völlige Farbfreiheit, wird auf diese Weise im allgemeinen nicht erreicht, sondern es bleibt ein farbiger Rest, das sogenannte „sekundäre Spektrum" übrig, weil ja die Kompensation der Dispersion wegen ihres verschiedenen Verlaufs in beiden Prismen gerade nur für zwei Wellenlängen exakt erreicht werden kann. Die Richtung der parallel austretenden Strahlen bildet mit der Richtung des einfallenden Parallelstrahlenbündels den Winkel $\varDelta$.

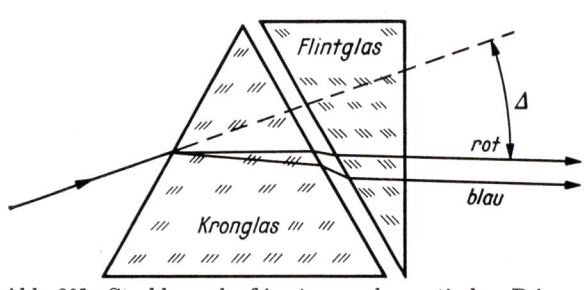

Abb. 201. Strahlenverlauf in einem achromatischen Prisma

Rechnerisch läßt sich die Bedingung für eine achromatische Prismenkombination einfach behandeln, wenn man, wie oben, den Prismenwinkel hinreichend klein macht. Für die Gesamtdispersion eines ersten Prismas zwischen den Fraunhoferschen Linien x und z gilt dann Gl. (91):

$$\Theta_{x,z} = (n_x - n_z)\,\varepsilon\,,$$

während die Ablenkung für die Wellenlänge der Fraunhoferlinie y durch Gl. (90) gegeben ist:

$$\delta_y = (n_y - 1)\,\varepsilon\,.$$

Für ein zweites Prisma aus anderem Glase gelten die entsprechenden Gleichungen, bei denen wir die einzelnen Größen mit einem Strich versehen:

$$\Theta'_{x,z} = (n'_x - n'_z)\,\varepsilon' \quad \text{und} \quad \delta'_y = (n'_y - 1)\,\varepsilon'\,.$$

Stehen die Prismen, wie in Abb. 200, entgegengesetzt, so wird sowohl die Gesamtablenkung $\varDelta_y$ gleich der Differenz $\delta_y - \delta'_y$ der Einzelablenkungen als auch die resultierende Dispersion $\overline{\Theta}_{x,z}$ gleich der Differenz der Einzeldispersionen $\Theta_{x,z} - \Theta'_{x,z}$, so daß wir die beiden Gleichungen erhalten:

(95) $$\varDelta_y = (n_y - 1)\,\varepsilon - (n'_y - 1)\,\varepsilon'\,,$$

(96) $$\overline{\Theta}_{x,z} = (n_x - n_z)\,\varepsilon - (n'_x - n'_z)\,\varepsilon'\,.$$

Als Bedingung für das Verschwinden der Farbenzerstreuung der Prismenkombination finden wir also:

(97) $$\overline{\Theta}_{x,z} = 0\,, \quad \text{d. h.} \quad \frac{\varepsilon}{\varepsilon'} = \frac{n'_x - n'_z}{n_x - n_z}\,.$$

21. Achromatische und geradsichtige Prismen; chromatische Aberration

D. h.: die brechenden Winkel der beiden Prismen der achromatischen Kombination müssen sich umgekehrt verhalten wie die partiellen Dispersionen der beiden Glassorten für die zugrunde gelegten Wellenlängen. Für die Ablenkung der Fraunhoferlinie y ergibt sich aus (95) unter Benutzung von (97):

$$(98) \qquad \Delta_y = (n_x - n_z)\,\varepsilon \left[\frac{n_y - 1}{n_x - n_z} - \frac{n'_y - 1}{n'_x - n'_z} \right].$$

In praktischen Fällen wählt man als Farben x, y, z meistens die den Fraunhoferschen Linien F, D, C entsprechenden, man vereinigt also die beiden Farben Rot und Blau. Dann gehen Gl. (97) und (98) hier in

$$(97\mathrm{a}) \qquad \frac{\varepsilon}{\varepsilon'} = \frac{n'_F - n'_C}{n_F - n_C}$$

und

$$(98\mathrm{a}) \qquad \Delta_D = (n_F - n_C)\,\varepsilon\,(\nu - \nu')$$

über, wobei ν und ν' die zugehörigen Abbeschen Zahlen sind. Aus der letzten Gleichung ersieht man, daß der Aufbau eines achromatischen Prismas nur möglich ist, wenn die Abbeschen Zahlen der beiden Glassorten verschieden sind.

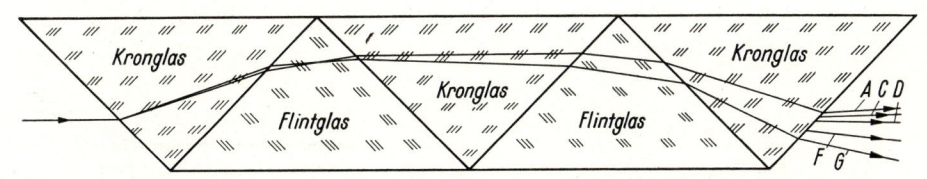

Abb. 202. Strahlenverlauf in einem aus fünf Prismen zusammengesetzten Geradsichtprisma

Für die beiden in Tabelle 7 auf S. 170 angegebenen Kron- und Flintgläser erhalten wir aus den Gl. (97a) und (98a) die Beziehungen:

$$\frac{\varepsilon}{\varepsilon'} = \frac{0{,}0165}{0{,}0081} \quad \text{und} \quad \Delta_D = 0{,}0081\,\varepsilon\,(62{,}9 - 37)\,.$$

Wählen wir für das Kronglasprisma einen brechenden Winkel von 10^0, so ergibt sich für das Flintglasprisma ein Winkel von $4^0 50' 24''$. Die resultierende mittlere Ablenkung des achromatischen Prismas ist dann $2^0 6'$.

Wie oben erwähnt, erzielt man so keine vollkommene Achromasie des gebrochenen weißen Lichtbüschels. Das ist jedoch möglich, wenn der Quotient der partiellen Dispersionen der benutzten Prismenmaterialien im ganzen Spektrum konstant ist (was nach der Tabelle auf S. 173 z. B. für Flintglas und Terpentinöl angenähert zutrifft), d. h. wenn die beiden Dispersionskurven den Bedingungen genügen: $n = f(\lambda)$ und $n' = k f(\lambda)$. Denn dann wird Gl. (98) für die Ablenkung einer mittleren Wellenlänge:

$$\Delta_y = (n_x - n_z)\,\varepsilon \left[\frac{n_y - 1}{n_x - n_z} - \frac{k n_y - 1}{k(n_x - n_z)} \right] = \varepsilon \left(\frac{1}{k} - 1 \right),$$

d. h. die Ablenkung ist für alle Wellenlängen die gleiche, was zu beweisen war.

Gerade umgekehrt liegen die Verhältnisse bei dem von G. Amici (1860) angegebenen **Geradsichtprisma**. Bei diesem verlangt man Dispersion bei verschwindender Ablenkung eines mittleren Strahles. Man setzt gewöhnlich ein solches Prisma aus drei oder fünf Prismen nach Abb. 202 zusammen, die man mit Kanadabalsam aneinander kittet.

Die mathematische Bedingung für ein zweiteiliges Geradsichtprisma mit kleinen brechenden Winkeln ist, daß in Gl. (95) $\Delta_y = 0$ wird; das liefert die Beziehung:

$$(99) \qquad \frac{\varepsilon}{\varepsilon'} = \frac{n'_y - 1}{n_y - 1}\,.$$

Die brechenden Winkel von zwei zu einem Geradsichtprisma zusammentretenden Prismen müssen sich also umgekehrt verhalten wie die für die nicht abgelenkte Farbe gültigen um 1 verminderten Brechungsquotienten der beiden Glassorten.

Unter Benutzung dieser Beziehung folgt aus Gl. (96) weiter:

$$(100) \qquad \overline{\Theta}_{x,z} = \varepsilon \, (n_y - 1) \left[\frac{n_x - n_z}{n_y - 1} - \frac{n'_x - n'_z}{n'_y - 1} \right].$$

Wählt man wieder die den Fraunhoferschen Linien F, D, C entsprechenden Farben für die Größen x, y, z, so lassen sich die letzten beiden Gleichungen in der Form schreiben:

$$(99\,\mathrm{a}) \qquad \frac{\varepsilon}{\varepsilon'} = \frac{n'_D - 1}{n_D - 1},$$

$$(100\,\mathrm{a}) \qquad \overline{\Theta}_{x,z} = (n_D - 1)\, \varepsilon \left[\frac{1}{\nu} - \frac{1}{\nu'} \right].$$

Es ist also auch ein Geradsichtprisma nur dann möglich, wenn die Abbeschen Zahlen für die beiden verwendeten Glassorten verschieden sind.

Wenn die mathematischen Beziehungen hier zwar nur für den selten verwirklichten Fall kleiner brechender Winkel abgeleitet wurden, so ändert sich das Grundsätzliche auch bei strenger Rechnung nicht.

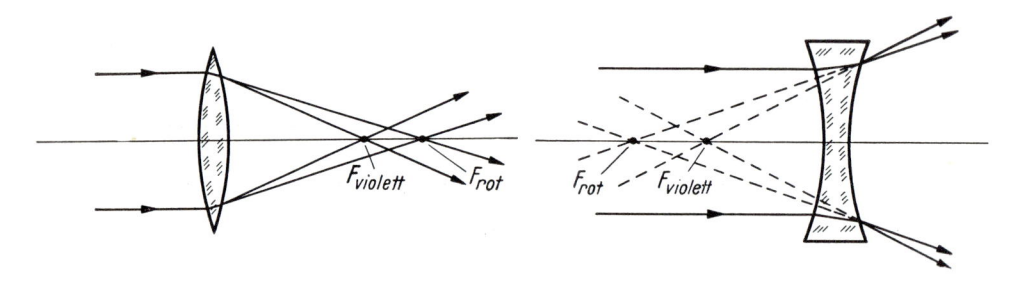

Abb. 203. Chromatische Aberration (Konkavlinse)

Abb. 204. Chromatische Aberration (Konvexlinse)

Chromatische Aberration und achromatische Linsen. Die Veränderlichkeit des Brechungsquotienten mit der Wellenlänge wirkt sich natürlich auch bei Linsen aus und erzeugt dort — neben den in Nr. 10 besprochenen Linsenfehlern — einen neuen, die sog. chromatische Aberration. Denn es kommt bei einer mit weißem Licht durch eine Linse erzeugten Abbildung für jede Wellenlänge oder Spektralfarbe eine besondere Abbildung zustande. Alle diese Abbildungen überlagern sich und ergeben auch bei sonst vollständig korrigierten Systemen ein mit farbigen Rändern versehenes und daher unscharfes, verschwommenes Bild.

Wie man z. B. aus Gl. (40c) auf S. 73 für die Brennweite einer dünnen Linse ersieht, sind die Brennweiten für violette Strahlen kleiner als für rote, da $n_{\mathrm{viol.}} > n_{\mathrm{rot}}$ ist. Die Abb. 203 und 204 zeigen den Strahlenverlauf eines parallel zur Achse bei einer Konvex- oder einer Konkavlinse auffallenden Strahlenbündels von weißem Licht. An Stelle eines Brennpunktes ergibt sich für jede Farbe ein besonderer Brennpunkt, die umso weiter auseinander liegen, je größer die Dispersion des verwendeten Glases ist. Nun kann man aber in Analogie zum achromatischen Prisma durch Hintereinanderschaltung einer Sammellinse und einer Zerstreuungslinse aus geeigneten Gläsern eine achromatische Linse schaffen, bei der diese chromatische Aberration zum mindesten für zwei Farben völlig behoben ist. Dies hat zuerst der englische Mechaniker J. Dol-

21. Achromatische und gradsichtige Prismen; chromatische Abberration

lond (1757) gezeigt. Bedingung ist dabei, wie man aus Abb. 205 erkennt, daß die Dispersion der Sammellinse durch die der Zerstreuungslinse gerade aufgehoben wird, wobei aber eine Ablenkung der einfallenden Strahlen bestehen bleiben muß. Ein solches Linsensystem nennt man einen **Achromaten**.

Wie sind nun zu diesem Zwecke die Brennweiten der beiden Linsen zu wählen? Wir beschränken unsere Überlegungen der Einfachheit halber auf dünne Linsen. Nach Gl. (45c) auf S. 73 ist die Brechkraft einer solchen:

$$D = \frac{1}{f} = (n-1)\left(\frac{1}{r_1} - \frac{1}{r_2}\right),$$

(r_1 und r_2 die beiden Krümmungsradien der Linse). Für eine benachbarte Spektralfarbe, für die der Brechungsquotient $n + \Delta n$ sein möge, findet man die Änderung der Brechkraft leicht durch Differenzbildung; das liefert:

$$\Delta D = \Delta \frac{1}{f} = \left(\frac{1}{r_1} - \frac{1}{r_2}\right) \Delta n = \frac{1}{f} \frac{\Delta n}{n-1}.$$

Diese Gleichung gilt mit guter Annäherung auch für weiter auseinander liegende Spektralfarben; dann wird $\Delta n = n_F - n_C$, also

$$\frac{\Delta n}{n-1} = \frac{n_F - n_C}{n_D - 1} = \frac{1}{\nu}$$

($\nu =$ Abbesche Zahl). Also gilt weiter:

$$\Delta D = \Delta\left(\frac{1}{f}\right) = \frac{1}{f}\frac{1}{\nu}.$$

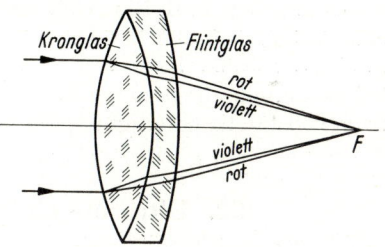

Abb. 205. Achromatische Linse

Für zwei dicht hintereinander stehende Linsen mit den Einzelbrennweiten f_1 und f_2 gilt für die resultierende Brennweite f_r:

$$\frac{1}{f_r} = \frac{1}{f_1} + \frac{1}{f_2},$$

und demnach auch:

(101) $$\Delta\left(\frac{1}{f_r}\right) = \Delta\left(\frac{1}{f_1}\right) + \Delta\left(\frac{1}{f_2}\right).$$

Hieraus folgt als Bedingung dafür, daß die Brennweiten des Systems für die in Betracht kommenden beiden Farben gleich sind:

$$\Delta\left(\frac{1}{f_r}\right) = 0.$$

Damit ergibt sich als Bedingung für die Achromasie der zusammengesetzten Linse:

(102) $$\frac{1}{\nu_1 f_1} + \frac{1}{\nu_2 f_2} = 0.$$

Da ν_1 und ν_2 dasselbe Vorzeichen haben, müssen f_1 und f_2 entgegengesetzte Vorzeichen besitzen, es ist also die Vereinigung einer konvexen mit einer konkaven Linse erforderlich (Abb. 205). Wählt man z. B. die beiden in der Tabelle 7 auf S. 170 aufgeführten Glassorten und gibt der aus Borkronglas angefertigten Sammellinse willkürlich eine Brennweite $f_1 = 10$ cm, so muß die konkave Flintglaslinse die Brennweite

$$f_2 = -f_1 \frac{\nu_1}{\nu_2} = -10 \frac{62{,}9}{37{,}0} = -17 \text{ cm}$$

haben. Die resultierende Brennweite des Achromaten ist dann:

$$f_r = 24{,}25 \text{ cm}.$$

Man erkennt auch hier, daß ein Achromat nur dann möglich ist, wenn $v_1 \neq v_2$ ist. Wäre nämlich $v_1 = v_2$, so würde $f_1 = -f_2$ sein, und die resultierende Brennweite würde unendlich werden, d. h. diese Kombination würde gleichzeitig ihre Brechkraft verlieren. Dies ist genau so wie beim achromatischen Prisma.

Eine historische Bemerkung mag am Platze sein: Von seiner falschen Vorstellung ausgehend, daß v für alle Stoffe den gleichen Wert habe, kam Newton zu der unrichtigen Behauptung, achromatische Linsen seien unmöglich; er ging also dazu über, Spiegelteleskope zu konstruieren bzw. zu verbessern. Der berühmte Mathematiker Leonhard Euler behauptete dagegen, Achromate müßten möglich sein, da das Auge farblose Bilder gebe. Auch diese letztere Behauptung ist unrichtig. Aber sie war es, die Dollond zu seinen schließlich mit Erfolg gekrönten Versuchen veranlaßte, achromatische Objektive herzustellen.

Es ist klar, daß die chromatische Aberration, auch wenn sie für zwei Farben beseitigt ist (im vorliegenden Falle für C und F), doch noch für andere Farben bestehenbleibt. Man nennt auch hier diese noch vorhandene chromatische Abweichung das **sekundäre Spektrum**. Durch Benutzung der modernen optischen Gläser lassen sich heute Systeme aus nur zwei Linsen herstellen, bei denen mindestens drei auseinanderliegende Spektralfarben, z. B. Rot, Gelb und Blau eine vollständige Vereinigung erfahren, so daß eine Farberscheinung bei der optischen Abbildung praktisch beseitigt ist. Man spricht in einem solchen Falle von **apochromatischer Korrektion**. Mikroskopobjektive, bei denen, allerdings unter Benutzung von mehr als zwei Linsen, das sekundäre Spektrum vollständig beseitigt ist, werden daher nach E. Abbe als **Apochromate** bezeichnet.

22. Ultrarote (infrarote) und ultraviolette Strahlen

In Nr. 20 hatten wir das durch ein Prisma entworfene Spektrum des weißen Lichtes als ein Farbenband beschrieben, das an dem einen Ende durch rote, an dem anderen durch violette Strahlen begrenzt wird. Die Begrenzung des „sichtbaren" Spektrums ist aber nicht dadurch bedingt, daß jenseits der beiden Enden keine Strahlung anderer Wellenlängen mehr vorhanden ist, sondern lediglich durch die physiologische Tatsache, daß unser Auge nur für den Wellenbereich von etwa $0{,}4\,\mu$ (Violett) bis etwa $0{,}8\,\mu$ (Rot) empfindlich ist. Dieser Sachverhalt, der uns heute beinahe selbstverständlich erscheint, weil wir gelernt haben, zwischen physikalischer und physiologischer Optik streng zu unterscheiden, war vor etwa 150 Jahren keineswegs einleuchtend, und so war es eine Sensation, als jenseits der Grenzen des sichtbaren Spektrums auch unsichtbare Strahlung entdeckt wurde. Voraussetzung für den Nachweis solcher unsichtbarer Strahlung ist natürlich, daß Prisma und Linsen, die sich im Strahlengang befinden, für diese Strahlungen noch durchlässig sind, was natürlich von Fall zu Fall untersucht werden muß.

1μ (1 Mikron) ist hier „Name" für $1\,\mu\mathrm{m} = 10^{-6}$ m (wie „Ångström" für 10^{-10} m). $1\,\mathrm{m}\mu = 10^{-3}\,\mu = 1$ nm (Nanometer) $= 10^{-9}$ m. Die Bezeichnungen μm und nm finden sich häufiger in der neueren Literatur.

Ultrarote Strahlung. Entwirft man mit Hilfe von Glasprisma und Glaslinsen ein Spektrum z. B. vom Licht der Bogenlampe oder der Sonne, und führt durch das Spektrum eine mit einem Galvanometer verbundene Thermosäule (Bd. II) oder ein anderes Energiemeßinstrument, so findet man, daß die Galvanometerausschläge, die die Intensität oder Strahlungsleistung messen, vom violetten Ende des Spektrums nach dem roten hin zunehmen und sogar ihren größten Wert erst jenseits des roten Endes erreichen, um dann rasch auf Null abzusinken. Das bedeutet wiederum nicht, daß nun weiter außerhalb keine Strahlung mehr vorhanden ist; denn wiederholt man den Versuch — statt mit Glasprismen und -Linsen — z. B. mit Quarz-, Flußspat-, Steinsalz- oder Sylvinprismen und -Linsen, so kann man die unsichtbare Strahlung viel weiter verfolgen. Das zeigt uns schon, daß Glas von einer gewissen Wellenlänge ab

22. Ultrarote und ultraviolette Strahlen

für die unsichtbare Strahlung undurchlässig wird und durch einen der oben genannten Stoffe ersetzt werden muß (in der genannten Reihenfolge Quarz, Flußspat, Steinsalz, Sylvin), wenn man zu großen Wellenlängen vordringen will.

Die hier nachgewiesene Strahlung jenseits des roten Endes des Spektrums heißt **ultrarote** (auch **infrarote**) **Strahlung**. Sie wurde 1800 von F. W. Herschel entdeckt, als er ein berußtes Thermometer durch das Sonnenspektrum hindurchführte und dessen Erwärmung feststellte. Die ultraroten Strahlen sind identisch mit den „Wärmestrahlen", die z. B. von einem heißen Ofen ausgehen; ihre Wellenlänge ist größer als 0,8 μ, und im Laufe eines Jahrhunderts ist der ultrarote Wellenbereich immer weiter ausgedehnt worden, namentlich durch Arbeiten von S. P. Langley (1881) und H. Rubens (1894). Die längsten Wellenlängen sind z.Z. $\lambda = 342\ \mu$, $420\ \mu$ und $1300\ \mu$, die von H. Rubens und O. v. Baeyer (1911), von E. F. Nichols und J. D. Tear

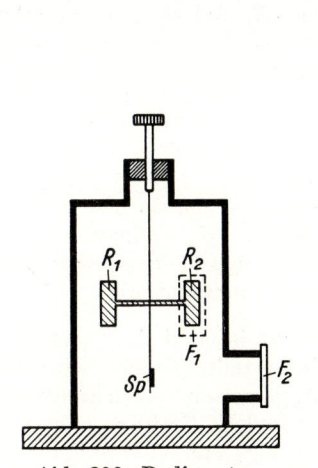

Abb. 206. Radiometer 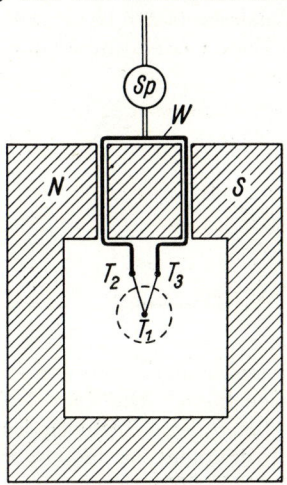   Abb. 207. Mikroradiometer

(1925) und von L. Genzel und W. Eckhard (1954) in der Strahlung der Quecksilberdampflampe gefunden wurden[1]). Da Nichols und Tear (1925) als kleinste elektrische Wellenlänge im engeren Sinne 0,22 mm mit Hilfe kleiner elektrischer Oszillatoren erzeugen konnten, ragt die ultrarote Strahlung schon in das Gebiet der elektrischen Wellen hinein; sie umfaßt rund 10 Oktaven, während der Umfang der sichtbaren Strahlung nur etwa 1 Oktave beträgt. Der Ausdruck „Wärmestrahlen" ist mit etwas Vorsicht zu benutzen. Er bedeutet **nicht**, daß die Wärmestrahlen, wie man die ultraroten Strahlen zuweilen bezeichnet, etwas qualitativ anders wären, als die „sichtbare" oder irgendeine andere elektromagnetische Strahlung. **Alle elektromagnetischen Strahlen — von den Röntgenstrahlen bis zu den längsten Hertzschen Wellen — sind Wärmestrahlen** im richtig verstandenen Sinne, daß nämlich ihre „elektromagnetische" Energie beim Auftreffen auf Materie (z. B. eine berußte Fläche) in Wärmeenergie verwandelt und auf diese Weise gemessen werden kann. Das geht schon aus dem oben geschilderten Versuch hervor, daß das Energiemeßinstrument auch im violetten, blauen, grünen, roten und nicht nur im ultraroten Gebiet einen Ausschlag liefert, der von der Erwärmung herrührt. Wir messen eben grundsätzlich die elektromagnetische Energie dadurch, daß

---

[1]) Allerdings nicht durch die bisher verwendete Methode der prismatischen Zerlegung; diese ist nicht mehr anwendbar, weil im weiteren Ultrarot ($\lambda \gg 30\ \mu$) alle Prismensubstanzen undurchlässig werden. An ihre Stelle treten die Rubensschen Methoden der „Reststrahlen" und die „Quarzlinsenmethode"; vgl. hierzu Nr. 25 S. 205/206.

wir sie (z. B. mit Hilfe der Thermosäule) in Wärmeenergie umwandeln. Das gilt im Prinzip ebenso für die Röntgenstrahlen und für die Hertzschen Wellen. Daß man dennoch mit Vorliebe die ultrarote Strahlung als Wärmestrahlung bezeichnet, hat seinen Grund darin, daß bei den Temperaturen unserer normalen Lichtquellen die ultrarote Strahlung mehr Energie hat als die sichtbare. Aber ein qualitativer Unterschied ist nicht vorhanden: die Lichtstrahlen sind „sichtbare" Wärmestrahlen.

Zum qualitativen Nachweis der Ultrarotstrahlung im Spektrum kann man sich für einen Vorlesungsversuch an Stelle der Thermosäule z. B. der in Bd. I beschriebenen Lichtmühle (Radiometer) von W. Crookes (1874) bedienen; die sekundliche Umdrehungszahl des Flügelrades ist als ungefähres Maß für die Intensität der auftreffenden Wärmestrahlung anzusehen. In Abb. 206 ist ein auf diesem Prinzip beruhendes, für quantitative Messungen geeignetes Radiometer dargestellt. In einem bis auf $1/10$ bis $1/100$ Torr evakuierten Gefäß hängt an einem dünnen Quarzfaden ein leichter Querstab, der an seinen Enden zwei dünne Glimmerscheiben R_1 und R_2 trägt, von denen die eine

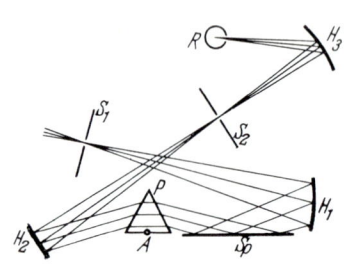

Abb. 208. Grundsätzlicher Aufbau eines Spiegelspektrometers
S_1 = Spalte, H_1 = Hohlspiegel, P = Prisma,
A = Drehachse für P und Planspiegel Sp,
R = Strahlungsempfänger

auf der zu bestrahlenden Seite mit Ruß geschwärzt ist und durch das Fenster F_1 bestrahlt[1]) werden kann. Die dem Aufhängefaden erteilte Torsion wird durch Spiegelablesung über den Spiegel Sp durch das Fenster F_2 gemessen. — Ein anderes früher häufig verwendetes Instrument ist das von C. V. Boys und H. Rubens angegebene Mikroradiometer (Abb. 207). Es ist eine Art Drehspulgalvanometer (vgl. hierzu Bd. II), dessen Spule aus einer einzigen Drahtwindung W besteht, die durch ein hochempfindliches Thermoelement geschlossen ist und sich im Felde eines starken Permanentmagneten befindet. Die eine Lötstelle ist berußt und wird bestrahlt, während die beiden anderen und vor der Strahlung geschützt sind. —

In kommerziellen Geräten werden vielfach Thermoelemente verwandt oder die sog. Golay-Zelle, bei der im Prinzip ein Luftvolumen erwärmt wird, dessen Ausdehnung eine Membran verbiegt, deren Deformation gemessen werden kann.

Abb. 208 zeigt den grundsätzlichen Aufbau eines Ultrarot-Spektrometers. Bemerkenswert ist die Verwendung von Spiegeln statt Linsen; die Absorption von Linsenmaterial und die nicht zu behebende chromatische Aberration von Linsen im Ultrarot ist damit umgangen. Sphärische Hohlspiegel zeigen allerdings starke sphärische Aberration, insbesondere bei dem hier notwendigen außeraxialen Strahlengang. Deren Einfluß wird nach Czerny und Turner durch den in Abb. 208 gezeichneten „gekreuzten" Strahlengang durch teilweise Kompensation der bei H_1 und H_2 entstehenden Aberrationen vermindert. Unumgehbar ist die Absorption im Prismenmaterial, wodurch der ausnutzbare Wellenlängenbereich begrenzt wird (Abb. 210).

Die angegebene Konstruktion gehört zu der Klasse der Spektrometer mit konstanter Ablenkung. D. h., der Kollimatorteil S_1H_1 und das Beobachtungsfernrohr S_2H_2 (vgl. auch Abb. 57) bleiben fest; die Wellenlänge, die auf S_2 fällt, wird durch Drehung der sog. Wadsworth-Einrichtung P-Sp um die gemeinsame Drehachse A ein-

---

[1]) Das Fenster F_1 muß mit einer für die ultrarote Strahlung durchlässigen Platte verschlossen sein, wozu sich z. B. Flußspat, Steinsalz, Sylvin, nicht aber Glas eignen.

gestellt. Wie aus Abb. 209 zu erkennen ist, hat die Wadsworth-Einrichtung die Wirkung, den im Minimum der Ablenkung durchgehenden Strahl parallel mit sich selbst zu verschieben, und zwar unabhängig von dem jeweiligen Wert von α, durch den die Wellenlänge bestimmt wird, die durch S_2 ausgesondert wird. (Auch andere Winkel zwischen Prisma und Planspiegel sind möglich; auch dann ist konstante Ablenkung erreichbar.) Welche Wellenlänge durch S_2 hindurchgeht, berechnet sich aus der bekannten Dispersion $n(\lambda)$ des Prismenmaterials in Verbindung mit der für das Minimum der Ablenkung gültigen Beziehung

$$n = \sin\frac{(\varepsilon + \delta)}{2} \Big/ \sin\frac{\varepsilon}{2}$$

(ε = Prismenwinkel, $\delta = 2\alpha$ = Gesamtablenkung im Prisma).

Die ultrarote Strahlung schließt sich in ihrem langwelligen Ende lückenlos an die elektrischen Wellen im engeren Sinn an, die man ja vom systematischen Standpunkt

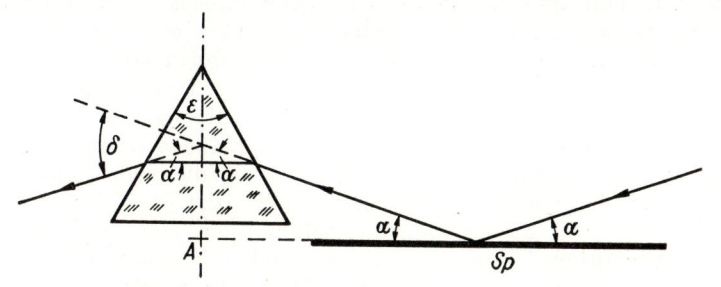

Abb. 209. Strahlengang durch die Wadsworth-Einrichtung

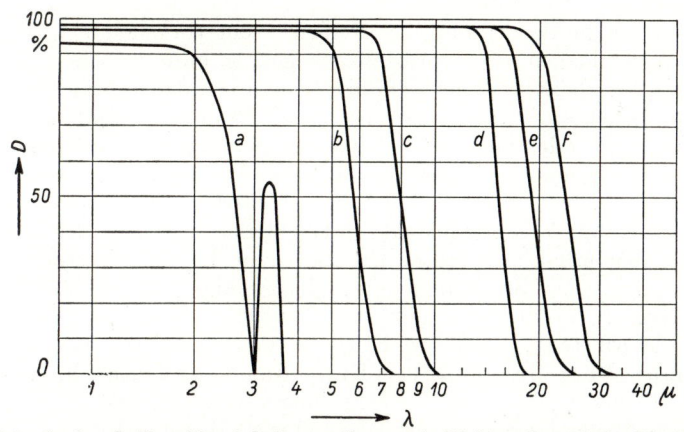

Abb. 210. Spektrale Durchlässigkeit von Quarz (a), Lithiumfluorid (b), Flußspat (c), Steinsalz (d), Sylvin (e) und Kaliumbromid (f)
(Schichtdicke 3 cm)

aus auch als sehr langwelliges Ultrarot bezeichnen könnte. Auf diesen Teil des elektromagnetischen Spektrums brauchen wir aber hier nicht einzugehen, da Erzeugung und Eigenschaften der elektrischen Wellen im zweiten Bande ausführlich besprochen werden.

Ultraviolette Strahlen. Ebensowenig, wie das Spektrum auf der Seite der längeren Wellen mit Rot abbricht, ist dies der Fall jenseits des violetten Endes des Spektrums; diese Tatsache wurde von J. W. Ritter (1801) entdeckt; zum Nachweis benutzte er die photochemische Wirkung (S. 183).

Es gibt mehrere Methoden, diese sogenannte **ultraviolette Strahlung** nachzuweisen. Grundsätzlich ist es möglich, sie durch ihre Wärmewirkung (z. B. mit einer Thermosäule und Galvanometer) nachzuweisen; denn wie bei der ultraroten und sichtbaren Strahlung läßt sich auch hier die Strahlungsenergie in Wärme umwandeln und messen: Die ultraviolette Strahlung ist in diesem Sinne eben eine Wärmestrahlung. Diese Methode ist nur selten angewendet worden, weil die Energie der Strahlungsquellen im ultravioletten Bereich i. a. viel geringer ist als die im ultraroten. — Bequemer sind deshalb im *UV* andere Methoden, zu deren Besprechung wir jetzt übergehen. Die erste derselben beruht auf der Erscheinung der **Fluoreszenz.** Darunter ist folgendes von G. G. Stokes (1852) entdeckte Phänomen verstanden: Wenn man z. B. auf eine (farblose) Lösung von Chininsulfat weißes Licht auffallen läßt, so leuchtet sie in hellblauer Eigenfärbung auf, und ebenso zeigt eine Lösung von Fluorescein dann ein grünes Leuchten; entsprechendes zeigt eine ätherische Chlorophyll-Lösung, die bei Bestrahlung rotes Licht aussendet, usw. Es handelt sich bei diesem Leuchten offensichtlich nicht um eine Reflexion der auffallenden Strahlung, sondern um eine Umwandlung derselben im Inneren des Stoffes unter Veränderung der Wellenlänge. Während normalerweise eine in den Stoff eindringende Strahlung darin z. T. absorbiert und in Wärme verwandelt wird — darauf beruht die oben erwähnte Möglichkeit, alle elektromagnetischen Strahlen mit Thermosäule und Galvanometer zu messen —, findet dies bei den fluoreszierenden Stoffen nicht statt. Vielmehr wird hier die eindringende Strahlung in eine solche anderer Wellenlänge (Farbe) umgewandelt, die für den betreffenden Stoff charakteristisch ist, wobei die betreffende Substanz diese umgewandelte Strahlung als Selbstleuchter emittiert. (Zu den fluoreszierenden Substanzen gehört auch der grünliche Flußspat [Fluorcalcium] von Cumberland, der bei Bestrahlung mit weißem Licht tiefblau aufleuchtet; vom Flußspat hat die Erscheinung durch Stokes den Namen „Fluoreszenz" erhalten.)

Bisher hatten wir die Bestrahlung mit weißem Licht vorgenommen. Will man aber wissen, welche Wellenlängen die Fluoreszenz erregen, so muß man die fluoreszierenden Substanzen durch ein Spektrum hindurchführen; man benutzt dabei gern einen Schirm, der mit einem Leuchtstoff bestrichen ist (sog. Röntgenschirm) und eine grüne Fluoreszenzfarbe zeigt, oder auch eine Platte aus dem ebenso leuchtenden Uranglas. Auf diese Weise stellt man fest, daß die längeren Wellen (Rot, Orange, Gelb) i. a. keine Fluoreszenz erzeugen. Sie tritt aber immer stärker auf, je weiter man in den kurzwelligen Teil (Blau, Violett) gelangt; dabei bleibt die Farbe der Eigenstrahlung der Fluoreszenz aber erhalten. Stokes hat auch eine Regel aufgestellt, nach der die die Fluoreszenz erregende Strahlung immer kurzwelliger ist als das erregte Licht (Stokessche Regel), wofür die angeführten Tatsachen Beispiele liefern.

Man stellt nun fest, daß die Fluoreszenzstrahlung auch noch auftritt, wenn man über das violette Ende des Spektrums hinausgeht: das beweist, daß dort kürzere Wellen in der Strahlung vorhanden sind, als sie dem Violett entsprechen, also Wellenlängen kleiner als 400 mμ. Wenn man also einen Papierstreifen in der Hälfte seiner Breite mit einem Leuchtstoff bestreicht, die andere Hälfte frei läßt und nun ein Sonnenspektrum auf dem Streifen so entwirft, daß etwa die obere Hälfte des Spektrums auf das Papier, die untere auf den Leuchtstoff fällt, so hat man den Anblick der Abb. 211: oben hat man das sichtbare Spektrum, von der Fraunhoferlinie *A* bis *H* reichend, unten außerdem das Fluoreszenzspektrum, auf dem die Linien *J, M, N, O* sichtbar sind. Die Linie *O* besitzt eine Wellenlänge von 344 mμ; das Spektrum ist also hier beträchtlich verlängert. Man sieht ferner, daß das (grünlich leuchtende) Fluoreszenzspektrum etwa von der im Blauen liegenden Linie *G* ($\lambda = 430{,}8$ mμ) erregt wird; alle diese Wellen sind also — in Übereinstimmung mit der Stokesschen Regel — kürzer als die dem grünen Fluoreszenzlicht entsprechende Wellenlänge. (Analog zu diesem Versuch setzt man bei den Ultraviolett-

22. Ultrarote und ultraviolette Strahlen

spektrographen in die Mattscheibe zur Scharfstellung des Spektrums einen Streifen von Uranglas ein.)

Die Fluoreszenzstrahlung erlischt in dem Augenblick, in dem die erregende Strahlung aufhört. In diesem Punkte unterscheidet sie sich von der **Phosphoreszenz,** die z. B. besonders präparierte Erdalkalisulfide zeigen; diese können ebenfalls durch kurzwelliges und ultraviolettes Licht zu einer Eigenstrahlung angeregt werden, die aber u. a. nur langsam abklingt. Solche Stoffe werden z. B. bei den Leuchtzifferblättern von Uhren verwendet; wegen der „Aufspeicherung" der erregten Strahlung werden sie **Phosphore,** d. h. Lichtträger genannt. Ein vielfach verwendeter Phosphor ist z. B. die sog. Sidotblende (Zinksulfidphosphor); ein mit diesem Phosphor bestrichener Schirm ist zur Ausführung von Demonstrationsversuchen mit ultravioletter Strahlung sehr geeignet.

Es gibt noch eine weitere Wirkung der kurzwelligen Strahlung, die zum Nachweis ultravioletten Lichtes verwendet werden kann, nämlich die **photochemische Wirkung.** Sie ist z. T. schon sehr lange bekannt; z. B. entdeckte C. W. Scheele die Lichtempfindlichkeit des Silbernitrats bereits 1725. Wenn man mit der farblosen Lösung von Silbernitrat Papier beschreibt, so ist die Schrift zunächst unsichtbar, bräunt sich aber im Tages-

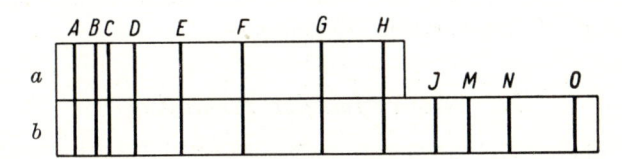

Abb. 211. Länge eines auf weißes Papier (a) und auf einen fluoreszierenden Schirm (b) projizierten Sonnenspektrums

licht allmählich. Bedeckt man die Schrift zur Hälfte mit einem roten, zur Hälfte mit einem blauen Glase, so tritt die Bräunung nur unter dem blauen, nicht unter dem roten Glase ein. Ferner werden die Halogenide des Silbers (AgCl, AgBr, AgJ) in kurzwelliger Strahlung zu Silber reduziert; eine Mischung von Cl_2 und H_2, die im Dunkeln beständig ist, geht bei Belichtung in Chlorknallgas (HCl) über, zuweilen explosionsartig; aus Sauerstoff O_2 wird Ozon O_3 gebildet usw. Wie genaue Versuche gezeigt haben, ist die Menge der Zersetzungsprodukte bei jeder der angeführten Reaktionen der eingestrahlten Intensität proportional, man kann diese photochemischen Prozesse also zur Intensitätsmessung im Ultravioletten benutzen. Aus der Reduktion der Silbersalze hat sich bekanntlich die **Photographie** entwickelt, die besonders zweckmäßig zur Bestimmung der ultravioletten Spektren ist; so hat Ritter in der Tat das Ultraviolett entdeckt.

Schließlich ist noch eine letzte Methode zum Nachweis und zur Messung des Ultraviolett zu nennen, die auf dem lichtelektrischen Effekt (vgl. Bd. II und Kap. VII) beruht; bei Bestrahlung mit kurzwelligem Licht werden aus einer Metallplatte Elektronen herausgeschleudert, die bei geeigneter Anordnung (in einer sog. Photozelle) einen Strom erzeugen, der wiederum der Intensität der auffallenden Strahlung proportional ist.

Analog zum Ultraroten zeigte sich auch hier, daß Glas, das man natürlich zuerst in der optischen Anordnung (Spektrometer bzw. Spektrograph) benutzt hatte, nur den ersten Anfang des ultravioletten Spektrums durchläßt. Um weiter vorzudringen, muß man Quarz- oder Flußspat-Optik benutzen. Während Glas das Ultraviolett nur bis zu einer Wellenlänge von etwa 340 mμ durchläßt, kommt man mit Quarz bis 200 mμ; zur Erreichung noch kleinerer Wellen muß man Flußspat verwenden. Dann stellte sich dem weiteren Vordringen ein neues Hindernis entgegen: der Sauerstoff der Luft absorbiert unterhalb 200 mµ immer stärker. Daher muß man **Vakuumspektrographen** mit eingebauter Strahlungsquelle verwenden, wie es zuerst von V. Schumann geschah. Das UV-Gebiet von 200—120 mµ wird daher zuweilen auch als „Schumann-UV" bezeichnet. Noch weiter gelangten 1920 Th. Lyman, nämlich bis zur Wellenlänge 60 mµ („Lyman-UV"), und R. A. Millikan, bis 13,66 mµ[1]). Da man auch Röntgenstrahlen bis zu dieser Wellenlänge erreichen kann (M. Siegbahn), ist der Anschluß des UV an das Röntgenspektrum lückenlos. Insgesamt umfaßt das UV-Spektrum zwischen 400 und 13,66 mµ fast 5 Oktaven, während das sichtbare Gebiet sich auf 1 Oktave beschränkt.

Von den Wirkungen des UV sei besonders die biologisch wichtige Tatsache erwähnt, daß das längere UV (380—280 mµ) eine Bräunung der Haut hervorruft und bei zu intensiver Bestrahlung zu Entzündungen führen kann (Sonnenbrand). Kürzere Wellen können eine Zerstörung der Gewebe hervorrufen. Daher ist allgemein beim Arbeiten mit UV-Licht Vorsicht geboten, namentlich Schutz der Augen durch eine Brille, die übrigens mit farblosen Gläsern versehen sein kann, die ab 340 mµ alles UV absorbieren.

Als besonders wirksame UV-Lichtquellen seien genannt die Bogenentladung zwischen Metallelektroden (namentlich Eisendochtkohlen), kondensierte Funkenentladung ebenfalls zwischen Metallelektroden (Zink, Aluminium) und besonders die Quecksilberdampflampe in einem Quarzrohr (sog. Höhensonne).

23. Absorption der Strahlung

Wir sind im Vorhergehenden mehrfach auf die Tatsache gestoßen, daß die benutzten Prismen- und Linsen-Materialien in gewissen Wellenlängenbereichen die Strahlung nicht mehr hindurchlassen, sie also absorbieren; das gilt sowohl im UR und UV wie im sichtbaren Gebiet. Ein rotes Glas z. B. hält aus dem weißen Licht gewisse Wellenlängen zurück, so daß die Mischung der übrigbleibenden „Rot" ergibt. Entsprechendes gilt für alle farbigen Gläser. Wie wir im folgenden noch sehen werden, **hängt die Absorption der Strahlen in einem bestimmten Material aufs engste mit seiner Dispersion zusammen.** Während wir bisher die Absorption nur nebenher, gewissermaßen aus technischen Gründen, erwähnten, müssen wir jetzt ihre Gesetzmäßigkeiten kennenlernen. Dazu ist es unbedingt notwendig, mit monochromatischer Strahlung zu arbeiten, sei es im UV, Sichtbaren oder UR; denn nur bei solcher liegen einfache Verhältnisse vor.

Wir wollen daher eine monochromatische Strahlung der Wellenlänge λ auf die Oberfläche eines Mediums auffallen lassen; dann wird ein bestimmter Bruchteil reflektiert und der Rest, dessen Strahlungsintensität wir Φ_0 nennen wollen, dringt in das Medium ein. Bleibt diese Strahlungsleistung Φ_0 unverändert beim Durchgang, so heißt das Medium „durchlässig", im Sichtbaren auch „durchsichtig"; nimmt die Strahlungsintensität ab, so heißt es „absorbierend"[2]). Wenn die Fortpflanzungsrichtung der Strahlung etwa die l-Richtung ist, so nimmt Φ mit wachsendem l ab. Nennen wir den Wert der noch vorhandenen Intensität an der Stelle l nunmehr Φ, so ist dieselbe an der Stelle $l + dl$ offenbar $\Phi - \dfrac{d\Phi}{dl} dl$, d. h. die Abnahme der Strahlung pro Längeneinheit

---

[1]) Diese kurzen Wellen lassen sich auch nicht mehr mit Flußspatoptik erreichen; Lyman und Millikan benutzten statt dessen Reflexionsbeugungsgitter (siehe Nr. 37, S. 288).

[2]) Unter eigentlicher Absorption versteht man die Umwandlung der Strahlungsenergie in Wärme, dabei wird die Strahlung als solche vernichtet. Es kann aber auch der Fall eintreten, daß die Strahlung in einem Medium, z. B. an den Molekülen desselben, zerstreut wird. Das bewirkt ebenfalls eine Schwächung der hindurchgehenden Intensität, obwohl die Strahlung als solche erhalten bleibt. Vorläufig unterscheiden wir diese beiden Fälle nicht, da die zu besprechenden Gesetze (103) und 103a) formal beiden gemeinsam sind. Übrigens brauchen wir hier nicht wie in Kap. II zwischen Φ und Φ_e zu unterscheiden.

ist $-\dfrac{d\Phi}{dl}$. Es liegt nahe, diesen Wert proportional dem gerade vorhandenen Wert der Intensität Φ zu setzen:

$$\frac{d\Phi}{dl} = -K\Phi(l), \quad \text{oder} \quad \frac{d\Phi}{\Phi} = -Kdl; \quad (K > 0).$$

Die Integration ergibt sofort:

$$ln\Phi = ln\Phi_0 - Kl,$$

oder, nach Übergang zu den Numeris:

(103) $$\Phi = \Phi_0 e^{-Kl}.$$

Φ_0 ist also die Strahlungsintensität, die an der Stelle $l = 0$ in das Medium eindringt. Das Gesetz (103) wird als das **Lambertsche Gesetz** bezeichnet; es besagt, daß in jeder Schicht dl des Materials der gleiche Bruchteil der eindringenden Strahlung verschluckt wird; die Größe K wird **Absorptionskonstante** genannt. K ist natürlich i. a. eine Funktion der Wellenlänge λ und der spezifischen Natur des absorbierenden Mediums, aber nicht von l, — daher die Bezeichnung „Absorptionskonstante". Da Kl in (103) dimensionslos ist, hat K die Dimension einer reziproken Länge, K wird also im absoluten Maßsystem in cm^{-1} gemessen; seine physikalische Bedeutung ist die des reziproken Weges, auf dem die Strahlungsleistung auf den e-ten Teil herabsinkt. Denn für $K = 1/l$ wird nach (103) $\Phi_l = \Phi_0 e^{-1}$. Wenn $1/K$ gerade gleich der Wellenlänge λ ist, so muß Φ_0 auf den e-ten Teil nach Durchlaufen einer Wellenlänge herabsinken.

A. Beer (1852) hat die Absorptionskonstante K genauer bestimmt, indem er von dem Gedanken ausging, daß die Absorption längs eines Weges l nur von der Gesamtzahl der im Strahlengang befindlichen absorbierenden Individuen (Atome, Moleküle) abhängen könne. Ist also die Konzentration der absorbierenden Zentren c (bzw. ihr Partialdruck p), so ist die Gesamtzahl der absorbierenden Zentren offenbar proportional dem Produkt cl (bzw. pl). Bedeutet daher K' (K'') eine andere Konstante, so kann das Lambertsche Gesetz (103) geschrieben werden:

(103a) $$\Phi = \Phi_0 e^{-K'cl} \quad \text{bzw.} \quad \Phi = \Phi_0 e^{-K''pl}.$$

In dieser Form wird es als **Lambert-Beersches Absorptionsgesetz** bezeichnet. Nach der zugrunde liegenden Auffassung sollte es also für die Absorption gleichgültig sein, ob man kleine Konzentrationen (oder Partialdrücke) und große Schichtdicken oder umgekehrt große Konzentrationen (und Partialdrücke) und kleine Schichtdicken verwendet, wenn nur das Produkt cl (oder pl) den gleichen Wert hat. Streng kann dies offenbar nur gelten, wenn die absorbierenden Zentren gegenseitig keine Wechselwirkung aufeinander ausüben, was man bei kleiner Konzentration (oder kleinem Partialdruck) wohl annehmen kann; zweifelhaft ist dies aber bei hohen Konzentrationen (Partialdrücken). Tatsächlich findet man dann auch Abweichungen vom Lambert-Beerschen Gesetz. Es kann auch vorkommen, daß bei gleichbleibendem Partialdruck (Konzentration) der absorbierenden Zentren auch nichtabsorbierende Fremdstoffe eine störende Einwirkung ausüben; das würde bedeuten, daß die Absorption nicht nur vom Partialdruck (Konzentration) sondern auch vom Gesamtdruck (Gesamtkonzentration) abhängt; auch solche Fälle sind mehrfach festgestellt worden. Man kann also nur sagen, daß das Lambert-Beersche Gesetz den Charakter eines Grenzgesetzes für kleine Konzentrationen und Partialdrücke hat.

Aus theoretischen Gründen, die erst später (S. 199) hervortreten werden, setzt man zweckmäßig die Absorptionskonstante K

(103b) $$K = \frac{4\pi n\varkappa}{\lambda},$$

wo $\varkappa$ als Absorptionsindex bezeichnet wird. n ist der Brechungsindex. Da K eine reziproke Länge ist, wird der Absorptionsindex $\varkappa$ dimensionslos, d. h. eine reine Zahl.

Die Absorptionskonstante K kann in Abhängigkeit von der Wellenlänge mit einem Spektralphotometer gemessen werden. Im Prinzip besteht ein Spektralphotometer aus zwei Spektrometern etwa in der Form, daß der Spalt eines Spektrometers derart unterteilt wird, daß die untere Hälfte frei bleibt, die obere Häflte von der absorbierenden Substanz bedeckt wird und beide Hälften von der gleichen Strahlungsquelle beleuchtet werden. Dann entstehen zwei übereinanderliegende Spektren mit verschiedenen Helligkeiten für die verschiedenen Wellenlängen. Durch meßbare Schwächung der Strahlung durch den Vergleichsspalt (Verkleinerung des Spalts, Vorschaltung eines Filters bekannter Absorption, rotierender Sektor) werden die beiden Spektren bei jeder Wellenlänge auf gleiche Helligkeit gebracht. Die dazu nötige Schwächung des Vergleichsspektrums gibt dann ein Maß für die Absorption des untersuchten Stoffs. In anderen Formen von Spektralphotometern, speziell in solchen für objektive Strahlungsempfänger, wird der Spalt nicht unterteilt; jedoch wird der Strahlengang vor dem Spalt in zwei Teile geteilt, und ein Spiegel, der periodisch ein- und ausgeschaltet wird, bringt abwechselnd den einen oder den anderen Strahlengang zum Spektrometerspalt. Die mit Spiegel ein oder aus im Meßinstrument angezeigten Intensitäten werden dann miteinander verglichen. Bei moderner technischer Ausführung solcher Spektralphotometer wird der Intensitätsvergleich durch geeignete Kompensationsschaltungen automatisch vorgenommen. Das ändert nichts am Prinzip. Das periodische Ein- und Ausschalten hat übrigens den weiteren Vorteil, Störung der Messung durch Umgebungseinflüsse, die langsam gegenüber der Wechselperiode erfolgen, dadurch auszuschalten, daß man die Empfänger in einen Wechselstromkreis einbaut, der auf die Wechselperiode abgstimmt ist, so daß sie auf Strahlung, die nicht mit dieser Periode „moduliert" ist, praktisch nicht ansprechen.

Hat man auf diese Weise das Verhältnis Φ/Φ_0 gemessen, so ergibt sich bei bekannter Dicke nach Gl. (103) sofort die Absorptionskonstante.

Dieses einfache Verfahren bedarf freilich noch einer Modifikation; denn auch wenn wir etwa die eine Spalthälfte mit einer völlig durchlässigen Platte bedecken, wird das zugehörige Spektrum dunkler, und zwar deshalb, weil das Licht beim Eintritt und Austritt aus der Platte eine Reflexion erleidet und schon dadurch — auch ohne Absorption — geschwächt wird. Diese Schwierigkeit umgeht man, wenn man beide Spalthälften mit Platten verschiedener Dicken l_1 und l_2 bedeckt. Dann ist der Reflexionsverlust bei beiden Hälften der gleiche und fällt bei der Messung heraus. Die Gl. (103), auf zwei verschiedene Dicken l_1 und l_2 und verschiedene Spaltbreiten b_1 und b_2 angewendet, liefert:

$$\Phi_1 = \Phi_{01} e^{-Kl_1} \; ; \quad \Phi_2 = \Phi_{02} e^{-Kl_2}.$$

Dabei sind die beiden Lichtströme, die ohne die Platten durch die beiden Spalte treten, Φ_{01} und Φ_{02} genannt; Φ_1 und Φ_2 sind die beiden austretenden Lichtströme, die dem Auge in der Brennebene des Fernrohrs dargeboten werden, und da b_1 und b_2 so einreguliert werden, daß $\Phi_1 = \Phi_2$ wird, folgt weiter:

$$\Phi_{01} e^{-Kl_1} = \Phi_{02} e^{-Kl_2}.$$

Logarithmieren liefert dann sofort:

$$ln\frac{\Phi_{01}}{\Phi_{02}} = K(l_1 - l_2) \quad \text{oder} \quad K = \frac{ln\, \Phi_{01}/\Phi_{02}}{l_1 - l_2},$$

und schließlich, da $\dfrac{\Phi_{01}}{\Phi_{02}} = \dfrac{b_1}{b_2}$ ist:

$$K = \frac{ln\, b_1/b_2}{l_1 - l_2};$$

auch aus dieser Gleichung erkennt man natürlich, daß K die Dimension einer reziproken Länge besitzt.

Die Beseitigung der Reflexionsverluste ist notwendig, weil das Lambertsche Gesetz (103) sich nicht auf die auffallende, sondern auf die eindringende Strahlung bezieht. Deshalb darf man auch nicht allgemein schließen, daß eine Substanz mit großer Absorptionskonstante K auch ein großes Absorptionsvermögen A in dem S. 143 definierten Sinne habe; denn A bezieht sich auf die einfallende Strahlung. Metalle z. B haben ein sehr großes K, aber ein kleines A, weil sie ein sehr großes Reflexionsvermögen R besitzen. Von der einfallenden Strahlung 1 dringt daher nur der kleine Bruchteil $(1 - R)$ ins Metall ein, und dieser unterliegt starker Absorption wegen großem K; aber das Absorptionsvermögen A ist gleich $1 - R$, d. h. klein; nur falls die Reflexionsverluste vernachlässigbar sind, kann von großem K auf großes A geschlossen werden; das ist z. B. bei Gasen der Fall.

In der folgenden Tabelle 8 geben wir die Absorptionskonstanten K für die Stoffe Flußspat, Steinsalz und Sylvin in cm^{-1} an; die Dicke $(l_1 - l_2)$ in der letzten Gleichung ist natürlich auch in cm anzugeben. (Der Leser kann aus den angegebenen K-Werten die Durchlässigkeiten der genannten Stoffe, die in Abb. 210 für eine Dicke von 3 cm eingetragen sind, verifizieren.)[1]

Tab. 8. Absorptionskonstanten einiger Stoffe

CaF$_2$		NaCl		KCl	
λ in μ	K in cm^{-1}	λ in μ	K in cm^{-1}	λ in μ	K in cm^{-1}
1–6	< 0,01	1–5	0	6–8	< 0,001
7	—	6–8	< 0,001	9–11	0,005
8	0,17	9–11	0,005	11–13	0,005
9	0,61	12	0,007	14	0,025
10	1,8	13	0,024	15	0,047
11	4,6	14	0,071	16	0,066
12	> 7	15	0,167	17	0,081
		16	0,41	18	0,148
		17	0,66	19	0,277
		18	1,29	20,7	0,535
		19	2,34	24	1,86
		20,7	5,1		
		24	10,7		

Da die in der Tabelle enthaltenen Absorptionskonstanten K alle der Ungleichung $1/K > \lambda$ genügen (λ natürlich hier auch in cm gemessen!), so gehören die genannten Stoffe zu den schwach absorbierenden. Als Gegenstück seien die Metalle genannt, für die K von der Größenordnung mehrerer Hunderttausend bis Millionen cm^{-1} ist (z. B. ist für Silber bei der Wellenlänge $0,630\mu = 0,63 \cdot 10^{-4}$ cm die Absorptionskonstante $K = 5 \cdot 10^{+6}$ cm^{-1}); hier ist $1/K < \lambda$, d. h. die Metalle sind stark absorbierende Stoffe.

Die Absorptionsverhältnisse sind bei den verschiedenen Stoffen äußerst mannigfaltig. Die Metalle haben für fast alle Wellenlängen vom UV bis UR starke Absorption, d. h. sind selbst in dünnen Schichten völlig undurchsichtig. Auch bei zahlreichen anderen Stoffen (z. B. gewissen Farbstoffen) finden sich breite Absorptionsgebiete. Bei Gasen finden wir dagegen vielfach die Absorption auf einzelne Wellenlängen beschränkt (Absorptionslinien). Ein Beispiel dafür sind die Fraunhoferschen Linien im Sonnenspektrum: sie sind die infolge von Absorption durch die Dämpfe der Sonnenoberfläche im Sonnenspektrum fehlenden Wellenlängen.

Schließlich eine grundsätzliche Bemerkung: wir werden im folgenden sehen, daß es überhaupt keine Stoffe gibt, die nicht in irgend einem Spektralgebiet Absorption

---

[1] Daß die Kurven der Abb. 210 auch in den absorptionsfreien Gebieten nicht die Durchlässigkeit 100%, sondern weniger ergeben, liegt gerade an den Reflexionsverlusten, die bei geringer Absorption relativ stärker ins Gewicht fallen.

zeigen. Insbesondere gilt das auch für die im Sichtbaren völlig durchlässigen Stoffe (farblose Gläser, Flußspat, Steinsalz, Sylvin); auch sie besitzen entweder im UV oder im UR oder in beiden Spektralgegenden ausgeprägte Absorption.

Beziehungen zwischen Reflexion, Brechung und Absorption. Die engen Beziehungen, in denen die Absorption zur Dispersion steht, zeigen sich auch in gewissen quantitativen Verhältnissen, die wir hier zusammenstellen wollen, um sie später zu benutzen. Die bisherigen Erörterungen über Reflexion sind insofern unvollständig, als wir noch keine Angaben darüber gemacht haben, welcher Bruchteil der einfallenden Strahlung reflektiert wird. Derselbe ist natürlich vom relativen Brechungsindex der beiden aneinander grenzenden Medien abhängig; wir beschränken uns auf den Fall, daß das erste Medium Vakuum (oder Luft) ist; dann fällt der relative Brechungsindex mit dem absoluten zusammen. Die allgemeine Aufgabe ist für beliebige Einfallwinkel von A. Fresnel gelöst worden (Fresnelsche Formeln) (vgl. Kap. V, Nr. 42); wir betrachten aber hier nur den einfachsten Fall senkrechter Inzidenz; auf den allgemeinen Fall schiefer Inzidenz kommen wir in Nr. 42 zurück. Nennen wir die Amplitude der einfallenden Wellen E_e, die der reflektierten E_r, so ergeben die Fresnelschen Formeln für diesen Spezialfall:

$$(104) \qquad \frac{E_r}{E_e} = \frac{n-1}{n+1}.$$

Unter dem Reflexionsvermögen R versteht man — für senkrechte Inzidenz — die Größe E_r^2/E_e^2, da die Energie proportional dem Quadrat der Amplitude ist. Daher ergibt sich für R:

$$(105) \qquad R = \left(\frac{n-1}{n+1}\right)^2.$$

Diese Gleichung gilt aber nur für durchsichtige Stoffe, genauer gesagt, nur in solchen Spektralgebieten, in denen die Absorptionskonstante K vernachlässigbar klein ist. Für ein Glas vom Brechungsquotienten $n = 1{,}5$ folgt z. B. $R = 1/25$, das sind 4% der auffallenden Strahlung; selbst für große Brechungsquotienten, z. B. $n = 2{,}4$ für Diamant, ist der reflektierte Betrag relativ klein, nämlich $R = 17\%$.

Für absorbierende Stoffe erhält man das an Stelle von Gl. (105) tretende Resultat, indem man den Brechungsindex mit Hilfe des Absorptionsindex $\varkappa$ (Gl. 103 b) komplex ansetzt — (der komplexe Brechungsindex wird mit $\mathfrak{n}$ bezeichnet):

$$(106) \qquad \mathfrak{n} = n(1 - i\varkappa).$$

Die Begründung dafür findet der Leser bis zu einem gewissen Grade in der folgenden Nr. 25; der imaginäre Teil des komplexen Brechungsquotienten, nämlich $n\varkappa$, ist stets für die Absorption verantwortlich, während der reelle Teil n, wie bei durchsichtigen Medien, die Brechungsverhältnisse bestimmt. Ersetzt man in (104) n durch $\mathfrak{n} = n(1 - i\varkappa)$, so folgt zunächst:

$$(104\,\text{a}) \qquad \frac{E_r}{E_e} = \frac{\mathfrak{n}-1}{\mathfrak{n}+1} = \frac{n-1-in\varkappa}{n+1-in\varkappa}.$$

Darin ist nun $\dfrac{E_r}{E_e}$ jetzt komplex, da die rechte Seite von (104a) komplex ist. Um R als Quadrat des Absolutbetrags von E_r/E_e zu finden, hat man Zähler und Nenner mit dem konjugiert komplexen Wert zu multiplizieren; das gibt:

$$R = \left|\frac{E_r}{E_e}\right|^2 = \frac{(n-1-in\varkappa)(n-1+in\varkappa)}{(n+1-in\varkappa)(n+1+in\varkappa)},$$

und die Ausrechnung liefert die sogenannte **Beersche Formel**:

$$(105\,\text{a}) \qquad R = \frac{(n-1)^2 + n^2 \varkappa^2}{(n+1)^2 + n^2 \varkappa^2}.$$

Diese Gleichung, die uns später noch beschäftigen wird, erklärt z. B. ohne weiteres das große Reflexionsvermögen der Metalle. Für die Wellenlänge des Na-Lichtes ist bei Kupfer $n\varkappa = 2{,}62$ und $n = 0{,}64$; das gibt ein Reflexionsvermögen von 75%. Für Silber lauten die entsprechenden Zahlen: $n\varkappa = 3{,}67$ und $n = 0{,}18$, was einen R-Wert von 95% ergibt.

Ist das erste Medium nicht das Vakuum ($n = 1$), sondern ein beliebiges Medium ($n = n_1$) und hat das zweite den Brechungsindex n_2, so geht (105) über in

$$(105\,\text{b}) \qquad R = \left(\frac{n_2 - n_1}{n_2 + n_1}\right)^2$$

für zwei durchsichtige Medien; ist Medium 2 absorbierend, so geht (105a) über in

$$(105\,\text{c}) \qquad R = \frac{(n_2 - n_1)^2 + n_2^2 \varkappa^2}{(n_2 + n_1)^2 + n_2^2 \varkappa^2}.$$

24. Die Dispersion des Lichtes: II. Anomale Dispersion

In Nr. 20 hatten wir die Farbenzerstreuung von Medien untersucht, die (in dem in Betracht kommenden Bereich) völlig durchlässig sind; die erhaltenen Dispersionskurven $n = n(\lambda)$ haben alle den gleichen Charakter: n nimmt mit wachsender Wellenlänge λ ab, die Kurven sind (Abb. 198 auf S. 171) alle bezüglich der Abszissenachse konvex. Bereits A. Cauchy (1876) hat sich die Frage vorgelegt, woher die Dispersion komme und welchen Charakter die Funktion $n = n(\lambda)$ habe. Ohne auf seine inzwischen überholten theoretischen Anschauungen einzugehen, erwähnen wir nur das praktische Ergebnis seiner Untersuchung, die sog. **Cauchysche Dispersionsformel**:

$$(107\,\text{a}) \qquad n^2 = A + \frac{B}{\lambda^2} + \frac{C}{\lambda^4} + \cdots,$$

in der $A, B, C \ldots$ geeignet zu bestimmende Konstanten sind. (Da n^2 positiv ist und mit abnehmender Wellenlänge zunimmt, müssen A und B positiv sein, während a priori über die übrigen Konstanten nichts ausgesagt werden kann.) Es gelingt im großen und ganzen, wenigstens für das sichtbare Gebiet, die Konstanten so zu wählen, daß die experimentell gefundenen n-Werte durch die Formel recht gut wiedergegeben werden. Dennoch ist Gl. (107a) nicht die endgültige Lösung des Problems; denn für $\lambda = \infty$ erhält man $n_\infty^2 = A$, das nach der elektromagnetischen Theorie des Lichtes gleich der Dielektrizitätskonstante (DK) ε sein sollte; die

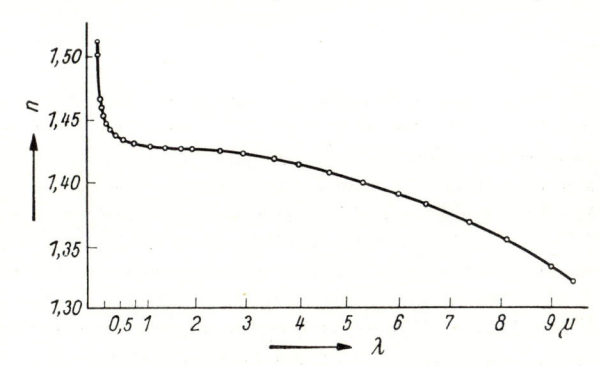

Abb. 212. Dispersionskurve von Flußspat

Beziehung $A = \varepsilon$ ist aber keineswegs in allen Fällen zutreffend. Übrigens sah man sich auch zuweilen genötigt, noch ein Glied von anderer Gestalt hinzuzufügen (A' positiv):

(107 b) $$n^2 = A + \frac{B}{\lambda^2} + \frac{C}{\lambda^4} + \cdots\cdots - A'\lambda^2,$$

wobei besonders hervorzuheben ist, daß dieses Glied negatives Vorzeichen besitzt. Während der Ausdruck $A + \frac{B}{\lambda^2} + \frac{C}{\lambda^4} \cdots$ immer abnimmt, wenn λ wächst, fällt das hinzugefügte Glied $A'\lambda^2$ unter der gleichen Bedingung immer mehr ins Gewicht; es wird sich also z. B. bei den langen Wellen im ultraroten Spektralgebiet bemerkbar machen, und zwar dadurch, daß die Dispersionskurve schließlich konkav gegen die Abszissenachse verläuft, wobei aber immer noch n mit wachsender Wellenlänge abnimmt. Als Beispiel führen wir die Dispersionskurve für Flußspat im Gebiete von $0{,}2-9\,\mu$ (d. h. vom UV bis zum UR) an (Abb. 212). Hier sieht man deutlich bei längeren Wellen die Änderung des Charakters der Kurve.

Gemeinsam ist aber (107a) und (107b), daß n mit wachsender Wellenlänge abnimmt. Da diese Tatsache bei allen zuerst untersuchten Stoffen auftrat — weil man natürlich die für die praktische Optik wichtigen durchsichtigen Stoffe untersuchte — hat diese Art von Dispersion die Bezeichnung **normale Dispersion** erhalten; heute weiß man, daß diese „normale" Farbenzerstreuung nur ein Spezialfall der allgemeinen Dispersion ist. (Übrigens sieht man an [107b] den provisorischen Charakter noch deutlicher, da sich daran nicht einmal der Übergang zu unendlich langen Wellen vollziehen läßt.)

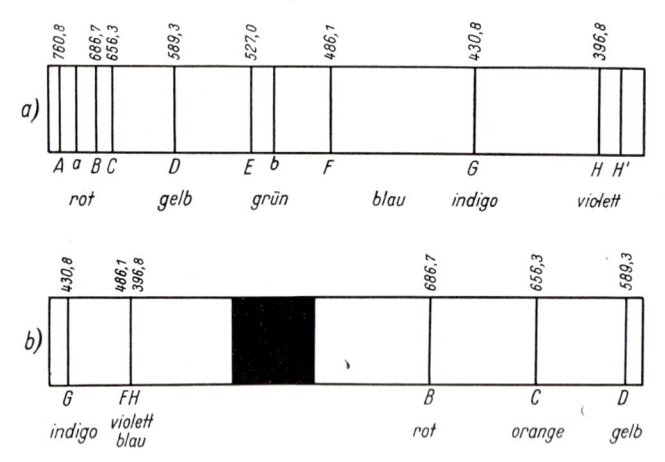

Abb. 213. Normal dispergiertes Spektrum (a) und mit einem Fuchsinprisma anomal dispergiertes Spektrum (b)

Wenn man von einer gelegentlichen Beobachtung von Le Roux (1862) am Joddampf absieht, hat systematisch zuerst Ch. Christiansen (1870) die Dispersion eines Stoffes gemessen, der im sichtbaren Gebiet nicht vollkommen durchsichtig ist, nämlich von einer alkoholischen Fuchsinlösung, die im Grün, in der Nachbarschaft der Fraunhofer-Linie E ($\lambda = 527\,\text{m}\mu$), einen ausgeprägten Streifen selektiver Absorption besitzt. Christiansen konnte unter diesen Umständen, obwohl er ein Flüssigkeitsprisma von nur 1^0 brechendem Winkel und eine maximale Konzentration von $18{,}8\%$ benutzte, die Farbenzerstreuung nur in den durchlässigen Partien Rot, Orange, Gelb einerseits und Blau, Indigo, Violett anderseits messen, während das Grün völlig ausgelöscht war. Seine Ergebnisse sind in der Tabelle 9 enthalten.

Die Betrachtung der Tabelle ergibt: Die Linien B, C, D folgen in der Reihenfolge aufeinander, wie man es von der normalen Dispersion gewöhnt ist: n fällt mit zunehmender Wellenlänge. Aber der Vergleich der bei diesen längeren Wellen auftretenden Brechzahlen mit denen der kurzen Wellen (F, G, H) zeigt, daß diese letzteren viel weniger gebrochen werden, als die längeren Wellen (B, C, D). Wir haben also im Spektrum zunächst eine umgekehrte Farbenfolge, wenn man (F, G, H) als Ganzes mit (B, C, D) vergleicht. Dies soll in der Abb. 213 schematisch zum Ausdruck gebracht werden, in der untereinander ein normal dispergiertes Spektrum (a) und ein durch das Prisma aus Fuchsinlösung (b) erzeugtes gezeichnet sind; im letzteren fehlt der schwarz gezeichnete Bereich der grünen Wellen vollständig. Man kann das Spektrum, das man mit dem Fuchsinprisma erhält, angenähert folgendermaßen beschreiben: Man denke sich das Spektralband in Abb. 213b im Absorptionsgebiet (Grün, Linie E) durchschnitten und dann die beiden Hälften umgekehrt aneinandergesetzt; dann hätte man ungefähr ein normales

Tab. 9. Dispersion einer Fuchsinlösung

Fraunhofersche Linien	Wellenlängen in mµ	Brechungsindex
H (Violett)	396,0	1,312
G (Indigo	430,8	1,285
F (Blau)	486,1	1,312
E (Grün)	527,0	nicht meßbar
D (Gelb)	589,3	1,561
C (Orange)	656,3	1,502
B (Rot)	686,3	1,450

Spektrum vor sich. Noch eine Besonderheit zeigt sich in den obigen Zahlen von Christiansen: die Fuchsinlösung hat für die beiden Wellenlängen 486,1 mµ (F) und 396,0 mµ (H) denselben Brechungsquotienten; beide Wellenlängen werden also um den gleichen Betrag durch das Prisma abgelenkt, das heißt, man erhält an dieser Stelle eine Mischfarbe im Spektrum aus Violett und Blau. Diese Mischfarbe kann also durch ein normal dispergierendes Prisma weiter zerlegt werden, im Gegensatz zu den Ausführungen auf S. 167, wonach „Spektralfarben" nicht weiter zerlegbar sind. Wir haben in Anm. 1 auf dieser Seite auf die hier vorhandene Ausnahme hingewiesen; die frühere Behauptung kann nur für normal dispergierende Prismen gelten.

A. Kundt (1871) hat erkannt, daß die merkwürdigen Erscheinungen, die man unter der Bezeichnung „anomale Dispersion" zusammenfaßt, mit dem Auftreten einer Absorptionsstelle im Spektrum zusammenhängen, und er hat das gleiche Phänomen bei zahlreichen, stark selektiv absorbierenden Stoffen (Cyanin, Magdalarot, Malachitgrün, usw.) nachgewiesen. A. Pflüger (1901) und später R. W. Wood (1901) ist es dann gelungen, nicht nur an gefärbten Lösungen, sondern auch an den festen Stoffen selbst die Messungen durchzuführen, indem sie Prismen von sehr kleinem brechenden Winkel (40″—130″) herstellten. Pflüger hat dann als Erster die Brechungsindices auch im Absorptionsstreifen gemessen. Abb. 214 und die folgende Tabelle zeigen seine Resultate für festes Fuchsin; die Messungen umfassen auch das UV-Gebiet.

Tab. 10. Anomale Dispersion von Fuchsin

Farbe	Wellenlängen in mµ	Brechungsindex
Äußerstes Rot	703	2,30
Lithium (Rot)	671	2,34
Natrium D (Gelb) . . .	589,3	2,64
Thallium (Grün)	535	1,95
Wasserstoff F (Grünblau)	486	1,05
Strontium (Grünblau) . .	462	0,83
Wasserstoff G, (Indigo) .	434	1,04
Wasserstoff h, (Violett) .	410	1,17

(Die quantitativen Angaben differieren natürlich von den oben mitgeteilten Christiansens, weil es sich bei Pflüger um den festen Stoff handelt.)

Aus Abb. 214 kann man alle Besonderheiten erkennen, die mit der Erscheinung der anomalen Dispersion verknüpft sind. Wenn wir zunächst von dem Absorptionsbereich im Grünen (in Abb. 214 schraffiert) absehen, finden wir wieder, daß das kurzwellige

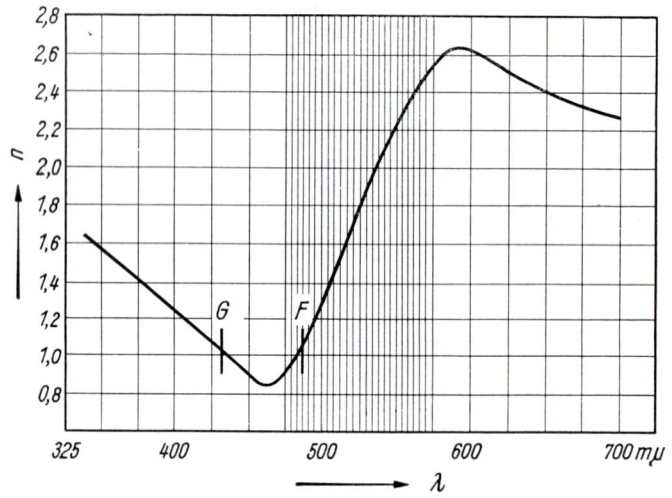

Abb. 214. Spektraler Verlauf der Brechungsquotienten von festem Fuchsin

Licht (von etwa 330 mμ bis zur Linie G, 434 mμ) einen kleineren Brechungsquotienten aufweist als das langwellige (von 589 mμ bis 671 mμ). Daß dies immer der Fall ist, wenn ein Absorptionsstreifen vorhanden ist, hat zuerst Kundt bei seinen erwähnten Versuchen bewiesen. Er formulierte diesen Sachverhalt folgendermaßen: **Ein Absorptionsstreifen erniedrigt den Brechungsquotienten auf seiner kurzwelligen Seite und erhöht ihn auf der langwelligen Seite.** Das ist der Grund für die anomale Farbenfolge sowie dafür, daß die Dispersionskurve auf der kurzwelligen Seite des Absorptionsstreifens schließlich konkav gegen die Abszissenachse verläuft. Die Erniedrigung des Brechungsquotienteu anf der kurzwelligen Seite des Absorptionsstreifens kann soweit gehen, daß n **unter den Wert 1 sinkt**; das ist in Abb. 214 der Fall für die Umgebung der Wellenlänge 469 mμ; nach den Erörterungen in Nr. 19 bedeutet das, daß die Phasengeschwindigkeit $v_p > c$ ist, und das ist, wie dort auseinandergesetzt, kein Widerspruch gegen die Behauptung, daß ein Signal sich niemals mit größerer Geschwindigkeit als c fortpflanzen kann. Es braucht übrigens nicht immer der Fall zu sein, daß Werte von $n < 1$ auftreten; wie weit die Erniedrigung von n auf der kurzwelligen Seite geht, hängt ganz von der Stärke der Absorption, d. h. vom Werte der Absorptionskonstanten K ab: je größer K ist, desto ausgesprochener ist die nach dem Kundtschen Satze auftretende Erniedrigung von n. Weiter erkennt man aus Abb. 214, daß es Wellenlängenpaare geben muß, denen der gleiche Brechungsquotient zukommt, z. B. die Fraunhoferlinien G und F; sie fallen also im Spektrum zusammen, bilden also eine noch weiter zerlegbare Mischfarbe. — Schließlich zeigt Abb. 214 noch, daß **der Brechungsquotient im Absorptionsgebiet mit der Wellenlänge zunimmt.** Dieses Wachstum von n mit λ wird eigentlich als die Anomalie der Dispersion betrachtet; denn außerhalb des Absorptionsstreifens ist links und rechts die Dispersion normal.

Die Methode, mit der Kundt seine Versuche ausführte, war die Newtonsche Anordnung der gekreuzten Prismen, die wir in Nr. 20 besprochen und in Abb. 193

erläutert hatten; im Falle der anomalen Dispersion ist diese Anordnung besonders interessant und dem Problem adäquat.

Durch ein Prisma mit vertikaler und ein zweites mit horizontaler (also „gekreuzter") brechender Kante wird ein paralleles Bündel weißen Lichtes geschickt; das erste Prisma allein würde ein horizontales, das zweite allein ein vertikales Dispersionsspektrum erzeugen, das etwa durch die Verteilung der Fraunhoferschen Linien A bis H charakterisiert sein möge; beide Prismen zusammen erzeugen ein schräges Spektrum, das als die „Resultante" der beiden Einzelspektren betrachtet werden kann. Sind die beiden Prismen identisch, so erzeugen sie für sich identische Spektren, eins horizontal, eins vertikal, beide zusammen ein unter 45⁰ gegen die Vertikale geneigtes geradliniges Spektrum, wie es Abb. 215a zeigt. Das erste Prisma (mit

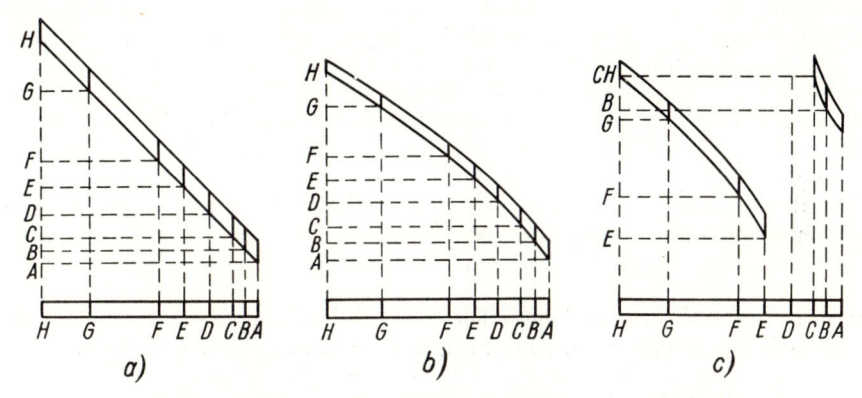

Abb. 215. Mit gekreuzten Prismen aufgenommene Spektren
(a) beide Prismen aus Flintglas; (b) erstes Prisma aus Flintglas, zweites Prisma aus Kronglas;
(c) erstes Prisma aus Flintglas, zweites Prisma aus Cyaninlösung

vertikaler Kante) wollen wir unverändert lassen, dagegen für das zweite ein anderes Material wählen (z. B. sei das erste ein Flintglasprisma, das zweite eins aus Kronglas); beide Prismen, obwohl verschieden dispergierend, besitzen normale Dispersion; das Resultat ist diesmal wieder ein schräges Spektrum, das aber gekrümmt ist (Abb. 215b), weil eben die Verteilung der Fraunhoferschen Linien in beiden Prismen verschieden ist (vgl. z. B. Abb. 200). Dieses gekrümmte Spektrum ist geradezu die Dispersionskurve des Kronglasprismas, bezogen auf die Dispersion des Flintglasprismas (hätten wir statt der Flintglasdispersion eine solche, bei der die Ablenkung proportional der Wellenlänge wäre[1]), so hätten wir direkt im schräg gekrümmten Spektrum die Dispersionskurve im bisherigen Sinne vor uns, bei der als Abszissen die Wellenlängen genommen sind).

Wir wollen für das zweite Prisma ein anomal dispergierendes nehmen, zum Beispiel ein Flüssigkeitsprisma mit konzentrierter Cyaninlösung; dann erhalten wir das Bild der Abb. 215c, die im oben bezeichneten Sinn die (etwas verzerrte) Dispersionskurve des Cyanins ist. Cyanin hat im Gelb (Gegend der D-Linie) eine starke Absorption, das Gelb fehlt also in der Kurve. Man sieht links vom Absorptionsgebiet die normal verlaufende Dispersion der kürzeren Wellen (Linien H, G, F, E), dann kommt die Lücke bei D, und rechts davon, ebenfalls normal verlaufend, die Dispersion des langwelligen Teiles (Linien C, B, A). Der linke Teil der Kurve zeigt die erniedrigende, der rechte die erhöhende Wirkung des Absorptionsgebietes: Die längere Welle (Linie C) wird stärker

---

[1] Mit Prismen läßt sich dies nicht erreichen, wohl aber gilt dies von den Beugungsspektren, die durch Gitter entworfen werden; vgl. hierzu Nr. 37.

gebrochen als die kürzere Welle (Linie E). Man sieht mit einem Blick die Eigentümlichkeiten der anomalen Dispersion, z. B. auch das Auftreten der Mischfarben (C und H in der Abb.) usw. Wood ist es gelungen, mit sehr spitzwinkligen Prismen aus festem Cyanin auch den Anstieg der Brechungsquotienten im Absorptionsstreifen auf diese Weise sichtbar zu machen.

Bisher haben wir nur Stoffe betrachtet, die im Spektrum eine (mehr oder minder eng begrenzte) Absorptionsstelle haben. Wenn wir jetzt zur Besprechung des allgemeineren Falles mehrerer Absorptionsstreifen, der in Wirklichkeit fast immer vorliegt, übergehen, so ist der Dispersionsverlauf bei jedem Absorptionsstreifen durch die Kundtsche Regel bestimmt: auf der kurzwelligen Seite jedes Absorptionsstreifens Erniedrigung, auf der langwelligen Erhöhung des Brechungsquotienten. Ein gutes Beispiel dafür liefert (Abb. 216) die Dispersion von Quarz, der im UV eine Absorptionsstelle bei $0{,}1031\,\mu$, im UR deren zwei bei $8{,}844\,\mu$ und $20{,}75\,\mu$ besitzt. Die Abbildung zeigt zunächst zwischen $0{,}1031\,\mu$ und $8\,\mu$ die bekannte normale Dispersion, die Erhöhung von n bei Annäherung an die Wellenlänge $0{,}1031\,\mu$ ($n > 1{,}6$ bei $0{,}2$) und die starke Erniedrigung ($n < 1$) bei Annäherung an $8\,\mu$, den Umschlag von Konvexität zu Konkavität gegen die Abzissenachse. Zwischen den beiden Absorptionsstellen von etwa $8\,\mu$ und $20\,\mu$ ist der normale Dispersionsverlauf zwar schematisch eingezeichnet, aber nicht gemessen; dagegen ist bei noch größeren Wellenlängen als $20\,\mu$ der Dispersionsverlauf wieder normal. Und zwar sieht man hier besonders deutlich die Erhöhung von n, das die großen Werte von $2{,}6$ bei $33\,\mu$ bis etwa $2{,}1$ bei etwa $110\,\mu$ aufweist.

Da zwischen zwei Absorptionsstellen der Brechungsquotient von hohen Werten bis zu kleinen abfällt (vgl. z. B. Abb. 216), so folgt daraus, daß die Dispersion im allgemeinen um so größer ist, je enger die Absorptionsstreifen im Spektrum aneinander liegen: **die Verteilung der Absorptionsstreifen bestimmt also den Verlauf der Dispersion.** Dafür liefern besonders schöne Beispiele die Erscheinungen der anomalen Dispersion bei Dämpfen (z. B. bei Natrium), die von A. Kundt (1880), R. W. Wood (1904) und P. V. Bevan (1911) untersucht worden sind.

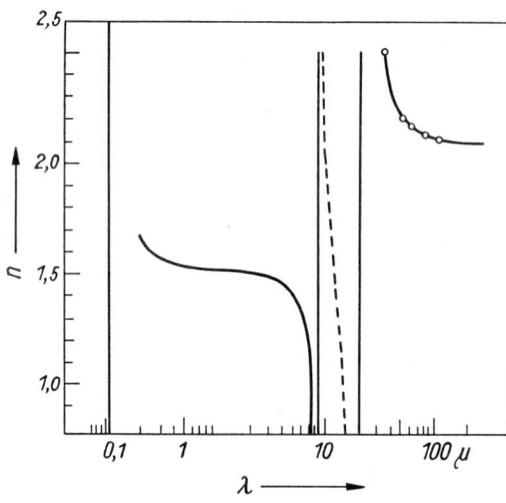

Abb. 216. Dispersionskurve von Quarz

Kundts ursprüngliche Anordnung war die folgende: Läßt man weißes Licht durch leuchtenden Na-Dampf, z. B. durch eine viel Na-Dampf enthaltende Bunsenflamme hindurchgehen und zerlegt das austretende Licht durch ein Prisma mit vertikaler Kante in ein horizontales Spektrum, so stellt man fest, daß der Na-Dampf das Gelb des Spektrums genau an der Stelle der D-Linie völlig absorbiert, für diese Wellenlänge tritt also im Spektrum des weißen Lichtes eine Absorptionsstelle auf (vgl. S. 221). Bei genauer Betrachtung sieht man, daß das Spektrum zu beiden Seiten der Absorptionsstelle die in Abb. 217a dargestellten Verzerrungen zeigt: Infolge der ungleichen Temperaturverteilung wirkt die Na-Flamme wie ein Prisma mit horizontaler brechender Kante, so daß man im Ganzen die Anordnung der gekreuzten Prismen und damit die Dispersionskurve des Na-Dampfes vor sich hat. Man erkennt die Erniedrigung des Brechungsindex (Ablenkung nach unten) auf der kurzwelligen und die Erhöhung auf der andern

Seite der Absorptionslinie. Der Versuch gelingt besser, wenn man (nach Wood) an Stelle der einfachen Na-Flamme die in Abb. 218 skizzierte Anordnung benutzt. Ein an beiden Enden durch aufgekittete Glasplatten G_1 und G_2 verschlossenes Eisenrohr enthält auf seinem Boden einige Stücke metallisches Natrium, das durch einen untergesetzten Bunsenbrenner verdampft wird. Die Oberseite des Rohres wird mit fließendem Wasser gekühlt. Der Temperaturabfall von unten nach oben bewirkt, daß der Na-

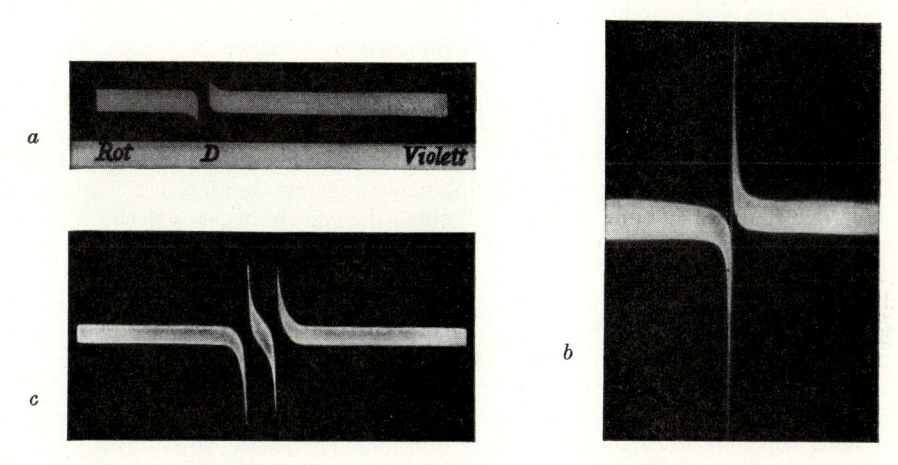

Abb. 217. Anomale Dispersion des Natriumdampfes bei kleiner (a, b) und großer (c) Dispersion

Dampf unten dichter, oben dünner ist: das Rohr ist also einem Na-Prisma mit horizontaler Kante äquivalent. (Da Natrium beim Erhitzen reichlich Wasserstoff abgibt, muß das Rohr R dauernd mit einer Luftpumpe in Verbindung stehen, so daß ein Druck von einigen Torr dauernd aufrecht erhalten wird; durch die Diffusion das Na-Dampfes in Wasserstoff wird die Dichteabnahme des Na von unten nach oben in gewisser Weise stabilisiert, so daß die Gestalt des „Na-Prismas" für lange Zeit ungeändert bleibt.) Man erhält dann die Abb. 217b, die die Erscheinung viel deutlicher als vorher zeigt (siehe auch Bild 13 auf Tafel II). Wenn der Na-Dampf nicht zu dicht ist und das Glasprisma eine hinreichend große Dispersion besitzt, so kann man noch eine feinere Erscheinung beobachten. Die D-Linie ist nämlich eine Doppellinie (D_1 und D_2), die man bei großer Dispersion getrennt sehen kann; man hat also zwei Absorptionslinien, die nach dem oben auseinandergesetzten Prinzip beide eine anomale Dispersion erzeugen, so daß sich das Bild der Abb. 217c ergibt. Bevan hat die Erscheinung an zahlreichen Absorptionslinien der Alkalien, die alle Dubletts sind, (Na, K und Rb) messend verfolgt.

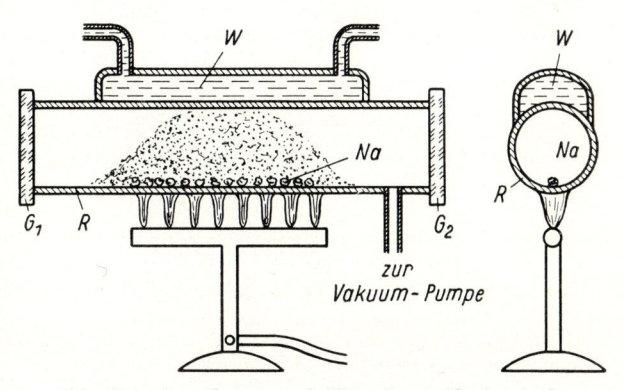

Abb. 218. Anordnung nach Wood zum Nachweis der anomalen Dispersion des Natriumdampfes

25. Theorie der Dispersion und Absorption für schwach absorbierende Substanzen; Anwendungen

Die Dispersionsformeln (107) sind empirische Näherungsformeln. Man hat das Bedürfnis, eine tiefer begründete Dispersionsformel aufzustellen, die außerdem den Zusammenhang zwischen Absorption und Dispersion zum Ausdruck bringt. Obwohl die Maxwellsche Theorie der Elektrizität die Wellennatur elektromagnetischer Strahlung erkennen ließ, so reicht sie in der in Bd. II vorgetragenen Form sicher nicht aus, denn aus ihr folgt ja eine konstante Fortpflanzungsgeschwindigkeit $v = c/\sqrt{\varepsilon}$, wenn ε die (relative) Dielektrizitätskonstante des Mediums ist[1]). Der beobachtete Zusammenhang zwischen Absorption und anomaler Dispersion läßt vermuten, daß Resonanzerscheinungen eine Rolle spielen bei der Einwirkung elektromagnetischer Strahlung auf elektrisch geladene Bestandteile der Materie, die etwa durch das periodische elektrische Feld der Strahlung zu erzwungenen Schwingungen angeregt werden. Die moderne Entwicklung der Physik hat zwar gezeigt, daß eine solche grob mechanistische Auffassung nicht die Erscheinungen der Wechselwirkung von Strahlung und Materie vollständig deuten kann. Wir werden aber trotzdem uns von diesem Bild leiten lassen. Es hat sich nämlich herausgestellt, daß auch die Quantentheorie die Form der Dispersionsgleichungen nicht geändert hat, wohl aber die physikalische Deutung der in ihnen vorkommenden Materialkonstanten. Nur für die Schwingungen von Atomen in Molekülen, deren Resonanzfrequenzen ultraroter Strahlung entsprechen, bleibt das Bild erzwungener Schwingungen von Teilchen im periodischen Strahlungsfeld weitgehend gültig, und wir dürfen zur Ableitung der Formeln an dieser Auffassung festhalten. Jedenfalls muß man die Maxwellsche Theorie durch Berücksichtigung der atomistischen Struktur der Materie ergänzen. Das können wir tun, ohne von dieser Struktur mehr vorauszusetzen, als daß Moleküle und Atome aus elektrisch geladenen Teilchen bestehen, derart daß aber das ganze Molekül neutral ist. Und wir halten uns auch trotz der eben erwähnten Vorbehalte an das anschauliche Bild erzwungener Schwingungen.

Ist nun das Licht eine elektromagnetische Wellenerscheinung, so wird jede Lichtwelle Kräfte auf die elektrischen Ladungen der Moleküle ausüben, mit anderen Worten, eine Polarisation $\mathfrak{P}$ erzeugen, indem die Ladungen aus ihrer Ruhelage ein wenig verschoben werden. Wir wollen die verschiedenen Teilchenarten numerieren, indem wir ihnen die Indices 1 bis h beilegen; ist dann ihre Anzahl im cm³ $N_1, N_2, N_3 \ldots$, ihre Ladung $q_1, q_2, q_3, \ldots$ ihre Verschiebung $\xi_1, \xi_2, \xi_3 \ldots$, so ist die gesamte Polarisation

(108) $$\mathfrak{P} = \sum_h \mathfrak{P}_h = \sum_h N_h q_h \xi_h,$$

(vgl. Bd. II); gleichzeitig ist, weil das Ganze unelektrisch ist:

(109) $$\sum_h N_h q_h = 0.$$

Da die Lichtwelle ein periodischer Vorgang ist, sind die Verschiebungen der Ladungen ξ auch periodisch und ebenso die Polarisationen $\mathfrak{P}_h$ (erzwungene Schwingungen). Wenn also ein positiv oder negativ geladenes Teilchen die Masse m_h hat, durch eine Direktionskraft $a_h^2 \xi_h$ an seine Ruhelage gebunden ist und außerdem einer der Geschwindigkeit $\dot{\xi}_h$ proportionalen Reibungskraft $f_h \dot{\xi}_h$ unterliegt, so führt es unter dem Einfluß der Lichtwelle, deren elektrischen Vektor wir mit $\mathfrak{E}$ bezeichnen, eine erzwungene Schwingung nach der Gleichung aus:

$$m_h \frac{d^2 \xi_h}{dt^2} + f_h \frac{d\xi_h}{dt} + a_h^2 \xi_h = \mathfrak{F}_h = q_h \mathfrak{E}\ ^2).$$

---

[1]) Wie benutzen im folgenden immer das Gaußsche Maßsystem. Außerdem setzen wir voraus, daß $\mu = 1$ (μ = magnetische Permeabilität).

[2]) Dies ist nicht exakt richtig; wir haben in der Elektrostatik auseinandergesetzt, daß $\mathfrak{F}$ streng genommen gleich $q \cdot \left(\mathfrak{E} + \frac{4\pi}{3}\mathfrak{P}\right)$ ist; doch wollen wir uns hier mit der obigen Näherung begnügen, da alles Wesentliche sich schon daraus ergibt. Ferner fehlt, streng genommen, auf der rechten Seite auch die Kraft, die das magnetische Feld $\mathfrak{H}$ der Lichtwelle, entsprechend dem Biot-

25. Theorie der Dispersion und Absorption für schwach absorbierende Substanzen

Diese Gleichung ist einfach der Ausdruck für das Gleichgewicht der Kräfte: Trägheitskraft, Reibungskraft, Direktionskraft, äußere Kraft.

Dividiert man durch m_h, so folgt als Differentialgleichung der erzwungenen Schwingungen:

$$(110) \qquad \ddot{\xi}_h + \frac{f_h}{m_h}\dot{\xi}_h + \omega_h^2 \xi_h = \frac{q_h}{m_h}\mathfrak{E} = \frac{q_h}{m_h}\mathfrak{E}_0 e^{i\omega t}.$$

Dabei ist $\dfrac{a_h^2}{m_h} = \omega_h^2$ gesetzt (ω_h die Kreisfrequenz $= 2\pi\nu_h$, ν_h Frequenz der Eigenschwingung, ω die Kreisfrequenz der einfallenden Welle); ferner benutzen wir den schon in Bd. II eingeführten Kunstgriff, statt mit den trigonometrischen Funktionen mit den komplexen Exponentialfunktionen zu rechnen; daher erhält die einfallende Welle den Zeitfaktor $e^{i\omega t}$.

Erweitert man die letzte Gleichung mit $N_h q_h$, so erhält man, da $N_h q_h \xi_h = \mathfrak{P}_h$ ist:

$$\frac{d^2\mathfrak{P}_h}{dt^2} + \frac{f_h}{m_h}\frac{d\mathfrak{P}_h}{dt} + \omega_h^2 \mathfrak{P}_h = \frac{q_h^2 N_h}{m_h}\mathfrak{E}_0 e^{i\omega t}.$$

In etwas anderem Gewande haben wir diese Gleichung im II. Band bei den erzwungenen Schwingungen behandelt; wir können von da die Lösung übernehmen, die hier in komplexer Form auftritt:

$$\mathfrak{P}_h\left[\omega_h^2 - \omega^2 + \frac{f_h}{m_h}\omega i\right] = \frac{N_h q_h^2}{m_h}\mathfrak{E}, \quad \text{also:} \quad \mathfrak{P}_h = \frac{N_h q_h^2/m_h}{\omega_h^2 - \omega^2 + \dfrac{f_h}{m_h}\omega i}\mathfrak{E},$$

mithin die gesamte Polarisation:

$$(111) \qquad \mathfrak{P} = \sum_h \mathfrak{P}_h = \sum_h \frac{N_h q_h^2/m_h}{\omega_h^2 - \omega^2 + \dfrac{f_h}{m_h}\omega i}\mathfrak{E}.$$

Vor hier gelangen wir sofort zur Dispersionsformel, wenn wir berücksichtigen, daß nach der Maxwellschen Theorie [s. Bd. II]:

$$\mathfrak{P} = \frac{\varepsilon' - 1}{4\pi}\mathfrak{E} \quad \text{ist,}$$

wo ε' die (hier komplexe) Dielektrizitätskonstante des durchstrahlten Mediums ist (ε' muß komplex sein, da $\mathfrak{P}$ es ist!). Es folgt also durch Kombination mit (111):

$$(112) \qquad \varepsilon' = 1 + 4\pi \sum_h \frac{N_h q_h^2/m_h}{\omega_h^2 - \omega^2 + \dfrac{f_h}{m_h}\omega i}.$$

Da die reelle Dielektrizitätskonstante $\varepsilon = n^2$ ist, werden wir das komplexe ε' etwa gleich $n^2(1-i\varkappa)^2$ setzen; die physikalische Natur von n und $\varkappa$ müssen wir natürlich erst feststellen[1]). Der Analogie wegen nennt man die komplexe Größe, deren Quadrat gleich ε' sein soll, den „komplexen Brechungsindex" (vgl. Gl. (106) auf S. 188)

$$\mathfrak{n} = n(1 - i\varkappa).$$

Damit wird endlich (112):

$$(113) \qquad \mathfrak{n}^2 = n^2(1-i\varkappa)^2 = 1 + 4\pi \sum_h \frac{N_h q_h^2/m_h}{\omega_h^2 - \omega^2 + \dfrac{f_h}{m_h}\omega i}$$

$$= 1 + 4\pi \sum_h \frac{N_h q_h^2/m_h \left(\omega_h^2 - \omega^2 - \dfrac{f_h}{m_h}\omega i\right)}{(\omega_h^2 - \omega^2)^2 + \dfrac{f_h^2}{m_h^2}\omega^2},$$

Savartschen Gesetz auf die bewegte Ladung q_h ausübt; das Fortlassen ist deshalb zulässig, weil zwar das Feld $|\mathfrak{H}|$ der Lichtwelle von derselben Größe wie $|\mathfrak{E}|$ ist, aber der Ausdruck der Biot-Savartschen Kraft mit dem großen Nenner 3.10^{10} behaftet ist. Nur wenn außer dem magnetischen Feld der Lichtwelle noch ein starkes äußeres Magnetfeld $\mathfrak{H}_a$ vorhanden ist, müßte das Kraftglied berücksichtigt werden; das ist der Fall bei dem sog. Zeemanschen Phänomen (siehe weiter unter Nr. 53).

[1]) Die Bezeichnungen n und $\varkappa$ sind bereits so gewählt, daß sie der weiter unten zu erörternden physikalischen Bedeutung entsprechen.

oder, nach Trennung des Reellen und Imaginären:

$$\begin{cases} n^2(1-\varkappa^2) = 1 + 4\pi \sum_h \dfrac{N_h(q_h^2/m_h)(\omega_h^2-\omega^2)}{(\omega_h^2-\omega^2)^2 + f_h^2\omega^2/m_h^2}, \\ n^2\varkappa = 2\pi \sum_h \dfrac{N_h(q_h^2/m_h)\, f_h\omega/m_h}{(\omega_h^2-\omega^2)^2 + f_h^2\omega^2/m_h^2}. \end{cases}$$

Mit den Abkürzungen

$$\frac{N_h q_h^2}{m_h} = \varrho_h, \qquad \frac{f_h}{m_h} = \frac{1}{\tau_h}$$

schreiben sich diese Gleichungen in der Form

(114)
$$\begin{cases} n^2(1-\varkappa^2) = 1 + 4\pi \sum_h \dfrac{\varrho_h(\omega_h^2-\omega^2)}{(\omega_h^2-\omega^2)^2 + \omega^2/\tau_h^2}, \\ n^2\varkappa = 2\pi \sum_h \dfrac{\varrho_h\omega/\tau_h}{(\omega_h^2-\omega^2)^2 + \omega^2/\tau_h^2}. \end{cases}$$

Diese Formulierung hat den Vorteil, auch dann noch gültig zu sein, wenn die physikalische Bedeutung von ϱ und τ nicht die in den gerade eingeführten Abkürzungen angegebene ist.

Bevor wir diese Gleichungen diskutieren, wollen wir zunächst die physikalische Bedeutung der eben eingeführten Größen n und $\varkappa$ feststellen. Die elektrische Feldstärke einer ebenen elektromagnetischen Welle, die in Richtung der x-Achse fortschreitet, kann in komplexer Schreibweise dargestellt werden als

$$\mathfrak{E} = e^{i\omega\left(t-\frac{x}{v}\right)} = e^{i\omega\left(t-\frac{x\sqrt{\varepsilon}}{c}\right)}.$$

Real- oder Imaginärteil von $\mathfrak{E}$ entsprechen dann reellen Cosinus- oder Sinuswellen mit der Fortpflanzungsgeschwindigkeit v (genauer der Phasengeschwindigkeit v_p), die nach der Maxwellschen Theorie gleich $\dfrac{c}{\sqrt{\varepsilon}}$ sein soll — wenigstens für nichtabsorbierende Medien. Hier aber haben wir ε durch $\varepsilon' = n^2(1-i\varkappa)^2$ zu ersetzen und finden dann

$$\mathfrak{E} = e^{i\omega\left[t-\frac{x}{c}(n-in\varkappa)\right]} = e^{i\omega\left(t-\frac{nx}{c}\right)} e^{-\frac{\omega n\varkappa x}{c}}.$$

Der Faktor $e^{i\omega\left(t-\frac{nx}{c}\right)}$ bedeutet eine ebene Welle, die mit der Geschwindigkeit $v = \dfrac{c}{n}$ fortschreitet; das liefert die physikalische Bedeutung von $n = c/v$: n ist der gewöhnliche Brechungsindex. Anderseits zeigt der reelle Faktor $e^{-\frac{\omega n\varkappa x}{c}}$, daß die Welle räumlich gedämpft wird, wenn sie längs der x-Achse fortschreitet, d. h. es tritt Absorption ein. Da $\dfrac{\omega}{c} = \dfrac{2\pi\nu}{c} = \dfrac{2\pi}{\lambda}$ ist, wenn λ die der Frequenz ν entsprechende Vakuumwellenlänge ist, kann man auch schreiben:

$$e^{-\frac{\omega n\varkappa x}{c}} = e^{-\frac{2\pi n\varkappa}{\lambda}x}; \qquad e^{i\omega\left(t-\frac{nx}{c}\right)} = e^{2\pi i\left(\frac{t}{T}-\frac{nx}{\lambda}\right)}.$$

D. h. die Feldstärke der betrachteten Welle kann geschrieben werden:

(115)
$$\mathfrak{E} = e^{-\frac{2\pi n\varkappa}{\lambda}x} \cdot e^{2\pi i\left(\frac{t}{T}-\frac{nx}{\lambda}\right)}.$$

25. Theorie der Dispersion und Absorption für schwach absorbierende Substanzen

Da die Strahlungsintensität (Lichtstrom) Φ proportional dem Quadrate des Absolutwerts der Feldstärke $\mathfrak{E}$ ist, finden wir für den Lichtstrom Φ eine Gleichung von der Gestalt:

$$\Phi = \Phi_0 \, e^{-\frac{4\pi n \varkappa}{\lambda} x},$$

d. h. das Lambertsche Absorptionsgesetz in der Gestalt von (103b). „$\varkappa$" ist also der in Nr. 23 eingeführte „Absorptionsindex", $\frac{4\pi n \varkappa}{\lambda}$ also die „Absorptionskonstante" K. Das Produkt $k = n\varkappa$ wird als Absorptionskoeffizient bezeichnet[1]). Damit ist auch die Natur der Größe $\varkappa$ qualitativ und quantitativ sichergestellt. Die Gl. (114) liefern also gleichzeitig Dispersion und selektive Absorption, zeigen also deutlich die enge Verknüpfung der beiden Erscheinungen, worauf wir schon früher hingewiesen haben. Außerdem bestätigt sich die am Schluß des vorhergehenden Abschnittes aufgestellte und benutzte Behauptung, daß die Optik absorbierender Medien aus der für durchlässige Stoffe formal hervorgeht, indem das reelle „n" durch das komplexe $n(1 - i\varkappa)$ ersetzt wird[2]).

Diskussion der Dispersionsgleichungen (114). Die Gl. (114) sind so kompliziert, daß wir auf eine allgemeine Diskussion verzichten müssen; es genügt für uns, das Grundsätzliche aus den Formeln abzuleiten. Zunächst nehmen wir von vornherein an, daß im Nenner der Summand $\frac{\omega^2}{\tau_h^2}$ sehr klein gegenüber dem andern Summanden $(\omega_h^2 - \omega^2)^2$ sei, d. h. wir bleiben mit ω immer in einem gewissen Abstande von den Eigenschwingungen ω_h. Dann dürfen in erster Annäherung sowohl in der ersten, wie in der zweiten Gl. (114) im Zähler und Nenner die $\frac{\omega}{\tau_h}$ enthaltenden Glieder vernachlässigt werden. Die zweite Gleichung (114) geht dann über in:

$$n^2 \varkappa = 0,$$

d. h. das Medium ist außerhalb der Eigenschwingungen praktisch durchlässig. Dann folgt als vereinfachte erste Gl. (114):

(114a) $$n^2 = 1 + 4\pi \sum_h \frac{\varrho_h}{\omega_h^2 - \omega^2},$$

oder mit Einführung der Wellenlängen λ_h und λ statt der Frequenzen ω_h und ω $\left(\omega_h = \frac{2\pi c}{\lambda_h}, \quad \omega = \frac{2\pi c}{\lambda}\right)$[3]):

(114b) $$n^2 = 1 + \sum_h \frac{\varrho_h \lambda^2 \lambda_h^2}{\pi c^2 (\lambda^2 - \lambda_h^2)};$$

diese Gleichung muß den Verlauf der Dispersion außerhalb der Eigenschwingungen darstellen.

Bevor wir dies nachweisen, wollen wir die zweite Gleichung (114) noch in dem bisher ausgeschlossenen Fall betrachten, daß wir mit ω in die unmittelbare Nachbarschaft einer Eigenfrequenz (z. B. ω_1) kommen; alle übrigen Glieder der Summe verschwinden praktisch, denn für sie ist ja ω von $\omega_h (h = 2, 3, \ldots)$ merklich verschieden. Nur

---

[1]) Leider hat sich für die Benennung von $\varkappa$, k und K, und ebensowenig für die Formelzeichen selbst, noch keine allgemeine Norm festgesetzt. In der angelsächsischen Literatur findet man oft (in Übereinstimmung mit internationalen Empfehlungen) $\varkappa$ = extinction coefficient, $n\varkappa = k$ = absorption constant, $K = a$ = absorption coefficient.

[2]) Das ist jedoch nur in linearen Gleichungen erlaubt; deshalb wurde z. B. dieser Ersatz in Gl. (104) und nicht in (105) vorgenommen.

[3]) Die Wellenlängen sind hier aber gemessen gedacht im Vakuum, nicht im Medium, also nur als Maß für die eigentlich maßgebenden Frequenzen eingeführt. Das hat praktische Gründe, da viele Spektrographen in Wellenlängen geeicht sind, neuerdings aber auch oft in Wellenzahlen $1/\lambda$ (übliche Einheit $1 \text{ cm}^{-1} = 1 K$, K für Kayser).

ein Glied bleibt also in diesem Falle übrig (in unserem Beispiel das erste); denn hier darf $\dfrac{\omega^2}{\tau_1^2}$ nicht neben dem gleichfalls sehr kleinen Glied $(\omega_1^2 - \omega^2)^2$ vernachlässigt werden. Wir haben also jetzt:

(114c) $$n^2\varkappa = \frac{2\pi\varrho_1\omega/\tau_1}{(\omega_1^2 - \omega^2)^2 + \omega^2/\tau_1^2}.$$

Was hier am Beispiel der ersten Eigenfrequenz gezeigt wurde, gilt natürlich für die engste Umgebung aller Eigenschwingungen; d. h. das betrachtete Medium besitzt in unmittelbarer Nachbarschaft jeder Eigenschwingung ω_h (und λ_h) — und nur in dieser — eine von Null verschiedene Absorption (sog. selektive Absorption), während es in einigem Abstande von den Eigenschwingungen, wie wir bereits wissen, durchlässig ist. Die Absorptionskurve $n^2\varkappa(\lambda)$ hat in Abhängigkeit von λ in unmittelbarer Nähe der Eigenschwingungen die Gestalt einer „Glockenkurve", die ihre Maxima ungefähr bei $\lambda_1, \lambda_2, \lambda_3 \ldots$ besitzt und in einigem Abstand rasch zu Null abfällt. Für die Maxima findet man aus (114c) annähernd, indem man $\omega = \omega_h$ setzt:

(114d) $$(n^2\varkappa)_{\text{Max.}} = \frac{2\pi\varrho_h\tau_h}{\omega_h} = \frac{\varrho_h\tau_h\lambda_h}{c} \quad (h = 1, 2 \ldots);$$

sie sind um so stärker, je größer τ_h ist, also je kleiner, anschaulich gesprochen, die Reibungskraft. Außerdem wachsen sie mit wachsendem ϱ_h an, also mit der Zahl N_h absorbierender Teilchen. Abb. 219 zeigt den typischen Verlauf einer allgemeinen

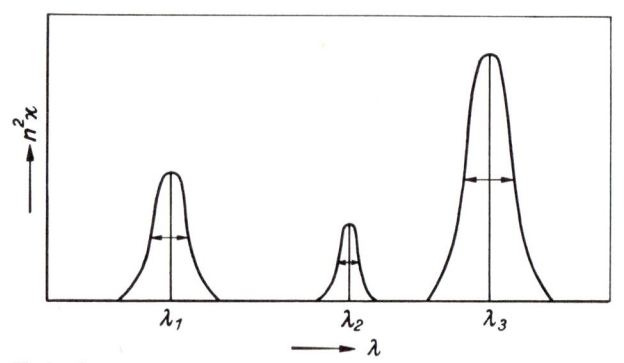

Abb. 219. Verlauf einer allgemeinen Absorptionskurve mit drei Absorptionsstreifen

Absorptionskurve mit 3 Absorptionsstreifen verschiedener Stärke bei $\lambda_1, \lambda_2, \lambda_3, \ldots$. Ein z. B. im sichtbaren Spektralgebiet farblos durchsichtiges Material (etwa optisches Glas) hat also im ganzen Bereich von 400 bis 750 mμ keine Eigenfrequenz; diese müssen also entweder im UV oder im UR oder in beiden liegen. Ein farbig durchsichtiger Körper (z. B. gefärbte Gläser oder Lösungen) weist dagegen im sichtbaren Spektralbezirk mindestens eine Eigenschwingung auf, und für ihre unmittelbare Nachbarschaft tritt Absorption ein, d. h. die austretende Strahlung erscheint in der Komplementärfarbe der absorbierten Farbe.

Wenn n innerhalb des Absorptionsbereichs konstant wäre, was aber tatsächlich nicht so ist, dann lägen die Maxima von $n^2\varkappa$, die ungefähr bei ω_h auftreten, an derselben Stelle wie die Maxima von $n\varkappa$ oder ungefähr die von Φ_0/Φ. Die Abweichungen von dieser Lage sind im allgemeinen sehr klein, so daß Absorptionsmaxima im wesentlichen die Frequenzen der zugrunde liegenden Eigenfrequenzen angeben. Aus den so gewonnenen Frequenzen ω_h lassen sich dann die „Kraftkonstanten" a_h^2 bestimmen, Größen, die für die Kräfte in Molekülen von wesentlicher Bedeutung sind. Für Moleküle ist ja nach dem zu Anfang dieser Nummer Gesagten die mechanische Interpretation der Dispersionstheorie noch erlaubt.

25. Theorie der Dispersion und Absorption für schwach absorbierende Substanzen

Es ist ferner von Interesse, die Stelle im Frequenzbereich aufzusuchen, für die $n^2\varkappa$ den halben Wert von $(n^2\varkappa)_{max}$ annimmt. Sei diese Frequenz mit ω' bezeichnet und sei $\omega_h - \omega' \ll \omega_h$, so daß $\omega'\omega_h \approx \omega_h^2$ und $(\omega_h^2 - \omega'^2) \approx 2\omega_h(\omega_h - \omega')$ gesetzt werden kann, so folgt aus Gl. (114c), wenn dort für $n^2\varkappa$ der Wert $\pi\varrho_h\tau_h/\omega_h$ eingesetzt wird, nach elementarer Rechnung

$$\omega_h - \omega' = 1/2\tau_h \, .$$

Das Doppelte dieser Differenz ist die Breite der Absorptionslinie in halber Höhe (Abb. 219), so daß also diese „Halbwertsbreite" ungefähr durch $1/\tau_h$ gegeben ist[1]). Die Linie ist also um so schmaler, je größer τ, je kleiner die Reibungskraft ist. Größere Werte von τ vergrößern sonach nicht nur die Maximalwerte von $n^2\varkappa$, sondern lassen diese Maxima auch schärfer hervortreten.

Die Eigenfrequenz ω_h ist ferner dadurch gekennzeichnet, daß ihr Beitrag zu $n^2(1-\varkappa^2)$ und damit, wenn $\varkappa^2 \ll 1$ ist, auch zu n selbst verschwindet. Befindet man sich also bei ω_h weit entfernt von anderen Eigenfrequenzen, so daß deren Beitrag nach (114a) ebenfalls verschwindet, so muß für $\omega = \omega_h$ der Brechungsindex den Wert $n \approx 1$ annehmen. Die Bedingung $\varkappa^2 \ll 1$ ist nicht sehr einschneidend, da selbst für $K = 1/\lambda$ noch $\varkappa = 1/4\pi n$ gilt, was nur für $n \ll 1$ die Bedingung verletzt.

Wir wollen nun einmal sehen, was die vereinfachte Dispersionsgleichung (114b) liefert, wenn wir sie auf eine im Sichtbaren vollkommen durchsichtige Substanz anwenden, die nur im UV eine Eigenwellenlänge λ_V habe. Nach (114b) ist dann:

$$n^2 = 1 + \frac{\varrho_1 \lambda^2 \lambda_V^2}{\pi c^2(\lambda^2 - \lambda_V^2)} = 1 + \frac{\varrho_1 \lambda_V^2}{\pi c^2} \cdot \frac{1}{1 - \lambda_V^2/\lambda^2} \, .$$

Da es sich um den Dispersionsverlauf im Sichtbaren handelt, ist $\frac{\lambda_V}{\lambda} < 1$.

Man kann daher den Ausdruck $\dfrac{1}{1 - \dfrac{\lambda_V^2}{\lambda^2}}$ in die folgende Reihe entwickeln:

$$\frac{1}{1 - \dfrac{\lambda_V^2}{\lambda^2}} = 1 + \frac{\lambda_V^2}{\lambda^2} + \frac{\lambda_V^4}{\lambda^4} + \cdots\cdots,$$

was für n^2 liefert:

$$n^2 = A_0 + A_1\lambda^{-2} + A_2\lambda^{-4} + \cdots\cdots,$$

wo $A_0, A_1, A_2 \ldots$ Abkürzungen für positive Konstanten sind. Das ist aber die Cauchysche Dispersionsformel (107a), die die normale Dispersion durchsichtiger Substanzen für nicht zu große Wellen darstellt (vgl. Abb. 109); die Kurven sind sämtlich konvex gegen die Abszissenachse. In Abb. 212 hatten wir aber auch ein Beispiel dafür angeführt, daß unter Umständen der Charakter der normalen Dispersionskurve sich insofern ändert, als sie für längere Wellen schließlich konkav gegen die Abszissenachse verläuft; dasselbe zeigen die Abb. 216 (für Quarz) und 217 (für Na-Dampf). Man wird nach dem Vorhergehenden vermuten, daß dies darauf beruht, daß außer der kurzwelligen Eigenwellenlänge λ_V noch eine im UR liegende λ_R vorhanden ist. Dann hat die Gl. (114b) zwei Glieder:

$$n_1 = 1 + \frac{\varrho_1^2 \lambda_V^2 \lambda^2}{\pi c^2 (\lambda^2 - \lambda_V^2)} + \frac{\varrho_2 \lambda_R^2 \lambda^2}{\pi c^2 (\lambda^2 - \lambda_R^2)} \, .$$

Hier ist, wie vorhin, $\dfrac{\lambda_V}{\lambda} < 1$, während anderseits $\dfrac{\lambda_R}{\lambda} > 1$ ist; deshalb schreiben wir die Gleichung in folgender Weise:

$$n^2 = 1 + \varrho_1 \frac{\lambda_V^2}{\pi c^2} \cdot \frac{1}{1 - \lambda_V^2/\lambda^2} - \frac{\varrho_2 \lambda^2}{\pi c^2} \cdot \frac{1}{1 - \lambda^2/\lambda_R^2} \, .$$

---

[1]) Nur ungefähr, da ja das Maximum von $n^2\varkappa$ nicht genau mit ω_h zusammenfällt. Übrigens findet man leicht durch Differenzieren, daß das Maximum von $n^2\varkappa/\omega$ bei $\omega_h'^2 = \omega_h^2 + 1/2\tau_h^2$ liegt.

202　　　　　　　III. Kapitel. Dispersion und Absorption des Lichtes

Beide Ausdrücke $\frac{1}{1-\lambda_V^2/\lambda^2}$ und $\frac{1}{1-\lambda^2/\lambda_R^2}$ können wir wieder in eine Reihe entwickeln und erhalten dann außer den Gliedern der Cauchyschen Dispersionsformel auch solche, die proportional Potenzen von λ^2 sind:

(114e) $$n^2 = A_0 + A_1\lambda^{-2} + A_2\lambda^{-4} + \ldots - A_1'\lambda^2 - A_2'\lambda^4 - \ldots,$$

wobei A_1', A_2' ... wieder Abkürzungen für positive Konstanten sind, so daß die neuen Glieder sämtlich **negativ** ausfallen. Daher bewirken sie für längere Wellen schließlich die Konkavität der Dispersionskurven gegen die Abszissenachse. Gleichung (114e) ist analog mit der empirischen, schon früher mitgeteilten Gl. (107b). Das hier Festgestellte wiederholt sich jedesmal im Intervall zwischen zwei Absorptionsstreifen, so daß wir sagen dürfen, daß die Theorie die Ergebnisse des Experiments vollkommen bestätigt.

Wenn die hier gemachten Voraussetzungen wirklich zutreffen, dann müßten die Konstanten A_1 und A_1' direkt die Wellenlängen der Eigenfrequenzen liefern, so daß schon aus dem Verlauf der Dispersion im durchsichtigen Bereich die Eigenfrequenzen bestimmt werden könnten, wenn auch nicht sehr genau. Tatsächlich hat man, bevor Absorptionsmessungen im Ultrarot bei großen Wellenlängen möglich waren, aus Dispersionsmessungen auf die Existenz und ungefähre Lage der Eigenfrequenzen Schlüsse gezogen, die zwar qualitativ zutreffen aber quantitativ unzureichend waren.

Einen Spezialfall wollen wir noch an Hand von Gl. (114b) erörtern. Wir wollen λ unendlich bzw. $\omega = 0$ werden lassen, d. h. in das Gebiet langer elektrischen Wellen (im engeren Sinn des Worts) übergehen. Dann folgt unmittelbar aus (114a)

$$n_\infty^2 = 1 + 4\pi \sum_h \varrho_h/\omega_h^2;$$

nach der Maxwellschen Theorie ist aber n_∞^2 gleich der Dielektrizitätskonstanten ε, für die somit die Darstellung folgt:

(115) $$\varepsilon = 1 + 4\pi \sum_h \frac{\varrho_h}{\omega_h^2} = 1 + \sum_h \frac{\varrho_h \lambda_h^2}{\pi c^2}.$$

Diese Gleichung liefert offenbar die atomistische Deutung der Dielektrizitätskonstanten. Gl. (115) kann man mit (114b) kombinieren, indem man sie von (114b) subtrahiert. Das liefert eine neue Form der Dispersionsgleichung, die in der Literatur vielfach als Ketteler-Helmholtzsche bezeichnet wird:

(116) $$n^2 = \varepsilon + \sum_h \varrho \frac{\lambda_h^2}{\pi c^2} \frac{\lambda_h^2}{\lambda^2 - \lambda_h^2} = \varepsilon + \sum_h \frac{M_h}{\lambda^2 - \lambda_h^2}.$$

Dabei ist

(117) $$\frac{\varrho_h \lambda^4}{\pi c^2} = M_h$$

gesetzt. Diese Form der Dispersionsgleichung wird oft bei der numerischen Berechnung von Dispersionskurven benutzt.

Wir haben damit das Verhalten der Absorption und der Dispersion — allerdings nur **außerhalb** der Absorptionsstreifen — erklärt. Wir erhalten für das Beispiel der Abb. 219 — 3 Absorptionsstellen — den in Abb. 220 angegebenen Verlauf der Dispersionskurve (ausgezogene Kurve). Wir können qualitativ auch den Verlauf der Dispersionskurve in den Absorptions-

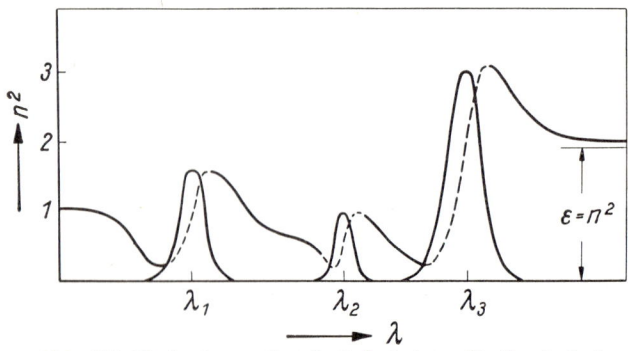

Abb. 220. Verlauf von n^2 und $n^2\varkappa$ bei einem Stoff mit drei Absorptionsstellen (schematisch)

streifen angeben, indem wir die getrennten Teile der Dispersionskurve durch stetige Kurvenzüge verbinden, die in Abb. 220 gestrichelt eingetragen sind; man erkennt, daß der gezeichnete Verlauf z. B. mit dem direkt bei Fuchsin (Abb. 214) gemessenen qualitativ übereinstimmt: im Absorptionsstreifen steigt der Brechungsquotient an — anomale Dispersion.

Abb. 221 gibt eine wirkliche Messung wieder. Nur die stärkste Absorptionsstelle ist in der anomalen Dispersion deutlich zu bemerken; eine zweite, schwächere, Absorptionsstelle nur als Andeutung.

Damit kann die Erörterung der Dispersion und Absorption als grundsätzlich abgeschlossen betrachtet werden, soweit sie auf Resonanz beruht.

Allgemeine Folgerungen und Anwendungen. Wir fügen noch einige allgemeine Bemerkungen hinzu, zunächst über die Absorption, wie die oben dargestellte Theorie sie auffaßt. Gl. (114c) gibt den Verlauf der Absorptionskurve $n^2\varkappa$ als Funktion der Frequenz ω wieder. Man muß sich klar machen, daß man nach Gl. (114c) **keine feste Grenze für die Breite der Absorptionsstreifen angeben kann**. Denn streng genommen ist $n^2\varkappa$ für keine Wellenlänge $= 0$, auch wenn sie noch so sehr von den Eigenwellen abweicht. Auch wenn nur ein einziger Absorptionsstreifen im Spektrum vorhanden ist, erstreckt sich seine „Breite" streng genommen auf alle Wellen des Spektrums; daher die oben eingeführte Halbwertsbreite als Maß für die Breite einer Linie. Unsere Zeichnung Abb. 219 gibt den Verlauf von $n^2\varkappa$ daher nur angenähert wieder. Aus der eben gemachten Bemerkung geht aber in Verbindung mit dem Lambertschen Absorptionsgesetz (103a) hervor, **daß in sehr großen Schichtdicken schließlich jede Substanz für alle Wellenlängen undurchsichtig wird**: In hinreichender Tiefe unter dem Meeresspiegel herrscht tiefe Dunkelheit. Unsere angenäherte Darstellung von $n^2\varkappa$ in Abb. 219 stellt die Verhältnisse für mäßige Schichtdicken, wie sie normalerweise bei Prismen und Linsen vorliegen, in angemessener Weise dar. Daraus ergibt sich, daß die starken Absorptionsstellen, wie sie in der Nähe der Eigenschwingungen auftreten, schon durch die Untersuchung der Durchlässigkeit verhältnismäßig dünner Schichtdicken nachgewiesen werden können: das ist die im Prinzip einfachste Methode, Lage und Anzahl der Eigenschwingungen festzustellen. Je größer man die Schichtdicke macht, desto schwächere Absorptionen werden erkennbar; die Untersuchung der Absorption liefert alle[1]) Eigenschwingungen,

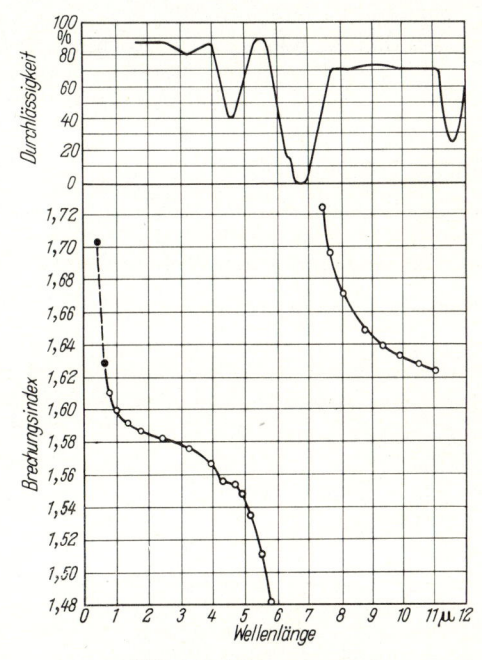

Abb. 221. Dispersion und Durchlässigkeit von CS_2 (nach Pfund)

---

[1]) Hierzu ist aber eine Einschränkung erforderlich. Denn es gibt Fälle, in denen durch das elektrische Feld $\mathfrak{E}$ der Lichtwelle zwar zeitliche Veränderungen der Verrückungen ξ_h hervorgerufen werden, aber dennoch infolge besonderer Symmetrieverhältnisse des Moleküls (oder Atoms) die Polarisation $\mathfrak{P}_h$ sich nicht ändert. Derartige „inaktive" Schwingungen können also durch Absorption nicht angeregt werden, und sie beeinflussen auch die Dispersion nicht. In Abb. 222 z. B. sind die 3 „aktiven" Schwingungen der CO_3-Gruppe der Karbonate deutlich erkennbar, es fehlt aber eine „inaktive" Schwingung dieser Gruppe (bei ungefähr $9\,\mu$); diese fehlt auch in Absorption.

seien sie auch noch so wenig ausgeprägt. Wir betonen dies, weil wir weiter unten sehen werden, daß die **starken** Eigenschwingungen (große Werte von $n^2\varkappa$) auch in Reflexion nachgewiesen werden können, während die schwachen Absorptionsstellen dabei unterdrückt werden.

Nach unserer Auffassung ist jedes nichtleitende Medium in dünneren Schichten partiell durchlässig, d. h. nur **selektiv** absorbierend. Wie kann man es denn verstehen, daß es trotzdem Stoffe gibt, die über sehr weite Spektralbezirke (z. B. das ganze sichtbare Gebiet) undurchlässig sind? Das kann nur daran liegen, daß in solchen Fällen die Eigenschwingungen so dicht beieinander liegen, daß die einzelnen Absorptionsstreifen sich überschneiden — man denke sich z. B. in Abb. 219 die drei dort gezeichneten Absorptionsstellen dicht aneinandergeschoben. Anders liegt die Sache bei guten Leitern, z. B. den Metallen; dort wird die ins Metall eindringende Strahlungsenergie eines sehr großen Frequenzbereichs in Wärme (nämlich **Joulesche Wärme**) infolge des Leitvermögens umgewandelt, d. h. es tritt für alle Wellenlängen Absorption ein. Auf die Metalloptik gehen wir in Abschnitt 26 näher ein.

Wie verhält sich das Reflexionsvermögen der absorbierenden Stoffe? Nach den früheren Darlegungen ist außerhalb der Absorptionsstreifen ($\lambda \neq \lambda_h$) die Größe $n^2\varkappa = 0$, d. h. die Substanz praktisch durchlässig. Das Reflexionsvermögen R an diesen Stellen berechnet sich daher nach (105): $R = \left(\dfrac{n-1}{n+1}\right)^2$. Wie wir zeigten, gibt dies nur kleine Werte von R (z. B. für $n = 1,5$ ist $R = 0,04$). Dagegen ist für die Wellenlängen $\lambda = \lambda_h (h = 1, 2 \ldots)$ $n^2\varkappa \neq 0$ und $n^2\varkappa^2$ kann sehr groß gegen $(n-1)^2$ werden. In jedem Falle haben wir für das Reflexionsvermögen die allgemeine Formel (105 b) anzuwenden: $R = \dfrac{(n-1)^2 + n^2\varkappa^2}{(n+1)^2 + n^2\varkappa}$. Das bedeutet, daß in der Nähe der Wellenlängen λ_h das Reflexionsvermögen größer ist als in einiger Entfernung von ihnen: Das Reflexionsvermögen muß also in der Nähe der Eigenwellenlängen deutliche Maxima aufweisen; als Beleg dafür mag Abb. 222 dienen, in der das Reflexionsvermögen einiger Karbonate nach

Abb. 222. Reflexionsvermögen verschiedener Karbonate zwischen 1 und 20 μ

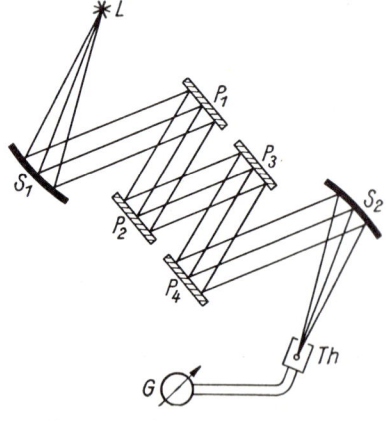

Abb. 223. Reststrahlenmethode nach Rubens

Messungen von Cl. Schaefer und Mitarbeitern dargestellt ist: die Karbonate zeigen in der Nähe der Wellenlängen 7 μ, 11 μ, 14 μ deutliche Maxima von R[1]). Am stärksten ist das Maximum bei der Wellenlänge 7 μ. Ein sehr hohes Reflexionsvermögen in der Umgebung der Eigenfrequenz findet sich bei vielen Substanzen, aber immer nur im UR-Spektrum, z. B. auch beim Quarz in der Gegend von 8 μ und 20 μ. Diese Tatsache führte H. Rubens (1897) zu seiner **Methode der „Reststrahlen"**. Wenn die Strahlungsintensität für die Wellenlänge λ, die auf eine Substanz auffällt, $S(\lambda)$ und das Reflexionsvermögen $R(\lambda)$ genannt werden, so ist der reflektierte Betrag $S(\lambda)R(\lambda)$, und dieser ist im allgemeinen klein. Nur in der Nähe der Eigenfrequenzen ist $S(\lambda_h)R(\lambda_h)$ fast ebenso groß wie $S(\lambda_h)$ selbst, da $R(\lambda_h)$ nicht wesentlich kleiner als 1 ist. Rubens läßt nun die unzerlegte Gesamtstrahlung $\Sigma S(\lambda)$ mehrere Male an der betrachteten Substanz reflektieren; der Betrag der reflektierten Strahlung der Wellenlänge λ ist dann nach n-maliger Reflexion $S(\lambda)R(\lambda)^n$. Dann ist praktisch für alle Wellenlängen, die merklich von den Eigenwellen abweichen, $S(\lambda)R(\lambda)^n = 0$, während für die Eigenfrequenzen $S(\lambda_h)R(\lambda_h)^n$ noch einen erheblichen Wert hat. Die mehrmalige (etwa 4—5 malige) Reflexion unterdrückt im Endergebnis alle Wellenlängen mit Ausnahme einer fast homogenen Strahlung von der (ungefähren) Wellenlänge λ_h. Als Beispiel betrachten wir Kalkspat; nach Abb. 222 besitzt er bei ungefähr 7 μ ein Reflexionsvermögen von rd. 0,8; nach 4 Reflexionen ist von dieser Strahlung ein Anteil von $0,8^4$, also 41% vorhanden. Außerhalb dieser Wellenlänge ist der Brechungsindex rund 1,6, was $R = 0,06$ liefert; $R^4 = 0,00001$ oder $10^{-3}\%$. Bei der Wellenlänge, die der Halbwertsbreite entspricht, wird $R^4 = 0,4^4 = 2,6\%$. Die Reststrahlmethode wirkt also wie ein selektives Filter. Ihr großer Vorteil ist der, daß man ohne spektrale Zerlegung, die ja wegen der Reflexionsverluste in der optischen Apparatur eine starke Schwächung für alle Wellenlängen hervorruft, eine oder mehrere diskrete Wellenlängen λ_h isolieren kann. Das ermöglichte seinerzeit die Auffindung langer ultraroter Wellen, die mit prismatischer Zerlegung nicht nachweisbar waren. Abb. 223 zeigt das Prinzip der Rubensschen Anordnung (L = Lichtquelle, S_1 und S_2 Hohlspiegel, P_1, P_2, P_3, P_4 Platten aus dem zu untersuchenden Material, z. B. Quarz, Flußspat, Steinsalz, Sylvin usw., Th Thermosäule, G Galvanometer). Daß der Galvanometerausschlag wirklich nur von der ausgesonderten Strahlung der Wellenlänge λ_h herrührt, kann man zeigen, indem man eine ganz dünne Platte aus dem Untersuchungsmaterial in den Strahlengang bringt; da diese Platte — wegen der starken Absorption gerade der Wellenlänge λ_h — diese Wellenlänge zurückhalten muß, während sie für andere Wellenlängen durchsichtig ist, so muß der Galvanometerausschlag verschwinden, wenn der Aufbau einwandfrei ist. Die folgende Tabelle gibt einige Reststrahlwellenlängen an, die von Rubens und Mitarbeitern hergestellt und gemessen wurden.

Es ergibt sich aus dem Vorhergehenden für die Bestimmung von Eigenfrequenzen bzw. Absorptionsmaxima folgender Sachverhalt: durch Absorption kann man alle, wenn auch noch so schwachen Eigenfrequenzen nachweisen, wenn man hinreichend große Schichtdicken wählt. Die Methode der Reflexion (Abb. 222) liefert nur die stärkeren Eigenschwingungen, und von diesen sondert die Reststrahlmethode noch die allerstärksten aus (z. B. liefert sie von den Eigenfrequenzen des Kalkspates nur die bei etwa 7 μ, während sie diejenigen bei etwa 11 μ und 14 μ unterdrückt). Zur Gewinnung eines ersten Überblicks wird man also mit der Rest-

Tab. 11. Reststrahlwellenlängen

Material	Wellenlänge in μ
$CaCO_3$	6,56
SiC	12,0
ZnS	30,9
NaCl	52,0
KCl	63,0
AgCl	81,5
KBr	82,6
TlCl	91,6
KJ	94,7
AgBr	112,7
TlBr	117,0
TlJ	152,8

---
[1]) Die Maxima rühren von den Eigenschwingungen der CO_3-Gruppe her, die allen Karbonaten gemeinsam ist.

strahlmethode beginnen, dann die Resultate durch einmalige Reflexion erweitern und dann erst zur Absorptionsmethode übergehen. Für genauere Untersuchungen muß dabei immer beachtet werden, daß weder die Maxima der Absorption noch die der Reflexion exakt mit den Eigenfrequenzen zusammenfallen.

Zur Aussonderung noch größerer Wellenlängen haben H. Rubens und R. W. Wood (1910) die chromatische Aberration von Quarzlinsen im UR ausgenutzt (**Quarzlinsenmethode**), deren Prinzip in Abb. 224 dargestellt ist. Wie schon erwähnt und wie auch aus Abb. 216 hervorgeht, besitzt Quarz für lange Wellen, etwa jenseits 50 μ, Brechungsquotienten $n > 2$, während im sichtbaren und ultravioletten Spektralgebiet $n \approx 1,5$ ist. Nun ist nach der elementaren Linsenformel (Gl. 40c auf S. 73) die Brennweite einer Linse $f = \dfrac{r_1 r_2}{(n-1)(r_2 - r_1)}$ (r_1 und r_2 die beiden Krümmungsradien). Das bedeutet, daß eine Quarzlinse, die für sichtbares Licht mittlerer Wellenlänge eine Brennweite $f = 27,3$ cm besitzt, für die langen ultraroten Wellen nur noch eine solche von 12 cm hat. Von diesen Dimensionen seien die beiden Quarzlinsen Q_1 und Q_2 in Abb. 224. Der Ab-

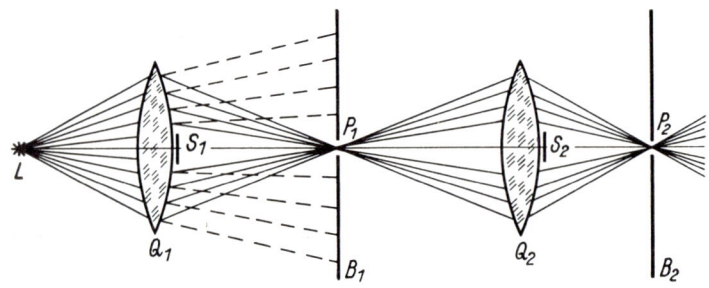

Abb. 224. Quarzlinsenmethode nach Rubens und Wood

stand der Lichtquelle L wird größer als 12 cm, aber kleiner als 27,3 cm gewählt; von L ausgesandte Strahlung $\leq 50\,\mu$ verläßt Q_1 also divergent (in Abb. 224 gestrichelt), während die langwellige Strahlung $\geq 50\,\mu$ in einem Bildpunkt P_1 vereinigt wird; eine enge Lochblende läßt nur diese langwelligen Strahlen hindurchtreten, während die achsennahe kurzwellige Strahlung durch eine kleine runde Scheibe S_1 zurückgehalten wird. Um etwaige kurzwellige Beimischung mit Sicherheit auszuschließen, wird dasselbe Verfahren noch ein zweites Mal angewendet, indem die von P_1 divergierende Strahlung noch einmal eine Quarzlinse Q_2 durchsetzt usw. In dem Bildpunkt P_2 haben wir dann eine sehr langwellige Strahlung — wie lang, hängt natürlich von der Emission der Lichtquelle ab. Auch hier haben wir also eine Filterung besonderer Art erzielt. Die so erhaltenen Wellenlängen (bis zu $1300\,\mu$) haben wir schon auf S. 179 erwähnt. Diese aus Lichtquellen stammenden Wellen von rund 1 mm Länge greifen schon in das Gebiet der auf direktem elektrischen Weg erzeugten Wellen hinüber.

P. Drude (1904) hat aus der Dispersionstheorie noch einen interessanten Schluß gezogen, der die Frage beantwortet, mit welchen schwingenden Gebilden man es im UV und Sichtbaren einerseits, im UR anderseits zu tun hat. Dazu muß man die numerischen Daten der Dispersion verschiedener Stoffe kennen, etwa die Konstanten M_h und λ_h der Ketteler-Helmholtzschen Dispersionsformel (116); nach (117) ist $M_h = \dfrac{N_h q_h^2 \lambda_h^4}{\pi m_h c^2}$.

Für zwei Eigenfrequenzen bzw. Eigenwellenlängen λ_R und λ_V, etwa im UV und im UR, ist also nach (117)

$$\frac{M_V}{\lambda_V^4} \bigg/ \frac{M_R}{\lambda_R^4} = \frac{N_V q_V^2 / m_V}{N_R q_R^2 / m_R} ;$$

25. Theorie der Dispersion und Absorption für schwach absorbierende Substanzen

nach (109) muß aber in diesem Falle, weil das ganze Molekül unelektrisch ist, gelten:
$$N_V q_V + N_R q_R = 0, \quad \text{d. h. } N_V q_V = -N_R q_R.$$

Setzt man dies in die vorletzte Gleichung ein, so folgt für den in Frage stehenden Quotienten:
$$\frac{M_V}{\lambda_V^4} \Big/ \frac{M_R}{\lambda_R^4} = \left(\frac{q}{m}\right)_V \Big/ \left(\frac{-q}{m}\right)_R.$$

Er ist also — abgesehen vom Vorzeichen — gleich dem Verhältnis der spezifischen Ladungen (Ladungen pro Masseneinheit) der Gebilde, die im UV (oder Sichtbaren) und im UR die Schwingungen ausführen. Aus den Dispersionsformeln kennt man die M_h und λ_h empirisch. Daraus ergibt sich für das Verhältnis der spezifischen Ladungen im UV (Sichtbaren) und UR stets die Größenordnung von $10^4 - 10^5$, d. h. es ist:
$$\left|\left(\frac{q}{m}\right)_{UV}\right| \approx 10^4 \left|\left(\frac{q}{m}\right)_{UR}\right|.$$

10^4 ist aber das Verhältnis der spezifischen Ladung von Elektronen zu der von Ionen. Daraus folgt der Drudesche Schluß, **daß die Eigenschwingungen im UV und Sichtbaren den Elektronen, im UR dagegen den Ionen zukommen,** was sich stets bestätigt hat, wenn man auch nicht mehr von eigentlichen „Schwingungen" von Elektronen, sondern nur allgemeiner von deren Mitwirkung sprechen darf.

Alle Dispersionserscheinungen, die wir bisher besprochen haben, beruhen auf der Einwirkung der Strahlung auf Systeme (z. B. Moleküle), deren Teilchen an Gleichgewichtslagen gebunden sind und die daher Resonanzfrequenzen besitzen. Es gibt aber, auch für schwach absorbierende Substanzen, noch eine andere Art Dispersion, die wir uns an einem Beispiel anschaulich klar machen wollen.

Man denke sich elektrische Dipole, deren Richtungen unregelmäßig verteilt seien, so daß insgesamt keine elektrische Polarisation vorhanden ist. Sie seien ferner drehbar, die Drehbarkeit sei aber mit einer Art Trägheit behaftet; sie finde quasi in einem mehr oder weniger zähen Medium statt. Die Dipolrichtungen besitzen also keine feste Gleichgewichtslage. Ein homogenes periodisches elektrisches Feld (das Strahlungsfeld) wirke auf diese Dipole ein. Dann werden bei sehr niedriger Frequenz dieses Feldes alle Dipole ohne Verzögerung folgen können. Wie gering diese Frequenz sein muß, damit dies der Fall ist, hängt natürlich von der „Zähigkeit" ab. Das Feld erzeugt also dann eine Polarisation, da die Dipole sich alle parallel zum Feld einstellen können, und diese wird proportional zum Feld sein. Dies entspricht einem endlichen Brechungsindex größer als 1. Bei sehr hoher Frequenz dagegen werden die Dipole überhaupt nicht mehr folgen können, die Polarisation wird dieselbe wie ohne Feld sein, d. h. in unserem Fall verschwinden. Das Medium wirkt wie ein Vakuum; der Brechungsindex wird den Wert 1 annehmen. Für mittlere Frequenzen wird der Brechungsindex von $n = 1$ für $\omega = \infty$ bis $n = n_0$ für $\omega = 0$ monoton ansteigen je nach der mehr oder weniger großen Verzögerung des Folgens. Bei den extremen Frequenzen wird keine Absorption stattfinden. Bei $\omega = \infty$ deswegen nicht, weil das Medium ja keine Energie aus dem Feld aufnimmt; bei $\omega = 0$ deswegen nicht, weil die aufgenommene Energie ohne Phasenverzögerung wieder an das Feld abgegeben wird. Im Zwischengebiet wird Absorption auftreten.

Die quantitative Behandlung dieser Art Dispersion (zuerst von P. Debye durchgeführt) führt auf Gleichungen der Form

(119) $$n^2(1 - \varkappa^2) = 1 + \frac{a}{1 + \omega^2 \tau^2}, \quad n^2 \varkappa = \frac{b \omega \tau}{1 + \omega^2 \tau^2},$$

wo a und b Konstanten sind und τ eine sogenannte **Relaxationszeit** ist, die angibt, wann die durch ein niederfrequentes Feld erzeugte Polarisation nach plötzlichem Abschalten dieses Felds auf den e^{ten} Teil abgesunken ist. Je größer diese Zeit ist, um so „träger" findet die Einstellung statt. Solche **Relaxationsdispersion** tritt überall auf, wo es sich um die Einstellung eines Gleichgewichts unter dem Einfluß periodischer Kräfte handelt. Die Relaxationsfrequenzen $1/\tau$ fallen sehr oft in das Gebiet der cm- und

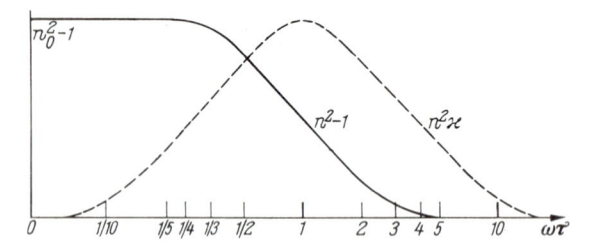

Abb. 225. Schematischer Verlauf der Dispersion für Relaxationsdispersion

mm-Wellen. Sie hängen ab von der Dichte der sich einstellenden Dipole, von ihrer gegenseitiger Störung und von der Temperatur.

Abb. 225 gibt den Verlauf dieser Dispersion und Absorption (genau genommen den von $n^2(1-\varkappa^2)-1$ und $n^2\varkappa$) an. Man kann aus (119) entnehmen, daß das Maximum von $n^2\varkappa$ genau dort liegt, wo n^2 den Mittelwert $(n_0^2 + n_\infty^2)/2$ einnimmt, nämlich bei $\omega = 1/\tau$. Die Halbwertsbreite der im übrigen im logarithmischen Maßstab symmetrischen Absorptionskurve hat den Wert $2\sqrt{3}/\tau$.

26. Dispersion und Absorption der Metalle (stark absorbierende Stoffe)

Zu den Substanzen mit sehr großer Absorptionskonstante K (vgl. die Angaben auf S. 187) gehören vor allem die Metalle. Vom Standpunkte der elektromagnetischen Theorie des Lichtes kann man leicht den Grund dafür angeben: er liegt in ihrer großen Leitfähigkeit. Diese bewirkt, daß beim Eindringen der Strahlung ins Metall Wechselströme entstehen, die Joulesche Wärme erzeugen; diese geht natürlich auf Kosten der eingedrungenen Strahlung, die somit stark absorbiert wird. Demgemäß erklärt die Maxwellsche Theorie die optischen Eigenschaften der Metalle ausschließlich durch ihr Leitvermögen σ, ebenso wie die optischen Eigenschaften der Nichtleiter durch die Dielektrizitätskonstante ε erklärt werden sollten. Wir haben gesehen, daß letzteres nur bei sehr langwelliger Strahlung (elektrische Wellen von 10 cm an aufwärts) zutrifft, nicht aber bei kurzen Wellen (UR, Sichtbar, UV usw.). Für solche Strahlung zeigen die Nichtleiter Dispersion und Absorption, während sie im Bereich elektrischer Wellen tatsächlich dispersions- und absorptionsfrei sind. Ganz ähnlich ist es nun auch mit den Metallen: für elektrische Wellen trifft wirklich die Behauptung der Maxwellschen Theorie zu, daß das Leitvermögen die optischen Erscheinungen bestimmt, auch noch, wie wir sehen werden, für ultrarote Wellen bis zu 15 μ herab, aber in keiner Weise mehr für die kürzeren ultraroten, sichtbaren und ultravioletten Wellenlängen. Wir haben im vorhergehenden Abschnitt gesehen, wie man die Maxwellsche Theorie für Nichtleiter zu verbessern hat, indem man dem molekularen Aufbau der Materie Rechnung trägt; so werden wir es auch bei den Metallen machen müssen.

Die erste Frage ist die nach dem Reflexionsgesetz und dem Brechungsgesetz. Das erstere gilt für Metalle genau so wie für Nichtleiter, wovon wir in den beiden

26. Dispersion und Absorption der Metalle (stark absorbierende Stoffe)

ersten Kapiteln ohne weiteres Gebrauch gemacht haben. Was die Brechung angeht, so wissen wir aus den vorhergehenden Nummern, daß man bei absorbierender Substanz einfach so rechnen kann, als ob der Brechungsindex $\mathfrak{n}$ (den wir jetzt immer mit deutschen Buchstaben schreiben) komplex geworden sei. Demgemäß folgt für das Brechungsgesetz der Metalle (φ_1 = Einfallswinkel, χ_2 = Brechungswinkel, n = reeller Brechungsindex, $\varkappa$ = Absorptionsindex):

$$(120) \qquad \frac{\sin \varphi_1}{\sin \chi_2} = \mathfrak{n} = n(1 - i\varkappa).$$

Da φ_1, somit auch $\sin \varphi_1$, reell ist, folgt daraus zunächst, daß

$$(120\,\mathrm{a}) \qquad \sin \chi_2 = \frac{\sin \varphi_1}{n(1 - i\varkappa)}$$

komplex sein muß. Ebenso folgt, daß die „Geschwindigkeit" $\mathfrak{v}_2$ der Wellen im Metall (die wir auch mit deutschen Buchstaben schreiben wollen), gleich ist:

$$(120\,\mathrm{b}) \qquad \mathfrak{v}_2 = \frac{c}{\mathfrak{n}} = \frac{c}{n(1 - i\varkappa)} = \frac{c(1 + i\varkappa)}{n(1 + \varkappa^2)}.$$

Diese scheinbar kleine Änderung gegenüber nichtleitenden Substanzen hat sehr große Komplikationen zur Folge, die wir zunächst qualitativ und anschaulich besprechen wollen.

Der Leser muß sich darüber klar sein, daß die komplexe Schreibweise eine symbolische ist; wir haben es natürlich immer mit reellen Dingen zu tun. D. h. der tatsächliche Brechungswinkel ist reell, ebenso wie die tatsächliche Fortpflanzungsgeschwindigkeit v_2 und der Brechungsquotient n. Die komplexe Rechnung erlaubt aber, in einfacher Weise den ganzen Formalismus der Optik durchsichtiger Körper auf undurchsichtige zu übertragen, indem man n durch $\mathfrak{n} = n(1 - i\varkappa)$ ersetzt. Natürlich muß man nachher immer zu reellen Größen übergehen.

Wir lassen zunächst aus Luft (Vakuum) — das ist im allgemeinen der einzig interessierende Fall — Strahlung der Vakuumwellenlänge λ (Kreisfrequenz ω) senkrecht auf eine ebene Metalloberfläche auffallen, die mit der yz-Ebene, d. h. $x = 0$, zusammenfalle. Oberhalb der Metalloberfläche ist $x < 0$, im Metall selbst $x > 0$. Setzen wir nun eine ebene Welle an, die sich in Richtung der positiven x-Achse im Metall

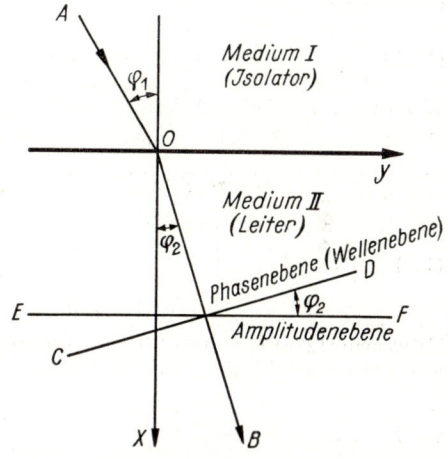

Abb. 226. Zur Definition einer inhomogenen Welle (Oberflächenwelle)

fortpflanzt, — das ist die eindringende Welle —, so haben wir diese zu schreiben:

$$\mathfrak{E} = e^{i\omega\left(t - \frac{x}{\mathfrak{v}_2}\right)} = e^{i\omega\left(t - \frac{\mathfrak{n}x}{c}\right)} = e^{i\omega\left[t - \frac{n(1-i\varkappa)x}{c}\right]},$$

und das liefert:

$$\mathfrak{E} = e^{\frac{-\omega n\varkappa x}{c}} e^{i\omega\left(t - \frac{nx}{c}\right)} = e^{-\frac{2\pi n\varkappa x}{\lambda}} e^{i\omega\left(t - \frac{x}{v_2}\right)},$$

wenn v_2 die reelle Fortpflanzungsgeschwindigkeit (Phasengeschwindigkeit) der Welle bedeutet. (Diese Darstellung haben wir ganz analog schon in **Nr. 25** bei der Untersuchung schwach absorbierender Substanzen benutzt.) Die Fläche gleicher Amplitude ist offenbar $x =$ Const; sie fällt — wie bisher stets — zusammen mit der Fläche gleicher Phase, die ebenfalls $x =$ Const. ist. Das ist aber nicht mehr der Fall, wenn die Welle schief (unter dem Einfallswinkel φ_1) auf die Metalloberfläche auffällt (Abb. 226); sie werde dann unter dem noch zu bestimmenden reellen Winkel φ_2 ins Metall hereingebrochen. Außer den beiden Strahlen AO und OB zeichnen wir eine Ebene konstanter Phase, d. h. die Wellenebene CD im Metall (senkrecht zum Strahl OB) und eine Ebene konstanter Amplitude EF im Metall, für die wieder $x =$ Const. gilt. Man erkennt, daß die beiden Ebenen nicht zusammenfallen, sondern gleichfalls den Winkel φ_2 miteinander bilden. D. h. die Welle schreitet in Richtung OB fort, ihre Amplitude nimmt aber in Richtung OX ab. Eine solche Welle nennt man eine **inhomogene Welle**, auch **Oberflächenwelle**, weil sie mit merklicher Amplitude nur in der Nähe der Grenzfläche $x = 0$ auftreten kann.

Wir wollen zunächst die Gleichung einer ebenen Welle im Metall in komplexer Form anschreiben; sie hat die Gestalt:

121)
$$\mathfrak{E}_2 = e^{i\omega\left(t - \frac{y \sin \chi_2 + x \cos \chi_2}{v_2}\right)},$$

wobei χ_2 und v_2, wie gesagt, komplex sind; wir müssen daraus den reellen Brechungswinkel φ_2 (Abb. 226) berechnen; dies tun wir, indem wir einmal aus der obigen Gleichung die Phasenebene feststellen. Zu diesem Zwecke müssen wir in die obige symbolische Darstellung der Welle die Werte von $\sin \chi_2$ und $\cos \chi_2$ einführen. Aus Gl. (120a) folgt zunächst:

(122a)
$$\sin \chi_2 = \frac{\sin \varphi_1}{n(1 - i\varkappa)} = \frac{\sin \varphi_1 (1 + i\varkappa)}{n(1 + \varkappa^2)},$$

und daraus:

(122b)
$$\cos \chi_2 = \sqrt{1 - \sin^2 \chi_2} = \sqrt{\frac{n^2(1 + \varkappa^2)^2 - (1 - \varkappa^2 + 2 i\varkappa) \sin^2 \varphi_1}{n^2(1 + \varkappa^2)^2}}.$$

Wenn wir vorläufig zur Abkürzung setzen:

(122c)
$$\cos \chi_2 = \varrho e^{-i\delta} = \varrho (\cos \delta - i \sin \delta),$$

so folgt zur Bestimmung von ϱ und δ:

(123)
$$\begin{cases} \dfrac{n^2(1 + \varkappa^2)^2 - (1 - \varkappa^2) \sin^2 \varphi_1}{n^2(1 + \varkappa^2)^2} = \varrho^2 \cos 2\delta, \\ \dfrac{2 \varkappa \sin^2 \varphi_1}{n^2(1 + \varkappa^2)^2} = \varrho^2 \sin 2\delta. \end{cases}$$

Trägt man (122a), (122c) und (120b) in (121) ein, so nimmt die gebrochene Welle folgende Gestalt an, aus der man deutlich sieht, daß hier Phasenebene und Amplitudenebene nicht mehr zusammenfallen:

(124)
$$\mathfrak{E}_2 = e^{i\omega\left[t - \frac{y \sin \varphi_1}{c} - \frac{x \varrho n}{c}(\cos \delta - \varkappa \sin \delta)\right]} e^{-\frac{2 \pi \varrho x n}{\lambda}(\sin \delta + \varkappa \cos \delta)}.$$

Der erste Exponentialfaktor stellt eine gebrochene Welle dar, die sich unter einem (noch in unentwickelter Form auftretenden) reellen Brechungswinkel, den wir vorher schon φ_2 genannt hatten, fortpflanzt; der zweite Faktor aber stellt eine mit wachsendem x wachsende Absorption dar — wie es sein muß. Die Phasen-(oder Wellen-)Ebene gehorcht der Gleichung:

(125)
$$y \sin \varphi_1 + x\varrho n(\cos \delta - \varkappa \sin \delta) = \text{Const.},$$

während die Gleichung der Amplitudenebene offenbar $x =$ const. lautet. Und nun können wir die Phasenebenengleichung (125) auch durch den reellen Brechungswinkel φ_2 ausdrücken:

(126)
$$y \sin \varphi_2 + x \cos \varphi_2 = \text{Const.}$$

Durch Vergleich mit (125) folgt also, daß $\sin \varphi_2$ und $\cos \varphi_2$ folgenden Ausdrücken proportional sein müssen:

127)
$$\begin{cases} \sin \varphi_1 = A \sin \varphi_2 \\ \varrho n (\cos \delta - \varkappa \sin \delta) = A \cos \varphi_2, \end{cases}$$

26. Dispersion und Absorption der Metalle (stark absorbierende Stoffe)

womit wir die Mittel in der Hand haben, φ_2 zu bestimmen. Lassen wir vorläufig noch ϱ und δ unbestimmt stehen, so ergibt sich die Proportionalitätskonstante A zu:

$$(128) \qquad A = \sqrt{\sin^2\varphi_1 + \varrho^2 n^2 (\cos\delta - \varkappa \sin\delta)^2}\,.$$

Mit diesem Werte von A finden wir aus der ersten Gl. (127) das Brechungsgesetz in reeller Form (ϱ und δ sind noch auszurechnen!):

$$(129) \qquad \frac{\sin\varphi_1}{\sin\varphi_2} = A = \sqrt{\sin^2\varphi_1 + \varrho^2 n^2 (\cos\delta - \varkappa \sin\delta)^2} = n_{\varphi_1}\,.$$

Man sieht schon in dieser Form, daß der Brechungsindex nicht konstant ist, sondern vom Einfallswinkel φ_1 abhängt, weswegen wir in Zukunft n_φ dafür schreiben wollen. Drücken wir in der Gleichung (124) $\sin\varphi_1$, $\varrho\sin\delta$ und $\varkappa\cos\delta$ nach (127), (128) und (129) durch $\sin\varphi_2$, $\cos\varphi_2$ und n_φ aus, so wird der erste Exponentialfaktor:

$$e^{i\omega\left[t - \frac{y\sin\varphi_2 + x\cos\varphi_2}{c/n_\varphi}\right]},$$

was bedeutet, daß die Welle sich mit der reellen Geschwindigkeit

$$(130) \qquad v_\varphi = \frac{c}{n_\varphi} = \frac{c}{\sqrt{\sin^2\varphi_1 + \varrho^2 n^2(\cos\delta - \varkappa\sin\delta)^2}}$$

fortpflanzt; auch sie hängt von dem Einfallswinkel ab. Schließlich gewinnen wir für den Dämpfungsfaktor, den wir $\varkappa_\varphi$ nennen wollen:

$$(131) \qquad \varkappa_\varphi = \varrho\cdot(\sin\delta + \varkappa\cos\delta)\,.$$

Wir müssen nun noch die bisher nicht ausgerechneten Größen ϱ und δ aus (123) bestimmen und die erhaltenen Werte in (129), (130) und (131) einsetzen. Dann liefert eine elementare, aber mühsame Rechnung:

$$(132) \quad \begin{aligned} n_\varphi^2 &= \tfrac{1}{2}\left[n^2 - n^2\varkappa^2 + \sin^2\varphi_1 + \sqrt{4n^4\varkappa^2 + (n^2 - n^2\varkappa^2 - \sin^2\varphi_1)^2}\right] \\ \varkappa_\varphi^2 &= \tfrac{1}{2}\left[-n^2 + n^2\varkappa^2 + \sin^2\varphi_1 + \sqrt{4n^4\varkappa^2 + (n^2 - n^2\varkappa^2 - \sin^2\varphi_1)^2}\right] \\ v_\varphi &= c/n_\varphi\,. \end{aligned}$$

Man sieht an diesen Gleichungen die außerordentliche Komplikation der Verhältnisse; für $\varphi_1 = 0$ gehen n_φ in n, $\varkappa_\varphi$ in $\varkappa$ über. Deshalb bezeichnet man die „optischen Konstanten" n und $\varkappa$ auch wohl als „Hauptbrechungsindex" und „Hauptabsorptionsindex".

Die Frage, wie man die optischen Konstanten n und $\varkappa$ experimentell bestimmt, müssen wir zurückschieben; wir werden in Nummer 44 darauf zurückkommen. Hier genüge die Tatsache, daß die Beobachtungen zahlreicher Forscher (z. B. D. Shea [1892] und R. B. Wilsey [1916]) den in (132) gegebenen Zusammenhang zwischen den Größen n_φ, $\varkappa_\varphi$ mit n und $\varkappa$ immer bestätigt haben; eine andere Frage ist aber die, wie n und $\varkappa$ mit dem Leitungsvermögen σ der Metalle zusammenhängen, das nach der Maxwellschen Theorie beide Größen bestimmen soll. Diese Frage wird uns weiter unten beschäftigen. Hier geben wir eine Übersicht über die Resultate von Shea, die sich auf die Wellenlänge 640 mμ (rotes Licht) beziehen (Tab. 12).

Tab. 12. Optische Konstanten von Metallen als Funktion des Einfallswinkels

Metall	n	$n\varkappa$	n_{10}	n_{20}	n_{30}	n_{40}	n_{50}	n_{60}	n_{70}	n_{80}	n_{90}
Fe	3,03	1,78	3,04	3,04	3,04	3,05	3,06	3,06	3,07	3,07	3,07
Pt.	1,99	2,03	2,00	2,01	2,02	2,04	2,07	2,09	2,11	2,12	2,12
Cu	0,48	2,61	0,51	0,59	0,69	0,79	0,89	0,98	1,04	1,08	1,10
Au	0,35	1,79	0,39	0,49	0,61	0,72	0,83	0,92	0,99	1,03	1,05
Ag	0,26	2,16	0,31	0,43	0,56	0,69	0,80	0,90	0,97	1,01	1,03

Bei den Resultaten der Metalloptik, wie sie z. B. in Tabelle 12 wiedergegeben sind, erreicht man bei weitem nicht die Genauigkeit, die man bei durchsichtigen Substanzen erzielt. Während bei diesen der Brechungsquotient bis auf eine Einheit in der 5. Dezimale genau gemessen werden kann, ist hier bereits die zweite Dezimale nicht sicher. Das liegt z. T. an der schwierigen Messung, z. T. daran, daß man Reflexionsbeobachtungen heranziehen muß, und diese leiden an dem Übelstande, daß es außerordentlich schwer, ja fast unmöglich ist, reine Metalloberflächen herzustellen; daher schwanken auch die Resultate verschiedener Beobachter für n und $\varkappa$ noch erheblich[1]).

Man sieht, daß die Tabelle in zwei Teile zerfällt, deren erster sich auf Fe und Pt bezieht. Beide haben relativ große Brechungsquotienten ($n > 1$), und ihre Variation mit φ_1 ist nicht erheblich. Daher befolgt bei diesen Metallen die Brechung nahezu das gewöhnliche Brechungsgesetz. Die zweite Hälfte der Tabelle zeigt zunächst, daß für Cu, Ag und Au $n_0 < 1$ ist, sowie daß die Änderung von n_φ mit φ_1 sehr erheblich ist; hier ist also das Brechungsgesetz ein ganz anderes. Im besonderen zeigt die Tabelle, daß für Cu der Brechungsquotient n_φ zwischen 60° und 70° durch den Wert 1 hindurchgeht, und das gleiche zeigt sich für etwas größere Winkel bei Ag und Au. Das bedeutet aber, daß für diese Metalle bei einem bestimmten Einfallswinkel (bei Cu 62,9°, bei Ag 71,9°, bei Au 76,2°) die einfallende Welle ungebrochen in das Metall eintritt; dies hat Shea auch direkt konstatiert. — Abb. 227 gibt graphisch die Werte der Tabelle 12 wieder.

Man könnte unsere obige Feststellung, daß n_φ, $\varkappa_\varphi$, v_φ vom Einfallswinkel abhängen, auch so ausdrücken, daß sie vom reellen Brechungswinkel φ_2 abhängen, der ja mit φ_1 nach (129) zusammenhängt; φ_2 ist aber auch der Winkel zwischen der Ebene konstanter Phase und der Ebene konstanter Amplitude, der mit anderen Worten die inhomogene Welle charakterisiert. Deshalb hat E. Ketteler (1885), der große Verdienste um die Aufklärung der Verhältnisse der Metalloptik, insbesondere der Fortpflanzung inhomogener Wellen hat, diesen Sachverhalt durch die Formulierung charakterisiert, daß **die Fortpflanzungsgeschwindigkeit und die Stärke der Absorption von dem Winkel abhängen, den die „Wellennormale" mit der „Absorptionsnormalen" bildet.**

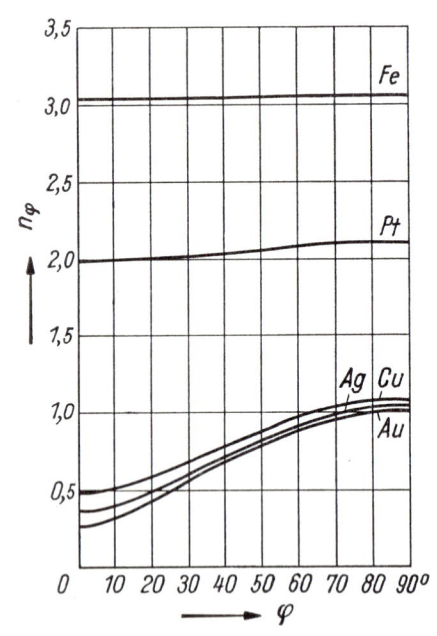

Abb. 227. Abhängigkeit des Brechungsquotienten verschiedener Metalle vom Einfallwinkel für $\lambda = 640\,\mathrm{m}\mu$

Eine grundsätzliche Bemerkung muß noch hinzugefügt werden. Obwohl die starken Abweichungen von der Optik durchsichtiger Körper besonders in der Optik der Metalle wegen ihrer großen Absorptionskonstanten K auftreten, gelten die Ergebnisse dieses Abschnittes im Prinzip auch für die Substanzen mit kleiner Absorptionskonstanten K, wie wir sie in den vorhergehenden Abschnitten behandelt haben. Im allgemeinen sind die Abweichungen von dem idealen Fall völlig durchsichtiger Körper unmerklich, zeigen sich jedoch z. B. bei genauen Messungen des Brechungsquotienten bei gefärbten Lösungen.

---

[1]) Die Tabelle soll in erster Linie die Änderung von n mit φ_1 zeigen; auf die absolute Größe von n ist kein besonderer Wert gelegt.

26. Dispersion und Absorption der Metalle (stark absorbierende Stoffe)

Bevor wir an die Untersuchung herangehen, welche Werte die optischen Konstanten nach der Maxwellschen Theorie haben sollen, teilen wir noch eine Tabelle von n und $n\varkappa$ mit, nach Messungen von P. Drude für die Wellenlänge 589 mμ (D-Linie). Interessant ist, daß bei allen untersuchten Metallen $n < n\varkappa$ ist; besonders merkwürdig ist der n-Wert für Natrium, $n = 0{,}005$, der bedeutet, daß die Phasengeschwindigkeit 200 mal größer ist als c!

Tab. 13. Optische Konstanten von Metallen

Metall	n	$n\varkappa$
Ag.	0,18	3,67
Au.	0,37	1,82
Pt	2,06	4,26
Cu.	0,64	2,62
Stahl	2,41	3,40
Na	0,005(!)	2,61
Hg	1,73	4,96

Metalloptik und Maxwellsche Theorie. Die im vorhergehenden behandelten Tatsachen haben nichts mit der Maxwellschen Theorie zu tun; sie folgen in gleicher Weise aus jeder Wellentheorie und sind älter als die elektromagnetische Auffassung des Lichtes. Dagegen behauptet die letztere, daß das Leitvermögen der Metalle σ die Werte von n und $n\varkappa$ bestimmt. Wir wollen jetzt prüfen, wie es sich damit verhält.

Betrachten wir z. B. die erste Gleichung des 1. Maxwellschen Tripels, wie sie in Bd. II angegeben ist:

$$\frac{\varepsilon}{c}\frac{\partial \mathfrak{E}_x}{\partial t} + \frac{4\pi\sigma}{c}\mathfrak{E}_x = \frac{\partial \mathfrak{H}_z}{\partial y} - \frac{\partial \mathfrak{H}_y}{\partial z}.$$

Falls $\mathfrak{E}_x$ der elektrische Vektor einer Lichtwelle ist, so ist er periodisch: $\mathfrak{E}_x = \mathfrak{E}_{0x} e^{i\omega t}$, also ist weiter

$$\frac{\partial \mathfrak{E}_x}{\partial t} = \omega i \mathfrak{E}_x, \quad \mathfrak{E}_x = -\frac{i}{\omega}\frac{\partial \mathfrak{E}_x}{\partial t}.$$

Setzt man den letzten Wert in die linke Seite der obigen Maxwellschen Gleichung ein, so nimmt sie die Gestalt an:

$$\frac{1}{c}\frac{\partial \mathfrak{E}_x}{\partial t}\left[\varepsilon - \frac{4\pi\sigma}{\omega}i\right] = \frac{\partial \mathfrak{H}_z}{\partial y} - \frac{\partial \mathfrak{H}_y}{\partial z}.$$

Damit hat die linke Seite der Gleichung die nämliche Form wie für einen Nichtleiter, nur daß an Stelle der reellen Dielektrizitätskonstanten die komplexe Größe

(133) $$\varepsilon' = \varepsilon - \frac{4\pi\sigma}{\omega}i$$

getreten ist. Setzen wir diese wie im vorhergehenden gleich $n^2(1-i\varkappa)^2$, so ergeben sich durch Trennung des Reellen und Imaginären folgende Beziehungen zwischen dem Leitvermögen σ einerseits und den optischen Konstanten anderseits ($T = \dfrac{2\pi}{\omega}$ ist die Schwingungsdauer):

(134a) $$\begin{cases} \varepsilon = n^2 - n^2\varkappa^2 \\ \dfrac{2\pi\sigma}{\omega} = \sigma T = n^2\varkappa. \end{cases}$$

Quadriert man die erste dieser Gleichungen und addiert dazu das vierfache Quadrat der zweiten, so erhält man

(134b) $$n^2 + n^2\varkappa^2 = \sqrt{\varepsilon^2 + 4\sigma^2 T^2}.$$

Kombination mit der ersten Gl. (134a) ergibt für n und $n\varkappa$:

(135) $$\begin{cases} n = \sqrt{\dfrac{1}{2}\sqrt{\varepsilon^2 + 4\sigma^2 T^2} + \dfrac{\varepsilon}{2}} \\ n\varkappa = \sqrt{\dfrac{1}{2}\sqrt{\varepsilon^2 + 4\sigma^2 T^2} - \dfrac{\varepsilon}{2}} \end{cases}$$

Diese beiden Gleichungen sind die Forderung der elektromagnetischen Theorie Maxwells; wir merken noch an, daß nach der ersten Gl. (134a) $n > n\varkappa$ sein muß, da ε seiner Natur nach positiv ist. Vergleichen wir damit die Tabelle 13, so ergibt sich sofort, daß für die dort angegebenen Metalle ausnahmslos das Gegenteil, nämlich $n < n\varkappa$, zutrifft. Darüber hinaus hat sich gezeigt, daß die Beobachtungen auf keine Weise durch die Gl. (135) dargestellt werden, selbst wenn man beliebige Werte von ε und σ zuläßt. Es kann also kein Zweifel darüber bestehen, daß im Sichtbaren und im UV die Maxwellsche Theorie nicht zutrifft; wir wissen schon, daß das gleiche auch für Nichtleiter in diesen Spektralgebieten gilt — eine Folge der Vernachlässigung der atomistischen Struktur der Materie. Wir wollen aber untersuchen, wie sich die Metalle gegenüber elektrischen Wellen (im engeren Sinne) verhalten; wir dürfen erwarten, daß die Maxwellsche Theorie dann ebenso zutrifft wie bei Nichtleitern. Für elektrische Wellen können wir die Gl. (135) noch etwas vereinfachen. Die Dielektrizitätskonstante der Metalle ist zwar nicht genau bekannt, doch hat man theoretische Gründe dafür, sie der Größenordnung nach gleich 1 anzunehmen. Für elektrische Wellen $\lambda \geqq 1\text{mm}$ ist die Schwingungsdauer $T \geqq 1/3 \cdot 10^{-11}\text{s}$; für Cu ist

$$\sigma_{Cu} = 5{,}14 \cdot 10^{17}\,\text{s}^{-1}, \quad \text{für Hg ist } \sigma_{Hg} = 9{,}9 \cdot 10^{15}\,\text{s}^{-1}\,.$$

Da Cu eines der bestleitenden, Hg eines der schlechtestleitenden Metalle ist, so liegt praktisch für alle Metalle σT zwischen folgenden Grenzen:

$$3{,}3 \cdot 10^4 \leqq \sigma T \leqq 1{,}7 \cdot 10^6\,.$$

Daher kann in (135) ε neben $2\sigma T$ einfach gestrichen werden. Damit degenerieren die Gl. (135) zu den sog. **Drudeschen Gleichungen:**

$$(136) \qquad n = n\varkappa = \sqrt{\sigma T}\,,$$

woraus übrigens auch $\varkappa = 1$ folgt.

Infolge der Größe von σT entarten nun auch die Gl. (132) so stark, daß die Variation von n_φ und $\varkappa_\varphi$ mit φ gar nicht mehr zu erkennen ist, denn es wird

$$n_\varphi = n, \quad \varkappa_\varphi = \varkappa\,;$$

daher bliebe zur Prüfung von (136) bei elektrischen Wellen nichts anderes übrig, als das Reflexionsvermögen der Metalle zu berechnen und mit dem Experiment zu vergleichen. Nach (105a) und (136) wird R der Reihe nach ($n \gg 1$!):

$$(137) \qquad R = \frac{(n-1)^2 + n^2}{(n+1)^2 + n^2} = \frac{n^2 - 2n + 1 + n^2}{n^2 + 2n + 1 + n^2} = \frac{n^2 - n}{n^2 + n} = \frac{1 - 1/n}{1 + 1/n}$$

$$\simeq 1 - \frac{2}{n} = 1 - \frac{2}{\sqrt{\sigma T}}\,.$$

Rechnet man sich danach mit den obigen Werten für σ und T bei Cu und Hg die Werte von R aus, so folgt:

$$R_{Cu} = 99{,}85\%\,;\quad R_{Hg} = 98{,}89\%\,.$$

Solch hohe Werte von R werden zwar tatsächlich beobachtet, sie können aber bei der heutigen Meßgenauigkeit nicht von 100% und nicht voneinander unterschieden werden; auch dieser Prüfungsversuch der Gl. (136) ist also keineswegs hinreichend, da für $R \approx 1$ das Leitvermögen aus der Gl. (137) praktisch herausfällt. Man muß also versuchen, zu kürzeren Wellen (kleinerem T), das heißt zum UR überzugehen, da dann

σT kleiner wird, also $\dfrac{2}{\sqrt{\sigma T}}$ gegen 1 mehr in Betracht kommt. Eine derartige Untersuchung haben 1903 E. Hagen und H. Rubens durchgeführt, mit dem seinerzeit überraschenden Ergebnis, daß die Gl.(137) sich bis zu Wellenlängen bis zu $10\,\mu$ hinab durchaus bewährt hat. Die Maxwellsche Theorie stimmt also im Gebiet von $\lambda = 10\,\mu$ bis $\lambda = \infty$ quantitativ. In der folgenden Tabelle ist der Wert $1 - R = 2/\sqrt{\sigma T}$ (das ist das Absorptionsvermögen A der Metalle) für eine Wellenlänge von $25{,}5\,\mu$ eingetragen und mit der Theorie verglichen; man erkennt die praktisch völlige Übereinstimmung. Wenn daher auch die Maxwellsche Theorie bei kürzeren Wellen versagt, so ist doch der elektromagnetische Charakter des Lichtes wieder über jeden Zweifel erhärtet worden.

Eine Bemerkung fügen wir noch an: die Gültigkeit der Maxwellschen Theorie bis zu $10\,\mu$ zeigt, daß ihr Ansatz für die Stromdichte $\mathfrak{j} = \sigma\mathfrak{E}$ bis zu Wechselströmen von $3\cdot 10^{13}$ Wechseln noch gilt; $\mathfrak{j} = \sigma\mathfrak{E}$ ist aber das Ohmsche Gesetz in der Formulierung der Feldtheorie (vgl. die Ausführungen Band II). Während die übliche Darstellung des Ohmschen Gesetzes schon bei technischen Wechselströmen von 50 Perioden pro Sek. zu einer Verallgemeinerung des Widerstandsbegriffes zwingt, zeigt sich die Formulierung der Feldtheorie, $\mathfrak{j} = \sigma\mathfrak{E}$, überlegen. Erst für noch schnellere Schwingungen versagt sie. Das ist dann auch der Grund, weshalb bei kürzeren Wellen die metalloptischen Tatsachen, wie wir schon festgestellt haben, von den Forderungen der Maxwellschen Theorie abweichen.

Tab. 14. *Hagen-Rubenssche Beziehung*

Metalle	$A = 1 - R$ in % für $\lambda = 25{,}5\,\mu$	
	beob.	ber.
Ag	1,13	1,15
Cu	1,17	1,27
Au	1,56	1,39
Al	1,97	1,60
Zn	2,27	2,27
Cd	2,55	2,53
Pt	2,82	2,96
Ni	3,20	3,16
Sn	3,27	3,23
Stahl . . .	3,66	3,99
Hg	7,66	7,55
Rotguß . . .	2,70	2,73
Manganin . .	4,63	4,69
Constantan .	5,20	5,05

Eine in jeder Hinsicht befriedigende Theorie dieser Abweichungen gibt es noch nicht. Wir gehen nicht weiter darauf ein; die Probleme der Metalloptik stellen noch ein dankbares Arbeitsgebiet dar.

27. Spektralanalyse; Emissions- und Absorptionsspektren; Dopplereffekt; Spektralapparate

Die Dispersion des Lichtes bildet die Grundlage der von G. Kirchhoff und R. W. Bunsen (1859) begründeten **Spektralanalyse**. Die genannten Forscher fanden zuerst die grundlegende Tatsache, daß jedes Element unter geeigneten Bedingungen ein ganz bestimmtes und für dieses Element charakteristisches Spektrum aussendet. Man kann daher aus dem Spektrum einer Lichtquelle auf die chemische Natur der in ihr vorhandenen leuchtenden Stoffe schließen. Wir gehen daher zunächst auf die verschiedenen Arten der Spektren ein.

Die Erfahrung hat ergeben: das Spektrum eines glühenden festen oder flüssigen Körpers ist stets ein **kontinuierliches Spektrum**, das alle Wellen des sichtbaren Gebietes enthält, auf das wir uns in dieser Nummer im wesentlichen beschränken werden, obwohl grundsätzlich alles auch in den unsichtbaren Spektralbereichen gilt. Man erkennt dies z. B. am Spektrum des positiven Kraters der

Bogenlampe, des Lichtes einer Glühlampe oder einer Kerze, in der glühende feste Rußteilchen die Emissionszentren sind; auch geschmolzene Metalle, z. B. Platin, besitzen ein kontinuierliches Spektrum. Kontinuierliche Spektren sind offenbar **nicht charakteristisch** für den strahlenden Körper, eben weil sie alle Wellen enthalten.

Anders verhalten sich glühende Gase und Dämpfe: sie liefern im allgemeinen **diskontinuierliche Spektren,** die nur aus einzelnen, durch dunkle Zwischenräume getrennten, scharfen Spektrallinien bestehen. Z. B. gibt leuchtender Natriumdampf geringer Dichte, den man durch Einbringen von Kochsalz in eine nichtleuchtende Bunsenflamme erzeugt, ein Spektrum, das im sichtbaren Gebiet in der Hauptsache aus zwei charakteristischen, eng beieinanderliegenden, gelben Linien besteht, die bei schwacher spektraler Trennung als eine Linie (D-Linie) erscheinen[1]). Leuchtender Lithiumdampf erzeugt zwei im Orange und Rot liegende Spektrallinien, atomarer Wasserstoff liefert ein Spektrum mit vier Linien (H_α Rot, H_β Grünblau, H_γ Blauviolett, H_δ Violett), leuchtender Quecksilberdampf besitzt im Sichtbaren sechs Linien. Auf der Tafel I ist eine Anzahl der wichtigsten Linienspektren mit ihren Hauptlinien wiedergegeben.

Die einzelnen Linien sind natürlich die (farbigen) Bilder des Spaltes. Zur wirksamen Trennung dicht nebeneinanderliegender Spektrallinien muß man daher den Spalt möglichst eng machen. Um scharfe und möglichst schmale Spektrallinien zu erhalten, darf die strahlende Schicht des Gases nicht zu dick und seine Dichte nicht zu groß sein; die günstigsten Bedingungen sind von Fall zu Fall empirisch festzustellen. Je dicker die leuchtende Gasschicht oder je dichter das Gas ist, um so mehr verbreitern sich die Linien. Bei hinreichend hohem Gasdruck kann das ursprüngliche Linienspektrum sogar in ein kontinuierliches übergehen. Dies zeigt z. B. das kontinuierliche Spektrum des Sonnenkerns[2]), der ein leuchtender Gasball von enormer Dichte ist.

Außer den Linienspektren gibt es noch eine andere Art von diskontinuierlichen Spektren, bei denen gesetzmäßige Anhäufung sehr zahlreicher Linien an bestimmten Stellen auftritt, so daß bei kleiner Dispersion des benutzten Spektralapparates dieser Teil des Spektrums fast als kontinuierlich mit einer Art „Kannellierung" erscheint. Man nennt solche Linienanhäufung **Banden** und die betreffenden Spektren **Bandenspektren.** Sowohl Linien- wie Bandenspektren erstrecken sich auch ins UV und UR. Wie man heute weiß, sind die **Linienspektren Atomspektren,** während die **Bandenspektren Lebensäußerungen der Moleküle sind.** Beide Arten von Spektren sind charakteristisch für den emittierenden Körper, können also zu seiner Identifizierung dienen: das ist der Grundgedanke der Spektralanalyse.

Alle bisher erwähnten Spektren sind **Emissionsspektren,** die von bestimmten Lichtquellen, sei es infolge von hoher Temperatur, sei es infolge direkter elektrischer oder chemischer Anregung ausgesandt werden. Den Gegensatz hierzu bilden die **Absorptionsspektren**; diese erhält man, wenn man zunächst ein kontinuierliches Spektrum erzeugt und in den Strahlengang einen Stoff bringt, der gewisse Wellenlängen absorbiert, so daß in dem ursprünglich kontinuierlichen Spektrum Lücken auftreten. Auf der Tafel I ist unter Nr. 11 das Absorptionsspektrum von Neodym wiedergegeben. Auch die Absorptionsspektren sind charakteristisch, so daß man sie ebenfalls zum Nachweis und zur Identifizierung der absorbierenden Stoffe benutzen kann. Die bereits vielfach erwähnten Fraunhoferschen Linien im Sonnenspektrum sind Absorptionslinien; sie kommen dadurch zustande, daß das vom leuchtenden Sonnenkern ausgehende kontinuierliche

---

[1]) Die obige Charakterisierung der Linienspektren ist nur ganz vorläufig; z. B. sind nur wenige (die stärksten) Linien genannt, während in Wirklichkeit ihre Anzahl recht groß ist. Auch haben wir die eigenartigen Gesetzmäßigkeiten der Linienanordnung (die sog. Serienstruktur) hier nicht erwähnt. Wir werden indes später in Nr. 72 und Bd. IV darauf zurückkommen.

[2]) Natürlich von den Fraunhoferschen Linien abgesehen.

weiße Licht beim Durchgang durch die glühende Metalldämpfe enthaltende Sonnenatmosphäre selektive Absorption erfährt.

Spektralapparate. Zur Untersuchung der Spektren dienen die sog. Spektralapparate. In Abb. 228 ist der Strahlengang des grundsätzlich auch heute noch benutzten Spektralapparates von Kirchhoff-Bunsen wiedergegeben. Das Licht der zu untersuchenden Lichtquelle tritt durch den bei Sp befindlichen Spalt, dessen Breite sich mit einer Mikrometerschraube einstellen läßt, in das Spaltrohr (Kollimator) A ein und wird durch die Sammellinse L_1, die sich im Abstand der Brennweite vom Spalt befindet, parallel gemacht. Das Parallelstrahlbündel durchsetzt — für eine mittlere Wellenlänge, z. B. die D-Linie, im Minimum der Ablenkung — das Flintglasprisma P und gelangt in das Beobachtungsfernrohr F. In diesem wird durch das Objektiv O an der Stelle rv das Spektrum erzeugt, das mit dem Okular O' betrachtet werden kann. Um das Spektrum mit einem Maßstab vergleichen und den Ort der Linien angeben zu können, trägt der Apparat noch ein drittes Rohr, das Skalenrohr C, das in der Brennebene der Linse L_2 eine kleine Skala S mit durchsichtigen Teilstrichen enthält; wird die Skala durch eine Lampe beleuchtet, so werden die von ihr ausgehenden Strahlen von der Vorderfläche des Prismas P in das Beobachtungsfernrohr F reflektiert; man erblickt dann gleichzeitig mit dem Spektrum ein scharfes Bild der Skala und kann diese mit Hilfe bekannter Spektrallinien in Wellenlängen eichen. Ist die Länge des Spektrums größer als das Gesichtsfeld des Fernrohrs, so muß letzteres an einem drehbaren Arm angebracht sein, um es auf den zu betrachtenden Spektralbereich einstellen zu können. Ein im Okular befindliches Fadenkreuz kann bei Drehung des Fernrohrs auf die einzelnen Spektrallinien eigestellt werden. Um auch auf diese Weise eine Messung der relativen Lage der einzelnen Linien vornehmen zu können, ist die Drehung des Fernrohrs entweder an einem Teilkreis oder einer Mikrometerschraube ablesbar. Will man das Spektrum photographisch fixieren, so wird das Fernrohr durch eine photographische Kamera ersetzt (**Spektrograph** im Gegensatz zum eben beschriebenen **Spektrometer**).

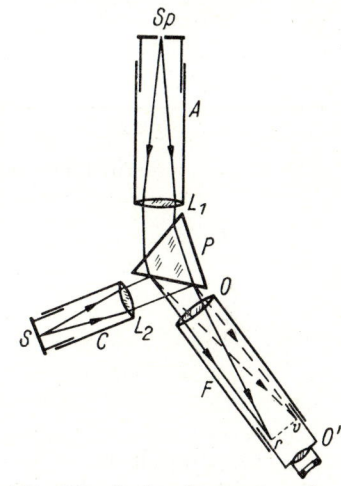

Abb. 228. Spektralapparat nach Kirchhoff-Bunsen

Da nach Gl. (91) auf S. 172 die Gesamtlänge des durch ein Prisma erzeugten Spektrums mit dem brechenden Winkel ε wächst, liegt es nahe, zur Erzeugung ausgedehnter Spektren Prismen mit möglichst großem brechendem Winkel zu benutzen. Erhöht man aber bei einem Flintglasprisma den Winkel bis auf etwa 100^0, so tritt der Fall ein, daß der im Prisma verlaufende Strahl infolge Totalreflexion nicht mehr aus dem Prisma austreten kann. Dies kann man durch Aufkitten zweier Kronglasprismen mit einem brechenden Winkel von etwa 25^0 verhindern. Man erhält dann das in Abb. 229 gezeichnete, zuerst von J. Browning (1871) hergestellte sog. **Rutherfurd-Prisma**[1]), dessen Dispersion der von zwei hintereinandergesetzten Flintglasprismen von etwa 60^0 entspricht.

Von Browning rührt auch die in Abb. 230 skizzierte Anordnung von 6 hintereinandergeschalteten Prismen her. Um bei der Bewegung des Fernrohrs zur Einstellung auf eine bestimmte Wellenlänge den Strahlengang in den Prismen für jede gewünschte Wellenlänge im Minimum der Ablenkung zu halten, ist lediglich das erste Prisma auf

---

[1]) In der Literatur vielfach fälschlich als Rutherford-Prisma bezeichnet; Erfinder ist der amerikanische Astronom L. M. Rutherfurd (1816—1892).

218 III. Kapitel. Dispersion und Absorption des Lichtes

der Grundplatte G befestigt, während alle übrigen mit ihrer dreieckigen Metallfassung an den Ecken scharnierartig zusammengefügt und mittels geschlitzter Gleitschienen an dem zentralen Stift A so befestigt sind, daß sie sich um diesen drehen, sich dabei von

Abb. 229. Rutherfurd-Prisma

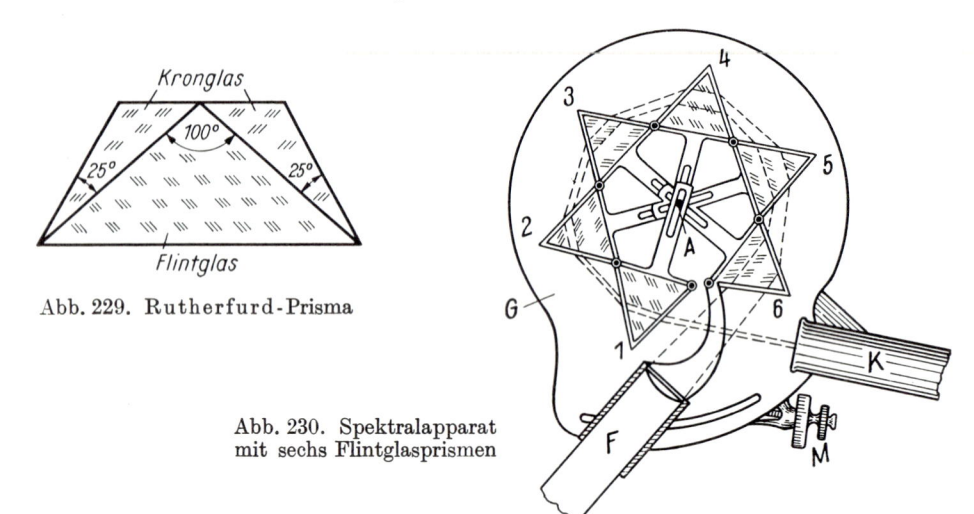

Abb. 230. Spektralapparat mit sechs Flintglasprismen

ihm entfernen oder ihm nähern können, wobei die Halbierungslinie ihrer brechenden Winkel stets durch den Zapfen A hindurchgeht. Das Fernrohr F ist mit dem letzten Prisma verbunden, so daß seine Verstellung mittels der Mikrometerschraube M automatisch alle Prismen mitverstellt.

Im Gebrauch sind ferner noch **Spektralapparate mit konstanter Ablenkung**, bei denen Spalt und Beobachtungsfernrohr eine feste Lage zueinander haben und die Einstellung auf eine bestimmte Wellenlänge durch Verdrehen des Prismas erreicht wird. Damit dabei der Strahlengang im Minimum der Ablenkung verbleibt, kann das Prisma z. B. die in Abb. 231 dargestellte, von E. Abbe (1870) angegebene Form besitzen. Diese kann man sich entsprechend den eingezeichneten Hilfslinien aus zwei 30^0-Prismen AEB und ACD und dem gleichschenkeligen 90^0-Prisma BEC zusammengesetzt denken. Ein unter dem Winkel α auf die Prismenfläche AB auffallender Strahl werde so gebrochen, daß er im Prisma unter dem Minimum der Ablenkung, also parallel zu AC verläuft. Er wird dann an der Fläche BC totalreflektiert und tritt unter dem Winkel α aus der Fläche AD aus. Für jede Wellenlänge ist für einen solchen Strahlenverlauf ein anderer Einfallswinkel nötig, der durch Drehen des Prismas eingestellt werden muß. Stets steht aber der aus dem Prisma austretende Strahl auf dem eintretenden senkrecht. Es ist nämlich in dem Viereck $AHFG$ die Winkelsumme

$$(180^0 - \delta) + (180^0 - \alpha) + (60^0 + 30^0) + \alpha = 360^0,$$

woraus $\delta = 90^0$ folgt. (Vgl. auch Abb. 209).

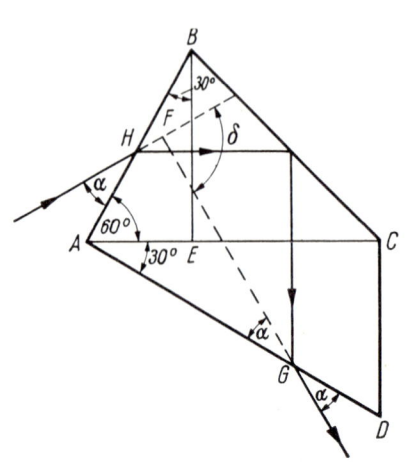

Abb. 231. Prisma mit konstanter, rechtwinkliger Ablenkung nach Abbe

Kombiniert man ein solches Prisma mit Spaltrohr und Fernrohr, die senkrecht aufeinander stehen, so hat man einen Spektralapparat mit der konstanten Ablenkung von 90⁰. Ersetzt man das Fernrohr durch einen in der Bildebene des Spektrums liegenden Austrittsspalt, so erhält man einen sog. **Monochromator**, der zur Herstellung monochromatischen Lichtes dient. Die Wellenlängenänderung geschieht dabei durch Drehen des Prismas. Um besonders reines monochromatisches Licht zu erhalten, nimmt man häufig noch eine zweite spektrale Zerlegung und Ausblendung vor.

Ein für Messungen im Ultrarot geeignetes Spektrometer (Spiegelspektrometer) haben wir bereits auf S. 180 im Anschluß an Abb. 208 beschrieben.

In Abb. 232 ist im Längsschnitt ein zu Orientierungszwecken viel benutztes **geradsichtiges Taschenspektroskop** wiedergegeben, das zuerst von Browning in dieser Form angegeben wurde. Es besteht aus zwei ineinander verschiebbaren Metallröhren A und B, von denen A den Spalt Sp enthält, dessen Breite sich durch den Ring R verstellen läßt. Die Eintrittsöffnung von A ist durch eine Glasscheibe G abgeschlossen, um eine Verschmutzung des Spaltes zu verhüten. In der Metallröhre B befindet sich ein Objektiv O, das als Lupe zur Betrachtung des Spaltes von der Öffnung C aus dient, und ein meist dreiteiliges Geradsichtprisma, wie es auf S. 175 beschrieben wurde.

Für die Erzeugung der Emissionsspektren eines Elementes gibt es verschiedene Möglichkeiten. Liegt das Material in Form eines Metallsalzes vor, so kann man mit ihm eine nichtleuchtende Bunsenflamme färben und diese als Lichtquelle benutzen. Man schmilzt zu diesem Zweck eine kleine Menge des Salzes in das zu einer Öse zusammengebogene Ende eines dünnen Platindrahtes, der zum Zweck einer bequemen Halterung in das Ende eines Glasröhrchens eingeschmolzen ist. Diese Salzperle bringt man in geeigneter Höhe in den Rand der Bunsenflamme. Auf diese Weise fanden Kirchhoff und Bunsen bei Untersuchung der in der Dürkheimer Mineralquelle enthaltenen Salze gleich im Beginn ihrer Arbeiten zwei bis dahin unbekannte Elemente, Rubidium und Caesium — ein glänzender Erfolg der jungen Methode. — Auch der elektrische Lichtbogen läßt sich zur Erzeugung der Spektren von Metallen benutzen, indem man entweder den Bogen zwischen Elektroden aus dem betreffenden Metall brennen läßt oder das Metall bzw. ein Salz desselben im Bogen verdampft, wobei man es zweckmäßig in eine in der positiven Kohle angebrachte Bohrung bringt. Besonders

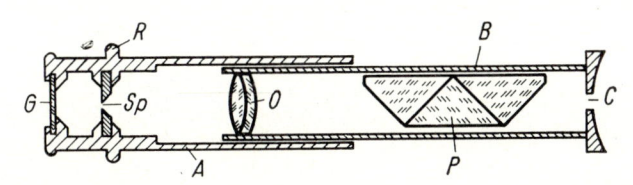

Abb. 232. Längsschnitt durch ein geradsichtiges Taschenspektroskop

der Eisenbogen wird wegen seiner leichten Anregbarkeit und seines Linienreichtums vielfach zur Erzeugung eines „Standardspektrums" für Eichzwecke benutzt. — Schließlich kann auch der elektrische Funke zur Erzeugung der Spektren dienen, indem man ihn zwischen Elektroden aus dem betreffenden Material überspringen läßt. Zur Verstärkung des Funkens schaltet man einen Kondensator großer Kapazität (z. B. Leidener Flasche) parallel zur Funkenstrecke. Bezüglich der Deutung der Spektren ist zu beachten, daß nach heutiger Kenntnis die mittels Lichtbogen erzeugten Spektrallinien, die sog. „Bogenlinien", von neutralen angeregten Atomen, die durch den Funken hervorgebrachten, die sog. „Funkenlinien", dagegen von ionisierten angeregten Atomen, denen also ein oder mehrere Elektronen fehlen, herrühren.

Zur Erzeugung der Gasspektren eignet sich am besten die elektrische Glimmentladung in dem betreffenden Gas, und zwar spielen dabei die positive Säule und das

220   III. Kapitel. Dispersion und Absorption des Lichtes

negative Glimmlicht für die Lichtemission die Hauptrolle (vgl. Bd. II). Als Entladungsrohr wird vielfach ein Rohr benutzt, bei dem die positive Säule in einem mittleren kapillaren Teil des Rohres eng zusammengeschnürt wird, so daß eine große Flächenhelligkeit entsteht. — Für die Erzeugung von Absorptionsspektren bringt man die zu untersuchenden Substanzen vor den Spalt des Spektralapparates, wobei man die Flüssigkeiten und Gase in Gefäße mit planparallelen Wänden füllt.

Um die große Empfindlichkeit der Spektralanalyse zu illustrieren, sei angeführt, daß bereits weniger als 0,006 Milligramm Natrium zur Sichtbarmachung

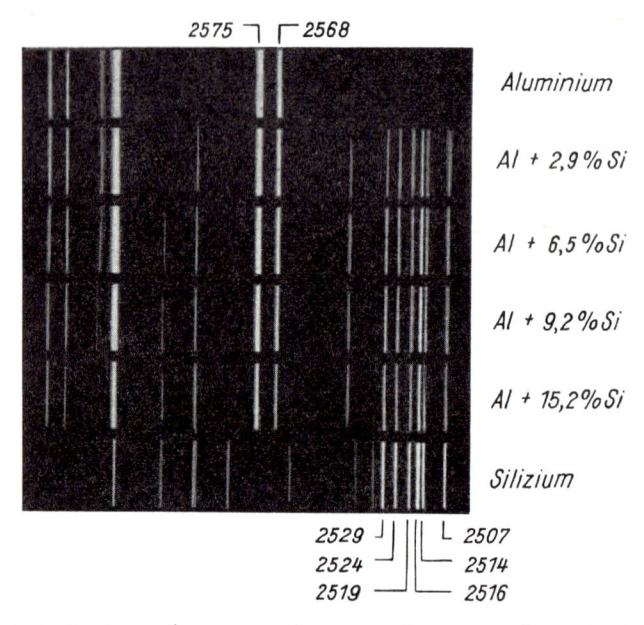

Abb. 233. Funkenspektren von Aluminium, Silizium und verschiedenen Aluminium-Silizium-Legierungen (Wellenlängenangabe in Å)

der D-Linie genügen. Es gelingt daher, spektroskopisch noch Spuren von Stoffen, z. B. Verunreinigungen von Metallen usw. nachzuweisen. Gerade in der Metallkunde hat die Spektralanalyse große Anwendung gefunden. Es gelingt nicht nur, eine Metallverbindung qualitativ zu analysieren, sondern aus der Intensität der Spektrallinien läßt sich auch die Zusammensetzung der Probe quantitativ angeben. Hierfür gibt Abb. 233 als Beispiel das Funkenspektrum einer Aluminium-Silizium-Legierung wieder; man erkennt deutlich, wie mit zunehmendem Siliziumgehalt die diesem Element zukommenden Spektrallinien 250,7 bis 252,9 mμ immer stärker hervortreten, während die dem Aluminium zugehörigen Linien, z. B. 256,8 und 257,5 immer schwächer werden. Ein besonderer Vorteil dieses Verfahrens ist, daß nur sehr geringe Stoffmengen benötigt werden. Z. B. hat man bei kostbaren alten Glasgefäßen durch Entnahme winziger Mengen Glasstaub feststellen können, wodurch die Färbung des Glases bedingt war.

Als Beispiel für Absorptionsspektren sind in Abb. 234 drei Absorptionsspektren des Blutes wiedergegeben. Spektrum 1[1]) kommt dem Blutfarbstoff Hämoglobin zu; es besteht in der uns interessierenden Spektralgegend aus einer Bande im Grün (556 mμ). Die Funktion des Hämoglobins besteht darin, eine lockere Verbindung mit Sauerstoff

---

[1]) Die Spektren entsprechen einer 2%igen Hämoglobinlösung in 0,4% Ammoniak in einer Schichtdicke von 1 cm.

27. Spektralanalyse; Emissions- und Absorptionsspektren; Dopplereffekt

in den Lungen einzugehen und auf diese Weise den Sauerstoff weiterzutransportieren. Das auf diese Weise gebildete Oxyhämoglobin besitzt im Spektrum (Nr. 2) zwei Banden bei 576 und 541 mμ, während die Hämoglobinbande des Spektrums 1 verschwunden ist. (Man kann z. B. Oxyhämoglobin erhalten, indem man eine 2%ige Lösung von Hämoglobin mit Luft oder Sauerstoff schüttelt.) Durch milde Reduktionsmittel läßt sich die lockere Bindung des Sauerstoffs an Hämoglobin wieder lösen, und man erhält dann ohne weiteres wieder das Spektrum 1, d. h. die beiden Oxyhämoglobinbanden verschwinden wieder. Wenn man aber die Hämoglobinlösung mit CO vergiftet, indem man CO durch-

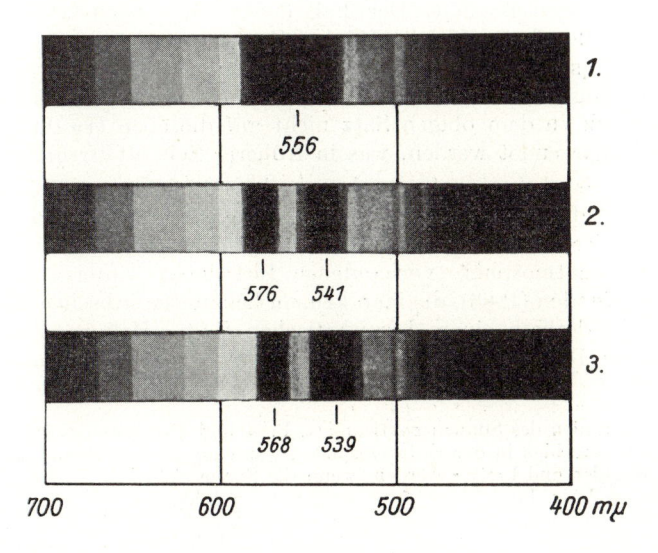

Abb. 234. Absorptionsspektrum von Hämoglobin (1), Oxyhämoglobin (2) und Kohlenoxydhämoglobin (3)

perlen läßt, so entsteht die Verbindung Kohlenoxydhämoglobin, die das Spektrum 3 in Abb. 234 besitzt: zwei Banden bei 568 und 539 mμ, also ähnlich dem Oxyhämoglobinspektrum. Aber diese Banden verschwinden nicht, wenn man dieselben Reduktionsmittel anwendet, die imstande sind, Oxyhämoglobin wieder in Hämoglobin überzuführen. Auf diesem Nichtverschwinden der Kohlenoxydhämoglobinbanden beruht der forensische (gerichtliche) Nachweis der CO-Vergiftung, die darin besteht, daß die Anlagerung von CO an das Hämoglobin dieses unfähig macht, O_2 anzulagern und damit seine Funktion im Blutkreislauf auszuüben.

Ein typisches Absorptionsspektrum ist auch das Sonnenspektrum mit seiner großen Zahl (mehr als 2000) von Fraunhoferschen Linien. Daß es Absorptionslinien sind, wurde zuerst von Kirchhoff bewiesen. Er stellte zunächst fest, daß die helle gelbe Emissionslinie des leuchtenden Na-Dampfes ($\lambda = 589$ mμ) sich exakt mit der Fraunhoferlinie D deckt (genauer: die Doppellinie bei Emission mit dem Fraunhoferschen Dublett D_1 und D_2). Dieser Spezialfall führte ihn zu der Erkenntnis, **daß ein strahlender Körper, z. B. ein Gas, gerade die Wellenlängen, die es emittiert, auch zu absorbieren imstande ist.** Das ist nach der in Nr. 25 dargelegten Theorie der Dispersion und Absorption verständlich, da beide Erscheinungen bei Spektrallinien Resonanzphänomene sind: die Frequenzen der Absorptionslinien fallen ja mit denen der Eigenschwingungen, d. h. denen der Emissionslinien sehr nahe zusammen.

Dabei ist es gleichgültig, auf welche Weise die Emission zustande kommt. In vielen Fällen ist es die hohe Temperatur, die die Strahlung erzeugt (sog. Temperatur- oder Wärmestrahlung). Wir kennen aber auch andere Möglichkeiten, namentlich Gase zur Emission anzuregen, z. B. durch Stoß in elektrischen Feldern beschleunigter Atom- oder Molekülionen (Kathodolumineszenz), die sehr häufig vorkommt, oder auch durch chemische Prozesse (Chemilumineszenz). Es ist auch gleichgültig, ob es sich um echte Absorption, d. h. Umwandlung der Strahlung in Wärme, handelt oder um Streuung. In jedem Falle muß man erwarten, daß die Wellenlängen der Emissionslinien mit denen der Absorptionslinien übereinstimmen, da es sich in allen Fällen um Resonanzerscheinungen handelt. Der Fall der Temperaturstrahlung spielt insofern eine besondere Rolle, als G. Kirchhoff den Zusammenhang zwischen Emission und Absorption streng thermodynamisch formuliert hat; auf dieses Kirchhoffsche Strahlungsgesetz werden wir in Nr. 58 eingehend zurückkommen, es kann aber im Gegensatz zu dem obigen Satz nicht auf die eben erwähnten Lumineszenzerscheinungen angewendet werden, was in früherer Zeit oft irrtümlich geschehen ist.

Die im Sonnenspektrum auftretenden dunklen Linien kommen also so zustande, daß die Dämpfe der Sonnenhülle gewisse Wellenlängen aus dem kontinuierlichen Spektrum absorbieren: Die Fraunhoferschen Linien geben uns also Kenntnis von den in der Sonnenatmosphäre vorhandenen Elementen. Unter anderem wurde eine Linie im Gelb gefunden (1868), die man keinem bekannten irdischen Element zuordnen konnte, die man deshalb einem hypothetischen Gase „Helium" zuschrieb, das erst viele Jahre später (1895) von W. Ramsay und Lord Rayleigh chemisch nachgewiesen wurde.

Einige dunkle Linien des Sonnenspektrums (z. B. *A* und *B*) entstehen übrigens durch die Absorption der Sonnenstrahlen in der Erdatmosphäre, was man daran erkennen kann, daß diese Absorptionslinien dunkler und breiter werden, wenn die Sonne sich dem Horizont nähert, ihr Licht also einen längeren Weg durch die Erdatmosphäre zu durchlaufen hat; man nennt diese Linien daher „terrestrische Linien".

Wenn die Deutung der Fraunhoferschen Linien zutrifft, muß man erwarten, daß die Dampfhülle um die Sonne am Sonnenrande, wo sie über den glühenden Kern herausragt, an Stelle der dunklen Linien helle Linien in Emission zeigt. Dies konnte in der Tat bei totalen Sonnenfinsternissen unmittelbar vor dem Verschwinden des Sonnenrandes auch beobachtet werden. Ferner zeigt die spektroskopische Beobachtung der Sonnenprotuberanzen, daß diese ein Linienspektrum emittieren, in dem vorwiegend die Linien des atomaren Wasserstoffs auftreten. Daraus ist zu schließen, daß die Protuberanzen in der Hauptsache Eruptionen glühenden Wasserstoffes sind.

Bereits auf S. 194 wurde gezeigt, daß aus dem kontinuierlichen Spektrum des weißen Lichtes die helle Na-Linie (*D*-Linie) verschwindet und eine dunkle Linie an ihrer Stelle erscheint, wenn das Licht durch glühenden Na-Dampf hindurchgegangen ist. Diese **Umkehr der Na-Linie** zeigt folgender eindrucksvoller Versuch: Mit dem Licht einer Bogenlampe, deren Kohlen mit einer Kochsalzlösung getränkt sind, entwerfen wir in der üblichen Weise ein Spektrum, das auf einem schwach kontinuierlichen Grund die helle Na-Linie zeigt. Bringt man in der Mitte vor dem Spalt der Spektralanordnung ein horizontales Blech an (Abb. 235a), darunter eine Bunsenflamme, in die man etwas metallisches Natrium bringt, so wird in dem Teil des Spektrums, der von der unteren Seite des Spaltes herrührt, die Natriumlinie dunkel auf hellem Grunde erscheinen (Abb. 235b).

In der Astronomie hat die Spektroskopie noch eine weitere Bedeutung: sie liefert uns die Möglichkeit, die Geschwindigkeit von Himmelskörpern zu bestimmen. Nach dem Dopplerschen Prinzip (Bd. I) muß sich bei einem Stern, der sich auf die Erde zu oder von ihr fort bewegt, eine Veränderung der Frequenz (und Wellenlänge) des von ihm ausgestrahlten Lichtes, d. h. eine Verschiebung der Spektrallinien im Spektrum ergeben[1]). Führen wir in der Gleichung für den Dopplereffekt (Bd. I) an Stelle der Frequenzen die Wellenlänge ein, so erhalten wir:

$$\lambda = \frac{\lambda_0}{1 + v/c}$$

(λ_0 Wellenlänge der ruhenden Lichtquelle, λ die der bewegten); für die Wellenlängenänderung $\lambda - \lambda_0 = \Delta\lambda$ folgt hieraus:

$$\Delta\lambda = \lambda_0 \left(\frac{1}{1 + v/c} - 1 \right).$$

Solange v klein gegenüber der Lichtgeschwindigkeit c ist, erhält man die in der Astronomie übliche und allgemein benutzte Beziehung:

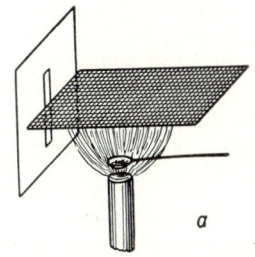

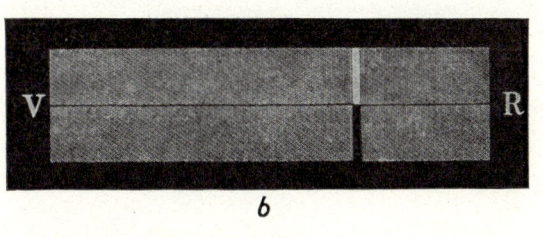

(139) $$\Delta\lambda = -\lambda_0 \frac{v}{c}.$$

Abb. 235. Umkehrung der Natriumlinie
a) Versuchsanordnung;   b) Spektrum

Hierbei ist die Geschwindigkeit v positiv in Richtung auf den Beobachter zu gerechnet. **Nähert sich also ein Stern der Erde, so tritt im Spektroskop eine Abnahme der Wellenlänge des ausgesandten Lichtes, d. h. eine Verschiebung der Spektrallinien nach dem violetten Ende hin auf. Umgekehrt bedeutet eine Verschiebung nach dem roten Ende des Spektrums eine Entfernung des Sternes von der Erde.** 1868 stellte W. Huggins durch Vergleichung der blaugrünen Wasserstofflinie (H_β) im Siriusspektrum mit der entsprechenden Linie im Spektrum einer mit Wasserstoff gefüllten Entladungsröhre fest, daß sich der Sirius mit einer Geschwindigkeit von 48 km/s von der Erde entfernt. Die so gemessenen Sterngeschwindigkeiten[2]) liegen im allgemeinen in der Größe von 200—300 km/s. Ungewöhnlich große Verschiebungen, und zwar in Richtung nach längeren Wellen (Rotverschiebung) wurden an den Spektrallinien der außergalaktischen Spiralnebel gefunden, sofern sie mehr als 1 Million Lichtjahre von uns entfernt sind. Hieraus ergaben sich Radialgeschwindigkeiten dieser Spiralnebel bis über ein Zehntel der Lichtgeschwindigkeit; die Erfahrung scheint ferner gezeigt zu haben, daß eine Proportionalität dieser von uns fortgerichteten Fluchtgeschwindigkeiten mit der Entfernung der einzelnen Nebel besteht: **Das Weltall scheint zu expandieren** (E. Hubble 1935). Dividiert man die Fluchtgeschwindigkeit eines Nebels durch seine Entfernung von der Erde, die bis zu $5 \cdot 10^8$ Lichtjahre betragen kann, so erhält man eine Größe von der Dimension einer reziproken Zeit (Hubblesche Konstante).

---

[1]) Man kann diese Feststellung nur an den Linien eines diskontinuierlichen Spektrums machen, da man in einem kontinuierlichen die Verschiebung natürlich nicht beobachten kann.
[2]) Natürlich nur die Komponente in der Beobachtungsrichtung!

Als Beispiel möge die Abb. 236 dienen. Die 5 Gruppen von je 3 Linienspektren umfaßt. Das oberste und unterste Spektrum ist stets das von einer ruhenden Lichtquelle herrührende Heliumspektrum, auf das alles bezogen ist. Diese beiden He-Spektren schließen in jeder Gruppe ein Spektrum eines Nebelflecks ein: das sind die starken schwarzen horizontalen Streifen, an denen nun folgende Einzelheit zu erkennen ist: Sie haben zwei helle Unterbrechungen, die durch Pfeile markiert sind; sie stellen, da es sich hier um Negative handelt, Absorptionslinien dar, und zwar sind es Absorptionslinien des Kalziums, die auch als Fraunhofersche Linien im Sonnenspektrum auftreten und als H und K bezeichnet werden; H hat eine ungefähre Wellenlänge von 396,8 mμ, K eine solche von 393,4 mμ. Die in den einzelnen Gruppen (1) bis (5) enthaltenen Nebelfleckspektren sind am rechten Rande mit ihrer astronomischen Bezeichnung angeführt: In Gruppe 1 haben wir es mit einer Himmelsaufnahme, d. h. mit einem ruhenden Objekt zu tun; hier haben H und K ihre normale Lage im Spektrum. In Gruppe 2 handelt es sich um den Spiralnebel NGC 221 (Nummer im neuen Generalkatalog) im Sternbild der Andromeda, der sich in relativer Nähe unseres Systems befindet. Die H- und K-Linien sind, wie man sieht, etwas nach links, d. h. nach kürzeren Wellen verschoben, so daß nach dem Dopplerschen Prinzip zu schließen ist, daß NGC 221 sich mit der Geschwindigkeit von 185 km/s auf uns zu bewegt. In den Gruppen (3) bis (5) sind die H- und K-Linien aber z. T. sehr stark nach rechts, d. h. nach langen Wellen verschoben, die der Reihe nach den Fluchtgeschwindigkeiten von + 4900 km/s, + 6700 km/s und sogar 19700 km/s entsprechen würden.

Mittels des Dopplereffektes läßt sich ferner die Existenz sehr ferner Doppelsterne — das sind Systeme aus zwei dicht benachbarten Fixsternen, die infolge ihrer Anziehung umeinander rotieren — an einer periodischen Hin- und Herverschiebung ihrer Spektrallinien nach Rot und Violett feststellen, obwohl sie mit dem Fernrohr nicht als Doppelsterne erkennbar sind; daher werden sie als „spektroskopische" Doppelsterne von den „teleskopischen" unterschieden. — Auch für die Physik der Moleküle ist das Dopplersche Prinzip von Bedeutung geworden. Joh. Stark (1905) zeigte, daß die leuchtenden Kanalstrahlen, die aus positiv geladenen schnell fliegenden Teilchen bestehen, den Dopplereffekt zeigen, der zur Bestimmung ihrer Geschwindigkeit dienen kann. Auch die thermische Bewegung leuchtender Atome macht sich wegen des Dopplereffektes durch eine Verbreiterung und Verwaschenheit der Spektrallinien bemerkbar. Mit sinkender Temperatur nimmt die Wärmebewegung der Moleküle ab und damit auch die Breite der Spektrallinien. Will man daher sehr schmale Spektrallinien, mit anderen Worten möglichst monochromatisches Licht erhalten, so muß man die betreffende Lichtquelle, (z. B. elektrische Entladungslampe), mit flüssiger Luft oder Wasserstoff kühlen.

Außer durch Monochromatoren (S. 218) kann monochromatisches Licht auch dadurch hergestellt werden, daß man aus Metalldampflampen, die ja ein Linienspektrum aussenden, durch geeignete Filter einzelne Linien isoliert. Aus einer Quecksilberdampf-

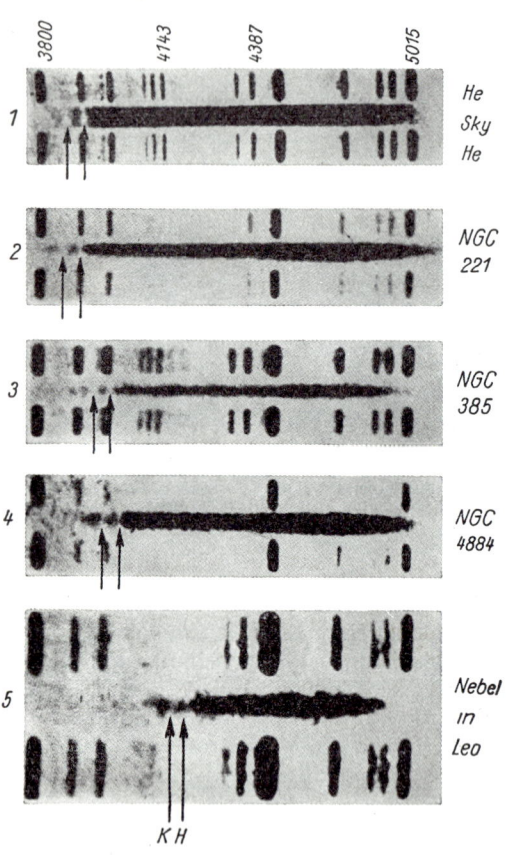

Abb. 236. Rotverschiebung der durch Pfeile angedeuteten Spektrallinien H und K im Spektrum außergalaktischer Spiralnebel (λ in Å)

27. Spektralanalyse; Emissions- und Absorptionsspektren; Dopplereffekt

lampe kann man mit passenden Gelb-, Grün- und Blaufiltern die Wellenlängen 5770, 5461 und 4358 Å isolieren.

Neben Interferenzfiltern (Nr. 31) sind für viele Zwecke sehr brauchbar die von Ch. Christiansen (1884) angegebenen und von F. Weigert (1927) und C. v. Fragstein (1933) verbesserten sog. **Christiansenfilter.** Sie bestehen aus Körnern eines farblosen Glases in einer Flüssigkeit von gleicher mittlerer Brechzahl. Eine solche Flüssigkeit läßt sich durch Mischen zweier Flüssigkeiten herstellen, deren eine einen höheren, deren andere einen niedrigeren mittleren Brechungsquotienten als das Glaspulver besitzt. Infolge der verschiedenen Dispersionen von Glas und Flüssigkeit schneiden sich ihre Dispersionskurven bei einer bestimmten Wellenlänge, differieren aber voneinander für längere und kürzere Wellenlängen. Glas und Flüssigkeit haben also nur für einen schma-

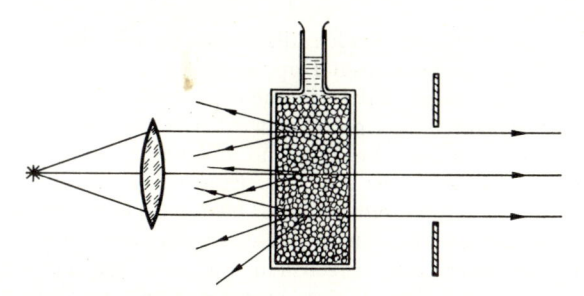

Abb. 237. Christiansenfilter

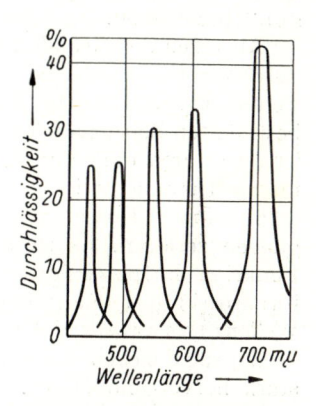

Abb. 238. Spektrale Durchlässigkeit eines Christiansenfilters für verschiedene Mischungsverhältnisse von Schwefelkohlenstoff u. Benzol

len Spektralbereich den gleichen Brechungsquotienten. Lediglich dieser Bereich wird von dem Filter durchgelassen, während alle anderen Wellenlängen durch Brechung oder diffuse Reflexion zur Seite abgelenkt werden (Abb. 237). Damit das Filter auch andere Wellenlängen hindurchläßt, kann man entweder den mittleren Brechungsquotienten der Flüssigkeit durch Benutzung eines anderen Mischungsverhältnisses der Komponenten ändern oder bei der gleichen Flüssigkeitsmischung die Temperatur des Filters ändern. Das ist deshalb möglich, weil die Brechzahlen von Glas und Flüssigkeit einen verschiedenen Temperaturkoeffizienten besitzen. Abb. 238 zeigt die Durchlässigkeit eines solchen Filters bei 20° C, bei dem die Variation der spektralen Durchlässigkeit durch Änderung des Mischungsverhältnisses von Schwefelkohlenstoff und Benzol erreicht wird.

Zum Schluß noch eine grundsätzliche Bemerkung: Was wir im vorhergehenden als „monochromatische" Strahlung bezeichneten, ist weit davon entfernt, im strengen Sinne des Wortes monochromatisch oder homogen zu sein. Dies wäre nur dann der Fall, wenn der Spalt des Monochromators unendlich schmal wäre und das Prisma ein unendlich großes Trennungsvermögen für benachbarte Wellenlängen hätte. Da aber beide Voraussetzungen nie zutreffen, haben wir es in Wirklichkeit stets mit einem Wellenlängenbereich, d. h. mit einem **schmalen Kontinuum von Schwingungszahlen** zu tun, innerhalb dessen die Schwingungszahlen ν noch sehr erheblich variieren. Eine streng monochromatische oder homogene Strahlung würden wir übrigens auch gar nicht wahrnehmen können, da sie keine **endliche Energie** besäße, worauf schon öfter hingewiesen wurde. Denn all unsere Lichtquellen senden doch in endlicher Zeit einen endlichen Energiebetrag aus, der sich auf das ganze Wellenlängenkontinuum stetig verteilt; ein endlicher Teilbetrag kann somit nur auf einen endlichen Spektralbereich, niemals aber auf eine unendlich scharfe, streng homogene Spektral-„Linie" entfallen. Dies gilt natürlich auch für diskontinuierliche Spektren. Auch die sog. Spektrallinien sind keineswegs homogen, sondern haben eine endliche Breite. Selbst die schmalsten heute bekannten Spektrallinien haben noch eine Halbwertsbreite in der Größenordnung von $\Delta\lambda = 10^{-8}\lambda$. Da $\left|\dfrac{\Delta\lambda}{\lambda}\right| = \left|\dfrac{\Delta\nu}{\nu}\right|$ und da die Schwingungszahl ν von der Größenordnung 10^{14} s^{-1} ist, so folgt für $\Delta\nu$ die Größenordnung

$$\Delta\nu = 10^6 \text{ s}^{-1},$$

d. h. in einer Spektrallinie steckt ein schmales Kontinuum voneinander verschiedener Frequenzen und das ändert sich auch nicht, wenn man annimmt, daß es reelle Spektrallinien gibt, die noch 1000mal schmäler sind als die oben herausgegriffene Kadmiumlinie. Man sollte daher lieber die Strahlung von Spektrallinien und schmalen Spektralbereichen als „quasi-homogen" bezeichnen.

Als einen der Gründe für die endliche Breite der Spektrallinien haben wir oben den durch die thermische Bewegung der Moleküle bedingten Dopplereffekt erwähnt. Eine weitere Ursache für die Verbreiterung liegt darin, daß jede Lichtquelle doch zu einer bestimmten Zeit gezündet und zu einer späteren Zeit gelöscht wird. Die Lichterregung ist also durch eine Funktion der Zeit darstellbar, die zwar im obenerwähnten Zeitintervall streng periodisch, außerhalb desselben aber Null ist. Eine solche Funktion läßt sich nach Fourier in eine unendliche Summe (ein Integral) harmonischer Schwingungen zerlegen. Es ist also die eine zeitlich begrenzte Lichterregung darstellende Funktion keineswegs harmonisch, sondern nur durch ein ganzes Spektrum harmonischer Schwingungen darstellbar. Das Wesen eines monochromatischen Wellenzuges wäre es, daß er von $t = -\infty$ bis $t = +\infty$ andauere; jeder abgebrochene Wellenzug dagegen ist ein ganzes Spektrum, in dem freilich eine Wellenlänge besonders stark hervorgehoben ist.

IV. Kapitel

Interferenz und Beugung

28. Allgemeines über Interferenz von Lichtwellen; Kohärenz und Inkohärenz

In der „Allgemeinen Wellenlehre" des I. Bandes haben wir die mit jedem Wellenvorgang verknüpften Erscheinungen der Interferenz und Beugung ausführlich besprochen und werden in diesem Kapitel häufig darauf zurückverweisen müssen. Ferner haben wir schon im II. Band den elektromagnetischen Charakter des Lichts im Anschluß an die Hertzschen Versuche mit elektrischen Wellen betont. Wir setzten es damals allerdings als bereits bekannt voraus, daß das Licht selbst ein Wellenvorgang ist, aber es fehlte bisher die systematische Darstellung der Tatsachen, aus denen die Wellennatur des Lichtes folgt, d. h. der Nachweis von Interferenz- und Beugungserscheinungen. Das müssen wir jetzt nachholen, und dabei wird sich auch herausstellen, daß beim Licht gewisse Besonderheiten vorliegen, die man bei den akustischen und elektrischen Wellen (im engeren Sinne) im allgemeinen nicht antrifft.

Wir erinnern zunächst ganz kurz daran, was Interferenz ist und wie sie zustande kommt. Wenn an einem Punkte zwei Wellensysteme (z. B. akustische oder elektrische) zusammentreffen, so erhebt sich die Frage nach dem resultierenden Vorgang. Falls jedes einzelne Wellensystem sich so ausbreitet, als ob das andere nicht vorhanden wäre, so hat man es mit „ungestörter Superposition" zu tun. Dieses Prinzip gilt in der Elastizitätstheorie zwar nur, wenn die Verrückungen sehr klein sind, in der

28. Allgemeines über Interferenz von Lichtwellen; Kohärenz und Inkohärenz

Elektrodynamik aber — wegen der strengen Linearität der Maxwellschen Gleichungen — ausnahmslos. Das resultierende Wellenfeld wird also an jeder Stelle dadurch erhalten, daß man die primären Felder vektoriell addiert; in dem speziellen Falle, daß die primären Felder gleichgerichtet sind, entartet die vektorielle Addition in eine algebraische.

Betrachten wir zwei elektromagnetische Wellen gleicher Frequenz ν (oder Wellenlänge λ), die sich in Richtung der positiven x-Achse fortpflanzen, so haben die Feldstärken keine x-Komponente, weil die elektrischen Wellen transversal sind; sie können also nur y- und z-Komponenten besitzen. Nehmen wir zunächst an, die elektrischen Vektoren z. B. besäßen beide nur y-Komponenten, die wir $\mathfrak{E}_y^{(1)}$ und $\mathfrak{E}_y^{(2)}$ nennen wollen; dann können wir die zwei primären Wellen folgendermaßen schreiben:

$$(140) \quad \begin{cases} \mathfrak{E}_y^{(1)} = a_1 \cos 2\pi \left(\dfrac{t}{T} - \dfrac{x_1}{\lambda} - \delta_1\right), \\ \mathfrak{E}_y^{(2)} = a_2 \cos 2\pi \left(\dfrac{t}{T} - \dfrac{x_2}{\lambda} - \delta_2\right). \end{cases}$$

Dabei bedeuten a_1 und a_2 in bekannter Weise die beiden Amplituden, $T = \dfrac{1}{\nu}$ die Schwingungsdauer, λ die Wellenlänge, x_1 und x_2 die beiden Wege, die beide Wellen von ihrem Ausgangspunkte zurückgelegt haben, δ_1 und δ_2 zwei Phasengrößen. Das Prinzip der ungestörten Superposition fordert nun, daß die resultierende Welle $\mathfrak{E}_y$ gleich $\mathfrak{E}_y^{(1)} + \mathfrak{E}_y^{(2)}$ ist, so daß wir schreiben können:

$$(141) \quad \mathfrak{E}_y = a_1 \cos 2\pi \left(\dfrac{t}{T} - \dfrac{x_1}{\lambda} - \delta_1\right) + a_2 \cos 2\pi \left(\dfrac{t}{T} - \dfrac{x_2}{\lambda} - \delta_2\right) = C \cos 2\pi \left(\dfrac{t}{T} - \psi\right);$$

dabei ist C die noch unbekannte Amplitude und ψ die unbekannte Phase. Wenn wir auf beiden Seiten die trigonometrischen Funktionen entwickeln, folgt:

$$a_1 \cos 2\pi \dfrac{t}{T} \cos 2\pi \left(\dfrac{x_1}{\lambda} + \delta_1\right) + a_1 \sin 2\pi \dfrac{t}{T} \sin 2\pi \left(\dfrac{x_1}{\lambda} + \delta_1\right)$$
$$+ a_2 \cos 2\pi \dfrac{t}{T} \cos 2\pi \left(\dfrac{x_2}{\lambda} + \delta_2\right) + a_2 \sin 2\pi \dfrac{t}{T} \sin 2\pi \left(\dfrac{x_2}{\lambda} + \delta_2\right)$$
$$= C \cos 2\pi \dfrac{t}{T} \cos 2\pi \psi + C \sin 2\pi \dfrac{t}{T} \sin 2\pi \psi.$$

Da diese Gleichung für alle Zeiten gelten muß, müssen die Koeffizienten von $\cos \dfrac{2\pi t}{T}$ und $\sin \dfrac{2\pi t}{T}$ auf beiden Seiten gleich sein:

$$(142) \quad \begin{cases} a_1 \cos 2\pi \left(\dfrac{x_1}{\lambda} + \delta_1\right) + a_2 \cos 2\pi \left(\dfrac{x_2}{\lambda} + \delta_2\right) = C \cos 2\pi \psi, \\ a_1 \sin 2\pi \left(\dfrac{x_1}{\lambda} + \delta_1\right) + a_2 \sin 2\pi \left(\dfrac{x_2}{\lambda} + \delta_2\right) = C \sin 2\pi \psi. \end{cases}$$

Durch Division erhält man daraus eine Gleichung für $\operatorname{tang} 2\pi \psi$, durch Quadrieren und Addieren die für uns besonders wichtige Gleichung für C:

$$(143) \quad C^2 = a_1^2 + a_2^2 + 2 a_1 a_2 \cos 2\pi \left(\dfrac{x_2 - x_1}{\lambda} + \delta_2 - \delta_1\right).$$

Was man beim Licht allein messen kann, sind wegen der hohen Frequenzen, denen weder das Auge noch Instrumente folgen können, die Intensitäten, d. h. die Zeitmittelwerte der Feldstärkenquadrate $\overline{\mathfrak{E}^2}$ (bzw. $\overline{\mathfrak{H}^2}$), die proportional den Quadraten der Amplituden sind; unter Fortlassung belangloser Konstanten kann man die Intensität direkt gleich dem Amplitudenquadrat setzen. Die Intensitäten der beiden primären Wellen seien I_1 und I_2, diejenige der resultierenden Welle I_{1+2}. Dann ist offenbar in Gl. (143) zu setzen:

$$a_1^2 = I_1 \; ; \; a_2^2 = I_2 \; ; \; C^2 = I_{1+2},$$

und das in (143) enthaltene Ergebnis läßt sich schreiben:

(143a) $$I_{1+2} = I_1 + I_2 + 2\sqrt{I_1 I_2} \, \cos 2\pi \left(\frac{x_2 - x_1}{\lambda} + \delta_2 - \delta_1 \right).$$

Im allgemeinen ist also die resultierende Intensität I_{1+2} nicht gleich der Summe $I_1 + I_2$ der Einzelintensitäten; nur wenn das letzte Glied, also $\cos 2\pi \left(\frac{x_2 - x_1}{\lambda} + \delta_2 - \delta_1 \right)$ zu Null wird, herrscht strenge Additivität der Intensitäten. **Jede Abweichung von der Additivität der Intensitäten (gemäß [143a]) bei der Überlagerung nennt man Interferenz:** der Ausdruck $2\sqrt{I_1 I_2} \cos 2\pi \left(\frac{x_2 - x_1}{\lambda} + \delta_2 - \delta_1 \right)$ wird daher auch als Interferenzglied bezeichnet.

Wir wollen nun die wichtigsten Fälle der Interferenz erörtern, indem wir dem Argument des Cosinus in (143) oder (143a) verschiedene Werte beilegen. Wenn das Argument $2\pi \left(\frac{x_2 - x_1}{\lambda} + \delta_2 - \delta_1 \right) = 2\pi k$ ist, (k eine positive oder negative ganze Zahl mit Einschluß der Null), d. h. gleich einem geradzahligen Vielfachen von π, so hat der Cosinus den Wert $+1$, und aus (143) folgt dann:

$$C^2 = a_1^2 + a_2^2 + 2a_1 a_2 = (a_1 + a_2)^2, \text{ also } I_{1+2} = I_1 + I_2 + 2\sqrt{I_1 I_2}.$$

Die resultierende Intensität besitzt den größtmöglichen Wert: es fallen sowol die Wellenberge wie die Wellentäler der beiden primären Wellen zusammen. Ist umgekehrt $2\pi \left(\frac{x_2 - x_1}{\lambda} + \delta_2 - \delta_1 \right) = (2k+1)\pi$, d. h. gleich einem ungeradzahligen Vielfachen von π, so ist der Cosinus gleich -1, also nach (143):

$$C^2 = a_1^2 + a_2^2 - 2a_1 a_2 = (a_1 - a_2)^2 \text{ oder } I_{1+2} = I_1 + I_2 - 2\sqrt{I_1 I_2} \, ;$$

das ist der kleinste Wert, den die resultierende Intensität annehmen kann: hier fallen die Wellenberge des einen Systems mit den Tälern des anderen zusammen. In allen anderen Fällen liegt die resultierende Intensität zwischen diesen Extremwerten. Z. B. ist der Cosinus gleich Null, wenn das Argument $2\pi \left(\frac{x_2 - x_1}{\lambda} + \delta_2 - \delta_1 \right) = \frac{2k+1}{2}\pi$, d. h. gleich einem ungeradzahligen Vielfachen von $\pi/2$ ist, und nach (143) wird dann

$$C^2 = a_1^2 + a_2^2 \text{ oder } I_{1+2} = I_1 + I_2,$$

d. h. in diesem Spezialfall haben wir strenge Additivität der Intensitäten.

Besonders deutlich werden diese Verhältnisse, wenn $a_2 = a_1$, d. h. $I_2 = I_1$ ist. Dann erhält man für die Maximalintensität I_{1+2} den Wert $4 I_1$, für die Minimalintensität den Wert Null.

Natürlich kann die Intensität im ganzen weder vermehrt noch vermindert werden; wenn an bestimmten Stellen des Raumes $I_{1+2} > I_1 + I_2$ ist, so bedeutet das nur, daß an anderen Stellen des Raumes $I_{1+2} < I_1 + I_2$ ausfällt, so daß im ganzen die Energie erhalten bleibt: sie wird beim Auftreten von Interferenzen nur räumlich anders verteilt. Wenn man also den ganzen Raum ins Auge faßt, so gibt es Stellen erhöhter und verminderter Intensität: man erhält **Interferenzstreifen** von der Ordnung k. Beispiele dafür werden wir in den nächsten Nummern besprechen.

28. Allgemeines über Interferenz von Lichtwellen; Kohärenz und Inkohärenz

Für die Stellen maximaler Helligkeit gilt nach dem Vorhergehenden, daß

$$2\pi\left(\frac{x_2-x_1}{\lambda}+\delta_2-\delta_1\right)=2k\pi, \quad \text{d. h.} \quad x_2-x_1=k\lambda-\lambda(\delta_2-\delta_1)$$

ist. Entsprechend sind die Stellen minimaler Helligkeit gegeben durch

$$2\pi\left(\frac{x_2-x_1}{\lambda}+\delta_2-\delta_1\right)=(2k+1)\pi, \quad \text{d. h.} \quad x_2-x_1=\frac{2k+1}{2}\lambda-\lambda(\delta_2-\delta_1).$$

Trägt man die resultierende Intensität I_{1+2} gegen die Wegdifferenz x_2-x_1 auf, so erhält man — nach Gl. (143a) — auf einem Grund von der konstanten Helligkeit I_1+I_2 eine wellenförmige Kurve $2\sqrt{I_1 I_2}\cos 2\pi\left(\frac{x_2-x_1}{\lambda}+\delta_2-\delta_1\right)$ aufgesetzt; die resultierende Kurve weicht maximal nach oben und unten um den Betrag $2\sqrt{I_1 I_2}$ vom Wert I_1+I_2 ab. Die Helligkeitsverteilung in den Interferenzstreifen ist also cosinusförmig, d. h. sie hat breite Maxima und Minima, die um so ausgeprägter erscheinen, je mehr I_2 gleich I_1 wird; denn dann haben wir für die Minimalhelligkeit den Wert Null. Je mehr I_2 von I_1 abweicht, desto weniger heben sich die wellenförmigen Schwankungen der Helligkeit von dem konstanten Untergrund ab. In Abb. 239 sind unter der vereinfachenden Annahme $\delta_2-\delta_1=0$ die resultierenden Helligkeiten sowohl für $I_1>I_2$ (Abb. 239a) als auch für $I_1=I_2$ (Abb. 239b) wiedergegeben. Daß in den Zeichnungen $\delta_2-\delta_1=0$ angenommen wurde, ist völlig bedeutungslos; ist $\delta_2-\delta_1\neq 0$, so verschieben sich die Interferenzstreifen nur um den konstanten Betrag $\lambda(\delta_2-\delta_1)$.

Aber natürlich gilt die ganze Betrachtung nur, wenn während der Dauer einer Beobachtung die Differenz $\delta_2-\delta_1$ zeitlich konstant ist; δ_1 und δ_2 selbst könnten zeitlich variabel sein — wenn nur δ_2 und δ_1 es in gleicher Weise sind, so daß ihre Differenz konstant bleibt. Würde nämlich $\delta_2-\delta_1$ nicht konstant während der Dauer einer Beobachtung sein, so würden die Interferenzstreifen während dieser Zeit ihre Lage offenbar dauernd ändern, und wenn diese Änderung rasch genug vor sich geht, würden sie gar nicht mehr beobachtbar sein, d. h. es würde der Eindruck entstehen, als ob gar keine Interferenzen da wären. Zwei Wellensysteme, für die $\delta_2-\delta_1$ konstant ist, nennt man **kohärent**, um auszudrücken, daß zwischen beiden Wellensystemen eine **feste Phasenbeziehung** besteht. Ändern sich aber die beiden Phasen δ_2 und δ_1 in zusammenhangloser Weise, so nennt man die Wellen **inkohärent. Interferenz kann man also nur beobachten, wenn die sich überlagernden Wellenzüge kohärent sind.** — Die Bezeichnungen der Kohärenz und Inkohärenz überträgt man auch auf die Lichtquellen, von denen die Wellen ausgehen.

Bei inkohärenter Strahlung muß in (143) über alle möglichen Phasendifferenzen $\delta_2-\delta_1$ gemittelt werden. Dann verschwindet das Cosinus-Glied, und die Intensität verhält sich dann unter allen Umständen additiv.

Im allgemeinen beobachtet man in der Optik, daß die Helligkeiten additiv sind, d. h. daß keine Interferenz stattfindet. Gerade diese allgemeine Erfahrung des täglichen Lebens hat lange Zeit verhindert, daß man eine Wellentheorie des Lichtes ernstlich in Betracht zog, und als Interferenzerscheinungen beobachtet wurden, hatten sie geradezu etwas Sensationelles an sich, weil sie den „normalen" Verhältnissen widersprachen. Hier zeigt sich nun ein deutlicher Unterschied zwischen den Verhältnissen der Akustik und der Hertzschen Wellen einerseits und der Optik andererseits; denn im allgemeinen kennt man dort den Begriff der „Inkohärenz" nicht: Zwei Stimmgabeln führen während der Beobachtungsdauer viele Tausend regelmäßiger Schwingungen aus, so daß die von ihnen ausgesandten Wellen tatsächlich immer interferieren, und das gleiche gilt von den ungedämpften elektrischen Wellen, die von zwei Antennen ausgehen. Dagegen ist es — wie die Erfahrung zeigt — im Gebiete der Optik nie möglich, interferierende Wellen von zwei verschiedenen Lichtquellen (z. B. von zwei Na-Flammen), ja nicht einmal von verschiedenen Punkten einer Lichtquelle zu erhalten[1]. In der Optik interferieren nur Wellen, die von **einem** Punkte

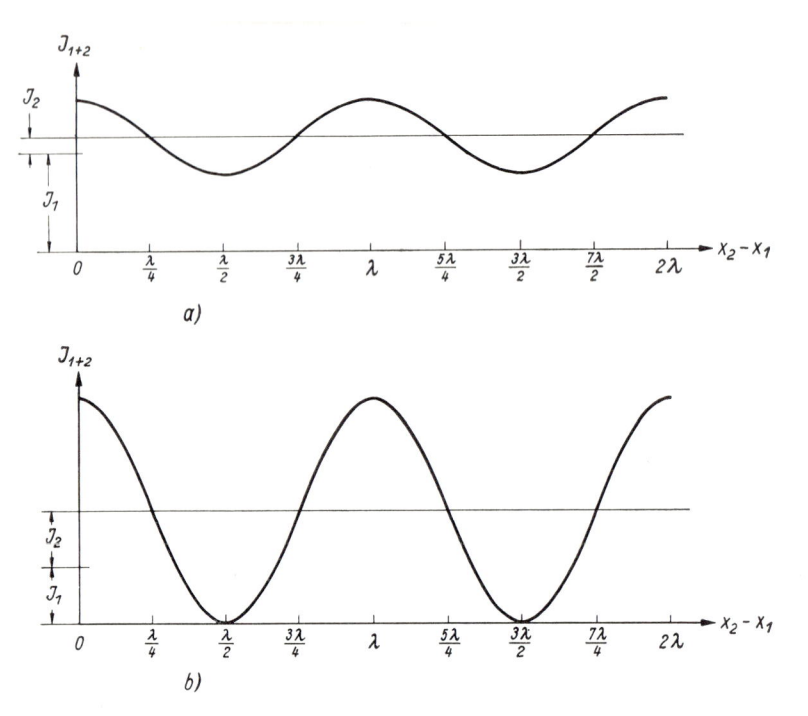

Abb. 239. Resultierende Intensität I_{1+2} zweier in der gleichen Richtung laufender, sich überlagernder elektromagnetischer Wellen mit den Intensitäten I_1 und I_2 in Abhängigkeit von der Wegdifferenz $x_2 - x_1$
a) $I_1 > I_2$; b) $I_1 = I_2$

einer Lichtquelle ausgegangen sind; offenbar ist sonst die Bedingung, daß zwischen den zur Überlagerung gelangenden Wellen eine feste Phasenbeziehung besteht, nicht erfüllt. Wir müssen also folgern, daß nicht nur die von verschiedenen Lichtquellen, sondern sogar die von verschiedenen Punkten einer Lichtquelle ausgesandten Wellen inkohärent sind. Dies kann natürlich nur an dem Mechanismus der Emission liegen, der in den Strahlungsquellen vorliegt. Der tiefere Grund für die Inkohärenz zweier Lichtquellen liegt in der Kompliziertheit der Vorgänge bei der Emission. Man kann sich etwa folgende Vorstellung von dem Zustandekommen der regellosen Veränderung der Phasen machen: Man muß bedenken, daß z. B. in einer Flamme die einzelnen Atome oder Moleküle mit ihren Elektronen die lichtaussendenden Zentren sind. Infolgedessen stammt die Strahlung, die von einer bestimmten Stelle ausgeht, bald von diesem, bald von jenem Molekül und besteht daher aus einer unregelmäßigen Folge von Wellengruppen endlicher Länge, die aus gleich zu erörternden Gründen „**Kohärenzlänge**" heißt. Die einzelnen Akte der Lichtemission in der Strahlungsquelle dauern nur eine bestimmte Zeit, die klein gegen die Beobachtungsdauer ist, und dazwischen liegen längere Pausen. Trifft diese Vorstellung zu, so ist es klar, daß Wellengruppen, die von

---

[1] Eine Ausnahme bilden die jüngst entwickelten „Laser"-Lichtquellen (Nr. 74), die elektrischen Sendern vergleichbar sind.

28. Allgemeines über Interferenz von Lichtwellen; Kohärenz und Inkohärenz

verschiedenen Stellen oder gar Lichtquellen ausgehen, keinerlei Phasenbeziehungen mehr haben können[1]). Beobachtbare Interferenz kann also nur erhalten werden, wenn es sich um zwei Wellenzüge handelt, die von einem Punkte einer Quelle ausgesandt werden; auch bei jedem von diesen ändert sich die Phase sprungweise und unregelmäßig, aber in beiden in gleicher Weise, so daß $\delta_2 - \delta_1 =$ Const. ist. Selbst in diesem Falle kann es wegen der Endlichkeit der „Kohärenzlänge" vorkommen, daß die zwei kohärenten Wellenzüge dennoch keine Interferenz ergeben. Das ist nämlich dann der Fall (vgl. Abb. 240a), wenn der eine der beiden Wellenzüge, in die die Strahlung durch die optische Anordnung der Interferenzapparatur geteilt wird, bis zum Interferenzort P einen Weg

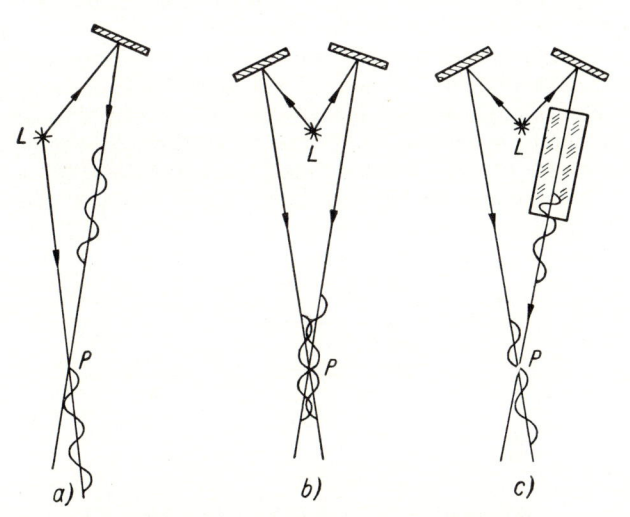

Abb. 240. Zur Interferenz zweier Wellenzüge

Bei a) und c) ist die optische Wegdifferenz der beiden Wellenzüge größer als die Kohärenzlänge, es kann keine Interferenz eintreten; bei b) ist die Wegdifferenz Null, es tritt Interferenz ein

zurückzulegen hat, der um mehr als die Länge einer einzelnen Wellengruppe länger ist als der Weg der anderen: dann passieren die beiden Wellenzüge den Interferenzpunkt P nacheinander; der eine Wellenzug kommt zu früh, der andere zu spät dort an. Im Gegensatz zu diesem Fall steht der in Abb. 240b dargestellte, in dem die Wege der beiden Wellenzüge von der Lichtquelle bis zum Punkt P gleich groß sind. Hier tritt Interferenz unter den günstigsten Bedingungen auf. Geht man von dem Fall der Abb. 240b (Wegdifferenz Null) allmählich zu dem Falle der Abb. 240a über, indem man den einen Weg systematisch vergrößert, so muß bei einer bestimmten Wegdifferenz die Interferenz aufhören. Wenn dieses Verschwinden der Interferenz gerade eintritt, ist die Wegdifferenz genau gleich der Kohärenzlänge, die auf diese Weise bestimmt werden kann. Die Kohärenzlänge l ist also gleich der Wellenlänge λ multipliziert mit der Zahl N der beobachtbaren Interferenzstreifen: $l = N\lambda$. Mit anderen Worten: die endliche Kohärenzlänge bedeutet, daß bei allmählicher Vergrößerung der Wegdifferenz von 0 bis l, während der die Interferenzstreifen wandern, nur eine endliche Zahl (N) von Interferenzstreifen beobachtet werden kann.

---

[1]) Bei der Besprechung der linearen Schallgeber in Bd. I haben wir darauf aufmerksam gemacht, daß in dem Mechanismus des Bogenstriches bei den Saiteninstrumenten (z. B. Geige) eine ähnliche Unregelmäßigkeit der ausgesandten Schallwellen erzeugt wird, so daß man in diesem Falle auch in der Akustik von „Inkohärenz" der Wellen reden kann. Diese Inkohärenz ist bisher wenig beachtet worden, dürfte aber eine größere Rolle spielen als in der klassischen Akustik angenommen wurde.

Es sei ausdrücklich darauf aufmerksam gemacht, daß unter Wegdifferenz immer die Differenz der optischen Wege gemeint ist, d. h. das Produkt aus Brechungsquotient n und der geometrischen Wegdifferenz. Ist z. B. auf einem der beiden Wege der Brechungsquotient des Mediums viel größer als auf dem anderen, so kann der Fall der Abb. 240a auch bei gleichen geometrischen Wegen eintreten, was durch Abb. 240c erläutert werden soll; hier ist in einen der Wege etwa ein Glasstück vom Brechungsquotienten $n > 1$ eingeschaltet, während der andere Weg ganz in Luft ($n = 1$) verläuft.

Messungen zur Bestimmung der Kohärenzlänge wurden hauptsächlich in der Absicht ausgeführt, um festzustellen, eine wie lange Zeit ein Emissionszentrum ungestört schwingen kann. Je nach der Natur der Lichtquelle ergeben sich äußerst verschiedene Ergebnisse; es hat sich aber immer gezeigt, **daß die Kohärenzlänge — oder, was dasselbe ist, die Zahl N der beobachtbaren Interferenzstreifen — um so größer ausfällt, je monochromatischer die untersuchte Strahlung ist.** Unter besonders günstigen Verhältnissen (sehr scharfe Spektrallinien) hat man Werte von N bis zu $2\text{—}2{,}5 \cdot 10^6$ gefunden. Nimmt man die Wellenlänge etwa zu $0{,}5\,\mu = 5 \cdot 10^{-5}$ cm an, so folgt eine Kohärenzlänge $l = N\lambda$ von rund 1 m; daraus würde sich für die Zeit des ungestörten Schwingens die Größenordnung von 10^{-8} sec ergeben; man sieht, daß diese Zeit wirklich sehr klein gegen die Beobachtungsdauer ist. Ist das Licht sehr inhomogen, besteht es z. B. aus weißem Licht, das das ganze sichtbare Spektrum enthält, so ist N etwa von der Größe 2—3, die Kohärenzlänge entsprechend klein (10^{-4} cm). Tatsächlich beobachtet man mit weißem Licht nur wenige Interferenzstreifen, allerdings mehr als 3. Das liegt aber

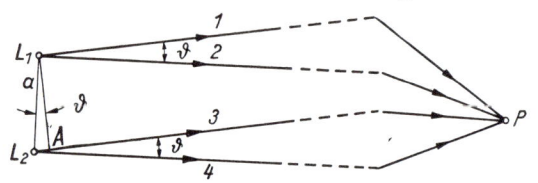

Abb. 241. Zum Einfluß der Größe der Lichtquelle auf die Entstehung von Interferenzen

daran, daß das Auge nicht nur Helligkeiten, sondern auch Farben wahrnimmt. Ersetzt man das Auge durch ein Energiemeßinstrument (z. B. Thermosäule), so findet man in der Tat nur etwa 2 Streifen.

Man kann diesen ganzen Sachverhalt noch von einer etwas anderen Seite anfassen, indem man davon ausgeht, daß ein beiderseits abgebrochener Wellenzug keineswegs monochromatisch ist, sondern nach dem Fourierschen Theorem aus einem Spektrum, d. h. einer unendlichen Zahl sich stetig aneinanderreihender streng monochromatischer Wellen besteht. Man hat es also strenggenommen mit Interferenz der Wellen eines Spektralbereiches von endlicher Breite $\Delta\lambda$ zu tun; wir werden später zeigen, daß auch diese Auffassung zu der Konsequenz führt, daß nur eine — von $\Delta\lambda$ abhängige — bestimmte, endliche Zahl (N) von Interferenzstreifen beobachtet werden kann.

Im vorhergehenden haben wir immer von „punktförmigen" Emissionszentren gesprochen. Das ist natürlich eine Idealisierung. Denn in Wirklichkeit hat man zur Erzeugung von Interferenzstreifen immer leuchtende Flächen von endlicher Ausdehnung vor sich. Man muß sich also klar darüber werden, inwiefern die Größe der benutzten Lichtquelle von Einfluß auf die Interferenzerscheinung ist. Es wird sich herausstellen, daß im allgemeinen die Größe der leuchtenden Fläche einer bestimmten Bedingung zu genügen hat, damit man beobachtbare Interferenzen erhält. In Abb. 241 sei $L_1 L_2 = a$ die Spur einer leuchtenden Fläche, deren einzelne Punkte natürlich völlig inkohärente Wellen aussenden, eben wegen der unregelmäßigen Phasensprünge, die jeder strahlende Punkt unabhängig von allen anderen ausführt. Es genügt, wenn wir nur die beiden Endpunkte L_1 und L_2 ins Auge fassen, was der ungünstigste Fall ist; was für diese äußersten Punkte gilt, gilt in der folgenden Betrachtung a fortiori für die einander näherliegenden Punkte der strahlenden Fläche. Von L_1 und L_2 gehe je ein Strahlenbündel von der Öffnung 2ϑ aus, von deren jedem wir nur die obere Hälfte betrachten, insbesondere nur die Strahlen 1 und 2, die von L_1, und 3 und 4, die von L_2 ausgehen. Die Strahlen 1 und 2 sind natürlich kohärent, da sie von demselben Punkte der Lichtquelle ausgehen, und dasselbe gilt für die Strahlen 3 und 4. Aber da die Phasen von L_1 und L_2 während der Beobachtungsdauer fortwährend unregelmäßig wechseln, sind die beiden Strahlenbündel als inkohärent zu betrachten. Durch irgendeine — in der Abbildung nicht gezeichnete — optische Anordnung (Spiegel, Linsen usw.) werden die 4 Strahlen an einem Punkte P zum Zusammenwirken gebracht, und das Problem ist gerade, zu untersuchen, ob die Interferenzwirkung, die durch das von L_1 ausgehende Bündel erzeugt wird, nicht durch das von L_2 ausgehende gestört wird bzw. welche Bedingungen erfüllt sein müssen, damit dies nicht der Fall ist.

Um zum Ausdruck zu bringen, daß L_1 und L_2 unabhängig voneinander schwingen, sei in einem bestimmten Zeitpunkte die Phase der von L_1 ausgehenden Wellen in L_1 gleich φ, in L_2 gleich $\varphi + \Delta\varphi$; mit $\Delta\varphi$ seien die während der Beobachtungsdauer eintretenden unregelmäßigen Phasensprünge bezeichnet, die eben gerade die Inkohärenz gegenüber den von L_1 ausgehenden Wellen bedingen. Wir werden nun die Phasen aller 4 Wellenzüge im Punkte P berechnen; dazu müssen wir die optischen Längen der Wege 1, 2, 3, 4 kennen, die von L_1 und L_2 nach P führen. Nehmen wir z. B. an, die Länge des Weges 2 betrage gerade eine ganze Zahl von Wellenlängen $N\lambda$; das bedeutet dann, daß die Welle 2 in P die gleiche Phase hat wie in L_1, nämlich φ. Anderseits sei z. B. der Weg 1 um $\lambda/2$ (oder irgendein ungeradzahliges Vielfaches von $\lambda/2$) größer als der Weg 2, was einer Phasendifferenz von π auf Weg 1 zwischen P und L_1 entspricht; d. h. die Welle 1 hat in P die Phase $\varphi + \pi$. Die Länge des Weges 3 ist, wie aus Abb. 241 hervorgeht, aus geometrischen Gründen um das Stück $L_2 A = a \cdot \sin\vartheta$ größer als die des Weges 1; also hat die Phase der Welle 3 in P den Wert $\varphi + \Delta\varphi + \pi + \Delta\chi$, wenn $\Delta\chi$ die der Strecke $L_2 A$ entsprechende Phasendifferenz ist. Endlich ist der Weg 4 ebenso groß wie Weg 2, d. h. gleich $N\lambda$, also die Phase von Welle 4 in P gleich $\varphi + \Delta\varphi$. Wir stellen diese Angaben in der folgenden Tabelle übersichtlich zusammen.

Das oben erwähnte optische Abbildungssystem bringt keine zusätzlichen Phasenunterschiede zwischen den in P zusammenlaufenden Strahlen ins Spiel, da nach Nr. 13 die optischen Wege zwischen Objekt- und Bildpunkten einander gleich sind.

Phase in	Optische Weglänge von	Phase in P von
L_1: φ	Strahl 1: $N\lambda + \dfrac{\lambda}{2}$ Strahl 2: $N\lambda$	Strahl 1: $\varphi + \pi$ Strahl 2: φ
L_2: $\varphi + \Delta\varphi$	Strahl 3: $N\lambda + \dfrac{\lambda}{2} + a \sin\vartheta$ Strahl 4: $N\lambda$	Strahl 3: $\varphi + \Delta\varphi + \pi + \Delta\chi$ Strahl 4: $\varphi + \Delta\varphi$

Da die von L_1 ausgehenden Wellen 1 und 2 kohärent sind, würden sie in P durch Interferenz Dunkelheit erzeugen; das gleiche würde für die von L_2 kommenden Strahlen 3 und 4 in P gelten, wenn nicht die (durch die Geometrie des Strahlengangs bedingte) Phasendifferenz $\Delta\chi$ dies verhindern würde. Nur in dem Falle, daß $\Delta\chi \ll \pi$ ist und dann in der Phase von Strahl 3 in P vernachlässigt werden kann, würde die Störung fortfallen. (Für alle zwischen L_1 und L_2 liegenden Punkte der Lichtquelle gilt dasselbe, nur haben sie voneinander einen kleineren Abstand als a; wir haben also tatsächlich den ungünstigsten Fall angenommen.) Die Bedingung dafür, daß die seitliche Ausdehnung der Lichtquelle die Interferenz nicht stört, ist also

(146) $$a \sin\vartheta \ll \frac{\lambda}{2},$$

denn $\Delta\chi$ entspricht einer Weglängendifferenz $a \cdot \sin\vartheta$ und π einer solchen von $\dfrac{\lambda}{2}$. Die

Gleichung (146) ist zuerst von M. E. Verdet formuliert worden und heißt „Kohärenzbedingung". Es ist also gleichgültig für die Kohärenz, wie groß die unregelmäßigen Phasensprünge nicht nur in L_2, sondern in allen Punkten von a sind, wenn nur die Ungleichung (146) erfüllt ist. Ist die lineare Ausdehnung der Lichtquelle fest gegeben, so ist durch sie der Öffnungswinkel 2ϑ des Lichtbündels begrenzt; ist umgekehrt 2ϑ vorgeschrieben, so folgt eine nicht überschreitbare obere Grenze für die Dimensionen der Lichtquelle. Ist a selbst sehr klein, so kann der Öffnungswinkel 2ϑ bis zu 180° anwachsen; ist anderseits, wie bei gewissen Interferenzanordnungen, $2\vartheta = 0$, so kann die Lichtquelle beliebig groß sein. Innerhalb der Gültigkeit von (146) kann jede Lichtquelle demnach als punktförmige behandelt werden.

Bisher hatten wir nur die Interferenz von parallel schwingenden (polarisierten) Wellenzügen erörtert. Betrachten wir nun der Vollständigkeit halber neben (140) auch den Fall, daß die eine primäre Welle, wie bisher nur eine y-Komponente, die andere dagegen nur eine z-Komponente hat; das bedeutet in der bereits in Bd. I eingeführten Ausdrucksweise, daß die primären Wellen senkrecht zueinander polarisiert sind. Es sei also beispielsweise:

$$(147) \quad \begin{cases} \mathfrak{E}_y^{(1)} = a_1 \cos 2\pi \left(\dfrac{t}{T} - \dfrac{x_1}{\lambda}\right), \\ \mathfrak{E}_z^{(2)} = a_2 \cos 2\pi \left(\dfrac{t}{T} - \dfrac{x_2}{\lambda} - \delta_2\right). \end{cases}$$

Hier findet man die resultierende Welle $\mathfrak{E}$ offenbar durch geometrische Addition:

$$|\mathfrak{E}| = \sqrt{\mathfrak{E}_y^{(1)2} + \mathfrak{E}_z^{(2)2}}.$$

Wir können hier die Frage nach den Intensitäten sehr einfach erledigen, indem wir uns darauf stützen, daß die Intensität gleich dem Amplitudenquadrat ist. Nennen wir die resultierende Amplitude wieder C, so haben wir $C^2 = a_1^2 + a_2^2$, oder

$$I_{1+2} = I_1 + I_2.$$

D. h. bei Zusammensetzung senkrecht zueinander polarisierter Wellen addieren sich die Intensitäten, sie interferieren also — in der üblichen Ausdrucksweise — nicht miteinander (s. hierzu Nr. 49).

Es bleiben noch mehrere grundsätzliche Probleme der Interferenz zu erörtern, z. B. die Interferenz einer großen Zahl von Wellen, die relativ zueinander eine konstante Phasendifferenz besitzen, was bei vielen Versuchsanordnungen vorliegt, oder die Frage nach der Interferenz von Wellen verschiedener Frequenz, die z. B. in der Akustik das Phänomen der Schwebungen erzeugt. Wir wollen diese Fragen aber erst weiterdiskutieren, wenn die betreffenden Versuchsanordnungen besprochen werden.

29. Fresnelscher Spiegelversuch und Varianten

Wir besprechen zunächst den klassischen Spiegelversuch von A. Fresnel (1821)[1]. Da zwei getrennte Lichtquellen infolge ihrer Inkohärenz keine Interferenzen ergeben, erzeugte Fresnel aus einer einzigen Lichtquelle L (Abb. 242) durch Spiegelung an zwei gegeneinander geneigten Spiegeln S_1 und S_2 zwei virtuelle Lichtquellen L_1' und L_2', die ebenso weit hinter den Spiegeln liegen, wie L sich vor ihnen befindet; diese sind natürlich kohärent. Dann entstehen in dem von L_1' und L_2' gemeinsam beleuchteten Raumgebiet (in der Abb. zwischen den Strahlen $L_2'A$ und $L_1'B$) die Interferenzen. Bringt man in einer größeren, im übrigen aber beliebigen Entfernung von dem Winkelspiegel einen Schirm SS an, so sieht man auf diesem ein System von hellen und dunklen Streifen, wenn als Lichtquelle L ein mit monochromatischem Licht (z. B.

---

[1] Der Fresnelsche Spiegelversuch ist nicht der erste Interferenzversuch; als erster hat Thomas Young (1802) einen solchen angestellt. Auf diesen kommen wir in Nr. 37 ausführlich zurück.

Na-Licht) beleuchteter Spalt dient, dessen Richtung parallel zur Schnittkante der beiden Spiegel verläuft. Im unteren Teil der Abb. 242 ist das Interferenzbild schematisch angedeutet. Deckt man einen der beiden Spiegel ab, so verschwindet die Interferenzerscheinung, und der Schirm ist gleichmäßig ausgeleuchtet. In Abb. 242 sind um die beiden virtuellen Lichtquellen L_1' und L_2' Kreisbögen gezeichnet, deren Radien ganzen Vielfachen von λ (ausgezogen) und ungeraden Vielfachen von $\lambda/2$ (gestrichelt) entsprechen. Die Schnittpunkte der ausgezogenen sowie der gestrichelten Kreisbögen unter sich sind die Stellen, die von beiden Wellensystemen mit gleicher Phase getroffen werden. Dagegen sind alle Schnittpunkte der ausgezogenen Kreise mit den gestrichelten die Orte, die von den beiden Wellen mit genau entgegengesetzter Phase getroffen werden. Man erkennt, daß sich z.B. die zuletzt genannten Stellen auf Kurven anordnen, die von a_1 nach b_1 und von a_2 nach b_2 verlaufen, während die erstgenannten Stellen auf den Kurven $c_1 d_1$, cd, $c_2 d_2$, liegen. Der Gangunterschied beträgt hier $+\lambda$, 0, $-\lambda$ (Maxima $+1$., 0., -1. Ordnung). Die hellen und dunklen Kurven sind, wie bereits in Bd. I bei dem analogen Vorgang bei Wasserwellen auseinandergesetzt, in der Zeichenebene Stücke von Hyperbeln mit L_1' und L_2' als Brennpunkten. Nähert man daher den Beobachtungsschirm den Spiegeln, so rücken die hellen und dunklen Streifen enger zusammen. Macht man die Frequenz der Lichtquelle veränderlich, indem man als solche z. B. den Austrittsspalt eines Monochromators nimmt, so beobachtet man, daß die Interferenzstreifen am weitesten im Rot auseinanderliegen und um so enger zusammenrücken, je mehr man sich dem Violett nähert. Ist die Lichtquelle nicht monochromatisch, so liegen die Orte, an denen Auslöschung der einzelnen im Licht enthaltenen Spektralfarben eintritt, nicht an den gleichen Stellen; man erhält daher bei weißem Licht nur an der Stelle des Schirmes, die der Gangdifferenz 0 für alle Wellenlängen entspricht, eine rein weiße Zone, an die sich zu beiden Seiten je ein schwarzer Interferenzstreifen anschließt; die dann folgenden nächsten schwarzen Streifen haben bereits farbige Ränder, und zwar nach der Mitte des Bildes rote, nach außen blaue. Diese Farben entstehen durch das Fehlen der an der betreffenden Stelle ausgelöschten Wellenlänge; es sind also Mischfarben. Da ferner bei größeren Gangunterschieden, d. h. in einiger Entfernung von der Mitte, an derselben Stelle des Schirmes immer zahlreichere Helligkeits-Maxima und -Minima verschiedener Wellenlänge sich überlagern, so sieht man bei weißem Licht zu beiden Seiten des zentralen Streifens nur ganz wenige, nach außen immer mehr zu Weiß verblassende Streifen. – Man kann sich aber auch in diesem Fall noch von der Existenz von Interferenzstreifen überzeugen, indem man die Interferenzerscheinung so auf den Spalt eines Spektralapparates fallen läßt, daß die zu erwartenden Streifen den Spalt rechtwinklig schneiden würden (Anordnung nach J. Müller). In dem weißen Licht, das auf verschiedene Stellen des Spalts fällt, werden jeweils andere Wellenlängen ausgelöscht. Man erhält dann ein Spektrum, das von dunklen Linien durchzogen ist (Abb. 12 auf Tafel I), die auch erkennen lassen, daß die Streifen im Rot weiter auseinander liegen als im Violett; diese Streifen werden als „Müllersche- oder Talbotsche Streifen" bezeichnet.

Der Schirm, auf dem die Interferenzerscheinung aufgefangen wird, kann an einer beliebigen Stelle des Interferenzraumes stehen, d. h. die Interferenzen sind nicht in einer bestimmten Fläche (Ebene) lokalisiert. Zur Betrachtung derselben braucht man daher überhaupt keinen Schirm; man kann sie direkt mit dem Auge oder mit einer Lupe betrachten. Da eine Linse keine neue Phasendifferenz einführt, müssen z. B. die Auslöschungsstellen auch nach Vorschieben einer Lupe dunkel bleiben. Bequem zur Ausmessung ist eine Lupe mit Fadenkreuz, die auf einem Stativ mikrometrisch verstellbar ist (sog. Fresnelsche Lupe).

Um aus dem gemessenen Abstand Δ zweier benachbarter heller oder dunkler Streifen die Wellenlänge der benutzten Strahlung zu bestimmen, betrachten wir noch einmal Abb. 242, deren wesentliche Teile der Deutlichkeit halber in Abb. 243 wiederholt

236 IV. Kapitel. Interferenz und Beugung

sind; aus ihnen kann man folgendes entnehmen: Sowohl die reale Lichtquelle L wie die beiden virtuellen L_1' und L_2' liegen auf einem Kreise um den Knickpunkt O der beiden Spiegel. Der Radius R dieses Kreises ist gleich dem (direkt meßbaren) Abstand der Lichtquelle von O. Man sieht sofort, daß die Geraden $L_1'O$ und $O_2'L$ den Winkel 2α einschließen, wenn die beiden Spiegel

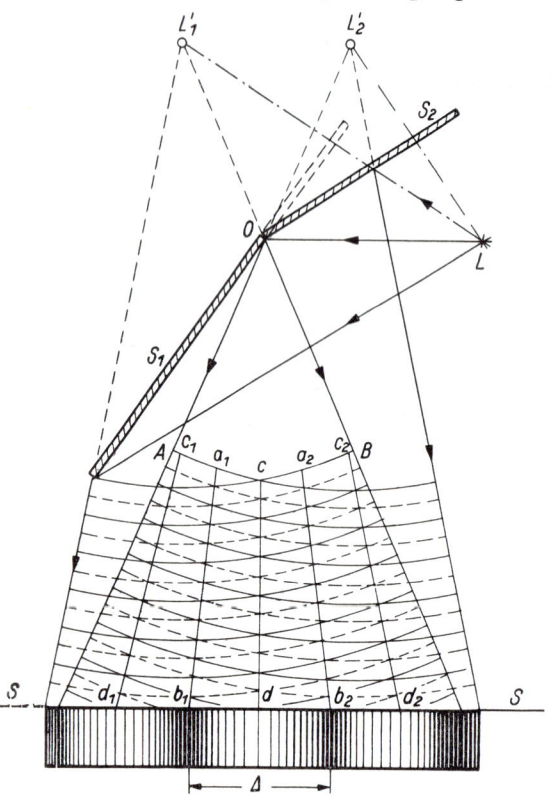

Abb. 242. Fresnelscher Spiegelversuch

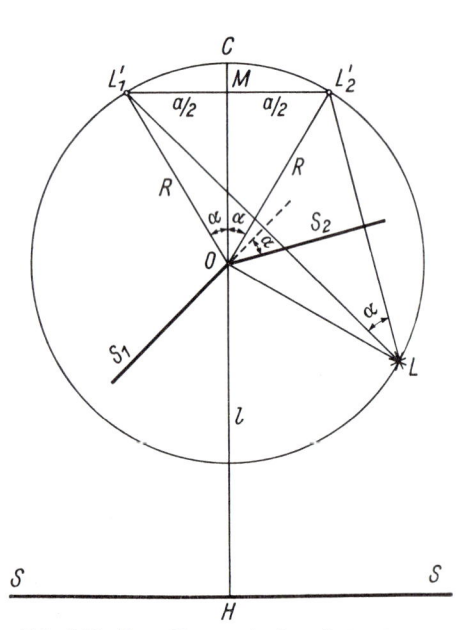

Abb. 243. Zum Fresnelschen Spiegelversuch

Abb. 244. Zur Erklärung der Interferenz

um den Winkel α gegeneinander geknickt sind; denn $\sphericalangle L_1'OL_2'$ ist der Zentriwinkel, zu dem der Peripheriewinkel $L_1'LL_2'$ gehört, der offensichtlich gleich α ist, da LL_1' und LL_2' die Spiegelnormalen sind. Es folgt also zunächst, daß die Bogenlänge $L_1'CL_2' = R \cdot 2\alpha$ ist. Wegen der Kleinheit von α (wenige Bogenminuten) kann man statt des Bogens die Sehne $L_1'ML_2' = a$ nehmen, die den Abstand der beiden virtuellen Lichtpunkte $L_1'L_2'$ darstellt, d. h. $a = 2R\alpha$; ebenso kann man $OM \cong OC \cong R$ setzen. Errichtet man auf der Verbindungslinie $L_1'L_2'$ die mittelsenkrechte Ebene, deren Spur in der Abb. 243 MO ist, und verlängert sie bis zum Beobachtungsschirm SS, den sie in H trifft, so ist die senkrechte Entfernung des Schirmes von $L_1'L_2'$, d. h. die Strecke MH, offenbar gleich $R + l$, wenn l die Länge der Verbindungslinie OH ist; wir setzen ein für allemal, auch für die verwandten Anordnungen den gesamten Abstand zwischen den virtuellen Lichtquellen und dem Schirm $R + l = d$. Aus Abb. 244 sieht man, daß im Punkte D_2, der Stelle des Interferenzminimums erster Ordnung, dann Dunkelheit herrschen wird, wenn $L_1'D_2 - L_2'D_2 = L_1'A$ gerade gleich $\lambda/2$ ist. Ferner sind die beiden rechtwinkeligen Dreiecke $L_1'AL_2'$ und MHD_2 einander nahezu ähnlich, da sie in allen Winkeln ungefähr übereinstimmen. Folglich gilt angenähert (weil $\lambda/2$ sehr klein und d sehr groß ist) die Proportion:

$$\frac{\varDelta}{2} : d = \frac{\lambda}{2} : a ,$$

also:

(148) $$\begin{cases} \varDelta = \dfrac{\lambda d}{a} = \dfrac{\lambda(R+l)}{2R\alpha}, \\ \lambda = \dfrac{2R\varDelta}{R+l}\alpha . \end{cases}$$

Diese Formeln gelten in allen analogen Fällen; nach ihnen kann man die Größe der Wellenlängen bestimmen, was Fresnel als einer der ersten getan hat. Sie betragen bekanntlich Bruchteile eines μ, zwischen $0{,}4\,\mu$ und $0{,}75\,\mu$. Heute hat man bequemere und weit genauere Methoden dazu, weswegen wir hier nicht näher darauf eingehen.

Gl. (148) zeigt, daß der Abstand $\varDelta$ der Interferenzstreifen proportional der Wellenlänge ist; die allgemeinen Erörterungen über die Interferenz von weißem Licht in der vorhergehenden Nr. 28 finden damit ihre quantitative Formulierung

Hingewiesen sei auf folgendes: Wie oben erwähnt, tritt bei weißem Licht nur eine begrenzte Zahl von Streifen auf. Aber das muß auch gelten, wenn eine auch nur geringe spektrale Inhomogenität der benutzten Lichtquelle vorliegt, wie wir sie z.B. bei schmalen Spektral-„Linien" haben. Denn wie im vorhergehenden Abschnitt auseinandergesetzt, haben wir es auch dann mit Wellengruppen begrenzter Länge zu tun; wenn diese Wellengruppen N Wellenlängen umfassen, so kann man nur bis zum Gangunterschied $N\lambda$ beobachten, d. h. nur N Interferenzstreifen haben, wie es Abb. 240 zum Ausdruck bringt. Eine Wellengruppe endlicher Länge (etwa von N Wellenlängen λ_0) ist aber nach Fourier vollkommen identisch mit der Behauptung, daß es sich um Überlagerung eines ganzen Bereiches ($\varDelta \lambda$) von streng monochromatischen Wellenzügen (unendlicher Länge) handelt. Wir wollen jetzt ausführlich zeigen, daß auch diese Auffassung zu einer endlichen Zahl von Interferenzstreifen führen muß. Nehmen wir etwa an, die Spektral-„Linie" habe in dieser Auffassung eine spektrale Verteilung, wie sie in Abb. 245 dargestellt ist; der Halbwertsbreite sollen die

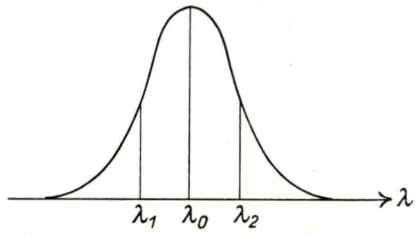

Abb. 245. Intensitätsverteilung einer Spektrallinie

extremen Wellenlängen λ_1 und λ_2 ($\lambda_2 - \lambda_1 = \varDelta \lambda$) zukommen. Dann überlagern sich die Interferenzbilder jeder einzelnen Wellenlänge dieses ganzen Komplexes, und es fragt sich nun, wie viele Interferenzstreifen jetzt beobachtbar sein werden. Darauf gibt die folgende Überlegung die Antwort: Wenn die Gangdifferenz $N\lambda_0$ der zentralen Wellenlänge λ_0 gerade gleich der Gangdifferenz $(N + \frac{1}{2})\lambda_1$ der kürzeren Grenzwellenlänge ist, d. h. wenn das N-te Interferenzmaximum der Wellenlänge λ_0 auf ein Interferenzminimum der Wellenlänge λ_1 fällt, so verschwindet an dieser Stelle die Interferenzerscheinung, indem die Dunkelheit des Minimums von λ_1 von der Helligkeit des gleichliegenden Maximums λ_0 überlagert wird. Ganz dasselbe gilt für die längere Wellenlänge λ_2; wenn hier $N\lambda_0$ gleich $(N - \frac{1}{2})\lambda_2$ ist, so überlagert sich auch hier das Maximum von λ_0 dem Minimum von λ_2. Wir haben also:

238   IV. Kapitel. Interferenz und Beugung

$$N\lambda_0 = N\lambda_1 + \tfrac{1}{2}\lambda_1 = N\lambda_2 - \tfrac{1}{2}\lambda_2,$$

woraus weiter folgt:

$$\frac{\lambda_1 + \lambda_2}{2} = N(\lambda_2 - \lambda_1) = N\varDelta\lambda \text{ bzw., wenn man } \frac{\lambda_1 + \lambda_2}{2} = \lambda_0 \text{ setzt:}$$

(149)
$$\lambda_0 = N\varDelta\lambda \ ; \ N = \frac{\lambda_0}{\varDelta\lambda}.$$

Aus dieser Gleichung ergibt sich, daß einer spektralen Breite von der Größe $\varDelta\lambda$ eine Maximalzahl N von Interferenzstreifen gleich $\frac{\lambda_0}{\varDelta\lambda}$ entspricht; das ist gerade das, was wir erwarten müssen: je kleiner $\varDelta\lambda$ ist, desto größer ist die Zahl der beobachtbaren

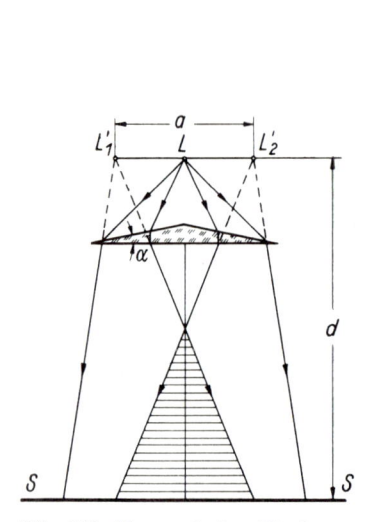

Abb. 246. Fresnelsches Biprisma 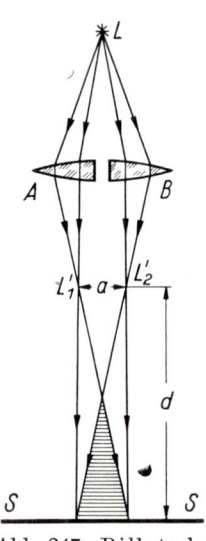   Abb. 247. Billetsche Halblinsen 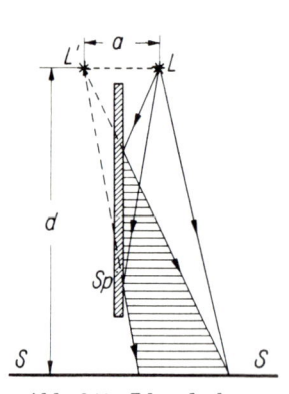   Abb. 248. Lloydscher Spiegelversuch

Streifen, desto länger ist — in der alten Ausdrucksweise — die Wellengruppe oder „Kohärenzlänge". Hat man durch Versuche mit einer bestimmten Spektrallinie die Maximalzahl N der beobachtbaren Streifen festgestellt, so ergibt sich nach (149) die in diesem Falle vorliegende spektrale Breite. Wenden wir (149) auf die Versuche mit weißem Licht an, so haben wir $\varDelta\lambda = 0{,}75\,\mu - 0{,}4\,\mu = 0{,}35\,\mu$, dagegen $\lambda_0 = 0{,}57\,\mu$ zu nehmen; daraus folgt für weißes Licht $N = 0{,}57/0{,}35$, d. h. eine Zahl zwischen 1 und 2.

Den Grund dafür, daß man tatsächlich mehr als 2 oder 3 Streifen beobachtet, haben wir bereits auf S. 232 angegeben.

Die Erzeugung kohärenter Lichtquellen aus einer primären läßt sich noch auf andere Weise verwirklichen. Bei dem ebenfalls von A. Fresnel (1826) angegebenen Biprisma (Abb. 246) werden von einem Lichtpunkt L (z. B. einem senkrecht zur Zeichenebene stehenden Spalt) durch Brechung in den beiden Prismenhälften zwei virtuelle Bilder L_1' und L_2' der Lichtquelle erzeugt, die um so näher beieinanderliegen, je kleiner der Prismenwinkel ist. Die von L_1' und L_2' ausgehenden divergenten Strahlenbündel überschneiden sich in dem schraffierten Gebiet und geben dort zu Interferenzen Anlaß, die sich auf einem Schirm SS beobachten lassen.

Wenn das Biprisma die kleinen Basiswinkel α hat, so beträgt die Ablenkung der Strahlen, die durch die linke und rechte Hälfte gehen, $(n-1)\alpha$; insgesamt erhalten die Strahlen also gegeneinander eine Neigung von $2(n-1)\alpha$. Unter diesen Umständen ist der dritte Prismenwinkel $2(R-\alpha)$ nur sehr wenig von $2R$ verschieden, und da es technisch schwierig ist, die Kante sauber herzustellen, hat Abbe folgenden Kunstgriff angegeben: Er bringt ein Prisma mit erheblich größeren Basiswinkeln und entsprechend kleinerem Winkel an der Spitze in einen quaderförmigen Trog mit planparallelen Wänden, der mit einer Flüssigkeit vom Brechungsquotienten n_1 gefüllt wird. Dann wird die Neigung der beiden interferierenden Strahlen gegeneinander $2(n-n_1)\alpha$; indem man also n_1 sehr nahe an n wählt, kann man die Neigung der Strahlen zueinander gleichfalls sehr klein machen; A. Winkelmann (1902) hat diesen Gedanken Abbes ausgeführt.

Bei den von M. F. Billet (1867) angegebenen Halblinsen (Abb. 247) geschieht die Erzeugung der beiden, in diesem Falle reellen, dicht nebeneinander liegenden kohärenten Lichtquellen L'_1 und L'_2 mittels zweier Hälften A und B einer auseinandergeschnittenen Linse, deren Abstand man mit einer Mikrometerschraube variieren kann.

Schließlich läßt sich nach H. Lloyd (1839) mit einem einzelnen Spiegel Sp (Abb. 248) zu einer reellen Lichtquelle L eine zweite L' erzeugen, so daß man auf einem Schirm Interferenzen zwischen dem direkten und reflektierten Licht erhält.

In allen Fällen gilt die Gl. (148).

Um scharfe Interferenzstreifen zu erhalten, muß die Kohärenzbedingung (146) eingehalten werden, wodurch Breite der Lichtquellen und Öffnungswinkel der verwendeten Lichtbündel Einschränkungen unterworfen werden.

30. Interferenzerscheinungen an dünnen Schichten, Farben dünner Blättchen; Kurven gleicher Dicke und gleicher Neigung

Betrachtet man eine Seifenblase oder eine in einem horizontalen rechteckigen Metallrahmen ausgespannte Seifenlamelle, so sieht man prachtvolle Farberscheinungen, die sich ändern, wenn man die Seifenblase weiter aufbläst oder die Lamelle vertikal stellt; in beiden Fällen ändert sich die Dicke der Schicht. Ähnliche Farberscheinungen beobachtet man an dünnen Ölschichten auf Wasser, an sehr dünnen Glaslamellen, an den dünnen Luftschichten in Glassprüngen und zwischen zwei aufeinandergelegten Glasplatten. Alle diese Farberscheinungen entstehen durch Lichtinterferenz von Wellen, die an der Vorderseite und der Hinterseite der Lamelle reflektiert worden sind.

Planparallele Platten. Wir betrachten zunächst den theoretisch einfachsten Fall einer planparallelen Platte. Abb. 249 stelle einen Schnitt durch eine solche Platte vom Brechungsquotienten n und der Dicke d dar; auf sie falle von einem Punkte einer Lichtquelle L unter dem Einfallswinkel α ein Strahl 1 auf; er wird zum Teil an der Oberfläche als Strahl a im Punkte A reflektiert, zum Teil unter dem Brechungswinkel β in die Platte hineingebrochen, an ihrer Rückseite im Punkte B erneut reflektiert, trifft die Oberfläche der Platte im Punkte C und tritt dann schließlich als Strahl b parallel zum ersten, in A reflektierten Strahl a wieder in Luft aus. Der andere Teil tritt unter dem Austrittswinkel α als Strahl a' aus der unteren Fläche wieder in Luft aus. Auch der Strahl BC tritt nicht mit ganzer Intensität als Strahl b nach oben aus; die übrigbleibende Intensität wird in C wieder nach unten reflektiert und tritt teilweise in D wieder unter dem Austrittswinkel α als Strahl b' nach unten in Luft aus. Dieses Spiel läßt

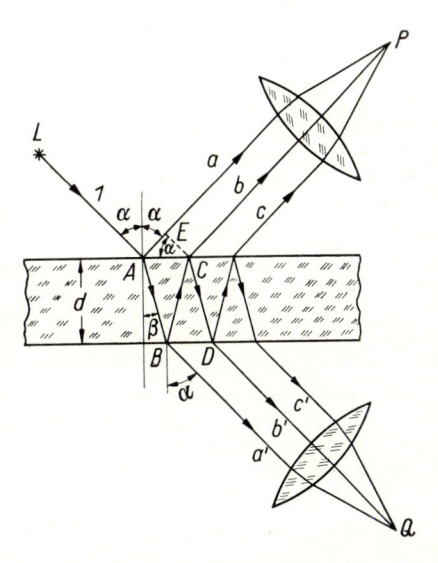

Abb. 249. Entstehung von Interferenzen in einer planparallelen Platte

sich natürlich fortsetzen; der einfallende Strahl 1 splittert sich durch fortgesetzte Reflexion und Brechung an beiden Grenzflächen in eine unendliche Zahl unter sich paralleler reflektierter Strahlen $a, b, c \ldots$ und paralleler, gebrochener Strahlen $a', b', c' \ldots$ auf. Wir wollen uns aber zunächst mit der Betrachtung von je zwei reflektierten und gebrochenen Strahlen begnügen. Da sämtliche reflektierten und gebrochenen Strahlen aus dem Strahl 1 herstammen, so sind sie unter sich kohärent, können also miteinander interferieren, wenn sie durch eine geeignete optische Vorrichtung in einem Punkte zum Schnitt gebracht werden. Da es sich hier um parallele Strahlen handelt, vereinigt man sie durch eine Konvexlinse in deren Brennebene in den Punkten P (bzw. Q). Das Resultat der Überlagerung hängt von der Gangdifferenz zwischen a und b ab, wenn wir uns zunächst auf die reflektierten Strahlen beschränken. Die geometrische Wegdifferenz der Strahlen a und b ist offenbar gleich $AB + BC - AE$; die optische Wegdifferenz ist aber $n \cdot (AB + BC) - AE$, da die Strecken AB und BC im Innern der Platte mit dem Brechungsquotienten n verlaufen. Eine leichte Rechnung an Hand der Abb. 249 liefert nun:

$$n(AB + BC) = \frac{2dn}{\cos \beta} \; ; \quad AE = AC \cdot \sin \alpha = 2d \tang \beta \sin \alpha \, .$$

Anwendung des Brechungsgesetzes $\dfrac{\sin \alpha}{\sin \beta} = n$ liefert schließlich:

$$n(AB + BC) - AE = \frac{2d}{\cos \beta} (n - \sin \beta \sin \alpha) = 2nd \cos \beta = 2d \sqrt{n^2 - \sin^2 \alpha} \, .$$

Dies ist aber noch nicht die ganze Gangdifferenz, die für die Überlagerung in Frage kommt; denn der Strahl a ist durch Reflexion am dichteren Medium (in A) entstanden, Strahl b dagegen durch Reflexion am dünneren Medium (in B). Bei Reflexion am dichteren Medium tritt nun ein zusätzlicher Phasensprung der reflektierten Welle von π auf, der einer halben Wellenlänge Gangdifferenz entspricht. Wir haben also dem oben errechneten Ergebnis noch $\dfrac{\lambda}{2}$ zuzuzählen (oder abzuziehen). Also ist die Gangdifferenz:

(150) $$\Delta = 2d \sqrt{n^2 - \sin^2 \alpha} + \frac{\lambda}{2} \, .$$

Daß ein Phasensprung um π bei Reflexion am dichteren Medium stattfindet, hatten wir bereits in Bd. I bei der Reflexion von Seilwellen festgestellt, ebenso in Bd. II, bei Reflexion elektrischer Wellen. — Man kann folgende Überlegung anstellen, um sich Existenz und Größe des Phasensprunges wenigstens plausibel zu machen. Man denke sich die Dicke d der Platte allmählich bis zu 0 abnehmend, dann verschwindet mit d auch die Gangdifferenz $2d \sqrt{n^2 - \sin^2 \alpha}$ der beiden Strahlen a und b; ihre Interferenzwirkung würde also in P in der Grenze ein Helligkeitsmaximum hervorrufen. Da aber die Platte von der Dicke $d = 0$ gar nicht existiert, so kann überhaupt keine reflektierte Strahlung entstehen. Für $d = 0$ muß also völlige Dunkelheit in P herrschen, d. h. Δ für $d = 0$ muß den Wert $\pm \dfrac{\lambda}{2}$ haben, — was zu erläutern war.

Außer in den Phasen unterscheiden sich die beiden Strahlen a und b — das Analoge gilt für die anderen, hier außer Betracht gebliebenen reflektierten Strahlen $c, d, \ldots$, wie auch für die gebrochenen Strahlen $a', b' \ldots$ — auch in ihren Amplituden. Denn wenn wir die Amplitude der einfallenden Welle mit 1 bezeichnen, so ist die von Strahl a gleich ϱ zu setzen, wo ϱ^2 der Reflexionskoeffizient (für den gewählten Einfallswinkel) ist; der durchgehende Strahl AB habe die Amplitude σ, aus der durch die Reflexion bei B die Amplitude $\sigma \varrho$ und durch die Brechung bei C die Amplitude $\sigma^2 \varrho$ für den Strahl b entsteht. Die beiden uns hier allein interessierenden Strahlen haben also die Amplituden ϱ und $\varrho \sigma^2$, sie stehen also, unabhängig von ϱ, im Verhältnis $1 : \sigma^2$. Gehen wir von den Amplituden zu den Intensitäten über, so würde der Strahl a eine Intensität $\sim \varrho^2$, der Strahl b eine $\sim \varrho^2 \sigma^4$ haben; da keine Energie verlorengeht, ist die Intensität des durchgehenden Strahls vermehrt um die des reflektierten offenbar = 1, d. h. $\sigma^2 = 1 - \varrho^2$. Dabei ist vorausgesetzt, daß innerhalb der Platte keine Absorption stattfindet[1]). Wenn wir also die Welle a im Punkte E etwa mit $\varrho e^{i 2\pi \nu t}$ ansetzen, so ist die Welle b im Punkte C gleich $\varrho(1-\varrho^2)e^{i 2\pi \nu \left(t - \frac{2d\sqrt{n^2 - \sin^2\alpha} + \lambda/2}{c}\right)}$ anzunehmen. Nun ist, wenn der Einfallswinkel nicht allzu groß ist, ϱ^2 unter normalen Verhältnissen etwa gleich 0,1 zu setzen, $1 - \varrho^2$ also gleich 0,9. Die Amplituden der beiden Wellen verhalten sich also wie 10 zu 9, sind also nicht allzu ungleich, d. h. man bekommt gut sichtbare Interferenzen. Und zwar wird im Punkte P Helligkeit herrschen, wenn

$$\Delta = 2d\sqrt{n^2 - \sin^2\alpha} + \frac{\lambda}{2} = k\lambda \quad (k = 0, 1, 2 \ldots)$$

ist, Dunkelheit dagegen, wenn $\Delta = \frac{2k+1}{2}\lambda$ ist.

Da die die Interferenz erzeugenden Strahlen (hier a und b) einander parallel sind, ist der Öffnungswinkel 2ϑ des Strahlenbündels $= 0$; daher kann die Lichtquelle beliebig groß sein, was der Helligkeit der Erscheinung zugute kommt. Man sieht dies auch unmittelbar ein: denn die Strahlen, sofern sie nur unter dem gleichen Einfallswinkel α von einem beliebigen Punkte der Lichtquelle ausgehen, erzeugen ihr Interferenzbild wieder in genau den gleichen Punkten P und Q, wie man sich z. B. durch Ergänzung der Abb. 249 überzeugen kann, wenn man die gleiche Konstruktion von einem anderen Punkte der Lichtquelle ausführt. Die Berücksichtigung der weiteren reflektierten Strahlen $c, d, \ldots$ würde hier nichts wesentlich anderes ergeben, da ihre Amplituden zu stark abnehmen; unsere Beschränkung auf zwei Strahlen ist also hier gerechtfertigt.

Aus Symmetriegründen sind die Interferenzkurven, die man in der Brennebene der Linse (oder auch mit auf Unendlich akkomodiertem Auge) wahrnimmt, wenn man in Richtung der Plattennormalen beobachtet, konzentrische Kreise um die Plattennormale als Achse; bei sehr schräger Beobachtung sieht man nur fast geradlinige Stücke der Kreise. Δ kann nur so variieren, daß der Einfallswinkel α verschiedene Werte annimmt; für jeden hellen oder dunklen Kreis hat α einen bestimmten Wert. Deshalb nennt man diese Interferenzkurven nach Lummer „Kurven gleicher Neigung".

Etwas anders liegen die Verhältnisse im durchgehenden Licht, wenn wir wieder nur die beiden ersten Strahlen a' und b' berücksichtigen. Wie man leicht feststellt, ist die optische Gangdifferenz Δ auch hier $\Delta = 2d\sqrt{n^2 - \sin^2\alpha}$, ohne daß aber hier noch $\frac{\lambda}{2}$ hinzutritt; denn keiner der beiden Strahlen a' und b' erleidet eine Reflexion am dichteren Medium. Deshalb hat man in Durchsicht als Bedingung für das Auftreten eines hellen Kreises $\Delta = 2d\sqrt{n^2 - \sin^2\alpha} = k\lambda$, eines dunklen, wenn $\Delta = 2d\sqrt{n^2 - \sin^2\alpha}$ $= \frac{2k+1}{2}\lambda$ ist. Das bedeutet, daß die Interferenzerscheinung in durchgehendem Licht komplementär zu der im reflektierten Licht ist. Was die Sichtbarkeit der Interferenzringe angeht, so hat die Welle a' die Amplitude σ^2, die Welle b' dagegen $\sigma^2 \varrho^2$; das Amplitudenverhältnis ist also, unabhängig von σ, $1 : \varrho^2$, und das ist, unter Zugrundelegung der obigen Zahlen, gleich 10 : 1. Hier sind also die Amplituden sehr ungleich, und das bedeutet, daß die Sichtbarkeit der Interferenzen viel weniger gut ist als im reflektierten Lichte.

Bevor wir die hier auftretenden Interferenzen nun weiter erörtern — namentlich ihre Unterschiede gegen die in der vorhergehenden Nummer besprechen — beschreiben wir zunächst einige Versuche zur Beobachtung der Kurven gleicher Neigung. Nach dem Vorhergehenden ist es einleuchtend, daß vor allem Anordnungen günstig sind, die das reflektierte Licht benutzen. Im Handel sind sehr gleichmäßige Spaltungsblättchen

---

[1]) Für senkrechten Einfall ist dann $\varrho^2 = R$ durch (105) gegeben.

von Glimmer, wenige Zehntelmillimeter dick erhältlich; sie haben Flächen bis zu 10×10 cm². Diese zeigen die Interferenzen sehr schön in folgender Weise: man beleuchtet mit monochromatischem Licht (Na-Dampflampe) eine weiße Zimmerwand oder eine Projektionsfläche, hält das Glimmerblättchen dicht ans Auge, und zwar derartig, daß man die beleuchtete Wand gespiegelt sieht. Das Spiegelbild, das mit auf unendlich akkomodiertem Auge betrachtet werden muß, ist dann von hellen und dunklen Streifen durchzogen (Stücken von sehr exzentrisch betrachteten Kreisen). Als Lichtquelle fungiert hier die beleuchtete Wand, die beliebig groß (mehrere Quadratmeter) sein kann, worauf die große Helligkeit des Interferenzphänomens zurückzuführen ist. — Will man das ganze Ringsystem haben,

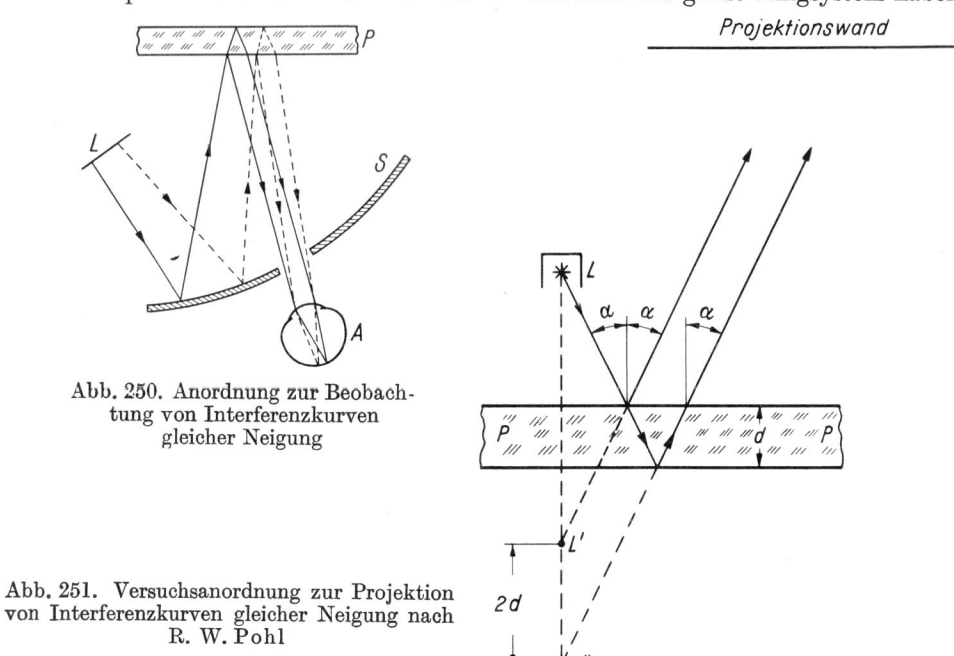

Abb. 250. Anordnung zur Beobachtung von Interferenzkurven gleicher Neigung

Abb. 251. Versuchsanordnung zur Projektion von Interferenzkurven gleicher Neigung nach R. W. Pohl

muß man in Richtung der Plattennormalen beobachten; dazu ist die Anordnung der Abb. 250 sehr bequem: eine Lichtquelle L, etwa eine von hinten beleuchtete Mattscheibe, wirft ihr Licht auf einen in der Mitte durchbohrten Augenspiegel S, der es auf die Planparallelplatte P reflektiert. Durch das Loch des Spiegels dringen die reflektierten Strahlen ins Auge A, das wieder auf Unendlich akkomodiert sein muß. Statt eines Glimmerblättchens kann man auch besonders hergestellte Planparallelplatten aus Glas benutzen, die heute in großer Vollendung von optischen Firmen geliefert werden können. (Man kann natürlich auch ohne Spiegel, wenn man die Planplatte senkrecht vors Auge hält, direkt nach der beleuchteten Wand blicken, indem man die durchgelassene Strahlung benutzt; doch ist die Deutlichkeit der Interferenzen dann nicht sehr gut, wie oben dargelegt.) — Eine besonders schöne Anordnung hat R. W. Pohl (1940) angegeben, die in Abb. 251 dargestellt ist. Eine Lichtquelle L, entweder eine Hg-Niederdrucklampe oder eine Na-Dampflampe, beleuchtet die Planparallelplatte PP; durch einen um die Lampe gestellten auf drei Seiten geschlossenen Kasten sorgt man dafür, daß die Strahlung nur in Richtung der Platte austreten kann, die Projektionswand aber gegen das direkte Licht abgeschirmt ist. Man betrachtet einen Strahl, der unter dem Einfallswinkel α auftrifft und durch Reflexion an Vorder- und Rückseite in zwei parallele Strahlen aufgespalten wird; diese erzeugen im Unendlichen

30. Interferenzerscheinungen an dünnen Schichten

das Interferenzphänomen. Wegen der Symmetrie um die Plattennormale sind es die schon erwähnten konzentrischen Kreise um dieselbe. Man fängt die Interferenzstreifen auf einer weit entfernten Wand auf. Diese liegt zwar nicht im Unendlichen, aber doch so weit von der Lichtquelle entfernt, daß die Öffnung der Strahlenbündel, allerdings nicht streng, aber praktisch 0 ist. Abb. 252 gibt ein Bild der Erscheinung; zur Verstärkung der Erscheinung kann die dünne Platte vorderseitig halbdurchlässig, rückseitig ganz verspiegelt sein.

Aus Abb. 251 kann man entnehmen, wie durch den Prozeß der Spiegelung an Vorder- und Hinterfläche der Platte aus der reellen Lichtquelle L zwei virtuelle L' und L'' entstehen, die voneinander um die doppelte Plattendicke entfernt sind (in der Zeichnung ist der Einfachheit halber der Vorgang der Brechung nicht berücksichtigt): das ist im Prinzip genau so, wie beim Fresnelschen Spiegelversuch und seinen Varianten. Dennoch besteht ein wesentlicher Unterschied zwischen den hier besprochenen Interferenzen und jenen. Beim Fresnelschen Spiegelversuch kann man von der Gangdifferenz 0 ausgehen, die (bei nichtmonochromatischem Licht) den achromatischen Streifen liefert; daran schließen sich dann die Interferenzstreifen höherer, aber immer noch niedriger Ordnung an. Das ist hier anders. Denn die Gangdifferenz ist nach (150), auch wenn wir von dem Summanden $\frac{\lambda}{2}$ absehen, immer von hoher Ordnung, am größten für den Einfallswinkel $\alpha = 0$, d. h. für das Ringzentrum. Dort ist die Gangdifferenz gleich $2dn$, und das bedeutet bei der Kleinheit der Lichtwellenlänge schon eine sehr erhebliche Ordnungszahl. Nehmen wir z. B. eine dünne Planparallelplatte, etwa $d = 0,1$ cm, vom Brechungsquotienten $n = 1,5$. Das liefert für $2dn$ den Wert 3 mm $= 3 \cdot 10^3 \mu$; wählt man die Wellenlänge etwa zu $0,5 \mu$, so ist die Ordnungszahl des Interferenzstreifens bereits $k = 6000$; für Planparallelplatten von 1 cm Dicke würde man schon bei 60000 angelangt sein. Darin liegt folgende Beschränkung: Da wir nie streng monochromatisches Licht, sondern immer einen Spektralbereich $\Delta\lambda$ haben — mit anderen Worten: eine endliche Zahl N von beobachtbaren Interferenzstreifen und eine endliche Kohärenzlänge l —, muß die doppelte optische Dicke der Planparallelplatte $2dn$ kleiner als die Kohärenzlänge $l = N\lambda$ sein. Da $N = \frac{\lambda}{\Delta\lambda}$ ist, gilt die Forderung: $2dn < \frac{\lambda^2}{\Delta\lambda}$ oder: $\Delta\lambda < \frac{\lambda^2}{2dn}$. Bleiben wir bei dem obigen Beispiel ($d = 0,1$ cm, $n = 1,5$, $\lambda = 0,5 \mu$), so hat die spektrale Breite $\Delta\lambda$ der benutzten Spektrallinie der Ungleichung zu genügen: $\Delta\lambda < 0,8 \cdot 10^{-4} \mu$. Während man also beim Fresnelschen Spiegelversuch selbst bei weißem Licht zwei Interferenzstreifen erhält, würde die oben benutzte Planparallelplatte dafür keinerlei beobachtbare Streifen zeigen. Man kann dies in der Anordnung der Abb. 250 leicht beobachten, wenn man eine Hg-Hochdrucklampe benutzt: Beim ersten Zünden sieht man schöne Interferenzringe; sobald sich aber nach einigen Minuten die Lampe „eingebrannt" d. h. ihren stationären Zustand mit hohem Dampfdruck erreicht hat, verschwinden die Interferenzstreifen vollständig, da bei dem hohen Druck eine starke Verbreiterung der Spektrallinie (z. B. der grünen Hg-Linie bei $0,546 \mu$) eintritt: dann ist die **Kohärenzlänge kleiner als** $2dn$.

Keilförmige Platten. Komplizierter liegen die Verhältnisse, wenn die Platten nicht plan-

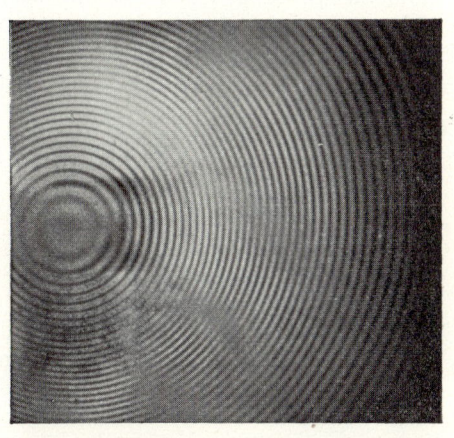

Abb. 252. Mit der Versuchsanordnung von Abb. 251 auf einem Projektionsschirm erhaltene Interferenzkurven gleicher Neigung

parallel, sondern keilförmig sind. Wir wollen nur die einfachste Interferenzerscheinung an solchen Keilen betrachten, indem wir folgende Voraussetzungen einführen. Der Keilwinkel soll sehr klein sein und die Keilkante senkrecht zur Zeichenebene stehen. Zu den Versuchen benutzt man meistens „Luftkeile", die man einfach dadurch herstellen kann, daß man zwei plane Glasplatten (z. B. Mikroskop-Objektträger) an dem einen Ende direkt aufeinanderlegt, an dem anderen Ende aber durch ein dünnes Stanniolblättchen trennt; natürlich kann man

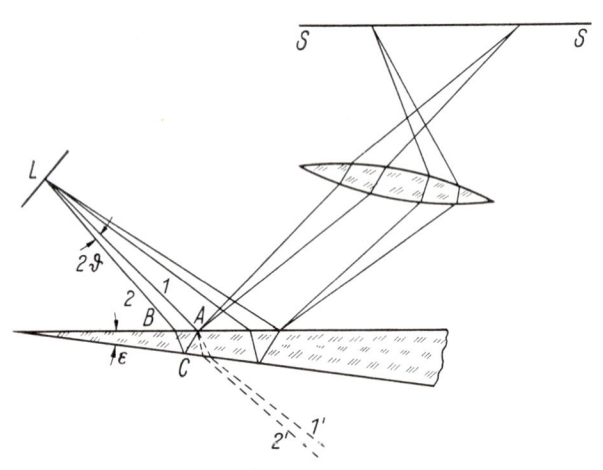

Abb. 253. Entstehung von Interferenzen an einer keilförmigen Platte

auch spitzwinkelige Glaskeile benutzen. Wir betrachten nun (Abb. 253) folgende zwei Strahlen, die von der Lichtquelle L ausgehen: erstens den Strahl 1, der die Vorderfläche des Keils in A trifft und dort reflektiert wird, zweitens den Strahl 2, der so gewählt ist, daß er nach Reflexion an der Hinterfläche in C gerade den Punkt A der Vorderfläche trifft und dann austritt, aber in anderer Richtung wie der erste Strahl. (Natürlich wird auch Strahl 2 an der Vorderfläche reflektiert, doch interessiert uns dieser reflektierte Strahl hier nicht). Im Punkt A treffen die beiden Strahlen 1 und 2 wieder zusammen, interferieren dort, da sie kohärent sind, und erzeugen in A eine bestimmte resultierende Helligkeit; ihre Gangdifferenz Δ kann bei kleinem Keilwinkel ε nach der Formel (150) bestimmt werden: ist n der Brechungsquotient des Keilmaterials, α der Einfallswinkel, so ist $\Delta = 2d\sqrt{n^2 - \sin^2\alpha} + \frac{\lambda}{2}$, da wieder nur einer der beiden Strahlen am dichteren Medium reflektiert wurde. Genau dasselbe gilt von den beiden anderen in Abb. 253 gezeichneten Strahlen, von denen wiederum der eine an der Vorderseite des Keiles direkt reflektiert, der andere nach Durchdringen des Keiles an dessen Rückseite so zurückgeworfen wird, daß er an der Vorderfläche des Keiles mit dem dort direkt reflektierten Strahl zusammentrifft. Infolge der größeren Keildicke an dieser Stelle ist die Gangdifferenz natürlich eine andere wie bei den in A zusammentreffenden Strahlen 1 und 2. Wegen des kleinen Keilwinkels kann man bei hinreichendem Abstand der Lichtquelle den Einfallswinkel α angenähert als konstant betrachten und entnimmt dann der Gl. (150), daß gleiches Δ gleicher Keildicke d entspricht: Die an der Vorder- und Rückseite reflektierten Strahlen erzeugen durch ihre Interferenz eine Helligkeitsverteilung, die bei gleichem d die gleiche ist; daher nennt man diese Interferenzkurven auch „Kurven gleicher Dicke": es sind offenbar gerade Linien parallel der Keilkante, die hier senkrecht zur Zeichenebene verlaufen. Das Interferenzphänomen ist hier an der Keiloberfläche lokalisiert;

man kann es mithin mit auf diese Fläche akkomodiertem Auge wahrnehmen, bzw. wie Abb. 253 andeutet, mit einer Linse gleichzeitig mit der Keiloberfläche abbilden. Abb. 254 gibt eine Photographie der Interferenzerscheinung wieder; als keilförmige Platte diente ein Luftkeil zwischen zwei um den Winkel ε gegeneinander geneigten Glasplatten. Daß man es mit Kurven gleicher Dicke zu tun hat, äußert sich auch darin, daß die Interferenzstreifen sich beim Verschieben des Keiles mitverschieben, was bei den Kurven gleicher Neigung natürlich nicht der Fall ist. Da je zwei die Interferenz be-

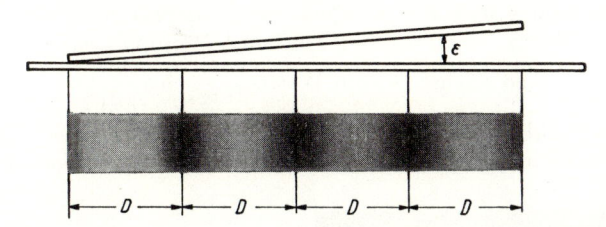

Abb. 254. An einem Luftkeil erhaltene Interferenzkurven gleicher Dicke

dingende Strahlen nur einen kleinen Öffnungswinkel 2ϑ einschließen, kann die Lichtquelle ziemlich erhebliche Dimensionen haben, bevor die Interferenzen verschwinden. Ist etwa die hintere Keilfläche nicht eben, sondern unregelmäßig gestaltet, so sind die Interferenzkurven natürlich keine Geraden mehr; jeder dunkle oder helle Streifen (genauer: jede Kurve gleicher Helligkeit, sog. Isophote) stellt aber immer noch den geometrischen Ort gleicher Dicke dar; das Interferenzphänomen liefert also die Topographie der betreffenden Keilfläche. Diese Erscheinung ist es gerade, die man bei dünnen Ölschichten usw. häufig beobachtet; wie wir später sehen werden, kann man die Kurven gleicher Dicke ganz systematisch zur Untersuchung der genauen Gestalt von Flächen benutzen (vgl. Nr. 31).

Wir verfolgen die Erscheinungen an einem Keil vom Keilwinkel ε etwas genauer: für den i-ten dunklen Interferenzstreifen muß die Gangdifferenz Δ_i nach Gl. (150) sein: $\Delta_i = 2d_i\sqrt{n^2 - \sin^2\alpha} + \frac{\lambda}{2} = \frac{2i+1}{2}\lambda$, oder $2d_i\sqrt{n^2 - \sin^2\alpha} = i\lambda$; für den $(i+1)$-ten Streifen folgt entsprechend: $2d_{i+1}\sqrt{n^2 - \sin^2\alpha} = (i+1)\lambda$, und durch Subtraktion: $d_{i+1} - d_i = \frac{\lambda}{2\sqrt{n^2 - \sin^2\alpha}}$; d_i und d_{i+1} sind die Keildicken beim i-ten und $(i+1)$-ten dunklen Streifen. Nennt man den Abstand zweier aufeinanderfolgender Streifen D, so ist offenbar die Dickenzunahme beim Fortschreiten um einen Streifen $d_{i+1} - d_i = D \tang \varepsilon$; folglich ist der Abstand D der Streifen:

$$(151) \qquad D = \frac{\lambda}{2\sqrt{n^2 - \sin^2\alpha}\, \tang \varepsilon}.$$

Der erste Streifen (1. Ordnung) tritt für $d_1 = 0$, d. h. an der Keilkante ein, wie es Abb. 254 zeigt.

Bisher haben wir die Erscheinung im reflektierten Licht betrachtet, aber natürlich existiert auch ein entsprechendes Phänomen im durchgehenden Lichte; in Abb. 253 sind zwei durchgehende Strahlen gezeichnet (1' und 2'), die auch im Punkte A der Vorderfläche zusammentreffen, nachdem 2' in C an der Hinterfläche reflektiert worden ist; sie entstehen aus den Strahlen 1 und 2: Die Beziehung zur Interferenzerscheinung im reflektierten Licht ist dieselbe, wie bei den Kurven gleicher Neigung: erstens ist die Erscheinung hier komplementär zu der im reflektierten Licht (z. B. sind die dunklen Streifen um ½ Streifenbreite verschoben), zweitens ist sie hier weniger deutlich, weil die Amplituden von 1' und 2' zu sehr verschieden sind.

Die auf der Keiloberfläche lokalisierte Interferenzerscheinung ist nicht die einzig mögliche; sie ist in der Anordnung der Abb. 253 eigentlich durch die Abbildung des Keils mittels der Linse erzwungen. Im allgemeinen wären noch Interferenzen anderer als der gezeichneten Strahlen zu berücksichtigen, die oberhalb oder unterhalb des Keils zur Interferenz gelangen. Nur für sehr dünne Schichten oder für senkrechten Einfall ist die Keiloberfläche der einzige Ort der Interferenz.

Die Diskussion von Gl. (151) ergibt, daß die Streifenbreite D proportional der Wellenlänge (wie bei allen Interferenzerscheinungen) und bei so kleinem Keilwinkel ε, daß man $\mathrm{tang}\,\varepsilon = \varepsilon$ setzen kann, umgekehrt proportional ε ist; außerdem ist noch eine Abhängigkeit von n und α vorhanden. Am einfachsten werden die Verhältnisse, wenn senkrechte Inzidenz ($\alpha = 0$) vorliegt, dann ist D proportional $1/n$. Wächst α von 0 an bis zum Werte $\pi/2$, so wächst D vom Werte $\dfrac{\lambda}{2n\,\mathrm{tg}\,\varepsilon}$ bis $\dfrac{\lambda}{2n\sqrt{1 - 1/n^2}\,\mathrm{tang}\,\varepsilon}$. Für rotes Licht ist der Streifenabstand fast doppelt so groß wie für blaues. Füllt man in einen Hohlkeil z. B. Wasser mit $n = 4/3$ ein, so verkürzt sich D im Verhältnis $1:3/4$; mißt

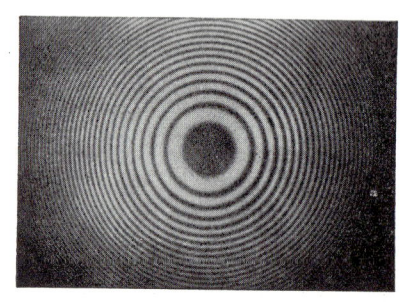

Abb. 255. Newtonsche Interferenzringe im reflektierten monochromatischen Licht

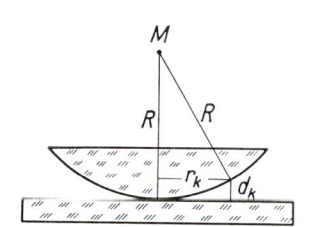

Abb. 256. Zur Deutung der Newtonschen Interferenzringe

man also die Streifenabstände in Luft und einer beliebigen Flüssigkeit, so liefert ihr Verhältnis deren Brechungsquotienten.

Bei Benutzung des weißen Lichtes treten nur wenige Streifen auf, aus den bekannten Gründen; sie zeigen Farben, die allerdings keine Spektralfarben, sondern Mischfarben sind. Denn wenn bei einer bestimmten Keildicke gerade eine Wellenlänge zwischen 400 und 750 mμ ausgelöscht wird, bleibt an dieser Stelle die Komplementärfarbe übrig. Wenn die Gangdifferenz von Null an wächst, indem man von der Keilkante zu immer größeren Keildicken fortschreitet, erhält man ganz bestimmte Farbenfolgen, die zuerst von I. Newton (1675) untersucht und mit bestimmten Namen charakterisiert worden sind. Wir verzichten hier auf die Wiedergabe, da diese Charakterisierung von Farben naturgemäß nur ungenau und nicht bestimmt genug ist. (Vgl. auch S. 387).

Besonders einfach lassen sich die Kurven gleicher Dicke mit einer Anordnung beobachten, die zuerst von R. Hooke (1665) und dann von I. Newton (1676) angewendet worden ist. Man legt auf eine ebene Glasplatte eine sehr schwach gekrümmte Konvexlinse (Brillenglas mit einer Brennweite von 2 bis 4 m, d. h. 0,5 bis 0,25 Dioptrien); dann entsteht ein Luftkeil, dessen Vorderseite allerdings gekrümmt ist. Belichtet man senkrecht von oben mit parallelem Licht (von einer weit entfernten Lichtquelle), d. h. ist $\alpha = 0$, so entstehen auf gleiche Weise wie beim gewöhnlichen Keil sowohl in Reflexion wie in Durchsicht Interferenzkurven, die hier aus Symmetriegründen konzentrische Kreise um den Berührungspunkt der Kugelfläche mit der Ebene sind (sog. Newtonsche Ringe). Im Berührungspunkt selbst herrscht Dunkelheit; Abb. 255 stellt eine photographische Aufnahme der Erscheinung dar. Man erkennt, daß die Abstände der einzelnen (z. B. dunklen) Ringe voneinander nicht konstant sind, sondern von der Mitte nach außen abnehmen. Das ist dadurch bedingt (Abb. 256), daß die

Dicke d der Luftschicht zwischen der ebenen Glasplattenoberfläche und der gekrümmten Linsenfläche nicht proportional dem Abstand vom Berührungspunkt, sondern rascher ansteigt.

Nun ist allgemein nach (150) die Gangdifferenz der beiden interferierenden Wellen $\Delta = 2d\sqrt{n^2 - \sin^2\alpha} + \frac{\lambda}{2}$, was hier wegen $n = 1$ und $\alpha = 0$ in die einfachere Gestalt übergeht $\Delta = 2d + \frac{\lambda}{2}$. Dunkelheit herrscht also für die Werte der Dicke d_k, für die $2d_k + \frac{\lambda}{2} = \frac{2k+1}{2}\lambda$, also $d_k = k\frac{\lambda}{2}$ ($k = 0, 1, 2, \ldots$) ist; d_k ist die Keildicke an der Stelle des k-ten dunklen Ringes, da dem Zentrum der Wert $d_0 = 0$, d. h. $k = 0$ zukommt. Anderseits ist nach Abb. 256, wenn r_k der Radius des k-ten Ringes und R der Krümmungsradius der Kugelfläche ist:

$$(152) \qquad R^2 = (R - d_k)^2 + r_k^2, \quad \text{d. h. } r_k^2 = 2Rd_k - d_k^2,$$

oder einfacher, wegen der Kleinheit von d_k:

$$(152\text{a}) \qquad r_k^2 = 2Rd_k = 2Rk\frac{\lambda}{2} = \text{Const.} \, 2k\,;$$

die hellen Ringe liegen genau dazwischen, gehorchen also der Gleichung

$$(152\text{b}) \qquad r_k^2 = \frac{R(2k+1)\lambda}{2} = \text{Const.} \, (2k+1)\,.$$

Es folgt daher aus den Gleichungen (152), daß die Quadrate der Radien der dunklen Ringe sich wie die geraden, die der hellen wie die ungeraden Zahlen verhalten.

Kennt man den Krümmungsradius R der Kugelfläche, so kann man durch Ausmessung der Radien der hellen oder dunkeln Ringe die Wellenlänge λ des benutzten Lichtes bestimmen; zum ersten Male hat dies Th. Young aus den Messungen Newtons getan. — Natürlich gilt auch hier wieder die Proportionalität der Ringradien r_k mit der Wellenlänge, wofür Abb. 257 ein Beispiel gibt; auch kann man wieder durch Auffüllung des Keiles mit einer Flüssigkeit deren Brechungsquotienten bestimmen, — wie beim gewöhnlichen Keil. In der Durchsicht haben wir wieder das weniger deutliche komplementäre Phänomen.

Besonders schöne Newtonsche Ringe zeigt eine runde Seifenlamelle, die man in waagerechter Lage um eine vertikale Achse rotieren läßt (C. V. Boys, 1912). Durch die Zentrifugalkraft wird allmählich die Seifenlösung aus der Mitte nach dem Rande hin gedrängt, so daß die Lamelle in der Mitte dünner als am Rande wird. Man beobachtet dann mit weißem Licht, daß immer neue farbige Ringe aus der Mitte der Lamelle hervorquellen und nach dem Rand wandern (Abb. 1 und 2 auf Tafel II). Ist die Dicke der Lamelle in der Mitte verschwindend gegen die Wellenlänge des Lichtes, so tritt ein schwarzer Fleck auf (Abb. 3 und 4 auf Tafel II), der sich langsam immer mehr vergrößert, bis schließlich die Lamelle zerreißt.

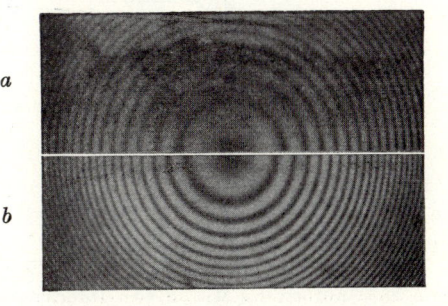

Abb. 257. Newtonsche Ringe in rotem (a) und blauem (b) Licht

Das Auftreten des schwarzen Flecks ist ein direkter Beweis dafür, daß das Licht bei der Reflexion am dichteren Medium einen Phasensprung um $\lambda/2$ erfährt. Denn da bei einer Dicke $\ll \lambda$ die Gangdifferenz — ohne den Phasensprung — gleich Null wäre, müßte die Interferenz maximale Helligkeit statt Dunkelheit ergeben; erst die Hinzufügung von $\lambda/2$ kann das experimentelle Ergebnis erklären. Diese Erklärung für den schwarzen Fleck, der ja auch bei den Newtonschen Ringen im reflektierten Licht in der Mitte auftritt, wo die Interferenzschicht sehr dünn ist, gab zuerst Th. Young, von dem auch noch folgender schöne Versuch herrührt. Benutzt man zur Erzeugung Newtonscher Ringe eine Linse aus Kronglas auf einer Flintglasplatte mit Kassiaöl dazwischen, so erhält man im reflektierten Licht ein Ringsystem mit einem hellen Fleck in der Mitte. Da nämlich der Brechungsquotient des Öles zwischen dem des Kron- und Flintglases liegt, findet an der oberen und unteren Grenze der Ölschicht stets Reflexion am dichteren Medium statt, so daß bei sehr dünner Schicht $\ll \lambda$ im reflektierten Licht ein Helligkeitsmaximum auftreten muß.

Michelsonsches Interferometer. Auf eine planparallele oder keilförmige Platte läßt sich ein von A. Michelson (1882) angegebenes Interferometer zurückführen, das in der Optik eine große Rolle gespielt hat.

Sein Aufbau ist schematisch in Abb. 258 wiedergegeben. Von einer Lichtquelle L fällt das Licht auf eine unter 45^0 geneigte, halbdurchlässig versilberte Glasplatte P, durch die es in einen durchgehenden Strahl 1 und einen senkrecht dazu verlaufenden Strahl 2 zerlegt wird. Beide Strahlen werden an senkrecht gestellten ebenen Spiegeln S_1 und S_2 in sich selbst zurückreflektiert und treffen auf ihrem Rückwege erneut auf die Platte P, wo sie nochmals in je zwei Teile zerlegt werden. Von diesen betrachten wir nur die beiden Anteile, die miteinander koinzidierend ins Fernrohr F gelangen. Da hierbei der Strahl 1 die Platte P dreimal, Strahl 2 aber nur einmal durchlaufen hat, ist in den Weg des Strahles 2 zwischen P und S_2 eine zweite gleich dicke, aber unversilberte Platte P' parallel zu P eingeschaltet. Auf diese Weise wird die bisherige Unsymmetrie der beiden Strahlen 1 und 2 aufgehoben; die Lichtwege sind nunmehr vollkommen gleichwertig. Nehmen wir zunächst an, daß die beiden Spiegel S_1 und S_2 gleichweit vom Punkt A auf der Platte P entfernt sind, so treffen die Strahlen 1 und 2 ohne Gangunterschied in das Beobachtungsfernrohr F und verstärken sich. Eine solche Verstärkung tritt auch ein, wenn einer der beiden Spiegel um ein ganzes Vielfaches einer halben Wellenlänge verschoben wird. Dagegen löschen sich die beiden Strahlen im Fernrohr aus, wenn einer der beiden Spiegel um ein ungerades Vielfaches einer Viertelwellenlänge längs der Strahlrichtung verschoben wird; denn in diesem Falle beträgt der Gangunterschied zwischen den beiden Strahlen ein ungerades Vielfaches einer halben Wellenlänge. Indem man also den einen Spiegel mit Hilfe einer Mikrometerschraube meßbar verschiebt und die Helligkeitswechsel im Fernrohr zählt, kann man die optischen Wellenlängen absolut messen. In Wirklichkeit ist das im Fernrohr erscheinende Gesichtsfeld nicht gleichmäßig hell oder dunkel, sondern zeigt bei ausgedehnter Lichtquelle konzentrische Interferenzringe, die sich bei einer Spiegelverschiebung erweitern oder zusammenziehen. Die ganze Anordnung kann man nämlich als äquivalent mit einer planparallelen Luftplatte ansehen. Denn das virtuelle Bild S_2', das die spiegelnde Platte P von S_2 entwirft, liegt ebenso weit hinter P

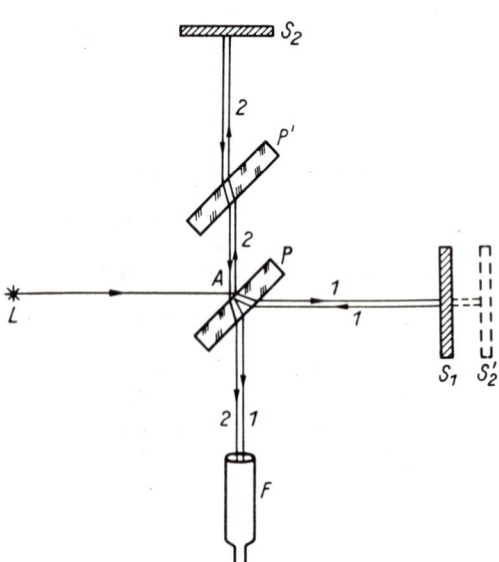

Abb. 258. Aufbau des Michelson-Interferometers

wie S_2 vor ihm, wobei S_1 und S_2' einander parallel sind, wenn S_1 und S_2 senkrecht aufeinander stehen, was vorausgesetzt wurde. Man kann also S_2 einfach durch S_2' ersetzt denken und dann den Spiegel S_2 unterdrückt denken. Die Gangdifferenz für den

Mittelstrahl ist einfach gleich dem doppelten Abstand S_1S_2' des reellen Spiegels S_1 von dem virtuellen S_2', die zusammen eine planparallele Luftplatte von variabler Dicke begrenzen, und wir beobachten Kurven gleicher Neigung.

Man kann natürlich die Spiegel S_1 und S_2 auch so justieren, daß sie einer keilförmigen Luftplatte S_1S_2' äquivalent sind; dann beobachtet man bei Beleuchtung mit parallelem Licht mit dem (jetzt allerdings nicht auf Unendlich, sondern auf den Keil eingestellten) Fernrohr gradlinige Streifen parallel der Keilkante (Kurven gleicher Dicke). Wählt man dabei den mittleren Abstand AS_1 und AS_2 gleich, dann schneiden sich die Flächen S_1S_2' und man erhält den Interferenzstreifen 0-ter Ordnung in der Mitte des Gesichtsfeldes, den man bei Beleuchtung mit weißem Licht als einzigen achromatischen Streifen leicht identifizieren kann. Damit kann die Gleichheit der Lichtwege 1 und 2 kontrolliert werden.

Mit dieser Anordnung hat A. Michelson die Länge des Urmeters in Wellenlängen ausgewertet. Da es nicht möglich ist, Lichtinterferenzen über einen Gangunterschied von 2 m zu erhalten, wurden zunächst vom Urmeter Hilfsnormale von $1/2$, $1/4$, $1/8$ bis $1/256$ seiner Länge (sog. Etalons) hergestellt und diese interferometrisch ausgemessen. Diese und spätere Versuche lieferten folgende Resultate:

für die rote Kadmiumlinie: $1\,\mathrm{m} = 1553164{,}1\,\lambda_R$; $\lambda_R = 643{,}84696\,\mathrm{m}\mu$

für die grüne Kadmiumlinie: $1\,\mathrm{m} = 1966249{,}7\,\lambda_G$; $\lambda_G = 508{,}58221\,\mathrm{m}\mu$

für die blaue Kadmiumlinie: $1\,\mathrm{m} = 2083372{,}1\,\lambda_B$; $\lambda_B = 479{,}9914\,\mathrm{m}\mu$

für die orange [86]Krypton-Linie: $1\,\mathrm{m} = 1650763{,}73\,\lambda_{Or}$; $\lambda_{Or} = 605{,}78021\,\mathrm{m}\mu$

bei 760 Torr Druck in trockener Luft bei 15° C.

Die Linie des Krypton-Isotops 86 dient zur Festlegung des Längenstandards. Auf eine wichtige Anwendung des Michelson-Interferometers zur Untersuchung des Einflusses der Erdbewegung auf die Lichtgeschwindigkeit werden wir in Nr. 80 eingehen.

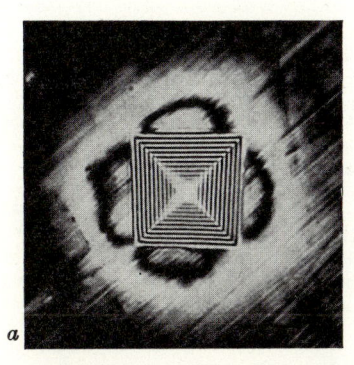

Abb. 259. Interferenzbild eines Diamanteindruckes in eine Metalloberfläche.
a) Referenzfläche parallel zur Oberfläche; b) Referenzfläche schwach geneigt zur Oberfläche

Auch in der Mikroskopie findet das Michelsonsche Interferometer immer größere Anwendung. Ersetzt man in der Anordnung von Abb. 258 das Fernrohr durch ein Mikroskop, indem man je ein Objektiv vor S_1 und S_2 in den Strahlengang 1 und 2 anbringt und an Stelle des Fernrohres das Mikroskopokular setzt, so kommt man zu einem Aufbau, mit dem man die Beschaffenheit von Oberflächen bis zu hohen Vergrößerungen untersuchen kann (Interferenzmikroskop). Durch Verschieben des Spiegels S_2 kann man die Referenzfläche S_2' durch das zu beobachtende Objekt (S_1) hindurchbewegen

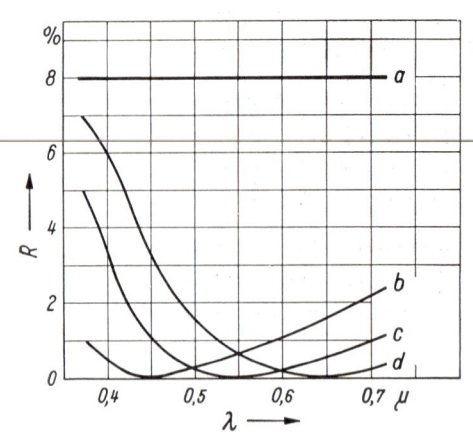

Abb. 260. Reflexionsvermögen einer nicht vergüteten (a) und einer mit Kryolith-Schichten verschiedener Dicke vergüteten Flintglas-Oberfläche (b—d). Die optischen Dicken der Kryolith-Schichten sind

$$\frac{0{,}45}{4}\,\mu\,(b),\ \frac{0{,}55}{4}\,\mu\,(c)\ \text{und}\ \frac{0{,}65}{4}\,\mu\,(d)$$

und so z. B. Strukturen in einer Vertiefung untersuchen. Abb. 259 zeigt als Beispiel den Eindruck einer Diamantpyramide in eine Metalloberfläche (Vergrößerung 1250fach). In Bild a) lag die Fläche S_2' parallel zu S_1 (Metalloberfläche); die Interferenzstreifen entstehen als Höhenschichtlinien parallel zur Metalloberfläche. Die um den viereckigen Eindruck noch sichtbare Interferenzfigur zeigt die Aufwölbung der Metalloberfläche durch das vom Eindruck verdrängte Volumen. In Bild b) war S_2' gegen S_1 schwach geneigt; infolgedessen liegen die Höhenschichtlinien geneigt zur Metalloberfläche, und ihre Spuren werden auch in Interferenzstreifen über die ganze Metalloberfläche sichtbar.

Vergütung. Interferenzerscheinungen an dünnen Schichten wendet man neuerdings in der Optik zur Herstellung reflexmindernder Schichten auf Glasflächen an (G. Bauer, 1934). Bringt man auf eine Glasoberfläche eine sehr dünne Schicht eines durchsichtigen Stoffes mit kleinerem Brechungsquotienten, z.B. Kryolith (Na_3AlF_6, $n = 1{,}33$) oder Magnesiumfluorid (MgF_2, $n = 1{,}38$) auf und bemißt die Schichtdicke so, daß die an der Vorder- und Hinterseite reflektierten Strahlen gerade eine halbe Wellenlänge Gangunterschied haben, wozu bei senkrechter Inzidenz die optische Schichtdicke gerade $\frac{\lambda}{4}$ sein muß, so löschen sich diese beiden Strahlen aus, vorausgesetzt, daß ihre beiden Amplituden gleich sind; letzteres läßt sich durch eine geeignete Wahl des Brechungsquotienten des Schichtmaterials erreichen[1]). Auf diese Weise wird die Menge des reflektierten Lichtes vermindert und die durch-

Abb. 261. Wirkung der Vergütung

a) Eine beiderseitig in der Mitte vergütete runde Glasplatte liegt auf schwarzem Samt. Die unbelegten Teile spiegeln ein helles Fenster, während die belegte Mitte praktisch alles Licht durchläßt, so daß es vom Samt verschluckt wird

b) Blick durch vier aufeinandergelegte, in der Mitte beiderseitig vergütete Glasplatten auf ein beleuchtetes Schriftstück. Sowohl das auffallende wie das vom Papier zurückgeworfene Licht kommt ohne Reflexionsverluste durch die vergütete Plattenmitte

---

[1]) Man hat also drei Medien zu unterscheiden: Luft ($n_1 = 1$), Schicht ($n_2 = x$), Glasunterlage (n_3). A. Smakula hat gezeigt, daß $x\,(=n_2) = \sqrt{n_1 n_3}$ sein soll, was sich mit $n_1 = 1$ zu $x = \sqrt{n_3}$ vereinfacht.

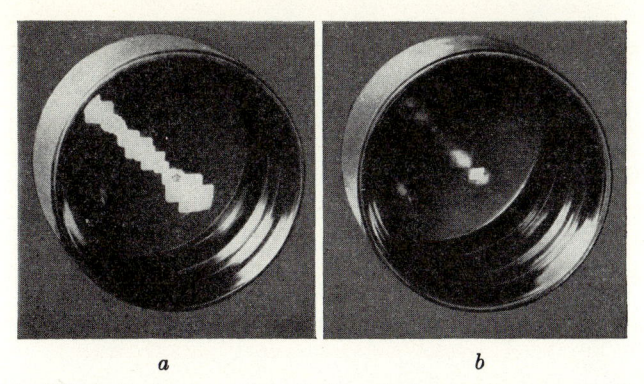

Abb. 262. Mehrfachspiegelung einer hellen Fläche an einem unvergüteten (a) und einem vergüteten (b) Projektionsobjektiv

gelassene entsprechend vermehrt. Dies gelingt natürlich streng nur für eine Wellenlänge, doch ist in der Praxis der Bereich verhältnismäßig breit, so daß sich fast für das gesamte sichtbare Gebiet des Spektrums eine erhebliche Reflexionsverminderung erreichen läßt (Abb. 260). Infolge des nicht vollständig durch Interferenz ausgelöschten reflektierten roten und blauen Lichtes zeigt vergütete Optik je nach der Dicke der aufgebrachten Schicht einen violett- bis purpurfarbenen Reflex. Abb. 261a zeigt z. B. eine runde Glasplatte, die beiderseitig in der Mitte mit einem solchen „Tarnbelag" — daher auch der Name T-Optik — versehen ist und auf schwarzem Samt liegt. Die unbelegten Teile spiegeln ein helles Fenster, während die belegte Kreisfläche in der Mitte nur wenig spiegelt, sondern das Licht in verstärktem Maße hindurchläßt, wo es dann vom Samt verschluckt wird. Noch deutlicher zeigt Abb. 261b die Erscheinung: hier sind 4 in der Mitte beiderseitig mit einem reflexmindernden Belag versehene Platten so übereinander gelegt, daß zwischen ihnen ein kleiner Abstand bleibt. Dann kann man durch die Mitte der Glasplatten noch deutlich die darunterliegende Schrift lesen, während dies durch die unbelegten Teile der Platten nicht möglich ist. Die große Bedeutung der Vergütung liegt in der Steigerung der Lichtstärke photographischer Objektive, die bis zu 30% erreichen kann, wenn man sämtliche freie Flächen der einzelnen Objektivlinsen in der geschilderten Weise präpariert. Außerdem lassen sich auf diese Weise die so häufig störenden Reflexe infolge mehrfacher Spiegelung des Lichtes an den Linsenoberflächen weitgehend vermindern (Abb. 262), wenn nicht ganz unterdrücken. Für Schichtsubstanzen mit $n_2 > n_3$ erhält man Erhöhung der Reflexion, was zur Herstellung verlustfreier Strahlenteilerspiegel angewandt wird.

31. Vielstrahlinterferenz; Interferenzspektroskopie

Bisher haben wir nur Interferenzen betrachtet, die entstehen, wenn zwei Wellen sich überlagern; deren Gesetzmäßigkeiten und Anwendungen haben wir in den Nrn. 28 bis 30 erörtert. Eine besonders interessante und wichtige Interferenzerscheinung erhalten wir aber, wenn wir viele Wellen zur Erzeugung der Interferenzen benutzen. Wir wollen die Untersuchung in zwei Etappen durchführen, indem wir zunächst p ebene Wellen von gleicher Amplitude A betrachten, die relativ zueinander die konstante Phasendifferenz δ besitzen mögen. Schreiben wir die Wellen gleich in komplexer Form, so können wir ansetzen:

$$(153)\begin{cases} \mathfrak{E}_{1y} = Ae^{i\left[2\pi\nu\left(t-\frac{x}{c}\right)\right]}, \\ \mathfrak{E}_{2y} = Ae^{i\left[2\pi\nu\left(t-\frac{x}{c}\right)-\delta\right]} = Ae^{i\left[2\pi\nu\left(t-\frac{x}{c}\right)\right]}e^{-i\delta}, \\ \mathfrak{E}_{3y} = Ae^{i\left[2\pi\nu\left(t-\frac{x}{c}\right)-2\delta\right]} = Ae^{i\left[2\pi\nu\left(t-\frac{x}{c}\right)\right]}e^{-i2\delta}, \\ \cdots\cdots\cdots\cdots\cdots\cdots\cdots\cdots\cdots\cdots\cdots\cdots\cdots\cdots\cdots \\ \mathfrak{E}_{py} = Ae^{i\left[2\pi\nu\left(t-\frac{x}{c}\right)-(p-1)\delta\right]} = Ae^{i\left[2\pi\nu\left(t-\frac{x}{c}\right)\right]}e^{-i(p-1)\delta}. \end{cases}$$

Die resultierende Welle $\mathfrak{E}_y$ hat also den Wert:

$$(154) \qquad \mathfrak{E}_y = Ae^{2\pi\nu i\left(t-\frac{x}{c}\right)}[1 + e^{-i\delta} + e^{-i2\delta} + \cdots e^{-i(p-1)\delta}].$$

Die eckige Klammer stellt eine geometrische Reihe dar mit dem Quotienten $e^{-i\delta}$, und ihre Summe ist bekanntlich:

$$1 + e^{-i\delta} + \cdots e^{-i(p-1)\delta} = \frac{1-e^{-ip\delta}}{1-e^{-i\delta}},$$

so daß (154) wird:

$$(155) \qquad \mathfrak{E}_y = Ae^{2\pi\nu i\left(t-\frac{x}{c}\right)}\frac{1-e^{-ip\delta}}{1-e^{-i\delta}}.$$

Bestimmen müssen wir das Mittel $\overline{\mathfrak{E}_y^2}$, das uns die resultierende Intensität liefert. Hier ist nun die komplexe Schreibweise sehr bequem; denn wir brauchen (155) nur mit dem konjugiert komplexen Wert zu multiplizieren, um $\overline{\mathfrak{E}_y^2}$ zu erhalten. Zu dem Zweck wollen wir zunächst den Ausdruck $\dfrac{1-e^{-ip\delta}}{1-e^{-i\delta}}$ umformen: es ist der Reihe nach:

$$\frac{1-e^{-ip\delta}}{1-e^{-i\delta}} = \frac{e^{\frac{ip\delta}{2}}e^{-\frac{ip\delta}{2}} - e^{-\frac{ip\delta}{2}}e^{\frac{ip\delta}{2}}}{e^{\frac{i\delta}{2}}e^{-\frac{i\delta}{2}} - e^{-\frac{i\delta}{2}}e^{\frac{i\delta}{2}}} = \frac{e^{-\frac{ip\delta}{2}}\left\{e^{\frac{ip\delta}{2}} - e^{-\frac{ip\delta}{2}}\right\}}{e^{-\frac{i\delta}{2}}\left\{e^{\frac{i\delta}{2}} - e^{-\frac{i\delta}{2}}\right\}}$$

$$= \frac{\sin\frac{p\delta}{2}}{\sin\delta/2}\cdot\frac{e^{-\frac{ip\delta}{2}}}{e^{-\frac{i\delta}{2}}} = \frac{\sin\frac{p\delta}{2}}{\sin\delta/2}\,e^{-\frac{i(p-1)\delta}{2}}.$$

Damit erhalten wir aus (155):

$$(155\,\mathrm{a}) \qquad \mathfrak{E}_y = A\frac{\sin\frac{p\delta}{2}}{\sin\delta/2}\,e^{2\pi\nu i\left(t-\frac{x}{c}\right)}e^{-\frac{i(p-1)\delta}{2}}.$$

Multiplizieren wir mit dem konjugiert komplexen Wert, so erhalten wir:

$$(156) \qquad \overline{\mathfrak{E}_y^2} = A^2\frac{\sin^2 p\delta/2}{\sin^2\delta/2},$$

womit die resultierende Intensität gefunden ist. Wir müssen nun die Eigenschaft des Faktors $\dfrac{\sin^2 p\delta/2}{\sin^2\delta/2}$ feststellen, d. h. seine Maxima und Minima. Die letzteren liegen da, wo der Zähler seine Minima hat. Dieser ist gleich 0, wenn $\delta = \dfrac{2k\pi}{p}$ $(k = 0, 1, 2, \ldots)$ ist, vorausgesetzt, daß nicht gleichzeitig der Nenner auch gleich Null wird; das ist jedesmal dann der Fall, wenn $\frac{k}{p} = k'$ eine ganze Zahl ist. Dann nimmt der Ausdruck $\frac{\sin^2 p\delta/2}{\sin^2 \delta/2}$ den Wert $0:0$ an, und dieser ist gleich p^2. Man sieht dies ein, wenn man das Argument im Zähler und Nenner sich dem Werte $\frac{\delta}{2} = k'\pi = \frac{k\pi}{p}$ nähern läßt: dann ist das Argument des Sinus in Zähler und Nenner klein, und man kann den Sinus durch sein Argument ersetzen, d.h. $\frac{\sin^2 p\delta/2}{\sin^2 \delta/2} = \frac{p^2 \delta^2/4}{\delta^2/4} = p^2$. An diesen Stellen haben wir also Maxima, die mit der Zahl p sehr stark anwachsen; wir nennen sie die **Hauptmaxima**. Zwischen ihnen liegen noch $(p \cdot -2 \cdot)$ **Nebenmaxima**, die aber um so unbedeutender ausfallen, je größer p wird; bei einigermaßen großen Werten von p können sie völlig außer Acht bleiben. Abb. 263 zeigt z. B. die Maxima für $p = 15$; die Hauptmaxima liegen an den Stellen $\delta = 0, 2\pi, 4\pi \ldots$ Die Breite der Hauptmaxima läßt sich folgendermaßen bestimmen: Gehen wir z. B. vom Wert $k = 0$ aus und zu dem Wert $k = 1, k' = 1/p$ über, so kommt man zum benachbarten Minimum, dem also der Wert $\delta = \frac{2\pi}{p}$ entspricht. Der Abstand von $\delta = 0$ bis zu $\delta = \frac{2\pi}{p}$ entspricht der halben Breite des Hauptmaximums, die ganze Breite ist also $\frac{4\pi}{p}$. Daraus folgt, daß die Hauptmaxima mit wachsendem p nicht nur höher, sondern auch schmäler werden. Für $p = 2$ würden, wie wir schon wissen, die Maxima und Minima einen cosinusförmigen Verlauf zeigen, also im Gegensatz zu Abb. 263 sehr breit sein. **Das Eigentümliche der Vielstrahlinterferenzen ist es also, daß man schmale Maxima auf breitem dunklem Grunde bzw. schmale Minima auf hellem breitem Grunde hat,** statt, wie bisher, breite Maxima und Minima; die Bedeutung davon werden wir weiter unten erörtern.

In der Praxis wird es selten vorkommen, daß die Amplituden der mitwirkenden Wellen sämtlich den gleichen Wert haben; viel häufiger jedenfalls trifft es zu, daß die Amplituden in geometrischer Progression abnehmen, z. B. durch mehrfache Reflexion. Man kommt also den wirklichen Bedingungen näher, wenn man die aufeinanderfolgenden Amplituden proportional dem Ausdruck $A\varrho^k$ setzt, wo ϱ ein echter Bruch ist. Dann würden wir statt der Gl. (154) die folgende haben:

$$(154\mathrm{a}) \quad \mathfrak{E}_y = A e^{2\pi \nu i \left(t - \frac{x}{c}\right)} \left[1 + \varrho e^{-i\delta} + \varrho^2 e^{-i2\delta} + \ldots \varrho^{p-1} e^{-i(p-1)\delta}\right].$$

Die Summe läßt sich wieder leicht ausrechnen und man erhält folgendes allgemeinere Ergebnis:

$$(155\mathrm{a}) \quad \mathfrak{E}_y = A e^{2\pi \nu i \left(t - \frac{x}{c}\right)} \frac{1 - \varrho^p e^{-ip\delta}}{1 - \varrho e^{-i\delta}}.$$

Dieser Ausdruck hängt von zwei variablen Parametern p und ϱ ab, was die Diskussion erschwert; wir können aber der Einfachheit halber annehmen, daß wir unendlich viele Glieder haben. Da ϱ^∞ verschwindet, vereinfacht sich (155a) zu — wir geben $\mathfrak{E}_y$ der Deutlichkeit halber den Index ∞ —:

$$(157) \quad \mathfrak{E}_{y\infty} = A e^{2\pi \nu i \left(t - \frac{x}{c}\right)} \frac{1}{1 - \varrho e^{-i\delta}}.$$

Multiplikation mit dem konjugiert komplexen Wert liefert den folgenden Wert für $\overline{\mathfrak{E}_{y\infty}^2}$, den schon G. B. Airy (1833) angegeben hat:

$$(158) \quad \overline{\mathfrak{E}_{y\infty}^2} = \frac{A^2}{1 + \varrho^2 - 2\varrho \cos\delta} = \frac{A^2}{(1-\varrho)^2 + 2\varrho(1 - \cos\delta)} = \frac{A^2}{(1-\varrho)^2 + 4\varrho \sin^2 \frac{\delta}{2}}.$$

Diesen Ausdruck wollen wir nun für verschiedene Werte von ϱ diskutieren. Wenn ϱ sehr klein gegen 1 ist, kann man ϱ^2 gegen 1 vernachlässigen, und der erste der in (158) angegebenen Ausdrücke geht dann über in:

$$\overline{\mathfrak{E}_{y\infty}^2} = \frac{A^2}{1 - 2\varrho \cos \delta} \approx A^2(1 + 2\varrho \cos \delta).$$

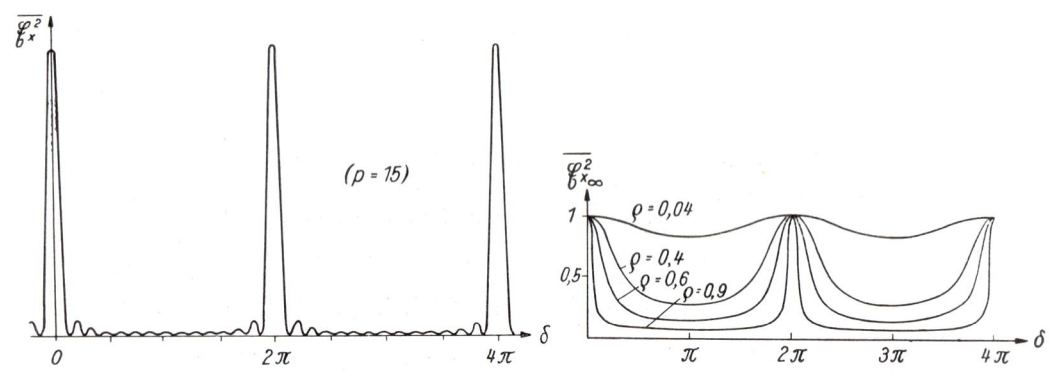

Abb. 263. Interferenzmaxima bei Überlagerung von 15 ebenen Wellen gleicher Amplitude, die jeweils um die Phasendifferenz δ voneinander abweichen

Abb. 264. Änderung der Interferenzmaxima bei Vielstrahlinterferenz mit der Größe ϱ

Die Intensität schwankt also cosinusförmig zwischen den Grenzen $A^2(1 + 2\varrho)$ und $A^2(1 - 2\varrho)$ hin und her; das ist genau das nämliche Ergebnis, als wenn wir nur zwei Wellen hätten interferieren lassen, wie wir in Nr. 28. dargelegt haben. Das ist verständlich, denn bei kleinem ϱ können die Glieder mit ϱ^2, ϱ^3 usw. nicht mehr zur Geltung kommen. Das Bild ändert sich aber total, wenn ϱ in die Nähe von 1 kommt, so daß $1 - \varrho = \varepsilon$ eine gegen 1 kleine Zahl ist: das ist der Fall, der für uns von besonderem Interesse sein wird. Dann geht (158) über in:

$$\overline{\mathfrak{E}_{y\infty}^2} = \frac{A^2}{\varepsilon^2 + 4(1-\varepsilon) \sin^2 \delta/2} \approx \frac{A^2}{\varepsilon^2 + 4 \sin^2 \delta/2}.$$

Der Maximalwert ist gleich A^2/ε^2, der Minimalwert ist gleich $\dfrac{A^2}{4}$; für $\varrho = 0{,}9$, d. h. $\varepsilon = 0{,}1$, wäre z. B. das Maximum $100\,A^2$, das Minimum $\dfrac{A^2}{4}$. Die Abb. 264 gibt den Verlauf von $\overline{\mathfrak{E}_{y\infty}^2}$ für die 4 Parameterwerte $\varrho = 0{,}04; 0{,}4; 0{,}6; 0{,}9$ wieder. Man erkennt, daß für großes ϱ die Maxima (bzw. Minima) scharf werden, die auf einem breiten dunklen (hellen) Grund erscheinen, genau so, wie wir es in Abb. 263 gesehen hatten. Als Anwendung wählen wir der Einfachheit halber wieder die geradlinigen Interferenzstreifen an einem Luftkeil, der durch zwei gegeneinander geneigte Platten in der üblichen Weise gebildet ist; würde er so verwendet, so würden, weil der Reflexionskoeffi-

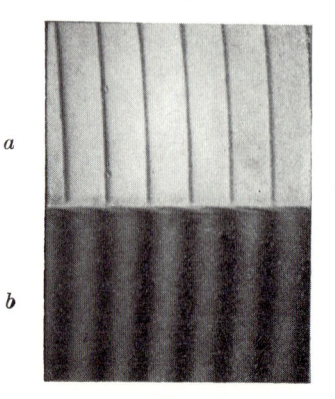

Abb. 265. An einem Luftkeil zwischen Glasplatten in Durchsicht erhaltene Interferenzstreifen.
a) Glasplatten versilbert (Vielstrahlinterferenz)
b) Glasplatten unversilbert (normale Interferenz)

31. Vielstrahlinterferenz; Interferenzspektroskopie

zient ϱ von Glas gegen Luft sehr klein ist, praktisch nur die beiden Strahlen zusammenwirken, die in Abb. 253 gezeichnet sind, und diese würden cosinusförmige, d. h. breite Maxima und Minima ergeben. Um die Vielstrahlinterferenzen zu erhalten, kann man die Glasplatten so versilbern, daß sie zwar noch gerade durchsichtig sind, aber doch einen hohen Reflexionskoeffizienten gewinnen. Man kann heute Versilberungen erreichen, die noch 1% der auffallenden Energie durchlassen, etwa 4% absorbieren, aber 95% reflektieren. Mittels reflexionsverstärkender Vergütung lassen sich aber auch hohe Durchlässigkeiten solcher Platten erzielen. Die Abb. 265 stellt die Erscheinung in Durchsicht an einem Luftkeil dar, dessen Glasplatten nur in der oberen Hälfte versilbert sind,

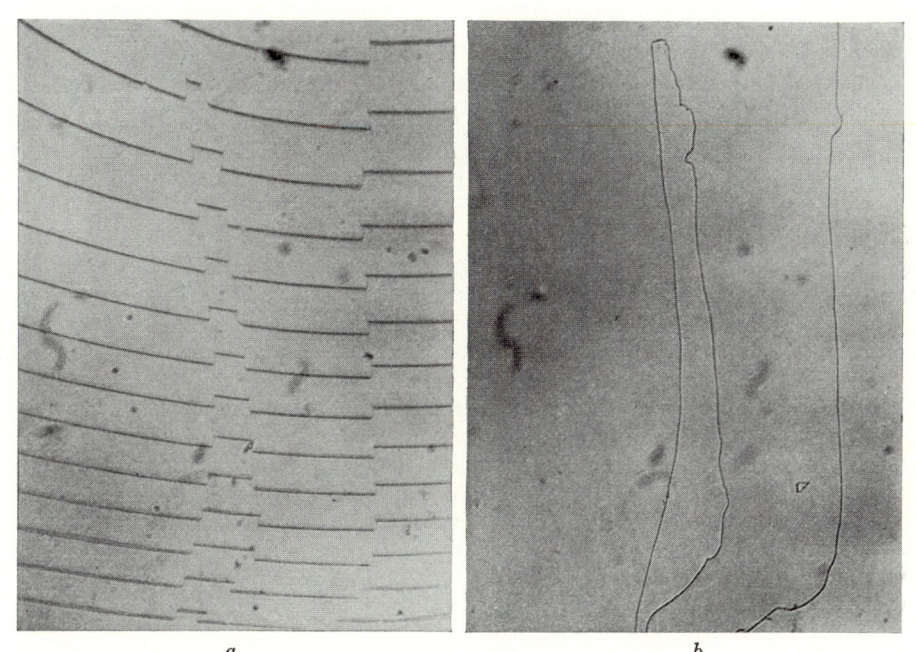

Abb. 266. Nach dem Tolansky-Verfahren aufgenommenes Interferenzbild (*a*) und normale Mikroaufnahme (*b*) einer Glimmerspaltungsfläche

während die untere Hälfte freigelassen ist: so sieht man in der oberen Partie die scharfen Minima im Gegensatz zu den breiten in der unteren Hälfte. Es ist klar, daß man die Genauigkeit bei Ausmessung der scharfen Streifen viel weiter treiben kann, als bei den breiten. Mit anderen Worten: Man kann sich eine viel genauere Kenntnis der Topographie verschaffen, wie auch kleine Unregelmäßigkeiten des in Abb. 266 benutzten Keiles zeigen. Dieses an sich im Prinzip schon lange bekannte Verfahren hat S. Tolansky (1943) zu höchster Vollendung ausgebildet. Er hat unter anderem die Spaltungsflächen (oder natürlichen Flächen) von Kristallen untersucht, die als Netzebenen eben sein sollten; in Wirklichkeit zeigen sie — beim Spaltungsprozeß entstandene — kleine Stufen, deren Ausmessung z. B. beim Glimmer ergab, daß ihre Höhe in jedem Falle ein Vielfaches von etwa 20 Å war; so groß ist aber der Abstand gleichartiger Netzebenen, die sog. Gitterkonstante (vgl. Nr. 38) bei Glimmer.

Als Beispiel zeigt das linke Bild (*a*) in Abb. 266 eine nach dem Tolansky-Verfahren mit dem Licht der grünen Quecksilberlinie ($\lambda = 546$ mμ) in 77facher Vergrößerung aufgenommene photographische Glimmerspaltungsfläche. Der Abstand zweier aufeinanderfolgender Interferenzstreifen entspricht also einem Gangunterschied von $\frac{\lambda}{2} = 273{,}05$ mμ. Aus der Versetzung der Streifen kann man bequem die Höhe der beim Spalten des Glimmers entstandenen Stufenschichten bestimmen. Zum Vergleich zeigt das rechte Bild (b) in Abb. 266 eine normale Mikroaufnahme derselben Glimmerspaltungsfläche, in der nur die Stufenränder erkennbar sind.

Noch eine andere Anwendung der Vielstrahlinterferenz hat neuerdings eine erhebliche Bedeutung gewonnen, nämlich die Herstellung von Lichtfiltern, die nur sehr schmale Spektralbezirke durchlassen. Wenn wir auf eine planparallele Luftplatte (die von 2 Glasflächen begrenzt wird, die wir zunächst als unversilbert annehmen wollen), von der Dicke d, dem Brechungsquotienten $n = 1$ unter dem Winkel α paralleles Licht einfallen lassen, so ist die Gangdifferenz Δ nach (150) $\Delta = 2d\sqrt{n^2 - \sin^2\alpha} = 2d\cos\alpha$ (wenn wir im durchgehenden Licht beobachten, fällt die zusätzliche Differenz $\frac{\lambda}{2}$ fort). Nehmen wir außerdem noch senkrechten Einfall, so wird $\Delta = 2d$. Läßt man weißes Licht auffallen, so sondert die Platte durch Interferenz gewisse Wellenlängen λ_k aus, nämlich diejenigen, für die $2d = k\lambda$ ($k = 1, 2, \ldots$) ist. Zerlegt man das durchgehende Licht spektral, so sieht man das Spektrum von dunklen Interferenzstreifen durchzogen, die den Wellenlängen entsprechen, die durch Interferenz ausgelöscht sind, während die hellen Streifen gerade die Wellenlängen bezeichnen, die durch die Platte hindurchgelassen werden. Obwohl also das Spektrum erhebliche Lücken aufweist, wird die Mischung der nicht-ausgelöschten Teile des Spektrums doch vom Auge als Weiß empfunden, selbst wenn etwa nur 9 dunkle Streifen vorhanden sind, weil die übrigbleibenden Wellenlängen sich so über das ganze Spektrum verteilen, daß ihre Mischung den Weiß-Eindruck hervorruft. Dieses physikalisch modifizierte Weiß nennt man zum Unterschied von gewöhnlichem weißen Licht „Weiß höherer Ordnung". Nehmen wir z. B. eine Luftplatte von einer Dicke $d = 2{,}5\,\mu$; dann werden alle diejenigen Wellenlängen mit größter Intensität durchgelassen, für die $2d = 5{,}0\,\mu = k\lambda_k$ ist. Folgende Wellenlängen entsprechen den Werten $k = 1$ bis $k = 12$:

$$\lambda_1 = 5\,\mu; \quad \lambda_2 = 2{,}5\,\mu; \quad \lambda_3 = 1{,}66\,\mu; \quad \lambda_4 = 1{,}25\,\mu;$$
$$\lambda_5 = 1\,\mu; \quad \lambda_6 = 0{,}833\,\mu; \quad \lambda_7 = 0{,}714\,\mu; \quad \lambda_8 = 0{,}625\,\mu;$$
$$\lambda_9 = 0{,}555\,\mu; \quad \lambda_{10} = 0{,}5\,\mu; \quad \lambda_{11} = 0{,}455\,\mu; \quad \lambda_{12} = 0{,}385\,\mu.$$

Von diesen liegen die 5 Wellenlängen λ_7 bis λ_{11} im sichtbaren Gebiet; was also durch die Platte hindurchgeht, bildet eine Mischfarbe aus den genannten Wellenlängen. Jede Planparallelplatte stellt also einen Lichtfilter dar. Unser Ziel ist natürlich, eine Platte zu bestimmen, die nur eine Wellenlänge im sichtbaren Gebiet hindurchtreten läßt. Das kann man offenbar dadurch erreichen, daß man die Dicke d der Platte verkleinert. Wenn z. B. $d = 0{,}8\,\mu$ gewählt wird, so findet man für die Werte $k = 2, 3, 4$ die Wellenlängen:

$$\lambda_2 = 0{,}8\,\mu; \quad \lambda_3 = 0{,}533\,\mu; \quad \lambda_4 = 0{,}400\,\mu.$$

Hier haben wir also tatsächlich erreicht, daß nur die Wellenlänge $\lambda_3 = 0{,}533\,\mu$ im Sichtbaren durchgelassen wird; die Wellen λ_2 und λ_4 liegen bereits im Ultraroten bzw. Ultravioletten; in jedem Falle muß offenbar die Dicke d der Platte von der Größenordnung einer Wellenlänge sein, wenn man nur einen Streifen im Sichtbaren haben will. Wenn wir aber genauso verfahren würden, so würden die Interferenzstreifen cosinusförmig sein, d. h. es würde neben der Wellenlänge $\lambda_3 = 0{,}533\,\mu$ noch eine große Zahl benachbarter Frequenzen durchgelassen, d. h. die Halbwertsbreite der Wellenlänge

0,533 μ würde sehr erheblich sein. Das läßt sich aber nun wieder verbessern, indem man die Glasplatten, die unsere Luftplatte begrenzen, durchlässig versilbert, so daß der Reflexionskoeffizient groß wird ($\approx 0,9$), und sehr viele Strahlen zur Mitwirkung kommen. (Die numerische Rechnung würde etwas anders ausfallen, wie in dem obigen Beispiel, weil bei der Reflexion am Silber noch eine zusätzliche Phasendifferenz auftritt, auf die wir nicht eingehen, da es uns hier nur auf das Prinzip ankommt.) So gewinnt man ein brauchbares **Interferenzfilter,** das recht homogene Strahlung von einer Halbwertsbreite von etwa 15 mμ liefert; die Durchlässigkeit eines solchen einfachen Filters beträgt ungefähr 5—6%. Es gibt aber auch Interferenzfilter mit wesentlich höherer Durchlässigkeit.

Bisher war vorausgesetzt, daß die Strahlung senkrecht auf das Filter auffällt; dreht man das Filter, so daß der Einfallswinkel von Null verschieden wird, so wird die Gangdifferenz kleiner, nämlich gleich $2d\cos\alpha$; daher verschiebt sich die durchgelassene Wellenlänge nach dem violetten Ende hin und der Farbton verschiebt sich nach Blau.

Interferenzspektroskopie. Eine weitere Anwendung der Vielstrahlinterferenz wird in der Spektroskopie gemacht; sie beruht im letzten Grunde auf einer Beobachtung von H. Fizeau, die er schon im Jahre 1862 gemacht hat: Er entfernte beim Newtonschen Farbenglas (Abb. 256) die Konvexlinse allmählich von ihrer planen Unterlage, um systematisch die Keildicke zu vergrößern. Mit größerer Dicke rücken die Interferenzringe immer enger zusammen, ihre Zahl vergrößert sich also, indem vom Rande her immer neue Ringe nach dem Zentrum wandern. Markiert man auf der Linsenoberfläche einen bestimmten Punkt, so wandern die Ringe von außen nach innen an ihm vorbei, so daß sie leicht gezählt werden können. Fizeau machte den Versuch mit den gelben Natrium-Doppellinien und beobachtete folgendes bemerkenswerte Phänomen: Wenn die Keildicke von Null an allmählich wächst, so kann man ohne Schwierigkeit 400 bis 450 vorbeiwandernde Ringe zählen; dann werden die Interferenzen schlechter und immer schlechter erkennbar, um nach Passieren von etwa 500 Ringen vollkommen zu verschwinden. Vergrößert man die Keildicke noch weiter, so werden die Ringe allmählich wieder sichtbar, um nach Passieren von weiteren 500 Ringen wieder ganz deutlich zu sein. Bei weiterer Vergrößerung der Keildicke spielt sich derselbe Vorgang immer wieder ab: wenn 1500, 2500, 3500 .... Ringe vorbeigewandert sind, völliges Verschwinden der Interferenzen, bei 2000, 3000 .... wieder volle Deutlichkeit. Nachdem im Ganzen etwa 30000 Ringe vorbeigewandert sind, verschwinden sie endgültig, nachdem die Erscheinung allmählich immer undeutlicher geworden ist. Sehen wir zunächst von dem endgültigen Verschwinden der Interferenzstreifen ab, so erklärt sich das periodische Auftreten und Verschwinden derselben, wie Fizeau sofort erkannte, aus der Struktur der Na-Linie, die bekanntlich ein enges Dublett mit den Wellenlängen $\lambda_1 = 589,5932$ mμ (D_1) und $\lambda_2 = 588,9965$ mμ (D_2) ist; die Differenz $\lambda_1 - \lambda_2 = \Delta\lambda \cong 0,60$ mμ, die mittlere Wellenlänge $\lambda = 589,3$ mμ, d. h. der Abstand der beiden D-Linien beträgt rund $1/1000$ der mittleren Wellenlänge. Wir betrachten zur Vereinfachung die beiden Wellenlängen der Linien D_1 und D_2 als im strengen Sinne monochromatisch, d. h. als unendlich scharfe Spektrallinien; beide geben bei der gewöhnlichen Anordnung sinusförmige Interferenzstreifen, die bei der Keildicke und Gangdifferenz 0 exakt zusammenfallen. Da aber $\Delta\lambda$ hier rund $1/1000$ der mittleren Wellenlänge beträgt, ist die kürzere Wellenlänge D_2 der längeren D_1 um ½ Wellenlänge voraus, wenn gerade $\frac{1000}{2} = 500$ Streifen vorbeigewandert sind, d. h. die Gangdifferenz beträgt einerseits 500 Wellenlängen von D_1 und andererseits 500,5 Wellenlängen von D_2. Mit anderen Worten: es fällt nach 500 Interferenzstreifen ein Maximum von D_1 auf ein Minimum von D_2, die sich überlagern und wegen der Sinusförmigkeit der Lichtverteilung auslöschen. Dies ist in Abb. 267a dargestellt. Sind aber 1000 Streifen vorbeigewandert so entsteht die neue Gangdifferenz 1000 Wellenlängen D_1

17 Bergmann-Schaefer, III

= 1001 Wellenlängen D_2: nunmehr fallen die Maxima (wie die Minima) beider Wellen aufeinander. Die Interferenzstreifen sind wieder ausgeprägt. Dieses Spiel wiederholt sich alle 500 bzw. 1000 Interferenzstreifen und würde bis zu beliebig hohen Gangunterschieden so weitergehen, wenn die beiden D-Linien wirklich im strengen Sinne monochromatisch wären. Sie sind dies natürlich nicht, sondern haben eine endliche spektrale Breite ($\Delta\lambda_1$ und $\Delta\lambda_2$), die für jede einzelne von ihnen, wie in Nr. 29 dargelegt, bewirkt, daß nur eine begrenzte Zahl von Interferenzstreifen $\frac{\lambda_1}{\Delta\lambda_1}$ und $\frac{\lambda_2}{\Delta\lambda_2}$ auftreten kann. Daher wird bei jeder von Fizeau festgestellten periodischen Wiederholung nach je 1000 Streifen die Erscheinung immer undeutlicher und hört schließlich auf. — Ein anderes Beispiel, nämlich Newtonsche Ringe mit den Quecksilber-Linien $\lambda_1 = 577{,}0$ mμ und $\lambda_2 = 546{,}1$ mμ, zeigt Abb. 268; da hier $\Delta\lambda = \lambda_1 - \lambda_2 = 31$ mμ, die

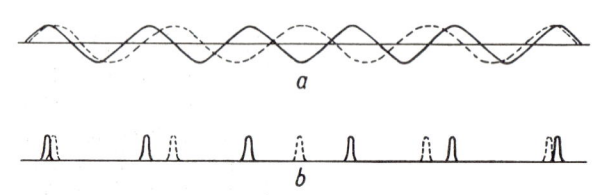

Abb. 267. Zur Erklärung der Interferenzspektroskopie
a) Zweistrahlinterferenz liefert breite Maxima und Minima
b) Vielstrahlinterferenz liefert scharfe helle Maxima auf dunklem Grund

mittlere Wellenlänge $\lambda = 569$ mμ ist, ist der Abstand $\Delta\lambda$ rund $1/18$ der mittleren Wellenlänge: nach 9, 27, ... vorbeigewanderten Streifen erfolgt Auslöschung, nach 18, 36, ... wieder Deutlichkeit der Interferenzstreifen; drei Auslöschungsstellen sind in der Abb. 268 deutlich zu erkennen. Wir wollen nun diesem Sachverhalt eine andere Wendung geben: Wenn man seiner Zeit nicht bereits gewußt hätte, daß die Na-Linien ein enges Dublett bilden, hätte man aus dem periodischen Verschwinden und Wiederauftreten der Interferenzstreifen schließen müssen, daß hier zwei Linien mitwirken, deren spektraler Abstand rund $1/1000$ der mittleren Wellenlänge betrug. **Man kann also aus der Beobachtung von Interferenzen Schlüsse auf die Struktur von Spektrallinien ziehen, — auch wenn es keine direkten spektroskopischen Mittel gibt, etwa mittels prismatischer Zerlegung dieselbe zu verifizieren: das ist der Grundgedanke der Interferenzspektroskopie.**

In dieser ursprünglichen Form ist der Schluß auf die Struktur der die Interferenz erzeugenden Spektrallinie natürlich indirekt, indem man die Zerlegung derselben nicht unmittelbar sieht. Das liegt daran, daß die benutzte „Zweistrahlinterferenz" breite Maxima und Minima liefert, wie es Abb. 267a zeigt. Verwendet man dagegen Vielstrahlinterferenzen, dann erhält man scharfe helle Maxima auf dunklem Untergrund (Abb. 267b), und man kann die vom Licht der beiden Wellenlängen λ_1 und λ_2 erzeugten Interferenzstreifensysteme im allgemeinen ohne Überlappung beobachten. Dann läßt sich die gegenseitige Streifenversetzung genau ausmessen und daraus die Wellenlängendifferenz $\lambda_1 - \lambda_2$ ermitteln. Natür-

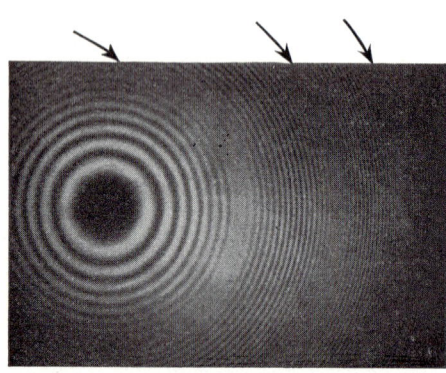

Abb. 268. Newtonsche Ringe aufgenommen mit dem Licht der beiden Quecksilberlinien 546,1 mμ und 577,0 mμ. An den mit Pfeilen bezeichneten Stellen erfolgt Auslöschung der Interferenzstreifen

31. Vielstrahlinterferenz; Interferenzspektroskopie

lich lassen sich hier auch Spektrallinien untersuchen, die nicht nur aus zwei, sondern aus vielen Einzellinien bestehen.

Ein Interferenzspektroskop, das auf diesem Prinzip beruht, ist das von A. Fabry und Ch. Perot (1897) angegebene. Von zwei schwach keilförmigen[1]) ebenen Glasplatten P_1 und P_2 wird eine planparallele Luftschicht begrenzt; auf der Innenseite sind beide durchlässig versilbert, so daß der Reflexionskoeffizient 0,90 bis 0,95 beträgt (Abb. 269). Ein von einem Punkte der ausgedehnten Lichtquellen kommender Strahl wird, nachdem er die Silberschicht der ersten Platte durchdrungen hat, sehr oft hin- und her-reflektiert; bei jeder Reflexion tritt ein Bruchteil der Energie nach hinten aus; die vielfach reflektierten Strahlen werden in der Brennebene einer Linse L vereinigt. Die eine der beiden Platten (P_1) ist fest montiert, die andere P_2 kann auf sehr feine

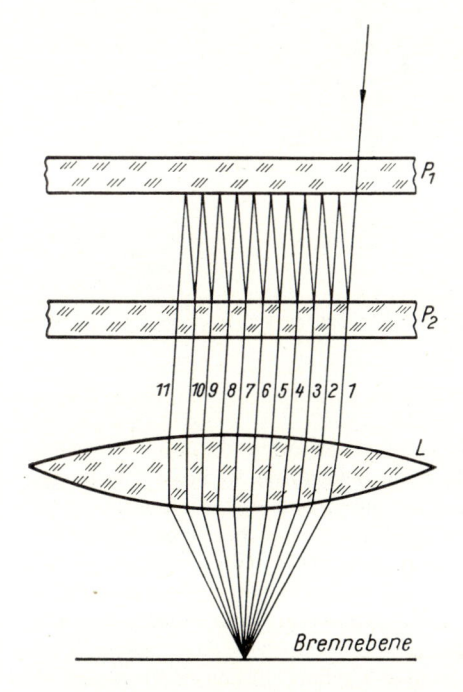

Abb. 270a. Feinstruktur der grünen Hg-Linie (546 mμ) aufgenommen mit dem Fabry-Perot-Interferometer

Abb. 269. Interferometer von Fabry und Perot

Weise der ersten vollkommen parallel gestellt, außerdem in Richtung der gemeinsamen Normalen von P_1 und P_2 verschoben werden, so daß der Abstand beider Platten von 0 bis auf 20 cm und damit die Gangdifferenz vergrößert werden kann[2]). Der Apparat wird nur in Durchsicht verwendet, liefert dann helle scharfe Maxima auf dunklem Grund. Die entstehenden Kurven gleicher Neigung sind auch hier Kreise um die Plattennormale. Abb. 270a zeigt eine Photographie, die mit der grünen Hg-Linie (546 mμ) aufgenommen wurde. Man erkennt deutlich, daß die benutzte Hg-Linie aus einer Hauptlinie und mindestens einem „Trabanten" oder „Satelliten" besteht; ihren Wellenlängenabstand kann man aus den Ringdurchmessern bestimmen.

Als Auflösungsvermögen eines Spektroskops bezeichnet man den Ausdruck $\frac{\lambda}{d\lambda}$, wo $d\lambda$ der spektrale Abstand zweier noch eben trennbarer Wellenlängen ist.

---

[1]) Zur Vermeidung störender Reflexionen an den beiden äußeren Seiten der Glasplatten, sowie Verhinderung der Ausbildung von Kurven gleicher Neigung in den Glasplatten selbst.
[2]) Man erkennt, daß die auf S. 256/57 beschriebenen Lichtfilter nichts anderes als Fabry-Perotsche Doppelplatten mit sehr kleinem Abstand sind.

(Vgl. Nr. 36). Für die Natriumlinien ist der Abstand $d\lambda$ ungefähr $1/1000$ der mittleren Wellenlänge; um sie zu trennen, muß der Spektralapparat also mindestens das Auflösungsvermögen 1000 besitzen. Das Auflösungsvermögen des Fabry-Perotschen Apparats hängt vom Abstand d der spiegelnden Flächen und vom Reflexionsvermögen R ab. Für $R = 95\%$ und $d = 1$ cm ist $\lambda/d\lambda \cong 2\,500\,000$. Es lassen sich also noch Linien trennen, deren Abstand 2500 mal kleiner ist als der der D-Linien. Durch Vergrößerung von d ließe sich das Auflösungsvermögen des Interferometers an sich beliebig steigern; dabei wird jedoch der analysierbare Wellenlängenbereich $\Delta\lambda$ (das Dispersionsgebiet, s. unten) immer kleiner.

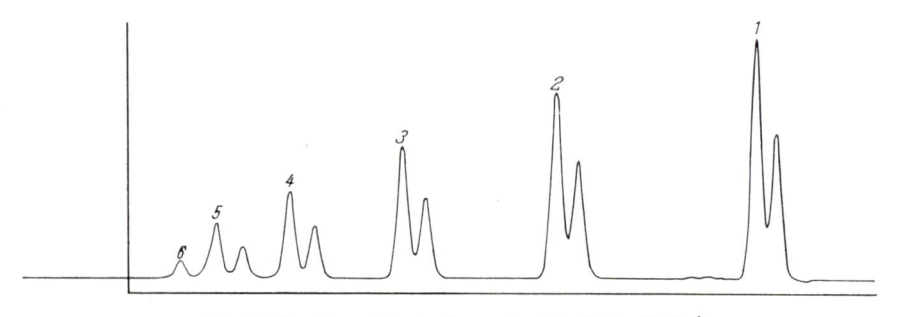

Abb. 270b. Hyperfeinstruktur der Re-Linie 5275 Å
Registriert im Ring-Zentrum durch Druckvariation in einem Duplex-Interferometer
(vgl. Abb. 271)

Aus den Radien der Ringe bzw. aus den ihnen entsprechenden Winkeln α ergeben sich nach Gl. (150) für $\Delta = k\lambda$ oder $\Delta = (k+1)\lambda$ bei bekanntem d die Wellenlängen der Spektrallinien. Da hier in Durchsicht beobachtet wird, fällt auf der rechten Seite von (150) der Summand $\lambda/2$ fort. Anstatt die Ringdurchmesser bei festem d auszumessen, kann man auch d verändern und den Intensitätswechsel etwa im Ringzentrum ($\alpha = 0$) als Funktion des Plattenabstands messen. Aufeinanderfolgende Intensitätsmaxima für die Gangunterschiede $k\lambda$ und $(k+1)\lambda$ entsprechen dann einer Abstandsdifferenz von $\lambda/2n$, wie leicht aus Gl. (150), die hier einfach $\Delta = 2dn$ lautet, folgt. Schließlich kann man den Intensitätswechsel auch erreichen, indem man n ändert, etwa durch Variation des Drucks der Luft zwischen den beiden Interferometerplatten. Abb. 270b zeigt den durch Druckvariation erzielten Intensitätsverlauf für die Rhenium-Linie 5275 Å. Diese Linie zeigt eine „Hyperfeinstruktur" aus 6 Komponenten von je 2 Linien, wobei je eine Linie der 5. und 6. Komponente gerade so zusammenfallen, daß statt 4 nur 3 Linien beobachtet werden. Die Dublettnatur der Komponenten ist eine Folge davon, daß natürliches Rhenium aus zwei Isotopen besteht, deren Massen sich wie 187:185 verhalten und die im Verhältnis 62,9%:37,1% gemischt sind, was auch den Intensitäten der Dublettkomponenten entspricht.

Der große Gangunterschied der Strahlen im Fabry-Perot-Interferometer hat zur Folge, daß man nur Spektralgebiete analysieren kann, denen eine große Kohärenzlänge zukommt. Anders ausgedrückt: das „Dispersionsgebiet" $\Delta\lambda = \lambda/k$ ist sehr klein. Wie aus Abb. 267 hervorgeht, kommen ja auf k Streifen einer Wellenlänge λ_1 $k+1$ Streifen einer Wellenlänge λ_2, wenn $\Delta\lambda = \lambda_1 - \lambda_2 = \lambda/k$. Wellenlängen mit größerer Differenz als λ/k sind dann nicht mehr eindeutig zuzuordnen. Dieses Interferometer ist also nur dann zur Interferenzspektroskopie zu benutzen, wenn die Strahlung sehr homogen ist oder eine Vorzerlegung erfahren hat. Diese Vorzerlegung kann nach einem Vorschlag von E. Gehrcke und E. Lau (Lit) durch Kombination zweier Fabry-Perot-Interferometer erfolgen, wovon eines (mit kleinem Plattenabstand) ein großes Dispersionsgebiet besitzt aber zu kleine Auflösung hat, während das zweite (mit großem Plattenabstand) die vom ersten Interferometer vorzerlegte Strahlung nun besser auflöst („Duplex"-Interferometer). Abb. 271 veranschaulicht diese Wirkung an der grünen Quecksilberlinie. Das obere Interferometer allein liefert großen Linienabstand, aber wenig ausgeprägte Feinstrukturlinien; das mittlere Interferometer allein liefert besser aufgelöste Satelliten, aber nicht deren volle Zahl, wegen zu kleinem Dispersionsgebiet. Die Kombination ergibt die volle Zahl gut aufgelöster Linien, wobei die Verdoppelung in der Hauptlinie wie in Abb. 270b auf dem Vorliegen eines Isotopengemischs (^{200}Hg, ^{202}Hg) beruht. Man beachte übrigens die Überlegenheit dieser Interferometeraufnahme gegenüber der Aufnahme der gleichen Linie in Abb. 270a.

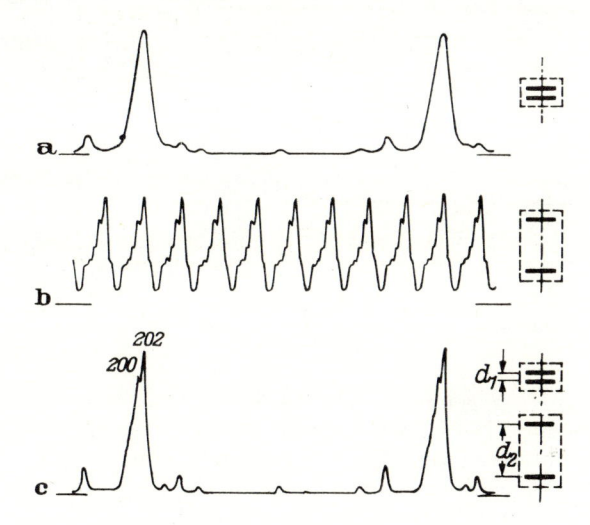

Abb. 271. Wirkung eines Duplex-Interferometers nach Krause und Krebs (Lit).
Die Dicken d_1 und d_2 müssen in ganzzahligem Verhältnis zueinander stehen

Während das Interferometer von Fabry und Perot dadurch viele Strahlen zur Interferenz bringt, daß die Platten durch Versilberung einen großen Reflexionskoeffizienten bekommen, hat O. Lummer (1901) große Reflexionskoeffizienten dadurch erhalten, daß er sehr schräge Inzidenz (bis zu 88°) nimmt: bei einem solchen Einfallswinkel werden für Glas mit $n = 1,5$ ungefähr 95% der auffallenden Strahlung reflektiert. Lummer benutzt also eine unversilberte planparallele Platte (oder vielmehr einen aus einer solchen Platte herausgeschnittenen Streifen von etwa 2 cm Höhe, bis zu 3 cm Dicke und 20 bis 30 cm Länge), wie wir sie schon in Abb. 249 benutzt haben. Wenn man sehr schräge Inzidenz anwendet, wirken sehr viele Strahlen mit, so daß man die Intensitätsverteilung von Gl. (156) bekommt, die der Abb. 264 für $\varrho = 0,9$ entspricht. Den Strahlenverlauf im Interferenzspektroskop von Lummer zeigt Abb. 272a: sowohl die vielfach reflektierten wie auch die durchgelassenen Strahlen werden in einem auf Unendlich eingestellten Fernrohr betrachtet, wobei jeweils der untere oder der obere Teil der Linse abgeblendet werden muß. Wie schon früher auseinandergesetzt, ist die Erscheinung im reflektierten Licht komplementär zu der im durchgelassenen. Die Komplementarität beruht auf der Sonderstellung des ersten Strahles, der der einzige ist, der am dichteren Medium reflektiert wird. Wegen des großen Wertes von ϱ hat dieser Strahl eine große Intensität, während umgekehrt die in die Platte eindringende und austretende Energie klein ist. Es ist deshalb zweckmäßig, den ersten reflektierten Strahl zu beseitigen, was man nach E. Gehrcke (1902) durch Aufkitten eines gleichschenkeligen rechtwinkeligen Prismas erreichen kann. Abb. 272b zeigt das Lummer-Gehrckesche Interferenzspektroskop: da die primäre Strahlung nahezu senkrecht auf die Hypotenusenfläche auffällt, ist der Reflexionsverlust sehr klein (4%), so daß 96% der Energie eindringen können. Natürlich sind die Erscheinungen im reflektierten und durchgelassenen Licht jetzt nicht mehr komplementär, sondern identisch.

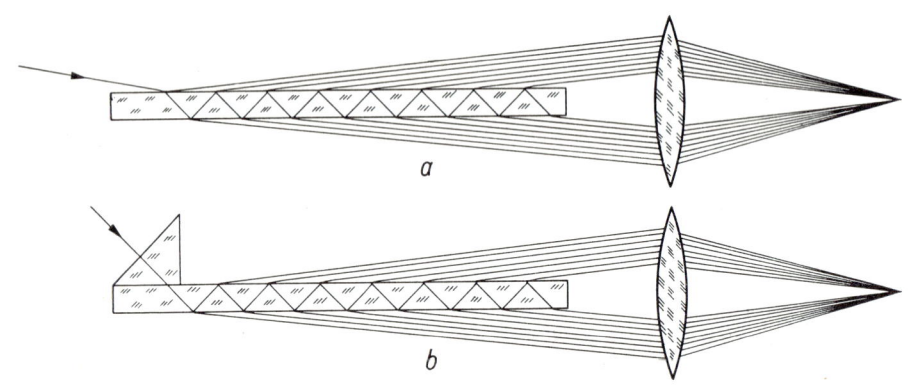

Abb. 272. Interferometer nach Lummer (a) und nach Lummer u. Gehrcke (b)

Wenn die Platte lang genug ist (20 bis 30 cm), hat man zahlreiche Reflexionen, d. h. Vielfachinterferenz. Die Lummerplatte ist sehr bequem, braucht keinerlei Justierung, und das Auflösungsvermögen ist gleichfalls sehr groß. Von Nachteil ist ihre geringe Lichtstärke (kleine Eintrittsfläche) und die Unmöglichkeit, Auflösungsvermögen und Dispersionsgebiet zu variieren (festgelegte Dicke).

32. Interferenzen an zwei dicken Planparallelplatten: Brewstersche Streifen

Aus dem früheren ist klar, daß man mit weißem Licht an dicken Platten i. a. keine Interferenzen bekommt, weil die Kohärenzlänge desselben viel zu klein, d. h. die spektrale Breite viel zu groß ist. D. Brewster (1813) hat aber gezeigt, das dies dennoch gelingt, wenn man zwei gleichdicke (aus derselben Platte geschnittene) Planparallelplatten verwendet, da dann unter Umständen nicht die Summe der in den einzelnen Platten auftretenden Gangunterschiede, sondern ihre Differenz zur Geltung kommt, die bis zum Werte Null heruntergehen kann.

Wenn von einem Lichtpunkt einer ausgedehnten Lichtquelle ein Strahl auf die beiden, gegeneinander um den Winkel φ geneigten Platten P_1 und P_2 fällt, so wird er nach dem Durchtritt durch P_1 an Vorder- und Rückseite von P_2 gespiegelt, d. h. in zwei kohärente Strahlen zerlegt, von denen jeder das gleiche Schicksal durch Reflexion an P_1 erleidet. Es entstehen im ganzen also 4 Strahlen, die wegen ihrer Bildung aus einem

32. Interferenzen an zwei dicken Planparallelplatten

einzelnen unzweifelhaft kohärent sind, also Interferenzen geben müssen (Abb. 273); im linken Teil der Figur sind die entstehenden Strahlen der Deutlichkeit halber auseinandergelegt. In der Abbildung ist angenommen, daß beide Platten senkrecht zur Zeichenebene stehen. Die Strahlen 1 bis 4 verlaufen in der Zeichenebene. Alle Kombinationen von je zwei Strahlen müssen Interferenzen geben, von denen uns aber nur diejenige inter-

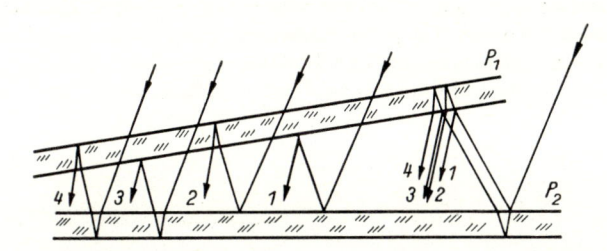

Abb. 273. Entstehung von Interferenzen an zwei gleichdicken planparallelen Platten

essiert, die wegen des kleinen Gangunterschiedes zwischen ihnen auch mit weißem Licht Interferenzen (natürlich niedriger Ordnung) gibt. Beim zweimaligen Hindurchtritt durch P_1 oder P_2 erleidet nun jeder der Strahlen 2 bis 4 relativ zum Strahl 1 nach Gleichung (150) eine Gangdifferenz von $2d\sqrt{n^2 - \sin^2\alpha_1}$ (an P_1) bzw. $2d\sqrt{n^2 - \sin^2\alpha_2}$ (an P_2); dazu tritt gegebenen Falles — wovon wir aber hier absehen wollen — für jede Reflexion am dichteren Medium noch $\frac{\lambda}{2}$ hinzu.

Kleine Gangdifferenzen können nur bei der Kombination der Strahlen 2 und 3 auftreten, wenn die Einfallswinkel α_1 an P_1 und α_2 an P_2 sehr wenig voneinander verschieden sind; für völlige Parallelität der beiden Platten ist die Gangdifferenz sogar gleich Null, denn ihr Gangunterschied beträgt[1])

$$2d\sqrt{n^2 - \sin^2\alpha_1} - 2d\sqrt{n^2 - \sin^2\alpha_2},$$

Diese beiden Strahlen 2 und 3 fallen direkt zusammen, wenn die Einfallswinkel gleich sind und liegen sehr nahe zusammen, wenn diese nur wenig differieren, was immer der Fall sein muß, wenn man mit weißem Licht Interferenzen erhalten will. Für experimentelle Zwecke ist es aber wünschenswert, daß diese beiden Strahlen zwischen den Platten möglichst weit getrennt verlaufen, damit man in jeden von ihnen Untersuchungsobjekte einführen kann, ohne daß diese den Strahlengang stören. Das kann man mit der folgenden Anordnung erreichen, die von J. C. Jamin (1856) angegeben wurde (Abb. 274). Jamin benutzt ebenfalls zwei gleichdicke Platten P_1 und P_2, die in der Abbildung parallel stehen. Auf P_1 fällt ein Lichtstrahl unter etwa 45° auf, teilt sich in bekannter Weise durch Reflexion an Vorder- und Rückseite in zwei Strahlen, die sich bei der weiteren Spiegelung an P_2 in 4 spalten. Von diesen wählen wir die zwei Strahlen aus, die eine verschwindende Gangdifferenz gegeneinander besitzen: mit 2 bezeichnen wir den Strahl, der an der Vorderseite von P_1 und an der Rückseite von P_2, mit 3 bezeichnen wir denjenigen, der an der Rückseite von P_1 und an der Vorderseite von P_2 zurückgeworfen wird; beide Strahlen fallen schließlich zusammen, wenn P_1 und P_2 streng parallel sind, denn dann ist die Gangdifferenz $2d\sqrt{n^2 - \sin^2\alpha_1} - 2d\sqrt{n^2 - \sin^2\alpha_2} = 0$, da $\alpha_1 = \alpha_2$ ist. Eine von 2 und 3 beleuchtete Fläche ist dann hell, und das gilt für jeden Einfallswinkel. Wenn man P_2 um eine vertikale (senkrecht zur Papierebene stehende) Achse gegen P_1 um einen kleinen Winkel dreht, so wächst die Gangdifferenz rasch an, und

---

[1]) Dies gilt für die Abb. 273; man kann auch abweichende Anordnungen treffen, für die bei jedem Neigungswinkel φ der Platten $\alpha_1 = \alpha_2$ wird.

es genügen kleine Winkel (1⁰ bis 2⁰), um Gangdifferenzen von einigen Tausend Wellenlängen zu erhalten; man erhält dann zwar Interferenzstreifen im monochromatischen, aber nicht im weißen Licht; dazu darf die Drehung nur wenige Winkelminuten betragen. Haben die Platten eine Dicke von 1 cm — im allgemeinen nimmt man Platten von 3 bis 5 cm Dicke — und den Brechungsquotienten 1,5, so bekommt man bei einer Drehung um 1' bereits eine Gangdifferenz von 4 Wellenlängen; damit kann man eben noch Interferenzen im weißen Licht beobachten. Die Streifen sind in diesem Falle vertikal, ebenso wie die Schnittkante der Platten. Günstiger ist es, die Platte P_2 um die in der Papierebene liegende horizontale Achse zu kippen, so daß die Schnittkante

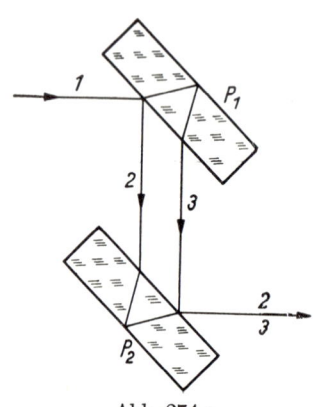

Abb. 274 a.
Jaminsches Interferometer

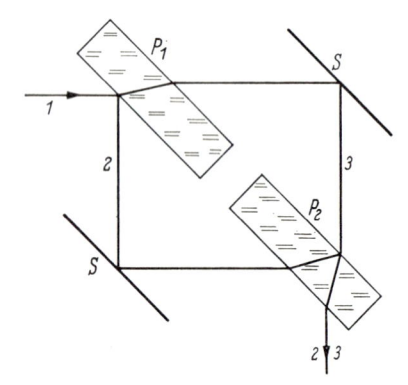

Abb. 274 b.
Mach-Zehnder-Interferometer

nunmehr auch horizontal liegt. Dann bekommt man selbst bei größerer Drehung gut sichtbare horizontale Streifen auch im weißen Licht. Um möglichst große Intensität zu erhalten, versilbert man die Rückseite der Platten. Zwischen beiden Platten verlaufen die Strahlen 2 und 3 ziemlich weitgehend getrennt, am weitesten, wenn der Einfallswinkel an P_1 49⁰ beträgt. In den Strahlengang kann man sowohl bei Strahl 2 wie 3 zwei identische Glasgefäße einführen, die z. B. mit Luft gefüllt werden können; wenn man dann aus dem einen Behälter die Luft allmählich evakuiert, wandern die Interferenzstreifen stetig am Fadenkreuz des Fernrohrs vorbei. Beim Passieren eines Streifens hat sich die Gangdifferenz um eine halbe Wellenlänge geändert, weil die Dichte und damit der Brechungsquotient des sich verdünnenden Gases abgenommen hat. Auf diese Weise kann man sehr kleine Änderungen von n mit sehr großer Genauigkeit bestimmen. — Der Apparat wird als **Jaminscher Interferentialrefraktor** bezeichnet; andere Ausführungsformen mit noch weiterer Trennung der Strahlen haben E. Mach und L. Zehnder (1891) angegeben. Das Prinzip einer solchen Anordnung zeigt Abb. 274b, die ohne nähere Erläuterung verständlich sein dürfte.

33. Stehende Lichtwellen; Farbenphotographie nach Lippmann

Eine der einfachsten Interferenzerscheinungen ist im Grunde die durch zwei gegeneinander laufende ebene Wellen erzeugte. Dann bilden sich bekanntlich **stehende Wellen** aus. Mit den großen Hertzschen Wellen bereitet die Anstellung dieses Versuches keinerlei Schwierigkeit, aber bei Lichtwellen hat deren Kleinheit die Ausführung der Versuche bis 1890 verzögert. Denn es kommt ja darauf an, die Knoten und Bäuche der stehenden Wellen nachzuweisen. Wir rekapitulieren zunächst die theoretischen Grundlagen, die bereits in Bd. II, erörtert wurden; wir weichen hier nur insofern ab, als wir die bequeme komplexe Schreibweise statt der reellen mit trigonometrischen Funktionen anwenden.

Es falle eine ebene elektrische Welle $\mathfrak{E}_{1y}$, von der negativen Seite der x-Achse kommend, auf eine im Punkte $x=0$ senkrecht zur x-Achse aufgestellte, vollkommen reflektierende Wand; von dieser läuft dann eine reflektierte Welle $\mathfrak{E}_{2y}$ in umgekehrter Richtung zurück. Beide elektrische Wellen sind von je einer magnetischen Welle $\mathfrak{H}_{1z}$ und $\mathfrak{H}_{2z}$ begleitet. Im ganzen haben wir, wenn $\mathfrak{E}_{1y} + \mathfrak{E}_{2y} = \mathfrak{E}_y$ und $\mathfrak{H}_{1z} + \mathfrak{H}_{2z} = \mathfrak{H}_z$ gesetzt wird, folgenden Schwingungszustand vor uns:

$$(159) \quad \begin{cases} \mathfrak{E}_y = A e^{2\pi\nu i\left(t - \frac{x}{c}\right)} - A e^{2\pi\nu i\left(t + \frac{x}{c}\right)}, \\ \mathfrak{H}_z = A e^{2\pi\nu i\left(t - \frac{x}{c}\right)} + A e^{2\pi\nu i\left(t + \frac{x}{c}\right)}. \end{cases}$$

Wir schreiben hier die magnetische Welle mit hinzu, weil es bei stehenden Wellen nicht dasselbe ist, ob man $\overline{\mathfrak{E}^2}$ oder $\overline{\mathfrak{H}^2}$ bestimmt, was bei fortschreitenden Wellen immer der Fall ist. Die Gl. (159) kann man vereinfachend schreiben:

$$(160) \quad \begin{cases} \mathfrak{E}_y = -A e^{2\pi\nu i t}\left(e^{\frac{2\pi\nu i x}{c}} - e^{-\frac{2\pi\nu i x}{c}}\right) = -2iA \sin\frac{2\pi\nu x}{c} e^{2\pi\nu i t}, \\ \mathfrak{H}_z = A e^{2\pi\nu i t}\left(e^{\frac{2\pi\nu i x}{c}} + e^{-\frac{2\pi\nu i x}{c}}\right) = 2A \cos\frac{2\pi\nu x}{c} e^{2\pi\nu i t}. \end{cases}$$

Setzt man noch $\frac{\nu}{c} = \frac{1}{\lambda}$ und multipliziert mit dem konjungiert komplexen Wert, so folgt für die zeitlichen Mittelwerte:

$$(161) \quad \overline{\mathfrak{E}_y^2} = 4 A^2 \sin^2\frac{2\pi x}{\lambda}, \quad \overline{\mathfrak{H}_z^2} = 4 A^2 \cos^2\frac{2\pi x}{\lambda}.$$

An Gl. (161) erkennt man die Richtigkeit unserer Behauptung, daß $\overline{\mathfrak{E}_y^2} \neq \overline{\mathfrak{H}_z^2}$ ausfällt. Besonders zeigt sich das, wenn wir die Lage der Knoten (und Bäuche) für $\overline{\mathfrak{E}_y^2}$ und $\overline{\mathfrak{H}_z^2}$ feststellen. Die Knoten von $\overline{\mathfrak{E}_y^2}$ liegen an den Stellen, an denen $\sin\frac{2\pi x}{\lambda}$ verschwindet, d. h. für

$$\frac{2\pi x}{\lambda} = k\pi \quad \text{oder} \quad x = \frac{k\lambda}{2} \ (k = 0, \pm 1, \pm 2 \ldots).$$

Der erste Knoten der elektrischen Feldstärke liegt also in der reflektierenden Wand selbst, die folgenden jeder um eine halbe Wellenlänge davon entfernt. Gerade dazwischen, um $\frac{\lambda}{4}, \frac{3\lambda}{4}, \frac{5\lambda}{4}\ldots$ vor der Wand, liegen die Bäuche. Umgekehrt liegen die Knoten der magnetischen Feldstärke an den Stellen $\frac{\lambda}{4}, \frac{3\lambda}{4}, \frac{5\lambda}{4}\ldots$ vor der Wand, die Bäuche an den Plätzen $0, \frac{\lambda}{2}, \frac{2\lambda}{2}\ldots$: **Die Knoten der elektrischen Feldstärke fallen zusammen mit den Bäuchen der magnetischen und umgekehrt.** Abb. 275 stellt diese Verhältnisse dar.

Bei Hertzschen Wellen können wir beide Fälle untersuchen, da es Meßinstrumente gibt, die $\overline{\mathfrak{E}^2}$, wie auch solche, die $\overline{\mathfrak{H}^2}$ anzeigen. Je nachdem findet man die Knoten entweder entsprechend dem oberen Teil der Abb. 275 oder dem unteren Teil. Was aber haben wir zu erwarten, wenn wir den Versuch mit optischen Wellen anstellen? Sprechen die photographische Platte, das Auge, die Fluoreszenzwirkung usw. auf $\mathfrak{E}$ oder auf $\mathfrak{H}$ an? Mit anderen Worten: ist $\mathfrak{E}$ oder $\mathfrak{H}$ (oder sind beide) der eigentliche Lichtvektor? Darauf kann nur der Versuch Antwort geben, wenn er uns gestattet, die Knotenlagen festzustellen. Das gelang O. Wiener (1890), und darin liegt die grundsätzliche Bedeutung seiner Versuche. Wiener überwand die in der Kleinheit der optischen Wellen liegende Schwierigkeit dadurch, daß er in das System der stehenden Lichtwellen, die sich vor einem Silberspiegel bildeten, ein dünnes (etwa ein dreißigstel λ dickes) lichtempfindliches Chlorsilber-Kollodiumhäutchen K (Abb. 276) brachte und sehr schräg ausspannte. Wie man aus der Abbildung sieht, wird dieses Häutchen von den Ebenen der elektrischen Bäuche in Abständen geschnitten, die um so größer sind, je flacher das Häutchen zur Spiegelebene verläuft. Nach der photographischen Entwicklung zeigt es eine gleichabständige Folge heller und dunkler (ungeschwärzter und geschwärzter) Streifen, und zwar ist das Häutchen an der Stelle, wo es den Spiegel berührt, d. h. dort, wo der Knoten der elektrischen Kraft liegt, ungeschwärzt, dagegen

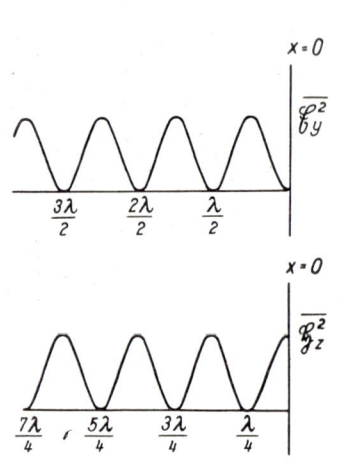

Abb. 275. Verlauf der elektrischen Feldstärke $\overline{\mathfrak{E}_y^2}$ und der magnetischen Kraft $\overline{\mathfrak{H}_z^2}$ in einer stehenden Lichtwelle

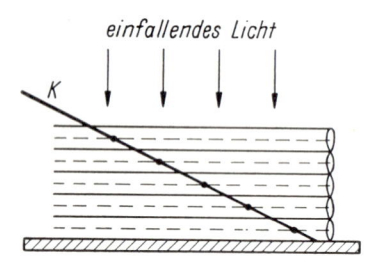

Abb. 276. Versuchsanordnung von Wiener zum Nachweis stehender Lichtwellen

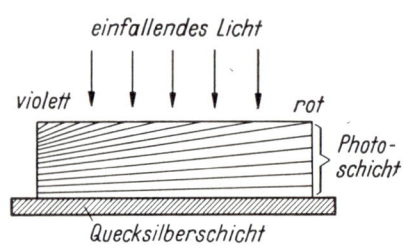

Abb. 277. Anordnung von Lippmann zur Photographie in natürlichen Farben

geschwärzt im Abstand $\frac{\lambda}{4}$ vor der Silberschicht, d. h. im ersten Schwingungsbauch der elektrischen Kraft; die übrigen Schwärzungsstellen — in der Abb. 276 durch Punkte hervorgehoben — liegen in Abständen von $\frac{\lambda}{2}$ davon entfernt. Daraus folgt, daß das **Korn der photographischen Platte ausschließlich auf den elektrischen Vektor anspricht.** Ferner haben P. Drude und W. Nernst (1892) bei Wiederholung der Wienerschen Versuche das lichtempfindliche Häutchen durch eine fluoreszierende Schicht ersetzt, die nur an den Stellen aufleuchtet, wo der elektrische Vektor Bäuche hat. Es ist kein Versuch bekannt, bei dem der magnetische Vektor des Lichts eine Rolle spielt. So darf man also sagen, **daß der Lichtvektor der elektrische Vektor ist.**

Eine sehr interessante Anwendung der stehenden Lichtwellen zur **Photographie in natürlichen Farben** hat G. Lippmann (1891) gemacht. Legt man ein auf einer Glasplatte aufgebrachtes durchsichtiges Häutchen (das aber viele Wellenlängen dick sein muß) einer lichtempfindlichen Substanz, z. B. Albumin, in dem Jod- und Bromsilber äußerst fein verteilt sind, auf eine Quecksilberoberfläche und entwirft auf der Schicht etwa ein Spektrum, so bilden sich durch die stehenden Lichtwellen bei der photographischen Entwicklung der Schicht in dieser geschwärzte Flächen aus, die für das **rote** Ende des Spektrums weiter auseinanderliegen als für das violette Ende (Abb. 277).

Die einzelnen geschwärzten Schichten bestehen aus Ablagerungen von reflektierenden Silberteilchen. Betrachtet man eine so behandelte Lippmann-Platte im weißen Licht, so reflektiert jede Stelle gerade die Wellenlänge, die doppelt so groß ist wie der Abstand der geschwärzten Schichten an dieser Stelle (weil gerade dann aus den reflektierten Teilwellen wieder eine stehende Welle entsteht), d. h. auf der rotbestrahlten Seite nur Rot, auf der violettbestrahlten Seite Violett, dazwischen die Farben Orange, Gelb, Grün, Blau. Das Spektrum erscheint also in natürlichen Farben photographiert. In der Tat hat Lippmann mit dieser Methode, die übrigens schon von W. Zenker (1896) vorausgesagt war, sehr schöne Spektralaufnahmen sowie Aufnahmen farbiger Gegenstände hergestellt[1]). Abb. 278 gibt eine starke Vergrößerung eines Schnittes durch eine Lippmann-Schicht wieder. Damit man bei der Betrachtung von Lippmann-Schichten die richtigen Farben sieht, muß das Licht bei der Betrachtung unter dem gleichen Winkel auf die Platte fallen wie bei der Aufnahme. Betrachtet man die Platte unter einem merklich flacheren Lichteinfall, so erscheinen alle Farben nach der Seite längerer Wellenlängen hin verschoben. Haucht man eine Lippmann-Photographie an, so daß die Gelatineschicht quillt und die geschwärzten Schichten auseinanderrücken, so verändert das Bild seine Farben. Obwohl das Lippmannsche Verfahren heute keine Bedeutung mehr hat, ist es doch ein schöner experimenteller Beweis für die Existenz stehender Lichtwellen.

Abb. 278. Stark vergrößerter Schnitt durch eine Lippmann-Schicht

34. Lichtschwebungen

Es bleibt uns noch der Fall von Interferenz zu besprechen, bei dem die Frequenzen der beiden sich überlagernden Wellen voneinander verschieden sind. In der Akustik entsteht dann das bekannte Phänomen der Schwebungen (vgl. z. B. Bd. I). Gibt es das analoge Phänomen auch bei den Lichtwellen? Grundsätzlich gewiß, aber die hohen Schwingungszahlen und die Inkohärenz verändern die Lage in der Optik. Seien die beiden Frequenzen etwa v_1 und v_2, so haben wir für die beiden Wellen (mit gleicher Amplitude) anzusetzen:

$$\mathfrak{E}_{1y} = A e^{2\pi v_1 i \left(t - \frac{x}{c}\right)}; \quad \mathfrak{E}_{2y} = A e^{2\pi v_2 i \left(t - \frac{x}{c}\right)},$$

die superponiert ergeben, wenn man noch $v_2 - v_1 = \Delta v$, $v_2 = v_1 + \Delta v$ setzt:

(162) $$\mathfrak{E}_y = \mathfrak{E}_{1y} + \mathfrak{E}_{2y} = A e^{2\pi v_1 i \left(t - \frac{x}{c}\right)} \left\{ 1 + e^{i 2\pi \Delta v \left(t - \frac{x}{c}\right)} \right\}.$$

Für die Intensität $|\mathfrak{E}_y|^2$ folgt aus $(1 + e^{i\varphi})(1 + e^{-i\varphi}) = 2(1 + \cos\varphi) = 4\cos^2\frac{\varphi}{2}$:

(163) $$|\mathfrak{E}_y|^2 = 4 A^2 \cos^2 \pi \Delta v \left(t - \frac{x}{c}\right).$$

---

[1]) Bereits vor Lippmann hatte E. Bequerel (1850) solche farbigen Photographien hergestellt, ohne dabei zu erkennen, welche Rolle die stehenden Lichtwellen dabei spielen; dies gab Zenker den Anlaß zur Aufstellung seiner Theorie.

Die Intensität erweist sich also in der Tat als periodisch, was im Prinzip ja die Erscheinung der Schwebungen ist. Es fragt sich nur, ob man sie beobachten kann. Dazu darf die Frequenzdifferenz $\Delta \nu = \nu_2 - \nu_1$ nicht groß sein, für das Auge kaum größer als 10 s^{-1}, da bei größerer Schwebungsfrequenz das Auge die aufeinanderfolgenden wechselnden Intensitäten wieder verschmilzt, d. h. von (163) das zeitliche Mittel bildet: $\overline{\mathfrak{E}_y^2} = 2A^2$. In diesem Falle beobachtet das Auge also einfach die Summe $A^2 + A^2$ der Einzelintensitäten: es liegt keine beobachtbare Interferenz vor. Das gleiche gilt auch für andere Meßinstrumente, z. B. Thermosäule + Galvanometer, die alle oberhalb einer bestimmten Maximalfrequenz $\Delta \nu$ wieder nur Mittelwerte anzeigen. Bedenkt man die ungeheure Größe von ν_1 und ν_2 im sichtbaren Gebiet (mittlerer Wert etwa $6 \cdot 10^{14} \text{ s}^{-1}$), so wäre mit $\Delta \nu = 10$ doch $\frac{\Delta \nu}{\nu} \approx 10^{-14}$, und man sieht, daß es jedenfalls nicht möglich ist, zwei so nahe benachbarte kohärente Wellen aus einem Spektrum herauszuschneiden; denn selbst für die schmalsten Spektrallinien ist $\frac{\Delta \nu}{\nu}$ noch etwa 10^{-8}! Dennoch gibt es Anordnungen, bei denen man von optischen Schwebungen sprechen kann; ja, wir haben eine solche bereits kennengelernt.

In Nr. 31 haben wir unter „Interferenzspektroskopie" die Fizeausche Beobachtung erwähnt, der beim Newtonschen Farbenglas (bei monochromatischem Licht) den Abstand der Linse von ihrer Unterlage (d. h. die Keildicke) vergrößerte. Dabei wandern an einem festen Beobachtungspunkt A die hellen und dunklen Interferenzstreifen vorbei: das Auge beobachtet also einen periodischen Wechsel von Hell und Dunkel — und das ist eine Lichtschwebung. Schwebung setzt aber eine Frequenzdifferenz $\Delta \nu$ voraus, und wir müssen erklären, wieso eine solche hier auftritt. Zunächst wollen wir die beiden Wellen ansetzen, die an der oberen und unteren Begrenzung des Keiles reflektiert werden (Abb. 279). Ist der Schwingungszustand der vom Lichtpunkt L ausgehenden und an der Oberseite reflektierten Welle im Punkte A durch $e^{2\pi\nu_1 i t}$ gegeben, so ist der Schwingungszustand der an der Unterseite zurückgeworfenen im gleichen Punkte $e^{2\pi\nu_1 i \left(t - \frac{2d}{c} + \frac{\lambda_1}{2c}\right)}$, wenn d die Dicke des Keiles an der Stelle A ist; das Glied $\frac{\lambda_1}{2c}$ kommt daher, daß die zweite Welle am dichteren Medium reflektiert ist; die Amplituden sind (der Einfachheit halber) gleich 1 angenommen. Die Überlagerung ergibt unter Berücksichtigung von $\nu_1 \lambda_1 = c$ und $e^{i\pi} = -1$:

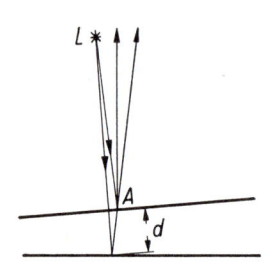

Abb. 279. Zur Erklärung von Lichtschwebungen

$$e^{i 2\pi\nu_1 t} + e^{i 2\pi\nu_1 \left(t - \frac{2d}{c} + \frac{\lambda_1}{2c}\right)}$$

$$= e^{i 2\pi\nu_1 t} + e^{i 2\pi \left(\nu_1 t - \frac{2d}{\lambda_1} + \frac{1}{2}\right)} = e^{i 2\pi\nu_1 t} + e^{i 2\pi\nu_1 t} e^{-\frac{4\pi d i}{\lambda_1}} e^{i\pi}$$

(164)
$$= e^{i 2\pi\nu_1 t} - e^{i \left(2\pi\nu_1 t - \frac{4\pi d}{\lambda_1}\right)}.$$

Wenn wir nun die untere Begrenzung des Luftkeiles mit der konstanten Geschwindigkeit v nach unten bewegen, so wird der Abstand d eine Funktion der Zeit: $d = d_0 + vt$ wenn die Bewegung zur Zeit 0 anfängt und der Keil dann gerade die Dicke d_0 hat Führen wir dies in (164) ein, so erhalten wir:

$$e^{i 2\pi\nu_1 t} - e^{i \left[2\pi\nu_1 t - \frac{4\pi d_0}{\lambda_1} - \frac{4\pi v t}{\lambda_1}\right]} = e^{i 2\pi\nu_1 t} - e^{i \left[\left(2\pi\nu_1 - \frac{4\pi v}{\lambda_1}\right) t - \frac{4\pi d_0}{\lambda_1}\right]},$$

und wenn wir nun zur Abkürzung

(165) $$v_1 - \frac{2v}{\lambda_1} = v_1\left(1 - \frac{2v}{c}\right) = v_2$$

setzen, folgt schließlich:

(166) $$e^{i\,2\pi v_1 t} - e^{i\left(2\pi v_2 t - \frac{4\pi d_0}{\lambda_1}\right)}.$$

Die zweite Welle mit der Frequenz v_1 und der zeitlich variablen Phase $\frac{4\pi}{\lambda_1}(d_0 + vt)$ ist also formal identisch mit einer Welle der veränderten Frequenz $v_2 = v_1\left(1 - \frac{2v}{c}\right)$ und der konstanten Phase $\frac{4\pi d_0}{\lambda_1}$. Wir können also wirklich den Vorgang als Schwebung deuten. Das gilt überhaupt für alle Interferenzanordnungen, bei denen infolge Bewegung eines Apparatteiles eine Verschiebung der Interferenzstreifen stattfindet.

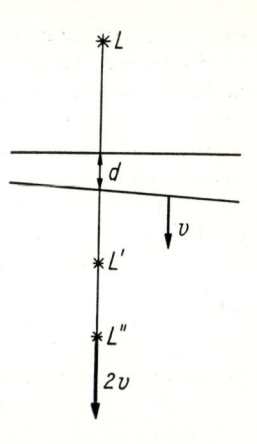

Abb. 280. Zur Erklärung von Lichtschwebungen

Wir können aber auch in jedem Falle einen physikalischen Grund für die Umdeutung angeben. In Abb. 280 ist der Keil noch einmal dargestellt. Wir konstruieren nun zur reellen Lichtquelle L die beiden virtuellen Lichtquellen L' und L'', die um so viel hinter der oberen und unteren Begrenzung des Keiles liegen wie L über ihnen. Die beiden virtuellen Lichtquellen ersetzen bezüglich der Wellenausbreitung die reelle Lichtquelle und die beiden spiegelnden Flächen. Da L' von der festen oberen Begrenzung aus konstruiert ist, ist L' ebenfalls im Raume fest. L'' ist aber von der mit der Geschwindigkeit v nach unten bewegten unteren Begrenzung aus gewonnen, bewegt sich also mit der doppelten Geschwindigkeit $2v$ nach unten, wie die Abbildung andeutet. Wir können also sagen, daß die beiden Wellen von einer festen (L') und einer mit der Geschwindigkeit $2v$ bewegten Lichtquelle (L'') ausgehen. Nach dem Dopplerschen Prinzip aber ist für einen Beobachter, von dem die Quelle L'' sich entfernt, die Frequenz v_1 umgeändert in v_2 nach der Formel (vgl. Bd. I).

$$v_2 = v_1\left(1 - \frac{2v}{c}\right),$$

und das ist identisch mit Gl. (165). Auf diese Weise kann man in der Optik die notwendige kleine Frequenzdifferenz Δv erzeugen, also auch auf diese Weise Schwebungen erhalten. Kürzlich ist es gelungen, mit Laser-Lichtquellen (Nr. 74) Schwebungsfrequenzen im MHz-Bereich zu erhalten. Diese können natürlich nicht mit dem Auge, wohl aber mit Photozelle und Oszillograph beobachtet werden.

35. Grunderscheinungen der Beugung; Beugung an Spalt, rechteckiger und kreisförmiger Öffnung

Unter der Beugung des Lichtes versteht man die mannigfachen Abweichungen der Lichtbewegung von den Gesetzen der geometrischen Optik, die immer dann auftreten, wenn die Wellenfläche nicht in ihrer ganzen Ausdehnung zu der betreffenden optischen Erscheinung mitwirkt, d. h. wenn die freie Ausbreitung der Wellen durch irgendwelche Hindernisse (z. B. Schirme mit Blendenöffnungen im Strahlengang) geändert wird. Da dies bei allen optischen Versuchen der Fall ist, hat man es an den Rändern der zur

IV. Kapitel. Interferenz und Beugung

Wirkung kommenden Stücke der Wellenfläche grundsätzlich immer mit Beugungserscheinungen zu tun. Man kann in manchen Fällen davon absehen — wir haben dies z. B. bei den Interferenzerscheinungen tun dürfen —, sie können aber unter geeigneten Umständen von entscheidender Bedeutung werden. Der Name „Beugung" kommt daher, daß auch die unter Umständen beobachtbare Abweichung von der geradlinigen Ausbreitung des Lichtes — die ja die Grundlage der geometrischen Optik ist — zu diesen Erscheinungen gehört.

Bereits vor 1663 beobachtete F. Grimaldi, daß ein durch eine kleine Öffnung in ein verdunkeltes Zimmer einfallender Sonnenstrahl auf der gegenüberliegenden Wand einen Lichtfleck erzeugte, der bedeutend größer war, als er entsprechend der geradlinigen Ausbreitung des Lichtes hätte sein sollen. Außerdem zeigte der Lichtfleck keineswegs eine scharfe Begrenzung, sondern seine Ränder waren verwaschen und mit farbigen Ringen durchzogen. Man kann diese Erscheinungen subjektiv leicht beobachten, wenn man durch eine kleine Öffnung (mit einer Nähnadel in schwarzes Papier gestochenes Loch) nach einer entfernten punktförmigen weißen Lichtquelle blickt: man sieht dann die Lichtquelle merklich größer als bei direkter Betrachtung und gleichzeitig umgeben von farbigen Ringen. Objektiv kann man eine derartige Beugungserscheinung erzeugen,

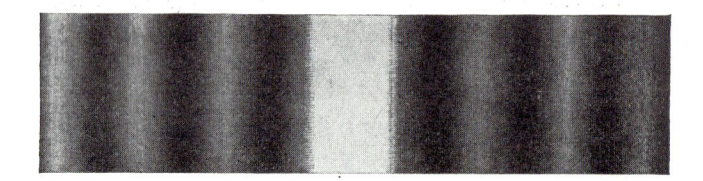

Abb. 281. Beugungsbild eines Spaltes in einfarbigem Licht

indem man von einem schmalen ersten Spalt, den wir den „Beleuchtungsspalt" nennen wollen, da er als Lichtquelle dienen soll, durch ein langbrennweitiges Objektiv auf einem mehrere Meter entfernten Schirm ein scharfes reelles Bild erzeugt; dann stellt man vor das Objektiv, parallel dem ersten Spalt einen zweiten, den „Beugungsspalt". Solange der Beugungsspalt hinreichend breit ist (was man durch Versuch feststellen muß), bleibt das Bild der Lichtquelle auf dem Schirm ebenfalls noch scharf: hier spielt die Beugung noch keine merkliche Rolle; verkleinert man aber die Breite des Beugungsspaltes mehr und mehr, so verbreitert sich das Spaltbild und wird an den Rändern immer verwaschener, gleichzeitig treten zu beiden Seiten verschiedenfarbige Streifen auf, die durch dunkle Zwischenräume getrennt sind. Bei einfarbigem Licht erhält man die in Abb. 281 vergrößert wiedergegebene Beugungserscheinung, bei der links und rechts von dem zentralen verbreiterten hellen Bilde eine Anzahl dunkler und heller Streifen auftritt. Beobachtet man mit verschiedenen Wellenlängen, indem man etwa in den Strahlengang des weißen Lichtes rote, grüne oder violette Filter einschaltet, so sieht man die in Abb. 282 schematisch wiedergegebene Erscheinung: die Streifen werden um so schmaler und liegen um so näher beieinander, je kurzwelliger das benutzte Licht ist.

Je nachdem Lichtquelle und „Aufpunkt", d. h. der Punkt, an dem die Erscheinung beobachtet wird, in endlicher oder unendlicher Entfernung voneinander liegen, unterscheidet man **Fresnelsche** und **Fraunhofersche Beugungserscheinungen,** die natürlich nicht grundsätzlich voneinander verschieden sind. Im ersteren Falle operiert man mit divergentem Licht, im zweiten mit parallelem; bei hinreichendem Abstand der Lichtquelle und des Aufpunkts von der beugenden Öffnung gehen die Fresnelschen allmählich in die Fraunhoferschen Erscheinungen über. Indem man die Lichtquelle in den Brennpunkt einer Konvexlinse O_1 bringt, verlegt man tatsächlich die Lichtquelle ins Unendliche; indem man ferner die Erscheinung wieder in der Brennebene einer zweiten Linse O_2 (oder mit einem auf Unendlich gestellten Fernrohr) beobachtet, verlegt man auch den Aufpunkt ins Unendliche. In den Abb. 283a und 283b sind die beiden Fälle schematisch dargestellt. In beiden Abbildungen ist L die Lichtquelle, P der Aufpunkt auf dem Schirm S. Die gestrichelten Strahlen deuten den geometrisch-optischen Strahlengang an, die ausgezogenen dagegen die gebeugten

Abb. 282. Beugungsbild (schematisch) eines Spaltes in rotem, grünem und violettem Licht
(Die Strichelung ist Schraffur und stellt keine Interferenzstreifen dar.)

Wellen, die im Aufpunkt P zur Wirkung kommen. Bei der Fraunhoferschen Betrachtungsweise kommen also in P nur Strahlen zur Wirkung, die unter dem gleichen Beugungswinkel φ vom geradlinigen Verlauf abgebeugt sind, während bei der Fresnelschen Beugung die in P wirksamen Strahlen unter ganz verschiedenen Winkeln abgebeugt sind. Zur quantitativen Diskussion der Beugungserscheinungen ist also die Fraunhofersche Beobachtungsweise wesentlich übersichtlicher.

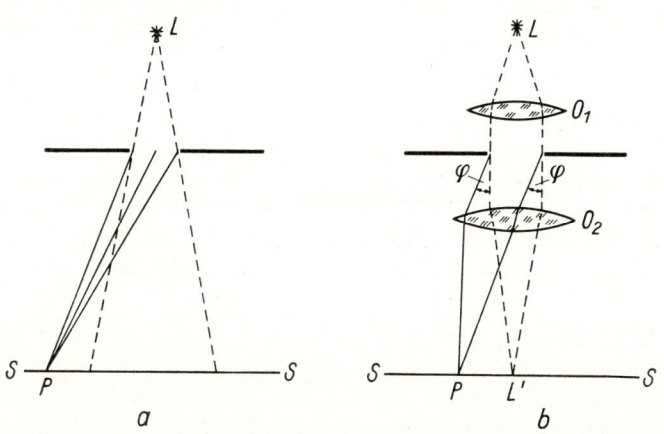

Abb. 283. Fresnelsche (a) und Fraunhofersche (b) Lichtbeugung an einer engen Öffnung

Abb. 284 zeigt eine von einem keilförmigen Spalt mit monochromatischem Licht ($\lambda = 450\,m\mu$) erzeugte Fresnelsche Beugungserscheinung (W. Arkadiew, 1913). Die bei geradliniger Ausbreitung zu erwartenden Schattengrenzen sind durch die gestrichelten Linien angedeutet. Man erkennt, wie mit abnehmender Spaltbreite die seitlichen Beugungsstreifen immer weiter auseinanderrücken. Ersetzt man den beugenden Spalt durch einen geraden Draht, so erhält man auf dem Schirm einen sehr verwaschenen

Schatten desselben und sieht bei homogenem Licht mehrere, zu den Rändern parallele helle und dunkle Streifen. In Abb. 285 sind zwei Beugungsbilder an Drähten verschiedener Dicke, ebenfalls nach Aufnahmen von Arkadiew, wiedergegeben. Hier diente als Lichtquelle ein beleuchteter Spalt von 0,7 mm Breite, der 21,47 m von dem beugenden Draht entfernt war. Bei dem Beugungsbild b erkennt man auch, daß der mittlere Teil des Schattens, der bei geometrischem Strahlenverlauf vollkommen dunkel sein müßte, aufgehellt ist. Schließlich ist in Abb. 286 die Beugungserscheinung an der Kante eines undurchsichtigen Schirmes wiedergegeben. Dabei entstehen vor der geometrischen Schattengrenze im hell erleuchteten Gebiet mehrere helle und dunkle Streifen, die immer schmaler werden und

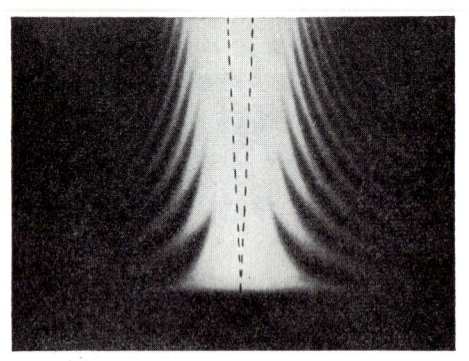

Abb. 284. Von einem keilförmigen Spalt mit monochromatischem Licht erzeugte Fresnelsche Beugungserscheinung

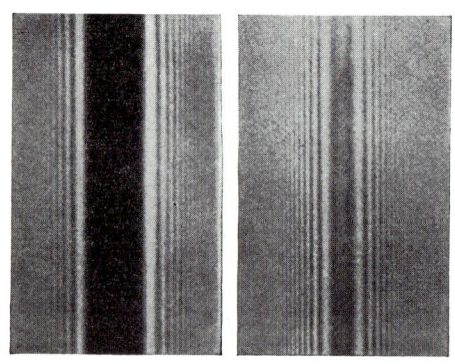

a   *b*
Abb. 285. Mit monochromatischem Licht an Drähten verschiedener Stärke erzeugte Fresnelsche Beugungserscheinungen
   a) Drahtdurchmesser 7,15 mm
   b) Drahtdurchmesser 0,22 mm

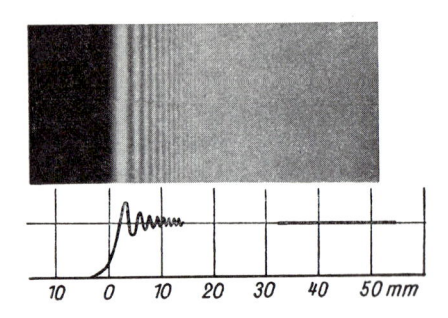

Abb. 286. Fresnelsche Beugung an einer Kante

einander näher rücken; unmittelbar an der geometrischen Schattengrenze (Nullpunkt der Abszisse) sind übrigens die hellen Streifen sogar heller, als diese Stellen bei Wegnahme des Beugungsschirmes sein würden. Im unteren Teil der Abb. 286 ist die Lichtverteilung graphisch angegeben, wie sie die Theorie ergibt; man erkennt, daß auch im geometrischen Schatten noch Helligkeit vorhanden ist.

Die richtige Deutung der Beugungserscheinungen gab A. Fresnel (1818) durch die Kombination des Huygensschen Prinzips der Elementarwellen mit dem Interferenzprinzip von Th. Young. Wir haben das Huygens-Fresnelsche Prinzip in Bd. I ausführlich dargelegt und bitten den Leser, die dortige Darstellung zu studieren[1]). Wir besprechen nunmehr genauer die

---

[1]) Im folgenden gehen wir auf die weniger wichtigen Fälle der Fresnelschen Beugungserscheinungen nicht mehr ein. Es sei aber darauf aufmerksam gemacht, daß die in der allgemeinen Wellenlehre in Bd. I behandelte Beugung an einer kreisrunden Scheibe bzw. kreisrunden Öffnung vom Typus Fresnelscher Beugungserscheinungen sind. Mit Hilfe der geeignet modifizierten Fresnelschen Zonenkonstruktion läßt sich ohne Schwierigkeit die Fresnelsche Beugung an einer Kante (Abb. 286) rechnerisch bestimmen (vgl. auch S. 321).

35. Grunderscheinungen der Beugung; Beugung an Spalt, rechteckiger u. kreisf. Öffnung

Beugung an einem Spalt. Als Lichtquelle benutzen wir eine äußerst schmale Lichtlinie parallel zum Beugungsspalt, die durch einen von hinten belichteten, sehr schmalen Beleuchtungsspalt realisiert wird. Dieser steht in der Brennebene einer Konvexlinse, wodurch er virtuell ins Unendliche verlegt wird. Theoretisch ist es am einfachsten, eine unendlich schmale Lichtlinie zu betrachten, die wir auch als unendlich lang annehmen, was praktisch durch hinreichende Länge des Beleuchtungsspaltes angenähert wird. Auch den Beugungsspalt betrachten wir theoretisch als unendlich lang, praktisch nehmen wir ihn ebenso lang wie den Beleuchtungsspalt. Wenn beide Spalte wirklich unendlich lang sind, so herrschen in jeder Ebene senkrecht zu beiden Spalten die gleichen Verhältnisse, so daß wir uns auf die Betrachtung einer dieser Ebenen, nämlich der Papierebene, beschränken könnten; angenähert ist dies schon bei hinreichend langen Spalten der Fall. Hinter den Beugungsspalt setzen wir wieder eine Konvexlinse, wodurch wir die Beugungspunkte ebenfalls ins Unendliche verlegen. Mit andern Worten: wir haben die Anordnung der Abb. 283 b vor uns und betrachten also die Fraunhofersche Beugungserscheinung eines Spaltes.

Wir müssen noch ein Wort über die Breite der Lichtquelle (des Beleuchtungsspaltes) sagen. Aus den Betrachtungen der Nr. 28 wissen wir, daß diese im allgemeinen nicht über ein gewisses Maß gesteigert werden kann, da sonst die Interferenz verschwindet. Ihre Breite muß also entsprechend der Gl. (146), der sog. Kohärenzbedingung, gewählt werden, damit auf den Beugungsspalt wirklich kohärentes Licht auffällt. Die beiden Konvexlinsen wählen wir zweckmäßig von gleicher Brennweite; das bedeutet, daß das geometrisch-optische Bild des Beleuchtungsspaltes auf dem Beugungsschirm die gleiche Größe hätte wie der Spalt selbst, wenn nicht die Beugung das verhindern würde; im Grenzfalle der unendlich schmalen Lichtlinie (des unendlich schmalen Beleuchtungsspaltes) würde das geometrisch-optische Bild also verschwindende Breite haben.

Nach diesen Vorbemerkungen wenden wir uns nun zur genaueren Untersuchung der Beugungserscheinung in der Papierebene; in Abb. 287[1]) ist ein Schnitt durch die Öffnung $AB = b$ des Beugungsspaltes gezeichnet. Hinter dem Spalt breitet sich das Licht nicht geradlinig in der ursprünglichen Einfallsrichtung senkrecht zum Spalt aus, sondern in allen Richtungen als Folge der Beugung: nach dem Huygens-Fresnelschen Prinzip gehen von

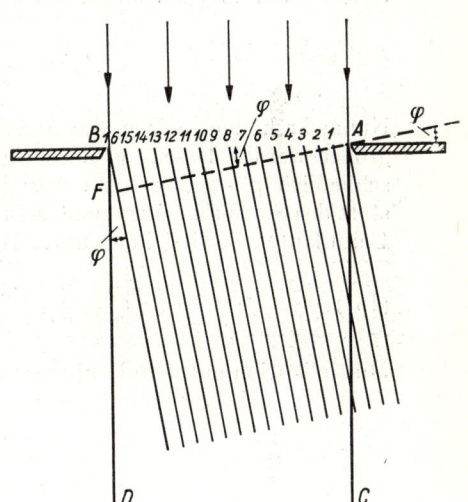

Abb. 287. Zur Erklärung der Lichtbeugung an einem Spalt

jedem Punkte der Beugungsöffnung AB die Sekundärwellen aus. Um die Lichtintensität in der Beugungsrichtung φ kennenzulernen, teilen wir die Öffnung b in eine große Zahl p gleicher Teile von der Breite β, so daß $b = p\beta$ ist. Wir müßten natürlich, streng genommen, die Spaltbreite b in unendlich viele unendlich schmale Teilstücke zerlegen; vorläufig aber nehmen wir p nur groß und β klein; in der Abb. 287 ist z. B. b in 16 Teile ($p = 16$) geteilt, und entsprechend klein ist also $\beta = b/p = b/16$. Wir betrachten nun das Bündel paralleler Strahlen von der Gesamtbreite b, das in der Richtung φ abgebeugt wird. Dann besteht zwischen dem ersten Strahl (1) auf der rechten Seite und dem letzten Strahl (16) auf der linken Seite des Spaltes eine Gangdifferenz $d = BF$, der eine Phasendifferenz des ersten und letzten Strahles $\Delta = \dfrac{2\pi d}{\lambda}$ entspricht; je zwei benachbarte Teilbündel haben also relativ zueinander eine p mal kleinere Phasendifferenz $\delta = \dfrac{2\pi d}{p\lambda}$; die Gesamtphasendifferenz Δ

---
[1]) In Abb. 287 sind die beiden Konvexlinsen der Einfachheit der Zeichnung wegen nicht gezeichnet; wir betrachten aber natürlich nur parallele Richtungen, sowohl im senkrecht auffallenden wie im gebeugten Licht.

ist also gleich $p\delta$. Wir haben daher die Interferenz von p Strahlen gleicher Amplitude und der relativen Phasendifferenz δ zu betrachten; es handelt sich also um eine Art „Vielstrahlinterferenz", wie sie in Nr. 31 behandelt wurde. Da wir die Amplitude der einzelnen Wellen natürlich proportional der Breite β setzen müssen, so können wir den Schwingungszustand im Punkte A mit $\beta e^{i2\pi\nu t}$ bezeichnen und haben dann die Interferenz folgender Summe von Wellen zu betrachten:

$$\beta e^{i2\pi\nu t}\{1+e^{-i\delta}+e^{-i2\delta}+\cdots \cdot e^{-i(p-1)\delta}\}.$$

Diese Summe hat nach Gl. (155a) auf S. 253 den Wert:

$$\beta \frac{\sin p\delta/2}{\sin \delta/2} e^{i2\pi\nu t} e^{-i\frac{p-1}{2}\delta}.$$

Nun ist aber $p\delta = \Delta$ fest vorgegeben (nämlich gleich BF); also können wir die Amplitude A_φ der in Richtung φ abgebeugten Welle auch so schreiben:

$$A_\varphi = \beta \frac{\sin \Delta/2}{\sin(\Delta/2p)} e^{-\frac{i\Delta}{2}} e^{+\frac{i\Delta}{2p}}.$$

Nunmehr können wir p, die Anzahl der interferierenden Strahlen, immer größer und größer werden lassen; gleichzeitig werden β und ebenso $\Delta/2p$ immer kleiner. Geht schließlich $p \to \infty$, so kann man im Nenner der rechten Seite der letzten Gleichung statt des Sinus sein Argument setzen und im Exponenten $1/p$ gegen 1 vernachlässigen. Dann lautet die Gleichung unter Berücksichtigung von $p\beta = b$

(167) $$A_\varphi = \beta p \frac{\sin \Delta/2}{\Delta/2} e^{-\frac{i\Delta}{2}} = b \frac{\sin \Delta/2}{\Delta/2} e^{-\frac{i\Delta}{2}}.$$

Multiplikation mit dem konjugiert komplexen Wert liefert schließlich für die Intensität I_φ in der Richtung φ bei Weglassung unwichtiger Proportionalitätsfaktoren:

(168a) $$I_\varphi = b^2 \frac{\sin^2 \frac{\Delta}{2}}{\left(\frac{\Delta}{2}\right)^2}.$$

Mit dieser Gleichung haben wir das Problem gelöst, die Intensität I_φ in jeder beliebigen Richtung φ zu bestimmen. Die Gesamtgangdifferenz $d = BF$ kann nun — je nach dem Wert von φ — alle Werte von 0 an bis zu Vielfachen der Wellenlänge λ annehmen, wir können also $d = \alpha\lambda$ setzen, woraus für die halbe Phasendifferenz $\frac{\Delta}{2} = \frac{\pi d}{\lambda}$ der Wert $\alpha\pi$ folgt; α ist dabei ein numerischer Faktor, der von Null angefangen jeden positiven Wert annehmen kann. Wir erhalten also schließlich die Gleichung:

(168b) $$I_\varphi = b^2 \frac{\sin^2 \alpha\pi}{\alpha^2\pi^2} = b^2 \frac{\sin^2\left(\frac{\pi b}{\lambda}\sin\varphi\right)}{\left(\frac{\pi b}{\lambda}\sin\varphi\right)^2}.$$

Darin haben wir noch α durch $\sin\varphi$ ausgedrückt: $\alpha = \frac{d}{\lambda} = \frac{b}{\lambda}\sin\varphi$; damit ist I_φ direkt als Funktion von $\sin\varphi$ bestimmt. Einige Spezialfälle mögen erörtert werden:

1. $\alpha = 0$, d.h. $\sin\varphi = 0$ (unabgelenkte Strahlen); $I_0 = b^2$, der größte Intensitätswert, der auftreten kann.

2. $\alpha = \frac{1}{2}$, d.h. $\sin\varphi = \frac{\lambda}{2b}$; $I_{1/2} = \frac{4}{\pi^2} I_0 = 0{,}406\, I_0$;

3. $\alpha = 1$, d.h. $\sin\varphi = \frac{\lambda}{b}$; $I_1 = 0$; hier liegt das erste Minimum, d.h. die Mitte eines dunklen Interferenzstreifens;

4. $\alpha = \frac{3}{2}$, d.h. $\sin\varphi = \frac{3\lambda}{2b}$; $I_{3/2} = \frac{4}{9\pi^2} I_0 = 0{,}045\, I_0$;

5. $\alpha = 2$, d.h. $\sin\varphi = \frac{2\lambda}{b}$; $I_4 = 0$; hier liegt der zweite dunkle Interferenzstreifen usw.

Man kann also das Gesamtergebnis folgendermaßen formulieren: Die Wirkung aller Strahlen eines abgebeugten Strahlenbündels ist immer gleich Null, wenn der Gangunterschied der Randstrahlen ein ganzes Vielfaches der Wellenlänge beträgt (d.h. für $\alpha = 1, 2, \ldots$); ist dagegen der Gangunterschied der Randstrahlen ein ungerades Vielfaches einer halben Wellenlänge ($\alpha = 1/2$, $3/2$, $5/2 \ldots$), so erzeugt das Strahlenbündel Helligkeit, die um so schwächer wird, je stärker das Lichtbündel abgebeugt ist; die maximale Intensität entsteht für $\alpha = 0$, d.h. im unabgelenkten sog. Zentralbild.

Demnach gehören die Minima zu den Beugungswinkeln φ_k, für die gilt:

(169a) $\sin\varphi_k = \frac{k\lambda}{b}$ ($k = 1, 2, 3 \ldots$).

Das sind die Nullstellen des Zählers von (168b), und diese geben die Lage der Minima exakt an (Abb. 288). Die Maxima der Helligkeit aber liegen nicht genau an den Stellen, wo der Zähler seine Maxima hat, weil die Variable ja auch im Nenner steht; immerhin weichen die Maxima des Zählers nicht stark von den Helligkeitsmaxima ab, so daß man angenähert für die entsprechenden Beugungswinkel φ_k' schreiben kann:

(169b) $\sin\varphi_k' = \frac{2k+1}{2} \frac{\lambda}{b}$ ($k = 1, 2, 3 \ldots$).

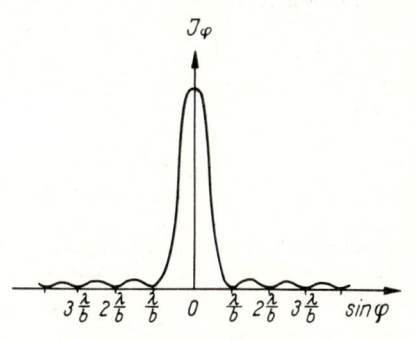

Abb. 288. Helligkeitsverteilung bei der Beugung monochromatischen Lichtes an einem Spalt

Eine Sonderstellung nimmt der in (169a) ausgeschlossene Fall $k = 0$ ein; denn da dann Zähler und Nenner von (168b) gleichzeitig verschwinden, haben wir dort kein Minimum, sondern im Gegenteil das Hauptmaximum (Zentralbild); ebenso haben wir auch in (169b) $k = 0$ ausgeschlossen, denn man hat dort zwar Helligkeit, aber kein Maximum.

Die Werte k eines Interferenzmaximums oder -minimums nennt man auch hier die Ordnung desselben; der Zentralstreifen hat also die Ordnung 0; bei nicht-monochromatischem Licht ist dies das „Zentrum" der Interferenzerscheinung, da es der einzige in Strenge achromatische Interferenzstreifen ist.

Die aufeinanderfolgenden Minima haben nach (169a) einen (in Einheiten von $\sin\varphi$) konstanten Abstand $\frac{\lambda}{b}$, ebenso die Maxima nach (169b). Nur der Abstand der beiden Minima erster Ordnung links und rechts beträgt das Doppelte, nämlich $\frac{2\lambda}{b}$, weil eben das Minimum für $k = 0$ ausfällt: das zentrale Helligkeitsmaximum hat dementsprechend die doppelte Breite, wie die übrigen Maxima. Abb. 288 stellt I_φ als Funktion von $\sin\varphi$ dar, woraus man alles eben Gesagte entnehmen kann. Aus Gl. (168) geht übrigens hervor, daß man es mit relativ breiten Maxima und Minima zu tun hat.

Man kann Gl. (168 b) noch in eine etwas andere Gestalt bringen. Wenn man die Beugungserscheinung auf einem Schirm auffängt, so entspricht dem Winkel $\varphi = 0$ an einer bestimmten Stelle desselben die maximale Helligkeit; diese Stelle wollen wir für das folgende als den Anfangspunkt eines Koordinatensystems annehmen: die y-Achse desselben sei dem Spalt parallel, d. h. senkrecht zur Papierebene, die x-Achse senkrecht dazu in der Papierebene. Die Helligkeit, die einem endlichen Winkel φ entspricht, befindet sich dann an einer bestimmten Stelle x des Schirmes. Hat dieser von der Beugungsöffnung den Abstand l, so ist offenbar $x/l =$ tang φ; da es sich im allgemeinen um kleine Winkel handelt, hat man mit hinreichender Genauigkeit $x/l = \sin \varphi$, und diesen Wert kann man in Gl. (168 b) einführen. Im allgemeinen vereinigt man durch Einschalten einer Konvexlinse die unter dem Winkel φ abgebeugten Parallelstrahlen in einem Punkte der Brennebene dieser Linse, dem wir dann den Wert x beizulegen haben; der Abstand l ist dann gleich der Brennweite f der Linse zu setzen, so daß $\sin \varphi = x/f$ wird. Damit erhält man aus (168 b):

$$(168c) \qquad I_x = b^2 \frac{\sin^2\left(\frac{\pi b x}{\lambda f}\right)}{\left(\frac{\pi b x}{\lambda f}\right)^2}.$$

Diese Gleichung bringt klar zum Ausdruck, daß die Beugungserscheinung **transversal** zur Spaltrichtung (y-Achse!) vor sich geht, da nur in der x-Richtung eine Begrenzung der Wellenfläche durch den Spalt stattfindet. Hätte der Spalt auch nur eine endliche Höhe a in der y-Richtung, so hätten wir als beugende Öffnung ein Rechteck von der Fläche ab[1]), und dann würde zu der durch (168c) dargestellten Beugung in der x-Richtung die analoge in der y-Richtung hinzutreten, so daß beide zusammen lauten würden:

$$(170) \qquad I_{x,y} = a^2 b^2 \frac{\sin^2\left(\frac{\pi b x}{\lambda f}\right)}{\left(\frac{\pi b x}{\lambda f}\right)^2} \cdot \frac{\sin^2\left(\frac{\pi a y}{\lambda f}\right)}{\left(\frac{\pi a y}{\lambda f}\right)^2}.$$

Dieses Beugungsbild läßt sich folgendermaßen beschreiben: Die dunklen Interferenzstreifen folgen sich in Richtung der x-Achse im Abstand $\frac{\lambda f}{b}$, in Richtung der y-Achse im Abstand $\frac{\lambda f}{a}$; sie schneiden sich also rechtwinklig und teilen die xy-Ebene in rechteckige Felder von der Größe $\frac{\lambda^2 f^2}{ab}$; nur im Zentralbilde hat das Rechteck die Größe $\frac{4\lambda^2 f^2}{ab}$, da sowohl in der x- wie in der y-Richtung der dunkle Interferenzstreifen von der Ordnung 0 ausfällt. Es ist praktisch unmöglich, das kreuzähnliche Beugungsbild intensitätsgetreu zu photographieren, weil die Helligkeiten in den einzelnen Rechtecken zu stark variieren: entweder erhält man nur das Zentralbild oder viele Rechtecke, aber mit total verwischten Helligkeitsunterschieden. Deshalb ist in Abb. 289 nur das von den dunklen Interferenzstreifen gebildete Gerippe gezeichnet und in jedes Rechteck die in der Mitte desselben herrschende Wellenamplitude eingetragen, deren Quadrat also die in diesem Punkte herrschende Helligkeit ergibt. Man erkennt zunächst den Abfall der Amplituden in den Kreuzarmen selbst, viel stärker aber ist derselbe in diagonaler Richtung. Geht man vom Mittelpunkte, dessen Amplitude (und Intensität) gleich 1 angenommen ist, z.B. um drei Felder nach rechts oder links in horizontaler Richtung, so haben wir dort die Helligkeit $\left(\frac{2}{7\pi}\right)^2 = 0{,}008$, d. h. weniger als ein Hundertstel der Intensität im Mittelpunkte der Beugungserscheinung; dasselbe gilt, wenn man in vertikaler Richtung vom Zentrum um drei Felder nach oben oder unten geht. Viel stärker aber ist der Abfall in diagonaler Richtung: geht man wieder um drei Felder in dieser Richtung nach oben, unten, links, rechts weiter, so hat man in der Mitte dieser Felder die Helligkeit $\left(\frac{4}{49\pi^2}\right)^2 = 0{,}00007$, d. h. weniger als $1/10000$ der maximalen Helligkeit.

Als allgemeines Ergebnis kann man also feststellen: Statt des unendlich schmalen Bildes der Lichtlinie bekommen wir durch die Beugung am Spalt ein stark verbreitertes Zentralbild, an das sich zu beiden Seiten abwechselnd dunkle und helle Streifen anschließen; im Falle der rechteckigen Beugungsöffnung erhält man statt des **Bildpunktes** der punktförmigen Lichtquelle eine **Fläche** als Zentralbild. Analoges gilt in allen Fällen. Insbesondere kann man aus den Gleichungen (168), (169)

---

[1]) Hier ist eine punktförmige Lichtquelle (statt einer Lichtlinie) vorausgesetzt.

35. Grunderscheinungen der Beugung; Beugung an Spalt, rechteckiger u. kreisf. Öffnung

und (170) entnehmen, daß der Abstand der Interferenzstreifen, wie immer, proportional der Wellenlänge, ferner umgekehrt proportional der Breite der beugenden Öffnung ist; wäre $\lambda = 0$ oder $b = a = \infty$, so würde keine Beugung stattfinden, d.h. **die geometrische Optik in Strenge gelten**. Daß diese in vielen Fällen wenigstens annähernd gilt, verdankt man also der Kleinheit der optischen Wellenlängen; je weiter man aber zu langen (ultraroten und namentlich elektrischen) Wellen übergeht, umso stärker treten die Beugungserscheinungen hervor, umso stärker sind die Abweichungen

				$\frac{4}{49\pi^2}$	$\frac{4}{35\pi^2}$	$\frac{4}{21\pi^2}$	$\frac{2}{7\pi}$	$\frac{4}{21\pi^2}$	$\frac{4}{35\pi^2}$	$\frac{4}{49\pi^2}$			
			$\frac{4}{45\pi^2}$	$\frac{4}{35\pi^2}$	$\frac{4}{25\pi^2}$	$\frac{4}{15\pi^2}$	$\frac{2}{5\pi}$	$\frac{4}{15\pi^2}$	$\frac{4}{25\pi^2}$	$\frac{4}{35\pi^2}$	$\frac{4}{45\pi^2}$		
		$\frac{4}{33\pi^2}$	$\frac{4}{27\pi^2}$	$\frac{4}{21\pi^2}$	$\frac{4}{15\pi^2}$	$\frac{4}{9\pi^2}$	$\frac{2}{3\pi}$	$\frac{4}{9\pi^2}$	$\frac{4}{15\pi^2}$	$\frac{4}{21\pi^2}$	$\frac{4}{27\pi^2}$	$\frac{4}{33\pi^2}$	
$\frac{2}{15\pi}$	$\frac{2}{13\pi}$	$\frac{2}{11\pi}$	$\frac{2}{9\pi}$	$\frac{2}{7\pi}$	$\frac{2}{5\pi}$	$\frac{2}{3\pi}$	**1** $\begin{array}{c} \leftarrow \frac{2\lambda f}{b} \rightarrow \\ \updownarrow \frac{2\lambda f}{a} \end{array}$	$\frac{2}{3\pi}$	$\frac{2}{5\pi}$	$\frac{2}{7\pi}$	$\frac{2}{9\pi}$	$\frac{2}{11\pi}$	$\frac{2}{13\pi}$
		$\frac{4}{33\pi^2}$	$\frac{4}{27\pi^2}$	$\frac{4}{21\pi^2}$	$\frac{4}{15\pi^2}$	$\frac{4}{9\pi^2}$	$\frac{2}{3\pi}$	$\frac{4}{9\pi^2}$	$\frac{4}{15\pi^2}$	$\frac{4}{21\pi^2}$	$\frac{4}{27\pi^2}$	$\frac{4}{33\pi^2}$	
			$\frac{4}{45\pi^2}$	$\frac{4}{35\pi^2}$	$\frac{4}{25\pi^2}$	$\frac{4}{15\pi^2}$	$\frac{2}{5\pi}$	$\frac{4}{15\pi^2}$	$\frac{4}{25\pi^2}$	$\frac{4}{35\pi^2}$	$\frac{4}{45\pi^2}$		
				$\frac{4}{49\pi^2}$	$\frac{4}{35\pi^2}$	$\frac{4}{21\pi^2}$	$\frac{2}{7\pi}$	$\frac{4}{21\pi^2}$	$\frac{4}{35\pi^2}$	$\frac{4}{49\pi^2}$			

Abb. 289. Verteilung der Amplituden in den Beugungsmaxima für eine rechteckige Öffnung. Die Amplitude im Zentralbild ist gleich 1 gesetzt

von den Gesetzen der Strahlenoptik. Man kann direkt sagen, **daß die geometrische Optik dem Fall verschwindender Wellenlänge entspricht.** Bei endlicher Wellenlänge treten die Beugungseffekte um so mehr zurück, je größer die beugende Öffnung, d.h. je größer das zur Wirkung kommende Stück der Wellenfläche ist. Diese Feststellungen gelten für beliebige Gestalt der beugenden Öffnungen, z.B. für die **Beugung an einer kreisförmigen Öffnung vom Radius R**. Als Lichtquelle benutzen wir einen leuchtenden Punkt, im übrigen die Anordnung nach Abb. 283b. Man könnte hier eine ganz analoge Rechnung ausführen, die nur etwas komplizierter ausfallen würde; auch ohne Rechnung ist es aber klar, daß das Beugungsbild aus Symmetriegründen aus einem zentralen, hellen, kreisförmigen Scheibchen bestehen muß, das (monochromatisches

Licht vorausgesetzt) abwechselnd von dunklen und hellen Ringen umgeben ist. Für senkrecht einfallendes Licht liefert die Theorie für die dunklen Ringe die Beugungswinkel

(171a) $\quad \sin \varphi_1 = 0{,}610 \frac{\lambda}{R}$; $\quad \sin \varphi_2 = 1{,}116 \frac{\lambda}{R}$; $\quad \sin \varphi_3 = 1{,}619 \frac{\lambda}{R}$, usw.,

zwischen denen sich die Maxima (die hellen Ringe) bei den Winkeln

(171b) $\quad \sin \varphi_1' = 0{,}819 \frac{\lambda}{R}$; $\quad \sin \varphi_2' = 1{,}346 \frac{\lambda}{R}$; $\quad \sin \varphi_3' = 1{,}850 \frac{\lambda}{R}$, ...

befinden; die Gleichungen (171) entsprechen genau den Gleichungen (169) für den Spalt und sind ganz analog gebaut. Bildet man wieder durch eine Linse der Brennweite f auf einen Schirm ab, so erhält man für die Radien der dunklen Ringe:

(171c) $\quad r_1 = 0{,}610 \frac{\lambda f}{R}$; $\quad r_2 = 1{,}116 \frac{\lambda f}{R}$; $\quad r_3 = 1{,}619 \frac{\lambda f}{R}$ usw.

Demgemäß sieht die Beugungserscheinung folgendermaßen aus: Statt eines Lichtpunktes, wie es die geometrische Abbildung fordern würde, erhält man eine helle Kreisfläche (sog. Beugungsscheibchen) vom Radius $r_1 = 0{,}61 \lambda f/R$, dessen Intensität vom Maximum bei $r = 0$ bis zum Werte 0 bei $r = r_1$ abnimmt; dann folgt der erste dunkle Ring für $r = r_1$, dann ein heller Ring, der von den Radien r_1 und $r_2 = 1{,}116 \lambda f/R$ begrenzt wird; bei $r = r_2$ liegt der zweite dunkle Ring usw. Die Nebenmaxima sind hier allerdings noch schwächer als bei der rechteckigen Öffnung. Diese Beugungserscheinung beobachtet man z.B. regelmäßig, wenn man mit einem Fernrohr auf einen Fixstern blickt. Hier wirkt die Begrenzung des Objektivs als Beugungsöffnung. Auch hier erkennt man: der Radius des zentralen Beugungsscheibchens ($r_1 = 0{,}61 \lambda f/R = 1{,}22 \lambda f/D$) ist proportional der Wellenlänge und umgekehrt proportional dem Durchmesser D der beugenden Öffnung, z.B. des Fernrohrobjektivs. Je größer also D ist und je kleiner man die Wellenlänge wählt, um so mehr nähert man sich den Verhältnissen der geometrischen Optik.

Umgekehrt gilt natürlich, daß die Beugungserscheinungen um so stärker hervortreten, je größer die Wellenlänge im Verhältnis zu den Lineardimensionen der beugenden Öffnung. Nehmen wir den extremen Fall, daß die Breite b des Beugungsspaltes im vorhin behandelten Problem kleiner als die Wellenlänge, z. B. gleich $\frac{\lambda}{4}$ sei. Dann ist die Gangdifferenz der Randstrahlen (vgl. Abb. 287) selbst auch $\leq \frac{\lambda}{4}$, und es kann auf der Rückseite der Öffnung in keiner Richtung mehr Dunkelheit geben; denn die Beugungserscheinung reduziert sich auf das sehr stark verbreiterte Zentralbild, da auf beiden Seiten desselben keine Minima mehr auftreten können: das Licht breitet sich also völlig diffus hinter der Öffnung aus. (Natürlich gilt entsprechendes für alle Arten von Beugungsöffnungen).

Babinetsches Theorem. Ersetzt man die beugende Öffnung eines Beugungsschirmes von der Breite b durch einen undurchlässigen Streifen der gleichen Breite (z.B. einen Draht vom Durchmesser b), so erhält man auf beiden Seiten des Zentralbildes (bzw. des Drahtschattens) sehr ähnliche, wenn nicht identische Beugungserscheinungen. Das muß in der Tat so sein und für beliebig gestaltete Öffnungen bzw. entsprechende Schirme gelten, wie folgende Überlegung zeigt: Durch die Beugung am Spalt — um an diesem Beispiel die allgemeine Theorie zu erläutern — wird außerhalb des Zentralbildes und bei Fraunhoferscher Anordnung eine bestimmte Amplitudenverteilung (für ein Rechteck, vgl. z. B. Abb. 289) der Lichtwellen erzeugt. Ersetzt man den Schirm und Beugungsspalt durch einen Draht, dessen Durchmesser gleich der Spaltbreite ist, so liefert dieser, ebenfalls außerhalb des geometrischen Schattens, eine Amplitudenverteilung, und diese ist der im ersten Fall entstandenen gerade entgegengesetzt. Denn es müssen sich die beiden Beugungserscheinungen genau kompensieren, wenn man die beugende Öffnung bzw. den beugenden Draht ganz fortnimmt, d.h. ungestörte Lichtausbreitung hat: Dann herrscht mit Ausnahme des Zentralbildes (besser gesagt: außerhalb der Stelle des Schirmes, wo das geometrisch-optische Bild der Lichtquelle liegt) auf dem Schirme Dunkelheit. Nun ist aber die Intensität des Lichtes proportional dem Quadrat der Amplitude; deren Vorzeichen ist also für die Intensität gleichgültig. Daher ist in beiden Fällen die Intensitätsverteilung — unter dem obigen Vorbehalt — identisch. Mann kann dies so ausdrücken: **Komplementäre Schirme (d. h. Schirme, bei denen Öffnungen und undurchsichtige Partien vertauscht sind) liefern bei Fraunhoferscher Beugung außerhalb des Bereiches der geometrisch-optischen Abbildung die gleichen Beugungserscheinungen**[1]). Dieses von A. Babinet (1837) zuerst ausgesprochene und nach ihm benannte Theorem erweist sich für viele Beugungsprobleme als sehr fruchtbar. Abb. 290 gibt die Beugung an einem Spalt und dem komplementären Draht wieder (geometrisches Bild durch dünne Vertikalstriche angedeutet).

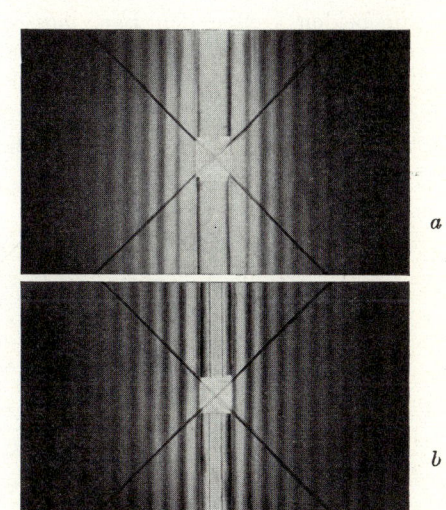

Abb. 290. Zum Babinetschen Theorem: Fraunhofersche Beugung an einem Spalt (*a*) und einem gleichdicken Draht (*b*)

36. Das Auflösungsvermögen optischer Instrumente (Fernrohr, Auge, Mikroskop, Prisma)

Die in den vorhergehenden Nummern geschilderten Erscheinungen der Beugung des Lichtes sind von grundlegender Bedeutung für die Beurteilung der Leistungsfähigkeit der optischen Instrumente. Wir betrachten zunächst die Verhältnisse beim Fernrohr.

Schaut man durch ein Fernrohr nach einem fernen Lichtpunkt, etwa einem Fixstern, so erblickt man keinen idealen Lichtpunkt, sondern ein kleines Beugungsscheibchen endlicher Ausdehnung, das noch von einer Reihe dunkler und heller Ringe umgeben ist, wie wir in der vorhergehenden Nummer gesehen haben. Dieses Phänomen kommt durch die Beugung des Lichtes an der kreisförmigen Begrenzung des Objektivs zustande. Bezeichnen wir seinen Durchmesser mit $D = 2R$, seine Brennweite mit f, so beträgt nach Gl. (171 c) der Radius r des zentralen Beugungsscheibchens:

(172) $$r = 0{,}61 \frac{\lambda f}{R} = 1{,}22 \frac{\lambda f}{D}.$$

Es ist nun unmittelbar klar, daß die Ausdehnung dieses Beugungsscheibchens die Leistung des Fernrohres, d. h. seine brauchbare Vergrößerung begrenzen muß. Denn es ist seine Aufgabe, die Winkeldistanz zwischen zwei punktförmigen Objekten, z.B. zwei Fixsternen, so zu vergrößern, daß die beiden Objekte getrennt wahrgenommen werden können. Da man die Vergrößerung des Fernrohres an sich beliebig weit treiben kann, müßte eine derartige Auflösung zweier Objektpunkte im Bild bei einer punkt-

---

[1]) Die Beschränkung auf Fraunhofersche Beugung ist notwendig, da bei Fresnelscher Beugung zwischen den Intensitäten bei komplementären Schirmen keine so einfache Beziehung besteht.

weisen Abbildung im Sinne der geometrischen Optik **immer** möglich sein. Infolge der stets auftretenden Beugung kann sie aber nur gelingen, wenn die vom Fernrohr nach den Objekten laufenden Strahlen einen so großen Winkel $\delta\varphi$ miteinander bilden, daß die beiden kreisrunden Beugungsscheibchen in der Bildebene merklich auseinanderfallen, wie es Abb. 291 andeutet. Man darf annehmen, daß diese Trennung mit Sicherheit gelingt, wenn das Helligkeitsmaximum des einen Objektes auf das erste Helligkeitsminimum des andern zu liegen kommt, d. h. wenn die beiden Helligkeitsmaxima nach Gl. (172) keinen geringeren Abstand als $1{,}22\,\dfrac{\lambda f}{D}$ haben. Nun ist dieser Abstand (Abb. 291; statt $d\varphi$ ist in der Abb. $\delta\varphi$ zu lesen) gleich $f \cdot \delta\varphi$, so daß die Beziehung folgt:

$$(173) \qquad \delta\varphi = \frac{1{,}22\,\lambda}{D}\,.$$

Das ist die notwendige Winkeldistanz, damit zwei Objekte vom Fernrohr noch aufgelöst werden können. Den reziproken Wert von $\delta\varphi$ nennt man daher passend das **Auflösungsvermögen** U des Fernrohrs. Es ist also:

$$(174) \qquad U = \frac{1}{\delta\varphi} = 0{,}82\,\frac{D}{\lambda}\,.$$

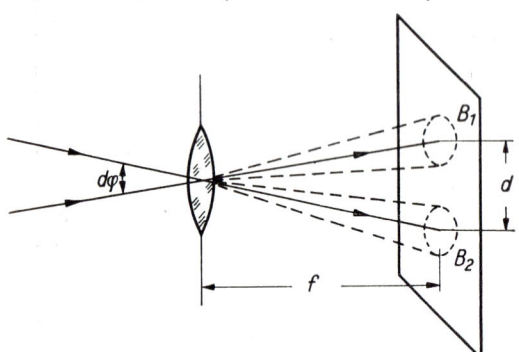

Abb. 291. Zur Erklärung der Auflösung zweier Objektpunkte im Bild

Daraus ersieht man, daß das Auflösungsvermögen um so größer ist, je kleiner die Wellenlänge λ und je größer der Objektivdurchmesser D ist. Die Fernrohrvergrößerung kann man natürlich so hoch treiben, wie man will; aber sie verbessert nichts, weil sie keine bessere Trennung zur Folge hat, sondern die ausgedehnten zentralen Beugungsscheibchen mitvergrößert. Man kann aus Gl. (173) berechnen, wie groß bei gegebener Wellenlänge der Objektivdurchmesser D sein muß, um z. B. zwei Sterne im Abstand einer Winkelsekunde ($\delta\varphi = 4{,}85 \cdot 10^{-6}$) als doppelt zu erkennen. Dazu muß sein:

$$D = 1{,}22\,\frac{\lambda}{\delta\varphi} = \frac{1{,}22 \cdot 5 \cdot 10^{-5}}{4{,}85 \cdot 10^{-6}} = 12{,}6 \text{ cm}.$$

Als mittlere Wellenlänge ist hier $\lambda = 0{,}5\,\mu = 5 \cdot 10^{-5}$ cm angenommen.

Wie man aus Gl. (172) sieht, wird der Durchmesser eines Beugungsscheibchens um so kleiner, d. h. der abgebildete Lichtpunkt um so schärfer, je größer der Objektivdurchmesser D ist. Das bedeutet hinsichtlich der Bildhelligkeit, daß diese der vierten Potenz des Objektivdurchmessers proportional ist. Denn bei doppeltem Durchmesser steigt die eintretende Lichtmenge auf den vierfachen Wert, während die Fläche des Beugungsscheibchens gleichzeitig auf den vierten Teil absinkt: die Lichtstromdichte wird also im Bildpunkt 16mal so groß. Schon aus diesem Grunde ist eine Vergrößerung des Objektivdurchmessers bei astronomischen Instrumenten sehr wertvoll.

Natürlich gelten die obigen Überlegungen auch für das Auge; die Blende, die hier den Strahlengang und damit das Auflösungsvermögen begrenzt, ist die Pupille, deren Durchmesser bei mittlerer Beleuchtung ungefähr 0,3 cm beträgt, demgemäß findet man für $\delta\varphi$ im Bogenmaß

$$\delta\varphi = \frac{1{,}22 \cdot 5 \cdot 10^{-5}}{3 \cdot 10^{-1}} = 2{,}03 \cdot 10^{-4}\,;$$

das entspricht einem Winkel von etwa 42″, während der physiologische Grenzwinkel rund 60″ beträgt. Es ist bemerkenswert, daß die durch den endlichen Abstand der zäpfchenförmigen Lichtempfänger auf der Netzhaut gegebene physiologische Auflösungsgrenze und die durch die Beugung an der Pupille bedingte annähernd zusammenfallen.

Es muß noch bemerkt werden, daß die obigen Erörterungen insofern mit einer gewissen Willkür behaftet sind, als definitionsgemäß festgesetzt wurde, daß zwei Lichtpunkte erst dann zu trennen seien, wenn das Zentrum des einen Beugungsscheibchens mit dem ersten dunklen Ring des anderen zusammenfalle. Es wird aber unter Umständen eine Trennung auch schon dann möglich sein, wenn der Abstand etwas kleiner ist; das hängt von physiologischen Faktoren ab. Daher können unsere Betrachtungen nur die richtige Größenordnung des Auflösungsvermögens ergeben, was auch die Erfahrung bestätigt. Man fügt daher in der Praxis auf der rechten Seite von Gl. (174) noch einen „physiologischen Faktor" zu, der größer als 1 ist und nur im ungünstigsten Falle den Wert 1 selbst annimmt.

Auch für das Mikroskop gelten hinsichtlich der erreichbaren Vergrößerung dieselben Überlegungen. Ein sphärisch und chromatisch vollkommen korrigiertes Objektiv liefert keineswegs eine ideale Abbildung: Es bildet einen Punkt nicht als Punkt ab, sondern infolge der Beugung des Lichtes an der Begrenzung der Objektivlinse als Lichtscheibchen. Sein Durchmesser ist nach Gl. (171c):

$$D = 1{,}22 \frac{a\lambda}{R},$$

wenn a die Entfernung der Bildebene vom Objektiv und R dessen Radius bedeutet. Es ist üblich, sich den Durchmesser des Beugungsscheibchens ins Objekt zurückprojiziert zu denken, das heißt seine Größe in Einheiten des Objektdetails zu messen. Da die Objektebene in erster Annäherung in der vorderen Brennebene des Objektivs liegt, erhält man für den Durchmesser d des Beugungsscheibchens in dieser Ebene die Beziehung

$$d : D = f : a,$$

oder mit Bezug auf die vorangehende Gleichung:

$$d = 1{,}22 \frac{f\lambda}{R};$$

R/f ist aber nichts anderes als die Apertur A des Objektivs, so daß wir schreiben können:

(175) $$d = 1{,}22 \frac{\lambda}{A}.$$

Die Größe des so objektseitig gemessenen scheinbaren Beugungsscheibchens bestimmt offenbar das Auflösungsvermögen des Mikroskops. Denn wenn zwei Objektpunkte so nahe liegen, daß ihre Beugungsscheibchen sich gerade berühren, können die beiden Objekte sicher als deutlich voneinander getrennt beobachtet werden. Aber auch, wenn beide Beugungsscheibchen sich schon teilweise überdecken, wird man sie noch als getrennte Punkte ansprechen können. Wie weit dies in einem solchen Fall möglich ist, hängt wieder von physiologischen Eigentümlichkeiten ab, d. h. von der Fähigkeit unseres Auges, Unterschiede in Form und Helligkeit zu erkennen. Man führt daher wie oben einen physiologischen Faktor k ein. Das praktische Ergebnis ist das, daß zwei Teilchen noch als getrennt beobachtet werden können, wenn ihr Abstand ungefähr $1/2\,\lambda$ beträgt, vorausgesetzt, daß die Apertur A etwa den Wert 1 besitzt. Definiert man hier entsprechend das Auflösungsvermögen U als den reziproken Wert von d in Gl. (175), so haben wir:

(176) $$U = 0{,}82\, k \frac{A}{\lambda},$$

wo jetzt $k \leq 1$ ist.

Die vorstehende Berechnung des Auflösungsvermögens eines Mikroskops ist zuerst von H. v. Helmholtz (1874) gegeben worden; sie ist wesentlich die gleiche, die man auch beim Fernrohr anwendet. Sie setzt also, was beim Fernrohr der normale Fall ist, selbstleuchtende Objekte voraus; freilich zeigt es sich, daß Nichtselbstleuchter, die das auffallende Licht diffus zerstreuen, was in vielen Fällen bei mikroskopischen Objekten der Fall ist, wie Selbstleuchter behandelt werden können. Im Gegensatz zur Helmholtzschen Untersuchung steht die fast gleichzeitig von

E. Abbe (1873) durchgeführte, die den andern Extremfall zugrunde legt: Abbe betrachtet nur die **Abbildung von Nichtselbstleuchtern**. Auf die Abbesche Theorie kommen wir in Nr. 39 zurück; sie führt im Endergebnis wesentlich zum gleichen Ergebnis wie die Helmholtzsche.

Schließlich wollen wir noch das **Auflösungsvermögen eines Prismas** bestimmen; denn auch dessen Leistungsfähigkeit wird durch die Beugung begrenzt. In Abb. 292 ist der Strahlenverlauf gezeichnet: Das vom Spalt Sp kommende Licht der Wellenlänge λ wird durch die Linse L_1 parallel gemacht, durchsetzt das Prisma im Minimum der Ablenkung und wird dann durch die zweite Linse L_2 in deren Brennebene auf dem Schirm S zu einem Bilde Q des Spaltes vereinigt. Lassen wir noch eine zweite Welle $(\lambda + \delta\lambda)$ durch das Prisma laufen, so wird deren Wellenebene, die vor der

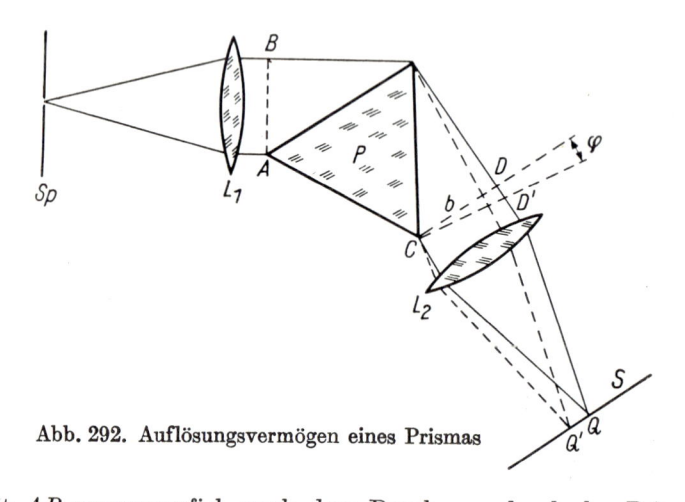

Abb. 292. Auflösungsvermögen eines Prismas

Brechung mit AB zusammenfiel, nach dem Durchgang durch das Prisma etwa CD' sein, d. h. mit der Wellenebene CD von λ einen kleinen Winkel φ bilden, weil der Brechungsquotient für die Wellenlänge $(\lambda + \delta\lambda)$ statt n den Wert $\left(n + \frac{dn}{d\lambda}\delta\lambda\right)$ besitzt. Das von dieser zweiten Welle herrührende Spaltbild möge auf dem Schirm an der Stelle Q' liegen. Wären nun die Bilder Q und Q' der zu den benachbarten Wellenlängen gehörenden Spalte unendlich schmal, so würden diese Wellenlängen in jedem Fall räumlich getrennt und das Auflösungsvermögen des Prismas wäre unendlich groß. In Wirklichkeit liegen die Verhältnisse aber anders. Infolge seiner endlichen Dimension schneidet nämlich das Prisma aus der Wellenfläche ein Stück von der Breite $CD = b$ heraus, wirkt also wie eine spaltförmige Blende von dieser Breite. Man erhält daher in Q und Q' nicht ein scharfes Bild des Beleuchtungsspaltes Sp, sondern die durch die Gleichungen (168b) und (169a) und durch Abb. 288 dargestellte Beugungserscheinung. Eine Trennung der beiden Wellenlängen λ und $\lambda + \delta\lambda$ kann also nur dann erfolgen, wenn das Helligkeitsmaximum der letzteren gerade in das erste Minimum fällt, das die Wellenlänge λ in der Umgebung von Q erzeugt. Es muß zu diesem Zweck nach Gl. (169a), da wegen der Kleinheit von φ statt des Sinus das Argument gesetzt werden darf, $\varphi = \frac{\lambda}{b}$ sein; anderseits ist nach Abb. 292 auch $\varphi = \frac{DD'}{b}$, woraus durch Vergleich folgt: $DD' = \lambda$. DD' ist wegen der Kleinheit von φ auch der Unterschied der optischen Weglängen für die beiden Strahlen mit den Wellenlängen λ und $\lambda + \delta\lambda$. Nun ist (Nr. 13) die optische Weglänge von AC gleich derjenigen von B (längs des ausgezogenen Strahles) nach D, da sowohl A und B wie C und D auf je einer Wellenfläche für die Wellenlänge λ liegen. AC ist aber gleich $n(\lambda) \cdot t$, wenn t die Basisdicke des

Prismas ist. Ebenso besteht für die benachbarte Wellenlänge $\lambda + \delta\lambda$ Gleichheit der optischen Weglängen von AC und BD' (längs des gestrichelten Strahles gemessen); AC ist aber nun gleich $n(\lambda + \delta\lambda)\cdot t = n(\lambda)t + \frac{dn}{d\lambda}\delta\lambda\cdot t$ zu setzen. Also ist die Differenz DD' der beiden optischen Wege d. h. $\lambda = t\frac{dn}{d\lambda}\delta\lambda$ oder:

$$\text{(177)} \qquad \frac{\lambda}{\delta\lambda} = t\frac{dn}{d\lambda}.$$

Auf der linken Seite steht die von uns als Auflösungsvermögen (S. 260) bezeichnete Größe $\frac{\lambda}{\delta\lambda}$; wir können also sagen: Das spektrale Auflösungsvermögen eines Prismas ist gleich dem Produkte aus seiner Basislänge und der Dispersion $\frac{dn}{d\lambda}$ des Prismenmaterials.

Dieses Ergebnis wurde zuerst von Lord Rayleigh (1879) gefunden. Für das Auflösungsvermögen eines Spektralapparates ist es nach (177) also gleichgültig, ob man ein Prisma oder deren mehrere verwendet, wenn nur die gesamte Basislänge die gleiche ist; dagegen hängt das Auflösungsvermögen nicht vom Prismenwinkel ab. Um einen Begriff von der Größe des Auflösungsvermögens zu geben, sei angeführt, daß die Größe $\frac{dn}{d\lambda}$, die sich z. B. aus den Werten der Tabelle 7 auf S. 170 entnehmen läßt, für schweres Flintglas 1730 cm^{-1}, für leichtes Flintglas 960 cm^{-1} und für schweres Kronglas 530 cm^{-1} beträgt. Damit ergibt sich das Auflösungsvermögen für Prismen von 1cm Basislänge aus den genannten Stoffen zu 1730, 960 und 530. Man kann also mit einem solchen Prisma aus schwerem Flint die beiden D-Linien sicher auflösen, was mit einem Prisma aus leichtem Flint nur eben gelingt, während es mit schwerem Kronglas nicht mehr möglich ist. Leider läßt sich die Prismenbasis nicht beliebig vergrößern, da das Prisma zu groß würde oder bei Verwendung mehrerer Prismen (Abb. 230) es an Platz fehlt. In der nächsten Nummer werden wir im Beugungsgitter ein besseres Hilfsmittel zur Erzielung hoher Auflösung kennenlernen.

37. Beugung durch mehrere kongruente, regelmäßig angeordnete Öffnungen; Youngscher Interferenzversuch; Beugungsgitter; Stufengitter; Ultraschallwellengitter

Von besonderer Bedeutung sind die Beugungserscheinungen, die durch mehrere in regelmäßigen Abständen nebeneinanderliegende gleiche Öffnungen hervorgebracht werden. Wir betrachten die zuerst von J. v. Fraunhofer (1821) an einer Reihe schmaler paralleler Spalte, einem sog. „Gitter" untersuchte Erscheinung. Die optische Anordnung ist im Prinzip die der Abb. 283b: das von einem Beleuchtungsspalt, der als Lichtquelle L dient, kommende Licht wird durch die Linse O_1 parallel gemacht und durchstrahlt dann das Beugungsgitter, dessen einzelne Spalte parallel zum Beleuchtungsspalt verlaufen. Eine zweite Linse O_2 vereinigt das Licht in ihrer Brennebene, in der sich der Auffangschirm S befindet; mit anderen Worten: die Linsenkombination $O_1 O_2$ bildet den Beleuchtungsspalt auf dem Schirm scharf ab. Es ist wichtig, sich klar zu machen, daß die Breite des Beleuchtungsspaltes so klein gemacht werden muß, daß die Kohärenzbedingung (146) für sämtliche beugenden Öffnungen, d. h. für die ganze Gitterbreite, erfüllt ist, damit zwischen allen von den verschiedenen Beugungsöffnungen ausgehenden Strahlen feste Phasenbeziehungen bestehen. Wir werden weiter unten die Notwendigkeit dieser Voraussetzung an einem speziellen Beispiel erhärten.

Zwischen den Strahlen, die die Gitteröffnung unabgelenkt durchsetzen, entstehen auf dem Wege vom Beleuchtungsspalt L nach dem Bilde L' desselben keine Gangunterschiede, was für die abgebeugten Strahlen natürlich der Fall ist. Man erhält so viele parallele Strahlenbündel in jeder Beugungsrichtung wie Öffnungen vorhanden sind. Diese Strahlenbündel sind bei Erfüllung der Kohärenzbedingung (146) unter sich kohärent und interferieren miteinander.

Das Gitter besitzt p Öffnungen, so daß wir auch p interferierende parallele Strahlenbündel haben. Die Spaltbreite sei wieder mit b bezeichnet, der Abstand zweier Spalte, von Mitte zu Mitte gemessen, sei s; s ist also die Periode des Gitters, die allgemein als **Gitterkonstante** bezeichnet wird. Das Problem ist: wie werden die in den vorhergehenden Abschnitten erörterten Beugungserscheinungen des einzelnen Spaltes modifiziert durch das Zusammenwirken von p Spalten?

Wir betrachten zwei nebeneinanderliegende Spalte des Gitters; in Abb. 293 sind b und s eingezeichnet, ebenso zwei Strahlenbündel, die unter dem Winkel φ abgebeugt sind. Betrachten wir zunächst das rechte Strahlenbündel; für dieses beträgt die Gangdifferenz der Randstrahlen $d_1 = b \sin \varphi$, was einer Phasendifferenz $\delta_1 = \frac{2\pi}{\lambda} d_1 = \frac{2\pi b}{\lambda} \sin \varphi$ entspricht. Das ist genau so wie in Nr. 35; für den linken Spalt (überhaupt für alle p Spalte des Gitters) gilt das gleiche. Da diese aber auch noch miteinander interferieren, müssen wir auch noch die Gangdifferenz zwischen

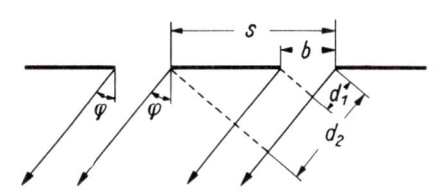

Abb. 293. Zur Lichtbeugung an zwei nebeneinanderliegenden Spalten

„homologen" Strahlen zweier aufeinander folgender Spalte in Betracht ziehen; diese ist nach Abb. 293 $d_2 = s \sin \varphi$, was einer Phasendifferenz $\delta_2 = \frac{2\pi d_2}{\lambda} = \frac{2\pi s}{\lambda} \sin \varphi$ entspricht. Wenn wir also die p Strahlenbündel, die unter dem Winkel φ abgebeugt sind, zusammenfassen, indem wir sie durch die Linse O_2 in deren Brennebene im Beugungspunkt P zusammenführen, so findet dort Interferenz, und zwar „Vielstrahlinterferenz", statt, auf die Gl. (156) anzuwenden ist. Nennen wir A_φ die Amplitude eines abgebeugten Strahlenbündels, so haben wir im Beugungspunkte P die Intensität

$$I_\varphi = A_\varphi^2 \frac{\sin^2 p \frac{\delta_2}{2}}{\sin^2 \delta_2/2}.$$

A_φ^2 aber ist die Intensität der von **einem einzelnen** Spalt in der Richtung φ ausgesandten Strahlung, also nach Gl. (167) unter Fortlassung überflüssiger Konstanten

$$A_\varphi^2 = \frac{\sin^2 \frac{\delta_1}{2}}{\left(\frac{\delta_1}{2}\right)^2};$$

durch Kombination beider Gleichungen erhalten wir für die Beugungsintensität des gesamten Gitters im Beugungspunkte P

(178)
$$\begin{aligned}
I_\varphi &= \frac{\sin^2 \frac{\delta_1}{2}}{\left(\frac{\delta_1}{2}\right)^2} \cdot \frac{\sin^2 \frac{p \delta_2}{2}}{\sin^2 \frac{\delta_2}{2}} = \frac{\sin^2 \left(\frac{\pi d_1}{\lambda}\right)}{\left(\frac{\pi d_1}{\lambda}\right)^2} \cdot \frac{\sin^2 \left(\frac{p \pi d_2}{\lambda}\right)}{\sin^2 \left(\frac{\pi d_2}{\lambda}\right)} \\
&= \frac{\sin^2 \left(\frac{\pi b}{\lambda} \sin \varphi\right)}{\left(\frac{\pi b}{\lambda} \sin \varphi\right)^2} \cdot \frac{\sin^2 \left(\frac{p \pi}{\lambda} s \sin \varphi\right)}{\sin^2 \left(\frac{\pi}{\lambda} s \sin \varphi\right)}.
\end{aligned}$$

37. Beugung durch mehrere kongruente, regelmäßig angeordnete Öffnungen

Diese Gleichung ist also die Lösung des Problems: sie gibt für jede abgebeugte Richtung φ die Intensität des Lichtes im Beugungspunkte P der Brennebene an.

Zunächst eine allgemeine Bemerkung zu dieser Formel: I_φ ist ein **Produkt** zweier Ausdrücke, von denen der erste die Intensitätsverteilung beim Einzelspalt, der zweite das Resultat des Zusammenwirkens von p Spalten darstellt. Wenn wir nun die Richtungen φ ins Auge fassen, in denen der Einzelspalt ein Minimum liefert, so ist der erste Faktor $= 0$, und damit auch das Produkt, d. h. $I_\varphi = 0$. Das heißt: **die Minima des Einzelspaltes bleiben in jedem Falle Minima; durch das Hinzufügen der übrigen Beugungsöffnungen des Gitters kann dort niemals Helligkeit entstehen.** Umgekehrt kann an den Stellen, an denen der Einzelspalt Helligkeit liefert, Dunkelheit entstehen, nämlich durch Verschwinden des zweiten Faktors in Gl. (178). Entsprechendes gilt für alle Fälle von Beugung durch gleichgestaltete Öffnungen, mögen sie — wie hier — in einer bestimmten Ordnung angebracht sein, mögen sie — vgl. Nr. 40 — völlig willkürlich verteilt sein. Die Beugungserscheinung, die wir zu erwarten haben, geht aus der für einen Spalt dadurch hervor, daß die hellen Partien noch von dunkeln Interferenzstreifen durchzogen werden. Der bequemeren Ausdrucksweise halber werden wir im folgenden nach dem Vorgange von Fraunhofer die Maxima und Minima einer Öffnung als Interferenzen I. Klasse bezeichnen, während Maxima und Minima, die durch Zusammenwirken mehrerer Öffnungen entstehen, Interferenzen II. Klasse heißen sollen.

Wir werden zunächst den auch historisch interessanten Fall von 2 Spalten behandeln. Die Gl. (178) liefert dafür mit den gleichen Bezeichnungen ($p = 2$):

$$(179) \qquad I_\varphi = \frac{\sin^2\left(\frac{\pi}{\lambda} b \sin \varphi\right)}{\left(\frac{\pi}{\lambda} b \sin \varphi\right)^2} \frac{\sin^2\left(\frac{2\pi}{\lambda} s \sin \varphi\right)}{\sin^2\left(\frac{\pi}{\lambda} s \sin \varphi\right)}.$$

Die Minima I. Klasse sind durch die Nullstellen des Zählers des ersten Faktors bestimmt: sie liegen bei den Beugungswinkeln $\sin \varphi_k = \frac{k\lambda}{b} (k = 1, 2 \ldots)$, man hat also Minima bei

$$\sin \varphi_1 = \frac{\lambda}{b} \; ; \quad \sin \varphi_2 = \frac{2\lambda}{b} \; ; \quad \sin \varphi_3 = \frac{3\lambda}{b} \ldots \ldots ;$$

sie folgen sich in den gleichen Abständen $\frac{\lambda}{b}$. Für $k = 0$ haben wir aber bekanntlich das Zentralmaximum I. Klasse; die beiden Minima erster Ordnung links und rechts haben also den doppelten Abstand $\frac{2\lambda}{b}$, der der Breite des Zentralbildes entspricht; das alles ist in Nr. 35 eingehend erörtert worden. Wenden wir uns nun zum zweiten Faktor, den wir mit leichter Umformung schreiben können:

$$(179a) \qquad \frac{\sin^2\left(\frac{2\pi}{\lambda} s \sin \varphi\right)}{\sin^2\left(\frac{\pi}{\lambda} s \sin \varphi\right)} = 4\cos^2\left(\frac{\pi}{\lambda} s \sin \varphi\right).$$

Dieser Ausdruck verschwindet, wenn $\frac{\pi s}{\lambda} \sin \varphi_h = \frac{2h+1}{2} \pi$ ($h = 0, 1, 2 \ldots$) ist, d. h. wenn $\sin \varphi_h = \frac{2h+1}{2} \frac{\lambda}{s}$ oder die Gangdifferenz d_2 zwischen homologen Strahlen der benachbarten Bündel $d_2 = \frac{2h+1}{2} \lambda$ ist. Es entstehen also die neuen Minima II. Klasse an den Stellen:

$$(180a) \qquad \sin \varphi_0 = \frac{\lambda}{2s} \; ; \quad \sin \varphi_1 = \frac{3\lambda}{2s} \; ; \quad \sin \varphi_2 = \frac{5\lambda}{2s} \ldots \ldots \sin \varphi_h = \frac{2h+1}{2s} \lambda,$$

mit dem Abstand $\frac{\lambda}{s}$, und dieser ist, da natürlich $s > b$ sein muß, kleiner als der Abstand der Minima I. Klasse. Wir wollen etwa feststellen, wieviele Minima der II. Klasse in dem zentralen Maximum I. Klasse von der Breite $\frac{2\lambda}{b}$ liegen; das sind offenbar $\frac{2\lambda}{b} : \frac{\lambda}{s} = \frac{2s}{b}$. Abb. 294 stellt die Erscheinung an einem Doppelspalt dar, für den $b \approx 0{,}1$ mm, $s \approx 0{,}7$ mm war; daher hat der Ausdruck $2s/b$ ungefähr den Wert 14: es müssen also in dem breiten zentralen Maximum erster Klasse 14 relativ schmale Minima II. Klasse liegen; das entspricht tatsächlich der Abb. 294. Man sieht ferner an der Abbildung, namentlich wenn man sie aus einiger Entfernung betrachtet, auf beiden Seiten des Zentralbildes je zwei breite Minima I. Klasse, in Übereinstimmung mit dem vorher Gesagten. Zwischen diesen breiten Minima liegt auf beiden Seiten

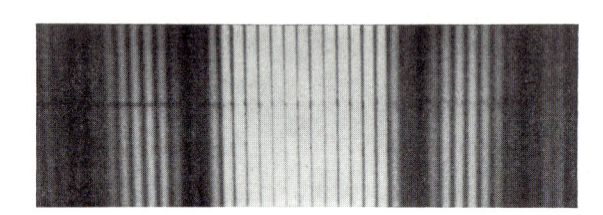

Abb. 294. Beugungsbild von einem Doppelspalt (Spaltbreite $b \approx 0{,}1$ mm, Spaltabstand $s \approx 0{,}7$ mm)

das Maximum I. Klasse und erster Ordnung, mit geringerer Helligkeit, gleichfalls durchzogen von den schmaleren Minima II. Klasse; angedeutet sind auch noch auf beiden Seiten die Maxima zweiter Ordnung. — Es ist noch ein Wort über die Maxima II. Klasse, die vom zweiten Faktor herrühren, zu sagen. Sie liegen an den Stellen, an denen gleichzeitig Zähler und Nenner verschwinden, und haben die vierfache Intensität (verglichen mit der Intensität der Beugung an einem Spalt), wie man am einfachsten aus (179a) ersieht: die Maxima liegen danach an den Stellen, an denen der Cosinus $= \pm 1$ ist, d. h. für $\sin \varphi_{k'} = \frac{k'\lambda}{s}$ ($k' = 0, 1, 2 \ldots$);

(180b) $\qquad \sin \varphi_0 = 0; \quad \sin \varphi_1 = \frac{\lambda}{s}; \quad \sin \varphi_2 = \frac{2\lambda}{s} \ldots \ldots$

Sie liegen also gerade zwischen den Minima nach (180a). Diese Maxima (die wir in Zukunft als Hauptmaxima bezeichnen werden, da für größere Werte p noch kleinere Maxima vorhanden sind) werden in ihrer Intensität moduliert durch den ersten Faktor, der in Abb. 288 dargestellt ist. Demgemäß hat nur das Maximum der nullten Ordnung ($\varphi_0 = 0$) die volle Intensität (hier 4), während die folgenden immer kleiner werden, wie Abb. 295a zeigt; als Abszissen sind die Werte von $\sin \varphi$ in Einheiten von $\frac{\lambda}{s}$ aufgetragen, und man überzeugt sich, daß Minima und Maxima an den durch (180a) und (180b) geforderten Stellen liegen.

Die hier beschriebene Anordnung rührt von Thomas Young (1802) her, der auf diese Weise zum ersten Male einen Interferenzversuch anstellte und zum ersten Male die Wellenlängen des Lichtes maß. In der Tat: wenn man von der überlagerten Beugung eines Spaltes absieht, hat man die reine Interferenzwirkung von Strahlen, die von den beiden Spalten ausgehen, vorausgesetzt, daß sie mit kohärentem Licht beleuchtet werden.

Um diesen letzteren Punkt ins richtige Licht zu setzen, wollen wir einmal fragen, wie groß der Abstand s der beiden Beugungsspalte sein darf, wenn sie direkt von der Sonne beleuchtet werden; die Fläche, die kohärent beleuchtet sein muß, ist eine Kreisfläche vom Durchmesser $(s + b)$.

37. Beugung durch mehrere kongruente, regelmäßig angeordnete Öffnungen

Nennen wir den Radius der Sonne R, ihren Durchmesser also $2R$, so ist die Breite der Lichtquelle $2R$ (Abb. 296). Ihr Abstand vom Doppelspalt sei mit D bezeichnet. Der Öffnungswinkel 2ϑ ist also durch die Breite $(s+b)$ und den Abstand D festgelegt, und wegen der Kleinheit des Winkels kann $\sin \vartheta = \dfrac{s+b}{2D}$ gesetzt werden. Nach der Kohärenzbedingung (146) muß nun hier sein: $2R \sin\vartheta \leqq \dfrac{\lambda}{2}$, d. h.

$$s + b \leqq \frac{\lambda D}{2R}.$$

$2R/D$, die sog. scheinbare Größe der Sonne, d. h. der Winkel, unter dem sie vom Doppelspalt aus erscheint, ist gleich $32' = 0{,}0092 \approx 10^{-2}$. Damit folgt für $s+b$ der Wert

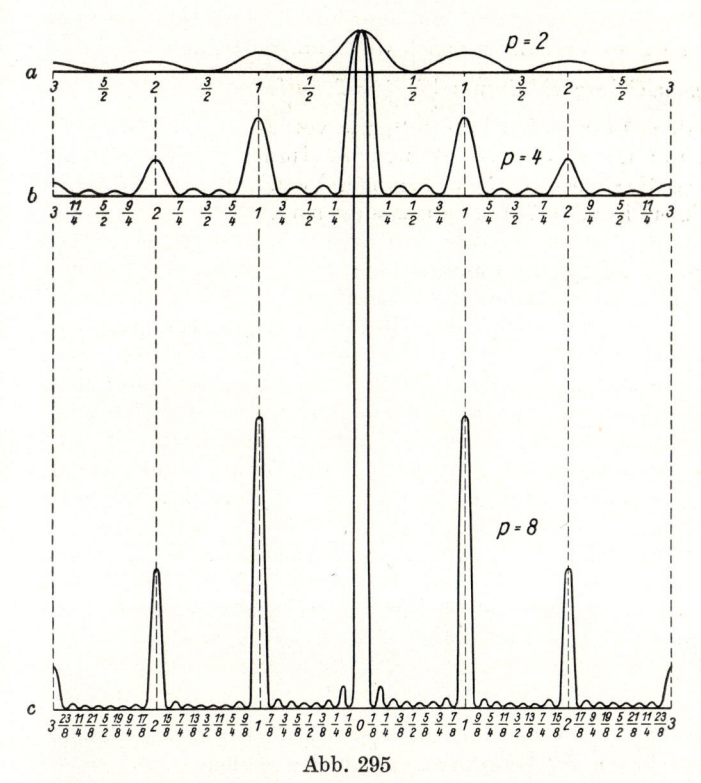

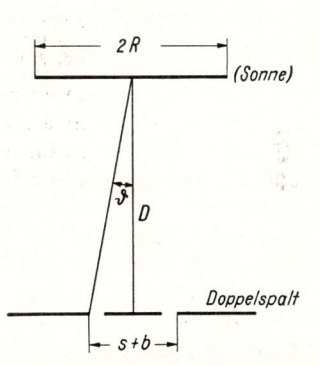

$$s + b \leqq 10^2 \lambda \leqq 50 \mu \leqq 0{,}05 \text{ mm},$$

Abb. 296. Erfüllung der Kohärenzbedingung bei Ausleuchtung eines Doppelspaltes durch die Sonne

Abb. 295. Intensitätsverteilung (qualitativ) bei der Beugung durch 2 (a), 4 (b) und 8 (c) Spalte

Abb. 295

wenn wir die mittlere Wellenlänge zu $0{,}5\,\mu$ annehmen. Bei direkter Beleuchtung durch die Sonne müßten also die beiden Spalte eine Entfernung voneinander besitzen, die kleiner als $5/100$ mm ist, damit sie kohärent beleuchtet werden! Wenn man aber z.B. durch eine Linse mit einer Brennweite $f = 5$ mm ein Sonnenbildchen erzeugt, so hat dies einen Durchmesser $2\varrho = f \dfrac{2R}{D}$, und das gibt mit den gegebenen Werten $2\varrho = 0{,}05$ mm $= 50\,\mu$. Gehen wir mit dem Doppelspalt in eine Entfernung von 1 m $= 1000$ mm, so ist jetzt die Breite der Lichtquelle $0{,}05$ mm und der Sinus des Öffnungswinkels $\sin \vartheta = \dfrac{s+b}{1000}$; d.h. die Kohärenzbedingung verlangt nunmehr:

$$2\varrho \frac{s+b}{1000} \leqq \lambda;$$

daraus folgt: $s + b \leqq 10$ mm, d. h. jetzt dürfen die Spalte einen Abstand von etwa 10 mm voneinander besitzen, ohne daß die kohärente Beleuchtung gestört wird.

Die nach (180b) möglichen Maxima II. Klasse brauchen nicht immer alle aufzutreten, nämlich dann nicht, wenn eines oder mehrere derselben auf ein Minimum I. Klasse fallen; denn diese Minima bleiben ja unter allen Umständen erhalten. Dieser Fall liegt dann vor, wenn z. B. das k-te Minimum I. Klasse $\sin\varphi_k = \dfrac{k\lambda}{b}$ zusammenfällt mit dem k'-ten Maximum II. Klasse: $\sin\varphi_{k'} = \dfrac{k'\lambda}{s}$. Dann muß ja gelten:

$$\frac{k\lambda}{b} = \frac{k'\lambda}{s}, \quad \text{d. h.} \ \frac{b}{s} = \frac{k}{k'};$$

mit anderen Worten: dann ist das Verhältnis b/s rational, d.h. gleich dem Verhältnis ganzer (und zwar kleiner) Zahlen $k:k'$. Ist etwa $2b = s$, so ist $k/k' = \frac{1}{2}$; dann muß jedes zweite Maximum II. Klasse mit einem Minimum I. Klasse zusammenfallen, also fehlen. In diesem Falle treten nur die ungeradzahligen Ordnungen der Maxima II. Klasse auf. Wäre dieses Verhältnis von b/s in Abb. 295a (und folgenden) erfüllt, so müßte das dort gezeichnete Maximum bei $\dfrac{\lambda}{s} = 2$ ausfallen usf.

Wir wenden uns nun zu dem Falle, daß 4 bzw. 8 Spalte vorhanden sind. Im Prinzip bleibt alles beim alten, nur treten die sog. **Hauptmaxima** (II. Klasse) immer stärker hervor: denn da diese Maxima durch gleichzeitiges Verschwinden von Zähler und Nenner des zweiten Faktors in Gl. (178) charakterisiert sind, werden die Intensitäten derselben proportional p^2; je mehr Spalte, desto höher und schmäler werden diese Maxima, wie wir bereits in Nr. 31 auseinandergesetzt haben. Man erkennt dies deutlich an Abb. 295b und 295c, in denen die Intensitäten für $p = 4$ und $p = 8$ dargestellt sind; für $p = 2$ liefert der zweite Faktor Intensitäten der Hauptmaxima vom Werte 4; für $p = 4$ dagegen von $4^2 = 16$; für $p = 8$ endlich von $8^2 = 64$: dieses Wachstum der Intensitäten ist deutlich zu sehen. (Daß nur die Hauptmaxima nullter Ordnung die angegebenen Werte haben und die höherer Ordnungen allmählich abnehmen, liegt natürlich wieder an der Modulierung durch die Intensitätsverteilung des Einzelspaltes.) Man hat Gitter hergestellt, für die $p = 100000$ ist; man kann danach ermessen, wie hoch und scharf die Hauptmaxima sind. — In Abb. 295b und c erkennt man zwischen den Hauptmaxima noch sogenannte **Nebenmaxima**, die mit wachsendem p einerseits immer zahlreicher ($p-2$), andererseits aber auch immer niedriger werden; schließlich braucht man sich bei großem p, was bei den optisch verwendeten Gittern praktisch immer der Fall ist, um die Nebenmaxima gar nicht mehr zu kümmern; **es bleiben nur die Hauptmaxima übrig, in den Zwischenräumen herrscht Dunkelheit.**

Zusammenfassend kann man das Ergebnis unserer Untersuchung so formulieren:
Bei der Beugung des Lichtes an vielen, in gleichen Abständen nebeneinanderliegenden gleichen Öffnungen liegen die Hauptmaxima an den Stellen

(181) $$\sin\varphi_k = \frac{k\lambda}{s} \quad (k = 0, 1, 2, 3, \ldots),$$

wobei die Gitterkonstante s den Abstand der Mitten (bzw. homologer Stellen) zweier benachbarter Öffnungen bedeutet; die Beugungsmaxima sind um so intensiver und schmäler, je größer die Zahl der beugenden Öffnungen ist. Steht die Gitterkonstante s zur Breite b der Öffnungen in einem rationalen Verhältnis, so fallen gewisse der durch Gl. (181) gegebenen Maxima aus.

Wie bei allen Interferenzerscheinungen sind die Abstände der Maxima auch hier proportional der Wellenlänge. Daher ist im Prinzip jede Interferenzanordnung ein Spektroskop, d. h. zur Trennung verschiedener Wellenlängen brauchbar; die Gitter sind dadurch ausgezeichnet, daß man bei ihnen sehr große Trennung benachbarter Wellenlängen erreichen kann. Bei den gebräuchlichen Gittern, bei denen p von der

Größenordnung 10^4 bis 10^5 ist, kann man selten höhere Ordnungen als die dritte ($k = 3$) benutzen; wegen der Gl. (181) $k\lambda = s \sin \varphi_k$ muß dann $s \geq 3\lambda$ sein, da sonst die dritte Ordnung gar nicht auftreten könnte. Weil die Wellenlängen des sichtbaren Gebietes zwischen 0,4 und 0,75 μ liegen, wollen wir als Beispiel ein Gitter mit $s = 2{,}5 \mu$ nehmen; dies gestattet dann, die roten Wellen von 0,75 μ noch in der dritten Ordnung zu erhalten. Wir wollen für die Ordnungen $k = 1, 2$ und 3 die Beugungswinkel φ_k für $\lambda_\text{rot} = 0{,}75 \mu$ und $\lambda_\text{violett} = 0{,}4 \mu$ ausrechnen. Man erhält so:

(181a)
für $k = 1$: $\varphi_\text{rot} = 17{,}5°$; $\varphi_\text{violett} = 9{,}2°$; $\varphi_\text{rot} - \varphi_\text{violett} = 8{,}3°$
für $k = 2$: $\varphi_\text{rot} = 36{,}9°$; $\varphi_\text{violett} = 18{,}7°$; $\varphi_\text{rot} - \varphi_\text{violett} = 18{,}7°$
für $k = 3$: $\varphi_\text{rot} = 64{,}2°$; $\varphi_\text{violett} = 28{,}7°$; $\varphi_\text{rot} - \varphi_\text{violett} = 33{,}5°$

Man erkennt, daß man schon in der ersten Ordnung eine sehr erhebliche Trennung der extremen Wellenlängen erreichen kann, die sich in zweiter und dritter Ordnung noch etwa verdoppelt bzw. vervierfacht.

Eben wegen dieser großen Trennungsmöglichkeit empfiehlt sich das Gitter als Spektroskop; wir kommen auf diesen Punkt noch genauer zurück. Hier sei nur noch bemerkt, daß in Gl. (181) die Zahl p der Spalte gar nicht auftritt; die in (181a) berechneten Winkel bzw. Winkeldifferenzen gelten also auch schon für ein aus 2 Spalten bestehendes Gitter, das aber wegen der breiten Maxima (Abb. 295) dennoch kein leistungsfähiges Spektroskop darstellt:

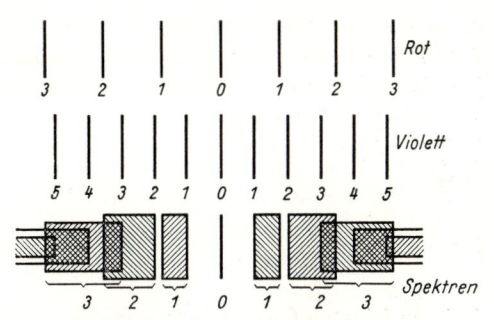

Abb. 297. Entstehung der Gitterspektren

In Abb. 297 sind für ein Gitter in der oberen Reihe die Beugungsbilder für rotes und darunter die für violettes Licht skizziert. Man sieht unmittelbar, was ja auch aus Gl. (181) und der Tabelle (181a) folgt, daß langwelliges Licht stärker abgebeugt wird als kurzwelliges. Wegen der großen Differenzen der Beugungswinkel für verschiedene Wellenlängen liefert das Beugungsgitter ein hervorragendes Mittel zur genauen Bestimmung der Wellenlänge. Man stellt zu diesem Zweck das Gitter auf das Tischchen eines Spektrometers, so daß die Richtung der Gitterspalte parallel zu der des Spektrometerspaltes steht und mißt mit dem drehbaren Fernrohr die Winkel φ_k der Beugungsbilder gegen das zentrale Spaltbild nullter Ordnung. Auf diese Weise hat z. B. H. A. Rowland (1883) die ersten Präzisionsmessungen an den Fraunhoferschen Linien im Sonnenspektrum ausgeführt.

Bei Anwendung weißen Lichtes lagern sich links und rechts neben dem zentralen Spaltbild nullter Ordnung die Beugungsbilder der einzelnen Wellenlängen lückenlos aneinander, so daß in jeder Ordnung ein ganzes Spektrum entsteht, das von außen nach innen stets die Farbenfolge Rot, Orange, Gelb, Grün, Blau, Indigo, Violett zeigt. In der unteren Reihe von Abb. 297 ist die Lage der Beugungsspektren erster bis dritter Ordnung angedeutet. Während das Spektrum erster Ordnung von dem der 2. Ordnung noch durch einen dunkeln Zwischenraum getrennt ist, überlagern sich die folgenden Spektren in der Weise, daß jedesmal das violette des folgenden auf das rote Ende des vorhergehenden Spektrums zu liegen kommt; z. B. ist für das rote Licht der Fraunhoferlinie C $2\lambda = 1312$ mμ und für das violette Licht der G-Linie $3\lambda = 1293$ mμ, so daß die Ablenkung für das Rot in der zweiten Ordnung etwa ebenso groß ist wie für das Violett in der dritten Ordnung; dadurch ergeben sich an diesen Stellen Mischfarben, die sich mit höherer Ordnung immer mehr dem Weiß nähern.

Bei einem Gitterspektrum ist die Reihenfolge der Farben die gleiche wie bei einem Prismenspektrum, abgesehen von der Richtung. Während aber im letzteren die Verteilung der Farben im Spektrum von der Dispersion der Prismensubstanz abhängt, ist dies beim Gitterspektrum nicht der Fall; bei diesem werden vielmehr die einzelnen Farben stets proportional ihrer Wellenlänge abgelenkt. Man bezeichnet das Gitterspektrum als **Normalspektrum**. Bei Benutzung von Sonnenlicht treten natürlich auch im Gitterspektrum die Fraunhoferschen Linien auf. In Abb. 14 auf Tafel I ist ein Gitterspektrum und darüber in Abb. 13 ein mit einem Flintglasprisma erzeugtes gleichlanges Spektrum wiedergegeben. Aus der Lage der Fraunhoferschen Linien erkennt man, daß im Gitterspektrum der rote und gelbe Teil wesentlich stärker auseinandergezogen ist als bei einem prismatischen Spektrum.

Für Wellenlängenmessungen mit dem Gitter ist wichtig die Kenntnis des **Auflösungsvermögens des Gitters**. Wie bereits auf S. 260 angegeben, versteht man darunter die Größe $\frac{\lambda}{\delta\lambda}$, die angibt, welcher Wellenlängenunterschied $\delta\lambda$ sich bei einer Wellenlänge λ noch erkennen läßt. Da nach unseren Darlegungen (siehe auch Abb. 295 auf S. 287) die Beugungsmaxima, d.h. die Linien im Spektrum, um so schärfer ausfallen, je größer die Zahl p der beugenden Öffnungen ist, und ferner aus der Tabelle (181a) hervorgeht, daß die Länge des Beugungsspektrums mit der Ordnungszahl k wächst, ist offenbar das Auflösungsvermögen eines Beugungsgitters proportional dem Produkt kp, und die genaue Rechnung, die wir hier unterdrücken, liefert sogar exakt:

(182) $$\frac{\lambda}{d\lambda} = kp.$$

Bei den feinsten Gittern liegt p in der Größenordnung von 10^5; die Größe k ist, wie oben erläutert wurde, beschränkt auf Werte bis zu 3. Im allgemeinen beobachtet man in der zweiten oder dritten Ordnung, so daß man für das Auflösungsvermögen eines guten Gitters etwa 200 000 bis 300 000 erhält.

Da für die beiden D-Linien $\frac{\lambda}{\Delta\lambda} = 1000$ ist, können mit einem Gitter von dieser Leistungsfähigkeit noch Spektrallinien aufgelöst werden, deren Abstand nur der 200. bis 300. Teil des D-Linien-Abstandes ist. Je größer p, um so besser ist das Auflösungsvermögen des Gitters, obwohl bei allen Gittern mit gleichem s die Maxima nach Gl. (181), wie auch Abb. 295 deutlich zeigt, um den gleichen Winkel abgebeugt sind. Danach ist das Auflösungsvermögen eines Gitters mit z.B. zwei Öffnungen minimal, weil die Maxima breit und verwaschen sind. Infolgedessen werden Maxima dicht beieinanderliegender Wellenlängen nicht getrennt, sondern sie überlagern sich. Ein Blick auf Abb. 295 zeigt, wieviel man an Schärfe gewinnt, wenn man p groß wählt. Daraus ergibt sich übrigens auch die Notwendigkeit, auf die Erfüllung der Kohärenzbedingung (146) für das ganze Gitter zu achten: würde z. B. infolge zu großer Breite des Beleuchtungsspaltes Gl. (146) nur für einen Teil des Gitters erfüllt sein, so hätte man auch nur das Auflösungsvermögen, das der Zahl der Öffnungen dieses Teiles entspricht.

In der umseitigen Tabelle 15 geben wir eine Zusammenstellung der bis jetzt erreichten Auflösungsvermögen der verschiedenen Spektralapparate für eine mittlere Wellenlänge von 500 mμ. Mit steigender Wellenlänge wird das Auflösungsvermögen der Prismenapparate schlechter, da $\frac{dn}{d\lambda}$ abnimmt, das der Interferenzspektroskope besser; für kleinere Wellenlängen kehren sich die Verhältnisse um.

Zur Frage der Herstellung von Beugungsgittern ist folgendes zu sagen: Gröbere Gitter kann man nach Fraunhofer in der Weise anfertigen, daß man dünne Drähte in gleichmäßigen Abständen auf einen Metallrahmen aufspannt; die besondere

Tab. 15. Spektrales Auflösungsvermögen

Anordnung	Ordnungszahl k	Zahl p der interferierenden Strahlen	Auflösungsvermögen
Flintglasprisma, $\dfrac{dn}{d\lambda} = 1730$ cm^{-1}, Basis $t = 10$ cm, $n_D = 1,7594$	—	—	17 300
Strichgitter, 16,5 cm breit, 600 Linien pro mm	3	99 000	297 000
Stufengitter, 35 Stufen, $n = 1,5$; 1 cm Stufenhöhe...	10 000	36	360 000
Lummer-Gehrcke-Platte, 20 cm lang, 1 cm dick, $n = 1,5$	80 000	11	880 000
Fabry-Perot-Platte, ⎱ 1 cm dick	40 000	60	2 400 000
$R = 95\%$ ⎰ 10 cm dick	400 000	60	24 000 000

Art der Herstellung bringt es mit sich, daß dabei $b = s/2$ ist, so daß die geradzahligen Ordnungen ausfallen. Drahtgitter der beschriebenen Art wurden z.B. zu Messungen im Ultraroten benutzt. Feinere Gitter erhält man, indem man mit einem Diamanten auf Glasplatten in gleichmäßigen Abständen Striche einritzt, die die undurchlässigen Teile des Gitters bilden; man kommt so bis zu 400 Strichen pro Millimeter. Da es auf dasselbe hinauskommt, ob man bei einem Gitter im durchgehenden oder reflektierten Licht beobachtet, kann man ein Gitter auch durch Einritzen von Linien in eine spiegelnde Fläche herstellen. Solche **Reflexionsgitter** hat zuerst L. M. Rutherfurd und später H. A. Rowland (1882) ausgeführt. Die besten Rowlandgitter enthalten bis zu 1700 Strichen pro Millimeter und eine Gesamtstrichzahl von 110000 Strichen. Ein weiterer Fortschritt gelang wieder Rowland, nämlich die Gitter auf einer sphärischen Fläche auszuführen. Da diese **Konkavgitter** parallel einfallende Strahlen in einem Brennpunkt vereinigen, machen sie die Benutzung eines Beobachtungsfernrohrs oder sonstiger Optik entbehrlich; das ist besonders wichtig für den Bau von Spektrographen für das ferne Ultraviolett, bei denen man zur Vermeidung von Absorption die Strahlung nur im Vakuum verlaufen lassen darf.

Lange Zeit waren die Rowlandschen Gitter das unentbehrliche Instrument für die Spektroskopie, namentlich für die exakte Bestimmung der Wellenlänge der Spektrallinien der chemischen Elemente: diese Messungen haben nicht nur die Spektralanalyse im vorigen Jahrhundert ermöglicht, sondern auch in diesem Jahrhundert die Unterlage für die Atomtheorie geliefert. In jüngster Zeit gelang ein weiterer wesentlicher Fortschritt bei der Herstellung von Gitterteilungen durch Verwendung von interferometrisch kontrollierten Teilmaschinen (G. Harrison [Lit.]). Selbst bei Gittern von 25 cm Breite konnten Teilungsfehler fast vollkommen vermieden werden.

Läßt man Licht **schräg** durch ein Strichgitter hindurchtreten oder unter flachem Winkel von diesem reflektieren, so wirkt das Gitter mit einer kleineren Gitterkonstante als bei senkrechtem Lichtauffall. Nach Abb. 298 ist nämlich für einen Beugungswinkel φ der Gangunterschied zweier homologer Strahlen $d = AB - OC$, und es ist:

$$AB = OA \sin\alpha = s \cdot \sin\alpha; \quad OC = OA \sin(\alpha - \varphi) = s \cdot \sin(\alpha - \varphi),$$

folglich ist die Gangdifferenz

$$d = s\{\sin\alpha + \sin(\varphi - \alpha)\} = s\{\sin\alpha + \sin\varphi \cos\alpha - \cos\varphi \sin\alpha\}.$$

Für kleine Beugungswinkel φ kann man $\cos\varphi = 1$ setzen und erhält angenähert:

$$d = s \ \cos\alpha \sin\varphi = s' \sin\varphi;$$

d. h. es tritt an Stelle von Gl. (181) die Beziehung:

(181a) $$\sin \varphi_k = \frac{k\lambda}{s'} = \frac{k\lambda}{s \cos \alpha},$$

d. h. das Gitter wirkt so, als ob es eine Gitterkonstante $s' = s \cos \alpha$ besäße. Auf diese Weise ist es z. B. gelungen, bei fast streifendem Einfall unter Ausnutzung der Totalreflexion Beugungsspektren von Röntgenstrahlen mit gewöhnlichen Glasgittern im reflektierten Licht zu erhalten (A. H. Compton und C. L. Doan, 1925).

Die im vorhergehenden dargelegte übliche Gittertheorie ist keineswegs vollkommen. Zwar liefert sie genau die Lage der Maxima — Gl. (181) — und erklärt das hohe Auflösungsvermögen, aber die Messungen der Intensität in den verschiedenen Ordnungen entsprechen keineswegs den Behauptungen der Theorie, wie sie in Abb. 295 dargestellt sind. Vor allem fehlt im allgemeinen die Symmetrie der Intensitäten in den

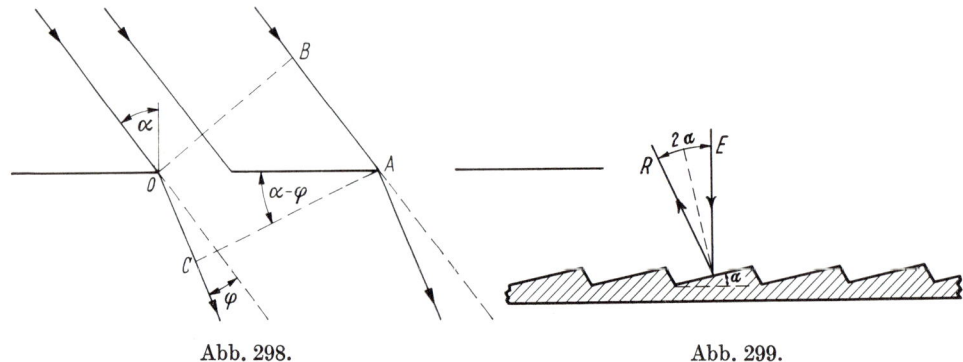

Abb. 298.
Beugung am Gitter bei schrägem Lichteinfall

Abb. 299.
Echelette-Gitter

Beugungsspektren gleicher Ordnung zu beiden Seiten des Zentralbildes, auch nehmen die Intensitäten mit wachsender Ordnungszahl nicht immer ab. Es kann z.B. vorkommen, daß auf der rechten Seite die Spektren erster und zweiter Ordnung außerordentlich schwach sind, ebenso das Spektrum erster Ordnung links, dafür aber das Spektrum zweiter Ordnung links eine extrem große Intensität aufweist, was zwar der Theorie widerspricht, aber offensichtlich für das Experiment einen erheblichen Vorteil bedeutet. Das alles liegt daran, daß die Theorie die Gitterkonstante s schematisch aus einem durchlässigen Teil der Breite b und einem undurchlässigen Teil $s - b$ bestehen läßt, ohne über die spezielle Art dieses letzten Teiles (Art der eingeritzten Furchen) spezielle Voraussetzungen zu machen, was mathematisch auch äußerst schwierig zu behandeln wäre. Hier verdankt man R. W. Wood (1910) erhebliche Fortschritte, indem er systematisch den Einfluß der Furchenform untersucht hat. Das von ihm angegebene sog. Echelette-Gitter hat die in Abb. 299 dargestellte Furchenform, durch die erreicht wird, daß fast die gesamte Intensität in einem Spektrum beliebiger Ordnung vereinigt wird, so daß hierbei hohes Auflösungsvermögen mit großer Intensität Hand in Hand geht. Stellt E in Abb. 299 eine einfallende Welle dar, so wird der größte Teil der Energie jenem Spektrum zugute kommen, das in Richtung R (der regulär reflektierten Welle) liegt. Inzwischen beherrscht man die Technik der Gitterherstellung derartig, daß man die Energie in jeder verlangten Ordnung durch Wahl der geeigneten Furchenform konzentrieren kann.

Stufengitter von Michelson. Das Beugungsgitter normaler Ausführung ist dadurch charakterisiert, daß es nur niedrige Ordnungszahlen k, dafür aber sehr viele (p) Öffnungen hat; für das Auflösungsvermögen kommt es aber nur auf das Produkt $k \cdot p$ an.

37. Beugung durch mehrere kongruente, regelmäßig angeordnete Öffnungen

Man kann also im Prinzip auch k groß machen und dementsprechend die Zahl p der Öffnungen vermindern. Das ist der Grundgedanke des sog. Stufengitters von A. Michelson (1895). Sein Prinzip ist aus der Abb. 300 erkennbar; sie stellt ein Gitter von (zunächst) nur 2 Öffnungen dar, so daß normalerweise im Zentralbild die Gangdifferenz selbst Null wäre. Bedeckt man aber eine Öffnung mit einer Planparallelplatte von der Dicke D und dem Brechungsquotient n, so erhält man schon im Zentralbild eine Gangdifferenz zwischen den beiden Strahlen von $(n-1)D$, was einer Anzahl $(n-1)D/\lambda$ von Wellenlängen entspricht. Für $n=1{,}5$ und $D=1$ cm ergibt dies für eine mittlere Wellenlänge $\lambda = 0{,}5\,\mu = 5 \cdot 10^{-5}$ cm bereits eine Gangdifferenz von $\frac{0{,}5}{5 \cdot 10^{-5}} = 10^4$ Wellenlängen. Hier ist also $k=10^4$ und $p=2$, so daß man bereits ein Auflösungsvermögen von 20000 erzielt hat. Wiederholt man dies, indem man eine dritte Öffnung mit einer Platte von der Dicke $2D$, eine vierte mit einer solchen von $3D$ usw. bedeckt, so kommt

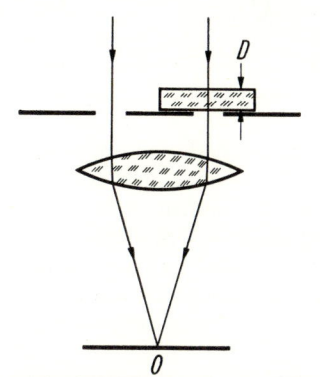

Abb. 300. Prinzip des Stufengitters

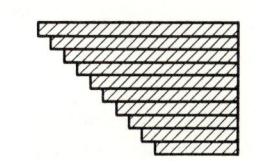

Abb. 301. Glasplattenstaffel

Abb. 302. Phasengitter

man schließlich zu der in Abb. 301 dargestellten „Glasplattenstaffel", in der die Öffnungen ganz fortgelassen sind; als solche fungieren die „Treppenabsätze" der gegeneinander versetzten Glasplatten. Mit 20 Platten von 1cm Dicke erhält man ein Auflösungsvermögen von $21 \cdot 10^4 = 210000$, also gleichwertig mit einem guten Strichgitter.

Der Unterschied zwischen Strichgitter (großes p, kleines k) und Stufengitter (kleines p, großes k) hat zur Folge, daß man mit dem letzteren nur Strukturen in relativ schmalen Spektralbereichen analysieren kann. Ebenso wie das Lummer-Gehrcke- und das Fabry-Perot-Interferometer erfordert das Stufengitter im allgemeinen eine spektrale Vorzerlegung, während dagegen das normale Strichgitter auch zur Analyse weißen Lichts benutzt werden kann, da k meist nicht größer als 3 ist. Das Stufengitter wird heute kaum noch benutzt, wir haben es hier nur des interessanten Grundgedankens wegen erwähnt.

Bei den bisher besprochenen Strichgittern variierte die Lichtdurchlässigkeit bzw. die Reflexion unstetig zwischen 0 und 100%. Bei dem Stufengitter war die Lichtdurchlässigkeit (wenn wir von einer Absorption im Glase absehen) bzw. die Reflexion über die ganze Breite konstant, und es änderte sich lediglich die Phase sprungweise von Stufe zu Stufe. Es lassen sich aber auch Gitter herstellen, bei denen sich die Lichtdurchlässigkeit oder auch die Phase (Gangunterschied) stetig, aber periodisch ändert. Z.B. stellt der Rand eines Tonfilmstreifens, auf dem ein einzelner Ton mittels sog. Dichteschrift (Sprossenverfahren) aufkopiert ist, ein optisches Gitter dar, bei dem die Lichtdurchlässigkeit eine sinusförmige Verteilung besitzt (Amplitudengitter). Eine Glasplatte, die entsprechend Abb. 302 eine sinusförmige Riffelung aufweist, die in der

Abbildung stark übertrieben ist, stellt ein Phasengitter mit periodisch variabler Phase dar.

Ein ausgezeichnetes Gitter, und zwar ein Phasengitter, von großer Regelmäßigkeit stellt ferner eine ebene Ultraschallwelle dar, insbesondere dann, wenn sie sich in einem festen Körper oder einer Flüssigkeit ausbreitet. Jede Schallwelle besteht ja aus einer regelmäßigen Aufeinanderfolge von Verdichtungen und Verdünnungen, wobei der Abstand zweier aufeinander folgender Verdichtungen oder Verdünnungen durch die Schallwellenlänge gegeben ist. Eine Flüssigkeit, in der eine ebene Schallwelle läuft, stellt daher ein Medium mit in Richtung der Schallwelle periodisch veränderlicher Dichte und

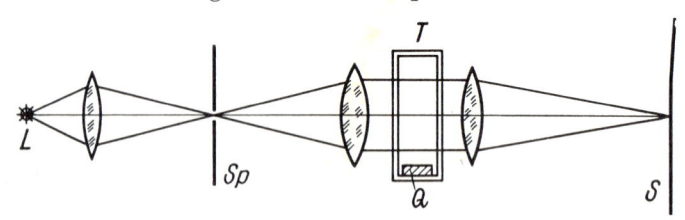

Abb. 303. Versuchsanordnung zur Lichtbeugung an Ultraschallwellen

damit auch periodisch veränderlichem Brechungsquotienten dar. Bildet man nun senkrecht durch eine in einem Flüssigkeitstrog T mittels eines Piezoquarzes Q (siehe Bd. I) erzeugte Ultraschallwelle einen Spalt Sp auf einem Schirm S so ab (Abb. 303), daß die Schallwellenfront parallel zur Spaltrichtung liegt, so erhält man praktisch dieselbe Beugungserscheinung wie bei einem Strichgitter. Rechts und links neben dem zentralen Spaltbild tritt bei monochromatischem Licht eine große Zahl von Beugungsbildern auf (Abb. 304); die Gitterkonstante ist gleich der Schallwellenlänge Λ. Erhöht

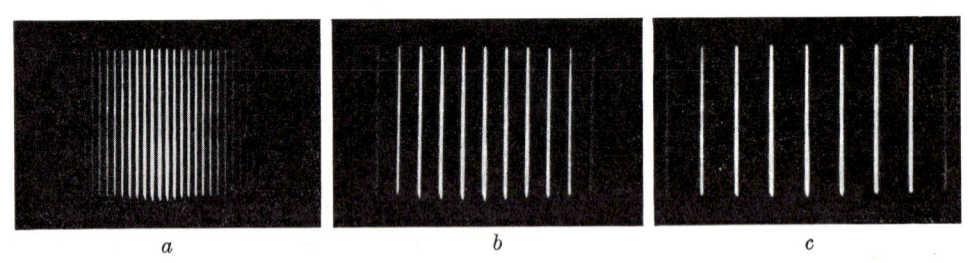

Abb. 304. An Ultraschallwellen in Xylol mit Natriumlicht aufgenommene Fraunhofersche Beugungsspektren

a) Grundschwingung (3 MHz), b) dritte und c) fünfte Oberschwingung des Schallgebers; Schallwellenlänge bei der Grundschwingung 0,44 mm

man daher die Schallfrequenz N, indem man z. B. den Piezoquarz in einer höheren Oberschwingung erregt, so wird Λ entsprechend kleiner, und die Beugungsbilder rücken weiter auseinander (Abb. 304b u. c). Diese Beugungserscheinung an Ultraschallwellen wurde zuerst von P. Debye und F. W. Sears (1932) und unabhängig davon fast gleichzeitig von R. Lucas und P. Biquard entdeckt. Ihre praktische Bedeutung besteht u. a. darin, daß man auf diesem Wege sehr bequem unter Verwendung sehr kleiner Flüssigkeitsmengen die Schallgeschwindigkeit v in Flüssigkeiten messen kann. Wie man sich leicht an Hand der Gl. (181), die hier die Gestalt annimmt $\sin \varphi_k = k \frac{\lambda}{\Lambda}$, überlegt, ist die Schallgeschwindigkeit v durch die Beziehung

$$(182) \qquad v = \frac{k \lambda N}{\sin \varphi_k}$$

gegeben; die Frequenz N des Schallgebers läßt sich mit einem elektrischen Frequenzmesser bestimmen.

Es muß noch erwähnt werden, daß die Lichtbeugung sowohl an fortschreitenden wie an stehenden Schallwellen auftritt, weil die Fraunhofersche Beugungserscheinung unabhängig von der Lage des Gitters ist. Im ersten Fall bewegt sich das beugende Schallwellengitter mit der Schallgeschwindigkeit v senkrecht zur Lichtrichtung. Dies hat einen Dopplereffekt zur Folge. Wird nämlich das senkrecht zur Schallrichtung eingestrahlte Licht der Frequenz v_0 unter dem Winkel $\pm \varphi_k$ abgebeugt, so kann man, ebenso wie bei Reflexion am bewegten Spiegel, den Vorgang formal so interpretieren, als ob die Lichtgeschwindigkeit c sich geändert habe, hier auf $c \pm v \cdot \sin \varphi_k$. Die Gleichung des Dopplereffektes [siehe Bd. I] liefert dann für die Frequenz v_k des in die k-te-Ordnung abgebeugten Lichtes den Ausdruck:

$$v_k = \frac{c}{c \mp v \sin \varphi_k} v_0$$

Daraus folgt nach (182) und wegen $kN \ll v_0$

(183) $$v_k = v_0 \pm kN.$$

Dabei gilt das Pluszeichen (Frequenzerhöhung), wenn der Winkel φ_k zwischen der Fortpflanzungsrichtung der Schallwelle und der des abgebeugten Lichtes spitz ist, während das Minuszeichen (Frequenzerniedrigung) gilt, wenn φ_k stumpf ist. Bei einer Schallfrequenz von 7600 kHz bewirkt der im Beugungsbild erster Ordnung zu erwartende Dopplereffekt bei der grünen Quecksilberlinie ($\lambda = 453{,}7$ mμ) nur eine Wellenlängenänderung von $1{,}6 \cdot 10^{-6}$ mμ; er konnte trotz seiner Kleinheit von verschiedenen Forschern nachgewiesen werden; doch macht er sich praktisch kaum bemerkbar. Etwas anders liegen die Verhältnisse bei der Beugung des Lichtes an einer stehenden Schallwelle. Betrachtet man letztere als eine Überlagerung zweier in entgegengesetzter Richtung laufender Wellen, so sieht man, daß in dem Beugungsbild k-ter Ordnung die beiden durch Gl. (183) angegebenen Lichtfrequenzen vorhanden sind, was in der Tat experimentell bestätigt werden konnte. Es kommt jetzt aber noch etwas anderes hinzu. Wie in Bd. I bei den stehenden Wellen auseinandergesetzt, entsteht und verschwindet eine stehende Welle in der Sekunde $2N$-mal, wenn N die Frequenz der Welle ist. Das hat zur Folge, daß die Intensität des von der Schallwelle abgebeugten Lichtes mit der doppelten Schallfrequenz schwankt. Blendet man also das zentrale Bild aus und faßt alle abgebeugten Strahlen mit einer Linse wieder zusammen, so erhält man eine für stroboskopische Zwecke geeignete, mit dem zweifachen Wert der Schallfrequenz intermittierende Lichtquelle. Man verwendet daher vielfach solche Ultraschallzellen an Stelle von Kerrzellen (vgl. Nr. 51).

38. Beugung an zwei- und dreidimensionalen Gittern; Röntgenstrahlbeugung

Die bisherigen Überlegungen bezogen sich auf eindimensionale Gitter, d. h. ihre Periodizität erstreckte sich nur in einer Richtung. Legt man zwei gleiche gewöhnliche Strichgitter übereinander, so erhält man ein zweidimensionales sog. Kreuzgitter. Projiziert man durch ein solches Gitter einen Lichtpunkt auf einen Schirm, so erhält man bei Benutzung von weißem Licht die in Abb. 305a wiedergegebene Beugungserscheinung, bei der sich um einen zentralen weißen Fleck in der Mitte eine große Zahl von farbigen Beugungsspektren in regelmäßiger Anordnung so gruppiert, daß ihre Längsrichtung nach der Mitte zeigt und das violette Ende innen liegt. In monochromatischem Licht geht die Erscheinung in die der Abb. 305b über, bei der die einzelnen Beugungspunkte in den Schnittpunkten eines geradlinigen quadratischen Netzes liegen[1]). Die Lage der Beugungspunkte und damit das Aussehen der Erscheinung ändert sich, wenn man die Richtung des einfallenden Lichtes zur Ebene des Kreuzgitters durch Verdrehen desselben etwas variiert. Dabei ändert sich nach Gl. 181a die Größe der Gitterkonstanten in den verschiedenen Richtungen.

Solche und ähnliche Beugungserscheinungen beobachtet man z. B., wenn man durch ein Stück Musselin oder Seide nach einer punktförmigen Lichtquelle (entfernte Straßen-

---

[1]) Dies ist nicht ganz richtig: das Netz ist nicht geradlinig, sondern wird von Hyperbeln gebildet, die allerdings in niedrigen Ordnungen fast geradlinig verlaufen.

laterne) blickt. Viele Farberscheinungen in der Natur, z. B. die Farbe gewisser Schmetterlingsflügel und anderer Insekten, die Farbe der Perlmutter und der Perlen erklären sich durch Beugung des Lichtes an einer feinen Riffelung oder gitterartigen Struktur der betreffenden Oberfläche.

Um die Beugung an zwei- und dreidimensionalen Gittern übersichtlich darstellen zu können, wollen wir jetzt die Betrachtung und die Bezeichnungen etwas ändern. Zunächst werden wir kein Strichgitter betrachten, sondern eine längs der x-Achse aufgereihte Anzahl von kleinen kreisförmigen Öffnungen, die im Abstande b_1 aufeinander

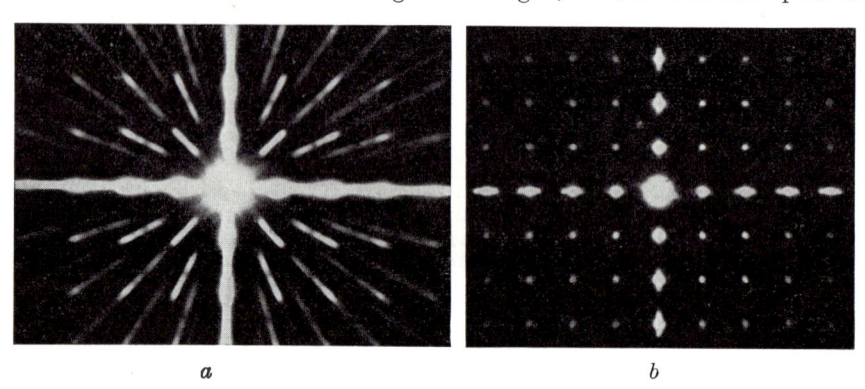

Abb. 305. An einem Kreuzgitter mit weißem (*a*) und monochromatischem (*b*) Licht aufgenommene Fraunhofersche Beugungsspektren

folgen. Statt der Öffnungen in einem undurchlässigen Schirm können wir, was für das Folgende zweckmäßiger ist, nach dem Babinetschen Theorem komplementäre und undurchlässige Teilchen als die beugenden Elemente ins Auge fassen. Wenn wir zu einem zweidimensionalen Gitter übergehen, wollen wir dasselbe in die xy-Ebene legen. Schließlich wollen wir derartige zweidimensionale Gitter längs der z-Achse in konstanten Abständen anbringen. In allen Fällen möge das Licht parallel der z-Richtung sowohl auf die lineare Punktreihe, das ebene Punktsystem und das dreidimensionale Raumgitter auffallen; der abgebeugte Strahl bilde mit den Koordinatenachsen die Winkel α, β, γ.

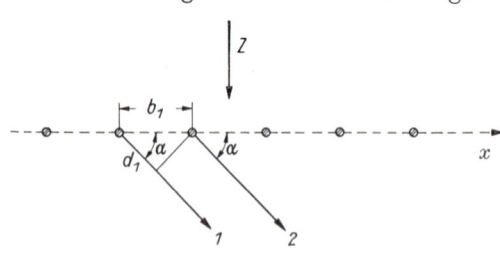

Abb. 306. Beugung an einer längs der x-Achse liegenden Reihe kleiner Teilchen

Wir betrachten nun zuerst die längs der x-Achse aufgezogene Reihe von Teilchen, die im Abstande b_1 voneinander angeordnet sind (Abb. 306). Fällt Strahlung aus der z-Richtung senkrecht auf diese Reihe, so gehen von jedem Teilchen Kugelwellen aus (die man sich als eine physikalische Realisierung der Huygensschen Elementarwellen denken kann), die miteinander interferieren; wir fassen zwei parallele homologe Strahlen 1 und 2 ins Auge, die mit der x-Achse den Winkel α bilden. Die Zeichenebene der Abb. 306 sei die Ebene, die durch die x-Achse und die beiden Strahlen 1 und 2 gelegt ist. Helligkeit herrscht in der durch α gekennzeichneten Richtung, wenn die Gangdifferenz $d_1 = b_1 \cos \alpha$ den Wert $h_1 \lambda$ ($h_1 = 0, 1, 2, \ldots$) besitzt, woraus für die Winkel α die Beziehung folgt:

$$(184) \qquad \cos \alpha = \frac{h_1 \lambda}{b_1} \quad (h_1 = 0, \pm 1, \pm 2, \ldots).$$

38. Beugung an zwei- und dreidimensionalen Gittern; Röntgenstrahlbeugung

Das ist, abgesehen von der etwas veränderten Bezeichnung, genau unsere alte Gleichung (181). Während wir aber bei den Strichgittern nur einen ebenen Schnitt durch das Gitter senkrecht zur Strichrichtung zu betrachten brauchten, haben wir hier andere Symmetrieverhältnisse, da um die x-Achse herum alles symmetrisch ist. Das heißt: in allen durch die x-Achse gelegten Ebenen gelten die gleichen Verhältnisse wie in der Zeichenebene der Abb. 306. Geometrisch bedeutet die Gl. (184), d.h. $\alpha =$ const., eine Schar von Kreiskegeln mit dem halben Öffnungswinkel α um die x-Achse; wir können sie erhalten, indem wir Abb. 306 um die x-Achse drehen. In den durch diese Kreiskegel bestimmten Richtungen $\left(\cos\alpha_0 = 0; \quad \cos\alpha_1 = \dfrac{\lambda}{b_1}; \quad \cos\alpha_2 = \dfrac{2\lambda}{b_1}; \ldots\right)$ herrscht also Helligkeit. Die Schnitte dieser Kegel mit einer senkrecht zur Richtung der auffallenden Strahlen, d.h. senkrecht zur z-Achse aufgestellten photographischen Platte sind aber

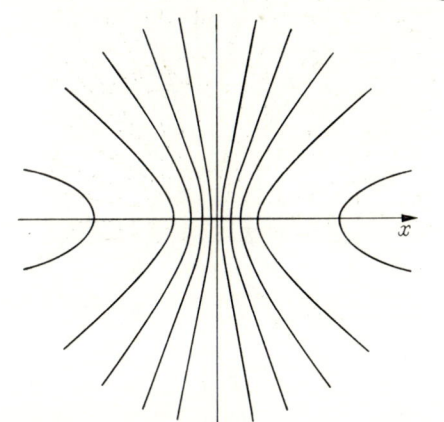

Abb. 307. Hyperbelschar als Ort der Interferenzmaxima bei der Beugung nach Abb. 306

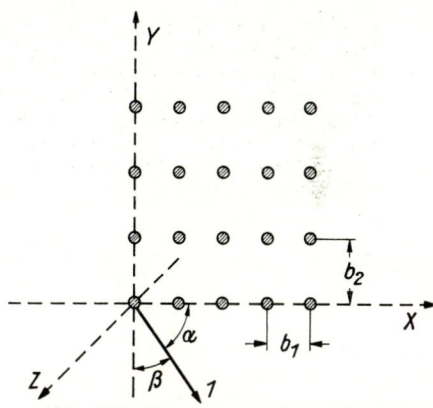

Abb. 308. Beugung an einem ebenen Punktgitter

gleichseitige Hyperbeln, die die Orte der Interferenzmaxima im Raume darstellen (Abb. 307); sie entsprechen den geradlinigen Interferenzmaxima beim Strichgitter. (Dort hatten wir es nur mit einer Ebene zu tun, hier mit allen durch die x-Achse gelegten Ebenen, d.h. mit einem räumlichen Problem.)

Wir gehen nun zu einem ebenen Gitter über, indem wir parallel zur y-Achse in den Abständen b_2 zu jedem Gitterpunkte der x-Achse neue Gitterpunkte hinzufügen, so daß sie in ihrer Gesamtheit ein ebenes Punktgitter bilden (Abb. 308); wir legen dieses Gitter in die Zeichenebene; von hinten fällt wieder parallel der z-Achse Strahlung senkrecht auf das Gitter auf, und von jedem Gitterpunkte gehen wieder die Huygensschen Elementarwellen aus. Wir fassen jetzt einen gebeugten Strahl ins Auge, der mit der x-Achse den Winkel α, mit der y-Achse den Winkel β bildet; der in der Abb. 308 gezeichnete Strahl 1 tritt aus der Zeichenebene nach vorn heraus. Gefragt wird wieder nach den Richtungen (α, β), in denen maximale Helligkeit herrscht. Von vornherein ist nach dem, was wir bereits wissen, klar, daß die Hinzufügung der neuen Gitterpunkte zur linearen Punktreihe der Abb. 306 keine neue Helligkeit, sondern nur neue Dunkelheit bewirken kann: Von den Punkten der hellen Interferenzlinien der Gl. (184) und der Abb. 307 wird noch eine Auswahl getroffen, d.h. es entstehen in diesen alten Maxima neue Minima. Und zwar ist es klar, daß nunmehr zwei Gleichungen nach Art von (184) erfüllt sein müssen, nämlich:

(185)
$$\cos\alpha = \frac{h_1 \lambda}{b_1},$$
$$\cos\beta = \frac{h_2 \lambda}{b_2},$$

deren erste wieder die uns schon bekannte Schar von Kreiskegeln um die x-Achse, deren zweite eine Schar von Kreiskegeln um die y-Achse definiert. Wir erhalten also in einer Ebene senkrecht zu z zwei Scharen gleichseitiger Hyperbeln, die in Abb. 309 dargestellt sind. Beide Gl. (185) sind aber nur in den Schnittpunkten beider Hyperbelsysteme erfüllt: nur in diesen Schnittpunkten erscheinen auf der Platte die Schwärzungen der Helligkeitsmaxima. Sie bilden ein Netz, das für kleine Werte von h_1 und h_2 nahezu geradlinig ist, wie es Abb. 305b angibt

Beiden Fällen (Beugung an der linearen Punktreihe und am ebenen Punktgitter) ist es gemeinsam, daß die Wellenlänge λ der gebeugten Strahlung jeden Wert haben kann, wofern nur λ kleiner ist als die Gitterkonstanten b_1 und b_2. Denn es gibt sowohl für (184) wie für (185) immer reelle Winkel, für die die Gleichungen erfüllt werden

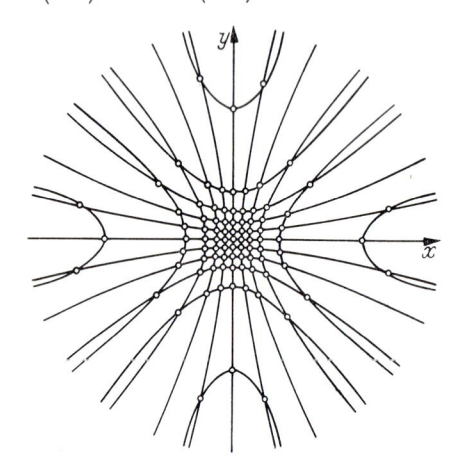

Abb. 309. Die Schnittpunkte zweier Hyperbelscharen bilden die Orte der Interferenzmaxima bei der Beugung an einem ebenen Punktgitter

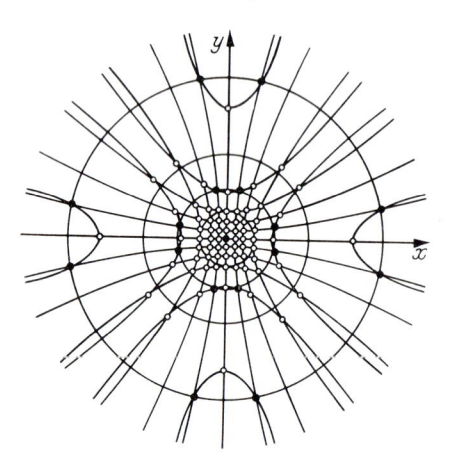

Abb. 310. Die gleichzeitigen Schnittpunkte zweier Hyperbelscharen und einer Anzahl ausgewählter Kreise (schwarze Punkte) bilden die Orte der Interferenzmaxima bei der Beugung an einem dreidimensionalen Punktgitter

können. Speziell kann man das im zweiten Falle geometrisch auch so ausdrücken, daß die Hyperbelsysteme der Abb. 309 immer reelle Schnittpunkte haben, in denen also Helligkeit herrscht.

Das wird anders, wenn wir zum dreidimensionalen Punktgitter, dem Raumgitter, übergehen, indem wir das in Abb. 308 gezeichnete ebene Gitter periodisch in der z-Richtung in Abständen b_3 wiederholen. Wie nun ohne weiteres klar ist, müssen nun drei Bedingungen erfüllt sein, damit in der Richtung (α, β, γ) Helligkeit herrschen kann:

$$(186) \quad \begin{cases} \cos \alpha = \dfrac{h_1 \lambda}{b_1}, \\ \cos \beta = \dfrac{h_2 \lambda}{b_2}, \\ \cos \gamma - 1 = \dfrac{h_3 \lambda}{b_3}. \end{cases}$$

Daß die letzte Gleichung etwas abweicht, liegt daran, daß die Gangdifferenz von Strahlen, die von in der z-Richtung benachbarten Gitterpunkten ausgehen, gleich $b_3 \cos \gamma - b_3 = b_3 (\cos \gamma - 1)$ ist.

Wieder haben wir Scharen von Kreiskegeln um die x-, y- und z-Achse; die letzteren scheiden von den Helligkeitspunkten, die die beiden ersten ergeben, noch eine Anzahl aus. Die Schnittkurven der Kegel $\cos \gamma - 1 = \dfrac{h_3 \lambda}{b_3}$ mit der senkrecht zur z-Achse

38. Beugung an zwei- und dreidimensionalen Gittern; Röntgenstrahlbeugung

stehenden photographischen Platte sind aber Kreise. Helligkeit herrscht also nur da, wo die beiden Hyperbelscharen und die ausgewählten Kreise sich in einem Punkte schneiden, und das ist im allgemeinen nicht der Fall. Nur wenn die Wellenlänge λ richtig ausgesucht ist, kann dieses Ereignis eintreten; diese kann also — im Gegensatz zu vorher — nicht mehr beliebig gewählt werden. Im Gegenteil ist λ durch die drei Bedingungen (186) vollkommen bestimmt, da ja $\cos^2\alpha + \cos^2\beta + \cos^2\gamma = 1$ sein muß. Tragen wir in diese Gleichung die Werte der Cosinusse aus (186) ein, so folgt:

$$0 = \frac{2h_3}{b_3}\lambda + \lambda^2\left(\frac{h_1^2}{b_1^2} + \frac{h_2^2}{b_2^2} + \frac{h_3^2}{b_3^2}\right)$$

oder

(187) $$|\lambda| = \frac{2h_3/b_3}{\dfrac{h_1^2}{b_1^2} + \dfrac{h_2^2}{b_2^2} + \dfrac{h_3^2}{b_3^2}}.$$

Nur diese Wellenlänge kann (bei senkrechter Inzidenz, wie angenommen) in den Strahl mit den Ordnungszahlen (h_1, h_2, h_3) abgebeugt werden. Für eine beliebige Wellenlänge wird im allgemeinen in kein Ordnungszahltripel Licht gebeugt. Hat man weißes Licht, d. h. ein ganzes Wellenlängenkontinuum zur Verfügung, so sucht sich das Raumgitter aus dieser Gesamtheit gerade die Wellenlänge (oder die Wellenlängen) heraus, für die Gl. (187) erfüllt ist: in diesem Falle ist aber das in irgendein Ordnungszahltripel (h_1, h_2, h_3) gebeugte Licht nicht mehr weiß, sondern monochromatisch.

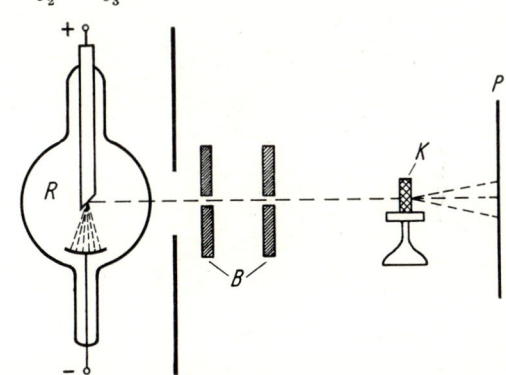

Abb. 311. Versuchsanordnung zum Nachweis der Beugung von Röntgenstrahlen an einem Kristall

Für ein kubisches Gitter ($b_1 = b_2 = b_3 = b$) geht (187) in die einfachere Gleichung über:

(187a) $$|\lambda| = \frac{2h_3 b}{h_1^2 + h_2^2 + h_3^2}.$$

Abb. 310 zeigt in einem speziell ausgesuchten Fall, wie die dritte Bedingung (186) aus den zahlreichen Punkten der Abb. 309 nur einige wenige übrig läßt.

Beugung an einem Raumgitter spielt in der eigentlichen Optik keine Rolle, da es bisher kaum gelungen ist, für das sichtbare Licht ein hinreichend exaktes Raumgitter herzustellen; um so größer ist freilich die Bedeutung für das Gebiet der Röntgenstrahlen. Im Jahre 1912 wies M. v. Laue darauf hin, daß man in den Raumgittern der Kristalle möglicherweise ein Mittel habe, um Beugungserscheinungen sehr kurzer Wellen zu beobachten und damit sowohl die Frage nach der Natur der Röntgenstrahlen zu entscheiden, als auch gegebenenfalls ihre Wellenlänge zu messen. Auf seine Veranlassung hin stellten W. Friedrich und P. Knipping (1912) den folgenden Versuch an (Abb. 311): Aus der Strahlung einer Röntgenröhre R wurde mittels geeigneter Blenden B ein feiner Röntgenstrahl ausgeblendet. Dieser wurde durch einen Kristall K hindurchgeschickt und fiel auf eine photographische Platte P. Abb. 312a zeigt das Ergebnis dieses Versuches, das „**Lauediagramm**" eines Zinkblendekristalls (ZnS), der parallel zur Würfelkante, also in Richtung einer vierzähligen Symmetrieachse, durchstrahlt wurde. Infolgedessen ergeben die an den Zn- und S-Atomen des Kristalls gebeugten Strahlen ein Beugungsbild von vierzähliger Symmetrie. Jede zusammengehörige Gruppe von Interferenzpunkten, die durch Drehung und Spiegelung auseinander hervorgehen, zeigt gleiche Intensität und wird durch die gleiche Wellenlänge erzeugt. Optisch gesprochen würde also jede solche Punktgruppe in einer reinen Farbe und verschiedene Punktgruppen im allgemeinen in verschiedenen Farben auftreten. Abb. 312b zeigt die Beugung an einem Zinkblendekristall, der parallel zu einer Oktaederfläche geschnitten war und senkrecht zu dieser Fläche, also in Richtung einer Raumdiagonalen des Würfels, durchstrahlt wurde. Dementsprechend ist das Interferenzbild von dreizähliger Symmetrie.

Wichtig ist, daß nach dem Vorhergehenden zur Erzeugung der Lauediagramme ein **kontinuierliches Röntgenspektrum (sog. weißes Röntgenlicht)** erforderlich ist; aus diesem Kontinuum sucht sich dann der Kristall diejenigen Wellenlängen heraus, für die Gl. (187) erfüllt ist.

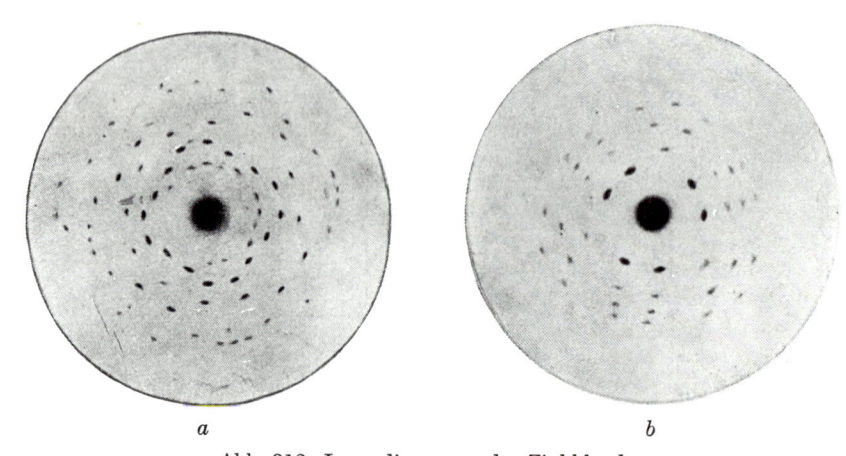

a *b*

Abb. 312. Lauediagramm der Zinkblende
a) Durchstrahlung parallel zur Würfelkante; *b*) Durchstrahlung in Richtung einer Würfeldiagonale

Die eine große Leistung der Laueschen Entdeckung war der dadurch erbrachte Beweis der **Identität der Röntgen- und Lichtstrahlen**[1]). Gleichzeitig bewiesen die Versuche aber auch die Richtigkeit der Vorstellung von der Raumgitterstruktur der Kristalle. Daß die Beugung der Röntgenstrahlen wirklich an den das Raumgitter bildenden Partikeln (Atomen, Ionen oder Molekülen) erfolgt, beweist unter anderem die Tatsache, daß bei Erhitzung des Kristalls infolge der Wärmebewegung die Beugungsmaxima unscharf werden. Heute sind die Lauediagramme eines der wichtigsten Hilfsmittel der Kristallographie zur Erforschung der Kristallstrukturen geworden. Im einzelnen können wir darauf nicht näher eingehen; daß es grundsätzlich möglich ist, aus der Struktur der Beugungsbilder Rückschlüsse auf das beugende Gitter zu ziehen, ist aber klar.

Wir erwähnen in diesem Zusammenhange noch zwei weitere röntgenspektroskopische Verfahren, die für die Praxis von großer Bedeutung geworden sind. Das eine rührt von Vater und Sohn W. L. Bragg und W. H. Bragg (1913) her. Sie erkannten, daß man die Abbeugung von Röntgenstrahlen, wie wir sie im Vorhergehenden geschildert haben, als eine „Reflexion" an gewissen Ebenen, den sog. Netzebenen des Kristalls deuten kann: so erhält man eine äußerst anschauliche Darstellung des immerhin komplizierten Beugungsvorgangs im Raumgitter. Wir erinnern den Leser daran, daß wir in Bd. I Netzebenen als Ebenen definiert haben, die mit den Teilchen, die die Raumgitter bilden, besetzt sind. Es gibt natürlich eine sehr große (im unendlich ausgedehnten Kristall unendlich große) Zahl von Netzebenen; wie man sie aber auch wählt, in ihrer Gesamtheit umfassen sie alle Punkte des Raumgitters; die Begrenzungsflächen eines Kristalls sind natürlich auch Netzebenen.

Als Gitterkonstante oder Identitätsabstand wird der Abstand solcher Netzebenen bezeichnet, die auseinander durch eine rein translatorische Verschiebung gemäß den Translations- oder Bravais-

---

[1]) Wir sagen mit Absicht nicht: „von der Wellennatur der Röntgenstrahlen", wie oft formuliert wird; denn wie wir später sehen werden, hat das Licht neben den Welleneigenschaften auch korpuskulare, und dieser Dualismus überträgt sich auch auf die Röntgenstrahlen.

38. Beugung an zwei- und dreidimensionalen Gittern; Röntgenstrahlbeugung

gittern (Bd. I) hervorgehen („homologe" Netzebene). Im Beispiel des $NaCl$-Gitters ist also die Gitterkonstante gleich dem doppelten Abstand benachbarter Netzebenen.

In Abb. 313 ist ein Schnitt (parallel der xz-Ebene, die wir zur Zeichenebene wählen) durch einen einatomigen kubischen Kristall mit der Gitterkonstanten b gezeichnet; parallel der z-Achse, also senkrecht zu einer Netzebene, treffe ein paralleles Röntgenstrahlbündel auf, von dem die Strahlen 1 und 2 gezeichnet sind, die von den Punkten A_1 und A_2 des Raumgitters unter dem Winkel φ abgebeugt seien. In der Zeichnung sind außerdem die Schnitte von zwei parallelen Netzebenen

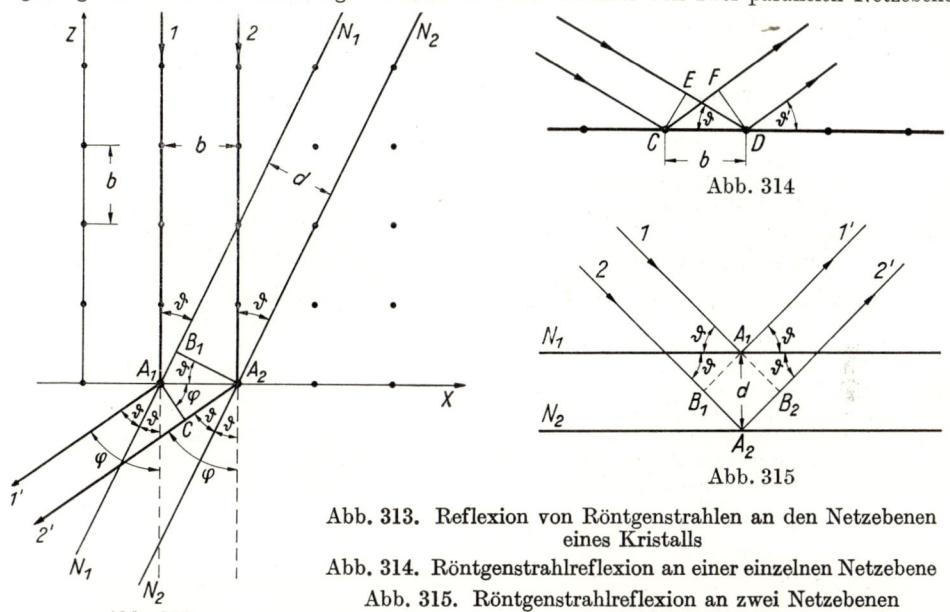

Abb. 313. Reflexion von Röntgenstrahlen an den Netzebenen eines Kristalls

Abb. 314. Röntgenstrahlreflexion an einer einzelnen Netzebene

Abb. 315. Röntgenstrahlreflexion an zwei Netzebenen

N_1 und N_2 eingetragen, und zwar so, daß sie sowohl mit den einfallenden Strahlen 1 und 2 wie mit den gebeugten Strahlen 1' und 2' den Winkel ϑ bilden. Man sieht daraus, daß man es so auffassen kann, als sei Strahl 1 an der Netzebene N_1, Strahl 2 an der Netzebene N_2 „gespiegelt", ebenso die nicht gezeichneten Strahlen 3, 4, ... an weiteren parallelen Netzebenen $N_3, N_4 \ldots$: das ist die Auffassung der Braggs. Wir müssen nun zeigen, daß diese Darstellung, die ja keine Reflexion im Sinne der Optik ist, weil sie nicht an der Oberfläche, sondern an der ganzen Schar der geeigneten parallelen Netzebenen vor sich gehen soll, zu den Laueschen Bedingungen (186) führt. Wir haben uns hier die Sache vereinfacht, indem wir nur Strahlen betrachten, die in der xz-Ebene um einen Winkel φ abgebeugt werden sollen. Dafür gilt hier nur eine der Lauebedingungen, die wir in Gl. (181) in der Form geschrieben haben (damals war die Gitterkonstante mit s, hier mit b bezeichnet):

$$\sin \varphi = \frac{k \lambda}{b} \quad (k = 0, 1, 2, \ldots).$$

Man entnimmt nun der Abb. 313, daß die Beziehung besteht:

(188) $$\varphi = 2\vartheta; \quad \vartheta = \frac{\varphi}{2}.$$

Bevor wir weitergehen, müssen wir noch die sog. Reflexion an einer einzelnen Netzebene etwas genauer untersuchen (Abb. 314). Es mögen zwei Strahlen auf eine Netzebene auffallen, so daß sie mit derselben den Winkel ϑ bilden; ϑ ist offenbar das Komplement des Einfallswinkels und wird allgemein als „Glanzwinkel" bezeichnet. Die beiden so gefaßten Strahlen mögen die Netzebene in den Punkten C und D treffen, von denen dann die Huygensschen Elementarwellen nach allen Seiten ausgehen; wir fassen eine Richtung ϑ' ins Auge und denken uns die in dieser Richtung „reflektierten" Strahlen zur Interferenz gebracht. Es kommt also auf ihren Gangunterschied an. Nach Abb. 314 ist derselbe gleich $ED - CF$, d. h. gleich $b \cos \vartheta - b \cos \vartheta'$; dieser muß Null sein, wenn in der Reflexionsrichtung eine merkliche Intensität herrschen soll, d. h. es muß $\vartheta' = \vartheta$ sein. Damit also überhaupt von einer Netzebene eine merkliche Intensität „reflektiert" wird, muß das gewöhnliche Reflexionsgesetz gelten. Wie aber, wenn eine ganze Schar paralleler Netzebenen sich an der „Reflexion" beteiligen soll, wie es die Auffassung der Braggs ist? Betrachten wir nun Abb. 315; hier sind zwei Netzebenen N_1 und N_2 gezeichnet, die wir mit den in Abb. 313 mit den gleichen Buchstaben gekennzeichneten identifizieren können. Die beiden Strahlen 1 und 2, die nun, der eine im Punkte A_1 an N_1, der andere in A_2 an N_2, „reflektiert" werden sollen, wobei nach dem oben Gesagten $\vartheta' = \vartheta$ genommen ist, haben jetzt den Gangunterschied $B_1 A_2 + A_2 B_2 = 2d \sin \vartheta$, und dieser muß, damit nun die „reflektierten" Strahlen 1 und 2 eine merkliche Intensität haben, gleich einem ganzzahligen Vielfachen von λ sein, d. h. es muß für eine „Reflexion" an einer parallelen Schar von Netzebenen die Bedingung erfüllt sein (sog. **Braggsche Bedingung**):

(189) $$2d \sin \vartheta = k \lambda \quad (k = 0, 1, 2, 3 \ldots).$$

Das bedeutet, daß bei einem gegebenen Netzebenenabstand d nur gewisse Wellenlängen unter dem Glanzwinkel ϑ „reflektiert" werden, bzw. daß bei gegebener Wellenlänge λ und bestimmtem Netzebenenabstand d nur gewisse Glanzwinkel möglich sind. — Kehren wir nun zu Abb. 313 zurück. Die Lauebedingung verlangt, daß die Gangdifferenz zwischen den gebeugten Strahlen 1' und 2', d. h. die Strecke $A_2 C = b \sin \varphi = k \lambda$ sein muß. Andererseits folgt aus Betrachtung des Dreiecks $A_1 A_2 B_1$, daß der Netzebenenabstand $A_2 B_1 = d = b \cdot \cos \vartheta$ ist. Nach der Braggschen Bedingung (189) muß also sein:

$$2 b \cos \vartheta \sin \vartheta = k \lambda,$$

oder, da nach (188) $\vartheta = \varphi/2$ ist:

$$2 b \cos \varphi/2 \sin \varphi/2 = k \lambda,$$

Abb. 316. Schema des Braggschen Röntgenspektrographen

und das ist identisch mit $b \sin \varphi = k \lambda$, d. h. der Laue-Bedingung (181). Damit ist die Gleichwertigkeit der Braggschen und Laueschen Betrachtungsweise (wenigstens für den hier betrachteten Spezialfall) bewiesen.

Abb. 316 zeigt das Schema des Braggschen Röntgenspektrographen. Der von der Antikathode K einer Röntgenröhre ausgehende Röntgenstrahl durchsetzt einen Spalt Sp von etwa 0,1 mm Breite und trifft nach Durchgang durch eine weitere Schutzblende B auf die Oberfläche

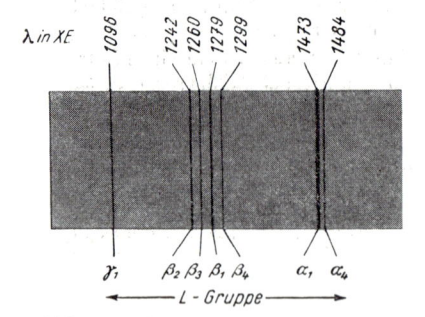

Abb. 317. Linienspektrum der L-Röntgenstrahlung einer Wolfram-Antikathode

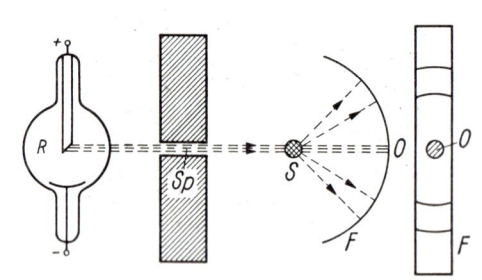

Abb. 318. Kristallpulververfahren von Debye-Scherrer

des Kristalls Kr, von wo er zur Photoplatte P „reflektiert" wird. Dazu muß erwähnt werden, daß in der Röntgenstrahlung außer der sog. Bremsstrahlung, die das als „weißes Röntgenlicht" bezeichnete Wellenkontinuum liefert[1]), auch bestimmte, dem Material eigentümliche Wellenlängen (sog. Fluoreszenzstrahlung) mit großer Intensität vorhanden sind; sie sind durchaus analog den in der Optik auftretenden Spektrallinien. Um die Bestimmung dieser Linien handelt es sich bei dem Braggschen Spektrometer. Um den für diese Wellenlängen richtigen Glanzwinkel einzustellen, wird der Kristall durch ein Uhrwerk um eine in O befindliche, der Spaltrichtung parallele Achse langsam hin und her geschwenkt. Abb. 317 zeigt als Beispiel ein nach diesem „Drehkristallverfahren" gewonnenes Linienspektrum der L-Röntgenstrahlung einer Wolfram-Antikathode.

Ein weiteres wichtiges Verfahren ist das Kristallpulververfahren von P. Debye und P. Scherrer (1916); es hat vor allem den großen Vorzug, daß kein großes gut ausgebildetes Kristallstück benötigt wird, sondern das zu untersuchende Material in Pulverform verwendet werden kann. Das aus vielen einzelnen Kristalliten bestehende Pulver wird zu einem zylindrischen Stäbchen zusammengepreßt und dann von einem Bündel paralleler Röntgenstrahlen durchstrahlt (Abb. 318). An den im Stäbchen vorhandenen Netzebenen aller möglichen Orientierungen werden

---

[1]) Der Name „Bremsstrahlung" rührt davon her, daß dieses Spektrum durch Abbremsung von Elektronen in der Materie erzeugt wird. Die dabei verlorengehende kinetische Energie wird in Strahlungsenergie umgesetzt.

die Röntgenstrahlen jetzt in die durch ihre Wellenlängen bedingten Richtungen „reflektiert". Alle diese Richtungen liegen auf (verschiedenen) Kegelmänteln, deren Achse die Richtung der einfallenden Strahlen bildet. Umgibt man das beugende Stäbchen in einiger Entfernung konzentrisch mit einem kreisförmig gebogenen photographischen Film, so entstehen auf diesem zum Auftreffpunkt O des direkten Strahles konzentrische Kreise (bzw. Stücke von solchen), wie dies Abb. 319 an einem Beispiel zeigt.

Elastogramme. Natürliche Raumgitter für sichtbares Licht gibt es nicht. 1933 ist es Cl. Schaefer und L. Bergmann gelungen, mittels Ultraschallwellen künst-

Abb. 319. Debye-Scherrer-Diagramm, aufgenommen mit der K-Röntgenstrahlung einer Kupfer-Antikathode an Nickel-Pulver

liche Raumgitter für die Beugung des sichtbaren Lichtes zu erzeugen. Läßt man z. B. in einer Flüssigkeit drei Ultraschallwellen sich in drei zueinander senkrechten Richtungen durchkreuzen, so bilden die Schnittpunkte der Ebenen stärkster Verdichtungen ein dreidimensionales Raumgitter. Durchstrahlt man ein solches Gebilde

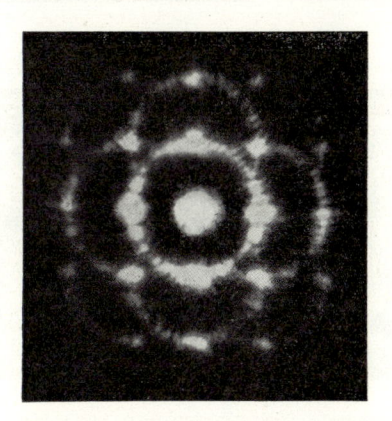

Abb. 320. An einem von Ultraschallwellen erzeugten dreidimensionalen Raumgitter mit monochromatischem Licht erzeugte Beugungsfigur

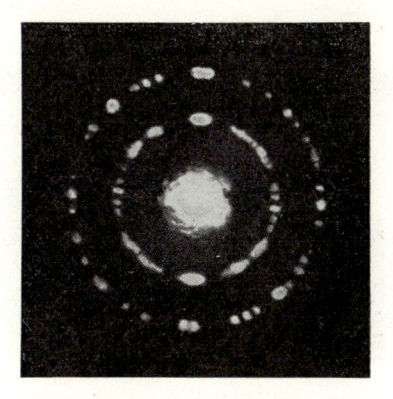

Abb. 321. Optisches Beugungsbild (Elastogramm) eines hochfrequent schwingenden Glaswürfels

mit einem Lichtstrahl, so erhält man die in Abb. 320 wiedergegebene Beugungsfigur, die einer Laueaufnahme an einem regulären Kristall ähnlich sieht.

In Abb. 321 ist ein Beugungsbild wiedergegeben, das man bei Durchstrahlung eines Glaswürfels mit sichtbarem Licht erhält, wenn man diesen Würfel durch einen aufgekitteten Piezoquarz zu hochfrequenten elastischen Schwingungen anregt. Infolge der Querkontraktion gerät der Würfel auch in den beiden senkrecht zur Anregungsrichtung liegenden Richtungen in Schwingungen. Dadurch kommt es zur Ausbildung eines Systems sich kreuzender stehender elastischer Wellen und somit wieder zu einem Raumgitter von Verdichtungen, an dem das Licht in einzelne Beugungsmaxima auf zwei um die Durchstrahlungsrichtung konzentrisch angeordneten Kreisen abgebeugt wird. Wie man aus dem „Elastogramm" der Abb. 321 erkennt, ist der Radius des äußeren Kreises nicht gleich dem doppelten Radius des inneren; er kann also nicht die zweite Beugungsordnung zum letzteren darstellen. Es entsteht vielmehr der äußere Kreis durch die Beugung des Lichtes an einem elastischen Raumgitter, das von Transversalwellen erzeugt wird, während der innere Kreis einem Gitter von Longitudinalwellen zugeordnet ist. Nun ist die Fortpflanzungsgeschwindigkeit der longitudinalen Wellen durch den Elastizitätsmodul, die der Transversalwellen durch den Torsionsmodul bestimmt. Da letzterer stets kleiner als der Elastizitätsmodul ist, ist die Fortpflanzungsgeschwindigkeit der Longitudinalwellen größer als die der Transversalwellen; das bedeutet aber, daß bei der gleichen Anregungsfrequenz die Wellenlänge und damit Gitterkonstante der longitudinalen Wellen größer ist, als die der transversalen Wellen.

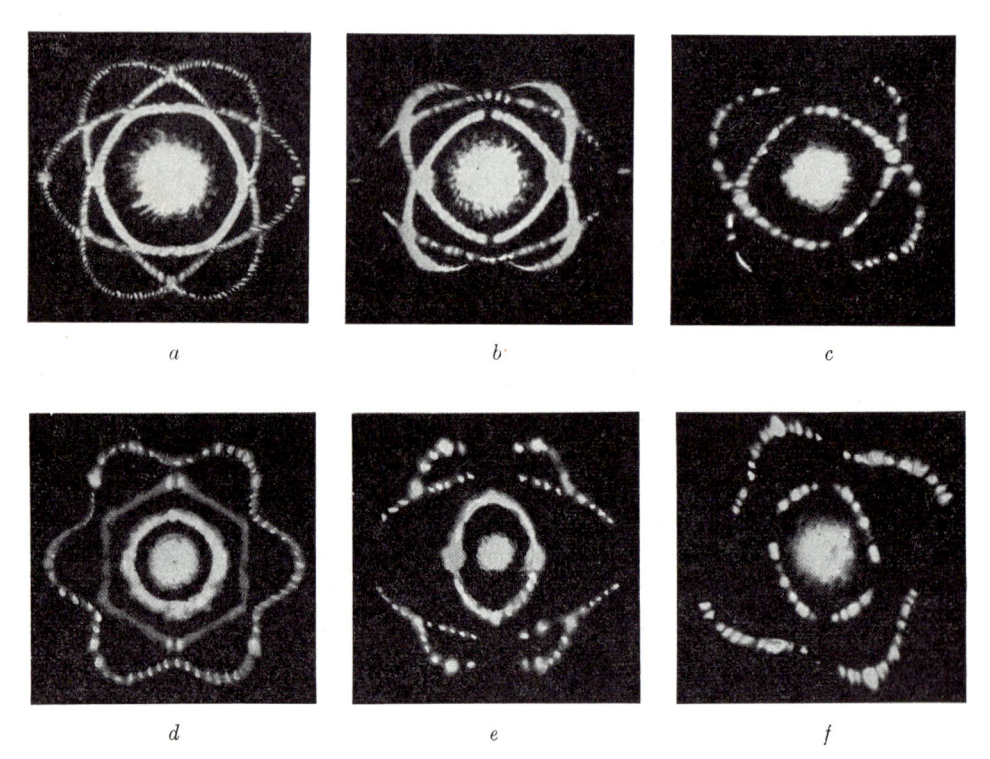

Abb. 322. Elastogramme von Quarz (obere Reihe) und Kalkspat (untere Reihe) bei Durchstrahlung in der Z-Achse (a, d), Y-Achse (b, e) und X-Achse (c, f)

Infolgedessen wird das Licht an letzteren unter einem größeren Winkel abgebeugt als an dem Gitter der Longitudinalwellen. Die beiden Ringe entsprechen sämtlich Interferenzen erster Ordnung; man kann daher, wenn man die Radien der beiden Kreise ausmißt, aus einer einzigen solchen Aufnahme bei bekannter Wellenlänge des Lichtes und bekannter Anregungsfrequenz die elastischen Konstanten des Glases, nämlich den Elastizitätsmodul, den Torsionsmodul, den Querkontraktionskoeffizienten und den Kompressionsmodul ermitteln. Daher erscheint der Name „Elastogramm" für diese Beugungsbilder geeignet.

Beim Glas handelt es sich um einen elastisch isotropen Körper, dessen elastisches Verhalten durch zwei Moduln vollkommen bestimmt ist; daher lassen sich von den vier angegebenen Größen stets zwei durch die beiden anderen ausdrücken. Infolge der Isotropie zeigt die an dem schwingenden Glaswürfel erhaltene Beugungsfigur vollkommene Symmetrie um die Durchstrahlungsrichtung. Durchstrahlt man dagegen einen zu elastischen Schwingungen angeregten anisotropen Körper, z. B. einen Kristall, mit Licht, so erhält man wesentlich kompliziertere Elastogramme. Abb. 322 zeigt hierfür

zwei Beispiele. In der oberen Reihe ist ein Quarzwürfel in Richtung der optischen
Z-Achse sowie in den beiden dazu senkrechten Richtungen der Y- und der polaren X-
Achse durchstrahlt. Man erkennt sofort, daß man um die optische Achse eine sechs-
zählige, um die beiden andern Achsen aber eine zweizählige Symmetrie im Beugungsbild erhält. In der zweiten Reihe sind die analogen Aufnahmen für einen Kalkspat-
würfel, der dem gleichen Kristallsystem angehört, zusammengestellt. Man sieht die
große Ähnlichkeit mit den beim Quarz erhaltenen Figuren; insbesondere findet man bei
Durchstrahlung in der X-Achse wieder eine schiefliegende Figur, wobei der Neigungswinkel gegen die Horizontale durch den kleinsten Elastizitätsmodul im Kristall
bestimmt ist. Durch Ausmessen der drei Beugungsbilder lassen sich auch hier
sämtliche elastischen Konstanten bestimmen. Der Vorteil dieses Verfahrens liegt darin,
daß der Kristall keine bestimmte Abmessung oder Gestalt haben muß; es genügt, daß
er z. B. Würfelgestalt hat, wenn seine Kanten parallel zu den bekannten Kristallachsen
verlaufen.

39. Bildentstehung im Mikroskop nach E. Abbe; Phasenkontrastverfahren nach Zernike; Schlierenverfahren

In Nr. 36 haben wir die Helmholtzschen Betrachtungen über die Leistungsfähigkeit und die Grenzen des Mikroskops dargestellt unter Betonung des Umstandes,
daß die Objekte als Selbstleuchter betrachtet werden, was zweifellos eine Einschränkung der Tragweite der genannten Untersuchungen
darstellt, wenn auch betont werden muß, daß Objekte, die
das durchfallende Licht diffus zerstreuen, praktisch als Selbstleuchter zu betrachten sind. Den anderen Extremfall des
durchstrahlten, aber nicht selbstleuchtenden Objektes, hat E. Abbe (1873) fast gleichzeitig mit H. v. Helmholtz untersucht. Wir besprechen seine Ergebnisse hier, weil
sie in gewissem Sinne eine sehr geistreiche Anwendung von
Beugung und Interferenz (spez. der Gitterbeugung) darstellen.

Die durchleuchteten Objekte haben sehr feine Strukturen,
die mit dem Mikroskop erkannt werden sollen; als Modell
für ein solches strukturiertes Objekt können wir daher etwa
ein Strichgitter nehmen. Denken wir uns nun als Objekt ein
Strichgitter G auf den Tisch des Mikroskops gelegt (Abb. 323),
so wird an ihm das auffallende Lichtbündel gebeugt. Wir
nehmen der Einfachheit halber eine punktförmige Lichtquelle L an, die in sehr großer (praktisch als unendlich
zu betrachtender) Entfernung auf der Achse des Mikroskop-Objektivs liegt; wäre das Objekt (mit seinem Gitter)
nicht da, so würde in der Brennebene des Objektivs bei
völliger Korrektur desselben nur ein Lichtpunkt L' erzeugt;
da aber das Objekt durchleuchtet wird, entstehen neben
diesem Lichtpunkt, der nun als Zentralbild einer Beugungserscheinung fungiert, auf beiden Seiten noch die abgebeugten, spektral zerlegten Bilder der Lichtquelle. Das ist

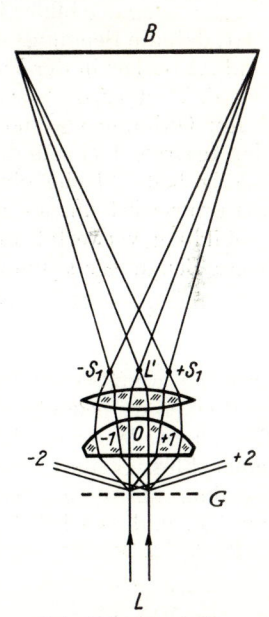

Abb. 323. Zur Bild-
entstehung im Mikroskop
nach Abbe

bisher freilich nichts Neues. Aber diese Bilder der Lichtquelle interessieren
uns beim Mikroskop ja gar nicht, wir wollen vielmehr ein Bild des Objektes haben. Man muß sich nun klar machen, daß die nämlichen Strahlen, die
die Beugungsbilder der Lichtquelle liefern, im weiteren Verlauf hinter der Brennebene in der zum Objekt konjugierten Bildebene das reelle Bild des Objektes liefern
müssen. In Abb. 323 ist dieser Sachverhalt klar zu erkennen: von dem unendlich fernen

Lichtpunkt L wird einerseits das Zentralbild L' entworfen, an das sich links und rechts die mit 1, 2 ... bezeichneten abgebeugten Strahlen anschließen. In der Abb. 323 ist der Fall angenommen, daß die abgebeugten Strahlen erster Ordnung noch durch das Objektiv aufgenommen werden und die spektral zerlegten Beugungsbilder $+S_1$ und $-S_1$ der Lichtquelle bilden, während die Strahlen zweiter Ordnung vom Objektiv infolge zu kleiner Apertur nicht mehr aufgenommen werden. Jedenfalls sieht man, daß dieselben Strahlen, die $-S_1$, L' und $+S_1$ erzeugen, auch in der Bildebene B das Objekt abbilden. Das Beugungsbild der Lichtquelle nennt Abbe das primäre Bild, während das reelle Bild des Objektes von ihm das sekundäre Bild genannt wird. Man erkennt aus dieser Überlegung den innigen Zusammenhang zwischen der Beugungserscheinung (dem primären Bild) und dem Zustandekommen des reellen (des sekundären) Bildes. Ein strukturloses Objekt würde gar kein Beugungsbild der Lichtquelle erzeugen und eben deshalb auch ein strukturloses Bild ergeben; eine Abbildung der Objektstruktur im sekundären Bilde ist direkt an das Vorhandensein von Beugungsspektren der Lichtquelle geknüpft: das ist die wichtige Erkenntnis, die man Abbe verdankt. Und da alle Beugungsbilder zum Aufbau des reellen Objektbildes mitwirken, ist es klar, daß im Prinzip auch alle notwendig sind, um ein vollkommen ähnliches Abbild des Objektes zu liefern. Jede Störung oder teilweise Beseitigung der Beugungsbilder in der Brennebene des Objektivs (des primären Bildes) bringt eine Störung des sekundären Bildes in der Bildebene hervor, was z. B. auch unter den Bedingungen der Abb. 323 der Fall sein muß, da nicht alle Beugungsordnungen ins Objektiv eintreten können. Da die Beugungsbilder in ihrer Intensität aber mit höherer Ordnung abnehmen, ist es klar, daß die Beugungsbilder erster Ordnung die wichtigsten für die Bildentstehung sind, und Abbe hat in der Tat gezeigt, daß es zum Erkennen der Gitterstruktur erforderlich ist, daß außer dem zentralen Lichtbündel mindestens noch ein Beugungsspektrum erster Ordnung von dem Objektiv durchgelassen wird. Kann durch das Objektiv nur das zentrale Lichtbündel durchtreten, so erkennt man im Mikroskop nur eine gleichmäßig helle Fläche ohne jede Andeutung einer Struktur. Das sekundäre Bild der Struktur wird um so getreuer, je mehr Strahlen von dem Objektiv erfaßt und zur Abbildung verwertet werden. Nach Gl. (181) ist nun der Winkel φ_1, unter dem das erste Beugungsmaximum auftritt, durch

$$\sin \varphi_1 = \frac{\lambda}{s}$$

gegeben, wenn s die Gitterkonstante und λ die Wellenlänge im Raum zwischen Objekt und Objektiv bedeuten. Ist dieses Gebiet mit Luft erfüllt, so ist λ praktisch gleich der Vakuumwellenlänge. Arbeiten wir aber zur Erreichung starker Vergrößerungen mit einer Flüssigkeits-Immersion, d.h. befindet sich zwischen Objekt und Objektiv ein Medium mit dem Brechungsquotienten n, so geht die Wellenlänge auf den n^{ten} Teil zurück, und es wird

$$\sin \varphi_1 = \frac{\lambda}{ns}.$$

Damit man also noch die Gitterstruktur s erkennen kann, darf der Beugungswinkel φ_1 den Öffnungswinkel α des Objektivs, d.h. den halben Winkel, unter dem das Objektiv vom Gegenstand aus erscheint, nicht übertreffen, sondern darf im Grenzfalle diesem höchstens gleich sein. Der mit einem Mikroskop gerade noch auflösbare Abstand zweier Punkte s ist demnach durch

$$(190) \qquad s = \frac{\lambda}{n \sin \alpha} = \frac{\lambda}{A}$$

gegeben, wobei wir unter A nach Abbe die numerische Apertur des Objektivs verstehen. Je kleiner s ist, um so größer muß das Auflösungsvermögen des Mikroskops sein; deshalb bezeichnet man auch hier den reziproken Wert von s, nämlich $1/s = U$ als das Auflösungsvermögen:

(190a) $$U = \frac{A}{\lambda}.$$

Gl. (190a) stimmt mit Gl. (176) (Helmholtz) bis auf einen konstanten Faktor überein.

Die allgemeinen Überlegungen Abbes lassen sich sehr anschaulich in folgender Weise bestätigen: als Objekt benutzt man ein Strichgitter nach Abb. 324a (sog. Abbesche Diffraktionsplatte), bei dem in einer undurchsichtigen Schicht zwei verschiedene Strichsysteme eingeritzt sind, von denen das eine doppelt soviel Striche auf den Millimeter enthält wie das andere. In die Beleuchtungsoptik schaltet man einen Spalt, dessen Richtung parallel zu der des Strichgitters liegt. Nachdem man das Mikro-

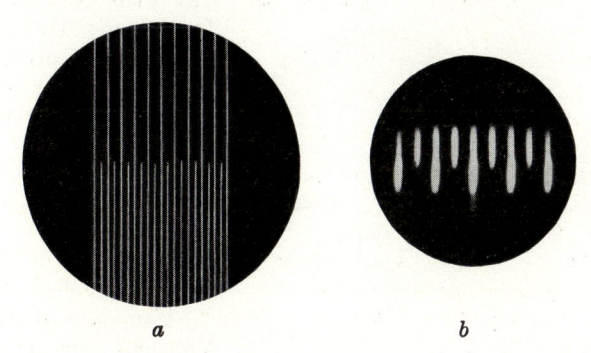

Abb. 324. Abbesche Diffraktionsplatte (a) und Bild (b) der von der Platte in der hinteren Brennebene des Mikroskopobjektivs erzeugten Beugungsbilder

skop auf das Strichgitter scharf eingestellt hat, entfernt man das Okular. Beim Hineinblicken in den Tubus sieht man dann in der (hinteren) Brennebene des Objektivs zwei Systeme von Beugungsspektren, wie sie die Aufnahme 324b zeigt (die in diesem Falle übrigens mit monochromatischem Licht aufgenommen wurde). Die weiter auseinanderliegenden Spektren rühren von dem engen, die dichter beieinanderliegenden von dem weiten Strichgitter her. Schiebt man in die Brennebene des Objektivs eine Blende, die nur das zentrale Bild durchläßt, die Spektren aber sämtlich abblendet (Abb. 325a), so sieht man nach Einsetzen des Okulars im sekundären Bilde an Stelle des Gitters nur eine gleichmäßig helle Fläche ohne jede Struktur (Abb. 325b). Ersetzt man die Blende durch eine solche mit einem so weiten Spalt, daß dieser gerade das Zentralbild und die beiden Spektren erster Ordnung des weiten Gitters durchläßt (Abb. 325c), so sieht man das in Abb. 325d wiedergegebene Bild, in dem man nur in der einen Bildfeldhälfte die Andeutung des weiten Gitters erkennt, während die andere Hälfte keine Struktur zeigt, da kein Beugungsspektrum des engen Gitters durchgelassen wird. Macht man die Objektivblende so weit, daß von den Beugungsspektren des weiten Gitters die erste und zweite Ordnung, von denen des engen Gitters nur die erste Ordnung durchgelassen wird (Abb. 325e), so erscheint die weitere Gitterteilung scharf und deutlich, während die feinere Gitterstruktur zwar erkennbar, aber unscharf ist (Abb. 325f). Besonders eindrucksvoll ist schließlich der Versuch mit einer dreifachen Spaltblende, die von den Spektren des weiten Gitters nur die beiden zweiter Ordnung, von denen des engen Gitters die beiden erster Ordnung durchläßt (Abb. 325g). Man sieht dann das Gitter der Diffraktionsplatte im Bild überall gleich weit, und zwar mit der engen Struktur, obgleich das Objekt verschieden ist (Abb. 325h)! Denn durch unseren Eingriff sind die zur Wirkung kommenden Beugungsspektren beider Gitter identisch gemacht worden.

Aus diesen Versuchen erkennt man also deutlich, daß bei der mikroskopischen Abbildung eine Struktur vom Objektiv nur dann richtig angedeutet wird, wenn seine Apertur mindestens ein Beugungsspektrum erster Ordnung durchläßt. Die Ähnlichkeit des Bildes mit seinem Gegenstand wird aber um so deutlicher, je mehr abgebeugte Spektren bei der Bilderzeugung mitwirken. Verschiedene Strukturen können dasselbe sekundäre Bild liefern, wenn die Verschiedenheit des mit ihnen verknüpften primären Bildes im Mikroskop künstlich beseitigt wird. Umgekehrt können gleiche Strukturen verschiedene sekundäre Bilder liefern, wenn ihr primäres Bild im Mikroskop auf irgendeine Weise ungleich gemacht wird.

Man kann die eben geschilderten Versuche zur Abbeschen Theorie auch objektiv vorführen, wenn man von der Tatsache ausgeht, daß z. B. die Projektion eines Gegenstandes auch eine Abbildung eines durchstrahlten, aber nicht selbst leuchtenden Objektes ist. Man benutzt z. B. nach A. B. Porter (1906) einen der üblichen Projektionsapparate zur Abbildung eines feinen Kreuzgitters, z. B. aus Drahtgeflecht. Auch hier entsteht bei der Projektion einerseits ein primäres Bild im Sinne Abbes, d. h. ein von Beugungsspektren umgebenes Zentralbild der punktförmigen Lichtquelle, und bei geeigneter Einstellung der Linse das scharfe sekundäre Bild des Kreuzgitters auf dem Projektionsschirm. An der Stelle des primären Bildes bringt man einen Spalt an, dessen Breite und Richtung geändert werden können: er kann vertikal, horizontal und gegen diese geneigt eingestellt werden. Stellen wir den Spalt zunächst vertikal und wählen seine Breite groß, so erhält man das vollkommen getreue

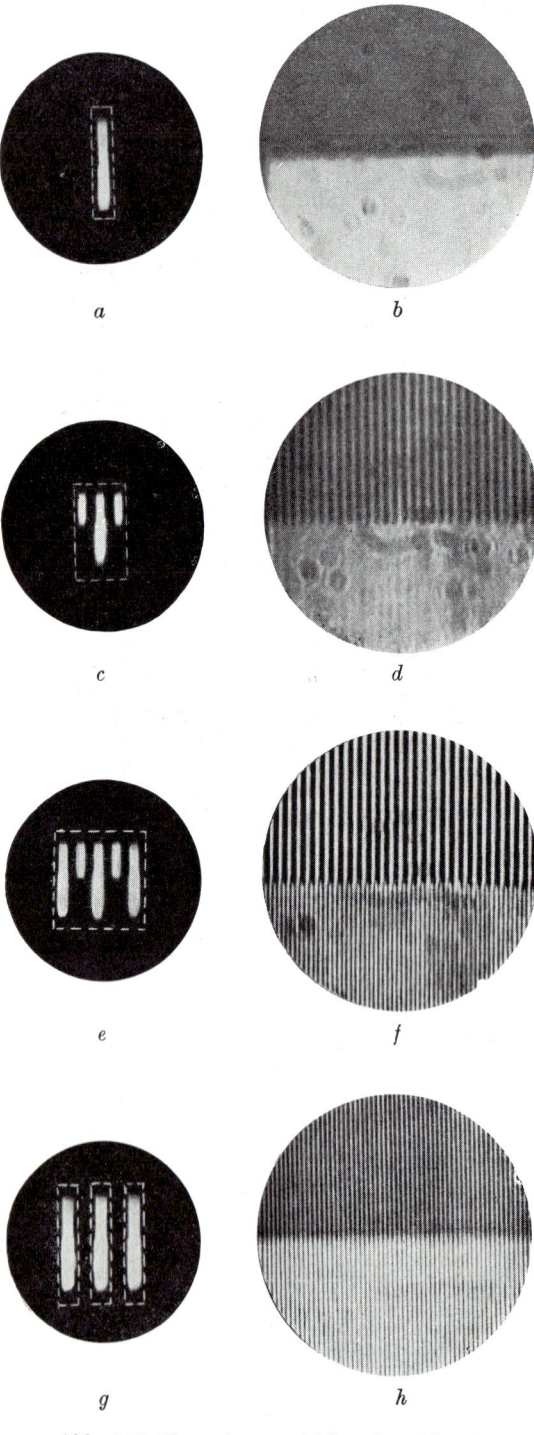

Abb. 325. Versuche zur Abbeschen Theorie der Bildentstehung im Mikroskop

Bild 326a des Kreuzgitters. Ziehen wir den Spalt immer enger zusammen, so schneidet er schließlich sämtliche horizontalen Beugungsspektren ab, während die vertikalen erhalten bleiben: es verschwindet die Struktur in horizontaler, es bleibt die in vertikaler Richtung, d.h. man erhält Bild 326b, das nur helle und dunkle horizontale Bänder zeigt, als ob das Objekt ein horizontal aufgestelltes Strichgitter wäre. Dreht man den Spalt um 45°, so schneidet er die zu seiner Längsrichtung senkrechten Spektren ab, das Resultat im sekundären Bilde ist darum eine Strichgitterstruktur, die senkrecht zur Längsrichtung des Spaltes orientiert ist (Abb. 326c) und noch stärker

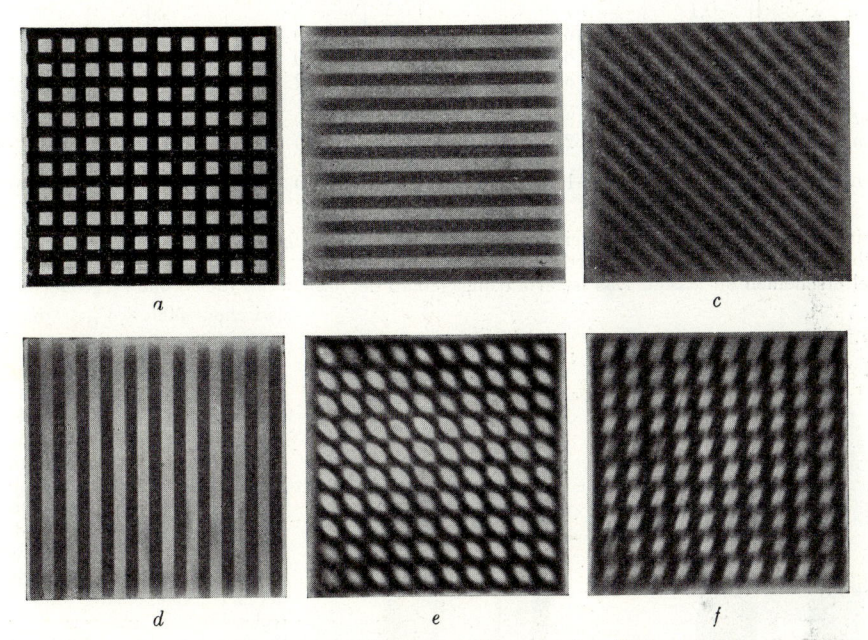

Abb. 326. Demonstrationsversuch zur Abbeschen Theorie der Bildentstehung im Mikroskop. Abbildung eines Kreuzgitters durch einen am Ort des primären Bildes befindlichen Spalt, dessen Breite und Richtung geändert werden können

a) weit geöffneter Spalt; b) enger vertikaler Spalt, c) enger unter 45° geneigter Spalt;
d) horizontaler enger Spalt; e, f) Spalt etwas weiter und unter 45° (e) bzw. 65° (f) geneigt

von dem wirklichen Objekte abweicht. Dreht man den Spalt, bis seine Längsrichtung horizontal ist, so erhält man das Bild 326d, das wohl ohne Erläuterung verständlich ist. Die Bilder 326e und f erhält man mit etwas weiterem Spalt, der unter 45° bzw. unter 65° gegen die Vertikale geneigt ist: hier wirken bereits gewisse Beugungsspektren mit daher hier eine Andeutung von Kreuzgitterstruktur, die aber keineswegs getreu ist.

Aus den vorstehenden Überlegungen geht hervor, daß das Auflösungsvermögen eines Mikroskops sowohl von der Wellenlänge des Lichtes wie auch von der Apertur des benutzten Objektivs abhängt. Je kleiner die Wellenlänge ist, um so feiner darf die aufzulösende Struktur sein; dies geht deutlich aus den mit rotem und blauem Licht aufgenommenen Photographien Abb. 327 hervor. Hinsichtlich der mit Objektiven verschiedener Apertur erreichbaren Auflösung gibt die folgende Tabelle eine Zusammenstellung der aus (175) sich ergebenden gerade noch erkennbaren Größen d, in Einheiten der Lichtwellenlänge.

Man sieht aus dieser Tabelle, daß man mit dem Mikroskop im besten Fall noch Strukturen auflösen kann, deren Dimension ungefähr eine halbe Wellenlänge beträgt, falls das benutzte Objektiv die erforderliche Apertur besitzt. Hierauf hat man in jedem Fall zuerst zu achten. Nun erhebt sich noch die Frage, ob man die Gesamtvergrößerung eines Mikroskops entweder mit einem schwach vergrößernden Objektiv und einem stark vergrößernden Okular oder mit einem stärkeren Objektiv

IV. Kapitel. Interferenz und Beugung

Tab. 16. Auflösungsvermögen und Vergrößerung von Objektiven

Benutztes Objektiv	Objektiv-Apertur A	Objektiv-brennweite f in mm	Reziprokes Auflösungsvermögen (in λ-Einheit.) $d = 0{,}61\,\lambda/A$	Objektiv-Vergrößerung $V_{\text{Obj.}}$	Okular-Vergrößerung $V_{\text{Ok.}} = \dfrac{750\,A}{V_{\text{Obj.}}}$	Gesamt-Vergrößerung $V_{\text{Obj.}} \cdot V_{\text{Ok.}}$
Trockensysteme	0,05	39	12,2	2,4	15	36
	0,1	32	6,1	3,5	20	70
	0,25	16	2,5	10	20	200
	0,65	6	0,95	30	16	480
	0,85	3	0,7	62	10	620
Wasser-Immersion	1,0	3,6	0,6	50	15	750
	1,2	2,1	0,5	90	10	900
Öl-Immersion	1,3	1,8	0,45	100	10	1000

und einem schwachen Okular erreichen soll (vgl. S. 110). Aufgabe des Okulars ist es, alles, was das Objektiv auflöst, dem Auge bequem erkennbar zu machen, d. h. es unter hinreichend großem Winkel erscheinen zu lassen. Das ist erfahrungsgemäß der Fall, wenn die Okularvergrößerung $V_{\text{Ok.}}$ zwischen $500\,A/V_{\text{Obj.}}$ und $1000\,A/V_{\text{Obj.}}$ gewählt wird. Okularvergrößerungen, die diese Grenze überschreiten, geben „leere" Vergrößerungen; Okularvergrößerungen dagegen, die diese Grenze nicht erreichen, nützen wiederum die Leistungsfähigkeit des Objektivs nicht aus. In der 6. Spalte der vorstehenden Tabelle sind Vergrößerungen angegeben, die zwischen der maximal zulässigen und der zur Ausnutzung der Objektivleistungsfähigkeit erforderlichen liegen. In der nächsten Spalte ist die damit erreichbare Gesamtvergrößerung $V_{\text{Obj.}} \cdot V_{\text{Ok.}}$ des Mikroskops angegeben. Man sieht daraus, daß bei kleiner Apertur die brauchbaren Vergrößerungen gar nicht sehr hoch sind.

Da das Auflösungsvermögen des Mikroskops mit abnehmender Wellenlänge des Lichtes zunimmt, kann man es durch Benutzung sehr kurzwelligen Lichts etwas steigern (Abb. 327). Eine merkbare Verbesserung erhält man aber im allgemeinen erst, wenn man ultraviolettes Licht benutzt (A. Köhler, 1904); man muß dann allerdings auf die subjektive Beobachtung verzichten und photographische Aufnahmen machen.

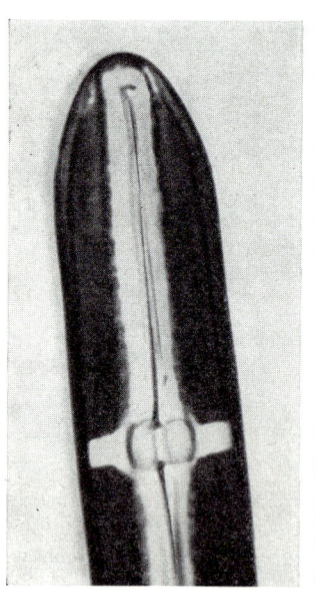

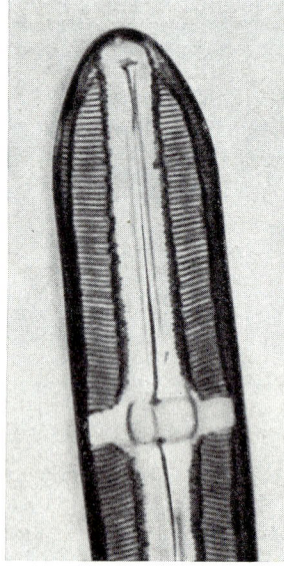

Abb. 327. Mikroskopische Aufnahme einer Diatomee (Pimularia opulenta) in 1000facher Vergrößerung
a) mit rotem Licht ($\lambda = 680$ mμ)
b) mit blauem Licht ($\lambda = 458$ mμ)

Ein viel größeres Auflösungsvermögen liefert jedoch das **„Elektronenmikroskop"**, bei dem an Stelle der Lichtstrahlen Elektronenstrahlen benutzt werden; daß ein solches Mikroskop möglich sein muß, folgt aus der in Band II besprochenen Ablenkung von Elektronen in elektrischen oder magnetischen Feldern (vgl. Nr. 76).

Sehr kleine (submikroskopische) Teilchen, die man mit dem Mikroskop direkt nicht mehr erkennen kann, lassen sich dadurch sichtbar machen, daß man sie von der Seite her intensiv mit einem schmalen Lichtbündel beleuchtet (Abb. 328). Dann wird das Licht an den kleinen Teilchen seitwärts gebeugt, und man beobachtet im Mikroskop die beugenden Teilchen als helle kleine Lichtscheiben im „Dunkelfeld". Diese Scheibchen lassen aber nicht die Form der Teilchen erkennen, sondern verraten nur ihr Vorhandensein. Man kann mit dieser zuerst von H. Siedentopf und R. Zsigmondy (1903) angegebenen **Ultramikroskopie** z. B. das Vorhandensein von Bakterien oder kolloidalen Teilchen (Goldteilchen in Rubinglas) feststellen; die so erreichbare Sichtbarkeitsgrenze liegt bei etwa $4 \cdot 10^{-6}$ mm ($\approx 1/100\ \lambda$).

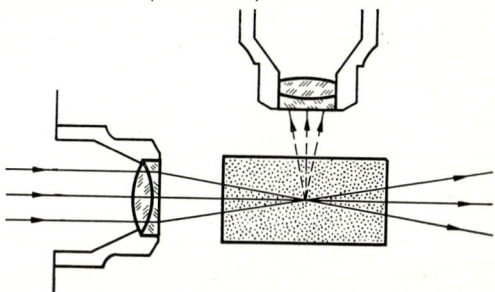

Abb. 328. Anordnung der Dunkelfeldbeleuchtung im Ultramikroskop

Anstatt den zu betrachtenden Gegenstand von der Seite her mit einem Lichtkegel zu beleuchten, kann man zum gleichen Zweck besondere **Dunkelfeldkondensoren** benutzen. Setzt man z. B. vor einen normalen Mikroskopkondensor (Abb. 146) eine ringförmige Blende, so wird das durch die Blende einfallende Licht vom Kondensor so gebrochen, daß es durch den Brennpunkt des Kondensors geht, aber nicht in das darüber befindliche Mikroskopobjektiv gelangt (Abb. 329). In Abb. 330 ist ein speziell für Dunkelfeldbeleuchtung konstruierter Spiegelkondensor im Schnitt dargestellt, bei dem das von unten einfallende Licht an zwei Flächen so gespiegelt wird, daß es den oberhalb des Kondensors befindlichen Gegenstand schräg von unten her allseitig beleuchtet, ohne daß Strahlen direkt in das Objektiv gelangen. Der Objektträger T mit dem in einer Flüssigkeit darauf befindlichen Präparat muß dazu unter Zwischenschaltung von Wasser oder Zedernholzöl auf die obere Fläche des Kondensors aufgelegt werden. Die durch den Objektträger, das Präparat und das Deckglas D dringenden Strahlen werden an der Oberfläche des Deckglases total reflektiert und treten bei A und B wieder aus. Die an den beleuchteten Teilchen des Präparates abgebeugten Wellen fallen z. T. unter kleineren Winkeln als dem Grenzwinkel der Totalreflexion auf die Oberfläche des Deckglases und treten durch dieses in die umgebende Luft und dann in das Objektiv aus. (In Abb. 330 sind diese Strahlen gestrichelt gezeichnet.)

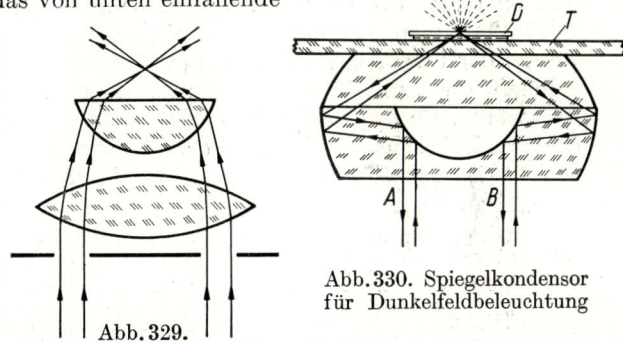

Abb. 329. Mikroskopkondensor mit Ringblende für Dunkelfeldbeleuchtung

Abb. 330. Spiegelkondensor für Dunkelfeldbeleuchtung

Phasenkontrastverfahren nach Zernike. Als Modell eines im Mikroskop zu betrachtenden Objekts haben wir vorhin ein Gitter genommen, weil sich alles Wesentliche der Abbeschen Theorie des Mikroskops daran erläutern ließ. Dieses Gitter bestand aus abwechselnd durchsichtigen und undurchsichtigen Partien, die seine Struktur bildeten; wir hatten ein solches Gitter ein Amplitudengitter genannt, weil die Amplitude der hindurchtretenden Strahlung vom vollen Werte in den durchlässigen Partien bis zum Werte Null in den undurchlässigen variierte. Objekte, die ihre Struktur durch die Verschiedenheit der hindurchgelassenen Lichtamplituden offenbaren, nennt man entsprechend **Amplitudenobjekte**. Es gibt aber auch, wie schon auf S. 291 erwähnt, strukturierte Objekte, die an allen Stellen völlig durchlässig sind; ihre Struktur ist darin begründet, daß infolge von lokalen Variationen des Brechungsquotienten die Phasen der hindurchtretenden Lichtwellen nicht konstant sind — daher der Name **Phasenobjekte**, wofür als Beispiel eine Ultraschallwelle dienen mag, die ein ausgezeichnetes Phasengitter liefert. Phasenobjekte erzeugen im primären Bilde genau wie Amplitudenobjekte die ihrer Natur entsprechenden Beugungsspektren, aber man kann ihre Struktur ebensowenig mit einem Mikroskop wie mit dem Auge sehen, da dieses nicht die Fähigkeit besitzt, Phasenunterschiede zu erkennen. Der praktische Mikroskopiker hat sich bisher in diesem Falle dadurch geholfen, daß er die Objekte geeignet färbte und sie — so gut wie möglich — in Amplitudenobjekte umwandelte, und es ist bekannt, eine wie große Rolle Färbemethoden z. B. in der Bakteriologie gespielt haben. Natürlich bedeutet Färbung immer einen Eingriff in das Präparat, dessen Tragweite schwer abzuschätzen ist. Deshalb stellt es einen großen Fortschritt dar, daß es F. Zernike (1932) gelungen ist, auf rein optischem Wege (sog. **Phasenkontrastverfahren**) Phasenstrukturen ohne den geringsten Eingriff in das Präparat sichtbar zu machen.

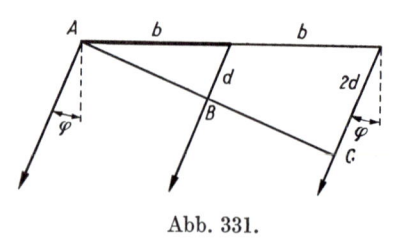

Abb. 331.
Zur Lichtbeugung am Phasengitter

Wir schließen uns an die Abbesche Theorie des Mikroskops an, die im vorhergehenden dargestellt wurde und betrachten die Beugungsspektren im sogenannten primären Bilde. Die Intensität des unter dem Winkel φ gebeugten Lichtes ist durch Gl. (178) bestimmt, worin der erste Faktor die Beugung an einem Spalt, der zweite das Resultat der Interferenz von vielen (p) Spalten darstellt; die Beugung an einem Spalt moduliert die Intensität der Hauptmaxima, die der zweite Faktor für sich allein geben würde. Ebenso bestimmt der erste Faktor auch die Phasen der gebeugten Wellen in den verschiedenen Maxima; diese haben wir bisher nicht benutzt, sie sind aber in der in Gl. (167) angegebenen komplexen Amplitude enthalten:

$$(191) \qquad A_\varphi = b \frac{\sin \Delta/2}{\Delta/2} e^{-i\frac{\Delta}{2}}.$$

Die frühere Rechnung wollen wir jetzt insofern modifizieren, als wir sie erstens für ein Phasengitter ausführen, und zweitens zum Vergleich ein Amplitudengitter nehmen, bei dem wir dem früher als völlig undurchlässig betrachteten Teil der Gitterkonstanten eine verminderte Durchlässigkeit gegenüber dem völlig durchlässigen Teil geben wollen. Überdies sollen beide Teile die gleiche Breite b haben, d.h. die Gitterkonstante $s = 2b$ sein. Dann haben wir die Verhältnisse der Abb. 331 vor uns: der dicker ausgezogene Teil der Gitterkonstante sei bei dem Amplitudengitter weniger durchlässig, was wir durch einen Faktor e^{-k} in der Amplitude andeuten. Eine senkrecht auffallende Welle habe in der Ebene des Gitters den Schwingungszustand $e^{i2\pi\nu t}$; die unter dem Winkel φ abgebeugte Welle hat dann in B den Zustand $e^{i2\pi\nu(t-d/c)}$, in C dagegen $e^{i2\pi\nu(t-2d/c)}$; den Gangunterschieden d bzw. $2d$ entsprechen die Phasen $\Delta = \frac{2\pi d}{\lambda}$ bzw. $2\Delta = \frac{4\pi d}{\lambda}$. Daher kann man die Phasen der Wellen in B und C auch schreiben:

in B: $e^{i(2\pi\nu t - \Delta)}$ und in C: $e^{i(2\pi\nu t - 2\Delta)}$.

Berücksichtigt man noch, daß auf der Breite AB die Amplitude e^{-k} ist, so folgt durch

39. Phasenkontrastverfahren

die gleiche Rechnung wie auf S. 274ff. für die resultierende komplexe Amplitude A'_φ der zweigliedrige Ausdruck:

$$A'_\varphi = be^{-k}\frac{\sin \Delta/2}{\Delta/2}e^{-\frac{i\Delta}{2}} + b\frac{\sin \Delta/2}{\Delta/2}e^{-\frac{i\Delta}{2}}e^{-i\Delta}$$

oder:

(192) $$A'_\varphi = b\frac{\sin \Delta/2}{\Delta/2}e^{-\frac{i\Delta}{2}}[e^{-k} + e^{-i\Delta}].$$

Gl. (192) ist die Verallgemeinerung von (191) für unser (allgemeineres) Amplitudengitter; bei vollkommener Undurchlässigkeit der einen Hälfte der Gitterkonstanten wird $e^{-k} = 0$, und (192) geht in (191) über bis auf einen für die Intensität unwichtigen Phasenfaktor.

Betrachten wir nun das Phasengitter; dafür können wir die gleiche Abbildung 331 benutzen, nur soll jetzt der stark ausgezogene linke Teil, der einen etwas veränderten Brechungsquotienten gegenüber dem rechten Teil habe, der auffallenden Welle eine Phasenverzögerung $e^{-i\vartheta}$ erteilen, während die Amplituden auf beiden Teilen der Gitterkonstante gleich seien. Die nämliche Rechnung liefert für das Phasengitter statt (192) als komplexe Amplitude A''_φ der resultierenden Welle:

(193) $$A''_\varphi = b\frac{\sin \Delta/2}{\Delta/2}e^{-\frac{i\Delta}{2}}[e^{-i\vartheta} + e^{-i\Delta}].$$

Der Unterschied zwischen dem Amplitudengitter (192) und dem Phasengitter (193) besteht also nur darin, daß im ersteren in der eckigen Klammer der reelle Ausdruck e^{-k}, im letzteren der komplexe Ausdruck $e^{-i\vartheta}$ auftritt: daraus ergibt sich in der Tat alles Weitere. Wir wollen nun die Phasen in den Beugungsspektren des primären Bildes für beide Typen von Gittern bestimmen, was darauf hinauskommt, die komplexen Amplituden aus (192) und (193) zu berechnen: für das Spektrum m-ter Ordnung ist dann $\Delta_m = m\pi$ zu setzen. Man erhält also, wenn man noch den irrelevanten Faktor $2b$ unterdrückt:

(192a) $$(A')_{\Delta = m\pi} = \frac{1}{2}\frac{\sin\frac{m\pi}{2}}{m\pi/2}\left[e^{-k}e^{-\frac{im\pi}{2}} + e^{-\frac{i3m\pi}{2}}\right],$$

(193a) $$(A'')_{\Delta = m\pi} = \frac{1}{2}\frac{\sin\frac{m\pi}{2}}{m\pi/2}\left[e^{-i\left(\vartheta + \frac{m\pi}{2}\right)} + e^{-\frac{i3m\pi}{2}}\right].$$

Jetzt wollen wir noch eine Vereinfachung einführen: wir werden einerseits annehmen, daß der Phasenunterschied ϑ in (193a), auf dem die Phasenstruktur beruht, klein ist, wie es den Verhältnissen bei den zu untersuchenden Objekten wirklich entspricht, so daß man $e^{-i\vartheta} \approx 1 - i\vartheta$ setzen kann. Ebenso wollen wir der Analogie halber auch beim Amplitudengitter (192a) k so klein wählen, daß $e^{-k} \approx 1 - k$ gesetzt werden kann. Dann folgt aus den letzten Gleichungen:

(192b) $$(A')_{\Delta = m\pi} = \frac{1}{2}\frac{\sin\frac{m\pi}{2}}{\frac{m\pi}{2}}\left[(1-k)e^{-\frac{im\pi}{2}} + e^{-\frac{i3m\pi}{2}}\right],$$

(193b) $$(A'')_{\Delta = m\pi} = \frac{1}{2}\frac{\sin\frac{m\pi}{2}}{\frac{m\pi}{2}}\left[(1-i\vartheta)e^{-\frac{im\pi}{2}} + e^{-\frac{i3m\pi}{2}}\right].$$

Daraus erhält man bei Amplituden- und Phasengitter für die aufeinanderfolgenden Spektren (es kommen nur die ungeradzahligen Ordnungen in Betracht, da wegen des

Faktors $\dfrac{\sin\dfrac{m\pi}{2}}{\dfrac{m\pi}{2}}$ die geradzahligen fortfallen, weil die Gitterkonstante s in zwei gleiche Teile b zerfällt; vgl. hierzu (S. 288) die folgenden Werte der komplexen Amplitude, aus denen man sofort die gesuchten Phasenbeziehungen ablesen kann:

Ordnungszahl m	Amplitudengitter	Phasengitter
0	$1 - k/2$	$1 - \dfrac{i\vartheta}{2} \approx 1$
1	$\dfrac{k}{\pi} i$	$-\dfrac{\vartheta}{\pi}$
3	$\dfrac{k}{3\pi} i$	$-\dfrac{\vartheta}{3\pi}$
.	.	.
.	.	.
.	.	.

Natürlich kommt es nicht auf die absoluten Phasen an, sondern nur auf die relativen, d. h. ihre Beziehung zueinander.

Man entnimmt aus dieser Tabelle, daß bei unserem Amplitudengitter im Zentralbild die Amplitude positiv reell, in den Spektren 1., 3., ... Ordnung dagegen positiv imaginär ist. Das bedeutet, daß bei unserem Modell eines Amplitudenobjektes zwischen dem Zentralbild und den Spektren 1., 3., ... Ordnung eine Phasendifferenz von $\dfrac{\pi}{2}$ vorhanden ist; denn $i = e^{\dfrac{i\pi}{2}}$. Anders bei unserem Phasenobjekt: Hier ist nach Ausweis der Tabelle die Amplitude im Zentralbild (praktisch) positiv reell, in den in Betracht kommenden Spektren dagegen negativ reell: Hier besteht also zwischen Zentralbild und den höheren Ordnungen eine Phasendifferenz von π, denn $-1 = e^{i\pi}$. Dies macht tatsächlich den Unterschied in der mikroskopischen Abbildung von Amplituden- und Phasenstrukturen aus; man muß sich ja klar machen, daß das sekundäre Bild im Sinne Abbes, d. h. das Abbild des Objektes, eine Interferenzerscheinung ist, die von den Spektren des primären Bildes erzeugt wird: Daß dabei Phasendifferenzen die entscheidende Rolle spielen, ist also selbstverständlich. Damit aber hat man schon den Grundgedanken des Zernikeschen Verfahrens: Man hat nur die Phase im Zentralbild des Phasenobjektes um $\dfrac{\pi}{2}$ zu ändern, um den Unterschied zwischen Amplituden- und Phasenobjekten zum Verschwinden zu bringen, d. h. Phasenstrukturen genau wie Amplitudenstrukturen erkennbar zu machen.

Die Lösung dieser Aufgabe gelang Zernike dadurch, daß er in den Gang der Strahlen, die das Zentralbild erzeugen, in der Brennebene des Mikroskopobjektivs eine „Phasenplatte" einschaltete, die dem durchtretenden Licht eine Phasenverschiebung von 90°, also einen Gangunterschied von $\lambda/4$, aufprägt. In der Praxis wird diese Phasenplatte zweckmäßiger durch eine ringförmig auf eine Glasplatte aufgedampfte, $\tfrac{1}{4}\lambda$ dicke[1]) Schicht einer geeigneten Substanz hergestellt. Ein solcher Phasenring setzt voraus, daß das zur Beleuchtung dienende Licht von einer ringförmigen Lichtquelle herkommt. Man erreicht dies z. B. durch eine vor dem Mikroskopkondensor angebrachte ringförmige Blende, oder nach H. Heine (1948) mit Hilfe des in Abb. 332 gezeichneten Spezialkondensors K, bei

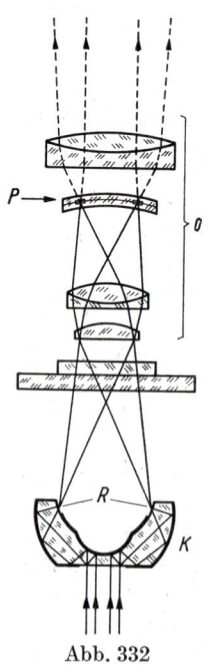

Abb. 332
Strahlenverlauf im Leitz-Phasenkontrast-Mikroskop

---

[1]) Genauer: Die Dicke der Phasenschicht muß $\dfrac{\lambda}{4(n-1)}$ sein, wenn n ihr Brechungsquotient ist.

dem das von unten einfallende Licht in einen schmalen Lichtring R konzentriert wird. Der Lichtring wird dann beim Kontrastverfahren durch das Mikroskopobjektiv O genau auf den in der Objektivbrennebene liegenden „Phasenring" P abgebildet, der der hindurchtretenden Strahlung eben die Phasenverzögerung $\pi/2$ erteilt. Diese Anordnung ist aus folgendem Grunde besonders praktisch: Durch bloßes Senken oder Heben des Kondensors K kann man offenbar das Bild des Lichtringes R auch kleiner oder größer als den Phasenring P machen. Im ersten Fall geht alles Licht durch den Innenraum des Phasenringes; damit ist die Phasenplatte ausgeschaltet, und man benutzt das Mikroskop in der normalen Hellfeldanordnung. Ist umgekehrt das Bild des Lichtringes R größer als der Phasenring, so geht das Licht außen an demselben vorbei und wird von der Objektivfassung abgefangen: es tritt also kein direktes Licht in das Mikroskopokular, und wir benutzen dann das Mikroskop in Dunkelfeldbeobachtung. Man kann also durch einen einfachen Handgriff von der einen zur anderen Beobachtungsmethode übergehen. (In Abb. 332 sind nur Strahlen gezeichnet, die dem Zentralbild entsprechen. Die das Objekt, das zwischen den ebenen Glasplatten zu denken ist, abbildenden, abgebeugten Strahlen sind weggelassen.)

Da das beim Phasenkontrastverfahren in die höheren Ordnungen abgebeugte Licht schwächer ist als das ungebeugte, das durch die Phasenplatte geht (wie man leicht aus der Tabelle entnehmen kann), gibt man letzterer eine kleine zusätzliche Absorption; denn man erhält bei einer Interferenzerscheinung besonders große Helligkeitsunterschiede und somit kontrastreichere Bilder, wenn (neben der richtigen Phasenbeziehung) die miteinander interferierenden Lichtbündel gleiche Amplituden haben.

In Abb. 333 ist das 378fach vergrößerte Bild eines ungefärbten Schnittes durch eine Rattenniere im gewöhnlichen Hellfeld a und im Phasenkontrastverfahren b wiedergegeben. Wie man sofort sieht, kommen im letzteren Fall Zellmembran, Zellkern, Nukleolen und vieles andere, was im Hellfeld nur angedeutet ist, klar heraus.

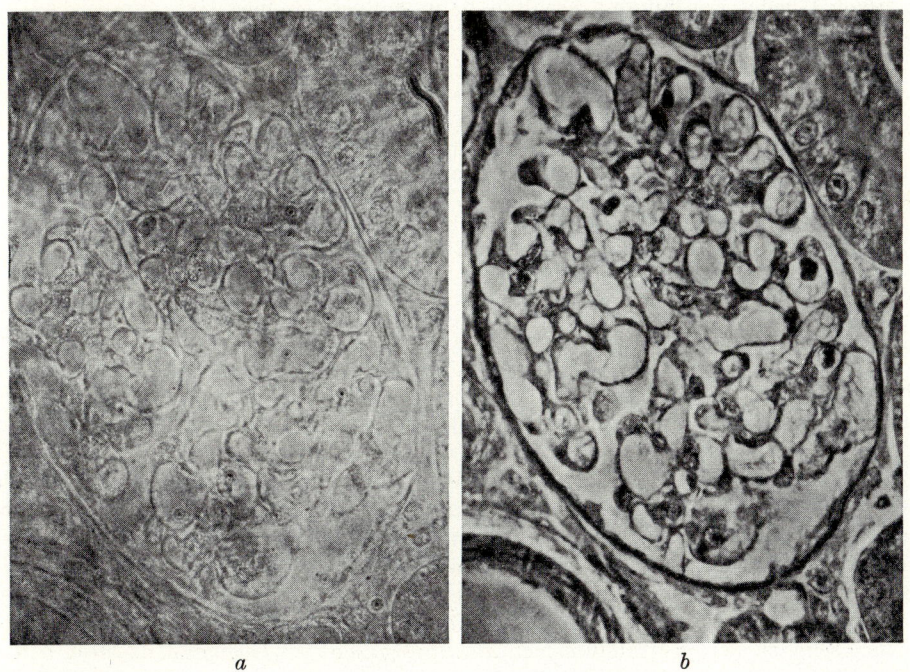

Abb. 333. Hellfeld (a)- und Phasenkontrast (b)-Mikroaufnahme eines ungefärbten Schnittes durch eine Rattenniere; Vergrößerung 378fach

Sowohl die Erscheinungen bei Dunkelfeldanordnung und beim Phasenkontrast kann man objektiv im Prinzip mit der gleichen Anordnung (S. 308ff.) zeigen, mit der man auch die Abbesche Theorie der Abbildung von Nichtselbstleuchtern im Vorlesungsversuch zeigen kann. Statt der spaltförmigen Öffnung in einem undurchsichtigen Schirm an der Stelle des primären Bildes bringt man eine (völlig durchsichtige) Glasplatte an. Blendet man das Zentralbild der Lichtquelle durch ein dunkles Scheibchen geeigneter Größe auf der Glasplatte ab, so beobachtet man eine vorhandene Struktur des Objektes im Dunkelfelde. Bringt man statt dieses undurchsichtigen Scheibchens aber eine Phasenplatte an, so erkennt man die Phasenstruktur des Objektes mit Hilfe des Phasenkontrastverfahrens; man kann z. B. auf diese Weise ein durch Ultraschall erzeugtes Phasengitter wie ein Amplitudengitter abbilden.

Minimum-Strahlkennzeichnung. Das Einschieben einer Phasenplatte in einen Teil des Strahlengangs hat H. Wolter (Lit) zu einer weiteren fruchtbaren Anwendung ausgearbeitet. Will man die Richtung eines Strahls im Raum festlegen, so wird man diesen z. B. durch einen Spalt begrenzen und das irgendwie erzeugte Spaltbild ausmessen. Da (vgl. Abb. 288) infolge der Beugung kein scharfes Bild erhalten wird, ist die Genauigkeit der Lokalisierung des Mittelpunkts des Beugungsbilds begrenzt, um so mehr als etwa bei photographischer Beobachtung eine lange Belichtungszeit die Einzelheiten der Intensitätsverteilung in der Nähe des Maximums sehr stark verwischen wird.

Schieben wir nun vor die eine Hälfte des Spalts eine Phasenplatte, die eine Phasenverschiebung von 180° zur Folge hat, dann können wir wieder nach dem Verfahren von S. 274ff. die Intensitätsverteilung berechnen. Der Spalt wird jetzt in zweimal $p/2$ Streifen eingeteilt, wobei die Streifen von $(p/2) + 1$ bis p außer den Phasenverschiebungen $p\delta/2$ bis $(p-1)\delta$ die zusätzliche Phasenverschiebung um π erhalten. Die zugehörigen Glieder der Summe erhalten dann einfach ein negatives Vorzeichen. Die Ausrechnung der Summe

$$\beta\left\{1 + e^{-i\delta} + \cdots + e^{-i\left(\frac{p}{2}-1\right)\delta} - \left(e^{-i\frac{p}{2}\delta} + \cdots + e^{-i(p-1)\delta}\right)\right\}$$

(als Differenz der Beiträge der beiden Spalthälften) ergibt dann nach Multiplikation mit der konjugiert komplexen Summe

$$I_\varphi = 8\,b^2 \frac{\sin^2\left(\frac{\pi b \sin\varphi}{2\lambda}\right)}{\left(\frac{2\pi b}{\lambda}\sin\varphi\right)^2}\left[1 - \cos\left(\frac{\pi b}{\lambda}\sin\varphi\right)\right] = \frac{b^2}{2}\frac{\sin^4\left(\frac{\pi b \sin\varphi}{2\lambda}\right)}{\left(\frac{\pi b \sin\varphi}{2\lambda}\right)^2}.$$

Für $\varphi = 0$ (Zentralbild) erhält man nun die Intensität Null, was auch ohne Rechnung klar ist, da ja die Strahlen der einen Spalthälfte dann genau von denen der anderen ausgelöscht werden müssen. Wesentlich ist dabei aber auch der genaue Verlauf der Intensitätsverteilung. Abb. 334 gibt diese Intensitätsverteilung wieder für den Fall ohne Phasenplatte (a) und mit Phasenplatte (b), und zwar in logarithmischem Maßstab, weil damit der Eindruck auf das Auge und die Schwärzungsverteilung auf einer photographischen Platte besser wiedergegeben werden als bei linearem Maßstab. Die Verschärfung des Kriteriums für die Lokalisierung der Strahlenmitte durch das Intensitätsminimum (daher der Name des Verfahrens) fällt sofort in die Augen. Überbelichtung schadet bei der Minimum-Kennzeichnung nicht; im Gegenteil, dadurch tritt die Nullstelle noch deutlicher hervor. Auf Verfeinerungen des Verfahrens gehen wir nicht ein.

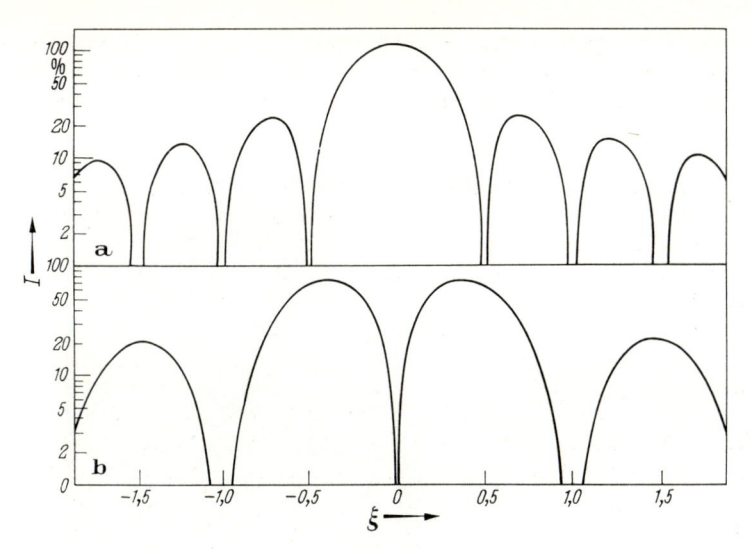

Abb. 334. Intensitätsverteilung im Bild eines Spalts ohne (a) und mit (b) Phasenplatte (nach Wolter)
$\xi = b \sin \varphi / 2\lambda$

Schatten- und Schlierenmethode. Die im vorhergehenden geschilderten Methoden zur Sichtbarmachung von Phasenstrukturen haben eine nahe Beziehung zu älteren Verfahren, gröbere Phasenstrukturen, sog. Schlieren, sichtbar zu machen; diese Verfahren werden auch heute noch vielfach benutzt, weswegen hier auf sie hingewiesen sei.

Das einfachste Verfahren ist die sog. Schattenmethode, mit deren Hilfe man Schlieren objektiv sichtbar machen kann. Man benutzt eine möglichst punktförmige Lichtquelle (Krater einer Bogenlampe) zur direkten Beleuchtung eines Projektionsschirmes; dieser ist vollkommen gleichmäßig erleuchtet, wenn die Lichtquelle nur vollkommen homogene Medien durchstrahlt. Bringt man aber zwischen Lichtquelle und Schirm eine Inhomogenität, z.B. einen aufsteigenden warmen Luftstrom, so erkennt man deutlich sein Schattenbild auf dem Schirm. Denn die warmen Gase haben einen kleineren Brechungsquotienten als die normale umgebende Luft, und beide Gasmassen vermischen sich unregelmäßig. Es resultiert also eine Störung des regulären Strahlenganges, der sich durch unregelmäßig wechselnde Helligkeit auf dem Schirme äußert.

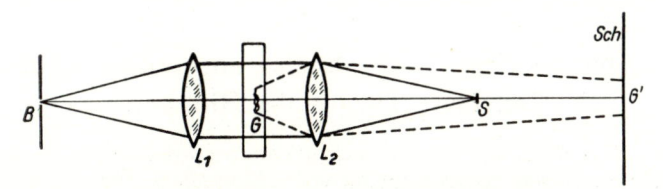

Abb. 335. Schlierenmethode nach Toepler

Diese primitive Methode wurde bereits 1864 von Aug. Toepler durch die sogenannte „Schlierenmethode" verbessert. Eine der möglichen Versuchsanordnungen ist in Abb. 335 skizziert: Als Lichtquelle dient eine kleine kreisförmige, von hinten beleuchtete Blendenöffnung B, die in der Brennebene eines guten Objektivs L_1 angebracht ist, so daß die von der Öffnung B ausgehenden Strahlen parallel gemacht werden; das parallele Lichtbündel fällt dann in einigem Abstande auf ein zweites mit dem ersten identisches Objektiv L_2, das in seiner Brennebene am Orte S ein reelles Bild der

318 IV. Kapitel. Interferenz und Beugung

Blendenöffnung B entwirft. Dieses Bild wird durch eine undurchsichtige kreisförmige Blende von der genauen Größe des Bildes vollkommen abgedeckt. Ist der Strahlengang, wie bisher angenommen, regulär, so ist ein hinter S in geeignetem Abstand angebrachter

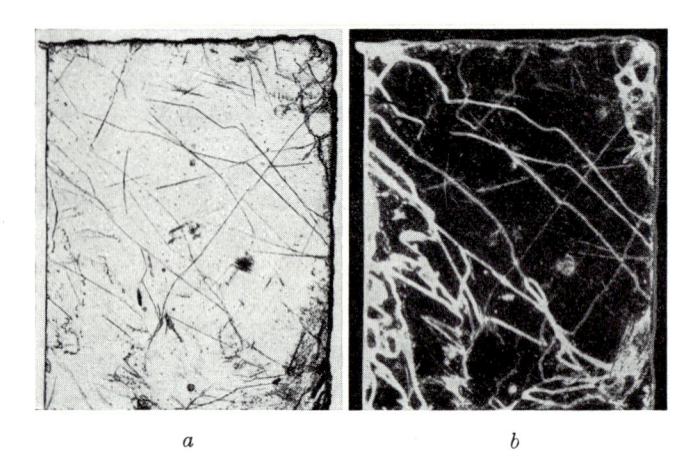

Abb. 336. Im Hellfeld (*a*) und im Dunkelfeld (*b*) photographiertes Glimmerblatt (natürl. Größe)

Projektionsschirm *Sch* dunkel. Wenn aber zwischen L_1 und L_2 der reguläre Strahlengang irgendwie an der Stelle G gestört wird (etwa durch Gase anderer Temperatur oder durch Schlierenbildung in einer Flüssigkeit, in der sich ein Salz auflöst), so gelangt von G aus Licht auf den Schirm, der im übrigen dunkel ist, und erzeugt an der Stelle G' ein reelles Bild von G (wenn der Schirm in der passenden Entfernung angebracht ist). Aus dieser Schlierenmethode hat sich die Dunkelfeldmethode entwickelt. Abb. 336 zeigt in *a* im gewöhnlichen Hellfelde die nur zart angedeuteten Schlieren in einem Glimmerblatt, die im Dunkelfelde *b* mit erstaunlicher Deutlichkeit hervortreten. Toepler ist es u. a. gelungen, auf diese Weise die Verdichtungen und Verdünnungen einer Schallwelle objektiv zu zeigen; im I. Band findet sich ein auf diese Weise gewonnenes Bild der sog. Kopfwelle eines Geschosses.

40. Beugung an vielen unregelmäßig angeordneten Öffnungen oder Teilchen; Theorie des Himmelblaus

In Nummer 37 haben wir die Erscheinungen besprochen, bei denen es sich um Beugung an regelmäßigen Anordnungen von identischen Öffnungen oder — nach dem Babinetschen Theorem — Teilchen handelt. Wir haben diese Untersuchungen zu ergänzen für den umgekehrten Fall, wenn die fraglichen Öffnungen oder Teilchen völlig ungeordnet angebracht sind. Wir haben, wenn p beugende Objekte vorliegen, auszugehen von der Tatsache, daß eine Anzahl von p Wellen etwa in Richtung der x-Achse fortschreitet; es möge daher z. B. nur die y-Komponente der elektrischen Feldstärke vorhanden sein. Wir müssen dann die Summe $\mathfrak{E}_{1y} + \mathfrak{E}_{2y} + \ldots \mathfrak{E}_{py}$ bilden. Früher war bei der regelmäßigen Anordnung die Gangdifferenz zweier aufeinanderfolgender Wellen konstant, wie in Gl. (153) angesetzt; hier müssen wir aber annehmen, daß wegen der unregelmäßigen Anordnung die Gangdifferenzen ebenfalls

40. Beugung an vielen unregelmäßig angeordneten Öffnungen oder Teilchen

völlig unregelmäßig variieren. Wir haben also (wir rechnen diesmal bequemer reell):

(194)
$$\begin{cases} \mathfrak{E}_{1y} = A\cos\left[2\pi\nu\left(t-\frac{x}{c}\right)-\delta_1\right] \\ \mathfrak{E}_{2y} = A\cos\left[2\pi\nu\left(t-\frac{x}{c}\right)-\delta_2\right] \\ \mathfrak{E}_{3y} = \ldots\ldots\ldots\ldots\ldots\ldots \\ \phantom{\mathfrak{E}_{3y}} \vdots \\ \mathfrak{E}_{py} = A\cos\left[2\pi\nu\left(t-\frac{x}{c}\right)-\delta_p\right]. \end{cases}$$

Die zu bildende Summe lautet also:

$$\mathfrak{E}_y = A\cos 2\pi\nu\left(t-\frac{x}{c}\right)\cos\delta_1 + A\sin 2\pi\nu\left(t-\frac{x}{c}\right)\sin\delta_1 +$$

$$\ldots\ldots\ldots\ldots\ldots\ldots\ldots\ldots\ldots\ldots\ldots\ldots\ldots\ldots$$

$$+ A\cos 2\pi\nu\left(t-\frac{x}{c}\right)\cos\delta_p + A\sin 2\pi\nu\left(t-\frac{x}{c}\right)\sin\delta_p =$$

$$A\cos 2\pi\nu\left(t-\frac{x}{c}\right)\sum_i^{1,p}\cos\delta_i + A\sin 2\pi\nu\left(t-\frac{x}{c}\right)\sum_i^{1,p}\sin\delta_i.$$

Durch Quadrieren erhalten wir:

$$\mathfrak{E}_y^2 = A^2\cos^2 2\pi\nu\left(t-\frac{x}{c}\right)[\cos\delta_1 + \cos\delta_2 + \ldots \cos\delta_p]^2 +$$

$$A^2\sin^2 2\pi\nu\left(t-\frac{x}{c}\right)[\sin\delta_1 + \sin\delta_2 + \ldots \sin\delta_p]^2 +$$

$$2A^2\cos 2\pi\nu\left(t-\frac{x}{c}\right)[\cos\delta_1+\cos\delta_2+\ldots\cos\delta_p]\cdot\sin 2\pi\nu\left(t-\frac{x}{c}\right)[\sin\delta_1+\sin\delta_2+\ldots\sin\delta_i],$$

und die Ausrechnung liefert nach Mittelwertsbildung sofort:

(195)
$$\overline{\mathfrak{E}_y^2} = pA^2 + 2A^2\sum_{\substack{i \\ i\neq k}}^{1,p}\sum_k^{1,p}\cos\delta_i\cos\delta_k + 2A^2\sum_{\substack{i \\ i\neq k}}^{1,p}\sum_k^{1,p}\sin\delta_i\sin\delta_k =$$

$$pA^2 + 2A^2\sum_{\substack{i \\ i\neq k}}^{1,p}\sum_k^{1,p}\cos(\delta_i-\delta_k).$$

Abgesehen von einem irrelevanten Faktor $\frac{1}{2}$, den wir fortgelassen haben, ist dies die resultierende Intensität. Das erste Glied pA^2 kommt durch die p Quadrate $\cos^2\delta_i + \sin^2\delta_i$ zustande und ist deshalb aus der Summe herausgenommen. Der Wert des zweiten Gliedes ist **absolut unbestimmt**; denn wegen der völlig unregelmäßigen Anordnung der Öffnungen (oder Teilchen) kann **über die Summe nichts Bestimmtes ausgesagt werden**. Bei genügend großer Anzahl von Teilchen werden aber im Mittel gleich viel positive wie negative Glieder vorhanden sein. Daher kann man annehmen, daß im Mittel das zweite Glied verschwindet. Wir haben es hier mit einer Art von (räumlicher) Inkohärenz zu tun, die bewirkt, daß — abgesehen von kleinen Schwankungen — die resultierende Intensität wird

(196)
$$\overline{\mathfrak{E}_y^2} = pA^2,$$

d.h. p mal so groß wie die Intensität der Einzelöffnung. Hätten wir z.B. rechteckige Öffnungen von der Länge a und der Breite b als die Beugungsöffnungen gewählt, so wäre für A^2 der Wert aus Gl. (170) einzusetzen, so daß man für p Öffnungen erhalten würde:

$$\overline{\mathfrak{S}_y^2} = a^2 b^2 \frac{\sin^2\left(\frac{\pi b x}{\lambda f}\right)}{\left(\frac{\pi b x}{\lambda f}\right)^2} \cdot \frac{\sin^2\left(\frac{\pi a y}{\lambda f}\right)}{\left(\frac{\pi a y}{\lambda f}\right)^2} \cdot p, \qquad (196\,\mathrm{a})$$

d. h. das Beugungsbild ist das gleiche, wie für eine Öffnung, aber mit p-facher Intensität. Das stimmt gut zu der Auffassung, daß man es mit einer Art von Inkohärenz zu tun hat; denn dann addieren sich ja die Intensitäten. Entsprechendes gilt natürlich auch für kreisrunde Öffnungen usw. Diesen Fall wollen wir noch etwas genauer untersuchen, wobei wir gleich vom Babinetschen Theorem Gebrauch machen, indem wir statt einer großen Zahl unregelmäßig angeordneter Öffnungen (kreisrunder Löcher) kreisrunde Scheibchen nehmen, was diese Versuche sehr erleichtert. Man bestäubt z.B. eine Glasplatte mit Bärlappsamen (Lycopodium), der aus winzigen Kügelchen von etwa $30\,\mu$ Durchmesser besteht und projiziert durch die bestäubte Platte eine hell beleuchtete Blendenöffnung von etwa 1 mm Durchmesser auf einen Schirm, indem man die Platte vor das abbildende Objektiv hält. Man bekommt dann die in Abb. 337 wiedergegebene Beugungsfigur, die in monochromatischem Licht aus hellen und dunklen, im weißen Licht aus farbigen Ringen besteht, die Mischfarben zeigen, da die verschiedenen Ordnungen sich überlappen. Bei Natriumlicht ist bei Lycopodiumteilchen der nach dem ersten hellen Ring hingebeugte Strahl nach Gl. (171 b) um einen Winkel von $1°\,50'$ (mit $\lambda = 0{,}6\,\mu$, $2R = 30\,\mu$) gegen den zentralen Strahl geneigt. Auch an einer angehauchten, mit mikroskopisch kleinen Wassertröpfchen belegten Glasscheibe beobachtet man die gleiche Beugungserscheinung.

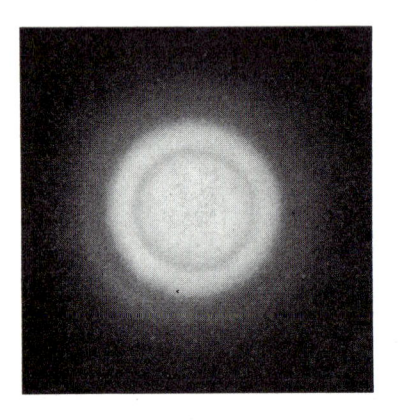

Abb. 337. Beugungsbild einer mit Lycopodiumteilchen bestäubten Glasplatte im Natriumlicht

Ähnliche Beugungserscheinungen ergeben sich an räumlich ungeordnet verteilten kleinen Kügelchen, wie wir sie z.B. in kleinen Wassertröpfchen in Nebeln und Wolken finden. Blickt man im Nebel nach einer fernen Lichtquelle, so erscheint diese mit farbigen Ringen umgeben. Man kann diese Erscheinung leicht künstlich erzeugen, indem man in einer mit etwas Wasser gefüllten großen Glaskugel den Luftdruck mit einer Luftpumpe plötzlich verringert. Infolge der dabei eintretenden Abkühlung der Luft tritt wie in der Wilson-Kammer (Band 1) Übersättigung des Wasserdampfgehaltes und Kondensation ein. Durchstrahlt man die Kugel mit einem Lichtstrahlenbündel, so erhält man auf einem einige Meter entfernten Schirm prachtvolle farbige Beugungsringe. Dabei beobachtet man, daß der Durchmesser der Ringe kurz nach ihrem Entstehen kleiner wird. Die Ursache liegt in einer allmählichen Zunahme des Durchmessers der beugenden Nebeltröpfchen. Ihre Größe kann man aus dem Durchmesser der Beugungsringe bestimmen. In der gleichen Weise entstehen in der Natur die bekannten Sonnen- und Mondhöfe durch Beugung des Lichtes an den Wassertröpfchen der Wolkenschleier. Daß man Mondhöfe häufiger beobachtet als Sonnenhöfe, ist darin begründet, daß das Sonnenlicht so hell und blendend ist, daß man daneben die lichtschwachen Ringe nicht erkennen kann; dagegen sieht man sie leichter, wenn man das weniger helle Spiegelbild der Sonne auf einer Wasseroberfläche oder einer Glasplatte beobachtet. Auch hier kann man aus dem Durchmesser der Beugungsringe auf die Größe der Wassertropfen in den Wolken schließen, die im Winter erheblich größer als im Sommer sind; bei herannahendem Regenwetter vergrößern sich die Wassertropfen schnell, und der beobachtete Mondhof wird enger. Auf der Beugung des Lichtes an feinen Nebeltröpfchen beruht auch die als Heiligenschein (Glorie) bekannte Erscheinung (vgl. Nr. 54).

W. Kossel (*Lit*) hat einen instruktiven Versuch angegeben, der sich auf Fresnelsche Beugung bei unregelmäßig verteilten Beugungsöffnungen bezieht. Durch Abschmirgeln auf einer Drehbank sind in eine Glasplatte kreisförmige Rillen eingegraben, deren Radien zwischen einem kleinsten R_1 und einem größten R_2 unregelmäßig verteilt sind, im Gegensatz zu der in Band I beschriebenen Zonenplatte, bei der die Radien der Zonen gesetzmäßig entsprechend der Beugungstheorie von Fresnel angeordnet sind. Die bei der Zonenplatte auftretende Erscheinung besteht wesentlich aus dem „Poissonschen Fleck" auf der Symmetrieachse, in dem sich die Amplituden der an den Zonen abgebeugten Strahlen addieren. Grundsätzlich ebenso sieht die Beugungserscheinung der „statistischen Rillenplatte" oder „inkohärenten Zonenplatte" aus. Der Poissonsche Fleck besteht hier aus einer Lichtlinie längs der Systemachse, da die Bedingung gleicher Phasen der von einer Rille gebeugten Strahlen für alle Punkte der Achse erfüllt ist. Ferner addieren sich die Intensitäten — nicht die Amplituden — der von verschiedenen Rillen herrührenden Beiträge wegen der unregelmäßigen Rillenabstände, also wegen räumlicher Inkohärenz ähnlich wie bei unregelmäßig verteilten Teilchen. Abb. 338 zeigt rechts die Kosselsche Beugungsplatte, davon ausgehend den hellen Strahl in der Achse (durch Streuung sichtbar gemacht) und dann den weiteren Verlauf, wenn eine Lochblende eingefügt wird (im oberen Teil der Abbildung) — dann erlischt der Strahl: und (im unteren Teil) wenn ein Hindernis eingefügt wird — dann erscheint der eigentliche Fleck bzw. die ganze Linie dieses Flecks, aber erst in einiger Entfernung von dem Hindernis. Sowohl das erste wie das zweite Phänomen erscheinen gleichermaßen paradox.

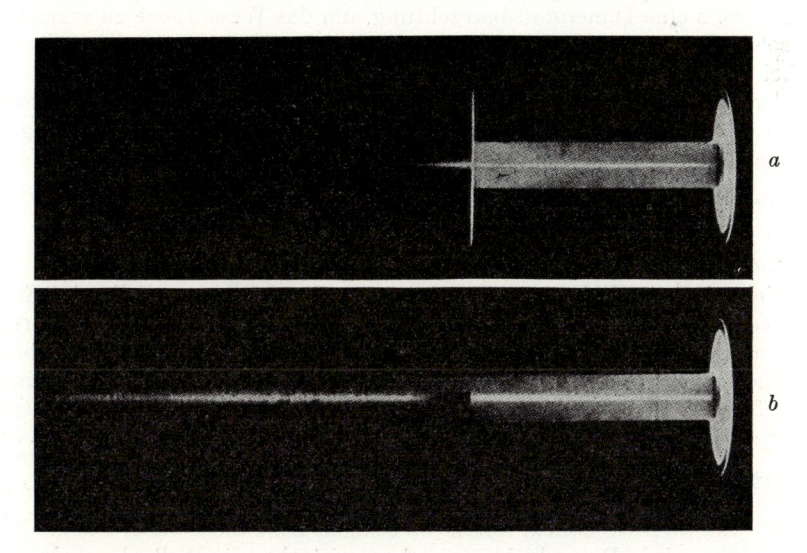

Abb. 338. Beugung an inkohärenter Zonenplatte (rechts) nach Kossel. Lichtquelle rechts außerhalb des Bildes
  (*a*) Erlöschen der leuchtenden Achse nach Durchgang durch eine Blende
  (*b*) Erlöschen und Wiedererscheinen der leuchtenden Achse nach einem Hindernis

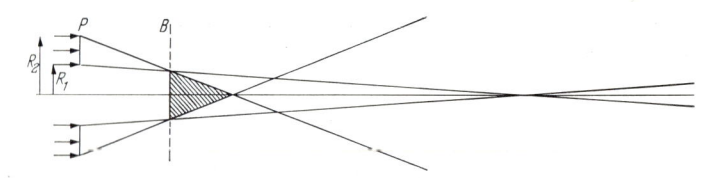

Abb. 339. Zur Erklärung der Erscheinungen von Abb. 338
P = inkohärente Zonenplatte, B = Blende oder Hindernis
(Lichtquelle links anders als in Abb. 338)

Das Zustandekommen dieser Erscheinung veranschaulicht Abb. 339 (nach Braunbek (Lit.)). Links ist die Beugungsplatte P mit Minimal- und Maximalradius der beugenden Rillen angedeutet. Von ihr gehen abgebeugte Strahlen aus, von denen nur vier gezeichnet sind, die außerdem den Rand der Blende B (zunächst als Hindernis gedacht) berühren. Rechts von dem schraffierten Bereich treffen sich auf der Achse immer Strahlen gleicher Phase, die dort Helligkeit erzeugen. Denkt man sich B jetzt als Öffnung in einem undurchsichtigen Schirm (gestrichelt gezeichnet), dann treffen sich rechts vom schraffierten Bereich keine Strahlen mehr auf der Achse, infolgedessen herrscht dort Dunkelheit. Dies gilt nicht mehr streng, wenn der Radius von B größer als R_1 ist. Außerdem ist bei der ganzen Betrachtung nur die Beugung an P, nicht die am Rand von B berücksichtigt. Die Beugung an diesem einen Rand fällt aber intensitätsmäßig nicht ins Gewicht gegenüber der an den vielen Rändern von P.

Theorie des Himmelblaus nach Lord Rayleigh. Die Beugung an unregelmäßig angeordneten Teilchen, z. B. an den Molekülen eines Gases, spielt in der meteorologischen Optik eine Rolle; sie ist nämlich der Grund für die Tatsache, daß uns an wolkenlosen Tagen der Himmel blau erscheint. Weißes Sonnenlicht gelangt durch Streuung an den Molekeln in unser Auge. Die genaue Theorie können wir hier nicht bringen. Es genügt aber auch bereits eine Dimensionsbetrachtung, um das Wesentliche zu erkennen.

Eine solche hat allerdings den Nachteil, daß man wissen muß, welche physikalische Größen bei dem vorliegenden Problem eine Rolle spielen. Nennen wir die Amplitude des einfallenden Sonnenlichts a, das Volumen der beugenden Teilchen V, seinen Abstand vom Beobachter r, so können wir die Amplitude A des ins Auge gebeugten Lichts folgendermaßen ansetzen:

$$A = \frac{kaV}{r},$$

wobei k eine noch näher zu behandelnde Konstante ist. Denn die Amplitude A des gebeugten Lichts ist natürlich proportional der Amplitude a der auffallenden Strahlung; ferner ist es plausibel, sie dem Volumen V der beugenden Teilchen proportional zu nehmen, und der Faktor $1/r$ trägt der Tatsache Rechnung, daß von dem beugenden Molekül eine Kugelwelle ausgeht. Da in obiger Gleichung links und rechts Amplituden stehen, muß rechts kV/r dimensionslos sein: V/r hat aber die Dimension des Quadrates einer Länge, so daß k die Dimension

$$[k] = [L^{-2}]$$

haben muß, was wir, wie üblich, durch die eckigen Klammern ausdrücken. Die einzige Länge, die hier noch in Betracht kommen kann, ist aber die Wellenlänge λ, so daß wir schreiben können: $k = k'/\lambda^2$. Damit nimmt die Ausgangsgleichung die Gestalt an:

$$A = \frac{k'aV}{r\lambda^2} = \frac{\text{Const.}}{\lambda^2},$$

und da die Intensität I des abgebeugten Lichtes proportional dem Quadrate der Amplitude A ist, folgt schließlich:

(197) $$I = \frac{\text{Const.}}{\lambda^4}.$$

Das ist das wesentliche Resultat von Lord Rayleighs (1871) Theorie des Himmelblaus. Die gebeugte Intensität ist umgekehrt proportional der vierten Potenz der Wellenlänge. Da die violetten Wellen nur halb so lang sind wie die roten, so sind die kurzen Wellen im gebeugten Licht $2^4 = 16$ mal stärker vertreten als im direkten weißen Sonnenlicht; damit ist die blaue Färbung des Himmels erklärt.

Die Rayleighsche Gleichung $I = \frac{\text{Const.}}{\lambda^4}$ enthält auch die Erklärung eines alten Versuches von J. Tyndall (1868): eine wässerige Mastixlösung erscheint im diffusen Tageslicht ausgesprochen bläulich. —

Die direkte Sonnenstrahlung wird durch die seitliche Beugung (Zerstreuung) des Lichtes natürlich geschwächt; daher kommt es, daß auch vollkommen farblose durchsichtige Gase (z. B. Luft) in großen Schichtdicken das weiße Licht der Sonne erheblich schwächen. Man kann die Schwächung der auffallenden Intensität I_0 einer bestimmten Wellenlänge λ nach Durchlaufen der Schichtdicke x durch die allgemeine Lambertsche Gleichung (103) darstellen:

$$I_x = I_0 e^{-hx},$$

wo I_x die übriggebliebene Intensität ist. In seiner ausführlichen Theorie hat Lord Rayleigh folgenden Wert für die „Schwächungskonstante" h angegeben:

$$h = \frac{8\pi^3}{3N\lambda^4}(n^2-1)^2 \qquad (n = \text{Brechungsindex}, N = \text{Zahl der Teilchen pro cm}^3),$$

den wir hier nur ohne Beweis angeben können. Die eintretende Schwächung ist natürlich wellenlängenabhängig, es tritt also auch eine Färbung des weißen Lichtes nach Durchlaufen einer großen Gasstrecke ein: je weiter das weiße Licht in die Schicht eindringt, desto mehr nimmt es einen rötlichen Farbton an. Dies ist die Erklärung der Morgen- und Abendröte.

Man kann den Tyndallschen Versuch leicht so abändern, daß man diese Erscheinung demonstrieren kann. Ein Glasrohr von einigen Zentimetern Durchmesser, 1 Meter Länge wird mit einer frisch hergestellten Mastixlösung gefüllt und in vertikale Stellung gebracht. Mit Hilfe eines Spiegels wird es von unten mit dem parallel gemachten Licht einer Bogenlampe durchstrahlt. Dann leuchtet die untere Partie des Rohres bläulich auf, während nach oben hin die Färbung immer röter wird. Ein über das obere Ende gehaltenes weißes Stück Papier erscheint in der Tat Orange bis Rot. Besonders deutlich kann man diesen Effekt machen, wenn man ein strenges Blaufilter in den Strahlengang vor dem Eintritt in die Röhre einschiebt: Dann leuchtet der untere Teil der Röhre infolge der Streuung in blauem Lichte auf, der obere Teil aber ist dunkel, da alles blaue Licht schon in dem unteren Teil gestreut wurde. Nimmt man aber ein Filter, das gleichzeitig Blau und Rot durchläßt, so leuchtet der untere Teil blau, wie bisher, während der obere rötlich ist.

Nach Gl. (114) und äquivalenten Formeln ist $(n^2-1)^2$ proportional dem Quadrat der Zahl der absorbierenden Teilchen, die wir mit der Zahl der beugenden Teilchen gleichsetzen können. Dann ist h proportional N, und dies ist die quantitative Grundlage dafür, daß man aus der Rayleighschen Streuung die Loschmidtsche Zahl bestimmen kann, was schon in Band I erwähnt wurde.

V. Kapitel

Polarisation und Doppelbrechung des Lichtes

41. Polarisation durch Reflexion und gewöhnliche Brechung

Wenn uns nur die im Kap. IV behandelten Erscheinungen der Interferenz und Beugung des Lichtes bekannt wären, so würde zwar bewiesen sein, daß die Ausbreitung des Lichtes in Wellenform vor sich geht, aber andere Fragen würden unbeantwortet bleiben. Denn Wellen können longitudinal oder transversal sein, aber Interferenz und Beugung kommen allen Wellentypen gleichmäßig zu; außerdem können die Wellen physikalisch verschieden, z. B. elastischer oder elektromagnetischer Natur sein. Als Huygens, Young, Fresnel die Wellentheorie des Lichtes begründeten, kam für sie nur die Vorstellung elastischer Wellen in einem das Weltall erfüllenden Medium, dem sogenannten Äther, in Frage. Dieser wurde als eine Art materieller Stoff gedacht, der jedenfalls so beschaffen sein mußte, daß er den sich durch den Äther bewegenden Körpern keinen merklichen Widerstand entgegensetzte; denn ein solcher hätte sich z. B. bei der Bewegung der Himmelskörper bemerkbar machen müssen. Es könnte sich also — so glaubte man schließen zu müssen — nur um eine äußerst feine Flüssigkeit oder ein Gas, keinesfalls um einen festen Körper handeln. In Gasen und Flüssigkeiten sind aber nur elastische Longitudinalwellen möglich, bei denen die Verrückungen in Richtung der Fortpflanzung vor sich gehen. Demgemäß faßten sowohl Huygens wie auch Young und Fresnel die Lichtwellen — genau wie die Schallwellen — als Longitudinalwellen auf. Bei elastischen Transversalwellen gehen die Verschiebungen senkrecht zur Fortpflanzungsrichtung vor sich, d. h. in einer durch diese Richtung gelegten Ebene, der **Schwingungsebene**. Dadurch ist bei Transversalwellen eine gewisse „Seitlichkeit" der Wellen bedingt, da ja diese eine Ebene ausgezeichnet ist, während bei Longitudinalwellen um die Fortpflanzungsrichtung herum vollkommene Symmetrie herrscht. Da man bei Licht, das von natürlichen Lichtquellen ausgeht, keinerlei Anzeichen von „Seitlichkeit" gefunden hatte[1], vielmehr dieses „natürliche" Licht sich völlig symmetrisch um die Fortpflanzungsrichtung verhielt, war die Annahme von Longitudinalwellen für das Licht ganz natürlich, während die Annahme von elastischen Transversalwellen auf eine große Schwierigkeit gestoßen wäre: elastische Transversalwellen sind nämlich in Gasen und Flüssigkeiten nicht möglich, da diese keinen Schubmodul besitzen, sondern nur in festen Körpern. Die Annahme von Transversalwellen hätte also zu der Folgerung genötigt, daß der lichttragende Äther ein fester Körper wäre, und zwar wegen der enormen Größe der Lichtgeschwindigkeit c fester als etwa der beste Stahl — offenbar unverträglich mit der Tatsache, daß wir alle uns durch diesen festen Körper hindurch bewegen, ohne etwas von dieser Festigkeit zu spüren. So schien also die Annahme von longitudinalen Lichtwellen aufs beste begründet und mit allen Tatsachen in Übereinstimmung zu sein — bis im Jahre 1808 der französische Physiker E. L. Malus eine folgenschwere Beobachtung machte, die tatsächlich eine „Seitlichkeit" oder, wie man damals zu sagen pflegte, **„Polarisation"** der Lichtwellen offenbarte. Den genauen Versuch von Malus können wir erst in Nr. 46 angeben; hier mag die Feststellung genügen, daß nach diesem Versuch Licht, das einmal an einem durchsichtigen Medium (z. B. Glas oder Wasser) reflektiert worden ist, seine Symmetrie um die Fortpflanzungsrichtung als Achse eingebüßt hat. Solches Licht verhält sich also anders als „natürliches" Licht.

Wir beschreiben im folgenden nicht den ursprünglichen Malusschen Versuch, sondern einen anderen, der zu derselben Folgerung führt. Wir schildern zunächst einen Vor-

---

[1] Siehe hierzu auch S. 326.

versuch (Abb. 340): Eine ebene Welle natürlichen Lichtes, von der wir nur einen Strahl AB zeichnen, falle unter einem beliebigen Einfallswinkel α auf eine Glasplatte P_1 und werde auf der Vorderseite in die Richtung BC reflektiert (die Reflexion an der Rückseite schalten wir dadurch aus, daß wir diese berßuen oder noch einfacher einen Spiegel aus schwarzem Glase nehmen); dann ist die Zeichenebene mit der durch den Strahl AB und das Einfallslot n bestimmten Einfallsebene ABC identisch. Nun drehen wir den Spiegel P_1 um die Strahlrichtung AB, d. h. wir drehen die Einfallsebene ABC aus der Papierebene heraus; erst bei einer Drehung um 180^0 fällt die Einfallsebene wieder mit der Papierebene zusammen, aber der Spiegel P_1 ist dann in die gestrichelte Lage P_1' übergegangen, der reflektierte Strahl BC in BC', das Lot n in n'. Beim Weiterdrehen des Spiegels um nochmals 180^0 ist die Ausgangsstellung wieder erreicht. In jeder Lage des Spiegels wird der reflektierte Strahl natürlich unter dem gleichen Winkel gespiegelt; er beschreibt dann offenbar einen Kegelmantel. **Wie aber auch die Einfallsebene gegen die Papierebene gedreht werde, immer wird der einfallende Strahl am Spiegel P_1 in der gleichen Weise reflektiert, nicht nur unter dem gleichen Reflexionswinkel α, sondern auch mit der gleichen Intensität.** Dieser Vorversuch zeigt eben die vollkommene Symmetrie des natürlichen Lichtes um die Fortpflanzungsrichtung. Hier setzt nun die Beobachtung von Malus ein. Um sein Ergebnis so deutlich wie möglich zu machen, wählen wir nun statt des beliebigen Einfalls- und Reflexionswinkels α einen bestimmten Winkel α_p, der für Glas ungefähr 56^0 beträgt; der beschriebene Vorversuch verläuft natürlich auch dann in der gleichen Weise. Wir ändern ab r nun den Versuch der Abb. 340 in folgender Weise ab (Abb. 341): Der Lichtstrahl AB fällt — nunmehr unter 56^0 Einfallswinkel — auf den

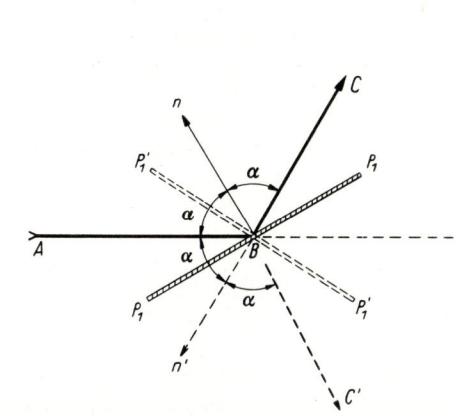

Abb. 340. Reflexion des Lichtes an einer Glasplatte, die um die Einfallsrichtung des Lichtes gedreht werden kann

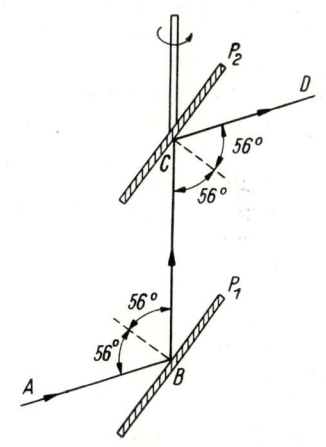

Abb. 341. Versuch zum Nachweis der Polarisation des Lichtes durch Reflexion

Glasspiegel P_1 auf und wird, wie vorher, in die Richtung BC reflektiert. In C aber trifft der reflektierte Strahl auf einen zweiten Glasspiegel P_2, ebenfalls unter dem Einfallswinkel 56^0, und wird in der Richtung CD weiterreflektiert; der Spiegel P_2 ist — wie in der Abb. 341 — dann parallel zu P_1, der zweimal reflektierte Strahl CD parallel dem einfallenden AB. Die Einfallsebenen der beiden Spiegel ABC und BCD fallen miteinander und mit der Papierebene zusammen. Nunmehr drehen wir den Spiegel P_2 um den einmal reflektierten Lichtstrahl BC als Achse, d. h. wir verdrehen die Einfallsebene BCD des zweiten Spiegels P_2 gegen die des ersten Spiegels P_1. Wäre der einmal reflektierte Strahl BC noch natürliches Licht mit seiner vollkommenen axialen Symmetrie um BC, so müßte, wie man auch die

Einfallsebene BCD des zweiten Spiegels gegen die des ersten verdreht, immer ein reflektierter Strahl CD mit gleicher Intensität auftreten. Dies ist jedoch nicht der Fall: vielmehr beobachtet man, daß die Intensität (Helligkeit) des von der Platte P_2 reflektierten Lichtstrahles sich bei der Drehung ändert. Maximale Intensität erhält man, wenn die beiden Platten P_1 und P_2 parallel zueinander stehen oder um 180⁰ gegeneinander verdreht („antiparallel") sind: in diesen beiden Fällen fallen die Einfallsebenen beider Spiegel zusammen. Wird dagegen der Spiegel P_2 um 90⁰ oder 270⁰ um die Richtung BC gegen den Spiegel P_1 verdreht, wobei die Einfallsebenen an beiden Spiegeln Winkel von 90⁰ miteinander bilden, so findet gar keine Reflexion des Lichtes an der Platte P_2 statt. Dies gilt in dieser extremen Form allerdings nur, wenn der Einfallswinkel richtig gewählt wird (bei Glas rund 56⁰). Bei anderen Einfallswinkeln ist die Erscheinung zwar vorhanden, aber nicht so ausgeprägt: dreht man den Spiegel P_2 aus der parallelen (antiparallelen) Stellung allmählich heraus, so nimmt die Intensität des reflektierten Strahles dauernd ab, um in der „gekreuzten" Stellung ein Minimum, aber keine volle Dunkelheit zu erreichen; auf den ausgezeichneten Einfallswinkel kommen wir weiter unten noch zurück.

Dieser Versuch beweist in jedem Falle, daß das Licht nach der Reflexion an der Glasplatte P_1 eine solche Veränderung erlitten hat, daß eine bestimmte, durch die Fortpflanzungsrichtung gelegte Ebene durch die Lichtschwingungen ausgezeichnet ist. Dies ist aber nur dann möglich, wenn die Lichtschwingung transversalen Charakter hat. Man nennt solches durch eine bestimmte Schwingungsrichtung senkrecht zur Fortpflanzungsrichtung ausgezeichnete Licht **linear polarisiert**. Die zur Herstellung desselben vorgenommene Veränderung des Lichtes heißt Polarisierung; die Vorrichtung, welche den neuen Zustand, die **Polarisation** hervorruft, wird **Polarisator** genannt: diejenige, mit der die Polarisation nachgewiesen wird, heißt **Analysator**. In dem oben beschriebenen Versuch ist die Glasplatte P_1 der Polarisator und P_2 der Analysator. Polarisator und Analysator zusammen mit einer Beleuchtungsanordnung und einer Vorrichtung zum Anbringen von zu untersuchenden Substanzen zwischen P_1 und P_2, eventuell auch mit einer Beobachtungslupe, bilden den einfachsten Polarisationsapparat, wie er ursprünglich von Nörremberg angegeben wurde.

Den Schluß auf Transversalität der Lichtwellen zogen — widerstrebend wegen der Konsequenz eines festen Äthers — Young und Fresnel, und dieser innere Widerspruch hat fast dreiviertel Jahrhundert auf der Optik gelastet, bis die Vorstellung elastischer Lichtwellen durch die Erkenntnis, daß es elektromagnetische Wellen sind, abgelöst wurde; denn elektromagnetische Transversalwellen sind in allen Aggregatzuständen möglich, und die fatale Folgerung eines festen Äthers entfällt. Damit haben wir den Anschluß an die in Band II dargelegte elektromagnetische Lichttheorie gewonnen.

Natürlich bleibt die Frage zu klären, warum „natürliches" Licht — trotz der Transversalität — vollkommene axiale Symmetrie aufweist. Das kann nur so gedeutet werden, daß diese Symmetrie statistischen Charakters ist, der in der großen Komplikation der Prozesse in den Lichtquellen begründet ist. Wenn wir auch ein einzelnes Molekül einer Lichtquelle mit einem Hertzschen Oszillator vergleichen können, so besteht die Lichtquelle doch aus einer ungeheuren Zahl von solchen Oszillatoren, die völlig unabhängig voneinander schwingen und deren Schwingungsrichtungen sich im Mittel gleichmäßig auf alle Raumrichtungen verteilen. (Die komplexen Vorgänge in der Lichtquelle mußten wir ja auch schon zur Erklärung der Inkohärenz heranziehen.) — Würde es gelingen, die gleichmäßige Verteilung aller Schwingungsrichtungen in einer Lichtquelle zu beseitigen, so würde diese auch „polarisiertes" Licht aussenden. Das kann man tatsächlich erreichen, indem man z. B. etwa eine leuchtende Flamme in ein starkes Magnetfeld bringt: dann sendet sie wirklich polarisierte Strahlung aus. (Zeemansches Phänomen).

Während also bei natürlichem Licht der elektrische Feldvektor in allen möglichen Richtungen senkrecht zur Fortpflanzungsrichtung schwingt, liegt bei linear polarisiertem Licht die „Schwingungsrichtung des Lichtes", d. h. die Richtung des elektrischen Feldvektors $\mathfrak{E},$ in einer ganz bestimmten Ebene, der **Schwingungsebene**. Aus

41. Polarisation durch Reflexion und gewöhnliche Brechung

Symmetriegründen kann die Schwingungsebene des elektrischen Vektors bei dem durch Reflexion erzeugten linear polarisierten Licht entweder nur mit der Einfallsebene oder mit der zu ihr senkrechten Ebene zusammenfallen. Die Entscheidung dieser Frage war früher unmöglich, da man ja die Schwingungsebene beim Licht nicht wahrnehmen kann. Seitdem man weiß, daß die Lichtwellen elektromagnetischen Charakter haben, kann man durch einen einfachen Versuch mit elektrischen Wellen die Entscheidung herbeiführen (Abb. 342).

In der Abbildung bedeutet PP den Schnitt eines aus einer etwa 2 cm dicken Glasplatte bestehenden Spiegels; in der Zeichenebene befindet sich ein Hertzscher Oszillator im Brennpunkt eines Parabolspiegels entweder in der Stellung a), d. h. senkrecht zur Zeichenebene, oder aber in der Stellung b), d. h. in der Zeichenebene, die hier gleichzeitig die Einfallsebene für die vom Oszillator ausgehenden ebenen Wellen ist. In Abb. 342a ist die Schwingungsebene senkrecht zur Einfallsebene, in Abb. 342b dagegen parallel derselben. (Vgl. Band II und Abb. 348.) Der Versuch zeigt nun zweifelsfrei, daß die Wellen, die unter dem geeigneten Winkel auf den Spiegel auffallen, nur dann reflektiert werden, wenn die Schwingungsebene senkrecht auf der Einfallsebene steht; gehen aber die Schwingungen in der Einfallsebene vor sich, so wird die auffallende Strahlung nicht reflektiert, sondern hindurchgelassen. Das bedeutet also allgemein: **Bei dem durch Reflexion erzeugten linear polarisierten Licht liegt die Schwingungsebene senkrecht zur Einfalls- (Reflexions-) Ebene.** Für die zur Schwingungsebene senkrechte Ebene durch die Fortpflanzungsrichtung hat man seinerzeit allgemein den Namen „Polarisationsebene" eingeführt, der nunmehr überflüssig ist, da durch die Schwingungsebene die sogenannte Polarisationsebene mitbestimmt ist; im allgemeinen werden wir daher nur von der Schwingungsebene sprechen. Vielfach wird heute auch die Schwingungsebene als Polarisationsebene bezeichnet. Wir halten hier an der Unterscheidung beider Ebenen fest.

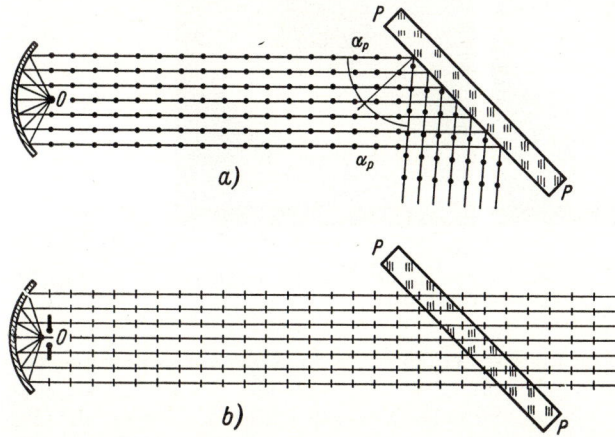

Abb. 342. Versuch zum Nachweis der Lage der Schwingungsebene des elektrischen Feldvektors in einer durch Reflexion linear polarisierten elektromagnetischen Welle
a) Der elektrische Vektor schwingt senkrecht zur Einfallsebene, es tritt Reflexion auf
b) Der elektrische Vektor liegt in der Einfallsebene, es findet keine Reflexion statt

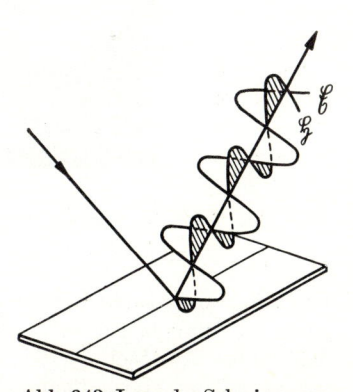

Abb. 343. Lage der Schwingungsebene des elektrischen und magnetischen Feldvektors bei durch Reflexion linear polarisiertem Licht

Da bei einer elektromagnetischen Welle der elektrische und magnetische Vektor stets senkrecht aufeinander stehen, haben wir bei einem durch Reflexion linear polarisierten Lichtstrahl die in Abb. 343 dargestellte Lage der beiden Vektoren; der magnetische Vektor schwingt also in der sogenannten Polarisationsebene.

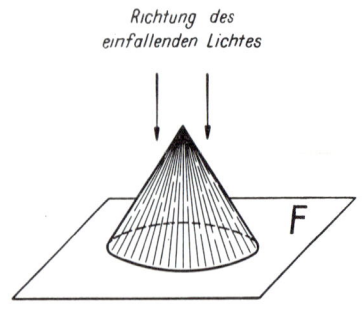

Abb. 344. Glaskegel zur Untersuchung der Reflexion von linear polarisiertem Licht

Die Versuche gelingen in der beschriebenen Form nur mit Spiegeln aus einem **durchsichtigen Stoff**[1]), z. B. Glas, Quarz usw., dagegen **nicht mit Metallspiegeln** oder metallisierten Glasspiegeln. Im letzteren Fall findet bei einer Drehung des Spiegels zwar eine Änderung der Lichtintensität, aber keine vollständige Auslöschung bei gekreuzten Spiegelstellungen statt, wie man auch den Einfallswinkel wählt.

Läßt man ein paralleles Bündel linear polarisierten Lichtes auf einen aus schwarzem Glas hergestellten Kegel (von dem halben Kegelwinkel 34°) so auffallen (Abb. 344), daß die Einfallsrichtung mit der Kegelachse zusammenfällt und der Querschnitt des Bündels mit der Basisfläche des Kegels übereinstimmt, so liefert das an der Mantelfläche des Kegels reflektierte Licht auf einer weißen Fläche F die in Abb. 345a wiedergegebene Lichtverteilung. Man sieht, daß in einer bestimmten Richtung, die parallel zur Schwingungsrichtung des elektrischen Vektors des einfallenden Lichtes liegt, keinerlei Reflexion erfolgt, während in der dazu senkrechten

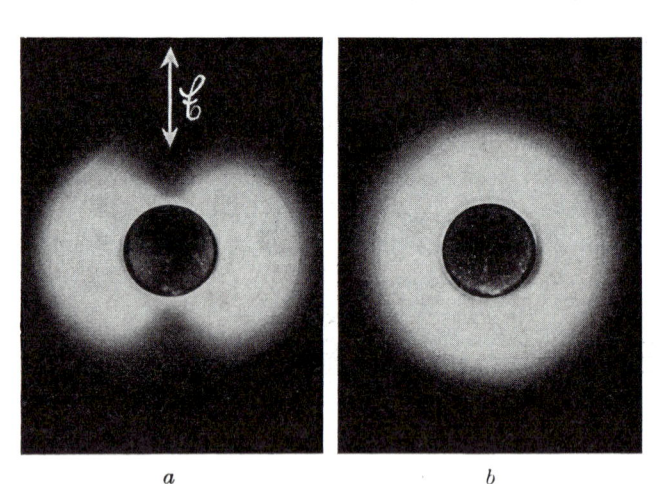

Abb. 345. Reflexion von linear polarisiertem (a) und natürlichem (b) Licht an dem in Abb. 344 skizzierten Glaskegel

Richtung alles Licht reflektiert wird. Als Vergleich ist in Abb. 345b derselbe Versuch mit unpolarisiertem Licht wiederholt. Auch bei diesem Versuch erhält man die völlige Auslöschung des eingestrahlten polarisierten Lichtes nur, wenn die Reflexion an der Mantelfläche des Kegels unter einem bestimmten Winkel erfolgt, d. h. wenn der Winkel an der Spitze des Kegels einen (durch die Art des Glases bedingten) Wert hat.

Der für eine maximale Polarisation des Lichtes durch Reflexion erforderliche sogenannte Polarisationswinkel α_p ist nach D. Brewster (1813) durch den Brechungsquotienten des benutzten Glases bestimmt. Das Brewstersche Gesetz sagt aus, daß der Polarisationswinkel α_p eines Stoffes durch die Bedingung gegeben ist, daß der an der

---

[1]) Die oben erwähnte Schwarzfärbung des Glases, die Störungen durch Reflexion an der Plattenrückseite verhindern soll, ist nicht intensiv genug, diese Schwarzglasspiegel völlig undurchsichtig zu machen. Es ist also immer noch $n^2 \varkappa^2 \ll 1$ (vgl. Nr. 23 u. 34).

41. Polarisation durch Reflexion und gewöhnliche Brechung

Oberfläche reflektierte Strahl (R) und der in den Stoff hineingebrochene Strahl (G) aufeinander senkrecht stehen. Wie man aus Abb. 346 entnimmt, ist dann $\alpha_p + \beta = 90°$ und $\sin\beta = \cos\alpha_p$; da aber nach dem Brechungsgesetz $\sin\alpha_p = n \sin\beta$ ist, so folgt:

$$\tan \alpha_p = n. \qquad (198)$$

Der Polarisationswinkel[1]) **ist also derjenige Einfallswinkel, dessen Tangens gleich dem Brechungsquotienten des reflektierenden Stoffes ist (Brewstersches Gesetz).** Die folgende Tabelle gibt für einige Stoffe mit verschiedenen Brechungsquotienten den Polarisationswinkel für Natriumlicht an.

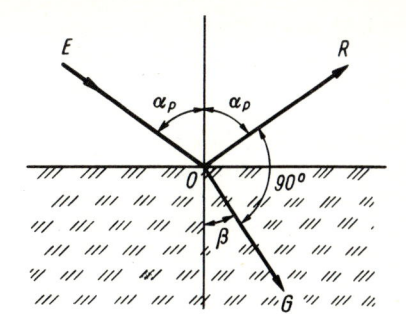

Abb. 346. Zum Brewsterschen Gesetz

Da der Brechungsquotient mit der Wellenlänge variiert, so ist bei gegebener Substanz der Polarisationswinkel für Licht verschiedener Wellenlänge verschieden; weißes Licht kann daher durch Reflexion niemals vollständig polarisiert werden.

Stoff	Brechungsquotient	Polarisationswinkel
Wasser	1,333	53° 7'
Borkronglas	1,5076	56° 28'
Schwerflint	1,7473	60° 33'
Quarzglas	1,4589	55° 35'

Die Polarisierung des Lichtes durch Reflexion hat zwei Nachteile: einmal wird der geradlinige Strahlengang durch die Reflexion geknickt, was für Messungen und Demonstrationen vielfach unbequem ist, und weiter ist die reflektierte Energie im allgemeinen nur ein kleiner Bruchteil der einfallenden. Für das sichtbare Licht hat man bessere Polarisatoren, die wir später beschreiben (Nr. 48). Im Ultraroten z. B. benutzt man aber noch heute zur Polarisierung der Strahlung Spiegel; es sind vorzugsweise Selenspiegel in Benutzung, auch Schwefel kann verwendet werden. Sie haben den Vorteil, daß beide Substanzen im Gebiet von etwa 5 μ an einen praktisch konstanten Brechungsquotienten besitzen, daher hat man für das Gebiet oberhalb 5 μ auch konstante Polarisationswinkel. Die Daten sind:

Stoff	Brechungsquotient	Polarisationswinkel
Selen	2,420	67°
Schwefel	2,008	63° 32'

Wegen der Größe des Polarisationswinkels ist hier auch der reflektierte Bruchteil größer, wie wir später zeigen werden.

Untersucht man das Licht, das bei einem Einfallswinkel gleich dem Polarisationswinkel in eine durchsichtige Glasplatte hineingebrochen wird und die Glasplatte auf der Rückseite unter demselben Winkel verläßt, auf seinen Polarisationszustand mit Hilfe eines Analysators, so findet man, daß auch dieses Licht polarisiert ist. Allerdings erhält man in keiner Richtung eine völlige Auslöschung der Helligkeit, woraus folgt, daß das durchgelassene Licht aus einer Mischung unpolarisierten und polarisierten Lichts besteht. Die Schwingungsrichtung des polarisierten Anteils dieses **teilweise polarisierten Lichts liegt dabei senkrecht zu der des reflektierten Lichts.** Man kann sich dies leicht klarmachen, wenn man davon ausgeht, daß bei dem einfallenden unpolarisierten Licht (wegen der axialen Symmetrie) keine Schwingungsebene bevorzugt ist. Wird nun durch Reflexion unter dem Polarisationswinkel eine bestimmte Schwingungsebene im reflektierten Strahl ausgesondert, so muß diese Schwingungsebene im

---

[1]) α_p wird auch als **Brewsterscher Winkel** bezeichnet.

Licht, das in die Glasplatte eindringt, fehlen: das eindringende Licht wird also in einer zu dieser Schwingungsrichtung senkrechten Ebene bevorzugt schwingen. Die bei der Brechung des Lichtes an einem durchsichtigen Körper auftretende Polarisation ist also eine Art Restwirkung. Dies läßt sich dadurch zeigen, daß man eine vollständige Polarisierung des gebrochenen Lichtes erhält, wenn man eine größere Zahl von Glasplatten (etwa 15 bis 20) mit geringen Zwischenräumen aufeinanderlegt und unter dem Polarisationswinkel Licht auf diesen „Glasplattensatz" auffallen läßt. In Abb. 347 sind die beim Durchgang des Lichtes durch einen Glasplattensatz P_1 auftretenden Verhältnisse schematisch dargestellt. Während der Vektor des reflektierten Lichtes senkrecht zur Einfallsebene schwingt (durch Punkte angedeutet), schwingt das hindurchgehende Licht in der Einfallsebene (durch kurze Striche senkrecht zur Fortpflanzungsrichtung angedeutet); es wird daher von einem zweiten Glasplattensatz P_2 vollständig (ohne Reflexion!) durchgelassen, wenn dieser parallel zu P_1 steht. Im UR benutzt man Sätze aus dünnen Se-Schichten.

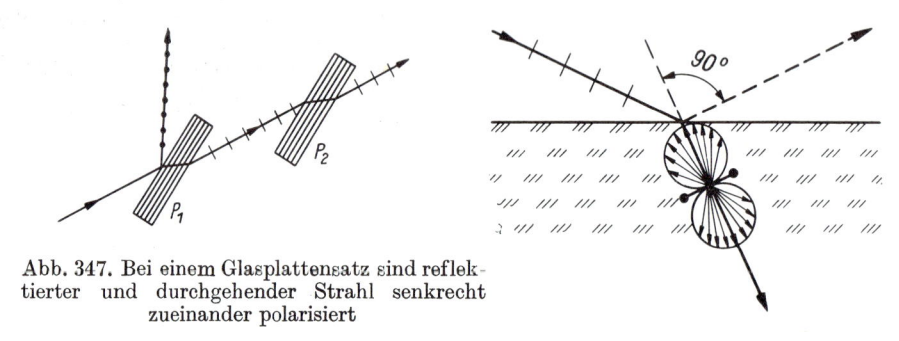

Abb. 347. Bei einem Glasplattensatz sind reflektierter und durchgehender Strahl senkrecht zueinander polarisiert

Abb. 348. Erklärung des Brewsterschen Gesetzes durch die Strahlungscharakteristik eines linear schwingenden Elektrons

Abb. 348

Das Brewstersche Gesetz wird sofort anschaulich verständlich, wenn wir die Vorstellungen über die Brechung und Fortpflanzung des Lichtes in materiellen Medien zugrunde legen, die in Kap. III (Dispersion) entwickelt wurden. Danach läßt sich Brechung und Fortpflanzung des Lichtes durch die vom elektrischen Vektor erzwungenen Schwingungen der Elektronen in dem brechenden Medium erklären; die Elektronenschwingungen erfolgen dabei natürlich in der Richtung des elektrischen Vektors der Lichtwelle. Fällt nun auf ein durchsichtiges Medium Licht unter dem Polarisationswinkel α_p ein, so daß der gebrochene und der reflektierte Strahl einen rechten Winkel miteinander bilden, und ist das einfallende Licht so polarisiert, daß sein elektrischer Vektor in der Einfallsebene schwingt, so schwingen auch die Elektronen längs des gebrochenen Strahls senkrecht zur Strahlrichtung in der Einfallsebene. Jedes schwingende Elektron ist aber ein elektrischer Dipol. Nach Band II (Strahlungscharakteristik eines Dipols) findet die maximale Strahlung eines Dipols senkrecht zu seiner Schwingungsrichtung statt, während sie in der Schwingungsrichtung gleich Null ist, da wir sonst longitudinale elektrische Wellen vor uns hätten. Es können also die vom einfallenden Licht zu Schwingungen angeregten Elektronen kein Licht in Richtung der regulären Reflexion abstrahlen (Abb. 348), solange ihre Schwingungsrichtung parallel zur Richtung des reflektierten Strahles ist, und das ist das Brewstersche Gesetz. Schwingt dagegen der elektrische Vektor des einfallenden Lichtes senkrecht zur Einfallsebene, so geben die in dieser Richtung im brechenden Medium zu Schwingungen angeregten Elektronen sowohl in Richtung des reflektierten als auch in Richtung des gebrochenen Strahles eine Strahlung ab.

Im Einklang damit ist auch die Tatsache, daß das an sehr kleinen kugelförmigen Teilchen gestreute Licht (vgl. Nr. 40, S. 321) in allen Richtungen senkrecht zum einfallenden Strahl linear polarisiert ist, wobei die Schwingung senkrecht zu der durch die Streu- und Einfallsrichtung bestimmten Ebene erfolgt. Denn der einfallende Strahl kann in solchen Teilchen nur Schwingungen erzeugen, die in seiner eigenen Transversalebene liegen, und der gestreute Strahl pflanzt von den in dieser Ebene liegenden Schwingungsrichtungen nur die zu ihm transversalen fort. Läßt man z. B. ein unpolarisiertes Lichtbündel durch einen Trog mit Wasser gehen, dem man zur Trübung eine kleine Menge einer alkoholischen Mastixlösung zugesetzt hat, so erkennt man von der Seite das Lichtbündel durch das an den Mastixteilchen abgebeugte (gestreute) Licht. Beobachtet man das gestreute Licht durch einen Analysator (z. B. einen Plattensatz) so findet man, daß das unter 90° gestreute Licht linear polarisiert ist; der elektrische Vektor schwingt senkrecht zu der durch Einfallsstrahl und Beobachtungsrichtung gegebenen Ebene (Abb. 349). Beleuchtet man daher das trübe Medium[1]) mit linear polarisiertem Licht und dreht die Polarisationsrichtung, so wird das unter 90° gestreute Licht nach jeweils 90° Verdrehung sichtbar oder unsichtbar. Nur wenn der elektrische Vektor des einfallenden Lichtes senkrecht zur Beobachtungsrichtung schwingt, findet in dieser Richtung eine Lichtstreuung statt (siehe hierzu auch die Abb. 407).

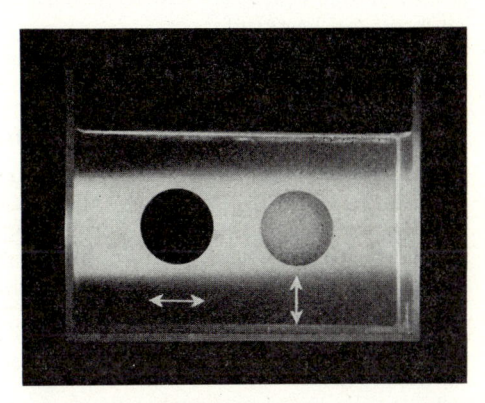

Abb. 349. Nachweis der Polarisation des Lichtes, das an mit Mastixteilchen getrübtem Wasser gestreut wird. Die Pfeile geben die Durchlaßrichtung des als Analysator benutzten Plattensatzes für den Lichtvektor an

Gesetz von Malus. Wenn man in dem grundlegenden Versuch der Abb. 341 die beiden Spiegel aus der parallelen oder antiparallelen Stellung, in der ihre Einfallsebenen zusammenfallen, gegeneinander verdreht, so nimmt die Intensität der vom Analysatorspiegel reflektierten Strahlung ab und erreicht schließlich den Wert Null, wenn die Spiegel gekreuzt sind, d. h. die Einfallsebenen einen Winkel von 90° miteinander bilden. Es erhebt sich die Frage, welchen Betrag die Intensität des reflektierten Lichtes besitzt, wenn die beiden Einfallsebenen den Winkel φ miteinander bilden. Diese Frage hat Malus beantwortet: bezeichnet man die reflektierte Intensität im Falle $\varphi = 0$ mit I_0, diejenige beim Winkel φ mit I_φ, so ist (Malussches Gesetz):

Abb. 350. Zur Erklärung des Malusschen Gesetzes

(199) $$I_\varphi = I_0 \cos^2 \varphi.$$

Es handelt sich nun also darum, dieses Gesetz aus der Vorstellung der Transversalität der Lichtwellen zu erklären. Dies ist sehr einfach, da wir wissen, daß polarisiertes Licht nur dann vom Spiegel reflektiert wird, wenn seine Schwingungsrichtung senkrecht zur Einfallsebene steht, während parallel zur Einfallsebene schwingendes Licht ohne Reflexion hindurchgelassen wird. Es sei nun in Abb. 350 AA die Spur der zweiten Einfallsebene, OS die Schwingungsrichtung der am ersten Spiegel reflektierten Lichtstrahlung von der Amplitude E, die um den Winkel φ gegen die Normale n der Einfallsebene geneigt ist. Die Amplitude E können wir in Komponenten parallel und senkrecht zur

---
[1]) Alle materiellen Medien sind „trübe", als Folge der molekularen Struktur, auch ohne die geringsten Verunreinigungen.

Einfallsebene zerlegen (E_p und E_s), und zwar ist offenbar $E_s = E \cos \varphi$ die senkrecht zur Einfallsebene schwingende, d. h. die reflektierte Komponente des elektrischen Vektors. Da nun jedenfalls die Intensitäten proportional den Quadraten der Amplituden sind, folgt sofort das Malussche Gesetz. Dies Gesetz gibt, wie man sofort sieht, jedenfalls für $\varphi = 0$ und $\varphi = \pi/2$ den Tatbestand richtig wieder, und genauere Messungen haben es vollkommen bestätigt.

42. Theorie der Reflexion, Brechung und Polarisation; Fresnelsche Formeln

Die im vorhergehenden besprochenen Vorgänge bei der Reflexion und Brechung des Lichtes lassen sich auf Grund der elektromagnetischen Lichttheorie in folgender Weise quantitativ präzisieren. Wir erinnern daran (Band II), daß die räumliche Energiedichte einer elektromagnetischen Welle gleich $\frac{\varepsilon}{4\pi} \mathfrak{E}^2$ ist, wofür wir auf Grund der Maxwellschen Relation auch $\frac{n^2}{4\pi} \mathfrak{E}^2$ schreiben können ($\mathfrak{E}$ die elektrische Feldstärke, ε die Dielektrizitätskonstante, n der absolute Brechungsquotient). Ferner wissen wir, daß die Tangentialkomponenten der elektrischen Feldstärke die Trennungsfläche zwischen zwei Stoffen stetig durchsetzen. Nach dem Energiesatz muß nun die im einfallenden Lichtstrahl enthaltene Strahlungsleistung[1] Φ_e gleich der Summe der Strahlungsleistungen im reflektierten und gebrochenen Strahl sein. Es ist also:

(200) $\quad \Phi_e = \Phi_r + \Phi_g$; oder für die Strahlungsdichten: $L_e = L_r + L_g \dfrac{\cos \beta}{\cos \alpha}$,

wobei der Quotient der Cosinusse die Vergrößerung des Lichtbündelquerschnittes im gebrochenen Strahl kompensiert (vgl. Abb. 351). Dabei ist angenommen, daß keinerlei Absorption vorhanden ist, da völlig durchsichtige Stoffe von Anfang an vorausgesetzt werden. Unter Strahlungsdichte verstehen wir (vgl. Kap. II, Nr. 14) die in der Sekunde durch die Flächeneinheit senkrecht hindurchtretende Lichtenergie, d. h. es ist

$$L_e = \frac{n^2}{4\pi} \mathfrak{E}^2 v ,$$

wenn v die Geschwindigkeit des Lichtes in dem betreffenden Medium ist; im Vakuum ist $v = c$, in Materie $v = c/n$.

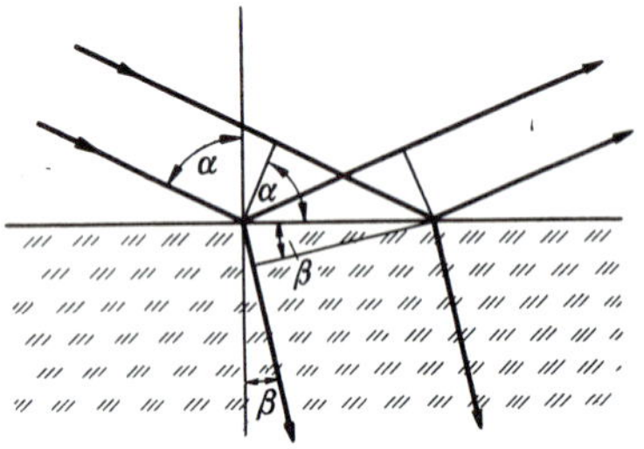

Abb. 351. Zur Ableitung der Fresnelschen Formeln

In Abb. 351 falle ein paralleles Lichtbündel vom Querschnitt 1 unter dem Winkel α auf die Trennungsfläche zweier Medien 1 und 2 mit den Brechungsquotienten n_1 und n_2, also den Lichtgeschwindigkeiten $v_1 = c/n_1$ und $v_2 = c/n_2$, so daß es unter dem Winkel β ins Medium 2 hineingebrochen wird. Gl. (200) können wir dann folgendermaßen schreiben:

(201) $\quad n_1 E^2 = n_1 R^2 + n_2 G^2 \dfrac{\cos \beta}{\cos \alpha}$;

mit E, R, G sind die Amplituden der einfallenden, reflektierten und gebrochenen Strahlung bezeichnet.

---

[1] Auch hier können wir auf die Unterscheidung von energetischen und photometrischen Größen verzichten.

42. Theorie der Reflexion, Brechung und Polarisation; Fresnelsche Formeln

Wir zerlegen nun den elektrischen Vektor in die beiden zur Einfallsebene senkrecht und parallel schwingenden Komponenten E_s und E_p für die einfallenden, R_s und R_p für die reflektierten, G_s und G_p für die gebrochenen Strahlen. Die s-Komponenten sind gleichzeitig „Tangentialkomponenten" parallel zur Grenzfläche. Diese müssen stetig vom einen ins andere Medium übergehen. Daher ist

$$(202) \qquad E_s + R_s = G_s.$$

Gl. (201) gilt natürlich sowohl für die s- wie für die p-Komponenten; für die ersteren kann man also (201) schreiben:

$$(201\,\text{a}) \qquad n_1(E_s^2 - R_s^2) = n_1(E_s + R_s)(E_s - R_s) = n_2 G_s^2 \frac{\cos\beta}{\cos\alpha}$$

und unter Benutzung von (202) einfacher:

$$(203) \qquad n_1(E_s - R_s) = n_2 G_s \frac{\cos\beta}{\cos\alpha}.$$

Eliminiert man aus (202) und (203) die Amplitude G_s, so folgt:

$$(204) \qquad R_s = -E_s \frac{n_2 \cos\beta - n_1 \cos\alpha}{n_2 \cos\beta + n_1 \cos\alpha} = -E_s \frac{\sin(\alpha-\beta)}{\sin(\alpha+\beta)};$$

letzterer Term ergibt sich, wenn man nach dem Snelliusschen Brechungsgesetz n_1/n_2 durch $\frac{\sin\beta}{\sin\alpha}$ ersetzt. Eliminiert man aus (202) und (203) anderseits R_s, so erhält man für die gebrochene Komponente:

$$(205) \qquad G_s = E_s \frac{2 n_1 \cos\alpha}{n_2 \cos\beta + n_1 \cos\alpha} = E_s \frac{2\cos\alpha \sin\beta}{\sin(\alpha+\beta)}.$$

Etwas komplizierter, doch grundsätzlich ebenso liegen die Verhältnisse für die p-Komponenten. Dafür erhält man wegen der Stetigkeit der Tangentialkomponenten (für die Orientierung von E_p und R_p beachte Abb. 354)

$$E_p \cos\alpha + R_p \cos(\pi - \alpha) = G_p \cos\beta$$

oder

$$(206) \qquad E_p - R_p = G_p \frac{\cos\beta}{\cos\alpha},$$

und aus Gl. (201), wenn man sie für die p-Komponenten schreibt und gleichzeitig (206) beachtet:

$$(207) \qquad n_1(E_p + R_p) = n_2 G_p.$$

Eliminiert man aus (206) und (207) einmal G_p, einmal R_p, so folgt:

$$(208) \qquad R_p = E_p \frac{n_2 \cos\alpha - n_1 \cos\beta}{n_2 \cos\alpha + n_1 \cos\beta} = E_p \frac{\tan(\alpha-\beta)}{\tan(\alpha+\beta)},$$

$$(209) \qquad G_p = E_p \frac{2 n_1 \cos\alpha}{n_2 \cos\alpha + n_1 \cos\beta} = E_p \frac{2\cos\alpha \sin\beta}{\sin(\alpha+\beta)\cos(\alpha-\beta)}.$$

Man kann die vorstehenden Gleichungen (204), (205), (208) und (209) noch in eine andere Gestalt bringen, indem man den Brechungswinkel β mit Hilfe des Brechungsgesetzes durch α und n_2/n_1 ausdrückt. Die elementare Rechnung liefert dann folgende Formeln:

$$(204\,\text{a}) \qquad R_s = -E_s \frac{\left\{\sqrt{\dfrac{n_2^2}{n_1^2} - \sin^2\alpha} - \cos\alpha\right\}^2}{\dfrac{n_2^2}{n_1^2} - 1},$$

$$(205\,\mathrm{a}) \qquad G_s = E_s \frac{2\cos\alpha \sqrt{\dfrac{n_2^2}{n_1^2} - \sin^2\alpha} - 2\cos^2\alpha}{\dfrac{n_2^2}{n_1^2} - 1},$$

$$(208\,\mathrm{a}) \qquad R_p = E_p \frac{\dfrac{n_2^2}{n_1^2}\cos\alpha - \sqrt{\dfrac{n_2^2}{n_1^2} - \sin^2\alpha}}{\dfrac{n_2^2}{n_1^2}\cos\alpha + \sqrt{\dfrac{n_2^2}{n_1^2} - \sin^2\alpha}},$$

$$(209\,\mathrm{a}) \qquad G_p = E_p \frac{2\dfrac{n_2}{n_1}\cos\alpha}{\dfrac{n_2^2}{n_1^2}\cos\alpha + \sqrt{\dfrac{n_2^2}{n_1^2} - \sin^2\alpha}}.$$

Diese Gleichungen werden wir später benutzen.

Die Gl. (204), (205, (208) und (209) bzw. die entsprechenden mit dem Index „a" hat zuerst A. Fresnel (1821) aus seiner elastischen Lichttheorie abgeleitet, während wir hier diese „Fresnelschen Formeln" aus der elektromagnetischen Theorie begründet haben. Diese Gleichungen enthalten die vollständige Theorie der Reflexion, Brechung und Polarisation bei vollkommen durchsichtigen isotropen Medien, für die sie zunächst abgeleitet sind; es wird sich aber zeigen, daß sie auch noch für die Optik der Metalle maßgebend sind.

Wir wollen diese Formeln hier nur für den speziellen Fall diskutieren, daß das erste Medium Vakuum oder Luft ($n_1 = 1$) sei, das zweite dagegen einen größeren Brechungsquotienten $n_2 > 1$ habe, der hier praktisch gleich dem relativen Brechungsquotienten n_2/n_1 ist, den wir der Kürze halber mit „n" bezeichnen wollen. Dann haben wir es mit Reflexion und Brechung an einem optisch dichteren Medium zu tun. Diesem Falle werden wir in Nr. 43 den umgekehrten zur Seite stellen, daß $n_1 > 1$, $n_2 = 1$ ist, d. h. daß wir die Strahlung aus dem dichteren auf die Grenzfläche des dünneren fallen lassen; dann erfassen wir auch die Totalreflexion.

Es ist zweckmäßig, einige Abkürzungen und Bezeichnungen einzuführen; wir nennen

$$(210) \quad \begin{cases} \left|\dfrac{R_s}{E_s}\right|^2 = \varrho_s^2, \quad \left|\dfrac{R_p}{E_p}\right|^2 = \varrho_p^2 & \text{die Reflexionskoeffizienten für senkrecht und parallel zur Einfallsebene schwingende Strahlung,} \\ \left|\dfrac{G_s}{E_s}\right|^2 = \sigma_s^2, \quad \left|\dfrac{G_p}{E_p}\right|^2 = \sigma_p^2 & \text{die Durchlässigkeitskoeffizienten für die beiden Schwingungsrichtungen[1]).} \end{cases}$$

Man kann ϱ_s^2 und ϱ_p^2 als Funktionen des Einfallswinkels α bestimmen, d. h. das Verhältnis der Intensitäten der reflektierten und einfallenden Strahlung. Die Bestimmung der durchgelassenen Strahlung erübrigt sich, da sie durch das Energieprinzip — Gl.(201) — bereits mitbestimmt ist. Man hat experimentell etwa folgendermaßen zu verfahren: Unpolarisiertes monochromatisches Licht wird durch einen Polarisator — etwa einen Plattensatz — linear polarisiert; durch Drehen des Plattensatzes um den Lichtstrahl als Achse kann man der polarisierten Strahlung jede gewünschte Schwingungsebene erteilen. Man läßt diese Strahlung an einem durchsichtigen Medium vom Brechungsquotienten n reflektieren, wobei man einmal die Schwingungsebene parallel, einmal senkrecht zur Einfallsebene stellt; die Intensität der reflektierten Strahlung fällt dann etwa auf eine Thermosäule, die mit einem Galvanometer verbunden ist (oder auf irgendein anderes Energiemeßinstrument);

---

[1]) Auch ϱ und σ werden manchmal als diese Koeffizienten bezeichnet.

42. Theorie der Reflexion, Brechung und Polarisation; Fresnelsche Formeln

ferner mißt man die Intensität der direkten einfallenden Strahlung. Das Verhältnis der Ausschläge liefert dann sofort die Größen ϱ_s^2 und ϱ_p^2 für den gerade eingestellten Einfallswinkel, durch dessen Variation man die beiden Größen als Funktionen des Einfallswinkels α erhält. Die Wurzel aus den Galvanometerausschlägen liefert dann auch $\varrho_s(\alpha)$ und $\varrho_p(\alpha)$ selbst. Abb. 352 gibt das Ergebnis der Messung an Kronglas mit $n_2 = n = 1,5$ wieder, in vollkommener Übereinstimmung mit den Fresnelschen Formeln (204) und (208). Man erkennt aus den Formeln sowohl wie aus der Abbildung, daß in jedem Falle $\varrho_s > \varrho_p$ ist; nur bei senkrechtem und streifendem Einfall werden

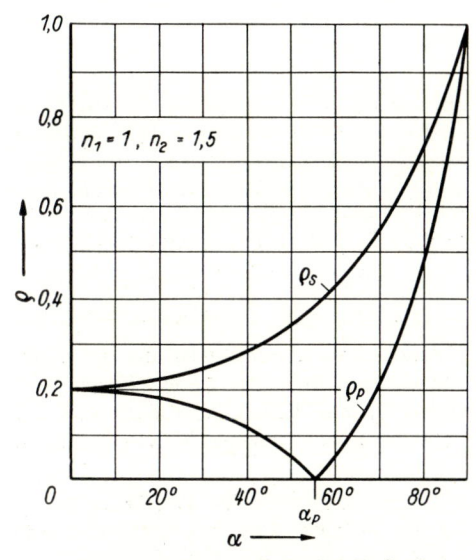

Abb. 352. Abhängigkeit der Reflexions-Koeffizienten für senkrecht (ϱ_s) und parallel (ϱ_p) zur Einfallsebene polarisiertes Licht vom Einfallswinkel α

Abb. 353. Abhängigkeit der Durchlässigkeitskoeffizienten für senkrecht (σ_s) und parallel (σ_p) zur Einfallsebene polarisiertes Licht vom Einfallswinkel α

beide gleich. Ferner sieht man aus den genannten Formeln, daß ϱ_s in dem ganzen Bereich von α nicht verschwinden kann, während ϱ_p dies für $\alpha = \alpha_p$ tut, wenn nach Gl. (208) $\alpha_p + \beta = \frac{\pi}{2}$ ist; das aber ist das Brewstersche Gesetz des Polarisationswinkels, und man erkennt an der Abbildung, daß in der Tat $\varrho_p(\alpha_p) = 0$ ist. Licht, das unter dem Polarisationswinkel α_p reflektiert wird, enthält also nur Schwingungen senkrecht zur Einfallsebene. Abb. 353 enthält die Angabe der Koeffizienten σ_s und σ_p, die mit Hilfe der Energiegleichung (201) aus den Reflexionsmessungen berechnet sind. Natürlich gelten die Fresnelschen Formeln für Licht aller Wellenlängen von den ultravioletten bis zu den Hertzschen elektrischen Wellen; sie sind verschiedentlich in den meisten Spektralgegenden geprüft und immer bestätigt worden.

Ein Spezialfall sei noch erörtert, nämlich $\alpha = \beta = 0$, d. h. senkrechter Einfall. Dann wird der Unterschied zwischen den p- und s-Komponenten hinfällig, weil die Einfallsebene nicht mehr definiert ist. Man findet der Reihe nach aus den Fresnelschen Formeln:

$$(211) \quad \begin{cases} R_s = -E_s \dfrac{n-1}{n+1}, & R_p = E_p \dfrac{n-1}{n+1}, \\ G_s = E_s \dfrac{2}{n+1}, & G_p = E_p \dfrac{2}{n+1}. \end{cases}$$

Quadriert und addiert man die in der ersten Horizontalreihe nebeneinander stehenden Gleichungen, so folgt:

(212a) $$R^{1)} = \frac{\Phi_r}{\Phi_e} = \frac{R_s^2 + R_p^2}{E_s^2 + E_p^2} = \left(\frac{n-1}{n+1}\right)^2.$$

R gibt den Bruchteil der senkrecht auffallenden Strahlungsenergie an, der reflektiert wird; diesen Bruchteil nennt man das **Reflexionsvermögen**, das im Gegensatz zu den Reflexionskoeffizienten definitionsgemäß unabhängig vom Einfallswinkel ist.

Gl. (211) gibt für Reflexion einen formalen Unterschied für die Phasenverschiebungen der s- und p-Komponenten, deren Unterschiede doch hier gerade hinfällig werden sollten. Für $n > 1$ ist danach R_s zu E_s entgegengerichtet (180° Phasenverschiebung), R_p aber scheinbar gleichgerichtet zu E_p. Wir wissen vom empirisch beobachteten Phasensprung bei Reflexion am dichteren Medium her, daß die Gleichung für R_s beim Grenzübergang zu $\alpha = 0$ ihre Bedeutung behält. Für R_p bedeutet jedoch Beibehaltung der Richtung relativ zum Strahl gerade Umkehrung der Richtung im Raum im Grenzfall $\alpha = 0$, wie Abb. 354 erläutern soll; und damit haben wir faktische Übereinstimmung mit R_s.

Das Reflexionsvermögen durchsichtiger Stoffe ist i. a. klein, weil die Brechungsquotienten fast alle unter 2 liegen. Z. B. ist für Kronglas ($n = 1,5$) das Reflexionsvermögen $R = \left(\frac{1,5-1}{1,5+1}\right)^2 = \left(\frac{0,5}{2,5}\right)^2 = 0,04$, d. h. 4%. Der reflektierte Betrag wird aber immer größer, je größer der Einfallswinkel wird, was man qualitativ aus Abb. 352 entnehmen kann. Es ist daher günstig, daß Selen im Ultraroten einen Brechungsquotienten $n = 2,420$ und einen Polarisationswinkel $\alpha_p \approx 67°$ besitzt: deshalb wird bei einem Selenspiegelpolarisator verhältnismäßig viel linearpolarisiertes Licht gewonnen.

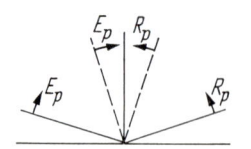

Abb. 354. Richtungen von R_p und E_p bei verschiedenem Einfallswinkel (Reflexion am dichteren Medium).

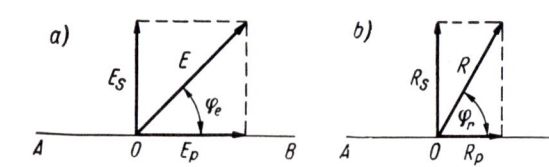

Abb. 355. Drehung der Schwingungsebene linear polarisierten Lichtes bei der Reflexion

Der mit der zweiten Horizontalreihe von (211) analog gebildete Ausdruck $\frac{G_s^2 + G_p^2}{E_s^2 + E_p^2}$ ist nicht der durchgelassene Bruchteil, da zu berücksichtigen ist, daß das Medium einen anderen Brechungsquotienten, nämlich n, besitzt; nach Gl. (201) ist aber erst nG^2 die mit E^2 zu vergleichende Energiegröße. Für die Durchlässigkeit D erhält man nach dieser Korrektur daher:

(212b) $$D = \frac{\Phi_g}{\Phi_e} = n\,\frac{G_s^2 + G_p^2}{E_s^2 + E_p^2} = \frac{4n}{(n+1)^2}.$$

Wenn man R und D addiert, so muß man den Betrag 1 erhalten, was wirklich zutrifft; es ist gleichzeitig ein Beweis für die Richtigkeit unserer Darlegung.

Man kann die **Fresnel**schen Formeln noch auf andere Weise prüfen. Während wir bisher die Schwingungsebene entweder mit der Einfallsebene zusammenfallen ließen, oder sie senkrecht dazu annahmen, wollen wir jetzt den einfallenden linearpolarisierten ebenen Wellen mit der Amplitude E ein bestimmtes, willkürlich gewähltes Azimut gegen die Einfallsebene erteilen, das wir vorläufig φ_e nennen werden. In Abb. 355 sei die

---

[1]) In Gl. (210) ist R in anderer (dort definierter) Bedeutung gebraucht.

Papierebene die reflektierende Fläche, AB der Schnitt der Einfallsebene mit derselben, OE der Schnitt der Schwingungsebene der einfallenden Welle, der den Winkel φ_e mit der Spurgeraden AB bildet. Zerlegen wir E wieder in die beiden Komponenten parallel und senkrecht zur Einfallsebene, so ist offenbar (Abb. 355a):

$$E_p = E \cos \varphi_e \ ; \quad E_s = E \sin \varphi_e \ ; \quad \frac{E_s}{E_p} = \tang \varphi_e \ .$$

Nach der Reflexion unter einem Einfallswinkel α gehen E_p und E_s in R_p und R_s, E in R über. Die Schwingungsebene der reflektierten Welle R bildet dann mit der Einfallsebene den Winkel φ_r, und es gelten (Abb. 355b) die analogen Beziehungen

$$R_p = R \cos \varphi_r \ ; \quad R_s = R \sin \varphi_r \ ; \quad \frac{R_s}{R_p} = \tang \varphi_r \ .$$

Da das Verhältnis $\frac{R_s}{R_p}$ i. a. von $\frac{E_s}{E_p}$ verschieden ist, gilt das gleiche von den Winkeln φ_r und φ_e. Nach der Reflexion unter einem Einfallswinkel α ist das Azimut der reflektierten Welle φ_r geworden, hat sich also um $\varphi_r - \varphi_e$ gegen die Einfallsebene gedreht. Setzt man für R_s und R_p die Werte aus den Fresnelschen Formeln (204) und (208) ein, so hat man unmittelbar:

(213) $$\tang \varphi_r = \tang \varphi_e \frac{\cos (\alpha - \beta)}{\cos (\alpha + \beta)} \ .$$

Eigentlich enthält Gl. (213) ein Minus-Zeichen. Da aber üblicherweise der Winkel φ_e mit Blickrichtung in der Strahlrichtung, φ_r dagegen mit Blick entgegen der Strahlrichtung gemessen wird, muß φ_r negativ gezählt werden, also das Vorzeichen umgekehrt werden.

Die Prüfung der Fresnelschen Formeln kann nun so geschehen, daß man das neue Azimut φ_r oder die Drehung $\varphi_r - \varphi_e$ als Funktion des Einfallswinkels α bestimmt; φ_r kann mit Hilfe eines Analysators (Plattensatzes) festgelegt werden. Der Faktor $\frac{\cos (\alpha - \beta)}{\cos (\alpha + \beta)}$ hat nun folgende Eigenschaft: Für $\alpha = \beta = 0$ hat er den Wert 1 und wächst, da $\cos (\alpha - \beta) > \cos (\alpha + \beta)$ ist, mit wachsendem α an; daher wächst auch φ_r; schließlich wird $\alpha = \alpha_p$, d. h. nach dem Brewsterschen Gesetz ist $\alpha_p + \beta = \frac{\pi}{2}$, $\cos (\alpha_p + \beta) = 0$, d. h. der Faktor $\frac{\cos (\alpha - \beta)}{\cos (\alpha + \beta)}$ wird $+ \infty$, was offenbar dem Werte $\varphi_r = \frac{\pi}{2}$ entspricht: dann steht — natürlich im Einklang z. B. mit Abb. 352 — die Schwingungsebene der reflektierten Welle senkrecht zur Einfallsebene. Wird der Einfallswinkel $\alpha > \alpha_p$, so wird $\cos (\alpha + \beta) < 0$, der Faktor $\frac{\cos (\alpha - \beta)}{\cos (\alpha + \beta)}$ wird also negativ und nähert sich allmählich von oben her dem Werte -1, den er für $\alpha = \frac{\pi}{2}$, d. h. streifende Inzidenz, erreicht. Dann ist $\tang \varphi_r = - \tang \varphi_e$ geworden, d. h. φ_r ist bis zum Werte $\pi - \varphi_e$ gewachsen. Da dieser Wert von $\frac{\pi}{2}$ nach oben (oder unten)[1] um ebenso viel $\left(\text{nämlich um } \frac{\pi}{2} - \varphi_e\right)$ abweicht, wie der Ausgangswert $\varphi_r = \varphi_e$ nach unten (oder oben), so kann man sagen, daß die Schwingungsebene des reflektierten Lichtes sich ebenso viel über (unter) die senkrechte Stellung gegenüber der Einfallsebene hinaus dreht, als sie vorher (für $\alpha = 0$) unter (über) derselben lag. Nehmen wir als einfaches Beispiel, daß das Azimut der einfallenden Wellen um 45^0 gegen die Einfallsebene geneigt ist; es ist also $\varphi_e < \frac{\pi}{2}$. Dann ist $E_p = E_s$ und $\tang \varphi_e = 1$. Läßt man nun den Einfallswinkel von 0 bis α_p wachsen, so wächst der Azimutwinkel der reflektierten Welle bis 90^0; in diesem Falle steht die Schwingungsebene der reflektierten Welle senkrecht zur Einfallsebene. Steigt der Einfallswinkel von α_p bis 90^0, so wird die End-

---

[1] Das hängt davon ab, ob $\varphi_e < \frac{\pi}{2}$ oder $\varphi_e > \frac{\pi}{2}$ ist.

338   V. Kapitel. Polarisation und Doppelbrechung des Lichtes

lage der Schwingungsebene durch den Winkel $\pi - \varphi_e = 135^0$ gegeben. Das bedeutet, daß sowohl für $\alpha = 0^0$ als auch für $\alpha = 90^0$ die **räumliche Lage der Schwingungsebene bei Reflexion erhalten bleibt.** In Abb. 356 stellt Kurve I die Verhältnisse für das Einfallsazimut 45^0 dar. Die Betrachtungen gelten in gleicher Weise für andere Azimute. Um auch ein Beispiel für $\varphi_e > \frac{\pi}{2}$ zu geben, sei $\varphi_e = 100^0$. Dann findet die Drehung der Schwingungsebene im umgekehrten Sinne wie vorher statt: φ_r nimmt zunächst ab bis $\frac{\pi}{2}$, was beim Polarisationswinkel α_p erreicht wird; für $\alpha = 90^0$ (streifende Inzidenz) ist dann $\varphi_r = 80^0$ geworden: dieser Endwert ist von $\frac{\pi}{2}$ nach unten ebensoweit (10^0) entfernt, wie der Anfangswert nach oben; Kurve II stellt hier die Verhältnisse dar.

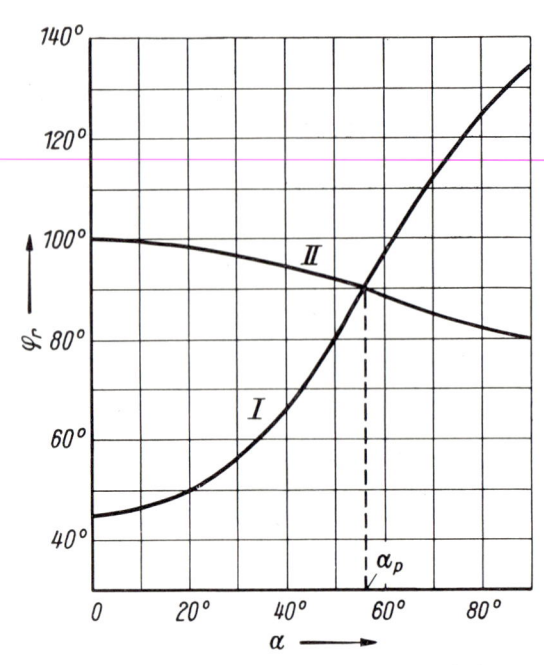

Abb. 356. Abhängigkeit des Azimutwinkels φ_r einer reflektierten, linear polarisierten Welle vom Einfallswinkel α
I: Azimutwinkel der einfallenden Welle 45^0
II: Azimutwinkel der einfallenden Welle 100^0

Dieselbe Betrachtung kann man für die gebrochenen Wellen machen; an Stelle der obigen Gleichungen erhält man:

$$G_p = G \cos \varphi_d; \quad G_s = G \sin \varphi_d; \quad \frac{G_s}{G_p} = \operatorname{tang} \varphi_d.$$

Statt (213) erhält man unter Benutzung der Fresnelschen Formeln (205) und (209) sofort:

(213a) $$\operatorname{tang} \varphi_d = \operatorname{tang} \varphi_e \cos(\alpha - \beta).$$

Der Faktor $\cos(\alpha - \beta)$ nimmt monoton vom Werte 1 bis $1/n$ ab; daher ist die Drehung der Schwingungsebene hier i. a. unbedeutend.

43. Die Polarisation des Lichtes bei Totalreflexion; Herstellung von elliptisch- und zirkularpolarisiertem Licht

Nachdem in der vorhergehenden Nummer der Fall erörtert wurde, daß der relative Brechungsquotient $\frac{n_2}{n_1} \equiv n > 1$ war, betrachten wir jetzt die andere Möglichkeit, daß $\frac{n_2}{n_1} \equiv n' < 1$ ist: wir nehmen etwa $n_2 = 1, n_1 > 1$ an; falls wir die gleichen Medien wie vorhin nehmen, nur das Licht in der umgekehrten Richtung laufen lassen, wird einfach der relative Brechungsquotient $\frac{n_2}{n_1} \equiv n' = 1/n$, bei Benutzung von Kronglas also $n' = 1/1{,}5 = 2/3$. Da bei der Herleitung der Fresnelschen Formeln über n_1 und n_2, außer daß sie ihrer physikalischen Natur nach positive Größen sind, keinerlei Voraussetzung gemacht wurde, bleibt solange alles beim Alten, wie der Einfallswinkel α kleiner als der Grenzwinkel α_g bleibt. Ist dagegen $\alpha = \alpha_g$ geworden, so tritt der gebrochene Strahl gerade streifend aus; wächst schließlich α über α_g hinaus bis $\frac{\pi}{2}$, so kann kein reeller Brechungswinkel β mehr auftreten, was sich physikalisch in einem

43. Die Polarisation des Lichtes bei Totalreflexion

neuen Phänomen andeutet: **Ein gebrochener Strahl tritt nicht mehr auf, vielmehr findet sich die ganze Energie der einfallenden Strahlung in der reflektierten wieder**; wir haben das in Nr. 5 vom rein experimentellen Standpunkt festgestellte Phänomen der **Totalreflexion** vor uns. Es wird sich zeigen, daß die Fresnelschen Formeln auch hier ihre Gültigkeit bewahren.

Beschränken wir uns zunächst auf den Fall $\alpha \leq \alpha_g$; die Fresnelschen Formeln (204) und (208) liefern dann — mit der Bezeichnung (210) für die Koeffizienten ϱ_s und ϱ_p — im Intervall $0 \leq \alpha \leq \alpha_g$ genau das gleiche Bild (Abb. 357), wie wir es in Abb. 352 für das Intervall $0 \leq \alpha \leq \pi/2$ erhalten haben; in der Abb. 357 ist $n' = 1/n = 1/1{,}5 = 2/3$ angenommen. Insbesondere sieht man, daß bei dem Polarisationswinkel α_p die zur Einfallsebene parallele Komponente der reflektierten Welle verschwindet, daß α_p stets kleiner ist als α_g und daß $\varrho_s > \varrho_p$; nur in den Grenzfällen $\alpha = 0$ und $\alpha = \alpha_g$ sind beide gleich und haben die nämlichen Werte wie in Abb. 352. Beides folgt in der Tat aus den Fresnelschen Gleichungen (204) und (208): denn für $\alpha = 0$ ergeben sie:

$$R_s = -E_s \frac{\frac{1}{n}-1}{\frac{1}{n}+1} = +E_s \frac{n-1}{n+1},$$

$$R_p = E_p \frac{\frac{1}{n}-1}{\frac{1}{n}+1} = -E_p \frac{n-1}{n+1},$$

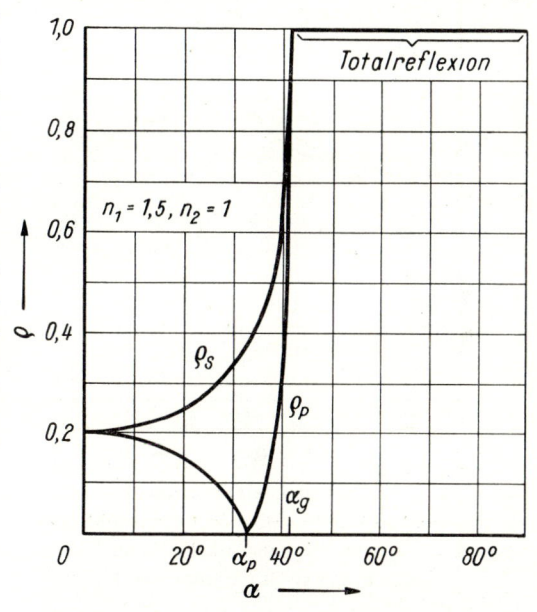

Abb. 357. Abhängigkeit der Reflexionskoeffizienten für senkrecht (ϱ_s) und parallel (ϱ_p) zur Einfallsebene polarisiertes Licht vom Einfallswinkel α für den Fall der Reflexion am dünneren Medium

und das ist — abgesehen vom Vorzeichen — identisch mit dem Gleichungspaar (211); Quadrieren und Addieren liefert daher auch hier den gleichen Wert für das Reflexionsvermögen $R = \left(\frac{n-1}{n+1}\right)^2$; dieses ist also unabhängig davon, ob der Strahl aus dem dünneren Medium ins dichtere oder umgekehrt verläuft. Für den anderen Grenzfall $\alpha = \alpha_g$ folgt ebenso:

$$R_p = E_p, \quad R_s = E_s, \quad \text{d. h. } \varrho_p = \varrho_s = 1.$$

Ebenso können wir die Koeffizienten $\sigma_s = \frac{G_s}{E_s}$ und $\sigma_p = \frac{G_p}{E_p}$ bestimmen; nehmen wir wieder $n' = 1/1{,}5 = 2/3$, so erhält man für das Intervall $0 \leq \alpha \leq \alpha_g$ die Werte, die auf der linken Seite der Abb. 358 aufgetragen sind. Es ist auf den ersten Blick überraschend, daß diese Werte — im Gegensatz zur entsprechenden Abb. 353 — im ganzen Intervall größer als 1 sind; z. B. ist für $\alpha = 0$ sowohl σ_s wie $\sigma_p = 1{,}2$; während die Koeffizienten in Abb. 353 mit wachsendem α abnehmen, steigen sie hier dauernd an, um bei $\alpha = \alpha_g$ die Höchstwerte $\sigma_s = 2$, $\sigma_p = 3$ anzunehmen.

Natürlich liegt kein Widerspruch mit dem Energieprinzip vor; denn die durchgelassene Energie (in Bruchteilen der einfallenden) ist ja nicht durch σ_s^2 oder σ_p^2 gegeben, sondern, wie mehrfach betont, durch

$$\sigma_s^2 \cdot n' \frac{\cos \beta}{\cos \alpha} \quad \text{bzw.} \quad \sigma_p^2 \cdot n' \frac{\cos \beta}{\cos \alpha},$$

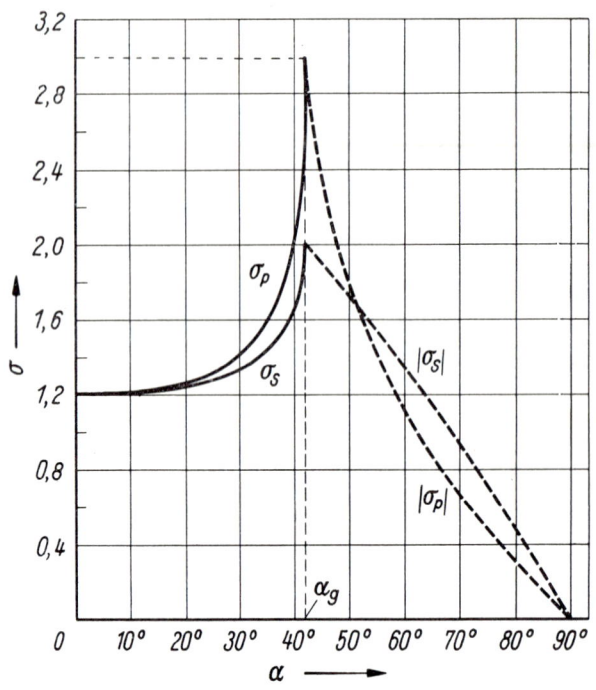

Abb. 358. Abhängigkeit der Durchlässigkeitskoeffizienten für senkrecht (σ_s) und parallel (σ_p) zur Einfallsebene polarisiertes Licht vom Einfallswinkel α beim Übergang von einem dichteren in ein dünneres Medium

wobei der Faktor $n' = 2/3$ die veränderte Fortpflanzungsgeschwindigkeit, $\dfrac{\cos \beta}{\cos \alpha}$ die Querschnittsänderung berücksichtigt. Man kann darauf z. B. bei den Winkeln $\alpha = 0$ und $\alpha = \alpha_g$ die Probe machen. Für $\alpha = 0$ ist $\varrho_s = 0{,}2$ nach Ausweis der Abb. 357, also der Bruchteil der reflektierten Energie $= 0{,}2^2 = 0{,}04$. Anderseits ist $\sigma_s = 1{,}2$; $\sigma_s^2 = 1{,}44$, ferner die Querschnittsänderung bei senkrechter Inzidenz $\dfrac{\cos \beta}{\cos \alpha} = 1$, so daß wir 1,44 nur mit $n' = 2/3$ zu multiplizieren haben, was $1{,}44 \cdot 2/3 = 0{,}96$ liefert. Also ist wirklich $\varrho_s^2 + \sigma_s^2 \cdot \dfrac{1}{1{,}5} = 1$, wie es sein muß. Machen wir die Probe auch für $\alpha = \alpha_g$, so ist dafür $\varrho_s = 1$; $\sigma_s = 2$; aber hier ist der für die Querschnittsänderung maßgebende Faktor $\dfrac{\cos \beta}{\cos \alpha} = \dfrac{\cos \dfrac{\pi}{2}}{\cos \alpha} = 0$, d. h. die ins zweite Medium eindringende Energie $\sigma_s^2 \cdot n' \cdot \dfrac{\cos \beta}{\cos \alpha} = 0$, was ja notwendig ist, damit die ganze einfallende Energie totalreflektiert wird. — Natürlich gilt das gleiche für alle Einfallswinkel.

Wenn wir nun das Intervall $\alpha_g \leq \alpha \leq \dfrac{\pi}{2}$, d. h. das Gebiet der **Totalreflexion** untersuchen, so tritt eine neue Erscheinung auf; denn das totalreflektierte Licht ist i. a. nicht mehr linear polarisiert, sondern erscheint „depolarisiert". Mit diesem vorsichtigen Ausdruck, der übrigens historisch ist, bezeichnen wir die Tatsache, daß bei Untersuchung des Polarisationszustandes durch einen Analysator (z. B. Plattensatz) keine Stellung desselben existiert, in der das totalreflektierte Licht vollkommen verschwindet. Wenn man den Analysator um 360° dreht, so gibt es zwei Stellen, in denen maximale Helligkeit auftritt, und zwei dazu senkrechte, in denen zwar ein Minimum der Helligkeit, aber keine völlige Dunkelheit vorhanden ist. Das könnte dadurch hervorgerufen sein, daß das totalreflektierte Licht aus einer Mischung von linear polarisiertem und unpolarisiertem (natürlichem) Licht besteht, wie wir es z. B. bei der durch eine Glasplatte unter dem Polarisationswinkel hindurchtretenden Strahlung gefunden hatten. Die weiter unten zu besprechenden Versuche beweisen, daß diese Erklärung hier nicht zutrifft. Vielmehr haben wir es hier mit einem allgemeineren Typus von Polarisation zu tun, der auftritt, wenn zwei zueinander senkrechte Schwingungen gleicher Frequenz zusammengesetzt werden, zwischen denen eine Phasendifferenz $\varDelta$ besteht. Wenn die beiden Schwingungen etwa dargestellt werden durch

$$x = A \cos \omega t \quad \text{und} \quad y = B \cos(\omega t - \varDelta),$$

so besteht zwischen x und y folgende Gleichung, die man durch Elimination von t erhält:

$$\frac{x^2}{A^2} - \frac{2xy}{AB} \cos \varDelta + \frac{y^2}{B^2} = \sin^2 \varDelta \ .$$

Dies ist die Gleichung eines Kegelschnitts, und zwar, da die Kurve ganz im Endlichen verläuft, einer Ellipse, bei festem Δ von bestimmtem Achsenverhältnis und bestimmter fester Orientierung der Achsen im Raume (die verschiedenen Möglichkeiten der Zusammensetzung von Schwingungen sind ausführlich erörtert in Bd. I, wo wir den Leser nachzuschlagen bitten). Eine solche Ellipse beschreibt der Endpunkt des elektrischen Vektors (Lichtvektors), wenn die beiden Schwingungen parallel und senkrecht zur Einfallsebene eine Phasendifferenz besitzen. In diesem Falle nennt man das Licht **elliptisch polarisiert.** Ist insbesondere die Phasendifferenz $\Delta = \frac{\pi}{2}$ und sind die Amplituden A und B gleich, so geht die Ellipsengleichung in die eines Kreises über: wir haben dann **zirkularpolarisiertes Licht** vor uns; ist die Phasendifferenz 0 oder π, so degeneriert die Ellipse zu einer Geraden durch den 1. und 3. oder den 2. und 4. Quadranten: dann ist das Licht wieder linearpolarisiert.

Wenn man elliptisch polarisiertes Licht mit einem Analysator untersucht, so findet man auch das Auftreten zweier Stellen maximaler und zweier Stellen minimaler Helligkeit. Wie schon oben erwähnt, beweist die genauere Untersuchung des total reflektierten Lichtes, daß es elliptisch polarisiert ist. Das ist auch die Folgerung, zu der die Fresnelschen Formeln führen, wenn $\alpha_g < \alpha \leq \frac{\pi}{2}$ ist. Denn hier ist $\sin \alpha > n'$, während bisher $\sin \alpha \leq n'$ war. Das bedeutet, daß nach dem Brechungsgesetz $\sin \beta = \frac{\sin \alpha}{n'} > 1$ ist; es existiert also hier kein reeller Brechungswinkel β mehr. Allerdings ist $\sin \beta$, wenn auch größer als 1, noch reell, und wir wollen daher $\sin \beta$ nur als Abkürzung für $\frac{\sin \alpha}{n'}$ gebrauchen. Wenn man aber formal $\cos \beta$ bildet, so findet man:

$$\cos \beta = \pm \sqrt{1 - \sin^2 \beta} = \pm \sqrt{1 - \frac{\sin^2 \alpha}{n'^2}},$$

und hier ist der Radikand negativ, die Wurzel also rein imaginär. Wir wollen daher $\cos \beta$, um dies deutlich zum Ausdruck zu bringen, lieber schreiben:

(214) $$\cos \beta = -i \sqrt{\frac{\sin^2 \alpha}{n'^2} - 1} = -\frac{i}{n'} \sqrt{\sin^2 \alpha - n'^2} \,;$$

von den beiden möglichen Vorzeichen der Wurzel müssen wir das negative wählen, weil die weitere Rechnung zeigt, daß das positive Zeichen zu physikalisch unmöglichen Folgerungen führt[1]).

Um die Fresnelschen Formeln den neuen Verhältnissen anzupassen, legen wir sie am besten in der Form (204a), (205a), (208a), (209a) zugrunde; aus ihnen ergibt sich nunmehr:

(204b) $$R_s = E_s \frac{\{\cos \alpha + i \sqrt{\sin^2 \alpha - n'^2}\}^2}{1 - n'^2},$$

(208b) $$R_p = E_p \frac{\{n' \cos \alpha + \frac{i}{n'} \sqrt{\sin^2 \alpha - n'^2}\}^2}{n'^2 \cos^2 \alpha + \frac{1}{n'^2}(\sin^2 \alpha - n'^2)},$$

(205b) $$G_s = E_s \frac{2 \cos \alpha (\cos \alpha + i \sqrt{\sin^2 \alpha - n'^2})}{1 - n'^2},$$

(209b) $$G_p = E_p \frac{2 \cos \alpha \left(n' \cos \alpha + \frac{i}{n'} \sqrt{\sin^2 \alpha - n'^2}\right)}{n'^2 \cos^2 \alpha + \frac{1}{n'^2}(\sin^2 \alpha - n'^2)}.$$

---

[1]) Vgl. Anm. 1 auf S. 346.

Das bedeutet, daß alle Koeffizienten $\varrho_s, \varrho_p, \sigma_s, \sigma_p$ nunmehr komplex geworden sind; sie lassen sich also alle in der Normalform komplexer Größen darstellen: $|A|e^{i\delta}$, wobei $|A|$ der Absolutbetrag, δ eine Phasengröße ist. Die elementare Ausrechnung kann dem Leser überlassen bleiben; sie liefert zunächst für die Reflexion:

$$(204\,\text{c}) \qquad R_s = E_s e^{i\delta_s} \;;\quad \tan\frac{\delta_s}{2} = \frac{\sqrt{\sin^2\alpha - n'^2}}{\cos\alpha},$$

$$(208\,\text{c}) \qquad R_p = E_p e^{i\delta_p} \;;\quad \tan\frac{\delta_p}{2} = \frac{\sqrt{\sin^2\alpha - n'^2}}{n'^2 \cos\alpha}.$$

Da also $|R_s| = E_s$, $|R_p| = E_p$ ist, sind die Reflexionskoeffizienten $|\varrho_s|^2$ und $|\varrho_p|^2$ gleich 1, und das bedeutet Totalreflexion; denn das Verhältnis der reflektierten zur einfallenden Energie $\frac{|R_s|^2 + |R_p|^2}{E_s^2 + E_p^2} = 1$. Aber die Formeln (204c) und (208c) zeigen auch an, daß zwischen der reflektierten Welle mit der Amplitude R_p und der einfallenden mit der Amplitude E_p eine Phasendifferenz δ_p besteht, und das Gleiche gilt auch für R_s und E_s, zwischen denen die Phasendifferenz δ_s auftritt. Zwischen R_p und R_s besteht daher selbst eine Phasendifferenz $\delta_p - \delta_s = \varDelta$, die i. a. von 0 und π verschieden ist; das aber heißt nach dem Vorhergehenden, daß gemäß den Fresnelschen Formeln das totalreflektierte Licht i. a. elliptisch polarisiert sein muß.

Wir werden daher die Konsequenzen der Gl. (204c) und (208c) noch weiter verfolgen, indem wir zunächst die Phasendifferenz $\varDelta = \delta_p - \delta_s$ aus den in den genannten Gleichungen angegebenen Werten $\tan\frac{\delta_p}{2}$ und $\tan\frac{\delta_s}{2}$ bestimmen. Da

$$\tan\frac{\varDelta}{2} = \tan\left(\frac{\delta_p}{2} - \frac{\delta_s}{2}\right) = \frac{\tan\frac{\delta_p}{2} - \tan\frac{\delta_s}{2}}{1 + \tan\frac{\delta_p}{2}\cdot\tan\frac{\delta_s}{2}}$$

ist, folgt sofort:

$$(215) \qquad \tan\frac{\varDelta}{2} = \frac{\cos\alpha\sqrt{\sin^2\alpha - n'^2}}{\sin^2\alpha} = \frac{\sqrt{(1-\sin^2\alpha)(\sin^2\alpha - n'^2)}}{\sin^2\alpha}.$$

Diese Phasendifferenz ist positiv und verschwindet nur für $\alpha = \alpha_g$ und $\alpha = \frac{\pi}{2}$, d. h. beim Grenzwinkel und für streifenden Einfall: für diese beiden Einfallswinkel bleibt auch das totalreflektierte Licht linear polarisiert; ebenso, wenn nur $E_s \neq 0$ oder $E_p \neq 0$. In allen anderen Fällen aber ist es elliptisch polarisiert. Zwischen den Nullwerten von $\varDelta$ an den Grenzen des Intervalles hat $\varDelta$ also ein Maximum (bei gegebenem n'). Dies gewinnt man durch Differentiation von (215) nach $\sin^2\alpha$ und Nullsetzen der Ableitung. Bezeichnet man zur Abkürzung $\sin^2\alpha$ mit x, so haben wir $\frac{d}{dx}\tan\frac{\varDelta}{2} = 0$, und man erhält

$$x = \sin^2\alpha = \frac{2n'^2}{1 + n'^2};$$

setzt man diesen Wert von $\sin^2\alpha$ in (215) ein, so folgt für das Maximum von $\tan\frac{\varDelta}{2}$ selbst (der Index „m" deutet auf Maximum):

$$(215\,\text{a}) \qquad \tan\frac{\varDelta_m}{2} = \frac{1 - n'^2}{2n'}.$$

Das Maximum fällt um so größer aus, je kleiner n' gewählt wird; nähert n' sich der Null, so nähert sich $\varDelta_m$ dem Wert π.

43. Die Polarisation des Lichtes bei Totalreflexion

Ein Spezialfall der elliptischen Polarisation ist die zirkulare Polarisation. Diese liegt dann vor, wenn die beiden Komponenten gleich groß sind — hier also E_p und E_s, also auch R_p und R_s — und wenn die Phasendifferenz $\Delta = \frac{\pi}{2}$ ist: dann beschreibt der Endpunkt des elektrischen Vektors einen Kreis. Bei geeigneter Wahl von n' muß es also nach dem Obigen möglich sein, durch eine einmalige Totalreflexion zirkularpolarisiertes Licht zu erzielen; es fragt sich nur, wie groß (bzw. klein) n' gewählt werden muß. Die Gleichheit der Komponenten erhält man einfach, indem man linear polarisiertes Licht unter dem Azimut 45° einfallen läßt; Gl. (215) beantwortet dann die weitere Frage, für welche Werte von n' die halbe Phasendifferenz $\frac{\Delta}{2}$ den Wert $\frac{\pi}{4}$ annehmen kann. Da $\tan \frac{\pi}{4} = 1$ ist, liefert (215) die Bedingung:

$$(216) \qquad 1 = \frac{\sqrt{(1 - \sin^2 \alpha)(\sin^2 \alpha - n'^2)}}{\sin^2 \alpha}.$$

Das ist eine quadratische Gleichung für $\sin^2 \alpha$, die umgeordnet lautet:

$$\sin^4 \alpha - \frac{1 + n'^2}{2} \sin^2 \alpha + \frac{n'^2}{2} = 0,$$

woraus

$$\sin^2 \alpha = \frac{1 + n'^2}{4} \pm \frac{1}{4} \sqrt{(1 + n'^2)^2 - 8 n'^2}$$

folgt. Diese Gleichung liefert zunächst eine Aussage über die zulässigen Werte von n'. Denn die Wurzel muß reell, der Radikand also positiv sein. Somit hat n' der Ungleichung zu genügen:

$$(1 + n'^2)^2 - 8 n'^2 \geqq 0,$$
$$\text{oder} \quad 1 + n'^2 - 2{,}828\, n' \geqq 0.$$

Die Wurzeln der Gleichung $1 + n'^2 - 2{,}828\, n' = 0$ sind 0,414 und 2,414; unterhalb 0,414 und oberhalb 2,414 ist die Ungleichung befriedigt. Man erkennt dies ohne Rechnung aus Abb. 357 in der als Abszissen die Werte von n', als Ordinaten einmal $1 + n'^2$, das andere Mal $\sqrt{8} \cdot n' = 2{,}828\, n'$ aufgetragen sind. Die beiden Kurven schneiden sich bei den genannten Werten 0,414 und 2,414, wie behauptet. Da nur Werte $n' < 1$ in Frage kommen, lautet die Antwort auf unsere Frage, daß der relative Brechungsquotient

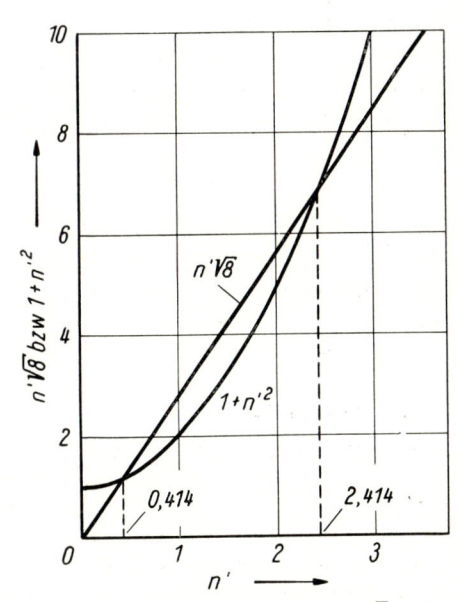

Abb. 359. Verlauf der Größen $n'\sqrt{8}$ und $1 + n'^2$ als Funktion von n'

$n' \leqq 0{,}414$ sein muß, damit bei einmaliger Totalreflexion die Phasendifferenz $\Delta = \frac{\pi}{2}$ erzielt werden kann. $1/n' = 1/0{,}414 = 2{,}415$ müßte also der Wert des Brechungsquotienten für das Material sein, aus dessen Innerem der einfallende Strahl kommt. So große Brechungsquotienten gibt es aber nur sehr selten[1]). Dagegen gibt es im Gebiet der elektrischen Wellen solche Werte von $n = \sqrt{\varepsilon}$, z. B. für Wasser, das den elektrischen Brechungsquotienten $n = 9$ hat; n' ist also $1/9 = 0{,}11$. Mit elektrischen Wellen muß man also durch eine Totalreflexion zirkularpolarisierte Strahlung erzielen können. Aus Gl. (216) findet man durch Einsetzen von $n' = 0{,}11$ zwei Werte für den zugehörigen

---
[1]) Im Sichtbaren z. B. bei Diamant ($n = 2{,}4173$).

Einfallswinkel, nämlich 6°15′ und 44°35′. L. Bergmann hat 1932 den Versuch mit gutem Erfolg ausgeführt. — Wenn man nun auch keine Phasendifferenz $\Delta = \frac{\pi}{2}$ durch einmalige Totalreflexion sichtbarer Strahlung erhalten kann, so doch eine solche von $\Delta = \frac{\pi}{4}$. Nehmen wir z. B. $n' = 1/1{,}5 = 2/3$, so findet man mit Hilfe von Gl. (215), da jetzt $\frac{\Delta}{2} = \frac{\pi}{8}$ zu setzen ist und $\tang \frac{\pi}{8} = \sqrt{2} - 1 = 0{,}414$ ist, statt (216) die Gleichung:

$$0{,}414 \sin^2 \alpha = \sqrt{(1 - \sin^2 \alpha)(\sin^2 \alpha - (2/3)^2)},$$

aus der sich wieder zwei mögliche Einfallswinkel für die Erzeugung einer Phasendifferenz von $\Delta = \frac{\pi}{4}$ ergeben; eine zweimalige Totalreflexion ergibt also insgesamt die Phasendifferenz $\frac{\pi}{2}$. A. Fresnel (1823) hat zu diesem Zweck ein Parallelepiped aus Kronglas mit $n' = 1/1{,}5$ angegeben (Abb. 360), dessen Querschnitt ein Rhomboid darstellt; der spitze Winkel des Rhomboids bei A und C beträgt 54°37′; läßt man linear polarisiertes Licht senkrecht auf die eine Seitenfläche AD auffallen, so wird es zweimal unter dem Winkel 54°37′ an den Flächen AB und DC totalreflektiert und tritt dann durch die vierte Fläche BC wieder senkrecht aus; dieses Licht ist dann tatsächlich zirkular polarisiert, wenn gleichzeitig die Schwingungsebene des einfallenden linear polarisierten Lichtes mit der Einfallebene im Parallelepiped einen Winkel von 45° bildet. Wegen der vollkommenen axialen Symmetrie einer zirkular polarisierten Welle muß in allen Stellungen eines Analysators gleiche Helligkeit beobachtet werden, was der Versuch tatsächlich ergibt. So sehr das für die Berechtigung spricht, die Fresnelschen Formeln auch dann noch anzuwenden, wenn R_p und R_s komplex werden, so macht sich doch auch hier wieder derselbe Einwand geltend wie vorhin beim elliptisch polarisierten Licht. Das gleiche Beobachtungsergebnis, gleiche Helligkeit bei allen Stellungen des Analysators, würde sich ja auch ergeben, wenn aus dem Fresnelschen Parallelepiped natürliches, völlig unpolarisiertes Licht austräte. Wie kann der Experimentalphysiker also entscheiden, was in Wirklichkeit vorliegt, zirkularpolarisiertes oder unpolarisiertes Licht? In dem vorliegenden Falle ist die Entscheidung leicht durch einen Versuch Fresnels zu treffen. Setzen wir einmal voraus, daß durch die zweimalige Totalreflexion im Fresnelschen Parallelepiped zirkularpolarisiertes Licht aus linearpolarisiertem entstanden sei, so muß geschlossen werden, daß eine viermalige Totalreflexion, die mit zwei hintereinander gestellten Fresnelschen Parallelepipeden erzielt werden kann, im ganzen eine Phasendifferenz von $2 \cdot \frac{\pi}{2} = \pi$ (entsprechend $\frac{1}{2}\lambda$) erhalten werden muß. Die einfallenden Komponenten E_p und E_s des ursprünglich unter 45° Azimut schwingenden linearpolarisierten Lichtes würden dann eine relative Phasendifferenz von 180° besitzen, d. h. das aus dem ersten Parallelepiped voraussetzungsgemäß austretende zirkularpolarisierte Licht würde wieder linear polarisiert und zwar unter einem Azimut von $(90 + 45)^0 = 135^0$; beim Drehen des Analysators würde man also zwei Stellen völliger Dunkelheit finden. Tatsächlich läßt sich dieser Versuch leicht mit dem

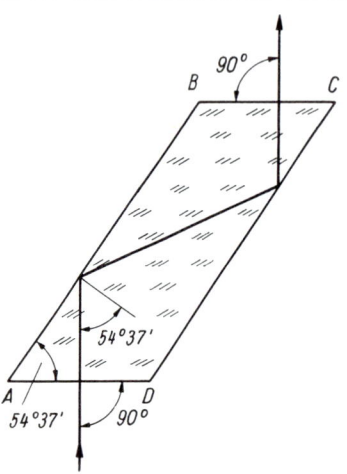

Abb. 360. Fresnelsches Parallelepiped zur Herstellung von zirkular polarisiertem Licht aus linear polarisiertem Licht durch zweimalige Totalreflexion

geschilderten Ergebnis durchführen. Wäre dagegen das aus dem ersten Fresnelschen Parallelepiped austretende Licht nicht zirkular polarisiert, sondern natürliches unpolarisiertes Licht, so würde das zweite Parallelepiped keinerlei Wirkung haben, und aus ihm würde natürliches Licht austreten — entgegen der Beobachtung. Damit ist hier wirklich bewiesen, daß die Behauptungen der Fresnelschen Theorie zutreffen. Der tiefere Grund für das unterschiedliche Verhalten von zirkular polarisiertem Licht und natürlichem Licht beim Durchgang durch das Fresnelschen Parallelepiped liegt darin, daß eine zirkular polarisierte Schwingung eine echte axiale Symmetrie besitzt, natürliches Licht dagegen nur eine statistische.

Die hier durchgeführte Überlegung läßt sich mutatis mutandis auf den allgemeinen Fall elliptisch polarisierten Lichtes übertragen: Man hat in jedem Falle die Phasendifferenz Δ durch geeignete Mittel entweder auf π zu vergrößern oder auf 0 zu reduzieren und so das elliptisch polarisierte Licht in linearpolarisiertes zu verwandeln. Letzteres geschieht mit Hilfe sog. „Kompensatoren" (z. B. mit dem Babinetschen Kompensator), auf deren Konstruktion wir erst in Nr. 49 eingehen können. Jedenfalls ist auf diese Weise der tatsächliche Nachweis erbracht worden, daß die Fresnelschen Formeln auch das Verhalten totalreflektierten Lichtes richtig darstellen. —

Wenden wir uns jetzt der überraschenden Tatsache zu, daß trotz eingetretener Totalreflexion doch auch im zweiten Medium eine Strahlung vorhanden ist. Das geht daraus hervor, daß nach den Gl. (205b) und (209b) die Größen G_s und G_p, die komplexen Amplituden im zweiten Medium, von Null verschieden sind. Mathematisch liegt der Grund dafür darin, daß diese Koeffizienten notwendig sind, um die Grenzbedingungen der Maxwellschen Theorie (Stetigkeit der Tangentialkomponenten) zu erfüllen. Um den Vorgang im zweiten Medium genauer zu untersuchen, bringen wir G_s und G_p auf die Normalform komplexer Größen; aus (205b) und (209b) ergibt dann eine leichte Rechnung folgendes Ergebnis:

(205c) $$|G_s| = E_s \frac{2\cos\alpha}{\sqrt{1-n'^2}}; \quad \tan\delta'_s = \frac{\sqrt{\sin^2\alpha - n'^2}}{\cos\alpha};$$

(209c) $$|G_p| = E_p \frac{2\cos\alpha}{\sqrt{n'^2\cos^2\alpha + \frac{1}{n'^2}(\sin^2\alpha - n'^2)}}; \quad \tan\delta'_p = \frac{\sqrt{\sin^2\alpha - n'^2}}{n'^2\cos\alpha}.$$

Die Beträge $|G_p/E_p|$ und $|G_s/E_s|$ sind in der rechten Hälfte der Abb. 358 ($\alpha > \alpha_g$) aufgetragen; sie schließen sich an die entsprechenden Werte der linken Seite ($\alpha < \alpha_g$) an und verschwinden für $\alpha = \frac{\pi}{2}$. Auch hier besteht zwischen den p- und s-Komponenten der Strahlung eine Phasendifferenz; auch hier ist sie i. a. also elliptisch polarisiert.

Die Frage, die sich nunmehr aufdrängt, ist: wie ist die Existenz einer Strahlung im zweiten Medium verträglich mit der Tatsache, daß die gesamte Energie der einfallenden Strahlung sich in der reflektierten wiederfindet (Totalreflexion)? Die Lösung des Rätsels wollen wir an Hand der Abb. 361 erläutern, so wie sie die mathematische Untersuchung ergibt, die hier zu weit führen würde. Eine seitlich begrenzte ebene Welle falle auf die Trennungsfläche TT zweier Medien unter einem Einfallswinkel $\alpha > \alpha_g$ auf. Der Vorgang der Totalreflexion spielt sich also auf einem begrenzten Stück der Trennungsfläche TT ab, das in der Abb. 361 im Schnitt durch die Punkte A und B bezeichnet ist; im Medium 1 (n_1) sind einfallende und reflektierte Wellen gezeichnet. Unterhalb der Trennungsfläche im Medium 2 $\left(n_2; \frac{n_2}{n_1} = n' < 1\right)$ läuft parallel derselben von A nach B die durch die Amplituden G_p und G_s bestimmte Strahlung; sie ist, wie in der Abbildung durch den allmählich zunehmenden Abstand der Strahlen angedeutet, auf die nächste Nachbarschaft der Trennungsfläche beschränkt, ist also eine echte Oberflächenwelle. Die Erfahrung zeigt, daß die Oberflächenwelle im Abstand von einigen (3 bis 4) Wellenlängen bereits unmerkbar geworden ist[1]). Quer durch die Trennungsfläche tritt zwischen A und B — von den Grenzpunkten selbst wollen wir vorläufig absehen — im Mittel keine Energie aus dem ersten Medium ins zweite ein, wie es bei der gewöhnlichen Brechung der Fall wäre; daher kann innerhalb A und B die Reflexion wirklich total sein. Aber wie kommt denn die Strahlung überhaupt ins zweite Medium? Die Antwort darauf ist folgende: Da die einfallende Welle begrenzt ist, so findet an den Rändern, d. h. in der unmittelbaren Umgebung der in Abb. 361 mit A und B bezeichneten Punkte, Beugung statt, wie wir in Kap. IV ausführlich dargelegt haben. Durch diesen Vorgang der Beugung tritt nun in der Umgebung von A etwas Energie aus der einfallenden Welle ins zweite Medium über, die in der Umgebung von B wieder ins erste Medium zurückgeliefert wird. (Bei unendlich ausgedehnten Wellen, wie man sie meistens in der Theorie zugrunde legt, verlagert sich dieser Beugungsvorgang beiderseits ins Unendliche; die so vereinfachte Theorie vermag daher keine Rechenschaft davon zu geben.) Auf eine interessante Folgerung dieses Sachverhaltes gehen wir weiter unten ein.

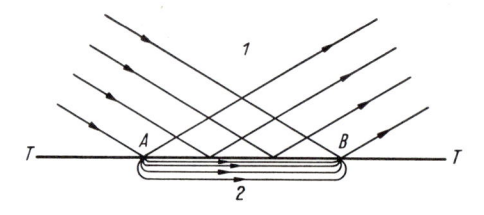

Abb. 361
Zur Erklärung der Totalreflexion

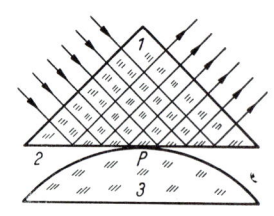

Abb. 362. Versuch zum Nachweis der bei der Totalreflexion im dünneren Medium vorhandenen Strahlung

Schon I. Newton, G. Quincke (1868) und E. Hall (1902) haben experimentell das Vorhandensein einer Strahlung im dünneren Medium nachgewiesen, indem sie der Trennungsfläche von unten her ein drittes Medium näherten, (das übrigens mit dem Medium 1 identisch sein kann). Sobald Medium 3 der Trennungsfläche bis auf einen Abstand < 4 Wellenlängen genähert wird, fängt es einen Teil der Oberflächenwelle ab, und zwar umso mehr, je näher es der Trennungsfläche TT kommt. Das bedeutet aber eine Störung der Totalreflexion, die ja, wie oben erwähnt, der Oberflächenwelle im zweiten Medium zu ihrem Zustandekommen bedarf. Bei hinreichend kleinem Abstand des Mediums 3 hört die Totalität der Reflexion auf, und der reflektierte Betrag wird umso kleiner, je kleiner der Abstand zwischen den Medien 3 und 1 wird. Darauf beruht der Grundgedanke der erwähnten Versuche von Newton und Quincke. Sie beobachteten die Totalreflexion an der Hypothenusenfläche eines Glasprismas. Gegen diese drückten sie einen Glaskörper mit schwach konvexer Oberfläche (Abb. 362), so daß im Punkte P (bzw. in einer kleinen Umgebung von P) Berührung eintrat. Dann wurde die Totalreflexion nicht nur in der geometrischen Berührungsfläche um P gestört, sondern auch in der weiteren Umgebung, wo die Glaskörper schon durch eine dünne Luftschicht getrennt waren. Erst wenn der Abstand etwa 4 Wellenlängen betrug, hatte man wieder volle Totalreflexion, wie Quincke konstatierte; bis zu einem solchen Abstand erstreckte sich also die Oberflächenwelle. E. Hall benutzte als Medium 2 statt Luft eine lichtempfindliche Gelatineschicht, für die n_2 kleiner als n_1 war; die Gelatineschicht war auf einer Glasplatte aufgebracht. Ließ man dann ein kreisförmig begrenztes Lichtbündel an der Trennungs-

---

[1]) Dies ist der Grund, weswegen in Gl. (214) für $\cos \beta$ auf der rechten Seite das Minuszeichen stehen muß; positives Vorzeichen würde umgekehrt ergeben, daß die Intensität der Welle mit wachsendem Abstande von der Trennungsfläche zunähme.

fläche reflektieren, so zeigte sich bei der Entwicklung der lichtempfindlichen Schicht, daß sie auf einer elliptischen Fläche geschwärzt war — offenbar durch die Einwirkung der Oberflächenwelle; denn die Schwärzung reichte nur bis zu einer geringen Tiefe in die Schicht hinein. — Schließlich haben Cl. Schaefer und G. Gross (1910) einen quantitativen Nachweis der Existenz der Welle im zweiten Medium mit elektrischen Wellen von 15 cm erbracht; die Reflexion fand in diesem Falle an der Hypothenusenfläche eines großen rechtwinkeligen Paraffinprismas statt, wobei die Wellen senkrecht durch die Kathetenflächen ein- und austraten und unter 45⁰ an der Hypothenusenfläche reflektiert wurden. Wurde dicht hinter der Hypothenusenfläche ein elektrischer Empfänger aufgestellt, so zeigte das damit verbundene Galvanometer einen Ausschlag, der bei allmählicher Entfernung des Empfängers vom Prisma genau entsprechend dem von der Theorie geforderten Exponentialfaktor abnahm. Durch diese Versuche ist die Existenz der Oberflächenwelle qualitativ und quantitativ nachgewiesen.

Allen diesen Versuchen ist es gemeinsam, daß sie durch den Versuch selbst die Totalreflexion stören. Einen Nachweis, dem dieser Mangel nicht anhaftet, haben F. Goos und H. H. Hänchen (*Lit*) durch eine neue Beobachtung erbracht. Sie besteht darin, daß der totalreflektierte Strahl nicht genau von der Stelle auszugehen scheint, wo der einfallende die Trennungsfläche trifft, sondern ein wenig dagegen verschoben ist. In

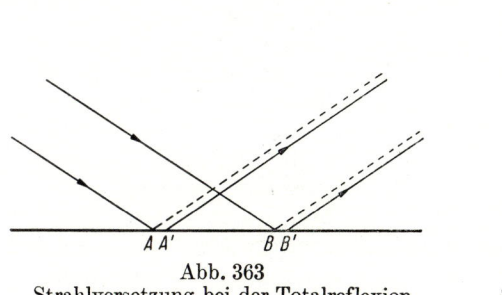

Abb. 363
Strahlversetzung bei der Totalreflexion

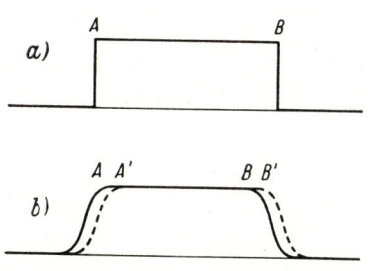

Abb. 364. Zur Erklärung der Strahlversetzung bei der Totalreflexion

Abb. 361 ist dieser neuen Tatsache noch nicht Rechnung getragen; im Gegensatz dazu ist der wirkliche Vorgang in Abb. 363 angedeutet: die ausgezogenen Geraden bezeichnen die einfallenden und die dagegen verschobenen reflektierten Strahlgrenzen, während die gestrichelten Geraden die reflektierten Strahlen nach der bisherigen Auffassung darstellen. Die Erklärung dieser Erscheinung ist folgende: Die Beugung in der Nähe der Grenzen A und B der Abb. 361 bewirkt, daß die Strahlbegrenzung nicht scharf ist, (d. h. die Amplitude fällt nicht plötzlich auf den Wert Null ab, wie es dem Amplitudenprofil der Abb. 364a entsprechen würde), sondern ist verbreitert und abgerundet nach Abb. 364b (ausgezogene Kurve), in der die Randzonen (stark übertrieben) angedeutet sind. In der linken Randzone wird nun Energie ans zweite Medium abgegeben, in ihr ist die Reflexion also **nicht total**; in der rechten wird die Energie dem ersten Medium wieder zurückerstattet, hier ist die Reflexion **mehr als total**. Das bedeutet eine Verkleinerung der Amplituden in der linken, eine Vergrößerung in der rechten Randzone, m. a. W. **eine Schwerpunktverschiebung des ursprünglichen Amplitudenprofils**, die in Abb. 364b durch die gestrichelte Kurve angedeutet ist — und das ist die Beobachtung von Goos und Hänchen. Sie war unerwartet, weil man in der Theorie immer unendlich ausgedehnte Wellen zu betrachten pflegt, bei denen die Strahlgrenzen beiderseits im Unendlichen liegen, so daß von dieser Theorie die Verschiebung nicht erfaßt werden konnte. Erst nachträglich ist die Beobachtung theoretisch erklärt worden; die obige anschauliche Darstellung hat C. v. Fragstein (1949) gegeben.

Aus dieser Betrachtung folgt, daß der in dem Streifen BB' neu auftretende Energiefluß (= Energie/Zeiteinheit) gleich sein muß dem Fluß der von A nach B im zweiten Medium laufenden Oberflächenwelle. Nicht der Strahl als geometrisches Gebilde ist also verschoben, sondern es hat eine räumliche Energieübertragung stattgefunden. Aus dieser Bedingung findet man für die Streifenverschiebung d, wenn der elektrische Vektor der einfallenden Welle senkrecht zur Einfallsebene liegt, den strengen Ausdruck (Renard (*Lit*))

$$d = \frac{1}{\pi} \frac{\mu \sin \alpha \cos^2 \alpha}{\mu^2 \cos^2 \alpha + \sin^2 \alpha - n'^2} \frac{\lambda}{\sqrt{\sin^2 \alpha - n'^2}} = k \frac{\lambda}{\sqrt{\sin^2 \alpha - n'^2}} \; .$$

Dabei ist α der Einfallswinkel, λ die Wellenlänge im Medium 1 (Abb. 361) mit $n' = n_2/n_1 < 1$; μ ist die Magnetisierungskonstante (Bd. II), für die gewöhnlich $\mu = 1$ gesetzt werden kann. Die Verschiebung ist senkrecht zur Strahlrichtung gemessen gedacht.

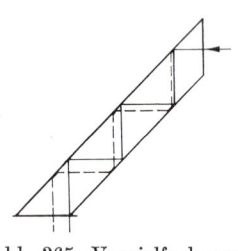

Für $\sin \alpha \approx n'$, also $\alpha \approx \alpha_g$, reduziert sich dies zu

$$d = \frac{n'}{\pi} \frac{\lambda}{\sqrt{\sin^2 \alpha - n'^2}} \; ;$$

für $\alpha = 90^0$ ist $d = 0$. Die Größe k ergibt sich aus den Messungen von Goos und Hänchen (an Flintglas) zu 0,19 bis 0,23, je nach Einfallswinkel, während die Theorie $k = 0,20$ liefert ($n' = 2/3$, $\alpha = 45^0$). Für die Strahlverschiebung folgen daraus sehr kleine Werte in der Größenordnung von 0,5 μ. Um sie leichter messen zu können, wurde eine Anordnung wie die in Abb. 365 schematisch gezeichnete benutzt, die durch mehrmalige Reflexion die resultierende Verschiebung vergrößert. Der Bezugsstrahl, gegen den die Verschiebung gemessen wird, kann durch gewöhnliche Reflexion erhalten werden dadurch, daß die reflektierende Platte in ihrer Längsrichtung geteilt wird und die eine Hälfte metallisch belegt wird.

Abb. 365. Vervielfachung der Strahlverschiebung bei Totalreflexion
—— Bezugsstrahl (Reflexion an Metall)
----- verschobener Strahl (Reflexion am dünneren Medium)

Wie oben schon gesagt, stören alle Methoden (mit Ausnahme der Goos-Hänchenschen) zum Nachweis der Strahlung im zweiten Medium die Totalreflexion; gerade diese Störung aber kann technisch für Zwecke der Lichtsteuerung oder Lichtmodulation dienstbar gemacht werden. Bringt man z. B. in sehr geringem Abstand von der totalreflektierenden Hypothenusenfläche eines Glasprismas eine Telephonmembran an, so bewirken die winzigen Verschiebungen derselben unter dem Telephon zugeführten Sprechströme eine entsprechende Veränderung der „total" reflektierten Lichtenergie und ergeben somit eine Modulation des reflektierten Lichtes im Rhythmus der Sprechströme (Lichttelephonie).

44. Polarisation des Lichtes bei Metallreflexion

Die Fresnelschen Formeln (204), (205), (208), (209) haben ihre Gültigkeit, wie in der vorhergehenden Nummer gezeigt wurde, auch dann noch beibehalten, wenn die Koeffizienten $\varrho_p, \varrho_s, \sigma_p, \sigma_s$ komplex wurden, nämlich bei Erklärung der Totalreflexion bei vollkommen durchlässigen Medien. Nun wissen wir aber aus Nr. 26, daß die Optik der Metalle dadurch charakterisiert ist, daß an Stelle des reellen Brechungsquotienten n der sog. komplexe Brechungsquotient $\mathfrak{n} = n(1 - i\varkappa)$ tritt; sein reeller Teil ist mit dem reellen Brechungsquotienten n identisch, sein imaginärer Teil ist $- in\varkappa$, wo $\varkappa$ der in Nr. 23 eingeführte „Absorptionsindex" $\left(\frac{4\pi n\varkappa}{\lambda} = K \right.$ die sog. „Absorptionskonstante"$\left. \right)$ ist. Man darf also annehmen, daß die Fresnelschen Formeln, die durch Eintragen des komplexen Brechungsquotienten $\mathfrak{n}$ wieder komplexe Größen $\varrho_p, \varrho_s, \sigma_p, \sigma_s$ liefern, auch für die Erscheinung der Reflexion (auf die wir uns beschränken wollen) an Metallen ihre Leistungsfähigkeit bewähren werden, was tatsächlich auch der Fall ist. Freilich gewinnen die Formeln eine äußerst komplizierte Gestalt, die nur für senkrechte Inzidenz ($\alpha = 0$) leicht übersehbar ist. Immerhin müssen wir wenigstens soweit auf den allgemeinen Fall eingehen, um die Besonderheit der Metalle gegenüber den bisher behandelten durchsichtigen Stoffen klarstellen zu können. Übrigens meinen wir mit dem Wort „Metalle" im folgenden nicht nur Metalle im eigentlichen Sinne, sondern begreifen darunter auch alle Stoffe mit großem Absorptionsindex $\varkappa$, was hier ein für allemal festgestellt sei.

Wir betrachten den allein wichtigen Fall, daß linear polarisiertes Licht aus einem durchsichtigen Medium 1 mit dem reellen Brechungsquotienten n_1 unter dem Azimut 45⁰ (d. h. $E_p = E_s$) auf die Grenzfläche eines Metalls mit dem komplexen Brechungsquotienten $\mathfrak{n}_2 = n_2(1 - i\varkappa_2)$ falle. Dann können wir ohne Rechnung, allein aus der Kenntnis, daß in den Fresnelschen Formeln jetzt komplexe Größen auftreten, sagen, daß die reflektierten Komponenten R_p und R_s die Form haben müssen:

$$R_p = |R_p|e^{i\delta_p}; \quad R_s = |R_s|e^{i\delta_s},$$

d. h., daß zwischen R_p und R_s eine Phasendifferenz $\Delta = \delta_p - \delta_s$ bestehen kann, daß also das reflektierte Licht i. a. elliptisch polarisiert sein wird; nur bei senkrechtem Einfall ($\alpha=0$) und streifendem Einfall $\left(\alpha = \frac{\pi}{2}\right)$ ist $\Delta = \pi$ bzw. 0; das Licht bleibt in diesen Ausnahmefällen linear polarisiert. Wie bei durchsichtigen Medien ist auch hier $\varrho_p < \varrho_s$, nur bei senkrechtem und streifendem Einfall sind sie gleich; dagegen gibt es hier keinen Polarisationswinkel, für den ϱ_p verschwände. Die Phasendifferenz $\Delta = \delta_p - \delta_s$ kann mit Hilfe eines der bereits erwähnten Kompensatoren (s. S. 345) auf Null gebracht, das elliptisch polarisierte Licht wieder in linear polarisiertes zurückverwandelt werden; diese Messung liefert also die Kenntnis von Δ. Nachdem Δ durch Kompensation auf Null gebracht ist, bestimmt $|R_s|/|R_p|$ das Azimut φ_p der nun wieder linearen Schwingung. Diese beiden Größen Δ und φ_p sind natürlich Funktionen der optischen Konstanten n_2 und $\varkappa_2$ des Materials und genügen im Prinzip, um diese zu bestimmen. Freilich ist die Methode unbequem, und die Gleichungen sind kompliziert. Besser ist ein von P. Drude ausgearbeiteter Spezialfall. Man sucht denjenigen Einfallswinkel, den sog. „Haupteinfallswinkel" α_h auf, für den $\Delta = \frac{\pi}{2}$ wird. Nachdem man dann $\Delta = \frac{\pi}{2}$ kompensiert hat, wird das Azimut der wiederhergestellten linearen Schwingung mit einem Analysator (z. B. Plattensatz) bestimmt; φ_p heißt in diesem speziellen Falle das „Hauptazimut". (Natürlich hat man hier, trotz $\Delta = \frac{\pi}{2}$, kein zirkularpolarisiertes Licht, da $|R_p| \neq |R_s|$ ist!) Aus Haupteinfallswinkel und Hauptazimut lassen sich ebenfalls n_2 und $\varkappa_2$ bestimmen, und die Mehrzahl aller vorliegenden Messungen ist auf diese Weise gewonnen worden, z. B. auch die auf S. 211 von uns mitgeteilten Werte. Aber auch diese Methode ist noch umständlich, die zur Berechnung verwendeten Formeln sind nur angenähert, die Genauigkeit ist nicht sehr groß.

Daher ist man neuerdings (R. Fleischmann, (Lit)) dazu übergegangen, nicht mehr die Phasendifferenz $\delta_p - \delta_s$, sondern die absoluten Phasen δ_p und δ_s für besonders einfache Fälle zu bestimmen; am einfachsten — aber auch schon ausreichend zur Bestimmung der optischen Konstanten — ist es, senkrechten Einfall ($\alpha = 0$) zu betrachten. Dann kann man natürlich nicht mehr zwischen p- und s-Komponenten unterscheiden, die identisch werden, da keine Einfallsebene mehr definiert ist. Wir lassen also unpolarisiertes Licht, dessen Amplitude E sei, senkrecht auffallen; die reflektierte Amplitude (die natürlich komplex ausfällt) können wir dann gleich $|R_0|e^{i\delta}$ setzen; $|R_0|$ ist ihr Absolutbetrag. Nach den Fresnelschen Formeln (204) oder (208) findet man für die komplexe Amplitude — wenn wir noch etwas allgemeiner als vorhin den reellen

350   V. Kapitel. Polarisation und Doppelbrechung des Lichtes

Brechungsquotienten des Mediums 1 mit n_1 bezeichnen — für $\alpha = 0$:

$$(217) \qquad \frac{|R_0|}{E} e^{i\delta} = \frac{(\mathfrak{n}_2 - n_1)^2}{\mathfrak{n}_2^2 - n_1^2} = \frac{\mathfrak{n}_2 - n_1}{\mathfrak{n}_2 + n_1} = \frac{n_2 - n_1 - in_2\varkappa_2}{n_2 + n_1 - in_2\varkappa_2}.$$

Bestimmen wir zunächst $|R_0|$, indem wir beide Seiten mit ihren konjugiert komplexen Werten multiplizieren, so folgt:

$$(218) \qquad \frac{|R_0|^2}{E^2} = \frac{(n_2 - n_1 - in_2\varkappa_2)(n_2 - n_1 + in_2\varkappa_2)}{(n_2 + n_1 - in_2\varkappa_2)(n_2 + n_1 + in_2\varkappa_2)} = \frac{(n_2 - n_1)^2 + n_2^2\varkappa_2^2}{(n_2 + n_1)^2 + n_2^2\varkappa_2^2}.$$

$\dfrac{|R_0|^2}{E^2}$ ist nichts anderes, als das **Reflexionsvermögen des Metalls**, das wir auf S. 189 in Gl. (105 c) angegeben haben (nur die Bezeichnung für das Reflexionsvermögen ist hier eine andere). Wegen des Folgenden sei noch darauf hingewiesen, daß Gl. (218) auch noch für kleine von Null abweichende Werte von α gilt, wie sich gleichfalls aus den benutzten Formeln ergibt. Das Reflexionsvermögen kann durch einfache Intensitätsmessungen (oder auf photometrischem Wege) bestimmt werden, indem man einmal die einfallende, das andere Mal die reflektierte Strahlung auf eine Thermosäule fallen läßt und den Galvanometerausschlag beobachtet, der proportional E^2 bzw. $|R_0|^2$ ist. Damit hat man mit erheblicher Genauigkeit die erste Größe bestimmt, die Funktion von n_2 und $\varkappa_2$ ist.

Wir brauchen jetzt nur noch δ, das ebenfalls Funktion der optischen Konstanten ist. Bevor wir darangehen, die experimentelle Bestimmung von δ zu schildern, wollen wir seinen Wert nach Gl. (217) angeben:

$$(219) \qquad \begin{cases} \operatorname{tang} \delta = \dfrac{2\,n_1 n_2 \varkappa_2}{n_1^2 - n_2^2 - n_2^2 \varkappa_2^2}, \\[2mm] \dfrac{|R_0|}{E} \cos\delta = -\dfrac{n_1^2 - n_2^2 - n_2^2\varkappa_2^2}{(n_2 + n_1)^2 + n_2^2\varkappa_2^2}, \quad \dfrac{|R_0|}{E} \sin\delta = -\dfrac{2\,n_1 n_2\varkappa_2}{(n_2 + n_1)^2 + n_2^2\varkappa_2^2}. \end{cases}$$

Eine etwas mühsame, aber elementare Rechnung liefert nun für n_2 und $\varkappa_2$ die Ausdrücke:

$$(220) \qquad \begin{cases} n_2 = n_1 \dfrac{1 - \dfrac{|R_0|^2}{E^2}}{1 - 2\dfrac{|R_0|}{E}\cos\delta + \dfrac{|R_0|^2}{E^2}}, \\[4mm] \varkappa_2 = n_1 \dfrac{2\dfrac{|R_0|}{E}\sin\delta}{(|R_0|^2/E^2) - 1}. \end{cases}$$

Man kann sich rückwärts leicht von der Richtigkeit dieser Beziehungen überzeugen, die übrigens vollkommen streng sind, wenn man aus den Gleichungen (218) und (219) die Werte von $|R_0|/E$, $\sin\delta$ und $\cos\delta$ in (220) einträgt; diese werden dadurch identisch befriedigt.

Wir haben nun die experimentelle Bestimmung von δ zu schildern; sie geschieht mittels einer Interferenzmethode, z. B. der in Nr. 37 besprochenen Anordnung von Th. Young. In Abb. 366 seien durch die Geraden 1 und 2 die Zentralstrahlen der beiden kohärenten Strahlenbündel dargestellt, die aus dem Youngschen Doppelspalt austreten und miteinander interferieren können; sie werden an der Rückseite einer Glasplatte G vom Brechungsquotienten n_1 reflektiert. (Die an der Vorderseite stattfindenden Reflexionen werden dadurch unschädlich gemacht, daß die Glasplatte als Keil mit dem kleinen Keilwinkel ε ausgebildet ist; die an der Vorderseite senkrecht auffallenden Strahlen werden in sich reflektiert, während die von uns benutzten reflektierten Strahlen 1' und 2' von der Hinterseite unter dem Einfallswinkel ε reflektiert werden, also mit den einfallenden den Winkel 2ε bilden.) Bei der in Abb. 366 dargestellten Lage der Glasplatte werden die Strahlen 1 und 2 **beide an Luft**, d. h. am dünneren Medium reflektiert. Dabei tritt kein Phasensprung ein; das durch Interferenz von 1' und 2' entstehende Interferenzbild wird auf einer photographischen Platte aufgenommen. Wir verschieben nun die keilförmige Glasplatte (in Abb. 366 nach unten) so weit, daß Strahl 1 nicht mehr an Luft, sondern an der auf der Rückseite aufgedampften dicken Metallschicht M (mit den optischen Konstanten n_2 und $\varkappa_2$) reflektiert wird, während Strahl 2 nach wie vor an Luft gespiegelt wird. Da bei Reflexion am Metall bei (nahezu) senkrechter Inzidenz der Phasensprung δ stattfindet, so tritt zwischen den reflektierten Strahlen 1' und 2' jetzt die Phasendifferenz δ auf, d. h. das nunmehr entstehende Interferenzbild, das ebenfalls photographisch auf der gleichen Platte festgehalten wird, ist gegen das vorherige verschoben. Man hat nunmehr bloß

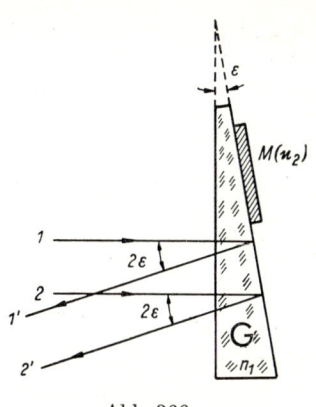

Abb. 366.
Messung der Phasenverschiebung bei der Metallreflexion

die Verschiebung der Interferenzstreifen gegeneinander auszumessen — Verschiebung um eine ganze Streifenbreite entspricht einer Phasendifferenz von π $\left(\text{bzw. } \frac{\lambda}{2}\right)$ —, um δ zu gewinnen (es kommt offensichtlich nur eine Verschiebung um den Bruchteil einer Streifenbreite zustande). Damit hat man dann die notwendigen Daten, um die optischen Konstanten zu bestimmen, und zwar auf eine relativ einfache und genaue Weise. — (Es ist kaum notwendig hinzuzufügen, daß die wirkliche Ausführung der Messung komplizierter ist, als hier dargestellt, wo es uns nur auf das Grundsätzliche ankam.)

45. Doppelbrechung des Lichtes

Im Jahre 1669 fand Erasmus Bartholinus, daß ein in einen Kristall aus isländischem Kalkspat einfallender Lichtstrahl in zwei verschiedenen Richtungen gebrochen wird, so daß aus dem Kristall zwei getrennte Strahlen austreten. Man nennt diese Erscheinung, die bei allen Kristallen, mit Ausnahme der dem regulären System angehörenden, mehr oder minder ausgeprägt auftritt, die **Doppelbrechung des Lichtes**; die Stoffe, die diese Eigenschaft besitzen, werden **doppelbrechend** genannt. Die natürliche Doppelbrechung der genannten Kristalle beruht darauf, daß sie **anisotrop** sind, d. h., daß die verschiedenen, durch einen beliebigen Punkt des Kristalls gezogenen Richtungen physikalisch nicht gleichwertig sind. Auch an sich isotrope Stoffe (z. B. Glas) können auf verschiedene Weise (durch Druck, Biegung, Temperaturverschiedenheit, elektrische Felder usw.) künstlich anisotrop gemacht werden: dann werden auch sie doppelbrechend (sog. **akzidentelle Doppelbrechung**).

Wir betrachten die Erscheinung der Doppelbrechung genauer an einem Kalkspatkristall, bei dem sie besonders ausgeprägt ist. Der Kalkspat (chemisch $CaCO_3$) kristallisiert im trigonalen System; die farblosen, gut ausgebildeten Kristalle zeigen nach drei zueinander senkrechten Richtungen eine vollkommene Spaltbarkeit, so daß es relativ leicht gelingt, Stücke in Rhomboedergestalt herauszuspalten; ein vollkommenes Rhomboeder (Abb. 367) ist begrenzt von 6 Rhomben gleicher Kantenlänge, deren stumpfer Winkel $101°\,53'$ beträgt. Bei einem Rhomboeder

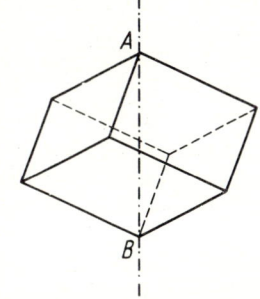

Abb. 367. Rhomboeder

stoßen in zwei gegenüberliegenden Ecken (A und B) je drei Rhombenflächen zusammen, die dort miteinander gleiche stumpfe Flächenwinkel von 105° 5′ bilden; bei einem normal ausgebildeten Rhomboeder ist die Verbindungslinie von A nach B die (dreizählige) **kristallographische Hauptachse**; sie bildet mit den drei Rhombenflächen gleiche Winkel von 45° 23′ 30″.

Rein geometrisch kann man sich ein Rhomboeder folgendermaßen entstanden denken: Bei einem Würfel sind die 8 Ecken, in denen je drei quadratische Flächen unter Winkeln von 90° zusammenstoßen, gleichwertig, sämtliche Raumdiagonalen gleich lang und sämtlich dreizählig. Komprimiert man den Würfel längs einer Raumdiagonalen, so verkürzt sie sich, gleichzeitig werden die Winkel zwischen den Flächen der nun zu Rhomben gewordenen Quadrate an den Ecken dieser Raumdiagonale stumpf, an den anderen 6 Ecken spitz; die verkürzte Raumdiagonale hat nun als einzige dreizählige Achse eine Vorzugsstellung vor den übrigen Raumdiagonalen gewonnen.

Die kristallographische Hauptachse wird aus später hervortretenden Gründen auch als die „**optische Achse**" des Kristalls bezeichnet.

Man muß sich hierbei vor einem Mißverständnis hüten: Mit der Bezeichnung „Achse" meint man hier **nicht** eine materielle Gerade, wie es z. B. die Rotationsachse eines Rades ist, **sondern eine Richtung im Kristall**; alle zur Hauptachse parallelen Richtungen verdienen daher die Namen „kristallographische Hauptachse" und „optische Achse" mit dem gleichen Rechte.

Um nachher die Erscheinungen der Doppelbrechung einfach und einheitlich beschreiben zu können, führen wir den Begriff des „**Hauptschnittes**" ein. Allgemein versteht man unter dem **Hauptschnitt eines Kristalls** jede Ebene, die die kristallographische Hauptachse enthält; im besonderen nennt man **Hauptschnitt eines Strahles** denjenigen Kristallhauptschnitt, der außerdem das Einfallslot des Strahles enthält. — Was wir oben von den Achsen sagten, gilt natürlich auch für die Ebenen des jeweiligen Strahlhauptschnittes: es ist damit **keine materielle** Ebene gemeint, sondern eine bestimmte **Ebenenstellung** im Kristall; alle zu einem Hauptschnitt parallelen Ebenen sind daher ebenfalls als Hauptschnitte zu bezeichnen.

Bei einem Spaltungsstück von Kalkspat sind i. a. die begrenzenden Flächen nicht Rhomben, sondern schiefwinkelige Parallelogramme; in diesem Falle ist natürlich die Richtung der kürzesten Raumdiagonale nicht mehr Hauptachse oder optische Achse; deren Lage ist aber selbstverständlich auch dann definiert, und zwar durch den oben angegebenen Winkel von 45° 23′ 30″ mit den drei in der Ecke zusammenstoßenden Flächen. — Im folgenden, insbesondere in den Abbildungen, sei immer vorausgesetzt, daß wir es mit einem vollkommen regelmäßig ausgebildeten Rhomboeder zu tun haben.

Abb. 368. Doppelbrechung des Lichtes durch ein Kalkspatrhomboeder

Legt man ein Kalkspatrhomboeder auf beschriebenes Papier, so sieht man bei senkrechter Aufsicht die Schrift doppelt (Abb. 368); das eine Bild derselben erscheint dort, wo es auch bei einem Rhomboeder aus isotroper Substanz erscheinen würde, nämlich wegen des senkrechten Einfalls unverschoben; das zweite Bild ist aber trotzdem gegen das erste versetzt. Schon dieser Versuch zeigt also, daß der zweite Strahl sicher nicht dem Snelliusschen Brechungsgesetz folgen kann, was wir weiter unten noch genau zu untersuchen haben; von dem (in unserem speziellen Fall) ohne Brechung verlaufenden Strahl werden wir umgekehrt zeigen, daß er dies tut. Demgemäß nennt man den sich normal verhaltenden Strahl den **„ordentlichen"**, den anderen den **„außerordentlichen"**[1]); wir bezeichnen sie in den Abbildungen durch die Buchstaben „o" und „e".

Wir betrachten zunächst einen durchsichtigen Spezialfall, indem wir auf eine natürliche Fläche des Kalkspatrhomboeders senkrecht einen Strahl SS auffallen lassen (Abb. 369), der sich im Inneren des Kristalls in zwei Strahlen verschiedener Richtung (o und e) teilt; nach dem Austritt aus dem Kristall an der parallelen Gegenfläche, wo ja eine zweite Brechung stattfindet, verlaufen beide Strahlen zwar getrennt, aber parallel. In der Abbildung ist die Richtung der optischen Achse eingezeichnet; sie bestimmt nach der oben eingeführten Definition zusammen mit dem Strahl SS (dessen Richtung hier mit dem Einfallslot zusammenfällt) die Ebene des Strahlhauptschnittes; dieser liegt im Kristall fest und macht daher z.B. eine Drehung um die Achse SS mit. Wir wollen annehmen, daß der Hauptschnitt in Abb. 369 mit der Papierebene zusammenfällt; die Schraffierung des Hauptschnittes läßt die Richtung der optischen Achse hervortreten. In der Abbildung sind übrigens eine

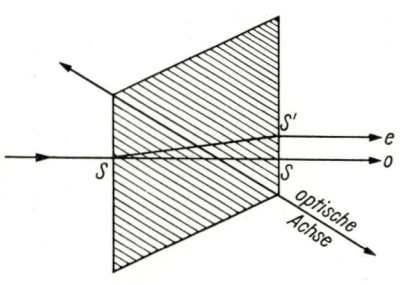

Abb. 369. Strahlenverlauf im Hauptschnitt eines Kalkspatrhomboeders

von links beleuchtete kreisförmige Lochblende, die als Lichtquelle dient, und eine Abbildungslinse der Einfachheit halber fortgelassen; mit deren Hilfe kann man die Zweiteilung des Strahles SS objektiv zeigen, indem man die Lochblende auf einem Schirm abbildet. Man erhält dann zwei gleichhelle Bilder nebeneinander; die einfallende Strahlungsenergie verteilt sich also je zur Hälfte auf den ordentlichen und außerordentlichen Strahl. Der ordentliche Strahl geht natürlich ungebrochen (wegen der senkrechten Inzidenz) durch den Kristall hindurch, und das mit seiner Hilfe entworfene Blendenbild bleibt unbeweglich an der gleichen Stelle des Projektionsschirmes, wenn man den Kristall um den einfallenden Strahl $SS'o$ dreht. Anders der außerordentliche Strahl $SS'e$: trotz senkrechten Einfalls wird er gebrochen und zur Seite abgelenkt; für ihn gilt also, wie schon betont, jedenfalls das Snelliussche Brechungsgesetz nicht. Nach Abb. 369 wird der Strahl e in der Ebene des Hauptschnittes, und da wir diesen zunächst mit der Papierebene zusammenfallen ließen, in dieser nach oben oder nach unten abgelenkt (beim Kalkspat bei der Anordnung von Abb. 369 nach oben). Diese Formulierung gilt allgemein; denn wenn wir jetzt durch Rotation des Kristalls um SSo als Achse den Hauptschnitt beliebig aus der Papierebene herausdrehen, so dreht sich, im Einklang mit unserer Behauptung, der Strahl e um den Strahl o herum, d.h. mit dem Hauptschnitt mit: Das durch den Strahl e auf dem Projektionsschirm entworfene Bild der Lochblende umkreist das unabgelenkte Bild derselben. Bei dem in der Abb. 369 dargestellten Fall wird der e-Strahl im Hauptschnitt nach oben abgelenkt, d.h. so, daß er mit der optischen Achse einen größeren Winkel bildet als der o-Strahl[2]). Der Abstand der beiden Bilder der Lichtquelle hängt offenbar mit der Dicke des Kristalls in der Durchstrahlungsrichtung zusammen: je dicker er in dieser Richtung ist, desto größer muß auch die Aufspaltung der beiden Strahlen sein: diese aus Abb. 369 fließende Folgerung werden wir weiter

---

[1]) Dies sind schlechte Übersetzungen der französischen Bezeichnungen „Rayon ordinaire" und „Rayon extraordinaire"; eine bessere Übersetzung wäre natürlich „gewöhnlicher" und „ungewöhnlicher" Strahl; doch sind die im Text angeführten Bezeichnungen seit mehr als einem Jahrhundert eingebürgert.

[2]) Das gleiche Verhalten wie bei Kalkspat zeigt der e-Strahl bei allen sogenannten „negativen" Kristallen, während die „positiven" sich umgekehrt verhalten; bei Quarz z. B. würde ceteris paribus der e-Strahl nach unten abgelenkt werden. Vgl. S. 356 und 364.

unten (Abb. 380) durch den Versuch bestätigen. — Abb. 370 ergänzt die schematische Darstellung der Abb. 369 durch perspektivische Zeichnung der Kristallflächen, des Strahlenverlaufes und des Hauptschnittes.

In Abb. 370 ist der Auftreffpunkt des Strahles SS auf die Kristallfläche zufällig so gelagert, daß er auf der kurzen Rhombendiagonale liegt; demgemäß geht auch der zugehörige Strahlhauptschnitt durch die Diagonale und steht, da er das Einfallslot enthält, senkrecht auf der Kristallfläche. Wenn man einen anderen Auftreffpunkt des Strahles SS gewählt hätte, so hätte man als zugehörigen Hauptschnitt offenbar eine Parallelebene zu dem oben bestimmten Hauptschnitt erhalten. Da nun aber nur die Ebenenstellung charakteristisch ist, kann man sagen, es sei der gleiche Hauptschnitt. Man kann also den Hauptschnitt eines Strahles allgemein so definieren, daß er die Richtung der optischen Achse enthält, auf der betreffenden Kristallfläche senkrecht steht und durch die kurze Diagonale derselben hindurchgeht; von dieser Ausdrucksweise werden wir Gebrauch machen.

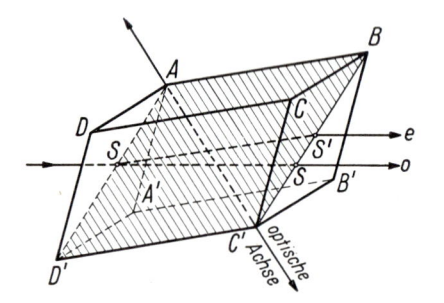

Abb. 370. Strahlenverlauf im Hauptschnitt eines Kalkspatrhomboeders (perspektivische Darstellung)

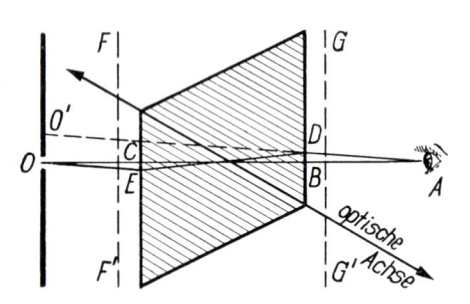

Abb. 371. Strahlenverlauf im Hauptschnitt eines Kalkspatrhomboeders bei subjektiver Beobachtung

Den in Abb. 369 dargestellten Versuch kann man auch so ausführen, daß man, statt die als Lichtquelle dienende kreisförmige Blende auf einem Schirm abzubilden, mit dem Auge durch das Kalkspatrhomboeder nach einer im Endlichen liegenden Lochblende hinschaut. Man sieht dann nebeneinander zwei Blendenbilder, von denen das eine bei einer Drehung des Kristalles um die Verbindungslinie Auge—Lochblende seine Lage beibehält, während das andere Bild um das erstere herumwandert. Abb. 371 zeigt den dabei auftretenden Strahlenverlauf. Das Auge A sieht die Blendenöffnung O einmal längs des ordentlichen, geradlinig verlaufenden Strahles $ABCO$ direkt und zum anderen längs des zweimal geknickten, außerordentlichen Strahles $ADEO$ an der Stelle O', wohin die Verlängerung der Blickrichtung AD hinzielt. Die Lage von ED hängt von der Entfernung OE ab. Die beiden Strahlenwege kreuzen sich dabei im Kalkspat. Letzteres kann man, worauf G. Monge (1807) zuerst hingewiesen hat, dadurch zeigen, daß man dicht hinter dem Kalkspatstück etwa in der Ebene FF' ein Stück schwarzen Kartons von F nach F' verschiebt. Dann verschwindet für das durch den Kalkspat blickende Auge zuerst die direkt gesehene Öffnung O und dann erst das bei O' liegende Bild der Öffnung, obwohl man zunächst das umgekehrte erwartet, was z. B. eintritt, wenn man den Karton dicht vor dem Kalkspat von G nach G' verschiebt. In den Abb. 372a und b ist ein Kalkspatrhomboeder so auf ein Papier mit einem eingezeichneten Kreuz gelegt, daß die beiden Kreuzarme in Abb. 372a die Diagonalen der unteren Rhombenfläche bilden; in Abb. 372b ist bei gleicher Lage der Kreuzarme das Rhomboeder verdreht; in beiden Fällen ist die optische Achse eingezeichnet. Die Ebene des Hauptschnittes geht durch die optische Achse und steht senkrecht zur Papierebene; in beiden Fällen wird durch die Brechung des e-Strahles das zweite Bild des Kreuzes in Richtung des Hauptschnittes, d. h. parallel der kurzen Diagonale verschoben.

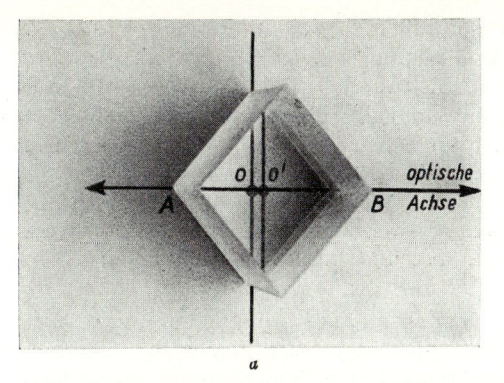

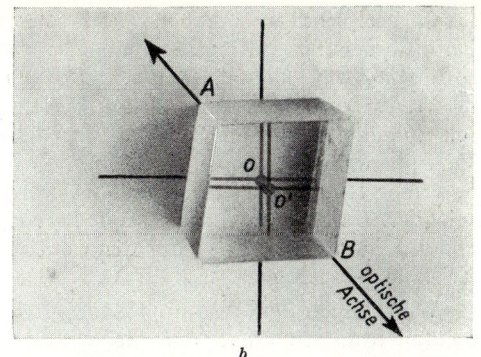

Abb. 372. Doppelbrechung des Lichtes durch ein Kalkspatrhomboeder. In Bild *b* ist das Kalkspatstück um 45° gegen seine Lage in *a* verdreht. In beiden Fällen wird das zweite Bild des auf der Unterlage befindlichen Kreuzes in Richtung des Hauptschnittes verschoben

Im Anschluß an Abb. 369 hatten wir bereits betont, daß der *e*-Strahl nicht dem Snelliusschen Brechungsgesetz gehorchen kann, schon weil er i. a. nicht in der Einfallsebene bleibt. Wir können dies jetzt noch auf eine andere Weise deutlich machen. Denn wie soll der Brechungsquotient des *e*-Strahles definiert werden? Würde man z. B. das Sinusverhältnis $\frac{\sin\alpha}{\sin\beta}$ als Definition benutzen, so käme man im vorliegenden Beispiel sofort auf eine unsinnige Folgerung; denn bei senkrechter Inzidenz ist ja $\alpha = \sin\alpha = 0$, während der Brechungswinkel β mit seinem Sinus von Null verschieden ist; wir würden also hier zu dem Ergebnis kommen, daß Kalkspat für den *e*-Strahl (in diesem Spezialfalle) den Brechungsquotienten 0 besäße! Nun kann man den Brechungsquotienten freilich auch anders definieren, nämlich durch das Verhältnis der Fortpflanzungsgeschwindigkeiten im Vakuum (Luft) und in dem betreffenden Medium; in isotropen Medien fallen beide Definitionen zusammen, da ja $\frac{\sin\alpha}{\sin\beta} = \frac{c}{V} = n$ ist. In anisotropen Medien tritt aber hier eine neue Schwierigkeit auf; es wird sich nämlich zeigen, daß man bei diesen zwei verschiedene Fortpflanzungsgeschwindigkeiten zu unterscheiden hat. Die eine wäre die „Strahlgeschwindigkeit", d.h. die Geschwindigkeit, mit der sich die Energie längs des *e*-Strahls ausbreitet. Diese Definition würde uns zwar hier einen von Null verschiedenen Brechungsquotienten liefern; es wird sich aber zeigen, daß auch die Festsetzung

$$n = \frac{\text{Strahlgeschwindigkeit im Vakuum}}{\text{Strahlgeschwindigkeit im Kristall}}$$

äußerst unzweckmäßig wäre, wie eine wellentheoretische Untersuchung später ergeben wird. Vorläufig haben wir es nur mit der Strahlgeschwindigkeit zu tun, die wir deshalb mit großen Buchstaben (V) bezeichnen, um die später einzuführende andere Geschwindigkeit (v) davon zu unterscheiden.

Vorher aber wollen wir noch einen Spezialfall des in Abb. 369 dargestellten Versuches erörtern: Wenn wir nämlich den Kalkspat in Richtung der optischen Achse durchstrahlen, so findet keine Doppelbrechung statt. Man kann den Versuch z. B. mit einer Kristallplatte anstellen, die senkrecht zur kristallographischen Hauptachse geschnitten ist; fällt der Strahl schief auf dieselbe auf, so zeigt sich Doppelbrechung, die aber bei senkrechter Inzidenz vollkommen verschwindet. Man kann das in der Weise ausdrücken, daß man dem *e*-Strahl den Brechungsexponenten des *o*-Strahles zuschreibt, wenn die Fortpflanzung in Richtung der Hauptachse vor sich geht. Da also dann beide Strahlen die gleiche

Strahlgeschwindigkeit haben, kann selbstverständlich parallel der Hauptachse keine Doppelbrechung auftreten. Nennen wir den Brechungsquotienten des o-Strahles n_o, so können wir jedenfalls sagen, daß der Brechungsquotient des e-Strahles in dem erörterten Spezialfalle den gleichen Wert n_o hat, und das gleiche gilt für die Lichtgeschwindigkeiten beider Strahlen parallel der optischen Achse, die wir entsprechend V_o nennen wollen, wobei $V_o = c/n_o$ ist. Da die kristallographische Hauptachse also in optischer Hinsicht ausgezeichnet ist, wird sie mit Recht auch als optische Achse bezeichnet. Kalkspat und überhaupt die Kristalle des trigonalen, hexagonalen und tetragonalen Systems besitzen nur eine optische Achse und werden deshalb als **einachsige Kristalle** bezeichnet.

Wir können den obigen Sachverhalt noch etwas verallgemeinern, da man experimentell festgestellt hat, daß die Strahlgeschwindigkeiten des e-Strahls für alle Richtungen, die mit der optischen Achse gleiche Winkel ϑ bilden, ebenfalls gleich sind. Senkrecht zur optischen Achse hat die Geschwindigkeit des Strahls ihren kleinsten oder größten Wert, den wir V_e nennen wollen; der zugehörige Brechungsquotient sei n_e. Beide Fälle $V_e > V_o$ und $V_e < V_o$ kommen in der Natur vor, und man unterscheidet bei einachsigen Kristallen demgemäß sog. „negative" ($V_e > V_o$) und „positive" Kristalle ($V_e < V_o$). $V_e > V_o$ bedeutet für den Brechungsquotienten jedenfalls $n_e < n_o$ („negativ"), $V_e < V_o$ bedeutet $n_e > n_o$ („positiv"). Wie wir vorgreifend bemerken wollen, gehört Kalkspat zu den negativen Kristallen, während Quarz ein Beispiel für einen positiv einachsigen Kristall ist; Zahlenangaben folgen später. Für Kalkspat und die übrigen negativen Kristalle variiert also der Brechungsquotient des e-Strahles je nach dem Winkel ϑ seiner Fortpflanzungsgeschwindigkeit mit der Achse derart, daß er für $\vartheta = 0$ den größten, für $\vartheta = \pi/2$ den kleinsten Wert annimmt. Die genaue Definition der Brechungsquotienten für den allgemeinen Fall steht aber noch aus.

Zusammenfassend kann man folgendes sagen: Während für den o-Strahl eine feste Strahlgeschwindigkeit V_o und ein bestimmter Brechungsquotient $n_o = c/V_o$ existiert, variiert die Strahlgeschwindigkeit V des e-Strahles zwischen dem Wert V_o und dem Wert V_e, wobei V_e entweder größer als V_o (für negative Kristalle) oder kleiner als V_o (für positive Kristalle) ist. V_o und V_e sind charakteristische Konstanten des Kristalls, die man als „**Hauptlichtgeschwindigkeiten**" bezeichnet. Die zugehörigen „**Hauptbrechungsquotienten**" heißen n_o und n_e, während zur Strahlgeschwindigkeit V in beliebiger Richtung der Brechungsquotient n (beide ohne Index!) gehören möge; wenn man allgemein vom Brechungsquotienten des e-Strahles spricht, meint man immer den charakteristischen Hauptbrechungsquotienten n_e.

Strahlenfläche und Huygenssches Prinzip. Unsere bisherige Betrachtung der Doppelbrechung war rein geometrisch-optisch, d. h. ohne Benutzung der Wellentheorie des Lichtes. Um jetzt zu einer tieferen Betrachtungsweise überzugehen, fragen wir nach der Wellenfläche der o- und e-Strahlen in einem einachsigen Kristall. Unter Wellenfläche verstanden wir früher (vgl. Bd. I) diejenige Fläche, bis zu der sich, von einem punktförmigen Erregungszentrum aus, die Strahlung in einer bestimmten Zeit ausgebreitet hat. In einem isotropen Medium ist wegen der Konstanz der Lichtgeschwindigkeit in allen Richtungen die Wellenfläche natürlich eine Kugelfläche, und das muß auch für den o-Strahl in einem Kristall gelten. Wie aber ist die Wellenfläche für den e-Strahl beschaffen? Wenn wir berücksichtigen, daß die Geschwindigkeit des e-Strahles parallel der optischen Achse gleich der des o-Strahles ist, daß ferner die außerordentlichen Strahlgeschwindigkeiten für Richtungen, die gleiche Winkel ϑ mit der optischen Achse bilden, die gleichen sind, d. h. daß axiale Symmetrie der außerordentlichen Geschwindigkeiten um die Achse statthat, so ist klar, daß die Wellenfläche der e-Strahlen eine Rotationsfläche sein muß, die in Richtung der optischen Achse die Kugelfläche des o-Strahles berührt. Huygens hat daher die

45. Doppelbrechung des Lichtes

naheliegende Hypothese gemacht, daß die Wellenfläche der e-Strahlen ein Rotationsellipsoid sei, das bei negativen Kristallen ($V_e > V_o$) die Kugelfläche umhüllt (abgeplattetes Rotationsellipsoid), bei positiven Kristallen ($V_e < V_o$) von der Kugel umhüllt wird (verlängertes Rotationsellipsoid), wobei in beiden Fällen in den Durchstoßpunkten der optischen Achse Berührung der beiden Flächen eintritt (vgl. auch S. 363). So kommen wir für den negativen Kalkspat zu der durch Abb. 373, für den positiven Quarz zu der durch Abb. 374 dargestellten zweischaligen Fläche, für die wir in Zukunft aus bald hervortretenden Gründen die Bezeichnung „Strahlenfläche" statt „Wellenfläche" verwenden werden.

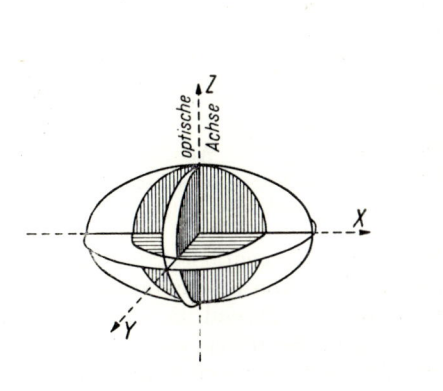

Abb. 373. Strahlenfläche eines negativ einachsigen Kristalles

Abb. 374. Strahlenfläche eines positiv einachsigen Kristalles

Analytisch kann man die Strahlenfläche folgendermaßen darstellen: Sei die optische Achse die z-Achse eines rechtwinkeligen Koordinatensystems, so ist in Richtung der z-Achse die Strahlgeschwindigkeit gleich V_o; in der dazu senkrechten xy-Ebene aber V_e; das Strahlenellipsoid hat also die Halbachse V_o in der z-Richtung, dagegen die Halbachse V_e in der x- und y-Richtung. In einer beliebigen Richtung gibt der vom Mittelpunkt gezogene Radiusvektor r der Fläche die Strahlgeschwindigkeit V an. Man erhält also für beide Strahlen folgende Darstellung der zweischaligen Fläche:

(221a) $$\left(\frac{x^2+y^2+z^2}{V_o^2} - 1\right) \cdot \left(\frac{x^2+y^2}{V_e^2} + \frac{z^2}{V_o^2} - 1\right) = 0 \,.$$

Wenn man Polarkoordinaten $r (= V)$, φ, ϑ einführt (ϑ Zenitdistanz, φ Azimut in der xy-Ebene), so ist

$$x^2+y^2 = V^2 \sin^2 \vartheta, \quad z^2 = V^2 \cos^2 \vartheta \,;$$

(das Azimut φ spielt keine Rolle, weil um die z-Achse herum alles symmetrisch ist), so geht (221a) über in:

(221b) $$\left(\frac{V^2}{V_o^2} - 1\right) \cdot \left(\frac{V^2}{V_e^2} \sin^2 \vartheta + \frac{V^2}{V_o^2} \cos^2 \vartheta - 1\right) = 0 \,.$$

Jeder die z-Achse enthaltende Schnitt, z. B. die xz-Ebene, liefert mit $y = 0$ aus (221a):

(222a) $$x^2 + z^2 = V_o^2, \quad \frac{x^2}{V_e^2} + \frac{z^2}{V_o^2} = 1 \,,$$

d. h. für die o-Strahlen einen Kreis mit dem Radius V_o, für die e-Strahlen eine Ellipse mit den Halbachsen V_e und V_o; die Kurven berühren sich in der z-Achse ($x = 0$).

Nehmen wir anderseits einen Schnitt senkrecht zur optischen Achse durch den Mittelpunkt ($z = 0$), so erhalten wir aus (221a):

(222b) $$x^2 + y^2 = V_o^2, \quad x^2 + y^2 = V_e^2 \,,$$

d. h. zwei konzentrische Kreise mit den Radien V_o für den o-Strahl, V_e für den e-Strahl. Die Abb. 373 und 374 geben diese Schnitte wieder.

358   V. Kapitel. Polarisation und Doppelbrechung des Lichtes

Faßt man anderseits die Strahlengeschwindigkeiten ins Auge, die gleiche Winkel ϑ mit der optischen Achse bilden, so lehrt am einfachsten (221b) die Beziehung zwischen der Strahlgeschwindigkeit V und ϑ kennen:

(222c) $$V^2 = \frac{V_o^2 V_e^2}{V_o^2 \sin^2 \vartheta + V_e^2 \cos^2 \vartheta},$$

also, wie wir angegeben hatten, bei gleichen Winkeln ϑ gegen die Achse gleiche V-Werte.

In Band I haben wir gezeigt, wie man nach Huygens den Brechungsvorgang und das Brechungsgesetz ableiten kann. Der Grundgedanke ist bekanntlich der, daß jeder Punkt einer Strahlenfläche als selbständiges Erregungszentrum betrachtet werden kann; jeder sendet daher zur gleichen Zeit Wellen (sog. Elementarwellen) in den Raum hinaus, deren gemeinsame Tangentialebene die tatsächlich beobachteten Wellen liefert. Das Prinzip muß sich natürlich auch hier anwenden lassen; während aber in isotropen Medien die Elementarwellen den Innenraum einer Kugel erfüllen, hat man bei Kristallen zwei Sorten von Elementarwellen zu unterscheiden: für den o-Strahl sind es wieder Kugelwellen, während die e-Strahlen als Begrenzung das geschilderte Rotationsellipsoid haben. Natürlich müssen diese beiden Strahlenflächen im Kristall richtig orientiert sein, d. h. die Verbindungslinie der Berührungspunkte von Kugel und Rotationsellipsoid muß parallel der optischen Achse gerichtet sein. Nach diesen Vorbemerkungen wollen wir die Doppelbrechung auf diese Weise erklären (Abb. 375). Eine ebene Welle falle auf die Grenzfläche ZZ eines einachsigen Kristalls; eine Wellenebene AB derselben treffe zur Zeit $t = 0$ die Grenzfläche im Punkte A. A wird also Ausgangspunkt der zwei Elementarwellen; die optische Achse habe die Richtung AE und liege in der Einfallsebene (Papierebene). Während die einfallende Welle mit der Geschwindigkeit c im Vakuum (Luft) fortschreitet — der Punkt B möge zur Zeit $t = 1$ s bis zum Punkte C der Trennungsfläche vorrücken —, haben sich von A aus die Elementarwellen so ausgebreitet, daß die des o-Strahles auf einer Kugelfläche vom Radius $AD = V_o$ angekommen ist. Die dem e-Strahl zukommende Elementarwelle erfüllt ein Rotationsellipsoid, das im Punkte E die Kugel von außen berührt. Denn AE ist die Richtung der optischen Achse; die Berührung in E bringt zum Ausdruck, daß in Richtung der optischen Achse beide Strahlen die gleiche Geschwindigkeit V_o besitzen. Senkrecht zur optischen Achse hat der Radiusvektor des Ellipsoides die Größe $AG = V_e$, wobei für einen negativen Kristall, wie in Abb. 375 angenommen, V_e größer als V_o ist. Von beiden Flächen kommt natürlich nur die im Inneren des Kristalls liegende untere Hälfte in Betracht; die Abbildung zeigt ihren Schnitt mit der Einfallsebene, d. h. einen Halbkreis und ein Stück einer Ellipse. In den Abb. 376 a und 376 b ist Abb. 375 der Deutlichkeit halber in zwei Teile zerlegt, so daß a nur den o-Strahl, b nur den e-Strahl enthält.

Wir richten unser Augenmerk zuerst auf Abb. 376 a, die die Brechung des o-Strahles darstellt; sie ist gegenüber Abb. 375 ergänzt durch Eintragung des Brechungswinkels β_o für den o-Strahl sowie der Fortpflanzungsgeschwindigkeiten c des einfallenden Strahles in Luft und V_o des gebrochenen Strahles im Kristall. Ziehen wir nun die (senkrecht zur Zeichenebene stehende, in Abb. 376 a zu einer Geraden verkürzte) Tangentialebene von C an die Kugel, so liegt der Berührungspunkt D in der Zeichenebene, und die Gerade CD stellt den Schnitt der Ebene der gebrochenen Welle dar. Verbindet man das Erregungszentrum A mit D, so ist AD die Richtung des o-Strahles, der nach Konstruk-

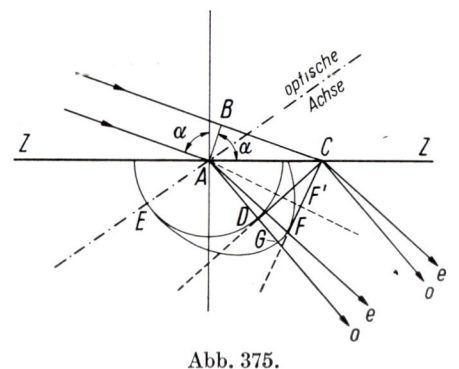

Abb. 375.
Erklärung der Doppelbrechung beim Kalkspat mittels des Huygensschen Prinzips

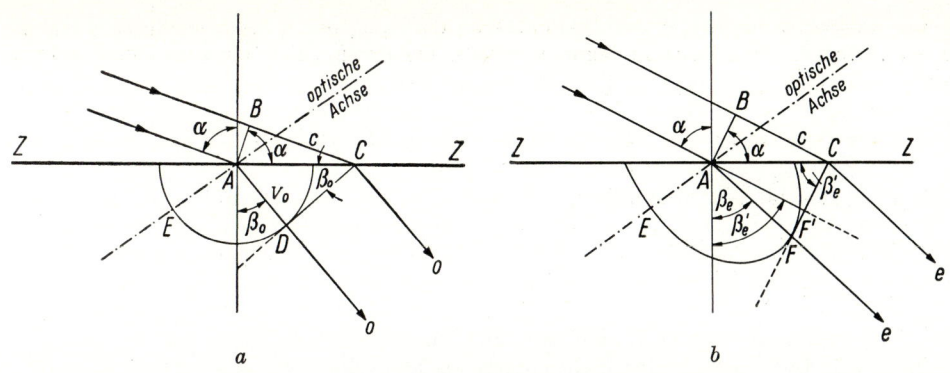

Abb. 376. Erklärung der Brechung beim Kalkspat mittels des Huygensschen Prinzips
a) für den ordentlichen Strahl; b) für den außerordentlichen Strahl

tion in der Papierebene, d. h. der Einfallsebene liegt. Ferner ergibt sich aus der Betrachtung der rechtwinkeligen Dreiecke ABC und ADC:

$$\sin BAC = \sin \alpha = \frac{BC}{AC} = \frac{c}{AC},$$

$$\sin ACD = \sin \beta_o = \frac{AD}{AC} = \frac{V_o}{AC},$$

und durch Division folgt:

(223a) $$\frac{\sin \alpha}{\sin \beta_o} = \frac{c}{V_o} = n_o.$$

Damit ist das Brechungsgesetz vollständig abgeleitet, und insbesondere der Brechungsquotient n_o in der für isotrope Medien gültigen Weise definiert.

Betrachten wir nun Abb. 376b für die e-Strahlung; hier tritt an Stelle des Kreises eine bestimmt gelagerte Ellipse, die die Elementarwellen zur Zeit $t = 1$ s begrenzt; der Schnitt CF der von C an die Ellipse gezogenen Tangentialebene liefert die Spur der Wellenebene des e-Strahls als den geometrischen Ort aller zur gleichen Zeit von der Wellenfront AB aus ankommenden Strahlen, und die Verbindung von A mit dem Berührungspunkt F ist die Richtung des e-Strahlenbündels. Den Brechungswinkel des e-Strahls nennen wir β_e. Der e-Strahl liegt also in diesem Fall auch in der Einfallsebene, aber nur aus dem Grund, weil wir vorausgesetzt haben, daß die optische Achse in der Einfallsebene liegen solle, die daher hier mit dem Hauptschnitt zusammenfällt. Würde aber die optische Achse nicht in der Einfallsebene liegen (dann könnte man sie nicht in der ebenen Abb. 376b unterbringen), so würde der Berührungspunkt zwischen dem Strahlenellipsoid und der von C aus konstruierten Tangentialebene gar nicht in der Papierebene liegen (und ebensowenig der Berührungspunkt E der Abb. 375 von Kugel und Ellipsoid), weil der Hauptschnitt, der ja durch das Einfallslot und die optische Achse bestimmt ist, dann aus der Einfallsebene herausfiele. Der e-Strahl AF würde dann nicht in der Einfallsebene, sondern wie immer im Hauptschnitt liegen, wie wir bereits empirisch festgestellt hatten.

Wie steht es nun mit der Definition des Brechungsquotienten für die e-Strahlen? Wenn man die Strahlgeschwindigkeit des e-Strahls, d. h. die in 1 s längs des Strahles zurückgelegte Strecke AF mit V bezeichnet, so sieht man sofort, daß hier jedenfalls $\frac{\sin \alpha}{\sin \beta_e} \neq \frac{c}{V}$ ist; man hat also wieder das Dilemma vor sich, auf das wir schon auf S. 355 gestoßen sind. Das liegt daran, daß in Abb. 376b der Winkel AFC (der dem rechten Winkel ADC der Abb. 376a entspricht) kein rechter mehr ist; denn die Richtung

AF des e-Strahles steht auf der Wellenfläche CF i. a. nicht mehr senkrecht, anders wie bei isotropen Medien (und beim o-Strahl), bei denen Wellennormale und Strahlrichtung identisch sind (vgl. z. B. Abb. 376 a). Ein Ausweg aus dieser Schwierigkeit ergibt sich auf folgende Weise: Eben weil Strahl und Wellennormale nicht zusammenfallen, kann man neben der Strahlgeschwindigkeit (AF in Abb. 376 b) noch den Begriff der Wellennormalengeschwindigkeit, kurz „Normalengeschwindigkeit" (AF' in Abb. 376 b) einführen; denn AF' ist das vom Erregungszentrum A auf die Wellenebene CF gefällte Lot: Mit dieser Geschwindigkeit schreitet ja die ebene Welle CF in Richtung der Normalen AF' fort. Wenn wir diese Normalengeschwindigkeit, die wir mit v (kleiner Buchstabe!) bezeichnen, einführen, so ist erstens zu beachten, daß für sie ein anderer Brechungswinkel (β'_e) gilt, als dem Strahl (β_e) zukommt; zweitens tritt nun bei F' wieder ein rechter Winkel auf, und wir können nun genau wie bei isotropen Stoffen durch Betrachtung der rechtwinkeligen Dreiecke ABC und $AF'C$ folgendermaßen weiter schließen:

$$\sin BAC = \sin \alpha = \frac{BC}{AC} = \frac{c}{AC},$$

$$\sin AF'C = \sin \beta'_e = \frac{AF'}{AC} = \frac{v}{AC},$$

woraus durch Division folgt:

(223 b)
$$\frac{\sin \alpha}{\sin \beta'_e} = \frac{c}{v} = n,$$

in völliger Übereinstimmung mit (223 a) für den ordentlichen Strahl, denn die Normalengeschwindigkeit liegt nach Konstruktion immer in der Einfallsebene, auch dann, wenn die Strahlgeschwindigkeit dies nicht tut. **Wir werden also den variablen Brechungsquotienten n des e-Strahls stets definieren als das Verhältnis der Normalengeschwindigkeiten, das dann auch mit dem zugehörigen Sinusverhältnis übereinstimmt.** Wegen der Identität der beiden Gleichungen (223) kann man die gewöhnlichen Methoden zur Bestimmung der Brechungsquotienten anwenden, worauf wir später noch genauer einzugehen haben.

Die Notwendigkeit, bei der Fortpflanzung der e-Strahlen zwischen der Strahlgeschwindigkeit und der Normalengeschwindigkeit zu unterscheiden, ist auch der Grund, weswegen wir statt „Wellenfläche" genauer „Strahlenfläche" gesagt haben. Nur in zwei Fällen stimmt bei einachsigen Kristallen für den e-Strahl die Strahlengeschwindigkeit mit der Normalengeschwindigkeit überein, nämlich für parallel und senkrecht zur optischen Achse verlaufende Strahlen. Davon wollen wir uns noch ausdrücklich durch Ausführung der Huygensschen Konstruktion überzeugen. In Abb. 377 a stelle ZZ

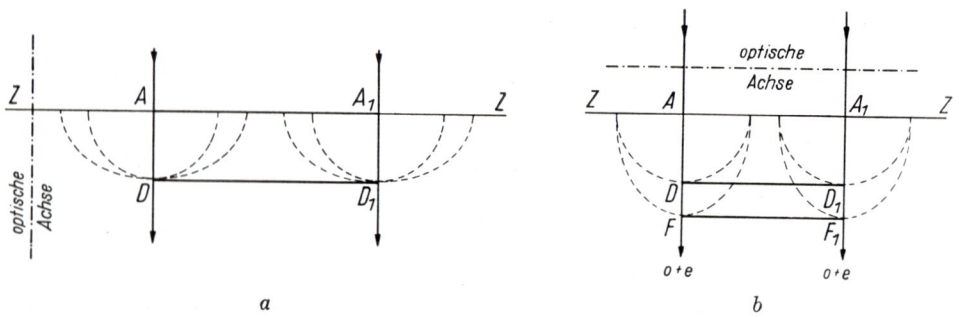

Abb. 377. Huygenssche Konstruktion des Strahlenverlaufs bei Lichteinfall senkrecht auf eine Kalkspatfläche
a) optische Achse senkrecht zur Kristallfläche   *b)* optische Achse parallel zur Kristallfläche

45. Doppelbrechung des Lichtes

die Trennungsfläche zwischen Luft (oder Vakuum) und einem einachsigen Kristall dar; die Fläche sei so an dem Kristall angeschliffen, daß die optische Achse senkrecht zu ihr steht. Senkrecht einfallende Strahlen ($\alpha = 0$) verlaufen also parallel zur Achse. Ein seitlich begrenztes Parallelstrahlenbündel treffe zwischen den Punkten A und A_1 senkrecht auf die Fläche auf. Alle Punkte der Trennungsfläche zwischen A und A_1 werden im gleichen Augenblick von der einfallenden Welle getroffen, senden also gleichzeitig Elementarwellen aus, von denen wir zwei gezeichnet haben, die von den Grenzpunkten A und A_1 der einfallenden Welle ausgehen: ein halber Kreis und eine halbe Ellipse stellen den Schnitt der Strahlenfläche mit der Papier- (Einfalls)-Ebene dar. Kreis und Ellipse sind so gelegt, daß das Lot von ihren Berührungspunkten auf die Trennungsfläche ZZ die Richtung der optischen Achse hat. Die gemeinsame Tangentialebene an die Elementarwellen ist also DD_1; in 1s ist die einfallende Welle von AA_1 bis DD_1 fortgeschritten: $AD = A_1D_1 = V_o = v_o$. Es findet keine Doppelbrechung statt, und Strahl- und Normalengeschwindigkeit sind in diesem Falle identisch; beide bezeichnen wir daher von jetzt ab mit v_o, der zugehörige Brechungsquotient ist $n_o = c/v_o$.

Betrachten wir nun den Fall, daß die Trennungsfläche ZZ parallel der optischen Achse geschnitten ist, die auch in der Papierebene liegen soll (Abb. 377 b). Dann haben die Schnitte der Strahlenfläche die in der Abbildung angegebene Lage: Kreis und Ellipse berühren sich längs der Trennungslinie ZZ, die ja mit der optischen Achse übereinstimmt. Die beiden Kreise haben als gemeinsame Tangente DD_1, die also die Spur der Wellenebene des o-Strahles ist; die beiden Ellipsen haben dagegen die gemeinsame Tangente FF_1, die den Schnitt der Wellenebene des e-Strahls darstellt. Beide Wellenebenen sind einander parallel, d. h. die o-Strahlen (z. B. AD) haben die gleiche Richtung wie die e-Strahlen (z. B. AF). Die beiden Strahlen verlaufen also im Kristall nicht getrennt, aber mit verschiedenen Geschwindigkeiten: die o-Strahlen mit der Strahl- oder Normalengeschwindigkeit $AD = V_o = v_o$, die e-Strahlen, für die in diesem Falle wieder Strahl- und Normalengeschwindigkeit zusammenfallen, mit der Geschwindigkeit $AF = V_e = v_e$; der Brechungsquotient ist hier analog $n_e = c/v_e$. Der Fall der Abb. 377b liegt aber anders als derjenige der Abb. 377 a; denn nach Abb. 377 b bildet sich zwischen beiden Strahlen beim Fortschreiten durch den Kristall eine Phasendifferenz aus. Ist die durchlaufene Schichtdicke gleich d, so ist für den o-Strahl die optische Weglänge gleich $n_o d$, für den e-Strahl dagegen $n_e d$; das gibt also eine Gangdifferenz $(n_o - n_e) d$, die beim Wiederaustritt aus dem Kristall einer Phasendifferenz von $\frac{2\pi(n_o - n_e)d}{\lambda}$ entspricht.

Bei keinem Wert der Phasendifferenz wird aber Interferenz der beiden Strahlen beobachtet, was darauf hinweist, daß die bisherige Charakterisierung der beiden Strahlenarten noch einer ganz wesentlichen Ergänzung bedarf (vgl. Nr. 49).

Schließlich betrachten wir den in Abb. 378 dargestellten Fall, bei dem die optische Achse zwar noch in der Einfallsebene, aber schief gegen die Trennungsfläche ZZ gerichtet ist; entsprechend sind die beiden Schalen der Strahlenfläche orientiert. Durch die gleiche Konstruktion findet man hier für die Richtung des o-Strahles AD, für die des e-Strahles AF. Hier stimmen für den e-Strahl weder Strahlrichtung und Normalenrichtung, noch auch Strahlgeschwindigkeit und Normalengeschwindigkeit überein: die Strahlgeschwindigkeit V ist gleich $AF = A_1F_1$, während die Normalengeschwindigkeit v durch $AF' = A_1F_1'$ gegeben ist.

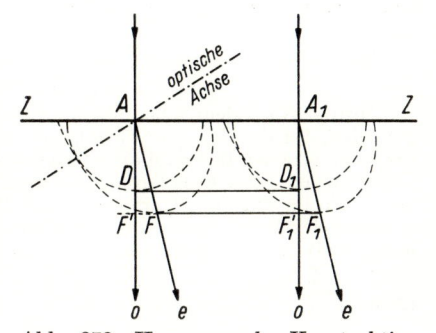

Abb. 378. Huygenssche Konstruktion bei Lichteinfall senkrecht auf eine Kalkspatfläche; optische Achse in der Einfallsebene, aber geneigt gegen die Trennungsfläche

V. Kapitel. Polarisation und Doppelbrechung des Lichtes

Es ist selbstverständlich, daß die „Normalengeschwindigkeitsfläche" (kurz „Normalenfläche"), d. h. die Fläche, deren vom Mittelpunkt aus gezogener Radiusvektor die Normalengeschwindigkeit angibt, von der Strahlenfläche für die e-Strahlen verschieden ist; für die o-Strahlen sind beide Flächen identisch. Man kann in der Tat aus der Strahlenfläche rein rechnerisch die Normalenfläche ableiten; wir wollen die Rechnung aber nicht ausführen, sondern das Resultat gleich angeben:

(224a) $$\left[\frac{x^2+y^2+z^2}{v_o^2} - 1\right] \cdot \left[v_e^2(x^2+y^2) + v_o^2 z^2 - (x^2+y^2+z^2)^2\right] = 0.$$

Diese Fläche ist natürlich auch eine zweischalige Rotationsfläche mit der z-Richtung als Achse. Wenn man auch hier Polarkoordinaten $r = v$, ϑ', φ einführt — die Zenitdistanz ϑ' ist hier i. a. eine andere als in Gl. (221a), da Strahlengeschwindigkeit und Normalengeschwindigkeit verschiedene Richtungen haben —, so ist

$$x^2 + y^2 = v^2 \sin^2 \vartheta',\ z^2 = v^2 \cos^2 \vartheta'.$$

Damit gewinnt man statt (224a) die übersichtliche Gleichung

(224b) $$\left[\frac{v^2}{v_o^2} - 1\right] \cdot \left[v_e^2 \sin^2 \vartheta' + v_o^2 \cos^2 \vartheta' - v^2\right] = 0.$$

Jeder die z-Achse enthaltende Schnitt, z. B. die xz-Ebene, liefert mit $y = 0$ aus (224a):

(225a) $$x^2 + z^2 = v_o^2\ ;\quad v_e^2 x^2 + v_o^2 z^2 = (x^2 + z^2)^2,$$

d. h. für die o-Strahlen einen Kreis mit dem Radius v_o, für die e-Strahlen aber keine Ellipse, sondern ein „Oval", von dem die Ellipse (222a) der Strahlenfläche in den 4 Endpunkten der großen und kleinen Halbachse von außen berührt wird, das sonst aber außerhalb der Ellipse verläuft; das „Oval" ist „runder" als die spitze Ellipse. Rotation des Ovals um die z-Achse liefert das „Rotationsovaloid" (nach 224a):

$$v_e^2(x^2+y^2) + v_o^2 z^2 = (x^2+y^2+z^2)^2,$$

wie es sein muß.

Nehmen wir anderseits den Schnitt senkrecht zur optischen Achse durch den Mittelpunkt ($z = 0$), so erhalten wir, wieder nach (224a):

(225b) $$x^2 + y^2 = v_o^2\ ;\quad v_e^2(x^2+y^2) = (x^2+y^2)^2,\quad \text{d. h. } x^2+y^2 = v_e^2.$$

Beide Kurven sind Kreise mit den Radien v_o und v_e, in diesem Falle also genau wie in Gl. (222b).

Faßt man auch hier die Normalengeschwindigkeiten v ins Auge, die gleiche Winkel ϑ' mit der optischen Achse bilden, so läßt am einfachsten Gl. (224b) die Abhängigkeit der Normalengeschwindigkeit v von ϑ' erkennen:

(225c) $$v^2 = v_e^2 \sin^2 \vartheta' + v_o^2 \cos^2 \vartheta'.$$

Diese Gleichung ist das Analogon zu Gl. (222c) für die Strahlengeschwindigkeiten V in Abhängigkeit von ϑ.

Der Vergleich von (222a) bis (222c) mit (225a) bis (225c) stellt die Unterschiede im Verhalten von v und V noch einmal übersichtlich fest.

Mit der Normalenfläche (224) haben wir nun gleichzeitig noch eine weitere zweischalige Fläche gefunden, bei der der vom Mittelpunkt aus gezogene Radiusvektor den Brechungsexponenten n für beide Strahlen liefert; diese Fläche wird als „Indexfläche" bezeichnet, weil n häufig als Brechungsindex bezeichnet wird. Sie ist am einfachsten aus Gl. (224b) zu gewinnen, indem man v durch den ihr umgekehrt proportionalen Brechungsindex ersetzt, wie es der Definition (223b) von n entspricht. Indem man also unter Fortlassung überflüssiger Konstanten in der genannten Gleichung statt v, v_o, v_e resp. $1/n, 1/n_o, 1/n_e$ schreibt, folgt:

(226a) $$\left[\frac{n_o^2}{n^2} - 1\right] \cdot \left[\frac{n^2}{n_e^2}\sin^2\vartheta' + \frac{n^2}{n_o^2}\cos^2\vartheta' - 1\right] = 0.$$

Da hier n gleich dem Radiusvektor r sein soll, lautet (226a) in kartesischen Koordinaten:

(226b) $$\left[n_o^2 - (x^2+y^2+z^2)\right] \cdot \left[\frac{x^2+y^2}{n_e^2} + \frac{z^2}{n_o^2} - 1\right] = 0.$$

Die erste Klammer ist eine Kugel mit dem Radius $r = n_o$, die das Verhalten des ordentlichen Brechungsquotienten beschreibt; die zweite Klammer stellt ein Rotationsellipsoid mit den Halbachsen n_e und n_o dar. Da für negative Kristalle z.B. Kalkspat $n_e < n_o$ ist, umhüllt hier die Kugel das verlängerte Rotationsellipsoid, im Gegensatz zu der in Abb. 373 dargestellten Strahlenfläche; für positive Kristalle ist es umgekehrt. Aus (226a) folgt für den variabeln Brechungsquotienten n der e-Strahlen in Abhängigkeit von ϑ', d. h. von dem Winkel, den die Normalengeschwindigkeit mit der Achse bildet; die Beziehung:

$$(226\,\mathrm{c}) \qquad n^2 = \frac{n_o^2 n_e^2}{n_o^2 \sin^2 \vartheta' + n_e^2 \cos^2 \vartheta'}.$$

An dieser Stelle mag eine Bemerkung eingeschaltet sein: Sowohl die Gleichungen (224) wie (226) für Normalen- und Indexfläche sind abgeleitet von der Strahlenfläche in den Gl. (221) und (222). Die Strahlenfläche ist aber durch die Hypothese Huygens' bestimmt, daß sie für den e-Strahl ein Rotationsellipsoid sei. Alle Ausführungen über die Normalenfläche und die Indexfläche hängen also von der Bestätigung dieser Hypothese ab. Deshalb liefert die Prüfung der Gl. (226c), nämlich die Bestimmung von n als Funktion von ϑ' eine Probe auf die Richtigkeit der Huygensschen Hypothese und damit der ganzen Optik einachsiger Kristalle.

Bestimmung der Brechungsquotienten. Die Messung der Hauptbrechungsquotienten n_o und n_e bietet keine Schwierigkeiten, da sie z. B. mit der üblichen Prismenmethode vorgenommen werden kann. Speziell kann n_o mit Hilfe eines sogar beliebig aus dem Kristall geschnittenen Prismas nach der Minimumsmethode — vgl. Nr. 6, Gl. (15) — nach der Formel gemessen werden (ε brechender Winkel, δ_o Ablenkung des Strahles):

$$n_o = \frac{\sin \dfrac{\delta_o + \varepsilon}{2}}{\sin \dfrac{\varepsilon}{2}}.$$

Bei beliebiger Achsenlage im Prisma bekommt man natürlich auch einen e-Strahl mit einem Brechungsquotienten n, dessen Wert von dem Winkel abhängt, den der e-Strahl mit der Achse bildet. Wenn man aber ein Prisma benutzt, bei dem die optische Achse parallel der Basis gerichtet ist, so tritt bei symmetrischem Durchgang im Minimum der Ablenkung überhaupt keine Doppelbrechung auf, und man erhält unmittelbar n_o. (In dieser Weise benutzt man z.B. Quarzprismen zu Untersuchungen im UV und UR, bei denen Doppelbrechung stören würde.) Um n_e zu bestimmen, muß man bewirken, daß der e-Strahl senkrecht zur Achse verläuft. Das kann man mit einem Prisma erreichen, bei dem die Achse parallel zur brechenden Kante steht. Dann bekommt man Doppelbrechung, und die Brechung des e-Strahls liefert unmittelbar n_e. Damit hat man die beiden charakteristischen optischen Konstanten des Kristalls festgestellt. Diese reichen aber natürlich nicht aus, um die Huygenssche Hypothese, daß die Strahlenfläche der e-Strahlen ein Rotationsellipsoid sei, zu prüfen; dazu bedarf es einer Untersuchung der Gl. (225c) bzw. (226c). Bevor wir darauf eingehen, wollen wir noch kurz die Benutzung des Pulfrichschen Totalrefraktometers zur Bestimmung der Brechungsquotienten besprechen, sowohl in der ursprünglichen Gestalt (Abb. 67 auf S. 45) als auch in der von Abbe modifizierten zweiten Ausführung als Kristallrefraktometer (Abb. 68 auf S. 46). Wir wollen auf der Oberfläche des Würfels in Abb. 67 eine Kristallplatte ankitten[1]); die Platte möge senkrecht zur optischen Achse geschnitten sein. Streifend einfallendes Licht ($\alpha = 0$) ist also auf jeden Fall senkrecht zur optischen Achse gerichtet, spaltet also in einen o- und e-Strahl auf, die beide unter ihrem Grenzwinkel in den Würfel hineingebrochen werden und nach nochmaliger Brechung in Luft austreten. Man erhält also zwei Grenzen zwischen Hell und Dunkel, deren eine n_0, deren

---

[1]) Die Kittsubstanz muß dabei einen höheren Brechungsquotienten als der zu messende Kristall besitzen; es genügt oft, den Kristall mit einem Tropfen Monobromnaphthalin ($n = 1{,}658$) auf den Glaskörper aufzukleben.

andere n_e liefert. Wenn die Kristallplatte jedoch parallel der optischen Achse geschnitten ist, kommt es auf deren Lage in der Platte an. Liegt die optische Achse in der Papierebene, die in Abb. 67 Einfallsebene ist, so ist der streifend einfallende Strahl parallel der Achse gerichtet; Ergebnis: keine Doppelbrechung, eine einzige Grenze zwischen Hell und Dunkel, die dem Wert von n_o entspricht. Dreht man die Kristallplatte aber so, daß die optische Achse senkrecht zur Papierebene (= Einfallsebene) steht, so ist der einfallende Strahl senkrecht zur Achse gerichtet: also Doppelbrechung, zwei Grenzen, den Werten n_o und n_e entsprechend. Dreht man den Kristall so, daß die optische Achse den Winkel ϑ' mit der Richtung des einfallenden Strahles bildet, so hat man Doppelbrechung, zwei enger aneinander liegende Grenzen, den Werten n_o (wie immer) und $n(\vartheta')$ entsprechend. Indem man die Platte systematisch weiterdreht, kann man dem Winkel ϑ' alle Werte zwischen 0 und 2π erteilen, und erhält jedesmal (außer n_o), den zugehörigen n-Wert für den e-Strahl. Die Abbesche Modifikation, das sogenannte Kristallrefraktometer, unterscheidet sich nur dadurch von dem ursprünglichen Pulfrichschen Refraktometer, daß erstens der Würfel durch eine Glashalbkugel mit genau horizontaler Planfläche ersetzt ist und daß zweitens die Halbkugel um eine vertikale Achse (A in Abb. 68) gedreht werden kann. Wenn man auf die horizontale Planfläche z.B. eine parallel der optischen Achse geschnittene Kristallplatte aufkittet, kann man der optischen Achse in der Horizontalen jede beliebige Lage erteilen und so, wie oben, $n(\vartheta')$ messen. Derartige Untersuchungen von G. G. Stokes (1872), R. T. Glazebrook (1879), W. u. F. Kohlrausch (1880) und Ch. S. Hastings (1888) haben die Richtigkeit der Gl. (226c) mit großer Genauigkeit bestätigt, damit auch das Zutreffen der Huygensschen Annahme, daß die Strahlenfläche des e-Strahles ein Rotationsellipsoid sei.

Die folgende Tabelle enthält einige Messungen von n_o und n_e für die Wellenlänge der D-Linie.

Tab. 17. Doppelbrechung einachsiger Kristalle

Kristall	n_o	n_e	
Kalkspat	1,6584	1,4864	
Korund	1,7682	1,6598	
Natronsalpeter . .	1,5874	1,5361	negative Kristalle
Turmalin	1,6425	1,6220	
Beryll	1,5740	1,5674	
Quarz	1,5442	1,5553	
Rutil	2,6158	2,9029	
Kaliumsulfat . . .	1,4550	1,5153	positive Kristalle
Zinnober	2,854	3,201	
Eis	1,309	1,313	

Bei der Bezeichnung „negative" und „positive" Kristalle ist aber zu beachten, daß die Hauptbrechungsindizes n_o und n_e Funktionen der Wellenlänge sind. Es kann daher wohl sein — und ist in Wirklichkeit immer der Fall — daß z.B. im UV oder im UR die dort geltenden Werte von n_o und n_e solche sind, daß ein im Sichtbaren „negativer" Kristall dort als „positiv" bezeichnet werden muß, und umgekehrt. Die Angabe „negativer" und „positiver" Kristall hat also nur Sinn, wenn gleichzeitig die Wellenlänge (oder das Wellenlängenintervall) dazu angegeben werden, für die diese Angabe gelten soll. Daß ein im Sichtbaren negativer Kristall, wie der Kalkspat, etwa im Ultrarot positiv wird, liegt daran, daß die Dispersionskurven für n_o und n_e verschieden verlaufen und sich bei gewissen Wellenlängen schneiden; ist vor dem Schnittpunkte $n_e < n_o$, dann ist hinter ihm $n_e > n_o$, d. h. der vor dem Schnittpunkte negative Kristall ist hinter demselben positiv geworden. Für die Wellenlänge des Schnittpunktes selbst ist $n_e = n_o$, d. h. für diese Wellenlänge ist der Kristall dann optisch isotrop und überhaupt nicht doppelbrechend. Solche Fälle sind z. B. bei den Karbonaten von Cl. Schaefer gefunden worden. — Natürlich kann es auch passieren, daß sogar im sichtbaren Gebiet der Charakter eines Kristalls sich von Negativität in Positivität ändert; das ist z. B. seit langem bei dem Apophyllit bekannt. Es ist dies aber nicht, wie in den mineralogischen und kristallographischen Lehrbüchern vielfach behauptet wird, eine Anomalie, sondern der Normalfall. Nur wenn man sich auf das sichtbare Spektralgebiet beschränkt, kann das Verhalten des Apophyllits als eine Singularität erscheinen. Man sieht, wie wichtig es ist, stets das Gesamtspektrum im Auge zu haben.

Man kann nach C. Leiss (1904) das Kristallrefraktometer für einen Demonstrationsversuch so umändern, daß man von allen Seiten gleichzeitig Licht streifend auf die Kristallplatte K (parallel der optischen Achse geschnitten) auffallen läßt, die auf die Refraktometerhalbkugel H vom Brechungsquotienten N aufgekittet ist. (In Abb. 379 a ist die Refraktometerhalbkugel H aus nachher zu erörternden Gründen in eine größere Kronglashalbkugel W mit dem Radius R eingekittet.) Ein Kegelspiegel, dessen Spur $S_1 S_2$ ist, bewirkt, daß ein senkrecht von oben einfallendes Parallelstrahlbündel nach Reflexion am Spiegel streifend von allen Seiten in die als Zylinder ausgebildete Kristallplatte K durch den Zylindermantel eindringt; für alle Strahlen ist der Einfallswinkel $\alpha = 90°$. Die Strahlen werden dann unter den Grenzwinkeln β_o für die o-Strahlen, β_e für die e-Strahlen in die Refraktometerhalbkugel hineingebrochen und verlaufen dann geradlinig weiter bis zur mattierten Oberfläche der Kronglashalbkugel. Die Gesamtheit sowohl der o-Strahlen wie auch der e-Strahlen bildet einen Kegel, und zwar für die o-Strahlen einen

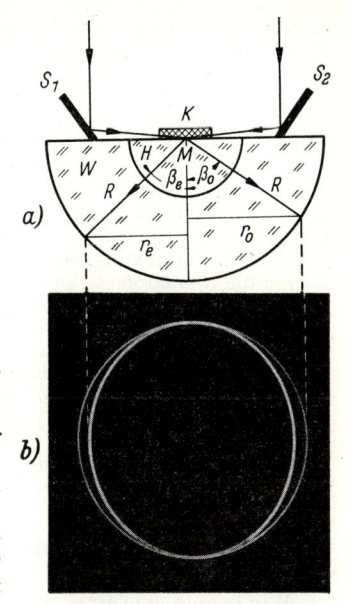

Abb. 379. Anordnung zur Sichtbarmachung der Grenzkurven der Totalreflexion

a) Schnitt durch den optischen Aufbau

b) Grenzkurven für Kalkspat

Kreiskegel mit dem konstanten halben Öffnungswinkel β_o, und für die e-Strahlen einen — wie wir vorwegnehmen wollen — elliptischen Kegel mit dem variabeln halben Öffnungswinkel β_e. Auf der mattierten Oberfläche von W erblickt man die Schnittkurven beider Kegel mit dieser Oberfläche, die sogenannten „Grenzkurven" der Totalreflexion.

Aus der Abb. 379 a folgt sofort, daß $r_o = R \sin \beta_o$ ist; ferner ist nach dem Brechungsgesetz $n_o \cdot \sin \pi/2 = N \sin \beta_o$, woraus $\sin \beta_o = n_o/N$ folgt; durch Kombination also $r_o = R n_o/N$, d. h. die Grenzkurve der o-Strahlen ist ein Kreis vom Radius $R n_o/N$. Der Bequemlichkeit halber wollen wir annehmen, daß $R/N = 1$ sei; dann ist direkt $r_o = n_o$. Ganz analog verläuft die Betrachtung für die e-Strahlen:

$$r_e = R \sin \beta_e; \quad \sin \beta_e = \frac{n}{N} \text{ nach dem Brechungsgesetz,}$$

so daß sich für den Radiusvektor (mit $R/N = 1$) ergibt:

$$r_e = n,$$

wo n der mit dem Winkel ϑ', den der jeweils betrachtete Strahl mit der optischen Achse bildet, variable Brechungsquotient der e-Strahlen ist; $n(\vartheta')$ ist aber gegeben durch Gl. (226c); nach Eintragung in die vorstehende Gleichung folgt also:

$$r_e^2 = n^2 = \frac{n_o^2 n_e^2}{n_o^2 \sin^2 \vartheta' + n_e^2 \cos^2 \vartheta'}.$$

Das ist bereits die in Polarkoordinaten geschriebene Gleichung der Schnittkurve des e-Strahlenkegels. Um sie in kartesischen Koordinaten zu erhalten, brauchen wir nur zu setzen:

$$\sin \vartheta' = \frac{x}{n} = \frac{x}{r_e}; \quad \cos \vartheta' = \frac{z}{n} = \frac{z}{r_e};$$

denn der betrachtete Kristallschnitt enthält ja die optische Achse (= z-Achse) und etwa die dazu senkrechte x-Achse. Setzt man die Ausdrücke für $\sin \vartheta'$ und $\cos \vartheta'$ in die vorstehende Gleichung ein, so hat man sofort:

$$\frac{x^2}{n_e^2} + \frac{z^2}{n_o^2} = 1,$$

d. h. die Gleichung einer Ellipse, womit unsere obige Behauptung, daß der e-Strahlenkegel ein elliptischer sei, bewiesen ist. Die hier erhaltenen Resultate folgen ebenso auch aus der Betrachtung der Indexfläche (226b). Betrachten wir den Schnitt $y = 0$, so erhalten wir:

$$n_o^2 = x^2 + y^2; \quad \frac{x^2}{n_e^2} + \frac{z^2}{n_o^2} = 1,$$

d. h. wir haben es in den Grenzkurven, die man auf der mattierten Kugelfläche beobachtet, mit einem Schnitt der Indexfläche zu tun. Eine photographische Aufnahme zeigt Abb. 379b für Kalkspat: der Kreis umgibt die Ellipse; für einen positiven Kristall wäre es umgekehrt.

Es bleibt noch zu erklären, warum in dem Leissschen Apparat zur Demonstration der Grenzkurven die Refraktometerkugel in eine große Kronglashalbkugel eingekittet ist. Ein Grund dafür ist sofort ersichtlich: die Kurven werden größer, als wenn man nur die kleine Refraktometerhalbkugel benutzt hätte. Der zweite Grund ist geometrisch-optischer Natur: In Abb. 379a haben wir statt des streifend einfallenden Strahlenbündels nur einen Strahl gezeichnet, der vom Mittelpunkt M der Halbkugel ausging; für Strahlen von anderen Punkten treten aber durch die kugelige Fläche der Refraktometerkugel Brechungen ein, die die Grenzkurven unscharf machen. Diese Unschärfe kann man durch die zweite Halbkugel kompensieren, so daß die Kurven auf ihrer mattierten Oberfläche scharf erscheinen; daher müssen die Radien und die Brechungsquotienten beider Halbkugeln aufeinander abgestimmt sein.

46. Doppelbrechung und Polarisation

Wir besprechen nun einige Versuche mit zwei Kalkspatkristallen, die bereits Huygens anstellte, aber nicht zu deuten vermochte, an Hand der Abbildungen 380a bis d. In diesen Abbildungen sind die Strahlen photographisch festgehalten, nachdem sie durch Einblasen von Tabakrauch sichtbar gemacht wurden. Der obere der beiden aus dem ersten Rhomboeder austretenden Strahlen ist der abgelenkte e-Strahl, der untere der unabgelenkte o-Strahl.

In Abb. 380a ist hinter das erste Kalkspatrhomboeder ein zweiter gleichgroßer Kalkspatkristall in gleicher Orientierung gesetzt, mit dem Ergebnis, daß die Trennung der beiden Strahlen nach dem Austritt aus dem zweiten Kristall doppelt so groß ist wie die im ersten Kristall erfolgte Aufspaltung. Dies kann man sich plausibel machen, indem man überlegt, daß man das gleiche Resultat mit einem einzigen Kalkspat hätte erreichen können, der in Richtung der Durchstrahlung doppelt so dick ist, worauf bereits auf S. 353 aufmerksam gemacht wurde.

Im Fall 380c ist der zweite Kalkspat, dessen Stellung durch einen aufgeklebten Papierpfeil sichtbar gemacht ist, aus seiner bisherigen Stellung um 180° verdreht, mit dem ebenfalls plausibeln Ergebnis, daß nunmehr die im ersten Kalkspat hervorgerufene Zweiteilung des einfallenden Strahles, wobei der e-Strahl nach oben abgelenkt wurde, dadurch wieder rückgängig gemacht wird, daß im zweiten Kristall der e-Strahl um das gleiche Stück nach unten abgelenkt wird, so daß nach dem Austritt beide Strahlen zusammenfallen.

Eine Schwierigkeit bildet aber schon der Versuch Abb. 380b, bei dem der zweite Kalkspat um 90° gegen den ersten gedreht ist; auch jetzt gibt es zwei aus dem letzteren austretende Strahlen, die aber nicht mehr wie im Fall a vertikal übereinanderliegen, sondern um 45° gegen die Vertikale geneigt.

Alle drei Ergebnisse stehen aber in einem gewissen Gegensatze zu dem Versuch 380d, bei dem der zweite Kristall aus seiner Ausgangslage um 45° (oder 90° + 45° = 135°) herausgedreht wird: dann zeigt die Abbildung, daß nun eine Vierteilung des Strahles eintritt, wobei auf jeden der 4 Teilstrahlen $1/4$ der Gesamthelligkeit entfällt. Auch dies kann man so erklären: es ist von vornherein plausibel, daß im zweiten Kristall die beiden aus dem ersten austretenden Strahlen wieder in je zwei Strahlen doppelt gebrochen werden; aber dann erhebt sich sofort die Frage, warum dies nicht auch in den Fällen a, b, c geschehen ist, in denen nur 2 Strahlen (bzw. nur 1 Strahl) auf-

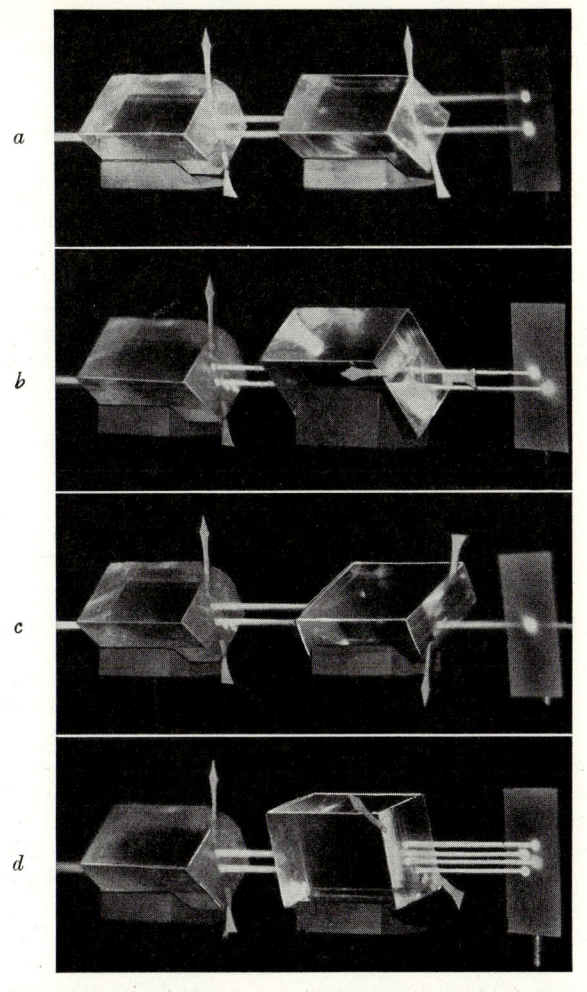

Abb. 380. Strahlenverlauf durch zwei hintereinandergestellte Kalkspatrhomboeder
a) beide Kristalle in Parallelstellung   c) zweiter Kristall um 180° verdreht
b) zweiter Kristall um 90° verdreht   d) zweiter Kristall um 45° verdreht

traten. Noch komplizierter wird der Tatbestand, wenn man den zweiten Kristall aus der Ausgangslage in a allmählich herausdreht; dann ergibt sich — wie im Fall d — eine Vierteilung des einfallenden Strahls, aber gleichzeitig tritt etwas wesentlich Neues auf: die 4 Strahlen sind nicht mehr gleichhell, wie sie es bei Drehung um 45° und 135° doch waren. Es gibt einen vollkommen stetigen Übergang vom Fall a zum Fall d: Drehen wir den zweiten Kalkspat zunächst um einen kleinen Winkel aus seiner Ausgangsstellung, so erscheinen sofort 4 Strahlen bzw. Lichtflecke auf einem Auffangschirm. Die beiden ursprünglichen werden etwas dunkler; ein Teil ihrer Helligkeit wird offenbar an die beiden neuen Lichtflecke abgegeben. Je weiter man dreht, desto heller werden die neuen, desto dunkler die alten Lichtflecke, bis sie bei 45° alle 4 gleich hell geworden sind. Dieser Prozeß setzt sich weiter fort, bis der zweite Kalkspat um 90° gegen den ersten verdreht ist: dann haben die „neuen" Lichtflecke die volle Helligkeit von den „alten" übernommen, die jetzt selbst verschwunden sind. Dreht man noch weiter, so folgt jetzt dieselbe Veränderung in umgekehrter Reihenfolge: die neuen

Flecke nehmen jetzt an Helligkeit ab, die verschwundenen alten treten wieder auf und werden heller, bis bei 135° alle 4 Flecke wieder gleich hell geworden sind. Dreht man noch weiter bis 180°, so wandert allmählich die Helligkeit wieder in die alten Flecke, bis diese bei 180° die volle Helligkeit wieder erworben haben, aber nunmehr in einen Fleck zusammenfallen, der die Helligkeit des ursprünglich einfallenden Strahles hat.

Wie gesagt, gelang Huygens die Aufklärung dieser Erscheinung nicht, obwohl er auf dem richtigen Wege war. Er nahm nämlich an, ,,daß die Lichtwellen nach dem Durchgang durch den ersten Kristall eine gewisse ‚Form' oder ‚Anlage' bekommen haben, mit deren Hilfe sie beim Auftreffen auf das Gefüge des zweiten Kristalls in bestimmten Lagen die zwei Arten von Materie anregen können, die die beiden Brechungsarten hervorrufen; daß sie dagegen nur eine dieser Arten von Materie anregen können, wenn sie den zweiten Kristall in einer anderen Lage antreffen. Aber wie dieses zugeht, dafür habe ich bis jetzt keine befriedigende Lösung gefunden".

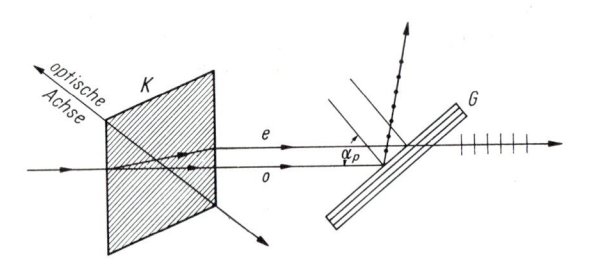

Abb. 381. Bestimmung der Lage der Schwingungsebene im ordentlichen und außerordentlichen Strahl

Wenn wir nun eine Erklärung versuchen, so können wir von der Tatsache ausgehen, daß die 4 auftretenden Strahlen im allgemeinen verschiedene Helligkeiten haben. Da sie aus den o- und e-Strahlen entstanden sind, die aus dem ersten Kristall austreten, so können wir mit Sicherheit sagen, daß diese kein natürliches Licht mehr sind; denn zwei natürliche Lichtstrahlen würden im zweiten Kristall in 4 gleichhelle Strahlen zerlegt worden sein. Das ist genau das, was Huygens mit den Worten ,,Form" oder ,,Anlage" bezeichnen wollte. Aber die volle Erkenntnis mußte sich ihm verschließen, da er die Lichtwellen als longitudinal betrachtete. Aus den im vorhergehenden besprochenen Malusschen Versuchen wissen wir aber, daß sie transversal sind, da sie polarisiert werden können. Wir werden also annehmen müssen, daß die aus einem Kalkspat austretenden Strahlen beide polarisiert sind. Das ist in der Tat des Rätsels Lösung, wie wir weiter unten noch genau auseinandersetzen werden. Um unsere Vermutung zu beweisen, brauchen wir nur die beim Kalkspat auftretenden o- und e-Strahlen mit Hilfe eines Analysators (z. B. eines Plattensatzes) zu analysieren. Wir wissen ja aus Nr. 41, daß der Plattensatz nur Wellen reflektiert, die senkrecht zur Einfallsebene schwingen, und umgekehrt nur solche durchläßt, die in der Einfallsebene schwingen. In Abb. 381 falle ein Lichtstrahl senkrecht auf eine Fläche des Kalkspats K, dessen optische Achse markiert ist. In jedem Falle geht der o-Strahl ungebrochen durch, und durch Drehung des Kristalls um diesen kann man erreichen, daß die optische Achse in die Papierebene zu liegen kommt, wie wir das schon an Hand der Abbildung 369 erläutert haben; dann fällt der Strahlhauptschnitt mit der Papierebene zusammen, und der e-Strahl wird, wie in Abb. 381 gezeichnet, nach oben abgelenkt. Beide Strahlen fallen dann unter dem Polarisationswinkel α_p auf den Plattensatz G auf; daher ist die Papierebene gleichzeitig die Einfallsebene. Der Versuch ergibt nun, daß unter diesen Umständen nur der o-Strahl reflektiert wird, während nur der e-Strahl durch den Plattensatz hindurchtritt; der reflektierte Strahl schwingt aber nur senkrecht zur Ein-

46. Doppelbrechung und Polarisation

fallsebene, der durchgelassene nur in derselben; diese Schwingungsrichtung ist im reflektierten Strahl durch Punkte, im durchgelassenen Strahl durch kleine Striche angedeutet.

Folglich schwingt der o-Strahl senkrecht zur Einfallsebene, d.h. senkrecht zum Hauptschnitt, der e-Strahl in der Einfallsebene, d.h. im Hauptschnitt. Es ergibt sich demnach aus diesem Versuch, daß sowohl der o-Strahl wie der e-Strahl linear, und zwar senkrecht zueinander polarisiert sind. — Der obige Versuch läßt sich in mannigfacher Weise variieren, indem man z. B. den Kristall so dreht, daß der Hauptschnitt senkrecht zur Papierebene (= Einfallsebene) gerichtet ist. Dann schwingt der o-Strahl in der Einfallsebene, wird also vom Plattensatz nicht reflektiert, sondern durchgelassen; analog verhält es sich mit dem e-Strahl; ebenso kann der Plattensatz um den o-Strahl als Achse gedreht werden: Das Ergebnis bleibt immer dasselbe.

Wir dürfen uns danach folgende Vorstellung bilden: **Linearpolarisierte Wellen können sich in einem einachsigen Kristall nur dann fortpflanzen, wenn die Schwingungsrichtung entweder senkrecht zum Hauptschnitt oder im Hauptschnitt liegt. Natürliches einfallendes Licht wird also in zwei Strahlen aufgespalten, die in diesen beiden Richtungen (die im Kristall festliegen) schwingen, der o-Strahl senkrecht zum Hauptschnitt, der e-Strahl im Hauptschnitt.** Diese Auffassung wird uns gestatten, die im Anschluß an die Abbildungen 380 geschilderten Versuche in allen Einzelheiten zu erklären.

An dieser Stelle sei eine historische Bemerkung gemacht über die erste Beobachtung von Malus, die zur Entdeckung der Polarisation überhaupt führte; wir konnten sie in Nr. 41 noch nicht schildern, weil wir die Erscheinung der Doppelbrechung noch nicht erörtert hatten. Malus blickte durch einen Kalkspat nach einem durch die Sonne beleuchteten Fenster des Palais Luxembourg in Paris; beim Drehen des Kalkspats bemerkte er, daß die beiden Bilder des Fensters ihre Helligkeiten änderten und daß unter Umständen ein Bild sogar ganz verschwand. Daraus schloß Malus, daß das von dem Fenster reflektierte Sonnenlicht kein natürliches Licht mehr sein könne, und die weitere Untersuchung führte ihn folgerichtig zur Entdeckung der Polarisation von reflektiertem Licht, wie wir es in Nr. 41 schilderten. Von da war nur ein Schritt bis zu der weiteren Erkenntnis, daß auch die beiden aus einem Kalkspat austretenden o- und e-Strahlen polarisiert sind. Wenn man den Strahlengang, den wir in Abb. 381 benutzten, umkehrt, so hat man direkt den Malusschen Versuch vor sich.

Wir wollen nun an einigen Beispielen zeigen, daß wir nunmehr alle im vorhergehenden dargelegten Erscheinungen an zwei Kalkspaten erklären können. Beginnen wir mit dem Fall, daß natürliches Licht von der Amplitude 1 (und der Intensität $1^2 = 1$) zunächst auf einen Kalkspatkristall auffällt. Im natürlichen Licht haben wir um den Lichtstrahl herum axiale Symmetrie, d. h. die Schwingungen haben alle möglichen Richtungen. Wir wollen aber zunächst eine bestimmte Schwingungsrichtung herausgreifen (Abb. 382a), die mit dem Hauptschnitt H des Kalkspats den Winkel ψ bildet;

Abb. 382.
Zerlegung der Amplitude eines linear polarisierten Lichtstrahles in die beiden parallel (e) und senkrecht (o) zum Hauptschnitt schwingenden Komponenten

a) beim Durchgang durch einen Kalkspatkristall 1

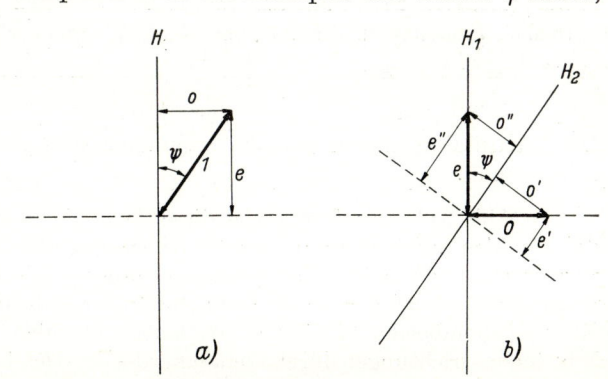

b) beim weiteren Durchgang durch einen Kalkspatkristall 2, dessen Hauptschnitt gegen den des ersten um den Winkel ψ verdreht ist

der einfallende Strahl zerlegt sich dann in eine Komponente parallel H, die als e-Strahl im Kalkspat weiterläuft, und eine Komponente senkrecht zu H, die den o-Strahl bildet; in Abb. 382 a sind beide Komponenten entsprechend bezeichnet. Die o-Komponente hat also die Amplitude $1 \cdot \sin \psi$, die e-Komponente dagegen $1 \cdot \cos \psi$; die Intensitäten würden also $\sin^2 \psi$ für die o-Komponente, $\cos^2 \psi$ für die e-Komponente sein. Das sind aber nicht die Helligkeiten der beiden aus natürlichem Licht entstehenden Strahlen, sie gelten vielmehr für die Zerlegung eines in Richtung ψ gegen den Hauptschnitt H schwingenden linearpolarisierten Strahles. Um daraus die Intensitäten zu finden, die bei der Zerlegung natürlichen Lichtes auftreten, müssen wir $\sin^2 \psi$ und $\cos^2 \psi$ über alle Werte von ψ (die ja beim natürlichen Licht auftreten), mitteln; das gibt $\overline{\sin^2 \psi} = \overline{\cos^2 \psi} = 1/2$. D. h. natürliches Licht von der Intensität 1 zerlegt sich in 2 zueinander senkrecht polarisierte Strahlen je von der Intensität 1/2, wie es der Beobachtung entspricht. Dagegen liefert linearpolarisiertes Licht zwei Strahlen von der Intensität $\sin^2 \psi$ für den o-Strahl, $\cos^2 \psi$ für den e-Strahl. Schwingt ein auffallender polarisierter Strahl parallel dem Hauptschnitt ($\psi = 0$), so erhält man keinen o-Strahl, sondern nur einen e-Strahl von der Intensität 1, da jetzt keine Zerlegung in zwei Strahlen auftritt; für $\psi = \pi/2$ hat man umgekehrt nur einen o-Strahl von der Intensität 1, keinen e-Strahl.

Lassen wir nun die beiden o- und e-Strahlen, von der Intensität 1/2, also den Amplituden $\sqrt{1/2}$, wie sie aus natürlichem Licht im ersten Kalkspat entstanden sind, auf einen zweiten Kalkspat fallen; ihre beiden Hauptschnitte H_1 und H_2 seien um den Winkel ψ gegeneinander geneigt (Abb. 382 b); darin sind auch die zu den Hauptschnitten senkrechten Richtungen gestrichelt eingezeichnet, ebenso die aus dem ersten Kalkspat austretenden Strahlen mit ihrer Amplitude $\sqrt{1/2}$ parallel und senkrecht zu H_1. Beide Strahlen zerlegen sich nun noch einmal parallel und senkrecht zu H_2; aus dem Strahl o bilden sich die Strahlen o' und e', ersterer mit der Amplitude $\sqrt{1/2} \cos \psi$, letzterer mit $\sqrt{1/2} \sin \psi$. Aus dem e-Strahl, der aus dem ersten Kristall austritt, werden die Strahlen o'' senkrecht zu H_2, e'' parallel zu H_2; o'' hat die Amplitude $\sqrt{1/2} \sin \psi$, e'' dagegen $\sqrt{1/2} \cos \psi$. Durch Quadrieren gewinnt man die Intensitäten, die in der folgenden Tabelle zusammengestellt sind, die wohl ohne weitere Erläuterung verständlich ist.

Natürliches Licht von der Intensität 1 wird im 1. Kalkspat zerlegt in:			
Strahl o, Intensität 1/2			Strahl e, Intensität 1/2
diese Strahlen werden weiter zerlegt im 2. Kalkspat in:			
Strahl o', Intensität $1/2 \cos^2 \psi$	Strahl e', Intensität $1/2 \sin^2 \psi$	Strahl o'', Intensität $1/2 \sin^2 \psi$	Strahl e'', Intensität $1/2 \cos^2 \psi$

Die Intensitäten aller 4 Strahlen zusammen sind gleich 1, bei jedem Winkel ψ, wie es sein muß.

Die Abb. 383 a bis f ergänzen diese Angaben über die Intensitäten der auftretenden Strahlen durch Bestimmung der Ablenkung und Richtung derselben; sie enthalten zusammen mit der obigen Tabelle die vollständige Deutung der im Anschluß an Abb. 380 besprochenen Huygensschen Versuche. In der Abb. 383 sind die beiden aus dem ersten Kalkspatrhomboeder $ABCD$ austretenden Strahlen durch Punkte, gleichzeitig ihre Schwingungsrichtungen durch Pfeile angedeutet. Der Leser muß sich vorstellen, daß die

Strahlen von hinten senkrecht auf das Papier auftreffen. In allen Figuren der Abbildung ist der Hauptschnitt mit BD (bzw. $B'D'$) bezeichnet. Der e-Strahl ist im Hauptschnitt verschoben und schwingt parallel zu ihm, der o-Strahl ist unverschoben und schwingt senkrecht zum Hauptschnitt; das heben wir im folgenden nicht mehr hervor. Die Abb. b bis f sind nun so zu verstehen, daß ein zweites Rhomboeder $A'B'C'D'$ mit $B'D'$ als Hauptschnitt über das erste Rhomboeder gelegt ist, so daß der von hinten kommende Strahl es als zweites Rhomboeder durchsetzt. Die in diesem zweiten Rhomboeder erfolgende Zerlegung der aus dem ersten austretenden Strahlen ist in den Figuren b bis f im einzelnen ausgeführt. In Abb. 383 b hat das zweite Rhomboeder die gleiche Anordnung wie das erste, d. h. der Winkel ψ zwischen den Hauptschnitten ist Null. Nach der

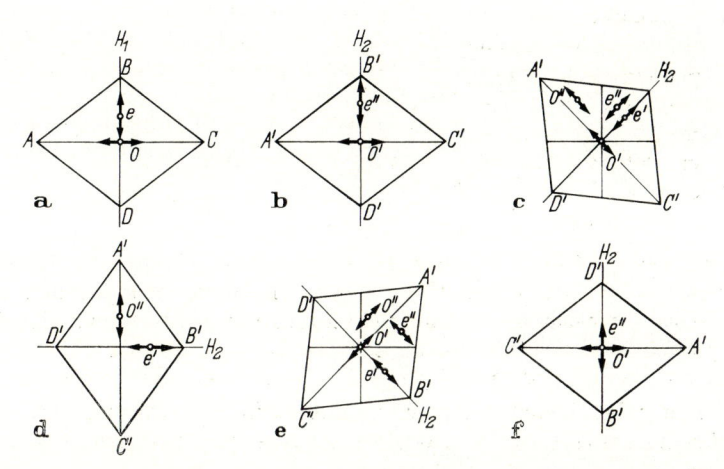

Abb. 383. Zerlegung eines durch zwei hintereinander gesetzte Kalkspatkristalle gehenden Lichtstrahles in die beiden parallel und senkrecht zum Hauptschnitt schwingenden Komponenten

a) Strahlzerlegung im Kalkspat 1; b—f) Strahlenzerlegung im Kalkspat 2 für die fünf Fälle, daß H_2 parallel H_1 (b), H_2 gegen H_1 um 45° (c), um 90° (d), um 135° (e) und um 180° (f) verdreht ist. (Die Lage der Durchstoßpunkte in c) und e) entspricht aus zeichnerischen Gründen nicht der wirklichen Lage.)

Tabelle treten nur die Strahlen o' und e'', beide mit der Intensität 1/2 auf, d.h. der Strahl o geht jetzt als o', der Strahl e als e'' weiter, die Aufspaltung ist doppelt so groß wie in 383 a. Der Fall 383 c ist dadurch charakterisiert, daß $\psi = 45°$ ist; nehmen wir noch den Fall 383 e hinzu ($\psi = 135°$), so findet man aus der Tabelle, daß 4 Strahlen, jeder von der Intensität 1/4 austreten, da $\cos^2 45° = \sin^2 45° = 1/2$ ist; das entspricht der früheren Abb. 380 d: Jeder der beiden aus dem ersten Rhomboeder stammenden Strahlen o und e spaltet ja in die neuen Schwingungsrichtungen $A'C'$ und $B'D'$ auf, so daß jetzt zwei ordentliche (o' und o'') und zwei außerordentliche (e' und e'') Strahlen auftreten. Abb. 383 d bedeutet $\psi = 90°$; aus der Tabelle sieht man, daß o in e' von der Intensität 1/2 und e in o'' von der gleichen Intensität 1/2 übergeht, d. h. der aus dem ersten Kalkspat austretende o-Strahl geht im zweiten als e'-Strahl, der e-Strahl als o''-Strahl weiter, ohne daß weitere Zerlegung eintritt. Schließlich zeigt Abb. 383 f den in Abb. 380 c verwirklichten Fall, daß beide Kristalle um 180° gegeneinander verdreht sind; dabei ändert sich an der Richtung des o-Strahls, der als o'-Strahl weitergeht, nichts, während der e-Strahl, als e''-Strahl weitergehend, im ganzen beim Austritt die Ablenkung Null erfährt, da die beiden Kristalle einander entgegengesetzt gerichtet sind: es tritt ein unpolarisierter Strahl der Intensität 1 aus dem zweiten Kristall aus.

Damit sind die Versuche von Huygens in allen Einzelheiten aufgeklärt.

47. Zweiachsige Kristalle

Bisher haben wir nur Kristalle betrachtet, die dem hexagonalen (bzw. trigonalen) und tetragonalen System angehören; es sind dies die sog. einachsigen Kristalle. Aber die Erscheinungen der Doppelbrechung und Polarisation sind nicht auf diese beschränkt, vielmehr zeigt sich beides auch bei den Kristallen des rhombischen, monoklinen und triklinen Systems (z.B. Glimmer, Gips, Aragonit, Topas, Zucker usw.). Das optische Verhalten dieser Kristalle ist freilich viel komplizierter als das der einachsigen Kristalle, was man schon aus der Feststellung Fresnels erkennt, daß es bei ihnen keinen o-Strahl mit einem festen, richtungsunabhängigen Brechungsquotienten n_o mehr gibt, sondern zwei e-Strahlen, für die der Wert des Brechungsquotienten nicht konstant, sondern richtungsabhängig ist, und von denen keiner das Snelliussche Brechungsgesetz befolgt. Wir müssen uns hier auf die Darlegung der wichtigsten optischen Eigenschaften dieser Kristalle beschränken, die zwar eins der reizvollsten, aber auch der schwierigsten Kapitel der Optik bilden.

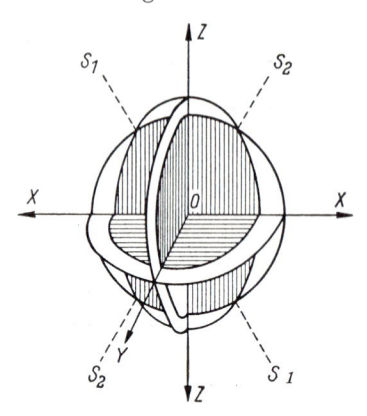

Abb. 384. Modell der Strahlenfläche eines zweiachsigen Kristalles

Wir beginnen mit der Feststellung, daß es nunmehr nicht zwei Hauptlichtgeschwindigkeiten V_o und V_e und zwei Hauptbrechungsquotienten $n_o = \dfrac{c_o}{V_o}$ und $n_e = \dfrac{c_o}{V_e}$ gibt (c_o bezeichnet in dieser Nummer die Lichtgeschwindigkeit im Vakuum), sondern drei Hauptlichtgeschwindigkeiten, deren Richtungen durch die Kristallstruktur festgelegt sind und die allgemein mit a, b, c[1]) bezeichnet werden, wobei wir $a > b > c$ wählen; entsprechend gibt es drei Hauptbrechungsquotienten $n_a = \dfrac{c_o}{a}, n_b = \dfrac{c_o}{b}, n_c = \dfrac{c_o}{c}$, die alsr den Ungleichungen $n_a < n_b < n_c$ gehorchen. Schon daraus geht hervor, daß die Strahlenfläche sicher keine Rotationsfläche mehr sein kann. Sie ist von Fresnel in genialer Weise erraten worden, wie einst auch Huygens die Strahlenfläche der einachsigen Kristalle intuitiv erschaut hatte[2]). Wir beschränken uns darauf, die auch hier zweischalige Strahlenfläche durch die Abb. 384, 385a bis c und 386 dem Verständnis näher zu bringen. Man erkennt zunächst in Abb. 384 das im Kristall festgelegte Achsenkreuz XYZ; ferner unterscheidet man eine innere „sackähnliche" Schale (schraffiert), die die äußere in 4 Punkten berührt, die trichterähnliche Vertiefungen bilden (sog. „Nabelpunkte"). Da der Radiusvektor der Strahlenfläche den Betrag der Strahlgeschwindigkeit in einer Richtung angibt, so erkennt man, daß in den Verbindungsgeraden S_1S_1 und S_2S_2 des Mittelpunktes O mit den Nabelpunkten nur eine Strahlgeschwindigkeit existiert. Man nennt daher die genannten Richtungen die „Strahlenachsen" oder die „Biradialen"; sie haben eine gewisse Analogie zu der optischen Achse einachsiger Kristalle. Es ist aber zu beachten, daß in den Strahlenachsen nicht etwa die Normalengeschwindigkeiten, die wir hier ebenso einführen müssen, wie bei den einachsigen Kristallen, gleich sind; auf diesen Punkt kommen wir noch zurück.

Wir betrachten nun der Reihe nach die Schnitte der Strahlenfläche mit den durch je zwei Hauptlichtgeschwindigkeiten definierten Ebenen, nämlich der XY-Ebene

---

[1]) Deshalb bezeichnen wir die Vakuumlichtgeschwindigkeit jetzt mit c_o, um einer Verwechselung mit der Hauptlichtgeschwindigkeit c vorzubeugen.

[2]) Das darf nicht dahin mißverstanden werden, daß die beiden Schalen der Strahlenfläche etwa dreiachsige Ellipsoide wären, was durchaus nicht der Fall ist.

(Abb. 385a), der YZ-Ebene (Abb. 385b) und der XZ-Ebene (Abb. 385c). **Alle drei Schnitte zerfallen in zwei Kurven, von denen eine immer ein Kreis, die andere immer eine Ellipse ist.** Beginnen wir mit der Betrachtung des Schnittes der XY-Ebene, d. h. der Ebene der größten (a) und der mittleren (b) Hauptlichtgeschwindigkeit. In diesem Falle hat der Kreis die kleinste Hauptlichtgeschwindigkeit (c) zum Radius, während die Ellipse die Halbachsen a und b besitzt; der Kreis liegt folglich ganz innerhalb der Ellipse. Ein Strahl, der die Richtung der X-Achse hat, spaltet in zwei Strahlen mit den Geschwindigkeiten b und c auf, während ein in Richtung der Y-Achse verlaufender Strahl sich in zwei Strahlen mit den Geschwindigkeiten a und c zerlegt. Ein Strahl beliebiger Richtung in der XY-Ebene spaltet sich immer in einen Strahl mit der Geschwindigkeit c und einen zweiten, dessen Geschwindigkeit

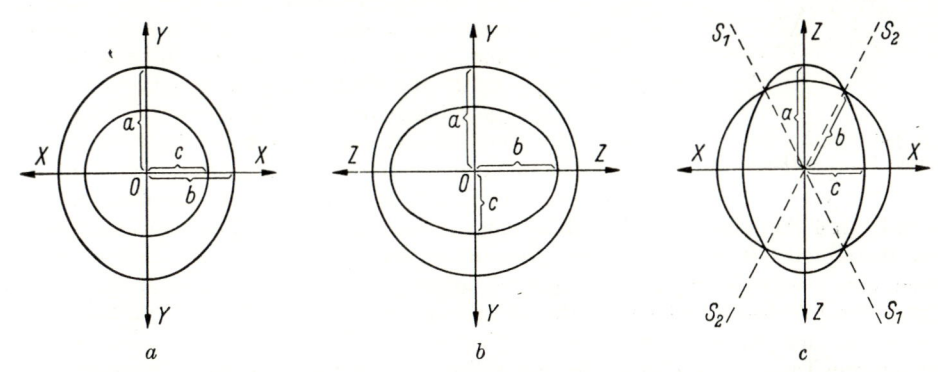

Abb. 385. Schnitte durch die in Abb. 384 dargestellte Strahlenfläche eines zweiachsigen Kristalles

zwischen a und b liegt. Diese Angaben bestimmen die Orientierung des rechtwinkligen Koordinatensystems X, Y, Z. — Ganz analog verhält es sich mit dem Schnitt der YZ-Ebene (Abb. 385b), die durch die mittlere (b) und die kleinste (c) Hauptlichtgeschwindigkeit bestimmt ist: der Kreis hat den Radius a, die Ellipse die beiden Halbachsen b und c, folglich umschließt hier der Kreis die Ellipse völlig, umgekehrt wie im Falle der Abb. 385a. Ein Strahl parallel der Y-Richtung zerfällt durch Doppelbrechung in zwei Strahlen mit den Geschwindigkeiten a und c (wie vorhin), während ein Strahl in Richtung der Z-Achse sich in zwei Strahlen von den Geschwindigkeiten a und b zerlegt. Ein Strahl beliebiger Richtung in der YZ-Ebene wird immer aufgespalten in einen von der Geschwindigkeit a und einen solchen mit einer zwischen b und c liegenden Geschwindigkeit.

Gänzlich anders liegen aber die Verhältnisse bei dem Schnitt parallel der XZ-Ebene (Abb. 385c): dort hat die Ellipse die Halbachsen a und c, der Kreis aber den Radius b. **Folglich müssen sich hier Kreis und Ellipse in 4 Punkten schneiden:** es sind die vorhin schon erwähnten Nabelpunkte. In den sie mit dem Mittelpunkte O verbindenden Richtungen S_1S_1 und S_2S_2 existiert nur eine Strahlgeschwindigkeit, und zwar ist sie gleich der mittleren Hauptgeschwindigkeit b. Es ergibt sich daraus die Folgerung, daß die Biradialen stets in der durch die größte und die kleinste Hauptlichtgeschwindigkeit bestimmten Ebene liegen. Die Betrachtung eines Strahles parallel der X-Richtung ergibt, daß er in zwei Strahlen mit den Geschwindigkeiten b und c aufspaltet (wie in Abb. 385a); dagegen haben die beiden Strahlen, die sich parallel der Z-Richtung ausbreiten, die Geschwindigkeiten a und b (wie auch in Abb. 385b).

In all diesen Fällen handelt es sich immer um die Strahlgeschwindigkeiten; zur Bestimmung z.B. der Brechungsquotienten hat man aber die **Normalengeschwindigkeiten** einzuführen, wie bei einachsigen Kristallen. Die Normalengeschwindig-

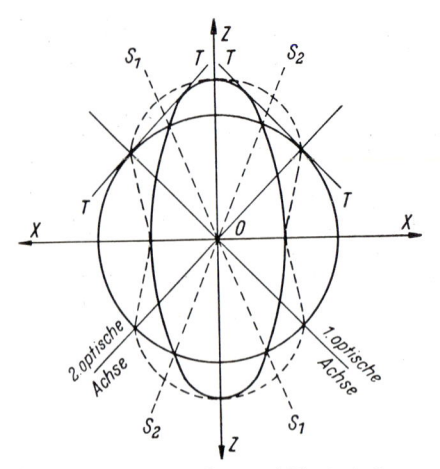

Abb. 386. Schnitt der in Abb. 384 dargestellten Strahlenfläche mit der XZ-Ebene

keiten werden aus der Normalenfläche abgeleitet, die man — wie auch bei den einachsigen Kristallen — rein mathematisch aus der Strahlenfläche gewinnen kann. Wir können uns die Rechnung aber ersparen, indem wir nur die Schnitte der Abb. 385a bis c der Strahlenfläche untersuchen. Beim Übergang vom Strahl zur Normale bleiben die Kreise bekanntlich unverändert; statt der Ellipsen treten die „Ovale" auf, die, wie auf S. 362 geschildert, die Ellipsen in den Endpunkten der Achsen berühren, im übrigen außerhalb derselben verlaufen. In Abb. 386 ist noch einmal der Schnitt der Strahlenfläche mit der XZ-Ebene wiedergegeben; gleichzeitig ist aber (gestrichelt) das zugehörige Oval[1]) eingezeichnet, dessen von O gezogener Radiusvektor die Normalengeschwindigkeit darstellt. Man sieht zunächst, daß der Kreis und das Oval sich ebenfalls in 4 Punkten schneiden, die wieder Nabelpunkte sind. Verbindet man sie mit dem Mittelpunkt O, so stellen diese Verbindungslinien diejenigen Richtungen dar, in denen eine einheitliche Normalengeschwindigkeit herrscht: sie heißen deshalb die „optischen Achsen" oder auch die „Binormalen". Das Auftreten von 2 optischen Achsen hat den Namen „zweiachsige Kristalle" zur Folge gehabt. — Zieht man die gemeinsame Tangente TT an Kreis und Ellipse, so trifft sie, wie Abb. 386 zeigt, gerade den Schnittpunkt zwischen Kreis und Oval; die Länge des von O zu diesem Punkt gezogenen Radiusvektors ist daher die einheitliche Normalengeschwindigkeit in dieser Richtung. Man erkennt, daß die Binormalen und die Biradialen nicht identisch sind[2]); beide Richtungen liegen aber in der XZ-Ebene. Die Z-Achse sowohl wie die X-Achse halbieren den spitzen und den stumpfen Winkel zwischen beiden optischen Achsen; die den spitzen Winkel halbierende Richtung ZZ heißt deshalb die „spitze Bisektrix" oder die „erste Mittellinie", während die Richtung XX sinngemäß als „stumpfe Bisektrix" oder „zweite Mittellinie" bezeichnet wird. Man entnimmt aus den Abb. 385a bis 385c sowie aus 386 noch die Tatsache, daß die Strahlgeschwindigkeiten a, b, c mit den Normalengeschwindigkeiten v_a, v_b, v_c identisch sind: die Ovale berühren ja die Ellipsen an den Enden ihrer Halbachsen, genau so übrigens wie bei den einachsigen Kristallen.

Während bei einachsigen Kristallen die optische Achse durch Fehlen von Doppelbrechung ausgezeichnet war, liegen hier die Verhältnisse weniger einfach. Aus Abb. 385 ist zu entnehmen, daß eine ebene Welle, die in Richtung einer Binormalen verläuft, in zwei Strahlen zerfällt, die definiert sind durch die Berührungspunkte von TT mit Kugel und Ellipsoid (in Wirklichkeit kommt ein ganzer Kegel solcher Strahlen zustande). Zu einem Strahl in Richtung der Biradialen (OS_1) gehören andererseits zwei verschiedene Normalenrichtungen, die Normalen zu den Tangenten an Kugel und Ellipsoid in deren Schnittpunkt (im räumlichen Fall wieder ein ganzer Kegel solcher Richtungen). Das ist die Grundlage für die Erscheinungen der „inneren und äußeren konischen Refraktion". Die Beobachtungen können jedoch nicht allein durch diese rein geometrischen Umstände erklärt werden. Wir gehen daher nicht auf weitere Einzelheiten ein.

---

[1]) Die Abweichung des Ovals von der Ellipse ist ungeheuer übertrieben, daher die auf den ersten Blick überraschende Gestalt des Ovals; siehe auch Anm. 2.

[2]) Die Abweichung zwischen Biradiale und Binormale ist i. a. sehr klein, viel kleiner als in der Abb. 386; eben deshalb ist auch das Oval übertrieben (siehe Anm. 1).

Bei unseren in den nächsten Nummern zu besprechenden kristall-optischen Versuchen werden wir es nur mit Durchstrahlung von solchen Schnitten zu tun haben, die in den Abb. 385a bis 385c besprochen sind. Wenn man z. B. einen Schnitt parallel der XZ-Ebene senkrecht durchstrahlt, d.h. in Richtung der Y-Achse, so haben wir bereits festgestellt — siehe Abb. 385 b —, daß die beiden in dieser Richtung auftretenden Normalengeschwindigkeiten a und c sind; die Schwingungen dieser senkrecht zur XZ-Ebene fortschreitenden Strahlen sind dann parallel der X- und Z-Richtung orientiert, d. h. senkrecht auf der Fortpflanzungsrichtung Y und senkrecht zueinander. In diesem Falle gehen also die Schwingungen parallel der spitzen und stumpfen Bisektrix vor sich; wir werden z. B. bei Glimmerplättchen solche Verhältnisse antreffen. Analog liegen die Dinge bei Durchstrahlung senkrecht zur Ebene XY und YZ.

Zum Schlusse dieser Nummer geben wir einige numerische Daten über die Hauptbrechungsquotienten n_a, n_b, n_c ausgewählter zweiachsiger Kristalle wieder.

Tab. 18. Hauptbrechungsquotienten zweiachsiger Kristalle

Kristall	n_a	n_b	n_c
Kalisalpeter	1,3346	1,5056	1,5064
Natriumkarbonat . .	1,405	1,425	1,440
Gips	1,5208	1,5228	1,5298
Aragonit	1,5309	1,6810	1,6862
Rohrzucker	1,5382	1,5658	1,5710
Glimmer	1,5612	1,5944	1,5993
Topas	1,6293	1,6308	1,6379
Baryt	1,6361	1,6371	1,6480

48. Polarisatoren: Nicolsches Prisma, Glan-Thompson-Prisma, Turmalinplatte, Polarisationsfilter; Wollaston-Prisma; Polarisationsphotometer

Um einen Polarisator zu gewinnen, der natürliches Licht in linear polarisiertes bestimmter Schwingungsrichtung verwandelt, braucht man nur einen von den beiden aus einem Kalkspatrhomboeder austretenden, senkrecht zueinander polarisierten Strahlen auf irgendeine Weise zu beseitigen. Dies gelang auf rein optischem Wege zuerst — nach Vorarbeiten von D. Brewster (1819) — dem englischen Physiker W. Nicol (1828)

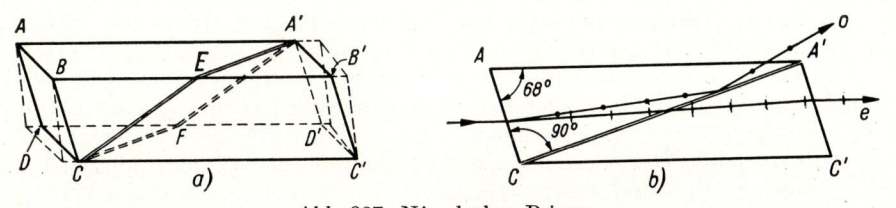

Abb. 387. Nicolsches Prisma

a) Aufbau; b) Strahlenverlauf in dem zur Kittfläche senkrechten Hauptschnitt

durch folgenden Kunstgriff: Bei einem länglichen, durch Spaltung erhaltenen Kalkspatrhomboeder (Abb. 387a) werden die Endflächen soweit abgeschliffen, daß die neuen Flächen $ABDC$ und $A'B'C'D'$ mit den Längskanten nur noch einen Winkel von 68° statt 71° bilden. Sodann wird das Kalkspatstück durch eine Ebene ($CEA'F$ in Abb. 387a), die senkrecht auf den neuen Endflächen und senkrecht auf der das Rhomoeder diagonal zerlegenden Hauptebene $ACC'A'$ steht, in zwei Teile zerschnitten. Nachdem die Schnittflächen eben geschliffen und poliert sind, werden die beiden Teile in der ursprünglichen Lage mit Kanadabalsam (oder Leinöl) wieder zusammengekittet. In Abb. 387 b ist der Diagonalschnitt durch das zusammengekittete Prisma nochmals gezeichnet; $A'C$ ist der Schnitt durch die Kittfläche. Ein in der Längsrichtung auffallendes Bündel natürlichen Lichtes spaltet in den o- und e-Strahl auf, von denen der erste senkrecht und der zweite parallel zur Zeichenebene schwingt; dabei wird der o-Strahl stärker als der e-Strahl geknickt. Die z. B. aus Kanadabalsam bestehende Kittschicht ($n = 1{,}542$) bildet für den e-Strahl ($n_e = 1{,}486$) ein dichteres, für den o-Strahl ($n_o = 1{,}658$) ein dünneres Medium. Da bei den gewählten Abmessungen des Prismas der Einfallswinkel des o-Strahles den Grenzwinkel der Totalreflexion überschreitet, findet eine Totalreflexion des o-Strahls an der Kittfläche statt, der zur Seite abgelenkt wird und auf die geschwärzte Seitenfläche fällt, wo er absorbiert wird. In Richtung des einfallenden Lichtes tritt der e-Strahl als linear polarisiertes Licht aus, dessen Intensität natürlich nur die Hälfte derjenigen des einfallenden Lichtes ist. Das **Nicolsche Prisma** wird

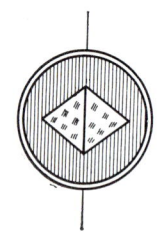

Abb. 388. Nicolsches Prisma in Fassung

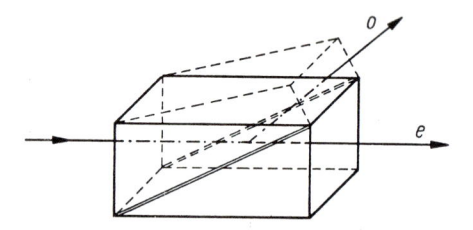

Abb. 389. Polarisationsprisma nach Glan-Thompson mit aufgekittetem Glasprisma

gewöhnlich mit einer Korkfassung in eine zylindrische Messinghülse eingekittet und bietet dann in Aufsicht den Anblick der Abb. 388. Die (in der Abbildung vertikal stehende) kurze Diagonale der Rhombenfläche gibt die Richtung des Hauptschnittes und damit die der austretenden Schwingung an.

Da bei dem Nicolschen Prisma Eintritts- und Austrittsfläche schräg zur Richtung des hindurchgehenden Lichtes stehen, tritt eine Parallelverschiebung des Strahlengangs ein, die sich bei einer Drehung des Prismas um die Lichtrichtung störend bemerkbar macht. Diesen Nachteil vermeidet das von P. Glan (1877) und S. P. Thompson (1883) angegebene Polarisationsprisma (Abb. 389). Dieses hat senkrechte Endflächen und ist so aus einem Kalkspat geschnitten, daß die diagonal verlaufende Kittfläche senkrecht zu einer Seitenfläche steht. Dadurch ist es möglich, durch ein aufgekittetes Glasprisma (in Abb. 389 gestrichelt) den an der Kittfläche totalreflektierten o-Strahl seitlich austreten zu lassen, so daß er nicht in der geschwärzten Außenwand des Kalkspatstückes absorbiert wird, was bei Verwendung starker Lichtquellen, wie sie bei Projektion erforderlich sind, eine schädliche Erwärmung (Flüssigwerden und Trübung des Kitts) hervorruft. Wegen seiner gegenüber dem „Nicol" erheblich kürzeren Länge, seiner senkrechten Ein- und Austrittsflächen, der über den ganzen Querschnitt gleichmäßigen Polarisation (die das Nicol wegen des schiefen Durchgangs des e-Strahls nicht liefert) und seines relativ großen Gesichtsfelds (bis 30°) wird das **Glan-Thompson-Prisma** heute in den meisten Polarisationsapparaten verwendet.

Zwei in Richtung des durchgehenden Strahls hintereinander drehbar angeordnete Polarisatoren (Nicol oder Glan-Thompson) bilden einen einfachen und bequemen Polarisationsapparat, wie ohne weiteres klar ist.

Stehen beide Nicols in einem Polarisationsapparat parallel (d. h. sind ihre Hauptschnitte parallel), so geht die aus dem Polarisatornicol austretende Intensität J_0 praktisch ungeschwächt durch den Analysatornicol hindurch; sind die beiden Hauptschnitte aber um den Winkel ψ gegeneinander gedreht, so ergibt sich aus der Tabelle auf S. 370. in der man nur den e-Strahl zu verfolgen und den Strahl o'' zu streichen hat (da keine o-Strahlen auftreten), daß von der aus dem Polarisator austretenden Intensität J_0 der Bruchteil $J_0 \cos^2 \psi$ durch den Analysator hindurchgeht. Das ist nichts anderes als das Malussche Gesetz, das wir schon früher gefunden hatten. Sind also die Nicols gekreuzt ($\psi = \pi/2$), so wird nichts durch den Analysator durchgelassen, das Gesichtsfeld ist vollkommen dunkel. Man hat es also in der Hand, polarisiertes Licht in ganz bestimmten Verhältnissen zu schwächen, was für Photometer offenbar äußerst erwünscht ist (siehe dazu weiter unten).

Dichroismus. Die im Vorstehenden genannten Polarisatoren, deren Anzahl leicht vermehrt werden könnte, sind alle aus Kalkspat, also aus farblosem, durchsichtigem Material hergestellt. Das heißt, daß die für die Dispersion verantwortlichen Eigenfrequenzen (Absorptionsstellen) — vgl. Kap. III — nicht im Sichtbaren, sondern im UV und im UR liegen. Natürlich können diese aber auch im Sichtbaren liegen, und dann ist das Material gefärbt (in hinreichend dicken Schichten auch ganz undurchsichtig), weil im Wellenbereiche des weißen Lichtes gewisse Bezirke infolge selektiver Absorption fehlen. So ist es bei isotropen Medien; wie aber verhalten sich anisotrope, d. h. doppelbrechende gefärbte Stoffe? Auch hier geben die Anschauungen der Dispersionstheorie die Antwort: Danach bestimmt Lage und Stärke der Absorptionsstellen im Spektrum im wesentlichen den Verlauf der Dispersion; wenn wir es also mit Doppelbrechung zu tun haben, d.h. mit zwei verschiedenen Dispersionskurven für den o- und e-Strahl, so folgt daraus, daß die Absorptionsstellen (Eigenfrequenzen) für beide Strahlen an verschiedenen Stellen des Spektrums liegen. Dafür liefert ein eindrucksvolles Beispiel das optische Verhalten der Karbonate, z. B. des Kalkspats oder des Eisenspats ($FeCO_3$) im Ultraroten. Wir haben bereits in Abb. 222 auf S. 204 das Reflexionsvermögen von 6 einachsigen Karbonaten mitgeteilt, wobei natürliches Licht zur Messung benutzt wurde. Wenn man aber die auffallende Strahlung polarisiert, so daß sie einmal senkrecht zur optischen Achse (o-Strahl), einmal parallel derselben (e-Strahl) schwingt, und nun für die polarisierte Strahlung das Reflexionsvermögen bestimmt, so erhält man nach Messungen von Cl. Schaefer (1922) das in Abb. 390 niedergelegte Ergebnis. Darin gibt die Kurve A noch einmal das Reflexionsvermögen von Eisenspat für natürliche Strahlung wieder, das 3 Reflexionsmaxima bei den Wellenlängen $\lambda_1 = 6{,}77\,\mu$; $\lambda_2 = 11{,}53\,\mu$; $\lambda_3 = 13{,}54\,\mu$ aufweist. Polarisiert man die auftreffende Strahlung so, daß sie senkrecht zur optischen Achse schwingt, so erhält man die Kurve B, die nur noch die beiden Reflexionsmaxima bei $6{,}77\,\mu$ und $13{,}54\,\mu$ zeigt, die also dem o-Strahl angehören. Die dritte Kurve C gibt das Verhalten wieder, wenn die auffallende Strahlung parallel der optischen Achse schwingt. Dann ist nur die vorhin verschwundene Frequenz bei $11{,}53\,\mu$ vorhanden, die dem e-Strahl zukommt. Diese verschiedene Lage der Eigenfrequenzen für o- und e-Strahlung bedingt letzten Endes die Doppelbrechung.

In unserem Beispiel, das für die doppelbrechenden Stoffe typisch ist, liegen die Eigenfrequenzen im UR, das Material bleibt daher farblos und durchsichtig. Wenn aber die Eigenfrequenzen im Sichtbaren bei verschiedenen Wellenlängen liegen, sagen wir

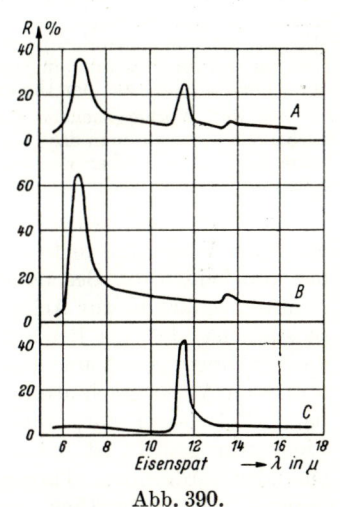

Abb. 390.
Dichroismus von Eisenspat
Kurve A: Natürliche unpolarisierte Strahlung
Kurve B: Elektrischer Vektor senkrecht zur optischen Achse
Kurve C: Elektrischer Vektor parallel zur optischen Achse

beispielshalber für den *o*-Strahl bei 650 mµ, die für *e*-Strahlen bei 500 mµ, so wird bei hinreichender Dicke der Schicht bei Durchstrahlung mit senkrecht zur Achse schwingendem Licht der Wellenlängenbezirk um 650 mµ fehlen, bei parallel zur Achse schwingendem dagegen um 500 mµ; bei Verwendung natürlichen Lichtes fehlen beide Spektralbezirke. Das bedeutet, daß die Substanz in jedem Falle farbig ist, und zwar je nach der Schwingungsrichtung des benutzten Lichtes verschieden farbig. Daher nennt man diese Erscheinung „**Dichroismus**"[1]).

Wenn man eine dichroitische Substanz im durchfallenden Licht durch einen Polarisator (Nicol) betrachtet und diesen um seine Achse dreht, so treten die erwähnten Farben auf, wenn die vom Nicol durchgelassene Schwingungsrichtung parallel oder senkrecht zur optischen Achse der Substanz gerichtet ist. In jeder anderen Stellung des Nicols treten Mischfarben aus diesen beiden Extremfarben auf, weswegen man statt Dichroismus (oder Trichroismus) häufig (namentlich in der Mineralogie) von **Pleochroismus** spricht. Diese letztere Bezeichnung ist gerechtfertigt, wenn es sich nur um die Beschreibung der tatsächlichen Beobachtung handelt; die Namen Di- und Trichroismus beruhen auf der theoretischen Interpretation der Erscheinung.

Aus dem Vorhergehenden folgt, daß bei Doppelbrechung grundsätzlich immer Dichroismus vorhanden ist, wenn man das gesamte Spektrum ins Auge faßt, wie es der Physiker tun muß; beschränkt man sich aber auf das sichtbare Spektrum, das für die Mineralogie von besonderem Interesse ist, so erscheint der Dichroismus als Ausnahme.

Zu den dichroitischen Substanzen im engeren Sinne gehört der Turmalin, von dem zwei Varietäten in Betracht kommen, der rosafarbene und der grüne; der letztere hat von beiden die Besonderheit, daß die Absorption für Strahlen mit Schwingungsrichtung senkrecht zur Achse des Turmalins (*o*-Strahlen) selbst in Schichten von 1 mm so stark ist, daß bei Benutzung natürlichen Lichtes in der Durchlässigkeit nur noch die Schwingungsrichtung parallel der Achse (*e*-Strahl) übrig bleibt. Eine parallel der optischen Achse geschnittene Turmalinplatte von 1 mm Dicke stellt also einen brauchbaren Polarisator dar, freilich mit der Eigentümlichkeit, daß das hindurchtretende Licht grün gefärbt ist, was für viele Zwecke nicht stört. Zwei in Kork gefaßte, gegeneinander verdrehbare Turmalinplatten bilden also einen vollständigen Polarisationsapparat, der namentlich früher viel benutzt wurde (Turmalinzange).

Polarisationsfilter. In neuerer Zeit lassen sich plattenförmige Polarisatoren in praktisch beliebiger Größe, sog. **Polarisationsfolien**, künstlich herstellen, indem man z. B. kleine Kristallnadeln von Herapathit (schwefelsaures Jodchinin), die einen ausgeprägten Dichroismus besitzen, in einen Zellulosefilm orientiert einlagert oder indem man einer Zellulosehydratfolie durch Streckung eine gerichtete Spannungsdoppelbrechung (s. Nr. 51) erteilt und diese Folie dann mit künstlichen Farbstoffen einfärbt[2]). Solche Polarisationsfolien lassen in Parallelstellung etwa 25 Prozent des einfallenden Lichtes hindurch; als Färbung ergibt sich ein helles Grau. In gekreuzter Stellung ist die Durchlässigkeit unterhalb 0,01 Prozent. In der Photographie werden solche Folien gelegentlich dazu verwendet, um das von einer Glasscheibe (Fensterscheibe, Deckscheibe auf Bildern usw.) reflektierte Störlicht auszulöschen. Dies ist dadurch möglich, daß das reflektierte Licht je nach dem Reflexionswinkel mehr oder weniger polarisiert ist.

Weitere Polarisationsprismen. Manchmal ist es erwünscht, zwei senkrecht zueinander polarisierte Strahlenbündel zur Verfügung zu haben, die möglichst weit divergieren und um gleiche Winkel gegen die Einfallsrichtung abgelenkt werden. Dies läßt sich mit dem von W. H. Wollaston (1820) angegebenen Prisma

---

[1]) Bei zweiachsigen Kristallen hat man dementsprechend „Trichroismus" (parallel den Achsen X, Y, Z).

[2]) Daß bestimmte Farbstoffe, z. B. Methylenblau, nach gerichtetem Ausstreichen auf eine Glasplatte infolge Parallelorientierung ihrer ursprünglich regellos gelagerten anisotropen Kriställchen eine einheitliche Doppelbrechung mit verschieden starker Absorption beider Wellenanteile (*o*- und *e*-Strahlen) zeigen, haben bereits D. Brewster (1817) und W. Haidinger (1852) gezeigt.

erreichen (Abb. 391). Es besteht aus zwei mit ihren Hypothenusenflächen aufeinander gekitteten rechtwinkeligen Kalkspatprismen; bei dem Prisma ABC liegt die optische Achse in der Zeichenebene parallel AC, während sie bei dem Prisma BDC senkrecht zur Zeichenebene und parallel zur brechenden Kante gerichtet ist. Das in das Prisma ABC senkrecht eintretende Licht wird in zwei zueinander senkrecht polarisierte Anteile zerlegt, welche sich bis zur Kittstelle in der gleichen Richtung, aber mit verschiedener Geschwindigkeit fortpflanzen. Der senkrecht zur Papierebene schwingende o-Strahl wird nach Übertritt in das zweite Prisma BDC vom Einfallslot weggebrochen, da er in diesem als e-Strahl mit größerer Geschwindigkeit läuft; das im ersten Prisma als e-Strahl laufende Licht wird dagegen im zweiten, wo es mit kleinerer Geschwindigkeit als o-Strahl weitergeht, zum Einfallslot hingebrochen. Dadurch kommt bei dieser Prismenanordnung die große räumliche Trennung der beiden Strahlen zustande. Ähnliche Anordnungen sind von A. M. de Rochon (1801) und H. de Sénarmont (1857) angegeben worden.

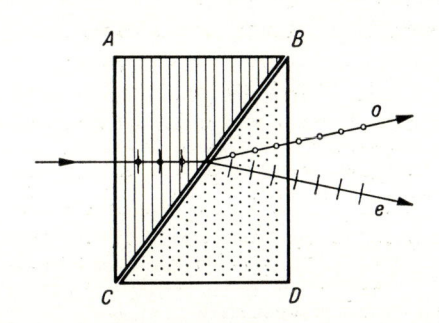

Abb. 391. Strahlenverlauf im Wollastonprisma

Polarisationsphotometer. Wir erwähnten bereits oben, daß die Möglichkeit, mit Polarisatoren die Intensität linearpolarisierten Lichtes meßbar zu schwächen, die Verwendung solcher Polarisationsprismen für Photometerzwecke besonders geeignet macht. Wir beschreiben im folgenden zwei Typen von solchen Polarisationsphotometern. Abb. 392 zeigt einen Längsschnitt durch das Polarisations-Photometer nach F. F. Martens (1900). Die beiden miteinander zu vergleichenden Lichtquellen Q_1 und Q_2 beleuchten in der üblichen Weise Vorder- und Rückseite einer Gipsplatte G; das von dieser diffus ausgehende Licht leuchtet über die beiden Spiegel S_1, S_2 und die beiden Prismen P_1 und P_2 die runden Öffnungen O_1 und O_2 aus. Ein unterhalb der

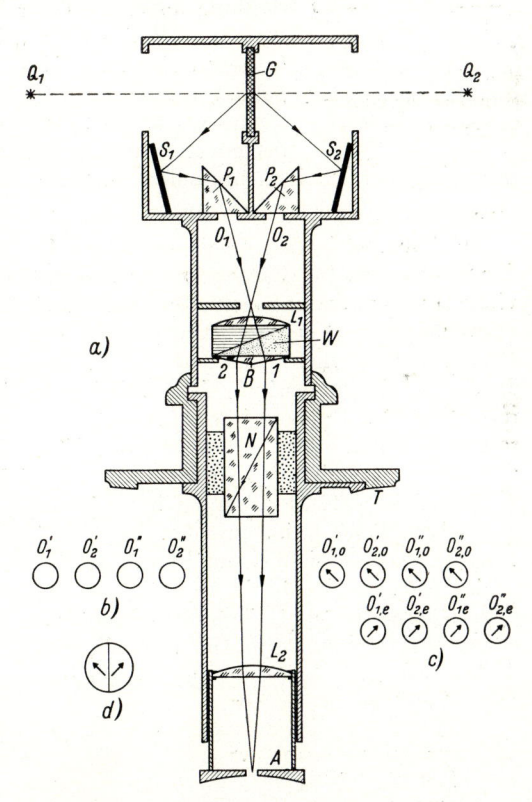

Abb. 392. Längsschnitt durch das Polarisationsphotometer nach Martens

Linse L_1 angebrachtes Biprisma B lenkt mit seiner rechten Hälfte den ganzen Strahlengang nach links und mit seiner linken Hälfte nach rechts ab, so daß von jeder der beiden Öffnungen O_1 und O_2 zwei Bilder, im ganzen also 4 Bilder, entstehen. Dies ist in Abb. 392b angedeutet, in der die 4 Bilder mit O'_1, O'_2, O''_1 und O''_2 bezeichnet sind, wobei die Reihenfolge der Bilder zu beachten ist. Ein zwischen die Linse L_1 und das Biprisma B eingebautes Wollastonprisma W spaltet jedes der 4 Bilder nochmals in zwei senkrecht zueinander polarisierte Bilder auf, so daß man die in Abb. 392c skizzierten 8 Teilbilder erhält. Die eingezeichneten Pfeile geben die Schwingungsrichtung des Lichtes in den einzelnen Bildern an. Es läßt sich nun erreichen, daß von diesen Bildern nur Licht von $O''_{1,o}$ und $O'_{2,e}$ ins Auge gelangt, während alle übrigen Bilder abgeblendet werden. Ein vor A befindliches Auge, das mittels der als Lupe wirkenden Linse L_2 auf das Biprisma akkomodiert, sieht ein rundes Gesichtsfeld, das durch die Kante des Biprismas in zwei Hälften geteilt ist (Abb. 392 d). Die Helligkeiten beider Gesichtsfeldhälften entsprechen den zu photometrierenden Helligkeiten auf den beiden Seiten des Gipsschirmes G. Da das Licht in den beiden Hälften senkrecht zueinander polarisiert ist, lassen sich ihre Helligkeiten dadurch aufeinander abgleichen, daß man ein in den Strahlengang zwischen Biprisma B und Linse L_2 eingebautes Nicolsches Prisma N dreht, dessen Stellung dabei an einer Kreisteilung T abgelesen werden kann. Auf diese Weise ist z. B. die Photometrierung einer Lichtquelle Q_2 gegen eine Normallichtquelle Q_1, die auch im Photometer eingebaut sein kann, möglich, ohne daß man den Abstand der Lichtquelle Q_2 ändert. Bemerkt sei noch, daß man durch ein an geeigneter Stelle in den Strahlengang eingeschaltetes Prisma die Strahlung der zwei Lichtquellen spektral zerlegen kann; dann hat man ein sehr brauchbares **Spektralphotometer**.

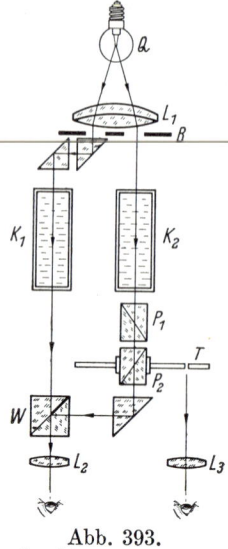

Abb. 393. Strahlengang im Kompensationsphotometer

In Abb. 393 ist ferner ein modernes **Kompensationsphotometer** schematisch dargestellt, das für Extinktionsmessungen an Flüssigkeiten, Farblösungen usw. eine vielseitige Anwendung gefunden hat. Auch bei diesem Apparat geschieht die Lichtschwächung im Vergleichsstrahlengang mit Hilfe zweier gegeneinander verdrehbarer Polarisationsprismen. Das von der Lichtquelle Q ausgehende Strahlenbüschel wird durch die Kollimatorlinse L_1 parallel gemacht und durch die Blende mittels totalreflektierender Prismen in zwei Strahlen aufgeteilt. Die beiden Strahlenbündel durchsetzen in vollkommen symmetrischer Weise die gleichartigen Küvetten K_1 und K_2, von denen K_1 mit der zu untersuchenden Lösung und K_2 mit dem reinen Lösungsmittel gefüllt ist. Der Vergleichsstrahlengang durchläuft ferner zwei hintereinander geschaltete Polarisationsprismen P_1 und P_2, von denen P_2 drehbar ist. Beide Strahlengänge werden schließlich im Photometerwürfel W (siehe S. 145) vereinigt, von wo sie in das Auge des Beobachters gelangen. Dies erblickt zwei halbkreisförmige Vergleichsfelder, deren vertikale Trennungslinie durch die als Lupe wirkende Linse L_2 scharf eingestellt werden kann. Die Einstellung auf Helligkeitsgleichheit erfolgt durch Verdrehen des Polarisationsprimas P_2; seine Stellung kann an einer Kreisskala T mit der Lupe L_3 abgelesen werden.

49. Interferenzerscheinungen in parallelem, polarisiertem Licht

Wie wir auf S. 361 dargelegt haben, findet bei senkrechtem Einfall natürlichen Lichtes auf eine parallel zur optischen Achse geschnittene Kalkspatplatte keine räumliche Trennung der o- und e-Strahlen statt. Beide senkrecht zueinander polarisierten Strahlen verlaufen vielmehr in derselben Richtung, aber mit verschiedener Geschwindigkeit durch die Platte. Beim Austritt aus derselben haben beide Strahlen gegeneinander einen durch die Plattendicke und die Wellenlänge bedingten Phasenunterschied. Nennen wir n_o und n_e die Brechungsquotienten des o- und e-Strahles in der Platte von der Dicke d, so beträgt der Gangunterschied D beider Strahlen

$$D = d(n_o - n_e),$$

die relative Phasendifferenz δ ist dann

$$\delta = \frac{2\pi d}{\lambda}(n_o - n_e).$$

Hier ist stillschweigend vorausgesetzt, daß es sich um einen einachsigen Kristall (Kalkspat) handelt; wir werden aber auch mit Schnitten, namentlich Spaltungsflächen zweiachsiger Kristalle zu tun haben, bei denen man nicht mehr von o-Strahlen reden kann. Die Spaltungsfläche von Gips z.B. ist parallel der Ebene der optischen Achsen, d. h. der XZ-Ebene, die von Glimmer meistens parallel der YZ-Ebene. Bei Gips wäre also statt $(n_o - n_e)$ zu setzen $(n_a - n_c)$, bei Glimmer $(n_b - n_c)$. Wir umfassen alle Fälle, wenn wir im folgenden allgemein $(n_1 - n_2)$ schreiben und erst dann spezialisieren, wenn es notwendig ist. Es ist also für das folgende:

$$D = d(n_1 - n_2); \quad \delta = \frac{2\pi d}{\lambda}(n_1 - n_2),$$

Bei dem aus der Platte austretenden Licht beobachtet man nun keinerlei Interferenz, worauf wir schon mehrfach aufmerksam gemacht haben. Es findet z.B. keine Lichtauslöschung statt, wenn die beiden Strahlen einen Gangunterschied von $\frac{\lambda}{2}$ oder einem ungeraden Vielfachen davon haben. Hieraus folgt, worauf wir bereits auf S. 234 hinwiesen, daß zwei senkrecht zueinander polarisierte Wellen nicht miteinander interferieren.

Dies hatten bereits A. Fresnel und F. Arago (1817) durch gemeinschaftliche Versuche bewiesen. Bringt man z. B. bei irgend einer Interferenzanordnung, etwa den auf S. 238 erwähnten Billetschen Halblinsen, in die beiden miteinander zur Interferenz kommenden Strahlenwege zwei Polarisatoren, durch die die beiden Strahlen senkrecht zueinander polarisiert werden, so verschwinden sämtliche Interferenzerscheinungen und kommen erst wieder, wenn durch Drehen des einen Polarisators die Schwingungsebenen parallel zueinander gestellt werden. Auch beim Durchgang linearpolarisierten Lichtes durch eine doppelbrechende Kristallplatte erhält man Interferenzen erst dann, wenn man die Schwingungsrichtungen des o- und e-Strahls nach Austritt aus der Kristallplatte durch einen Analysator wieder auf eine Schwingungsebene bringt. Für solche Interferenzversuche eignen sich Dünnschliffe einachsiger Kristalle, besonders dünne Plättchen aus den zweiachsigen Kristallen Gips und Glimmer, wie schon oben erwähnt; diese lassen sich leicht durch Spalten in fast jeder gewünschten Dicke herstellen.

Bringt man ein solches Gips- oder Glimmerplättchen senkrecht in ein paralleles Strahlenbündel zwischen Polarisator und Analysator, z.B. zwischen zwei Nicols, so beobachtet man im weißen Licht sowohl zwischen gekreuzten wie auch zwischen parallel stehenden Polarisatoren eine mehr oder minder lebhafte Färbung des Plättchens, die sich in ihrer Leuchtkraft ändert, wenn man das Plättchen in seiner Ebene um die Durchstrahlungsrichtung dreht. Nur in 4 bestimmten, um 90° gegeneinander verdrehten Lagen zeigt das Plättchen keine Färbung. Geht man zunächst von parallel gestelltem Polarisator und Analysator, also dem Hellfeld aus, und dreht dann den Analysator um 90°, so daß man Dunkelfeld erhält, so geht bei dieser Drehung die Farbe des Plättchens in die Komplementärfarbe über. Ändert man ferner die Dicke des Plättchens, so ändert sich gleichfalls seine Farbe. Es handelt sich im folgenden um die Deutung dieser Erscheinungen, die zu den farbenprächtigsten der ganzen Optik gehören.

Zur Erklärung betrachten wir die Abb. 394. PP stelle die Schwingungsebene des Polarisators, AA die des Analysators dar, der Winkel zwischen beiden sei ψ. 1,1 und 2,2 sind die Spuren der Schwingungsebenen für die beiden Strahlen in dem zu untersuchenden Plättchen. (1, 1) bilde mit PP den Winkel φ, die Dicke des Plättchens sei d. Der Schwingungszustand der aus dem Polarisator kommenden, linear polarisierten Lichtwelle mit der Amplitude E werde beim Eintritt in das Gipsplättchen zur Zeit t durch

$$E e^{i\omega t}$$

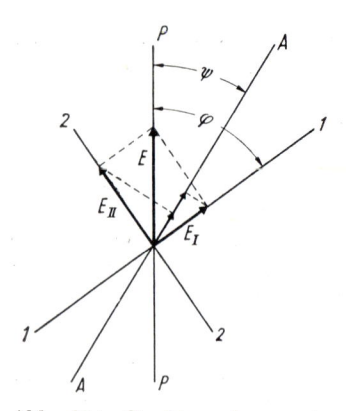

Abb. 394. Strahlenzerlegung in einem zwischen zwei Nicols befindlichen Gipsplättchen

dargestellt, wobei, wie immer bei komplexer Schreibweise, der reelle Teil gemeint ist. Im Gipsplättchen zerlegt sich diese Welle in die beiden Komponenten:

$$E_I = E \cos \varphi \, e^{i\omega t} \quad \text{und} \quad E_{II} = E \sin \varphi \, e^{i\omega t},$$

die sich in dem Plättchen mit verschiedenen Geschwindigkeiten v_1 und v_2 fortpflanzen. Infolgedessen treten sie aus dem Plättchen mit folgenden relativen Schwingungszuständen aus:

$$E \cos \varphi \, e^{i\omega t} \quad \text{und} \quad E \sin \varphi \, e^{i\omega \left[t - \frac{d(n_1 - n_2)}{c_0}\right]} = E \sin \varphi \, e^{i\omega \left(t - \frac{D}{c_0}\right)}.$$

Von diesen beiden Wellen werden durch den Analysator nur die zu seiner Schwingungsebene parallelen Komponenten durchgelassen. Da die Schwingungsebene des Analysators mit der Richtung (1, 1) den Winkel $(\varphi - \psi)$ bildet, sind die aus dem Analysator austretenden Wellenanteile:

$$E \cos \varphi \cos (\varphi - \psi) \, e^{i\omega t} \quad \text{und} \quad E \sin \varphi \sin (\varphi - \psi) \, e^{i\omega \left(t - \frac{D}{c_0}\right)},$$

die nun miteinander interferieren, so daß die resultierende Welle gleich ihrer Summe wird:

$$E e^{i\omega t} \left[\cos \varphi \cos (\varphi - \psi) + \sin \varphi \sin (\varphi - \psi) \, e^{-\frac{i\omega D}{c_0}} \right].$$

Die aus dem Analysator austretende Intensität J findet man, wie immer, durch Multiplikation dieses Ausdruckes mit seinem konjugiert komplexen Wert, also:

$$J = E^2 \left\{ \cos \varphi \cos (\varphi - \psi) + \sin \varphi \sin (\varphi - \psi) \, e^{-\frac{i\omega D}{c_0}} \right\}$$

$$\cdot \left\{ \cos \varphi \cos (\varphi - \psi) + \sin \varphi \sin (\varphi - \psi) \, e^{+\frac{i\omega D}{c_0}} \right\}$$

$$= E^2 \left[\cos^2 \varphi \cos^2 (\varphi - \psi) + \sin^2 \varphi \sin^2 (\varphi - \psi) \right.$$
$$\left. + 2 \sin \varphi \cos \varphi \sin (\varphi - \psi) \cos (\varphi - \psi) \cos \frac{\omega D}{c_0} \right],$$

oder, wenn man $\cos \frac{\omega D}{c_0}$ durch $1 - 2 \sin^2 \frac{\omega D}{2 c_0}$ ersetzt:

$$J = E^2 \left[\cos^2 \psi - \sin 2\varphi \, \sin 2(\varphi - \psi) \cdot \sin^2 \frac{\omega D}{2 c_0} \right].$$

Setzt man darin noch $E^2 = J_0$, d. h. gleich der Intensität der in den Polarisator eintretenden Welle, so folgt endgültig:

$$(227) \qquad J = J_0 \left[\cos^2 \psi - \sin 2\varphi \sin 2(\varphi - \psi) \cdot \sin^2 \frac{\pi d (n_1 - n_2)}{\lambda} \right].$$

Aus dieser Gleichung liest man sofort ab, daß die Intensität des aus dem Analysator austretenden Lichtes von der Art der benutzten Kristallplatte (d, $n_1 - n_2$), von der durch den Winkel φ bestimmten Lage der Platte gegen den Hauptschnitt des Polarisators, sowie von der Neigung ψ der Hauptebene des Analysators gegen die des Polarisators und schließlich von der Wellenlänge λ abhängt.

Gl. (227) umfaßt auch den Fall, daß gar kein doppelbrechendes oder ein isotropes Plättchen sich zwischen den Nicols befindet; man hat dazu nur $d = 0$ oder $n_1 - n_2 = 0$ zu setzen. Dann folgt für die Intensität des aus dem Analysator austretenden Lichtes $J = J_0 \cos^2 \psi$, d. h. wieder das Malussche Gesetz, wie es sein muß. Wir setzen im folgenden immer $d(n_1 - n_2) \neq 0$ voraus.

Für die genauere Diskussion der Gl. (227) wollen wir zunächst den Fall ins Auge fassen, daß die Hauptschnitte von Polarisator und Analysator parallel sind ($\psi = 0$); ferner setzen wir monochromatisches Licht voraus. Dann geht (227) über in:

$$(227\,\text{a}) \qquad J_\| = J_0 \left[1 - \sin^2 2\varphi \cdot \sin^2 \left(\frac{\pi d (n_1 - n_2)}{\lambda} \right) \right].$$

Den positiven Ausdruck $\sin^2 \frac{\pi d (n_1 - n_2)}{\lambda}$ wollen wir mit α^2 abkürzen; dann wird (227a):

$$(227\,\text{b}) \qquad J_\| = J_0 \left[1 - \alpha^2 \sin^2 2\varphi \right].$$

α^2 liegt immer zwischen 0 und 1 mit Einschluß dieser Grenzen; den Wert 0 hat man, wenn die Gangdifferenz $d(n_1 - n_2) = k\lambda$, d. h. gleich einem ganzzahligen Vielfachen der Wellenlänge ist. Umgekehrt hat α^2 seinen größten Wert 1, wenn die Gangdifferenz $d(n_1 - n_2) = \frac{2k+1}{2} \lambda$, d.h. gleich einem ungeradzahligen Vielfachen einer halben Wellenlänge ist. Wir wollen zunächst α^2 als von 0 und 1 verschieden annehmen. Dann sieht man aus (227b), daß der Wert von $J_\|$, d. h. die aus dem Analysator austretende Intensität, von der durch den Winkel φ bestimmten Orientierung des Plättchens in seiner Ebene abhängt. Man erkennt zunächst, daß bei einer vollen Drehung des Plättchens in seiner Ebene 4 Stellungen desselben vorhanden sind ($\varphi = 0^0, 90^0, 180^0, 270^0$), in denen $\sin^2 2\varphi$ selbst verschwindet: in diesen Lagen, die man als die „Normalstellung" des Plättchens bezeichnet, ist $J_\| = J_0$, d. h. das Plättchen ist einflußlos. Drehen wir aber, etwa von $\varphi = 0$ ausgehend, das Plättchen allmählich aus der Normalstellung heraus, so muß $J_\|$ abnehmen, und zwar bis zu dem Minimalwert $J_0(1 - \alpha^2)$, der für $\varphi = 45^0$ erreicht ist; wird das Plättchen weiter gedreht, so steigt $J_\|$ wieder an, bis der volle Wert J_0 bei $\varphi = 90^0$ erreicht wird. In den übrigen Quadranten spielt sich dasselbe ab, insbesondere wird der Minimalwert $J_0(1 - \alpha^2)$ auch bei den Winkeln $\varphi = 135^0, 225^0$ und 315^0 angenommen. Diese 4 Stellungen des Plättchens werden als Diagonalstellung bezeichnet. Damit ist der Fall $\psi = 0$ (Parallelstellung der Hauptschnitte) bei Benutzung monochromatischen Lichtes erledigt. Denn für $\alpha^2 = 0$ folgt das Ergebnis, daß das Plättchen für alle Werte von φ einflußlos ist ($J_\| = J_0$), und für $\alpha^2 = 1$ ergibt sich speziell, daß in der Diagonalstellung die Helligkeit im Minimum auf 0 heruntergeht. $J_\|$ in seiner Abhängigkeit von φ und dem Parameter α^2 ist in Abb. 395a dargestellt.

Eine Besonderheit bringt aber die Benutzung weißen Lichtes mit sich; denn jeder Wellenlänge entspricht ein anderer Wert von α^2, und die Bedingung $\alpha^2 = 1$, d.h. Gangdifferenz gleich $\frac{2k+1}{2} \lambda$, kann nur für einzelne der im weißen Licht vorhandenen Wellenlängen erfüllt sein; die bei jedem Winkel $\varphi \neq 0$ eintretende Schwächung der

Intensität J ist daher für die verschiedenen Wellenlängen verschieden, so daß in jedem Falle für $\varphi \neq 0$ das aus dem Analysator austretende Lichtgemisch nicht mehr weiß, sondern gefärbt ist. Das ist besonders deutlich in der Diagonalstellung, da hier die Wellenlängen, für die $\alpha^2 = 1$ ist, ganz ausgesondert werden. Nur in der Normalstellung ist das Plättchen farblos weiß. Die Färbung des Plättchens hängt von der Dicke d ab, weil α^2 von d abhängt; ist diese an verschiedenen Stellen des Plättchens verschieden, so erhält man ein buntes Mosaik von Farben; durch geschicktes Spalten oder Aufeinanderlegen von Plättchen kann man prächtig gefärbte Figuren (Schmetterlinge, Blumen, Dekorationszeichnungen usw.) erzielen (Bild 5 auf Tafel II).

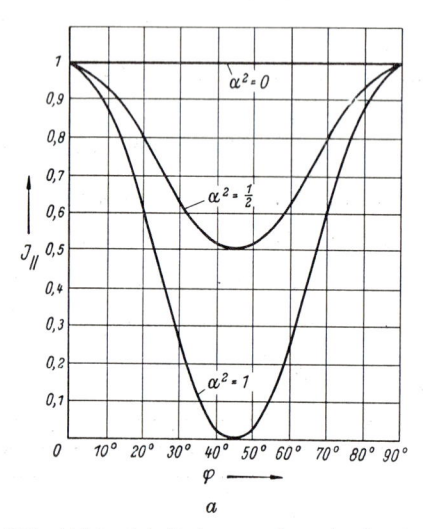

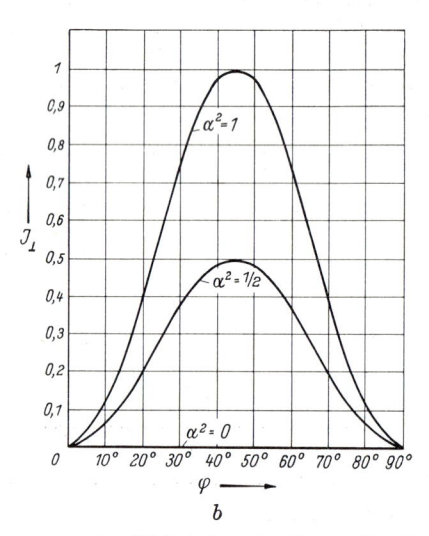

Abb. 395. Abhängigkeit der aus dem Analysator austretenden Lichtintensität J von der Stellung φ eines Gipsplättchens zwischen Polarisator und Analysator
 a) Polarisator und Analysator in Parallelstellung; b) Polarisator und Analysator gekreuzt

Wir wenden uns jetzt zum zweiten Fall, daß Polarisator und Analysator gekreuzt sind ($\psi = 90°$); wieder setzen wir auch Licht einer Wellenlänge voraus. Daher wird aus (227):

$$(227\,\mathrm{c}) \qquad J_\perp = J_0 \sin^2 2\varphi \sin^2 \frac{\pi d (n_1 - n_2)}{\lambda} = J_0 \alpha^2 \sin^2 2\varphi .$$

Nehmen wir zunächst wieder α^2 als von 0 und 1 verschieden an, so ist in der Normalstellung ($\varphi = 0$) $J_\perp = 0$, d.h. das Gesichtsfeld bleibt dunkel, wie ohne Plättchen; wächst allmählich φ an bis zum Werte $45°$, so wächst die vom Analysator durchgelassene Intensität $J_\perp$ bis zu dem Maximum $\alpha^2 J_0$ an, um bei weiterer Drehung wieder abzunehmen, bis bei $\varphi = 90°$, d.h. wieder in Normalstellung, $J_\perp = 0$ geworden ist. Ist speziell $\alpha^2 = 1$, so wird das Maximum gleich J_0, d.h. gleich der vollen Intensität; ist aber $\alpha^2 = 0$, so ist dauernd für alle φ-Werte $J_\perp = 0$. Wir erhalten demgemäß das Bild der Abb. 395b.

Vergleicht man die beiden Abbildungen 395a und b, so erkennt man, daß sie bezüglich der Helligkeit komplementär sind: In der Tat liefert Addition von $J_\parallel$ nach Gl. (227b) und $J_\perp$ nach Gl. (227c) $J_\parallel + J_\perp = J_0 = $ Const. Wo man im Hellfeld ($\psi = 0$) etwa das Minimum von $J_\parallel$ hat, hat man im Dunkelfeld ($\psi = 90°$) das Maximum von $J_\perp$; das gilt für alle Werte von α^2. Z. B. hat man im Hellfeld für $\alpha^2 = 0$ die volle Intensität $J_\parallel = J_0$, im Dunkelfeld $J_\perp = 0$, d.h. volle Dunkelheit usw.

Gehen wir jetzt zur Benutzung von weißem Licht über, so ist in der Normalstellung ($\varphi = 0$) das Plättchen einflußlos, und zwar für alle Wellenlängen: das Gesichtsfeld bleibt dunkel; wächst aber φ allmählich an, so werden die einzelnen Wellenlängen wegen ihres verschiedenen α^2 verschieden hell, d.h. das Gesichtsfeld ist wieder gefärbt, aber anders als im Hellfeld. Je schwächer die Intensität einer Wellenlänge im Hellfeld ist, um so stärker ist sie im Dunkelfeld. Die Farbe im Dunkelfeld ist komplementär zu der im Hellfeld; das gilt natürlich auch, wenn für einzelne Wellenlängen $\alpha^2 = 1$ ist. Diese werden im Dunkelfeld mit voller Helligkeit wirksam, während sie im Hellfeld vollkommen ausgelöscht werden; besonders ausgeprägt ist diese Erscheinung in Diagonalstellung. Drehung des Plättchens (φ veränderlich) bei konstantem ψ (entweder 0 oder 90°) ändert nicht die Farbe, sondern nur die Helligkeit des Gesichtsfeldes, während Änderung von ψ (allmählicher Übergang von Hellfeld zu Dunkelfeld) bei konstantem φ (z.B. Diagonalstellung) Umschlag der Farbe in ihre Komplementärfarbe bewirkt.

Gips- und Glimmerplättchen. Die Bedingung $\alpha^2 = \sin^2 \dfrac{\pi d(n_1 - n_2)}{\lambda} = 1$ bedeutet, daß $d(n_1 - n_2) = \dfrac{2k+1}{2}\lambda$, d. h. die Gangdifferenz, die in dem doppelbrechenden Plättchen zwischen den beiden Wellen auftritt, gleich einem ungeradzahligen Vielfachen einer halben Wellenlänge oder $\dfrac{\lambda}{2} = \dfrac{d(n_1 - n_2)}{2k+1}$ sein muß. Plättchen, die diesen Gangunterschied liefern, werden viel benutzt und heißen allgemein „$\dfrac{\lambda}{2}$-Plättchen" oder „Halbwellenlängenplättchen"; ebenso spielen „$\dfrac{\lambda}{4}$-Plättchen" („Viertelwellenlängenplättchen") eine große Rolle. Sie werden meistens durch Spalten von Gips oder Glimmer hergestellt, gegebenenfalls auch durch geeignet orientierte Kristallschliffe. (Über die Spaltbarkeit von Gips und Glimmer ist das Erforderliche bereits auf S. 381 gesagt worden.)

Die Dicke eines $\dfrac{\lambda}{2}$-Plättchens ist durch die Beziehung gegeben:

$$d = \frac{\lambda}{n_1 - n_2} \cdot \frac{2k+1}{2}.$$

In der folgenden Tabelle sind die ungefähren kleinsten Dicken ($k = 0$) eines $\dfrac{\lambda}{2}$-Plättchens angegeben; Halbierung dieser Zahlen liefert die Dicken von $\lambda/4$-Plättchen.

Wellenlänge in $m\mu$	656	589	527	486	431
Dicke eines Gipsplättchens in mm	0,033	0,030	0,027	0,024	0,022
Dicke eines Glimmerplättchens in mm	0,077	0,070	0,062	0,057	0,051

Es ist klar, daß Plättchen der 3-, 5-, 7-.... fachen Dicke ebenfalls den gewünschten Gangunterschied erzeugen. Dies läßt sich schön mit einem flachen Keil aus Gips oder auch aus Quarz (in Diagonalstellung) zeigen, bei dem die optische Achse parallel zur Keilkante verläuft[1]). Im monochromatischen Licht erhält man zwischen gekreuzten oder parallel gestellten Nicols die in Abb. 396 wiedergegebenen Bilder. Bei $a, b, c, \ldots e$ findet bei gekreuzten Nicols Auslöschung, bei parallelen Aufhellung statt. An diesen Stellen ist $\alpha^2 = 0$, d. h. der Gangunterschied ein ganzes Vielfaches der Wellenlänge ($= k\lambda$). An den dazwischen liegenden Stellen $a', b', c' \ldots e'$ beträgt der Gangunterschied ein

---

[1]) Bei zweiachsigen Kristallen (Gips) eine Schwingungsrichtung, etwa die erste Mittellinie (c-Richtung), parallel, die andere senkrecht zur Keilkante.

ungerades Vielfaches der halben Wellenlänge $\left[= (2k+1)\frac{\lambda}{2}\right]$. Infolgedessen findet zwischen gekreuzten Nicols Aufhellung und zwischen parallelen Auslöschung statt; die so erhaltenen Interferenzstreifen sind Kurven gleichen Gangunterschiedes. Der Abstand benachbarter Interferenzstreifen verkleinert sich mit abnehmender Wellenlänge; im weißen Licht erscheinen die Streifen daher als farbige Bänder, wie es die Bilder 10 und 11 auf Tafel II zeigen. Die Farben kommen durch Überlagerung verschiedener Wellenlängenbereiche zustande. Man weist dies dadurch nach, daß man das Bild des farbig erscheinenden Keiles auf den Spalt eines Spektralapparates so projiziert, daß die Keillänge dem Spalt parallel liegt. Auf der Mattscheibe des Spektrographen erhält man dann ein kontinuierliches Spektrum mit in der Längsrichtung verlaufenden gekrümmten dunklen Streifen, deren Abstand im kurzwelligen Teil des Spektrums kleiner als im langwelligen ist (Müllersche Streifen) (Abb. 397).

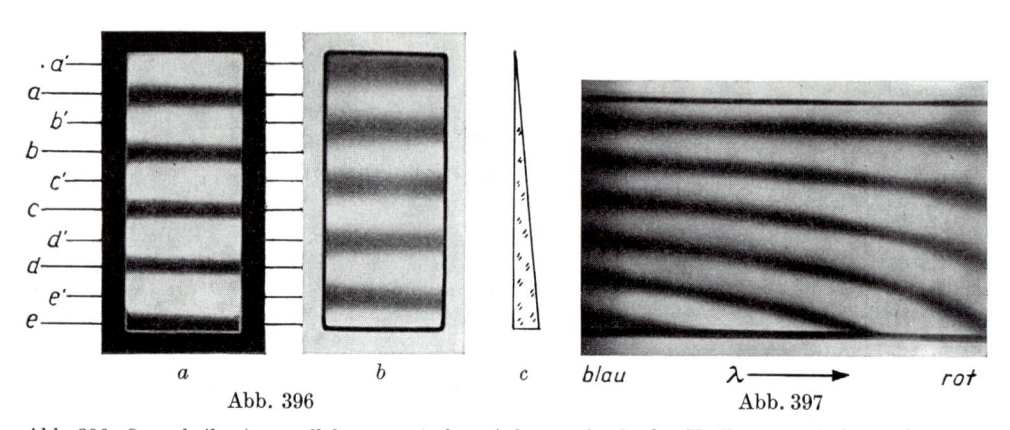

Abb. 396. Quarzkeil mit parallel zur optischen Achse verlaufender Keilkante zwischen gekreuzten (*a*) und parallelen (*b*) Nicols; die Lage des Keils geht aus dem in übertriebenem Maßstab wiedergegebenen Querschnitt (*c*) hervor. Die Aufnahmen wurden mit Natriumlicht gemacht

Abb. 397. Mit Quarzkeil erzeugte Interferenzstreifen im kontinuierlichen Spektrum

In der folgenden Tabelle sind die Interferenzfarben, die man mit Tageslicht in Abhängigkeit vom Gangunterschied zwischen gekreuzten oder parallelen Nicols erhält, zusammengestellt. Man teilt diese Farben in Ordnungen ein. Für jede Ordnung wächst der Gangunterschied um eine bestimmte Wellenlänge; dabei ist als Einheit zur Bezeichnung der Ordnungen die Wellenlänge 551 mμ gewählt, die sehr nahe der hellsten Stelle im Sonnenspektrum entspricht. Die erste Ordnung wird also vom Gangunterschied Null bis zum Gangunterschied 551 mμ gezählt, die zweite von 551 mμ bis 1102 mμ usw. Man erkennt, daß in der ersten Ordnung zwischen gekreuzten Nicols vorzugsweise grauweiße Mischfarben auftreten. Dies liegt daran, daß bei Gangunterschieden, die erheblich unterhalb einer Wellenlänge liegen, keine Lichtart völlig ausgelöscht wird. Das resultierende Lichtgemisch enthält dann noch alle Farben und wird mehr oder weniger weißlich sein. Weißliche Farben erhält man anderseits bei sehr dicken Plättchen. Wenn nämlich die Platte so dick ist, daß sie für eine größere Zahl von Wellenlängen des sichtbaren Lichtes eine $\frac{\lambda}{2}$-Platte darstellt, so werden alle diese Wellenlängen ausgelöscht. Da aber zwischen ihnen eine größere Zahl von Wellenlängen liegt, für die der Gangunterschied λ oder ein ungerades Vielfaches davon beträgt, die also vom Analysator durchgelassen werden, ergeben diese über das ganze Spektrum verteilten Wellen wiederum eine weißliche Mischfarbe. Z. B. werden bereits in der 6. Ordnung die Farben

Tab. 19. Namen der Interferenzfarben im Tageslicht in Abhängigkeit vom Gangunterschied

Gangunterschied in mμ	Ordnung	Interferenzfarbe zwischen gekreuzten Nicols	Zwischen parallelen Nicols
0	1. Ordnung	Schwarz	Hellweiß
40		Eisengrau	Weiß
97		Lavendelgrau	Gelblichweiß
158		Graublau	Bräunlichweiß
218		Grau	Braungelb
234		Grünlichweiß	Braun
259		Fastreinweiß	Hellrot
267		Gelblichweiß	Karminrot
275		Blaßstrohgelb	Dunkelrotbraun
281		Strohgelb	Tiefviolett
306		Hellgelb	Indigo
332		Lebhaftgelb	Blau
430		Braungelb	Graublau
505		Rotorange	Bläulichgrün
536		Rot	Blaßgrün
551		Tiefrot	Gelblichgrün
565	2. Ordnung	Purpur	Hellgrün
575		Violett	Grünlichgelb
589		Indigo	Goldgelb
664		Himmelblau	Orange
728		Grünlichblau	Bräunlichorange
747		Grün	Hellkarminrot
826		Hellergrün	Purpurrot
843		Gelblichgrün	Violettpurpur
866		Grünlichgelb	Violett
910		Reingelb	Indigo
948		Orange	Dunkelblau
998		Lebhaftorangerot	Grünlichblau
1101		Dunkelviolettrot	Grün
1128	3. Ordnung	Hellbläulichviolett	Gelblichgrün
1151		Indigo	Unreingelb
1258		Grünlichblau	Fleischfarben
1334		Meergrün	Braunrot
1376		Glänzendgrün	Violett
1426		Grünlichgelb	Graublau
1495		Fleischfarben	Meergrün
1534		Karminrot	Grün
1621		Mattpupur	Mattmeergrün
1652		Violettgrau	Gelblichgrün
1682	4. Ordnung	Graublau	Grünlichgelb
1711		Mattmeergrün	Gelblichgrau
1744		Bläulichgrün	Lila
1811		Hellgrün	Karmin
1927		Hellgrünlichblau	Graurot
2007		Weißlichgrau	Blaugrau
2048		Fleischrot	Grün

dem Weiß sehr ähnlich und können in noch höheren Ordnungen vom Auge nicht mehr von Weiß unterschieden werden. (Weiß höherer Ordnung.) Bei mittleren Gangunterschieden herrschen ausgeprägt farbige Töne vor. Z. B. wird bei einem Gangunterschied von 551 mμ gerade die hellste Stelle im Sonnenspektrum ausgelöscht. Zwischen gekreuzten Nicols entsteht daher ein tiefroter bis purpurner Farbton, der nach kleineren Gangunterschieden hin schnell in Rot, nach größeren hin schnell in Violett umschlägt. Man nennt diese dem Gangunterschied von 551 mμ entsprechende Farbe die „empfindliche Farbe", weil ihr Farbton äußerst empfindlich gegen sehr kleine Änderungen des Gangunterschiedes ist.

Erzeugung und Analyse von elliptisch polarisiertem Licht mit Gipsplättchen und Kompensatoren. Läßt man linear polarisiertes Licht von der Amplitude E senkrecht auf ein Gips- oder Glimmerplättchen auffallen, wobei wir uns auf die Betrachtung der Verhältnisse in Diagonalstellung ($\varphi = 45^0$) beschränken wollen, so ist das aus dem doppelbrechenden Plättchen austretende Licht im allgemeinen nicht mehr linear polarisiert; zwar sind die Amplituden der in zwei zueinander senkrechten Richtungen (1,1) und (2,2) schwingenden Wellen gleich, nämlich $E \cos 45^0 = E\sqrt{2}/2$, wofür wir kurz A schreiben wollen; aber es kommt nun auf die Phasendifferenz $\delta = \dfrac{2\pi d(n_1 - n_2)}{\lambda}$ an, die sie beim Durchlaufen des Plättchens von der Dicke d erhalten haben. Nehmen wir die Schwingungsrichtung (1,1) als x-Achse, (2,2) als y-Achse, so haben die austretenden Wellen den folgenden relativen Schwingungszustand:

$$x = A\cos\omega t, \quad y = A\cos(\omega t - \delta).$$

Eliminiert man die Zeit aus den beiden Gleichungen, so erhält man

$$\frac{x^2}{A^2} + \frac{y^2}{A^2} - \frac{2xy}{A^2}\cos\delta = \sin^2\delta.$$

Dies ist aber die Gleichung einer Ellipse. Das Licht, das aus dem Kristallplättchen austritt, ist also im allgemeinen Falle elliptisch polarisiert, den Spezialfall der zirkularen Polarisation mit einbegriffen. Nur wenn $\delta = k\pi$ ($k = 1, 2, \ldots$) ist, ist das Licht wieder linear polarisiert. Denn dann ist $\cos k\pi = (-1)^k$, d. h. gleich -1 für ungeradzahlige, $+1$ für geradzahlige Werte von k, während gleichzeitig $\sin k\pi = 0$ ist. Die Ellipsengleichung geht damit über in:

$$x^2 + y^2 \mp 2xy = 0, \quad \text{d. h.} \quad (x \mp y)^2 = 0.$$

Das sind aber die Gleichungen zweier Geraden, von denen die eine ($x = y$) parallel der Schwingungsrichtung der aus dem Polarisator kommenden ursprünglichen linear polarisierten Welle ist, während die andere ($x = -y$) senkrecht dazu liegt. Schaltet man jetzt dahinter einen Analysator in gekreuzter Stellung, so haben wir im ersten Falle Dunkelheit, im zweiten Helligkeit, natürlich in Übereinstimmung mit Gl. (227c).

In allen anderen Fällen aber hat man elliptisches bzw. zirkulares Licht; letzteres erhält man, wenn die Phasendifferenz $\delta = \dfrac{2k+1}{2}\pi$, d. h. ein ungerades Vielfaches von $\pi/2$, die Gangdifferenz also gleich $\dfrac{2k+1}{4}\lambda$ ist. Denn dann ist $\cos\delta = 0$, $\sin\delta = \pm 1$; also geht die Ellipsengleichung über in:

$$x^2 + y^2 = A^2,$$

d. h. in die Gleichung eines Kreises mit dem Radius A, den der Endpunkt des Lichtvektors beschreibt. **Zirkularpolarisiertes Licht kann man also mit einem Gipsplättchen in Diagonalstellung erhalten, das den einfallenden linearpolarisierten Lichtstrahl in zwei senkrecht zueinander schwingende Komponenten gleicher Amplitude mit einer Gangdifferenz von $\dfrac{\lambda}{4}$, allgemein von $\dfrac{2k+1}{4}\lambda$ aufspaltet.**

Wir verweilen noch einen Augenblick bei dem zirkularpolarisierten Licht, das wegen seiner vollkommenen axialen Symmetrie um die Fortpflanzungsrichtung vom Analysator in jeder Stellung mit gleicher Intensität durchgelassen wird. Die Frage entsteht, wie man zirkular polarisiertes Licht von natürlichem unpolarisiertem Licht unterscheiden kann, ein Problem, das wir schon einmal in Nr. 43 aufgeworfen und vorläufig beantwortet hatten. Zur Beantwortung gehen wir von der Tatsache aus, daß man zirkularpolarisiertes Licht, dessen lineare Komponenten eine Phasendifferenz von $\pi/2$ gegeneinander haben, durch Hinzufügen oder Abziehen der gleichen Phasendifferenz in linear polarisiertes Licht zurückverwandeln kann. Denn man hat dann ja die Phasendifferenz 0 oder π, d.h. linear polarisiertes Licht, was man durch Einstellung des Analysators auf volle Dunkelheit feststellen kann. Dies hatten wir in Nr. 43 mit Hilfe des Fresnelschen Parallelepipeds ausgeführt; jetzt können wir statt dessen viel bequemer ein $\lambda/4$-Plättchen benutzen. Wenn das zirkular polarisierte Licht durch ein $\lambda/4$-Plättchen aus linearem Licht erzeugt war, so braucht man also bloß ein zweites Plättchen in der gleichen Stellung wie das erste vor den Analysator zu bringen, um die Phasendifferenz π zu erhalten. Ist das zweite Plättchen zwar in Diagonalstellung, aber um 90^0 gegen die Orientierung des ersten gedreht, so erhalten wir die Phasendifferenz 0. In beiden Fällen kann der Analysator auf volle Dunkelheit eingestellt werden.

Wenn man aber nicht weiß, ob eine zu untersuchende Strahlung zirkulares oder natürliches Licht ist, so kann man dieselbe Prozedur anwenden; hat das Verfahren keinen Erfolg, d.h. gibt es keine Dunkelstellung für den Analysator, so hat man es mit natürlichem Lichte zu tun.

Das $\frac{\lambda}{4}$-Plättchen ist übrigens auch, was wir nur erwähnen wollen, geeignet, elliptisch polarisiertes Licht zu erzeugen und zu analysieren; ersteres einfach, indem man das $\frac{\lambda}{4}$-Plättchen nicht in Diagonalstellung verwendet, so daß die Amplituden der aus dem Plättchen austretenden Komponenten nicht mehr gleich sind; man erhält also:

$$x = A \cos \omega t, \; y = B \cos(\omega t \mp \pi/2) = \pm B \sin \omega t.$$

Das liefert durch Elimination der Zeit in der Tat eine auf die Hauptschwingungsrichtungen als Hauptachsen bezogene Ellipsengleichung $\frac{x^2}{A^2} + \frac{y^2}{B^2} = 1$. Es ist wohl anschaulich klar, daß man hier durch Anwendung desselben Gedankens die Elliptizität wieder rückgängig machen und auf diese Weise messen kann. Aber die Methode ist de facto nicht beschränkt auf diese spezielle Erzeugungsart einer Ellipse, sondern allgemein brauchbar. Hier muß dieser Hinweis genügen.

Die Halb- und Viertel-Wellenlängenplättchen liefern natürlich nur diese festen Werte der Gangdifferenz und auch, streng genommen, nur für eine Wellenlänge. Es ist aber wünschenswert, einen Apparat zu besitzen, mit dem man beliebige Phasendifferenzen herstellen und kompensieren kann. Der letzteren Funktion wegen heißen die genannten Apparate **Kompensatoren**. Wir beschränken uns auf die Schilderung des von J. Babinet angegebenen Kompensators, den wir in der Modifikation beschreiben, die ihm N. Soleil gegeben hat (Abb. 398). Er besteht aus zwei flachen, gegeneinander meßbar verschieblichen Quarzkeilen A und A', bei denen die optische Achse parallel zur Keilkante (hier senkrecht zur Papierebene) verläuft, und einer planparallelen Quarzplatte B, deren optische Achse parallel zur Plattenfläche (hier in der Papierebene), aber senkrecht zur Keilkante gerichtet ist. Läßt man senkrecht auf eine solche Kombination linear polarisiertes Licht so auffallen, daß seine Schwingungsrichtung einen Winkel von 45^0 mit der Lage der optischen Achse bildet, so läuft die eine Komponente (in der Papierebene) in den beiden Keilen A und A' als o-Strahl, in der Platte B aber als e-Strahl, während die andere Komponente (senkrecht zur Papierebene) gerade umgekehrt die beiden Keile als e-Strahl, die Platte aber als o-Strahl durchläuft. Die beiden Keile bilden zusammen auch eine plan-

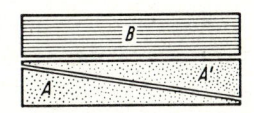

Abb. 398. Schnitt durch den Kompensator nach Babinet-Soleil

parallele Platte von der variablen Dicke d', während die Platte B die Dicke d haben möge. Die Gangdifferenz der beiden Strahlen in dem Keilpaar ist $(n_e - n_o)d'$, in der Platte dagegen $(n_e - n_o)d$, da aber mit dem umgekehrten Vorzeichen, so daß die gesamte Gangdifferenz, die bei beliebiger Stellung der Keile auftritt $(n_e - n_o) \cdot (d - d')$ ist. Die Gangdifferenz ist Null, wenn die Keile so gegeneinander verschoben sind, daß ihre Dicke d' gleich der Dicke d der Platte ist (Nullstellung). Verschiebt man die Keile gegeneinander, so wird $d' \gtreqless d$, d.h. es entsteht zu beiden Seiten der Nullstellung eine entweder negative oder positive Phasendifferenz, die kontinuierlich veränderlich ist. Der Kompensator wirkt genau wie ein Gips- oder Glimmerplättchen beliebiger Dicke; wie man mit ihm — innerhalb der Grenzen des Apparates — beliebige Phasendifferenzen erzeugt oder kompensiert, bedarf daher keiner Erläuterung mehr.

50. Interferenzerscheinungen im konvergenten polarisierten Licht

Wir wenden uns nun zur Untersuchung der Interferenzerscheinungen, die man an planparallelen Kristallplatten gegebener Orientierung im konvergenten Licht erhält. Die hierzu erforderliche optische Anordnung, die früher wohl als **konoskopische** bezeichnet wurde, ist in Abb. 399 skizziert: Die von einer ausgedehnten Lichtquelle

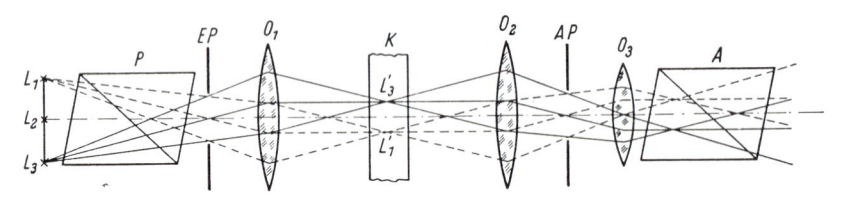

Abb. 399. Optische Anordnung zur Untersuchung von Kristallplatten im konvergenten polarisierten Licht

$L_1 L_2 L_3$ ausgehenden Strahlen passieren den Polarisator P und werden von der kurzbrennweitigen Linse O_1 bei $L_1' L_3'$ zu einem verkleinerten Bilde der Lichtquelle vereinigt; die Blende EP stellt die Eintrittspupille dar. Eine zweite kurzbrennweitige Linse O_2 bildet diese in der Austrittspupille AP ab, und eine weitere Linse O_3 macht die von AP ausgehenden Strahlenbüschel wieder parallel, so daß ein hinter dem Analysator A befindliches Auge bei Akkomodierung auf Unendlich die in der Austrittspupille AP auftretende Erscheinung deutlich sehen kann. Selbstverständlich kann man mit der Linse O_3 die Austrittspupille auch auf einen Schirm abbilden. Bringt man nun an die Stelle des Bildes $L_1' L_3'$ der Lichtquelle eine Kristallplatte K, so wird diese von parallelen Strahlenbündeln mit verschiedener Neigung durchsetzt. In Abb. 399 sind drei solcher Strahlenbündel gezeichnet, die jeweils von einer ausgezogenen und einer gestrichelten Linie berandet sind.

Zur subjektiven Untersuchung, namentlich für feinere Fragen verwendet man zweckmäßig das sog. „Polarisationsmikroskop", bei dem zwischen Beleuchtungsspiegel und Mikroskopkondensator ein Polarisator, unterhalb des Okulars ein Analysator angebracht ist. Mit den heute erhältlichen Polarisationsfolien, die man an passender Stelle einlegt, kann man aus einem normalen Mikroskop ein Polarisationsmikroskop improvisieren, das für viele Zwecke ausreicht.

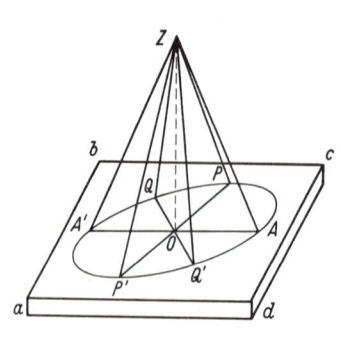

Abb. 400. Entstehung der Interferenzerscheinungen im konvergenten polarisierten Licht

Wir betrachten den Fall, daß die Kristallplatte K aus einem einachsigen Kristall senkrecht zur optischen Achse geschnitten ist. Dann erfährt das die Platte senkrecht durchsetzende Strahlenbündel keine Doppelbrechung; alle andern Strahlenbündel erfahren aber eine um so stärkere und damit einen um so größeren Gangunterschied zwischen dem o- und dem e-Strahl, je schräger sie die Kristallplatte durchlaufen. Da in gleichem Abstand rings um die optische Achse die gleichen Verhältnisse herrschen, ist eine Schar von ringförmigen Interferenzkurven zu erwarten. Man erhält zwischen gekreuzten Nicols in der Tat das in Abb. 401 a und zwischen parallelen Nicols das in Abb. 401 b wiedergegebene Interferenzbild. Beide Aufnahmen sind in monochromatischem Licht gemacht.

Bei Verwendung weißen Lichtes erhält man farbige Interferenzringe, wobei die Farben in Abb. 401b komplementär zu denen in Abb. 401a sind; auch bei Verwendung monochromatischen Lichtes sind die Helligkeiten in beiden Fällen komplementär. Das Interferenzbild 401a ist von einem schwarzen Kreuz, das von 401b von einem hellen Kreuz durchzogen. Um das Auftreten des schwarzen Kreuzes zu verstehen, betrachten wir die Abb. 400. Darin bedeutet $abcd$ den Kristallschnitt senkrecht zur optischen Achse; es ist angenommen, daß die verschieden geneigten Strahlen von dem Zentrum Z ausgehen; das von diesem Punkte aus gefällte Lot ZO auf die Platte gibt die Richtung der optischen Achse an und ist gleichzeitig für jeden der von Z ausgehenden Strahlen das Einfallslot. Schlagen wir um O einen Kreis $PAQ'P'A'Q$, so gilt das eben Gesagte für alle Strahlen, die nach dem Umfang des Kreises gezogen sind, z.B. ZP, ZA, ZQ usw. Die Richtung PP' ist die Schwingungsrichtung des aus dem Polarisator austretenden Lichtes, AA' diejenige des Analysators. Wir verstehen hier unter Strahlhauptschnitt die durch die optische Achse und die Strahlen gelegte Ebene (die Definition von S. 352 ist beim Zusammenfallen von optischer Achse und Einfallslot nicht brauchbar). Dann ist für den Strahl ZP der Hauptschnitt die Ebene ZOP, desgleichen für den Strahl ZA die Ebene ZOA, für den Strahl ZQ die Ebene ZOQ usw. Diese Hauptschnitte schneiden die Kristallplatte in den Radien OP, OA, OQ usw. Fassen wir irgendeinen der Strahlen, z.B. ZQ, ins Auge, so wird der einfallende Strahl (von der Schwingungsrichtung PP') in den o- und e-Strahl aufgespalten, von denen der e-Strahl in Richtung des Radius OQ, der o-Strahl senkrecht zu OQ schwingt; von diesen Schwingungen läßt der Analysator wieder nur die parallel seiner Schwingungsrichtung schwingenden Komponenten hindurch. Dies gilt für alle Strahlen, mit Ausnahme der Strahlen ZP, ZP', ZA, ZA', die einen Sonderfall bilden. Die in P und P' einfallende Strahlung (parallel PP') schwingt von vornherein im Hauptschnitt OP bzw. OP', d.h. hier findet keine Komponentenzerlegung statt, die Strahlen ZP und ZP' gehen also als e-Strahlen durch den Kristall hindurch und werden, da parallel PP', vom Analysator nicht durchgelassen. Bei den Strahlen ZA und ZA' gilt analoges, nur schwingen diese senkrecht zu den Hauptschnitten OA und OA', gehen also ebenfalls unzerlegt als o-Strahlen durch die Platte und werden, da sie keine Komponente parallel AA' haben, ebenfalls vom Analysator nicht durchgelassen: In der Richtung PP' (Polarisator) und AA' (Analysator) haben wir also stets Dunkelheit, unabhängig davon, wie groß wir den Radius des betrachteten Kreises wählen, d.h. für die ganze Kristallplatte. Das ist die Erklärung für das Auftreten des schwarzen Kreuzes.

In allen anderen Strahlrichtungen (ZQ, ZQ') tritt aber i. a. Licht aus dem Analysator aus, wenn nicht der durch die (vom Radius abhängige) Dicke der Kristallplatte verursachte Gangunterschied zwischen den o- und e-Strahlen dies durch Interferenz verhindert. Ist der Gangunterschied $0, \lambda, 2\lambda, \ldots$, so haben wir nach dem Vorhergehenden (Gl. [227c]) Dunkelheit, da dann $\alpha^2 = 0$ ist. Dies gilt für alle Stellen des Kreisumfanges, da auf diesem die gleiche Dicke des Kristalls durchlaufen wird; wir haben dann einen dunklen Ring. Ist aber die Gangdifferenz $\frac{\lambda}{2}, \frac{3\lambda}{2} \ldots$, d. h. $\alpha^2 = 1$, so haben wir, wieder nach Gl. (227c), einen hellen Ring. Die Helligkeit ist aber nicht an allen Stellen des Ringes die gleiche, denn es entspricht zwar jedem Kreisradius ein Kristallplättchen bestimmter Dicke, aber verschiedener Orientierung in seiner Ebene: am hellsten sind die Stellen, die unter 45° gegen Polarisator und Analysator geneigt sind ($\varphi = 45^0$), auch hier alles in Übereinstimmung mit Gl. (227c).

Damit ist die Erscheinung für monochromatisches Licht und gekreuzte Nicols vollkommen aufgeklärt; der Fall paralleler Nicols erledigt sich durch die Bemerkung, daß dann die Helligkeit komplementär ist: wo bei gekreuzten Nicols das schwarze Kreuz erscheint, haben wir jetzt ein helles Kreuz, wo wir dort einen dunklen Ring hatten, haben wir jetzt einen hellen Ring usw.

Bei Benutzung von weißem Licht sind die Ringe gefärbt, und die Färbung ist bei parallelen Nicols komplementär zu der bei gekreuzten.

Durchstrahlt man die Kristallplatte mit zirkular polarisiertem Licht, indem man zwischen Polarisator und Kristallplatte K ein $\lambda/4$-Plättchen in Diagonalstellung einsetzt (sog. zirkularer

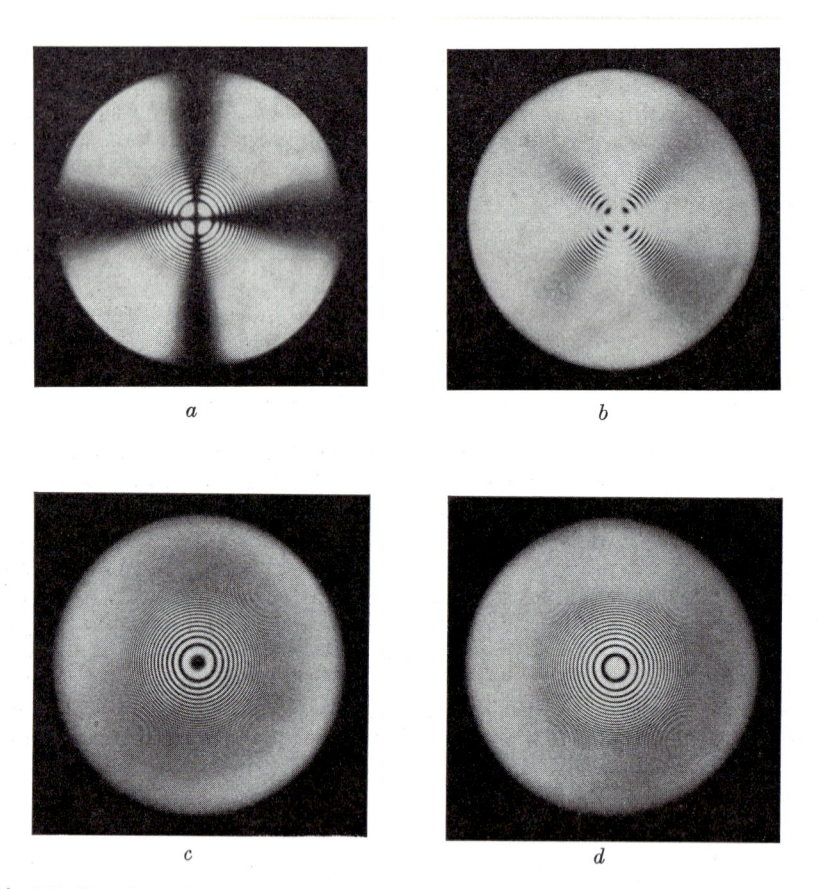

Abb. 401. Interferenzfiguren einachsiger Kristalle im konvergenten polarisierten Licht
a) Senkrecht zur optischen Achse geschnittene Kalkspatplatte zwischen gekreuzten Nicols
b) dieselbe Platte zwischen parallelen Nicols
c) dieselbe Platte im zirkular polarisierten Licht zwischen gekreuzten Nicols
d) dieselbe Platte im zirkular polarisierten Licht zwischen parallelen Nicols

Polarisator) und benutzt ebenso einen zirkularen Analysator, so verschwindet das Achsenkreuz und man erhält an Stelle von Abb. 401 a und b die Abbildungen 401 c und d; die Erklärung kann dem Leser überlassen bleiben.

Bei optisch zweiachsigen Kristallen, die senkrecht zur ersten Mittellinie geschnitten sind, erhält man bei Durchstrahlung mit konvergentem Licht die in Abb. 402 wiedergegebenen Erscheinungen. Zwischen gekreuzten Nicols erhält man zwei Ringsysteme, von denen jedes eine optische Achse umgibt (sog. Cassinische Ovale). Die Ringe höherer Ordnung verschmelzen zu eigentümlich gestalteten Kurven (Lemniskaten), die beide Achsen umschließen. Bei gekreuzten Nicols ist das Bild wieder von einem schwarzen Kreuz (Abb. 402 a), bei parallelen Nicols von einem hellen (Abb. 402 b) durchsetzt.

Verdreht man die Platte aus der Normalstellung in die Diagonalstellung, so löst sich das schräge Kreuz in zwei hyperbolisch gekrümmte dunkle Büschel auf, die die Ringe senkrecht durchsetzen (Abb. 402c). Im zirkular polarisierten Licht verschwinden in der Normalstellung das Achsenkreuz und in der Diagonalstellung die hyperbolisch ge-

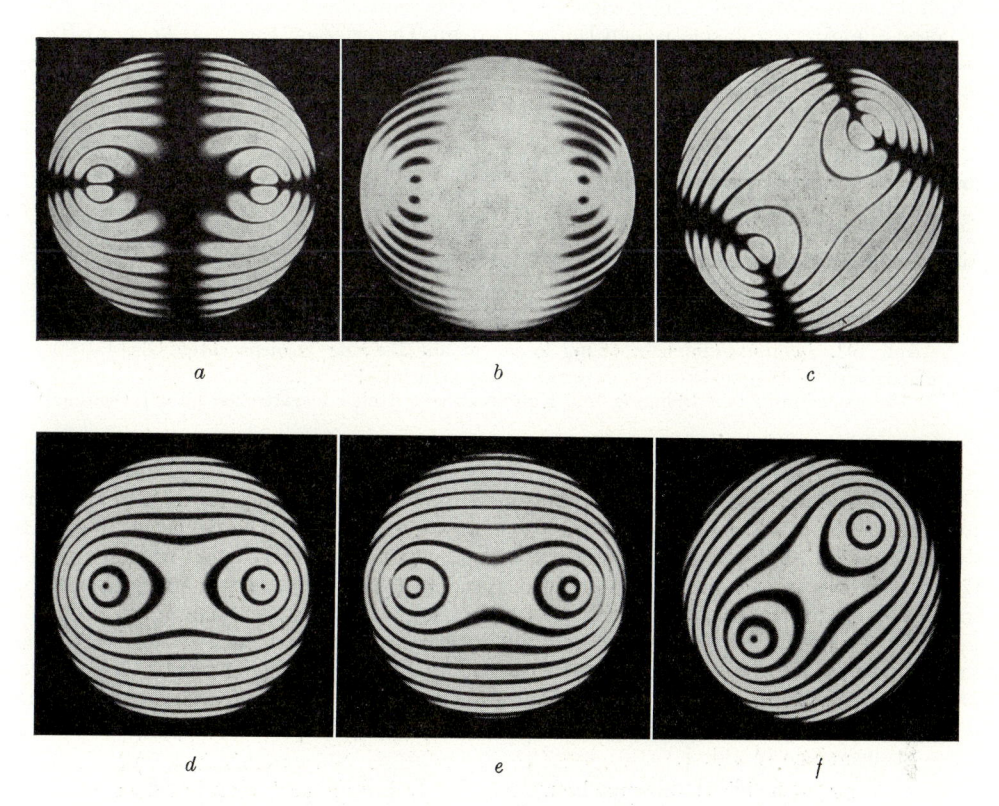

Abb. 402. Interferenzfiguren zweiachsiger Kristalle im konvergenten polarisierten Licht

a) Senkrecht zur ersten Mittellinie geschnittene Glimmerplatte in Normalstellung zwischen gekreuzten Nicols
b) dieselbe Platte in Normalstellung zwischen parallelen Nicols
c) dieselbe Platte in Diagonalstellung zwischen gekreuzten Nicols
d) dieselbe Platte in Normalstellung im zirkular polarisierten Licht zwischen gekreuzten Nicols
e) dieselbe Platte in Normalstellung im zirkular polarisierten Licht zwischen parallelen Nicols
f) dieselbe Platte in Diagonalstellung im zirkular polarisierten Licht zwischen gekreuzten Nicols

krümmten dunklen Büschel, und man erhält an Stelle der Abb. 402a bis c die Abbildungen 402d bis f.

Die beschriebenen Achsenbilder benutzt der Kristallograph, Mineraloge und Petrograph, um im Polarisationsmikroskop Mineralien und Gesteine zu untersuchen.

Aus den Bildern der Abb. 402 kann grundsätzlich der Winkel zwischen den Binormalen bestimmt werden, indem der Kristall drehbar angeordnet und der Winkel gemessen wird, um den der Kristall gedreht werden muß, um einmal das eine Ringsystem, dann das andere in die Mikroskopachse mittels eines Fadenkreuzes einzustellen. Aus diesem in Luft gemessenen Winkel muß auf den im Kristall mittels des Brechungsindex umgerechnet werden.

51. Akzidentelle Doppelbrechung in isotropen Körpern

Wir haben bisher die natürliche Doppelbrechung an Kristallen behandelt. Wie aber schon in Nr. 45 erwähnt, kann auch bei an sich isotropen Stoffen, z. B. Glas, Doppelbrechung auftreten, wenn sie geeigneten äußeren Einflüssen ausgesetzt werden. Dazu gehören alle Arten von elastischen Deformationen (Druck, Zug, Biegung, Torsion), Temperaturveränderung, elektrische und magnetische Felder usw. Wir wollen wenigstens einen kurzen Überblick über die Erscheinungen geben.

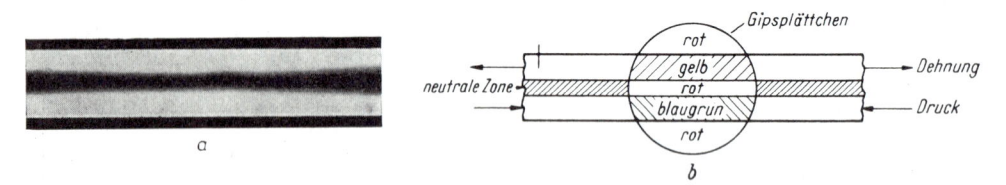

Abb. 403. Spannungsdoppelbrechung in einem auf Biegung beanspruchten Glasstab:
a) Glasstab in Diagonalstellung zwischen gekreuzten Nicols
b) Unterscheidung von Dehnung und Kompression mittels Gipsplättchen (Rot I. Ordnung)

Als Beispiel einer elastischen Deformation betrachten wir z.B. die Biegung eines isotropen Glasstabes (Abb. 403); wenn man ihn — immer in Diagonalstellung — in undeformiertem Zustand zwischen gekreuzte Nicols bringt, so bleibt das Gesichtsfeld natürlich dunkel. Sowie aber der Stab gebogen wird, tritt eine ganz charakteristische Aufhellung des Gesichtsfeldes ein, die in Abb. 403 a wiedergegeben ist: der Glasstreifen zeigt sowohl in der oberen Hälfte, in der er durch die Biegung gedehnt wird, wie auch in der unteren, in der er gedrückt wird, eine Aufhellung; zwischen diesen hellen Partien bleibt die mittlere Schicht dunkel; das ist die sog. „neutrale Faser", in der weder Zug- noch Druckkräfte wirken. Sie bleibt daher isotrop, während die obere und untere Partie doppelbrechend geworden sind. Näheres über den elastischen Zustand bei Biegung eines Stabes siehe in Bd. I.

Man kann sich leicht klarmachen, daß bei Dehnung und Kompression Doppelbrechung auftreten muß. Denn da bei Dehnung die Entfernung der Moleküle voneinander größer wird, so muß in Richtung des Zuges der Brechungsquotient abnehmen; denn nach Nr. 25 ist ja n eine mit der Dichte N_h der Teilchen wachsende Funktion. Anderseits ist senkrecht zu dieser Richtung eine Querkontraktion vorhanden, die eine Vergrößerung des Brechungsquotienten bedingt. Analoges gilt für den komprimierten Teil des Stabes: in Richtung des Druckes Vergrößerung, senkrecht dazu Verkleinerung des Brechungsquotienten. In beiden Fällen herrscht um die Richtung der Zug- oder Druckkraft axiale Symmetrie; diese beiden Richtungen spielen also hier die Rolle, die bei einachsigen Kristallen der optischen Achse zukommt. In der Tat können wir die bisherigen Feststellungen so ausdrücken: **Bei Dehnung verhält sich ein elastischer Körper in optischer Hinsicht wie ein positiver, bei Zusammendrückung wie ein negativer einachsiger Kristall, dessen optische Achse in beiden Fällen die Richtung der Dehnung oder Kompression ist.**

In der Abb. 403 a kann man an der Aufhellung der oberen und unteren Schicht des Stabes zwar erkennen, daß dort eine elastische Deformation eine Doppelbrechung hervorgebracht hat, aber man kann nicht sehen, welche Schicht gedehnt, welche komprimiert ist. Das läßt sich aber auch optisch feststellen, wenn man ein Gipsplättchen benutzt, z.B. ein solches, das das sog. Rot I. Ordnung zwischen gekreuzten Nicols zeigt und nach der Tabelle auf S. 387 einer Gangdifferenz von 536 mμ entspricht.

Da es ein lehrreiches Beispiel für die Verwendung eines solchen Plättchens ist, wollen wir etwas näher darauf eingehen. Wenn man dieses Gipsplättchen, das nach der *ac*-Ebene gespalten ist, ebenfalls in Diagonalstellung so über den gebogenen Stab legt, wie Abb. 403b zeigt, dann treten verschiedene Färbungen auf: dort, wo das Plättchen über den Stab hinausragt und in der neutralen Faser hat man Rot I. Ordnung; denn dann ist die Gangdifferenz von 536 mμ die einzige, die auftritt, die daher gerade der Rotfärbung entspricht. Anders aber verhält sich der gedehnte obere und der komprimierte untere Teil des Stabes: hier addiert bzw. subtrahiert sich die im Stabe durch seine Doppelbrechung entstandene Gangdifferenz zu derjenigen des Gipsplättchens, und zwar zeigt sich, daß im gedehnten Teil (positiver Kristall!) eine Subtraktion, im komprimierten (negativer Kristall!) eine Addition der beiden Gangdifferenzen statthat. Im oberen Teil wird also die resultierende Gangdifferenz kleiner als 536 mμ, im unteren Teil größer. Dementsprechend sind die beiden Partien verschieden gefärbt: der obere Teil zeigt die Subtraktionsfarbe Braungelb I. Ordnung, Gangdifferenz etwa 430 mμ, der untere die Additionsfarbe Blau II. Ordnung, Gangdifferenz etwa 664 mμ. Eine Farbaufnahme dieses Versuches zeigt Bild 8 auf Tafel II.

Ein anderes Beispiel ist in Abb. 404 dargestellt: es zeigt die Spannungsdoppelbrechung in einem rechteckigen Glasstück, das in einer Presse zwischen den Punkten *a* und *b* gedrückt wird; zwischen gekreuzten Nicols sieht man eine deutliche Aufhellung des Glases an den verspannten Stellen. Das schwarze Kreuz ist durch die Stellung von Polarisator und Analysator gegeben (s. hierzu die Ausführungen auf S. 391). Da es bekanntlich keine starren Körper gibt, sondern jedes Material, auch das festeste, elastisch ist, ist es

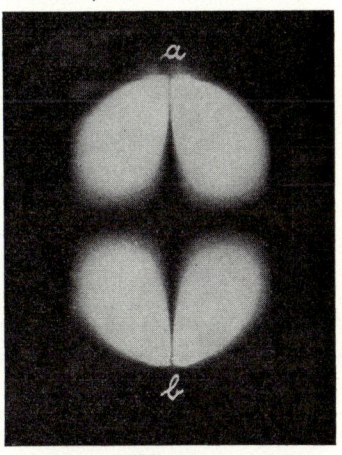

Abb. 404.
Auf Druck beanspruchtes rechteckiges Glasstück zwischen gekreuzten Nicols

natürlich von großer Wichtigkeit, die Verteilung der Beanspruchung genau zu kennen. Das Mittel dazu ist die optische Untersuchung, die man vielfach an verkleinerten Modellen (aus durchsichtigem Kunstharz) anstellt; dieser Zweig der angewandten Optik (sog. Spannungsoptik) hat schon große Bedeutung gewonnen. — Abb. 405 zeigt ein besonders schönes Beispiel an einem Modell aus Phenolkunstharz von 10 mm Dicke, nämlich eine Zylinderpressung zwischen ebenen Backen, an denen entsprechend der plastischen Verformung zylindrisch gekrümmte Mulden auftreten; der angewandte Druck im Modell betrug 250 kp.

Ein einfacher Demonstrationsversuch zur Spannungsdoppelbrechung ist von A. Kundt angegeben worden: Ein Glasstab, in Diagonalstellung, zwischen gekreuzten Nicols, wird sofort sichtbar, wenn man den Stab durch Reiben zu longitudinalen Schwingungen anregt: die Kompressionen und Dilatationen der Schallwellen machen sich durch Doppelbrechung bemerkbar. Hierher gehören auch die in Bd. I gezeigten Sichtbarmachung der Chladnischen Klangfiguren von Glaszylindern, die zwischen gekreuzten Nicols zu hochfrequenten Eigenschwingungen angeregt wurden.

Spannungsdoppelbrechung, und zwar permanente, erhält man auch, wenn man stark erhitztes Glas rasch abkühlt; denn bilden sich im Innern starke Spannungen infolge der Zusammenziehung der Oberfläche aus, die im polarisierten Licht sichtbar werden; Beispiele dafür liefern die Abb. 406 sowie die Bilder 7 und 9 auf Tafel II. Gläser, aus denen Prismen und Linsen hergestellt werden sollen, müssen absolut spannungsfrei, d.h. wirklich isotrop sein, sie müssen vor und nach der Bearbeitung im polarisierten Licht auf Spannungsfreiheit geprüft werden. Bereits in Bd. I haben wir zwei Beispiele für die starken Spannungen angeführt, die bei rasch gekühlten Gläsern auftreten, die sog. Bologneser Fläschchen und die batavischen Glastropfen; diese zeigen zwischen gekreuzten Nicols Aufhellung und Färbung.

Abb. 405
Isochromaten (a) im Modell einer Zylinderpressung (b).
Modelle aus Phenolkunstharz, 10 mm stark; Belastung 250 kp.
(Aufnahme von W. Prigge, Physikalisch-Technische Bundesanstalt)

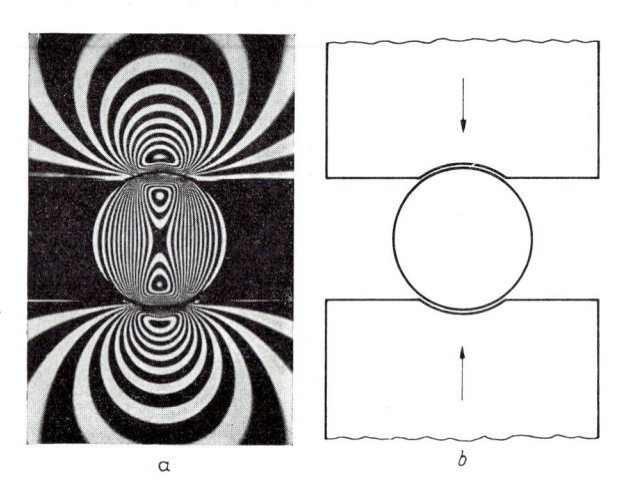

a   b

Auch die für Autoscheiben verwendeten splitterfreien Sicherheitsgläser (z.B. Sekurit) stellen ein durch rasche Abkühlung mit starken Spannungen versehenes Hartglas dar, das bei Beschädigung in kleine Teilchen zerfällt; zwischen Nicols zeigen sich die Spannungen sehr deutlich. Statt linear-polarisiertem Licht kann auch zirkular-polarisiertes verwendet werden; dann werden die schwarzen Stellen aufgehellt wie in Abb. 406c und Bild 9, Tafel II (vgl. Nr. 52).

Auch elektrische Felder erzeugen in isotropen Stoffen, und zwar in allen Aggregatzuständen, Doppelbrechung; dieser Effekt wurde von J. Kerr (1875) entdeckt und wird nach ihm als „elektrooptischer **Kerreffekt**" bezeichnet. Er ist besonders stark bei Nitrobenzol und Nitrotoluol. Zum Nachweis der Erscheinung benutzt man einen Kondensator, der bei Untersuchung von Flüssigkeiten und Gasen in ein kleines Glasgefäß eingebaut ist, das dann mit der betreffenden Substanz gefüllt wird; feste Stoffe bringt man in Plattenform einfach zwischen die Kondensatorplatten. Beim Anlegen eines elektrischen Feldes (Gleich- oder Wechselspannung) wird der Stoff doppelbrechend, was man an der Aufhellung des Gesichtsfeldes zwischen gekreuzten Nicols erkennt,

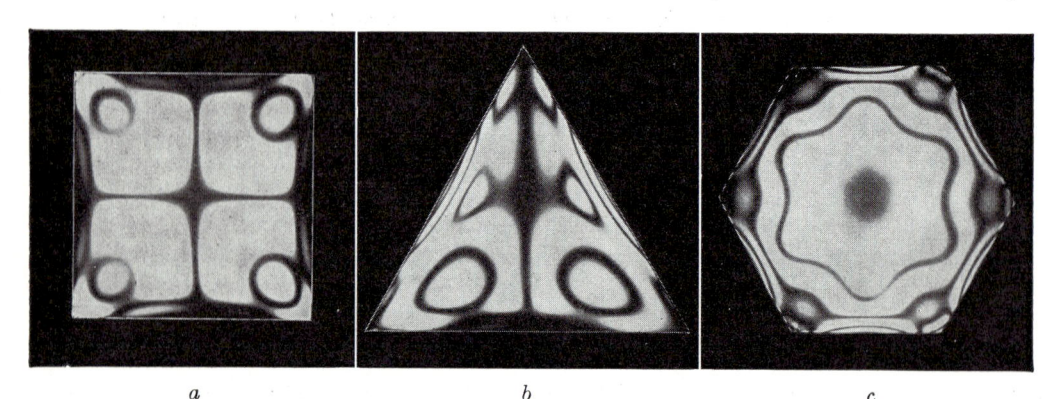

a   b   c

Abb. 406. Rasch abgekühlte Gläser zwischen gekreuzten Nicols
a)b) im linear polarisierten Licht. c) im zirkular polarisierten Licht

zwischen denen sich die „Kerrzelle" in Diagonalstellung befindet. Durch die Doppelbrechung erhält der Stoff die Eigenschaft eines einachsigen Kristalls, dessen optische Achse mit der Richtung des Feldes zusammenfällt. Parallel der Feldstärke wird der normale Brechungsquotient des Stoffes abgeändert in $n_p = n_e$, in dazu senkrechter Richtung in $n_s = n_o$, und die experimentelle Untersuchung hat ergeben, daß

$$n_p - n_s = n_e - n_o = K \cdot \lambda \cdot E^2 \text{ ist}.$$

$n_p - n_s = n_e - n_o$ ist das Maß der Doppelbrechung (positiv oder negativ), K die sogenannte Kerrkonstante, λ die Wellenlänge, E der Betrag der Feldstärke. Um einen Begriff von der Größe des Effektes zu geben, sind in der folgenden Tabelle für einige Flüssigkeiten die Werte der Kerrkonstanten angegeben. (λ in cm, E in elektrostatischen Einheiten.)

Tab. 20. Kerrkonstante

Flüssigkeit	Kerrkonstante bei 20° C für die Wellenlänge 589 mμ
Benzol	$0{,}60 \cdot 10^{-7}$
Schwefelkohlenstoff	$3{,}226 \cdot 10^{-7}$
Chloroform	$-3{,}46 \cdot 10^{-7}$
Nitrotoluol	$123 \cdot 10^{-7}$
Nitrobenzol	$200 \cdot 10^{-7}$

Die Kerrkonstante für feste Körper (Gläser) ist um rund eine Zehnerpotenz kleiner als diejenige der Flüssigkeiten, während die der Gase (bei Atmosphärendruck) um rund drei Zehnerpotenzen kleiner ist.

Der Kerreffekt ist dadurch ausgezeichnet, daß er auch noch bei sehr rasch wechselnden Feldern praktisch trägheitslos eintritt; bis zu Wechseln von 10^8 s^{-1} ist dies experimentell nachgewiesen. Da während eines Wechsels zweimal der Wert $E = 0$ auftritt, ist die Kombination: [Polarisator — Kerrzelle — gekreuzter Analysator] bis zu $2 \cdot 10^8$ mal in der Sekunde für einen Lichtstrahl abwechselnd durchlässig und undurchlässig. Daher wird die Kerrzelle (mit Nitrobenzol) mit Vorliebe zur Lichtsteuerung benutzt, z.B. an Stelle des Fizeauschen Zahnrades bei Bestimmung der Lichtgeschwindigkeit, worauf wir schon früher auf S. 159 hinwiesen.

Bemerkt sei noch, daß A. Cotton und H. Mouton (1907) eine dem Kerreffekt analoge, aber viel kleinere magnetische Doppelbrechung gefunden haben, für die $n_p - n_s = n_e - n_o = K'\lambda H^2$ ist (H die magnetische Feldstärke).

52. Drehung der Schwingungsebene polarisierten Lichtes (zirkulare Doppelbrechung)

Bringt man zwischen gekreuzte Nicols in ein Parallelstrahlenbündel monochromatischen Lichtes eine senkrecht zur Achse geschnittene Quarzplatte, so sollte man erwarten, daß das Gesichtsfeld dunkel bleibt, da parallel der Achse einfallende Strahlen keine Doppelbrechung erleiden. Bei Quarz und einigen anderen einachsigen Kristallen (z.B. Zinnober) zeigt sich aber ein neues Phänomen: es tritt Aufhellung des Gesichtsfeldes ein. Daß hier aber keine gewöhnliche Doppelbrechung vorliegt, zeigt sich daran, daß man das Gesichtsfeld wieder auf volle Dunkelheit bringen kann, wenn man den Analysator in oder entgegengesetzt dem Sinne des Uhrzeigers dreht — das hängt von der Art des Quarzes ab, wie wir später sehen werden. Da der Analysator Schwingungen nicht durchläßt, die senkrecht zu seiner Hauptebene schwingen, bedeutet das, daß die Schwingungsebene des Lichtes nach dem Durchgang durch den Quarz nicht mehr parallel der Hauptebene des Polarisators ist, sondern eine Drehung erfahren hat, deren Größe gleich der Drehung des Analysators ist. Diese von F. Arago (1811) entdeckte bemerkenswerte Erscheinung wird als **„Drehung der Schwingungsebene polarisierten Lichtes"**[1]) im Quarz bezeichnet; die Kristalle, die ebenso wie Quarz, diese Eigenschaft besitzen, nennt man (nicht gerade charakteristisch) „optisch aktive" Kristalle, danach die Erscheinung selbst auch wohl „optische Aktivität". Es ist verhältnismäßig einfach, folgende Feststellungen zu machen: Die Größe der Drehung ist streng proportional der Dicke d der Quarzplatte; sie ist von der Wellenlänge des Lichtes abhängig, und zwar wächst sie mit abnehmender Wellenlänge; es gibt zwei verschiedene Arten von Quarz, von denen die eine (Rechtsquarz) die Schwingungsebene nach rechts dreht (d.h. für den dem Lichtstrahl entgegenblickenden Beobachter im Uhrzeigersinne), die andere (Linksquarz) unter gleichen Umständen um den gleichen Betrag nach links (im Gegenzeigersinne). Die Erscheinung, daß es zwei verschiedene (sog. enantiomorphe, d. h. gewendete) Modifikationen von Quarz gibt, ist nicht auf diesen beschränkt, sondern kommt allen optisch aktiven Kristallen zu, ja, überhaupt allen aktiven Substanzen (zu denen auch Flüssigkeiten gehören, wie wir später sehen werden).

Da die Drehung α proportional der Dicke ist, so kann man die Drehung pro Einheit der Länge als „spezifische Drehung" $[\alpha]$ definieren oder als „Drehungsvermögen" des betreffenden Stoffes bei der benutzten Wellenlänge und schreibt

$$\alpha = [\alpha]d;$$

dabei ist man übereingekommen, die Dicke d in Millimetern zu messen. Für Quarz gibt die folgende Tabelle die $[\alpha]$-Werte für einige Fraunhofersche Linien in Winkelgraden wieder.

λ in mμ	A(760,8)	B(686,7)	C(656,3)	D(589,3)	E(527,0)	F(486,1)	G(430,8)	H(396,8)
$[\alpha]_{20°C}$	12,704	15,742	17,314	21,724	27,552	32,766	42,630	51,119

Die nächste Tabelle gibt das Drehungsvermögen einiger einachsiger Kristalle für die D-Linie wieder (mit Ausnahme von Zinnober, für das die rote Li-Linie verwendet ist).

Tab. 21a. Drehungsvermögen einachsiger Kristalle

Kristall	Drehungsvermögen $[\alpha]$ (in °)
Zinnober	325
Benzil	24,92
Natriumperjodat	23,3
Quarz	21,7
Guanidinkarbonat	14,35
Kaliumhyposulfat	8,39
Calciumhyposulfid	2,09

Besonders bemerkenswert ist es, daß die Drehung der Schwingungsebene nur parallel der optischen Achse stattfindet; schon eine Abweichung von wenigen Minuten bringt sie zum Verschwinden[2]).

Auch bei einigen zweiachsigen Kristallen ist nach langem Suchen Drehung in Richtung der beiden Binormalen festgestellt worden, die charakteristischerweise bei beiden Achsen nicht gleich groß, ja nicht einmal von gleichem Vorzeichen zu sein braucht; das hängt von individuellen Symmetrieeigenschaften des betreffenden Kristalls ab. Einige Angaben mögen dies erläutern.

---

[1]) Gewöhnlich als „Drehung der Polarisationsebene" bezeichnet; wir vermeiden aber die Benutzung des Begriffes „Polarisationsebene".

[2]) Die Verhältnisse in der Umgebung der Achse sind sehr kompliziert. Hier soll nur so viel gesagt werden, daß sie stetig in die normalen Bedingungen übergehen, die bei nichtaktiven Kristallen existieren. Natürlich sind auch die Strahlenflächen einachsiger aktiver Kristalle in der Nähe der Achse verändert.

Tab. 21b. Drehungsvermögen zweiachsiger Kristalle

Kristall	Drehungsvermögen [α] in Richtung der Binormalen (in°)	
Rhamnose	+ 12,9	+ 5,4
Rohrzucker	+ 2,2	− 6,4
Magnesiumsulfat	+ 2,6	+ 2,6
Natriumphosphat	− 4,45	− 4,45
Seignettesalz	− 1,2	− 1,2

Die Erscheinung der optischen Drehung ist aber nicht, wie man ursprünglich zu glauben geneigt war, an die Anisotropie der Kristalle gebunden; denn J. B. Biot fand (1815), daß auch Lösungen von Rohrzucker die Schwingungsebene drehen. Seitdem sind zahlreiche organische flüssige Verbindungen (Kohlenstoffverbindungen) bekannt, die optisch aktiv sind. Schließlich entdeckte H. Marbach (1854), daß es auch reguläre Kristalle (Natriumchlorat und Natriumbromat) gibt, die optisch aktiv sind, und zwar ist hier die Drehung in allen Richtungen gleich groß. Nach Messungen von Marbach ist für Na-Licht [α] bei Natriumchlorat gleich 3,16°, bei Natriumbromat 2,17°.

Eine wichtige Tatsache ist noch festzustellen: Wenn Quarz geschmolzen wird (Quarzglas), d.h. das Raumgitter zerstört wird, verschwindet jede Spur von Drehung, ein Beweis, daß bei Quarz und allen sich analog verhaltenden Kristallen die besondere Art der Gitterstruktur die Ursache der Drehung ist; das gleiche gilt auch für die regulären Kristalle Natriumbromat und Natriumchlorat, die in Lösung absolut inaktiv sind. Anderseits zeigt die Tatsache, daß Zuckerlösung und viele andere flüssige organische Kohlenstoffverbindungen, bei denen von Gitterstruktur ja keine Rede sein kann, optisch aktiv sind, daß also für sie der Grund für die Drehung im Bau des einzelnen Moleküls liegen muß, worin die Bedeutung der optischen Aktivität für den Chemiker liegt. Schließlich ist noch eine dritte Möglichkeit vorhanden und beim kristallisierten Rohrzucker verwirklicht: hier wirken zum Zustandekommen der Drehung beide Gründe (Kristallstruktur und Atombau) zusammen.

Bisher haben wir monochromatisches Licht vorausgesetzt; jetzt lassen wir weißes Licht durch den Polarisator hindurchtreten. Durch die wellenlängenabhängige Drehung tritt nun eine Art Dispersion ein, die als „Rotationsdispersion" bezeichnet wird. Wie nun auch der Analysator steht, im allgemeinen muß das Gesichtsfeld gefärbt sein. Nehmen wir z.B. an, Polarisator und Analysator seien parallel und wir hätten eine Quarzplatte von 1 mm Dicke. Wenn dann irgendeine Wellenlänge λ des weißen Lichtes um den Winkel α_λ gedreht wird, den wir aus der mitgeteilten Tabelle (S. 398) für die Fraunhoferschen Linien A bis H entnehmen können, so ist die Intensität, die aus dem Analysator austritt, offenbar $J_\lambda \cos^2 \alpha_\lambda$, wenn J_λ die auf die Quarzplatte auffallende ursprüngliche Helligkeit der betrachteten Farbe ist. Nehmen wir noch der Einfachheit halber an, die Intensität J_λ sei für alle Wellenlängen des weißen Lichtes gleich groß, nämlich gleich 1, so wird die aus dem Analysator austretende Helligkeit für einige der angegebenen Wellenlängen:

Fraunhofer-Linien	Austretende Helligkeit	
	Analysator parallel Polarisator	Analysator senkrecht Polarisator
A	0,94	0,06
C	0,92	0,08
E	0,79	0,21
G	0,54	0,46
H	0,40	0,60

Daraus ersieht man, daß die langwelligen Linien A, (B), C bei parallelen Nicols relativ wenig geschwächt sind, da die Drehung gegen den Analysator gering ist; dagegen sind die Linien G und H auf etwa die Hälfte ihrer ursprünglichen Intensität reduziert. Umgekehrt ist es natürlich, wenn Analysator und Polarisator gekreuzt sind; dann ist die durchgelassene Intensität $J_\lambda \sin^2 \alpha_\lambda$; dann werden die rotgelben Farbtöne sehr stark geschwächt, während die grün-blau-violetten relativ stark sind. In beiden Fällen sind Farbton der Mischung und Gesamthelligkeit zueinander komplementär, wie aus der allgemeinen Betrachtung in früheren Nummern folgt.

Wir können dies Beispiel noch ein wenig weiter verfolgen: Drehen wir den Analysator aus der parallelen Stellung um einen der Drehwinkel der Linien, etwa um $17{,}31^0$, der der C-Linie zukommt, so wird diese Linie den Intensitätswert 1 bekommen, weil dann die Schwingungsebene von C und der Hauptschnitt des Analysators einander parallel sind; dagegen wird C völlig ausgelöscht, wenn der Analysator aus der gekreuzten Stellung um den gleichen Winkel gedreht wird. Die folgende Tabelle gibt die relativen Intensitäten der in Betracht gezogenen Wellenlängen in beiden Fällen an.

Braunhofer-Linien	Austretende Helligkeit Analysator zur Schwingungsrichtung von C	
	parallel	gekreuzt
A	0,98	0,02
C	1,00	0,00
E	0,96	0,04
G	0,83	0,17
H	0,69	0,31

Man sieht, wie für jede Stellung des Analysators die ursprüngliche Intensität der Wellen, die das weiße Licht bilden, abgeändert wird, so daß, wie wir behaupteten, stets Färbung eintritt. Welche Farben auftreten, hängt natürlich unter sonst gleichen Umständen von der Dicke der Platte ab. Wenn man bei Rechtsquarz den Analysator im Uhrzeigersinne dreht, so hat man für jede Stellung desselben eine bestimmte Färbung; dieselben Farben in der gleichen Reihenfolge treten auch bei Linksquarz auf, wenn der Analysator im Gegenzeigersinne gedreht wird. Man kann dies objektiv vorführen, indem man das aus dem Analysator austretende Licht spektral zerlegt und das Spektrum auf einem Schirm auffängt. Bei Drehung aus der Parallelstellung von Polarisator und Analysator sind — wenigstens bei einer Quarzplatte von 1 mm Dicke — noch alle Wellen mit von Null verschiedener, allerdings reduzierter Intensität vorhanden; drehen wir aber den Analysator aus der gekreuzten Stellung im richtigen Sinne heraus, so wird bei jeder Stellung eine Wellenlänge völlig ausgelöscht, und im Spektrum erscheint dann ein schwarzer Streifen (in der letzten Tabelle wurde die C-Linie ausgelöscht). Je weiter man den Analysator dreht, desto mehr wandert der schwarze Streifen nach dem violetten Ende des Spektrums hin: die Färbung, die auftritt, ist also stets die Komplementärfarbe zu der ausgetilgten.

Die einfachen hier beschriebenen Verhältnisse komplizieren sich, wenn die Platte so dick ist, daß sehr große Drehungen auftreten (für eine Platte von 1 cm Dicke würden die zehnfachen Werte der Drehung auftreten, die in der Tabelle auf S. 398 angegeben ist). Dann werden bei jeder Analysatorstellung mehrere Wellenlängen ausgelöscht, und dann erscheint schließlich das unzerlegte Licht wieder weiß (Weiß höherer Ordnung); ebenso sind die bei sehr dünnen Platten auftretenden Farben sehr weißlich — das ist in beiden Fällen genau so wie bei den im Vorhergehenden besprochenen Interferenzen im polarisierten Licht (vgl. S. 386). Der Leser möge sich einmal die Verhältnisse bei einer Plattendicke von 0,1 mm überlegen: dann wird die A-Linie nur um $1{,}27^0$, die H-Linie nur um $4{,}19^0$ gedreht.

Nun zu einigen Demonstrationsversuchen: Die Drehung der Schwingungsebene in Quarzplatten läßt sich sehr schön mit Hilfe des Tyndalleffektes in folgender Weise zeigen: Wie wir auf S. 326 und in Abb. 349 sahen, findet Streuung von polarisiertem

52. Drehung der Schwingungsebene polarisierten Lichtes

Licht an einem trüben Medium in einer Richtung senkrecht zum einfallenden Strahl nur dann statt, wenn der elektrische Vektor des einfallendes Lichtes senkrecht zur Streurichtung schwingt. In Abb. 407 fällt von rechts ein polarisiertes einfarbiges Lichtbündel in einen mit Wasser gefüllten Glastrog; dem Wasser wurde zur Trübung eine kleine Menge einer alkoholischen Mastixlösung zugesetzt. Die Schwingungsebene des einfallenden Lichtes liegt parallel der Papierebene. Infolgedessen findet Streuung des Lichtes im Trog auf den Beschauer hin statt. In das Wasser sind nun im Abstand von einigen Zentimetern zwei gleich dicke Quarzplatten eingehängt, deren Dicke so gewählt wurde, daß für die einfallende Wellenlänge die Schwingungsebene gerade um

Abb. 407. Versuch zum Nachweis der Drehung der Schwingungsebene polarisierten Lichtes in Quarzplatten

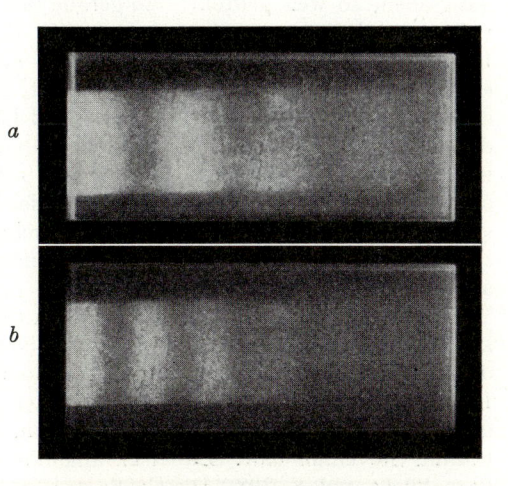

Abb. 408. Sichtbarmachung der Drehung der Schwingungsebene des Lichtes in einem schwach trüben Quarz
a) bei rotem Licht; *b*) bei grünem Licht

$90°$ gedreht wird. Zwischen den Platten liegt also die Schwingungsebene des Lichtes senkrecht zur Papierebene, so daß **keine Streuung auf den Beobachter zu erfolgt**; hinter der zweiten Quarzplatte ist aber nach insgesamt $180°$ Drehung derselbe Zustand wie vor der ersten Platte hergestellt, so daß wieder Streuung auf den Beobachter zu erfolgt. Blickt man dagegen von oben in den Trog; etwa über einen unter $45°$ geneigten Spiegel, so erblickt man nur zwischen den beiden Platten Streulicht, während vor und hinter den Platten Dunkelheit herrscht. — Läßt man in einen schwach trüben Quarz (Milchquarz) polarisiertes monochromatisches Licht in Richtung der optischen Achse einfallen (Abb. 408) und betrachtet senkrecht zu der Schwingungsebene das im Quarz gestreute Licht, so beobachtet man eine Streuung in einzelnen, gleich weit voneinander entfernten Zonen. Von Zone zu Zone hat sich der Lichtvektor des einfallenden Lichtes je um $180°$ weitergedreht, dazwischen liegen Stellen, an denen der Lichtvektor in Richtung auf den Beobachter zu schwingt und folglich keine Lichtstreuung sichtbar wird. Abb. 408a wurde mit rotem, Abb. 408b mit grünem Licht aufgenommen. Da rotes Licht eine kleinere Drehung als grünes erfährt, liegen die hellen Stellen beim roten Licht weiter auseinander als beim grünen. In Wirklichkeit sind die hellen Zonen Stücke einer (hellen) **Schraubenlinie**, die sich durch den Quarz windet, da beim Fortschreiten der Strahlen in Richtung der Achse dauernd Drehung der Schwingungsebene stattfindet; in der Projektion auf die Papierebene ist es gerade eben erkennbar, daß die Streifen nicht vertikal, sondern geneigt sind, wie es der Ganghöhe der Schraube entspricht. Besser erkennt man den Sachverhalt, wenn man diesen Versuch an einem zylindrisch geschliffenen Milchquarz mit weißem Licht ausführt: dann beobachtet man eine farbige Schraubenlinie, die sich um die Richtung der optischen Achse mehrfach herumschlingt. — Kittet man eine Anzahl Glaswürfel aus schwach trübem Glas unter Zwischenschaltung von senkrecht zur optischen Achse geschnittenen Quarzplatten zusammen und durchstrahlt einen solchen Glaskörper in seiner Längsrichtung mit linear polarisiertem Licht, so kann man es bei richtig gewählter Dicke der Quarzplatten erreichen, daß bei seitlicher Betrachtung des Glasstabes die einzelnen Glaswürfel in den verschiedenen „Drehungsfarben" erscheinen. Wird nämlich beim Durchgang des Lichtes durch die erste Quarzplatte seine Schwingungsebene so weit gedreht, daß gerade das violette Licht senkrecht zur Beobachtungsrichtung schwingt, so erscheint das in dem nachfolgenden Glaswürfel abgebeugte Licht violett. Bei Durchgang durch die nächste Quarzplatte wird die Schwingungsebene des Lichtes etwas weiter verdreht, so daß der folgende Glaswürfel z. B. blau erscheint, usw. Die obere Hälfte von Bild 12 auf Tafel II zeigt in einer Farbaufnahme diesen Versuch. Die Einstrahlung des linear polarisierten Lichtes erfolgt dabei von links. Ändert man die Blickrichtung um $90°$, indem man statt von der Seite von oben oder unten auf den Glasstab schaut, so sieht man die einzelnen Glaswürfel in den entsprechenden Komplementärfarben aufleuchten. Dies zeigt der untere Teil von Bild 12 auf Tafel II, der über einen unter $45°$ geneigten Spiegel zugleich mit dem oberen Bild aufgenommen wurde.

Außer den oben genannten Kristallen drehen, wie schon gesagt, sehr viele Flüssigkeiten und Lösungen die Schwingungsebene des polarisierten Lichtes. Nach rechts drehen z.B. deutsches Terpentinöl, Limonen, alkoholische Kampferlösung, wässerige Lösungen von Rohrzucker, Traubenzucker, Mandelsäure, Weinsäure usw.; nach links drehen französisches Terpentinöl, Nikotin, wässerige Lösungen von Gummiarabikum, Chinin, Strychnin usw. (Dabei ist angenommen, daß der Beobachter dem Strahl entgegenblickt, vgl. S. 398.) Die Größe der Drehung ist bei Lösungen der Konzentration c und der Länge des Lichtweges in der Lösung proportional

(228) $$\alpha = [\alpha] \frac{cd}{100}.$$

Da die Drehung wesentlich kleiner als bei Quarz ist, gibt man d in Dezimetern an; c bedeutet die Anzahl Gramme der aktiven Substanz in 100 cm³ Lösung; $[\alpha]$, das spezifische Drehungsvermögen der aktiven Substanz, ist also die Drehung, die eine 1 dm lange Schicht zeigt, wenn in 100 cm³ Lösung 100 Gramm aktive Substanz enthalten sind.

Die spezifische Drehung von in Wasser gelöstem Rohrzucker beträgt für Natriumlicht $[\alpha]_D = 66,5°$, d.h. der Drehwinkel, den eine d dm lange Schicht einer Lösung erzeugt, die c Gramm Rohrzucker in 100 cm³ Lösung enthält, beträgt:

$$\alpha_D = 0{,}665\, c \cdot d$$

Da die Drehung für die verschiedenen Farben verschieden ist, gibt man $[\alpha]$ meistens für die D-Linie an.

Polarimeter. Die Messung der Drehung der Schwingungsebene ist ein einfaches und wertvolles Mittel zur Bestimmung der Konzentration eines optisch aktiven Stoffes, z.B. des Zuckers im Harn; dabei kann die Messung in Gegenwart anderer optisch nicht drehender Lösungspartner durchgeführt werden, so daß diese nicht abgetrennt zu werden brauchen. Aus der letzten Gleichung folgt für die Konzentration c von Rohrzucker:

$$c = 1{,}503 \cdot \frac{\alpha_D}{d}.$$

Zur Messung der Drehung dienen die **Polarimeter**, die, falls sie zum Zwecke der Zuckerbestimmung dienen sollen, auch **Saccharimeter** genannt werden. Das einfachste Polarimeter nach E. Mitscherlich (1844) besteht aus einer Lichtquelle, einem Polarisator und einem drehbaren, mit Teilkreis versehenen Analysator zwischen Polarisator und Analysator kann eine Glasröhre gebracht werden, die an beiden Enden mit ebenen Glasplatten verschlossen ist und die zu untersuchende Flüssigkeit enthält. Durch Einstellung des Analysators auf völlige Dunkelheit ohne und mit eingeschalteter Flüssigkeitsschicht erhält man den Drehwinkel. Diese Einstellung auf völlige Dunkelheit des Gesichtsfeldes ist indessen recht unsicher. Es sind daher besondere Hilfsmittel ausgebildet worden, die eine bessere Einstellung des Analysators ermög-

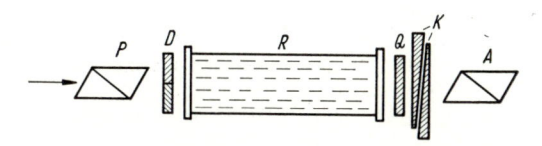

Abb. 409. Aufbau eines Polarimeters mit Quarzkeilkompensator

lichen. Dies läßt sich z. B. mit der von N. Soleil angegebenen Doppelplatte aus Quarz erreichen. Sie besteht aus zwei senkrecht zur optischen Achse geschnittenen, nebeneinander auf eine Glasplatte aufgekitteten Quarzplatten, eine rechts-, eine linksdrehend und beide 3,75 mm dick. Bei dieser Dicke erfährt gelbgrünes Licht eine Drehung um etwa 90°, was an der Tabelle auf S. 398 kontrolliert werden kann. Schaltet man diese Doppelplatte zwischen parallel gestellten Nicols ein, so wird bei Benutzung von weißem Licht gerade der gelbgrüne Anteil des Spektrums ausgelöscht, und das ganze Gesichtsfeld erscheint in der Komplementärfarbe, nämlich in einem rötlichen Violett, der sog. „empfindlichen Farbe". Bringt man dann zwischen die Nicols noch die mit einer drehenden Substanz gefüllte Röhre, so wird, wenn diese etwa nach rechts dreht, die Rechtsdrehung der einen Plattenhälfte vermehrt, die Linksdrehung der anderen Hälfte vermindert. Infolgedessen erscheint die eine Hälfte des Gesichtsfeldes mehr blau, die andere mehr rot gefärbt. Man braucht dann nur den Analysator so weit nachzudrehen, bis das ganze Gesichtsfeld wieder die ursprüngliche empfindliche Farbe zeigt; selbst kleine Drehungen lassen sich auf diese Weise gut messen, da das Auge in hohem Maße die Fähigkeit besitzt, die Farbgleichheit von zwei aneinanderstoßenden Feldern zu beurteilen (sog. Einstellung auf Ununterscheidbarkeit).

Statt den Analysator zu verstellen, kann man die optische Drehung auch mit dem Quarzkeilkompensator von N. Soleil ausgleichen. Wie Abb. 409 zeigt, befindet sich zu diesem Zweck zwischen den parallel gestellten Nicols P und A außer der Soleilschen Doppelplatte D und der Röhre R mit der zu untersuchenden Flüssigkeit eine Platte Q aus rechtsdrehendem Quarz und zwei gleiche aus linksdrehendem Quarz geschnittene Keile K, die gegeneinander meßbar verschieblich sind. Bei einer bestimmten Stellung bilden sie zusammen eine Quarzplatte, die ebenso dick wie Q ist und daher deren Rechtsdrehung aufhebt. Durch Verschieben der beiden Keile gegeneinander in der einen oder anderen Richtung kann man also in Kombination mit der Platte Q eine beliebige Drehung der Schwingungsebene in dem einen oder anderen Sinne erzielen und dadurch die durch die Lösung verursachte Drehung aufheben. Da sich die Veränderung der Dicke der beiden Keile leicht mit einer Mikrometerschraube auf 0,01 mm genau ablesen läßt und man aus den oben gemachten Angaben leicht berechnet, daß eine Zuckerlösung, die auf 100 cm³ Lösung 16,35 Gramm Zucker enthält, in einer 20 Zentimeter langen Röhre (mit einer Genauigkeit von 0,1%) eine ebenso starke Drehung wie eine 1 mm dicke Quarzplatte bewirkt, braucht man die an der Mikrometerschraube abgelesene Zahl nur mit 16,35 zu multiplizieren, um die in 100 cm³ enthaltene Zuckermasse zu ermitteln.

Ein weiteres Verfahren zur genauen Einstellung der Drehung einer aktiven Substanz wird bei dem Halbschattenpolarimeter von F. Lippich (1882) benutzt, das in Abb. 410 skizziert ist. Das Charakteristische dieser Konstruktion ist der Lippich-Polarisator, der aus dem normalen Polarisationsprisma P und einem dahinter geschalteten zweiten Polarisator, dem „Halbprisma" P' besteht, dessen Dimensionen so bestimmt sind, daß es die Hälfte des Gesichtsfeldes bedeckt. Die Lichtstrahlen, die von der Lichtquelle Q kommen, werden durch die Linse L parallel gemacht und durchsetzen auf der linken Hälfte des Gesichtsfeldes nur das normale Polarisationsprisma

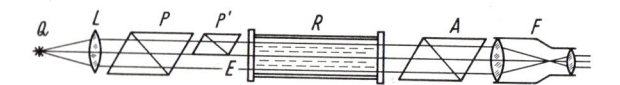

Abb. 410. Aufbau des Halbschattenpolarimeters nach Lippich

P, auf der rechten Hälfte auch noch das Halbprisma P'. Die Strahlen gehen dann durch die Röhre R mit der zu untersuchenden Flüssigkeit und den dahinter befindlichen Analysator A; hinter diesem befindet sich ein kleines astronomisches Fernrohr, das auf die vordere Kante E des (etwas geneigten) Halbprismas P' scharf eingestellt wird; diese Kante ist in der Mitte des Gesichtsfeldes als scharfe Trennungslinie sichtbar.

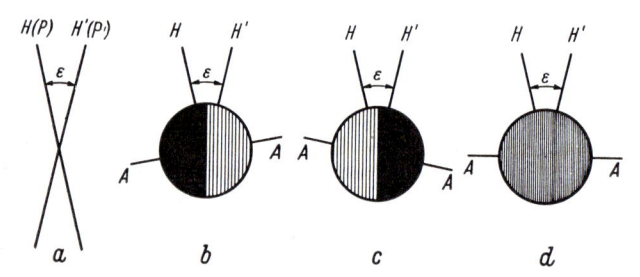

Abb. 411. Zur Wirkungsweise des Halbschattenpolarimeters von Lippich

Der entscheidende Punkt ist nun der, daß die Hauptschnitte H des normalen Polarisationsprismas P und H' des Halbprismas P' um einen kleinen Winkel ε gegeneinander geneigt sind, wie Abb. 411a zeigt. Kreuzt man nun den Analysator mit dem Hauptschnitt H von P, so ist die linke Hälfte des Gesichtsfeldes völlig dunkel, die rechte noch mäßig erhellt (Abb. 411b). Dreht man den Analysator dagegen um den Winkel ε, so daß er nun gekreuzt mit dem Hauptschnitt H' von P' ist, so ist die rechte Seite des Gesichtsfeldes dunkel, die linke mäßig erhellt (Abb. 411c). Dreht man den Analysator so, daß er senkrecht zur Halbierenden des Winkels ε zwischen H und H' steht, so werden beide Felder gleich hell, was das Auge mit großer Genauigkeit feststellt (Abb. 411d). Die Halbschattenmethode ist um so empfindlicher, je kleiner man den Halbschattenwinkel ε macht; um diesen etwas regulieren zu können, kann durch Drehung von P' gegen P der Winkel ε in kleinen Grenzen verändert werden. Natürlich wird das Feld um so dunkler, je kleiner ε gewählt wird; deshalb bedarf man einerseits heller (im übrigen beliebiger) Lichtquellen, anderseits muß man ein Kompromiß schließen zwischen Verkleinerung von ε und Verminderung der Helligkeit des Gesichtsfeldes. Die Analysatorstellung läßt sich mit Hilfe von Nonien auf etwa 1' feststellen.

Der wesentliche Vorteil des „Halbschattenprinzips" oder Kontrastprinzips ist, daß Abweichungen von der Stellung d sich sehr scharf durch gegensinnige Helligkeitsänderungen der beiden Felder bemerkbar machen. Einstellung auf größte Dunkelheit des ganzen Felds wäre wesentlich unempfindlicher. Daher wird dieses Prinzip auch in anderen photometrischen Instrumenten angewandt.

Kinematische Erklärung der Drehung der Polarisationsebene. Wie in Bd. I gezeigt ist, kann man sich jede geradlinige Schwingung zusammengesetzt denken aus zwei entgegengesetzt umlaufenden Kreisschwingungen mit halber Amplitude und gleicher Schwingungszahl. Man kann daher auch jede linear polarisierte Lichtwelle zerlegen in zwei zirkular polarisierte, entgegengesetzt umlaufende Lichtwellen von halber Amplitude und gleicher Frequenz. Das ist eine rein mathematische Umformung, die zunächst mit Physik nichts zu tun hat. Fresnel aber nahm an, daß bei Fortpflanzung parallel der Achse einer aktiven Substanz diese zirkularen Wellen wirkliche Realität besitzen und sich mit verschiedener Geschwindigkeit weiterbewegen. Davon ist dann die Folge, daß sich diese beiden zirkularen Wellen nach dem Austritt aus der aktiven Substanz wieder zu einer linear polarisierten zusammensetzen, deren Schwingungsebene aber gegenüber der einfallenden Welle um einen bestimmten Winkel gedreht ist, der

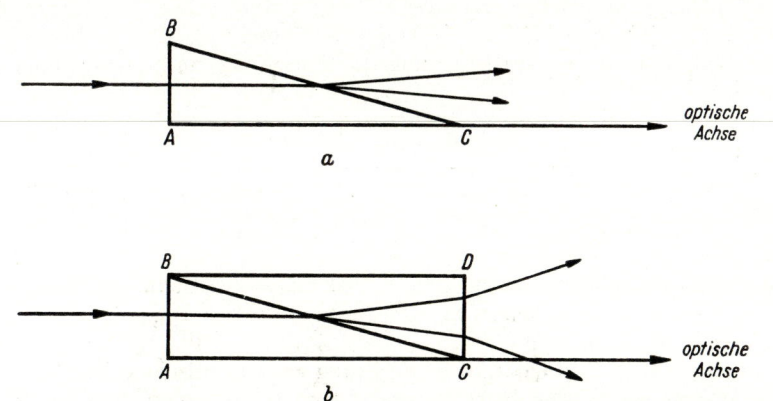

Abb. 412. Versuch von Fresnel zur Erklärung der Drehung der Polarisationsebene
(In Abb. a sind beide Strahlen nach unten abgelenkt zu denken.)

bei gleicher Wegstrecke um so größer ausfällt, je größer die Differenz der Geschwindigkeiten ist[1]). Fresnel hat seine Auffassung durch einen geistreichen Versuch bestätigt. Abb. 412a stellt den Schnitt eines rechtwinkligen Prismas aus Quarz dar, dessen eine Seitenfläche BC einen sehr kleinen Winkel mit der optischen Achse AC bildet, die ihrerseits senkrecht auf der Eintrittsfläche AB für das einfallende linear polarisierte Licht steht; dieses wird daher bei Eintritt in das Prisma nicht gebrochen. Wenn sich nun wirklich der parallel der Achse auffallende linear polarisierte Lichtstrahl im Innern des Prismas in zwei entgegengesetzt zirkular polarisierte Strahlen verschiedener Geschwindigkeit aufspaltet, so wird sich dies im Innern allerdings nicht bemerkbar machen, da die Strahlen nicht räumlich getrennt sind, wohl aber im Außenraum, da dann an der schrägen Fläche BC wegen der verschiedenen Brechungsindices eine Aufspaltung eintritt, die in der Abbildung angedeutet ist. Dies ist wirklich der Fall, womit die These Fresnels bewiesen ist. Fresnel hat übrigens den Versuch noch verbessert, indem er zwei Prismen, das eine aus Rechtsquarz, das andere aus Linksquarz, in der aus Abb. 412b ersichtlichen Weise zusammenkittete. Der von links auf AB (wie vorhin) einfallende Strahl trennt sich wieder beim Auftreffen auf die schräge Fläche BC; aber jetzt ist die Aufspaltung größer: der im ersten Prisma raschere zirkular polarisierte Strahl geht im zweiten Prisma als der langsamere weiter und umgekehrt. Das Verhältnis der relativen Brechungsquotienten beim Übergang von R- zu L-Quarz ist dann gleich dem Quadrat dessen beim Übergang von Quarz zu Luft, und außerdem ist der eine > 1, der andere < 1. Außerdem tritt noch

---

[1]) Größere Geschwindigkeit der rechts-zirkularen Schwingung bedeutet Drehung der Polarisationsebene nach rechts und umgekehrt.

einmal eine Brechung beim Austritt in Luft ein; die Abbildung gibt das Doppelprisma in ungefähr natürlicher Größe wieder. Wenn die beiden austretenden Strahlen mit einem Analysator geprüft werden, so zeigen sie bei jeder Stellung des letzteren gleiche Helligkeit, ein Beweis, daß es sich um zirkular polarisiertes Licht handelt, das man durch Einführung eines $\frac{\lambda}{4}$-Plättchens in linear polarisiertes Licht zurückverwandeln kann.

Die schon erwähnte Tatsache, daß auch reguläre Kristalle, wie Natriumbromat und Natriumchlorat, die Schwingungsebene des Lichtes drehen, gewinnt nun ein besonderes Interesse; denn es besitzt demnach ein solcher regulärer Kristall zwar für linear polarisierte Wellen keine Doppelbrechung, wohl aber für zirkular polarisierte Wellen. Man hat daher das Phänomen der Drehung der Schwingungsebene auch als „zirkulare Doppelbrechung" im Gegensatz zu der „linearen Doppelbrechung" bezeichnet. Um einen Begriff von der Kleinheit der zirkularen Doppelbrechung zu geben, ist in der folgenden Tabelle die Differenz der beiden Brechungsquotienten n_R und n_L für einige Kristalle angegeben.

Kristall	$n_R - n_L$
Natriumchlorat	0,000008
Natriumbromat	0,000007
Quarz	0,000071

Vergleicht man diese Werte mit den auf S. 364 angegebenen für die lineare Doppelbrechung, so sieht man, daß selbst für Quarz die zirkulare Doppelbrechung mehr als 100mal kleiner ist als jene.

Die Doppelbrechung des Quarzes in Richtung seiner optischen Achse für zirkular polarisierte Wellen macht sich bereits störend bemerkbar, wenn man ein Prisma aus kristallinem Quarz in einem Spektralapparat benutzen muß: um die gewöhnliche Doppelbrechung zu vermeiden, muß man das Licht parallel der optischen Achse durchgehen lassen, wie bei jeder doppelbrechenden Substanz (vgl. S. 363). Beim Quarz aber werden auch in Richtung der optischen Achse alle Spektrallinien in zwei eng benachbarte Linien aufgespalten, die entgegengesetzt zirkularpolarisiert sind (Abb. 413a). Man kann nach A. Cornu (1881) diese Doppelbrechung des Quarzes in Richtung der Achse unschädlich machen, indem man die Prismen zur Hälfte aus R-Quarz, zur anderen Hälfte aus L-Quarz zusammensetzt (Cornuprisma, Abb. 413b).

Auf einen Punkt sei noch besonders hingewiesen: Die Drehung erfolgt in einem bestimmten Stoff für den Beobachter, der dem Licht entgegenblickt, stets in ein

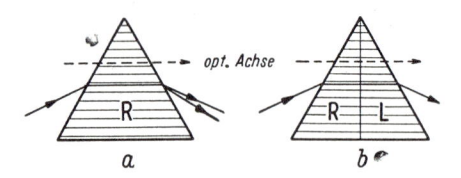

Abb. 413. Quarzprisma mit (a) und ohne (b) zirkulare Doppelbrechung in Richtung der optischen Achse

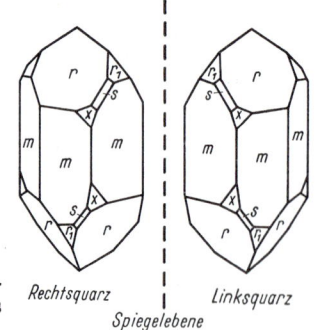

Abb. 414. Kristallform eines rechtsdrehenden und linksdrehenden Quarzes

und derselben Richtung; läßt man daher linear polarisiertes Licht in eine drehende Substanz eintreten und an der Rückseite wieder vollkommen reflektieren, so daß der

Strahl das Medium zweimal in entgegengesetzter Richtung durchläuft, so ist die gesamte Drehung gleich Null. Diese Eigenschaft der optisch aktiven Stoffe unterscheidet die sog. „natürliche Aktivität" von einer anderen künstlich durch ein Magnetfeld erzeugten Aktivität. Diese wird nicht rückgängig gemacht, wenn man den Lichtstrahl das magnetisierte Medium zweimal in entgegengesetzter Richtung durchlaufen läßt, man bekommt vielmehr auf diese Weise die doppelte Drehung. Wir kommen gleich noch einmal auf diese Frage zurück (Nr. 53).

Wir wenden uns nun zur Frage der physikalischen Erklärung der optischen Drehung. Betrachtet man Kristalle von einem rechtsdrehenden und einem linksdrehenden Quarz (Abb. 414), so zeigen diese, die sich physikalisch und chemisch sonst nicht unterscheiden, in ihrer Tracht insofern einen Unterschied, als der eine kristallographisch das Spiegelbild des anderen ist; beide Kristalle lassen sich nicht zur Deckung bringen. Sie verhalten sich wie die rechte und linke Hand oder wie ein rechtshändiges zu einem linkshändigen Koordinatensystem. Wird ein solches System an einer Koordinatenebene gespiegelt, so schlägt es in den entgegengesetzten Typus um. Genau das nämliche Verhalten zeigen auch eine „Rechtsschraube" und eine „Linksschraube" zueinander. Dreht man die erstere im Uhrzeigersinne, so schraubt sie sich vorwärts, während die letztere sich rückwärts bewegt. Auch eine Rechtsschraube geht durch Spiegelung in eine Linksschraube über. In der Kristallographie nennt man zwei solche spiegelbildliche Kristallformen „enantiomorph" (gewendet). Eine solche Spiegelbildisomerie ist ohne Ausnahme von optischer Aktivität begleitet, deren Ursache im Aufbau des Kristallgitters zu suchen ist. Wie wir in Bd. II bei der Besprechung der Piezoelektrizität zeigten, ist die Anordnung der Si-Atome im Quarz schraubenförmig zu denken, und der Drehsinn dieser Schraube gibt an, ob wir es mit einem rechts- oder linksdrehenden Quarz zu tun haben. Nach E. Reusch (1869) kann man sogar durch eine schraubenförmige Anordnung von nicht drehenden Kristallplättchen, also gewissermaßen makroskopisch, die schraubenförmige Struktur drehender Substanzen nachahmen. (Reuschsche Glimmerkombinationen). Schichtet man z.B. eine größere Anzahl dünner Plättchen von Glimmer so aufeinander, daß die Schwingungsrichtungen jedes folgenden Plättchens gegen die des vorangehenden um den gleichen Winkel (z.B. 30° oder 45°) gedreht sind, so verhält sich diese Kombination wie ein optisch aktiver Kristall; sie dreht die Schwingungsebene linear polarisierten Lichtes. Bild 6 auf Tafel II zeigt die Farbenerscheinung für eine solche Kombination aus drei um je 120° verdrehten Glimmerplättchen zwischen gekreuzten Nicols im parallelen Licht: Im Mittelfeld die Aufhellung durch die Zirkularpolarisation; außen die Interferenzfarben je nach Dicke und Orientierung jedes der drei Plättchen.

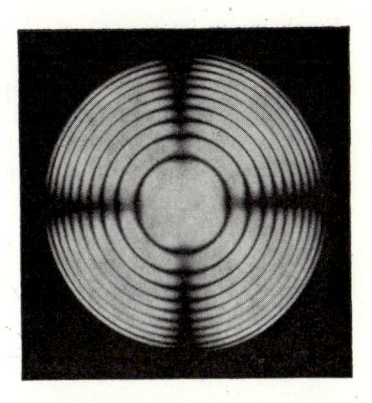

Abb. 415. Senkrecht zur optischen Achse geschnittene Quarzplatte im konvergenten polarisierten Licht zwischen gekreuzten Nicols

Ein paar Worte sind noch zu sagen über die Interferenzerscheinungen, die einachsige optisch-aktive Kristalle (z.B. Quarz) im konvergenten Licht zeigen. Das Verhalten von Platten, die senkrecht zur optischen Achse geschnitten sind, ist ohne weiteres verständlich. Denn alle Strahlen, die geneigt zur Achse verlaufen, geben wieder Veranlassung zu abwechselnd hellen und dunklen Kreisringen, wie bei nichtaktiven Substanzen; auch das schwarze Kreuz parallel den Hauptschnitten des Polarisators und Analysators ist vorhanden, allerdings mit einer Variante im Zentrum: in der Achse selbst und ihrer unmittelbaren Umgebung kann es nicht auftreten, da hier die Drehung der Schwingungsebene stattfindet. Das Zentrum der Erscheinung ist gefärbt, entsprechend der Dicke der Platte, wie bei parallelem Strahlengang (S. 399); erst außerhalb setzt das schwarze Kreuz an. Das zeigt Abb. 415 für gekreuzte Nicols.

Verwendet man zirkularen Polarisator und zirkularen Analysator, so bleiben nur die Ringe übrig, wie bei nichtaktiven Kristallen.

Die Schraubenstruktur des Quarzes kommt besonders deutlich zum Ausdruck, wenn man im konvergenten Licht, das die Erscheinung der Abb. 415 liefert, zwischen Platte und Analysator ein $\frac{\lambda}{4}$-Plättchen in Diagonalstellung einschiebt. Die zu erwartende

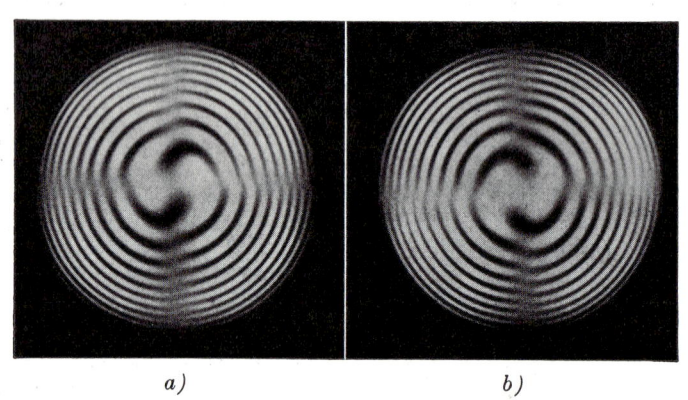

Abb. 416. Zweifache Airysche Spiralen bei einem Rechtsquarz (a) und einem Linksquarz (b)

Erscheinung ist von G. B. Airy (1831) theoretisch untersucht und gefunden worden. Wenn die Platte aus Rechtsquarz besteht, erhält man zwei von links nach rechts (im Uhrzeigersinne) gewundene Spiralen (Abb. 416a), während ein Linksquarz zwei entgegen dem Uhrzeiger gewundene Spiralen liefert (Abb. 416b): die sogenannten zweifachen Airyschen Spiralen. Erwähnt sei nur noch, daß man vierfache Airyschen Spiralen bekommt, wenn das konvergente Licht zwei gleich dicke R-

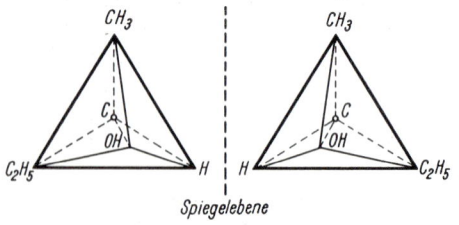

Abb. 417. Zwei spiegelbildliche Formen des Moleküls von optisch-aktivem Butylalkohol
$C_2H_5CH_3CHOH$

und L-Quarze hintereinander durchsetzt; der Windungssinn hängt davon ab, ob zuerst der R-Quarz oder der L-Quarz durchstrahlt wird. — Übrigens kann man alle diese Versuche auch mit den Reuschschen Glimmerkombinationen anstellen.

Anordnung der Atome, Moleküle oder Ionen im Raumgitter ist nur bei festen Körpern möglich, während die Moleküle von Flüssigkeiten und Gasen sich frei bewegen. Die Drehung der Schwingungsebene polarisierten Lichtes durch flüssige oder gasförmige Stoffe muß daher ihre Ursache im Bau der Moleküle selbst haben. Nachdem bereits L. Pasteur (1848) die Vermutung ausgesprochen hatte, daß die optisch-aktiven Moleküle einen asymmetrischen Bau haben müßten, entdeckten J. H. van't Hoff (1875) und J. A. Le Bel (1874), daß allgemein in optisch-aktiven Verbindungen organischer Stoffe mindestens ein **asymmetrisches Kohlenstoffatom** vorkommt, d.h. ein C-Atom, das mit vier ungleichen Atomen oder Atomgruppen verbunden ist. Nach van't Hoff hat man sich das zentrale C-Atom in der Mitte eines Tetraeders zu denken, an dessen vier Ecken die verschiedenen Atome oder Atomgruppen sitzen. In Abb. 417 sind zwei spiegelbildliche Formen des Moleküls des optisch-aktiven Butylalkohols ($C_2H_5CH_3CHOH$) dargestellt, die sich nicht zur Deckung bringen lassen und von denen die eine Form optisch rechtsdrehend, die andere linksdrehend ist. Der Drehsinn ist durch die Anordnung der Atomgruppen, H, OH, CH_3, C_2H_5, um das zentrale C-Atom bedingt. Man bezeichnet solche Stoffe als **optische Antipoden** oder **Enantiostereoisomere** und unterscheidet sie häufig durch die Zeichen d (von dexter = rechts) und l (von laevus = links), im obigen Fall also d-Butylalkohol und l-Butylalkohol. Ein Gemisch gleicher Teile einer d-und l-Form ist natürlich optisch-inaktiv. Man nennt ein solches Gemisch nach der Traubensäure (acidum racemicum), an der diese Erscheinung zuerst beobachtet wurde, auch **Racemverbindung**.

K. F. Lindman hat (1920) ein optisch-aktives Medium in der Weise nachgebildet, daß er in einen Kasten, eine große Anzahl spiralförmiger Resonatoren mit gleichem Windungssinn oder auch eine große Anzahl asymmetrischer tetraedrischer Molekülmodelle einbrachte. Durch den Kasten wurden elektrische Wellen ($\lambda = 25$ cm) geschickt. In beiden Fällen trat wirklich eine Drehung der Schwingungsebene der elektrischen Wellen ein, die auch quantitativ in Übereinstimmung mit der zu erwartenden Größe stand.

53. Magneto- und elektrooptische Phänomene

Bereits vor mehr als 100 Jahren hat Faraday zur Bekräftigung seiner schon damals gehegten Vermutung, daß das Licht ein elektromagnetischer Vorgang sei, Versuche gemacht, um einen Einfluß magnetischer und elektrischer Felder auf optische Erscheinungen zu finden. In der Tat beobachtete er 1846, daß ein magnetisches Feld die Schwingungsebene linear polarisierten Lichtes dreht. Auf diese Erscheinung werden wir weiter unten genauer eingehen, nachdem wir sie in einen größeren Zusammenhang mit neueren Ergebnissen eingeordnet haben.

Der Zeeman-Effekt. Im Jahre 1896 entdeckte P. Zeeman das heute nach ihm benannte Phänomen, wonach die Strahlung einer monochromatischen Lichtquelle durch ein Magnetfeld verändert wird. Auch diesen Versuch hat bereits Faraday angestellt; das Ergebnis fiel aber negativ aus und mußte, wie wir heute wissen, negativ ausfallen, weil man damals nicht über hinreichend starke Magnetfelder und Spektralapparate von genügendem Auflösungsvermögen (Gitter und Interferenzspektrometer) verfügte. Zeeman arbeitete ursprünglich mit dem Licht der D-Linien, das von einer leuchtenden Na-Flamme ausgesendet wird; er brachte die Flamme zwischen den Polen eines starken Elektromagneten an und untersuchte sowohl parallel wie auch senkrecht zu den magnetischen Kraftlinien, ob die ausgestrahlten Frequenzen sich änderten, und ob Polarisationserscheinungen an der (normalerweise unpolarisierten) emittierten Strahlung erkennbar würden. Er beobachtete in der Tat sowohl eine Verbreiterung der ausgesandten Spektrallinien wie auch das Auftreten von Polarisation an den Rändern derselben. Damit war bereits grundsätzlich das erreicht, was Faraday ohne Erfolg angestrebt hatte. (Die Na-Linien sind als erstes Untersuchungsobjekt übrigens ungeeignet, schon wegen der Komplikation, daß sie ein Dublett bilden)[1].

H. A. Lorentz, dem Zeeman von seinen vorläufigen Ergebnissen berichtet hatte, untersuchte nun, was man bei Zugrundelegung eines möglichst einfachen Modells der Lichtquelle theoretisch zu erwarten hätte. Er nahm an, daß in der Lichtquelle geladene Teilchen Schwingungen ausführen, analog dem Hertzschen Oszillator, dessen Strahlung wir in Bd. II genau untersucht haben. Wir greifen ein schwingendes Teilchen (Masse m, Ladung e) heraus; bei einer Verrückung r aus der Ruhelage im Molekül (oder

---

[1] Vgl. hierzu S. 412.

Atom) werde es durch eine zurücktreibende Direktionskraft (Bd. I) $-a^2r$ in diese zurückgezogen; es führt dann Schwingungen um dieselbe aus mit einer Eigenfrequenz

$$\nu_0 = \frac{1}{2\pi}\sqrt{\frac{a^2}{m}}.$$

Wir projizieren die (i. a. elliptische) Bahn des Teilchens auf die drei Achsen (x,y,z) eines Koordinaten-Systems, wobei wir dessen Anfangspunkt in die Ruhelage des Teilchens legen; wir haben dann in allen drei Richtungen die nämliche Schwingungsgleichung:

$$\frac{d^2x}{dt^2} + 4\pi^2\nu_0^2 x = 0; \quad \frac{d^2y}{dt^2} + 4\pi^2\nu_0^2 y = 0; \quad \frac{d^2z}{dt^2} + 4\pi^2\nu_0^2 z = 0.$$

Alle drei Freiheitsgrade des Teilchens führen identische Schwingungen der Frequenz ν_0 aus, und da die einzelnen Teilchen in der Lichtquelle ganz unregelmäßig angeordnet sind, sendet die Lichtquelle nach allen Seiten unpolarisiertes („natürliches") Licht aus.

Nun werde ein homogenes Magnetfeld von der Feldstärke H am Ort der Lichtquelle erzeugt, und zwar so, daß die Richtung von H mit der positiven z-Achse zusammenfällt; die z-Komponente der Schwingung erfolgt also parallel zu den Kraftlinien, während die x- und y-Komponenten in der zum Felde senkrechten xy-Ebene liegen. Da das Teilchen eine Ladung trägt, stellt seine Bewegung einen elektrischen Strom dar, auf den das Magnetfeld eine Kraft K ausübt, die nach dem Biot-Savartschen Gesetz für eine bewegte Ladung (Bd. II) den Betrag $K = \dfrac{ev}{c}H$ hat und senkrecht zur Geschwindigkeitsrichtung steht. Daraus folgt zunächst, daß die z-Komponente der Schwingung vom Magnetfeld nicht beeinflußt wird, insbesondere ihre Frequenz ν_0 unverändert beibehält. Das Feld kann also nur auf die in der xy-Ebene schwingenden Komponenten einwirken; die Hinzufügung der Biot-Savartschen Kraft bewirkt eine Abänderung der Schwingungsgleichungen in der x- und y-Richtung, so daß sie nunmehr lauten:

$$\frac{d^2x}{dt^2} + 4\pi^2\nu_0^2 x - \frac{eH}{mc}\frac{dy}{dt} = 0; \quad \frac{d^2y}{dt^2} + 4\pi^2\nu_0^2 y + \frac{eH}{mc}\frac{dx}{dt} = 0; \quad \frac{d^2z}{dt^2} + 4\pi^2\nu_0^2 z = 0.$$

Die beiden ersten Gleichungen für die x- und y-Komponente sind (durch das Magnetfeld) gekoppelt; man kann einfachere Gleichungen erhalten, indem man die zweite mit $i = \sqrt{-1}$ multipliziert und einmal zur ersten addiert, einmal subtrahiert; damit erhält man für die Größen $x + iy = \varrho$, $x - iy = \sigma$ folgende Gleichungen:

$$\frac{d^2\varrho}{dt^2} + 4\pi^2\nu_0^2\varrho + \frac{eHi}{mc}\frac{d\varrho}{dt} = 0,$$

$$\frac{d^2\sigma}{dt^2} + 4\pi^2\nu_0^2\sigma - \frac{eHi}{mc}\frac{d\sigma}{dt} = 0.$$

Setzt man zur Integration folgende (partikuläre) Lösungen mit drei (reellen) Konstanten A, B, C an:

$$\varrho = A e^{i 2\pi\nu_1 t}; \quad \sigma = B e^{i 2\pi\nu_2 t}; \quad z = C e^{i 2\pi\nu_0 t},$$

so liefert Einsetzen zur Bestimmung der abgeänderten Frequenzen ν_1 und ν_2 die quadratischen Gleichungen:

$$\nu_1^2 + \frac{eH}{2\pi mc}\nu_1 = \nu_0^2 \quad \text{und} \quad \nu_2^2 - \frac{eH}{2\pi mc}\nu_2 = \nu_0^2.$$

Die Auflösung gibt in Anbetracht des Umstandes, daß $\left(\dfrac{eH}{2\pi mc}\right)^2 \ll \nu_0^2$ ist:

$$\nu_1 = \nu_0 - \frac{eH}{4\pi mc}; \quad \nu_2 = \nu_0 + \frac{eH}{4\pi mc}.$$

Diese Gleichungen liefern die durch das Magnetfeld erzeugten neuen Frequenzen der x- und y-Komponente, wozu noch die unveränderte Frequenz der z-Komponente tritt.

Was wird nun beobachtet? Sei, um eine feste Vorstellung zu haben, die positive z-Achse, also die Feldrichtung, vertikal von unten nach oben gerichtet; die xy-Ebene fällt dann mit der Papierebene zusammen, und das Feld läuft von hinten nach vorn auf den Beobachter zu. Dann können wir zunächst feststellen, da von der Komponente $z = Ce^{i2\pi\nu_0 t}$ in der Feldrichtung keine Strahlung ausgesendet wird, daß bei „longitudinaler" Beobachtung eine Welle von der Frequenz ν_0, d.h. die ursprüngliche Spektrallinie, nicht beobachtet werden kann. Dagegen senden die x- und y-Komponenten parallel der z-Richtung Strahlung von den Frequenzen ν_1 und ν_2 aus; ohne Feld beobachtet man natürlich die unveränderte Spektrallinie der Frequenz ν_0, die sich unter Einwirkung des Feldes in zwei Linien, die eine mit der Frequenz ν_1, die andere mit der Schwingungszahl ν_2, teilt, was in einem Spektroskop hinreichender Auflösung (z.B. Gitter) tatsächlich festgestellt wird. Die neu entstandenen Spektrallinien liegen zu beiden Seiten der ursprünglichen Linie (die selbst nicht mehr auftritt), im Frequenzabstand $\Delta\nu = \pm \frac{eH}{4\pi mc}$, was einer Wellenlängendifferenz $\Delta\lambda = \frac{eH}{4\pi mc^2}\lambda^2$ entspricht.

„Longitudinal" beobachtet man also ein Dublett, — Über den Polarisationszustand beider Linien ergibt die Theorie folgendes: Trennen wir in den Ansätzen für $x+iy$ und $x-iy$ Reelles und Imaginäres, so folgt:

$$\left.\begin{array}{l} x = A\cos 2\pi\nu_1 t, \\ y = A\sin 2\pi\nu_1 t, \end{array}\right\} \text{bzw.} \quad \begin{array}{l} x = B\cos 2\pi\nu_2 t, \\ y = -B\sin 2\pi\nu_2 t. \end{array}$$

Beide Gleichungspaare stellen Kreisbewegungen dar, und zwar ist die Schwingung der Frequenz ν_1, von der positiven z-Richtung aus beurteilt, d.h. wenn das Auge der Feldrichtung entgegenblickt, eine solche im Uhrzeigersinne. Von dem sich so bewegenden Teilchen geht also eine rechtszirkular polarisierte Welle der Frequenz ν_1 aus. Entsprechend geht die Schwingung der Frequenz ν_2 entgegen dem Uhrzeiger vor sich, d.h. von ihr geht eine linkszirkular polarisierte Welle aus. Dies kann in der üblichen Weise festgestellt werden, indem man ein $\lambda/4$-Plättchen mit Nicol vor dem Spektrometerspalt anbringt. Wir stellen also fest: Die Frequenz $\nu_1 = \nu_0 - \frac{eH}{4\pi mc}$ gehört zur rechtspolarisierten, dagegen $\nu_2 = \nu_0 + \frac{eH}{4\pi mc}$ zur linkspolarisierten Welle. Ob $\nu_1 > \nu_0$ oder $\nu_2 > \nu_0$ ist, hängt davon ab, ob die Ladung e negatives oder positives Vorzeichen hat; die Beobachtung hat ergeben, daß e negativ ist. Aus dem Wellenlängenunterschied $\Delta\lambda = \frac{eH}{4\pi mc^2}\lambda^2$ ergibt sich schließlich das Verhältnis $\frac{e}{m} = \frac{4\pi c^2}{H}\frac{\Delta\lambda}{\lambda^2}$, indem man $H, \Delta\lambda, \lambda$ mißt. Es ergeben sich dabei Werte für $\frac{e}{m}$ von ungefähr $1{,}77 \cdot 10^8$ C/g, d. h. die spezifische Ladung für Elektronen, womit zum erstenmal die Natur der „Teilchen" festgestellt wurde. (Man muß bedenken, daß Begriff und Eigenschaften des „Elektrons" erst 1897 erkannt wurden [J. J. Thomson u. Ph. Lenard]).

Wir wollen nun erörtern, was „transversal", d. h. senkrecht zur Feldrichtung beobachtet wird, z. B. wenn wir parallel der y-Richtung blicken. Die Schwingung $C\cos 2\pi\nu_0 t$ sendet in die Beobachtungsrichtung eine Welle aus, die parallel der Feldrichtung (z) linearpolarisiert ist und mit der Frequenz ν_0 der ursprünglichen Spektrallinie entspricht. Ferner ist von der Schwingung $x + iy = Ae^{i2\pi\nu_1 t}$ die x-Komponente $A\cos 2\pi\nu_1 t$ beobachtbar, da die y-Komponente in die y-Richtung nicht strahlt; das gibt eine ebenfalls linear, aber parallel der x-Richtung, polarisierte Welle mit der Frequenz ν_1. Schließlich ist noch festzustellen, was die

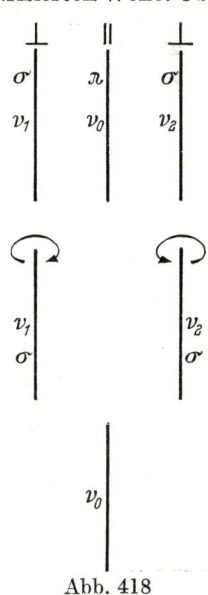

Abb. 418
Zeeman-Aufspaltung.
Oben: transversal;
Mitte: longitudinal

Schwingung $x - iy = Be^{i2\pi\nu_2 t}$ in die y-Richtung strahlt: Das ist wieder nur die x-Komponente $B \cos 2\pi\nu_2 t$, die eine parallel x linear polarisierte Welle mit der Frequenz ν_2 aussendet. Insgesamt haben wir also bei Transversalbeobachtung ein **Triplett** mit den drei Frequenzen $\nu_1 > \nu_0 > \nu_2{}^1$); Abb. 418 stellt das Gesamtresultat dar.

Bevor wir weitergehen, müssen noch einige quantitative Angaben gemacht werden: Der in der Gleichung $\frac{\Delta\lambda}{\lambda^2} = \frac{e}{4\pi mc^2} H$ auftretende universelle Faktor $a = \frac{e}{4\pi mc^2}$ hat den Wert $4{,}669 \cdot 10^5$ cm^{-1} Oersted^{-1}; er bedeutet offenbar den Wert von $\frac{\Delta\lambda}{\lambda^2}$ für die Feldstärke $H = 1$ Oersted (sog. Lorentz-Faktor). Für die relative Wellenlängenänderung $\frac{\Delta\lambda}{\lambda}$ erhält man also den einfachen dimensionslosen Ausdruck:

$$\frac{\Delta\lambda}{\lambda} = 4{,}669 \cdot 10^{-5} \cdot \lambda \cdot H .$$

Um die beim Zeeman-Effekt auftretende Größenordnung von $\frac{\Delta\lambda}{\lambda}$ kennenzulernen, betrachten wir ein numerisches Beispiel: Es sei etwa $H = 45000$ Oersted, was schon ein sehr starkes Feld ist; ferner sei $\lambda = 4341$ Å $= 4{,}341 \cdot 10^{-5}$ cm; das ist die Wellenlänge von $H\gamma$. Das liefert:

$$\frac{\Delta\lambda}{\lambda} = 4{,}669 \cdot 10^{-5} \cdot 4{,}341 \cdot 10^{-5} \cdot 45 \cdot 10^4 \approx 0{,}9 \cdot 10^{-4} .$$

Das gibt bei der gewählten Wellenlänge $\Delta\lambda \simeq 0{,}4$ Å, d. h. ungefähr den 11000. Teil der Wellenlänge als Größenordnung der Aufspaltung. Das erforderliche Auflösungsvermögen des Spektralapparates ist $\frac{\lambda}{\Delta\lambda} = 11000$, und das ist 11mal so groß, wie es für die Auflösung der beiden D-Linien (vgl. S. 283) notwendig wäre. Daraus sieht man, wie große Anforderungen an den Spektralapparat gestellt werden.

Die dargelegte Aufspaltung einer Spektrallinie in ein Triplett bzw. Dublett hat man als „normalen" Zeeman-Effekt bezeichnet, obwohl die weitere Forschung gezeigt hat, daß er im Grunde eine Seltenheit ist; denn weitaus die meisten Spektrallinien spalten in viel komplizierterer Weise auf. Erst 1908 wurden bei gewissen Helium-Linien (Parhelium), später auch bei bestimmten Linien des Cadmium- und Zink-Spektrums usw. normale Tripletts festgestellt. Die komplizierteren Aufspaltungen werden als „anomale" Zeeman-Effekte bezeichnet. Um diese zu erklären, hat die klassische Wellentheorie des Lichtes sich sehr bemüht, ohne daß man das Resultat befriedigend nennen könnte. Vielmehr hat erst die Quantentheorie die vollständige Aufklärung erbracht, wie wir hier nur mitteilen können. In den Abbildungen der komplizierten Zeeman-Aufspaltungen beschränkt man sich auf die Darstellung des Ergebnisses bei transversaler Betrachtung, weil man bei dieser alle Linien beobachten kann; ihr Polarisationszustand wird allgemein durch die Buchstaben π (parallel der Feldrichtung) und σ (senkrecht zur Feldrichtung) angegeben. Die Abbildungen 419 geben als Beispiel die „anomale" Zeeman-Aufspaltung für die Na-Linien D_1 und D_2, beide senkrecht zur Feldrichtung; D_1 spaltet in 4, D_2 in 6 Linien auf (Cornu 1908). In beiden Aufspaltungen ist gestrichelt auch die „normale" Zeeman-Aufspaltung angegeben; man sieht, daß die „anomalen" Linien gesetzmäßig mit der normalen Aufspaltung zusammenhängen, die gewissermaßen der Maßstab für dieselben ist.

Die Erforschung der anomalen Aufspaltung verdanken wir in der Hauptsache den Forschern Runge, Paschen und Back. Die beiden letzteren haben u. a. das wichtige Ergebnis gefunden, daß bei sehr starken Magnetfeldern (Größenordnung 10^5 Oersted) die komplizierten Aufspaltungen in das normale Triplett übergehen (Paschen-Back-Effekt).

---

[1]) Da wir festgestellt haben, daß e negativ ist, ist

$$\nu_1 = \nu_0 - \frac{eH}{4\pi mc} > \nu_2 = \nu_0 + \frac{eH}{4\pi mc} .$$

Inverser Zeeman-Effekt. Ebenso wie die Elektronenbewegung in den Lichtquellen nach der Auffassung der klassischen Physik die Emission der Strahlung verursacht, deren Beeinflussung durch ein Magnetfeld wir soeben kennen gelernt haben, spielt die Schwingung von Elektronen auch bei der Dispersion und Absorption aller Medien eine entscheidende Rolle; wir haben ja bei Darlegung der Dispersionstheorie in Kapitel III, Nr. 25 die Gleichung für das schwingende Elektron (110) auf Seite 197 benutzt. Wie wir dort bemerkt haben (Anm.[2]) S. 196), müssen wir, wenn wir den Einfluß eines Magnetfeldes auf die Dispersion und Absorption untersuchen wollen, auf der rechten Seite der Gl. (110) noch die Biot-Savartsche Kraft hinzufügen. Das ist der Gedankengang von W. Voigt (1898) gewesen, von dessen Ergebnissen wir uns auf die Mitteilung eines Resultates bei longitudinaler Beobachtung beschränken. Das Medium, das von Licht-

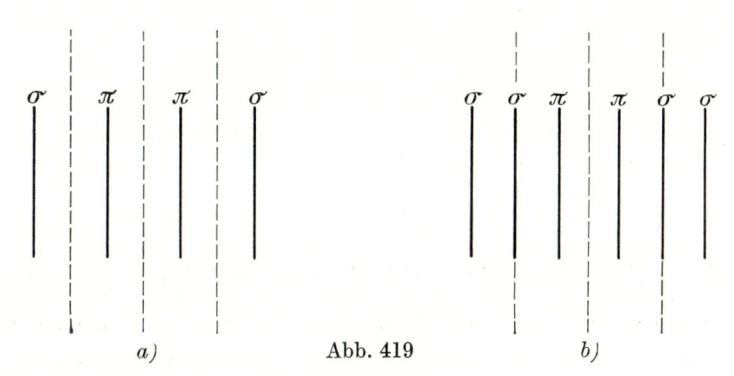

Abb. 419

Zeeman-Aufspaltung der Na-Linien D_1 (links) und D_2 (rechts). - - - - normaler, ——— beobachteter (anomaler) Effekt.

strahlen durchsetzt wird, besitzt ohne Feld ganz bestimmte Dispersions- und Absorptionseigenschaften; beide werden durch ein Feld H verändert: Wenn man nun eine linear polarisierte Lichtwelle in das Medium eintreten läßt, so spaltet sie sich in dem magnetisierten Medium in zwei entgegengesetzt zirkular polarisierte Wellen auf, die sich mit verschiedener Geschwindigkeit fortpflanzen. Beim Austritt aus dem magnetisierten Medium setzen sie sich wieder zu einer linear polarisierten Welle zusammen, deren Schwingungsebene gegen die der einfallenden Welle gedreht ist. Das aber ist die

Magnetische Drehung der Schwingungsebene (Magnetorotation), die Faraday 1846 entdeckt hat, und die wir jetzt als einen Spezialfall des inversen Zeeman-Phänomens erkennen. Die Erscheinung besteht im einzelnen im folgenden: In durchsichtigen, isotropen Körpern wird die Schwingungsebene gedreht, wenn sie in ein starkes longitudinales Magnetfeld gebracht werden und das Licht in Richtung desselben hindurchtritt. Der Versuch gelingt z.B. sehr gut mit einem Bleisilikatglas, das man in die Achse einer stromdurchflossenen Spule zwischen zwei gekreuzte Nicols bringt. Der Winkel α, um den die Schwingungsebene gedreht wird, ist der magnetischen Feldstärke H und der Länge l des im Feld befindlichen durchstrahlten Stoffes proportional:

$$\alpha = \omega l H.$$

Die Konstante ω gibt an, um welchen Winkel die Schwingungsebene gedreht wird, wenn die Länge der Substanz 1 cm und die Feldstärke 1 Oersted beträgt; sie wird vielfach als **Verdetsche Konstante**[1]) bezeichnet. In der folgenden Tabelle sind für einige Stoffe die Werte der Verdetschen Konstanten angegeben (für Na-Licht).

---

[1]) Nach dem französischen Physiker E. Verdet (1854), der neben G. Wiedemann (1851) die ersten exakten Bestimmungen derselben ausführte.

Tab. 22. Verdetsche Konstante

Körper	Verdetsche Konstante in Winkelminuten/cm Oe
Bleisilikatglas	0,0566
Quarz	0,0166
Steinsalz	0,0372
Monobromnaphthalin	0,0819
Schwefelkohlenstoff	0,0421
Benzol	0,0302
m-Xylol	0,0248
Nitrobenzol	0,0216
Wasser	0,0130
Kohlendioxyd ⎱ bei 760 Torr	$0,0862 \cdot 10^{-4}$
Sauerstoff ⎰	$0,0559 \cdot 10^{-4}$
Wasserstoff	$0,0537 \cdot 10^{-4}$

Da α proportional H ist, hängt der Drehsinn von der Feldrichtung ab: er stimmt mit der Richtung überein, in der der elektrische Strom (in der Spule) sein Magnetfeld umkreist; d.h. wenn man in Richtung des Feldes blickt, so erfolgt die Drehung im Uhrzeigersinn. Da also der Drehsinn nur von der Feldrichtung abhängt, so ändert er sich nicht, wenn man das Licht durch Spiegelung nochmals denselben Weg im magnetisierten Stoff rückwärts durchlaufen läßt. Auf diese Weise gelang es seinerzeit Faraday, durch mehrfache Spiegelung die Größe der Drehung zu vervielfachen. Das ist, wie S. 407 bereits betont, bei der natürlichen Drehung nicht der Fall.

Auf der Tatsache, daß bei der magnetischen Drehung der Schwingungsebene des Lichtes der Drehsinn von der Feldrichtung abhängt, beruht folgender Versuch: Wählt man bei einem magnetisch drehenden Stoff die Magnetisierung so stark, daß eine Drehung der Schwingungsebene des Lichtes um 45° erfolgt — bei einer 1 cm dicken Schicht von Monobromnaphthalin sind dazu etwa 33000 Oersted erforderlich —, so findet durch einen um 45° gegen den Polarisator verdrehten Analysator eine vollkommene Auslöschung des Lichtes statt, wenn die Analysatordrehung und die magnetische Drehung entgegengesetztes Vorzeichen haben. Die betreffende Anordnung ist also in der gewählten Richtung für einfarbiges Licht undurchlässig. Schickt man aber das Licht in der umgekehrten Richtung hindurch, ohne dabei die Stellung von Analysator und Polarisator zu verändern, so findet keine Auslöschung des Lichtes statt; die Anordnung ist vielmehr für diese Lichtrichtung durchsichtig. Das jetzt durch den Analysator polarisierte Licht wird nämlich wieder um 45° in dem magnetisierten Stoff gedreht und zwar in dem vorangehenden Versuch, so daß seine Schwingungsebene nach Durchgang durch das magnetisierte Medium parallel zur Durchlaßrichtung des jetzt als Analysator dienenden Polarisators liegt. Man hat damit eine Anordnung, die in der einen Richtung lichtdurchlässig, in der entgegengesetzten Richtung aber lichtundurchlässig ist (Rayleighsche Lichtfalle). Auf den ersten Blick scheint dieses Ergebnis im Widerspruch zu dem Satz von der Umkehrbarkeit des Lichtweges (s. S. 4) zu stehen. Dies ist jedoch nicht der Fall, da dieser Satz, wie H. v. Helmholtz gezeigt hat, nur gilt, wenn kein Magnetfeld vorhanden ist.

Besonders starke Magnetorotation zeigen nach A. Kundt (1884) durchsichtige Eisen-Nickel- und Kobaltschichten, die man durch Kathodenzerstäubung auf Glas herstellen kann. Bei einer Schichtdicke von 10^{-3} cm dreht Eisen bei magnetischer Sättigung (etwa 15000 Gauß) die Schwingungsebene von Natriumlicht um 195°, Nickel um 75°.

In diesem Zusammenhang mag erwähnt werden, daß nach J. Kerr (1877) die Schwingungsebene linear polarisierten Lichtes auch dann gedreht wird, wenn das Licht an der polierten Fläche eines starken Magneten reflektiert wird (magnetooptischer Kerr-Effekt).

Wir gehen nunmehr zu den **elektrooptischen Erscheinungen** über. Hier wäre historisch an erster Stelle der **elektrische Kerreffekt** (1875) zu nennen. Er besteht darin, daß ein elektrisches Feld in isotropen Stoffen, und zwar in allen Aggregatzuständen, Doppelbrechung erzeugt. Wir brauchen an dieser Stelle nicht mehr darauf einzugehen, da diese Erscheinung in Nr. 51 unter einem anderen Gesichtspunkt (Akzidentelle Doppelbrechung) erörtert wurde.

Starkeffekt. Wir besprechen daher hier nur den von Joh. Stark (1913) entdeckten und nach ihm benannten Effekt. Nachdem Zeeman gezeigt hatte, daß ein Magnetfeld sehr charakteristische Änderungen der Lichtemission von Spektrallinien hervorruft, lag natürlich der Gedanke nahe, zu untersuchen, ob und wie ein elektrisches Feld sich in dieser Hinsicht verhält. Aber zunächst waren alle dahin gehenden Versuche ergebnislos und wurden schließlich aufgegeben, nachdem W. Voigt nachgewiesen hatte, daß unter den Annahmen der klassischen Theorie über den Mechanismus der Lichtemission, die sich bei dem normalen Zeeman-Phänomen bewährt hatten, ein elektrisches Analogon zum Zeeman-Effekt nicht existieren könne. Stark lehnte aber die Voraussetzungen der Voigtschen Beweisführung ab und erkannte überdies, daß die bisher angestellten Versuche schon wegen experimentell unzulänglicher Anordnungen zum Scheitern verurteilt

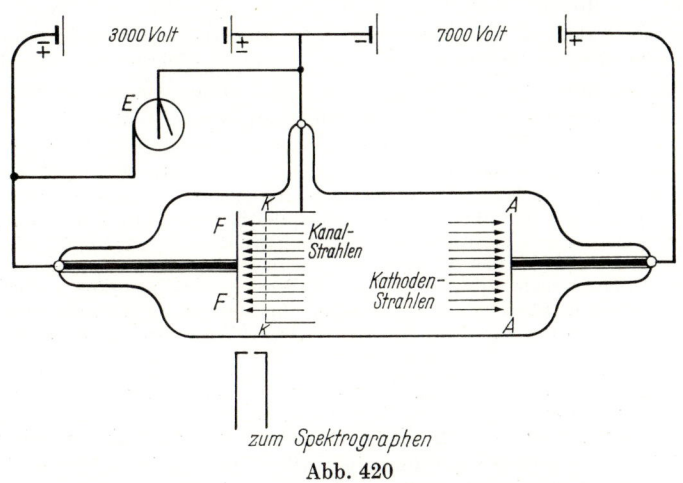

Abb. 420
Schema zur Beobachtung des Starkeffekts an Kanalstrahlen

waren. Wenn man nämlich eine intensive Strahlungsquelle haben will, sei es im Lichtbogen, sei es in einer Gasentladungsröhre, so müssen starke Ströme erzeugt werden, d.h. es muß dann in dem leuchtenden Gase eine starke Ionisation vorhanden sein; das bedeutet aber relativ große „Leitfähigkeit", und das wiederum die Unmöglichkeit, starke elektrische Felder herzustellen. Es fragte sich also, ob es trotz diesen einander scheinbar widersprechenden Bedingungen nicht doch möglich wäre, eine Anordnung zu finden, die eine Lichtquelle hinreichender Intensität in einem gar nicht oder nur schwach ionisierten Gasvolumen lieferte. Dies gelang in der Tat Stark durch folgende Anordnung (Abb. 420). In einem Gasentladungsrohr tritt bei hinreichend kleinem Druck (ab 0,5 Torr) bekanntlich (vgl. Band II) folgender Zustand ein: Die von der Kathode K ausgehenden Kathodenstrahlen werden zur Anode A durch das zwischen K und A herrschende Feld hingeführt; in unmittelbarer Nähe der Kathode, zwischen ihr und dem negativen Glimmlicht, entstehen die Kanalstrahlen, die ihren Namen daher bekommen haben, weil sie bei durchlöcherter Kathode durch diese „Kanäle" hindurchtreten. So gelangen die Kanalstrahlen in einen Raum hinter der Kathode, der verhältnismäßig wenig Ionen enthält und daher eine sehr kleine „Leitfähigkeit" hat, so daß man dort ein großes elektrisches Feld aufrecht erhalten kann. Stark benutzte die leuchtenden Kanalstrahlen als Lichtquelle und brachte hinter der Kathode K noch eine Feldplatte F in kleinem Abstande (1—3 mm) an. Zwischen Kathode K und F wurde eine Spannung angelegt, die durch das Elektrometer E gemessen wurde — in Abb. 420 sind es 3000 Volt, die bei einem Abstand von 1 mm zwischen F und K ein Feld von 30000 Volt/cm erzeugen; es gelingt sogar, Felder von 100000

Volt/cm und darüber zu erzielen. Das von den Kanalstrahlen — infolge ihrer Zusammenstöße mit den Molekülen des Gases — ausgestrahlte Licht ist freilich schwach, so daß Stark die photographischen Platten zuweilen 24 Stunden lang exponieren und natürlich sehr lichtstarke Spektrographen benutzen mußte. Aber es gelang ihm auf diese Weise wirklich, das elektrische Analogon zum Zeeman-Effekt, nämlich die Aufspaltung der Spektrallinien im elektrischen Felde aufzufinden.

Die ersten Beobachtungen machte Stark an Wasserstoff-Kanalstrahlen — wieder war es ein glücklicher Griff: Denn es ergab sich, daß die Aufspaltung der Spektrallinien des Wasserstoffs für die Beobachtung und Deutung des Effektes am günstigsten und einfachsten ist.

In Abb. 420 ist die Stellung des Spektrographen angedeutet; es wird also in diesem Falle senkrecht sowohl zur Richtung der Kanalstrahlen wie auch zu der des Feldes beobachtet. Stark hat aber außerdem auch eine Modifikation des Apparates benutzt, bei der zwar senkrecht zur Richtung der Kanalstrahlen, aber parallel der Feldrichtung beobachtet werden kann. (In Richtung der Kanalstrahlen wird nicht beobachtet, weil man dann eine Störung durch den Dopplereffekt zu befürchten hat).

Etwas später als Stark hat Lo Surdo (1914) eine einfachere Methode zur Aufspaltung von Spektrallinien im elektrischen Felde angegeben. Sein Gedankengang ist übrigens ganz ähnlich dem Starkschen und stützt sich auf die in Band II angegebene Spannungsverteilung in der Glimmentladungsröhre: Man erkennt aus dieser Darstellung, daß zwischen der Kathode und dem ersten Kathodendunkelraum (Hittorffschen Dunkelraum) ein sehr starkes Feld herrscht. Durch geeignete Formgebung der Kathode und zweckmäßige Wahl des Druckes kann man die dort angegebene Spannungsverteilung noch akzentuieren; richtet man auf diesen Teil der Röhre ein Spektroskop, so sieht man direkt die Aufspaltung. Freilich ist das Feld nicht homogen, und das ist der Nachteil gegenüber Starks Anordnung, aber dafür ist die Erscheinung lichtstärker. Infolge der Inhomogenität des Feldes haben die aufgespaltenen Linien die merkwürdig gekrümmte Gestalt, die in Abb. 421 dargestellt ist. Bei der Lo Surdoschen Methode kann man übrigens nur „transversal" (senkrecht zum Felde) beobachten.

Eine Überraschung war es, daß die Wasserstoff-Spektrallinien in eine sehr große Anzahl von Linien aufgespaltet werden, die außerdem relativ weit von der ursprünglichen Linie getrennt sind, so daß die Erscheinung von anderer Größenordnung als beim Zeeman-Effekt ist. Eine Theorie gab es zur Zeit der Versuche Starks noch nicht. Erst später wurde gleichzeitig von Epstein und Schwarzschild der „Stark-Effekt" aus der Quantentheorie erklärt; um so bemerkenswerter ist die Feststellung, daß die Starkschen Beobachtungen, obwohl nicht durch die Theorie geführt, doch vollkommen mit ihr übereinstimmen. Wir wollen umgekehrt die Aussagen der Theorie an den Anfang stellen, um eine kürzere Darstellung zu erreichen.

Vorher eine Bemerkung zur Nomenklatur. Statt der Frequenz $\nu = \frac{c}{\lambda}$ führt man meistens die sog. Wellenzahl $\tilde{\nu} = \frac{1}{\lambda}$ ein; man spricht aber trotzdem oft von Frequenzen, wobei man sich stillschweigend einen Faktor c hinzudenkt.

Die Frequenzdifferenz $\Delta\tilde{\nu}$ gegenüber der unbeeinflußten Linie ist gegeben durch die Gleichung:

$$\Delta\tilde{\nu} = \frac{\Delta\lambda}{\lambda^2} = \frac{3h}{8\pi^2 mec} \cdot F \cdot \frac{N}{Z}.$$

Dabei bedeutet F die elektrische Feldstärke in Volt/cm, Z die sog. „Kernladungszahl", d.h. die Zahl der positiven Elementarladungen (Protonen) im Atomkern; für H ist also $Z = 1$, für He ist $Z = 2$ zu setzen usw. N bedeutet eine ganze Zahl, die ebensowohl positiv wie negativ sein kann, jeder aufgespaltenen Komponente kommt ein bestimmter Wert von $\pm |N|$ zu; je größer N, desto größer ist der Frequenzabstand $\Delta\tilde{\nu}$ der betr. Komponente. Die Größe (für Wasserstoff mit $Z = 1$)

$$R = \frac{3hF}{8\pi^2 mec}$$

heißt der „Aufspaltungsfaktor". Für ihn ist es charakteristisch, daß die Plancksche Konstante $h = 6{,}625 \cdot 10^{-27}$ erg/s auftritt; das bedeutet eben, daß wir uns nicht mehr im Bereich der klassischen Physik befinden, sondern daß die Quantentheorie eingegriffen hat (vgl. Teil B, insbesondere Nr. 62). Nach Einsetzen der Werte für h, e, m, c erhält man den Zahlenwert des speziellen Aufspaltungsfaktors für Wasserstoff mit $F = 1$ Volt/cm $= 1/300$ e. s. E.:

$$R_\mathrm{H} = \frac{3h}{8\pi^2 mec} = 6{,}403 \cdot 10^{-5} \text{ Volt}^{-1}$$

Diese Zahl wird als „Starkkonstante" bezeichnet.

Welches sind nun die weiteren Aussagen der Theorie? Zunächst sieht man, da Z im Nenner steht, daß für H die Aufspaltung am größten sein muß; für He ($Z = 2$)

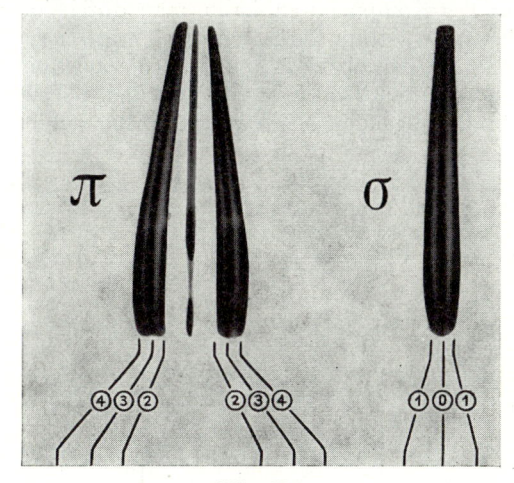

Abb. 421

Starkeffekt der H_α-Linie nach der Lo-Surdo-Methode

beträgt sie nur die Hälfte. Ferner soll das Aufspaltungsbild, da positive und negative Werte von N gleich möglich sind, symmetrisch zur ursprünglichen Spektrallinie (Mittellinie) sein. Die jeweiligen Aufspaltungsabstände $\Delta\tilde{\nu}$ von der Mittellinie sollen bei gegebenem F ganzzahlige Vielfache des Aufspaltungsfaktors R sein.

Alle hier aufgeführten Forderungen der späteren Theorie hatte Stark bereits in seinen ersten Arbeiten gefunden, auch schon einen ungefähren Wert des Aufspaltungsfaktors für Wasserstoff im Felde von 1 Volt/cm angegeben, der nahezu mit dem theoretischen Wert übereinstimmte; spätere Beobachter (Steubing) haben ihn genau bestätigt. Theorie und Experiment stimmen weiter auch darin überein, daß die Zahl N der Aufspaltungen um so mehr wächst, zu je höheren Gliednummern im Wasserstoff-Spektrum man fortschreitet. Theoretisch wird $H_\alpha(\lambda = 6563\text{ Å})$ in 14 Linien, H_β ($\lambda = 4861\text{ Å}$) in 20, $H_\gamma(\lambda = 4341\text{ Å})$ in 26 Linien aufgespalten, so daß das Aufspaltungs-Diagramm immer breiter wird. (Wenn man die Nullinie $N = 0$ mitzählt, erhöhen sich die genannten Zahlen um 1). Bei H_γ entspricht die beobachtete maximale Aufspaltung einem Werte von $N = \pm 22$, und das bedeutet bei einem Felde $F = 74000$ Volt/cm eine Wellenlängendifferenz zwischen $N = -22$ und $N = +22$ von ungefähr 39 Å; man erkennt daraus am besten, wie groß die Aufspaltungen beim Stark-Effekt im Vergleich zu denen des Zeemans-Effektes sind.

418 V. Kapitel. Polarisation und Doppelbrechung des Lichtes

Was beobachtet man „transversal", d. h. senkrecht zu den Feldlinien, und was „longitudinal", parallel zu ihnen? Bei transversaler Beobachtung bekommt man alle Aufspaltungskomponenten, — wie beim Zeeman-Effekt. Alle Linien sind ohne Ausnahme linear polarisiert: Bei einem Teil der Komponenten (den π-Komponenten) schwingt der elektrische Vektor parallel der Richtung des Feldes, bei den anderen (σ-Komponenten) dagegen senkrecht zum Felde. Bei longitudinaler Betrachtung fallen die π-Komponenten fort (aus dem gleichen Grunde wie beim Zeeman-Effekt), so daß die σ-Komponenten allein auftreten, aber nicht etwa zirkular polarisiert (wie beim Zeeman-Effekt), sondern unpolarisiert. (Diese Feststellung zeigt deutlich den Unterschied zwischen dem elektrischen und dem magnetischen Feldvektor; letzterer hat „axialen", ersterer „polaren" Charakter). Auch hier hat die Beobachtung genau das geliefert, was die spätere Theorie forderte. Es sei noch bemerkt, daß man sich auf transversale Beobachtung beschränken kann, da diese sämtliche Komponenten liefert. Die π- und σ-Komponenten kann man durch Vorschalten eines Nicols vor den Spektrographenspalt getrennt erhalten; noch einfacher ist die Benutzung eines Wollastonprismas (vgl. S. 379), das beide Arten von Komponenten gleichzeitig liefert.

Wir beschränken uns auf den Vergleich zwischen Beobachtung und Theorie für die Wasserstofflinie H_α; in der folgenden Abb. 422 ist nebeneinander das beobachtete und

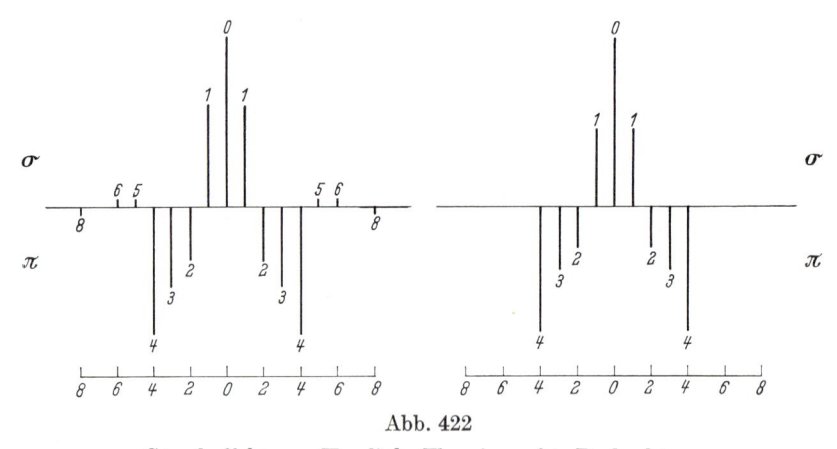

Abb. 422

Starkeffekt von H_α; links Theorie, rechts Beobachtung

berechnete Aufspaltungsbild dargestellt. Durch die Länge der Linien ist ihre Intensität angedeutet, die von Stark geschätzt, von der Theorie berechnet wurde. Bis auf gewisse sehr schwache Linien, die nach der Theorie da sein sollten, in der Beobachtung aber fehlen, ist die Übereinstimmung vollkommen. Die Abb. 421 gibt eine Lo-Surdo-Aufnahme von H_α, auf man auch die Polarisationsrichtungen erkennt; die Zahlen geben die Werte von $\pm |N|$ an. Die linke Aufnahme entspricht den 6 π-Komponenten mit den N-Werten $\pm 2, \pm 3, \pm 4$; rechts dagegen sind die drei σ-Komponenten mit $N = 0, \pm 1$ wiedergegeben. —

Wir können hiermit die Besprechung des normalen Stark-Effekts schließen. Wir wollen aber wenigstens erwähnen, daß, wie auch schon Stark bemerkt hat, bei Feldstärken über 100000 Volt/cm ein quadratischer, bei solchen von 1000000 Volt/cm sogar ein kubischer Stark-Effekt auftritt; auch davon vermag die Theorie Rechenschaft zu geben. — Ferner sei erwähnt, daß bei anderen Stoffen Komplikationen auftreten können, was eng mit der Struktur der Atome zusammenhängt, auf die wir in Bd. IV eingehen.

Anhang

54. Optik der Atmosphäre

Zu den Erscheinungen der atmosphärischen Optik rechnet man ganz allgemein alle diejenigen Licht- und Farbeneffekte, die von irdischen oder außerirdischen Lichtquellen (Sonne, Mond, Sternen) erzeugt werden, wenn ihre Lichtstrahlen die Atmosphäre der Erde durchdringen. Letztere kann die Lichtstrahlen in verschiedener Weise beeinflussen. Als inhomogenes Medium von örtlich ungleicher und stetig veränderlicher Dichte bewirkt sie Brechung und Krümmung der Lichtstrahlen. Bei Vorhandensein von Kondensationsprodukten, wie Wassertropfen oder Eiskristallen, treten infolge Brechung und Beugung Farberscheinungen auf, deren auffälligste und schönste der Regenbogen darstellt.

Die hier zu besprechenden Beobachtungen hätten einzeln schon in anderen Kapiteln behandelt werden können (wie z. B. die Theorie des Himmelsblaus in Nr. 40). Wir ziehen eine mehr zusammenhängende Darstellung vor, die aber auch nur einige ausgewählte Beispiele bringen kann.

Die Strahlenbrechung in der Atmosphäre. Da normalerweise die Dichte der Luft mit zunehmender Höhe über der Erdoberfläche abnimmt, wird entsprechend auch der Brechungsquotient der Luft kleiner. Setzt man voraus, daß der Brechungquotient in zur Erdoberfläche parallelen Schichten konstant ist, so wird ein von außen in die Atmosphäre eindringender Lichtstrahl zuerst auf Luftschichten von kleinem Brechungsquotienten und bei weiterem Vordringen auf Schichten mit wachsendem Brechungsquotient stoßen. Bei schiefem Einfall wird daher ein Lichtstrahl fortlaufend um kleine Beträge gebrochen, so daß er sich in der Atmosphäre nicht geradlinig fortpflanzt, sondern eine Kurve beschreibt, die nach unten konkav ist. Infolgedessen scheint ein solcher Strahl beim Auftreffen auf die Erdoberfläche von einer Lichtquelle zu kommen, die höher über dem Horizont liegt, als dies in Wirklichkeit der Fall ist.

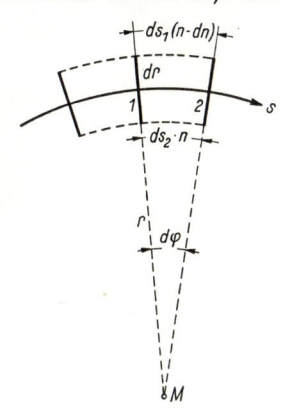

Abb. 423. Zur Ableitung des Krümmungsradius eines in einem Medium mit veränderlichem Brechungsindex verlaufenden gekrümmten Lichtstrahls

Den Krümmungsradius r eines Lichtstrahles, der sich im allgemeinen längs seines Weges von Ort zu Ort ändert, findet man an Hand der Abb. 423. Wenn sich der Lichtstrahl s von 1 nach 2 fortpflanzt, kippt die Wellenfront um den Winkel $d\varphi$, falls der Brechungsquotient n in der zur Fortpflanzung senkrechten Richtung r auf der Strecke dr um dn abnimmt. Für die optischen Weglängen $ds_1(n-dn)$ und $ds_2 n$ gilt:

$$ds_1(n-dn) = ds_2 n.$$

Ferner ist: $ds_1 = d\varphi(r+dr)$ und $ds_2 = d\varphi \cdot r$.

Dies ergibt:

$$r = \frac{n}{dn/dr}.$$

Der Strahl erfährt also eine um so stärkere Krümmung, je größer das Gefälle des Brechungsquotienten $\frac{dn}{dr}$ ist.

Experimentell läßt sich ein gekrümmter Lichtstrahl in folgender Weise herstellen: In einen schmalen langen Glastrog schichtet man übereinander mehrere Schichten von Flüssigkeiten, deren Brechungsquotienten von unten nach oben abnehmen. Z. B. kann man als unterste Schicht eine konzentrierte Kochsalzlösung in Wasser ($n = 1{,}364$), darüber weniger konzentrierte Salzlösungen und als oberste Schicht reines Wasser ($n = 1{,}333$) benutzen. Infolge Diffusion bildet sich nach einiger Zeit in dem Trog eine Flüssigkeit mit nach oben stetig abnehmendem Brechungsquotienten aus. Läßt man von der Seite ein Lichtbündel schräg von unten in den Trog eintreten, so erhält man den in Abb. 424 wiedergegebenen gekrümmten Strahlenverlauf. Damit man den Strahl gut erkennt, setzt man zweckmäßig der Flüssigkeit etwas Fluoreszein zu.

Die Strahlenkrümmung spielt in der Natur bei astronomischen Beobachtungen als sog. **astronomische Refraktion** eine gewisse Rolle, indem sie z. B. eine scheinbare Hebung der Gestirne bewirkt, die im Horizont etwa 35' beträgt und zu einem entsprechend verfrühten Aufgang und verspäteten Untergang Veranlassung gibt. Da ferner die Krümmung des Lichtstrahles mit zunehmender Winkelhöhe rasch abnimmt, erscheint die Sonnenscheibe im Horizont abgeplattet, indem ihr Unterrand um 35', ihr Oberrand aber nur um 29' gehoben wird, so daß ihr vertikaler Durchmesser scheinbar um 6' verkleinert erscheint.

Bei sehr klarem Horizont sieht man gelegentlich, vor allem auf See, bei Sonnenuntergang den zuletzt verschwindenden Rest der Sonnenscheibe kurzzeitig grünblau aufleuchten. Dieser sog. „grüne Strahl" erklärt sich durch die mit jeder Strahlenbrechung verbundene Dispersion. Es erfährt der kurzwellige Teil des Sonnenlichtes eine stärkere Brechung und erscheint infolge der dadurch bedingten starken Bahnkrümmung als letztes Zeichen von der untergehenden Sonne.

Abb. 424. Gekrümmter Lichtstrahl

Bei Lichtquellen, die sich auf der Erde oder innerhalb der Erdatmosphäre befinden, tritt unter bestimmten Verhältnissen ebenfalls eine durch die Atmosphäre bedingte Strahlenkrümmung ein, die man als **terrestrische Refraktion** bezeichnet. Sie bedingt z. B. für einen Beobachter, der sich in einer gewissen Höhe h über der Erdoberfläche befindet, eine Erweiterung des Horizontes. In Abb. 425 würde ein im Punkt A befindlicher Beobachter bei geradliniger Ausbreitung des Lichtes die Erdoberfläche bis zum Punkte B (bzw. B') sehen. Als Maß für diesen Ausblick gibt man den als geodätische Kimmung bezeichneten Winkel α an. Wie man aus Abb. 425 findet, ist $\alpha \cong \sqrt{\dfrac{2h}{R}}$. Infolge der Lichtbrechung in der Atmosphäre kommt aber noch vom Punkte D ein Strahl zum Beobachter im Punkte A. Als Maß für diesen weiteren Gesichtskreis dient der Winkel δ, der vom (astronomischen) Horizont des Beobachters AA' und der Tangente in A an den gekrümmten Lichtstrahl gebildet wird. δ wird die Depression des Horizontes genannt. Der (Erd-) Horizont wird also durch die Strahlenbrechung gehoben. Eine einfache Rechnung ergibt: $\delta = \sqrt{\alpha^2 - 2(n_o - n)}$, wenn n_o der Brechungsquotient der Luft an der Erdoberfläche und n derselbe in der Höhe h ist. Eine wichtige Rolle spielt die terrestrische Refraktion bei geodätischen Messungen. Unter gewissen Bedingungen können in der unteren Erdatmosphäre besonders starke Strahlenbrechungen auftreten. Ist z. B. die Luft an der Erdoberfläche bedeutend kälter als in einiger Höhe darüber, so ergibt dies nach aufwärts eine stärkere Dichteabnahme und eine größere Änderung des Brechungsquotienten. Die Depression δ des Horizontes wird abnorm gering, der Horizont erweitert sich sehr, und man sieht noch Gegenden der Erdoberfläche, die normalerweise unsichtbar sind.

54. Optik der Atmosphäre

Hierher gehören auch die Erscheinungen der **Luftspiegelung.** So sieht man häufig auf dem Meere von einem am Horizont auftauchenden Schiff ein umgekehrtes Spiegelbild in der Luft darüber. Die Erklärung gibt Abb. 426. Das Auge sieht mittels der Strahlen 1 und 2 das aufrechte Bild AB. Außer diesen direkten Strahlen gelangen aber auch noch andere Strahlen auf Umwegen ins Auge. Die von A und B schräg nach oben ausgehenden Strahlen $1'$ und $2'$ erfahren in der Atmosphäre infolge des nach oben abnehmenden Brechungsquotienten eine Krümmung. Die vom Auge an diese Strahlen gezogenen Tangenten $1''$ und $2''$ führen zu dem auf dem Kopfe stehenden Spiegelbild $A'B'$. Gelegentlich kann man auf diese Weise Gegenstände sehen, die man infolge der Erdkrümmung auf direktem Wege nicht sehen kann. So wurde mehrfach von Cuxhaven das Spiegelbild von Helgoland am Himmel erblickt, während Helgoland selbst von Cuxhaven nicht sichtbar ist.

Unter bestimmten Bedingungen kann es vorkommen, daß tiefere Luftschichten eine geringere Dichte und dadurch einen kleineren Brechungsquotienten haben als die

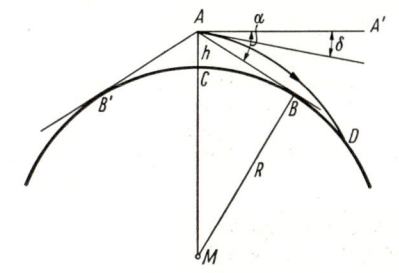

Abb. 425. Strahlenkrümmung bei der terrestrischen Refraktion

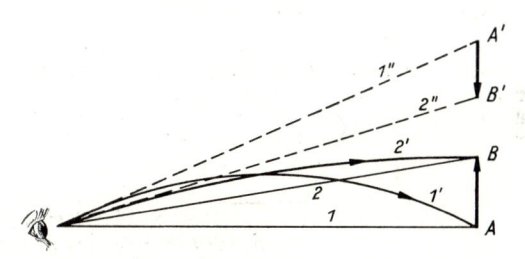

Abb. 426. Strahlenverlauf bei der Luftspiegelung

über ihnen liegenden. Dies kann z. B. eintreten, wenn durch intensive Sonneneinstrahlung bei völliger Windstille der Boden und damit die erdnahen Luftschichten stark erwärmt werden. Fällt in diese Luftschicht unter sehr flachem Winkel gegen die Erdoberfläche ein Lichtstrahl ein, so wird er nach oben gekrümmt. Dabei kann die Krümmung so stark werden, daß der Strahl nach Erreichung eines tiefsten Punktes wieder nach oben läuft und so scheinbar eine totale Reflexion erfährt. Wie Abb. 427 zeigt, sieht infolge dieser scheinbaren Reflexion ein Beobachter ein Spiegelbild des hellen Himmels unter der spiegelnden Luftschicht auf dem Erdboden gewissermaßen als spiegelnde Wasserfläche. Diese als **Fata morgana** bekannte Erscheinung kann man

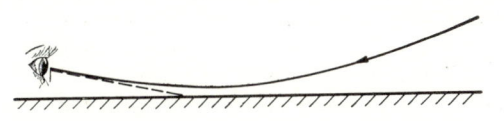

Abb. 427. Strahlenverlauf bei der Fata Morgana

an heißen Tagen jederzeit auf einer geraden Landstraße beobachten, wenn man unter möglichst flachem Winkel in Richtung der Straße schaut. Dabei bemerkt man meistens noch eine zitternde Bewegung der Spiegelfläche, die durch zeitliche Schwankungen der Dichteverhältnisse in den Luftschichten hervorgerufen wird und gerade bei der Fata morgana zu mannigfachen Täuschungen Anlaß gibt.

Infolge solcher Schwankungen und Unregelmäßigkeiten des Brechungsquotienten in der Atmosphäre beobachtet man beim Betrachten von Fixsternen häufig eine Zitterbewegung des Sternes sowie Helligkeitsschwankungen und gelegentlich auch Farbwechsel. Man nennt diese Erscheinung **Szintillation.** Der Farbwechsel des Lichtes kommt dabei dadurch zustande, daß die verschiedenen Wellenlängen des weißen Lichtes infolge ihrer verschiedenen Brechungsquotienten auf verschiedenen Wegen durch die Atmosphäre in das Auge des Beobachters gelangen. Auf diesen verschiedenen Wegen durchlaufen die Strahlen nicht die gleichen Luftschlieren; sie werden daher nicht zu gleichen Zeiten verstärkt oder abgeschwächt, so daß der Beobachter zeitlich Farbwechsel wahrnimmt.

Höfe und Ringe um Sonne und Mond. Um den Mond und gelegentlich auch um die Sonne kann man zu gewissen Zeiten farbige Ringe von wenigen Grad Durchmesser beobachten, die als **Höfe** oder **Kränze** bezeichnet werden. So erscheint z. B. der Mond an klaren Abenden in einem bläulichen, kreisförmigen Feld, das von einem rötlich gelben Saum umgeben ist. Häufig schließen sich nach außen noch weitere Farbfolgen von Blau bis Rot in geringerer Breite an. Die Erscheinung erinnert in ihrem Aussehen an die farbigen Ringe, die man sieht, wenn man nach einer fernen Lichtquelle durch eine mit Wasserdampf beschlagene Fensterscheibe blickt. Wir haben es mit der in Nr. 40

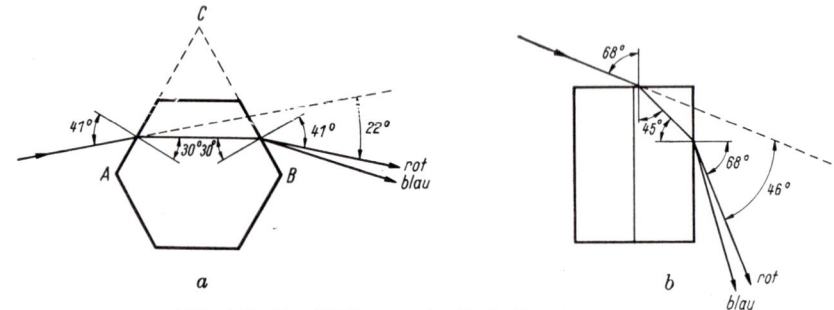

Abb. 428. Zur Erklärung der Halo-Erscheinungen
a) Ablenkung eines Lichtstrahles durch einen Eiskristall
b) Ablenkung eines Lichtstrahles durch eine prismatische Eisnadel

auf S. 320 beschriebenen **Beugung** des Lichtes an einer Vielzahl von Wassertröpfchen zu tun. Die Höfe treten immer dann auf, wenn sich in großer Höhe infolge einer schwachen Kondensation des in der Atmosphäre enthaltenen Wasserdampfes schichtförmige Wolken aus kleinsten Wassertröpfchen bilden. Die Höfe oder Kränze bilden sich dabei um so ausgeprägter aus, je gleichmäßiger die Tropfengröße ist. Wenn mit wachsender Kondensation die Wassertröpfchen größer und ungleichmäßiger werden, wird der Durchmesser der Höfe immer kleiner und letztere gehen allmählich in ein weißliches gleichmäßiges Feld über.

Wie Bishop (1883) zuerst beobachtet hat, können nach einem Vulkanausbruch die in die Atmosphäre geschleuderten Gas- und Staubteilchen bei wolkenlosem Himmel um die Sonne einen ähnlichen Beugungsring erzeugen.

Wesentlich verschieden von diesen Höfen und Kränzen sind die farbigen Ringe, die sich häufig um den Mond, seltener um die Sonne in einem immer gleichen Abstand von 22° und gelegentlich auch von 46° bilden. Im Gegensatz zu den Höfen ist bei diesen als **Halo** bezeichneten Ringen der Innenrand rot, die Außenseite blau gefärbt. Daraus geht hervor, daß es sich nicht um eine Beugungserscheinung, sondern um eine **Lichtbrechung** handeln muß. Diese Brechung des Lichtes erfolgt in kleinen Eiskriställchen, die sich unter gewissen Bedingungen in der Atmosphäre bilden. Eis kristallisiert in Form regelmäßiger, sechsseitiger Säulen mit ebenen Endflächen. Fällt auf eine Seitenfläche eines solchen sechsseitigen Eiskristalls ein Lichtstrahl, so erfährt er nach zweimaliger Brechung eine minimale Ablenkung von 22°, wenn er unter dem Einfallswinkel von 41° auffällt (Abb. 428a). Da der Brechungsquotient des Eises 1,31 beträgt, wird der Strahl unter 30° in den Kristall hineingebrochen und durchläuft das 60° Prisma ABC symmetrisch. Für alle anderen Einfallswinkel ist die Strahlablenkung größer als 22°.

Wenn daher in der Luft unzählige solcher Eisprismen in allen möglichen Lagen vorhanden sind, wird das Auge nur aus solchen Richtungen gebrochenes Licht empfangen, die um mehr als 22° von der direkten Blickrichtung nach dem leuchtenden Gestirn abstehen (Abb. 428a). Man sieht daher einen hellen Ring, mit einem inneren Radius von 22°; infolge der Dispersion erscheint der innere Rand rot, der äußere blau gefärbt.

Der gelegentlich mit einem inneren Durchmesser von 46° auftretende zweite Halo-Ring erklärt sich durch die Brechung des Lichtes beim Auftreffen auf eine Endfläche des Eiskristalles. Für diesen Fall tritt, wie man aus Abb. 428b erkennt, eine minimale Strahlenablenkung von 46° bei einem Einfallswinkel von 68° ein. Das Auge kann also nur Licht aus solchen Richtungen empfangen, die um mehr als 46° von der direkten Blickrichtung nach dem leuchtenden Gestirn abstehen.

Neben diesen häufigsten Halo-Erscheinungen treten mitunter um den Mond oder die Sonne noch **weiße Ringe** auf, die durch eine Reflexion des Lichtes an den Flächen der Eiskristalle entstehen. Dabei kann es durch Reflexion des Lichtes an ebenen Flä-

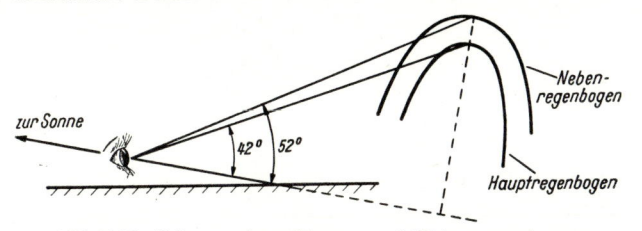

Abb. 429. Schema eines Haupt- und Nebenregenbogens

chen von Eiskristallen, die sich in vollkommen ruhiger Luft parallel zueinander einstellen, zu einer Helligkeitssteigerung der Ringe links und rechts von der Sonne bzw. dem Mond kommen (Nebensonnen bzw. Nebenmonde).

Nach A. Cornu (1874) kann man die Halo-Erscheinung experimentell in folgender Weise nachahmen. Stellt man in den Strahlengang einer hellen Lichtquelle, die auf einem Schirm ein künstliches Sonnenbild entwirft, einen Trog mit einer gesättigten Alaunlösung und bewirkt man in dieser Lösung durch Zusatz von etwas Alkohol eine Ausscheidung von kleinen in der Flüssigkeit schwebenden Alaunkristallen, so erzeugen diese um das Bild der Lichtquelle auf dem Schirm zwei Ringe von etwa 9,5° und etwa 20° Radius. Diese beiden Ringe werden durch die Brechung des Lichtes an den Alaunoktaederkristallen hervorgerufen, deren brechende Winkel 70,5° und 109,5° bei einem Brechungsquotienten von 1,11 des festen Alauns relativ zur gesättigten Lösung betragen.

Zu den durch Lichtbeugung erzeugten Farbringen gehört auch die als Glorie oder Heiligenschein bekannte Erscheinung, auf die wir bereits auf S. 321 hinwiesen. Man beobachtet sie, wenn man in feinem Nebel auf einer Bergspitze stehend sein von der unverhüllten Sonne in dem Nebel oder einer Wolkenwand entworfenes Schattenbild betrachtet. Man erblickt dann um den Kopf eine Anzahl farbiger Ringe. Diese entstehen durch Beugung der Sonnenstrahlen an den feinen Nebeltröpfchen in der Nähe des Kopfes und durch gleichzeitige Reflexion der Strahlen an der vor dem Beobachter befindlichen Nebel- oder Wolkenschicht. Obwohl hierbei der Schatten infolge der parallelen Sonnenstrahlen nicht größer als der schattenwerfende Körper sein kann, unterliegt man wegen der großen Entfernung, in der das Schattenbild im Nebel zu sein scheint, häufig der Täuschung, daß der Schatten von einem wesentlich größeren Körper erzeugt sei. Die Erscheinung wird nach dem Berg, auf dessen Gipfel ein solches Schattenbild zunächst wahrgenommen wurde, auch als Brockengespenst bezeichnet.

Der Regenbogen. Wird eine Regenwand von der unverhüllten Sonne beschienen und blickt man mit dem Rücken gegen die Sonne gewendet nach der Regenwand, so sieht man einen aus einem spektralen Farbenband bestehenden Kreisbogen. Der Mittelpunkt dieses Kreisbogens liegt auf der von der Sonne durch das Auge des Beobachters gezogenen Geraden (Abb. 429). Einen aus einem vollen Halbkreis bestehenden Regenbogen sieht man daher nur bei Sonnenaufgang bzw. Sonnenuntergang. Neben diesem

Hauptregenbogen, dessen Radius etwa 42° beträgt und der nach außen einen scharfen roten Rand besitzt, auf den nach innen sich die weiteren Farben in spektraler Folge anschließen, entsteht meist noch ein Nebenregenbogen mit einem Radius von etwa 52°, der an seiner Innenseite rot gefärbt ist und nach außen die übrigen spektralen Farben bis zum Blau zeigt. Schließlich beobachtet man gelegentlich innerhalb des Hauptregenbogens noch eine Anzahl allmählich verblassender, rötlicher und grünlicher Ringe, die man als sekundäre Regenbögen bezeichnet. Diese sekundären Regenbögen und die Tatsache, daß die Farbfolge im einzelnen bei jedem Regenbogen etwas anders ist, deuten darauf hin, daß es sich um keine einfache Dispersionserscheinung handelt, sondern daß noch Interferenzeffekte hinzukommen, die z. T. durch Beugung entstehen.

Bereits 1637 hat R. Descartes den Haupt- und Nebenregenbogen durch eine Brechung des Lichtes beim Eintritt in einen Wassertropfen, durch eine einmalige oder

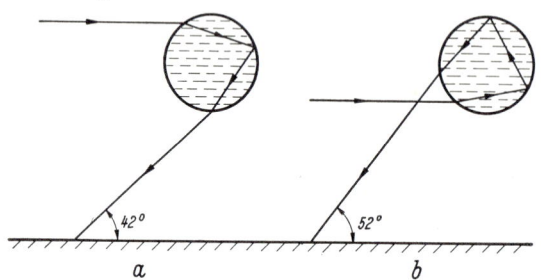

a) Brechung und einmalige Reflexion eines Lichtstrahles in einem Wassertropfen

b) Brechung und zweimalige Reflexion eines Lichtstrahles in einem Wassertropfen

Abb. 430. Zur Entstehung des Regenbogens

doppelte Reflexion an der Rückseite des Tropfens und eine weitere Brechung beim Austritt aus dem Tropfen erklärt, wie es Abb. 430 schematisch andeutet. Rechnet man für diese beiden Strahlengänge das Minimum der Ablenkung aus, das der aus dem Tropfen wieder austretende Strahl gegenüber dem einfallenden Strahl erfährt, so findet man die Werte 138° bzw. 232°. Das Supplement zu diesen Werten, also $180 - 138 = 42°$ bzw. $232 - 180 = 52°$, liefern die bereits oben angegebenen Winkel, unter denen dem Beobachter die Radien der beiden Regenbögen erscheinen.

Nach dieser elementaren Descartesschen Theorie müßte ein Regenbogen immer das gleiche Aussehen hinsichtlich der Reihenfolge der einzelnen Farben sowie der Helligkeit und Breite der einzelnen Farbstreifen haben. Daß dies in Wirklichkeit nicht der Fall ist, wurde bereits oben erwähnt. Die Descartessche Theorie kann auch nicht die sekundären Regenbögen erklären. Um letztere zu deuten, nimmt daher Th. Young (1804) an, daß diejenigen Strahlen, die symmetrisch zu dem Strahl mit kleinster Ablenkung in den Wassertropfen eintreten und somit mit größerer Ablenkung aber parallel zueinander den Tropfen verlassen, miteinander interferieren. Dabei hängt die dadurch zustande kommende Interferenzfarbe von der jeweiligen Tropfengröße ab.

Die exakteste Theorie des Regenbogens stammt von G. B. Airy (1838), der das Problem als ein Beugungsphänomen nichtsphärischer Wellen darstellt. Wir können hier nur kurz auf den Grundgedanken der Airyschen Überlegungen eingehen. In Abb. 431 ist ein Bündel von 10 parallelen Strahlen gezeichnet, das in einen Wassertropfen einfällt. Beim Austritt aus dem Tropfen divergieren diese Strahlen und bilden ein Büschel; der Strahl mit der kleinsten Ablenkung ist gestrichelt gezeichnet. Während die Wellenfläche des Strahlenbündels vor dem Eintritt in den Tropfen etwa an der Stelle WW eine Ebene darstellt, ist sie nach Austritt aus dem Tropfen z. B. an der Stelle $W'W'$ in eigentümlicher Weise deformiert, da die optischen Weglängen der einzelnen Strahlen, die sich jeweils aus verschieden langen Wegstrecken in Luft und Wasser zusammensetzen, verschieden sind. Statt einer ebenen Wellenfläche haben wir bei $W'W'$ zwei im Punkt Z zusammenhängende gekrümmte Wellenflächen. Infolge dieser Deformation der Wellenfläche, die sich wie Airy gezeigt hat, für jede Wellenlänge berechnen läßt, ergeben die einzelnen Huygensschen Elementarwellen in dem aus dem Tropfen austretenden Strahlenbüschel keine gleichmäßige Intensitätsverteilung, sondern abwechselnd Maxima und Minima. Während nach Descartes für eine bestimmte Farbe die größte Intensität in dem Strahl mit der geringsten Ablenkung liegen müßte, ergibt die Theorie von Airy die in Abb. 432 skizzierte Lichtverteilung in Abhängigkeit von einer Größe z, die die Abweichung der Strahlenrichtung von der des Minimumstrahles bei $z = 0$ angibt. Das Maximum der Lichtintensität liegt nicht im mindestgedrehten Strahl bei $z = 0$, und seine Intensität ist mehr als doppelt so groß wie die im mindestgedrehten Strahl. Um die Farbenverteilung im Regenbogen zu finden, muß man die für verschiedene Spektralfarben berechneten Verteilungskurven

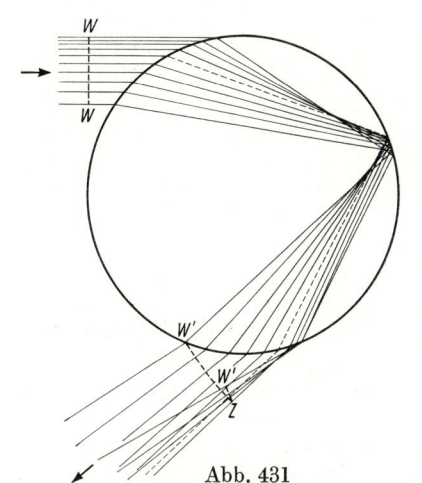

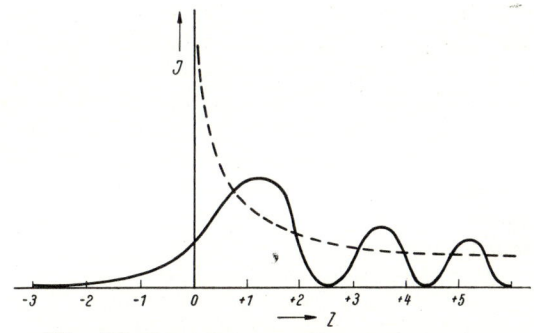

Abb. 432. Intensitätsverteilung im Regenbogen nach den Theorien von Descartes (------) und Young (———)

Abb. 431. Veränderung der Wellenfront durch Reflexion und Brechung in einem Wassertropfen

summieren. Da, wie man sich leicht überlegt, die Deformation der Wellenfläche auch noch von der Tropfengröße abhängt, erklärt die Airysche Theorie nicht nur das Zustandekommen der sekundären Regenbögen, sondern auch die von Fall zu Fall verschiedene Farbenverteilung in dem Haupt- und Nebenregenbogen. Eine Berechnung dieser Farbenverteilung hat J. M. Pernter (1899) durchgeführt. Experimentell wurde die Airysche Theorie von W. H. Miller (1841), C. Mascart (1892) und W. Möbius (1910) mit Hilfe von Glaskugeln und Glasstäben sowie mit Wasserstrahlen geprüft.

Polarisation des Himmelslichtes. Wie zuerst D. F. Arago (1809) beobachtete, ist ein Teil des Himmelslichtes polarisiert. Diese Polarisation ist eine Folge der Streuung des Lichtes an der Atmosphäre (vgl. S. 331). Die Schwingungsrichtung der teilweise polarisierten Strahlung liegt dabei im allgemeinen senkrecht zu der durch die Sonne, den Beobachter und den betrachteten Himmelspunkt festgelegten Ebene. Ein Maximum der Polarisation beobachtet man an den Punkten deren Winkelabstand von der Sonne etwa 90° beträgt. Infolgedessen nimmt der Grad der Polarisation mit abnehmender Sonnenhöhe zu.

Auch das Licht des Regenbogens zeigt eine Polarisation; die Schwingungsrichtung liegt dabei tangential zum Bogen. Betrachtet man einen Regenbogen durch ein Polarisationsfilter, so verschwindet jeweils etwa 1/8 des Regenbogens an der Stelle, für die die Durchlaßrichtung des Polarisationsfilters radial zum Bogen gerichtet ist.

Während das menschliche Auge nicht in der Lage ist, den Polarisationszustand von Licht unmittelbar zu beobachten, sind nach den Untersuchungen von A. von Frisch (1948) die Bienen fähig, sich nach dem verschiedenen Polarisationszustand des wolkenlosen Himmels zu orientieren. Dem Bienenauge muß also ein für das menschliche Auge völlig gleichmäßig heller Himmel hell und dunkel gefleckt erscheinen.

55. Messungen an Farben

Daß Strahlung gewisser Wellenlängen unserem Auge als farbig erscheint, ist zweifellos ein physiologischer, subjektiver Effekt. Wenn wir hier jedoch von physikalischen Messungen an Farben sprechen wollen, so muß näher begründet werden, was wir darunter verstehen.

Die Messung der spektralen Energieverteilung im farbig erscheinenden Emissionsspektrum einer Lichtquelle oder die der Energieverteilung, die von einer beleuchteten farbigen Fläche diffus reflektiert wird („Remissionsspektrum"), sind sicher physikalische Messungen, haben aber nicht die Farben als solche zum Gegenstand. Unter physikalischen Messungen an Farben im eigentlichen Sinn wollen wir dagegen solche verstehen, bei denen zwar der Eindruck auf das Auge, die Farbempfindung, Objekt der Messung ist, bei denen aber das Auge doch nur als Indikator benutzt wird zur Feststellung, ob etwa zwei Farben einander gleich sind oder nicht, oder ob eine Farbe einer anderen ähnlicher ist als einer dritten Farbe oder nicht. Dabei werden reproduzierbare Beziehungen zwischen Farbeindrücken gesucht. Es ergeben sich dann Probleme derart, ob z. B. solche Beziehungen zwischen Farbeindrücken auch Beziehungen zwischen physikalischen Eigenschaften der farbig emittierenden oder remittierenden Farbstoffe entsprechen und ob etwa Farbempfindungen durch Zahlenangaben charakterisiert werden können.

Wir behandeln nicht Beobachtungen über rein physiologische oder psychologische Farbeffekte, so z. B. nicht irgendwelche Kontrasteffekte, etwa die Beobachtung, daß die gleiche graue Fläche in schwarzer Umgebung weißer aussieht als in weißer Umgebung; ebensowenig betrachten wir das Phänomen der Nachbilder, die im Auge nach starker Beleuchtung entstehen.

Wir setzen weiter voraus, daß alle Beobachtungen und Messungen bei nicht zu kleiner Intensität des Lichts durchgeführt werden, so daß der Tagessehapparat, die Zapfen, in Funktion tritt und nicht das Dämmerungs- oder Stäbchensehen (vgl. Nr. 16).

Mischungsgesetze. Es ist eine allgemeine Erfahrung, daß man Farben mischen kann, d. h. daß man aus zwei oder mehr Farbeindrücken neue erzeugen kann. Man unterscheidet dabei additive und subtraktive Farbmischung. Letztere liegt z. B. vor, wenn zwei Farbgläser hintereinander gestellt werden und „weißes" Licht (Sonnenstrahlung) durch diese beiden Filter betrachtet wird. Jedes Filter absorbiert (subtrahiert) einen Teil des Spektrums des weißen Lichts, und nur jene Farbe erscheint als resultierender Farbeindruck, die aus den Wellenlängen zusammengesetzt ist, die durch beide Filter hindurchgegangen sind. Die übliche Mischung von Pigmentfarben ist im allgemeinen ebenfalls als subtraktive Farbmischung aufzufassen, da ein Teil des Lichts im Pigment absorbiert wird, bevor es wieder austritt.

Als additive Farbmischung bezeichnet man eine solche, bei der zwei oder mehr Farben wirklich gleichzeitig dem Auge dargeboten werden oder, was erfahrungsgemäß dem völlig gleichkommt, in kurzen Zeitabständen oftmals hintereinander abwechselnd ins Auge gelangen. Um diese Art der Farbmischung herzustellen, bedient man sich des Farbkreisels (Maxwell, vgl. S. 168) oder eines Farbmischapparats, z. B. des von Helmholtz.

Der Farbkreisel benutzt das zweite der eben genannten Mischungsverfahren. Man kann die Größe des mit einer bestimmten Farbe belegten Sektors als ein Maß des „Mengenanteils" der zu mischenden Farben ansehen. Es ist klar, daß dieses Mengenmaß ein objektives, von der Empfindung unabhängiges Maß darstellt, das zur eindeutigen Festlegung der in einem bestimmten Gemisch vorhandenen Anteile verschiedener Farben dienen kann. Es ist aber ebenso klar, daß dieses Maß sicher nicht adäquat unserer Empfindung ist, die den Farben eine ihnen innewohnende „Helligkeit" zuschreibt, die selbst bei gleicher ins Auge gelangender Energie für verschiedene Farben verschieden ist. Gelb und Grün z. B. erscheinen dem normal Farbentüchtigen heller als energiegleiches Rot oder Blau, was ja schon in der Empfindlichkeitskurve des Auges (Abb. 181) zum Ausdruck gekommen ist. Helligkeit und objektive Intensität sind also streng zu unterscheiden.

Der Helmholtzsche **Farbenmischapparat** dient dazu, Spektralfarben zu mischen. (Im Gegensatz zu Spektralfarben und deren Mischungen werden die Farben der Oberflächen von Körpern oft als Körperfarben bezeichnet.) Das Prinzip dieser Vorrichtung sei an Hand von Abb. 433 erläutert. Ein Prisma ABC erzeugt in bekannter Weise aus

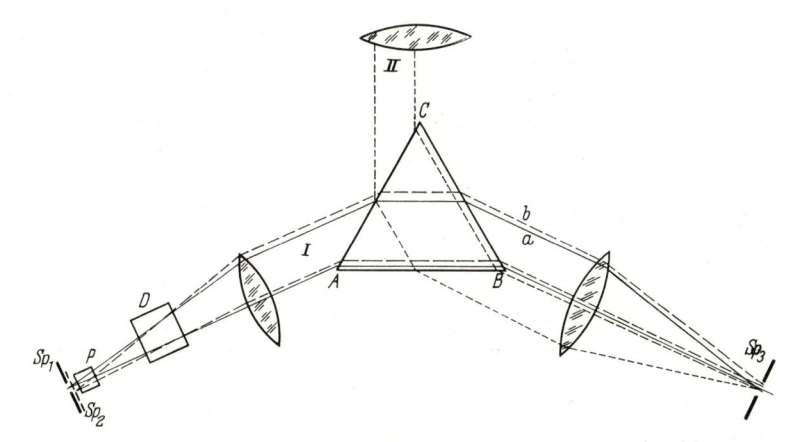

Abb. 433. Helmholtzscher Farbenmischapparat, schematisch

der vom Spalt Sp_1 ausgehenden Strahlung ein Spektrum (ausgezogener Strahlengang a); jedoch wird durch einen doppelbrechenden Kristall D ein zweites Spektrum erzeugt, das scheinbar von dem virtuellen Spalt Sp_2 ausgeht und das daher gegen das erste Spektrum am Ort des Austrittsspalts Sp_3 verschoben ist, (gestrichelter Strahlengang b), so daß an dieser Stelle Strahlung von zwei verschiedenen Wellenlängen (mit um 90° verschiedener Schwingungsrichtung) austritt und ins Auge gelangt. Durch Verschieben von D längs der Achse des Systems kann der Abstand $Sp_1 - Sp_2$ und damit die Wellenlängendifferenz geändert werden. Ein Auge direkt hinter Sp_3 wird also die Fläche BC in der Mischfarbe aus den beiden räumlich zusammenfallenden Wellenlängen erleuchtet sehen. Die Mengenanteile der beiden Farben können dadurch variiert werden, daß ein Polarisator P linear polarisiertes Licht erzeugt, so daß durch Drehung von P das Intensitätsverhältnis der Strahlengänge a und b geändert werden kann. Die so im Monochromator I erzeugte Mischfarbe kann nun verglichen werden mit einer ganz entsprechend im Monochromator II erzeugten (von deren Strahlengang nur ein Teil punktiert gezeichnet ist). In dieser Mischfarbe leuchtet die Fläche AB, deren Farbeindruck nun mit dem von BC verglichen werden kann. Der eine der beiden Monochromatoren kann auch ersetzt werden durch eine seitlich beleuchtete remittierende Fläche, die auf einer der beiden Prismenflächen angebracht wird.

Die Frage, die mit solchen Mischapparaten beantwortet werden kann, ist: Welche Mengenanteile von mehreren Farben sind notwendig, damit die daraus resultierende Mischfarbe denselben Eindruck hervorruft, wie eine vorgegebene andere Farbe. So ergibt z. B. die Mischung von spektralem Rot (Li, 671 mμ) und spektralem Grün (Tl, 536 mμ) bei einem bestimmten Mengenverhältnis ein spektrales Gelb (Na, 589 mμ); dies ist die sog. **Rayleigh-Gleichung.** Man mißt im allgemeinen nicht das Mischungsverhältnis für nur einen Beobachter. sondern vergleicht die Ergebnisse vieler Beobachter miteinander. Selbst für Farbentüchtige schwankt dieses erheblich um einen Mittelwert. Sehr große Abweichungen von diesem Mittelwert weisen auf einen Defekt des Farbensinns hin.

Die Mischung zweier Komplementärfarben (S. 168) ergibt „Weiß", d. h. eigentlich ein ungefärbtes („unbuntes") graues Gesichtsfeld, wobei „ungefärbt" (weiß-grau-schwarz) die mehr oder weniger intensive „Farbe" des Sonnenlichts („Tageslichts") bezeichnen soll, das als Standard-Beleuchtung gewählt wird.

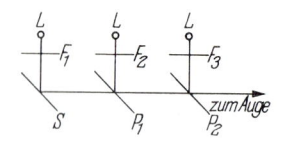

Abb. 434. Additive Mischung von Filterfarben

L = Lichtquellen, F_i = Farbfilter, S = Spiegel, P_i = halbdurchlässige Glasplatten

Ein weiteres einfaches Farbmischprinzip ist in Abb. 434 angedeutet. Es erlaubt, das durch Farbfilter hindurchgegangene Licht additiv zu mischen, und kann auf eine beliebig große Anzahl von Farben ausgedehnt werden. Auch das Nebeneinander mehrerer Farben in einem so kleinen Abstand, daß das Auge die getrennten Orte dieser Farben nicht mehr einzeln wahrnehmen kann, ergibt additive Farbmischung. Das ist die Grundlage vieler Farbdruckverfahren und auch einiger Farbfilme.

Das Ergebnis der Farbmischversuche kann man in den **Grassmannschen Gesetzen** (1853) formulieren, die zum Teil schon Newton bekannt waren. Sie sagen im wesentlichen folgendes aus:

1. **Jeder Farbeindruck kann durch eine Mischung aus höchstens drei ein für alle Mal geeignet gewählten „Grundfarben" reproduziert werden, und zwar eindeutig.** D. h., verschiedene Mischungsverhältnisse führen zu verschiedenen Farbeindrücken. Die Zahl 3 der Grundfarben ist von besonderer Bedeutung; man sagt, der „Farbraum" sei dreidimensional, indem man drei voneinander unabhängige Bestimmungsstücke braucht, um jeden „Punkt" dieses Raums zu beschreiben. Dabei braucht das Wort „Raum" nicht geometrisch verstanden zu werden. Wir werden aber sehen, daß eine Art Abbildung des Farbraums auf einen geometrisch definierten Raum möglich ist. Unabhängig sind die Grundfarben dann, wenn keine von ihnen aus den beiden anderen mischbar ist. Nennen wir die Grundfarben R, G und B (was zwar an Rot, Grün, Blau erinnern soll, aber nicht notwendig diese Farben bedeuten muß), so kann man das Ergebnis F der Farbmischung symbolisch darstellen als

(229) $$F = rR + gG + bB,$$

wo r, g, b die Anteile der Grundfarben in der Mischung angeben. Dabei verzichten wir vorläufig auf eine Angabe darüber, in welchen Einheiten die Grundfarben zu messen wären. Man nennt r, g, b die **Farbkoordinaten** der Farbe F. Das bedeutet, daß jede vorgelegte Farbe F durch das entsprechende Gemisch aus R, G, B reproduziert werden kann, so daß ein Feld, das mit der Farbe F belegt ist, gleich aussieht wie ein anderes Feld, das mit der betreffenden Mischung aus den Grundfarben beleuchtet ist. Wie schon erwähnt, wird das Auge dabei nur zur Feststellung der Gleichheit des Aussehens der beiden Felder beansprucht.

2. Wenn zwei Farben F_1, F_2 mit den Farbkoordinaten r_1, g_1, b_1 bzw. r_2, g_2, b_2 im Verhältnis $f_1 : f_2$ gemischt werden, so gilt

(230) $$F = f_1 F_1 + f_2 F_2 = (f_1 r_1 + f_2 r_2) R + (f_1 g_1 + f_2 g_2) G + (f_1 b_1 + f_2 b_2) B.$$

Das kann auch in anderer Weise ausgedrückt werden: Es ist für die Mischfarbe F gleichgültig, wie etwa die Farben F_1 und F_2 physikalisch hergestellt wurden; es kommt nur an auf die Farbeindrücke F_1 und F_2 selbst, die durch die jeweils drei Farbkoordinaten eindeutig beschrieben wurden. **In Mischungen kann jede Farbe durch eine gleichaussehende ersetzt werden.**

3. Erhöht man die Anteile der Grundfarben alle um einen gemeinsamen Faktor n, so ändert sich zwar die Helligkeit der Mischfarbe, die Gleichheit der Felder mit F und mit $rR + gG + bB$ bleibt aber erhalten, wenn auch F um den gleichen Faktor heller gemacht wird:

$$nF = nrR + ngG + nbB. \tag{231}$$

In anderen Worten: **Gleichmäßige Intensitätsänderung zweier gleichaussehender Farbfelder gibt wieder gleichaussehende Felder.**

Die Farbgleichung (229) kann also tatsächlich als eine algebraische Formulierung der empirischen Ergebnisse angesehen werden, da die Regeln der Algebra befolgt werden.

Die Farbkoordinaten müssen nicht notwendigerweise positiv sein. Sei eine von ihnen, etwa b, negativ, so bedeutet das zwar, daß in Gl. (229) die Farbe F nicht durch reelle Mischung von R, G und B erhalten werden kann; aber die Gleichung bleibt richtig in dem Sinn, daß eine Farbe $F' = F + |b|B$ identisch ist mit der Mischung $rR + gG$.

Auch die „Farbe" Weiß kann durch geeignete Mischung von R, G und B reproduziert werden. Sie nimmt im System der Farben eine psychologisch ausgezeichnete Stellung ein, die allerdings nicht durch die in (229) formulierte Darstellung a priori gegeben ist. Man kann ihr aber dadurch auch formal Rechnung tragen, daß man die Einheiten, in denen die Anteile von R, G und B angegeben werden, so wählt, daß die Farbkoordinaten r_w, g_w, b_w von Weiß ausgezeichnete, willkürlich vorgegebene Zahlen werden, z. B. $r_w = g_w = b_w = \frac{1}{3}$. Gerade der Widerspruch, der darin liegt, daß der psychologisch ausgezeichnete und einheitliche Farbeindruck Weiß zu einer bloßen Mischfarbe „degradiert" ist, die zunächst keine ausgezeichnete Stellung einnimmt, hat in der Geschichte der Farbenlehre sich ungünstig ausgewirkt, da er hervorragende Menschen wie z. B. Goethe dazu geführt hat, den physikalischen Aspekt der Farben und dessen formale Beschreibung nicht nur zu vernachlässigen sondern abzulehnen. Dazu besteht aber kein Grund, wenn man sich bewußt bleibt, daß einerseits die Physik zwar nur Teilerkenntnisse über Farben liefern kann, diese aber exakt, und daß andererseits es für die hier vorgetragene Mischungslehre der Farben gleichgültig ist, ob Weiß tatsächlich zusammengesetzt ist oder nicht.

Wie bei jeder anderen Farbe kann der Eindruck Weiß auf viele Weisen entstehen, z. B. (a) durch Mischung aller Spektralfarben im gleichen Verhältnis wie sie bei der spektralen Zerlegung des Sonnenlichts gefunden werden, (b) durch Mischung von drei Grundfarben; (c) durch Mischung je zweier Spektralfarben, der Komplementärfarben, die ja gerade durch diese Mischung definiert werden. Abb. 435 gibt die Wellenlängen zusammengehöriger Komplementärfarben im Spektrum. Zu gewissen Wellenlängen des sichtbaren Spektrums gibt es allerdings keine Spektralfarben als Komplementärfarben, wohl aber Mischungen aus den roten und violetten Spektralfarben an den Grenzen des sichtbaren Spektrums. Dies sind die **Purpurfarben**. Wenn wir von Spektralfarben reden, so sollen darunter im allgemeinen auch diese uneigentlichen Spektralfarben mit zu verstehen sein.

Mischt man Weiß mit Spektralfarben, so erhält man die „ungesättigten", weißlichen Abwandlungen dieser als gesättigt bezeichneten Spektralfarben, die zum Teil besondere Namen tragen, z. B. Rosa als ungesättigtes Rot. Jede reelle Farbe kann durch eine solche „**monochromatische Mischung**" hergestellt werden. Die eben genannten Beispiele für Mischungen aus beliebig gewählten Ausgangsfarben sind natürlich kein Widerspruch gegen die oben angeführte Behauptung, daß trichromatische Mischung aus drei ein für allemal festgelegten Grundfarben zur Beschreibung der Farbmannigfaltigkeit ausreicht. Jede beliebige Mischung kann ja vermöge (230) auf die Grundfarben zurückgeführt werden. Übrigens kann man die behauptete **Dreidimensionalität des Farbraums** auch darin erkennen, daß unsere Farbempfindung zur Charakterisierung einer Farbe auch nur drei Komponenten kennt. Die Farbempfindung des Menschen ist zwar von sich aus nicht fähig, eine Farbe auf ihre Anteile der drei Grundfarben zu analysieren. Sie kann aber unterscheiden einen

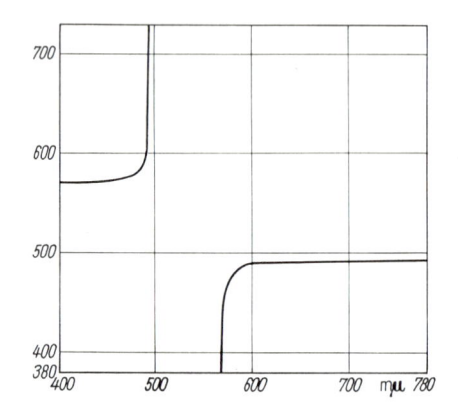

Abb. 435. Komplementäre Wellenlängen
Ordinaten und Abszissen der Kurven geben zusammengehörige komplementäre Wellenlängen an

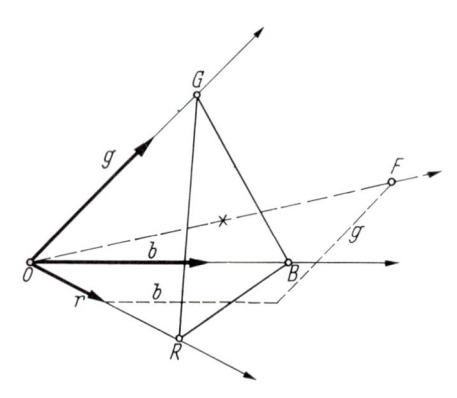

Abb. 436. Zur Vektoraddition im Farbraum
× = Durchstoßpunkt der Farbgeraden OF im Farbdreieck RGB

„Farbton", etwa gegeben durch die Spektralfarbe, die mit Weiß gemischt die vorgelegte Farbe ergibt; eine „**Sättigung**", je nach Größe des Weißanteils; und eine „**Helligkeit**". Auf die Definition dieser Größen in den Koordinaten des Farbraums gehen wir weiter unten ein.

Die Behauptung, daß alle Farbeindrücke durch Mischung der Grundfarben erhalten werden können, bedarf einer Einschränkung, wenn man Farben nicht in isoliertem Gesichtsfeld betrachtet sondern in einer irgendwie farbig oder nichtfarbig beleuchteten Umgebung. Natürlich ist im täglichen Leben gerade diese Art der Beobachtung die übliche; und so kommt es, daß gewisse häufig vorkommende „Farben" mit Namen wie Braun und Oliv in den Farbmischungen nach Gl. (229) gar nicht vorkommen, also in diesem Sinn eben keine Farben wären. Ein isoliert gesehenes, in normaler Umgebung braun erscheinendes Farbtäfelchen kann allerdings im Farbenmischapparat reproduziert werden durch eine bestimmte Mischung aus R, G und B; es erscheint aber bei dieser Art der Betrachtung nicht in der „Farbe" Braun sondern als Rotgelb. Bei allen Farbmischversuchen muß daher streng genommen die Umgebung ausgeschaltet werden. Abweichungen von dieser Bedingung führen aber nur in den Fällen brauner und olivgrüner Oberflächen zu eklatanten Differenzen im Farbeindruck. Diese Farben sind, wie übrigens auch Grau, sogenannte **bezogene** („verhüllte") Farben, im Gegensatz zu den unbezogenen, mit denen sich die Lehre von den Farbmischungen allein beschäftigt.

Farbkegel, Farbdreieck. Die oben erwähnte Dreidimensionalität des Farbraums läßt es vernünftig erscheinen, den Farbraum in einen geometrischen Raum zu übersetzen. Zu dem Zweck stellt man jeden Farbeindruck durch einen Vektor im dreidimensionalen geometrischen Raum dar, derart daß Farben, die sich nur durch ihre Helligkeit unterscheiden, durch Vektoren gleicher Richtung aber verschiedener Länge beschrieben werden. Die Länge des Vektors soll proportional der Helligkeit sein. Wählt man irgendwelche drei Richtungen im Raum willkürlich als die zu den drei Grundfarben gehörigen Vektorrichtungen, so lassen sich durch vektorielle Addition aus diesen drei Vektoren alle anderen Farbenvektoren additiv zusammensetzen nach der jetzt als Vektorgleichung aufgefaßten Gl. (229), vorausgesetzt natürlich, daß die drei Grundvektoren nicht in einer Ebene liegen (Abb. 436). Die „Farbgeraden" OF befinden sich innerhalb des Farbkegels $ORGB$, falls alle Farbkoordinaten positiv sind.

Man kann nun die Maßstäbe auf den Geraden OR, OG, OB so wählen, daß gleiche geometrische Längen gleicher Helligkeit der Grundfarben entsprechen. Dann folgt aus rein geometrischen Konstruktionen, daß Farben F, F' usw., für die die algebraischen Summen $r + g + b$ bzw. $r' + b' + g'$ usw. einander gleich sind, durch Vektoren dargestellt werden, deren Endpunkte in einer Ebene liegen, die durch die Punkte rR, gG, bB gleicher Helligkeit geht. Die Farben mit gleicher Summe der Farbkoordinaten haben alle die gleiche Helligkeit, falls die Anteile der Grundfarben auf Grundfarben gleicher Helligkeit bezogen sind, wie dies hier geschehen ist. Wir können dann die Helligkeit einfach definieren als gegeben durch

$$H = r + g + b$$

Diese Definition setzt allerdings voraus, daß sich bei einer Mischung die Helligkeiten verschiedener Farben tatsächlich addieren. Das ist keineswegs selbstverständlich, hat sich aber durch die Methoden heterochromatischer Photometrie (hauptsächlich durch F. Exner und K. W. F. Kohlrausch, 1920) innerhalb einer Fehlergrenze von 1 bis 2·0/0 bestätigt.

Beschränkt man sich überhaupt auf Farben gleicher Helligkeit, so erhält man statt des Farbkegels einen zweidimensionalen Schnitt, das Farbdreieck RGB. Diese zweidimensionale Darstellung der Farben kann auch dann gebraucht werden, falls man von allen Aussagen über Helligkeiten absieht und damit alle „gleichfarbigen" Vektoren in einem einzigen Punkt repräsentiert. Der Verzicht auf Helligkeitsaussagen wiegt deshalb nicht schwer, weil empfindungsgemäß der Eindruck der Farbigkeit als solcher stärker maßgebend ist für den Gesamteindruck als die verschiedene Helligkeit von Farben, besonders dann, wenn eben gerade der Farbsinn des Auges zur Diskussion steht. In diesem Zusammenhang werden alle auf einem und demselben Vektor liegenden Farben verschiedener Helligkeit als solche gleicher Reizart oder gleicher Chromatizität („Farbigkeit") bezeichnet. Die Beschränkung auf Reizarten statt Farben hat den weiteren Vorteil, daß die schwierigen und oft problematischen heterochromatischen Helligkeitsmessungen dann irrelevant werden bis auf die Messungen, die die Einheiten auf den Grundvektoren festlegen. Im Folgenden werden wir daher nur noch vom Farbdreieck reden, das wir (willkürlich) als gleichseitig annehmen wollen. Ein Farbreiz F, der der Reizart $F = rR + gG + bB$ entspricht, ist dann durch einen Punkt dargestellt (Abb. 437), dessen Entfernungen von den Dreiecksseiten durch r, g und b gegeben sind. Normieren wir die Absolutwerte derart, daß $r + g + b = 1$, so heißen diese Koordinaten auch die **trichromatischen Koeffizienten**. Diese sind also nicht unabhängig voneinander; nur ihr gegenseitiges Verhältnis ist wesentlich, und entsprechend der Zweidimensionalität des Farbdreiecks gibt es nur zwei unabhängige Verhältnisse dieser Art. Übrigens entspricht die Konstruktion von F aus R, G, B ganz der Bestimmung des Schwerpunkts dreier Massen r, g, b in R, G, B. Die Mischung zweier Reizarten F_1 und F_2 im Verhältnis $f_1:f_2$ ($f_1+f_2 = 1$) ergibt sich dann ebenfalls aus der Schwerpunktskonstruktion. Diese Analogie hat schon Newton angegeben.

In Abb. 438 ist ein Farbdreieck wiedergegeben, das auch den Ort der Spektralfarben enthält, nachdem die Grundfarben in geeigneter Weise gewählt wurden. In diesem Fall werden alle Reizarten, die physikalisch realisierbar sind, durch positive Farbkoeffizienten beschrieben. Da erfahrungsgemäß alle reellen Farben innerhalb des

Bereichs der Spektralfarben einschließlich der Purpurfarben liegen, bedeutet das allerdings, daß die Grundfarben selbst gar nicht realisiert werden können. Es sind konstruierte, virtuelle Farben, die genauer dadurch definiert werden müssen und können, daß man angibt, welches Mischungsverhältnis dieser virtuellen Farben gewisse vorgegebene reelle „Eichfarben" ergibt.

Bevor wir auf die Wahl der Grundfarben eingehen, seien noch weitere Definitionen eingeführt, die auf das Farbdreieck Bezug nehmen. Zunächst stellen wir fest, daß Weiß im Dreiecksmittelpunkt liegt, wenn wir die weiter oben erwähnte Konvention $r_w = g_w$

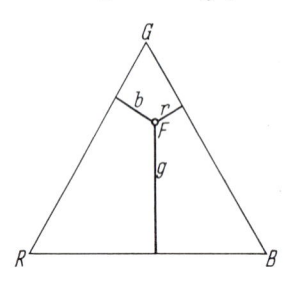

Abb. 437. Definition der trichromatischen Koeffizienten r, g, b einer Farbe F im Farbdreieck

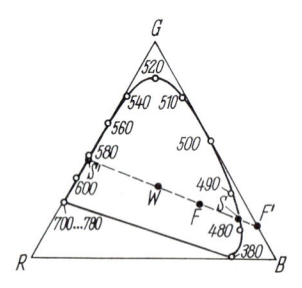

Abb. 438. Farbdreieck mit Spektralkurve und Purpurgerade; Wellenlängen in mμ; S und S' = komplementäre Spektralfarben

$= b_w = 1/3$ benutzen. Dann lassen sich Farbton und Sättigung, die zwei Bestimmungsstücke, die bei Weglassung der Helligkeit zur Beschreibung der Farbempfindung übrigbleiben, wie folgt definieren:

Der **Farbton** einer Farbe F (Abb. 438) ist durch diejenige Spektralfarbe S gegeben, die mit Weiß gemischt F reproduziert, also durch die Wellenlänge der Spektralfarbe, die auf der verlängerten Geraden WF liegt. Bei Purpurfarbtönen P ist die Angabe einer Wellenlänge natürlich nicht direkt möglich; immerhin könnte man die Wellenlänge der Komplementärfarbe angeben.

Als Maß der **Sättigung** von F kann definiert werden der prozentuale Anteil f_S oder $f_{F'}$, von S oder F' in der Mischfarbe F aus S und W bzw. F' und W, je nachdem man auf die Spektralfarben selbst als die gesättigsten reellen Farben bezieht oder auf die virtuellen Farben auf der Dreiecksseite. Letzteres ist mathematisch einfacher[1]. Man stellt (aus $F = f_{F'} F' + (1 - f_{F'}) W$) leicht fest, daß die Koeffizienten von F' durch

$$r_{F'} = 0, \ b_{F'} = \frac{b-r}{1-3r}, \ g_{F'} = \frac{g-r}{1-3r}$$

gegeben sind. Dann ist die Sättigung $f_{F'} = 1 - 3r$ und der Weißgehalt $f_W = 1 - f_{F'} = 3r$. Liegt F' auf den Seiten RG bzw. RB, so ist $f_{F'} = 1 - 3b$ bzw. $1 - 3g$ zu setzen.

Diese Definitionen sind sicher eindeutig. Eine andere Frage ist, ob sie auch der Sättigungsempfindung entsprechen, ob also gleiche Werte des angegebenen Mischungsverhältnisses die gleiche Empfindung bezüglich Sättigung hervorrufen, unabhängig vom Farbton. Desgleichen, ob bloßer Weiß-Zusatz empfindungsgemäß nur die Sättigung ändert, nicht aber die Farbtonempfindung. Tatsächlich ist dies nicht der Fall. Eine Kurve, die im Farbdreieck Farben gleicher Farbtonempfindung verbindet, ist also nicht eine Gerade sondern irgendwie gekrümmt, wenn auch nicht stark.

Sowohl Helmholtz als auch Schrödinger haben versucht, solche Kurven mathematisch darzustellen als kürzeste Linien in einer nichteuklidischen Farbfläche, um damit ein Sättigungsmaß auf einer solchen Linie als Integral über ein nichteuklidisches Linienelement zu erhalten, das Funk-

---

[1] Oft wird als Maß der Sättigung (nach Helmholtz) auch das Verhältnis der Strecken WF zu WS bzw. WF' benutzt.

tion der Farbkoordinaten ist. Die zweckmäßigste Form dieses Linienelements ist aber noch nicht gefunden. Die dadurch eingeführte Metrik des Farbraums, die der Empfindung besser Rechnung tragen soll, wird als „höhere Farbenmetrik" bezeichnet, im Gegensatz zu der oben verwendeten niederen Farbenmetrik, die grundsätzlich unabhängig von der Farbempfindung ist, wenn man davon absieht, daß zur Festlegung der Maßstäbe auf den Farbgeraden des Farbkegels heterochromatische Helligkeitsvergleiche nötig sind.

Wahl der Grundfarben. Wenn auch die Wahl der Grundfarben an und für sich willkürlich ist, so wird man doch bestrebt sein, solche Farben zu wählen, denen möglichst auch in der Physiologie des Farbsinns eine Bedeutung zukomme. Schon Th. Young und H. v. Helmholtz hatten angenommen, daß der Dreidimensionalität des Farbraums drei physiologische Prozesse entsprechen müßten. Neuerdings glaubte G. v. Studnitz (1941) auch drei in verschiedener Weise lichtempfindliche Stoffe in den Zäpfchen gefunden zu haben, die für diese Prozesse verantwortlich seien, was sich aber nicht völlig bestätigt hat. Statt positiv nach drei Substanzen zu suchen, kann man aber auch einfacher danach fragen, was geschehen würde, wenn eine der drei Grundfarben oder der drei Grundprozesse im Farbensehen eines Menschen ausfiele, wenn also der trichromatische Farbkegel in einen dichromatischen Farbwinkel entarten würde. Es gibt in der Tat eine gewisse Anzahl von Personen (etwa 4%, der männlichen Bevölkerung), deren Farbsinn in dieser Weise reduziert ist (sogenannte partielle Farbenblindheit). Fehlt z.B. die Grundfarbe G, so erscheinen einem solchen „Dichromaten" alle Farben, die im Farbdreieck auf einer Geraden durch G liegen, als solche gleicher Reizart. Ein solcher Dichromat kann also nicht die Farben unterscheiden, die im Spektrum zwischen Rot und Gelbgrün auf der Dreiecksseite RG liegen oder einen Purpurton nicht von seiner Komplementärfarbe. Aus der Untersuchung des Farbsinns von Dichromaten wird man also ableiten können, welche Grundfarbe gefehlt haben muß. Man findet tatsächlich drei solcher Fehlfarben, die man eine Zeitlang als Grundfarben gewählt hat. Die Bestimmung der Fehlfarben ist aber relativ unsicher. Deshalb verzichtet man auf die grundsätzliche Koordinierung der Grundfarben mit natürlichen Eigenschaften des Auges und definiert die Grundfarben implizit durch Angabe der Farbkoeffizienten ausgewählter Spektralfarben, worauf wir schon hinwiesen.

Dazu hat man ferner aus Zweckmäßigkeitsgründen die anschauliche Beschreibung mittels dreier (nicht unabhängiger) Koordinaten in einem Farbdreieck verlassen. Man führt im Farbraum ein rechtwinkliges Koordinatensystem X, Y, Z ein und definiert die Grundfarben ξ, η, ζ, derart, daß die Spektralfarben (als Eichfarben)

S_R (700 mμ) die Koordinaten $X = 2{,}7689$, $Y = 1$, $Z = 0$
S_G (546,1 mμ) die Koordinaten $X = 0{,}38159$, $Y = 1$, $Z = 0{,}012307$
S_B (435,8 mμ) die Koordinaten $X = 18{,}801$, $Y = 1$, $Z = 93{,}066$

erhalten, wenn deren Helligkeit auf 1 normiert ist. Es sei also $S_R = 2{,}7689\,\xi + 1\,\eta + 0\,\zeta$ usw. Jede andere Farbe F kann dann durch Mischung aus S_R, S_G, S_B mit den Mengen s_R, s_G, s_B nach den Gl. (229) und (230) erhalten werden, also aus

$$X_F = 2{,}7689\,s_B + 0{,}38159\,s_G + 18{,}801\,s_B$$
$$Y_F = \quad\quad s_R + \quad\quad s_G + \quad\quad s_B$$
$$Z_F = \quad\quad\quad\quad\quad 0{,}012307\,s_G + 93{,}066\,s_B\,.$$

Y_F ist dann gleich der Helligkeit. Auch hier führen wir Farbkoeffizienten ein, nämlich

$$x = \frac{X}{X+Y+Z},\; y = \frac{Y}{X+Y+Z},\; z = \frac{Z}{X+Y+Z},\; (x+y+z=1),$$

wodurch wir uns wieder auf Reizarten beschränken. Die Grundfarben haben die Koeffizienten $x_\xi = 1$, $y_\eta = 1$, $z_\zeta = 1$. Die Wahl der Koordinaten der Eichfarben ist zwar grundsätzlich willkürlich und unabhängig von Messungsergebnissen, erfolgte aber dennoch in Anlehnung an solche (analog wie auch bei der Definition des Meters).

Definieren wir die Sättigung wieder durch den Anteil $f_{F'}$ einer am Dreiecksrand gelegenen virtuellen Farbe F' an der Mischfarbe F aus W und F', so wird, je nachdem ob F' auf der x-Achse, der y-Achse oder der Hypothenuse liegt, $f_{F'} = 1 - 3y$, $= 1 - 3x$ oder $= 3(x + y) - 2$. Die Linien gleicher Sättigung sind dann (ebenso wie im gleich-

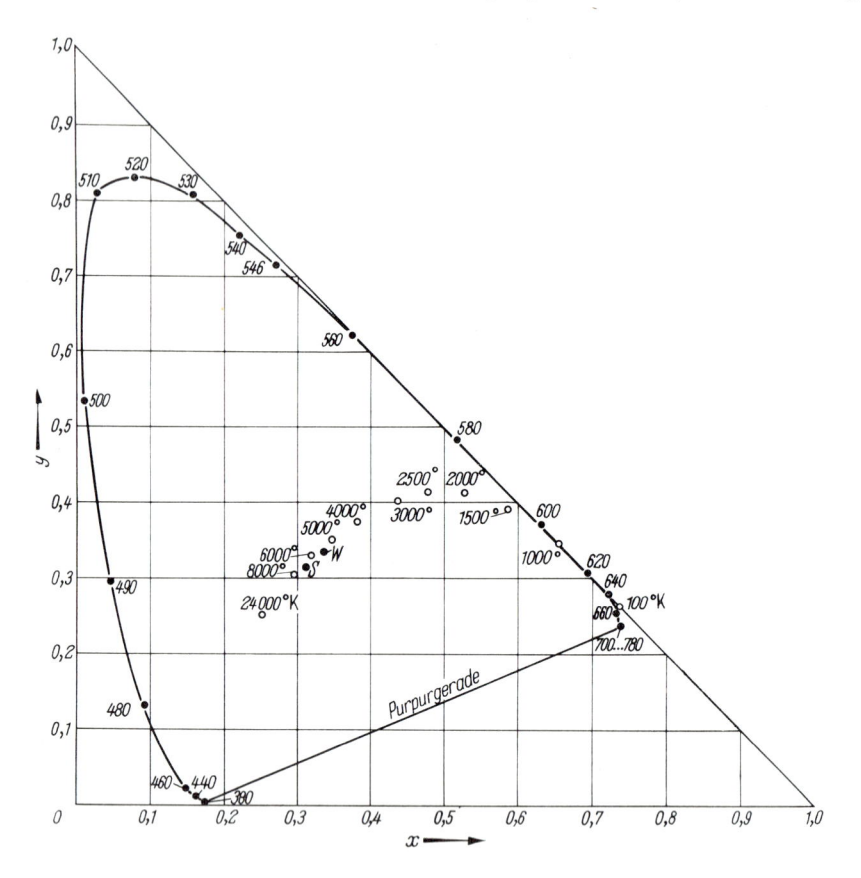

Abb. 439. Rechtwinkliges Farbdreieck
● Spektralfarben mit Wellenlängen in mµ ○ Schwarzer Körper mit Temperaturen in °K
W = Standard-Weiß „E", S = Standard- oder Normal-Weiß „C"

seitigen Dreieck) Geraden parallel zu den Dreiecksseiten, was angesichts der Form der Spektralkurven in Abb. 438 und 439 unnatürlich erscheint. Auf die oben schon angedeutete natürliche Definition der Sättigung, in der F' durch eine Spektralfarbe ersetzt ist, gehen wir nicht ein.

Bestimmung der Farbkoeffizienten. Wir stellen die Aufgabe, die Farbkoeffizienten einer vorgelegten Farbe, etwa die eines Farbtäfelchens, zu bestimmen. Das Täfelchen möge „weißes" Licht diffus reflektieren (remittieren), und $\varrho(\lambda)$ sei die remittierte Intensität als Funktion der Wellenlänge. Es muß allerdings zunächst genauer definiert sein, was wir unter Weiß verstehen wollen. Das Weiß des Weißpunkts W im Zentrum des Farbdreiecks wäre vom theoretischen Standpunkt aus die beste Wahl, die aber nur angenähert zu realisieren ist. Eine gute Annäherung daran ist das sogenannte Standard-Weiß C, das ebenfalls (mit S bezeichnet) in Abb. 439 eingetragen ist und durch eine Glühlampe mit geeigneten Filtern erzeugt werden kann. Nun liefert $\varrho(\lambda)$ die objektive Intensitätsverteilung der von der Farbprobe remittierten Strahlung. Multiplizieren wir bei jeder Wellenlänge mit $V(\lambda)$, der Strahlungsempfindlichkeit des Auges (S. 150), so erhalten wir in $\varrho(\lambda) V(\lambda)$ die (visuelle) Helligkeitsverteilung dieser Strahlung. Wir fassen nun die Farbe dieser Probe auf als eine Mischung aller von ihr remittierten Wellenlängen λ_i, jede mit dem Beitrag $\varrho(\lambda_i) V(\lambda_i)$. Die Farbkoeffizienten sind dann auf Grund ihrer Definition nach den Gesetzen der Farbmischung ohne weiteres zu bestimmen als die Mittelwerte

$$\bar{x} = \frac{\sum_i x_i(\lambda_i)\varrho(\lambda_i)V(\lambda_i)}{\sum_i \varrho(\lambda_i)V(\lambda_i)} \; , \; \bar{y} \text{ und } \bar{z} \text{ entsprechend.}$$

Dabei bedeuten $x_i(\lambda_i)$ usw. die Farbkoeffizienten der Spektralfarben für die gewählte Beleuchtung.

Da für jede Wellenlänge einzeln $x_i + y_i + z_i = 1$, so ist natürlich auch $\bar{x} + \bar{y} + \bar{z} = 1$, wie es für die Farbkoeffizienten sein muß. Statt der Summen kann man auch Integrale schreiben und diese etwa planimetrisch auswerten:

$$\bar{x} = \frac{\int x(\lambda)\varrho(\lambda)V(\lambda)d\lambda}{\int \varrho(\lambda)V(\lambda)d\lambda} \text{ usw.},$$

wenn jetzt $\varrho(\lambda)d\lambda$ die im Bereich $d\lambda$ um λ remittierte Energie darstellt. Wegen der in den verschiedenen Spektralbereichen ganz verschiedenen Dichte der Spektralpunkte im Farbdreieck (bei $d\lambda = $ const) wählt man statt konstanter Wellenlängenintervalle geeignet ausgewählte nicht-konstante Intervalle, falls man die Integrale punktweise, also wieder als Summe auswertet.

Diese Methode setzt voraus, daß x und y für die Spektralfarben schon bekannt sind. Diese mußten daher unabhängig bestimmt werden, z. B. durch wirkliche Durchführung der Bestimmung von Mischungsanteilen ausgewählter Eichfarben, deren Mischung von der jeweiligen Spektralfarbe ununterscheidbar ist. Diese Koeffizienten sind in Tab. 23 angegeben, und zwar für das Standard-Weiß C (Abb. 439).

Mutatis mutandis gilt das hier Gesagte auch für Emissions-Lichtquellen. Als Beispiel sind in Abb. 439 die Lage der Punkte im rechtwinkligen Farbdreieck für einen **schwarzen Körper** (Nr. 59 und 61) bei verschiedenen Temperaturen eingetragen.

Tab. 23. Farbkoeffizienten von Spektralfarben

$\lambda(m\mu)$	x	y	$\lambda(m\mu)$	x	y
380	0,1741	0,0050	546,1	0,2737	0,7167
400	0,1733	0,0048	560	0,3731	0,6245
420	0,1714	0,0051	580	0,5125	0,4866
435,8	0,1666	0,0089	600	0,6270	0,3725
440	0,1644	0,0109	620	0,6915	0,3083
460	0,1440	0,0297	640	0,7190	0,2810
480	0,0913	0,1327	660	0,7300	0,2700
500	0,0082	0,5384	680	0,7334	0,2666
520	0,0743	0,8338	700	0,7347	0,2653
540	0,2296	0,7543	740	0,7347	0,2653

Die Güte von Farbreproduktionen läßt sich durch Vergleich der für die Reproduktion von Spektralfarben erhaltenen Farbpunkte mit denen der Spektralfarben selbst abschätzen. Je größer die von der Kurve der Farbpunkte der Reproduktion umschlossene Fläche im Farbdreieck ist, bzw. je enger sie sich an die Spektralkurve anschließt, um so besser ist (im ganzen) die Reproduktion. Dabei ist nicht ausgeschlossen, daß einzelne Farben sehr viel besser (oder schlechter) wiedergegeben werden als der durchschnittlichen Güte entspricht.

Wir weisen zum Schluß nochmals darauf hin, daß exakte Messungen in der niederen Farbenmetrik das Auge immer nur zur Beurteilung von Farbengleichheit benutzen. Geht man darüber hinaus, wird es sehr schwierig, Farbeindrücke eindeutig zu beschreiben. Schon die Farbnamen können nur sehr ungenau gewissen Wellenlängen zugeordnet werden. So wird die Grenze zwischen Rot und Orange zwischen 604 und 656 mμ angegeben (Mittelwert 627 mμ); zwischen Orange und Gelb: 585—597 mμ; zwischen Gelb und Grün: 558—577 mμ; zwischen Grün und Blau: 487—502 mμ; zwischen Blau und Violett: 420—456 mμ.

B. Quantenoptik

Vorbemerkung:

Zu Beginn unseres Jahrhunderts schien die Wellennatur der elektromagnetischen Strahlung endgültig gesichert zu sein. Das ist nicht mehr so, und es hat eine andere Auffassung an Gewicht gewonnen, die in der Überschrift dieses Teils Ausdruck findet und im Lauf der Darstellung erläutert wird. Das neue Verständnis der Natur von Strahlung und ihres Verhaltens zur Materie wurde angebahnt durch die quantitative Erforschung der sog. Wärmestrahlung. Dieser wenden wir uns zunächst zu.

VI. Kapitel

Die Gesetze der Wärmestrahlung

56. Temperatur- und Lumineszenzstrahlung

Bereits in Band I haben wir festgestellt, daß für die Übertragung der Wärme neben Wärmeleitung und Wärmekonvektion noch die Wärmestrahlung in Betracht kommt. Während die beiden ersten Vorgänge an das Vorhandensein von Materie gebunden sind, pflanzt sich die Wärmestrahlung auch durch den leeren Raum fort, wie wir in Bd. I durch eine Reihe von Versuchen gezeigt haben. Etwas präziser können wir jetzt die Erscheinung so aussprechen, daß von allen heißen Körpern eine elektromagnetische Strahlung ausgeht, die unterhalb einer Temperatur von etwa 500⁰ C praktisch ausschließlich dem ultraroten Spektralbereich angehört. Je höher die Temperatur wird, desto intensiver wird die Strahlung. Schließlich kommt es so weit, daß auch Strahlung, die dem sichtbaren Spektralgebiet angehört, über die Empfindlichkeitsschwelle des Auges tritt, zuerst langwellige rote, dann immer kürzere Wellen, so daß bei steigender Temperatur der strahlende Körper nacheinander dunkelrot, orange, gelb aussieht, bis er bei etwa 1500⁰ C weißglühend wird. Die Strahlung ist also komplexer Natur, wie wir schon aus der genauen Untersuchung der Spektren wissen: Sie enthält Frequenzen, die vom Ultrarot bis ins Ultraviolett reichen. Ausbreitung, Brechung, Reflexion und Absorption gehen nach den uns bekannten Gesetzen vor sich. In diesem Kapitel haben wir eine andere Aufgabe vor uns. Es ist zunächst die Frage zu beantworten, ob und wie die Strahlung von der spezifischen Natur der strahlenden Körper abhängt; ferner, wie sich ihre Intensität mit der Temperatur ändert (die Gesamtstrahlung und die Strahlung eines kleinen Wellenlängenintervalls); schließlich, wie die Energie der Strahlung sich bei gegebener Temperatur auf die einzelnen Wellenlängen verteilt.

Die im folgenden zu untersuchende Strahlung wird ausschließlich durch die Temperatur der strahlenden Körper hervorgebracht; d. h., ihre Energie stammt aus dem Wärmeinhalt derselben. Falls diese Bedingung erfüllt ist, nennt man die Strahlung genauer „Temperaturstrahlung"; auf solche allein bezieht sich der Inhalt dieses

Kapitels. Hieraus ist zu entnehmen, daß es sich nicht um Wirkungen handeln kann, die von einzelnen isolierten Atomen ausgehen; denn dort hat der Temperaturbegriff keinen Sinn. Die atomistische Struktur der Materie spielt daher auch nur indirekt und nur in ihren Grundzügen, nicht aber in detaillierten Modellen eine Rolle.

Von der Temperaturstrahlung streng zu scheiden sind Strahlungen, die ohne Mitwirkung des Wärmeinhaltes zustande kommen. Diese nennt man allgemein „Lumineszenzstrahlungen". Hierzu gehören die Leuchterscheinungen bei Gasentladungen (Glimmlicht und Bogenentladung), die man auch oft als „Kathodolumineszenz"[1]) bezeichnet: Die heute vielfach zur Beleuchtung verwendeten Gasentladungslampen zeigen nur schwache Temperaturerhöhung, während sie sehr hohe Temperaturen aufweisen müßten, wenn die Strahlung durch Wärme hervorgebracht würde. Auch chemische Prozesse können ohne merkliche Erwärmung mit relativ intensiver Lichtemission verbunden sein, sog. „Chemilumineszenz". Das wohl älteste Beispiel ist das bei der Oxydation fein verteilten Phosphors im Sauerstoff der Luft auftretende Glimmen des Phosphors. (Diese Erscheinung hat zu dem Namen „Phosphoreszenz" geführt, obwohl das, was wir heute Phosphoreszenz nennen, eine Photo- und keine Chemilumineszenz darstellt.) Der folgende Versuch kann bequem durchgeführt werden: Ein Silikonbrei wird in einen Glaskolben eingefüllt; wirft man dann Kriställchen von Kalium-Permanganat hinein, so tritt helles gelbes Leuchten auf.

Ebenfalls Lumineszenzerscheinungen sind Fluoreszenz und Phosphoreszenz (s. Nr. 22), die durch Bestrahlung der fluoreszierenden (phosphoreszierenden) Substanz mit Licht geeigneter Frequenz erzeugt werden („Photolumineszenz"). In Band IV werden diese Vorgänge im Zusammenhang mit der Struktur der Materie genauer betrachtet. Eines von vielen Beispielen ist die Bestrahlung eines alkoholischen Extraktes von Blattgrün mit grünem oder blauem Licht: Der Extrakt leuchtet dann rot auf. Als Beispiel für Phosphoreszenz sei die grünliche Strahlung von hexagonaler Zinkblende bei Erregung mit ultraviolettem Licht erwähnt oder das Leuchten der sog. Röntgenschirme beim Auftreffen von Röntgenstrahlen. Endlich tritt bei Zertrümmerung von Kristallen ein Leuchten auf, das mit Temperatur ebenfalls nichts zu tun hat; dafür hat man den Namen „Tribolumineszenz" geprägt. Ein einfacher Versuch besteht darin, daß man zwei Stückchen Würfelzucker kräftig aneinander reibt: Bei völlig dunkel adaptiertem Auge sieht man ein schwaches Leuchten. — Endlich werden gewisse Lichterscheinungen, die an lebender Substanz auftreten, z. B. das Leuchten der Johanniswürmchen, als „Biolumineszenz" bezeichnet, die in vielen Fällen übrigens nur ein spezieller Fall von Chemilumineszenz ist (Oxydationsvorgänge wie bei Phosphor).

Bei der Temperaturstrahlung entstammt die Strahlung ausschließlich dem Wärmeinhalt des Strahlers, während bei der Lumineszenzstrahlung den Molekülen des Strahlers durch spezielle Anregungsprozesse Energiebeträge zugeführt werden, die nichts mit der Wärmeenergie zu tun haben. Bei der Behandlung der Temperaturstrahlung (und bei ihr allein) spielen also die Gesetze der Thermodynamik (I. und II. Hauptsatz) eine entscheidende Rolle.

57. Definitionen und Grundtatsachen

Um uns im folgenden kurz und präzis ausdrücken zu können, stellen wir einige wichtige Definitionen an den Anfang. Wir knüpfen an die Erörterung in Nr. 14 an; die dort gewählten Bezeichnungen werden mutatis mutandis auch hier verwandt. **Emissions-, Absorptions-, Reflexions-Vermögen.** Wir betrachten einen Strahler, von

---

[1]) Die früher auch übliche Bezeichnung „Elektrolumineszenz" wird neuerdings für das in Festkörpern durch elektrische Felder erzeugte Leuchten angewandt.

dem wir voraussetzen, daß er dem Lambertschen Cosinusgesetz folgt (vgl. S. 133, Gl. (64))[1]:

(232) $$d\Phi = Ls \cos \vartheta\, d\omega\,;$$

darin ist $d\Phi$ die (unendlich kleine) Strahlungsleistung, d. h. der sekundliche Energiestrom; L die Strahlungsdichte oder auch „spezifische Intensität" der Strahlung; s ist die Größe der strahlenden Fläche, ϑ der Ausstrahlungswinkel, den die Strahlenrichtung mit der Normalen auf s bildet, $d\omega$ das Raumwinkelelement, in den die Strahlung gesandt wird. Daraus ergibt sich die Strahlungsleistung, die in einen Kegel vom Öffnungswinkel ψ entsandt wird, dessen Achse senkrecht zur Fläche steht, zu

(233) $$\Phi = \pi Ls \sin^2 \psi$$

Man erhält diese Gleichung, indem man in (232) für $d\omega$ den Wert $\sin \vartheta\, d\vartheta\, d\varphi$ einführt und über φ von 0 bis 2π, über ϑ von 0 bis zur Öffnung ψ integriert, wie es auf S. 137 angegeben ist. Den Energiestrom, den die Oberflächeneinheit ($s = 1$) des Strahlers je Sekunde in den Halbraum ($\psi = \pi/2$) nach einer Seite entsendet, nennt man das Emissionsvermögen E des strahlenden Körpers. Es ist also nach (233):

(234) $$E = \pi L\,.$$

D. h., das Emissionsvermögen ist proportional der Strahlungsdichte; man kann also ebenso gut E wie L im folgenden verwenden. In der Experimentalphysik ist vielfach die Benutzung von E gebräuchlich. L und $E = \pi L$ beziehen sich im folgenden auf eine von einem beliebigen Körper ausgesandte Strahlung, für die das Lambertsche Cosinusgesetz gilt.

Weiter definieren wir die Begriffe Absorptionsvermögen A, Reflexionsvermögen R, Durchlässigkeit D.

Unter dem Absorptionsvermögen A eines Körpers verstehen wir den Bruchteil der auffallenden Energie, der in dem Körper verschluckt und in Wärme umgewandelt wird; das Reflexionsvermögen R[2] bedeutet entsprechend den reflektierten, die Durchlässigkeit D den durchgelassenen Anteil. Zwischen diesen drei Größen besteht die Beziehung

(235) $$A + R + D = 1\,,$$

die das Energieprinzip ausspricht[3].

Wenn man den absorbierenden Körper in der Strahlungsrichtung hinreichend dick macht, so kann man es immer erreichen, daß keine Energie mehr durch ihn hindurchtritt. Dann ist seine Durchlässigkeit $D = 0$, und nach (235) wird einfacher:

(235a) $$A = 1 - R\,.$$

Dieser Fall, der z. B. schon bei relativ dünnen Metallfolien vorliegt, wird uns im folgenden vorwiegend beschäftigen.

---

[1]) Die Indices e und 1 von Gl. (64) können wir hier fortlassen.
[2]) Ist die Körperoberfläche rauh, so findet keine reguläre, sondern diffuse Reflexion statt (Abb. 5); in diesem Fall spricht man besser von „Remissionsvermögen". Wenn es notwendig ist, werden wir diesen Unterschied hervorheben.
Es sei ferner darauf aufmerksam gemacht, daß wir hier den Begriff des Reflexionsvermögens R in etwas weiterm Sinne benutzen, als es in der Wellentheorie der Optik üblich ist. Dort versteht man unter R den bei senkrechter Inzidenz (S. 336) regulär reflektierten Bruchteil der auffallenden Strahlung; hier verwenden wir R für beliebigen Einfallswinkel.
[3]) Man beachte, daß das Absorptionsvermögen dimensionslos ist, das Emissionsvermögen aber nicht. Man sollte daher für E besser ein anderes Wort benutzen, z. B. einfach „Emission".

Blanker (absolut spiegelnder), weißer und schwarzer Körper. Man muß sich zunächst über folgendes klar sein: Das Absorptionsvermögen A hängt von den Materialkonstanten des Körpers ab, vor allem von seiner Absorptionskonstanten K (Nr. 23). Große Absorptionskonstante K bedeutet aber noch keineswegs großes Absorptionsvermögen A. So besitzen die Metalle gerade wegen ihrer großen Absorptionskonstanten ein hohes Reflexionsvermögen R; daher ist das Absorptionsvermögen $A = 1-R$ nur klein (z. B. $R \simeq 95\%$ für Ag). Umgekehrt wird für praktisch absorptionsfreie, pulverförmige Substanzen infolge der zahlreichen Reflexionen an den Grenzflächen der Pulverkörner das einfallende Licht fast vollständig, jedoch diffus, zurückgeworfen. Im Grenzfall wird also $R = 1$ und $A = 0$ für vollkommen spiegelnde oder für vollkommen diffus reflektierende (weiße) Körper. Ein anderer Extremfall ist $A = 1$, der $R = 0$ entspricht.

Ein Körper, der unabhängig von der Wellenlänge von der auffallenden Strahlung weder etwas durchläßt ($D = 0$) noch etwas reflektiert ($R = 0$), heißt ein „**absolut schwarzer Körper**". Die Bezeichnung rührt daher, daß Körper, die im Sichtbaren diesem Grenzfall angenähert entsprechen, schwarz aussehen. Absolut schwarze Körper kommen in der Natur nicht vor. Wir werden aber später sehen, wie man dennoch angenähert absolut schwarze Körper herstellen kann. Sie spielen in der Strahlungstheorie eine fundamentale Rolle. Deshalb führen wir hier für die von einem solchen Körper ausgehende Strahlung die besondere Bezeichnung L_s für die Strahlungsdichte und E_s für das Emissionsvermögen ein.

Das Emissionsvermögen E (natürlich auch E_s, was wir im folgenden nicht mehr besonders hervorheben) ist insofern zusammengesetzt, als es aus der Strahlung der verschiedensten Frequenzen ν oder Wellenlängen λ besteht, die von 0 bis ∞ reichen können. Man kann daher die emittierte Strahlung E spektral zerlegen. Nennt man dasjenige Emissionsvermögen, das dem spektralen Intervall zwischen λ und $\lambda + d\lambda$ entspricht, $E(\lambda)$, so kann man schreiben:

$$(236) \qquad E = \int_0^\infty E(\lambda) d\lambda \; ;$$

denn die Energien der einzelnen Spektralbereiche addieren sich. Für den Experimentalphysiker steht diese Zerlegung nach Wellenlängen im Vordergrund des Interesses, weil man die Wellenlängen bequem messen kann. Für theoretische Zwecke dagegen ist es meistens vorteilhafter, nach Frequenzen zu zerlegen. Ist $d\nu$ der Frequenzbereich, der zu dem Wellenlängenbereich $d\lambda$ gehört, so ist auch:

$$(236\text{a}) \qquad E = \int_0^\infty E(\nu) d\nu \; ,$$

wobei $E(\nu)$ sinngemäß das Emissionsvermögen ist, das auf den Frequenzbereich $d\nu$ entfällt. Zu beachten ist dabei, daß $E(\lambda)$ keineswegs gleich $E(\nu)$ ist; vielmehr ist $E(\lambda)d\lambda = -E(\nu)d\nu$, und da $\lambda d\nu + \nu d\lambda = 0$ sein muß, weil $\lambda\nu = c$ ist, so folgt für den Zusammenhang zwischen $E(\lambda)$ und $E(\nu)$:

$$(237) \qquad \frac{\lambda^2}{c} E(\lambda) = E(\nu); \; E(\lambda) = \frac{\nu^2}{c} E(\nu) \; .$$

Auch ist zu beachten, daß $E(\lambda)$ und $E(\nu)$ nicht die gleiche Dimension wie E haben, da nach (236) und (236a) erst $E(\lambda)d\lambda$ und $E(\nu)d\nu$ dimensionsgleich mit E sind; ebensowenig sind auch $E(\lambda)$ und $E(\nu)$ untereinander dimensionsgleich. Eine entsprechende Bemerkung gilt auch für die weiter unten zu besprechenden spektralen Zerlegungen von A und R. Diese beiden Größen sind Mittelwerte, die sich aus den für die einzelnen

Wellenlängen λ geltenden Werten $A(\lambda)$ und $R(\lambda)$ in folgender Weise zusammensetzen: Wenn $E(\lambda)d\lambda$ die einfallende Strahlungsenergie im Intervall $d\lambda$ ist, so ist $A(\lambda)E(\lambda)\,d\lambda$ die in diesem Spektralbereich absorbierte, $R(\lambda)E(\lambda)d\lambda$ die reflektierte (remittierte) Energie. Da die Energien sich addieren, so ist die gesamte absorbierte Energie offenbar $\int_0^\infty A(\lambda)E(\lambda)d\lambda$, und das ist gleich AE, wo E die insgesamt einfallende Energie ist, A der davon absorbierte Anteil. Daher folgt:

$$(238) \qquad AE = \int_0^\infty A(\lambda)E(\lambda)d\lambda\,,$$

womit

$$(238\,\mathrm{a}) \qquad A = \frac{\int_0^\infty A(\lambda)E(\lambda)d\lambda}{\int_0^\infty E(\lambda)d\lambda}$$

wird. Ebenso gilt für die reflektierte (remittierte) Energie:

$$(239) \qquad RE = \int_0^\infty R(\lambda)E(\lambda)d\lambda\,,$$

woraus

$$(239\,\mathrm{a}) \qquad R = \frac{\int_0^\infty R(\lambda)E(\lambda)d\lambda}{\int_0^\infty E(\lambda)d\lambda}$$

folgt.

Für den schwarzen Körper muß für jede Wellenlänge gelten $A(\lambda) = 1$, für den blanken oder weißen $R(\lambda) = 1$. Dann ist $A = 1$ bzw. $R = 1$.

Reduktion aufs Normalspektrum. Ein Wort noch über die spektrale Zerlegung: Es ist notwendig, hier das Normalspektrum (Gitterspektrum) zugrunde zu legen, weil im prismatischen Spektrum die Verteilung der Wellen λ und der Energien $E(\lambda)$ von der Dispersion $dn/d\lambda$ der Prismensubstanz abhängt, während beim Gitterspektrum die Ablenkung stets proportional der Wellenlänge ist. Daher ist die Verteilung der Gesamtemission auf die einzelnen Wellenlängenbezirke $d\lambda$ stets die gleiche. Wenn auch die Versuche aus experimentellen Gründen mit einem Prisma ausgeführt werden, so ist doch stets die Reduktion aufs Normalspektrum erforderlich, was bei bekannter Dispersion $dn/d\lambda$ eine elementare Rechnung ist.

Das bewegliche Gleichgewicht. Wenn wir einen einheitlichen Körper von der Temperatur T_1[1]) in eine luftleere und für Strahlung undurchlässige geschlossene Hülle bringen, die die niedrigere Temperatur T_2 haben möge, so kühlt sich der eingeschlossene Körper ausschließlich durch Ausstrahlung ab: Körperwärme setzt sich in Strahlungsenergie um, die ihrerseits von der Hülle aufgenommen wird und diese erwärmt. Die Ausstrahlung des Körpers hängt von individuellen Eigenschaften ab, wie wir später genauer zeigen wollen, und von seiner Temperatur T_1, aber nicht von der Hüllentemperatur T_2. Wenn wir nun die Hülle ebenfalls auf die Temperatur T_1 des eingeschlossenen Körpers bringen, so behält der Körper seine Temperatur T_1 bei. Dies scheint ein Widerspruch zu unserer Behauptung zu sein, daß die Strahlung des Körpers unabhängig von der Temperatur der Hülle sei. Es sieht vielmehr so aus, als ob der Körper um so weniger

---

[1]) Wir benutzen im folgenden stets absolute Temperaturen, also die Kelvinskala.

strahle, je näher die Temperatur T_2 der Hülle an die Körpertemperatur T_1 heranrückt. Diesen scheinbaren Widerspruch hat schon P. Prévost (1791) durch die Bemerkung gelöst, daß sowohl der Körper wie auch die Hülle unabhängig voneinander strahlen, jeder um so mehr, je höher seine Temperatur ist. Wenn im zuerst betrachteten Falle ($T_1 > T_2$) die Temperatur T_1 des Körpers durch Strahlungsverlust abnimmt, T_2 der Hülle durch Strahlungsaufnahme zunimmt, so liegt das daran, daß die Energie, die der Hülle vom Körper zugestrahlt wird, größer ist als die dem Körper von der Hülle zugesandte Energie. Je mehr sich T_2 der Temperatur T_1 nähert, desto stärker wird die Einstrahlung der Hülle, bis schließlich — bei $T_2 = T_1$ — die Ausstrahlung des Körpers gleich der Einstrahlung durch die Hülle geworden ist: Dann bleibt, obwohl der Körper nach wie vor strahlt, seine Temperatur ungeändert. Wir haben — und das dokumentiert sich durch das Konstantbleiben der Temperatur T_1 — ein Strahlungsgleichgewicht vor uns. Dieses Gleichgewicht wird aus leicht ersichtlichen Gründen als bewegliches Gleichgewicht bezeichnet. Im Gegensatz zum statischen Gleichgewicht, in dem sich überhaupt kein Vorgang abspielt, können hier Prozesse vor sich gehen, aber so, daß ihre Anzahl in einer Richtung gerade kompensiert wird durch die Anzahl der in entgegengesetzter Richtung ablaufenden Prozesse. Natürlich überwiegt die Einstrahlung von seiten der Hülle auf den Körper, wenn umgekehrt $T_2 > T_1$ ist: Dann muß der eingeschlossene Körper sich erwärmen; es genügt dazu offenbar auch bereits, wenn nur ein Teil der Hülle eine Temperatur besitzt, die größer als T_2 ist. Die Existenz dieses Gleichgewichts und die Tatsache, daß immer der wärmere Körper mehr Strahlung an den kälteren abgibt, als er vom kälteren empfängt — unabhängig davon, wie groß etwa seine Fläche ist — ist eine einfache Folge aus dem 2. Hauptsatz der Wärmelehre. Denn könnte man durch bloße Vergrößerung der Fläche des kälteren Strahlers seine an den wärmeren Körper abgegebene Strahlung größer machen als die, die er vom wärmeren Strahler empfängt, so würde „von selbst" Wärme von einem kälteren auf den wärmeren Körper übertragen, was eben nach dem 2. Hauptsatz unmöglich ist.

Diese Betrachtungen finden eine unmittelbare Anwendung bei allen Methoden, die Strahlung mit einem Energieinstrument, z. B. einer Thermosäule oder einem Bolometer in Verbindung mit einem Galvanometer, messen (s. Band II): Haben alle Lötstellen der Thermosäule die gleiche Temperatur T_1, so gibt das Galvanometer natürlich keinen Ausschlag. Werden aber z. B. die geradzahligen Lötstellen von einer Strahlungsquelle bestrahlt, deren Temperatur größer als T_1 ist, so gibt das Galvanometer einen Ausschlag, da die geradzahligen Lötstellen erwärmt werden. Ihre Temperaturerhöhung ist bestimmt durch die Einstrahlung der Quelle und die Ausstrahlung der Thermosäule gegen die Quelle. Wenn man umgekehrt als Strahlungsquelle einen stark abgekühlten Körper (z. B. Eis, feste Kohlensäure, usw.) nimmt, so gibt das Galvanometer einen Ausschlag im umgekehrten Sinn, da nunmehr die Ausstrahlung der Thermosäule die Einstrahlung der Quelle überwiegt. Wir haben immer eine gegenseitige Zustrahlung vor uns.

Abhängigkeit der Strahlung von der Temperatur und den spezifischen Eigenschaften der strahlenden Körper. Bereits vor langer Zeit hat M. Melloni (1835) Versuche angestellt um festzustellen, wie die Strahlung von der Temperatur und der Natur der strahlenden Körper abhängt. Wenn seine Messungen auch nicht mehr den heutigen Anforderungen entsprechen, so geben sie doch eine qualitative Antwort auf die gestellte Frage. Melloni bediente sich dabei des sog. Leslieschen Metallwürfels (J. Leslie, 1804). Das ist ein oben offener Hohlwürfel, den man mit Flüssigkeiten verschiedener Temperatur füllt. Dadurch werden seine vier verfügbaren Seitenflächen Strahler. Sind sie alle gleichartig, z. B. blankes Messing, so zeigt sich ausnahmslos, daß einerseits die Ausschläge des mit der Thermosäule verbundenen Galvanometers unter sich gleich sind, daß andererseits der Galvanometerausschlag mit steigender Temperatur der Würfelflächen steigt: Die Intensität der Strahlung wächst also mit der Temperatur.

Nunmehr wollen wir die Temperatur der strahlenden Würfelflächen konstant halten, indem wir den Hohlraum etwa mit siedendem Wasser ($T = 373^0$ K) füllen, die strahlenden Flächen aber variieren, indem wir verschiedene Materialien auf die Würfelflächen aufbringen. Z. B. können wir die eine Würfelfläche blank (spiegelnd) lassen, die zweite aufrauhen, die dritte mit anderm Material — etwa Schamotte — belegen und die vierte mit Ruß schwärzen. In allen vier Fällen haben die strahlenden Flächen die gleiche Temperatur; aber die vom Galvanometerausschlag angezeigten Strahlungen sind vollkommen verschieden: Blanke Metalle strahlen sehr wenig, aufgerauhte mehr, geschwärzte erheblich mehr. Namentlich das letzte Ergebnis ist wichtig für uns. Wir können bereits hier vermuten, daß bei gleicher Temperatur die Strahlung um so stärker ist, je größer das Absorptionsvermögen des strahlenden Körpers ist.

Man erkennt jedenfalls, daß die Strahlung im allgemeinen eine komplizierte Erscheinung ist, da sie außer von der Temperatur auch von spezifischen Parametern abhängt. Deshalb ist es von grundlegender Bedeutung, daß G. Kirchhoff (1861) einen Satz bewiesen hat, der das ganze Problem so vereinfacht, daß eine rationelle Untersuchung der Strahlung möglich wird.

58. Das Kirchhoffsche Gesetz

Wir knüpfen an unsre vorige Anordnung an, daß nämlich ein Körper in eine undurchlässige Hülle eingeschlossen ist. Um Störungen durch Wärmeleitung und Konvektion zu vermeiden, sei das Innere der Hülle evakuiert. Der Einfachheit halber soll der Körper eine Kugel und die Hülle auch kugelförmig sein. Wenn beide anfangs auf verschiedenen Temperaturen sind, so bewirkt die gegenseitige Zustrahlung einen Ausgleich der Temperaturdifferenz, bis Gleichgewicht herrscht. Beide mögen dann die Temperatur T haben. Wenn die umschlossene Kugel eine gleichmäßige Oberfläche hat, so daß jedes ihrer Elemente der Hülle die gleiche Strahlung zusendet, ist es schon aus Symmetriegründen klar, daß das Temperaturgleichgewicht erhalten bleiben muß. Wie aber, wenn etwa die Hälfte der Kugeloberfläche blank, die andere geschwärzt ist? Dann strahlt nach dem vorhin gesagten die geschwärzte Hälfte bedeutend stärker als die blanke; und es scheint bei flüchtiger Prüfung, als ob sich die geschwärzte Hälfte stärker abkühlen müßte als die andere, d. h., daß Temperaturdifferenzen auftreten müßten. Dies kann jedoch nach dem 2. Hauptsatz der Thermodynamik nicht der Fall sein (da es eine Zunahme der Entropie bedeuten würde) und ist nach Ausweis der Erfahrung auch nicht so. Weil nun aber das Emissionsvermögen der geschwärzten Hälfte unzweifelhaft größer ist als das der blanken, so kann Temperaturgleichgewicht nur erhalten bleiben, wenn die geschwärzte Hälfte infolge ihres Absorptionsvermögens von der Strahlung der Hülle im gleichen Verhältnis mehr absorbiert als sie mehr emittiert. Nennen wir Emissions- und Absorptionsvermögen der blanken Hälfte E_1 bzw. A_1, das der geschwärzten E_2 bzw. A_2, so haben wir folgende Verhältnisse: Beide Hälften der Kugel empfangen die gleiche Strahlung E_s von der Hülle; von dieser Strahlung absorbiert die blanke Hälfte den Betrag $A_1 E_s$, die schwarze $A_2 E_s$. Wegen des Temperaturgleichgewichts muß $A_1 E_s$ gleich der Strahlung E_1 der blanken Hälfte, $A_2 E_s$ gleich der Strahlung E_2 der schwarzen Hälfte sein, damit auf beiden Seiten die emittierte gleich der absorbierten Energie ist. Es ist also

$$A_1 E_s = E_1 , \; A_2 E_s = E_2$$

oder

(240) $$\frac{E_1}{A_1} = \frac{E_2}{A_2} = E_s .$$

Wäre die Kugeloberfläche nicht gerade in zwei, sondern in beliebig viele (n) Teile mit verschiedenem Emissions- und Absorptionsvermögen geteilt, so gälte die Gleichung (240) für alle diese Teile:

$$\text{(241)} \qquad \frac{E_1}{A_1} = \frac{E_2}{A_2} = \ldots = \frac{E_n}{A_n} = E_s = \text{const}.$$

D. h., das Verhältnis des Emissionsvermögens E eines beliebigen Temperaturstrahlers zu seinem Absorptionsvermögen A ist bei der gleichen Temperatur eine Konstante (E_s). Die Konstante hat eine wichtige physikalische Bedeutung: Da der absolut schwarze Körper durch den Wert $A = 1$ definiert ist, ist E_s offenbar gleich seinem Emissionsvermögen. Also nimmt der obige Satz die Gestalt an:

Das Verhältnis des Emissionsvermögens E zum Absorptionsvermögen A eines beliebigen Temperaturstrahlers ist gleich dem Emissionsvermögen E_s des schwarzen Körpers der gleichen Temperatur.

Entsprechend den Gleichungen (236) und (238) können wir E und E_s spektral zerlegen, so daß wir Gl. (241) schreiben können:

$$\text{(241a)} \qquad \int_0^\infty E(\lambda)d\lambda = \int_0^\infty A(\lambda)E_s(\lambda)d\lambda,$$

oder, wenn wir die Integrale zusammenziehen:

$$\text{(242)} \qquad \int_0^\infty \left[E(\lambda) - A(\lambda)E_s(\lambda)\right] d\lambda = 0.$$

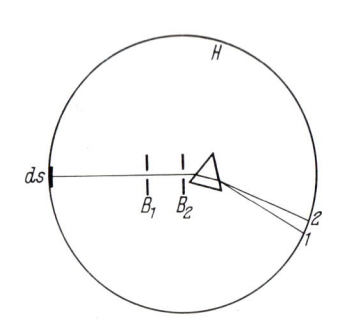

Abb. 440. Zur Ableitung des Kirchhoffschen Gesetzes
B_i = völlig spiegelnde Blenden, ds = Flächenelement der Hülle H

Aus dem Verschwinden des Integrals läßt sich mathematisch natürlich nicht ohne weiteres schließen, daß auch der Integrand gleich Null sein müsse. Das aber hat Kirchhoff durch besondere Betrachtungen bewiesen; und gerade darin liegt seine Leistung, daß er die Beziehung zwischen Emissionsvermögen und Absorptionsvermögen eines beliebigen Strahlers und dem Emissionsvermögen des absolut schwarzen Körpers auch für jede einzelne Wellenlänge (oder Frequenz ν) als gültig bewiesen hat. Zum Beweise stellen wir folgende Betrachtungen an (Abb. 440): Es sei H wieder eine für Wärme undurchlässige Hülle aus beliebigem Material mit dem Absorptionsvermögen $A(\lambda)$ für die verschiedenen Wellenlängen bei überall gleicher Temperatur. Das Temperaturgleichgewicht wird nicht gestört durch Einlagerung von vollkommen spiegelnden Wänden B_1 und B_2 gleicher Temperatur mit je einer kleinen Öffnung, die einem von dem Flächenelement ds ausgehenden Strahl den Durchtritt gestatten. Hinter die Öffnung von B_2 setzen wir ein vollkommen durchlässiges Prisma, das die von ds ausgehende Strahlung spektral zerlegt; und zwar möge infolge der Brechung die Wellenlänge λ_1 an die Stelle 1 der Hülle, die Wellenlänge λ_2 an die Stelle 2 gelangen. Da man den Strahlengang wie immer umkehren kann, kann Strahlung der Wellenlänge λ_1 nur von der Stelle 1, die der Wellenlänge λ_2 nur von der Stelle 2 zu dem Flächenelement ds gelangen. Wir wollen nun beweisen, daß für alle Wellen $E(\lambda) = A(\lambda)E_s(\lambda)$ ist. Wir zeigen dies indirekt, indem wir umgekehrt annehmen, daß die Stellen 1 und 2 so beschaffen seien, daß für λ_1 und λ_2 diese Gleichungen nicht gelten, sondern an der Stelle 1 etwa $E(\lambda_1) - A(\lambda_1)E_s(\lambda_1) > 0$, an der Stelle 2 dagegen $E(\lambda_2) - A(\lambda_2)E_s(\lambda_2) < 0$ seien. Dann kommt von 1 nach ds eine größere Strahlung $E(\lambda_1)$ als umgekehrt von ds nach 1, während es sich für die Wellenlänge λ_2 gerade umgekehrt verhält. Dabei könnte das Flächenelement ds immer noch seine Temperatur behalten, wenn der zu große Wert $E(\lambda_1)$ durch den zu kleinen Wert von $E(\lambda_2)$ kompensiert würde. Es kann jedoch weder

Strahlungsgleichgewicht für die Wellenlänge λ_1 zwischen ds und 1, noch für die Wellenlänge λ_2 zwischen ds und 2 existieren; denn nach Voraussetzung emittiert 1 mehr, dagegen 2 weniger, als die beiden Stellen von ds empfangen. Daher müßte sich die Stelle 1 abkühlen, die Stelle 2 erwärmen. Da aber zu Beginn die Hülle eine gleichmäßige Temperatur besitzen sollte, würden sofort wieder Temperaturdifferenzen auftreten, im Widerspruch zum 2. Hauptsatz der Thermodynamik. Also muß unsere Voraussetzung, daß $E(\lambda) - A(\lambda)E_s(\lambda) \neq 0$ sein könne, falsch sein. Mithin gilt für jede Temperatur und jede Wellenlänge das von Kirchhoff ausgesprochene Gesetz

$$(243) \qquad E(\lambda, T) - A(\lambda, T)E_s(\lambda, T) = 0$$

Der Deutlichkeit halber ist auch T in das Argument eingefügt, um anzudeuten, daß die Größen E, A, E_s sowohl von der Wellenlänge λ als auch der Temperatur T abhängig sind. Wir können nunmehr das Kirchhoffsche Gesetz in der endgültigen Form aussprechen:

Bei gegebener Wellenlänge und Temperatur ist das Verhältnis des Emissionsvermögens eines beliebigen Körpers zu seinem Absorptionsvermögen gleich dem Emissionsvermögen des schwarzen Körpers.

Das Kirchhoffsche Gesetz gilt bei linearpolarisierter Strahlung für jede einzelne Polarisationsrichtung, was man mit dem gleichen Gedankengang zeigen kann, indem man in der Anordnung der Abb. 440 in den Strahlengang noch einen Polarisator, z. B. ein Nicolsches Prisma, einschaltet.

Die Bedeutung des Kirchhoffschen Gesetzes liegt in folgendem: Es stellt zunächst fest, daß die Strahlung eines beliebigen Temperaturstrahlers von seinem Absorptionsvermögen, aber nicht von seinen sonstigen spezifischen Eigenschaften abhängt; der Quotient $E(\lambda, T)/A(\lambda, T)$ ist eine von individuellen Körpereigenschaften völlig unabhängige Größe, nämlich eine universelle Funktion von Wellenlänge (oder Frequenz) und Temperatur. Deshalb ist es wichtig, diese universelle Funktion $E_s(\lambda, T)$ zu bestimmen; denn damit hat man sofort die Strahlung beliebiger Körper, wenn man noch ihr Absorptionsvermögen kennt. Durch diese Vereinfachung wird das Problem der Bestimmung der Strahlung praktisch überhaupt erst lösbar. Um $E_s(\lambda, T)$ experimentell zu bestimmen, muß man sich einen schwarzen Körper verschaffen, künstlich, da die Natur uns keinen liefert; denn Ruß, Platinschwarz, usw. sind nur für gewisse Wellenlängenbereiche Annäherungen an einen solchen. Wie die Herstellung eines schwarzen Körpers möglich ist, werden wir in der nächsten Nummer besprechen.

Von den allgemeinen Folgerungen aus Gl. (243) heben wir folgendes hervor: Da $A(\lambda, T)$ ein echter Bruch, also kleiner als 1 ist und nur im Grenzfalle des schwarzen Körpers den Wert 1 erreicht, ist für jeden Wert von λ und T die Strahlung des schwarzen Körpers größer als die jedes anderen Temperaturstrahlers. Die Folgerung aus Gl. (243), daß ein Körper um so mehr strahlt, je schwärzer er ist, kann man durch folgenden Versuch leicht zeigen: Ein Platinblechstreifen, auf den man mit Tinte Zeichen aufgebracht hat, wird bis zu heller Rotglut elektrisch erhitzt. Dann sieht man die im kalten Zustand dunkle Zeichnung hell auf dunklem Grunde.

Weiter folgt aus Gl. (243): Wenn ein Körper für einen Wellenlängenbezirk bei gegebener Temperatur das Absorptionsvermögen $A(\lambda, T) = 0$ hat, so besitzt er für diese Wellenlänge und Temperatur auch kein Emissionsvermögen. Anders ausgedrückt: **Ein Körper kann nur solche Wellenlängen aussenden, die er (bei gleichem T) auch zu absorbieren vermag. Bzw. umgekehrt: Ein Körper absorbiert gerade die Wellenlängen, die er (bei gleicher Temperatur) auch auszusenden vermag.**

Als experimentellen Beweis dafür hat Kirchhoff die Erscheinung der Fraunhoferschen Linien angeführt. Diese im Sonnenspektrum auftretenden Linien kommen nach ihm dadurch zustande, daß die Dämpfe der Sonnenhülle gewisse Wellenlängen aus dem kontinuierlichen Spektrum des Sonnenkerns absorbieren. An Stelle der dunklen Absorptionslinien muß man dagegen helle Emissionslinien am Sonnenrande erwarten, wo die Dampfhülle über den Sonnenkern hinausragt. Diese Linienumkehr kann in der Tat bei totalen Sonnenfinsternissen beobachtet werden (vgl. S. 222).

Aus der Tatsache der Linienumkehr allein kann man aber nicht etwa schließen, daß es sich dabei um Temperaturstrahlung handelt; denn auch nach der Dispersionstheorie fallen die Wellenlängen der Eigenschwingungen mit denen der Absorptionsstellen zusammen (Nr. 25). Dies erklärt sich leicht, wenn man bedenkt, daß nach der Dispersionstheorie die Absorption ein Resonanzphänomen ist. In Übereinstimmung damit wurde Linienumkehr auch bei Kathodolumineszenz, z. B. bei leuchtendem Wasserstoff in Gasentladungen, von A. Pflüger und R. Ladenburg sicher nachgewiesen. Anderseits hat z. B. F. Paschen (1894) gezeigt, daß die ultrarote Strahlung erhitzten Kohlendioxyds (100° C—500° C) sicher eine Temperaturstrahlung ist. Gemäß dem Kirchhoffschen Gesetz hat Kohlendioxyd z. B. für die Emissionsbande bei 4,3 μ auch ein Absorptionsvermögen, und zwar genau von derartiger Größe, daß $E(\lambda)/A(\lambda)$ bei dieser Wellenlänge quantitativ gleich dem Emissionsvermögens $E_s(\lambda)$ des schwarzen Körpers ist. — Wenn Linienumkehr bei Temperaturstrahlung auftritt, so kann man die Erscheinung zur Temperaturbestimmung der umkehrenden Flamme benutzen, worauf wir weiter unten eingehen werden.

Für den Fall polarisierten Lichts haben schon Kirchhoff und, mit verbesserter Anordnung, Pflüger folgenden Versuch gemacht: Turmalin, namentlich in der grünen Varietät, besitzt einen ausgesprochenen Dichroismus (S. 377) im sichtbaren Gebiet; das Absorptionsvermögen ist für die ordentlichen Strahlen viel größer als für die außerordentlichen. Darauf beruht ja die Brauchbarkeit des Turmalins als Polarisator. Vorausgesetzt, daß der Dichroismus auch noch bei hoher Temperatur merklich vorhanden ist, was Pflüger besonders kontrolliert hat, muß man nach dem Kirchhoffschen Gesetz folgern, daß hocherhitzter Turmalin für den ordentlichen Strahl (o) ein größeres Emissionsvermögen besitzt als für den außerordentlichen Strahl (e). Dann muß die Beziehung bestehen, die Pflüger in der Tat mit einer Genauigkeit von 1% bestätigt fand:

$$\frac{E_o}{A_o} = \frac{E_e}{A_e}$$

59. Der schwarze Körper

Es kommt darauf an, einen Weg zu finden, einen absolut schwarzen Körper zu konstruieren und mit dessen Hilfe die schwarze Strahlung $E_s(\lambda, T)$ zu untersuchen. Die Lösung hat übrigens schon G. R. Kirchhoff im Jahre 1861 angegeben. Er sagt in seiner Abhandlung: „Wenn ein Raum von Körpern gleicher Temperatur umschlossen ist und durch diese Körper keine Strahlen hindurchdringen können, so ist ein jedes Strahlenbündel im Innern des Raumes seiner Qualität und Intensität nach gerade so beschaffen, als ob es von einem vollkommen schwarzen Körper derselben Temperatur herkäme, ist also unabhängig von der Beschaffenheit und Gestalt der Körper und nur durch die Temperatur bedingt" (sog. **Hohlraumstrahlung**).

Von der Richtigkeit dieser Aussage kann man sich an einem ganz einfachen Beispiel überzeugen. Es sei (Abb. 441) $ABCD$ ein Querschnitt durch einen geschlossenen Metallkasten, der auf der Temperatur T gehalten werde. Jedes Flächenelement der inneren Oberfläche strahlt; wir wollen die von einer beliebig herausgegriffenen Flächeneinheit (an der Stelle a) ausgesandte Strahlung ins Auge fassen; sie ist jedenfalls proportional dem Emissionsvermögen $E(\lambda, T)$. Die Strahlung (1) wird an der Stelle b, wo sie die gegenüberliegende Wand trifft, mit dem Reflexionsvermögen $R(\lambda, T)$ reflektiert und geht an die gegenüberliegende Seite zur Stelle c. Die Strahlung (2) zwischen b und c

59. Der schwarze Körper

setzt sich nun zusammen aus der Eigenstrahlung $E(\lambda, T)$ von b und der von a herrührenden reflektierten Strahlung $R(\lambda, T)E(\lambda, T)$; sie hat also im ganzen den Betrag $E(\lambda, T)[1 + R(\lambda, T)]$. Im Punkte c wird diese Strahlung (3) wieder reflektiert; gleichzeitig addiert sich dazu die Eigenstrahlung im Punkte c, so daß Strahlung (3) insgesamt den Betrag hat $E(\lambda, T) + E(\lambda, T) R(\lambda, T)[1 + R(\lambda, T)] = E(\lambda, T)[1 + R(\lambda, T) + R^2(\lambda, T)]$. So geht die Sache weiter; nach n Reflexionen erhält man als Gesamtstrahlung:

$$E(\lambda, T)[1 + R(\lambda, T) + R^2(\lambda, T) + \ldots + R^{n-1}(\lambda, T)] = E(\lambda, T) \frac{1 - R^n(\lambda, T)}{1 - R(\lambda, T)}.$$

Da aber $R(\lambda, T)$ ein echter Bruch ist, kann man nach hinreichend vielen Reflexionen $R^n(\lambda, T)$ gegenüber 1 vernachlässigen und erhält für die Gesamtstrahlung den Wert

$$\frac{E(\lambda, T)}{1 - R(\lambda, T)} = \frac{E(\lambda, T)}{A(\lambda, T)} = E_s(\lambda, T),$$

d. h. die „schwarze" Strahlung, wie man die Strahlung des absolut schwarzen Körpers der Kürze halber nennt.

Diese Berechnung versagt, wenn die Wände des Hohlraums absolut spiegelnd wären, d.h. das Reflexionsvermögen $R(\lambda, T) = 1$, also das Absorptionsvermögen $A(\lambda, T) = 0$ und daher auch das Emissionsvermögen $E(\lambda, T) = 0$ haben. Dann nimmt die obige Gleichung die unbestimmte Form 0/0 an. Es folgt daraus, daß in dem spiegelnden Hohlraum von selbst überhaupt keine Strahlung entsteht. Eine von außen durch eine Öffnung etwa eingeführte Strahlung würde in diesem Fall nicht schwarz werden, sondern gänzlich ungeändert bleiben. Wenn man aber in die spiegelnde Hülle — gleichgültig, ob sie mit Strahlung gefüllt ist oder nicht — einen materiellen Körper hineinbringt, ändert sich die Situation vollkommen. Denn jeder materielle Körper hat, wie die Dispersionstheorie lehrt, wenigstens für eine Wellenlänge ein Absorptionsvermögen. Da nun die Absorptionsstreifen sich in Wirklichkeit über das ganze Spektrum erstrecken — man kann ja keine „Breite", sondern nur eine „Halbwertsbreite" angeben (S. 203) — so hat jeder materielle Körper de facto ein Absorptionsvermögen für alle Wellenlängen, mag es auch noch so klein sein, und damit auch ein Emissionsvermögen. Deshalb strahlt er, und es bildet sich ein Strahlungsgleichgewicht aus zwischen der von ihm emittierten und absorbierten Energie; damit muß sich für alle Wellenlängen wieder die schwarze Strahlung herstellen. Es genügt also, einen beliebig kleinen, alle Wellenlängen absorbierenden Körper in die vollkommen spiegelnde Hülle zu bringen, um auch in einer solchen schwarze Strahlung zu erzielen. — In Wirklichkeit gibt es ja keine vollkommen spiegelnde materielle Hülle, so daß schon ihre eigene Strahlung durch genügend viele Reflexionen schwarz wird.

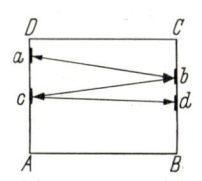

Abb. 441. Strahlender Hohlraum

Man kann an diesem einfachen Beispiel sehr schön sehen, wie die schwarze Strahlung im Hohlraum zustande kommt: Es addiert sich zur Eigenstrahlung jedes Flächenelements der Wand noch die reflektierte Strahlung anderer Flächenelemente, die man im Gegensatz zur Eigenstrahlung wohl „geborgte" Strahlung nennt. Je kleiner $R(\lambda, T)$ ist, desto rascher konvergiert die obige geometrische Reihe; desto schneller bildet sich die schwarze Strahlung im Hohlraum aus. Versieht man diesen mit einer kleinen Öffnung, so dringt aus dieser die schwarze Strahlung heraus, so daß man mit ihr experimentieren kann. (Natürlich bedingt die Öffnung eine kleine Abweichung von der „Schwärze" der Strahlung, die aber durch geeignete Wahl der Dimensionen beliebig klein gemacht werden kann.) Umgekehrt: Wenn man durch diese Öffnung von außen einen Strahl in den Hohlraum hineinschickt (in Abb. 441 z. B. bei a), so wird er infolge der vielfachen Reflexionen so geschwächt, daß er nicht mehr mit merklicher Intensität herauskommt. Der Hohlraum ist also wirklich „schwarz"; seine Strahlung ist vollkommen homogen und isotrop, d. h. von allen Stellen des Hohlraums in allen Richtungen die gleiche und vollkommen unpolarisiert.

Natürlich wird man zweckmäßig die innere Fläche der Hülle, um möglichst kleines $R(\lambda, T)$ zu bekommen, schwärzen, z. B. mit einer Mischung von Chrom-Nickel-Kobaltoxyd, die bis zu Temperaturen von etwa 1500° C dauerhaft ist. Es ist klar, daß die Gestalt der Hülle vollkommen gleichgültig ist, ebenso das Material, aus dem sie besteht. Man kann sich leicht von der Richtigkeit dieser letzten Aussage überzeugen: Ein Schamottetopf werde im Innern mit einer Zeichnung in beliebiger Farbe versehen und dann in einem geeigneten Ofen hoch erhitzt. Solange noch keine Temperaturkonstanz eingetreten ist, bleibt die Zeichnung sichtbar, verschwindet aber vollkommen, sobald die Temperatur gleichmäßig geworden ist. Für das Auge, das die

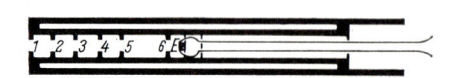

Abb. 442. Strahlungsrohr des schwarzen Körpers nach Lummer und Kurlbaum (1898)

1—6 = Blenden als Schutz vor kühler Luft und zur Vermehrung der Reflexionen; E = Thermoelement, durch Diaphragma mit Meßinstrument verbunden. Das Ganze wird geheizt durch nicht gezeichneten Platinzylinder

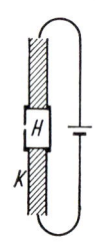

Abb. 443. Zur Demonstration der Hohlraumstrahlung
K = Kupferstäbe; H = Hohlzylinder aus Platin mit Loch

schwarze Strahlung wahrnimmt, verschwinden dann alle Materialunterschiede. Das ist ein wichtiges Kriterium, um bei der Benutzung von schwarzen Körpern mit Sicherheit feststellen zu können, wann Temperaturausgleich eingetreten ist.

Bei der wirklichen Konstruktion eines absolut schwarzen Körpers hat man zweckmäßig elektrische Heizung gewählt. Abb. 442 zeigt eine Ausführung, die O. Lummer und F. Kurlbaum (1898) angegeben haben. Der in der Abb. links befindliche Strahlungsraum hat eine Reihe von Blenden (1—6). Diese Blenden sieht man deutlich, solange kein Temperaturgleichgewicht erreicht ist. Sie verschwinden aber für das Auge in dem Maße, indem sich das Gleichgewicht allmählich einstellt; und man kann sicher sein, daß die bei völligem Verschwinden mit dem Thermoelement gemessene Temperatur die des Strahlungsraumes ist. Das Absorptionsvermögen dieses schwarzen Körpers wurde von O. Lummer und E. Pringsheim (1908) zu $A = 0{,}99999$ gemessen.

Ein einfacher Demonstrationsversuch zeigt, daß wirklich die Hohlraumstrahlung größer ist als etwa die der äußeren Wandung (Abb. 443). Um die Enden von zwei einander gegenüberstehenden Kupferstäben K, etwa von Bleistiftdicke, ist ein Platinblech zu einem Hohlzylinder gewickelt; in diesen ist ein kleines Loch gebohrt. Bei Erhitzung durch einen elektrischen Strom, der durch die Kupferstäbe zugeführt wird, leuchtet bei jeder Temperatur das Loch heller als die Wandung des Zylinders.

Temperaturbestimmung von Flammen. Auf die Theorie der Linienumkehr müssen wir etwas genauer eingehen, wobei wir nun voraussetzen wollen, daß es sich um Temperaturstrahlung handelt. In diesem Fall kann man optisch die unbekannte Temperatur x der Flamme bestimmen, in der die Umkehr stattfindet. Wir wollen uns folgende Anordnung vorstellen: Ein hocherhitzter schwarzer Körper von der regulierbaren Temperatur T liefert durch seine Strahlung, die spektral zerlegt wird, ein kontinuierliches Spektrum. Zwischen schwarzen Körper und Eintrittsspalt des Spektrometers wird eine leuchtende Flamme geschoben, die gewisse Wellenlängen emittiert ($\lambda_1, \lambda_2, \ldots$). Stellen wir nun fest, welche Strahlung auf den Eintrittsspalt des Spektrometers fällt. Es sei das

Emissionsvermögen des schwarzen Körpers wie bisher $E_s(\lambda, T)$, das der Flamme $E(x, x)$ und ihr Absorptionsvermögen $A(\lambda, x)$. Auf den Spektrometerspalt fällt zunächst die Strahlung des schwarzen Körpers $E_s(\lambda, T)$ vermehrt um die Strahlung der Flamme $E(\lambda, x)$, vermindert um die in der Flamme absorbierte Strahlung des schwarzen Körpers $A(\lambda, x) E_s(\lambda, T)$. Diese Strahlung, also der Ausdruck

$$E_s(\lambda, T) + E(\lambda, x) - A(\lambda, x) E_s(\lambda, T) ,$$

kann größer, gleich oder kleiner als $E_s(\lambda, T)$ sein[1]. Ist sie größer als $E_s(\lambda, T)$, so erscheint die von der Flamme emittierte Wellenlänge λ in größerer Helligkeit als das kontinuierliche Spektrum, d. h. als Emissionslinie. Ist umgekehrt die auffallende Strahlung kleiner als $E_s(\lambda, T)$, so tritt Linienumkehr ein; die Wellenlänge λ erscheint als dunkle Linie. Ist schließlich die Strahlung gleich $E_s(\lambda, T)$, so verschwindet die Linie vollständig; die Bedingung dafür ist also

$$E(\lambda, x) = A(\lambda, x) E_s(\lambda, T)$$

oder

$$\frac{E(\lambda, x)}{A(\lambda, x)} = E_s(\lambda, T) .$$

Diese Gleichung kann nach dem Kirchhoffschen Gesetz nur bestehen, wenn die Flammentemperatur $x = T$ ist. Man hat also die Temperatur des schwarzen Körpers so zu regulieren, daß die Linie gerade verschwindet; dann hat die Flamme die gleiche Temperatur wie der schwarze Körper. Aus dieser Darlegung ist ersichtlich, daß hier die Voraussetzung von Temperaturstrahlung notwendig ist. Denn wenn wir etwa Lumineszenz hätten, so könnten wir schon bei geringer Temperatur starke Emission haben. Man würde in diesem Fall für x einen falschen Wert bekommen.

Damit wirklich eine dunkle Linie auf dem kontinuierlichen Grund erscheint, muß offenbar die Temperatur T des schwarzen Körpers höher als die Flammentemperatur sein; denn nur dann ist der absorbierte Betrag $A(\lambda, x) E_s(\lambda, T)$ größer als der Betrag der Eigenemission $E(\lambda, x)$.

Ein ähnlicher Gedankengang erlaubt unter Umständen sicher festzustellen, ob eine beobachtete Leuchterscheinung auf Temperaturstrahlung oder auf Lumineszenz beruht. G. E. Gibson hat 1911 folgenden Versuch gemacht: In ein Quarzröhrchen brachte er — nach verschiedenen Vorreinigungen — ein Stückchen metallisches Thallium; das Röhrchen wurde abgeschmolzen, nachdem es auf 1/10 Torr Druck evakuiert worden war. Erhitzt man das Quarzröhrchen in einem Knallgasgebläse bis zur Rotglut, so zeigt sich schon in einem Taschenspektroskop deutlich die grüne Thalliumlinie (535,0 mμ) in Emission. Die Frage ist, ob hier Temperaturstrahlung oder Chemilumineszenz vorliegt, die an sich nicht ausgeschlossen ist, da noch Sauerstoff in dem Röhrchen vorhanden ist. Führt man dagegen das kalte Röhrchen in einen auf hoher Temperatur befindlichen schwarzen Körper nach Art der Abb. 442 ein, so zeigt sich die Thalliumlinie zunächst in Absorption, d. h. dunkel auf dem kontinuierlichen Grund. Schließlich aber kommt der Moment, in dem die Thalliumlinie auf dem kontinuierlichen Grunde verschwindet. Das ist der Beweis dafür, daß man es bei diesem Leuchten wirklich mit einer Temperaturstrahlung zu tun hat; denn die grüne Thalliumlinie hat genau die Intensität, die der schwarzen Strahlung bei dieser Temperatur zukommt, die ja für den schwarzen Körper und das Thalliumröhrchen in diesem Fall völlig identisch ist.

---

[1] Dabei ist gleiche Apertur der beleuchtenden Büschel vorausgesetzt.

60. Das Stefan-Boltzmannsche Gesetz

Ein Hohlraum der beschriebenen Art, dessen Wände die Temperatur T haben, ist von Energie erfüllt, die natürlich Funktion von T ist. Wir wollen sie berechnen. Dazu betrachten wir ein Flächenelement ds der Hülle und die von ihm ausgesandte Strahlung in bestimmter Richtung, die mit der Normalen (n) auf ds den Winkel ϑ bilden möge (Abb. 444, vgl. auch Nr. 14). Da die Strahlung in der Zeit dt die Strecke cdt zurücklegt, ist sie in einem Zylinder enthalten, der die Grundfläche $ds \cos \vartheta$ und die Höhe cdt, also das Volumen $ds \cos \vartheta c dt$ hat. Anderseits ist nach Gl. (232) die Strahlungsleistung $d\Phi$, die von ds in der gewählten Richtung ϑ in den Raumwinkel $d\omega$ ausgeht: $d\Phi = L_s ds \cos \vartheta d\omega$. Da es sich um schwarze Strahlung handelt, ist die Strahlungsdichte mit L_s bezeichnet worden. Also ist die unendlich kleine Dichte der nach Abb. 444 gerichteten Energiestrahlung in der Zeit dt, die mit $d_g u$ bezeichnet ist (der Index g soll auf „gerichtete" Strahlung hinweisen), gegeben durch

Abb. 444. Zur Ableitung des Strahlungsgesetzes

$$d_g u = \frac{L_s ds \cos \vartheta \, d\omega dt}{ds \cos \vartheta c dt} = \frac{L_s}{c} d\omega .$$

Integration über den ganzen Raumwinkel (4π) ergibt für die Dichte u der ungerichteten Strahlung, die den Hohlraum erfüllt:

$$(244) \qquad u = \frac{4\pi L_s}{c} ,$$

ein unmittelbar plausibles Ergebnis, da u proportional der Strahlungsdichte L_s und umgekehrt proportional der Lichtgeschwindigkeit c ist. Spektrale Zerlegung von u und L_s liefert:

$$u = \int_0^\infty u(\lambda) d\lambda \quad \text{und} \quad L_s = \int_0^\infty L_s(\lambda) d\lambda ;$$

zwischen $u(\lambda)$ und $L_s(\lambda)$ besteht ebenfalls die Gleichung (244):

$$L_s(\lambda) = \frac{c}{4\pi} u(\lambda) .$$

Damit erhalten wir für die Gesamtenergie U des Hohlraumes vom Volumen V:

$$(245) \qquad U = uV = \frac{4\pi}{c} L_s V .$$

Es ist dabei zu beachten, daß die Energiedichte u und die Strahlungsdichte L_s verschiedene Dimensionen haben und zwar hat u offenbar die Maßeinheit erg/cm³, während $L_s = \frac{c}{4\pi} u$ in erg/cm²s gemessen wird.

Berücksichtigt man den elektromagnetischen Charakter der Strahlung, wie er in den Maxwellschen Gleichungen zum Ausdruck kommt, so weiß man, daß die Strahlung einen Druck auf die Wand ausübt, der bei „gerichteter" Strahlung numerisch gleich der Energiedichte ist (vgl. Bd. II). Hier haben wir es jedoch mit ungerichteter Strahlung zu tun; ähnlich wie in der kinetischen Gastheorie (vgl. Bd. I) kann man sich vorstellen — natürlich auch streng beweisen —, daß in einer bestimmten Richtung nur ein Drittel der Energiedichte für den Strahlungsdruck in Frage kommt. Das liefert dann die „Druckgleichung der schwarzen Strahlung":

$$(246) \qquad p = \frac{1}{3} u .$$

60. Das Stefan-Boltzmannsche Gesetz

Mit Hilfe der beiden Hauptsätze der Thermodynamik kann man aus Energiegleichung (245) und Druckgleichung (246) die Energiedichte als Funktion der Temperatur gewinnen, was L. Boltzmann (1884) getan hat. Er fand:

(247) $$u = aT^4 \, , \; U = aT^4 V \, ,$$

wo a eine Integrationskonstante ist.

Der Beweis ist so einfach, daß wir ihn durchführen. Wir haben zu setzen: $U = uV$; $p = (1/3)u$; Q_r = reversibel zugeführte Wärme, A = zugeführte Arbeit, S = Entropie. Dann ist nach dem 1. Hauptsatz für eine unendlich kleine reversible Änderung von V in $V + dV$, von T in $T + dT$:

$$dU = u\, dV + V\, du = d'Q_r + d'A = d'Q_r - p\, dV = d'Q_r - \frac{u}{3}\, dV,$$

also

$$d'Q_r = \frac{4}{3} u\, dV + V\, du \, .$$

Daraus ergibt sich die Entropieänderung

$$dS = \frac{d'Q_r}{T} = \left(\frac{\partial S}{\partial V}\right)_T dV + \left(\frac{\partial S}{\partial T}\right)_V dT \quad \text{zu} \quad dS = \frac{4}{3} \frac{u}{T} dV + \frac{V}{T} \frac{du}{dT} dT \, .$$

Da dS nach dem 2. Hauptsatz ein totales Differential sein muß[1]), folgt

$$\frac{\partial}{\partial T}\left(\frac{4}{3} \frac{u}{T}\right) = \frac{\partial}{\partial V}\left(\frac{V}{T} \frac{du}{dT}\right) \, .$$

Ausrechnung liefert unmittelbar, da $u = u(T)$

$$\frac{1}{3}\frac{du}{dT} = \frac{4}{3}\frac{u}{T} \quad \text{oder} \quad \frac{du}{u} = \frac{4\, dT}{T} \, ,$$

d. h. durch Integration:

$$\ln u = 4\ln T + \ln a \quad \text{oder} \quad u = aT^4 \quad q.\,e.\,d.$$

Von der Energiedichte u können wir nach Gl. (244) zur Strahlungsdichte L_s übergehen:

(247a) $$L_s = \frac{ca}{4\pi} T^4 \, ,$$

und von da, durch Multiplikation mit π zum Gesamtemissionsvermögen E_s des schwarzen Körpers:

(247b) $$E_s = \pi L_s = \frac{ca}{4} T^4 = \sigma T^4 \; ;\,[2])$$

in Worten: **Die Energiedichte u, die Strahlungsdichte L_s und das Emissionsvermögen E_s des schwarzen Körpers sind proportional der vierten Potenz der absoluten Temperatur.**

Dieses Gesetz hatte schon vor Boltzmann der Wiener Physiker J. Stefan (1879) vermutungsweise ausgesprochen, in dem Glauben, daß es für beliebige Strahler Gültigkeit besäße. Erst Boltzmann hat die Beschränkung auf den schwarzen Körper erkannt und damit die richtige Formulierung gegeben; das Gesetz wird heute allgemein als

---

[1]) Für ein totales Differential $dZ = \left(\frac{\partial Z}{\partial x}\right)_y dx + \left(\frac{\partial Z}{\partial y}\right)_x dy$ einer Zustandsfunktion $Z(x,y)$ gilt allgemein $\frac{\partial}{\partial x}\left(\frac{\partial Z}{\partial y}\right)_x = \frac{\partial}{\partial y}\left(\frac{\partial Z}{\partial x}\right)_y$. Die Indices geben an, welche der beiden Variablen x und y bei der jeweiligen (partiellen) Differentiation konstant zu halten ist.

[2]) L_s und E_s beziehen sich auf die von einer strahlenden Fläche $s = 1$ cm² ausgehende Strahlung, vgl. Nr. 57.

Stefan-Boltzmannsches Gesetz bezeichnet. Erst nachdem der schwarze Körper konstruiert war, konnte man daran denken, das T^4-Gesetz zu prüfen; das war dann auch die erste Aufgabe, die Lummer und Pringsheim angriffen. Sie fanden eine vollkommene Bestätigung, wie aus Tabelle 24 hervorgeht.

Die Strahlung des schwarzen Körpers, der auf absolute Temperaturen T von 373⁰ K bis 1535⁰ K geheizt werden konnte, fiel auf ein Bolometer von der absoluten Temperatur 290⁰ K (= 17⁰ C). Wenn also das Stefan-Boltzmannsche Gesetz erfüllt ist, muß der Galvanometerausschlag A der Gleichung gehorchen

$$A = C(T^4 - 290^4),$$

wo C eine Konstante ist. Denn es strahlt ja auch das Bolometer (angenähert schwarz) gegen den schwarzen Körper. In der ersten Spalte der Tabelle sind die am Thermoelement gemessenen T-Werte des schwarzen Körpers angegeben ($T_{\text{beob.}}$), in der zweiten die Galvanometerausschläge A[1]), in der dritten die nach der obigen Gleichung mit einem mittleren C-Wert berechnete Temperatur ($T_{\text{ber.}}$), in der letzten endlich die Differenz $T_{\text{beob.}} - T_{\text{ber.}}$. Daraus ist ersichtlich, daß das Stefan-Boltzmannsche Gesetz erfüllt ist; die Abweichungen sind unsystematisch und durch kleine Fehler der Temperaturmessung verursacht.

Tab. 24. Stefan-Boltzmannsches Gesetz

$T_{\text{beob.}}$	A	$T_{\text{ber.}}$	$T_{\text{beob.}} - T_{\text{ber.}}$
373,1	156	374,6	— 1,5
492,5	638	492,0	+ 0,5
723,0	3 320	724,3	— 1,3
745	3 810	749,1	— 4,1
810	5 150	806,5	+ 3,5
868	6 910	867,1	+ 0,9
1378	44 700	1379	— 1
1470	57 400	1468	+ 2
1497	60 600	1488	+ 9
1535	67 800	1531	+ 4

Diese Messungen sind deshalb von so großer grundsätzlicher Bedeutung, weil sie beweisen, daß man die beiden Hauptsätze der Thermodynamik auf ein lediglich Strahlung enthaltendes Volumen in gleicher Weise anwenden kann wie auf ein mit einem Gas gefülltes Volumen.

Für die Strahlungskonstante $\sigma = \dfrac{ac}{4}$ des Stefan-Boltzmannschen Gesetzes ergaben Versuche verschiedener Physiker den Wert:

(247c) $\quad \sigma = (5{,}6697 \pm 0{,}0010) \cdot 10^{-5} \dfrac{\text{erg}}{\text{cm}^2\text{s grad}^4} = 1{,}355 \cdot 10^{-12} \dfrac{\text{cal}}{\text{cm}^2\text{s grad}^4}.$

Bestimmung der schwarzen Temperatur der Sonne. Unter der Voraussetzung, daß sich Sonne und Erde, die sich ja gegenseitig Wärmestrahlen zusenden, wie schwarze Körper verhalten, d. h. dem Stefan-Boltzmannschen Gesetz gehorchen, kann man aus der durch sorgfältige Messungen bekannten Solarkonstanten die Temperatur der Sonne bestimmen, wie E. Warburg zuerst (1899) gezeigt hat. Unter der Solarkonstanten versteht man die von der Sonne jedem Quadratzentimeter der Erde bei

---

[1]) Natürlich sind die riesigen Ausschläge A in Spalte 2 nicht direkt gemessen; durch geeignete Nebenschlüsse wurde die Empfindlichkeit des Galvanometers immer so reguliert, daß die Ausschläge ungefähr gleiche Größe hatten. Die in Spalte 2 angegebenen Ausschläge sind auf gleiche Galvanometerempfindlichkeit umgerechnet.

senkrechter Bestrahlung je Minute zugesandte Energie; sie beträgt nach den neuesten Messungen:

(248) $$1{,}901 \frac{\text{cal}}{\text{min cm}^2} .$$

Dabei ist die bekannte Absorption durch die Lufthülle der Erde bereits in Rechnung gesetzt.

Wir gehen zur Berechnung am besten aus von den Gl. (233) und (234), in denen wir für πL das Emissionsvermögen E_s einführen, da es sich um schwarze Strahlung handeln soll. Ferner kann $\sin \psi$ durch den Winkel ψ selbst ersetzt werden, da die Strahlung von einer Flächeneinheit der Erde zur Sonne in einem Kegel geschieht, dessen Öffnungswinkel $\psi = 0^0\ 16'\ 0''$ ist; das ist der Winkel, unter dem der Sonnenradius von der Erde aus erscheint. So erhalten wir für die Strahlungsleistung Φ die Gleichung: $\Phi = E_s \psi^2$. Wegen der vollkommenen Symmetrie zwischen zwei einander zustrahlenden Flächen gibt dieselbe Gleichung auch die Strahlung von der Sonne zu einer Flächeneinheit der Erde wieder. Wir unterscheiden nun die auf Sonne und Erde bezüglichen Größen durch die Indices 1 und 2; dann haben wir für die Strahlungsleistung der Sonne gegen 1 cm² der Erdoberfläche:

$$\Phi_1 = E_{s1} \psi^2 ;$$

für die Strahlungsleistung von 1 cm² der Erdoberfläche gegen die Sonne:

$$\Phi_2 = E_{s2} \psi^2 ;$$

also für den Überschuß der von der Sonne empfangenen Strahlungsleistung:

(249) $$\Phi_1 - \Phi_2 = (E_{s1} - E_{s2}) \psi^2 .$$

Setzt man für ψ der Wert 0,0047, für E_s nach dem **Stefan-Boltzmannschen Gesetz** σT^4, so folgt weiter:

$$\Phi_1 - \Phi_2 = \sigma (T_1^4 - T_2^4) \cdot 47^2 \cdot 10^{-8}$$

Um die je Minute von der Sonne abgegebene Energie, d. h. die Solarkonstante, zu erhalten, muß der rechtsstehende Ausdruck noch mit 60 multipliziert werden. Damit erhalten wir:

$$1{,}901 = \sigma(T_1^4 - T_2^4) \cdot 60 \cdot 47^2 \cdot 10^{-8}.$$

Die Solarkonstante links ist dabei in cal/min cm² gemessen; rechts ist $\sigma = 1{,}355 \cdot 10^{-12}$ $\frac{\text{cal}}{\text{cm}^2 \text{grad}^4 \text{s}}$ zu setzen; schließlich kann T_2^4 gegen T_1^4 vernachlässigt werden. So ergibt sich die Gleichung:

(250) $$T_1 = \sqrt[4]{\frac{1{,}901}{1{,}355 \cdot 10^{-12} \cdot 60 \cdot 47^2 \cdot 10^{-8}}} \approx 5700^0\ \text{K} .$$

Die Temperatur der Sonnenoberfläche wäre also ungefähr 5700⁰ K, wenn sie wie ein schwarzer Körper strahlte. Tut sie das nicht, so kann man sicher sagen, daß die wahre Temperatur der Sonne höher sein muß als 5700⁰ K, wenn die Sonne überhaupt ein Temperaturstrahler ist, weil jeder Temperaturstrahler weniger strahlt als ein schwarzer Körper gleicher Temperatur. Deshalb nennt man die Temperatur von 5700⁰ K die **schwarze Temperatur** der Sonne. Dieses Verfahren ist allgemein üblich, wenn man die Strahlungseigenschaften eines Temperaturstrahlers nicht genau kennt: Unter der Annahme, er strahle wie ein schwarzer Körper, bestimmt man seine schwarze Temperatur, die dann jedenfalls einen Anhaltspunkt für die Größenordnung der wahren Temperatur gibt.

61. Das Wiensche Verschiebungsgesetz

In Nr. 58 haben wir festgestellt, daß das Emissionsvermögen $E_s(\lambda, T)$ eines absolut schwarzen Körpers eine universelle Funktion von Wellenlänge und Temperatur ist; das ist eine der Ausdrucksformen des Kirchhoffschen Gesetzes. Ein erster Schritt zur Bestimmung dieser Funktion war die Bestimmung der Abhängigkeit der Gesamtstrahlung $\int_0^\infty E_s(\lambda, T) d\lambda$ von der Temperatur, das Stefan-Boltzmannsche Gesetz.

Der nächste Fortschritt gelang W. Wien (1893). Er konnte durch thermodynamische Betrachtungen zeigen, daß die Funktion $E_s(\lambda, T)$[1], die von den zwei Variabeln λ und T abhängt, gleich dem Produkt einer Potenz von λ und einer Funktion nur einer Variabeln, nämlich $(\lambda \cdot T)$, ist. Das bedeutet natürlich eine wesentliche Vereinfachung des Problems. Die genauere Darlegung der Wienschen Ableitung können wir hier nicht bringen. Es muß genügen, zur Charakterisierung seiner Methode zu sagen, daß man mit einem von Strahlung erfüllten Hohlraum ähnliche Gedankenexperimente (z. B. isotherme, adiabatische, Carnotsche Prozesse) ausführen kann wie mit einem idealen Gas, das in einem bestimmten Volumen eingeschlossen ist; nur tritt der Strahlungsdruck an die Stelle des Gasdrucks. Werden mit α und β zwei Konstanten bezeichnet, so kann das Resultat Wiens wie folgt ausgedrückt werden:

$$L_s(\lambda, T) = \frac{\alpha}{\lambda^5} F(\lambda \cdot T),$$

(251)

$$u(\lambda, T) = \frac{\beta}{\lambda^5} F(\lambda \cdot T) = \frac{4\pi}{c} \frac{\alpha}{\lambda^5} F(\lambda \cdot T).$$

Links steht in beiden Gleichungen eine Funktion der zwei Variabeln λ und T; rechts steht eine Funktion der einen Variabeln $(\lambda \cdot T)$, die noch mit einer Potenz von λ multipliziert ist. Dieses Gesetz wird aus folgendem Grunde als Verschiebungsgesetz bezeichnet: Man braucht nach ihm die Abhängigkeit der Strahlungsdichte $L_s(\lambda, T)$ oder der Energiedichte $u(\lambda, T)$ von der Wellenlänge nur für eine einzige Temperatur zu kennen, um sie sofort für alle Temperaturen zu besitzen. Wir gehen von einem bestimmten Wert $L_s(\lambda, T)$ aus und fragen nach der Strahlungsdichte für eine neue Temperatur T_1. Fassen wir eine solche Wellenlänge λ_1 ins Auge, für die

(252) $$\lambda_1 T_1 = \lambda T,$$

ist, so gilt nach Gl. (251):

$$L_s(\lambda_1, T_1) = \frac{\alpha}{\lambda_1^5} F(\lambda_1 \cdot T_1) = \frac{\alpha}{\lambda_1^5} F(\lambda \cdot T) = \left(\frac{\lambda}{\lambda_1}\right)^5 \cdot L_s(\lambda, T);$$

und weil nach Gl. (252) $(\lambda/\lambda_1)^5 = (T_1/T)^5$ ist, erhalten wir:

(253) $$L_s(\lambda_1, T_1) = \left(\frac{T_1}{T}\right)^5 L_s(\lambda, T).$$

D. h., die Strahlungsdichte (oder Energiedichte), die bei der Temperatur T für eine Wellenlänge λ besteht, findet sich, mit $(T_1/T)^5$ multipliziert, für eine Temperatur T_1 bei einer durch Gl. (252) bestimmten anderen Wellenlänge $\lambda_1 = \lambda T/T_1$ wieder: Die Strahlungsdichte (Energiedichte) „verschiebt" sich — von dem Vergrößerungsfaktor $(T_1/T)^5$ abgesehen — von der Wellenlänge λ zur Wellenlänge λ_1. Und zwar ist $\lambda_1 < \lambda$ für $T_1 > T$; d. h. bei Steigerung der Temperatur verschiebt sich jeder Strahlungs- und Energiedichtewert zu kleineren Wellenlängen (oder größeren Frequenzen).

---
[1] Damit natürlich auch $L_s(\lambda, T)$ und $u(\lambda, T)$.

Besonders zwei Folgerungen eignen sich zur experimentellen Prüfung. Sie stützen sich auf die Tatsache, daß $L_s(\lambda, T)$ bei jeder Temperatur T für eine gewisse Wellenlänge λ_{max} ein Maximum $L_{s\,max}(\lambda, T)$ besitzt. Die Bedingung dafür, daß $L_s(\lambda, T)$ bei konstanter Temperatur ein Maximum sein soll, ist $dL_s(\lambda, T)/d\lambda = 0$; diese Gleichung bestimmt λ_{max}, und Einsetzen dieses Wertes in Gl. (251) liefert $L_{s\,max}(\lambda, T)$, natürlich als Funktion der Temperatur.

Die Differentiation von Gl. (251) und Nullsetzung liefert (F' ist die Ableitung nach dem Argument $\lambda \cdot T$) die Gleichung:

$$\frac{dL_s(\lambda, T)}{d\lambda} = -\frac{5\alpha}{\lambda^6} F + \frac{\alpha}{\lambda^5} F' \cdot T = \frac{\alpha}{\lambda^5}\left[-\frac{5F}{\lambda} + F' \cdot T\right] = 0.$$

Dies ist eine Bestimmungsgleichung für $\lambda_{max} \cdot T$. Dieses Produkt ist unabhängig von T, also eine Konstante, und zwar ist

(254a) $$\lambda_{max} \cdot T = \frac{5F(\lambda_{max} \cdot T)}{F'(\lambda_{max} \cdot T)} = \text{const} = A.$$

Setzt man diesen Wert $\lambda_{max} = A/T$ in Gl. (251) ein, so erhält man:

(254b) $$L_{s\,max}(\lambda, T) = \frac{\alpha T^5}{A^5} F(\lambda_{max} \cdot T) = B \cdot T^5.$$

Die ersten Versuche zur Prüfung der beiden Gl. (254) haben wieder Lummer und Pringsheim mit dem schwarzen Körper vorgenommen. Die Anordnung ist folgende: Die aus der Öffnung des schwarzen Körpers austretende Strahlung fällt auf den Eintrittsspalt eines Ultrarot-Spiegelspektrometers, in dem sie spektral zerlegt wird. Je nach Stellung des Prismas tritt also eine andere Wellenlänge (genauer, ein anderes Wellenlängengebiet) aus dem Austrittsspalt aus und fällt auf ein Bolometer oder eine Thermosäule. Der Ausschlag des damit verbundenen Galvanometers ist dann — nach Reduktion auf das Normalspektrum — proportional der Größe $L_s(\lambda, T)$. Bei konstanter Temperatur T des schwarzen Körpers führt man das Meßinstrument durch das ganze zugängliche Spektralgebiet hindurch und erhält so zunächst für eine bestimmte Temperatur die spektrale Verteilung der Strahlungsdichte $L_s(\lambda)$. Dasselbe Verfahren wiederholt man bei möglichst vielen Temperaturen und erhält auf diese Weise Kurven für $L_s(\lambda)$, die man als „Isothermen" bezeichnen kann; denn der Kurvenparameter ist T. Abb. 445 und 446 zeigen die Messungen. Es geht aus ihnen hervor, daß sämtliche Isothermen ein ausgesprochenes Maximum zeigen, das in Übereinstimmung mit Gl. (254) einerseits mit höherer Temperatur nach kürzeren Wellenlängen rückt (Gl. (254a)), anderseits mit höherer Temperatur stark ansteigt (Gl. (254b)). Die quantitativen Ergebnisse der ursprünglichen Messungen sind folgende (Tab. 25):

Tab. 25. Wiensches Verschiebungsgesetz

T des schwarzen Körpers	λ_{max} in μ	$L_{s\,max}(\lambda)$	$\lambda_{max} T = A$	$L_{s\,max}(\lambda) \cdot T^{-5} = B$
1646 °K	1,78	270,6	2928	$2246 \cdot 10^{-17}$
1460,4	2,04	145,0	2979	2184
1259,0	2,35	68,8	2959	2176
1094,5	2,71	34,0	2966	2164
998,5	2,96	21,5	2956	2166
908,5	3,28	13,66	2980	2208
723,0	4,08	4,28	2950	2166
621,2	4,53	2,026	2814	2190
			Mittelwert $A = 2940\,\mu\,°K$	Mittelwert $B = 2188 \cdot 10^{-1}$

Die vierte und fünfte Spalte dieser Tabelle zeigen ohne weiteres, daß die beiden Gesetze (254a) und (254b) erfüllt sind. Weil L_s in willkürlichen Einheiten gemessen ist, gilt das gleiche von B. Als bester Wert für A gilt nach neueren Messungen

(255) $$A = \lambda_{max} \cdot T = 2897{,}8 + 0{,}4\,\mu\,{}^\circ K\,.$$

Auch das Verschiebungsgesetz $\lambda_{max} \cdot T = A$ kann dazu dienen, „schwarze" Temperaturen zu bestimmen, z. B. die der Sonne, auf die wir schon das Stefan-Boltz-

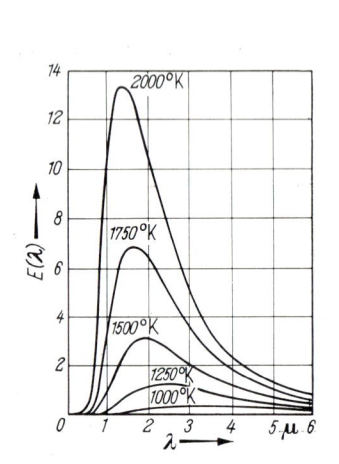

Abb. 445. Isothermen des schwarzen Körpers.

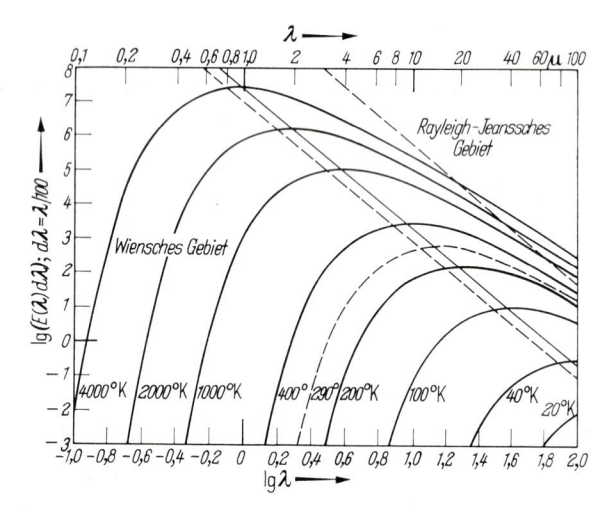

Abb. 446. Isothermen des schwarzen Körpers in logarithmischem Maß. Die gestrichelten Geraden grenzen die Gültigkeitsbereiche der „Grenzgesetze" (S. 460) ab. Die ausgezogene Gerade verbindet die Intensitätsmaxima

mannsche Gesetz angewandt hatten. Man hat zu dem Zweck festzustellen, bei welcher Wellenlänge das Maximum der Sonnenstrahlung liegt. Dann ergibt Gl. (255) sofort die Temperatur. Nach Messungen von Chr. G. Abbot und F. E. Fowle (1913) liegt das Strahlungsmaximum der Sonne bei ungefähr $0{,}478\,\mu$, was für die Sonnenoberfläche eine schwarze Temperatur von 6020° K liefert. Sie ist zwar höher als die aus dem Stefan-Boltzmannschen Gesetz berechnete von 5700° K, aber doch in der gleichen Größenordnung. Die Differenz beider Angaben zeigt aber deutlich, daß die Sonne in Strenge eben kein schwarzer Strahler ist.

Lummer und Pringsheim haben nach dieser Methode auch schwarze Temperaturen irdischer Lichtquellen bestimmt.

Man kann sich leicht überzeugen, daß der allgemeine Ausdruck (251) des Wienschen Verschiebungsgesetzes

$$L_s(\lambda, T) = \frac{\alpha}{\lambda^5} F(\lambda \cdot T)$$

dem Stefan-Boltzmannschen Gesetz gehorcht, wie es natürlich sein muß. Multipliziert man beide Seiten der Gleichung mit $d\lambda$ und integriert von 0 bis ∞, so hat man:

$$\int_0^\infty L_s(\lambda, T)d\lambda = \int_0^\infty \frac{\alpha}{\lambda^5} F(\lambda \cdot T)d\lambda\,.$$

Führt man als neue Variable $\lambda T = \xi$ ein, so folgt $d\xi = Td\lambda$ und weiter:

$$\int_0^\infty L_s(\lambda, T)d\lambda = T^4 \int_0^\infty \frac{\alpha}{\xi^5} F(\xi)d\xi = \text{const}. T^4,$$

da das bestimmte Integral natürlich eine Konstante ist.

Die Verschiebung von $\lambda_{\max}$ mit der Temperatur ist der tiefere Grund dafür, daß sich die Farbe des emittierenden schwarzen Körpers von Rot (bis zu etwa 1000° K) über nahezu Weiß (etwa 6000° K) nach Blau verschiebt (vgl. Abb. 439).

62. Die Spektralgleichungen von Rayleigh-Jeans, W. Wien und M. Planck. Eingreifen der Quantenhypothese

Das Wiensche Verschiebungsgesetz stellt einen wichtigen Versuch dar, die unbekannte universelle Funktion $L_s(\lambda, T)$ zu finden. Aber es bleibt die Aufgabe noch bestehen, die Funktion $F(\lambda \cdot T)$ vollständig zu bestimmen. Das gesuchte Gesetz, das die Verteilung der Energiedichte $u(\lambda, T)$ bzw. der Strahlungsdichte $L_s(\lambda, T)$ für die verschiedenen Werte von λ und T liefern soll, heißt kurz das „Energieverteilungsgesetz" oder auch die „Spektralgleichung". Was wir bisher erreicht haben, Stefan-Boltzmannsches Gesetz und Wiensches Verschiebungsgesetz, ist thermodynamisch streng bewiesen und experimentell bestätigt. Damit ist die Leistungsfähigkeit der reinen Thermodynamik aber auch erschöpft. Ebensowenig wie sie etwa die Zustandsgleichung idealer Gase liefert, liefert sie die explizite Form der Funktion $F(\lambda \cdot T)$. Dazu sind spezielle Vorstellungen notwendig, wie in der Gastheorie z. B. kinetische Modelle. Analog wird es auch hier notwendig sein, ein bestimmtes Bild des schwarzen Körpers zugrunde zu legen. Die Isothermen der Abb. 445 und weitere Messungen von Lummer und Pringsheim sowie von H. Rubens und F. Kurlbaum bilden das experimentelle Material zur Prüfung der theoretischen Ergebnisse aus der Spektralgleichung.

Die Aufstellung eines Modells des schwarzen Körpers wird ermöglicht durch die Folgerung aus dem Kirchhoffschen Gesetz, daß in einem von spiegelnden Wänden umschlossenen Hohlraum, der ganz beliebige emittierende und absorbierende Körper umschließt, die schwarze Strahlung vorhanden ist. Da sie also ganz unabhängig von der Art der eingeschlossenen Körper ist, können wir uns ein beliebiges Modell eines emittierenden und absorbierenden Körpers machen, wenn es nur den Gesetzen der Elektrodynamik und Thermodynamik nicht widerspricht. Man wird es daher so einfach wie möglich wählen; im Resultat fällt ja das spezielle Verhalten des Modelles heraus.

M. Planck hatte ursprünglich als Modell eines absorbierenden und emittierenden Körpers eine Anzahl linearer Hertzscher Oszillatoren (Resonatoren) von spezieller Frequenz und Dämpfung gewählt und deren stationären Zustand unter dem Einfluß der Strahlung bestimmt. Später hat Planck auch andere Modelle herangezogen; alle geben — in Übereinstimmung mit der dargelegten Auffassung — das nämliche Resultat. Wir wollen den Planckschen Weg, der komplizierte Rechnungen erfordert, nicht weiter verfolgen. Lord Rayleigh und J. H. Jeans haben statt dessen vorgeschlagen, das System der im spiegelnden Hohlraum stehenden elektromagnetischen Wellen zu nehmen; dem wollen auch wir uns anschließen, ohne die Rechnung explizit durchzuführen. Es sind natürlich nur bestimmte Wellen möglich, ebenso wie sich auf einer Saite nur solche Wellen ausbilden können, die — abgesehen von den Knoten an den festen Enden — einen, zwei, drei ... n Knoten besitzen. Die Frequenzen dieser Wellen sind die Eigenschwingungsfrequenzen des Hohlraums. Uns interessiert die Anzahl dZ der Eigenschwingungen des Hohlraums pro Volumeneinheit, die dem Frequenzintervall zwischen ν und $\nu + d\nu$ (oder Wellenlängenintervall λ und $\lambda + d\lambda$) entspricht; sie ist gleich der Anzahl der „Freiheitsgrade" des schwingenden Systems in diesem Intervall. Das Resultat der Rechnung ist:

$$(256) \qquad dZ = \frac{8\pi\nu^2}{c^3}\left|d\nu\right| = \frac{8\pi}{\lambda^4}\left|d\lambda\right|.$$

Nun wissen wir aber aus den Wahrscheinlichkeitsbetrachtungen der kinetischen Gastheorie (Band I), daß im Gleichgewicht auf jeden Freiheitsgrad der kinetischen Energie nach dem Äquipartitionstheorem im Mittel die Energie $\frac{1}{2}kT$ entfällt, wo k die Boltzmannsche Konstante ist. Bei harmonischen Schwingungen ist in der Mechanik die mittlere kinetische Energie gleich der mittleren potentiellen Energie[1]); also entfällt auf jeden Freiheitsgrad der Gesamtenergie im Mittel die Energie kT. Bei elektromagnetischen Wellen ist dies genau so, entsprechend der Tatsache, daß wir neben der elektrischen (potentiellen) Energie noch die magnetische (kinetische) Energie haben, die ebenfalls im Mittel gleich sind. Damit haben wir einen Ausdruck für die Energiedichte $u(\lambda, T)$ im Intervall $d\lambda$ gewonnen, nämlich die Anzahl der Freiheitsgrade multipliziert mit kT:

$$(257\text{a}) \qquad u(\lambda, T)d\lambda = \frac{8\pi}{\lambda^4}kTd\lambda$$

und damit nach Gl. (244b):

$$(257\text{b}) \qquad L_s(\lambda, T)d\lambda = \frac{c}{4\pi}\frac{8\pi}{\lambda^4}kTd\lambda = \frac{2c}{\lambda^4}kTd\lambda.$$

Das ist das Strahlungsgesetz von Rayleigh und Jeans, wie es sich nach der klassischen Theorie ergibt.

Man kann beide Gleichungen leicht in eine Form bringen, die dem Wienschen Verschiebungsgesetz (251) entspricht:

$$(258) \qquad u(\lambda, T) = \frac{8\pi k}{\lambda^5}(\lambda \cdot T) \quad \text{und} \quad L_s(\lambda, T) = \frac{2ck}{\lambda^5}(\lambda \cdot T).$$

Insofern paßt das Rayleigh-Jeanssche Gesetz zu dem Vorhergehenden. Aber man sieht auch sofort, daß es nicht das richtige Strahlungsgesetz sein kann. Denn erstens liefert es für jede Temperatur eine Gesamtstrahlung, die unendlich groß ist:

$$\int_0^\infty L_s(\lambda, T)d\lambda = 2ckT\int_0^\infty \frac{d\lambda}{\lambda^4} = \infty,$$

was natürlich unmöglich ist, und zweitens hätte $u(\lambda, T)$ kein Maximum, im Gegensatz zum Experiment (Abb. 445 u. 446). Man sieht aus den Gl. (257), daß die Energie um so größer ausfällt, je kleiner die Wellenlänge ist. Die größte Energie würde bei extrem kurzen Wellenlängen liegen. Man hat daher diese unmögliche Folgerung der Rayleigh-Jeansschen Theorie auch als Ultraviolett-Katastrophe bezeichnet. Ein Zahlenbeispiel möge diese Sachlage augenscheinlich machen: Die Flächenhelligkeit eines schwarzen Körpers von 2000° K beträgt etwa 50 cd/cm² (Tabelle 28, S. 472); bei Zimmertemperatur (300° K) müßte Ruß, Platinmohr oder schwarzer Samt eine Helligkeit von ungefähr 7 cd/cm² besitzen. In Wirklichkeit ist die Strahlung im sichtbaren Gebiet bei Zimmertemperatur bekanntlich nicht mit dem Auge, sondern höchstens

---

[1]) Das folgt ohne weiteres aus $E_{\text{kin}} = \frac{1}{2}m\,(dy/dt)^2$ und $E_{\text{pot}} = \frac{1}{2}Ky^2$ mit $y = b\sin\omega t$, wenn man bedenkt, daß die Mittelwerte von $\sin^2\omega t$ und $\cos^2\omega t$ beide gleich $1/2$ sind und daß $K = m\omega^2$ (vgl. Bd. I, harmonische Schwingungen).

mit den feinsten und auf tiefe Temperatur gekühlten Meßinstrumenten nachweisbar, in Übereinstimmung mit Abb. 445. Es kann also kein Zweifel bestehen, daß Gl. (257) als allgemeines Strahlungsgesetz unbrauchbar ist. Das braucht ihre Gültigkeit als Grenzgesetz für einen bestimmten Bereich von λT nicht auszuschließen, und das trifft in der Tat zu, wie wir noch sehen werden.

Ein weiterer Versuch, das Energieverteilungsgesetz zu bestimmen, wurde von W. Wien gemacht. Er ließ sich von der Ähnlichkeit leiten, die die Kurven der Abb. 445 mit denen des Maxwellschen Geschwindigkeitsverteilungsgesetzes (Band I) besitzen. Das Wiensche Gesetz lautet, wenn c_1 und c_2 zwei empirisch zu bestimmende Konstanten sind:

$$(259) \qquad L_s(\lambda, T) = 2c_1 \lambda^{-5} e^{-\frac{c_2}{\lambda T}}$$

und entsprechend

$$(259a) \qquad u(\lambda, T) = \frac{8\pi}{c} c_1 \lambda^{-5} e^{-\frac{c_2}{\lambda T}}.$$

Diese Wiensche Gleichung gehorcht offenbar dem Verschiebungsgesetz (251); sie liefert außerdem, im Gegensatz zu (257) ein Maximum für $u(\lambda)$. Die speziellen Aussagen des Verschiebungsgesetzes sind hier

$$(260) \qquad \lambda_{\max} \cdot T = A = \tfrac{1}{5} c_2 \; ; \; L_{s\,\max}(\lambda, T) = BT^5 = \frac{2 \cdot 5^5 c_1}{(c_2 e)^5} T^5.$$

Dagegen hat die Gl. (259) eine Eigentümlichkeit, die ihre allgemeine Gültigkeit von vornherein als zweifelhaft erscheinen läßt: Wenn man bei festgehaltener beliebiger Wellenlänge T nach unendlich wachsen läßt, so wächst die Strahlung nicht ins Unendliche, sondern $L_s(\lambda)$ nähert sich dem endlichen Wert $2c_1\lambda^{-5}$, während das Rayleigh-Jeanssche Gesetz $L_s(\lambda, T)$ mit T ins Unendliche wachsen läßt.

Die Wiensche Gl. (259) ist an dem Material der Abb. 445 geprüft worden. Dabei fanden Lummer und Pringsheim (1899) systematische Abweichungen, die um so stärker hervortraten, je größer λT war. Bei $\lambda T = 10000 \, \mu$ °K betragen sie schon mehrere Prozent und steigen bei $30000 \, \mu$ °K bis zu 50% an. Obwohl M. Planck inzwischen (1897) geglaubt hatte, die Wiensche Formel theoretisch begründen zu können, konnte schließlich nicht mehr bezweifelt werden, daß die Wiensche Gleichung nur für $\lambda T < 3000 \, \mu$ °K brauchbar war. Sie kann nur als Grenzgesetz für kleine Werte von λT betrachtet werden. Im sichtbaren Gebiet ist sie bis zu Temperaturen von etwa 5000° K durchaus verwendbar. Durch Verwendung der Reststrahlenmethode (S. 204) konnten Rubens und Kurlbaum noch höhere λT-Werte erreichen, z. B. mit den Reststrahlen des Steinsalzes ($\lambda = 51 \, \mu$) und Temperaturen von 1650° K. Hier ist nun von einer Bestätigung der Wienschen Formel keine Rede mehr. Jedoch zeigten diese Versuche, daß die Strahlungsenergie direkt proportional der absoluten Temperatur wird, wenn die Wellenlänge genügend groß wird. Das ist aber die Behauptung der Rayleigh-Jeansschen Formel (257), die demnach auch als Grenzgesetz, aber für sehr große Werte von λT, zu betrachten ist. Dieser Sachverhalt veranlaßte Planck, eine Formel vorzuschlagen, die für kleine Werte von λT in die Wiensche, für große dagegen in die Rayleigh-Jeanssche übergeht. Diese **Plancksche Spektralgleichung** lautet mit den auch in (259) auftretenden Konstanten c_1 und c_2:

$$(261) \qquad L_s(\lambda, T) = \frac{2c_1 \lambda^{-5}}{e^{\frac{c_2}{\lambda T}} - 1}.$$

Der Leser möge sich selbst überzeugen, daß Gl. (261) sowohl mit dem Stefan-Boltzmannschen Gesetz (247) wie auch mit dem Verschiebungsgesetz (251) und seinen Spezialfällen (254) im

Einklang ist[1]). Wir zeigen hier nur, daß für kleine Werte von λT das Wiensche, für große λT dagegen das Rayleigh-Jeanssche Gesetz in (261) enthalten ist. Für hinreichend kleine Werte von λT kann man im Nenner die 1 gegenüber der dann großen Exponentialfunktion vernachlässigen, und man erhält

$$L_{s(\text{Wien})} = 2c_1 \lambda^{-5} e^{-\frac{c_2}{\lambda T}}$$

d. h. die Wiensche Spektralgleichung (259). Für große Werte λT ist umgekehrt die Exponentialfunktion klein, so daß man sie in eine Potenzreihe entwickeln kann: $e^{\frac{c_2}{\lambda T}} = 1 + \frac{c_2}{\lambda T} + \ldots$. Der Nenner wird also einfach $c_2/\lambda T$, und (261) geht über in

$$L_{s(\text{R.-J.})} = \frac{2c_1}{c_2} \lambda^{-4} T ,$$

d. h. in die Rayleigh-Jeanssche Gl. (257) mit $c_1/c_2 = ck$. Die Gültigkeitsbereiche der Grenzgesetze sind in Abb. 446 gekennzeichnet.

Außerdem sei bemerkt, daß nach Czerny und Kofink (Lit.) die Wellenlänge λ_{max} die Strahlung aufteilt in etwa 25% kurzwelligen Anteil und 75% langwelligen Anteil; die genaue Rechnung ergibt 25,0055% kurzwelligen Anteil.

Die Plancksche Formel (261) stellt aber nicht nur die Grenzfälle richtig dar; vielmehr haben scharfe experimentelle Prüfungen, vor allen Dingen von H. Rubens und G. Michel (1921) im λT-Intervall von 2500 bis 95000 μ °K, ihre strenge Richtigkeit bewiesen. Gl. (261) ist daher die gesuchte Gleichung für die Energieverteilung der schwarzen Strahlung, die von individuellen Eigenschaften völlig unabhängig ist. Allerdings war die Formel zunächst nur erraten. Aber es ist Planck kurz darauf gelungen, auch eine systematische Theorie dieser Gleichung zu entwickeln, und diese Untersuchung hat dann einen der größten Fortschritte der Physik mit sich gebracht.

Um den Weg zu schildern, den Planck eingeschlagen hat, knüpfen wir an die Darlegungen zu Anfang dieser Nummer an, in denen zwei Gedanken vereinigt sind: erstens die Abzählung der Eigenschwingungen oder Freiheitsgrade in Gl. (256) und zweitens die Kombination der Zahl der Freiheitsgrade mit dem Äquipartitionstheorem. Das Resultat ist die unbrauchbare Rayleigh-Jeans-Gleichung (257). Woran kann das liegen? Beide Grundlagen entsprechen durchaus der Auffassung der klassischen Physik; und wenn man an deren Anschauungen festhält, kann man die Rayleigh-Jeanssche Formel nicht vermeiden. Welche der beiden erwähnten Voraussetzungen bedarf also einer Abänderung? Die Berechnung der Zahl der Freiheitsgrade in (256) ist als gesichertes Ergebnis der Elektrodynamik zu betrachten. Es ist auch unabhängig davon, welches spezielle Modell des schwarzen Körpers (Resonatoren, stehende Wellen oder irgend eine andere Vorstellung) zugrunde gelegt wird. Es bleibt also nur übrig, das Äquipartitionstheorem fallen zu lassen. Dabei erinnern wir uns, daß dieses Theorem auch schon in der Wärmelehre zu Schwierigkeiten führte; denn die Temperaturabhängigkeit der spezifischen Wärme (Bd. I) ist ebensowenig durch die Grundsätze der klassischen Physik zu verstehen. Das Äquipartitionstheorem liefert auch hier nur ein Grenzgesetz, das Dulong-Petitsche Gesetz von der Konstanz der Atomwärme, das nur für höhere Temperaturen gültig ist. In der Tat war Planck genötigt, um zur richtigen Spektralgleichung zu kommen, eine revolutionäre Hypothese zu machen, nämlich die, daß die von ihm als Modell benutzten Resonatoren — im Gegensatz zur Elektrodynamik — in einem äußeren periodisch wechselnden Feld Energie nicht stetig von diesem aufnehmen oder an es abgeben, sondern nur in bestimmten endlichen

---

[1]) Statt (260) erhält man jetzt genauer: $\lambda_{\text{max}} \cdot T = \dfrac{c_2}{4,9651}$; 4,9651 ist die Wurzel der transzendenten Gleichung $e^{-\beta} + \dfrac{\beta}{5} - 1 = 0$.

"Quanten", die wir vorläufig mit ε bezeichnen wollen. Demgemäß soll ein Hertzscher Oszillator nur die Energiewerte $0, \varepsilon, 2\varepsilon \ldots n\varepsilon$ besitzen können[1]). Die Rechnung, die wir hier nicht ausführen wollen, liefert für die mittlere Energie u pro Freiheitsgrad der Gesamtenergie den Ausdruck

(262)
$$\bar{u} = \frac{\varepsilon}{e^{\varepsilon/kT} - 1},$$

der an die Stelle der bisherigen Aussage $\bar{u} = kT$ tritt. Multiplizieren wir mit der Anzahl der Freiheitsgrade nach (256), so erhalten wir

(263)
$$u(\lambda, T) = \frac{8\pi\lambda^{-4}}{e^{\varepsilon/kT} - 1}\varepsilon$$

$$L_s(\lambda, T) = \frac{2c\lambda^{-4}}{e^{\varepsilon/kT} - 1}\varepsilon.$$

Diese Gleichungen haben zwar schon den für die Plancksche Formel charakteristischen Nenner, aber noch nicht die Gestalt, die sie nach dem streng richtigen Verschiebungsgesetz (251) haben müssen. Das läßt sich aber auch erreichen, wenn man das bisher unbestimmte Energiequantum ε richtig wählt, indem man setzt

(264)
$$\varepsilon = h\nu = \frac{hc}{\lambda},$$

wo h eine neue, die Plancksche Konstante ist. Damit geht der Ausdruck (262) über in

(265)
$$\bar{u} = \frac{h\nu}{e^{h\nu/kT} - 1} = \frac{hc/\lambda}{e^{hc/\lambda kT} - 1},$$

und die Gleichungen (263) nehmen ihre endgültige Gestalt an:

(266)
$$u(\lambda, T) = \frac{8\pi hc\lambda^{-5}}{e^{hc/\lambda kT} - 1}$$

$$L_s(\lambda, T) = \frac{2c^2 h\lambda^{-5}}{e^{hc/\lambda kT} - 1}.$$

Damit haben die unbestimmten Konstanten c_1 und c_2, die in der erratenen Form der Planckschen Gleichung (261) und der Wienschen Gleichung (259) auftreten, ihre theoretische Bedeutung erhalten; denn der Vergleich mit (266) ergibt

(266a)
$$c_1 = c^2 h; \quad c_2 = \frac{hc}{k}.$$

Wir haben bereits früher bemerkt, daß es zwar für den Experimentalphysiker bequemer ist, u und L_s als Funktionen von λ und T auszudrücken, daß es aber vom theoretischen Standpunkt aus vorzuziehen ist, u und L_s statt dessen als Funktion der Frequenz ν und der Temperatur T anzugeben. Die Gl. (264) und (265) tragen dem schon Rechnung. Aus (266) ergibt sich dann für $u(\nu, T)$ und $L_s(\nu, T)$:

(267)
$$u(\nu, T) = \frac{8\pi h}{c^3} \frac{\nu^3}{e^{h\nu/kT} - 1},$$

$$L_s(\nu, T) = \frac{2h}{c^2} \frac{\nu^3}{e^{h\nu/kT} - 1}.$$

$L_s(\lambda, T)$ und $L_s(\nu, T)$ geben die Strahlungsdichte der schwarzen Strahlung

---
[1]) Es würde auch die Annahme $\frac{1}{2}\varepsilon, \frac{3}{2}\varepsilon, \frac{5}{2}\varepsilon, \ldots$ genügen. Dabei bleibt die Differenz zweier aufeinander folgender Energieinhalte des Resonators immer noch ε. Die moderne Entwicklung der Quantentheorie hat gezeigt, daß diese letztere "Quantelung" die richtige ist.

eines unpolarisierten Bündels[1]), die im Bereich zwischen λ und $\lambda + d\lambda$ (bzw. ν und $\nu + d\nu$) pro cm² und sec bei der absoluten Temperatur T in Richtung der Flächennormalen ausgestrahlt wird.

Aus den Versuchen ergeben sich folgende Werte für c_1, c_2 und h; und zwar sind nicht die wirklich beobachteten Werte angegeben, sondern die heute als beste Werte geltenden Zahlen, die aus ganz verschiedenartigen Versuchen erhalten werden:

(268)
$$c_1 = hc^2 = 5{,}954 \cdot 10^{-6} \text{ erg cm}^2 \text{ s}^{-1}$$
$$c_2 = hc/k = 14389 \, \mu \text{ grad}$$
$$h = (6{,}6256 \pm 0{,}0005) \cdot 10^{-27} \text{ erg s} \, .$$

Alle übrigen Konstanten — A, B nach (251), σ nach (247b) — berechnen sich daraus zu:

(269)
$$B = 2 \frac{c_1}{c_2^5} \cdot 21{,}2 = 4{,}17 \cdot 10^{-5} \text{ erg/cm}^3 \text{ s grad}^5$$
$$A = \frac{c_2}{4{,}965} = 2898 \, \mu \text{ grad}$$
$$\sigma = \frac{2 \pi^5}{15} \frac{c_1}{c_2^4} = 5{,}669 \cdot 10^{-5} \text{ erg/cm}^2 \text{ s grad}^4 \, .$$

Die Entdeckung der richtigen Spektralgleichung durch Planck im Jahr 1900 ist unzweifelhaft eine große wissenschaftliche Leistung; doch viel bedeutungsvoller ist die Erkenntnis, daß die **klassische Physik an der Grenze ihrer Leistungsfähigkeit und Zulässigkeit angekommen ist**: In der Natur treten Unstetigkeiten auf, in direktem Gegensatz zur klassischen Physik. Diese finden ihren Ausdruck in der Gleichung

$$\varepsilon = h\nu \, .$$

Darin ist h eine neue Naturkonstante. Sie hat die Dimension Energie · Zeit; sie wird also im cgs-Maßsystem durch erg · s gemessen. In der klassischen Physik nennt man eine Größe dieser Dimension eine „Wirkung"[2]). Demgemäß heißt die Plancksche Konstante h das **Wirkungsquantum**. Denn das entscheidende der Planckschen Entdeckung ist nicht die Größe der Energiequanten ε. Diese sind einerseits mit ν veränderlich, anderseits ist es keineswegs immer der Fall, daß die Energie selbst in der Planckschen Weise „gequantelt" ist. Vielmehr hat sich herausgestellt, daß das Wirkungsquantum den Schlüssel zum Verständnis der Mikrostruktur (des Aufbaus der Atome, aller atomaren Probleme, ja auch der Theorie des Lichts) liefert. Auf diese Fragen gehen wir in den nächsten Kapiteln und in Band IV ein.

Hier seien noch zwei Tatsachen hervorgehoben. Aus unserer Darlegung geht schon hervor, daß die Plancksche Begründung seines Strahlungsgesetzes an einem inneren Widerspruch leidet: Es ist zwar klassische Elektrodynamik benutzt, aber an einer Stelle ist die dazu im Gegensatz stehende „Quanten-Hypothese" von der unstetigen Absorption und Emission Hertzscher Oszillatoren eingeführt. Die Plancksche Ableitung muß daher durch eine einheitliche Theorie ersetzt werden. Die zweite Feststellung ist die, daß Planck in dieser Unstetigkeit zunächst eine Eigenschaft der Resonatoren sah. Der revolutionäre Charakter und die weitreichende Bedeutung der Quantenhypothese sind erst später erkannt worden. Bevor wir darauf eingehen, kehren wir zunächst zur Betrachtung der Strahlung zurück.

---

[1]) Für linearpolarisierte Strahlung ist ein Faktor 2 zu streichen, da unpolarisierte Strahlung in zwei gleich starke, linear polarisierte Strahlen zerlegt werden kann.
[2]) Der Name stammt aus dem Gedankenkreis des Prinzips der kleinsten Wirkung.

63. Strahlung nichtschwarzer Körper

In den Gl. (266) oder (267) haben wir die Strahlungsdichte $L_s(\lambda, T)$ des absolut schwarzen Körpers erhalten. Nach dem Kirchhoffschen Gesetz (243) besitzen wir damit auch sofort die Strahlungsdichte $L(\lambda, T)$ für einen beliebigen Strahler, wenn sein Absorptionsvermögen bekannt ist:

$$(270) \qquad L(\lambda, T) = A(\lambda, T) \frac{2\,c^2 h \lambda^{-5}}{e^{hc/k\lambda T} - 1} = A(\lambda, T) \cdot 2 c_1 \lambda^{-5} \left(e^{\frac{c_2}{\lambda T}} - 1 \right)^{-1}.$$

Im allgemeinen wird $A(\lambda, T)$ nur für einen bestimmten Spektralbereich genauer bekannt sein; das gleiche gilt dann für $L(\lambda, T)$. Wir besprechen im folgenden drei Beispiele für nichtschwarze Strahler.

1. Graue Strahler. Unter einem grauen Strahler versteht man einen solchen, dessen Absorptionsvermögen zwar konstant ist, wie das des schwarzen Körpers, aber kleiner als 1. Dann unterscheidet sich $L(\lambda, T)$ von $L_s(\lambda, T)$ nur um einen konstanten Faktor. Die allgemeinen Gesetze (Stefan-Boltzmann, Verschiebungsgesetz, Spektralgleichung (266) mit ihren Grenzfällen) sind die gleichen. Nach empirischen Feststellungen von O. Lummer scheint z. B. Bogenlampenkohle im sichtbaren Gebiet grau zu sein; ebenso im gleichen Spektralbereich der Nernstbrenner, für den bei normaler Belastung $A = 0{,}75$ ist. Für Strahler, die wenigstens annähernd grau sind, gilt im Temperaturbereich unserer üblichen Lichtquellen dasselbe wie für den schwarzen Körper: sie sind reich an kurzwelliger ultraroter Strahlung ($\lambda < 6\mu$), da zwischen 500° K und 2000° K das Energiemaximum innerhalb des Intervalls von 1 bis 6μ liegt.

2. Strahlung metallischer Körper. Die Metalle besitzen im allgemeinen ein großes Reflexionsvermögen R, daher ein kleines Absorptionsvermögen A. Ihre Strahlung ist also im Vergleich zu der schwarzen Strahlung gleicher Temperatur klein. Genaue Messungen der Emission von Platin wurden zuerst von F. Paschen sowie von O. Lummer und P. Pringsheim (1899) durchgeführt. Bei solchen Messungen ist darauf zu achten, daß die strahlende Fläche vollkommen eben ist; kleine Einbuchtungen des Platinblechs nach innen liefern nicht die gesuchte Platinstrahlung, sondern eine der schwarzen Strahlung angenäherte, da diese Einbuchtungen — wenn auch unvollkommene — Hohlräume darstellen. Es zeigte sich bei diesen Messungen deutlich, daß innerhalb des untersuchten Temperaturbereichs die Gesamtstrahlung des Platins stärker anstieg als die des schwarzen Körpers, nämlich proportional T^5. Man erhält also zunächst

$$(271\text{a}) \qquad L(T) = \int\limits_0^\infty L(\lambda, T)\, d\lambda = \text{const} \cdot T^5,$$

oder, wegen $E = \pi L$, das Emissionsvermögen

$$(271\text{b}) \qquad E = \sigma' T^5,$$

wo die Konstante σ' das Analogon zur Konstanten σ des Stefan-Boltzmannschen Gesetzes (247 b) ist. Natürlich kann dieses Gesetz (271) nur unterhalb einer gewissen Temperatur gelten, da bei hinreichend hohen Temperaturen schließlich $\sigma' T^5 > \sigma T^4$ werden müßte, was unmöglich ist, da der schwarze Strahler immer die stärkste Emission besitzt. Die gleiche Beschränkung gilt auch bei den folgenden für Platin gefundenen Gesetzmäßigkeiten.

Für die Isothermen ergab sich als allgemeines Ergebnis, daß die Kurven ein Maximum besitzen bei einer bestimmten Wellenlänge $\lambda_{\max}$. Das Energiemaximum $L_{\max}$ erhöht sich mit steigender Temperatur und verschiebt sich gleichzeitig zu kürzeren Wellenlängen, qualitativ also genau so wie beim schwarzen Körper. Aber quantitativ liegen die Verhältnisse anders, wie die aus der folgenden Tabelle ersichtlichen Ergebnisse von Lummer und Pringsheim zeigen.

Tab. 26. Strahlungseigenschaften von Platin

T_{gem}	$\lambda_{\max}$	$L_{\max}$	$A' = \lambda_{\max} \cdot T$	$B' = L_{\max} \cdot T^{-6}$	$T_{\text{ber}} = (L_{\max}/B)^{1/6}$	ΔT
802°K	3,20	0,94	2566	$3544 \cdot 10^{-21}$	804,6°K	+ 2,6
1152	2,25	8,40	2592	3595	1158	+ 6,0
1278	2,02	15,79	2582	3624	1287	+ 9,0
1388	1,90	24,41	2637	3414	1387	− 1,0
1489	1,80	36,36	2680	3336	1479	− 10,0
1689	1,59	75,96	2685	3348	1672	− 17,0
1845	1,40	137,0	2581	3473	1844,1	− 0,3
			Mittel 2626 μ°K	$3476 \cdot 10^{-21}$		

Die Tabelle 26 enthält in ihrer ersten Spalte die gemessenen wahren Temperaturen des Platinstrahlers, in der zweiten die Wellenlängen $\lambda_{\max}$ des Energiemaximums, das in der dritten Spalte in willkürlichen Einheiten enthalten ist. Die vierte und fünfte Spalte zeigen dann, daß folgende Gesetzmäßigkeiten gelten:

(272a) $$\lambda_{\max} \cdot T = A' = 2626\ \mu^0\text{K},$$

(272b) $$L_{\max} = B' \cdot T^6$$

Das sind Analoga zu den Gleichungen (254) des schwarzen Strahlers. Da diese Folgerungen aus dem Wienschen Verschiebungsgesetz sind, darf man schon hieraus vermuten, daß für Platin auch ein (modifiziertes) Verschiebungsgesetz gelten wird. Die sechste Spalte enthält die nach (272b) berechneten Temperaturen, und die letzte Spalte zeigt durch Angabe von $\Delta T = T_{\text{ber}} - T_{\text{gem}}$, wie gut die Übereinstimmung ist.

Diese empirischen Gesetzmäßigkeiten der Platinstrahlung finden sich in ähnlicher Weise bei allen strahlenden Metallen wieder, wie E. Aschkinass durch eine theoretische Untersuchung zeigen konnte. Wir können von der in Nr. 26 abgeleiteten Drudeschen Gleichung für das Absorptionsvermögen der Metalle ausgehen:

(273) $$A(\lambda) = 1 - R(\lambda) = \frac{2}{\sqrt{\gamma\tau}} = 2\sqrt{\frac{c}{\gamma\lambda}};$$

darin ist τ die Schwingungsdauer, die der Wellenlänge λ zugehört, und γ das elektrische Leitvermögen[1]). Wir benutzen hier den zweiten Ausdruck für A, der A als Funktion der Wellenlänge darstellt. Außerdem benutzen wir die Temperaturabhängigkeit des Leitvermögens in der Form

(274) $$\gamma = \frac{\gamma_0}{\alpha T}.$$

Die Kombination von (273) und (274) liefert also für das Absorptionsvermögen eines Metalls die folgende Darstellung:

(275) $$A(\lambda, T) = 2\sqrt{\frac{c\alpha T}{\lambda \gamma_0}} = \beta T^{1/2} \lambda^{-1/2}.$$

Dazu ist allerdings zu bemerken, daß (273) erst für längere Wellen ($\lambda > 10\ \mu$) gilt und daß (274) auch nur eine Näherungsgleichung ist. Wir dürfen also keine strenge und

---

[1]) Wir verwenden hier γ statt σ, um Verwechslung mit der Stefan-Boltzmann-Konstanten zu vermeiden, und τ statt T.

völlig allgemeine Gültigkeit der mit (275) abzuleitenden Folgerungen erwarten. Nimmt man aber einmal Gl. (275) als brauchbare Näherung an, so findet man für die Strahlungsdichte einer Metallstrahlung den Ausdruck

$$(276) \qquad L(\lambda, T) = \beta T^{1/2}\lambda^{-1/2}c_1\lambda^{-5}\left(e^{\frac{c_2}{\lambda T}} - 1\right)^{-1} = \beta c_1 T^{1/2}\lambda^{-11/2}\left(e^{\frac{c_2}{\lambda T}} - 1\right)^{-1}.$$

Dabei haben c_1 und c_2 die in (268) mitgeteilte Bedeutung.

Fragen wir nun zunächst nach der Gesamtstrahlung $\int_0^\infty L(\lambda, T) d\lambda = L(T)$. Dafür erhalten wir

$$L(T) = \beta c_1 \int_0^\infty T^{1/2}\lambda^{-11/2}\left(e^{\frac{c_2}{\lambda T}} - 1\right)^{-1} d\lambda,$$

und mit $\lambda T = \xi$ also mit $d\lambda = T^{-1}d\xi$:

$$L(T) = \beta c_1 T^5 \int_0^\infty \xi^{-11/2}\left(e^{\frac{c_2}{\xi}} - 1\right)^{-1} d\xi.$$

Da das bestimmte Integral eine Konstante ist, so ist also $L(T) = \text{const} \cdot T^5$ oder

$$(277) \qquad E(T) = \pi L(T) = \sigma' T^5,$$

in vollkommener Übereinstimmung mit dem empirischen Befund für das Gesamtemissionsvermögen der Metalle.

Wir können ferner Gl. (276) anders zusammenfassen:

$$L(\lambda, T) = \beta c_1 \lambda^{-6}(\lambda T)^{1/2}\left(e^{\frac{c_2}{\lambda T}} - 1\right)^{-1} = \beta c_1 \lambda^{-6}\psi(\lambda \cdot T).$$

Auf der rechten Seite steht das Produkt aus λ^{-6} mit einer Funktion ψ, die nur von dem Produkt $\lambda \cdot T$ abhängig ist. Das ist das Analogon zum Wienschen Verschiebungsgesetz (251), nur daß hier statt λ^{-5} der Faktor λ^{-6} auftritt. Damit folgen aber statt der Gl. (254) die beiden folgenden

$$(278\,\text{a}) \qquad \lambda_{\max}T = \text{const} = A'$$

$$(278\,\text{b}) \qquad L_{\max} = B' T^6.$$

Vergleicht man diese theoretische Gleichung mit dem experimentellen Ergebnis, Tab. 26, so findet man eine sehr gute Übereinstimmung, was um so erstaunlicher ist, als sie sogar in dem Wellenlängen- und Temperaturgebiet vorhanden ist, in dem die Ansätze (273) und (274) nur beschränkte Gültigkeit haben.

Die Strahler, für die $A(\lambda, T)$ wellenlängenabhängig ist, nennt man allgemein „selektive" Strahler, im Gegensatz zum schwarzen oder zum grauen Strahler. Nach dieser Bezeichnungsweise sind die Metalle selektive Strahler. Immerhin stehen sie dem schwarzen Strahler relativ nahe, wie das Bestehen analoger Gesetzmäßigkeiten zeigt, natürlich abgesehen von der Intensität. Aber auch bei den Metallen liegt die Hauptmenge der Strahlung im kurzwelligen Ultrarot. Darin sind die Eigentümlichkeiten der häufig benutzten Lichtquellen begründet; vgl. Nr. 64.

3. Strahlung des Auerstrumpfs. Im Gegensatz zu den bisher besprochenen Strahlern behandeln wir hier das Beispiel eines stark selektiven Strahlers, dessen nützliche Eigenschaften gerade auf dieser Selektivität beruhen. Der Auerstrumpf besteht aus Thoriumoxyd, dem etwa 1% Ceroxyd beigemischt ist. Nach den Versuchen von Auer von Welsbach hat sich diese Zusammensetzung als am günstigsten für die sichtbare Emission erwiesen. Aber auch im Ultrarot hat er besonders günstige Eigenschaften, wie H. Rubens (1905) festgestellt hat, der die Emission des Auerstrumpfs in einer

Bunsenflamme (1800⁰ K) mit der des schwarzen Körpers verglichen hat. Die Tabelle 27 enthält in der ersten Spalte die Wellenlängen, in der zweiten das Emissionsvermögen des schwarzen Körpers, in der dritten das des Auerstrumpfs, in der vierten dessen Absorptionsvermögen (Abb. 447 und 448). Auf die Zahlen der letzten Spalte werden wir weiter unten eingehen.

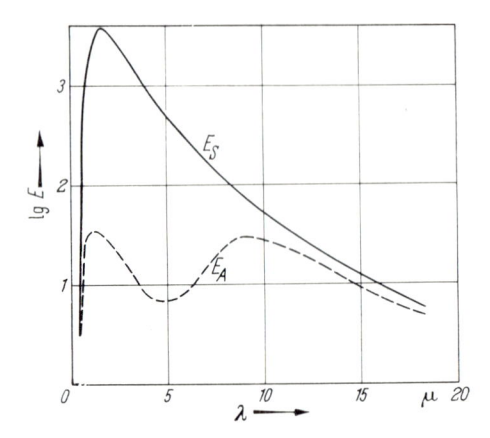

Abb. 447. Emission von Auerstrumpf (E_A) und schwarzem Körper (E_s) bei 1800⁰ K

Abb. 448. Absorptionsvermögen des Auerstrumpfs

Tab. 27. Strahlung des Auerstrumpfs

$\lambda(\mu)$	$E_s(\lambda)$	$E(\lambda)$	$A(\lambda)$	Strahlentemperatur T' (°K)
	$T = 1800°K$			
0,45	4,4	3,8	0,86	1784
0,50	16,1	11,5	0,72	1760
0,55	45,0	22,0	0,49	1714
0,60	100	24,0	0,24	1624
0,70	390	25,8	0,062	1445
1,0	1830	34,3	0,019	1200
1,2	2930	34,3	0,012	1064
1,5	3740	34,0	0,009	950
2,0	3500	25,5	0,007	803
3,0	1910	17,0	0,009	644
4,0	962	7,6	0,008	528
5,0	521	7,0	0,014	467
6,0	292	7,9	0,03	481
7,0	178	15,0	0,08	558
8,0	113	23,9	0,21	703
9,0	75,6	29,9	0,40	882
10,0	52,3	27,4	0,53	995
12,0	27,3	19,1	0,70	1182
15,0	12,6	8,9	0,79	1216
18,0	6,2	5,0	0,81	1224

Man erkennt aus Abb. 448, daß der Auerstrumpf stark selektiv ist. Während im kurzwelligen sichtbaren Gebiet (0,4 μ) das Absorptionsvermögen groß ist ($A = 0,86$), fällt es nach längeren Wellen schnell ab; der Abfall setzt sich bis 2μ fort, und dann steigt A allmählich wieder an. Dem entspricht das Emissionsvermögen: starke kurzwellige Emission, was den blaugrünlichen Ton des Lichts des Auerstrumpfs erzeugt, weiter fast völliges Fehlen von kurzwelligem Ultrarot, während das längerwellige

Ultrarot relativ stark vertreten ist, genau im Gegensatz zum Verhalten der Metallemission. Das hat zwei Folgen: einmal ist wegen des Fehlens der kurzwelligen ultraroten Strahlung die Temperatur der Flamme, in die der Strumpf gesetzt wird, relativ hoch, da die Wärmeverluste durch Strahlung gering sind; das ist für die Intensität der sichtbaren Strahlung von entscheidender Bedeutung. Zweitens macht sich das Fehlen der kurzwelligen ultraroten Strahlung bei Messungen im längerwelligen Ultrarot vorteilhaft bemerkbar, da damit eine bei solchen Messungen störende Fehlerquelle stark vermindert wird.

Andere selektive Strahler sind z.B. die Quecksilberbogenlampe (diese ist kein Temperaturstrahler) mit mehr oder weniger schmalen Linien im Sichtbaren und UV und einem breiten Emissionsgebiet im fernen Ultrarot ($\lambda > 100\,\mu$) sowie die Hefnerlampe, deren Absorptionsvermögen zwischen 0,5 und 0,7 μ von 0,22 auf 0,14 fällt, was deshalb überrascht, weil feste Kohle im Sichtbaren ein grauer Strahler ist. Wie H. Senftleben und E. Benedikt nachgewiesen haben (1917), beruht diese Selektivität der Hefnerlampe auf der Beugung an den in der Flamme fein verteilten Kohleteilchen. Ähnliche Verhältnisse liegen bei der Azetylenflamme vor.

Strahlentemperatur. Wir betrachten noch einmal die Abb. 447, in der die Strahlungskurven des schwarzen Körpers und des Auerstrumpfs für die wahre Temperatur T aufgezeichnet sind. In der ersteren Kurve hat jeder Wellenlängenbereich zwischen λ und $\lambda + d\lambda$ gerade jene Intensität, die dem schwarzen Körper der Temperatur T in diesem Intervall zukommt. Für den schwarzen Körper ist es daher charakteristisch, daß für jedes Wellenlängenintervall $d\lambda$ die Intensität genau dieser Temperatur entspricht. Man kann daher den Strahlen aller Wellenlängen selbst diese Temperatur T zuschreiben; das ist aber nur eine andere Ausdrucksweise für das, was gerade im vorhergehenden Satz gesagt wurde. Diese Bezeichnungsweise läßt sich auf jeden Strahler übertragen. Dann besitzt allerdings keine Wellenlänge die Intensität, die dem schwarzen Körper von der Temperatur T zukäme, sondern eine kleinere. Wir können aber trotzdem jeder einzelnen Wellenlänge λ eine für diese Wellenlänge charakteristische Temperatur T' zuordnen, nämlich diejenige, die ein schwarzer Körper haben würde, wenn er gerade Strahlung dieser Wellenlänge in ihrer tatsächlichen Intensität aussenden würde. Da der Auerstrumpf an keiner Stelle das Absorptionsvermögen 1 hat, sondern ein variables Absorptionsvermögen $A(\lambda) < 1$, so muß er für jede Wellenlänge eine andere Temperatur T' besitzen. Man erkennt, daß diese „Strahlentemperatur" nichts anderes ist als die schwarze Temperatur des Strahlers dieser Wellenlänge (vgl. Nr. 60). Für den schwarzen Körper ist die Strahlentemperatur gleichzeitig die wahre Temperatur; für jeden anderen Strahler aber ist die wahre Temperatur von der Strahlentemperatur verschieden.

Wir wollen nun die Strahlentemperatur berechnen. Die wahre Temperatur T eines beliebigen Strahlers ist nach (270) festgelegt durch den Ausdruck

$$L = 2Ac_1\lambda^{-5}\left(e^{\frac{c_2}{\lambda T}} - 1\right)^{-1};$$

dagegen ist die schwarze oder Strahlentemperatur T' bestimmt durch

$$L = 2c_1\lambda^{-5}\left(e^{\frac{c_2}{\lambda T'}} - 1\right)^{-1}.$$

Indem man beide Ausdrücke gleichsetzt, findet man für T' folgende Gleichung:

(279) $$A\left(e^{\frac{c_2}{\lambda T}} - 1\right)^{-1} = \left(e^{\frac{c_2}{\lambda T'}} - 1\right)^{-1}.$$

Es wäre sehr mühsam, aus dieser Gleichung T' auszurechnen; wir wollen daher annehmen, da es nur auf das Grundsätzliche ankommt, daß man sich im Gültigkeitsbereich des Wienschen Gesetzes (259) befinde. Dann vereinfacht sich (279) zu

(280)
$$Ae^{-\frac{c_2}{\lambda T}} = e^{-\frac{c_2}{\lambda T'}}.$$

Durch Logarithmieren gewinnt man nach einigen elementaren Umrechnungen

(281)
$$T'(\lambda) = \frac{T}{1 - \frac{\lambda T}{c_2} \ln A}.$$

Man sieht sofort, daß T' vom Absorptionsvermögen abhängt. Wie es sein muß, findet man für den schwarzen Strahler $(A = 1)$ $T' = T$, für alle anderen Strahler $T' < T$ (da $lnA \leq 0$), und zwar im allgemeinen abhängig von der Wellenlänge, auch für den grauen Körper. Nach dieser Formel ist T' für den Auerstrumpf berechnet und in der fünften Spalte der vorhergehenden Tabelle angegeben worden.

Wir wollen den Begriff der Strahlentemperatur auf die Strahlung in einem Hohlraum mit völlig spiegelnden Wänden anwenden. Sei durch eine kleine Öffnung nichtschwarze Strahlung in diesen Hohlraum gelangt, so bleibt diese dann unverändert als nichtschwarze Strahlung bestehen. Es bestehen dann im Innern der spiegelnden Wandung die verschiedenen Strahlentemperaturen ungestört nebeneinander. Da im thermodynamischen Gleichgewicht aber alle Temperaturunterschiede ausgeglichen sein müssen, handelt es sich hier sicher um kein stabiles, sondern ein labiles Gleichgewicht. Erst wenn ein beliebig kleiner absorbierender Körper in den Hohlraum gebracht wird, geht das labile in das stabile der schwarzen Strahlung über. Die Energie der ursprünglich eingebrachten Strahlung braucht dabei nicht geändert worden zu sein, da die Strahlungsenergie des eingeführten Körpers beliebig klein gehalten werden kann. Die von diesem ausgehende Strahlung wirkt nur als Auslösung, ganz analog dem Übergang von labilem zu stabilem Gleichgewicht in der Mechanik.

Der hier dargelegte Begriff der Strahlentemperatur eines monochromatischen Strahlenbündels ist übrigens keineswegs auf Temperaturstrahlung beschränkt. Denn wenn wir z.B. Kathodolumineszenz haben, bei der intensives Licht etwa von $0,6\,\mu$ ausgestrahlt wird, ohne daß der strahlende Körper eine merklich höhere Temperatur als die Umgebung hat, so können wir uns doch immer diese Strahlung durch einen schwarzen Körper von sehr hoher Temperatur T' hervorgebracht denken. Diese Temperatur ist dann die Strahlentemperatur der tatsächlich durch Lumineszenz erregten Strahlung, die in diesem Fall höher als die wahre Temperatur sein kann, im Gegensatz zu der oben für Temperaturstrahlung abgeleiteten Bedingung[1]).

64. Sichtbare Strahlung; Folgerung für die Leuchttechnik

Im folgenden wollen wir unser Augenmerk auf die bisher nicht betonte Tatsache richten, daß ein Teil der Strahlung, nämlich die den Wellenlängen zwischen etwa $0,4$ und $0,75\,\mu$ entsprechende, vom Auge als sichtbare Strahlung empfunden wird. Je größer der auf den sichtbaren Bezirk entfallende Bruchteil der gesamten Energie ist, um so günstiger ist die Wirtschaftlichkeit des Strahlers als Lichtquelle. Man kann also dieses Verhältnis geradezu als ein Maß der Wirtschaftlichkeit betrachten. Wir beschränken uns auf die Untersuchung des schwarzen Körpers; selbst ein so stark von ihm abweichender Strahler wie Platin (und die Metalle überhaupt) liefert nichts wesentlich anderes, soweit es sich um Temperaturstrahler handelt. Das genannte dimensionslose Verhältnis η_0 wird als optischer Nutzeffekt oder energetische Ökonomie bezeichnet. Für den schwarzen Strahler haben wir also

---

[1]) Die Strahlentemperatur ist keine Körpereigenschaft; sie kann für verschiedene Spektralbereiche verschieden sein.

64. Sichtbare Strahlung; Folgerung für die Leuchttechnik

(282)
$$\eta_o = \frac{\int_{0,4}^{0,75} L_s(\lambda, T)\, d\lambda}{\int_0^\infty L_s(\lambda, T)\, d\lambda}.$$

Für andere Strahler hat man statt $L_s(\lambda, T)$ einfach $L(\lambda, T) = A(\lambda, T) L_s(\lambda, T)$ zu nehmen.

Zähler und Nenner sind berechenbar aus der Planckschen Spektralgleichung, wobei man den Nenner noch bequemer nach dem Stefan-Boltzmannschen Gesetz berechnen kann. Daß der optische Nutzeffekt stark mit der Temperatur ansteigen muß, sieht man ohne Rechnung aus der Abb. 445: es steigt die Energie jeder Wellenlänge mit der Temperatur, und gleichzeitig verschiebt sich das Maximum zu kürzeren Wellen, d. h. die Energie der Wellenlängen im sichtbaren Gebiet steigt stärker an als die des ultraroten Gebiets. Der Koeffizient η_o nimmt also sicher mit der Temperatur zu, bis das Strahlungsmaximum bei $0,75\,\mu$ in den sichtbaren Bereich eintritt, was nach Gl. (255) bei $T = 3840^0$ K geschieht. Erhöht man die Temperatur weiter, so überschreitet man bei $T = 7200^0$ K die Grenze zum Ultraviolett. Der optische Nutzeffekt muß dann sicher wieder abnehmen. Er durchläuft also zwischen diesen Temperaturen ein Maximum, und das ergibt in der Tat die genaue Rechnung. Für den schwarzen Strahler stellt Abb. 449 den Verlauf von η_o als Funktion der Temperatur dar, woraus man entnehmen kann, daß bei 7000^0 K η_o ein Maximum hat mit $\eta_o = 0,435$.

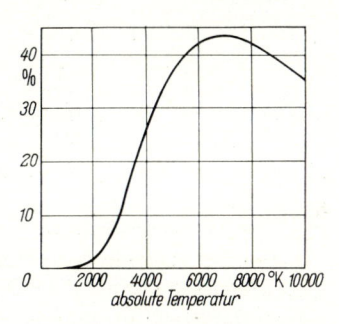

Abb. 449. Optischer Nutzeffekt der schwarzen Gesamtstrahlung

Von der gesamten Strahlung des schwarzen Körpers werden also weniger als 50% als Lichtenergie ausgesandt. Bei Platinstrahlung ist es ganz analog.

Natürlich kann man η_o auch experimentell bestimmen. Der Nenner stellt ja die unzerlegte Gesamtstrahlung des schwarzen Körpers dar. Um den sichtbaren Bereich allein zu bekommen, hat man durch geeignete Filter den unsichtbaren Teil der Strahlung abzuhalten. Da die normalen Temperaturen unserer Lichtquellen zwischen 2000 und 3000^0 K zu liegen pflegen, sieht man aus Abb. 449, wie ungünstig die Ausnutzung der Energie für Lichterzeugung ist. Die Folgerung für die Leuchttechnik ist, die Temperatur der Strahler so hoch zu wählen, wie es das Material gestattet. Das ist auch wirklich der Verlauf der Entwicklung der Lichtquellen von der Öllampe bis zur Wolframglühlampe gewesen.

Der Wert $\eta_o = 1$ kann mit einem Temperaturstrahler nie erreicht werden, da niemals die Gesamtstrahlung im sichtbaren Bereich allein liegen kann.

Neben dem optischen Nutzeffekt η_o können wir noch einen anderen Ökonomiekoeffizienten einführen, den „visuellen Nutzeffekt". Er ist für den schwarzen Strahler wie folgt definiert:

(283)
$$\eta_v = \frac{\int_{0,4}^{0,75} V(\lambda)\, L_s(\lambda)\, d\lambda}{\int_0^\infty L_s(\lambda)\, d\lambda} = \frac{\int_0^\infty V(\lambda)\, L_s(\lambda)\, d\lambda}{\int_0^\infty L_s(\lambda)\, d\lambda}.$$

Im Nenner steht nach wie vor die Gesamtstrahlung $\left(= \frac{\sigma}{\pi} T^4\right)$, im Integranden des Zählers die mit der reduzierten Helligkeitsempfindlichkeit des Auges $V(\lambda)$ multiplizierte auf den sichtbaren Bereich entfallende Strahlung (vgl. Nr. 16). Da $V(\lambda)$ unterhalb $0,4\,\mu$ und oberhalb $0,75\,\mu$ verschwindend klein ist, kann man die Integration im Zähler auch von 0 bis ∞ erstrecken, wie schon in Gl. (283) angegeben. Die im Zähler von η_o

auftretende Strahlung wird auf diese Weise gerade in dem Maße reduziert, wie es der Augenempfindlichkeit entspricht. Demgemäß ist $\int_0^\infty V(\lambda) L_s(\lambda) d\lambda$ der als **Lichtempfindung wahrgenommene Teil der Gesamtstrahlung in energetischem Maß**. Er kann mit Hilfe der bekannten Werte von $V(\lambda)$ und der Planckschen Strahlungsformel für $L_s(\lambda)$ durch (numerische) Integration bestimmt werden. Abb. 450 zeigt η_v als Funktion der Temperatur. η_v hat ein Maximum von 14% in der Nähe von 6500° K.

Es liegt nahe zu fragen, unter welchen Bedingungen η_v den Wert 1 annehmen kann. Dazu reicht es nicht hin, daß die Gesamtstrahlung ganz im Sichtbaren liegt, wie es für η_0 ausreichen würde. Betrachten wir z. B. den Fall, daß zwischen 0,4 und 0,75 μ $L_s(\lambda)$ konstant = L_{s0} und sonst Null wäre. Dann wäre

$$\eta_v = \frac{L_{s0} \int_{0,4}^{0,75} V(\lambda) d\lambda}{L_{s0} \int_{0,4}^{0,75} d\lambda} = \overline{V(\lambda)},$$

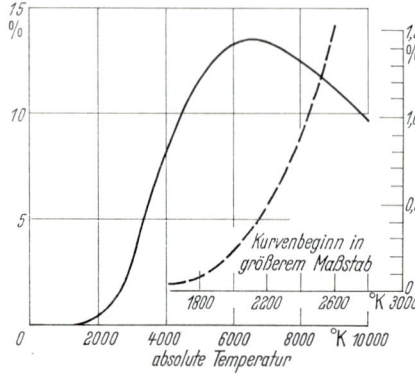

Abb. 450. Visueller Nutzeffekt der schwarzen Gesamtstrahlung

d. h., η_v wird dann gleich dem Mittelwert von $V(\lambda)$, und das ist, wie man leicht feststellt, ungefähr gleich 0,33. Erst wenn man noch darüber hinaus annimmt, daß $L_s(\lambda)$ nur f. die Wellenlänge 0,555 μ, also an der Stelle größter Augenempfindlichkeit, von Null verschieden wäre, würde man

$$\eta_v = \frac{V(0,555) L_s(0,555) d\lambda}{L_s(0,555) d\lambda} = V(0,555) = 1$$

erhalten. Beide Fälle sind mit Temperaturstrahlern nicht realisierbar, und das ist der Grund, weshalb man neuerdings vielfach zu Lumineszenzstrahlern für die Lichterzeugung übergeht oder zu Kombinationen von Temperaturstrahlern mit lumineszierenden Substanzen, die eine bessere Annäherung an den maximalen Nutzeffekt erlauben.

Will man η_v experimentell bestimmen, muß man Filter verwenden, die nur für das sichtbare Gebiet durchlässig sind und darüber hinaus in diesem Gebiet die Strahlung in derselben Weise reduzieren, wie es der reduzierten Helligkeitsempfindlichkeit des Auges entspricht. Solche Filter sind z. B. von E. Karrer und F. Conrad (1917) angegeben worden. In dieser Weise kann man durch objektive Photometrie den Ausdruck $\int_0^\infty V(\lambda) L_s(\lambda) d\lambda$ in energetischem Maß messen. Die experimentell und theoretisch gefundenen Werte von η_v stimmen praktisch völlig miteinander überein.

Das Filter von Conrad setzt sich folgendermaßen zusammen: Ein dreiteiliges Quarzgefäß enthält in den drei hintereinander liegenden Abteilungen je eine Lösung, und zwar

42,5 g $CuCl_2 \cdot 2H_2O$ in 1 l Wasser (Schichtdicke 1,4 cm)
0,7745 g $K_2Cr_2O_7$,, ,, ,, (,, 1,45 cm)
0,0562g J + 0,4356g KJ   ,, ,, ,, (,, 1,35 cm)

Man kann η_v noch auf andere Weise experimentell bestimmen, nämlich mit Hilfe des Auges durch subjektive Photometrie. Dazu benutzen wir den Zusammenhang zwischen $V(\lambda)$ und der absoluten Helligkeitsempfindlichkeit g_λ in der Maßeinheit Lumen/Watt, die in Nr. 16 eingeführt wurde. Danach ist

(284) $$g_\lambda = K V(\lambda),$$

wo K die maximale Ordinate der g_λ-Kurve ist. K hat ebenfalls die Maßeinheit Lumen/Watt. Wir können also schreiben:

$$\eta_v = \frac{1}{K} \frac{\int\limits_0^\infty g_\lambda L_s(\lambda)\, d\lambda}{\int\limits_0^\infty L_s(\lambda)\, d\lambda}.$$

Darin bedeutet der Zähler in der Ausdrucksweise von Nr. 14 den Lichtstrom Φ, d. h. die Anzahl Lumen, die das Auge wahrnimmt. Der Nenner ist der Energiestrom oder die Strahlungsleistung Φ_e, die in Watt gemessen wird. (Hier müssen wir wieder zwischen photometrischen und energetischen Einheiten unterscheiden.) Demgemäß können wir den visuellen Nutzeffekt auch so definieren:

(285) $$\eta_v = \frac{\Phi}{\Phi_e} \frac{1}{K}.$$

K, das sogenannte photometrische Strahlungsäquivalent, hat nach (80) den Wert

(286) $$K = 680 \frac{\text{Lumen}}{\text{Watt}}.$$

Daraus folgt

(287) $$K\eta_v = 680\, \eta_v \frac{\text{Lumen}}{\text{Watt}} = \frac{\Phi}{\Phi_e} \frac{\text{Lumen}}{\text{Watt}}.$$

Für $\eta_v = 1$ erhält man, wie schon gesagt, die günstigste Umsetzung von Watt in Lumen; für jeden anderen Wert von η_v eine entsprechend kleinere. Für einen schwarzen Strahler erhält man bei 2000^0 K ($\eta_v = 0{,}25\%$) 1,70 Lumen/Watt; bei 3000^0 K ($\eta_v = 3{,}1\%$) 21,1 Lumen/Watt; und selbst im günstigsten Fall (6500^0 K, $\eta_v = 14\%$) nur 95,2 Lumen/Watt.

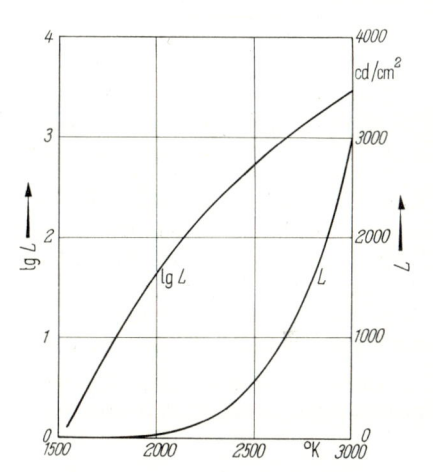

Abb. 451. Flächenhelligkeit des schwarzen Körpers in linearem und logarithmischem Maß

Flächenhelligkeit des schwarzen Strahlers; photometrische Bestimmung der schwarzen Temperatur. Da wir die Strahlungsgrößen hier immer schon auf 1 cm² und senkrechte Ausstrahlung bezogen haben, ist Φ_e/Φ identisch mit L_s/H, wo H die Leuchtdichte oder Flächenhelligkeit ist[1]), und wir erhalten dann aus (287) und (247b)

(288) $$H = \frac{680}{\pi} \eta_v \sigma T^4.$$

In der folgenden Tabelle sind für eine Reihe von Temperaturen (1. Spalte) zwischen 1200 und 3000^0 K die beobachteten Flächenhelligkeiten des schwarzen Körpers angegeben, und zwar nach Messungen der Physik.-Techn. Bundesanstalt. Man sieht, daß die Helligkeiten mit der Temperatur sehr stark ansteigen, natürlich weit stärker als es der vierten Potenz der Temperatur entspricht (Abb. 451); denn in (288) ist ja auch η_v temperaturabhängig (vgl. Abb. 450). Dies zeigt besonders eindringlich, ein wie scharfes Kriterium die Gleichheit der Helligkeit für das Temperaturgleichgewicht (z. B. im Innern des schwarzen Körpers) bildet. Angenähert kann man H proportional zu T^n setzen, wobei aber der Exponent n selbst von T abhängt. Empirisch ist bei 2000^0 K $n = 12{,}5$ und nimmt allmählich bis auf $n = 6{,}5$ bei 4000^0 K ab.

---

[1]) In Nr. 14 und in Abb. 451 mit L bezeichnet; hier mit H, um sie deutlicher von den energetischen Größen abzuheben.

Tab. 28. Flächenhelligkeit des schwarzen Körpers

T	H in cd/cm²	T	H in cd/cm²
1200° K	0,01401	2100° K	83,882
1300	0,06591	2200	143,77
1400	0,24484	2300	235,43
1500	0,77685	2400	370,42
1600	2,144	2500	562,55
1700	5,2738	2600	827,99
1800	11,774	2700	1185,1
1900	24,218	2800	1654,3
2000	46,450	2900	2258,0
2042,15	60,000	3000	3020,2

Von dem starken Ansteigen der Helligkeit mit der Temperatur kann man sich durch einen einfachen Versuch überzeugen: Wenn man eine gewöhnliche Kohlefadenglühlampe, die normalerweise mit 220 Volt brennt, mit allmählich auf 400 Volt ansteigender Spannung betreibt, kann man damit einen großen Saal so beleuchten, daß man die Augen vor Blendung schützen muß. Natürlich dauert dies nur ein paar Sekunden, da die Lampe wegen Überlastung bald durchbrennt.

Das steile Ansteigen der Flächenhelligkeit mit der Temperatur bedingt die Schwierigkeit bei der genauen Bestimmung der Candela, die ja nach Nr. 15 durch die Leuchtdichte der Hohlraumstrahlung bei 2042,15°K definiert ist. In diesem Temperaturbereich steigt H aber mit der 12,5ten Potenz von T, woraus weiter folgt, daß

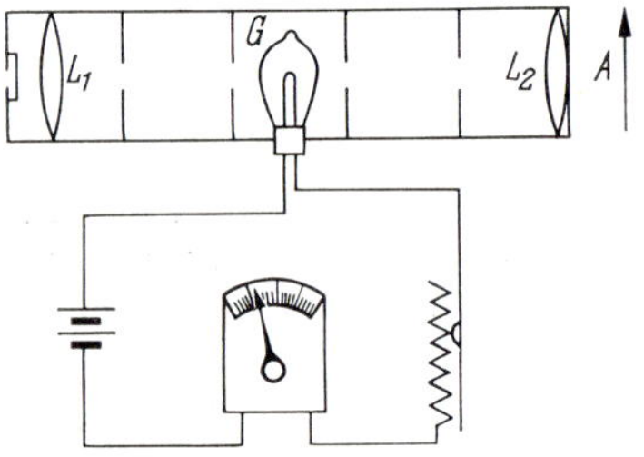

$$\frac{\Delta H}{H} = 12{,}5 \frac{\Delta T}{T}.$$

Verlangt man eine Genauigkeit der Helligkeitsbestimmung von $1/4\%$, also $\Delta H/H = 0{,}0025$, so darf $\Delta T/T$ nicht größer sein als $0{,}0025/12{,}5 = 0{,}0002$. Die Temperatur müßte also in diesem Temperaturbereich auf 0,4° gemessen und konstant zu halten sein.

Abb. 452. Schema des Pyrometers nach Holborn-Kurlbaum

Umgekehrt bietet das starke Anwachsen der Helligkeit mit der Temperatur die Möglichkeit, die schwarze Temperatur nichtschwarzer Strahler durch Vergleich ihrer Helligkeit mit der eines schwarzen Körpers bekannter Temperatur relativ genau zu bestimmen. Dazu dient das „optische Pyrometer" (L. Holborn u. F. Kurlbaum, 1903). Um die Flächenhelligkeit des zu untersuchenden Leuchtkörpers A zu messen, wird ein Vergleichsstrahler, z. B. der Kohlefaden einer Glühlampe herangezogen. Dieser ist (Abb. 452) bei G in einem Fernrohr angebracht, durch welches die zu messende Leuchtfläche betrachtet wird. Durch die Linse L_2 wird A in die Ebene G des Glühlampenfadens abgebildet. Durch die Okularlinse L_1 sieht man das leuchtende Objekt A und den Faden gleichzeitig scharf, und zwar in der Farbe des Lichts, das durch ein vor L_1 angebrachtes Farbfilter hindurchgelassen wird. Je nach der Belastung hebt sich der Glühfaden hell oder dunkel von der leuchtenden Fläche des Objekts A ab, und bei einer bestimmten Stromstärke verschwindet er auf dem Untergrund. Ist die Beziehung zwischen Stromstärke und schwarzer Temperatur der Lampe durch Eichung mittels eines schwarzen Körpers bekannt, so erhält man so auch die schwarze Temperatur von A. Nach diesem Prinzip arbeiten auch viele neuere Pyrometer.

65. Bemerkung über die Quantentheorie der spezifischen Wärme

Obwohl die spezifischen Wärmen mit der Wärmestrahlung an sich nichts zu tun haben, wollen wir hier doch zeigen, daß die Quantentheorie auch in diesem Gebiet die Schwierigkeit beseitigt, die darin liegt, daß die klassische Theorie nicht imstande ist, die Temperaturabhängigkeit der spezifischen Wärme zu erklären (Band I). Diese Schwierigkeit ist eine Folge des von der klassischen Theorie geforderten Äquipartitionstheorems, wonach jedem Freiheitsgrad im Mittel eine Energie von $\frac{1}{2}kT$ zukommt. Beschränken wir uns hier der Einfachheit halber auf einatomige feste Körper, so liefert die klassische Auffassung folgendes: Denken wir uns ein Mol eines einatomigen Festkörpers, das also N_L Atome (N_L = Loschmidtsche Zahl) enthält. Diese sind durch quasielastische Kräfte an eine Ruhelage gebunden, um die sie mit einer Frequenz ν harmonische Schwingungen ausführen, bei denen im Mittel die potentielle gleich der kinetischen Energie ist, so daß auf jeden Freiheitsgrad die mittlere Energie $2 \cdot \frac{1}{2}kT = kT$ entfällt. Daher ist die Energie pro Mol des Festkörpers mit $3N_L$ Schwingungsfreiheitsgraden

$$(289) \qquad U = 3N_L kT = 3RT,$$

wenn R die absolute Gaskonstante ist ($R \approx 2$ Kalorien pro Grad). Für die spezifische Wärme C_v bei konstantem Volumen folgt daraus

$$C_v = \frac{dU}{dT} = 3R \approx 6 \text{ cal/grad},$$

d. h. der Dulong-Petitsche Wert, der aber nur im Grenzfall hoher Temperaturen beobachtet wird. Daß bei hinreichend tiefer Temperatur C_v unter den Wert $3R$ und beim absoluten Nullpunkt sogar bis Null absinkt, ist aber klassisch unverständlich. Das ist derselbe Sachverhalt, der in der Strahlungstheorie zum Rayleigh-Jeansschen Gesetz (257) führt, das auch nur für hohe Temperaturen gültig ist. Dort wurde das Äquipartitionstheorem abgelöst durch Gl. (265) für die mittlere Energie $\bar{u}$ eines Freiheitsgrads, nämlich

$$(265) \qquad \bar{u} = h\nu \left[e^{\frac{h\nu}{kT}} - 1 \right]^{-1},$$

die aus der Planckschen Quantenhypothese folgte. Daher lag die Vermutung nahe, daß diese Gleichung auch bei den spezifischen Wärmen gute Dienste leisten werde, worauf A. Einstein 1907 hinwies. Für die Gesamtenergie eines einatomigen Festkörpers gewinnt man so an Stelle von (289) die Gleichung

$$(290) \qquad U = 3N_L h\nu \left[e^{\frac{h\nu}{kT}} - 1 \right]^{-1},$$

die, wie es sein muß, für $T \to \infty$ in die Äquipartitionsformel (289) übergeht. Für die spezifische Wärme findet man jetzt durch Differentation nach T:

$$(290\,\text{a}) \qquad C_v = \frac{dU}{dT} = \frac{3N_L k \left(\frac{h\nu}{kT}\right)^2 e^{\frac{h\nu}{kT}}}{\left(e^{\frac{h\nu}{kT}} - 1\right)^2} = \frac{3R \left(\frac{h\nu}{kT}\right)^2 e^{\frac{h\nu}{kT}}}{\left(e^{\frac{h\nu}{kT}} - 1\right)^2}.$$

Für sehr hohe Temperaturen geht im Zähler $e^{\frac{h\nu}{kT}}$ gegen 1, der Nenner wird durch Entwicklung von $e^{\frac{h\nu}{kT}}$ bis zum linearen Glied gleich $(h\nu/kT)^2$, so daß in der Tat $C_v = 3R$ wird. Aber für tiefe Temperaturen $T \to 0$ kann die 1 im Nenner gegen $e^{\frac{h\nu}{kT}}$ vernachlässigt werden, so daß

$$C_v = 3R \left(\frac{h\nu}{kT}\right)^2 e^{-\frac{h\nu}{kT}}$$

wird. Darin wächst zwar $(h\nu/kT)^2$ mit abnehmendem T, aber $e^{-\frac{h\nu}{kT}}$ nimmt weit stärker ab. Daher folgt

$$\lim_{T \to 0} C_v = 0,$$

wie es das Experiment ergibt.

Man erkennt also, daß die Quantentheorie Plancks in grundsätzlich derselben Weise wie bei der Strahlung das Versagen der klassischen Theorie bei dem Wärmeinhalt der Festkörper korrigiert. Freilich ist die hier skizzierte Theorie noch zu roh, um quantitativ genau zu stimmen. Das liegt daran, worauf auch schon Einstein hinwies, daß wir hier ein zu stark vereinfachtes Modell des festen Körpers genommen haben. Genauere Durchführung der Theorie (z. B. durch P. Debye sowie durch M. Born und Th. v. Kàrmàn, 1912) liefert aber guten Anschluß an das Experiment, worauf wir hier aber nicht eingehen können. Ebenso läßt sich das Verhalten der Molwärmen der Gase durch die Einführung der Quantentheorie erklären. Der Erfolg beweist, daß die Einführung der Energiequanten durch Planck nicht etwa eine Art Rechenkunstgriff ist, um das Strahlungsproblem zu lösen, sondern daß dem Wirkungsquant eine physikalische Realität zukommt. Das wird noch eindrucksvoller im nächsten Kapitel hervortreten.

VII. Kapitel
Der korpuskulare Charakter des Lichts

66. Der lichtelektrische Effekt

Die Entdeckung der elektrischen Wellen durch Heinrich Hertz in den Jahren 1887/88 hatte die Überzeugung von der Richtigkeit der elektromagnetischen Lichttheorie, also von der Wellennatur des Lichts, so sehr gestärkt, daß Zweifel daran unmöglich erschienen. In seinem berühmten Vortrag „Über die Beziehungen zwischen Licht und Elektrizität" vom Jahr 1889 charakterisiert Hertz die Situation folgendermaßen: „Die Wellentheorie (des Lichts) ist, menschlich gesprochen, Gewißheit; was aus derselben mit Sicherheit folgt, ist ebenfalls Gewißheit." Merkwürdig genug, es war zu der Zeit, als dies gesprochen wurde, bereits eine Erscheinung bekannt, die von Hertz selbst beobachtet und beschrieben war (1887), die der Wellentheorie des Lichts den ersten Stoß versetzen sollte. Es handelt sich um den Einfluß ultravioletter Strahlung auf die elektrische Entladung.

Die Versuche von Hertz und Hallwachs. Die Beobachtung von Hertz bestand in folgendem: Er arbeitete mit zwei Funkeninduktoren, einem größeren („primären") und einem kleineren („sekundären"), die durch den gleichen Unterbrecher betätigt wurden. Das primäre Induktorium gab bis zu 2 cm lange klatschende Funken, während das sekundäre maximal nur eine Funkenlänge von einigen wenigen Millimetern zwischen den Kugeln einer meßbar verstellbaren Funkenstrecke (Funkenmikrometer) lieferte. Wegen des gemeinsamen Unterbrechers traten die primären und sekundären Funken gleichzeitig auf. Hertz stellte dabei fest, daß die sekundären Funken länger waren, wenn das Licht des primären Funkens die sekundäre Funkenstrecke direkt beleuchtete, als wenn die Bestrahlung der sekundären Funkenstrecke durch Einführung eines geeigneten Schirms aus Metall, Holz oder Glas zwischen den beiden Funkenstrecken unterbrochen wurde. Bei passender Einstellung der sekundären Funkenstrecke gingen nach Einschalten des Schirms überhaupt keine Funken mehr zwischen den Kugeln des Funkenmikrometers über. Zwischenschalten von Quarz, Steinsalz oder Flußspat veränderte den sekundären Funken nicht. Daraus schloß Hertz, daß es die ultraviolette Strahlung des Primärfunkens sei, die das Auftreten des Sekundärfunkens begünstige; denn Glas läßt zwar sichtbare aber keine ultraviolette Strahlung durch, während Quarz, Steinsalz und Flußspat für das Ultraviolett durchlässig sind. Hertz stellte weiter fest, daß für die Wirkung des ultravioletten Lichts auf die sekundäre Funkenstrecke das Gas, das sich zwischen den Kugeln des Mikrometers befindet, keine Rolle spielt. Er konnte es auch wahrscheinlich machen, daß es der negative Pol der Funkenstrecke ist, der bestrahlt werden muß, damit der Effekt eintritt. (Weil Öffnungsfunke und Schließungsfunke des Unterbrechers verschieden sind, kann auch an

66. Der lichtelektrische Effekt

den Enden der Sekundärspule eines Induktoriums ein positiver und negativer Pol unterschieden werden.) Schließlich fand Hertz noch, daß nicht nur das Ultraviolett eines Funkens, sondern auch jede andere ultraviolette Strahlung sich als wirksam erweist.

Einen wesentlichen Fortschritt in der Klärung der Erscheinung, die man als den „äußeren lichtelektrischen Effekt" bezeichnet hat, machte W. Hallwachs (1887). Er belichtete eine mit einem Elektrometer verbundene, isoliert aufgestellte Metallplatte M (Abb. 453) mit kurzwelligem Licht. Er fand dann, daß die Metallplatte negative elektrische Ladung abgibt. War die Platte vorher negativ geladen, so verliert sie bei

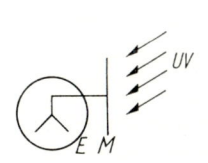

Abb. 453. Zum Versuch von Hallwachs
M = Metallplatte; E = Elektrometer

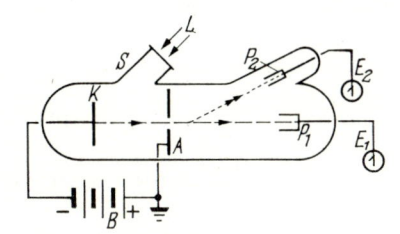

Abb. 454. Nachweis der Ladungsträger im lichtelektrischen Effekt
------ ohne Magnetfeld; ······· mit Magnetfeld

Belichtung ihre Ladung vollständig und wird elektrisch neutral. Aber auch die ungeladene elektrische Platte gibt noch weiter negative Ladung ab, so daß sie sich positiv auflädt. Diese positive Aufladung kann natürlich nur so lange vor sich gehen, bis sie groß genug geworden ist, um die von der Strahlung ausgelösten negativen Ladungen zurückzuhalten, auf die die positive Platte ja jetzt eine Anziehungskraft ausübt. Die Platte kann sich also nur bis zu einem ganz bestimmten positiven Potential V_m, dem „Haltepotential", aufladen. V_m hat die Größenordnung von einigen Volt.

Daß auch nichtmetallische Stoffe einen lichtelektrischen Effekt zeigen, läßt sich mittels der in Band II beschriebenen Schwebemethode zur Bestimmung der elektrischen Elementarladung nachweisen. Bestrahlt man ein in einem solchen Kondensator schwebendes negativ geladenes Teilchen mit kurzwelligem Licht, so beobachtet man, daß das Teilchen gelegentlich seinen Schwebezustand infolge Abgabe einer negativen Ladung verliert und sich nach der negativ geladenen Kondensatorplatte hin bewegt.

Die Natur der Ladungen. Da man jetzt weiß (Band II, Metallische Leitung), daß die in einem Metall vorhandenen negativen Ladungen Elektronen sind, würde man heute sofort vermuten, daß die bei Belichtung einer Metallplatte abgegebenen negativen Ladungen Elektronen sind; seinerzeit mußte dies ausdrücklich bewiesen werden. Lenard hat bei diesen Untersuchungen, die das Vorbild für fast alle späteren wurden, den Entladungsvorgang im hohen Vakuum vor sich gehen lassen, um den störenden Einfluß der Gasumgebung vollständig auszuschließen. Seine Anordnung war etwa die folgende: (Abb. 454). Eine Platte K wird in ein evakuiertes Rohr gebracht, das noch mit einem seitlichen Stutzen S verbunden ist, der mit einer Quarzplatte verschlossen ist. Durch ihn tritt die Strahlung einer Lichtquelle L ein. K (Kathode) ist mit dem negativen Pol einer Batterie B verbunden, deren positiver Pol geerdet ist. Die während der Bestrahlung die Kathode verlassenden negativen Ladungen werden von der Anode A aufgenommen, die ein zentrales Loch besitzt und gleichfalls geerdet ist. Durch die zwischen K und A vorhandene Spannung werden die Ladungen beschleunigt und gewinnen auf ihrem Weg bis A eine Geschwindigkeit v. Einzelne Ladungen treten durch das Loch A in den dahinter befindlichen feldfreien Raum, in dem sie ihre Geschwindigkeit beibehalten. Sie fallen schließlich auf eine Elektrode P_1, die als Faraday-Käfig ausgebildet ist, so daß durch den Ausschlag eines mit P_1 verbundenen Elektrometers E_1 die auftreffenden Ladungen angezeigt werden können. Im Raum hinter A kann ein homogenes Magnetfeld einwirken, und zwar senkrecht zur Papierebene und auf den Beschauer hin gerichtet. Dann werden die Ladungen nach oben abgelenkt, wenn diese negativ sind, und gerade das wurde beobachtet. Durch geeignete Regelung des Magnetfeldes kann man erreichen, daß die abgelenkten Ladungen gerade auf eine zweite Elektrode P_2 auftreffen und dort ebenfalls mittels eines Elektrometers, E_2, gemessen werden. Aus der bekannten Feldstärke des Magnetfelds und der Größe der Ablenkung von der geradlinigen Bahn kann man in bekannter Weise (Band II) die spezifische Ladung e/m und die Geschwindigkeit v der Ladungen bestimmen. Es ergibt sich derselbe Wert wie für die Elektronen, nämlich

$$\frac{e}{m} = 5{,}273 \cdot 10^{17} \frac{\text{e. s. E.}}{\text{g}} = 1{,}759 \cdot 10^8 \text{ C/g} \,.$$

Damit war bewiesen, daß die beim lichtelektrischen Effekt auftretenden Ladungen wirklich Elektronen (**Photoelektronen**) sind. Statt der Elektroden P kann man übrigens einen Leuchtschirm benutzen, der bei genügend großer Geschwindigkeit der Elektronen deren Auftreffpunkt direkt sichtbar werden läßt, genau wie bei Versuchen mit Kathodenstrahlen, mit denen ja die Photoelektronen identisch sind.

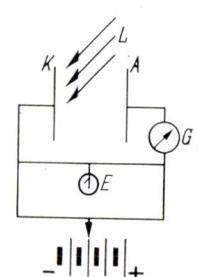

Haltepotential; lichtelektrischer Strom. Wir betrachten nun lediglich zwei Platten K und A im Vakuum. A sei stets geerdet, während das Potential V' von K mit Hilfe einer geeignet geschalteten Gleichstromquelle systematisch geändert werden kann und an einem Elektrometer abgelesen werden kann (Abb. 455). V' wäre bei dieser Anord-

Abb. 455. Zur Messung des Haltepotentials und des lichtelektrischen Stroms
G = Galvanometer; E = Elektrometer

nung gleich der Spannung zwischen K und A, wenn man von der Kontaktpotentialdifferenz V_{KA} zwischen K und A absehen könnte. Eine solche tritt bekanntlich immer auf, wenn K und A aus verschiedenem Material bestehen (Bd. II). Bei den hier in Betracht kommenden kleinen Potentialdifferenzen von einigen Volt kann man im allgemeinen die Kontaktpotentialdifferenz nicht vernachlässigen, da sie von der gleichen Größenordnung ist. Wir setzen also

$$V = V' + V_{KA} \,,$$

wobei das Vorzeichen von V_{KA} von der relativen Stellung der beiden Metalle in der Voltaschen Spannungsreihe abhängt.

Wir beginnen mit positiven Potentialen V' von K, die wir allmählich bis auf Null abnehmen lassen, um dann steigende negative Potentiale anzulegen. Die Platte K wird in geeigneter Weise belichtet, wobei darauf geachtet werden muß, daß nicht auch A von der Strahlung getroffen wird. Von K werden Elektronen ausgesandt, die bei passenden Potentialen V' von der Platte A ganz oder teilweise aufgenommen werden. Die Zahl der in der Sekunde von K nach A gelangenden Ladungen ist der etwa in einem Galvanometer meßbare „**lichtelektrische Strom**". Bei positivem Potential liegt ein „Gegenfeld" zwischen K und A, das die aus K austretenden Elektronen zurückzutreiben sucht. Nur solche Elektronen, deren Geschwindigkeit größer ist als die nach

(291) $$\frac{m}{2} v^2 = eV$$

berechneten, überwinden das Gegenfeld. Fängt man also mit positiven Potentialen von K an, so fließt dann kein lichtelektrischer Strom, wenn V größer ist als das Haltepotential V_m. Bei Verminderung des positiven Potentials tritt bei $V = V_m$ der Strom plötzlich ein[1]). Der Strom steigt an, wenn V weiter erniedrigt und allmählich immer stärker negativ gewählt wird, da immer mehr der von K ausgehenden Elektronen von A aufgenommen werden. Nachdem aber ein negatives Potential V erreicht ist, fällt das

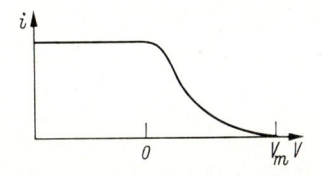

Abb. 456. Lichtelektrischer Strom, schematisch

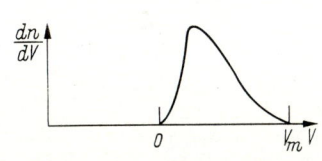

Abb. 457. Voltgeschwindigkeits-Verteilung von Photoelektronen, schematisch

Gegenfeld fort; alle Elektronen erreichen A, und es tritt bei weiterer Steigerung des negativen Potentials keine Vergrößerung der Stromstärke mehr ein; der lichtelektrische Strom ist dann „gesättigt" (Abb. 456). Die der Abb. 456 zugrunde liegenden Messungen bestätigen das oben Gesagte. Sie gestatten außerdem die wichtige Folgerung, daß die Elektronen beim Austritt aus der Platte K bereits eine von Null verschiedene Geschwindigkeit besitzen; denn sonst wäre es überhaupt unmöglich, daß sie bei positiven Potentialen V die Platte K verlassen und zu A gelangen könnten. Allerdings haben die austretenden Elektronen nicht alle die gleiche Geschwindigkeit. Das Haltepotential V_m entspricht offenbar der maximalen Geschwindigkeit v_m beim Austritt aus K, wofür gilt

$$(292) \qquad \frac{m}{2} v_m^2 = eV_m.$$

Nach Ausweis der Erfahrung hängt das Haltepotential V_m einmal von der Natur des bestrahlten Metalls ab, sodann auch von der Wellenlänge der erregenden Strahlung, ist aber **gänzlich unabhängig von der Strahlungsintensität.**

Differenziert man die in Abb. 456 dargestellte Kurve des Elektronenstroms nach dem Kathodenpotential V, so erhält man eine Kurve, wie sie in Abb. 457 angedeutet ist. Man kann die Kurve $i(V)$ auch auffassen (bis auf belanglose Konstanten) als eine solche von n, der Zahl der die Anode erreichenden Elektronen. Dies sind alle Elektronen, die mindestens die durch Gl. (291) bedingte Geschwindigkeit bzw. Energie haben. Die Differentiation liefert dann die Zahl der Elektronen, deren Anfangsgeschwindigkeit dem Potentialintervall von V bis $V + dV$ entspricht. Eine solche Kurve gibt mit anderen Worten die Geschwindigkeitsverteilung der lichtelektrisch ausgelösten Elektronen an, wo statt der eigentlichen Geschwindigkeit die Voltgeschwindigkeit auftritt. Es handelt sich also genauer um eine Energieverteilung. Oft wird auch als Abszisse die kinetische Energie $\frac{m}{2} v^2 = eV$ benutzt. Abb. 457 gibt eine solche Kurve schematisch wieder. Die Verteilung der Geschwindigkeiten um das Maximum ist dabei unabhängig von der eingestrahlten Lichtwellenlänge.

---

[1]) Es folgt aus dieser Darlegung, daß V_m stets positiv sein muß. Das braucht aber nicht für das am Elektrometer abgelesene scheinbare Haltepotential V'_m zu gelten; dieses kann negativ sein, wenn nur $V_m = V'_m + V_{KA}$ positiv ausfällt.

Der Begriff Voltgeschwindigkeit wurde schon in Band II eingeführt, und zwar als die Spannung, Elektrons, die das Elektron durchlaufen muß, um die Geschwindigkeit

$$(293) \qquad v = \sqrt{\frac{2eV}{m}} = 5{,}95 \cdot 10^7 \sqrt{V(\text{Volt})}\,\text{cm/s}\,.$$

zu erreichen. Es sei hier ferner an das Elektronenvolt erinnert, nämlich die kinetische Energie eines Elektrons, das die Spannung 1 Volt durchlaufen hat. Es gilt

$$1 eV = 1{,}6021 \cdot 10^{-12}\,\text{erg} = 1{,}6021 \cdot 10^{-19}\,\text{Ws}.$$

Über die Abhängigkeit des lichtelektrischen Sättigungsstroms von der Intensität der erregenden Strahlung liegen viele sorgfältige Messungen vor, z.B. schon von J. Elster und H. Geitel (1888—1890). Sie fanden das wichtige und stets bestätigte Ergebnis, daß die Sättigungsstromstärke streng proportional der Lichtintensität ist. Diese Feststellung gilt sowohl bei Belichtung mit unzerlegter Strahlung als auch bei monochromatischer Belichtung. In den Versuchen von Elster und Geitel wurde die Intensität in dem ungeheuren Verhältnis von $1:50 \cdot 10^6$ variiert. Auf dieser Proportionalität beruht unter anderem die Möglichkeit, lichtelektrische Photometer zu konstruieren, mittels sogenannter Photozellen[1]). Im Prinzip besteht die Photozelle, deren erste Form schon von Elster und Geitel angegeben wurde, aus einem Gefäß aus Glas (oft ultraviolett-durchlässiges Uviolglas), das z. B. auf der Innenseite zur Hälfte mit einem lichtelektrisch besonders wirksamen Material (Na, K, Al, Cs) verspiegelt ist. Dieser Metallbelag, der als Kathode dient, besitzt eine metallische Verbindung mit dem Außenraum ebenso wie die Anode, die sich der Kathode gegenüber befindet, und zwar als Drahtring oder Netz aus einem Material, das erst bei Bestrahlung mit kurzwelligem Licht lichtelektrische Wirkung zeigt. Der Innenraum ist im einfachsten Fall evakuiert. Zuweilen wird das Gefäß jedoch mit Gas gefüllt. Die Photoelektronen werden in diesem absorbiert und erzeugen weitere Ionen (durch Ionenstoß, Band II). Das liefert zwar größere Empfindlichkeit, jedoch ist die strenge Proportionalität zwischen Lichtintensität und lichtelektrischem Strom wegen des Einflusses von Sekundärprozessen nicht immer gewahrt.

Von grundlegender Bedeutung ist die Feststellung, daß man bisher keinerlei Trägheit des lichtelektrischen Effekts gefunden hat. Bei den besonders sorgfältigen Messungen von E. O. Lawrence und J. W. Beams (1927) vergehen keine 10^{-9} s bis zum Einsetzen des Effekts. Wir werden sehen, was diese Beobachtung für die Theorie des lichtelektrischen Effekts und damit für die Optik bedeutet.

Versagen der Wellentheorie des Lichts. Um die Frage nach dem Mechanismus der lichtelektrischen Wirkung zu beantworten, muß man vor allem feststellen, woher die kinetische Energie der ausgesandten Elektronen kommt. Von vornherein liegen zwei Möglichkeiten vor. Entweder stammt sie aus der Energie der auffallenden Strahlung oder aber aus dem Innern des Metalls, d. h. aus dessen Wärmeinhalt. Wir wollen beide Vorstellungen prüfen.

Im ersten Fall muß man in Analogie zum Mechanismus der Dispersion annehmen, daß die (im wesentlichen frei beweglichen) Elektronen durch die auffallenden Lichtwellen zum Mitschwingen erregt werden. Wenn die erzeugten Schwingungsamplituden groß genug werden, so könnten die Elektronen aus dem Metall herausgelöst werden. Man muß sich den Vorgang so denken, daß das Elektron von der auffallenden Strahlung immer mehr Energie aufnimmt, bis seine Energie schließlich so groß geworden ist, daß es die normalerweise sein Austreten aus dem Metall verhindernden Kräfte überwindet und mit einer bestimmten Geschwindigkeit herausfliegt. Es ist dann weiter zu erwarten, daß die nach dem Austritt noch vorhandene kinetische Energie bzw. die

---

[1]) Andere Photozellen nutzen als „Photowiderstände" die lichtelektrische Leitung in Festkörpern und die Sperrschicht-Wirkung in „Photoelementen" aus (vgl. Bd. II und Nr. 69).

Geschwindigkeit des Elektrons um so größer ausfällt, je größer die Intensität des auffallenden Lichts ist. Und weiter muß man erwarten, daß eine gewisse Zeit vergehen muß, bis das Elektron genügend Energie von der Strahlung aufgenommen hat, daß also der Auslösungsprozeß um so später einsetzt, je schwächer die Strahlung ist. Die experimentelle Prüfung, die man Ph. Lenard verdankt, ergab aber etwas ganz anderes und Unerwartetes: Die Geschwindigkeit der Elektronen erweist sich als völlig unabhängig von der Intensität der auffallenden Strahlung; diese bestimmt lediglich die Stärke des lichtelektrischen Stroms, also die Anzahl der ausgelösten Elektronen. Dagegen hängt die Geschwindigkeit der Elektronen nur von der Wellenlänge des auffallenden Lichts ab. Je kurzwelliger dieses ist, um so größer ist die Geschwindigkeit der Elektronen. Bei einer bestimmten Grenzfrequenz ν_0 hört die lichtelektrische Wirkung vollkommen auf (sogenannte langwellige Grenze des lichtelektrischen Effekts). Und weiter ergab sich, wie schon erwähnt, daß auch bei schwacher Strahlung der Effekt trägheitslos auftritt.

Die Auffassung, daß die Energie der Elektronen aus der Strahlung stamme, ist also nach der klassischen Theorie unhaltbar, weil ihre Folgerungen dem Experiment widersprechen. Es bleibt die zweite Möglichkeit zu erörtern, daß die Energie der Photoelektronen aus dem Wärmeinhalt des Metalls stammt, wobei der Strahlung dann nur eine auslösende Wirkung zukäme. Aber dann ist einerseits ein gesetzmäßiger Zusammenhang mit der Frequenz nicht zu verstehen, und anderseits sollte man eine Erhöhung der Geschwindigkeit erwarten, wenn man das Material hoch erhitzt. Aber auch dieser Effekt tritt nicht ein. Also scheidet auch diese Möglichkeit der Erklärung des Photoeffekts aus. Da aber die Energie der Elektronen doch nur aus der Strahlung oder aus dem Metall stammen kann, ist ein Verständnis der Erscheinung durch die klassische Wellentheorie unmöglich.

Ein Zahlenbeispiel möge zeigen, wie kraß die Unmöglichkeit einer klassischen Erklärung ist. Eine Hefnerkerze sendet in der Sekunde einer Fläche von 1 cm² im Abstand von 1 m eine Lichtstrahlung zu, die einer Energie von rund 8 erg/cm² s entspricht. Diese Fläche bestehe aus einem lichtelektrisch besonders wirksamen Metall, z.B. Na. Da Na mehr als 90% reflektiert, so dringen nur etwa 0,8 erg/cm² s in das Metall ein, und nur diese Energie kann ja wirksam sein. Die sog. Eindringungstiefe, innerhalb der die Intensität der eindringenden Strahlung auf den e^{ten} Teil herabsinkt, ist von der Größenordnung $1{,}5 \cdot 10^{-6}$ cm, was ein durchstrahltes Na-Volumen von $1{,}5 \cdot 10^{-6}$ cm³ ergibt. Da Na das Atomgewicht 23 und nahezu die Dichte 1 hat, entfallen auf dieses Volumen rund $4 \cdot 10^{16}$ Atome und ebenso viele „freie" Elektronen. Von der absorbierten Energie ist aber nur der Teil wirksam, dessen Wellenlänge unterhalb $0{,}543\,\mu$, der langwelligen Grenze für Na, liegt. Das reduziert die für den lichtelektrischen Effekt zur Verfügung stehende Energie auf rund 0,8/3 erg. Danach empfinge jedes getroffene Elektron in der Sekunde eine Energie von

$$\frac{0{,}8}{3 \cdot 4 \cdot 10^{16}} \approx 7 \cdot 10^{-18} \text{ erg/s}.$$

Dem Haltepotential von 2 Volt entspricht die maximale kinetische Energie der Elektronen von $2\,eV = 3{,}2 \cdot 10^{-12}$ erg. Zur Aufbringung dieser Energie aus der oben berechneten sekundlichen Energiestrahlung brauchte also jedes Elektron die Zeit

$$t = \frac{3{,}2 \cdot 10^{-12}}{7 \cdot 10^{-18}} = 0{,}45 \cdot 10^6 \text{ s},$$

d.h. mehr als 5 Tage. So kann es also auf keinen Fall sein. Die Wellentheorie führt zu einem unmöglichen Ergebnis.

Läßt man einmal alle Theorie beiseite, so sind im obigen Beispiel die Tatsachen doch folgende: Die sekundlich durch die 1 cm² große Fläche von Na-Metall eintretende Energie ist 0,8/3 erg. Die kinetische Energie jedes Elektrons beträgt $3{,}2 \cdot 10^{-12}$ erg. Indem wir im Sinn der Wellentheorie annehmen mußten, daß sämtliche freien Elektronen des durchstrahlten Raums an der Energieaufnahme gleichmäßig partizipierten, kamen wir zu dem obigen Ergebnis. Wir wollen nun aber einmal umgekehrt voraussetzen, daß nicht die sämtlichen Atome an der Energieaufnahme teilnähmen, sondern nur eine so kleine Zahl x, daß auf jedes der volle ihm zukommende Energiebetrag in einem einzigen Akt entfalle. Dann ergibt das Energieprinzip zur Bestimmung von x die Gleichung

$$\tfrac{1}{3} \cdot 0{,}8 = x \cdot 3{,}2 \cdot 10^{-12}\,,$$

also

$$x = 8{,}3 \cdot 10^{10}\,.$$

Da im ganzen $4 \cdot 10^{16}$ Atome vorhanden sind, bedeutet das, daß nur etwa jedes $500\,000^{\text{ste}}$ Elektron überhaupt Energie bekommt. Bei dieser Auffassung werden die ungeheuren Akkumulationszeiten von mehreren Tagen natürlich vermieden. Nur muß man sich klar darüber sein, daß auch dann ein Verständnis mit Hilfe der Wellentheorie unmöglich ist, da die Schwierigkeit nur an eine andere Stelle verlagert ist. Denn nach der Wellentheorie ist die Wellenfläche gleichmäßig mit Energie belegt, so daß man nicht verstehen könnte, wieso trotz dieser Gleichartigkeit aller Punkte der Wellenfläche nur ein winziger Bruchteil der vorhandenen Elektronen Energie bekommt, die andern aber nicht. Man kommt also nicht um die Folgerung herum, daß an Stelle der Wellentheorie eine korpuskulare Auffassung des Lichts zu treten hat, wobei zunächst die sich aufdrängende Frage, wie man dann Interferenz und Beugung erklären soll, zurückgestellt wird. Diesen Sachverhalt hat Einstein (1905) zuerst erkannt und daraus die erwähnte radikale Folgerung gezogen.

Bevor wir auf die Einsteinsche Theorie eingehen, noch eine historische Bemerkung: J. J. Thomson hat im Jahr 1896 die Ionisation von Gasen durch Röntgenstrahlen gemessen. Er fand, daß nur etwa 10^{-6} bis 10^{-9} aller Atome oder Moleküle des durchstrahlten Raumgebiets durch die Röntgenstrahlen ionisiert werden. Zu dieser Zeit schwankte man noch zwischen Wellenauffassung oder Korpuskulartheorie der Röntgenstrahlen. Thomson hat schon damals darauf hingewiesen, daß seine Beobachtungen nicht für eine Wellentheorie sprechen können. Da wir heute wissen, daß Röntgenstrahlen und Licht wesensgleich sind, zieht die Notwendigkeit einer Korpuskulartheorie für Röntgenstrahlen die gleiche Folgerung für Licht nach sich und umgekehrt. Die Ionisation eines Atoms, d. h. die Ablösung eines Elektrons, durch Röntgenstrahlen kann übrigens ebenso wie die Elektronenaussendung aus Metallen als lichtelektrischer Effekt angesehen werden.

67. Einsteins korpuskulare Theorie des Lichts

Wenn wir nun eine Korpuskulartheorie des Lichts einführen müssen, so ist damit natürlich keine Rückkehr zur Newtonschen Korpuskulartheorie gemeint; diese würde uns nichts nützen. Einstein hat vielmehr die Lichtkorpuskeln mit den Planckschen Energiequanten identifiziert. Er machte folgende Annahmen: 1. Monochromatisches Licht der Frequenz ν besteht aus einzelnen Energiequanten, „Lichtquanten" oder „Photonen", die sich mit der Lichtgeschwindigkeit c geradlinig bewegen, wobei jedes Photon als Korpuskel seine Energie $h\nu$ beibehält. 2. Ein Photon teilt seine Energie $h\nu$ momentan einem getroffenen Elektron mit, indem es sich teilweise in kinetische Energie des Elektrons umwandelt und außerdem noch eine Arbeit leistet, die erforderlich ist, um das Elektron aus dem Metall herauszubefördern („Austrittsarbeit" P). Die Arbeit P ist eine feste, für das betreffende Metall charakteristische Größe. Wenn man

(294) $$P = e\Phi$$

setzt, so bezeichnet Φ das „Austrittspotential" des Metalls.

Die Begriffe Austrittsarbeit und Austrittspotential haben wir schon in Bd. II eingeführt bei den aus einer Glühkathode austretenden Elektronen. Das Austrittspotential der Glühelektronen ist auf Grund theoretischer Erwägungen und experimenteller Erfahrung identisch mit dem lichtelektrischen Austrittspotential der Photoelektronen.

Nach Einstein erhält man also

(295) $$h\nu = \frac{m}{2} v_m^2 + P = eV_m + e\Phi = eV'_m + eV_{KA} + e\Phi.$$

Darin ist V_m das der Maximalgeschwindigkeit v_m entsprechende wahre Haltepotential, V'_m das scheinbare, das mit einer Anordnung nach Art der Abb. 455 gemessen wird. Sowohl das wahre als auch das scheinbare Haltepotential sind eine lineare Funktion der Frequenz ν:

(296) $$V_m = \frac{h}{e} \nu - \Phi$$

(297) $$V'_m = \frac{h}{e} \nu - (V_{KA} + \Phi).$$

Die Neigung der Geraden, die die Funktion $V_m(\nu)$ oder $V'_m(\nu)$ in einem rechtwinkligen Koordinatensystem darstellt, ist also

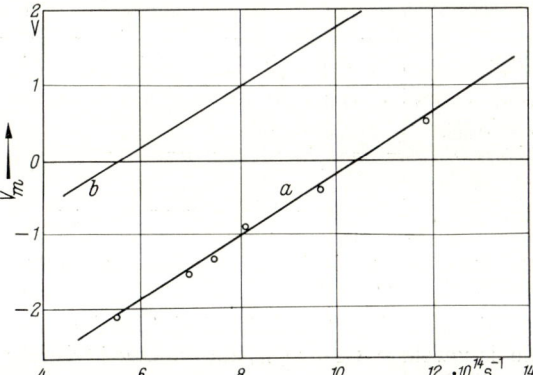

(298) $$\frac{\Delta V_m}{\Delta \nu \, [\text{nün}]} = h/e.$$

Abb. 458.
Scheinbares (a) und wahres (b) Haltepotential als Funktion von ν für Na (nach Millikan)
○ = beobachtete Werte

Abb. 458 zeigt Ergebnisse von Millikan an Na. Die Kurve a gibt V'_m an. Man erkennt, daß einige dieser Haltepotentiale negativ ausfallen. Erst wenn man die Kurve a um das Kontaktpotential nach oben verschiebt (Kurve b), erhält man nur positive, wahre Haltepotentiale. Daß Kurve b tatsächlich die wahren Potentiale wiedergibt, ersieht man aus dem Schnittpunkt mit der Abszisse. Nach (295) muß für $V_m = 0$ gelten

(299) $$\nu_0 = \frac{e}{h} \Phi = \frac{P}{h}.$$

Setzt man $P = h\nu_0$ in Gl. (295) ein, so erhält man

(300) $$\frac{m}{2} v_m^2 = h(\nu - \nu_0).$$

Das bedeutet, daß für $\nu = \nu_0$ die Austrittsgeschwindigkeit v_m der Elektronen gleichfalls Null wird. ν_0 ist also die Frequenzgrenze, bei der keine lichtelektrische Emission mehr stattfindet. Die zugehörige Wellenlänge λ ist die langwellige Grenze des lichtelektrischen Effekts, die man auch direkt beobachten kann. Nur für Kurve b stimmt die Abszisse des Schnittpunkts mit $V_m = 0$ mit der direkt beobachteten Grenzfrequenz überein.

v_0 und λ_0 sind durch die Gl. (299) mit dem Austrittspotential verbunden, das danach bestimmt werden könnte, wenn die Gerade b durch die Messungen erhalten würde und nicht die Gerade a. Extrapoliert man die Gerade b bis zum Schnitt mit der Ordinatenachse $v = 0$, so kann man auch daraus Φ bestimmen, da $V_{m(v=0)} = -\Phi$.

Die Bestimmung von h aus der Neigung der Geraden hat Werte geliefert, die sehr genau mit denen aus anderen Methoden übereinstimmen. Diese Übereinstimmung ist die stärkste Stütze für die Einsteinsche Theorie der Lichtquanten.

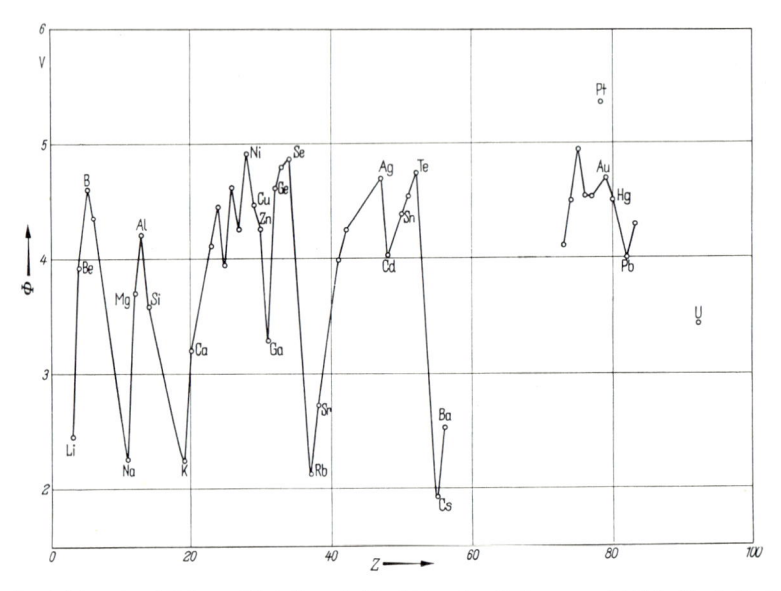

Abb. 459. Austrittspotential Φ von Metallen als Funktion der Ordnungszahl Z im Periodischen System

Die nachfolgende Tabelle 29 gibt für die wichtigsten Metalle Austrittspotential Φ und die langwellige Grenze λ_0 des lichtelektrischen Effekts, wobei chemisch verwandte Metalle in Gruppen zusammengefaßt sind. Abb. 459 zeigt die Abhängigkeit des Austrittspotentials von der Ordnungszahl. Die Alkalimetalle haben jeweils das tiefste Austrittspotential in jeder Periode des Periodischen Systems der Elemente. Da Φ ein Maß für die Kraft ist, mit der das betreffende Metall die Elektronen festhält, also für die „Elektronenaffinität", ist dieses Verhalten verständlich, denn die elektrochemische Erfahrung hat gelehrt, daß Alkaliatome sehr leicht Elektronen abgeben und positive Ionen bilden, ihre Nachbarn weiter rechts im Periodischen System der Elemente dagegen weniger gut[1]).

Man erkennt aus der Tabelle, daß nur die Alkalimetalle und Barium bereits im sichtbaren Gebiet lichtelektrisch empfindlich sind. Bei allen anderen Metallen liegt die langwellige Grenze im Ultraviolett. Die angegebenen Zahlen sind nur als Näherungswerte zu betrachten, im wesentlichen deshalb, weil der Zustand der Oberfläche großen Einfluß auf die Messungen hat. Das ändert nicht die Beweiskraft der Versuche für die

---

[1]) Die Elektronenaffinität eines Atoms ist aber nicht direkt mit der des festen Metalls gleichzusetzen. Sie unterscheiden sich um die Sublimationswärme. Außerdem wird die Elektronenaffinität gewöhnlich auf die Abtrennung eines Elektrons vom negativen Ion bezogen. Dieser Unterschied ist hier unwesentlich.

Tab. 29. Austrittsarbeiten und langwellige Grenze des lichtelektrischen Effekts

Stoff	Φ in Volt	λ_0 in $m\mu$	Stoff	Φ in Volt	λ_0 in $m\mu$
Li	2,46	504	V	4,11	301
Na	2,28	543	Nb	3,99	311
K	2,25	551	Ta	4,13	300
Rb	2,13	582			
Cs	1,94	639	As	4,79	259
			Sb	4,56	272
Cu	4,48	277	Bi	4,32	287
Ag	4,70	264			
Au	4,71	263	Cr	4,45	278
			Mo	4,24	292
Be	3,92	316	W	4,53	273
Mg	3,70	335			
Ca	3,20	387	U	3,45	359
Sr	2,74	452			
Ba	2,52	492	Se	4,87	254
			Te	4,73	262
Zn	4,27	290			
Cd	4,04	307	Mn	3,95	314
Hg	4,53	273	Re	4,97	249
B	4,6	269	Fe	4,63	268
Al	4,2	295	Co	4,25	292
Ga	3,3	375	Ni	4,91	252
C	4,36	284	Os	4,55	272
Si	3,59	345	Ir	4,57	271
Ge	4,62	268	Pt	5,36	231
Sn	4,39	282			
Pb	4,04	307			

Lichtquantentheorie; denn die von Einstein geforderten Zusammenhänge stimmen in jedem Fall.

Bringt man zwei Metalle K und A mit verschiedenen Austrittspotentialen Φ_K und Φ_A in Kontakt — es braucht kein direkter Kontakt zu sein, sondern er kann z. B. durch gemeinsame Erdung herbeigeführt werden — so gehen Elektronen leichter aus dem Metall mit dem kleineren Austrittspotential über in das mit dem größeren als umgekehrt, und es findet dort Elektronenanreicherung statt. Dieser Prozeß geht so lange vor sich, bis die sich ausbildende Kontaktpotentialdifferenz V_{KA} wieder das Gleichgewicht herstellt. Danach ist $V_{KA} = \Phi_A - \Phi_K$, und man kann dann die Gl. (295) noch etwas umgestalten:

(295a) $$h\nu = eV'_m + e\Phi_K + e(\Phi_A - \Phi_K) = eV'_m + e\Phi_A.$$

Die Messung von V'_m und ν liefert also direkt nur Φ_A.

68. Prüfung der Einsteinschen Theorie mit Röntgenstrahlen

Die in der vorigen Nummer beschriebenen Messungen mit Wellenlängen aus dem sichtbaren Gebiet und nahen Ultraviolett haben zwei Nachteile. Einmal ist der benutzbare Wellenlängenbereich relativ klein, hauptsächlich schon deshalb, weil nur wenige Metalle im Sichtbaren lichtelektrisch empfindlich sind. Dazu kommt ferner, daß das Haltepotential V_m, d. h. der Potentialwert bei dem der lichtelektrische Strom entweder einsetzt oder aufhört — je nach der verwendeten Methode — nicht sehr genau erfaßbar ist. (Die exakte Theorie läßt dies vermuten; unsere Darstellung würde nach dieser Theorie nur am absoluten Nullpunkt streng richtig sein.)

Diese Erwägungen drängen dazu, die Einsteinsche Gleichung mit sehr energiereichem also kurzwelligem Licht, vor allem mit Röntgenstrahlung zu prüfen. Dies kann in folgender Weise geschehen: Erzeugt man durch Kathodenstrahlen, die ein streng definiertes Potentialgefälle durchlaufen haben, also eine kinetische Energie $\frac{m}{2} v^2 = eV$ besitzen[1]), durch Aufprallenlassen auf ein Metall Röntgenstrahlen, so muß die maximale Frequenz dieser Strahlen der Gleichung gehorchen:

$$(301) \qquad h\nu_{\max} = eV \, .$$

Neben dieser Maximalfrequenz können auch alle kleineren Frequenzen auftreten, ohne den Satz von der Erhaltung der Energie zu verletzen, und sie treten auch wirklich auf, da infolge des komplizierten Bremsvorgangs der Kathodenstrahlen im Metall der Antikathode die erzeugten Röntgenstrahlen ein ganzes Spektrum, sogenanntes weißes Röntgenlicht oder Bremsspektrum, bilden, dessen kurzwellige Grenze aber scharf bestimmt ist. Diese schon lange bekannte Tatsache erfährt durch Gl. (301) ihre quantitative Formulierung, die eben die maximale Frequenz oder, in Wellenlängen umgeschrieben,

$$(302) \qquad \lambda_{\min} \cdot V = \frac{hc}{e} = \text{const.} \, ,$$

die Minimalwellenlänge des Röntgen-Bremsspektrums angibt.

Während beim normalen lichtelektrischen Effekt monochromatische Wellenstrahlung Korpuskeln auslöst, wird hier von Korpuskularstrahlen einheitlicher Geschwindigkeit eine Wellenstrahlung erzeugt (sog. inverser Photoeffekt). Zu den Gl. (301) und (302) ist weiter zu bemerken, daß in beiden die Austrittsarbeit $P = e\Phi = h\nu_0$ fortgelassen ist. Dies ist hier zulässig, weil die Frequenz ν_0 der langwelligen Grenze des lichtelektrischen Effekts sehr klein gegenüber allen Röntgenfrequenzen ist. Daher fällt hier auch die Komplikation durch die Kontaktspannung fort.

Bei den Versuchen mit Röntgenstrahlen haben sich nun die Gl. (301) und (302) in einem sehr weiten Spannungsbereich in allen Fällen vollauf bewährt.

Die am häufigsten benutzte Methode ist im Prinzip die folgende: Aus dem kontinuierlichen Spektrum einer Röntgenröhre wird mittels eines Röntgenspektrometers nach Bragg (Abb. 316) eine Wellenlänge fest eingestellt. Dann wird die Spannung V an den Enden der Röntgenröhre, von kleinen Werten anfangend, immer weiter gesteigert. Ob die Strahlung der eingestellten Wellenlänge vorhanden ist oder nicht, erkennt man daran, daß die Röntgenstrahlen nach dem Passieren des Spektrometers in ein Ionisierungsgefäß gelangen, in dem als Maß für die Intensität dieser Strahlung die Stärke der von dieser erzeugten Ionisierung gemessen wird. Bei hinreichend kleiner Spannung tritt noch keine Ionisierung auf. Erst bei einer gewissen Spannung setzt plötzlich Ionisierung ein, d. h., die Röntgenröhre emittiert nun Strahlung dieser Wellenlänge. Weitere Steigerung von V führt zu immer größerer Intensität der Strahlung

---

[1]) Bei den im folgenden auftretenden sehr großen Geschwindigkeiten darf man aber die kinetische Energie nicht gleich $\frac{m}{2} v^2$ setzen, sondern müßte die relativistische Formel dafür benutzen

$$E_{kin} = \frac{m_0 c^2}{\sqrt{1 - v^2/c^2}} - m_0 c^2 \, .$$

Der Einfachheit der Darstellung halber bleiben wir bei der nichtrelativistischen Formulierung, da es uns hier nicht auf exakte numerische Werte ankommt (vgl. Kapitel IX).

68. Prüfung der Einsteinschen Theorie mit Röntgenstrahlen

dieser ausgewählten Wellenlänge. Da bei dieser Methode die Wellenlänge konstant bleibt, während nur V geändert wird, heißt diese Methode die „Methode der Isochromaten".

Wir diskutieren hier eine Messungsreihe von W. Duane und F. L. Hunt (1916), die als erste solche Messungen ausgeführt haben. In Abb. 460 sind als Abszissen die Spannungen an der Röntgenröhre in kV, als Ordinaten die Ionisationsströme in willkürlichen Einheiten aufgetragen. Die eingestellten Wellenlängen variierten von 0,488 bis 0,308 Å, die Spannungen von 20 bis 40 kV. Unterhalb von 24 kV ist keine der genannten Wellenlängen vorhanden; denn es ist dann keine Ionisation erkennbar. Bei etwa 25 kV setzt diese aber plötzlich ein, und zwar rührt sie von der Wellenlänge 0,488 Å her. Stellt man am Spektrometer eine andere Wellenlänge ein, z. B. 0,426 Å, so hat man zunächst wieder keine Ionisation, die nun erst bei etwa 28,5 kV wieder plötzlich einsetzt. Qualitativ sieht man schon aus Abb. 460, daß in der Tat für ein bestimmtes V eine Minimalwellenlänge λ_{min} in dem Röntgenspektrum vorhanden ist. Das kann natürlich auch direkt durch kontinuierliche Variation der Wellenlänge bei konstantem V nachgeprüft werden (Abb. 461) („Isopotentialen"-Methode).

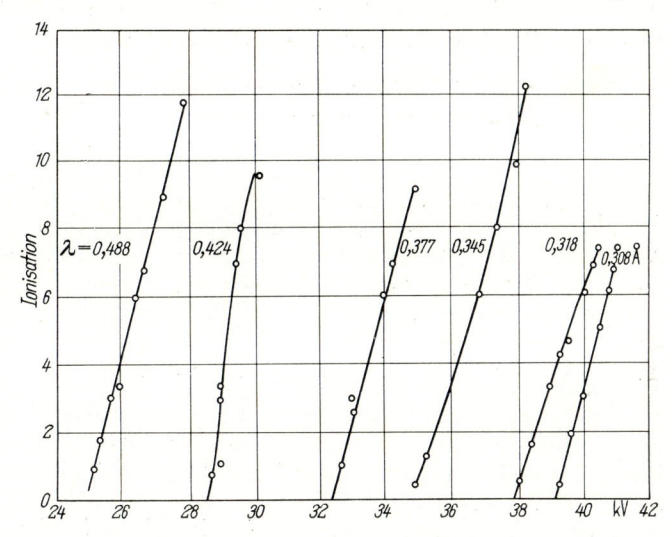

Abb. 460. Ionisation I als Funktion der Spannung der Röntgenröhre für verschiedene Wellenlängen (nach Duane und Hunt)

Schon dieses Ergebnis steht in krassem Gegensatz zur klassischen Physik. Denn, daß wir aus dem kontinuierlichen Bremsspektrum der Röntgenröhre definierte Wellenlängen durch das Spektrometer aussondern, ist, mathematisch gesprochen, eine vom Spektralapparat ausgeführte Fourier-Analyse, und diese kann im allgemeinen nicht bei einer

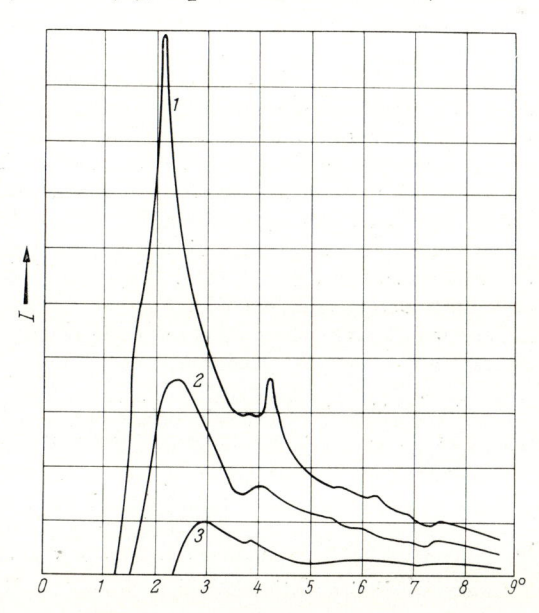

Abb. 461. Bremsspektrum für verschiedene Spannungen

1) 90 kV, 2) 70 kV, 3) 50 kV

Dem kontinuierlichen Bremsspektrum sind charakteristische Linien des Antikathodenmaterials überlagert. Abszisse ist der Glanzwinkel als Maß für die Wellenlänge (vgl. S. 301)

bestimmten Minimalwellenlänge abbrechen, sondern sollte bis zur Wellenlänge Null herabgehen. Es ließen sich zwar besondere Formen der Energieverteilung der Wellenlängen im Bremsspektrum gedanklich konstruieren, die zu einem Abbrechen des Fourier-Spektrums führen würden. Aber es fehlt jeder Anhalt, warum solche speziellen Energieverteilungen immer auftreten sollten. Es bleibt also dabei: **Das scharfe Abbrechen des Spektrums ist auf klassische Weise nicht erklärbar.** Die folgende Tabelle gibt einige Ergebnisse von Duane und Hunt wieder:

Tab. 30. Kurzwellige Grenze des Bremsspektrums

V in Volt	λ_{min} in Å	$\lambda_{min} \cdot V$	h in erg · s
39150	0,307	12019	$6,42 \cdot 10^{-27}$
37950	0,318	12068	6,45
34900	0,345	12041	6,42
32250	0,371	11965	6,39
28400	0,425	12070	6,45
25000	0,488	12150	6,49

Die dritte Spalte von Tab. 30 zeigt, daß das Produkt $\lambda_{min} V$ wirklich eine Konstante ist, was wiederum eine Bestätigung der Einsteinschen Theorie ist. Die letzte Spalte enthält die Plancksche Konstante auf Grund von Gl. (302). Daß der h-Wert etwas zu klein ausgefallen ist, liegt an den Ungenauigkeiten, die bei dieser ersten Messung noch nicht erkannt worden waren. Daß genauere Messungen die Gültigkeit der Einsteinschen Gleichungen noch schlagender beweisen, braucht hier im einzelnen nicht näher ausgeführt zu werden. Außer der Spannung wurde bei solchen Messungen auch das Material der Antikathode in umfassender Weise geändert (Wolfram, Blei, Rhodium, Kupfer, Silber, Platin), und die Wellenlängenmessung geschah mit verschiedenen Kristallen (Kalkspat, Steinsalz, Sylvin). Wie rückschauend zu erwarten war, ergab sich jedesmal die Gültigkeit der Einsteinschen Theorie.

Übrigens leistet die Einsteinsche Formel (301) noch mehr: Sie erklärt die folgende bemerkenswerte Erscheinung: Kathodenstrahlen von der Voltgeschwindigkeit V erzeugen Röntgenstrahlen mit durch (301) bestimmter Maximalfrequenz ν_{max}; die Röntgenstrahlen ihrerseits können nun aus Metallen wiederum Photoelektronen, sogenannte **sekundäre Kathodenstrahlen**, von der ursprüglichen Voltgeschwindigkeit V erzeugen. Das ist aus denselben Gründen wie beim Photoeffekt auch hier mit einer Ausbreitung der Strahlung auf Kugelflächen vollkommen unvereinbar. Denn eine sich stetig verdünnende Strahlung könnte natürlich keine Photoelektronen der ursprünglichen Energie hervorbringen. Nach der Photonen-Vorstellung ergibt sich die Erklärung von selbst durch Anwendung der Gl. (295) und (301).

Schließlich sei erwähnt, daß die Einsteinsche Theorie auch die Stokessche Regel der Fluoreszenz erklärt (S. 182). Diese sagt aus, daß die Frequenz ν_f der Fluoreszenzstrahlung kleiner oder höchstens gleich der Frequenz ν_e der erregenden Strahlung ist. Das ist sofort klar, wenn die einfallende Energie aus Photonen der Energie $h\nu_f$ besteht. Jedes Photon erleidet Energieumwandlungen beim Prozeß der Fluoreszenz, und so muß nach dem Energieprinzip $h\nu_e \geqq h\nu_f$ sein. Das Gleichheitszeichen kann nur bestehen, wenn gar kein Energieverlust bei dem Prozeß stattfindet. Dieser Grenzfall der sogenannten Resonanzfluoreszenz trifft bei manchen Fluoreszenzlinien von Gasen zu. Na-Dampf z. B. strahlt bei geeignetem Dampfdruck nach Erregung mit den beiden D-Linien auch wirklich nur diese beiden Linien wieder aus, so daß hier $\nu_f = \nu_e$. Verletzung der Stokesschen Regel wäre nur möglich, wenn beim Fluoreszenzprozeß das fluoreszierende Medium zusätzlich Energie an die Strahlung abgibt. Das ist in gewissen Umständen der Fall („antistokessche Linien", z. B. im Raman-Effekt, vgl. Nr. 71).

69. Anwendungen lichtelektrischer Erscheinungen

Wir haben schon gelegentlich auf die Anwendung des äußeren lichtelektrischen Effekts zur Messung von Strahlungsenergie hingewiesen, die auf der Proportionalität zwischen der Zahl der Photoelektronen (d. h. dem Photostrom) und der einfallenden Lichtintensität beruht. Wegen der großen Bedeutung, die diese und andere Anwendungen der Lichtelektrizität neuerdings gewonnen haben, wollen wir hier im Zusammenhang auf einige dieser Anwendungen eingehen, wobei wir uns nicht auf den äußeren lichtelektrischen Effekt beschränken werden.

Allgemeines. Es ist üblich, die eingestrahlte Lichtenergie[1]) in cal/s oder in Watt anzugeben (1 cal/s = 4,186 Watt). Löst nun z. B. bei einer Wellenlänge λ eine einfallende Lichtleistung von L cal/s einen Elektronenstrom von i C/s = i Amp aus, so wird der Quotient

$$(303) \qquad E_\lambda = \frac{i}{L}$$

als (spektrale) lichtelektrische Empfindlichkeit E_λ der Photozelle bezeichnet, wobei vorausgesetzt sei, daß man im „Sättigungsgebiet" einer Photozelle arbeitet, daß also die zwischen lichtelektrischer Kathode und der Anode liegende Spannung so hoch ist, daß alle aus der Kathode austretenden Elektronen zur Anode herübergezogen werden. Indem man diese Größe für alle Wellenlängen, auf die die Photozelle anspricht, bestimmt, erhält man die spektrale Empfindlichkeitsverteilung der betreffenden Photozelle. Aus dieser Kurve und aus der spektralen Energieverteilung der Lichtquelle kann man die Photoströme für jeden Fall berechnen.

Häufig wird die lichtelektrische Empfindlichkeit auch durch das Verhältnis des Sättigungsstroms (in μAmp) zum einfallenden Lichtstrom (in Lumen) ausgedrückt, also durch die Meßeinheit μAmp/Lumen angegeben. Diese Kennzeichnung ist jedoch insofern nicht eindeutig, als sie stark von der Energieverteilung der Lichtquelle abhängt.

Nach der Einsteinschen Gl. (300) sollte jedem absorbierten Lichtquant $h\nu$, das größer ist als $h\nu_0$, ein ausgelöstes Photon entsprechen. Bei Absorption einer Lichtmenge im Betrag von Lt cal (t die Einstrahlungsdauer) sollten also

$$Z = Lt/h\nu$$

Elektronen frei werden. Dabei ist natürlich $h\nu$ in denselben Einheiten anzugeben wie Lt, mittels $h = 1{,}582 \cdot 10^{-44}$ cal·s = $1{,}054 \cdot 10^{-34}$ Js. Z ist dann eine reine Zahl. Den Quotienten

$$(304) \qquad n = \frac{Z}{Lt} = \frac{1}{h\nu} \text{ cal}^{-1},$$

d. h. die Elektronenzahl pro eingestrahlter Kalorie nennt man das **Quantenäquivalent**. Es sollte nach (304) umgekehrt proportional der Lichtfrequenz ν sein. In der folgenden Tabelle sind für einige Wellenlängen bzw. Frequenzen die Quantenäquivalente angegeben sowie (in der vierten Spalte) die bei Einstrahlung einer Kalorie theoretisch freiwerdende Elektrizitätsmenge. Nach Gl. (303) ist dies aber nichts anderes als die lichtelektrische Empfindlichkeit.

λ in mμ	ν in s^{-1}	Quantenäquivalent $n = Z/Lt$ in cal^{-1}	Lichtelektrische Empfindlichkeit in C/cal $E_\lambda = ne$
1000	$3 \cdot 10^{14}$	$2{,}106 \cdot 10^{19}$	3,37
500	6	1,053	1,68
250	12	0,526	0,84
100	30	0,211	0,337

---
[1]) Es handelt sich also nicht um die in der Photokathode absorbierte Strahlung, welch letztere für die theoretischen Zusammenhänge wichtig ist. In manchen Fällen ist es allerdings zweckmäßig, die lichtelektrische Empfindlichkeit doch auf die absorbierte Energie zu beziehen. Die Unterscheidung dieser beiden Möglichkeiten der Definition der Empfindlichkeit ist wohl zu beachten.

Tatsächlich steht der theoretisch zu erwartende Abfall von n mit wachsendem v vielfach im Widerspruch zur Erfahrung, ebenso wie die empirischen Werte von n oft außerordentlich klein gegenüber der Erwartung ausfallen. Letzteres hat seinen Grund vielfach darin, daß von den lichtelektrisch im Innern des Metalls freigemachten Elektronen nur ein kleiner Bruchteil die Metalloberfläche verlassen kann, da die Eindringtiefe des Lichts größer sein kann als die mögliche Austrittstiefe der Elektronen, die infolgedessen vor Erreichen der Oberfläche ihre Energie zum Teil durch Zusammenstöße verlieren. Man bezeichnet das Verhältnis der tatsächlich gemessenen Photoelektronenzahl zu der durch das Quantenäquivalent geforderten als die **Quantenausbeute** des lichtelektrischen Effekts. Diese Ausbeute, die im sichtbaren Spektralbereich zwischen 0,04 % und 8 % liegt, steigt nach kurzen Lichtwellenlängen an, weil mit höherer Lichtfrequenz die Energie der Photonen und damit die kinetische Energie der freigemachten Elektronen zunimmt, so daß auch Elektronen aus tieferen Schichten bis zur Oberfläche gelangen und austreten können. So erklärt sich bei reinen Metalloberflächen der Anstieg der lichtelektrischen Empfindlichkeit mit abnehmender Wellenlänge. Man spricht in diesem Fall vom „normalen" äußeren lichtelektrischen Effekt. Als Beispiel ist in Abb. 462 die normale lichtelektrische Empfindlichkeit für Platin, Silber und Gold wiedergegeben.

Selektiver lichtelektrischer Effekt. Eine Reihe von Metallen, insbesondere die Alkali- und Erdalkalimetalle und ihre Verbindungen, zeigen in der spektralen Verteilung der lichtelektrischen Empfindlichkeit ein resonanzähnliches Maximum. Dieses Verhalten bezeichnet man als „selektiven" lichtelektrischen Effekt. In Abb. 463 ist dieser Effekt für verschiedene K-Kathoden wiedergegeben. Dieser selektive Verlauf, der sehr stark von der Reinheit der betreffenden Substanz und vom Zustand seiner Oberfläche abhängt, erklärt sich nach R. Suhrmann (1954) durch den Verlauf der optischen Absorption, die bei Alkalimetallen im sichtbaren Spektralgebiet im Vergleich mit anderen Metallen verhältnismäßig klein ist und von der langwelligen Grenze, bei der der lichtelektrische Effekt einsetzt, nach kürzeren Wellen stark abnimmt. Dies zeigt z. B. für Kalium die gestrichelte Kurve A in Abb. 464, die die Lichtabsorption in einer Kaliumschicht von der Dicke $d = 2,6 \cdot 10^{-7}$ cm in % der einfallenden Lichtintensität angibt. Aus anderen Messungen ist bekannt, daß die in einer so dünnen Schicht ausgelösten Elektronen noch alle austreten können. Dividiert man die lichtelektrische Empfindlichkeit (Abb. 463) durch die zugehörigen Werte der Lichtabsorption, so erhält man die „wahre" spektrale Empfindlichkeitskurve E_a, in der das spektrale Maximum vollständig verschwunden ist und die lichtelektrische Ausbeute nach dem ersten steilen Anstieg im Anschluß an die langwellige Grenze wellenlängenunabhängig bleibt, wie es das Einsteinsche Gesetz erwarten läßt. Denn dieses besagt ja, daß für jedes absorbierte Lichtquant unabhängig von dessen Energie gerade ein Elektron freigemacht wird. Die Ausbeute muß also von der Frequenz unabhängig sein, wenn alle ausgelösten Elektronen auch austreten können. Das ist hier wegen der Dünne der Schicht der Fall. Der Verlauf des steilen Anstiegs in der Nähe der langwelligen Grenze ist durch die Wärmeenergie bedingt; dieser Anstieg würde bei tieferer Temperatur noch steiler werden.

Auf die vielen technischen Ausführungen solcher Zellen und die mit ihnen verknüpften Meßverfahren gehen wir hier nicht ein.

Der Sekundärelektronenvervielfacher (SEV) oder Multiplier. Elektronen, die mit genügend großer Geschwindigkeit auf eine Metallplatte treffen, können aus dieser wieder Elektronen sekundär auslösen. Die Ausbeute an solchen Sekundärelektronen pro eingestrahltem Elektron hängt dabei ab von der Art des bestrahlten Materials und von der Geschwindigkeit der Primärelektronen. Sie erreicht ein Maximum bei Energien von 400—600 eV. Bei größerer Energie dringen die Primärelektronen so tief in das Metall ein, daß nicht alle sekundär ausgelösten Elektronen austreten können. Bei den meisten

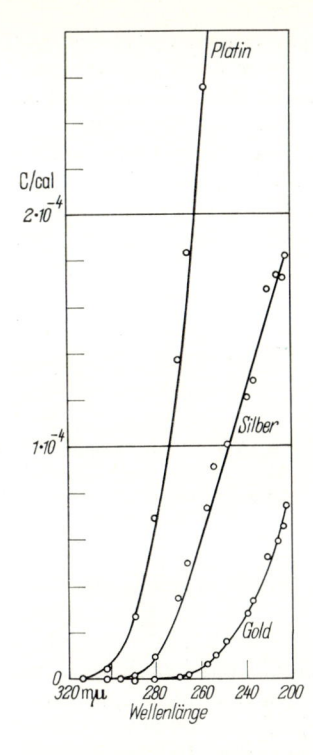

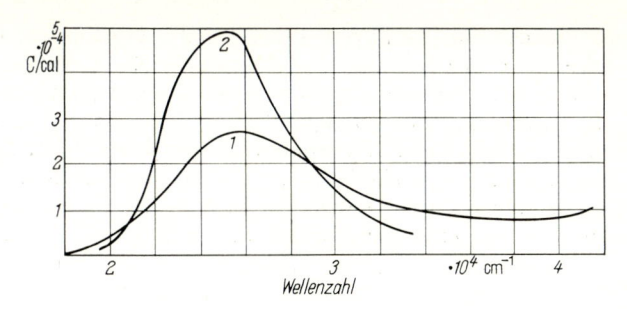

Abb. 463. Selektive lichtelektrische Empfindlichkeit reiner Kaliumelektroden (nach Suhrmann)
1) K als feinkristalliner Belag auf Trägermetall
2) Innenverspiegelung der Zelle mit K

Abb. 462. Normale lichtelektrische Empfindlichkeit

Metallen beträgt der Ausbeutefaktor 1 bis 1,5. Bei gewissen Verbindungen, wie z. B. Cs_3Sb, kann die Sekundärelektronenausbeute den Wert 10 erreichen! Indem man nun die an einer Photokathode lichtelektrisch ausgelösten Elektronen zur Auslösung von Sekundärelektronen benutzt und diesen Vorgang in mehreren Stufen wiederholt, kann man eine 10^5- bis 10^9-fache Verstärkung des Photoeffekts erzielen. Bei einer Empfindlichkeit der Photokathode von 40 μAmp/Lumen erreicht man so eine Ausgangsemp-

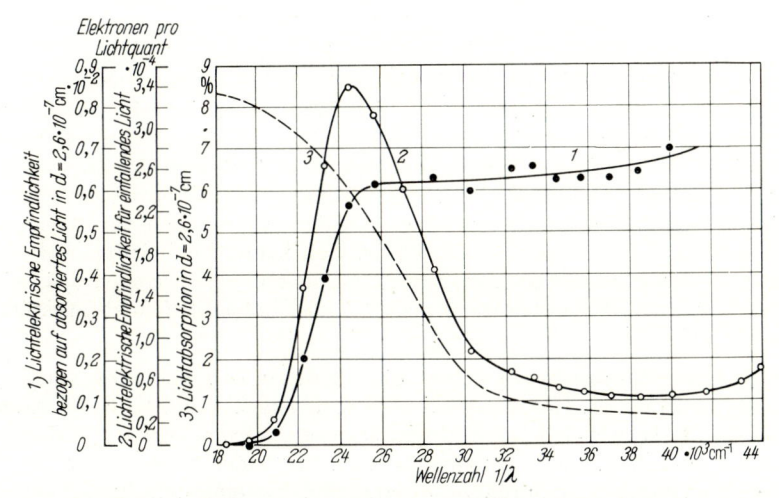

Abb. 464. Selektive lichtelektrische Empfindlichkeit von reinem K (in Elektronen/Photon) (nach Suhrmann) 1) Kurve 2 von Abb. 463 (bezogen auf absorbierte Strahlung). 2) Kurve 2 von Abb. 463 (bezogen auf einfallende Strahlung). 3) Absorption

findlichkeit am SEV von 4 bis $4 \cdot 10^4$ Amp/Lumen, die sich natürlich nur bei sehr schwacher Beleuchtung der Photokathode ausnutzen läßt, aber auch gerade dann wichtig ist. Abb. 465 zeigt schematisch den Aufbau eines solchen Multipliers. Zwischen den Platten („Prallelektroden" oder „Dynoden"), an denen der Sekundärelektroneneffekt auftritt, liegt eine Spannung von je 100 Volt. Damit die an einer Platte ausgelösten Elektronen sämtlich auf die nächste treffen, muß das Elektronenbündel geeignet konzentriert werden, was sich durch die Formgebung der Platten und richtige Abschirmung erreichen läßt, d. h. durch geeignete „elektrische Linsen" (vgl. Nr. 76).

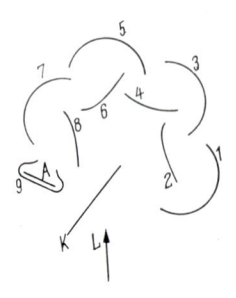

Abb. 465. Schema eines Sekundärelektronenvervielfachers
K = Kathode,
A = Anode,
L = Lichteinfall,
1—9 = Multiplikationsstufen mit etwa 100 V Potentialdifferenz von Stufe zu Stufe

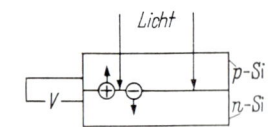

Abb. 466. Schema eines Silizium-Photoelements.
+ und —: vom Licht erzeugte Ladungsträger;
V = Voltmeter

Photowiderstände. Neben dem äußeren lichtelektrischen Effekt werden zum Bau lichtelektrischer Zellen auch der innere lichtelektrische Effekt und der Sperrschichtphotoeffekt benutzt, deren physikalische Grundlagen bereits in Bd. II besprochen wurden. Wir wiederholen daher nur kurz: Beim inneren lichtelektrischen Effekt, der vornehmlich an Halbleitern auftritt, befreit das auffallende Licht im Innern des Halbleiters Elektronen aus ihrer festen Bindung an die Gitterbausteine, während beim äußeren lichtelektrischen Effekt das Licht auf freie Elektronen einwirkt. Die ausgelösten Elektronen treten nicht aus der Oberfläche heraus, sondern bewirken lediglich eine Erhöhung der Leitfähigkeit, die sich bei Anlegen einer äußeren Spannung durch eine Erhöhung des Stroms gegenüber dem unbelichteten Halbleiter bemerkbar macht. Man spricht von „Photowiderständen". Im unbelichteten Zustand besitzt ein solcher einen Dunkelwiderstand von 10^5 bis 10^9 Ohm. Je stärker dieser Widerstand absinkt, um so größer ist die lichtelektrische Empfindlichkeit. Als spezielles Maß für diese kann man die Größe ansehen

$$E = \frac{R_0}{R_{100}} - 1,$$

worin R_0 den Dunkelwiderstand und R_{100} den Widerstand bei einer Belichtung von 100 Lux bedeuten. Es gibt solche Photowiderstände, bei denen sich bei Bestrahlung mit Sonnenlicht (10^6 Lux) der Widerstand um rund 9 Zehnerpotenzen ändert, also metallische Leitfähigkeit erreicht wird. Ein Nachteil aller Photowiderstände ist ihre verhältnismäßig große Trägheit gegenüber schnellen Änderungen der Beleuchtung. Die Zeiten, in denen nach Ein- oder Ausschalten der Beleuchtung der Leitwert auf den halben Wert seines Hellbetrags angestiegen bzw. abgesunken ist, betragen bei schwachen Beleuchtungsstärken (100 Lux) etwa 5—500 ms; bei hohen Beleuchtungsstärken sind sie kleiner.

Photoelemente. Photoelemente liefern ohne jede äußere Spannungsquelle bei Belichtung einen Photostrom. Der Aufbau eines Photoelements und dessen Wirkungsweise soll hier für das Silizium-Photoelement erläutert werden (vgl. auch Band II).

Es besteht, wie Abb. 466 schematisch zeigt, aus einer Scheibe aus „n-Silizium" (Elektronenüberschußleitung durch As-Zusatz), auf die eine lichtdurchlässige Schicht aus „p-Silizium" (Defektelektronenleitung durch Ga-Zusatz) angebracht ist. Infolge des Konzentrationsgefälles der Elektronen von der n- zur p-Schicht (und umgekehrt für die

Defektelektronen) bilden sich durch Diffusion dieser Ladungsträger Raumladungen zu beiden Seiten der Grenzschicht zwischen p- und n-Leiter aus, die zur Entstehung einer elektrischen Doppelschicht führen mit einem elektrischen Feld, das von der n- zur p-Schicht gerichtet ist und weitere Diffusion verhindert. Werden nun durch Licht, das durch die lichtdurchlässige Schicht eindringt, in der Grenzschicht Elektronen ausgelöst, so werden diese durch das eben erwähnte Feld in die n-Schicht gezogen, und diese Änderung der Ladungsverteilung gegenüber dem vorher eingestellten Gleichgewicht erzeugt eine Photo-EMK. Verbindet man die beiden Schichten durch einen äußeren Stromkreis, so fließen die lichtelektrisch ausgelösten Elektronen als Photostrom durch diesen Kreis. Die Empfindlichkeit liegt in der Größenordnung von 300—400 μAmp/Lumen. Die auf die auffallende Strahlung bezogene Quantenausbeute von Siliziumphotoelementen liegt dabei zwischen 0,35 und 0,7. Infolge dieses hohen Wirkungsgrads werden solche Photoelemente als „Sonnenbatterien" zur Spannungsversorgung elektrischer Geräte kleinen Stromverbrauchs benutzt. Sie können eine Leistung von wenigen mWatt/cm² abgeben.

Ähnlich arbeiten Selen-Photoelemente. Da deren spektrale Empfindlichkeitsverteilung weitgehend der des Auges entspricht, werden sie besonders zum Bau von Photometern und photographischen Belichtungsmessern verwendet.

70. Eigenschaften des Photons

In den Nr. 66—68 haben wir konstatiert, daß die Wellentheorie nicht fähig ist, die Erscheinung des lichtelektrischen Effekts zu deuten, sondern daß eine Korpuskulartheorie herangezogen werden muß. Von dem dabei eingeführten Photon haben wir bisher nur seine Energie benutzt, die gleich $h\nu$ gesetzt werden mußte.

Dem fügen wir jetzt hinzu, daß nach der Relativitätstheorie[1]) jede Energie, also auch die Energie $h\nu$, eine Masse hat, die sich nach der allgemeinen Gleichung $E = \mathrm{mc}^2$ ergibt. Die Masse m_{Ph} des Photons ist also

(305) $$m_{Ph} = \frac{h\nu}{c^2}.$$

Wir müssen aber, vor allen Dingen bei großen Geschwindigkeiten v, zwischen der mit der Geschwindigkeit v bewegten Masse m und der „Ruhmasse" m_0 unterscheiden, die wie folgt miteinander zusammenhängen:

$$m = \frac{m_0}{\sqrt{1 - v^2/c^2}}.$$

Da für das Photon stets $v = c$ sein soll, ergibt sich daraus zur Bestimmung seiner Ruhmasse die Gleichung

$$m_{Ph} = \frac{m_{0Ph}}{\sqrt{1-1}},$$

und da die auf der linken Seite stehende Masse des Photons natürlich endlich ist, muß zur Vermeidung eines Widerspruchs geschlossen werden, daß

(306) $$m_{0Ph} = 0.$$

D. h., das Photon hat die Ruhmasse $m_0 = 0$.

---

[1]) Für die Begründung der hier und später benutzten relativistischen Formeln vergleiche man Kapitel IX.

Da wir dem Photon eine Masse zuschreiben müssen, ist weiter zu folgern, daß es auch einen Impuls p_{Ph} besitzt, was in unserm Fall ergibt

$$(307) \qquad p_{Ph} = \frac{h\nu}{c^2}\, c = \frac{h\nu}{c}.$$

Für späteren Gebrauch und um eine Vorstellung von der Größe der Photonen-Energie, der Masse und dem Impuls des Photons zu geben, wollen wir diese Größen für die Wellenlängen $\lambda_D = 5,893 \cdot 10^{-5}$ cm bzw. die Frequenz $\nu_D = 5,091 \cdot 10^{14}$ s^{-1} der D-Linien berechnen. Mit $h = 6,625 \cdot 10^{-27}$ erg s ergibt sich für

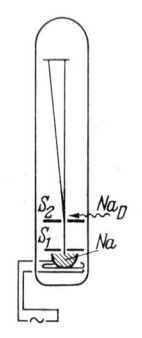

(308a) die Energie $E_{Ph} = h\nu_D = 33,73 \cdot 10^{-13}$ erg,

(308b) den Impuls $p_{Ph} = h\nu_D/c = 11,24 \cdot 10^{-23}$ g cm s^{-1},

(308c) die Masse $m_{Ph} = h\nu_D/c^2 = 3,75 \cdot 10^{-33}$ g.

Außerdem sei noch die Masse eines Na-Atoms angegeben:

(308d) $\qquad m_{Na} = 3,82 \cdot 10^{-23}$ g.

Wir fragen, welche Geschwindigkeit v_{Na} der soeben berechnete Impuls p_{Ph} einem ruhenden Na-Atom erteilen würde, wenn die Photonenenergie vollständig in kinetische Energie des Atoms umgewandelt würde. Sie ergibt sich aus der Gleichung $11,24 \cdot 10^{-23} = 3,82 \cdot 10^{-23} \cdot v_{Na}$ zu

Abb. 467. Schema des Versuchs von Frisch

(308e) $\qquad v_{Na} = 2,94$ cm s^{-1}.

Diese Angaben werden wir gleich bei der Beschreibung eines Versuchs von R. O. Frisch benutzen, dem es gelungen ist, den Photonenimpuls experimentell nachzuweisen und seinen Wert $h\nu/c$ zu bestätigen. Die Idee des Versuchs ist folgende: Nach dem Verfahren von Dunoyer zur Erzeugung von Molekularstrahlen (Band I) wird durch Erhitzen im Vakuum ein Metall, in unserm Fall Natrium, verdampft. Die mittlere Geschwindigkeit der Na-Dampf-Atome hängt von der Ofentemperatur ab; bei Frisch betrug sie $v_{Na} = 9 \cdot 10^4$ cm/s, was einer Ofentemperatur von etwa 300⁰ C entspricht. Durch spaltförmige Blendenöffnungen S_1 und S_2 (Abb. 467) wird ein feiner Atomdampfstrahl ausgeblendet, der sich in einem etwa 50 cm langen evakuierten Rohr ausbreitet. Unmittelbar hinter dem Spalt S_2 wird der Atomstrahl von der Seite her senkrecht zu seiner Richtung mit einer Na-Dampflampe belichtet, die praktisch nur die D-Linien emittiert. Es treten also Photonen $h\nu_D$ nach (308b) mit dem Impuls $11,24 \cdot 10^{-23}$ g cm s^{-1} senkrecht auf den Atomstrahl auf und übertragen ihren Impuls auf jedes getroffene Na-Atom, das nach (308e) durch den Stoß eine seitliche Geschwindigkeitskomponente von 2,94 cm/s erhält. Diese setzt sich mit der dazu senkrechten Geschwindigkeit der Atome längs des Strahls vektoriell zusammen und bewirkt so eine kleine Richtungsänderung des Strahls. Der Ablenkungswinkel η beträgt hier $2,94/9 \cdot 10^4$, d. h. ungefähr 6″. Das bedeutet, daß der kleine Anteil derjenigen Atome, die ein Photon absorbiert haben, bei einer Strahllänge von 50 cm etwa 0,016 mm neben den unabgelenkten Atomen auf den zur Messung benutzten Empfänger treffen. Die Experimente lieferten Ergebnisse in der erwarteten Größenordnung. Man kann also den theoretisch geforderten Impulswert auch als experimentell bestätigt ansehen.

Es geht aus dieser Darlegung hervor, daß die bisherige Behandlung des lichtelektrischen Effekts noch nicht vollständig ist; denn wir müssen außer der Erhaltung der Energie auch noch die des Impulses verlangen. Man erkennt am einfachsten an einem numerischen Beispiel, wie die Verhältnisse liegen. Nehmen wir eine monochromatische Strahlung von der Wellenlänge der D-Linien, so hat dieses Photon nach (308a) die Energie $33,73 \cdot 10^{-13}$ erg und den Impuls (308b) $11,24 \cdot 10^{-23}$ g cm s^{-1}.

Anderseits wissen wir, daß das beim lichtelektrischen Effekt herausgelöste Elektron eine erhebliche Geschwindigkeit v, also auch einen erheblichen Impuls (in umgekehrter Richtung wie das Photon) hat. Die Geschwindigkeit ist durch die Einsteinsche Gleichung $\frac{m}{2} v^2 = h\nu$ bestimmt. Hier haben wir die Austrittsarbeit weggelassen, um den Maximalwert von v zu bestimmen. Für den Elektronenimpuls $p_{El} = mv$ erhält man aus der letzten Gleichung

$$p_{El} = \sqrt{2h\nu\, m}\ .$$

In unserem Zahlenbeispiel ergibt das, wenn die Elektronenmasse $m = 0{,}9 \cdot 10^{-27}$ g gesetzt wird:

$$p_{El} \approx 8 \cdot 10^{-20} \text{ g cm s}^{-1}\ .$$

Der Impuls des Photons ist also bei der gewählten Wellenlänge rund tausendmal kleiner als der Impuls des Elektrons. Für die Impulsbilanz kann also unter den angenommenen Bedingungen der Photonenimpuls ganz vernachlässigt werden. Erst bei viel höheren Frequenzen, etwa von $\nu = 1{,}6 \cdot 10^{20}$ s^{-1} ab (entsprechend Wellenlängen von 0,02 Å) wird der Photonenimpuls dem Elektronenimpuls vergleichbar und müßte dann berücksichtigt werden. Der nach vorn gerichtete Elektronenimpuls muß aber durch einen nach hinten gerichteten Impuls, einen Rückstoß, kompensiert werden. Ein solcher Rückstoßimpuls könnte nur auftreten, wenn das ausgetretene Photoelektron im Gitter nicht vollkommen frei ist, sondern mit ihm durch Kräfte, wenn auch kleine, in Wechselwirkung steht. Dann und nur dann erteilt das austretende Elektron einem Gitteratom einen Rückstoßimpuls p_G von gleichem Betrag aber umgekehrter Richtung wie p_{El}, so daß $p_{El} + p_G = 0$ ist. Wegen der im Verhältnis zur Elektronenmasse sehr großen Masse der Atome kann ein Atom nur eine im Vergleich zur Elektronengeschwindigkeit sehr kleine Geschwindigkeit annehmen, die sich im allgemeinen der Beobachtung entzieht. Die Erhaltung des Impulses, die mechanisch notwendig ist, zwingt also zu der Folgerung, daß die sogenannten „freien" Elektronen im Metall, denen die Elektrizitäts- und Wärmeleitung zugeschrieben wird, nicht vollkommen frei sein können. Daß es aber jedenfalls diese sogenannten freien Elektronen sind und nicht etwa die im Atom gebundenen, die im äußeren lichtelektrischen Effekt herausgelöst werden, dafür spricht die experimentell feststehende Tatsache, daß das Austrittspotential eine dem metallischen Zustand eigentümliche Konstante ist.

Wenn wir also zusammenfassen, was wir von dem Photon wissen, so können wir sagen: Das Photon ist eine sich mit der Lichtgeschwindigkeit c geradlinig bewegende Korpuskel von der Energie $h\nu$, der Masse $h\nu/c^2$, der Ruhmasse $m_0 = 0$, dem Impuls $h\nu/c$.

Eine weitere Eigenschaft, die man gewohnt ist, Korpuskeln zuzuschreiben, haben wir überhaupt nicht erwähnt, nämlich die räumliche Ausdehnung des Photons. In der Tat ist dieser Begriff für die Einsteinsche Theorie belanglos. Wir werden später sehen, daß ein streng monochromatisches Photon räumlich nicht zu begrenzen ist und daß überhaupt der Begriff der Lokalisierung eines Teilchens zum Problem wird.

Wir haben gezeigt, daß die Photonentheorie der Wellentheorie beim lichtelektrischen Effekt überlegen ist. Bei der Wertung dieser Feststellung ist aber nicht aus dem Auge zu lassen, daß der Elementarvorgang, d. h. der Übergang von der Strahlungsenergie in die kinetische Energie des Elektrons nicht weiter erklärt wird, ebensowenig wie der experimentelle Befund, daß dieser Übergang trägheitslos erfolgt. Das muß in der Einsteinschen Theorie als gegeben hingenommen werden. Im Gegensatz dazu liefert die Wellentheorie eine detaillierte Anweisung für das Verständnis der Energieübertragung, die auf der Einwirkung des elektromagnetischen Felds der Welle beruht. Die Einsteinsche Theorie setzt einfach den Energiesatz an und kann auf diese Weise ein

Eingehen auf den Mechanismus des Elementarvorgangs vermeiden. So ist es immer, wenn es sich um die **Wechselwirkung von Strahlung und Materie** handelt. Einen besonders durchsichtigen Fall solcher Wechselwirkung werden wir in der nächsten Nummer kennenlernen, nämlich den **Compton-Effekt**.

Spielt bei der Erklärung der Wechselwirkungserscheinungen zwischen Strahlung und Materie die Photonentheorie die Hauptrolle, so ist es gerade umgekehrt, wenn es sich um die Erscheinungen der Interferenz, Beugung und Polarisation handelt; hier ist die eigentliche Domäne der Wellentheorie.

Bei aller Gegensätzlichkeit beider Theorien darf auch nicht übersehen werden, daß die Photonentheorie von einem Begriff der Wellentheorie Gebrauch macht, nämlich von der Frequenz. Dieser an sich unverstandene Zusammenhang verbietet es, kurzerhand von einer Alternative Wellentheorie oder Korpuskulartheorie zu sprechen. Bei den Erscheinungen des Lichts zeigt sich also ein eigenartiger **Dualismus**: Gewisse Phänomene können nur mit Hilfe der korpuskularen Auffassung, andere nur mit der Wellenvorstellung gedeutet werden, manche auch gleich gut nach beiden Auffassungen. Ein Beispiel für letzteres ist der **Strahlungsdruck**, der als Impulsübertragung der Photonen oder aus der elektromagnetischen Lichttheorie erklärt werden kann. Auf diesen Dualismus, der ebenso bei der Materie besteht, für die eine Wellentheorie eingeführt werden muß, werden wir in Kapitel VIII noch ausführlich zurückkommen.

71. Compton-Effekt; Mößbauer-Effekt; Raman-Effekt

Noch deutlicher als beim lichtelektrischen Effekt tritt der Zwiespalt zwischen Welle und Korpuskel bei einer von A. H. Compton (1923) durchgeführten Untersuchung zutage. Es handelt sich dabei um die Erklärung einer von C. G. Barkla (1904) zum erstenmal gemachten Beobachtung, daß die Röntgenstrahlung bei Streuung an Materie eine vom klassischen Standpunkt unverständliche Veränderung erleidet. Die klassische Auffassung der Streuung besteht darin, daß die primäre Strahlung die Elektronen des Streukörpers zum „Mitschwingen" erregt, so daß sie zu Ausgangspunkten der sekundären Strahlung werden, die sich von da nach allen Seiten ausbreitet. In dieser Auffassung ist implizite die Aussage enthalten, daß durch den Streuprozeß die Wellenlänge nicht verändert wird. Die Streustrahlung ist mit der primären Strahlung **kohärent**. Das Experiment ergab, daß die Durchlässigkeit von Filtern für das gestreute Röntgenlicht geringer war als für das primäre. Das könnte durch die Annahme erklärt werden, daß die gestreuten Wellenlängen durch den Streuprozeß größer als die primären geworden seien, da das Durchdringungsvermögen der Röntgenstahlen im allgemeinen um so kleiner wird, je größer die Wellenlänge ist — aber gerade die Wellenlängenänderung ist mit der klassischen Auffassung unvereinbar. Zur Zeit von Barklas Versuchen gab es noch keine Möglichkeit, Röntgenwellenlängen zu messen (Laues Entdeckung fällt ja erst ins Jahr 1912), und daher mußte man sich lange Zeit mit dem obigen zwar formal möglichen, aber physikalisch unverständlichen und jedenfalls nicht exakt bewiesenen Erklärungsversuch begnügen. Erst durch Compton wurde die Sachlage geklärt. Fast gleichzeitig und unabhängig von Compton hat P. Debye dieselbe Theorie wie Compton entwickelt.

Compton-Debyesche Theorie der Streuung von Röntgenstrahlen. Da die klassische Auffassung eine Wellenlängenänderung nicht verstehen läßt, legen wir die korpuskulare Auffassung zugrunde. Wir idealisieren den Prozeß insofern, als wir annehmen, die Elektronen, die von der Strahlung beeinflußt werden, seien vollkommen frei, d. h. nicht an Atome durch Kräfte gebunden. Tatsächlich ist das niemals der Fall, aber die Bindungskräfte sind relativ klein gegenüber der Energie der Röntgenstrahl-Photonen. Ein Photon der Frequenz ν_0, also mit der Energie $h\nu_0$ und dem Impuls $h\nu_0/c$, treffe auf ein ruhendes, freies Elektron der Masse m_0 auf, das nach dem Stoß die Geschwindigkeit

v habe. Wir verlangen Erhaltung der Energie und des Impulses. Wir betrachten also sozusagen den Stoß zwischen Photonen und Elektronen.

Würde man annehmen, daß alles wie beim lichtelektrischen Effekt verliefe, so hätte man anzusetzen

$$h\nu_0 = m_0 c^2 \left[\frac{1}{\sqrt{1-v^2/c^2}} - 1 \right] \quad \text{und} \quad \frac{h\nu_0}{c} = m_0 v / \sqrt{1-v^2/c^2}\,.$$

Da wir es hier mit sehr großen Frequenzen und demgemäß sehr großen Geschwindigkeiten zu tun haben, benutzen wir wie in Nr. 70 die relativistischen Gleichungen für kinetische Energie und Impuls, für deren Begründung wir wieder auf Kap. IX verweisen. Die Impulsgleichung können wir schreiben

$$h\nu_0 = m_0 c^2 \frac{v/c}{\sqrt{1-v^2/c^2}},$$

und der Vergleich mit der Energiegleichung liefert dann

$$v/c = 1 - \sqrt{1-v^2/c^2},$$

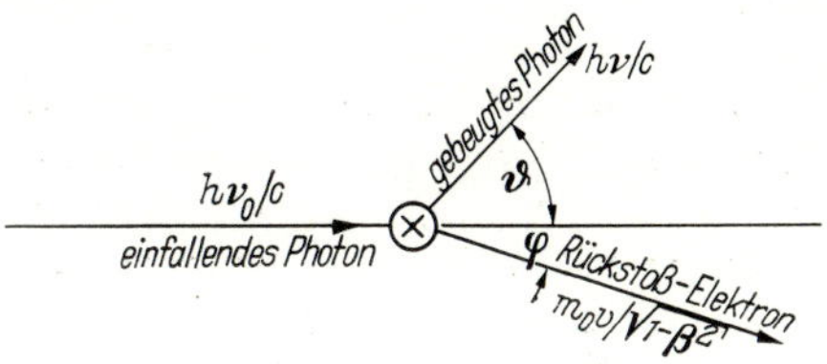

Abb. 468.
Impulsschema des Compton-Effekts

woraus sofort folgt: $v = c$. Das ist aber nach der Relativitätstheorie unmöglich, da bei $v = c$ die Masse des Teilchens unendlich groß würde. Der Vorgang kann also nicht so wie beim lichtelektrischen Effekt verlaufen, also nicht unter vollständiger Verwandlung der Photonenenergie in kinetische Energie eines Elektrons.

Compton hat daher angenommen, daß die Energie und der Impuls des stoßenden Photons sich aufteilen, indem ein Teil dazu benutzt wird, dem Elektron (sog. „Rückstoßelektron") eine Geschwindigkeit v in bestimmter Richtung (Winkel φ mit der Stoßrichtung) zu erteilen. Restenergie und Restimpuls bleiben dem Photon, das dann natürlich eine kleinere Frequenz $\nu < \nu_0$ hat und in einer bestimmten Richtung (Winkel ϑ gegen die Stoßrichtung) abgelenkt („gestreut") wird (Abb. 468).

Die Aufstellung der Energiegleichung braucht nicht besonders erläutert zu werden. Die Impulserhaltung muß aber sowohl parallel zur Stoßrichtung wie senkrecht dazu erfüllt sein. Wir erhalten also drei Gleichungen:

$$(309\text{a}) \qquad h\nu_0 = h\nu + m_0 c^2 \left[\frac{1}{\sqrt{1-v^2/c^2}} - 1 \right],$$

$$(309\text{b}) \qquad \frac{h\nu_0}{c} = \frac{h\nu}{c} \cos\vartheta + \frac{m_0 v}{\sqrt{1-v^2/c^2}} \cos\varphi \quad \text{(parallel Stoßrichtung)},$$

$$(309\text{c}) \qquad 0 = -\frac{h\nu}{c} \sin\vartheta + \frac{m_0 v}{\sqrt{1-v^2/c^2}} \sin\varphi \quad \text{(senkrecht Stoßrichtung)}.$$

In den drei Gleichungen (309) sind vier Unbekannte ($\nu, \vartheta, \varphi, v$) enthalten, von denen also drei als Funktion der vierten bestimmt werden können. Wir wollen ν, φ, v als Funktion von ϑ herstellen. Indem man (309b) und (309c) quadriert und addiert, eliminiert man φ und gewinnt

$$\left(\frac{h\nu_0}{c} - \frac{h\nu}{c}\cos\vartheta\right)^2 + \frac{h^2\nu^2}{c^2}\sin^2\vartheta = \frac{m_0^2 v^2}{1-v^2/c^2},$$

und nach einigen Umrechnungen

(310) $$\left(\frac{h\nu_0}{c} - \frac{h\nu}{c}\right)^2 + \frac{2h^2\nu_0\nu}{c^2}(1 - \cos\vartheta) = \frac{m_0^2 c^2 \beta^2}{1 - \beta^2},$$

wenn wir zur Abkürzung $v/c = \beta$ setzen. Um aus dieser Gleichung β zu eliminieren, beachten wir, daß man die rechte Seite von (310) auch mit Hilfe der Gl. (309a) herstellen kann:

(311) $$\frac{m_0^2 c^2 \beta^2}{1 - \beta^2} = \frac{h^2(\nu_0 - \nu)^2}{c^2} + 2hm_0(\nu_0 - \nu).$$

Die Kombination mit (310) ergibt dann sofort für die Frequenzänderung $\nu_0 - \nu = \Delta\nu$ die Gleichung

(312) $$\Delta\nu = \frac{h}{m_0 c^2}\nu_0\nu(1 - \cos\vartheta) = \frac{2h\nu_0\nu}{m_0 c^2}\sin^2\frac{\vartheta}{2},$$

woraus für ν selbst folgt:

(313) $$\nu = \frac{\nu_0}{1 + \frac{2h\nu_0}{m_0 c^2}\sin^2\frac{\vartheta}{2}}.$$

Für die Wellenlängenänderung $\Delta\lambda$, die der Frequenzänderung $\Delta\nu$ entspricht, folgt daraus

(314) $$\Delta\lambda = \frac{2h}{m_0 c}\sin^2\frac{\vartheta}{2}.$$

Diese Gleichung drückt die Wellenlängenänderung als Funktion des Streuwinkels des Photons aus; sie ist bemerkenswerterweise unabhängig von der primären Frequenz oder Wellenlänge. Der Proportionalitätsfaktor $2h/m_0 c$ in (314) ist also universell und hat mit $h = 6{,}625 \cdot 10^{-27}$ erg s und $m_0 = 0{,}91 \cdot 10^{-27}$ g den Wert

$$2h/m_0 c = 0{,}04853 \text{ Å}.$$

Damit geht (314) über in

(314a) $$\Delta\lambda = 0{,}04853 \sin^2\frac{\vartheta}{2} \text{ Å}.$$

Die Wellenlängenänderung verschwindet also für $\vartheta = 0$, ist am größten für $\vartheta = \pi$ ($\Delta\lambda = 0{,}04853$ Å), und für $\vartheta = \frac{\pi}{2}$ ist $\Delta\lambda = (0{,}0242621 \pm 0{,}0000006)$ Å. Dieser spezielle Wert $\Delta\lambda_{\pi/2}$ wird oft als „Compton-Wellenlänge" Λ bezeichnet.

Aus der Energiegleichung (309a) gewinnt man die kinetische Energie des Rückstoßelektrons

$$E_{kin} = m_0 c^2\left[\frac{1}{\sqrt{1-\beta^2}} - 1\right] = h(\nu_0 - \nu)$$

zunächst als Funktion von $\nu_0 - \nu$ und in Verbindung mit (312) und (313) als Funktion von ϑ:

(315) $$E_{kin} = h\nu_0 \frac{(2h\nu_0/m_0 c^2)\sin^2\frac{\vartheta}{2}}{1 + (2h\nu_0/m_0 c^2)\sin^2\frac{\vartheta}{2}}.$$

Daraus ergibt sich schließlich auch die Geschwindigkeit v des Rückstoßelektrons als Funktion von ϑ.

Es bleibt noch der Zusammenhang zwischen φ und ϑ festzustellen. Aus (309b) und (309c) folgt nach Umordnung und Division:

$$\tan \varphi = \frac{\sin \vartheta}{(\nu_0/\nu) - \cos \vartheta}.$$

Den Wert von ν_0/ν entnimmt man aus Gl. (313). Dann wird

$$\tan \varphi = \frac{2 \sin \frac{\vartheta}{2} \cos \frac{\vartheta}{2}}{(2\, h\nu_0/m_0 c^2) \sin^2 \frac{\vartheta}{2} + 2 \sin^2 \frac{\vartheta}{2}},$$

also schließlich

(316) $$\tan \varphi = \frac{1}{1 + h\nu_0/m_0 c^2} \cdot \frac{1}{\tan \frac{\vartheta}{2}}.$$

Die Gleichungen (313), (314), (315) und (316) enthalten die Lösung des Problems unter der Voraussetzung freier Elektronen[1]).

Eine wichtige Folgerung ergibt sich sofort aus (316). Nach den Bedingungen des Problems kann ϑ zwischen 0 und π variieren. Wenn ϑ von 0 an bis π wächst, so nimmt φ von $\frac{\pi}{2}$ bis 0 ab. Der Impuls des Rückstoßelektrons bildet also mit der Stoßrichtung stets einen spitzen Winkel, d. h., das Elektron wird stets nach vorn geschleudert. Im Grenzfall $\varphi = \frac{\pi}{2}$, also $\vartheta = 0$, wird nach (309c) $v = 0$.

Das idealisierte Modell der Streuung hat also folgende Konsequenzen (Compton-Effekt): **Das gestreute Photon hat eine Frequenzänderung erlitten; die Frequenzänderung $\Delta \nu$ ist nach (312) um so größer, je größer ν_0 ist, fällt also um so mehr ins Gewicht, je größer die eingestrahlte Frequenz ist; die Wellenlängenänderung ist unabhängig von der eingestrahlten Wellenlänge wie auch vom Material des Streukörpers, dagegen proportional $\sin^2 \frac{\vartheta}{2}$; Geschwindigkeit und Streuwinkel des Elektrons sind Funktion des Streuwinkels des Photons.**

Experimentelle Prüfung des Compton-Effekts. Wenn man wissen will, ob das Comptonsche Modell auf die Streuung von Röntgenstrahlen anwendbar ist, so müssen die oben aufgeführten Behauptungen geprüft werden. Eine geeignete Apparatur ist in

Abb. 469. Schema einer Compton-Apparatur für 90°-Streuung
$R-K$ ist um eine Achse durch K drehbar zur Einstellung anderer Streuwinkel ϑ

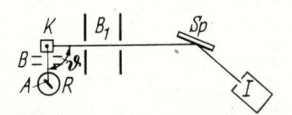

Abb. 469 nach Compton schematisch skizziert. Von der primären Röntgenstrahlung, die von der Antikathode A einer Röntgenröhre R ausgeht, wird durch Blenden B ein schmales Parallelstrahlbündel bestimmter Richtung ausgeblendet, das auf den kleinen Streukörper K auffällt, von dem die Streustrahlung ausgeht. Auch von dieser ist durch Blenden B_1 ein Strahl definierter Richtung festgelegt. Die gestreute Strahlung durchläuft dann ein Braggsches Röntgenspektrometer Sp, das zur Messung der Wellenlänge dient, und tritt dann in ein Ionisationsgefäß zur Intensitätsmessung ein. Durch Beseitigung des Streukörpers und geeignete Schwenkung der Röhre kann man bequem auch die primäre Strahlung nach Wellenlänge und Intensität ausmessen. Die von der

---

[1]) Der Leser möge dieselbe Rechnung nicht-relativistisch ausführen.

Antikathode ausgehende Strahlung besitzt außer dem kontinuierlichen Bremsspektrum auch für das Material charakteristische „Fluoreszenzlinien". Bei Molybdän, das zu den ersten Versuchen benutzt wurde, ist in der Primärstrahlung die Wellenlänge $\lambda_0 = 0{,}708$ Å mit großer Intensität vorhanden. Für Streuung dieser Strahlung an Graphit fand Compton für $\vartheta = 90^0$ die Wellenlänge $\lambda = 0{,}730$ Å der gestreuten Linie. Die Vergrößerung um $\Delta\lambda = 0{,}022$ Å bestätigt gut den theoretischen Wert $0{,}0242$ Å. Die Unabhängigkeit der Wellenlängendifferenz von der Primärwellenlänge (Variation des Antikathodenmaterials) und vom Streukörper ist aus der folgenden Tabelle ersichtlich, die aus den Beobachtungen verschiedener Forscher zusammengestellt ist.

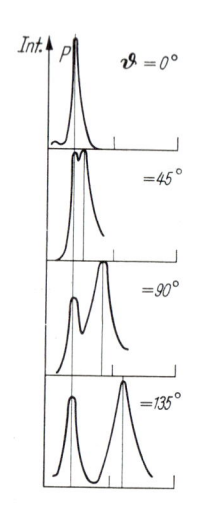

Tab. 31. Compton-Effekt

Streukörper	Antikathode	λ	ϑ	$\Delta\lambda$
C	Mo	0.708 Å	90°	0,0242 Å
Al	Mo			0,0244
S	Mo			0,0240
Cu	Mo			0,0244
Ag	Mo			0,0238
C	W	0,203 Å	90°	0,0240 Å
C	Ag	0,500		0,0223
C	Au	1,100		0,0240
C	Zn	1,436		0,0238
C	Cu	1,541		0,0240
C	Mo	0,708 Å	30°	0,003 Å
C	Mo		60	0,012
C	Mo		90	0,0236

Abb. 470.
Compton-Effekt an Graphit, 0,708 Å
P = Primärlinie

Es bleibt noch zu zeigen, daß die Wellenlängenänderung proportional zu $\sin^2 \frac{\vartheta}{2}$ ist. Der untere Teil der obigen Tabelle zeigt einige derartige Messungen. Die in der letzten Spalte angegebenen Werte verhalten sich in der Tat sehr nahe wie $\sin^2 15^0$: $\sin^2 30^0 : \sin^2 45^0 = 0{,}004 : 0{,}0125 : 0{,}025$. Genauer zeigt Abb. 470 solche Messungen. In den vier Abteilungen sind als Ordinaten die Intensitäten der gestreuten Strahlung, als Abszissen die Winkelablesungen des Spektrometers aufgetragen. Man erkennt zunächst, daß auf jedem Teilbild die unverschobene Linie $\lambda_0 = 0{,}708$ Å auftritt. Wie dies zu erklären ist, werden wir gleich erörtern; vorläufig ist es aber für uns nur bequem, daß wir so auf jeder Aufnahme direkt die Verschiebungen sehen und ausmessen können. Im ersten Teilbild ($\vartheta = 0$) haben wir nur die unverschobene Linie, wie es sein soll. Auf den folgenden Teilbildern hebt sich davon deutlich getrennt die jeweilige größere Wellenlänge ab. Der Abstand der beiden Maxima ist durch vertikale Geraden markiert, deren Abstände berechnet sind, und die Tatsache, daß sie exakt durch die Kurvenmaxima hindurchgehen, beweist die Richtigkeit der theoretischen Voraussage.

Das Auftreten der unverschobenen Linie kann am einfachsten so verstanden werden, daß einzelne Photonen am ganzen Atom gestreut werden. Da dieses eine viel größere Masse als das Elektron hat, ist nach (314) wegen des Auftretens der Masse im Nenner verständlich, daß dann praktisch keine meßbare Verschiebung auftreten kann.

Wegen der Unabhängigkeit der Wellenlängenverschiebung von der Primärwellenlänge könnte man auf die Vermutung kommen, daß ein Comptoneffekt auch im sichtbaren Spektralgebiet zu erwarten wäre. Aber das ist nicht der Fall, und der Grund dafür ist auch klar: Zu je längeren Wellenlängen man übergeht, desto kleiner wird die Energie des primären Photons, und um so mehr muß es ins Gewicht fallen, daß die Elektronen des Streumaterials nicht vollkommen frei sind, sondern doch gebunden. In Übereinstimmung damit findet man schon bei längeren Röntgenwellenlängen keine verschobene Linie mehr; um so weniger ist dann ein Effekt im Sichtbaren zu erwarten.

Umgekehrt wird man bei den sehr kleinen Wellenlängen der γ-Strahlen der radioaktiven Substanzen leicht den Comptoneffekt beobachten können. Da dann ν_0 entsprechend größer ist, wird die idealisierende Annahme der Theorie praktisch immer gerechtfertigt sein. Gut geeignet zu Versuchen über den Compton-Effekt ist z. B. die fast monochromatische Strahlung des radioaktiven Kobalt-Isotops mit dem Atomgewicht 60, das eine mittlere Wellenlänge $\lambda_0 = 0{,}01$ Å als radioaktive γ-Strahlung

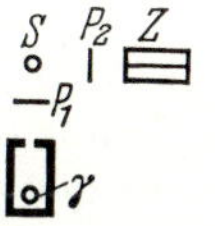

Abb. 471. Schema des Barklaschen Streuversuchs. $\gamma = \gamma$-Strahlungsquelle, S = Streukörper, Z = Zählrohr, P_1 und P_2 = alternative Positionen einer Plexiglasplatte

aussendet (in Wirklichkeit sind es zwei dicht benachbarte Linien). Streut man diese Strahlung unter 90° an einem Streukörper, so ist natürlich wieder $\Delta\lambda = 0{,}0242$ Å, so daß die Streustrahlung nunmehr die Wellenlänge $\lambda = 0{,}01 + 0{,}0242 = 0{,}0342$ Å besitzt. Hier ist die Verschiebung sogar größer als die Wellenlänge selbst, und es leuchtet ein, daß man mit Kobalt 60 den Barklaschen Versuch leicht durchführen kann. Das Kobaltpräparat muß dabei so verkapselt sein, daß zwar die γ-Strahlung austritt, nicht aber die ebenfalls von ihm emittierte Elektronenstrahlung. Die grundsätzliche Versuchsanordnung zeigt Abb. 471. Das gekapselte Präparat befindet sich am Boden eines Gefäßes mit dicken Bleiwänden, so daß γ-Strahlung nur nach oben austritt. Diese fällt auf den Streukörper (z. B. Blei), und mittels Zählrohr oder Ionisationskammer kann die Intensität der Streustrahlung gemessen werden. Der eigentliche Versuch besteht in folgendem: Man stellt zunächst die Intensität der Strahlung fest für den Fall, daß sich nichts weiter im Strahlengang befindet. Dann schiebt man eine 1 mm dicke Plexiglasscheibe in den primären Strahlengang ein und stellt fest, daß keine Intensitätsänderung erfolgt. Die primäre Strahlung wird also nicht meßbar vom Plexiglas absorbiert. Bringt man nunmehr die Plexiglasscheibe in den sekundären Strahlengang, so zeigt das Meßinstrument eine Abnahme der Intensität um etwa die Hälfte an; die Streustrahlung mit der Wellenlänge $\lambda = 0{,}0342$ Å wird also zu 50% absorbiert.

Der Versuch zeigt die der gewöhnlichen Optik fremde Erscheinung, daß es auf die Reihenfolge der von der Strahlung durchsetzten Stoffe ankommt. Denken wir uns den Fall, daß die Plexiglasplatte im Primärstrahlengang ist, so wird die volle Intensität angezeigt. Vertauscht man jetzt Strahlungsquelle und Meßinstrument, so erhält man nur noch die halbe Intensität. Das Reziprozitätsgesetz, nach dem die Strahlrichtung immer umkehrbar sei, gilt nicht mehr — natürlich in Folge der Wellenlängenänderung, die in der „normalen" Optik ja nicht auftritt.

Die Rückstoßelektronen. Die Deutung, die Einstein dem lichtelektrischen Effekt und Compton und Debye dem Compton-Effekt gegeben haben, beruht auf der Voraussetzung, daß die beiden Erhaltungssätze der Energie und des Impulses für den Elementarprozeß streng gültig sind. Daraus, daß diese Sätze in der nicht-atomaren „Makrophysik" ausnahmslos gelten, kann man nicht unbedingt folgern, daß sie dies auch im atomaren Bereich tun. Es wäre an sich denkbar, daß ihre Gültigkeit in der Makrophysik nur etwa in der Weise zustande käme wie bei statistischen Gesetzen. Auch deren Angaben sind gesetzmäßig, aber der Einzelfall braucht sich ihnen nicht zu fügen. Wegen der großen Zahl der Einzelfälle heben sich im Mittel die Unregelmäßigkeiten heraus. Aus der Physik kennen wir ein solches statistisches Gesetz im zweiten Hauptsatz der Thermodynamik, dem Satz von der Zunahme der Entropie, die im Makroprozeß ausnahmslos stattfindet, aber nicht im Elementarprozeß. Die Vermutung einer Nichtgültigkeit der Erhaltungssätze für den Elementarprozeß wurde 1924 von Bohr, Kramers und Slater ausgesprochen, um den Schwierigkeiten der gleichzeitigen Gültigkeit von Korpuskular- und Wellentheorie des Lichts zu entgehen. Eine Entscheidung konnte nur der Versuch bringen, und ein solcher wurde von W. Bothe und H. Geiger 1924/25 ausgeführt. Wir erläutern den Gedankengang an Hand ihrer Versuchsanordnung (Abb. 472).

Nach der Theorie von Compton und Debye soll das Auftreten des Rückstoßelektrons zur gleichen Zeit erfolgen wie die Aussendung des gestreuten Photons $h\nu$. Dagegen sollte nach der Auffassung, die Bohr, Kramers und Slater vorschlugen, die Streuung eines Photons und die Emission eines Elektrons voneinander völlig unabhängig sein. Erst im Zeitmittel über sehr viele Einzelprozesse sollten nach dieser Auffassung Streuung und Elektronenemission als zusammengehörig erscheinen. Eine Entscheidung kann offenbar nur durch eine Methode erfolgen, die die Einzelprozesse, sowohl die Streuung eines Photons als auch die Emission eines Elektrons, gesondert erfaßt. Abb. 472 zeigt zwei einander zugekehrte Geiger-Spitzenzähler in kleinem Abstand voneinander. Der linke ist in einem mit Luft gefüllten geschlossenen Gefäß enthalten, dessen rechte Seitenwand durch eine dünne Platinfolie (0,02 mm) gebildet ist, die kein Elektron hindurchtreten läßt. Der rechte Geiger-Zähler ist offen. Beide Zähler zusammen befinden sich in einer Wasserstoffatmosphäre, so daß das Innere des rechten Zählers ebenfalls mit Wasserstoff gefüllt ist. Der Zwischenraum zwischen beiden Zählern wird von oben nach unten mit einer besonders intensiven primären Röntgenwelle durchstrahlt, die in dem Zwischenraum Comptonprozesse an den Wasserstoffatomen auslöst. Zwei Fälle können eintreten: Geht ein Rückstoßelektron nach rechts, so tritt nach Abb. 468 das zugehörige Photon nach links. Dieser Fall ist in der Abb. 472 dargestellt, und dementsprechend ist der linke Zähler als Photonenzähler, der rechte als Elektronenzähler bezeichnet. In diesem Fall geschieht folgendes: Das Photon geht nach links und löst in der Platinfolie durch lichtelektrischen Effekt ein Elektron aus, das zum Unterschied vom Rückstoßelektron als Photoelektron bezeichnet werde. Dieses bringt den linken Geigerzähler zum Ansprechen, und das mit ihm verbundene Elektrometer reagiert durch einen plötzlichen Ausschlag. Auf der anderen Seite tritt dann ein Rückstoßelektron in den Zähler, der direkt darauf anspricht. Es kann aber auch der umgekehrte Fall eintreten, daß das Elektron nach links, das Photon nach rechts geht. In diesem Fall passiert aber nichts, die beiden Geigerzähler reagieren nicht. Denn das Elektron links wird durch die Platinfolie des linken Zählers nicht durchgelassen; ebensowenig passiert auf der rechten Seite, da das Photon von Wasserstoff praktisch nicht absorbiert wird, also keine Ionisationsprozesse im Zählrohr einleiten kann. Haben Compton und Debye recht, so müssen im ersten Fall beide Elektrometerausschläge gleichzeitig erfolgen. Nach der Auffassung von Bohr und Mitarbeitern würde aber kein zeitlicher Zusammenhang erkennbar sein.

Der tatsächliche Versuch verläuft nicht ganz so einfach, wie er hier geschildert ist. Zunächst erzeugt nicht jedes Streuphoton im linken Zähler ein Photoelektron, denn die Quantenausbeute des lichtelektrischen Effekts ist im allgemeinen sehr gering. Man kann also nicht erwarten, daß jedem Elektrometerausschlag des Elektronenzählers auch ein Ausschlag des Photonenzählers entspricht. Umgekehrt sollte aber jedem Ansprechen des Photonenzählers auch ein solches des Elektronenzählers entsprechen. Man muß also sehr langdauernde Beobachtungsreihen machen und dann feststellen, ob überhaupt und wieviele Koinzidenzen aufgetreten sind. Eine Berechnung auf Grund der Wahrscheinlichkeitstheorie muß dann zeigen, ob die Zahl der Koinzidenzen derjenigen entspricht, die man rein nach den Gesetzen des Zufalls zu erwarten hätte.

oder ob sie erheblich größer ist. In diesem letzteren Fall kann man die Compton-Debyesche Theorie als erwiesen ansehen. Bei der Ausführung der Versuche wurden die Ausschläge beider Elektrometer auf einem schnell bewegten photographischen Film registriert. Bei einer Beobachtungsreihe von 5 Stunden wurden dabei 66 Koinzidenzen beobachtet, und die Berechnung ergab, daß mit einer Wahrscheinlichkeit von 400000:1 behauptet werden konnte, daß diese Koinzidenzen nicht zufällig waren.

Eine Koinzidenz wurde bei den Versuchen von Bothe und Geiger dann als vorliegend betrachtet, wenn die Zeitdifferenz zwischen den beiden Prozessen kleiner als 1 ms war; das entsprach der Leistungsfähigkeit der Apparatur. Die Versuche sind 1949

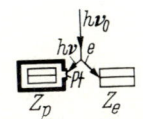

Abb. 472. Schema des Versuchs von Bothe und Geiger

Z_p = Photonenzähler,
Z_e = Elektronenzähler,
Pt = Platinfolie

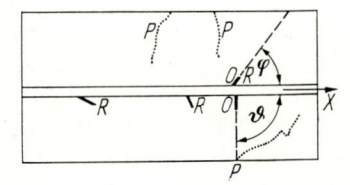

Abb. 473. Photonen und Rückstoßelektronen
R = Rückstoßelektronen, von Röntgenstrahl X ausgelöst;
P = Photoelektronen, von Photonen ausgelöst

von R. Hofstadter und J. A. McIntyre und 1952 von R. E. Bell mit dem gleichen Ergebnis wiederholt worden, obwohl eine Koinzidenz nur dann als reell betrachtet wurde, wenn sie innerhalb eines Zeitintervalls von etwa 10^{-10} s vor sich ging.

Die Erhaltungssätze von Energie und Impuls und damit die Grundlage der Theorie des Comptoneffekts sind also auch für den Elementarprozeß streng gültig.

Wir müssen noch zeigen, daß bei der Streuung der Photonen ein Rückstoßelektron bestimmter Geschwindigkeit unter dem Winkel φ herausgeschleudert wird und daß dieser Winkel gemäß (316) mit dem Beugungswinkel ϑ zusammenhängt.

Die Rückstoßelektronen sind bereits im Jahr 1923 von W. Bothe und 1925 von C. T. R. Wilson mit der Nebelkammer nachgewiesen worden. Compton und Simon ist es auch durch eine sorgfältige Analyse der Nebelspuren gelungen, die Gültigkeit der Beziehung (316) nachzuweisen. Wenn man einen intensiven Röntgen- oder γ-Strahl durch eine Wilsonsche Nebelkammer hindurchtreten läßt, so erkennt man bei genauer Prüfung zwei Arten von Nebelspuren. Die Ladungen, deren Bahn sie anzeigen, stammen von Compton-Prozessen, die die einfallende Strahlung im Gas erzeugt. Die eine Art von Spuren (kurze) beginnt unmittelbar am primären Röntgenstrahl; sie rühren von den Rückstoßelektronen her. Die andere Art (längere) beginnt irgendwo in der Wandung der Nebelkammer. Diese sind dadurch hervorgebracht, daß das Streuphoton aus der Metallwand mittels lichtelektrischen Effekts ein Photoelektron freigemacht hat. Wie schon bei der Besprechung der Versuche von Bothe und Geiger erwähnt, sind die lichtelektrisch erzeugten Elektronen viel seltener als die Rückstoßelektronen. Entsprechend sind die an der Wand beginnenden Spuren viel weniger zahlreich als die Rückstoßelektron-Spuren. Daher wurden in der Nebelkammer noch dünne Platinfolien angebracht, um dem Streuphoton mehr Gelegenheit zur Erzeugung von Photoelektronen zu bieten. Es gelang nun, unter den photographischen Aufnahmen der Nebelspuren solche zu finden, wie sie Abb. 473 etwas schematisiert zeigt. Die dort mit R bezeichnete Spur, die vom Punkt O der Bahn des primären Röntgenstrahls ausgeht, kommt nach dem oben Gesagten dem Rückstoßelektron zu. Die zweite Spur geht von einem Punkt P der Wandung aus, an dem das Streuphoton ein Photoelektron erzeugen konnte. Man kann diese Figur in folgender Weise auswerten: Vom Ausgangspunkt O zieht man die Tangente an die Spur R; sie bildet mit der Richtung des Primärstrahls den Winkel φ. Gleichfalls von O geht das gestreute Photon aus, dessen Bahn man zwar nicht sieht; aber man erkennt, daß es in P ein Photoelektron erzeugt hat. Die geradlinige Verbindung von O nach P gibt also die Richtung an, in der das Photon gestreut wurde und damit den Winkel ϑ. Es zeigte sich, daß die Beziehung (316) zwischen φ und ϑ so genau erfüllt ist, wie es bei der Schwierigkeit der Messungen zu erwarten war. Allerdings liegt bei der Zuordnung der beiden Spuren die Möglichkeit eines Irrtums vor, der das Ergebnis verfälschen würde. Der Einfluß dieser Fehlerquelle kann nur durch sehr zahlreiche Beobachtungen reduziert werden.

Mit derselben Anordnung kann auch die Geschwindigkeit der Rückstoßelektronen durch die Krümmung der Bahnen in einem senkrecht zur Bewegungsrichtung der Elektronen angebrachten Magnetfeld gemessen werden. Auch diese Messungen haben gute Übereinstimmung mit der Theorie ergeben.

Danach hat sich also die korpuskulare Theorie des Compton-Effekts in allen Einzelheiten bestätigt. An der Realität der Photonen kann man nicht zweifeln. Das Problem der Existenz eines Dualismus Welle-Korpuskel bleibt aber bestehen.

Mößbauer-Effekt. Der Rückstoß, der mit der Aussendung von Strahlung in der Form von Photonen verbunden ist, spielt auch bei der reinen Emission eine Rolle. Ein Atom, das ein Photon aussendet, erfährt einen Rückstoß. Der Vorrat an potentieller Energie, der dabei dem Atom zur Umwandlung in andere Energieformen zur Verfügung steht, ist als eine allein von dem inneren Zustand des Atoms abhängige feste Größe aufzufassen (Genaueres hierüber siehe Nr. 72), die sich auf die kinetische Energie des Rückstoßes und die Energie des Photons verteilt. Die Frequenz des emittierten Photons hängt demnach mit der Rückstoßenergie zusammen und ist jedenfalls verschoben gegenüber der Frequenz, die ohne Rückstoß zu erwarten wäre. Da außerdem die Rückstoßenergie von den zufälligen Umständen der Emission abhängt — in der mechanischen Analogie der Stoßvorgänge würde man davon sprechen, daß der Stoß zentral oder nicht zentral erfolge —, so ist die ausgesandte Frequenz nicht scharf definiert, sondern es existiert eine gewisse Linienbreite, die sich der aus anderen Ursachen herrührenden Linienbreite (z. B. durch Dopplereffekt, S. 224) überlagern kann. Die Rückstoßeffekte werden umso mehr zur Wirkung kommen, je größer die Photonenenergie ist, also z. B. bei Gammastrahlen.

R. Mößbauer (*Lit*) erkannte nun (1958), daß es möglich ist, den Rückstoß dadurch unschädlich zu machen, daß dem Photon Gelegenheit gegeben wird, den Rückstoß nicht auf ein einziges Atom zu übertragen sondern auf ein Aggregat von Atomen, insbesondere auf die Atome in einem Kristallgitter. In vereinfachter Darstellung des Sachverhalts könnte man sagen, daß die große Masse des Kristallgitters Übertragung von kinetischer Energie auf Grund der Stoßgesetze praktisch verhindert, da die Rückstoßenergie umgekehrt proportional zur rückgestoßenen Masse ist, wenn der Impulssatz angewandt wird ($p_1 = p_2$, $E_1 = [m_2/m_1] E_2$). Diese triviale Deutung trifft aber nicht den Kern des Problems, der darin liegt, daß der Emissionsakt in einem bestimmten einzelnen Atom stattfindet, die Energieübertragung auf das Gitter dann aber durch die Wechselwirkung des emittierenden Atoms mit den übrigen Atomen des Gitters geschehen muß. Wir können auf diese Problematik, die mit den elastischen Schwingungen eines Kristallgitters zusammenhängt, hier nicht eingehen. Sie wurde bemerkenswerterweise in anderem Zusammenhang schon 1939 von W. E. Lamb (*Lit*) theoretisch behandelt, aber nicht beachtet. Auf Grund der Entdeckung Mößbauers kann man nun γ-Spektrallinien erzeugen, die sehr scharf sind und deren Energie exakt dem durch den Zustand des Atoms vorgegebenen Wert der potentiellen Energie entspricht.

Raman-Effekt. Außer dem lichtelektrischen und dem Compton-Effekt gibt es noch einen weiteren Streuprozeß von Strahlung an Materie; er wurde von A. Smekal vermutet und 1928 von C. V. Raman, nach dem die Erscheinung den Namen trägt, und

71. Compton-Effekt; Mößbauer-Effekt; Raman-Effekt

fast gleichzeitig von G. Landsberg und L. Mandelstam gefunden. Auch bei der Erklärung des Raman-Effekts kommt man mit den bisherigen Annahmen der Korpuskulartheorie aus, d. h. im wesentlichen mit den Erhaltungssätzen.

Bei diesem Streuprozeß tritt wie beim Compton-Effekt eine Änderung der Frequenz ein. Es handelt sich also auch hier um „inkohärente Streuung", im Gegensatz zur kohärenten, die ohne Frequenzänderung stattfindet. Die Energie des eingestrahlten Photons wird aber im Raman-Effekt nicht in kinetische Energie eines Elektrons umgewandelt, sondern in potentielle Energie eines Moleküls.

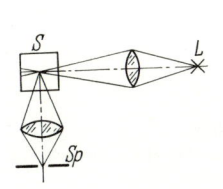

Abb. 474. Schema einer Raman-Apparatur
   L = Lichtquelle
   S = Streukörper,
   Sp = Spektrographenspalt

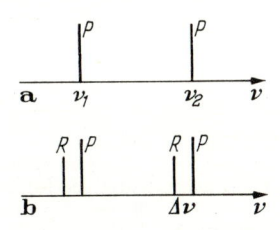

Abb. 475. Schematisches Ramanspektrum
   a) Spektrum der Lichtquelle ohne Streuung
   b) Ramanspektrum
   P = Primärlinien, R = Raman-Linien

Man bedient sich im Prinzip folgender Versuchsanordnung (Abb. 474): Als Lichtquelle benutzt man meistens eine Quarz-Quecksilberlampe oder eine Heliumlampe, die in den durchsichtigen Streukörper abgebildet wird, der fest, flüssig oder gasförmig sein kann. Die im Streukörper erzeugte sekundäre Strahlung wird auf den Kollimatorspalt eines Spektrographen abgebildet. Auf der photographischen Platte des Spektrographen entsteht das Spektrum des Streulichts. Auch kann das Spektrum mittels Photozelle oder Multiplier ausgemessen und registriert werden. Der Quecksilber-Lichtbogen emittiert eine große Zahl starker und hinreichend monochromatischer Linien, die zu den Versuchen geeignet sind, z. B. die Linien 4358,3 Å und 4046,8 Å; andere, schwächere Linien kann man meist durch geeignete Filter beseitigen. In Abb. 474 wird senkrecht zur Einstrahlungsrichtung beobachtet; doch ist dies keineswegs notwendig, aber meist zweckmäßig. Zur Ausmessung der Frequenzen des Streulichtspektrums eicht man die photographische Platte bzw. die Verschiebung der Photozelle in Frequenzen, indem man noch eine direkte Aufnahme des Quecksilberspektrums selbst oder eines anderen Vergleichsspektrums macht, dessen Frequenzen genau bekannt sind.

Nehmen wir nun an, um an einem vereinfachten Beispiel die Eigenart des Ramanprozesses zu erläutern, die Strahlung der Lichtquelle enthalte nur zwei monochromatische Linien mit den Frequenzen ν_1 und ν_2. Sie sind in Abb. 475 schematisch durch lange Linien über einer Frequenzskala aufgetragen. Diese Linien finden sich mit unveränderter Frequenz auch im Spektrum der Streustrahlung wieder, was in der unteren Hälfte der Abb. 475 auf die gleiche Weise angedeutet ist. In beiden Teilen der Abb. 475 sind diese Primär- und Sekundärlinien mit „P" bezeichnet. Die aus diesen Linien P bestehende Streustrahlung kennen wir schon aus Kap. IV. Auf S. 322 ist diese lange bekannte Streustrahlung nebst ihrer Deutung durch Lord Rayleigh besprochen: Wir haben es hier einfach mit einem klassischen Beugungsvorgang an den Atomen bzw. Molekülen des Streukörpers zu tun, die durch diesen Vorgang nicht beeinflußt werden (kohärente Rayleigh-Streuung). Da die Intensität der gestreuten Linie P umgekehrt proportional der vierten Potenz ihrer Wellenlänge ist, erhält unzerlegtes weißes Licht nach der Streuung einen bläulichen Schimmer — die bekannte Rayleighsche Deutung des Himmelsblaus. Dieses klassisch zu deutende Phänomen interessiert uns hier aber nicht. In der unteren Hälfte der Abb. 475 sieht man nun, daß auf der Seite der kleineren Frequenzen jede P-Linie von je einer neuen Linie begleitet wird, die mit R bezeichnet ist und die in der Primärstrahlung nicht vorhanden ist. Diese Linien verdanken ihre Entstehung dem Raman-Streuprozeß; sie werden **Raman-Linien** genannt. Die Ausmessung der Spektrogramme zeigt, daß die Raman-Linien eines Streukörpers gegenüber der jeweils zugehörigen P-Linie die gleiche Frequenzdifferenz $\Delta \nu$ besitzen. Diese Differenzen $\Delta \nu = \nu_P - \nu_R$ sind unabhängig von der erzeugenden Primärfrequenz, während die Frequenzen der Raman-Linien selbst je nach der Wahl

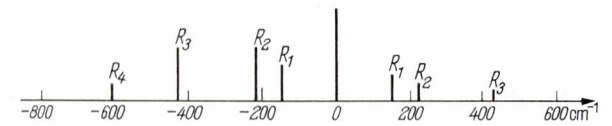

Abb. 476. Ramanspektrum von $SiCl_4$
Die Höhe der R-Linien deutet die Intensität an. Die Zahlen an der Abszisse messen die Entfernung von der Hg-Primärlinie in cm^{-1}. R_4 ist sehr breit

der Primärlinie variieren. **Hier sind eben nicht die Frequenzen selbst wichtig, sondern nur die Frequenzdifferenzen $\Delta \nu$.** Der Raman-Effekt ist also stets der Rayleigh-Streuung zugeordnet. Eine zweite Tatsache, die von Raman sofort erkannt wurde, ist die **Identität der Frequenzdifferenzen $\Delta \nu$ mit ultraroten Eigenfrequenzen des Streukörpers.** (In Abb. 475 ist nur eine solche Eigenfrequenz angenommen worden.) In dieser Tatsache liegt die große praktische Bedeutung des Raman-Effekts; denn die ultraroten Eigenfrequenzen sind lediglich durch die Struktur des betreffenden Moleküls und die in ihm wirksamen Kräfte bestimmt, die also durch Anwendung des Raman-Effekts erforscht werden können, und zwar mit Messungen im sichtbaren Gebiet und im nahen Ultraviolett. Bei größeren Frequenzen der erregenden Linien stört bald der Compton-Effekt (von experimentellen Schwierigkeiten abgesehen); bei kleineren Frequenzen nahe den Eigenfrequenzen ist die Wechselwirkung der Strahlung mit den Molekülen nicht mehr durch eine einfache Theorie des Streuvorgangs erfaßbar.

Nun hat man freilich auch andere Methoden, die ultraroten Eigenfrequenzen eines Materials zu bestimmen, nämlich durch Untersuchung seiner Absorption und Dispersion in diesem Spektralgebiet (Nr. 23—25). Eine genaue Prüfung hat zu dem Ergebnis geführt, daß allerdings im allgemeinen weder Raman-Effekt noch ultrarotes Spektrum je für sich allein sämtliche Eigenfrequenzen liefern können. Manche Eigenfrequenzen, die im Raman-Effekt beobachtet werden, fehlen im Ultrarot und umgekehrt, so daß beide Methoden sich in glücklicher Weise ergänzen. Welche Eigenfrequenzen als Linien im Ultrarot- oder im Ramanspektrum oder in beiden gemeinsam auftreten, hängt eng mit der strukturellen Symmetrie der streuenden Moleküle zusammen. Dies liefert eine vielbenutzte Methode, Molekülsymmetrien spektroskopisch zu bestimmen. Mehr hierüber muß dem Band IV vorbehalten bleiben.

Abb. 475 ist schematisiert und stark vereinfacht. Zur Ergänzung zeigt Abb. 476 das wirkliche Ramanspektrum von $SiCl_4$. (Ganz analog verhalten sich die übrigen Tetrachloride und Tetrabromide.) Dabei tritt nicht nur **eine** Raman-Linie auf, sondern es werden vier Linien beobachtet, entsprechend der Tatsache, daß Tetrachlorid-Moleküle vier verschiedene Eigenfrequenzen besitzen. Ferner zeigt Abb. 476, daß die gleichen Raman-Linien auf der kurzwelligen Seite der Primärlinie auftreten, allerdings mit geringerer Intensität; eine der Linien fehlt sogar auf dieser Seite des Spektrums. Die Ausmessung des Spektrums liefert im einzelnen die in der folgenden Tabelle angeführten Angaben, wobei statt der Frequenzen die Wellenzahlen $\tilde{\nu} = \dfrac{1}{\lambda}$ angegeben sind.

Tab. 32. Raman-Spektrum von SiCl$_4$

Primärlinie: $\lambda_P = 4046$ Å, $\tilde{\nu}_P = 24\,708$ cm^{-1}

niederfrequente Seite (Stokessche Frequenzen)		höherfrequente Seite (Anti-Stokessche Frequenzen)	
$\tilde{\nu}_R$	$\Delta\tilde{\nu}$	$\tilde{\nu}_R$	$\Delta\tilde{\nu}$
24 588 cm^{-1}	150 cm^{-1}	24 858 cm^{-1}	150 cm^{-1}
24 493	215	24 928	220
24 284	424	25 132	424
24 304	604	—	—

Die Frequenzdifferenzen $\Delta\nu$ stimmen tatsächlich innerhalb der Meßgenauigkeit mit solchen aus Absorptions- und Dispersionsmessungen bestimmten überein. Die Frequenzen auf der längerwelligen Seite der Primärlinien werden als Stokessche Frequenzen, die auf der anderen Seite als anti-Stokessche Frequenzen bezeichnet, analog dem Sprachgebrauch bei der Fluoreszenz (S. 486). Auch hier wird das Auftreten dieser Linien durch die Einsteinsche korpuskulare Auffassung verständlich gemacht.

Wenn man die Frequenz der erregenden Spektrallinie P durch ν_P, die der Raman-Linie durch ν_R bezeichnet und weiter zum Ausdruck bringt, daß die Differenz $\nu_P - \nu_R$ gleich der Frequenz ν_M einer ultraroten Moleküleigenfrequenz ist, so kann man das Ergebnis einer Ramanstreuung sofort als Energiebilanz schreiben:

$$(317) \qquad h\nu_R = \begin{cases} h\nu_P - h\nu_M \\ h\nu_P + h\nu_M \end{cases}.$$

In der Sprache der Lichtquantentheorie kann man dann die Entstehung des Raman-Effekts sehr einfach und anschaulich darstellen. Viele Photonen $h\nu_P$ treffen auf die Moleküle des Streukörpers auf. Weitaus die größte Zahl derselben ändert nichts an dem inneren Zustand der Moleküle. Diese Photonen werden also ohne Energieverlust an den Molekülen gestreut und behalten daher ihre Frequenz ν_P bei. Klassisch ist das die Rayleigh-Streuung oder Beugung der Lichtwellen am Molekül. Einige Photonen geben aber einen Teil ihrer Energie $h\nu_P$ an das Molekül ab, so daß dieses in einen Zustand größerer potentieller Energie gelangt. Der Gewinn an potentieller Energie wird dann wieder umgesetzt in Strahlungsenergie und das Molekül befindet sich nach einer gewissen Zeit wieder im Ausgangszustand (nach Emission einer Strahlung der Frequenz ν_M, die wir hier aber nicht zur Beobachtung gelangen lassen und die zu einer wirklichen Beobachtung im Ultrarot auch zu wenig intensiv wäre). Der Rest der Photonenenergie ist also $h(\nu_P - \nu_M)$, was den Stokesschen Raman-Linien entspricht, gemäß der ersten Gl. (317). Die Entstehung der anti-Stokesschen Linien ist folgendermaßen zu erklären: Das Molekül gibt dem einfallenden Photon von seiner eigenen Energie ab. Damit dies eintreten kann, muß das Molekül selbst schon in einem Zustand größerer Energie sein. Das ist für eine hinreichend große Zahl von Molekülen im allgemeinen nur der Fall bei höheren Temperaturen. Da die vom Molekül abgegebene Energie $h\nu_M$ ist, wird die Ramanfrequenz $h(\nu_P + \nu_M)$, was mit der zweiten Gl. (317) identisch ist. Diese Deutung macht verständlich, daß die anti-Stokesschen Linien schwächer sind als die Stokesschen, und sie läßt erwarten, daß die anti-Stokesschen Linien mit steigender Temperatur intensiver werden, was auch wirklich beobachtet wird. Weitere Fragen über den Raman-Effekt, z. B. nach der Polarisation der Raman-Linien, bedürfen zu ihrer Beantwortung einer tiefer eindringenden Theorie, auf die wir hier nicht eingehen.

Zur Deutung des Raman-Effekts haben wir in Gl. (317) nur den Energiesatz herangezogen, dagegen den Impulssatz außer Acht gelassen. Man kann aber nach dem Schema der Gl. (309) einsehen[1]), daß einmal die Frequenzdifferenz allein schon durch den Energiesatz gegeben ist und daß weiter der dem Molekül übertragene Impuls $p_M = \frac{h}{c}\sqrt{v_P^2 + v_R^2}$ unter dem für $\vartheta = \frac{\pi}{2}$ durch tang $\varphi = \frac{v_R}{v_P}$ gegebenen Winkel φ wegen der im Vergleich zu Röntgenstrahlen kleinen Frequenzen überhaupt vernachlässigt werden kann. Die dadurch dem Molekül übertragene Geschwindigkeit hätte die Größenordnung von einigen cm/s, was gegen die Geschwindigkeiten der Temperaturbewegung völlig unerheblich ist. Sowohl für den Compton-Effekt wie den Raman-Effekt bewährt sich so die Beschränkung auf die Erhaltungssätze, allerdings um den Preis des Verzichts auf detaillierte Beschreibung des Mechanismus der Energieübertragung, übrigens in vollkommener Analogie zu den Verhältnissen beim Stoß in der Mechanik (Band I).

Noch einige kurze Bemerkungen über die Fluoreszenz sollen angeführt werden, damit der Unterschied gegen den Raman-Effekt deutlich hervortritt. Betrachten wir zunächst noch einmal Abb. 475. Wenn wir eine der beiden erregenden Frequenzen fortnehmen, verschwindet mit ihr natürlich die zugehörige Raman-Frequenz; aber der nämliche Raman-Effekt bleibt weiter bestehen, nur daß die Erregung jetzt auf die andere P-Linie beschränkt ist. Zwar ist v_R anders, aber entscheidend ist ja die dabei ungeändert gebliebene Differenz $v_P - v_R$. Ganz anders verhält es sich bei der Fluoreszenz. Diese ist kein reines Streuphänomen; vielmehr findet hier eine Absorption der erregenden Linie statt. In Abb. 477 soll im oberen Teil die lange Linie die zur Fluoreszenzerregung benutzte Linie sein. Die nach kleinen Frequenzen hin liegenden kurzen Linien sollen das Spektrum der erregten Fluoreszenz andeuten, und zwar gemäß der Stokesschen Regel. Die Linienanordnung des Fluoreszenzspektrums ist eine Eigenschaft der fluoreszierenden Substanz und hängt in keiner Weise von den Primärlinien ab. Das soll der mittlere Teil der Abb. 477 zeigen, in dem eine andere Spektrallinie zur Erregung der Fluoreszenz benutzt wird. Das Fluoreszenzspektrum bleibt dabei das gleiche. Das gilt auch noch für den untersten Teil von Abb. 477. Hier ist eine Primärlinie benutzt, deren Frequenz in das Gebiet des Fluoreszenzspektrums fällt. Dadurch wird entsprechend der Stokesschen Regel der Teil des Fluoreszenzspektrums praktisch abgeschnitten, dem höhere Frequenzen zukommen würden als der gewählten Primärfrequenz. Im übrigen bleibt aber wieder das Fluoreszenzspektrum erhalten.

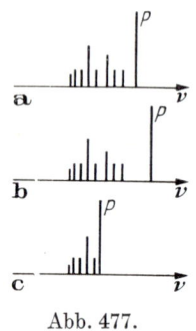

Abb. 477. Schema von Fluoreszenzspektren bei verschiedenen Primärlinien P

Den Mechanismus der Fluoreszenz können wir uns so vorstellen: Die erregende Linie wird vom Molekül absorbiert. Die dabei aufgenommene Energie $h v_P$ wird zu irgendeinem späteren Zeitpunkt wieder abgegeben. (Bei Streueffekten ist dagegen keine Zeitdifferenz zwischen Energieaufnahme und -abgabe anzunehmen.) Im allgemeinen wird ein Teil der Anregungsenergie nicht ausgestrahlt, sondern anderweitig verbraucht, z. B. durch Wärmeerzeugung oder Emission in einem nicht beobachteten Spektralgebiet. Daher ist die erregte Frequenz im allgemeinen kleiner als die erregende Frequenz, was natürlich wieder nur eine andere Formulierung der Stokesschen Regel darstellt.

Die eben erwähnte Zeitdifferenz zwischen Absorption und Reemission verringert die „Reisegeschwindigkeit" des Photons in einem Medium gegenüber der im Vakuum. Man kann diesen Vorgang daher als Modell zur Erklärung der Dispersion heranziehen, indem die Reisegeschwindigkeit mit der Fortpflanzungsgeschwindigkeit identifiziert wird.

---

[1]) Man ersetze dort v_0 durch v_P, v durch v_R, $m_0 v/\sqrt{1 - v^2/c^2}$ durch p_M.

72. Das Linienspektrum des Wasserstoffs

In den vorhergehenden Nummern behandelten wir die Einwirkung von Photonen auf Elektronen im lichtelektrischen und Compton-Effekt. Beim Raman-Effekt war zwar von Energieübertragung an kompliziertere Gebilde, an Moleküle, die Rede; wir konnten uns aber damit begnügen, einfach von Umwandlung potentieller Energie in Strahlung zu reden, ohne genauer auf die Vorgänge im Molekül einzugehen. Bei all diesen Effekten handelte es sich um Streuphänomene. Wir wollen jetzt an einem einzigen Beispiel, dem Linienspektrum des Wasserstoffs, die Wechselwirkung von Photonen mit Atomen beim Prozeß der Absorption und Emission von „Spektrallinien" besprechen, um einige wesentliche Prinzipien kennenzulernen als Grundlage des Verständnisses für die Emissions- und Absorptionsspektren. Ganz allgemein hängen diese eng mit dem Aufbau der Materie zusammen, und in der Tat hat sich die „Spektroskopie" als machtvolles Werkzeug in der Erforschung der Struktur der atomaren Bestandteile der Materie erwiesen. Darauf gehen wir im Zusammenhang erst in Band IV ein.

Das Emissionsspektrum des Wasserstoffs im atomaren Zustand besteht aus einzelnen Linien, deren Frequenzen in einem einfachen gesetzmäßigen Zusammenhang miteinander stehen, der am durchsichtigsten durch die von Rydberg (1890) stammende sog. Balmer-Formel ausgedrückt wird[1]):

$$(318) \qquad \nu_{nm} = Rc \left(\frac{1}{m^2} - \frac{1}{n^2} \right),$$

in der R eine Konstante („Rydbergkonstante") ist, die für Wasserstoff nach sehr genauen Messungen den Wert hat

$$(319) \qquad R = 109\,677{,}576 \pm 0{,}012 \text{ cm}^{-1}.$$

Dabei sind n und m ganze Zahlen mit $n > m$. Für eine bestimmte „Serie" von Linien hat m einen festen Wert, während n alle ganzen Zahlen von $n = m + 1$ ab annimmt. Die folgende Tabelle gibt die beobachteten Frequenzen neben den aus (318) berech-

Tab. 33. Linienspektrum des Wasserstoffs

λ_{beob} Luft	λ_{beob} Vakuum	λ_{ber} Vakuum	$\tilde{\nu}_{ber}$ mit $R = 109\,677{,}6$	m	n	Bezeichnung
—	972,7 Å	972,54 Å	102822,75 cm^{-1}	1	4	Lymanserie,
—	1026,0	1025,7	97491,2	1	3	bis $n = 10$
—	1215,7	1215,68	82258,2	1	2	bekannt
—	—	3647,06	27419,4	2	∞	
3797,900 Å	3798,78	3799,02	26322,6	2	10	H_ϑ
3835,387	3836,47	3836,50	26065,4	2	9	H_η
3889,052	3890,15	3890,2	25705,7	2	8	H_ζ Balmer-
3970,075	3971,20	3971,23	25181,1	2	7	H_ε serie,
4101,738	4102,89	4102,90	24373,0	2	6	H_δ bis $n = 37$
4340,466	4341,69	4341,73	23032,3	2	5	H_γ bekannt
4861,327	4862,68	4862,73	20564,55	2	4	H_β
6562,793	6564,61	6564,69	15233,0	2	3	H_α
—	—	8205,9	12186,4	3	∞	
9546,2	9548,82	9548,73	10472,7	3	8	
10049,8	10052,55	10052,18	9948,1	3	7	Paschen-
10938,0	10940,99	10940,92	9140,0	3	6	serie
12817,6	12821,1	12821,7	7799,3	3	5	
18751,2	18756,3	18756,3	5331,55	3	4	

---

[1]) J. Balmer hatte schon 1884 den gesetzmäßigen Zusammenhang der Wasserstofflinien erkannt, aber für die Wellenlängen formuliert.

neten wieder. Die Intensitäten der Linien nehmen mit wachsendem n ab. Jede Serie trägt den Namen eines maßgebenden Spektroskopikers.

In Absorption können grundsätzlich die gleichen Linien wie in Emission auftreten; bei niedrigen Temperaturen (Zimmertemperatur) enthält das Absorptionsspektrum aber nur die Linien mit $m = 1$.

Bei der Balmer- und Paschenserie sind zwei beobachtete Werte von Wellenlängen angegeben, nämlich die wirklich beobachteten, wobei der Spektrograph mit Luft erfüllt war, und die daraus durch Multiplikation mit dem Brechungsindex von Luft auf Vakuum reduzierten Wellenlängen, auf die sich die Konstante R und die nachher zu besprechende Theorie bezieht. Man sieht, daß der so wenig von 1 abweichende Brechungsindex der Luft (1,000273 bei 1,97 μ bis 1,000284 bei 0,38 μ) wegen der Genauigkeit spektroskopischer Messungen keineswegs vernachlässigt werden darf.

Bevor wir dieses Spektrum weiter besprechen, müssen wir zunächst sicher sein, daß diese Linien von Atomen und nicht von Molekülen oder etwa noch größeren Aggregaten ausgesandt werden. Das folgt zunächst daraus, daß die Serienspektren nur in Gasen beobachtet werden, und zwar umso ungestörter, je geringer deren Dichte ist, und ferner daraus, daß die Temperaturen der Lichtquellen, die solche Spektren aussenden, im allgemeinen so hoch sind, daß Moleküle praktisch nicht existenzfähig sind. In Gasentladungen und in Funkenstrecken können unter Umständen auch die Spektren von Ionen beobachtet werden.

Wie man aus (318) sieht, berechnen sich die Serienfrequenzen aus der Differenz zweier „Terme" (des festen Terms und des Laufterms). Wenn n beliebig wächst, so häufen sich die Linien an der „Seriengrenze" R/m^2.

Man stellt weiter fest, daß die Differenz zweier Serienfrequenzen mit gleicher Seriengrenze wieder eine mögliche Serienfrequenz ist, die aber einer anderen Serie angehört:

$$\nu_{nm} - \nu_{n'm} = Rc\left(\frac{1}{n'^2} - \frac{1}{n^2}\right).$$

Weiter ist die Differenz zweier Seriengrenzen ebenfalls wieder eine Serienfrequenz. Solche Beziehungen sind nicht auf Wasserstoff beschränkt; sie wurden empirisch von W. Ritz aufgefunden und werden als Ritzsches Kombinationsprinzip bezeichnet.

Was können wir aus den eben erwähnten empirischen Tatsachen zusammen mit den früher gewonnenen Vorstellungen von der Natur der Strahlung schließen? Multiplizieren wir Gl. (318) beiderseits mit der Planckschen Konstanten h, so steht links offenbar die Energie des Photons der Frequenz ν_{nm} und rechts die Differenz zweier Energien. Es liegt nahe, Gl. (318) als eine Energiebilanz aufzufassen, nämlich die rechte Seite als die Differenz der Energien des Atoms, die sich in elektromagnetische Strahlung umsetzt, etwa den Laufterm als die Energie des Ausgangszustands, den festen Term als die des Endzustands. Diese Annahme impliziert, daß das Atom nur in gewissen Energiezuständen E_n existieren kann (dies ist uns schon aus der Theorie der Wärmestrahlung geläufig) und daß Änderungen dieser Atomenergien mit Strahlungsemission gemäß

(320) $$E_n - E_m = \left(-\frac{Rc}{n^2}\right) - \left(-\frac{Rc}{m^2}\right) = h\nu_{nm}$$

verbunden sind. Gl. (320) formuliert die „Bohrsche Frequenzbedingung".

Wenn wir gesagt haben, es läge nahe, das eben Gesagte zu vermuten, so widerspricht dies allerdings der historischen Entwicklung. Erst die Photonenauffassung des Lichts und, wie wir später noch sehen werden, die Wellenauffassung von Materie lassen die erwähnte Interpretation von Gl. (318) als natürlich erscheinen, die zuerst von N. Bohr (1912) als fruchtbare Hypothese eingeführt wurde. Es genügt nun aber nicht, die Möglichkeit einer Hypothese darzulegen. Um sie fruchtbar zu machen, ist es notwendig, die vermuteten diskret verteilten Zustände des Atoms in denen es strahlungslos bleibt, bis eben ein „Energiesprung" stattfindet, aus einer rationalen Theorie in quantitativer Übereinstimmung mit den empirisch bekannten Werten

$$(321) \qquad E_n = -\frac{Rhc}{n^2}$$

abzuleiten. Gerade dies geleistet zu haben, war das große Verdienst Bohrs. Er machte zu dem Zweck im Anschluß an Rutherford die plausible Annahme, daß ein Wasserstoffatom aus einem kleinen positiv geladenen Kern und einem auf einer Kreisbahn umlaufenden Elektron bestehe. Für feinere Einzelheiten des Spektrums wurden später die Kreisbahnen durch Ellipsenbahnen ersetzt. Wir können uns hier mit dem einfacheren Modell begnügen. Übrigens ist seinerzeit dieses Modell eines Atoms ebenfalls keineswegs selbstverständlich gewesen.

Damit das Elektron mit der Ladung e (in elektrostat. Einheiten) eine Kreisbahn mit dem Radius r unter dem Einfluß der vom Kern ausgehenden elektrostatischen Anziehung durchlaufen kann, muß die Zentripetalkraft

$$(322) \qquad K_1 = \frac{e^2}{r^2}$$

der Zentrifugalkraft eines mit der Winkelgeschwindigkeit $\omega = v/r$ umlaufenden Elektrons der Masse m_e,

$$(323) \qquad K_2 = m_e r \omega^2 ,$$

gleichgesetzt werden (vgl. Band I). Daraus folgt r als Funktion von ω:

$$(324) \qquad r^3 = \frac{e^2}{m_e \omega^2} .$$

Wenn nur diskret verteilte Energien vorhanden sein sollen, dann darf r nicht kontinuierlich verteilte Werte annehmen können. Es muß eine weitere Bedingung hinzukommen, die die „richtigen" Bahnen auswählt. Dafür hat Bohr ad hoc die sog. „Quantenbedingung" für den Drehimpuls $p = m_e r \omega$ des Elektrons auf seiner Bahn aufgestellt, nämlich:

$$\int_0^{2\pi} p\, dq = nh .$$

Dabei ist dq das Wegelement $r d\varphi$ des Elektrons auf seiner Bahn. Die Ausführung der einfachen Integration liefert dann

$$(325) \qquad pr = \frac{nh}{2\pi} \text{ oder } m_e r^2 \omega = \frac{nh}{2\pi} .$$

Die Zahl n heißt „Quantenzahl"; genauer die „Hauptquantenzahl" (zum Unterschied von anderen, die uns hier aber nicht interessieren). Elimination von ω aus (324) und (325) gibt

$$(326) \qquad r_n = n^2 h^2 / 4\pi^2 m_e e^2 ;$$

und damit erhält man die „Energie des n^{ten} Zustands" als Summe von potentieller Energie $-e^2/r_n$ und kinetischer Energie $\frac{1}{2} m_e r_n^2 \omega^2$:

$$(327) \qquad E_n = -\frac{2\pi^2 m_e e^4}{n^2 h^2} .$$

Die Energie ist also „gequantelt" in Energiestufen, deren Energien durch Quantenzahlen bestimmt sind.

Gl. (327) hat genau die Form von (321). Setzt man in (327) die bekannten Werte für e, m_e und h ein, so folgt

$$R = \frac{2\pi^2 m_e e^4}{h^3 c} = 109737{,}31 \text{ cm}^{-1}\,.$$

Das ist zwar sehr annähernd aber doch nicht genau der beobachtete Wert der Rydbergkonstanten. Verfeinert man die Theorie dadurch, daß man berücksichtigt, daß Kern und Elektron um einen gemeinsamen Schwerpunkt kreisen, so folgt mit dem Korrekturfaktor $(1 + m_e/m_{\text{Kern}})$

$$R = 109677{,}60 \text{ cm}^{-1}\,;$$

und das ist innerhalb der Fehlergrenze der Rechnung (die durch die Genauigkeit von e, m und h gegeben ist und nicht die der spektroskopischen Messung erreicht) wirklich der beobachtete Wert. Damit ist einerseits das Serienspektrum des Wasserstoffs rational und quantitativ erklärt und anderseits gleichzeitig das vermutete Atommodell als grundsätzlich richtig befunden. Aus diesen Anfängen entwickelte sich unsere heutige Kenntnis vom Bau der Atome.

Der große Erfolg der Bohrschen Theorie, der sich nicht auf Wasserstoff beschränkte, berechtigt uns, für die Elementarakte der Wechselwirkung von Strahlung und Materie folgende allgemeinen Grundsätze aufzustellen:

1. Die Atome existieren nur in gewissen Quantenzuständen, deren Energien durch Quantenzahlen gekennzeichnet sind.

2. Atome können Energie nur dann aufnehmen (Absorption) oder abgeben (Emission), wenn das betreffende Atom von einem Quantenzustand in einen andern übergeht.

3. Ist dieser Übergang mit Strahlungsabsorption oder -emission verbunden, so gilt für die Frequenz der betreffenden Strahlung

$$\nu_{nm} = \frac{1}{h}(E_n - E_m)\,.$$

Es hat sich herausgestellt, daß diese Bohrschen Grundsätze für alle Systeme gelten, die aus Elementarteilchen aufgebaut sind (Moleküle, Atome, Kerne, Kristalle), auch wenn es sich nicht um elektrostatische Kräfte zwischen Ladungen handelt. Die Methode zur Bestimmung der Energien E_n, die wir hier benutzten, hat sich aber für andere Systeme als das Wasserstoffatom und die Ionen einiger weniger anderer Atome insofern als unzureichend erwiesen, als zwar kleine, aber wegen der großen Genauigkeit spektroskopischer Messungen doch bemerkbare Diskrepanzen zwischen Theorie und Beobachtung auftraten. Erst die Entwicklung der im nächsten Kapitel einzuführenden Vorstellungen hat Abhilfe geschaffen (in der sog. Wellenmechanik). Insbesondere handelt es sich dabei um Ersetzung der ad hoc aufgestellten Quantenbedingung.

Man muß sich deutlich klarmachen, daß die Bohrsche Theorie der Spektrallinien-Emission eindeutig den klassischen Auffassungen der Entstehung elektromagnetischer Strahlung widerspricht, und zwar in zweierlei Hinsicht.

Wir haben in Band II die Entstehung einer elektromagnetischen Welle kennengelernt. Wesentlich war dabei, daß ein elektrischer Dipol periodisch die Ladungen an seinen Enden wechselt; d. h., sein sog. Dipolmoment μ, das Produkt aus Ladung e und Abstand l der Ladungen entgegengesetzten Vorzeichens ($\mu = el$), ändert sich. Auch das Wasserstoffatom ist ein solcher Dipol aus positiven und negativen Ladungen mit $\mu = e r_n$. Wir fassen dabei das Dipolmoment als Vektor auf, dessen Richtung von der negativen zur positiven Ladung weist. Während beim Hertzschen Dipol l konstant ist, aber e seine Größe wechselt, bleibt das Dipolmoment eines Elektrons auf einer Kreisbahn dem Betrage nach konstant, wechselt aber seine Richtung. Auch das ist eine Änderung des Dipolmoments, die zu Strahlungsemission führen sollte. Die zirkulare Bewegung läßt sich ja als Überlagerung zweier zueinander senkrechter linearer Bewegungen verstehen (mit 90° Phasenverschiebung, vgl. Nr. 43), und jede dieser linearen Komponenten entspricht genau einem Hertzschen Dipol, nur daß jetzt e konstant ist, aber die „Länge" l des Dipols sich periodisch ändert, was aber für den Entstehungsmechanismus der elektromagnetischen Welle gleichgültig ist. Nach diesen Überlegungen müßte das Elektron auf seiner Kreisbahn Strahlung aussenden, nicht aber wie bei Bohr nur dann, wenn es von einer Bahn auf eine andere „springt".

In engem Zusammenhang damit steht der andere Widerspruch. Ein Hertzscher Dipol sendet Strahlung aus, deren Frequenz gleich der des schwingenden Dipols ist. Berechnen wir die Frequenz $\nu_d = \omega/2\pi$ des Dipols des umlaufenden Elektrons aus (325) und (326), nämlich $\nu_d = 4\pi^2 m_e e^4/n^3 h^3$, so erkennt man sofort, daß ν_d nicht gleich irgendeiner der Frequenzen ν_{nm} sein kann. Nur wenn $n - m = 1$ sehr klein gegen $n + m \approx 2n$ ist, stimmen die Frequenzen angenähert überein, da dann

$$\frac{1}{(n-1)^2} - \frac{1}{n^2} = \frac{2n-1}{n^2(n-1)^2} \cong \frac{2}{n^3}.$$

Im Grenzfall großer Quantenzahlen „korrespondieren" daher klassisch und quantentheoretisch errechnete Resultate („Bohrsches Korrespondenzprinzip").

Die Energie, die das Atom aufnimmt, muß nicht Strahlungsenergie sein. Auch kinetische Energie, die etwa durch Stoß mit anderen Atomen oder mit Elektronen übertragen wird, kann aufgenommen und für die Änderung des Quantenzustands maßgebend werden, aber nur, wenn sie der Differenz $E_n - E_m$ entspricht. Das ist durch J. Franck und G. Hertz (1913) experimentell bewiesen worden, worauf wir in Band IV eingehen.

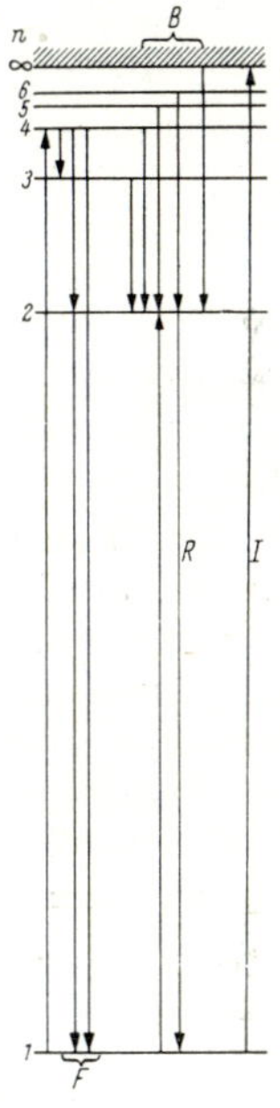

Abb. 478. Energieniveauschema des Wasserstoffatoms
F = Fluoreszenzlinien, R = Resonanzlinie, B = Balmerserie, I = Ionisierungsenergie, /// ungequantelter Energiebereich

Betrachten wir das Serienspektrum des Wasserstoffs noch einmal von dem jetzt gewonnenen Standpunkt, so können wir die emittierte Strahlung auffassen als herrührend von Änderungen der Energie von Elektronen in verschiedenen Zuständen der Bindung an den Kern. Bei Emission gibt das Atom offensichtlich Energie an die Strahlung ab, und das Atom geht von einem Zustand mit höherer Quantenzahl an einen solchen mit niedrigerer über. Gemäß Gl. (327) sind die Energien negativ gerechnet, was einfach daran liegt, daß als Nullpunkt der Energie ihr Wert für $n = \infty$ gewählt wurde. Die absolut kleinste Energie, $-Rhc/1^2$, entspricht dem stabilsten Zustand des Elektrons, der stärksten Bindung, von dem aus keine weitere Energieabgabe möglich ist. Dies ist der sogenannte Grundzustand oder unangeregte Zustand des Atoms. Durch Zufuhr von Energie, etwa infolge Absorption von Strahlung der Frequenz ν_{n1} kann das Elektron von diesem Grundzustand in einen „angeregten" Zustand mit der Quantenzahl n übergeführt werden, von dem aus dann wieder Übergänge nach tiefergelegenen Zuständen und entsprechende Strahlungsemission möglich sind. Abb. 478 deutet solche Übergangsmöglichkeiten an.

Die Anregung des Atoms auf ein höheres Energieniveau und darauf folgende Emission von Spektrallinien von diesem Niveau aus ist der Elementarvorgang der Fluoreszenz (vgl. Nr. 71). Die Stokessche Regel folgt unmittelbar aus diesem Modell. Nur wenn die

Absorption selbst schon von einem angeregten Energiezustand aus erfolgt, erhält man anti-Stokessche Linien. Für den Übergang vom Grundzustand zum ersten angeregten Niveau hat man den Sonderfall der „Resonanzfluoreszenz", wo Absorptions- und Emissionsfrequenz genau übereinstimmen müssen und keine andere Emissionslinie als die diesem Übergang entsprechende erscheinen darf. Das ist auch genau das, was man beobachtet. Falls keine Störung der emittierenden Atome durch Zusammenstöße erfolgt (also bei niedrigem Gasdruck), geht die Umwandlung der Absorptions- in die Emissionsenergie ohne Verlust vor sich, also mit 100% Nutzeffekt. Wegen der kleinen Wellenlänge der „Resonanzlinie" (1216 Å) von Wasserstoff ist diese Resonanzfluoreszenz in Wasserstoff nur schwierig zu beobachten. Ein bequemeres Beispiel für eine derartige Linie ist aber die D-Linie des Natriums.

Je größer n, um so näher benachbart liegen die Energiezustände, bis der Grenzwert $E_\infty = 0$ für $n = \infty$ erreicht wird. Werden größere Energien, als sie der Differenz $E_\infty - E_1 = Rhc/1^2$ entsprechen, auf das Atom übertragen, so würde das Elektron formal in eine Entfernung $r > \infty$ gelangen müssen, was physikalisch bedeutet, daß es dem Einfluß des Kerns völlig entzogen wird und als selbständiges Teilchen ohne Bindung an das nun ionisierte Atom (bei Wasserstoff der Kern selbst) existiert. Diese Energie Rhc muß also der Ionisierungsenergie des Wasserstoffs entsprechen (13,6 eV). Im Absorptionsspektrum macht sich das dadurch bemerkbar, daß an die Seriengrenze sich ein kontinuierliches Spektrum anschließt, da das freie Elektron nun jede beliebige Energie aufnehmen kann. Der Grund für die Quantelung der Energie, die Bindung an den Kern, ist ja jetzt weggefallen.

Das Linienspektrum wird natürlich nicht von einem Atom ausgesandt! Jedes Atom kann ja nur in einem einzigen Zustand existieren, kann also von diesem Zustand nur zu einem bestimmten anderen Zustand übergehen. Das Gesamtspektrum kommt erst durch das Zusammenwirken vieler Atome zustande. Die Intensität einer Linie in Absorption oder Emission wird daher proportional sein der mittleren Anzahl der Atome im Ausgangszustand der betreffenden Linie. Für die Anzahl N_n von Atomen pro Volumeneinheit im Zustand mit der Quantenzahl n, die Besetzungsdichte, können wir die sogenannte Boltzmannsche Verteilung

(328) $$N_n = N_1 e^{-\frac{E_n - E_1}{kT}}$$

einsetzen[1]). Aus den Zahlenwerten von E_1, E_2 und k folgt, daß bei Zimmertemperatur schon der erste angeregte Zustand ($n = 2$) nur äußerst selten vorkommt. Das erklärt, warum in Absorption im allgemeinen nur Linien gefunden werden, die von $n = 1$ ausgehen. Bei der Absorption in den heißen Sternatmosphären sind dann auch die von $n = 2, 3$ usw. ausgehenden Absorptionslinien zu erwarten und sind auch tatsächlich beobachtet worden.

Die Intensität einer Emissionslinie hängt aber nicht nur von der Besetzungsdichte des Ausgangszustands ab, die ja nur von Temperatur und Energie bestimmt ist, sondern auch noch von Größen, die für jede Atomart und jeden Übergang spezifisch sind, nämlich von den von Einstein eingeführten Übergangswahrscheinlichkeiten. Für Emission aus dem Zustand n in den Zustand m ist die Übergangswahrscheinlichkeit A_{nm} definiert durch

(329) $$dN_n = -A_{nm} N_n dt.$$

Weitere Einzelheiten siehe in Nr. 73.

---

[1]) Man kann diese Formel leicht aus der für die Dichteverteilung der Atmosphäre im Schwerefeld der Erde (Band I) gewinnen, was mathematisch dasselbe Problem ist. Man setze dort die Dichte $\varrho = Nm/V$ (N = Zahl der Teilchen der Masse m im Volumen V), die potentielle Energie $E_n - E_1$ und führe außerdem das Gasgesetz in der Form $pV = NkT$ ein, denn $k = R/N_L$ ist die Gaskonstante pro Teilchen.

Wie man sieht, hat A_{nm} die Dimension einer reziproken Zeit. Setzen wir $A_{nm} = 1/\tau$, so erhält man durch Integration von (329) über die Zeit von $t = 0$ bis $t = \tau$ die Beziehung

(330) $$N_n = N_{n(t=0)} e^{-t/\tau}.$$

τ spielt danach die Rolle einer mittleren Lebensdauer des Zustands n, nämlich der Zeit, die vergeht, bis nur noch der e^{te} Teil der ursprünglich besetzten Zustände n durch die Übergänge übriggeblieben ist, soweit dieser Zustand durch spontane Übergänge nach m entleert wird. Sind mehrere Möglichkeiten von Übergängen gegeben, etwa von n nach m_1, m_2 usw., so würde statt (329) gelten

$$dN_n = -\left(\frac{1}{\tau_1} + \frac{1}{\tau_2} + \cdots\right) N_n\, dt \text{ mit } \tau_i = 1/A_{nm_i},$$

woraus wieder Gl. (330) resultiert und wobei τ jetzt eine durch

$$\frac{1}{\tau} = \frac{1}{\tau_1} + \frac{1}{\tau_2} + \cdots$$

definierte resultierende Lebensdauer ist. Diese allein durch die spontanen Übergänge bestimmte Lebensdauer ist maßgebend für die sog. natürliche **Halbwertsbreite** einer Linie (s. auch Nr. 77).

Es muß hier allerdings bemerkt werden, daß die natürliche Linienbreite nur selten beobachtet werden kann, da Linienverbreiterung durch andere Ursachen überwiegt. Dazu gehören die „Dopplerverbreiterung" infolge der mit dem Dopplereffekt der sich bewegenden Atome verbundenen Frequenzänderung und die „Stoßverbreiterung" infolge Verkleinerung von τ durch Zusammenstöße des emittierenden Atoms mit anderen Teilchen.

Schließlich muß noch bemerkt werden, daß unsere Betrachtung des Serienspektrums von Wasserstoff insofern unvollständig ist, als bei höherer spektraler Auflösung Aufspaltungen der Linien beobachtet werden, die die Einführung weiterer Quantenzahlen neben der Hauptquantenzahl notwendig machen und die darauf beruhen, daß neben Kreisbahnen elliptische Bahnen zugelassen werden müssen, daß die relativistische Geschwindigkeits-Abhängigkeit der Masse berücksichtigt werden muß und daß neben der Bewegung auf der Bahn eine Eigendrehung („Spin") der Elektronen eine Rolle spielt. Alle diese Fragen bleiben hier unerörtert.

73. Einsteins Ableitung des Strahlungsgesetzes; Schwankungserscheinungen

Für die korpuskulare Theorie der Strahlung ist es eine Lebensfrage, ob sie eine konsequente Ableitung des Planckschen Strahlungsgesetzes zu liefern vermag. Wie in Kap. VI bemerkt wurde, krankt die Plancksche Ableitung an einem Widerspruch, insofern sie teils klassische Elektrodynamik benutzt, dann aber an entscheidender Stelle eine damit unverträgliche Hypothese einführt, daß nämlich die im Hohlraum vorhandenen Oszillatoren der Frequenz ν nur diskreter Energiewerte E_i fähig sind. Da die Existenz von diskreten Energieniveaus nun aber auch durch die Linienspektren bestätigt wird, erhebt sich die Frage, wie von der Bohrschen Auffassung der Emission eine Brücke zum Strahlungsgesetz der Gleichgewichtsstrahlung gebaut werden kann. Die Lösung dieses Problems gelang Einstein (1917). Seine Methode hat seit kurzem große technische Bedeutung erhalten, auf die wir in Nr. 74 eingehen werden.

Einstein fragt nach der Anzahl der Oszillatoren der Frequenz ν im Zustand E_n im strahlenden Hohlraum. Diese müßte im Strahlungsgleichgewicht natürlich konstant sein. Das Strahlungsgleichgewicht ist ein „bewegliches" Gleichgewicht: Es gibt

Oszillatoren, die den Zustand E_n verlassen und etwa in den tieferen Energiezustand E_m übergehen. Diese Abnahme der Oszillatorenzahl muß dann aber dadurch kompensiert werden, daß Oszillatoren aus dem tieferen Zustand E_m in den höheren Zustand E_n übergehen, so daß eben die Gesamtsumme der Verluste und Zugänge sich ausgleicht. Auf welche Weise kann nun der Übergang von E_n nach E_m vor sich gehen? Ein isolierter (nicht im strahlenden Hohlraum befindlicher) Oszillator geht von selbst (spontan) durch Ausstrahlung stets von einem Zustand größerer Energie in einen solchen niedrigerer Energie über. Das entspricht vollkommen dem normalen Verhalten eines klassischen Oszillators, den freien Schwingungen eines solchen. Aber ein klassischer Oszillator kann auch unter dem Einfluß äußerer Strahlung infolge erzwungener Schwingungen von höheren Energiewerten zu niedrigeren übergehen, und das ist gerade die Situation eines Oszillators im Hohlraum, in dem im Frequenzintervall $d\nu$ um ν die spektrale Strahlungsdichte $u(\nu)d\nu$ herrscht, die zunächst noch unbekannt ist. Die Zahl der erzwungenen Übergänge wird der erzwingenden Strahlung $u(\nu)d\nu$ proportional sein. Nennen wir die Zahl der spontanen Übergänge von E_n nach E_m pro Zeiteinheit im gleichen Frequenzintervall $Ad\nu$, die der erzwungenen $Bu(\nu)d\nu$, so nimmt die Zahl der Oszillatoren ab um die Zahl $Ad\nu + Bu(\nu)d\nu$. Diese Abnahme muß gerade kompensiert werden durch erzwungene Übergänge von E_m nach E_n, deren Zahl wir mit $Cu(\nu)d\nu$ bezeichnen, denn auch diese müssen proportional $u(\nu)d\nu$ sein. Wir haben also folgende Bilanz:

$$Ad\nu + Bu(\nu)d\nu = Cu(\nu)d\nu,$$

woraus als Gleichung für die schwarze Strahlung folgt:

(331) $$u(\nu) = \frac{A}{C-B} = \frac{A/B}{C/B-1}.$$

Wir haben hier zwar von Oszillatoren einer Frequenz ν gesprochen, aber die ganze Betrachtung ist unabhängig von dieser klassischen Sprechweise. Nichts hindert, unter diesen Oszillatoren Atome (oder andere atomare Gebilde) zu verstehen und die Energiezustände mit denen des Bohrschen Atommodells zu identifizieren. Wir können dann die mit Gl. (329) in Nr. 72 eingeführte Übergangswahrscheinlichkeit A_{nm} einführen und genauer schreiben

1. für die Zahl der spontanen Übergänge von E_n nach E_m:

(332) $$Ad\nu = A_{nm}N_n d\nu;$$

2. für die Zahl der erzwungenen Übergänge $E_n \to E_m$ unter Einführung einer Übergangswahrscheinlichkeit B_{nm}:

(333) $$Bu(\nu)d\nu = B_{nm}N_n u(\nu)d\nu;$$

3. für die Absorptionsübergänge von E_m nach E_n in analoger Weise:

(334) $$Cu(\nu)d\nu = B_{mn}N_m u(\nu)d\nu.$$

Dann wird aus Gl. (331):

$$u(\nu) = \frac{A_{nm}N_n}{B_{mn}N_m - B_{nm}N_n}.$$

Aus der Forderung, daß im Gleichgewicht das Plancksche Strahlungsgesetz (267) gelten muß, werden die Beziehungen gefunden:

(335) $$B_{nm} = B_{mn}, \quad A_{nm} = \frac{8\pi h\nu^3}{c^3}B_{nm},$$

wobei für die Besetzungszahlen der Energiezustände die Boltzmannsche Gleichung

(336)
$$\frac{N_n}{N_m} = e^{-\frac{E_n - E_m}{kT}}$$

gelten muß. T ist dann die sich im Gleichgewicht einstellende Temperatur des Gesamtsystems. Dann und nur dann ist nämlich in der Tat

$$u(\nu) = \frac{\frac{8\pi h\nu^3}{c^3} e^{-\frac{E_n - E_m}{kT}}}{1 - e^{-\frac{E_n - E_m}{kT}}} = \frac{\frac{8\pi h\nu^3}{c^3}}{e^{\frac{h\nu}{kT}} - 1}.$$

Dabei ist der letzte Schritt nur möglich geworden durch die Gleichsetzung von $E_n - E_m$ mit $h\nu$, also durch die **Bohrsche Frequenzbedingung**.

So gelang es also, das Plancksche Strahlungsgesetz mit der Bohrschen Vorstellung über die Emission von Strahlungsfrequenzen bei Energieübergängen zu verbinden und das Strahlungsgesetz einfach aus dem Begriff des Strahlungsgleichgewichts abzuleiten. Hierzu noch einige Bemerkungen:

Wir haben nur Übergänge zwischen zwei Zuständen behandelt. Aber alle anderen denkbaren Übergänge müssen je zu zweien in derselben Weise miteinander im Gleichgewicht stehen, wenn das Gesamtsystem im Gleichgewicht sein soll. Man nennt diese Aufteilung eines Gleichgewichts in Gleichgewichte zwischen Teilsystemen oft die Methode des „detaillierten Gleichgewichts".

Sodann sieht es bei der oben gewählten Darstellung so aus, als ob erst der Vergleich mit einem empirischen Gesetz, eben der Vergleich mit dem Gesetz der schwarzen Strahlung, die Beziehungen (335) liefert; denn die theoretische Begründung dieses Gesetzes durch Planck war ja als nicht einwandfrei hingestellt worden. Das logisch überzeugendere Vorgehen — der Leser möge die einfachen Rechnungen dazu selbst durchführen — wäre es gewesen, sich mit Einstein an das Grenzgesetz für hohe Temperaturen zu halten, das Rayleigh-Jeanssche Gesetz und an die Forderung, daß mit $T \to \infty$ auch $u(\nu) \to \infty$ sein soll. Dieses Grenzgesetz ist sowohl vom klassischen als vom quantentheoretischen Gesichtspunkt aus als theoretisch bewiesen anzusehen. Letzteres deshalb, weil nach dem Korrespondenzprinzip (Nr. 72) klassische und Quantentheorie bei großen Quantenzahlen einander äquivalent sind. Der Grenzfall großer Quantenzahlen ist aber auch äquivalent dem Grenzfall hoher Temperaturen, bei dem die dicht beieinanderliegenden Energieniveaus höherer Energie besetzt werden können. In beiden Fällen spielt dann die Plancksche Konstante keine Rolle mehr, die nur über die Bohrsche Frequenzbedingung eingeführt werden muß.

Schließlich sei noch bemerkt, daß man bei Weglassung der erzwungenen Übergänge von E_n nach E_m (oder, wie man auch sagt, der **induzierten** oder **stimulierten Emission**) die Wiensche Spektralgleichung

$$u(\nu) = \frac{A}{C} = \frac{A_{nm} N_n}{B_{mn} N_m} = \frac{8\pi h\nu^3}{c^3} e^{-\frac{E_n - E_m}{kT}}$$

erhielte, die nur für große Werte von $h\nu/T$ Gültigkeit besitzt. Die Einführung der induzierten Übergänge ist also notwendig für den Erfolg des Verfahrens. Daß einfallende Strahlung sowohl Energiezunahme als auch Energieabnahme des Systems bewirken kann, ist in der klassischen Theorie der erzwungenen Schwingungen geläufig. Je nach der Phase der erzwingenden Schwingung relativ zu der des Oszillators tritt der eine oder der andere Fall ein. Es macht also den Eindruck, als ob in den Photonen trotz ihres korpuskularen Charakters auch ein undulatorisches Element vorhanden sei.

Schwankungserscheinungen. Entsprechendes zeigt eine Betrachtung, die Einstein (1909) angestellt hat. Wie die Gasdichte eines Gases zwar im Mittel an jeder Stelle des Gasvolumens im Gleichgewicht konstant ist, aber doch statistische Schwankungen um die mittlere Dichte vorhanden sind, so muß auch die Energiedichte der Gleichgewichtsstrahlung um den Gleichgewichtswert schwanken. Man sieht dies sofort ein für den Fall, daß die Strahlung aus Photonen besteht, die dann ganz analog den Molekülen eines Gases behandelt werden können. Aber auch wenn die Strahlung im Hohlraum als ein reiner Wellenvorgang betrachtet würde, müssen Schwankungen stattfinden; denn an jeder Stelle des Innern durchkreuzen sich die verschiedenen Wellen und liefern Interferenzen, die man nur deshalb nicht beobachten kann, weil sie räumlich und zeitlich schnell wechseln. In der Sprache der Optik sind also diese Wellen inkohärent.

Setzen wir den Mittelwert der Energiedichte $u(\nu)d\nu$ im kleinen Frequenzintervall $d\nu$ gleich $\overline{U}$ und eine Abweichung davon, $\overline{U} - U$ gleich ε, so gibt die Theorie, wie hier nicht entwickelt werden soll, für den Mittelwert des Quadrats den Ausdruck

$$(337) \qquad \overline{\varepsilon^2} = kT^2 \frac{dU}{dT}.$$

Wir setzen für $\overline{U}$ den aus dem Planckschen Gesetz folgenden Wert

$$\overline{U} = \frac{8\pi h \nu^3}{c^3} \frac{d\nu}{e^{\frac{h\nu}{kT}} - 1}.$$

Differenzieren wir $\overline{U}$ nach T und eliminieren $e^{h\nu/kT}$ mit Hilfe der Gleichung für $\overline{U}$, so erhalten wir nach Einsetzen in (337):

$$(338) \qquad \frac{\overline{\varepsilon^2}}{\overline{U}^2} = \frac{h\nu}{\overline{U}} + \frac{c^3}{8\pi\nu^2 d\nu}.$$

Die relative Schwankung $\overline{\varepsilon^2}/\overline{U}^2$ setzt sich also aus zwei Teilen zusammen, deren jeder einer einfachen Deutung fähig ist. Das Reziproke des ersten Summanden ist, wie ohne weiteres klar ist, die Anzahl Z_p der Photonen, die in der Energiedichte $\overline{U}$ enthalten sind. Der erste Summand entspricht also einer extrem korpuskularen Auffassung der Strahlung. Setzt man aber $h = 0$, vernachlässigt also die korpuskulare Seite, so bleibt ein rein undulatorisches Glied übrig, denn $8\pi\nu^2 d\nu/c^3$ ist nach Gl. (256) die Anzahl der Freiheitsgrade Z_w der Hohlraumstrahlung vom Wellenstandpunkt aus. Es ist also

$$(339) \qquad \frac{\overline{\varepsilon^2}}{\overline{U}^2} = \frac{1}{Z_p} + \frac{1}{Z_w}.$$

Wieder kommen also sowohl Korpuskular- als Wellenauffassung der Strahlung gemeinsam ins Spiel.

Hätte man statt der Planckschen Gleichung entweder die Rayleigh-Jeanssche oder die Wiensche Spektralgleichung benutzt, so hätte man, wie leicht nachzurechnen ist, im ersten Fall nur den zweiten Summanden, im zweiten Fall den ersten erhalten. Die Grenzgesetze des Strahlungsgesetzes stellen sich also jeweils auf den Standpunkt der entgegengesetzten extremen Strahlungstheorien, während die allgemein gültige Strahlungsgleichung beide Aspekte vereinigt.

Wenden wir uns nochmals dem ersten Glied von Gl. (339) zu. Die Schwankungen werden relativ um so bedeutsamer, je kleiner Z_p ist. Man muß also erwarten, daß bei äußerst kleinen Lichtintensitäten das Auge Helligkeitsschwankungen beobachtet oder daß etwa eine regelmäßige periodische Folge von sehr schwachen Lichtblitzen nicht als solche gesehen wird, sondern daß unter Umständen einige dieser Blitze vom Auge überhaupt nicht wahrgenommen werden oder jedenfalls nicht mit gleicher Helligkeit, also nicht mit gleicher Photonenzahl. Solche Versuche sind sehr schwierig durchzuführen und haben nur Aussicht auf Erfolg, wenn man sich an der unteren Grenze der Helligkeitsempfindlichkeit des Auges befindet. Dann können nämlich an sich kleine Intensitätsschwankungen vom Auge in große Helligkeitsschwankungen umgesetzt werden, indem man gerade unterhalb oder oberhalb der Schwelle der Empfindlichkeit ist, also zwischen der Helligkeit Null oder einer endlichen Helligkeit schwankt. Man muß bei solchen Beobachtungen sicher sein, daß die Schwankungen nicht vorgetäuscht werden durch etwaige Störungen im Auge selbst, etwa durch Ermüdung oder infolge der Unmöglichkeit, bei Stäbchensehen einen Gegenstand zu fixieren. Immerhin ist es in Versuchen von S. Wawilow und von R. B. Barnes u. M. Czerny gelungen, die Existenz dieser Schwankungen der Photonenzahl in Blitzen auf die angedeutete Weise qualitativ festzustellen.

Nach Barnes u. Czerny (Lit) reichen 40—100 Photonen einfallenden Lichts aus, eine Helligkeitsempfindung im Grün zu erzeugen. Aus Wahrscheinlichkeitsbetrachtungen errechnen sich daraus Schwankungen von etwa 30%. Das Ergebnis ist treffend durch diese Autoren wie folgt wiedergegeben: „Wenn das Auge auch nur ungefähr zehnmal empfindlicher wäre als es ist, so wäre der Schroteffekt (die Schwankungen) so deutlich, daß man das Licht der schwachen Sterne vom Himmel ‚heruntertropfen' sehen würde.... Wenn das Auge andererseits zehnmal unempfindlicher wäre, so würde die Beobachtung eines Schroteffektes ausgeschlossen sein. In Wirklichkeit hat sich ergeben daß das Auge gerade bis an die Grenze entwickelt ist, wo es einen Schroteffekt wahrnehmen könnte."

Während bei solchen Versuchen die Anzahl der Photonen durch Herabsetzung der Intensität gering gehalten wird, kann man auch bei relativ großen Intensitäten eine kleine Anzahl von Photonen erhalten, wenn die Energie des einzelnen Photons groß gewählt wird, also bei hoher Frequenz. Das hat Bothe in einer Anordnung nachgewiesen ähnlich der in Abb. 472 beschriebenen. Nur waren dann beide Zähler Photonenzähler, und statt der Streuung an Gaspartikeln wurde die von Röntgenstrahlen hoher Frequenz in einer Metallfolie erzeugte Fluoreszenzstrahlung beobachtet. Die beiden Zähler sprachen weder gleichzeitig an (was bei einer von der Folie ausgehenden Kugelwelle hätte der Fall sein müssen) noch auch jeder für sich in regelmäßigen Abständen. Auch hier muß eine Forderung an das Meßinstrument gestellt werden (wie analog oben beim Auge): Der Nutzeffekt der beiden Zähler muß so groß sein, daß mangelnde Koinzidenz oder mangelnde Regelmäßigkeit nicht einfach eine Folge von inadäquaten Zählereigenschaften sind.

74. Strahlungsverstärkung durch induzierte Emission

In Nr. 73 hatten wir festgestellt, daß die Vorstellung von quantenhaften Übergängen zwischen zwei Energiestufen mit den Gesetzen der elektromagnetischen Strahlung im Wärme-Gleichgewicht nur dann vereinbar ist, wenn man mit Einstein drei Arten von Übergangsmöglichkeiten annahm, insbesondere die Existenz induzierter Emissionsübergänge, und zwar induziert durch die äußere Strahlung, die auf die Atome einwirkt. Die Existenz dieser induzierten Übergänge ist danach zwar als ausreichend bewiesen anzusehen, aber es handelt sich doch nur um einen indirekten Beweis auf dem Weg der Befriedigung einer theoretisch zu stellenden Forderung[1]). Seit wenigen Jahren

---
[1]) Eine Folgerung aus der Existenz induzierter Übergänge, die zuerst H. A. Kramers (1924) erkannte, ist das Auftreten von Gliedern mit negativem Vorzeichen in der Dispersionsformel (114a), S. 199, die sogenannte „negative Dispersion". Experimentell wurde diese nachgewiesen von H. Kopfermann und R. Ladenburg (1928) durch die Beobachtung, daß der Brechungsindex in der Nähe einer Emissionslinie von Na abnimmt, wenn das Gas durch Energiezufuhr (in diesem Fall durch elektrischen Strom in einer Gasentladung, also durch Stoß von Elektronen) genügend stark angeregt wurde.

gibt es nun einen direkten experimentellen Beweis für das Vorhandensein solcher Übergänge, der praktische Anwendung im sogenannten „Maser" gefunden hat. Der Maser gestattet die Verstärkung von Mikrowellen durch induzierte Strahlungsemission. (Das Kunstwort „Maser" von microwave amplification by stimulated emission of radiation; entsprechend „Laser" von: light amplification ...) Das Prinzip der Anwendung der stimulierten Übergänge zur Strahlungsverstärkung wurde zuerst 1953 von J. Weber (Lit) angegeben und unabhängig davon 1954 von C. H. Townes und Mitarbeitern (Lit) zum ersten Mal verwirklicht.

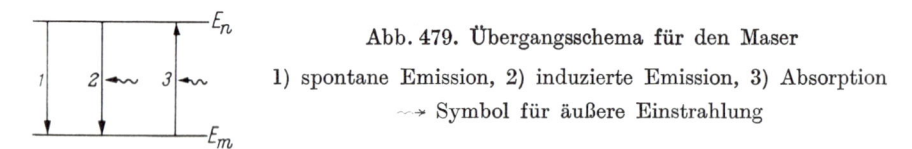

Abb. 479. Übergangsschema für den Maser

1) spontane Emission, 2) induzierte Emission, 3) Absorption

⟶ Symbol für äußere Einstrahlung

Zum Verständnis dieser Verstärkungsmöglichkeit betrachten wir noch einmal die in Abb. 479 angedeuteten drei Übergänge, wobei wir zunächst von den spontanen Übergängen 1 ganz absehen wollen. In diesem Fall würde eine einfallende Strahlung, falls die Besetzung dem thermischen Gleichgewicht entspricht, wegen $N_n < N_m$ Energie durch Absorption verlieren. Wenn es aber gelingt, die Besetzungszahlen abzuändern, und zwar so, daß N_n größer als N_m würde, so würde jetzt die einfallende Strahlung mehr Emissionsübergänge 2 induzieren als Absorptionsübergänge 3, und es würde damit eine Verstärkung der Strahlungsenergie erreicht sein. Selbstverständlich befindet man sich aber jetzt nicht mehr im thermischen Gleichgewicht. Diese Abweichung vom Gleichgewicht kann unter formaler Beibehaltung von Gl. (336) durch eine effektive Temperatur T_{eff} beschrieben werden, wobei dann $N_n > N_m$ gleichbedeutend mit einer negativen effektiven Temperatur wäre. Diese effektive Temperatur ist natürlich nur für die zwei gerade betrachteten Energieniveaus definiert. Die Besetzung anderer Niveaus muß nicht notwendigerweise durch die gleiche effektive Temperatur beschrieben werden. Die Bedingung $N_n > N_m$ wird oft als Emissionsbedingung bezeichnet; sie ist notwendige aber nicht hinreichende Bedingung für das Einsetzen einer verstärkenden Masertätigkeit. Natürlich wird der Energiesatz nicht durch die beschriebene Art der Verstärkung verletzt, denn zum Erreichen der Emissionsbedingung muß Energie aufgewandt werden.

Wir wollen hier nur wenige Beispiele der verschiedenen Möglichkeiten besprechen, wie die Emissionsbedingung verwirklicht werden kann. Zunächst besprechen wir den sog. Gas-Laser, der mit einem Gemisch von Neon und Helium in einer Gasentladung arbeitet. Abb. 480 zeigt ein stark vereinfachtes Energie-Termschema von He und Ne in derselben Art wie in Abb. 478. Man regt zunächst das Helium, das im Überschuß vorhanden ist, durch Übertragung kinetischer Energie stoßender Elektronen mit einer Energie von 19,81 eV auf das Niveau 2s an[1]). Man sagt, daß Energie in das System „gepumpt" wird, wobei grundsätzlich zum Pumpen statt kinetischer Energie von Elektronen in einer Gasentladung auch eine Strahlung entsprechender Energie benutzt werden könnte. Wie man Abb. 480 entnimmt, ist das Niveau 2s von Ne ungefähr auf gleicher Höhe wie das jetzt angeregte Helium-Niveau. Unter diesen Umständen ist es erfahrungsgemäß leicht, die Anregungsenergie vom He auf das Ne durch „Stöße zweiter Art" strahlungslos zu übertragen[2]). Im Ne-Spektrum sind vom 2s-Niveau Über-

---

[1]) Die Bezeichnung der Niveaus als 2s, 2p usw. seien hier als bloße Benennung eingeführt. Ihr Zusammenhang mit der Struktur der Atome kann erst in Band IV erläutert werden.

[2]) Zur kurzen Erläuterung: Bei Stößen erster Art wird kinetische Energie stoßender Teilchen in Anregungsenergie gestoßener Teilchen umgesetzt; bei Stößen zweiter Art dagegen wird Anregungsenergie eines stoßenden Teilchens in kinetische Energie der Teilchen verwandelt. Die Umwandlung braucht dabei keineswegs vollständig zu sein.

gänge nach $2p$ und von da nach $1s$ möglich. Nun fügt es sich, daß die Übergangswahrscheinlichkeit von $2s$ nach $2p$ klein ist, entsprechend einer Lebensdauer des $2s$-Zustands von etwa 10^{-7} s, während die Lebensdauer von $2p$ etwa 10mal kleiner ist. Dadurch reichert sich das System mit Teilchen des $2s$-Niveaus gegenüber denen im $2p$-Niveau an, und die Emissionsbedingung kann erfüllt werden. Strahlt man nun mit einer Frequenz, die dem Energieunterschied von $2s$ und $2p$ von Ne entspricht, ein (etwa eine Wellenlänge von 11 500 Å), so kann also die Strahlung dieser Wellenlänge verstärkt werden. Ganz ähnlich arbeitet ein Festkörper-Maser, wo Übergänge zwischen den Energieniveaus eingebauter Fremdionen verwandt werden (z. B. Cr^{3+}-Ionen in Rubin). Das „Pumpen" braucht hier nicht über Niveaus eines weiteren zusätzlichen Ions zu erfolgen, sondern über Niveaus eines und desselben Ions.

Ein anderes Beispiel verwendet die Eigenschaft des NH_3-Moleküls, daß infolge der zwei möglichen Lagen des N-Atoms oberhalb oder unterhalb der H_3-Ebene zwei Energiezustände vorhanden sind mit einem Energieunterschied von nur $1{,}1 \cdot 10^{-4}$ eV, entsprechend einer Wellenzahldifferenz von $0{,}8$ cm^{-1}. Diese sind im Gleichgewicht praktisch gleich stark besetzt. Nun sind aber, wie hier nicht begründet werden soll, die Dipolmomente der NH_3-Moleküle in den beiden Zuständen etwas verschieden[1]). Man kann also durch ein geeignetes inhomogenes elektrisches Feld die NH_3-Moleküle mit dem höheren Energieniveau aus einem NH_3-Strahl, der zunächst Moleküle mit beiden Niveaus enthält, räumlich trennen. In dem abgetrennten Strahl hat man dann die zur Masenwirkung notwendige Überbesetzung des oberen Niveaus zur Verfügung, vorausgesetzt,

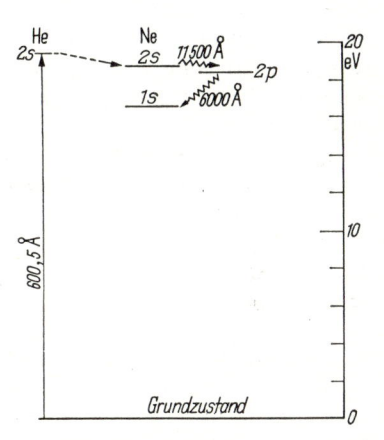

Abb. 480. Vereinfachtes Termschema von He und Ne
-----→ Energieübertragung durch Stöße
⟶ strahlender Übergang

daß die zu verstärkende Strahlung rechtzeitig eintrifft, bevor diese Moleküle ihre Energie spontan durch Emission an das untere Niveau verloren haben. Diese Form des Masers („Trennungs-Maser") war übrigens die zuerst verwirklichte Form.

Die technische Ausbildung der verschiedenen Masertypen soll hier nicht interessieren. Zwei Eigenschaften sollen aber hervorgehoben werden, die zeigen, daß neben den Korpuskular-Eigenschaften der Strahlung, die ja den Einsteinschen Vorstellungen primär zugrunde liegen und die eine wesentliche Voraussetzung für den Maser-Effekt sind, auch die Welleneigenschaften eine Rolle spielen.

Man hat beobachtet, daß die Breite der Linie, die durch die Laserwirkung zustande kommt, wesentlich geringer ist als die Linienbreite der spontan emittierten Linie, die z. B. als Fluoreszenzlinie des Lasermaterials beobachtet werden kann. Im Fall des Rubin-Masers hat die Fluoreszenzlinie eine Breite von $\Delta\tilde{\nu} = 10$ cm^{-1}, während die Laserlinienbreite kleiner als $0{,}01$ cm^{-1} ist, und zwar bei einer Wellenzahl von 14 400 cm^{-1}. Man kann diese Verschmälerung anschaulich verstehen, wenn auch nur in qualitativer Hinsicht, wenn man bedenkt, daß man den Verstärkungsvorgang klassisch als einen Resonanzvorgang erzwungener Schwingungen auffassen kann, wobei die Amplituden der erzwingenden Schwingung aber selbst schon von der Frequenz in der Form einer schmalen Emissionslinie abhängen. Bei der multiplikativen Über-

---

[1]) Wegen der geometrischen Unsymmetrie des NH_3-Moleküls (flache Pyramide mit N an der Spitze) ist auch die Ladungsverteilung unsymmetrisch; negative und positive Ladungen sind getrennt. Wie ein magnetischer Dipol kann sich ein elektrischer Dipol in einem homogenen Kraftfeld nur drehen, dagegen im inhomogenen Feld abgestoßen oder angezogen werden. (Vgl. hierzu die zuständigen Stellen in Bd. II.) Die Größe der ablenkenden Wirkung hängt vom Dipolmoment ab.

lagerung beider Frequenzabhängigkeiten wird sich dann eine schmalere Linie als die eingestrahlte ergeben. (Man vergleiche hierzu die multiplikative Überlagerung bei der Reststrahlerzeugung, Nr. 25.)

Die spontane Emission ist von Zufallsgesetzen regiert. Die einzelnen Emissionsakte erfolgen unabhängig voneinander, und das ist ja der tiefere Grund dafür, daß eine ausgedehnte Lichtquelle inkohärente Strahlung aussendet. Faßt man die stimulierte Emission als erzwungene Schwingung auf, so kann man jedoch erwarten, daß gesetzmäßige Phasenbeziehungen auftreten, so daß kohärente Strahlung möglich würde. Tatsächlich ist dies der Fall. Denkt man sich die strahlenden Teilchen zwischen zwei planparallele Spiegel gebracht, so kann die von den Teilchen ausgehende erzwungene Emission, die ihrerseits von der erzwingenden Schwingung gesteuert wird, mehrmals zwischen den beiden Spiegeln wie in einem Fabry-Perot-Interferometer hin und her pendeln. Diese ursprünglich erzwungene Strahlung kann nun selbst wieder als erzwingende Strahlung auf die Teilchen des Lasermaterials einwirken, so daß eine **Rückkoppelung** zwischen der stimulierten Emission und den emittierenden Teilchen entsteht, die dazu führt, daß im Endeffekt nur solche Strahlung verstärkt wird, die mit

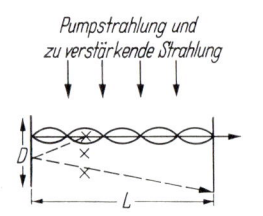

Abb. 481. Resonator für Maser-Strahlung, schematisch

× strahlende Teilchen in günstiger Lage für Rückkoppelung
— — — unverstärkter Strahl
——— verstärkter Strahl

Beim Rubinlaser ist der Spiegelabstand L einige cm, der Durchmesser D einige mm groß

der zwischen den Spiegeln entstandenen stehenden Welle kohärent ist. Das ist in Abb. 481 schematisch dargestellt. Diese so entstandene kohärente Strahlung kann durch einen der Spiegel austreten, falls dieser etwas durchlässig gemacht wird. Die ganze Anordnung ist somit die Quelle einer **räumlich ausgedehnten kohärenten Strahlung**. Die Fabry-Perot-Anordnung erreicht nicht nur die Phasenkohärenz über die Spiegelfläche, sondern sie sorgt auch dafür, daß nur solche Strahlen als verstärkte induzierte Emission austreten, die parallel zueinander senkrecht auf der Spiegelebene stehen. Strahlen, die schief dazu verlaufen, werden nicht genügend oft reflektiert, um verstärkend wirken zu können, und verlassen die Interferometeranordnung auf anderem Weg. Die Parallelität der Strahlung ist hier nicht durch optische Abbildung erzielt, ist also auch nicht durch die unvermeidlichen Abbildungsfehler abbildender Systeme beeinträchtigt, sondern allein durch die geometrische Anordnung des Raums, in dem die Strahlung angeregt wurde (Resonator-Raum). Man hat Abweichungen von der Parallelität auf weniger als eine Bogenminute herabdrücken können.

Die Rückkoppelung im Resonator und die damit erzielte Kohärenz erlaubt überhaupt erst eine Verstärkung im sichtbaren Spektralbereich. Denn im allgemeinen ist nach Gl. (335) die Übergangswahrscheinlichkeit der spontanen Emission bei großen Frequenzen zu groß, um gegenüber der induzierten Emission vernachlässigt werden zu können. Nun ist bei inkohärenter Strahlung (spontane Emission) die Intensität proportional der Zahl N der Emissionszentren, gemäß der Additivität der Intensitäten in diesem Fall. Für kohärente Strahlung dagegen ist die Intensität proportional dem Quadrat der Summe der Einzelamplituden, also proportional N^2 (vgl. Nr. 28). Für großes N, wie es beim Gas- oder Rubinlaser vorliegt, kann demnach die kohärente induzierte Strahlung die spontane Emission trotz kleiner Übergangswahrscheinlichkeiten überwiegen. Die spontanen Übergänge, von denen wir zuerst abgesehen hatten, sind also Ursache statistischer Schwankungen („**Quanten-Rauschen**"), die um so weniger ins Gewicht fallen, je kleiner die Frequenz ist, je größer also die Photonenanzahl ist.

Die geringe Divergenz des Strahlenbündels der kohärenten Strahlung, die außerdem durch ein geeignetes optisches System noch weiter verringert werden kann (vgl. Nr. 17), erlaubt es z. B., eine Fläche von etwa 4 km Durchmesser auf dem Mond mit einer Laserstrahlung auszuleuchten. Sie bewirkt ferner, daß man bei optischer Fokussierung eine sehr kleine Brennfläche erhalten kann, deren beugungsbedingter Durchmesser von der Größenordnung einer Wellenlänge ist (vgl. Nr. 35), womit eine sehr hohe Bestrahlungsdichte erzielt werden kann.

Die Strahlungsleistung von im Handel befindlichen Gas-Lasern ist von der Größenordnung 5 mWatt. Wenn man diese Leistung auf einen Fleck vom Durchmesser $\lambda = 0{,}5\mu$ konzentriert, so würde im Idealfall eine Bestrahlungsstärke von $2 \cdot 10^6$ Watt/cm^2 resultieren, während die Bestrahlungsstärke, die mit gewöhnlichen inkohärenten Lichtquellen günstigenfalls erzielt werden kann, nur mehrere hundert Watt/cm^2 beträgt.

Aus dem Verstärkungsmechanismus des Lasers folgt weiter, daß er eine nahezu ideale monochromatische Lichtquelle ist. Einerseits sorgt dafür der Vorgang der induzierten Emission selbst, andererseits wird bei richtig gewählter Länge des Resonatorraums die Rückkoppelung nur für eine einzige Wellenlänge in vollem Maß wirksam, nämlich jene Wellenlänge, die, wie in Abb. 481 angedeutet, einer stehenden Welle entspricht. Nun ist allerdings nicht nur eine einzige stehende Welle zwischen zwei Spiegeln möglich — oder, wie man auch sagen kann, nur eine einzige „Schwingungsform" des Resonatorhohlraums — sondern alle solche, deren Wellenlängen Teiler der doppelten Resonatorlänge sind. Alle diese Schwingungsformen könnten unter Umständen mitverstärkt werden. Technisch spielt diese Möglichkeit keine sehr große Rolle, da die Primärlichtquelle im allgemeinen von vornherein schon nahezu monochromatisch gewählt wird. Schwieriger wird es, wenn außer den genau in der Resonatorachse verlaufenden Wellen ein erheblicher Bruchteil schief dazu verlaufender mitwirken würde. Alle solche Fehlerquellen hängen stark von der Form des Hohlraums ab; z. B. von der Form der Spiegel, die keineswegs plan sein müssen, sondern Hohlspiegel sein können. Der Extremfall würde durch einen allseits geschlossenen Hohlraum gebildet, da dann viele Wellen in verschiedenen Richtungen verstärkt werden können, was sowohl die Monochromasie als die scharfe Richtungsbündelung des Laserstrahls zunichte macht. Man kann sich die ungünstige Wirkung von Seitenwänden auch durch die Überlegung klar machen, daß ja dann ein Hohlraum entsteht, der bei der geringsten Abweichung von vollkommener Spiegelung allmählich eine (inkohärente) schwarze Strahlung erzeugen müßte.

Durch geeignete Wahl des Resonatorraums ist es auch möglich, Einfluß zu nehmen auf die Wahl der Übergänge, die bevorzugt verstärkt werden. Z. B. können im He-Ne-Laser andere Übergänge als die in Abb. 480 gezeichneten verstärkt werden.

VIII. Kapitel

Wellencharakter der Materie

75. Elektronenbeugung

In Nr. 38 wurde dargelegt, wie durch die Entdeckung der Beugung von Röntgenstrahlen an Kristallgittern der Nachweis für die Identität von Röntgenstrahlen und Lichtstrahlen geliefert wurde. Die Unterschiede sind nicht qualitativer Natur sondern quantitativer; nur die Wellenlängen unterscheiden sich. Ferner wurde erkannt (VII. Kap.), daß elektromagnetische Strahlung neben Welleneigenschaften auch korpuskulare Eigenschaften hat, die sich in den Lichtquanten manifestieren, die als Kor-

VIII. Kapitel. Wellencharakter der Materie

puskeln der Energie $h\nu$ und des Impulses $h\nu/c$ aufgefaßt werden können. Es erhebt sich nun die Frage, ob neben der damit festgestellten dualen Natur des Lichts auch eine solche der Materie besteht, ob also neben den uns geläufigen korpuskularen Eigenschaften der Materie (Atome, Elektronen u. a.) auch Welleneigenschaften zu finden sind. Diese müssen sich in Interferenz- und Beugungserscheinungen kund tun.

Tatsächlich haben C. I. Davisson und L. H. Germer im Jahr 1927 Interferenzerscheinungen an Elektronenstrahlen gefunden, indem sie Elektronen definierter Geschwindigkeit auf eine kristallographisch ausgezeichnete Oberfläche eines Nickelkristalls senkrecht auftreffen ließen. Die Intensität der reflektierten Elektronen (gemessen etwa in einer Ionisationskammer oder durch Schwärzung einer photographischen Platte mit geeigneter Emulsion) erwies sich als abhängig vom Winkel zwischen einfallendem Strahl und Beobachtungsrichtung. Abb. 482 zeigt das Grundsätzliche dieser Versuche für einen Kristall des kubischen Systems. Die Elektronen sollen parallel zur Würfeldiagonale, also senkrecht auf die Dreiecksfläche auffallen.

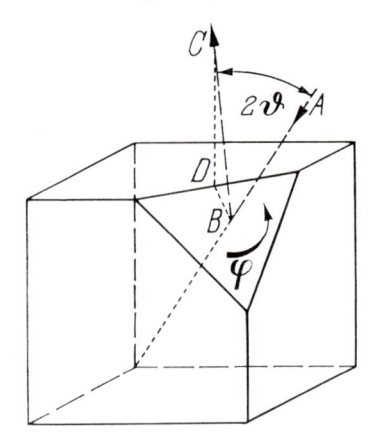

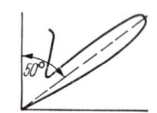

Abb. 483. Elektronenbeugungsintensität in Polarkoordinaten

Abb. 482. Zur Geometrie der Elektronenbeugung
AB = einfallender Elektronenstrahl; BC = gebeugter (reflektierter) Elektronenstrahl; BDC = Ebene mit Azimut φ um die Würfeldiagonale; BD hat $\varphi = 180^0$; 2ϑ = Beugungswinkel. Die Winkelhalbierende des Winkels ABC steht auf einer (nicht gezeichneten) Netzebene senkrecht

Die Beobachtung ergab, daß ein Maximum der Intensität des reflektierten Elektronenstrahls bei $2\vartheta = 50^0$ auftrat, wenn die Elektronen eine Energie von 54 eV besaßen. Bei anderen Energien bzw. Geschwindigkeiten wurden Maxima bei anderen Winkeln gefunden, z. B. bei $2\vartheta = 44^0$ für Elektronen von 65 eV. Abb. 483 zeigt ein Beispiel einer solchen Messung in einem Polarkoordinatensystem mit 2ϑ als Winkelkoordinate und der Intensität als Radiusvektor.

Macht man dieselbe Art Messung bei festem ϑ, variiert aber das „Azimut" der durch einfallenden Strahl und Beobachtungsrichtung definierten Fläche relativ zu einer im Kristall festgelegten Ebene, so macht sich die dreizählige Symmetrie der Reflexionsebene dadurch bemerkbar, daß besonders große Werte der reflektierten Elektronenintensität sich im Azimutabstand von je 120^0 wiederholen. Alle diese Ergebnisse sind ganz analog dem, was man bei den Laue-Diagrammen der Röntgenstrahlen vorfindet (Abb. 312), nur mit dem Unterschied, daß Reflexion statt Durchstrahlung gewählt wurde, da Elektronen kein so hohes Durchdringungsvermögen besitzen wie Röntgenstrahlen.

Die Analogie zwischen Röntgen- und Elektronenstrahlen zeigt sich noch deutlicher, wenn sehr dünne Folien benutzt werden, die auch noch für Elektronen durchlässig sind. Solche Metallfolien sind im allgemeinen polykristallin; der Versuch entspricht also einer Debye-Scherrer-Aufnahme (Abb. 318, 319), und in der Tat findet man analoge Interferenzringe für Elektronen wir für Röntgenstrahlen. Abb. 484 läßt dies deutlich erkennen. Man könnte einwenden, daß vielleicht die Analogie der beiden Ringsysteme dadurch zustande käme, daß die Elektronen im Kristall Röntgenstrahlen erzeugen und diese dann im Kristall gebeugt würden und so die Debye-Scherrer-Interferenzfiguren hervorrufen. Daß dem nicht so ist, konnte dadurch bewiesen werden, daß ein Magnetfeld die ganze Elektroneninterferenz-Erscheinung ablenkt, aber nicht die Röntgenaufnahme.

Die eben gebrauchte Bezeichnung „Interferenz" hat die Deutung dieser Erscheinungen vorweggenommen als beruhend auf der Interferenz von Wellen, die man

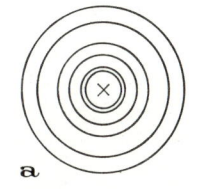

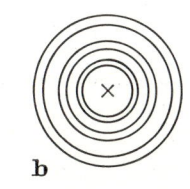

Abb. 484. Debye-Scherrer-Ringe an Silber
a) Röntgenstrahlen (0,71 Å);
b) Elektronenstrahlen (0,645 Å)
Die Abbildungen a und b sind nicht völlig identisch wegen des verschiedenen Verhältnisses der Wellenlänge zur Gitterkonstanten

Elektronenstrahlen zuordnen kann. Diese Deutung hat sich vielfach bestätigt. Mit Strahlen aus materiellen Korpuskeln lassen sich alle aus der Optik elektromagnetischer Wellen bekannten Beugungs- und Interferenzversuche durchführen; nur die Technik der Ausführung ist verschieden. Wie in der Optik kann also aus dem Abstand der Interferenzstreifen die Wellenlänge der „Elektronenwelle" oder allgemeiner der Materiewelle bestimmt werden. Es stellt sich dann heraus, daß jedem Strahl aus Teilchen einheitlicher Geschwindigkeit v eine homogene Welle mit der Wellenlänge

(340) $$\lambda = h/p = h/mv = h/\sqrt{2meV} = h/\sqrt{2mE_{kin}}$$

zugeordnet werden kann, wo p der Impuls der Teilchen ist, m deren Masse, e die Ladung, V die durchlaufene Spannung. In dieser einfachen Form gilt die Gleichung nur für Geschwindigkeiten, für die die relativistische Abhängigkeit von der Geschwindigkeit nicht berücksichtigt werden muß. Aus Gl. (340) folgt nach Einsetzen der Zahlenwerte für Elektronen die Zahlenwertgleichung

(341) $$\lambda(\text{in Å}) = \frac{12{,}2638}{\sqrt{V \text{ (in Volt)}}} .$$

Die folgende Tabelle 34 gibt für Elektronen und Protonen (= Wasserstoffkerne) einige nach (340) berechnete Wellenlängen von Materiewellen, den sog. de-Broglie-Wellen. L. de Broglie hatte nämlich 1924 aus rein theoretischen Überlegungen heraus ein Entsprechen von Partikeln und Wellen vorgeschlagen, um physikalisch zu verstehen, wie stationäre Energiezustände in Atomen auftreten können. Wie aus Nr. 72 erinnert werde, wurde in der Bohrschen Theorie der Spektren dem nach klassischen Gesetzen behandelten Verhalten der Elektronen eines Atoms eine Quantenbedingung aufgepfropft ohne rationale Begründung. Der Gedankengang von de Broglie sei hier kurz skizziert.

Tab. 34. de-Broglie-Wellenlängen

V (Volt)	v_{el}/c	λ_{el}(Å)	v_{prot}/c	λ_{prot}(Å)
0,01	$2 \cdot 10^{-4}$	122	$4{,}6 \cdot 10^{-6}$	2,9
1	$2 \cdot 10^{-3}$	12,2	$4{,}6 \cdot 10^{-5}$	$2{,}9 \cdot 10^{-1}$
100	$2 \cdot 10^{-2}$	1,22	$4{,}6 \cdot 10^{-4}$	$2{,}9 \cdot 10^{-2}$
10000	$1{,}9 \cdot 10^{-1}$*	0,12	$4{,}6 \cdot 10^{-3}$	$2{,}9 \cdot 10^{-3}$

* relativistisch korrigiert

Man denke sich ein Elektron auf einer Kreisbahn um den positiven Kern laufend wie im Bohrschen Modell des Wasserstoffatoms. Wenn mit diesem Elektron eine Welle verbunden ist, so wird ein stationärer Zustand nur dann erreicht, falls die Wellenlänge ein ganzzahliger Teiler des Kreisumfangs $2\pi r$ ist (also gerade nicht so, wie in Abb. 485 gezeichnet); $n\lambda = 2\pi r$. Aus der Besprechung des Bohrschen Modells in Nr. 72, Gl. (325), wissen wir aber, daß der Radius einer Bahn mit der Quantenzahl n gegeben ist durch

$$(342) \qquad r_n = \frac{nh}{2\pi mv}.$$

Vergleichen wir dies mit (340), so sieht man durch Einsetzen von mv sofort, daß hiernach

$$(343) \qquad r_n = \frac{n\lambda}{2\pi}.$$

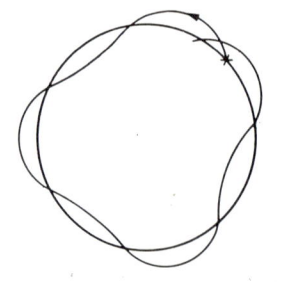

Abb. 485. Elektronen-„welle" auf Kreisbahn, instationärer Fall

Die aus (340) entnommene, dem Experiment entstammende Wellenlänge der Materiewelle erfüllt also genau die von de Broglie für die Stationarität der Elektronenbahn aufgestellte Bedingung. Das Stationaritätsproblem ist dadurch auf die Bestimmung der Wellenlänge eines schwingenden Systems mit „Randbedingungen" zurückgeführt. Diese Randbedingung heißt hier einfach: Die Welle muß in sich zurücklaufen. Denkt man sich den Kreis an einem Punkt aufgeschnitten und zu einer linearen Saite gestreckt, so erkennt man das Analogon zum Problem einer schwingenden Saite mit festgehaltenen Enden. Diese Überlegungen wurden zum Ausgangspunkt der Schrödingerschen Wellenmechanik, auf die wir hier nicht eingehen können. Daß die Bohrsche Methode gerade für Wasserstoff richtige Ergebnisse geliefert hat, liegt im wesentlichen daran, daß die Quantenbedingung (325) sich in diesem Fall auf natürliche Weise auch aus der Wellenauffassung ergibt. In anderen Fällen ist das nicht mehr oder nur angenähert so.

Wie aus (340) hervorgeht, gehört zu jeder Beschleunigungsspannung V eine bestimmte Wellenlänge. Wenn wir den in Abb. 483 dargestellten Versuch als Analogon zur Beugung von Röntgenstrahlen auffassen, entspricht dann jeder dieser Wellenlängen ein anderer „Beugungsfleck", dessen durch ϑ und die Kristallstruktur bestimmte Lage nach der von Nr. 38 her bekannten Braggschen Beziehung

$$2d \sin \vartheta = k\lambda, \; k = 1, 2, 3, \ldots$$

gegeben ist. Dabei gibt d den Abstand zweier Netzebenen an, deren Normale den Winkel 2ϑ halbiert. Während nun bei der Röntgenbeugung die Wellenlänge monochromatischer Röntgenstrahlen nicht kontinuierlich variiert werden kann, da sie vom Antikathodenmaterial abhängt, so daß in Laue-Aufnahmen die Einhaltung der Braggschen Beziehung beim Gebrauch monochromatischer Strahlung praktisch dem Zufall überlassen ist, ist hier eine kontinuierliche Wellenlängenänderung einfach durch Variation von V möglich. Deshalb braucht man bei der Elektronenbeugung nicht notwendigerweise zum Braggschen Drehkristallverfahren zu greifen, sondern kann bei fester Kristallorientierung mit variabler Wellenlänge arbeiten.

Die Beziehung (340) ist unter der bisher stillschweigend gemachten Annahme gültig, daß die Elektronen sich im Vakuum befinden, so daß die kinetische Energie einfach der potentiellen Energie eV des beschleunigenden elektrischen Felds gleichgesetzt werden durfte. In einem beliebigen andern Medium sind aber die Teilchen noch anderen Kräften ausgesetzt. Man darf annehmen, daß die vom Medium auf die beschleunigten Teilchen ausgeübten Kräfte ebenfalls aus einer potentiellen Energie E_{pot} abgeleitet werden können, so daß

75. Elektronenbeugung

(344) $$\frac{m}{2}v^2 + E_{pot} = eV$$

sein muß. Mit dem dadurch bestimmten Wert von v erhält man statt (340) die vollständigere Beziehung

(345) $$\lambda = \frac{h}{\sqrt{2\,m(eV - E_{pot})}}.$$

Nach Analogie mit der Optik kann man auch hier das Verhältnis der Wellenlängen im Vakuum und im Medium als einen Brechungsindex definieren,

(346) $$n = \frac{\lambda_{Vak}}{\lambda_{Med}} = \sqrt{1 - \frac{E_{pot}}{eV}}.$$

Auch diese Gleichung gilt nur für $v \ll c$.

Die Notwendigkeit der Einführung eines Brechungsindex geht experimentell schon aus den Ergebnissen von Davisson und Germer hervor, da die beobachteten Beugungswinkel nicht mit den nach der einfachen Braggschen Beziehung bei bekannter Gitterkonstante berechneten übereinstimmen. Die konkrete Anwendung von (346) ist aber dadurch erschwert, daß der genaue Verlauf von E_{pot} in einem Kristall bekannt sein müßte. Die Einführung eines „mittleren" Brechungsindex hat sich nicht als voll ausreichend erwiesen.

Da im allgemeinen die potentielle Energie im Medium vom Ort abhängig sein wird, so ist auch n eine Ortsfunktion. Das „Medium", von dem hier die Rede ist, muß nicht ein materielles Medium sein. Jedes Potentialfeld, etwa das elektrische Feld in einem beliebig gestalteten Kondensator oder ein Magnetfeld, leistet die gleichen Dienste. Dieser Umstand wird in der „Elektronenoptik" ausgenutzt, die in Nr. 76 besprochen wird. Wie in der Newtonschen Auffassung des Lichts und dessen Brechung ist letztere auch hier durch Kraftwirkungen auf Teilchen bedingt. Wir haben also eine Auferstehung der Newtonschen Optik in ganz anderer Gestalt vor uns, aber eben nur in bezug auf die Ursache der Brechung, nicht in bezug darauf, daß sogar auch diese materielle Strahlung Wellencharakter besitzt. Wie in der Newtonschen Optik ist der Brechungsindex, wie aus (344) und (346) hervorgeht, durch $n = \lambda_{Vak}/\lambda_{Med}$ also durch v_{Med}/v_{Vak} gegeben. Die Geschwindigkeiten v sind aber nicht Fortpflanzungsgeschwindigkeiten einer Wellenphase, sondern die korpuskularen Geschwindigkeiten der einzelnen Teilchen. Diese Bemerkung führt zu einer weiteren vertieften Betrachtung:

Wir haben oben ausdrücklich von der Wellenlänge gesprochen, die einem Strom von Teilchen zugeordnet werden kann, nicht etwa von der Zuordnung zu einem einzelnen Teilchen. Wie wir schon bei den Lichtwellen erkannt haben (Nr. 19), entspricht eine streng monochromatische Welle einer unendlich ausgedehnten Welle. Ein räumlich begrenzter Wellenzug ist jedoch äquivalent einer Wellengruppe von Wellen verschiedener Wellenlänge oder Schwingungszahl. Die Wellengruppe pflanzt sich fort mit einer Gruppengeschwindigkeit v_g, die sich aus der Phasengeschwindigkeit v_p und deren Dispersion berechnen läßt. Übertragen wir diese Feststellungen auf die Materiewellen, so werden wir einem räumlich begrenzten Teilchen auch hier nur eine Wellengruppe zuordnen dürfen und die monochromatische Materiewelle einem unbegrenzten Strom solcher Teilchen. Nach Nr. 19 ist

(347) $$v_g = v_p - \lambda \frac{dv_p}{d\lambda},$$

wobei v_p nach der für alle Wellenerscheinungen gültigen Beziehung $v_p = \lambda \nu$ zu bestimmen ist. Um v_g auszurechnen, brauchen wir also noch die Frequenz ν der Materiewelle, und hier benutzen wir die allgemeine Aussage der Quantentheorie, daß die Energie eines einer Welle zugeordneten Partikels durch $E = h\nu$ ausgedrückt werden kann[1]).

Dann ergibt sich:

$$v_p = \frac{\lambda E}{h}, \quad v_g = \frac{\lambda E}{h} - \frac{\lambda}{h}\frac{d(\lambda E)}{d\lambda} = -\frac{\lambda^2}{h}\frac{dE}{d\lambda}.$$

Beschränken wir uns auf kleine Teilchengeschwindigkeiten v und vernachlässigen damit die von der Relativitätstheorie geforderte Massenveränderlichkeit, so können wir weiter schließen, daß die durch die de-Broglie-Beziehung $mv = h/\lambda$ den Teilchen zugeordnete Wellenlänge sich in der Teilchenenergie nur in ihrem kinetischen Teil bemerkbar macht. Bei der Bildung von $dE/d\lambda$ muß dann nur $E_{kin} = mv^2/2 = h^2/2m\lambda^2$ berücksichtigt werden. Wir erhalten

$$v_g = -\frac{\lambda^2}{h}\frac{h^2}{2m}\frac{d}{d\lambda}\left(\frac{1}{\lambda^2}\right) = \frac{h}{m\lambda} = v.$$

Die materielle Korpuskelgeschwindigkeit eines Teilchens ist gleich der Gruppengeschwindigkeit der dem Einzelteilchen zuzuordnenden Wellengruppe. Bilden wir das Produkt $v_g v_p$, so ergibt sich

$$v_g v_p = \frac{h}{m\lambda}\lambda\nu = \frac{h\nu}{m} = \frac{E}{m}.$$

Diese Gleichung ist allgemein für jedes v gültig, was wir hier nicht beweisen.

Nun folgt aus der Relativitätstheorie (IX. Kap.), daß E und m allgemein durch

$$E = \frac{m_0 c^2}{\sqrt{1 - v^2/c^2}} \quad \text{und} \quad m = \frac{m_0}{\sqrt{1 - v^2/c^2}}$$

gegeben sind. Man findet dann sofort durch Einsetzen, daß

$$v_g v_p = c^2,$$

eine Beziehung für Materiewellen, die man nicht etwa auf Photonenwellen (Lichtwellen) übertragen darf.

Hieraus folgt weiter, daß der Brechungsindex, der oben als $n = v_{Med}/v_{Vak}$ angegeben wurde, gleich dem Verhältnis der Vakuum- zur Medium-Phasengeschwindigkeit zu definieren ist, genau so wie bei Lichtwellen.

Als wesentliches Ergebnis dieser Betrachtungen können wir festhalten, daß die Materie dualen Charakter hat, insofern das, was zunächst als korpuskulare Bestandteile der Materie sich vorfindet, auch Wellencharakter annehmen kann, ebenso wie elektromagnetische Strahlung sowohl Wellen- als auch Korpuskelcharakter hat.

76. Elektronenoptik

Die Zuordnung von Wellen zu Korpuskeln legt die Frage nahe, ob man mit den Materiewellen eine zur Optik der Lichtwellen analoge Optik aufbauen kann, ob es also eine Optik der Korpuskeln gibt oder einfacher, nach den dabei meist in Frage kommen-

---

[1]) Die Gleichung $E = h\nu$ könnte zu einer gedanklichen Schwierigkeit führen, wenn man bedenkt, daß eine monochromatische Welle überhaupt keine Energie besitzt, sondern daß meßbare Energie nur in einem Frequenzintervall zu finden ist. Hier handelt es sich aber um etwas anderes. $E = h\nu$ ist die Energie, die die Strahlung in einem Elementarakt vollständig übertragen könnte, z. B. bei Lichtwellen durch Photonen, bei Materiewellen durch Korpuskeln, und ν ist nicht die Frequenz, die dem übertragenden „Teilchen" zukommt, sondern eben die der dem Teilchenstrom zugeordneten Welle oder auch die mittlere Frequenz der zugehörigen Wellengruppe. Die Energie E ist nicht die Energie einer monochromatischen Welle, sondern die eines Teilchens bzw. einer Wellengruppe.

den Korpuskeln, eine Elektronenoptik. Nun ist zum Aufbau einer geometrischen Elektronenoptik, die der Strahlenoptik des Lichts entspricht, die Bezugnahme auf die Wellennatur gar nicht notwendig. Wir wissen, daß Elektronen durch elektrische oder magnetische Felder abgelenkt werden können, und es wäre also nur die Frage, ob man solche Felder finden kann, welche Elektronen so ablenken können, daß wie in der Lichtoptik Linsenwirkungen entstehen, die dann in geometrisch-optisch konstruierten Instrumenten ausgenutzt werden könnten. Erst wenn es sich um das Auflösungsvermögen solcher Instrumente handelt, käme die Wellennatur ins Spiel.

Tatsächlich hat schon vor der vollen Erkenntnis der dualen Natur der Materie H. Busch (1927) auf die Möglichkeit einer Elektronenoptik in dem eben genannten Sinn hingewiesen. Aber erst die Erkenntnis, daß die sehr kleine Wellenlänge der Elektronenwellen einen Fortschritt gegenüber der Lichtoptik bezüglich des Auflösungsvermögens bringen könnte, hat die Entwicklung auf diesem Gebiet gefördert. Die an sich ja mögliche Verringerung der Wellenlänge elektromagnetischer Strahlung kann nicht in optischen Instrumenten ausgenutzt werden, da der Brechungsindex zu nahe an 1 herankommt, so daß die Konstruktion von Linsen unmöglich wird, ganz abgesehen von Absorptionsverlusten und rein technischen Schwierigkeiten. Die Form des Brechungsindex der Materiewellen läßt aber vermuten, daß geeignete Felder zu „Elektronenlinsen" führen könnten.

Wir betrachten zunächst nur elektrische Felder und suchen nach Anordnungen, die als abbildende Elemente angewandt werden können. Dazu einige Vorbemerkungen:

Während sich der Brechungsindex der in der Lichtoptik verwendeten brechenden Medien nur in verhältnismäßig engen Grenzen variieren läßt, kann man die Begrenzungsflächen der Medien willkürlich wählen und den verschiedenen Aufgaben der Optik anpassen. Eine nachträgliche Änderung der Konstruktion ist so gut wie nicht möglich, höchstens können Teile einer Optik gegeneinander verschoben werden. Im Falle der Elektronenoptik dagegen ist nach erfolgter Wahl der Elektrodenform der Verlauf der Potentialflächen nicht mehr willkürlich, hingegen kann man bequem durch Spannungsänderung den Brechungsindex in weiten Bereichen beliebig verändern. Ein einzelnes elektronenoptisches Abbildungssystem ist daher im allgemeinen vielseitiger verwendbar als ein lichtoptisches. Bei gewissen elektrischen Linsensystemen kann durch einfache Spannungsänderungen eine Sammellinse sogar in eine Zerstreuungslinse oder in einen Spiegel verwandelt werden. Weiter ist zu beachten, daß im Gegensatz zur Lichtoptik die die Abbildung vermittelnden Elektronenstrahlen grundsätzlich nicht ohne Rückwirkung auf den Feldverlauf sind. Die Elektronen können z. B. im gasgefüllten Raum durch Ionenbildung das ursprüngliche Feld indirekt verändern, oder sie können im Hochvakuum durch ihre eigenen Felder eine Feldverzerrung hervorrufen. Eine Überschlagsrechnung über die dabei wirksamen Kräfte zeigt jedoch, daß diese Störungen nur geringfügig sind und im allgemeinen vernachlässigt werden dürfen. Die gegenseitige Abstoßung der Elektronen untereinander kann in einem intensiven, anfangs parallelen Bündel eine Verbreiterung hervorrufen, die bei den hohen Stromstärken, wie sie in gasgefüllten Braunschen Röhren vorkommen können, merklich werden könnte. Jedoch sorgt dort die vom Strahl selbst erzeugte positive Raumladung dafür, daß der Elektronenstrahl seinen ursprünglichen Durchmesser einigermaßen beibehält. Derartige Störungen durch den Elektronenstrahl selbst können also im folgenden außerhalb der Betrachtung bleiben.

Elektrische Linsen. Wie müssen nun die elektrischen Felder gewählt werden, damit sie eine „Abbildung" erzeugen? Eine Abbildung im Gaußschen Sinne der geometrischen Optik liegt dann vor, wenn Strahlen, die von einem Punkt ausgehen, in einem Punkte wieder vereinigt werden und wenn verschiedene Punkte des ausgedehnten ebenen Gegenstandes in einer Ebene derart abgebildet werden, daß das Bild dem Gegenstande geometrisch ähnlich ist. Es läßt sich beweisen, daß **jedes elektrische Feld, das rota-**

528   VIII. Kapitel. Wellencharakter der Materie

tionssymmetrisch ist, derartige Abbildungseigenschaften hat, zur Elektronenbilderzeugung also benutzt werden kann, sofern wir uns auf solche Strahlen beschränken, die nahe der Achse und nahezu parallel zu ihr verlaufen (Paraxialstrahlen, Gaußsche Dioptrik).

Wir wollen den wesentlichen Gedankengang dieses Beweises hier in vereinfachter Form angeben, wobei wir uns auf eine „kurze" Linse beschränken, d. h. annehmen, die Ablenkung jedes Strahls geschehe praktisch in einem Punkte der Mittelebene der Linse. Zunächst wird gezeigt, daß die gewünschte Abbildung stets dann erreicht wird, wenn die als klein vorausgesetzten Ablenkungswinkel proportional dem Abstande des Strahls vom Linsenmittelpunkt sind. Sodann zeigen wir, daß rotationssymmetrische elektrische Felder solche abstandsproportionalen Ablenkungen liefern.

Vorausgesetzt sei also nur, daß alle Ablenkungswinkel proportional r seien, wo r den Abstand der Durchtrittsstelle der Strahlen durch die brechende Fläche vom Mittelpunkt der Linse angibt (vgl. Abb. 486).

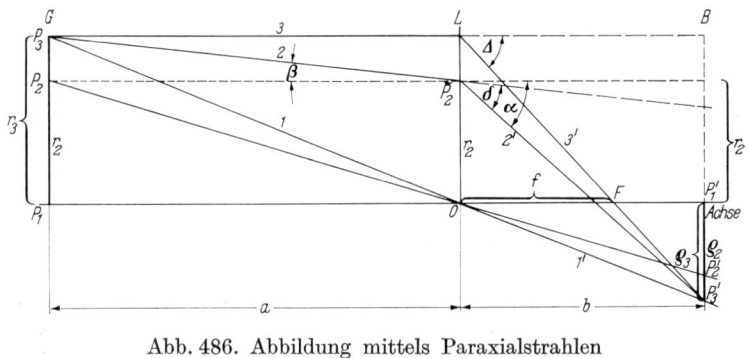

Abb. 486. Abbildung mittels Paraxialstrahlen
G = Objekt, B = Bild, L = Ort der Linse, F = Brennpunkt

Es sei $r_2 = (1/n)r_3$, wo n eine beliebige Zahl ist. Alle durch O gehenden Strahlen werden nach Voraussetzung nicht abgelenkt. P_3 sei ein beliebiger Objektpunkt außerhalb der Achse, sein Bildpunkt P_3'. Ist Δ der Ablenkungswinkel des zur Achse parallelen Strahles 3, so ist nach Voraussetzung der Ablenkungswinkel δ des Strahles 2 gegeben durch $\delta = (1/n)\Delta$. Zu zeigen ist, daß der Strahl 2′ auch durch P_3' geht. Wir werden umgekehrt zeigen, daß der durch P_3' gehende Strahl $\overline{P_2}P_3'$ — und dann natürlich auch nur dieser — den geforderten Ablenkungswinkel $(1/n)\Delta$ hat.

Beweis:
$$\delta = \alpha - \beta = \frac{r_2 + \varrho_3}{b} - \frac{r_3 - r_2}{a} = r_2\left(\frac{1}{a} + \frac{1}{b}\right) + \frac{\varrho_3}{b} - \frac{r_3}{a}; \quad [\delta \cong \operatorname{tg} \delta].$$

Aus $\dfrac{\varrho_3}{r_3} = \dfrac{b}{a} = \dfrac{b-f}{f}$ folgt

$$\frac{1}{a} + \frac{1}{b} = \frac{1}{f} \quad \text{und} \quad \delta = \frac{r_2}{f} = \frac{1}{n}\frac{r_3}{f} = \frac{1}{n}\Delta,$$

was zu beweisen war. Also gehen alle von P_3 ausgehenden Paraxialstrahlen durch P_3', da n beliebig war. Dasselbe gilt für jeden anderen Punkt, etwa für P_2' als Bildpunkt von P_2 oder für P_1' als Bild von P_1, so daß nun aus der Proportion $\dfrac{\varrho_2}{\varrho_3} = \dfrac{r_2}{r_3}$ auch die geometrische Ähnlichkeit zwischen Bild und Objekt unmittelbar folgt.

76. Elektronenoptik

Dieser kurze Beweis enthält natürlich nichts wesentlich Neues oder typisch Elektronenoptisches, sondern gibt die bekannten einfachsten Abbildungsformeln, wie sie auch in der Lichtoptik gelten. Er soll jedoch in einfacher Weise zeigen, welche Voraussetzungen und Einschränkungen allein nötig sind, um eine derartige Abbildung zu erzielen.

Betrachten wir nun das abbildende Potentialfeld, das rotationssymmetrisch angenommen werden soll. Bei einem solchen Feld stehen die Potentialflächen senkrecht auf der Achse des Systems (z-Achse), da wegen der Forderung stetiger Ableitungen des Potentials φ Knicke in den Niveauflächen nicht vorkommen dürfen. Die durch $\mathfrak{E} = -\operatorname{grad}\varphi$ gegebene elektrische Feldstärke zerlegen wir nun in zwei Komponenten, $\mathfrak{E}_r = -\dfrac{\partial \varphi}{\partial r}$, radial senkrecht zu z, und $\mathfrak{E}_z = -\dfrac{\partial \varphi}{\partial z}$. Da alle Elektronenstrahlen nahezu achsenparallel sein sollen, wird ihre Ablenkung in erster Näherung allein durch $\mathfrak{E}_r$ bewirkt, während die Geschwindigkeit der Elektronen praktisch nur durch $\mathfrak{E}_z$ beeinflußt wird, zumal $\mathfrak{E}_r$ nahe der Achse klein gegen $\mathfrak{E}_z$ sein wird. Für kleine Abstände r können wir φ in eine Reihe nach steigenden Potenzen von r entwickeln; wegen der vorausgesetzten Rotationssymmetrie (φ bleibt ungeändert bei Vorzeichenwechsel von r) darf φ nur gerade Potenzen von r enthalten. Die Reihe beginnt also:

$$\varphi(r, z) = A_0 + A_2 r^2 + \ldots,$$

wo A_0 und A_2 nur noch Funktionen von z sind.

Daraus folgt für $\mathfrak{E}_r = -\dfrac{\partial \varphi}{\partial r}$ in erster Näherung $\mathfrak{E}_r = \operatorname{const} \cdot r$. Die ablenkende Kraft und damit auch der Ablenkungswinkel sind demnach dem Achsenabstand proportional, und die Abbildung ist möglich.

Abb. 487 zeigt das Schema einer typischen Einzellinse, d. h. einer Linse, die eingebettet ist in ein Medium mit konstantem Brechungsindex außerhalb des Feldbereichs der Linse. Die typische Konstruktion besteht aus drei Lochblenden, von denen die äußeren auf gleichem Potential gehalten werden und die mittlere ein höheres oder niedrigeres Potential hat. Die Analogie zu einer einzelnen Linse der Lichtoptik liegt auf der Hand, mag der Brechungsindex nun auf beiden Seiten der Linse den gleichen Wert haben (normale Einzellinse) oder nicht (Immersions-Einzellinse). Wir betrachten hier nur die erste Art, durch welche die Elektronengeschwindigkeit im Endeffekt also nicht geändert wird. Den Potentialverlauf zeigt Abb. 487; das zugehörige „Potentialgebirge" (Abb. 488) hat in der Mitte einen Sattelpunkt. Das Potentialgebirge, die Umdeutung von Linien gleichen elektrischen Potentials in Höhenlinien, erlaubt ein anschauliches mechanisches Bild der Verhältnisse in den elektrischen Linsen, indem man das Elektron als Kugel auffaßt, die sich nach den Gesetzen der Mechanik bewegt. Wegen der negativen Ladung des Elektrons ist in Abb. 488 das negative Potential nach oben als Höhe aufgetragen.

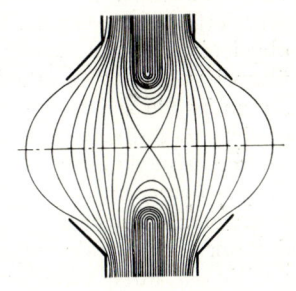

Abb. 487. Potentialfeld der Einzellinse

Die Brennweite der Einzellinse berechnet sich aus

$$\frac{1}{f} = \frac{1}{8}\frac{1}{\sqrt{\varphi_a}} \int \left(\frac{d\varphi}{dz}\right)^2 \varphi^{-\frac{3}{2}}\, dz .$$

Dabei bedeutet φ_a das Potential der Außenelektroden, $\varphi = \varphi(z)$ das variable Potential auf der Systemachse. Die Brennweite ist immer positiv, unabhängig davon, ob die

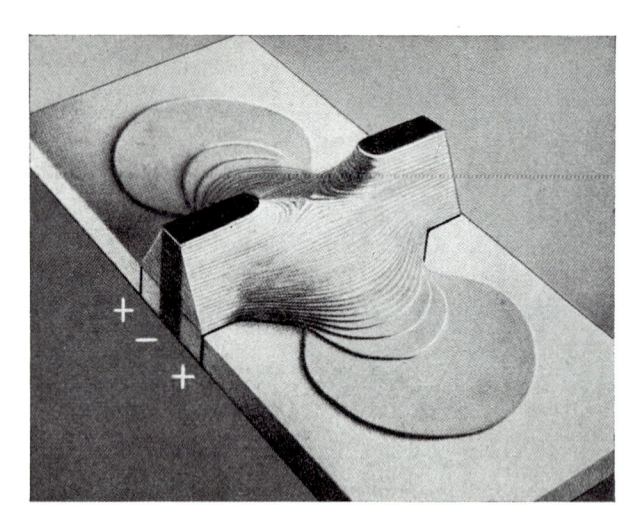

Abb. 488. Potentialgebirge der Einzellinse (nach Brüche und Scherzer)

Mittelelektrode positiv oder negativ gegen die äußeren Elektroden aufgeladen ist. Die Einzellinse ist daher immer **Sammellinse**.

Diesen Tatbestand wollen wir uns an Hand von Abb. 488 anschaulich klarzumachen versuchen. In dieser Abbildung ist die Mittelelektrode negativ gegenüber den beiden äußeren gewählt. Das parallel zur Symmetrieachse ankommende Elektron verliert an dem aufsteigenden Grat an kinetischer Energie so viel, wie es nach Passieren des Sattels wieder gewinnt, da es auf der gleichen Grundebene landet. Seine Richtung wird jedoch geändert. In den Außenbezirken wird das Elektron bei An- und Abstieg nach außen abgelenkt, in der Umgebung des Sattels selbst dagegen nach innen. Welche Ablenkung überwiegt? Die Gesamtzahl aller nach außen oder nach innen ablenkenden Potentialstufen ist die gleiche, da beim Durchlaufen des Potentialfelds jede auf den Elektroden endigende Fallinie (Kraftlinie) keinmal oder zweimal — und dann mit entgegengesetzter Ablenkungswirkung — von der Elektronenbahn geschnitten werden muß. Wegen der geringeren Geschwindigkeit auf dem Sattel wirken die dort herrschenden Sammelkräfte aber längere Zeit als die zerstreuenden Kräfte auf den Außengraten, so daß der transversale Impuls insgesamt nach innen gerichtet ist. Ist die Innenelektrode positiv, so durchläuft das Elektron die sammelnd wirkenden äußeren Potentialmulden langsamer als den zerstreuend wirkenden Grat im Zentrum. Diesmal überwiegt die Außenwirkung, und wir haben wieder eine Sammellinse vor uns.

Magnetische Linsen. Ein Magnetfeld wirkt auf Elektronen in ganz anderer Weise ein als ein elektrisches Feld. Da das magnetische Feld im Gegensatz zum elektrischen stets nur eine Änderung der Geschwindigkeitsrichtung hervorrufen kann, werden Magnetfelder in der Elektronenoptik nur dann benutzt, wenn es sich um abbildende Wirkung auf Elektronen handelt, deren Geschwindigkeitsgröße nicht beeinflußt werden soll. Die Kraft der magnetischen Feldstärke $\mathfrak{H}$ wirkt stets senkrecht zur Ebene durch $\mathfrak{H}$ und $\mathfrak{v}$ (Linke-Hand-Regel); die zu $\mathfrak{H}$ senkrechte Komponente der Bahn wird zu einem Kreise vom Radius ϱ deformiert, nach dem Kraftansatz (im Gaußschen Maßsystem) $\frac{mv_\perp^2}{\varrho} = ev_\perp H/c$, wo $v_\perp$ die Geschwindigkeitskomponente senkrecht zu $\mathfrak{H}$ ($H = |\mathfrak{H}|$) ist. Eine unmittelbare Übertragung der Brechungsverhältnisse in elektrischen Feldern und des dort definierten Brechungsindex ist also unmöglich. Will man die Sprache der Lichtoptik auch auf diese Verhältnisse anwenden, so muß der Brechungsindex

76. Elektronenoptik

in unanschaulicher Form durch das magnetische Vektorpotential und die Strahlrichtung ausgedrückt werden. Diese Analogie ist hier wenig fruchtbar. Wir werden die Bahnen, welche die Elektronen im Magnetfelde beschreiben, unmittelbar aus ihren Bewegungsgesetzen zu verstehen suchen, um festzustellen, ob auch in magnetischen Feldern die Konzentration von divergenten Elektronenstrahlen zu „Bildpunkten" möglich ist. Wir zeigen das zunächst für den Fall, daß die Elektronen auf ihrer ganzen Bahn in einem homogenen Felde verlaufen.

Vorausgesetzt sei, daß die Strahlen wieder nur kleine Winkel mit der Symmetrieachse des Strahlenbündels bilden. Dessen Achse (z-Richtung) laufe parallel zu den magnetischen Kraftlinien. Die Elektronengeschwindigkeit zerlegen wir in die beiden Komponenten v_z und v_r, parallel und senkrecht zur z-Achse. Das Feld wirkt ausschließlich auf $v_r = v \cdot \sin\alpha$ (α = Winkel zwischen z-Achse und Strahl), wobei die Radialkomponente der Bewegung zu einem Kreise mit dem Radius $\varrho = \dfrac{mv\sin\alpha}{eH} c$ abgelenkt wird. Abb. 489 stellt einige solcher Kreise für verschiedene Werte von v_r, also für

Abb. 489. Projektion der Elektronenbahnen auf eine Ebene senkrecht zur Feldrichtung im homogenen Magnetfeld

P = Projektion des Ausgangspunkts der Elektronenstrahlen

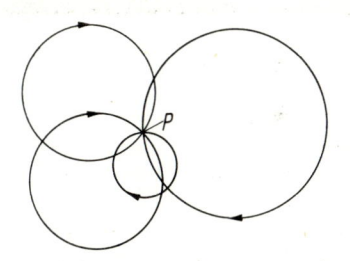

verschiedene Strahlrichtungen dar. Sie sind gleichzeitig die Projektionen der Elektronenbahnen auf die Ebene senkrecht zur z-Achse. Die wahren Bahnen sind Schraubenlinien, die Überlagerung der Kreisbewegung mit der linearen Fortpflanzung längs z mit der Geschwindigkeit $v_z = v \cos\alpha \simeq v$ (α kleiner Winkel!). Nun ist die zum Durchlaufen des Kreises notwendige Zeit $\tau = \dfrac{2\pi\varrho}{v_r} = \dfrac{2\pi m}{eH} c$ von ϱ und v_r unabhängig; also haben alle Elektronen nach der gleichen Zeit wieder den Ursprungspunkt in der Projektionsebene erreicht. Sie sind im Raum aber um das Stück $v_z \cdot \tau \simeq \dfrac{2\pi mv}{eH} c$ längs der z-Richtung fortgeschritten, bilden also den Punkt P im Bildpunkt P' ab, der um $v\tau$ von P entfernt liegt. Ein räumliches Modell der von den Elektronen beschriebenen Schraubenbewegung zeigt Abb. 490. Von einem ausgedehnten Objekt, das Elektronen gleicher Geschwindigkeit aussendet, liefert ein homogenes Feld auf die eben beschriebene Weise Punkt für Punkt ein aufrechtes, gleichgroßes Bild in dem angegebenen Abstand. In der doppelten bzw. dreifachen Entfernung usw. wiederholt sich dasselbe. Trotzdem können wir dieses abbildende System nicht als allgemeine Linse bezeichnen, denn es hat hier keinen Sinn, von einer Brennweite zu reden, da parallele Strahlen durch das Feld überhaupt nicht vereinigt werden. Erst begrenzte inhomogene magnetische Felder ergeben eigentliche magnetische Linsen.

Die elektrischen und magnetischen Linsen für Elektronen zeigen grundsätzlich dieselben **Abbildungsfehler**, wie sie auch bei den optischen Linsen vorkommen. Nur für die magnetischen Linsen gibt es daneben drei weitere Bildfehler. Diese sind alle dadurch bewirkt, daß das Magnetfeld die Meridionalebenen der Strahlen dreht. Sie haben die Eigenschaft, daß Umkehrung des Magnetfelds auch die Richtung der Abweichung von der idealen Abbildung umkehrt. Hier gilt daher der Satz von der Umkehr der Lichtwege nicht mehr. Der charakteristischste dieser magnetischen Bildfehler ist die „Bildzerdrehung". Sie rührt davon her, daß die Bilddrehung bei Berücksichtigung endlicher Abweichung von der Paraxial-Abbildung nicht mehr unabhängig vom Achsenabstand des Objektpunkts ist, sondern mit wachsendem Abstand ansteigt, wie es deutlich in Abb. 491 sichtbar ist. In diesem Bild erkennt man gleichzeitig den Einfluß der Bildfeldwölbung; nur die Mitte ist scharf abgebildet, das Bild des Rands liegt in einer anderen Ebene.

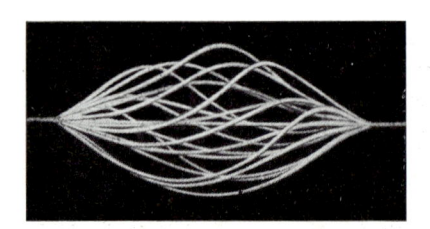

Abb. 490. Modell der Elektronenbahnen im homogenen magnetischen Längsfeld (nach Brüche und Scherzer)

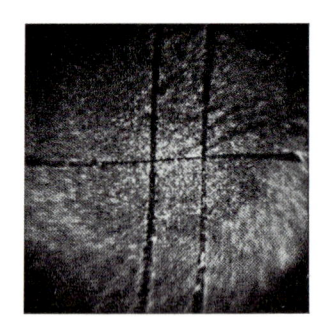

Abb. 491. Bildzerdrehung durch eine magnetische Linse bei Abbildung gerader Linien (nach Brüche und Scherzer)

Neben der „Richtungsfokussierung", die hier allein betrachtet wurde, ist durch geeignete Anordnung der Felder auch eine „Geschwindigkeitsfokussierung" möglich, so daß in einem Bildpunkt Teilchen verschiedener Geschwindigkeit zusammentreffen, was optisch einer Achromatisierung entspricht. Diese wird besonders in den Massenspektrographen (Bd. II) angewandt, wo es sich ja darum handelt, Teilchen mit verschiedenem e/m voneinander zu trennen, wobei es aber gleichgültig ist, welche Geschwindigkeit diese haben. Natürlich wird durch die Konzentration aller Teilchen mit bestimmtem e/m aber verschiedener Geschwindigkeiten die Empfindlichkeit des Massenspektrographen stark erhöht.

Bildwandler. Die geometrische Elektronenoptik wird auch im Bildwandler benutzt. In diesem wird der abzubildende Gegenstand lichtoptisch auf eine Photokathode abgebildet. Auf dieser Kathode entstehen je nach der Intensität des auffallenden Lichts Punkt für Punkt verschieden intensive, photoelektrisch erzeugte Elektronenstrahlen, die nun mittels elektrischer oder magnetischer Abbildungselemente zu einem Elektronenbild des Lichtbilds umgewandelt werden, das auf einem Leuchtschirm wieder sichtbar gemacht werden kann.

Während die direkte Umwandlung einer Infrarotstrahlung in sichtbare, also kurzwelligere Strahlung nach der Stokesschen Regel nicht möglich ist, gelingt dies im Bildwandler dadurch, daß die lichtelektrisch ausgelösten, sehr langsamen Elektronen durch das elektrische Feld der Elektronenlinse nicht nur fokussiert, sondern auch so beschleunigt werden, daß sie den Leuchtschirm infolge der zusätzlich gewonnenen Energie zu sichtbarer Strahlung anregen können. Der Bildwandler ist damit aber auch ein Bildverstärker, und es ist von besonderer Bedeutung, daß man dadurch Röntgenbilder, die man auf einem Leuchtschirm unter Umständen nur schwach wahrnehmen kann, auf dem Umweg über die elektronenoptische Abbildung zu besser sichtbaren Leuchtschirmbildern verstärken kann. Dies erlaubt z. B., die Strahlungsintensität bei Durchleuchtung eines Patienten zur Vermeidung von Strahlungsschäden entsprechend herabzusetzen.

Elektronenmikroskop. Die bedeutendste Anwendung der Elektronenoptik finden im Elektronenmikroskop statt, dessen Konstruktionsschema in Abb. 492 für den

Fall eines magnetischen Durchstrahlungs-Elektronenmikroskops gezeigt ist, und zwar gleichzeitig mit einem analogen Schema eines optischen Strahlengangs. Je nach der Spannung zwischen Anode und Kathode kann man Elektronenstrahlen verschiedener Elektronen-Wellenlänge erzeugen, die dann im Vakuum weiterlaufen und das Objekt durchsetzen, das dazu sehr dünn sein muß, da Elektronen ja im allgemeinen sehr stark von Materie absorbiert werden. Wegen des wesentlich größeren Auflösungsvermögens, das vermöge der kleinen de-Broglie-Wellenlänge erzielbar ist, heißen solche

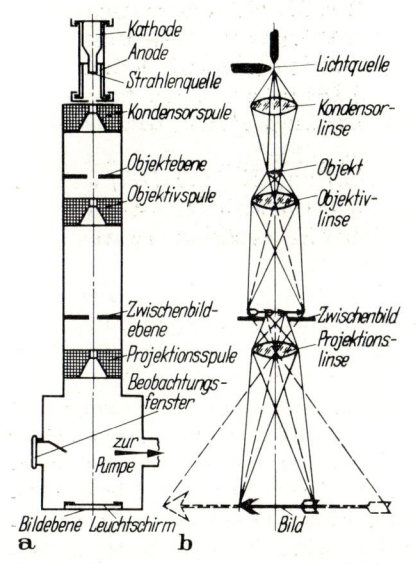

Abb. 492. Schema eines magnetischen Übermikroskops (a) und eines optischen Mikroskops (b). Die Pfeile in verschiedener Größe im Bild b zeigen die Wirkung einer Blende in der Ebene des Zwischenbilds

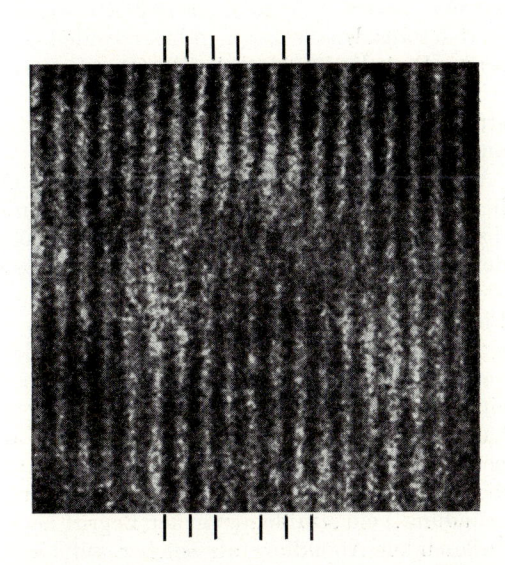

Abb. 493. Elektronenoptisches Bild von Netzebenen von Tremolit. (Ausschnitt aus einer Aufnahme von R. Neider, zur Verfügung gestellt vom Institut f. Elektronenmikroskopie, Berlin.) Netzebenenabstand 8,9 Å; Vergrößerung $3{,}63 \cdot 10^6 : 1$, davon $1{,}41 \cdot 10^5$ elektronenoptisch

Elektronenmikroskope auch „Übermikroskope". Das Auflösungsvermögen hängt natürlich wie beim Lichtmikroskop nicht nur von der Wellenlänge ab, sondern auch von der Apertur, die im Elektronenmikroskop im allgemeinen sehr viel kleiner ist. Trotzdem bleibt eine effektive Verbesserung gegenüber dem Lichtmikroskop übrig. Der kleinste noch auflösbare Abstand liegt in heutigen Elektronenmikroskopen in der Größenordnung von wenigen Å, was wegen der Abbildungsfehler immer noch nicht an das durch die Wellenlänge begrenzte Auflösungsvermögen herankommt.

Um solch kleine Abstände auf den Wert von 0,1 mm zu bringen, der ungefähr der Trennschärfe des unbewaffneten Auges in deutlicher Sehweite entspricht, müßte man eine etwa 10^6fache Vergrößerung anwenden. Diese Vergrößerung braucht nicht durch das Elektronenmikroskop allein bewerkstelligt zu werden. Man kann sich mit Elektronenmikroskopen kleinerer Vergrößerung und damit besserer Abbildungseigenschaften begnügen und das von ihnen etwa auf einem Leuchtschirm oder einer photographischen Platte erzeugte Bild durch ein optisches Mikroskop betrachten.

Abb. 493 zeigt als Beispiel der hohen möglichen Auflösung die in einem Durchstrahlungs-Elektronenmikroskop erhaltene Abbildung von Netzebenen eines Tremolitkristalls ($H_2Ca_2Mg_5Si_8O_{24}$). Das sehr dünne Kristallplättchen wird von einem parallelen Elektronenstrahlbündel, d. h. einer ebenen Elektronenwelle, durchstrahlt. Ein Teil des Strahlbündels geht ungebeugt durch den Kristall und das Elektronenmikroskop;

ein anderer Teil wird an den Netzebenen gebeugt, d. h. unter dem Braggschen Winkel „reflektiert", genauso, wie Röntgenstrahlen entsprechender Wellenlänge reflektiert würden (S. 301), wenn für die betreffenden Netzebenen die Braggsche Reflexionsbedingung (189) erfüllt ist. Dazu müssen diese Netzebenen gegenüber der Richtung des einfallenden Strahlenbündels, also der Systemachse des Elektronenmikroskops, entsprechend geneigt sein. Ist die Apertur des elektronenoptischen Objektivs genügend groß, so daß die so gebeugten Strahlenbündel zur Entstehung eines Bildes mitwirken können, so erhält man nach der Abbeschen Theorie (Nr. 38) ein elektronenoptisches Bild des aus den Netzebenen bestehenden Gitters, das dem Objekt mindestens bezüglich seiner Periodizität ähnlich ist. (Da nur eine Beugungsordnung mitwirkt, kann eine Ähnlichkeit in jeder Beziehung nicht erwartet werden.) Die Intensität der Elektronenstrahlen wird durch die Schwärzung einer photographischen Platte in der Bildebene angezeigt.

Diese elementare Betrachtung der von Menter (*Lit*) und Neider (*Lit*) ausgearbeiteten Methode sagt nichts darüber aus, inwiefern sich das Netzebenengitter in periodische Intensitätsunterschiede im Bild umsetzt. Man wird zunächst erwarten, daß der Kristall ein Phasengitter darstellt, da das elektrische Potential im Kristall, das nach (346) den elektronenoptischen Brechungsindex bestimmt, periodisch wechselt. Ein Phasengitter ließe sich aber, wenn man von der optischen Analogie ausgeht, nicht ohne weiteres in eine deutliche Intensitätsperiodizität umsetzen. Auch könnten Intensitätsverluste an den Atomen der Netzebenen des Gitters auftreten; dann hätte man es mit einem Amplitudengitter zu tun. Die genaue Theorie (auf wellenmechanischer Grundlage) hat gelehrt, daß keine dieser Auffassungen zutrifft, sondern daß man vielmehr von einer periodischen Bündelung von Elektronenstrahlen sprechen kann, die durch das periodische Kristallfeld erzeugt wird. Dabei wird jetzt zur Beschreibung (aber nicht zur Begründung!) ein strahlenoptischer Begriff herangezogen, während die Existenz der hochauflösenden Abbildung als solcher auf Grund der Abbeschen Theorie durch wellentheoretische Begriffe beschrieben wird. Wir können auf diese theoretischen Zusammenhänge hier nicht eingehen.

Zwei Umstände sollen aber noch hervorgehoben werden: Das ist einmal die Tatsache, daß der aus der elektronenmikroskopischen Abbildung folgende Netzebenenabstand von 8,9 Å innerhalb der Fehlergrenze von $\pm\,0{,}2$ Å mit dem aus Elektronenbeugungs-Laue-diagrammen bestimmten von 8,7 Å übereinstimmt. Zum anderen ist es die Beobachtung, daß auch Unregelmäßigkeiten der Kristallstruktur abgebildet werden. So zeigen die in Abb. 493 eingetragenen Striche Netzebenen an, die sich nicht kontinuierlich fortsetzen, sondern bei denen eine Netzebene gerade in die Lücke zwischen zwei Netzebenen weist. Dies ist ein Beispiel für einen speziellen Typus von „Kristallbaufehlern", hier einer sogenannten „Versetzung", die also mittels dieser Methode direkt sichtbar gemacht werden können. Einer allgemeineren Anwendung dieses Verfahrens stehen aber vorläufig noch technische Schwierigkeiten entgegen.

Außer Durchstrahlungsmikroskopen gibt es noch andere Typen, auf die wir aber hier nicht eingehen.

77. Die Heisenbergsche Ungenauigkeitsbeziehung

Die Tatsache, daß elektromagnetische Strahlung und Materie dualen Charakter besitzen, daß also der Wellenbegriff oder der Korpuskelbegriff nicht eindeutig der Strahlung oder der Materie zugeordnet werden können, sondern daß unter gewissen Umständen der jeweils andere Begriff mit zur Beschreibung herangezogen werden muß, wirft die Frage auf, wo denn die Grenzen der Anwendbarkeit der klassischen Begriffe Welle und Korpuskel liegen. Eine Teilantwort auf diese Frage geben die Heisenbergschen sogenannten Ungenauigkeits- oder besser Unbestimmtheitsbeziehungen, die einerseits eng damit zusammenhängen, daß Partikel durch Wellengruppen beschreibbar sind, und die anderseits durch eine Kritik der Beobachtungsmöglichkeiten erhalten werden können.

Hat man eine Wellengruppe vor sich, so sind gewisse charakteristische Größen, z. B. ihre Ausdehnung und das Zeitintervall, in dem sie an einem Ort auftritt, miteinander durch eine Beziehung verbunden, die für den in Nr. 19 behandelten Fall einer Wellengruppe aus zwei Wellen leicht abzuleiten ist. Diese Wellengruppe ist zwar insofern nicht als Bild eines Teilchens brauchbar, als sie ja eine Schwebung darstellt, also wiederum ein unendlich ausgedehntes Phänomen. Für unsere Zwecke ist aber diese Wellengruppe ausreichend, und wir brauchen den komplizierten Fall einer wirklich räumlich beschränkten Gruppe aus vielen Wellenlängen nicht heranzuziehen. Die Beziehung zwischen der Ausdehnung Δx und dem Zeitintervall Δt ist schon in Nr. 19, Gl. (87a) angegeben, wo x und t für die genannten Intervalle stehen. Diese Beziehung soll hier etwas umgeformt werden:

$$\Delta t = \frac{\Delta x \Delta \lambda \cdot T^2}{\lambda^2 \Delta T} = -\frac{\Delta x \Delta \lambda}{\lambda^2 \Delta \nu} \qquad \left(\text{wegen } T = \frac{1}{\nu}\right).$$

Bei einer Schwebung fallen nun gerade n Wellenlängen der einen Wellenlänge mit $n+1$ der andern zusammen, also

$$n\lambda_1 = (n+1)\lambda_2 \text{ oder } n = \frac{\lambda_2}{\lambda_1 - \lambda_2} \cong \frac{\lambda}{\Delta \lambda}.$$

Ferner ist $\Delta x = n\lambda$, also schließlich

$$\Delta t \cdot \Delta \nu = -\frac{\Delta x \Delta \lambda}{\lambda^2} = -1,$$

wobei das Minuszeichen irrelevant ist. Aus der Beziehung zwischen räumlicher und zeitlicher Ausdehnung haben wir jetzt eine solche zwischen Frequenz- oder Wellenlängenintervall und zeitlicher oder räumlicher Ausdehnung gewonnen, die für jede Wellengruppe gilt. Wendet man sie auf eine Wellengruppe an, die Photonen mit $E = h\nu$ repräsentieren soll, so wird

(348) $$\Delta E \cdot \Delta t = (-) h.$$

Wird sie angewandt auf Materiewellen, für die $p = mv = h/\lambda$, also $\Delta p = -h\Delta\lambda/\lambda^2$, so wird

(349) $$\Delta p \cdot \Delta x = h.$$

Bei Verfeinerung der hier skizzierten Betrachtung ist das Gleichheitszeichen in (348) und (349) durch das Zeichen $\geq$ zu ersetzen.

Was bedeuten diese Beziehungen? Wenn die Wellengruppe ein Teilchen beschreibt, so können wir Δx als die Ungenauigkeit interpretieren, mit der der Ort eines Teilchens bestimmt worden ist, und dann verhindert die Beziehung (349), daß die gleichzeitige Messung von p genauer sein kann, als durch (349) angegeben wird. Entsprechend begrenzt die Ungenauigkeit des Zeitpunkts, in dem eine Wellengruppe eines materiellen Teilchens oder eines Photons irgendwo anzutreffen ist, die Genauigkeit der Energiemessung.

Heisenberg hat Gedankenversuche angegeben, die zeigen sollen, wo der duale Charakter von Materie und Strahlung bei dem Versuch einer genauen Messung zweier „konjugierter" Variablen eingreift[1]). Ein einfaches Beispiel soll hier im Anschluß an Heisenberg besprochen werden, das sogenannte γ-Strahl-Mikroskop.

---

[1]) Der Begriff „konjugierte Variable" stammt aus der theoretischen Mechanik. Für uns genügt die Definition, daß es solche Variable ξ, η sind, für die das Produkt $\xi \cdot d\eta/dt$ eine Energiegröße ist. Das trifft für x und $p = mv$ zu, da $p \cdot dx/dt = mv^2$.

VIII. Kapitel. Wellencharakter der Materie

Wenn man z. B. den Ort eines Elektrons bestimmen möchte, so könnte man daran denken, ein Mikroskop zu benutzen, das mit sehr kurzwelliger Strahlung (γ-Strahlung) arbeitet, mit Wellenlängen in der Größenordnung des Durchmessers des Elektrons. Denn wir wissen ja aus der Beugungstheorie des Auflösungsvermögens des Mikroskops, daß die kleinste auflösbare Länge Δx durch die Wellenlänge begrenzt ist, indem

$$\Delta x \cong \frac{\lambda}{\sin \varepsilon} = \frac{c}{\nu \sin \varepsilon},$$

wenn ε der halbe Öffnungswinkel des Objektivs ist[1]). Nun ist zwar ein solches Mikroskop nicht herstellbar, aber das ist für den Gedankengang unwesentlich. Selbst wenn seine Konstruktion möglich wäre, würde die Messung nicht ausführbar sein: Unsere Betrachtung ging aus von der für Strahlung zunächst „natürlichen" Wellenvorstellung, und soweit wäre alles in Ordnung. Aber diese Strahlung hat ja auch Partikeleigenschaften, die wir nicht ignorieren dürfen, und gerade diese sind für die Beobachtung eines Elektrons wichtig. Um die Lage des Elektrons feststellen zu können, ist es notwendig, daß mindestens ein Lichtquant dieses Elektron trifft und dann ins Objektiv abgelenkt wird. Der Stoß eines Lichtquants mit einem Elektron erzeugt aber einen Compton-Effekt (Nr. 71). Wenn der Impuls des Lichtquants $p_{Ph} = h\nu/c$ ist, so können wir den Impuls p_{El} des Rückstoßelektrons aus den Erhaltungssätzen von Impuls und Energie nach dem in Nr. 71 gegebenen Verfahren berechnen. Dabei werden wir uns aber auf nicht-relativistische Rechnung beschränken, da dies für unsere Zwecke ausreicht.

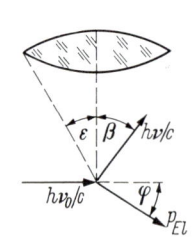

Abb. 494. Schema des γ-Strahl-Mikroskops

Ferner werden wir statt des Ablenkungswinkels ϑ des Photons den Winkel $\beta = 90^0 - \vartheta$ einführen, der sich zum Objektiv des Mikroskops zu öffnet (Abb. 494). Dann ist, wie bei den Gleichungen (309)

$$h\nu_0 = h\nu + p_{El}^2/2m,$$

$$\frac{h\nu_0}{c} = \frac{h\nu \sin \beta}{c} + p_{El} \cos \varphi,$$

$$0 = -\frac{h\nu}{c} \cos \beta + p_{El} \sin \varphi.$$

Der Rückstoßimpuls ergibt sich nach einfacher Rechnung aus

$$p_{El}^2 = \left(\frac{h\nu}{c}\right)^2 - \frac{2 h^2 \nu_0 \nu \sin \beta}{c^2} + \left(\frac{h\nu_0}{c}\right)^2.$$

Wenn ν nicht wesentlich von ν_0 abweicht, was im allgemeinen der Fall ist, kann man hierfür schreiben

$$p_{El}^2 = 2\left(\frac{h\nu_0}{c}\right)^2 (1 - \sin \beta),$$

wo β ein Winkel zwischen 0 und ε ist, falls das abgebeugte Photon überhaupt in das Objektiv gelangen soll. Da β unbestimmt ist (β hängt von den zufälligen Stoßbedingungen ab), bleibt eine Unsicherheit des Impulses des Elektrons übrig, denn dieser kann zwischen $\sqrt{2}\, h\nu_0/c$ und $\sqrt{2}\, h\nu_0 \sqrt{1 - \sin \varepsilon}/c$ schwanken. Danach ist

$$\Delta p \Delta x = \frac{\sqrt{2}\, h}{\sin \varepsilon} \left[1 - \sqrt{1 - \sin \varepsilon}\right],$$

---

[1]) Diese Gleichung gilt streng genommen nur für Hellfeldbeleuchtung, also nicht für den in Abb. 494 dargestellten Fall einer Dunkelfeldbeleuchtung. Dieser Unterschied beeinflußt die folgenden Überlegungen qualitativ gar nicht und quantitativ nur unwesentlich.

77. Die Heisenbergsche Ungenauigkeitsbeziehung

und dies hat die Größenordnung von h. Man kann dieses Ergebnis so beschreiben, daß man sagt, die Beobachtung mittels eines γ-Strahls stört die zu messende Größe derart, daß eine Messung von p und x mit für beide beliebig vorgegebener Genauigkeit unmöglich ist. Wesentlich ist dabei nicht etwa die Tatsache, daß das Hilfsmittel der Beobachtung diese stört. Bei jeder Messung stört ja das Meßinstrument. Aber im Rahmen der klassischen Physik ist diese Störung (z. B. die durch ein Thermometer bei einer Temperaturmessung) berechenbar auf Grund bekannter Daten des Meßinstruments (z. B. Temperatur und „Wasserwert" des Thermometers) oder kann kompensiert werden wiederum auf Grund der Berechnung der zu erwartenden Störung mittels der Gesetze der klassischen Physik. Gerade das ist hier unmöglich; in unserm Fall deshalb, weil ein endlicher Winkel ε notwendig ist, um überhaupt eine genaue Ortsmessung vorzunehmen, während genaue Impulsmessung einen sehr kleinen Winkelbereich erfordern würde.

Man könnte vielleicht daran denken, die Unsicherheit dadurch zu vermeiden, daß man gleichzeitig mit der Ortsmessung durch ein abgebeugtes Lichtquant auch dessen Frequenz ν mißt, die ja nach dem Erhaltungssatz eindeutig mit dem Ablenkungswinkel des Elektrons verknüpft ist; und wenn letzterer bekannt ist, ist dann auch der Impuls des Elektrons gegeben. Dazu müßte man irgendwo in den Strahlengang des Mikroskops eine Interferenzanordnung einbauen, z. B. ein Gitter. Dadurch wird es aber unmöglich, den räumlichen Ursprung des Lichtquants zu bestimmen, denn dieser kann sich innerhalb eines durch die Kohärenzbedingung (146), S. 233, gegebenen Bereichs befinden. Also wird die Ortsmessung doch wieder illusorisch. Hinzu kommt aber noch ein weiterer Umstand. Eine Interferenzerscheinung kommt nur zustande, wenn viele Photonen mitwirken, so daß schon dadurch die Beobachtung eines individuellen Ereignisses in diesem Fall unmöglich wird.

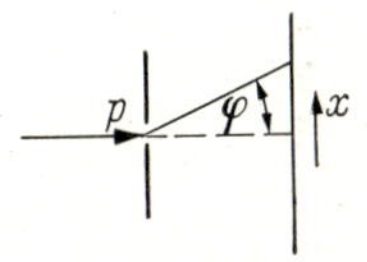

Abb. 495. Beugung am Spalt

Denken wir uns z.B. einen engen Spalt (Abb. 495), auf den Elektronen oder Photonen auftreffen. Beim Durchgang durch diesen Spalt tritt für jedes Teilchen eine mehr oder weniger große Ablenkung (Beugung) auf. Je enger der Spalt ist, um so öfter kommen größere Ablenkungen vor. Aber alle diese Ablenkungen sind dem Zufall überlassen, wenn man im korpuskularen Bild den Vorgang beschreibt. Wenn man bei sehr geringer Intensität beobachtet, also bei sehr großem Abstand aufeinander folgender Teilchen, so wird man unregelmäßig verteilt hier oder da auf dem Auffangschirm Lichtblitze sehen. Das Merkwürdige ist aber, daß bei genügend großer Gesamtzahl aller zur Beobachtung gelangenden Teilchen doch eine Gesetzmäßigkeit zu erkennen ist. Die mittlere Anzahl der Teilchen in einem kleinen Intervall $d\varphi$ des Beugungswinkels folgt einer Kurve, die dem bekannten Beugungsbild eines Spalts entsprechen muß, wie man es von der Wellenoptik her kennt (Nr. 35). Bei genügend großer Dichte der Teilchenfolge ist das Beugungsbild direkt beobachtbar, ohne daß etwas von den eigentlich zugrunde liegenden statistisch-unregelmäßigen Einzelvorgängen bemerkt würde. Der hier skizzierte Versuch ist übrigens kein bloßer Gedankenversuch. Er ist wirklich mit dem beschriebenen Ergebnis von L. Bibermann u. a. (1949) (*Lit*) durchgeführt worden.

Selbstverständlich kann dieser Versuch auch wieder als Beispiel für die Ungenauigkeitsrelation herangezogen werden. Bei der Ablenkung um den Winkel φ erhält das Teilchen, das ursprünglich den Impuls p hatte, eine Komponente des Impulses in der x-Richtung (Abb. 495),

$$\Delta p_x \simeq p \sin \varphi = \frac{h}{\lambda} \sin \varphi .$$

Aus der Theorie der Beugung am Spalt (Nr. 35) ist aber bekannt, daß das zentrale Intensitätsmaximum begrenzt ist durch den Beugungswinkel, der sich aus $\sin \varphi = \lambda/b$ ergibt, wo b die Spaltbreite ist, die wir in diesem Zusammenhang mit Δx identifizieren können, während die Impulse jener Elektronen, die innerhalb dieses Bereichs liegen, dann im Mittel durch $\Delta p_x = \dfrac{h}{\lambda} \sin \varphi$ gegeben sind. Also ist wieder $\Delta p_x \Delta x = h$ oder sogar größer als h, wenn auch noch die Ablenkung in höhere Beugungsordnungen berücksichtigt wird. Auch hier ist es nicht möglich, die Erscheinung nur im Wellenbild oder nur im Partikelbild zu beschreiben.

Die Anwendung des Partikelbilds verbietet sich, sowie eine so große Zahl von Einzelakten beobachtet wird, daß Interferenzerscheinungen auftreten. Die Wellenauffassung versagt dagegen, wenn gerade ein Einzelakt beobachtet wird, was ja an sich durchaus möglich ist; wir brauchen nur an die Beobachtung eines Szintillationsblitzes auf einem Leuchtschirm zu denken. Sicher braucht dabei das Auge mehrere Photonen, um die Erscheinung wahrzunehmen, aber die Erscheinung kann trotzdem durch einen einzigen Primärakt hervorgerufen worden sein. In jedem Fall muß man aber, wenn einmal ein bestimmter Beobachtungsmodus gewählt ist, darauf verzichten, diejenigen Größen gleichzeitig genau bestimmen zu wollen, die nur im jeweils anderen, dazu „komplementären" Modus erhalten werden können.

Wenn von dem hier betrachteten Dualismus und der durch ihn bedingten Unbestimmtheitsbeziehung in der makroskopischen Physik nichts bemerkt wird, so liegt dies daran, daß h so klein ist und die Massen so groß, daß eine merkliche Geschwindigkeitsänderung selbst dann nicht auftritt, wenn Δx nur mikroskopisch klein ist. Das möge der Leser selbst ausrechnen. Umgekehrt bleibt auch eine Lageungenauigkeit unbeobachtbar klein, wenn makroskopisch noch herstellbare, wenn auch kleine Impulsänderungen auftreten können. Erst im atomaren Bereich wird das anders.

Wir wenden die Ungenauigkeitsbeziehung noch auf die Halbwertsbreite der Emissionslinien im Serienspektrum an. Nach Gl. (348) ist ΔE, die „Breite" des Zustands E, von der Zeitdauer seiner Existenz abhängig oder von seiner Lebensdauer τ, die in Nr. 72, Gl. (330) definiert wurde. Man hat aus der Länge eines leuchtenden Kanalstrahls (Bd. II u. Abb. 420) von emittierenden Wasserstoffatomen, deren Geschwindigkeit etwa durch die Größe des Kathodenfalls bekannt ist, auf die Leuchtzeit schließen können. Sie ergab sich für die H_α-Linie unter diesen nahezu ungestörten Bedingungen zu $\tau = 1{,}5 \cdot 10^{-8}$ s. (Vgl. aber Nr. 84, S. 567). Die natürliche Halbwertsbreite der H_α-Linie würde danach von der Größenordnung 10^8 s^{-1} sein. Im allgemeinen sind die beobachteten Halbwertsbreiten sehr viel größer wegen Herabsetzung der Lebensdauer der Zustände durch Zusammenstöße und andere sekundäre Einflüsse, wie z. B. den Dopplereffekt.

Die Anwendung des Dualismus auf das Wasserstoffspektrum bringt die Frage mit sich, ob die Bohrsche Theorie, die auf der Vorstellung von Elektronenbahnen beruht, auch unter dem Gesichtspunkt der Wellenvorstellung der Materie gültig bleibt.

Wir haben schon erwähnt, daß die Quantenbedingung wellenmäßig begründet werden kann. Auch die „Bahnen" der Elektronen, die grundsätzlich in der dualistischen Auffassung ihre Bedeutung verlieren, behalten trotzdem einen gewissen Sinn. Die wellenmäßige Theorie bestimmt zwar keine Elektronenbahnen, sondern nur (wie hier nur berichtet werden kann) Aufenthaltswahrscheinlichkeiten eines Teilchens in einem Raumelement um jeden vorgegebenen Raumpunkt. Es stellt sich aber heraus, daß bei Wasserstoff die Aufenthaltswahrscheinlichkeiten dort besonders groß sind, wo sich die Bohrschen Bahnen befinden, allerdings nicht nur dort. Für andere Atome wird die anschauliche Deutung der Bohrschen Theorie zwar mehr und mehr hinfällig; ihre formalen Ergebnisse, die in den in Nr. 72 hervorgehobenen Grundsätzen formuliert sind, die Existenz von Quantenzahlen zur Beschreibung von Energiezuständen und die Frequenzbedingung, bleiben aber bestehen. Die Einsteinschen Überlegungen bezüglich der Übergangswahrscheinlichkeiten sind von vornherein unabhängig von der einen oder anderen Deutung der Energiezustände.

Wir verzichten hier auf die quantitative Durchführung dieser Überlegungen, die sich mathematisch in der sogenannten Schrödinger-Gleichung widerspiegelt, einer Differentialgleichung für eine Funktion ψ; diese Gleichung enthält die Energie als einen Parameter, der aus der Bedingung der Lösbarkeit der Gleichung unter gegebenen Randbedingungen bestimmt wird. Damit kennt man die Energiezustände als die „Eigenwerte" der Differentialgleichung. Mit diesen folgt dann aus der Integration der Schrödingergleichung die Funktion ψ. Das Quadrat des Absolutbetrags von ψ gibt sodann die Dichte (pro Volumeneinheit) der Aufenthaltswahrscheinlichkeit.

Die hiermit angedeutete statistische Interpretation der Wellenmechanik überwindet auch gewisse Schwierigkeiten, die mit der hier immer benutzten Zuordnung von Wellengruppen zu Teilchen verbunden sind. Im Lauf der Zeit verbreitern sich nämlich diese Wellengruppen, und sie wären dann nicht mehr geeignete Bilder für räumlich beschränkte Teilchen, wenn man mit der Wellenfunktion ψ eine physikalische Realität verbinden wollte, anstatt in ihr nur ein mathematisches Bestimmungsstück zu sehen, das nicht das Teilchen selbst beschreibt, sondern die Wahrscheinlichkeit, es an irgendeinem Ort zu finden.

Man kann mit Recht, wenn auch etwas überspitzt, sagen, daß die Schrödingergleichung die ganze Physik beherrscht. Es ist Aufgabe der theoretischen Physik, diese Gleichung für jeden gegebenen Erscheinungskomplex aufzustellen und zu lösen.

C. Relativitätstheorie

IX. Kapitel

Die endliche Ausbreitungsgeschwindigkeit des Lichts führte im vorigen Jahrhundert zu einem Problem, das seine Lösung erst in der Relativitätstheorie Einsteins fand. Die Frage war, wie verhält sich die Ausbreitung des Lichts relativ zu irgendwie bewegten Körpern. Ursprünglich lautete die Frage etwas anders, da sie in Vorstellungen über einen „Äther" als Träger des Lichts eingekleidet war. Diese Einkleidung ist heute unwichtig, läßt aber anschauliche Formulierungen zu. Das Problem bleibt aber bestehen. Wie immer in der Physik wurde eine experimentelle Antwort gesucht und auch gefunden. Diese Antwort verschärfte jedoch das Problem, wie wir sehen werden. Nicht nur wegen des Ausgangspunkts sondern auch wegen der tiefgreifenden Folgen auf allen Gebieten der Physik und Astronomie darf eine Erörterung der Grundlagen der Relativitätstheorie hier nicht fehlen, um so weniger, als wir öfter von ihren Ergebnissen Gebrauch machen mußten.

78. Das Relativitätsprinzip der Mechanik (Galileisches Relativitätsprinzip)

Bereits im I. Band haben wir folgenden Sachverhalt konstatiert: die Newtonsche Grundgleichung der Mechanik

$$(350) \qquad \mathfrak{K} = m\mathfrak{a}$$

bekommt erst dann einen Sinn, wenn außer einer Vorschrift für Raum- und Zeitmessung auch das Bezugssystem (Koordinatensystem) angegeben ist, relativ zu dem die Beschleunigungen (und natürlich auch die Lagen und die Geschwindigkeiten der Körper) zu messen sind. Dieses Bezugssystem ist nicht die Erde, wie das naive Denken meinen könnte; vielmehr haben die Beobachtungen ergeben, daß es der Fixsternhimmel ist. Auf dieses „Fundamentalsystem" sind — wenigstens zunächst — alle Angaben zu beziehen. Da also dem Fixsternhimmel in der Mechanik eine besondere Bedeutung zukommt — ein Körper wird als „absolut" ruhend bezeichnet, wenn seine auf die Fixsternhimmel bezogenen Lage-Koordinaten zeitlich unabhängig sind —, so pflegt man die so bestimmten Lagen, Geschwindigkeiten, Beschleunigungen allgemein als „absolute" zu bezeichnen, und in diesem Sinne wäre die Mechanik eine „Absoluttheorie". Indessen zeigt die Beobachtung weiter, daß auch in allen den Koordinatensystemen, die sich relativ zum Fixsternhimmel mit konstanter Geschwindigkeit (d.h. unbeschleunigt) bewegen, die Grundgleichung (350) der Mechanik unverändert gilt; alle diese zulässigen Systeme werden als „Inertialsysteme" bezeichnet, weil in ihnen natürlich auch das — als Spezialfall in (350) enthaltene — Trägheitsgesetz gilt. Praktisch gesprochen: es gibt keine Möglichkeit, durch mechanische Versuche eine absolute Geschwindigkeit zu erkennen. In einem mit gleichförmiger Geschwindigkeit bewegten Zuge verlaufen alle Versuche so, als ob seine Geschwindigkeit Null wäre; ein Körper fällt z. B. — ungeachtet der Zuggeschwindigkeit — relativ zum Zuge senkrecht nach unten. Diese „Relativierung" des ursprünglichen Absolutcharakters der Mechanik pflegt man als das **Galileische Relativitätsprinzip** (der Mechanik) zu bezeichnen. Wir können den Relativcharakter der Mechanik auch sofort aus den Transforma-

78. Das Relativitätsprinzip der Mechanik (Galileisches Relativitätsprinzip)

tionsgleichungen entnehmen, die den Zusammenhang zwischen den Koordinaten und der Zeit (x, y, z, t) eines Inertialsystems und der entsprechenden (x', y', z', t') eines dagegen bewegten Inertialsystems vermitteln. Bewegt sich das gestrichene System relativ zum ungestrichenen mit der Geschwindigkeit $\mathfrak{v}$ (Komponenten v_x, v_y, v_z), so haben wir:

(351) $$x' = x - v_x t; \; y' = y - v_y t; \; z' = z - v_z t; \; t' = t;$$

daraus folgt nämlich für die Beschleunigung des Körpers im gestrichenen bewegten System:

$$\ddot{x}' = \ddot{x}; \; \ddot{y}' = \ddot{y}; \; \ddot{z}' = \ddot{z}; \; \text{oder} \; \mathfrak{a}' = \mathfrak{a},$$

d. h. die Beschleunigung ist die gleiche. In beiden Systemen gilt also Gl. (350), da die Kraft unabhängig vom Koordinatensystem ist (vgl. dazu Bd. I). Ungleich dagegen sind die Geschwindigkeiten in beiden Systemen:

$$\dot{x}' = \dot{x} - v_x; \; \dot{y}' = \dot{y} - v_y; \; \dot{z}' = \dot{z} - v_z;$$

aber da die Geschwindigkeit in der Grundgleichung (350) der Mechanik nicht auftritt, ist ihre Größe für die Frage der Gültigkeit der mechanischen Gesetze gleichgültig.

Wir werden im folgenden meistens den Spezialfall betrachten, daß die Koordinatenachsen der beiden betrachteten Inertialsysteme einander dauernd parallel bleiben und daß die Geschwindigkeit des gestrichenen Systems parallel der x-(oder x'-)Achse ist. Dann ist spezieller, weil $v_y = v_z = 0$, $v_x = v$ ist:

(352) $$x' = x - vt; \; y' = y; \; z' = z; \; t' = t.$$

Besonders zu beachten ist, daß $t(= t')$ nicht von der Transformation (351) oder (352) betroffen wird. Dies entspricht der Newtonschen Festsetzung, daß eine beliebige Zeitangabe t für alle Systeme verbindlich ist (sog. absolute Zeitmessung).

Da die Erde gegen den Fixsternhimmel (Fundamentalsystem) neben einer Translation auch eine Rotation ausführt, d. h. eine Beschleunigung besitzt, kann nach dem Gesagten die Gl. (350) auf der Erde nicht gelten, d. h. alle mechanischen Versuche, die auf der Erde angestellt werden, müßten im Prinzip Abweichungen von Gl. (350) aufweisen, — wenn die Genauigkeit aller Versuche groß genug wäre. Bei den meisten Versuchen, die nur kurze Zeit dauern, ist dies nicht der Fall, und so verstecken sich die theoretisch zu erwartenden Abweichungen von Gl. (350) in den Versuchsfehlern; (das war — glücklicherweise — die Situation bei Galileis Fallversuchen!). Es gibt natürlich auch Versuche, namentlich längerdauernde, von denen der berühmteste der Foucaultsche Pendelversuch ist, die deutlich die Abweichung von Gl. (350) zeigen: Neben der mechanischen Kraft $\mathfrak{K}$ treten dann noch Scheinkräfte, die Zentrifugalkraft und die Corioliskraft auf, die die Bewegungserscheinungen auf der Erde sehr stark modifizieren. Man kann dies auch so ausdrücken: Während es keinen mechanischen Versuch gibt, der eine gleichmäßige (unbeschleunigte) Translation erkennen läßt, läßt sich jede Beschleunigung, d. h. auch jede Rotation, des Systems durch mechanische Versuche nachweisen. Wir haben diese Erscheinungen im I. Band ausführlich besprochen.

Es ist klar, daß das Galileische Relativitätsprinzip, d. h. die besondere Form der Relativierung der Mechanik, bedingt ist durch die analytische Struktur der Gl. (350). Und zwar erkennt man, daß neben der Voraussetzung der absoluten Zeit das Nichtauftreten der Geschwindigkeit $\mathfrak{v}$ in der Grundgleichung (350) die Invarianz derselben gegenüber gleichförmigen Translationen bedingt.

79. Galileisches Ralativitätsprinzip und Elektrodynamik

Daß durch mechanische Versuche eine konstante Translationsgeschwindigkeit des Bezugssystems nicht festgestellt werden kann, ist der Inhalt der Nr. 78. Das legt sofort die Frage nahe, ob dies vielleicht durch elektrodynamische (und optische) Versuche gelingen könnte. Um dies zu entscheiden, betrachten wir die Maxwellschen Gleichungen, die wir für's Vakuum spezialisieren. Nach Bd. II ist bei Nichtvorhandensein elektrischer Ladungen:

$$(353\,\text{a}) \begin{cases} \dfrac{1}{c}\dfrac{\partial \mathfrak{E}_x}{\partial t} = \dfrac{\partial \mathfrak{H}_z}{\partial y} - \dfrac{\partial \mathfrak{H}_y}{\partial z} \\[4pt] \dfrac{1}{c}\dfrac{\partial \mathfrak{E}_y}{\partial t} = \dfrac{\partial \mathfrak{H}_x}{\partial z} - \dfrac{\partial \mathfrak{H}_z}{\partial x} \\[4pt] \dfrac{1}{c}\dfrac{\partial \mathfrak{E}_z}{\partial t} = \dfrac{\partial \mathfrak{H}_y}{\partial x} - \dfrac{\partial \mathfrak{H}_x}{\partial y} \end{cases} \qquad (353\,\text{b}) \begin{cases} -\dfrac{1}{c}\dfrac{\partial \mathfrak{H}_x}{\partial t} = \dfrac{\partial \mathfrak{E}_z}{\partial y} - \dfrac{\partial \mathfrak{E}_y}{\partial z} \\[4pt] -\dfrac{1}{c}\dfrac{\partial \mathfrak{H}_y}{\partial t} = \dfrac{\partial \mathfrak{E}_x}{\partial z} - \dfrac{\partial \mathfrak{E}_z}{\partial x} \\[4pt] -\dfrac{1}{c}\dfrac{\partial \mathfrak{H}_z}{\partial t} = \dfrac{\partial \mathfrak{E}_y}{\partial x} - \dfrac{\partial \mathfrak{E}_x}{\partial y} \end{cases}$$

$$(353\,\text{c}) \quad \dfrac{\partial \mathfrak{E}_x}{\partial x} + \dfrac{\partial \mathfrak{E}_y}{\partial y} + \dfrac{\partial \mathfrak{E}_z}{\partial z} = 0 \qquad (353\,\text{d}) \quad \dfrac{\partial \mathfrak{H}_x}{\partial x} + \dfrac{\partial \mathfrak{H}_y}{\partial y} + \dfrac{\partial \mathfrak{H}_z}{\partial z} = 0$$

Aus diesen Gleichungen folgt bekanntlich, daß von einer punktförmigen Lichtquelle elektromagnetische Wellen ausgesendet werden, die sich nach allen Richtungen mit der Geschwindigkeit $c = 3 \cdot 10^{10}$ cm/sec ausbreiten. Daraus folgt weiter, daß für die Gleichungen der Elektrodynamik dasjenige Koordinatensystem zugrunde gelegt werden muß, für das diese Behauptung, nämlich Isotropie der Lichtausbreitung, wirklich zutrifft. Wie in der Mechanik muß dieses Koordinatensystem durch Versuche bestimmt werden. Und ebenso wie die Mechanik ist also die Elektrodynamik eine Absoluttheorie. In der ersteren konnte der Absolutcharakter freilich durch den Umstand gemildert werden, daß in der Gl. (350) keine Geschwindigkeit auftritt; das führte eben zu dem Galileischen Relativitätsprinzip. In der Elektrodynamik ist das aber anders, da die Lichtgeschwindigkeit c in ihren Gleichungen auftritt. Das Galileische Relativitätsprinzip kann also auf keinen Fall in der Elektrodynamik (und Optik) gelten. Es scheint daher möglich zu sein, eine konstante Translationsgeschwindigkeit, z. B. die der Erde, gegenüber dem ausgezeichneten Bezugssystem der Elektrodynamik durch elektrodynamische oder optische Versuche zu bestimmen[1]). In der Tat hat Maxwell (in einer posthumen Arbeit) einen grundsätzlichen Versuch zu diesem Zwecke vorgeschlagen, der später in verbesserter Form durch A. Michelson ausgeführt wurde, worauf wir in Nr. 80 zurückkommen werden.

Um den Gedankengang zu verstehen, müssen wir auf die Vorstellungen Maxwells und seiner Nachfolger bis um die Jahrhundertwende etwas genauer eingehen. Man dachte sich damals als Träger des elektromagnetischen Feldes, insbesondere also auch der Lichtwellen, einen das ganze Weltall erfüllenden „Äther" (s. auch S. 324), den man sich irgendwie stofflich dachte und der das ausgezeichnete Koordinatensystem der Elektrodynamik darstellte; im Äther sollten sich die elektromagnetischen Wellen ausbreiten wie die Schallwellen in Luft. Natürlich mußte angenommen werden, daß der Äther nicht nur das Vakuum ausfüllt, sondern auch die Materie vollkommen durchdringt, da sonst nicht zu verstehen gewesen wäre, daß die Lichtwellen die materiellen Medien durchlaufen können. Diese Vorstellung rief nun ihrerseits die Frage hervor, ob

---

[1]) Wohlverstanden: Es handelt sich nicht um die Rotationsbewegung der Erde, die ja leicht mechanisch (Foucaultscher Pendelversuch) nachgewiesen werden kann, sondern um den Nachweis einer Translationsbewegung gegen das Fundamentalsystem!

der „Äther" von der Materie bei ihrer Bewegung ganz oder teilweise mitgeführt werde oder aber unbeweglich sei — darüber konnten nur Versuche entscheiden, von denen wir nur einige der wichtigsten besprechen.

Eine erste Antwort auf die aufgeworfene Frage gab die von J. Bradley entdeckte **Aberration des Lichtes**, die auf S. 157 besprochen ist. Wenn der Leser diese Darstellung prüft, so erkennt er, daß die Voraussetzung für die Erscheinung der Aberration die Unbeweglichkeit des Lichtäthers ist; würde er nämlich von der im Fernrohr enthaltenen Luft mitgeführt, so könnte der Effekt nicht eintreten. Immerhin kann man hier den Einwand machen, daß die relativ dünne Materie der Luft vielleicht keinen merklichen Mitführungseffekt hervorrufen könne; deshalb gibt die Aberration noch keine endgültige Antwort auf die allgemeine Frage.

Ein weiterer und einfacher zu durchschauender Versuch zu dieser Frage ist 1851 von A. Fizeau angestellt worden: Es ist ein Interferenzversuch, bei dem die beiden kohärenten, miteinander zur Interferenz zu bringenden Strahlenbündel durch gleichlange, mit Wasser gefüllte Röhren laufen; im ruhenden Wasser ist die Lichtgeschwindigkeit natürlich $\frac{c}{n}$ (n = Brechungsquotient des Wassers). Läßt man nun das Wasser in den beiden Röhren in entgegengesetzter Richtung mit der Geschwindigkeit $\pm v$ strömen, so muß bei **voller und partieller Mitführung** des Äthers eine Verschiebung der Interferenzstreifen stattfinden, während bei **voller Unbeweglichkeit** des Äthers die Strömung keinen Einfluß haben kann. Der Versuch, der später noch mehrmals, besonders genau von P. Zeeman (1915), wiederholt wurde, ergab tatsächlich eine Verschiebung der Streifen, die einer **partiellen Mitführung des Äthers durch die Materie** entsprach: Die Verschiebung der Interferenzstreifen war so, als ob die Wassergeschwindigkeit nicht $\pm v$, sondern $\pm v \left(1 - \frac{1}{n^2}\right)$ gewesen wäre; dieser Betrag addierte bzw. subtrahierte sich also von der Lichtgeschwindigkeit in den beiden Röhren; in der einen war sie $\frac{c}{n} + v \left(1 - \frac{1}{n^2}\right)$, im anderen $\frac{c}{n} - v \left(1 - \frac{1}{n^2}\right)$. Der Faktor $\left(1 - \frac{1}{n^2}\right)$ wird als **Mitführungskoeffizient** bezeichnet. Somit ergibt der Fizeausche Versuch eine teilweise Mitführung des Äthers durch die Materie; die Größe der Mitführung hängt aber vom Brechungsquotienten n der bewegten Materie ab. Der angegebene Ausdruck für den Mitführungskoeffizienten wurde von A. Fresnel und später von H. A. Lorentz aus ihrer Theorie des Lichtes abgeleitet. Für Wasser ($n = 4/3$) ist also der Mitführungskoeffizient rund 7/16. Da für Luft $n \approx 1$ ist, so wird für Luft der Mitführungskoeffizient praktisch $= 0$; d. h. Luft von normaler Dichte ist nicht imstande den Äther mitzuführen, und dies Ergebnis stimmt mit dem der Aberration überein. Wenn wir also die Verhältnisse an der Erdoberfläche betrachten, so bleibt trotz der Fortbewegung der Erde auf ihrer Bahn der Äther in Ruhe: man hat also einen „Ätherwind" in der der Translationsbewegung der Erde entgegengesetzten Richtung, aber von gleicher Geschwindigkeit zu erwarten. Diese Geschwindigkeit gilt es zu messen; denn sie ist die Geschwindigkeit der Erde relativ zu dem Fundamentalsystem der Elektrodynamik, d. h. die gesuchte absolute Translationsgeschwindigkeit der Erde.

Zu dem Zwecke betrachten wir eine materielle Strecke AB von der Länge l, die im Inertialsystem (Äther) der Elektrodynamik ruhen soll. Schickt man nun einen Lichtstrahl von A nach B und umgekehrt von B nach A und mißt die Abgangs- und Ankunftszeiten, so muß die Zeit τ_h, die das Licht zur Zurücklegung der Strecke A nach B gebraucht, gleich derjenigen τ_r sein, die zum Zurücklegen der Strecke von B nach A erfordert wird: eine Folge der **Isotropie der Lichtausbreitung** in diesem Koordinatensystem. Man kann den Versuch auch so anstellen, daß man in B einen Spiegel aufstellt, der das von A ankommende Licht wieder nach A zurückwirft; ist dann die Zeitdauer des

Hin- und Rückganges des Lichtes gleich τ, so gilt für jede Richtung allein $\frac{\tau}{2}$. Es folgt also:

(354) $$\tau_h = \tau_r = \frac{l}{c}\,; \qquad \tau = \tau_h + \tau_r = \frac{2l}{c}\,.$$

Aber das kann nur in diesem System zutreffen. Befestigten wir aber unsere Strecke AB auf der Erdoberfläche, und zwar der Einfachheit halber so, daß die Richtung von A nach B mit der Richtung der Translationsgeschwindigkeit der Erde gegen den Äther übereinstimmt, so müssen sich ganz andere Verhältnisse ergeben (Abb. 496). Denn der

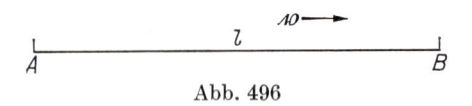

Abb. 496

Stab AB bewegt sich nun mit der Erde in Richtung von A gegen B mit der Geschwindigkeit v von links nach rechts. Zwei verschiedene Beobachtungsmethoden können wir nun anwenden. Einmal können wir einen Beobachter nehmen, der, gleichfalls auf der Erde befindlich, die Bewegung des Stabes AB mitmacht: für diesen „mitbewegten" Beobachter ruht der Stab natürlich. Wir können aber in Gedanken auch einen Beobachter annehmen, der in dem Inertialsystem der Elektrodynamik ruht, den „ruhenden" Beobachter: für diesen bewegt sich der Stab AB in Richtung A gegen B mit der Geschwindigkeit v. Die Tatsachen sind natürlich dieselben: zu einer bestimmten Zeit wird von A ein Lichtsignal nach B gesandt, dort von einem in B befindlichen Spiegel sofort nach A zurückgeschickt. Es handelt sich um die Bestimmung der Zeitdauer τ'_h des Hinganges und der Zeitdauer τ'_r des Rückganges; für beide Beobachter wollen wir die Rechnung durchführen.

1) Der mitbewegte Beobachter: Für diesen ist die Lichtgeschwindigkeit beim Hingang $c-v$, da sie entgegen dem Ätherwind stattfindet, beim Rückgang aber $c+v$. Damit wissen wir, daß sein muß:

(355) $$\tau'_h = \frac{l}{c-v}\,;\quad \tau'_r = \frac{l}{c+v}\,;\quad \tau' = \tau'_h + \tau'_r = l\left(\frac{1}{c-v} + \frac{1}{c+v}\right) = \frac{2l}{c}\,\frac{1}{1-v^2/c^2}\,.$$

Bevor wir dies Ergebnis diskutieren, versetzen wir uns auf den Standpunkt des „ruhenden" Beobachters.

2) Der ruhende Beobachter: Für ihn ist — wegen der Isotropie der Lichtausbreitung — auf Hin- und Rückgang die Lichtgeschwindigkeit die gleiche, nämlich c; dafür aber verschiebt sich der Stab AB; und zwar wird nach Ablauf der Zeit τ'_h der Endpunkt B nicht mehr an seiner ursprünglichen Stelle sein, sondern etwa in B' liegen,

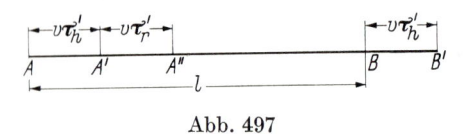

Abb. 497

so daß $BB' = v\tau'_h$ ist (Abb. 497). Der Lichtstrahl legt also von A bis zum Ende B' des Stabes nunmehr eine größere Strecke, nämlich $l + v\tau'_h$ zurück. Anderseits ist die Zeit zum Durchlaufen dieser Strecke $\tau'_h = \frac{l + v\tau'_h}{c}$, woraus sich für τ'_h ergibt $\tau'_h = \frac{l}{c-v}$, in Übereinstimmung mit der ersten Gl. (355). Auf dem Rückweg, der die Zeit τ'_r in Anspruch nimmt, ist aber der auf dem Hinweg nach A' verlagerte Punkt A nach A'' gelangt, so daß $A'A'' = v\tau'_r$ ist; das Stück $B'A''$ ist also um diesen Betrag kleiner als l. Daher beträgt die Länge des Rückweges $l - v\tau'_r$, und diese Strecke wird mit der Geschwindigkeit c in der Zeit τ'_r durchlaufen. Also muß gelten $\dfrac{l - v\tau'_r}{c} = \tau'_r$, was für τ'_r besagt: $\tau'_r = \dfrac{l}{c+v}$; ebenso folgt für

(356) $$\tau' = \tau'_h + \tau'_r = \frac{2l}{c} \frac{1}{1 - v^2/c^2} \, ;$$

das ist genau das gleiche Ergebnis, das auch der mitbewegte Beobachter konstatiert, wie es sein muß. Und nun lehrt der Vergleich von (354) mit (355) folgendes:

1) Auf der bewegten Erde sind τ'_h und τ'_r nach Gl. (355) einander nicht mehr gleich, wie in Gl. (354), sondern $\tau'_r < \tau'_h$;

2) die Gesamtzeit τ' ist bei dem bewegten Stabe größer als τ bei dem im Inertialsystem ruhenden: $\tau' > \tau$.

Die Differenz $\tau'_h - \tau'_r$ hat nach den obigen Angaben den Wert:

(357) $$\tau'_h - \tau'_r = \frac{2l}{c} \cdot \frac{v}{c} \cdot \frac{1}{1 - v^2/c^2} \, ;$$

sie ist also von der unbekannten „absoluten" Geschwindigkeit v der Erde gegen den Äther abhängig. Wenn es also gelänge, die Differenz $\tau'_h - \tau'_r$ zu messen, so könnte man aus Gl. (357) tatsächlich v bestimmen.

Um einen Begriff von der Größe der zu erwartenden Zeitdifferenz zu geben, wollen wir annehmen, l sei $= 30$ m $= 3 \cdot 10^3$ cm; für v nehmen wir etwa die Geschwindigkeit der Erde auf ihrer Bahn an[1]), die nach den Ergebnissen der astronomischen Beobachtung rund 30 km/sec ist; also ist $v/c = 10^{-4}$. Damit wird Gl. (357):

$$\tau'_h - \tau'_r = \frac{2 \cdot 3 \cdot 10^3}{3 \cdot 10^{10}} 10^{-4} \frac{1}{1 - 10^{-8}} \approx 2 \cdot 10^{-11} \text{ sec!}$$

In Wirklichkeit ist der Versuch so natürlich nicht ausführbar; in der nächsten Nummer werden wir die Michelsonsche Anordnung genau besprechen, die mit Hilfe von Interferenzen, also einer der genauesten Meßmethoden, die die Physik kennt, tatsächlich die notwendige Genauigkeit erreicht. Aber es sei schon hier bemerkt, daß das Resultat total negativ war, obwohl man nach dem oben Dargelegten einen positiven Ausfall des Versuches hätte erwarten müssen. Und dasselbe gilt von allen anderen Anordnungen, mit denen versucht wurde, die Absolutgeschwindigkeit der Erde zu bestimmen.

80. Der Michelsonsche Versuch; die Lorentzkontraktion

Die praktische Ausführung der eben skizzierten Idee durch A. Michelson (1881) benutzt das von ihm angegebene Interferometer, das wir auf S. 248 geschildert haben.

---

[1]) An sich hat man keine Berechtigung, diese Geschwindigkeit als die absolute Geschwindigkeit gegen den Äther zu betrachten; man könnte z.B. ebensogut die Geschwindigkeit von 300 km/s dafür setzen, mit der sich unser Sonnensystem auf das Sternbild des Herkules hin zu bewegen scheint.

Dabei wird der Lichtstrahl in zwei kohärente Bündel geteilt, die senkrecht zueinander verlaufen (Abb. 498). AB und AC sind die beiden gleich langen Arme des Michelsonschen Interferometers, die vom Punkte A nach zu einander senkrechten Richtungen ausgehen. Von der Lichtquelle L trifft ein Strahl im Punkte A auf eine unter 45° geneigte halbdurchlässige Platte; der Einfachheit halber geben wir dieser die Dicke Null. Wir zeichnen auch nur den Mittelstrahl, obwohl in Wirklichkeit von L ein Strahlenbündel kleiner Öffnung ausgeht. Die eine Hälfte der auftreffenden Strahlenergie wird längs des einen Armes zum Spiegel C hin gelenkt und von dort nach A zurückreflektiert; die andere Hälfte der Strahlung geht bei A durch die Platte hindurch und trifft den am Ende des anderen Armes befindlichen Spiegel B, der sie wiederum nach A zurückwirft. Von da ab laufen beide Strahlen zusammen und werden auf einem Schirm aufgefangen, der bei

Abb. 498 Schema des Michelson-Interferometers

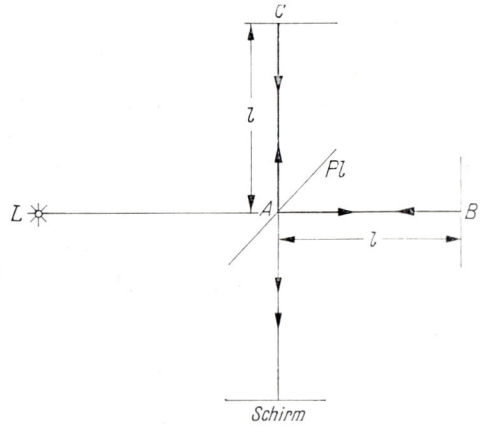

der wirklichen Ausführung des Versuches durch ein Fernrohr mit Fadenkreuz ersetzt wird. Auf dem Schirm bzw. im Fernrohr erblickt man dann eine ausgedehnte Interferenzerscheinung, deren Einzelheiten uns im Augenblick nicht interessieren. Da die beiden Arme AC und AB des Interferometers gleich lang ($= l$) sind, muß für den Mittelstrahl im Auftreffpunkt auf dem Schirm die Phasendifferenz Null sein, d.h. Helligkeit ergeben, an die sich links und rechts dunkle und helle Interferenzstreifen anschließen, vorausgesetzt, daß der ganze Apparat im „Äther", d.h. im Inertialsystem der Elektrodynamik ruht; denn dann hat das Licht parallel AB und parallel AC die gleiche Geschwindigkeit. Jetzt aber befinden wir uns auf der bewegten Erde, und wir wollen das Interferometer so stellen, daß der Arm AB in Richtung der Erdgeschwindigkeit v, AC also senkrecht zur Geschwindigkeit v steht. Was nun vor sich geht, können wir vom Standpunkt des „mitbewegten" und von dem des „ruhenden" Beobachters beurteilen; im Resultat ist das gleichgültig. Wir wollen die Rechnung nur vom Standpunkt des ersteren durchführen (die Auffassung des ruhenden Beobachters möge der Leser sich selbst klarmachen). Dann liegt die Sache folgendermaßen: für den „mitbewegten" Beobachter ist die Ausbreitungsgeschwindigkeit des Lichtes von A nach B nach dem vorhin ausgeführten gleich $c-v$, von B gegen A daher gleich $c+v$. In der Richtung senkrecht zur Erdgeschwindigkeit ist in den Richtungen von A gegen C und von C gegen A die Ausbreitungsgeschwindigkeit aus Symmetriegründen gleich, und zwar gleich $\sqrt{c^2 - v^2}$; denn die Ausbreitungsgeschwindigkeit relativ zum Beobachter

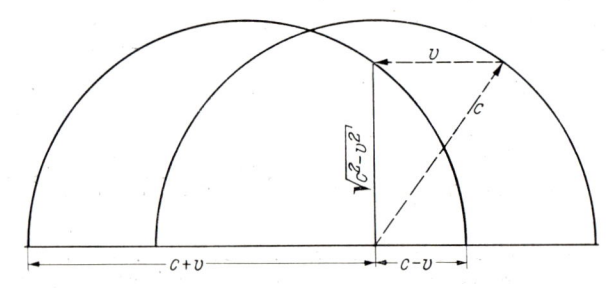

Abb. 499 Zusammensetzung von Lichtgeschwindigkeit c und Geschwindigkeit v des Ätherwinds

ist, als Vektor betrachtet, gleich der Vektorsumme aus der Lichtgeschwindigkeit und der Geschwindigkeit des Ätherwindes, die der Erdgeschwindigkeit entgegengesetzt ist; d.h. die Ausbreitungsgeschwindigkeit ist allgemein $\mathfrak{c} - \mathfrak{v}$, und wenn $\mathfrak{c} - \mathfrak{v}$ und $\mathfrak{v}$ senkrecht aufeinander stehen, ist der Betrag $\sqrt{c^2 - v^2}$. Für den „mitbewegten" Beobachter ist also die Ausbreitungsfläche nach 1 sec eine Kugel mit dem Radius c (im ebenen Schnitt der Abb. 499 der linke Kreis), aber mit dem Beobachter nicht im Zentrum. Danach können wir nun die Zeiten berechnen, die die beiden Strahlen von A über B nach A und von A über C nach A zum Hin- und Herlaufen benötigen. Die erste Rechnung haben wir bereits ausgeführt; wir bekommen für die Gesamtzeit τ_1' wieder den Wert

$$(358\,\mathrm{a}) \qquad \tau_1' = \frac{2l}{c} \frac{1}{1 - v^2/c^2} \approx \frac{2l}{c}\left(1 + \frac{v^2}{c^2}\right),$$

wenn wir wie im obigen Zahlenbeispiel $v \ll c$ annehmen. Für die Zeit τ_2' gewinnt man mit demselben Grade von Genauigkeit:

$$(358\,\mathrm{b}) \qquad \tau_2' = \frac{2l}{\sqrt{c^2 - v^2}} = \frac{2l}{c\sqrt{1 - v^2/c^2}} \approx \frac{2l}{c}\left(1 + \frac{1}{2}\frac{v^2}{c^2}\right);$$

für die Zeitdifferenz $\tau_1' - \tau_2'$ folgt also:

$$(358\,\mathrm{c}) \qquad \tau_1' - \tau_2' = \frac{l}{c}\frac{v^2}{c^2};$$

d.h. nunmehr differieren die Zeiten, die im Inertialsystem der Elektrodynamik gleich waren, um eine von der unbekannten Absolutgeschwindigkeit v der Erde abhängige Größe. Die beiden Mittelstrahlen, die im Inertialsystem die Phasendifferenz Null auf dem Schirm (Fernrohr) gehabt hätten, haben diese jetzt nicht mehr, d.h. das Interferenzstreifensystem hat eine etwas andere Lage. Das würde uns noch nichts nutzen, da wir die unverschobenen Interferenzstreifen nicht beobachten können. Aber wir können folgendes machen — und das ist der Grundgedanke des Michelsonschen Versuches: Wir können jetzt das Interferometer so um 90° drehen, daß der Arm AC in die Richtung der Erdgeschwindigkeit, der Arm AB senkrecht zur Richtung der Erdgeschwindigkeit weist; dann vertauschen offenbar die beiden Arme ihre Funktion. War vorhin nach (358 c) $\tau_1' > \tau_2'$, so wird nun $\tau_1'' < \tau_2''$; die Phasendifferenz hat jetzt entgegengesetztes Vorzeichen, und das Interferenzstreifensystem muß in den beiden besprochenen Fällen eine andere Lage auf dem Schirm haben, d.h. sich durch die Drehung des Interferometers verschieben, und diese Verschiebung wäre beobachtbar. Bei den besten Messungen von Michelson zusammen mit E. W. Morley (1887) war die Länge $l = 21$ m, ebenso bei einer Wiederholung durch G. Joos (1930). Wenn man für v den Wert 30 km/sec, d.h. die Translationsgeschwindigkeit der Erde in Bezug um die Sonne wählt, also die Sonne als ruhend im Äther annimmt, so hätte man eine Verschiebung des Interferenzbildes um 0,8 Streifenbreiten erwarten müssen. Nimmt man aber darauf Rücksicht, daß die Sonne sich gegen das Sternbild des Herkules mit einer Geschwindigkeit von rund 300 km/sec bewegt und betrachtet die Geschwindigkeit v der Erde gegen den Äther als von dieser Größenordnung, so hätte bei dem Michelsonschen Versuch eine Verschiebung von 80 Streifenbreiten erwartet werden müssen. In Wirklichkeit beobachtete man keinerlei systematische Verschiebung der Interferenzstreifen, obwohl $1/1000$ Streifenbreite (bei der Anordnung von Joos) der Beobachtung nicht hätte entgehen können. Der Michelsonsche Versuch führt also entgegen der Erwartung zu dem Ergebnis, daß entweder kein Ätherwind an der Erdoberfläche vorhanden ist, d.h. daß die die Erde umgebende Lufthülle den Äther vollständig mitnimmt, obwohl nach dem Ergebnis der Beobachtung bei der Aberration und dem Fizeauschen Versuch der Mitführungskoeffizient gleich Null sein sollte — dann liegt unzweifelhaft ein direkter Widerspruch vor, — oder aber, daß der doch vorhandene

Ätherwind sich infolge eines besonderen Umstandes nicht bemerkbar macht. — Erwähnt sei noch, daß man bei dem Michelsonschen Versuch nicht notwendig eine irdische Lichtquelle benutzen muß; R. Tomaschek (1924) hat gezeigt, daß dasselbe Ergebnis sich auch bei Benutzung von Sternenlicht (Licht vom Fixsternhimmel kommend) ergibt.

H. A. Lorentz (1891) hat sich auf den zweiten Standpunkt gestellt; er muß daher eine besondere Hypothese einführen, deren Ziel es ist, den im vorhergehenden berichteten Effekt des Ätherwindes nach Gl. (358c) zu kompensieren. Das Ergebnis der oben ausgeführten Rechnung war, daß das Licht zur Durchlaufung des Weges A über B nach A zurück parallel der Fortbewegung der Erde eine längere Zeit gebrauchte, als zur Durcheilung des genau so langen Weges senkrecht dazu von A nach C und zurück nach A. Wenn also die Länge des Armes AB etwa durch den Ätherwind in geeigneter Weise verkürzt würde, so könnten natürlich die beiden Durchlaufungszeiten τ_1' und τ_2' gleich gemacht werden —, und das ist der Kern der Hypothese von Lorentz (1892). Nehmen wir deshalb an, die Länge des Armes AB sei l_1 ($\neq l$), so würde die Durchlaufungszeit $\overline{\tau_1'}$ nach (358a) den Wert haben:

(359a) $$\overline{\tau_1'} = \frac{2l_1}{c} \frac{1}{1 - v^2/c^2},$$

und damit diese Zeit gleich τ_2' nach (358b) wird, muß weiter sein:

(359b) $$\frac{2l_1}{c} \frac{1}{1 - v^2/c^2} = \frac{2l}{c} \frac{1}{\sqrt{1 - v^2/c^2}};$$

damit ergibt sich für die gesuchte Länge l_1:

(360) $$l_1 = l\sqrt{1 - v^2/c^2} < l.$$

Wenn also der in Richtung der Erdbewegung liegende Arm AB sich im Verhältnis $\frac{\sqrt{1 - v^2/c^2}}{1}$ verkürzt[1]), so ist das negative Ergebnis des Michelsonschen Versuches erklärt: der Ätherwind ist zwar da, aber er kann nicht nachgewiesen werden, weil er die Nebenwirkung hat, den Arm AB so zu verkürzen, daß der erwartete Erfolg des Michelsonschen Versuches gerade illusorisch wird. Lorentz hat seine Hypothese, daß jeder Körper, wenn er durch den Äther mit der Geschwindigkeit v bewegt wird, seine in Richtung der Bewegung liegende Dimension im Verhältnis $\sqrt{1 - v^2/c^2} : 1$ verkürzt, dadurch verständlich zu machen versucht, daß er auf die elektrische Natur der Molekularkräfte hingewiesen hat. Da der Äther der Träger der elektrischen und magnetischen Felder sein soll, ist es nicht unplausibel, daß eine Bewegung durch den Äther die Molekularkräfte im Lorentzschen Sinne beeinflußt. Natürlich kann man die sog. „Lorentzkontraktion" nicht etwa dadurch nachweisen, daß man die beiden Arme mit einem Maßstab ausmißt: denn dieser erfährt ja die gleiche Kontraktion, wenn er in Richtung der Erdbewegung gelegt wird. Übrigens ist es immer eine Hypothese ad hoc — und sie erklärt auch nur den Michelsonschen Versuch. Aber es gibt auch noch andere Versuche derselben Genauigkeit mit demselben negativen Ergebnis, und auch dafür müßten besondere Hypothesen erdacht werden. Daher ist der Ausweg der Lorentzkontraktion für die Gesamtsituation doch kein befriedigender; (übrigens ist diese gleichzeitig von G. Fitzgerald (1892) vorgeschlagen worden).

Die Lorentzkontraktion tritt in einer anderen Auffassung in der Einsteinschen allgemeinen Lösung des Problems auf, die wir in der folgenden Nummer besprechen; sie erscheint dort als Folge eines allgemeinen Prinzips, so daß sie nicht mehr eine Hypothese ad hoc genannt werden kann.

---

[1]) Der Betrag der Verkürzung ist unter normalen Bedingungen sehr klein: Ein Stab von der Länge des Erddurchmessers würde eine Kontraktion von 6 cm erleiden, wenn er in seiner Längsrichtung mit einer Geschwindigkeit von 30 km/s bewegt würde.

81. Die Einsteinsche Lösung des Problems; das Relativitätsprinzip der Elektrodynamik

Von einer viel großartigeren Konzeption zur Erklärung des Michelsonschen und aller anderen Versuche, die absolute Geschwindigkeit der Erde nachzuweisen, ist Albert Einstein (1905) ausgegangen.

Wir erörtern die Frage, ob ein Ätherwind vorhanden ist oder nicht, ja, ob ein Äther im bisherigen Sinne existiert, im Augenblick überhaupt nicht; vielmehr formulieren wir das Ergebnis aller bisher ausgeführten Versuche dahin, daß sie so verlaufen, als ob die Lichtausbreitung im Vakuum — entgegen der durch Abb. 499 repräsentierten Auffassung — auch auf der bewegten Erde isotrop sei. Natürlich kann man nicht wissen, ob diese Feststellung auch für zukünftige Versuche zutreffen wird; aber wir wollen mit Einstein annehmen, daß alle Versuche auf der bewegten Erde immer zu dem Resultat führen werden, daß — gleichgültig, ob die Lichtquelle bewegt ist oder nicht, gleichgültig, wie groß die absolute Geschwindigkeit des Koordinatensystem ist —, die Lichtgeschwindigkeit im Vakuum immer dieselbe sei. Das ist offenbar eine positive Formulierung des negativen Ausfalls aller in Betracht kommenden Versuche, z.B. des Michelsonschen. Wird diese Folgerung aus den bisher bekannten Versuchen zum Prinzip erhoben, indem wir formulieren: die Gesetze der Elektrodynamik sind so beschaffen, daß in jedem Inertialsystem die Lichtgeschwindigkeit im Vakuum konstant $= c$ ist, so bedeutet dies, daß auch in der Elektrodynamik ein Relativitätsprinzip gilt, das freilich mit dem Galileischen nicht übereinstimmen kann.

Die Lorentz-Transformation. Wenden wir diesen Gedanken auf den einfachsten Fall, die Lichtausbreitung, an, die wir von zwei verschiedenen Koordinatensystemen aus beurteilen, die relativ zueinander eine gleichmäßige Translation ausführen; der Einfachheit halber seien die Achsen x, y, z des S-Systems und x', y', z' des S'-Systems so gerichtet, daß die Translationsgeschwindigkeit v des Systems S' relativ zum System S parallel der x- bzw. x'-Achse vor sich geht. Wenn dann im S-System (xyz) die Lichtausbreitung isotrop mit der allseitigen Geschwindigkeit c ist, dann muß sie es nach dem Prinzip der Relativität auch im S'-System sein; die Zeit im S-System bezeichnen wir durch t, die in S' durch t'. Dann gilt offenbar für die Ausbreitungsfläche (Kugelfläche!) in beiden Systemen:

$$(361) \qquad x^2 + y^2 + z^2 - c^2 t^2 = 0, \quad x'^2 + y'^2 + z'^2 - c'^2 t'^2 = 0.$$

Wir haben uns hier — gewissermaßen vorsichtshalber — durch die verschiedenen Bezeichnungen t und t' die Möglichkeit offengehalten, die Zeit in beiden Systemen verschieden zu messen, was sich in der Tat als notwendig erweisen wird. Wir suchen also Transformationsgleichungen:

$$(362) \quad x' = x'(x, y, z, t), \quad y' = y'(x, y, z, t), \quad z' = z'(x, y, z, t), \quad t' = t'(x, y, z, t),$$

die die gestrichene Gl. (361) in die ungestrichene überführen und umgekehrt. Auf die — übrigens elementare — systematische Ableitung wollen wir verzichten, vielmehr die Formeln direkt angeben, deren Richtigkeit wir dann an den Gl. (361) verifizieren werden. Die Transformationsgleichungen lauten:

$$(363) \qquad x' = \frac{x - vt}{\sqrt{1 - v^2/c^2}}; \quad y' = y; \quad z' = z; \quad t' = \frac{t - \dfrac{vx}{c^2}}{\sqrt{1 - v^2/c^2}}.$$

Daraus folgt ohne weiteres:

$$x'^2 = \frac{(x-vt)^2}{1-v^2/c^2} \; ; \quad y'^2 = y^2; \quad z'^2 = z^2; \quad c^2 t'^2 = \frac{c^2\left(t - \frac{vx}{c^2}\right)^2}{1-v^2/c^2} \; ;$$

Addition der 3 ersten und Subtraktion der 4. Gleichung liefert in der Tat sofort:

$$x'^2 + y'^2 + z'^2 - c^2 t'^2 = x^2 + y^2 + z^2 - c^2 t^2,$$

was zu beweisen war. Wir haben in unserer Darstellung angenommen, daß S' sich mit der konstanten Geschwindigkeit v relativ zu S bewegt. Es ergibt sich aber aus den Gl. (363), daß man ebensogut sagen kann, daß S sich mit der konstanten Geschwindigkeit $-v$ relativ zu S' bewegt, wie es sein muß. Wir brauchen zu diesem Zweck die Gl. (363) nur nach x, y, z, t aufzulösen, das liefert das Gleichungssystem:

$$x'\sqrt{1-v^2/c^2} = x - vt; \quad y' = y; \quad z' = z; \quad t'\sqrt{1-v^2/c^2} = -\frac{v}{c^2} x + t,$$

aus denen sich ergibt:

(363a) $$x = \frac{x' + vt'}{\sqrt{1-v^2/c^2}} \; ; \quad y = y'; \quad z = z'; \quad t = \frac{t' + \frac{vx}{c^2}}{\sqrt{1-v^2/c^2}} \; .$$

Das ist in der Tat identisch mit Gl. (363), wenn man dort v durch $-v$ ersetzt. Daß wirklich in beiden Systemen S (x, y, z, t) und S' (x', y', z', t') die Lichtgeschwindigkeit isotrop ist, hängt also ganz wesentlich davon ab, daß wir die Zeit t des ersten Systems nicht als universell angenommen haben, wie bisher, sondern eine besondere Zeitmessung t' im gestrichenen System eingeführt haben. Die Transformationsformeln (363) bzw. (363a) sind zuerst von H. A. Lorentz (1904), dann fast gleichzeitig und unabhängig von H. Poincaré (1905) und Albert Einstein (1905) angegeben worden; sie werden — obwohl erst Einstein ihre wirkliche Bedeutung vollkommen erkannt hat — heute allgemein auf Einsteins Vorschlag als **„Lorentz-Transformation"** bezeichnet. Sie ist offensichtlich von der Galilei-Transformation (352) verschieden, umfaßt diese aber als Grenzfall. Setzen wir nämlich die Lichtgeschwindigkeit c gleich ∞ (was sie ja im Vergleich zu allen in der Mechanik vorkommenden Geschwindigkeiten praktisch ist), so geht (363) über in

$$x' = x - vt; \quad y' = y; \quad z' = z; \quad t' = t,$$

und das ist die Galilei-Transformation (353). — Die universelle Zeit Newtons ($t' = t$) ist wegen der ungeheuren Größe der Lichtgeschwindigkeit also nahezu, aber nicht vollkommen verwirklicht, was sich z. B. bei den großen mit der Lichtgeschwindigkeit vergleichbaren Geschwindigkeiten, die Elektronen annehmen können, bemerkbar macht. Lorentz und Poincaré betrachteten die Zeit „t" des „ruhenden" Systems S noch immer als „die" Zeit im Newtonschen Sinne, die Zeiten t' des bewegten Systems S' als ein mathematisches Hilfsmittel, das sie als „Ortszeit" bezeichneten; Einstein dagegen betrachtet die Zeiten t' des bewegten Systems und die Zeit t des Systems S als einander vollkommen gleichwertig: jedes System S hat seine eigene Zeitmessung, die ihm angepaßt ist. Dieser radikale Standpunkt bedingt den Fortschritt Einsteins gegenüber Lorentz und Poincaré und ist unausweichlich, wenn wirklich die Lichtgeschwindigkeit im Vakuum in jedem Bezugssystem die gleiche ist.

Es muß besonders betont werden, daß es sich hier um ein Problem der Zeitmessung handelt, die eben verschieden ausfällt, je nachdem man vom einen oder andern System aus die Messung durchführt. Es ist ein Problem der Physik, und darüber hinausgehende Folgerungen sind nicht legitim. Der nächste Abschnitt ist ein Beispiel für die kritische Analyse von Zeitmessungen, die die Relativitätstheorie notwendig gemacht hat.

Regelung der Uhren. Die erste Frage, die zu beantworten ist, ist die, wie die Uhren zu regulieren sind, daß sie die Zeiten t' richtig angeben.

Nehmen wir zunächst einen ruhenden Stab AB; in A sei eine Uhr, und alle Punkte des Stabes seien ebenso mit Uhren besetzt; alle diese Uhren sollen mit der in A befindlichen synchronisiert werden. Man könnte daran denken, daß man die Uhr in A zu den übrigen Uhren hinbewegt und diese danach einstellt. Das dürfen wir aber nicht tun, da wir damit die Voraussetzung machen würden, daß eine Bewegung der Uhr ihren Gang nicht beeinflußt. Wir müssen also die Uhr in A lassen. Wir können aber, etwa neben der Uhr in B einen Spiegel so aufstellen, daß ein von A nach B gesandter Lichtstrahl von B nach A zurückreflektiert wird. Geht der Lichtstrahl von A zur Zeit t_0 ab und kommt er zur Zeit t_2 nach A zurück, so ist zum Durchlaufen des Weges $A \to B \to A$ die Zeit $t_2 - t_0$ gebraucht; er muß also in B zu einer Zeit t_1 angekommen sein, daß $t_1 - t_0 = t_2 - t_1$ ist, also $t_1 = \frac{t_0 + t_2}{2}$ ist; d.h., wir stellen die Uhr in B so, daß der Strahl zum Hingang $A \to B$ und zum Rückgang $B \to A$ die gleiche Zeit verbraucht. Im Falle des ruhenden Systems ist diese Art der Uhrenregelung nach Einstein mit dem Verfahren nach Newton identisch, da kein Zweifel darüber besteht, daß im ruhenden System die Lichtausbreitung isotrop ist; dieser Fall ist also trivial.

Aber anders wird die Sache, wenn der Stab AB in einem mit der Geschwindigkeit v bewegten System ruht, d.h. sich selbst mit der Geschwindigkeit v in der Richtung von AB bewegt, während die Messung vom ruhenden System aus erfolgt. Wie man nach Newton zu verfahren hätte, wissen wir schon aus Nr. 79: hin geht der Strahl mit der Geschwindigkeit $c - v$, zurück mit der anderen Geschwindigkeit $c + v$. Geht er also zur Zeit t'_0 in A ab und kommt er zu einer Zeit t'_2 wieder in A an, so ist die Gesamtzeit $t'_2 - t'_0$ nicht zu halbieren, um die Zeit t'_1 der Ankunft des Signals in B zu erhalten; es ist daher t'_1 nicht gleich $\frac{t'_2 + t'_0}{2}$, was bei ruhendem Stabe der Fall gewesen wäre. Die Zeitdifferenz $t'_1 - t'_0$ würde sich zur Zeitdifferenz $t'_2 - t'_1$ vielmehr verhalten, wie $c + v$ zu $c - v$. So müßte man die Uhren regulieren nach dem Newtonschen Prinzip der universellen Zeit. Nach dem Prinzip von der Konstanz der Lichtgeschwindigkeit (Einsteinsches Prinzip) hat man die Gesamtzeit $t'_2 - t'_0$ aber wieder zu halbieren, da hin und zurück die Lichtgeschwindigkeit c ist; es wird also wieder (wie beim ruhenden Stabe) $t'_1 = \frac{t'_0 + t'_2}{2}$. So, wie hier geschildert, muß man mit allen Uhren verfahren, die auf dem Stabe angebracht sind. Es ist danach klar, daß die Angaben einer nach Newton regulierten Uhr von einer nach Einstein regulierten abweichen werden; die Ablesungen der letzteren geben uns die Zeit, die dem bewegten System angepaßt ist, nämlich t'. Das Einsteinsche Verfahren der Uhrenregulierung ist also für ruhende und bewegte Systeme das gleiche, und das bringt deutlich zum Ausdruck, daß alle so bestimmten Zeiten einander gleichberechtigt sind.

Relativierung der Gleichzeitigkeit. Damit ist es auch klar, daß der Begriff der Gleichzeitigkeit zweier Ereignisse relativiert wird, d.h. von der Bewegung des Beobachters abhängt. Nehmen wir z.B. an, zwei Ereignisse an den ruhenden Punkten x_1 und x_2 gehörten zum gleichen Wert von t, d.h. seien für einen gleichfalls ruhenden Beobachter gleichzeitig. Dann nimmt ein bewegter Beobachter nach der letzten Gl. (363) das erste Ereignis wahr zur Zeit

$$t'_1 = \frac{t - \frac{v}{c^2} x_1}{\sqrt{1 - v^2/c^2}},$$

das zweite dagegen zur Zeit

$$t_2' = \frac{t - \frac{v}{c^2} x_2}{\sqrt{1 - v^2/c^2}},$$

woraus sofort $t_2' \neq t_1'$ folgt. Zwei Ereignisse, die im ungestrichenen System **gleichzeitig sind, sind es im gestrichenen nicht mehr,** — und natürlich **auch umgekehrt.** Wegen der ungeheuren Größe von c ist die Differenz $t_2' - t_1'$ im allgemeinen unmerklich und kommt uns daher im täglichen Leben nicht zum Bewußtsein; aber grundsätzlich ist diese Erkenntnis von größter Wichtigkeit.

Längenkontraktion (Lorentz-Kontraktion). Nachdem das Problem der Uhrregulierung erledigt ist, betrachten wir als erste Anwendung der Lorentz-Transformation folgenden Fall: Ein ruhender Stab von der Länge l, der zunächst von einem ruhenden Beobachter gemessen wird, liegt einmal parallel der y-Achse, ein zweites Mal parallel der x-Achse. Er bedeckt parallel der y-Achse eine etwa von y_1 bis y_2 reichende Strecke, so daß $y_2 - y_1 = l$ ist; ebenso ist natürlich, wenn der Stab auf der x-Achse von x_1 bis x_2 reicht, $x_2 - x_1 = l$. Nunmehr wollen wir den ruhenden Stab in beiden Lagen von einem bewegten System aus messen, und zwar zu der bestimmten (aber willkürlichen) Zeit t' dieses Systems; man kann dies (theoretisch wenigstens) folgendermaßen ausführen:

Wir denken uns in jedem Punkt der x'-Achse des Systems S' Uhren, die nach dem oben erläuterten Verfahren einreguliert sind, und Beobachter aufgestellt: Diese messen die Zeit t' vom bewegten System aus; die Beobachter bewegen sich also an dem **ruhenden Stabe vorbei.** Sie erhalten die Vorschrift, die Zeiten zu notieren, zu denen der Anfang und das Ende des Stabes an ihnen vorbeigeht. Dann findet man in diesen Aufzeichnungen **sicher** zweimal die gleiche Zeit t', bei der für **einen** der Beobachter der Anfang, für einen **anderen** das Ende des Stabes vorbeipassiert ist; der räumliche Abstand der beiden Beobachter ist dann die gesuchte Länge des ruhenden Stabes vom bewegten System aus gemessen zur Zeit t'.

Wenden wir nun die Transformationsgleichung (363a) auf die Lage des ruhenden Stabes parallel der y-Achse an, so ist:

$$y_2' = y_2; \quad y_1' = y_1; \quad \text{also } y_2' - y_1' = y_2 - y_1 = l.$$

Anderseits ist bei der Lage des Stabes parallel der x-Achse:

$$x_2 = \frac{x_2' + vt'}{\sqrt{1 - v^2/c^2}}; \quad x_1 = \frac{x_1' + vt'}{\sqrt{1 - v^2/c^2}}, \quad \text{also } x_2 - x_1 = l = \frac{x_2' - x_1'}{\sqrt{1 - v^2/c^2}}.$$

Setzt man $x_2' - x_1' = l'$, so folgt jetzt:

(364) $$l' = l\sqrt{1 - \frac{v^2}{c^2}}, \quad \text{d. h. } l' < l.$$

Die Länge des parallel der x-Achse liegenden ruhenden Stabes erscheint vom bewegten System aus im Verhältnis $\sqrt{1 - v^2/c^2} : 1$ verkleinert, während in der Lage senkrecht zur Geschwindigkeit des bewegten Systems die Länge unverändert bleibt. Da es nun nach dem Relativitätsprinzip gleichgültig ist, welches der beiden Systeme als ruhend bzw. welches als bewegt betrachtet wird, gilt auch umgekehrt:

Einem ruhenden Beobachter erscheint die Dimension eines mit der Geschwindigkeit v bewegten Körpers, die in Richtung der Bewegung liegt, im Verhältnis $\sqrt{1 - v^2/c^2} : 1$ verkürzt.

81. Die Einsteinsche Lösung des Problems; das Relativitätsprinzip der Elektrodynamik

Das ist aber gerade das Ergebnis, das Lorentz durch seine Kontraktionshypothese herbeigeführt hatte — aber nunmehr keine Hypothese ad hoc mehr, sondern eine Folgerung eines allgemeinen Prinzips, nämlich des Relativitätsprinzips.

Es ist übrigens zu bemerken, daß die Kontraktion im ursprünglichen Sinne von Lorentz dem Prinzip von der Erhaltung der Lichtgeschwindigkeit, d.h. dem Relativitätsprinzip widerspricht, indem die resultierende Lichtgeschwindigkeit (beim Michelsonschen Versuch) — in Richtung von v gleich $c - v$, dagegen in der dazu senkrechten Richtung gleich $\sqrt{c^2 - v^2}$ gesetzt wird.

Zeitdilatation. Eine analoge Überlegung läßt sich auch auf die Zeitabstände anwenden. An irgendeiner Stelle des ruhenden Systems (z. B. $x = 0$) sei eine Uhr, die dem gleichfalls in $x = 0$ ruhenden Beobachter die Zeit angibt; wir wollen zwei Zeitpunkte t_1 und t_2 herausgreifen, die einen Zeitabstand $T = t_2 - t_1$ begrenzen. Was aber liest ein bewegter Beobachter ab? Nach (363) haben wir für einen bestimmten Wert x (z.B. $x = 0$):

$$t_2' = \frac{t_2}{\sqrt{1 - v^2/c^2}} \; ; \qquad t_1' = \frac{t_1}{\sqrt{1 - v^2/c^2}} \; ,$$

und wenn man $t_2' - t_1' = T'$ setzt:

(365) $$T' = \frac{T}{\sqrt{1 - v^2/c^2}} \; , \text{ also } T' > T \; .$$

Das heißt, daß der Zeitabstand dem bewegten Beobachter im Verhältnis $1 : \sqrt{1 - v^2/c^2}$ verlängert oder dem bewegten Beobachter die ruhende Uhr langsamer zu gehen scheint. Natürlich gilt dasselbe für die Ablesung einer bewegten Uhr durch einen ruhenden Beobachter. Dieses wichtige Ergebnis, das auch zuerst Einstein gefunden hat, ist experimenteller Prüfung zugänglich, worauf wir weiter unten eingehen werden.

Man hat den hier beschriebenen Tatbestand oft als das Uhrenparadoxon bezeichnet, insbesondere deshalb, weil man ja ruhendes und bewegtes System miteinander vertauschen kann und dann jedesmal die „anderen" Uhren zu langsam gehen. Das Paradoxon verschwindet, wenn man daran denkt, daß es sich um Messungen desselbigen Ereignisses von zwei Systemen aus handelt, nicht etwa um die Messung eines Ereignisses im einen und eines anderen Ereignisses im anderen System[1]).

Additionstheorem der Geschwindigkeiten; der Mitführungskoeffizient. Im bewegten System S' bewege sich ein Massenpunkt mit der Geschwindigkeit $\mathfrak{w}'$ (Komponenten $w_{x'}'$, $w_{y'}'$, $w_{z'}'$, Betrag $|\mathfrak{w}'| = w'$). S' seinerseits bewegt sich mit der konstanten Geschwindigkeit v gegen das ungestrichene S. Wie groß ist die resultierende Geschwindigkeit $\mathfrak{w}$ (Komponenten w_x, w_y, w_z, Betrag w) vom ruhenden System aus beurteilt? Für die Komponenten von $\mathfrak{w}'$ und $\mathfrak{w}$ können wir schreiben:

(366) $$w_{x'}' = \frac{dx'}{dt'} \; , \quad w_{y'}' = \frac{dy'}{dt'} \; , \quad w_{z'}' = \frac{dz'}{dt'} \; ;$$
$$w_x = \frac{dx}{dt} \; , \quad w_y = \frac{dy}{dt} \; , \quad w_z = \frac{dz}{dt} \; .$$

Diese Ausdrücke können wir aus den Transformationsgleichungen (363 a) entnehmen. Indem wir diese Gleichungen nach t differenzieren, folgt der Reihe nach:

$$\frac{dx}{dt} = \frac{\frac{dx'}{dt} + v\frac{dt'}{dt}}{\sqrt{1 - v^2/c^2}} = \frac{\frac{dx'}{dt'} + v}{\frac{dt}{dt'}\sqrt{1 - v^2/c^2}} \; ,$$

---

[1]) Bei beschleunigten Systemen tritt ein anderes Paradoxon auf, das wir hier aber nicht behandeln.

und wenn man darin $\dfrac{dt}{dt'}$ aus der 4ten Gl. (363 a) einführt:

$$\frac{dt}{dt'} = \frac{1 + \dfrac{v}{c^2}\dfrac{dx'}{dt'}}{\sqrt{1 - v^2/c^2}},$$

so ergibt sich sofort unter Benutzung von (366):

(367) $\quad w_x = \dfrac{w'_{x'} + v}{1 + \dfrac{vw'_{x'}}{c^2}}\;;\quad w_y = \dfrac{w'_{y'}\sqrt{1 - v^2/c^2}}{1 + \dfrac{vw'_{x'}}{c^2}}\;;\quad w_z = \dfrac{w'_{z'}\sqrt{1 - v^2/c^2}}{1 + \dfrac{vw'_{x'}}{c^2}}.$

Dieses Resultat ist ungewöhnlich, da die resultierende Geschwindigkeit $\mathfrak{w}$ nicht mehr als die Vektorsumme von $\mathfrak{v}$ und $\mathfrak{w}'$ auftritt. Es ist aber dabei zu beachten, daß v im ruhenden System, $\mathfrak{w}'$ im bewegten System gemessen wird. Vom gleichen System aus gemessene Geschwindigkeiten addieren sich nach wie vor vektoriell. Gl. (367) ist das berühmte **Additionstheorem der Geschwindigkeiten**, das zuerst Einstein aufgestellt hat. Bevor wir weiter darauf eingehen, sei noch bemerkt, daß für $c \to \infty$ Gl. (367) natürlich in die gewöhnliche Form übergeht:

$$w_x = w'_{x'} + v\;;\quad w_y = w'_{y'},\quad w_z = w'_{z'},$$

wie es sein muß.

Durch Quadrieren und Addieren der drei Gl. (367) gewinnt man, wenn zur Abkürzung

$$\frac{w'_{x'}}{w'} = \cos\vartheta,\quad \frac{\sqrt{w'^2_{y'} + w'^2_{z'}}}{w'} = \sin\vartheta$$

gesetzt wird, (ϑ der Winkel zwischen $\mathfrak{w}'$ und der x-Achse), die dasselbe aussagende Gleichung:

(368) $\quad w^2 = \dfrac{w'^2 + v^2 + 2vw'\cos\vartheta - \left(\dfrac{vw'\sin\vartheta}{c}\right)^2}{\left(1 + \dfrac{vw'\cos\vartheta}{c^2}\right)^2}.$

Von der gewöhnlichen Zusammensetzung zweier Geschwindigkeiten v und w' unterscheidet sich diese Gleichung durch den von 1 verschiedenen Nenner und das 4te Glied des Zählers; in der Tat: setzt man $c = \infty$, so geht (368) über in

$$w^2 = w'^2 + v^2 + 2vw'\cos\vartheta.$$

Von besonderem Interesse ist der Fall, daß $\mathfrak{w}'$ parallel der x-Achse gerichtet, d. h. der Winkel ϑ gleich Null ist. Dann ergibt sich

$$w^2 = \frac{w'^2 + v^2 + 2vw'}{\left(1 + \dfrac{vw'}{c^2}\right)^2} = \frac{(w' + v)^2}{\left((1 + \dfrac{vw'}{c^2}\right)^2},$$

d. h.

(368a) $\quad w = \dfrac{w' + v}{1 + \dfrac{vw'}{c^2}}.$

Betrachten wir 3 Fälle, die das paradoxe Ergebnis ins rechte Licht stellen.

1. $w' = v = c$ (d. h. es sollen 2 Lichtgeschwindigkeiten zusammengesetzt werden. Nach (368a) folgt

$$w = \frac{2c}{1 + 1} = c,$$

d. h. die resultierende Geschwindigkeit ist auch dann genau gleich c.

2. $w' = c$, $v < c$; dann folgt aus (368 a):

$$w = \frac{c+v}{1+v/c} = c\,\frac{1+v/c}{1+v/c} = c\ ,$$

d. h. Zusammensetzung der Lichtgeschwindigkeit c mit einer kleineren Geschwindigkeit v gibt als Resultierende immer die Lichtgeschwindigkeit c.

3. w' und v seien beide kleiner als c, also etwa, wenn α und β positive echte Brüche sind:

$$w' = \alpha c;\quad v = \beta c;$$

dann liefert (368 a):

$$w = \frac{c(\alpha+\beta)}{1+\alpha\beta} = \frac{\alpha+\beta}{1+\alpha\beta}\,c\,;$$

der Bruch $\dfrac{\alpha+\beta}{1+\alpha\beta}$ ist aber immer kleiner als 1. Zusammensetzung zweier Unterlichtgeschwindigkeiten liefert also immer eine Unterlichtgeschwindigkeit als Resultierende.

Das Additionstheorem liefert unter anderem die Erklärung des Mitführungsversuches von Fizeau, den wir in Nummer 79 besprochen haben. Wir legen eine einfache Versuchsanordnung zu Grunde (Abb. 500). Wir denken uns in einem Rohr Wasser mit der

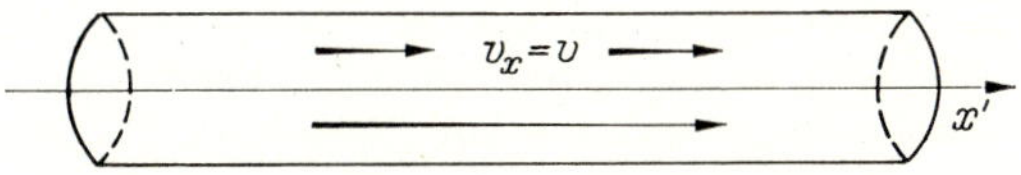

Abb. 500. Zum Fizeauschen Mitführungsversuch

Geschwindigkeit v fließend; unser bewegtes System S' (x', y', z', t') ströme mit dem Wasser. Eine in Richtung der Strömung (x') fortschreitende ebene Welle hat also, von diesem System aus beurteilt, das Argument ($n =$ Brechungsquotient des Wassers):

$$e^{2\pi\nu' i\left(t' - \frac{x'n}{c}\right)};$$

hierin ist $\dfrac{c}{n} = \bar{c}$ gleich der Phasengeschwindigkeit der Welle. Wie nimmt nun ein ruhender Beobachter diese Welle wahr? Nach (363) sind x' und t' durch x und t zu ersetzen; also:

$$e^{2\pi\nu' i\left[\frac{t-vx/c^2}{\sqrt{1-v^2/c^2}} - \frac{n}{c}\frac{x-vt}{\sqrt{1-v^2/c^2}}\right]},$$

was etwas anders gruppiert liefert:

$$e^{\frac{2\pi\nu' i}{\sqrt{1-v^2/c^2}}\left(1+\frac{nv}{c}\right)\left[t - \frac{x}{c}\frac{v/c+n}{1+nv/c}\right]};$$

darin ist der Faktor von x gleich dem Reziproken der Lichtgeschwindigkeit q, also:

$$q = \frac{c\left(1+\dfrac{nv}{c}\right)}{n+v/c} = \frac{c+nv}{n+v/c} = \frac{\dfrac{c}{n}+v}{1+v/cn} = \frac{\bar{c}+v}{1+v/cn};$$

q ist also nicht, wie man nach dem gewöhnlichen Additionstheorem hätte erwarten sollen, gleich $\bar{c}+v$, sondern davon verschieden. Im Nenner des in der letzten Gleichung angegebenen Wertes kann man schreiben:

$$1 + \frac{v}{cn} = 1 + \frac{vc}{nc^2} = 1 + \frac{v\bar{c}}{c^2};$$

das liefert dann

$$q = \frac{\bar{c} + v}{1 + \frac{v\bar{c}}{c^2}} \approx (\bar{c} + v)\left(1 - \frac{v\bar{c}}{c^2}\right),$$

da $\frac{v\bar{c}}{c^2} \ll 1$ ist. Rechnet man mit der gleichen Genauigkeit weiter, so erhält man:

$$q = \bar{c} + v - v\frac{\bar{c}^2}{c^2} = \bar{c} + v\left(1 - \frac{\bar{c}^2}{c^2}\right)$$

also endgültig:

(369) $$q = \bar{c} + v\left(1 - \frac{1}{n^2}\right).$$

Statt der ganzen Strömungsgeschwindigkeit der Materie v, die bei sogenannter vollständiger Mitführung des Äthers auftreten müßte, erhalten wir hier nur den Wert $v\left(1 - \frac{1}{n^2}\right)$ derselben; $\left(1 - \frac{1}{n^2}\right)$ ist daher der Mitführungskoeffizient, der sich somit auf die einfachste Weise ergibt.

Aberration und Dopplersches Prinzip. Schon aus dem Bisherigen erkennt man die Fruchtbarkeit der Einsteinschen Formulierung und die Leichtigkeit, mit der sich alle Resultate aus diesem einheitlichen und umfassenden Prinzip ergeben, während vorher Hypothesen ad hoc notwendig waren. Mit derselben Eleganz ergeben sich das **Dopplersche Prinzip** und die **Aberration**, von denen wir das erste rein kinematisch bereits im I. Band abgeleitet und in diesem Bande auf S. 223 in seiner Bedeutung für die Optik gewürdigt haben; die Rolle, die die Aberration für unser jetziges Problem spielt, haben wir im vorhergehenden (Nr. 79) erörtert.

Wir betrachten die Lichtstrahlung einer ruhenden Lichtquelle, z. B. von einem Fixstern, in dem wir unser ungestrichenes (ruhendes) S-System verankern; das bewegte S'-System sei in der Erde befestigt, von der aus die Lichtquelle beobachtet wird. Eine ebene Welle hat im S-System (x, y, z, t) die Phase:

$$2\pi\nu i\left(t - \frac{\alpha x + \beta y + \gamma z}{c}\right),$$

worin α, β, γ die Richtungskosinusse der Wellennormalen, d.h. des Strahles im ungestrichenen System sind. Im gestrichenen S'-System (Erde) beobachtet man auch eine ebene Welle, aber mit anderer Frequenz ν' und einer anderen Strahlenrichtung $(\alpha', \beta', \gamma')$: erstere Aussage liefert die Erklärung des Dopplerschen Effektes, letztere die Erscheinung der Aberration. Ersetzt man nach (363a) x und t durch die gestrichenen Größen, so liefert eine elementare Rechnung für die Phase den Wert:

$$\frac{2\pi\nu i}{\sqrt{1 - v^2/c^2}}\left(1 - \frac{\alpha v}{c}\right)\left[t' - \frac{(\alpha - v/c)x'}{c(1 - \alpha v/c)} - \frac{\beta\sqrt{1 - v^2/c^2}\, y'}{c(1 - \alpha v/c)} - \frac{\gamma\sqrt{1 - v^2/c^2}\, z'}{c(1 - \alpha v/c)}\right].$$

Der Faktor von t' außerhalb der eckigen Klammer ist, wie ein Vergleich mit der vorletzten Gleichung zeigt, $2\pi\nu'i$, wo ν' die durch die relative Bewegung zwischen Lichtquelle und Beobachter veränderte Dopplerfrequenz ist; ebenso sind die Faktoren von x', y', z' innerhalb der eckigen Klammer die neuen Richtungskosinusse der veränderten Wellennormalen. Insgesamt gewinnen wir also durch Vergleich der beiden letzten Formeln:

(370) $$\nu' = \frac{1 - \alpha v/c}{\sqrt{1 - v^2/c^2}}\,\nu\,;$$

(371) $$\alpha' = \frac{\alpha - v/c}{1 - \alpha v/c}\,;\quad \beta' = \frac{\sqrt{1 - v^2/c^2}}{1 - \alpha v/c}\,\beta;\quad \gamma' = \frac{\sqrt{1 - v^2/c^2}}{1 - \alpha v/c}\,\gamma\,.$$

81. Die Einsteinsche Lösung des Problems; das Relativitätsprinzip der Elektrodynamik

Gl. (370) liefert das Dopplersche Prinzip in seiner allgemeinsten Form. Doch ist die Gleichung noch nicht in der zweckmäßigsten Gestalt dargestellt, um das theoretische Ergebnis an der Erfahrung zu prüfen, weil in Gl. (370) noch der Richtungskosinus α der auf das S-System bezogenen **ursprünglichen** Wellennormalen auftritt, die der Beobachter auf der Erde gar nicht feststellen kann; denn er beobachtet ja nur den **abgelenkten** Strahl mit den Richtungskosinussen α', β', γ'. Wir müssen also aus der ersten Gl. (371) α durch α' ausdrücken; das ergibt:

$$\alpha = \frac{\alpha' + v/c}{1 + \alpha' v/c} \; ; \quad \text{ferner ist} \quad \frac{1 - \alpha v/c}{\sqrt{1 - v^2/c^2}} = \frac{\sqrt{1 - v^2/c^2}}{1 + \alpha' v/c} \, .$$

Einsetzen in (370) liefert dann sofort:

$$(370\,\text{a}) \qquad v' = v \frac{\sqrt{1 - v^2/c^2}}{1 + \alpha' v/c} \, .$$

Diese Gleichung ist die allgemeine und endgültige Formulierung des Dopplerschen Prinzips. In unserer Darstellung war die Lichtquelle (Fixstern) als ruhend, der Beobachter auf der Erde als bewegt angenommen. Nach dem Relativitätsprinzip gilt aber Gl. (370 a) auch für den Fall der bewegten Lichtquelle und des ruhenden Beobachters; denn jedes der beiden Systeme S und S' kann als das ruhende betrachtet werden.

Im allgemeinen ist von Bedeutung nur der Fall, daß $\alpha' = \pm 1$ ist, d.h. daß Beobachter und Lichtquelle sich in Strahlrichtung voneinander entfernen oder einander nähern. Rechnen wir nun mit der **üblichen** Genauigkeit (nur Berücksichtigung von Gliedern 1. Ordnung in v/c), so ist $\sqrt{1 - v^2/c^2} \approx 1$ zu setzen, und für den ins Auge gefaßten Fall folgt dann:

$$(370\,\text{b}) \qquad v' = \frac{v}{1 \pm v/c} \approx v(1 \mp v/c) \, ,$$

und das ist die bekannte Gleichung für den normalen Dopplereffekt. Rechnet man aber genauer (bis auf Größen 2ter Ordnung in v/c), so hat man den Unterschied zwischen $\sqrt{1 - v^2/c^2}$ und 1 zu berücksichtigen; dann erkennt man aus (370 a), daß sich dem normalen Fall ein sekundärer (quadratischer) Dopplereffekt überlagert, der **immer** vorhanden, wenn auch viel kleiner als der normale ist. Diesen Effekt erhält man ohne Überlagerung durch den normalen (linearen) Dopplereffekt, wenn man $\alpha' = 0$ macht, d. h. senkrecht zum Strahl beobachtet:

$$(370\,\text{c}) \qquad v' = v \sqrt{1 - v^2/c^2} \; ;$$

dabei ist immer $v' < v$. Das ist ein durch die Relativitätstheorie geforderter Effekt: Drücken wir v' und v durch ihre reziproken Werte T' und T aus, wo T' und T die Schwingungsdauern bezeichnen sollen, so kann man (370c) schreiben:

$$(370\,\text{d}) \qquad T' = \frac{T}{\sqrt{1 - v^2/c^2}} \, , \quad \text{d. h.} \; T' > T \, ,$$

und das ist identisch mit Gl. (365), die die relativistische Zeitdilatation ausspricht (s. S. 533). Die Feststellung des quadratischen Dopplereffektes (370c) wäre also eine Probe auf die Richtigkeit dieser Folgerung. Wegen der Kleinheit des Effektes hat es lange gedauert, bis eine zuverlässige Messung ausgeführt werden konnte; dies gelang Ives (*Lit*) und Otting (*Lit*) mit dem Ergebnis einer vollkommenen Bestätigung der relativistischen Zeitdilatation.

Dabei wurde direkt Gl. (370 a) geprüft, indem $\lambda' = \frac{c}{v'}$ für $\alpha' = 1$ und $\alpha' = -1$ miteinander verglichen wurde. Das Prinzip der Anordnung von Otting ist aus Abb. 501 zu entnehmen: Als bewegte Lichtquelle dienten die bewegten Atome eines Kanalstrahls,

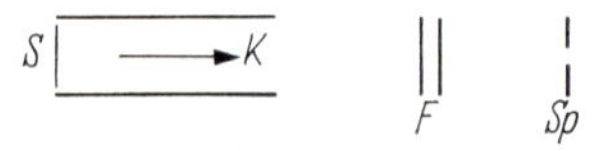

Abb. 501 Schema zur Beobachtung des quadratischen Dopplereffekts K = Kanalstrahl, S = Spiegel, F = Interferometer, Sp = Spektrographenspalt

dessen Licht entweder direkt durch ein Fabry-Perot-Interferometer hindurch auf den Spalt eines Spektrographen abgebildet wurde (d.h. Bewegung der Lichtquelle auf den Beobachter zu, $\alpha' = -1$) oder nach Reflexion an einem Spiegel (Bewegung vom Beobachter weg, $\alpha' = 1$). Dann sieht man auf der photographischen Platte des Spektrographen die rot- und die blauverschobenen Linien, die wegen des zwischengeschalteten Interferometers in ihrer Längsrichtung mit Interferenzmaxima und -minima durchsetzt sind. Aus den Abständen dieser Interferenzminima sehr hoher Ordnung (Ordnungszahl etwa 4400) ließen sich die Wellenlängen sehr genau bestimmen, und man fand als Dopplerverschiebung

$$\Delta\lambda'_{rot} = 18{,}892 \text{ Å und } \Delta\lambda'_{blau} = 18{,}930 \text{ Å},$$

also eine deutliche Unsymmetrie der Verschiebung, während bei linearem Dopplereffekt die $\Delta\lambda'$-Werte nach (370b) hätten übereinstimmen müssen. Die beobachtete Differenz der Verschiebungen entsprach bis auf etwa 5% der berechneten Differenz.

Bei dieser Gelegenheit wollen wir noch eine andere eklatante Bestätigung der Einsteinschen Zeitdilatation erwähnen. In der sogenannten kosmischen Höhenstrahlung entstehen in einer Höhe von 20 km (und höher) über dem Erdboden gewisse Teilchen, die als Mesonen bezeichnet werden; diese sind instabil und ihre Lebensdauer τ' beträgt nur $2{,}15 \cdot 10^{-6}$ sec, wenn sie in einem mit dem Meson bewegten System S' gemessen wird. Die Mesonen können nun aber auf dem Erdboden nachgewiesen werden, d.h. nachdem sie Strecken von 20 km = $2 \cdot 10^6$ cm zurückgelegt haben. Dies scheint aber völlig unmöglich zu sein, denn selbst wenn man ihre Geschwindigkeit gleich der Lichtgeschwindigkeit $c = 3 \cdot 10^{10}$ cm/sec annimmt, brauchten sie zur Zurücklegung der Strecke von $2 \cdot 10^6$ cm eine Zeit von $0{,}66 \cdot 10^{-4}$ sec, die also weit größer ist als ihre Lebensdauer. Der Widerspruch löst sich, wenn man beachtet, daß die Strecke von 20 km von der Erde aus (System S) gemessen ist. Um die Zeit τ' gleichfalls von der Erde aus zu beurteilen, müssen wir Gl. (365) anwenden, die die relativistische Zeitdilatation formuliert, d.h. für den irdischen Beobachter ist die Lebensdauer

$$\tau = \frac{\tau'}{\sqrt{1-v^2/c^2}} = \frac{2{,}15 \cdot 10^{-6}}{\sqrt{1-v^2/c^2}},$$

Da die Mesonengeschwindigkeit v sehr nahe an die Lichtgeschwindigkeit herankommt, ist $\sqrt{1-v^2/c^2}$ sehr klein, das Verhältnis τ/τ' sehr groß. Nehmen wir z.B. an, das Meson habe die kinetische Energie $5{,}16 \cdot 10^{-3}$ erg, dann ergibt sich aus Gl. (381) auf S. 564 $\dfrac{1}{\sqrt{1-v^2/c^2}} = 31$, und damit für τ der Wert $31 \cdot 2{,}15 \cdot 10^{-6}$ s $= \dfrac{2}{3} \cdot 10^{-4}$ s, und diese Zeit reicht zur Zurücklegung der Strecke von 20 km gerade aus. —

Wir kehren zur Gl. (371) zurück, die der Ausdruck für die Erscheinung der Aberration ist. Wir wollen nur den normalen Fall besprechen, daß nämlich die Bewegungsrichtung der Erde senkrecht zum Strahl liegt. Dann ist $\alpha' = 0$, und $\beta'^2 + \gamma'^2 = 1$, weil α', β', γ' Richtungskosinusse sind. Wegen $\alpha' = 0$ gewinnen wir aus (371) $\alpha = v/c$; also weiter:

$$\beta^2 + \gamma^2 = 1 - \frac{v^2}{c^2}; \quad \beta' = \frac{\beta}{\sqrt{1-v^2/c^2}}; \quad \gamma' = \frac{\gamma}{\sqrt{1-v^2/c^2}}.$$

Da der Kosinus des Winkels ε zwischen der ursprünglichen und der durch die Aberration veränderten Strahlrichtung $\cos\varepsilon = \alpha\alpha' + \beta\beta' + \gamma\gamma'$ ist, so folgt:

$$\cos\varepsilon = \frac{\beta^2+\gamma^2}{\sqrt{1-v^2/c^2}} = \sqrt{1-v^2/c^2},$$

Weiter ist $\sin\varepsilon = v/c$, und $\tan\varepsilon$, das beobachtet wird:

$$\tan\varepsilon = \frac{v/c}{\sqrt{1-v^2/c^2}} \approx \frac{v}{c}\,; \tag{372}$$

das aber ist die bekannte Gleichung für den Aberrationswinkel; damit ist auch der Fall der Aberration erledigt.

82. Invarianz der Gleichungen der Elektrodynamik und der Mechanik gegenüber der Lorentz-Transformation

Die Gleichungen der Elektrodynamik. Wir haben im Vorhergehenden die Leistungsfähigkeit der Lorentz-Transformation an einer Reihe wichtiger Beispiele gezeigt, die ausnahmslos der großen Arbeit Einsteins aus dem Jahre 1905 entnommen sind. Aber der Anspruch der Relativitätstheorie ist größer: Sie verlangt, daß es kein Experiment gibt, durch das eine gleichförmige Translationsgeschwindigkeit festgestellt werden kann. Und das bedeutet, daß alle Naturgesetze so beschaffen sein müssen, daß sie für Systeme, die relativ zueinander eine gleichförmige Translationsgeschwindigkeit besitzen, die gleiche Gestalt haben. Anders ausgedrückt: Wenn man mittels der Lorentz-Transformation von einem dieser Systeme zu einem anderen übergeht, so müssen die Gleichungen gegenüber der Lorentz-Transformation invariant sein. Wir haben z.B. gezeigt, daß die Ausbreitungsfläche der Lichtstrahlung in diesem Sinne invariant ist, d.h. daß

$$x^2 + y^2 + z^2 - c^2 t^2 = x'^2 + y'^2 + z'^2 - c^2 t'^2$$

ist.

Das beweist aber noch nicht, daß auch die allgemeinen Gleichungen der Elektrodynamik dies sind; das muß besonders bewiesen werden. Wir beschränken uns, wie vorher, auf das System der Gl. (353) für das Vakuum. Man hat in die Feldgrößen ($\mathfrak{E}_x$, $\mathfrak{E}_y$, $\mathfrak{E}_z$, $\mathfrak{H}_x$, $\mathfrak{H}_y$, $\mathfrak{H}_z$), die ja Funktionen von $(xyzt)$ sind, statt dieser die Variabeln $(x'y'z't')$ einzuführen. Die Rechnung bietet an sich keine Schwierigkeiten, ist aber etwas mühsam; wir geben einfach das Resultat an. Setzt man noch zur Abkürzung $\frac{1}{\sqrt{1-v^2/c^2}} = \beta$, so ergibt die Umrechnung statt der Gl. (353) die folgenden, auf das System S' umgerechneten:

$$(373)\begin{cases} \dfrac{1}{c}\dfrac{\partial \mathfrak{E}_x}{\partial t'} = \dfrac{\partial}{\partial y'}\left[\beta\left(\mathfrak{H}_z - \dfrac{v}{c}\mathfrak{E}_y\right)\right] - \dfrac{\partial}{\partial z'}\left[\beta\left(\mathfrak{H}_y + \dfrac{v}{c}\mathfrak{E}_z\right)\right], \\[2pt] \dfrac{1}{c}\dfrac{\partial}{\partial t'}\left[\beta\left(\mathfrak{E}_y - \dfrac{v}{c}\mathfrak{H}_z\right)\right] = \dfrac{\partial \mathfrak{H}_x}{\partial z'} - \dfrac{\partial}{\partial x'}\left[\beta\left(\mathfrak{H}_x - \dfrac{v}{c}\mathfrak{E}_y\right)\right], \\[2pt] \dfrac{1}{c}\dfrac{\partial}{\partial t'}\left[\beta\left(\mathfrak{E}_z + \dfrac{v}{c}\mathfrak{H}_y\right)\right] = \dfrac{\partial}{\partial x'}\left[\beta\left(\mathfrak{H}_y + \dfrac{v}{c}\mathfrak{E}_z\right)\right] - \dfrac{\partial \mathfrak{H}_x}{\partial y'}. \end{cases}$$

$$(374)\begin{cases} -\dfrac{1}{c}\dfrac{\partial \mathfrak{H}_x}{\partial t'} = \dfrac{\partial}{\partial y'}\left[\beta\left(\mathfrak{E}_z + \dfrac{v}{c}\mathfrak{H}_y\right)\right] - \dfrac{\partial}{\partial z'}\left[\beta\left(\mathfrak{E}_y - \dfrac{v}{c}\mathfrak{H}_z\right)\right], \\[2pt] -\dfrac{1}{c}\dfrac{\partial}{\partial t'}\left[\beta\left(\mathfrak{H}_y + \dfrac{v}{c}\mathfrak{E}_z\right)\right] = \dfrac{\partial \mathfrak{E}_x}{\partial z'} - \dfrac{\partial}{\partial x'}\left[\beta\left(\mathfrak{E}_z + \dfrac{v}{c}\mathfrak{H}_y\right)\right], \\[2pt] -\dfrac{1}{c}\dfrac{\partial}{\partial t'}\left[\beta\left(\mathfrak{H}_z - \dfrac{v}{c}\mathfrak{E}_y\right)\right] = \dfrac{\partial}{\partial x'}\left[\beta\left(\mathfrak{E}_y - \dfrac{v}{c}\mathfrak{H}_z\right)\right] - \dfrac{\partial \mathfrak{E}_x}{\partial y'}. \end{cases}$$

$$(375)\begin{cases} \dfrac{\partial}{\partial x'}(\mathfrak{E}_x) + \dfrac{\partial}{\partial y'}\left[\beta\left(\mathfrak{E}_y - \dfrac{v}{c}\mathfrak{H}_z\right)\right] + \dfrac{\partial}{\partial z'}\left[\beta\left(\mathfrak{E}_z + \dfrac{v}{c}\mathfrak{H}_y\right)\right] = 0 \\[2pt] \dfrac{\partial}{\partial x'}(\mathfrak{H}_x) + \dfrac{\partial}{\partial y'}\left[\beta\left(\mathfrak{H}_y + \dfrac{v}{c}\mathfrak{E}_z\right)\right] + \dfrac{\partial}{\partial z'}\left[\beta\left(\mathfrak{H}_z - \dfrac{v}{c}\mathfrak{E}_y\right)\right] = 0\,. \end{cases}$$

Diese transformierten Gleichungen haben genau die Gestalt der Maxwellschen Gl. (353) für das Vakuum im ruhenden System S. Das tritt noch deutlicher hervor, wenn wir zur Abkürzung setzen:

$$(376) \quad \begin{cases} \mathfrak{E}'_{x'} = \mathfrak{E}_x, & \mathfrak{H}'_{x'} = \mathfrak{H}_x, \\ \mathfrak{E}'_{y'} = \beta\left(\mathfrak{E}_y - \dfrac{v}{c}\mathfrak{H}_z\right), & \mathfrak{H}'_{y'} = \beta\left(\mathfrak{H}_y + \dfrac{v}{c}\mathfrak{E}_z\right), \\ \mathfrak{E}'_{z'} = \beta\left(\mathfrak{E}_z + \dfrac{v}{c}\mathfrak{H}_y\right), & \mathfrak{H}'_{z'} = \beta\left(\mathfrak{H}_z - \dfrac{v}{c}\mathfrak{E}_y\right), \end{cases}$$

d.h., wenn man die Größen $\mathfrak{E}'_{x'}, \mathfrak{E}'_{y'}, \mathfrak{E}'_{z'}, \mathfrak{H}'_{x'}, \mathfrak{H}'_{y'}, \mathfrak{H}'_{z'}$ als die **Komponenten der elektrischen und magnetischen Feldstärke im bewegten System betrachtet**.

Natürlich kann auch hier das S'-System als ruhend, das S-System als mit der Geschwindigkeit $-v$ gegen S' bewegt aufgefaßt werden. Dem entsprechen die Formeln, wenn man die Gl. (376) nach den ungestrichenen Größen $\mathfrak{E}_x, \mathfrak{E}_y, \mathfrak{E}_z, \mathfrak{H}_x, \mathfrak{H}_y, \mathfrak{H}_z$ auflöst; man erhält in elementarer Rechnung:

$$(376\,\mathrm{a}) \quad \begin{cases} \mathfrak{E}_x = \mathfrak{E}'_{x'}, & \mathfrak{H}_x = \mathfrak{H}'_{x'}, \\ \mathfrak{E}_y = \beta\left(\mathfrak{E}'_{y'} + \dfrac{v}{c}\mathfrak{H}'_{z'}\right), & \mathfrak{H}_y = \beta\left(\mathfrak{H}'_{y'} - \dfrac{v}{c}\mathfrak{E}'_{z'}\right), \\ \mathfrak{E}_z = \beta\left(\mathfrak{E}'_{z'} - \dfrac{v}{c}\mathfrak{H}'_{y'}\right), & \mathfrak{H}_z = \beta\left(\mathfrak{H}'_{z'} + \dfrac{v}{c}\mathfrak{E}'_{y'}\right). \end{cases}$$

Diese Formeln sind das genaue Analogon zu den Formeln (363) und (363 a), die ja auch die Vertauschbarkeit der gestrichenen Größen mit den ungestrichenen, unter Umkehrung des Vorzeichens der relativen Geschwindigkeit v, bedeuten.

Aus diesen Gleichungen ergibt sich eine wichtige Folgerung: Betrachten wir z.B. ein elektrostatisches Feld im S-System, mit den Komponenten $\mathfrak{E}_x, \mathfrak{E}_y, \mathfrak{E}_z$. Wie sieht dies für den im S'-System ruhenden, d. h. mit der Geschwindigkeit $+v$ bewegten Beobachter aus? Da nach Voraussetzung $\mathfrak{H}_x = \mathfrak{H}_y = \mathfrak{H}_z = 0$ ist, folgt aus (376) für das von diesem Beobachter wahrgenommene Feld:

$$\mathfrak{E}'_{x'} = \mathfrak{E}_x; \quad \mathfrak{E}'_{y'} = \beta\mathfrak{E}_y; \quad \mathfrak{E}'_{z'} = \beta\mathfrak{E}_z;$$

aber neben diesem elektrischen Felde tritt nunmehr noch ein magnetisches mit den Komponenten auf:

$$\mathfrak{H}'_{x'} = 0; \quad \mathfrak{H}'_{y'} = \frac{\beta v}{c}\mathfrak{E}_z; \quad \mathfrak{H}'_{z'} = -\frac{\beta v}{c}\mathfrak{E}_y.$$

Wir hätten genau dieselben Überlegungen auch mit einem magnetischen Felde $\mathfrak{H}_x, \mathfrak{H}_y, \mathfrak{H}_z$ im S-System anstellen können; es würde dann außer $\mathfrak{H}'_{x'}, \mathfrak{H}'_{y'}, \mathfrak{H}'_{z'}$ auch ein elektrisches Feld $\mathfrak{E}'_{x'}, \mathfrak{E}'_{y'}, \mathfrak{E}'_{z'}$ aufgetreten sein. Das Gesagte gilt auch bei Vertauschung der gestrichenen und ungestrichenen Größen und Umkehr des Vorzeichens der Geschwindigkeit. Das bedeutet: **die Behauptung, ein bestimmtes Feld sei ein elektrostatisches oder magnetostatisches, hat keine absolute Geltung, da das Urteil vom Bewegungszustand des Beobachters abhängt: solchen und analogen Aussagen kommt nur relative Bedeutung zu.**

Um diesen Sachverhalt experimentell zu erhärten, hat W. Wien (1916) einen wichtigen Versuch angestellt: Man weiß seit den Versuchen von Johannes Stark[1]), daß durch ein elektrisches Feld Spektrallinien leuchtender Gase aufgespalten werden (sog. Stark-Effekt). Wien sandte nun leuchtende Wasserstoffkanalstrahlen durch ein

---

[1]) Vgl. Nr. 53.

transversales Magnetfeld. Die Kanalstrahlen führen ein bewegtes S'-System mit sich, so daß die Bewegungsrichtung der Kanalstrahlen mit der x'-Achse zusammenfällt. Die Beobachtung des gleichfalls von Stark entdeckten an Kanalstrahlen auftretenden Doppler-Effekts ermöglicht die Bestimmung der Geschwindigkeit der Kanalstrahlen und des S'-Systems; Wien fand $v = 5 \cdot 10^7$ cm/sec. Das Magnetfeld habe, vom ruhenden Beobachter beurteilt, die Komponenten $\mathfrak{H}_x = 0$, $\mathfrak{H}_y \neq 0$, $\mathfrak{H}_z \neq 0$. Der mit den Kanalstrahlen bewegte Beobachter stellt aber außer den magnetischen Komponenten, die uns nicht interessieren, nach (376) auch ein elektrisches Feld mit den Komponenten $\mathfrak{E}'_{y'} = -\frac{\beta v}{c} \mathfrak{H}_z$, $\mathfrak{E}'_{z'} = +\frac{\beta v}{c} \mathfrak{H}_y$ fest. Wurde das Licht der Wasserstoffkanalstrahlen spektral zerlegt, so zeigte sich in der Tat bei den Wasserstofflinien H_β und H_γ genau die Aufspaltung, die von den Messungen Starks im elektrischen Felde her bekannt ist — ein eklatanter Beweis dafür, daß die Beurteilung des Charakters eines elektromagnetischen Feldes von der relativen Bewegung des Beobachters abhängt.

Die „relativistischen" Gleichungen der Dynamik. Die elektrodynamischen Gleichungen erweisen sich also nach dem Vorhergehenden als invariant gegenüber der Lorentz-Transformation: Der allgemeine Anspruch der Relativitätstheorie ist also in der Elektrodynamik jedenfalls erfüllt. Aber er muß auch für die Mechanik gelten, und hier ist er offenbar nicht erfüllt, da die Newtonsche Gl. (350) zwar gegenüber der Galilei-Transformation (351), aber nicht gegenüber der Lorentz-Transformation invariant ist. Es muß also eine Korrektur an der Gl. (350) angebracht werden, die einerseits die Invarianz der dynamischen Gleichung gegenüber der Lorentz-Transformation herbeiführt, anderseits aber so klein ist, daß die millionenfache Bewährung der klassischen Mechanik dadurch nicht zerstört wird. Dies läßt sich in der Tat erzielen. Um den Unterschied gegen die Newtonsche Gl. (350) klar herauszustellen, schreiben wir diese in einer etwas veränderten Form unter Benutzung des mechanischen Impulses $m_0\mathfrak{v}$; dabei haben wir der Masse den Index 0 angefügt, um die Konstanz derselben zu betonen. Die Newtonsche Gleichung lautet in der Impulsform:

$$(377) \qquad \mathfrak{K} = \frac{d}{dt}(m_0\mathfrak{v}) = m_0 \frac{d\mathfrak{v}}{dt} = m_0 \mathfrak{a}.$$

Die ganze Änderung nun, die an der klassischen Mechanik angebracht werden muß, besteht in der Ersetzung des „klassischen" Impulses $m_0\mathfrak{v}$ durch den „relativistischen" Impuls $\frac{m_0\mathfrak{v}}{\sqrt{1-v^2/c^2}}$. Damit lautet dann die Gl. der relativistischen Dynamik:

$$(378) \qquad \mathfrak{K} = \frac{d}{dt}\left(\frac{m_0\mathfrak{v}}{\sqrt{1-v^2/c^2}}\right).$$

Setzt man noch

$$(378\text{ a}) \qquad \frac{m_0}{\sqrt{1-v^2/c^2}} = m,$$

wo m nunmehr vom Betrag v der Geschwindigkeit $\mathfrak{v}$ abhängt, so kann man (378) natürlich auch schreiben:

$$(378\text{ b}) \qquad \mathfrak{K} = \frac{d}{dt}(m\mathfrak{v}),$$

wobei m aber jetzt keine Konstante mehr ist; zum Unterschied von der veränderlichen Masse m wird m_0 als die (konstante) Ruhemasse bezeichnet. So unscheinbar die Veränderung ist, die wir an der Newtonschen Gl. (350) angebracht haben, so tiefgreifend ist sie grundsätzlich. Denn man sieht sofort, daß v niemals größer als c werden kann, da sonst die Wurzel imaginär werden würde. Für kleine Geschwindigkeiten — und dazu rechnen noch die größten Geschwindigkeiten, die auf der Erde vorkommen — ist die Korrektur ganz unmerklich; z. B. ist für die Geschwindigkeit der Erde in ihrer Bahn ($v = 3 \cdot 10^6$ cm/sec) der Quotient $\frac{v}{c} = 10^{-4}$, der Wurzelausdruck $\sqrt{1 - 10^{-8}}$, also von 1 gar nicht zu unterscheiden. In diesen Bereichen gilt also die klassische Mechanik unverändert weiter. Erst wenn v gleich einem erheblichen Bruchteil der Lichtgeschwindigkeit wird, z. B. $v = \frac{1}{2} c$, $\frac{v}{c} = 0,5$, so wird die Wurzel $\sqrt{1 - 0,25} = 0,86$, weicht also immerhin schon um 14% von 1 ab. So große Geschwindigkeiten kennen wir nur bei den Elektronen und gewissen Kernbestandteilen z. B. Mesonen, die von radioaktiven Substanzen ausgesendet werden. Hier haben denn auch die experimentellen Prüfungen der Gl. (378a) für die Massenveränderlichkeit eingesetzt. Nach Untersuchungen von A. H. Bucherer (1908), Cl. Schaefer (1913—1916), G. Neumann (1914), Guye und Lavanchy (1916) ist die Richtigkeit der Gl. (378a) im Intervall $v = 0,3 c$ bis $v = 0,85 c$ mit einer Genauigkeit von 0,1% sicher gestellt. —

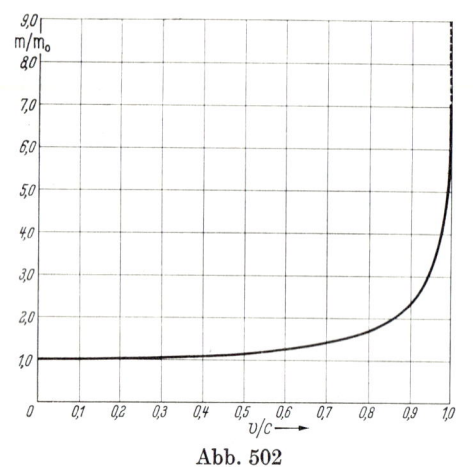

Abb. 502
Abhängigkeit der Masse von der Geschwindigkeit

Tab. 35. Masse als Funktion der Geschwindigkeit

v/c	m/m_0
0,0002	1,00
0,0019	1,00
0,0093	1,00
0,195	1,02
0,40	1,098
0,50	1,16
0,547	1,19
0,60	1,25
0,70	1,40
0,80	1,67
0,85	1,90
0,90	2,295
0,95	3,20
0,990	7,03

Die Massenveränderlichkeit mit der Geschwindigkeit macht sich übrigens auch bei den Umläufen der Elektronen um den Kern der Atome bemerkbar, wie A. Sommerfeld erkannt hat; auch hier stimmen die Ergebnisse mit der Lorentz-Einsteinschen Formel (378a) überein. In größtem Stile hat sich die Lorentz-Einsteinsche Formel (378a) für die Massenveränderlichkeit bei der Konstruktion der großen Beschleunigungsmaschinen (Zyklotron, Synchrotron) bewährt. — In der nebenstehenden Tabelle sind einige zusammengehörige Werte von v/c und m/m_0 enthalten, die in Abb. 502 wiedergegeben sind.

Rotationsbewegung. Wie anfangs gesagt wurde, bezieht sich das Relativitätsprinzip der speziellen Relativitätstheorie auf Translationsbewegungen, nicht auf Rotation. Tatsächlich verlaufen Naturvorgänge in einem rotierenden System anders als in einem nicht-rotierenden. Das wissen wir schon vom Foucaultschen Pendelversuch, der es erlaubt die Rotation der Erde nachzuweisen: Im Inertialsystem ruht das Pendel, im rotierenden System dreht sich die Schwingungsebene des Pendels. Mit anderen Worten: Die Gesetze der Mechanik, die die Erhaltung der Schwingungsebene fordern, müssen im rotierenden System abgeändert werden, z. B. durch Einführung von Scheinkräften (Zentrifugal- und andere Kräfte), die rein formal die Gesetze der Mechanik wieder gültig machen. Das ist in Bd. I ausführlich erörtert. Versuche, die dies auf dem Gebiet der Optik zeigen, sind von F. Harress (1912) und G. Sagnac (1913) ausgeführt worden. Wir besprechen hier nur den **Sagnacschen Versuch**, dessen Schema mittels der Abb. 503 erläutert werde.

Ein von L kommendes Strahlenbündel teilt sich bei P in zwei Bündel, die an den auf einem Kreis durch P angeordneten Spiegeln S_1 bis S_3 in einander entgegengesetztem Umlaufsinn reflektiert werden, bei P wieder zusammentreffen und gemeinsam zur Beobachtung gelangen. Bei B entsteht ein System von Interferenzstreifen gleicher

Neigung, denn die beiden Strahlenbündel sind zueinander kohärent. Der Gangunterschied der beiden gezeichneten Strahlen ist dann gleich Null. Nun werde das ganze System mit der Winkelgeschwindigkeit ω in Rotation versetzt, etwa gegen den Uhrzeigersinn. Dann muß der im gleichen Sinn umlaufende Strahl einen längeren Weg bis P' zurücklegen als der entgegengesetzt umlaufende. In der Zeit, in der der Strahl sich z. B. von P nach S_1 bewegt, hat sich ja S_1 selbst schon weiterbewegt. S_1' in Abb. 503 soll die Lage von S_1 nach einer bestimmten Zeit t andeuten. Die Differenz der Wege PS_1' und PS_1 ergibt sich auf Grund einfacher geometrischer Betrachtungen zu

$$a' - a = 2r(\sin\varphi' - \sin\varphi).$$

Nach Vollendung eines Umlaufs ist dann P nach P' in der Zeit mt verschoben, wenn m die Anzahl der durchlaufenen Kreissehnen ist (hier $m = 4$). Die beiden gestrichelt gezeichneten Strahlen haben nun einen Gangunterschied, so daß sich das Interferenzstreifensystem im Gegensatz zum Michelson-Versuch verschiebt. Die Zeit zum Durchlaufen von ma' ist

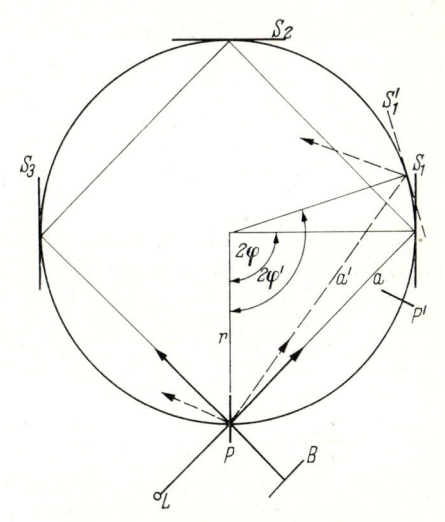

Abb. 503 Zum Sagnacschen Versuch
—— Strahlengang in Ruhe, ------ desgl. in Bewegung $\varphi = \pi/m$, $\varphi' = \varphi + \omega t/2$

$$\tau_+ = \frac{2rm\sin\varphi'}{c} = \frac{2rm}{c}\sin\left(\frac{\pi}{m} + \frac{\omega t}{2}\right).$$

(Im Argument des Sinus würde streng $\frac{\tau_+}{m}$ statt t zu stehen haben; dieser Unterschied ist aber im Ergebnis belanglos, da $\omega t \cong \omega\tau_+/m \ll \pi/m$. Entsprechend ist für den entgegengesetzt laufenden Strahl

$$\tau_- = \frac{2rm}{c}\sin\left(\frac{\pi}{m} - \frac{\omega t}{2}\right).$$

Ist $T = \frac{\lambda}{c}$ die Schwingungsdauer, so gibt $\frac{\tau_+ - \tau_-}{T}$ die Verschiebung des Interferenzstreifensystems in Bruchteilen des Abstands zweier Streifen an, und es ist

$$\frac{\tau_+ - \tau_-}{T} = \frac{2rm}{\lambda}\left[\sin\left(\frac{\pi}{m} + \frac{\omega t}{2}\right) - \sin\left(\frac{\pi}{m} - \frac{\omega t}{2}\right)\right].$$

Nach einfacher trigonometrischer Umformung ergibt sich

$$\frac{\tau_+ - \tau_-}{T} = \frac{4rm}{\lambda}\cos\frac{\pi}{m}\sin\frac{\omega t}{2} \approx \frac{2mr}{\lambda}\omega t\cos\frac{\pi}{m}.$$

Setzen wir $t = \frac{2r}{c}\sin\frac{\pi}{m}$, so erhalten wir für die relative Streifenverschiebung den Ausdruck

$$\frac{\tau_+ - \tau_-}{T} \approx \frac{2r^2m\omega}{c\lambda}\cos\frac{\pi}{m}\sin\frac{\pi}{m}.$$

Diese Beziehung hat sich in den Versuchen vollauf bestätigt gefunden.

Abgesehen von verschiedenen rechnerischen Vereinfachungen steckt eine stillschweigend gemachte Voraussetzung in der Ableitung des Ergebnisses, nämlich die Gültigkeit des Reflexionsgesetzes auch bei bewegten Spiegeln. Das ist nicht selbstverständlich. Tatsächlich kann theoretisch gezeigt werden, daß bei Bewegung eines Spiegels in seiner Ebene die Reflexionsgesetze gültig bleiben, und praktisch liegt dieser Fall bei der Versuchsanordnung in großer Annäherung vor.

83. Energie und Masse

Wir stellen nun die Frage, wie die Energiegleichung in der relativistischen Mechanik aussieht; in der klassischen ergibt sich bekanntlich, daß die pro Sekunde geleistete Arbeit der Kraft $\mathfrak{K}$, also $v\mathfrak{K}$ gleich der sekundlichen Zunahme der kinetischen Energie T, d.h. $= \dfrac{dT}{dt}$ ist. Wir haben also nach (378) den Ausdruck zu bilden:

$$(379) \qquad v\frac{d}{dt}\left(\frac{m_0 v}{\sqrt{1 - v^2/c^2}}\right),$$

und nun handelt es sich um die Frage, ob dieser Ausdruck als die totale Ableitung einer Zustandsfunktion dargestellt werden kann; ist dies der Fall, so wird — abgesehen vielleicht von einem konstanten additiven Glied — diese Funktion identisch mit der kinetischen Energie T sein. Das trifft nun in der Tat zu. Denn wenn wir den Ausdruck (379) entwickeln, so folgt der Reihe nach:

$$m_0 v \frac{d}{dt}\left(\frac{v}{\sqrt{1 - v^2/c^2}}\right) = m_0 v \left[\frac{\frac{dv}{dt}}{\sqrt{1 - v^2/c^2}} + \frac{v^2/c^2 \frac{dv}{dt}}{\sqrt{1 - v^2/c^2}^3}\right] = \frac{m_0 v \frac{dv}{dt}}{\sqrt{1 - v^2/c^2}^3}\left[1 - v^2/c^2 + v^2/c^2\right] =$$

$$= \frac{m_0 v \frac{dv}{dt}}{(1 - v^2/c^2)^{3/2}} = \frac{d}{dt}\left[\frac{m_0 c^2}{\sqrt{1 - v^2/c^2}}\right].$$

Damit haben wir bewiesen, daß die sekundliche Arbeit als die zeitliche Ableitung der Funktion

$$(380) \qquad E = \frac{m_0 c^2}{\sqrt{1 - v^2/c^2}}$$

dargestellt werden kann. Das ist jedenfalls eine Energiegröße, die sich nur durch einen konstanten Summanden von der kinetischen Energie T unterscheiden kann und wirklich unterscheidet; denn die kinetische Energie wird natürlich $= 0$, wenn die Geschwindigkeit $v = 0$ wird, während der Ausdruck (380) für $v = 0$ in $m_0 c^2$ übergeht, d. h. um aus (380) T zu erhalten, müssen wir $m_0 c^2$ abziehen, das liefert:

$$(381) \qquad T = E - m_0 c^2 = m_0 c^2 \left\{\frac{1}{\sqrt{1 - v^2/c^2}} - 1\right\}.$$

Indem wir die Wurzel entwickeln, erhalten wir bis zu Größen 2ter Ordnung in v/c:

$$T = m_0 c^2 \left[1 + \frac{1}{2}\frac{v^2}{c^2} - 1\right] = \frac{m_0 v^2}{2},$$

und das ist wirklich die kinetische Energie der klassischen Mechanik. Mit Rücksicht auf (378 a) kann man für E und T auch schreiben

(380 a) $$E = mc^2,$$

(381 a) $$T = c^2(m - m_0).$$

Die relativistische Mechanik enthält in der Gl. (381) die bisher unbekannte bzw. unbeachtet gebliebene Tatsache, daß in jeder Masse m_0 ein Energievorrat $m_0 c^2$ steckt, der sich bei den normalen Prozessen nicht oder nur unmerklich ändert, also keine Rolle bei Energieumsetzungen spielt. Ändern könnte sich der Ausdruck $m_0 c^2$ nur, wenn die Masse m_0 durch bestimmte Prozesse vermehrt oder vermindert werden könnte. Die Gl. (380) bzw. (380 a) haben wir nur in einem sehr speziellen Falle gewonnen. Aber Einstein hat aus der Relativitätstheorie geschlossen, daß diese Beziehung zwischen Energie und Masse allgemein gilt. Es folgt daraus, daß jeder Energie E eine Masse $m = \dfrac{E}{c^2}$ zukommt, die freilich wegen des großen Divisors c^2 im allgemeinen sehr klein sein muß; aber grundsätzlich ist diese Auffassung von größter Bedeutung. Wenn man bisher behaupten konnte, im Einklang mit der Erfahrung, ein bestimmtes Stück Materie, z. B. ein Stück Kupfer, habe bei 0^0 C die gleiche Masse wie bei 1000^0 C, so müssen wir, wenn die Gl. (380 a) zutrifft, diese Auffassung revidieren. Denn die Temperaturerhöhung von 0^0 auf 1000^0 kann ja nur so erfolgen, daß dem Material eine bestimmte Quantität von Wärmeenergie zugeführt wird; da diese eine Masse hat, so muß der Kupferstab von 1000^0 eine größere Masse besitzen als der gleiche Stab bei 0^0; freilich wäre keine Waage genau genug, um diese Massenvermehrung nachzuweisen. Ebenso müssen wir der Licht- und Wärmestrahlung, allgemein jeder elektromagnetischen Strahlung, Masse zuschreiben. Allgemein kann man sagen, daß Masse und Energie gleichartige Dinge sind, so daß man die Massen direkt als kolossale Energieanhäufungen betrachten kann. Bisher galten in der Physik und Chemie zwei ganz allgemeine Erhaltungssätze, für die Masse und für die Energie, beide aus experimentellen Untersuchungen erwachsen. Z. B. hat man untersucht, ob bei einer chemischen Reaktion die Massensumme der Reaktionsteilnehmer vor und nach der Reaktion die gleiche sei, und die genauesten Wägungen haben niemals einen Unterschied ergeben. Und dennoch müssen wir auch diese Auffassung korrigieren: denn jeder chemische Prozeß verläuft mit einer positiven oder negativen Wärmetönung; d. h. er gibt Wärme ab oder nimmt solche auf. Im Lichte der Gl. (380) bedeutet das aber, daß nach der Reaktion bei Wärmeabgabe (exothermer Reaktion) die Massensumme der Reaktionsteilnehmer kleiner geworden ist, als sie vor der Reaktion war, und umgekehrt bei Wärmeaufnahme; auch diese Massenänderungen sind viel zu klein, um mit der Waage erkennbar zu sein. Aber in den Massenspektrographen (vgl. Bd. II) haben wir viel genauere Methoden, die uns wirklich solche „Massendefekte" erkennen lassen. Wir müssen also jetzt sagen, daß die beiden Erhaltungssätze der Masse und der Energie tatsächlich in einen einzigen, z. B. den der Energie, zusammengeflossen sind, indem wir alle Massen durch Multiplikation mit c^2 in Energien umrechnen. Natürlich kann man auch umgekehrt Energien in Massen umrechnen und dann die Erhaltung der Masse als einzigen Erfahrungssatz bezeichnen. Wegen des großen Multiplikators c^2 entsprechen die Massen und Massenänderungen ungeheuren Energien. Wir wollen ein paar drastische Beispiele anführen, um diese neuartigen Erkenntnisse zu veranschaulichen. Wenn man es fertigbringen könnte, ein Gramm Masse zu vernichten, so würde man $9 \cdot 10^{20}$ erg = 25 Millionen Kilowattstunden erhalten. Weiter: Da die Sonne dauernd Energie nach allen Seiten ausstrahlt, so muß sie Masse verlieren, und zwar in jeder Minute $2{,}5 \cdot 10^{11}$ kg. Da die Sonne aber eine Masse von mehr als 10^{30} kg besitzt, würde es etwa 10^{13} Jahre dauern, bis die Sonne ihre ganze Energie verausgabt hat. Ferner: Eine atomare Reaktion, bei der ein deutlicher Massendefekt auftritt, ist die Bildung eines Heliumkernes aus 2 Protonen und 2 Neutronen. (Näheres darüber s. Bd. IV.) Vergleicht man die Masse des Heliumkerns mit der Massensumme von 2 Protonen und 2 Neutronen, so erweist sie sich um $3/4\%$ kleiner. Bei der Bildung von 1 g Helium aus der entsprechenden Zahl von Protonen und Neutronen wird demgemäß eine „Atomenergie" von rund $2 \cdot 10^5$ kWh frei. Das ist wahrscheinlich der Prozeß, der in der Sonne dauernd vor sich geht, und dem verdankt es die Sonne, daß sie seit undenklicher Zeit unverändert strahlt: „Und die Sonne Homers, siehe, sie lächelt auch uns."

Inzwischen kennt man die „Energietönungen" und die „Massendefekte" einer großen Anzahl von Kernprozessen, so daß man die Energie-Masse-Beziehung genau empirisch prüfen kann. W. Braunbek (1937) hat aus im ganzen 31 Kernprozessen das Verhältnis der Energietönung zu den zugehörigen Massendefekten, d. h. die Lichtgeschwindigkeit berechnet. Es ergab sich $c = 2{,}985 \cdot 10^{10}$ cm/sec. Man kann daher heute mit voller Sicherheit von einer empirischen Bestätigung der Gl. (380a) reden.

Vierdimensionale Darstellung. Als Vorbereitung auf die nächste Nummer besprechen wir kurz eine geometrische Deutung des Formalismus der speziellen Relativitätstheorie. Wir gehen zu dem Zwecke aus von den Gln. (361), die zum Ausdruck bringen, daß die Lichtgeschwindigkeit c sowohl im System $S(xyzt)$, wie im System $S'(x'y'z't')$ die gleiche ist. Die beiden Gleichungen können wir folgendermaßen zusammenziehen:

$$x^2 + y^2 + z^2 - c^2 t^2 = x'^2 + y'^2 + z'^2 - c^2 t'^2,$$

die eben die **Invarianz** des Ausdrucks $x^2 + y^2 + z^2 - c^2 t^2$ gegenüber einer **Lorentz-Transformation** zum Ausdruck bringen. In der Tat haben wir letztere aus dieser Invarianzforderung im Vorhergehenden (Nr. 81) abgeleitet. Wir hätten auch von der Gleichung

$$dx^2 + dy^2 + dz^2 - c^2 dt^2 = dx'^2 + dy'^2 + dz'^2 - c^2 dt'^2$$

ausgehen können, die ja auch wieder die Konstanz der Lichtgeschwindigkeit in beiden Systemen S und S' ausdrückt; auch hier ist der Ausdruck $dx^2 + dy^2 + dz^2 - c^2 dt^2$ invariant gegenüber einer **Lorentz**-Transformation. Wir wollen nun, was formal natürlich möglich ist, statt ct bzw. cdt die (imaginären) Größen l und dl einführen, die mit ct und cdt ein-eindeutig verknüpft sind gemäß

(382) $$ict = l; \quad icdt = dl$$

Dann ist

$$(ict)^2 = -c^2 t^2 = l^2 \quad \text{und} \quad -c^2 dt^2 = dl^2.$$

Und damit können wir die oben benutzten invarianten Ausdrücke schreiben:

(383) $$\begin{cases} x^2 + y^2 + z^2 + l^2 = x'^2 + y'^2 + z'^2 + l'^2 \\ dx^2 + dy^2 + dz^2 + dl^2 = dx'^2 + dy'^2 + dz'^2 + dl'^2. \end{cases}$$

Der Vorteil der Einführung der „imaginären Zeitkoordinate" l ist, daß nun in (383) die Raumkoordinaten (xyz) und die Zeitkoordinate l in vollkommen gleicher Weise auftreten; das ermöglicht eine sehr einfache geometrische Deutung. Denken wir uns jetzt eine 4-dimensionale Mannigfaltigkeit, deren kartesische Koordinaten x, y, z, l seien, so ist $x^2 + y^2 + z^2 + l^2$ das Quadrat des Abstandes des Punktes $(xyzl)$ vom Anfangspunkte; ebenso ist $dx^2 + dy^2 + dz^2 + dl^2$ das Abstandsquadrat zweier unendlich benachbarter Punkte $(xyzl)$ und $(x + dx, y + dy, z + dz, l + dl)$. Die erste der Gleichungen (383) sagt nun also, daß das Quadrat des Abstandes eines Raumzeitpunktes in diesem 4-dimensionalen Kontinuum sich durch die Lorentz-Transformation nicht ändert, und das gleiche gilt für die zweite Gl. (383). Diese 4-dimensionale Mannigfaltigkeit hat H. Minkowski mit dem prägnanten Namen **„Welt"** bezeichnet. Jeder Zustand im Raumpunkte (xyz) und im Zeitpunkte t bzw. l wird durch einen Punkt in der „Welt" (einen **Weltpunkt**), und eine stetige Folge von Zuständen durch eine **„Weltlinie"** dargestellt; $\sqrt{dx^2 + dy^2 + dz^2 + dl^2}$ ist also ein Längenelement ds der Weltlinie. Diese geometrische Deutung enthüllt den wahren Charakter der **Lorentz**-Transformation; denn die Invarianz des Ausdruckes $x^2 + y^2 + z^2 + l^2$ gegenüber dieser Transformation zeigt, daß in unserer 4-dimensionalen Welt der Übergang von einem System $S(xyzl)$ zu einem anderen Inertialsystem $S'(x'y'z'l')$ eine 4-dimensionale Drehung um den Anfangspunkt ist. Das ist genau so wie im gewöhnlichen 3-dimensionalen Raum: Drehung des Koordinatensystems um den Anfangspunkt läßt die (in diesem Falle rein räumlichen) Abstände $\sqrt{x^2 + y^2 + z^2}$ vom Anfangspunkte unverändert.

Da wir immer nur den speziellen Fall in der Lorentz-Transformation betrachtet haben, bei dem $y = y'$, $z = z'$ ist, können wir statt der 4-dimensionalen Welt die 2-dimensionale x-l-Ebene betrachten. Wenn wir durch Drehung um den Winkel φ vom xl-System zu einem $x'l'$-System übergehen, haben wir folgende Transformationsgleichungen, die der Leser leicht verifizieren wird:

$$(384) \quad \begin{cases} x' = x \cos \varphi + l \sin \varphi, \\ l' = -x \sin \varphi + l \cos \varphi. \end{cases}$$

Vergleichen wir damit die Lorentz-Transformation der Gl. (363), aber mit Einführung von l, so haben wir:

$$(385) \quad \begin{cases} x' = \dfrac{x}{\sqrt{1 - v^2/c^2}} + \dfrac{\dfrac{vi}{c} l}{\sqrt{1 - v^2/c^2}}, \\ l' = \dfrac{-\dfrac{vi}{c} x}{\sqrt{1 - v^2/c^2}} + \dfrac{l}{\sqrt{1 - v^2/c^2}}, \end{cases}$$

und der Vergleich ergibt:

$$(386) \quad \cos \varphi = \frac{1}{\sqrt{1 - v^2/c^2}}, \quad \sin \varphi = \frac{\dfrac{vi}{c}}{\sqrt{1 - v^2/c^2}}, \quad \tang \varphi = \frac{iv}{c},$$

woraus folgt, daß der Drehungswinkel φ rein imaginär ist (natürlich, weil l dies ist). Man sieht also in der Tat, daß die von uns behandelte Lorentz-Transformation einer Drehung um einen imaginären Winkel entspricht, der mit der Translationsgeschwindigkeit v in einfachem Zusammenhange steht. Wir wollen die obigen Formeln dazu verwenden, um das **Einsteinsche Additionstheorem der Geschwindigkeit** zu gewinnen. Führen wir daher nacheinander 2 Drehungen um die Winkel φ_1 und φ_2 aus und nennen wir die Summe $\varphi_1 + \varphi_2 = \varphi$, wobei nach (386)

$$\tang \varphi_1 = \frac{iv_1}{c}, \quad \tang \varphi_2 = \frac{iv_2}{c}, \quad \tang \varphi \equiv \tang(\varphi_1 + \varphi_2) = \frac{iv}{c}$$

sein muß, so folgt:

$$v = \frac{c}{i} \tang \varphi = \frac{c}{i} \tang(\varphi_1 + \varphi_2) = \frac{c}{i} \cdot \frac{\tang \varphi_1 + \tang \varphi_2}{1 - \tang \varphi_1 \cdot \tang \varphi_2} = \frac{v_1 + v_2}{1 + \dfrac{v_1 v_2}{c^2}}.$$

Das aber ist das Einsteinsche Additionstheorem der Geschwindigkeiten, das sich also in einfachster Weise als mit dem Additionstheorem für die Tangensfunktion identisch erweist, wenn, wie vorausgesetzt, die beiden Geschwindigkeiten parallel der x-Achse gerichtet sind; das entspricht unserer früheren Gl. (368a). —

Ein Punkt sei noch hervorgehoben: Durch die Einführung der imaginären Zeitgröße l haben wir erreicht, daß die Ausdrücke (383) die Form haben, die die Euklidische Geometrie verlangt, sie entsprechen dem 4-dimensionalen Pythagoräischen Lehrsatz; da aber eine Koordinate imaginär ist, nennt man die 4-dimensionale Geometrie der Lorentz-Transformation pseudoeuklidisch.

84. Überblick über den Gedankenkreis der allgemeinen Relativitätstheorie

Die „spezielle" Relativitätstheorie hat dieses Epitheton bekommen, weil sie die Relativierung von Dynamik und Elektrodynamik nur für Systeme erreicht hat, die sich relativ zu einander in gleichförmiger Translation befinden, deren Beziehung zu einander sich also durch die Lorentz-Transformation bestimmt. Darüber hinaus hat aber Albert Einstein eine Verallgemeinerung erstrebt und in gewissem Umfange erreicht, bei der beliebige Transformationen zugelassen werden, die relativ zu einander beschleunigten Systemen entsprechen: dies ist die berühmte „allgemeine" Relativitätstheorie. Ihre systematische Entwicklung würde den Rahmen dieses Werkes sprengen; wir beschränken uns auf eine kurze Skizze der Gedankengänge und Ergebnisse; der Vorbereitung darauf dienten die Ausführungen am Ende der vorherigen Nummer über die 4-dimensionale Darstellung.

IX. Kapitel. Relativitätsprinzip

Zunächst scheint der Versuch, allgemeine Transformationen zuzulassen, auf unüberwindbare Hindernisse zu stoßen, deren tiefster Grund im Charakter des **Kraftbegriffes** liegt. Denn betrachten wir einmal ein Inertialsystem, in dem ein Körper eine Trägheitsbewegung (konstante Geschwindigkeit auf gradliniger Bahn) ausführt; dann wirkt auf diesen Körper keine Kraft, und wir verbanden mit dieser Aussage einen objektiven Sinn. Denn unter der auf einen Körper wirkenden „Kraft" verstehen wir (siehe Bd. I) mit Newton gewisse objektive Bedingungen, die in der „Relation" des Körpers zu seiner Umgebung (den übrigen Massen) begründet sind; das bedeutet, daß wir unter Kraft eine physikalische Realität zu verstehen haben und daß es ein gleichfalls objektiv festzustellender Sachverhalt ist, ob auf einen Körper eine Kraft einwirkt oder nicht. Dem entspricht die spezielle Relativitätstheorie vollkommen: Denn wenn eine Bewegung im System S eine Trägheitsbewegung ist, so ist sie es auch im System S', das mittels der Lorentz-Transformation aus S hervorgeht: In beiden Systemen ist die Bewegung gleichförmig und geradlinig, d. h. kräftefrei. Wenn wir aber zu einem relativ zum ursprünglichen beliebig bewegten System übergehen, so ist dieselbe Bewegung von dem neuen System aus beurteilt weder geradlinig noch unbeschleunigt; wir müßten also erklären, daß sie unter dem Einfluß bestimmter Kräfte vor sich ginge. Auch das Umgekehrte läßt sich erzielen: Eine beliebig beschleunigte Bewegung in einem Inertialsystem kann zu einer unbeschleunigten gemacht werden, wenn man ein System einführt, das genau so beschleunigt ist wie der Körper, so daß wir in dem neuen System eine kräftelose Bewegung zu konstatieren hätten. Man sieht, daß der Begriff der Kraft, entgegen unserer bisherigen Auffassung, jede objektive Bedeutung verlieren würde: Ob eine Bewegung als kräftefrei oder als nicht kräftefrei anzusprechen ist, hängt dann lediglich von der Wahl des Koordinatensystems ab.

Dennoch ist es Einstein gelungen, diese Schwierigkeit ins Positive zu wenden. Wir gehen von der Überlegung aus, daß im allgemeinen in einem Inertialsystem die Beschleunigung beliebiger Massen unter der Einwirkung von Kräften der trägen Masse der Körper umgekehrt proportional, d. h. je nach den Massen sehr verschieden ist. Durch Einführung eines geeigneten beschleunigten Bezugssystems kann man daher auch nur eine einzige dieser Beschleunigungen in eine Trägheitsbewegung umwandeln; verändert werden natürlich alle Beschleunigungen, zum Verschwinden kann man aber im allgemeinen nur eine bringen. Aber der Satz, daß die Beschleunigungen der trägen Masse umgekehrt proportional sind, erleidet eine wichtige Ausnahme, nämlich für den Fall der Gravitation. Diese erteilt, wenn das Schwerefeld homogen ist, allen Massen die gleiche Beschleunigung, weil die Gravitationskräfte einerseits selbst der schweren Masse proportional sind, anderseits erfahrungsgemäß die schwere Masse gleich der trägen Masse ist (vgl. Bd. I). Somit kann die einheitliche, durch ein homogenes Gravitationsfeld sämtlichen Massen erteilte Beschleunigung durch Wahl eines geeignet beschleunigten Bezugssystems zum Verschwinden gebracht werden. Anders ausgedrückt: Ein homogenes Schwerefeld kann „wegtransformiert" werden. Diese Eigenschaft verleiht der **Gravitation** unter allen Kräften eine besondere Stellung. Denn wir können wohl nicht umhin zu folgern, daß der Gravitationskraft in der Tat **keine** objektive Bedeutung zukommt, da es nur vom Bezugssystem abhängt, ob wir sagen: Es wirkt die Schwere auf die Körper, oder ob wir sagen: Die Körper bewegen sich kräftefrei nach dem Trägheitsgesetz. Wenn wir dies mit Einstein zum Grundsatz erheben, können wir sagen: Es gibt keinerlei physikalische Möglichkeit zu unterscheiden, ob man es mit einem homogenen Schwerefeld, beurteilt von einem ruhenden (oder gleichförmig bewegten) Bezugssystem, oder aber mit einer Trägheitsbewegung, beurteilt von einem geeignet beschleunigten Bezugssystem, zu tun hat.

Diesem Einsteinschen **„Äquivalenzprinzip"** zufolge können wir natürlich auch ein homogenes Schwerefeld „erzeugen", indem wir eine Trägheitsbewegung von einem beschleunigten Bezugssystem aus beurteilen.

Es ist wohl zu beachten, daß man nur ein homogenes Schwerefeld wegtransformieren oder erzeugen kann. In hinreichend kleinen Dimensionen, die immerhin praktisch sehr groß sein können, ist das aber immer der Fall. Daher können wir keinen Wesensunterschied zwischen wegtransformierbaren und allgemeinen Schwerefeldern anerkennen. Nach dem allgemeinen Äquivalenzprinzip müssen wir vielmehr grundsätzlich die Trägheitserscheinungen mit den Gravitationserscheinungen für wesensgleich erklären. Wenn wir z. B. von einem Inertialsystem übergehen zu einem rotierenden System, so treten die sog. Zentrifugalkraft und die Corioliskraft auf; früher deuteten wir diese **Kräfte** sowohl nach Newton, wie auch nach der speziellen Relativitätstheorie Einsteins als d'Alembertsche Trägheitskräfte, „hervorgebracht" durch das „falsche" Koordinatensystem. Lassen wir aber grundsätzlich alle Koordinatensysteme zu, so müssen wir diese Trägheitskräfte als eine spezielle Art von Gravitationskräften betrachten. Man sieht also, wie das **Problem der allgemeinen Relativität auf's engste verknüpft ist mit dem Problem der Gravitation.** — Das hat Einstein zuerst erkannt und daraus den Mut geschöpft, das Problem der allgemeinen Relativität — Zulässigkeit aller Bezugssysteme oder Koordinatentransformationen — anzugreifen. Wenn wir von einem in der speziellen Relativitätstheorie invarianten Längenelement ds der Weltlinie ausgehen

(387)
$$ds^2 = dx^2 + dy^2 + dz^2 + dl^2$$

84. Überblick über den Gedankenkreis der allgemeinen Relativitätstheorie

und nun allgemeine Transformationen der $xyzl$ in die neuen Koordinaten, die wir $x_1x_2x_3x_4$ nennen wollen, zulassen, so ist natürlich

(388)
$$dx = \frac{\partial x}{\partial x_1}dx_1 + \frac{\partial x}{\partial x_2}dx_2 + \frac{\partial x}{\partial x_3}dx_3 + \frac{\partial x}{\partial x_4}\partial x_4 ,$$
$$dy = \frac{\partial y}{\partial x_1}dx_1 + \frac{\partial y}{\partial x_2}dx_2 + \frac{\partial y}{\partial x_3}dx_3 + \frac{\partial y}{\partial x_4}dx_4 ,$$
$$dz = \frac{\partial z}{\partial x_1}dx_1 + \frac{\partial z}{\partial x_2}dx_2 + \frac{\partial z}{\partial x_3}dx_3 + \frac{\partial z}{\partial x_4}dx_4 ,$$
$$dl = \frac{\partial l}{\partial x_1}dx_1 + \frac{\partial l}{\partial x_2}dx_2 + \frac{\partial l}{\partial x_3}dx_3 + \frac{\partial l}{\partial x_4}dx_4 ,$$

und für das Quadrat des Längenelements ds^2 findet man einen Ausdruck von der Form:

$$\begin{aligned} ds^2 = &g_{11}dx_1^2 + g_{12}dx_1dx_2 + g_{13}dx_1dx_3 + g_{14}dx_1dx_4 \\ &+ g_{21}dx_2dx_1 + g_{22}dx_2^2 + g_{23}dx_2dx_3 + g_{24}dx_2dx_4 \\ &+ g_{31}dx_3dx_1 + g_{32}dx_3dx_2 + g_{33}dx_3^2 + g_{34}dx_3dx_4 \\ &+ g_{41}dx_4dx_1 + g_{42}dx_4dx_2 + g_{43}dx_4dx_3 + g_{44}dx_4^2 , \end{aligned}$$

wobei $g_{ik} = g_{ki}$ ist, wie die elementare Ausrechnung zeigt. In kurzer Schreibweise können wir also ds^2 in dem vierdimensionalen Kontinuum schreiben:

(389)
$$ds^2 = \sum_i^{1,4} \sum_k^{1,4} g_{ik}dx_i dx_k .$$

ds^2 hat hier nun nicht mehr die Form (387), die dem pseudoeuklidischen Kontinuum zukommt; denn für dieses müßten $g_{11} = g_{22} = g_{33} = g_{44}$ und die übrigen $g_{ik} = 0$ sein. Man sieht hieraus eine weitere Konsequenz, zu der die Zulassung beliebiger Transformationen führt: Die Weltmannigfaltigkeit x_1, x_2, x_3, x_4 ist nicht mehr euklidisch, d. h. nicht mehr eben, sondern gekrümmt. Die 10 Größen g_{ik} hängen natürlich mit den Gravitationsfeldern zusammen, die durch die allgemeine Transformation auf x_1, x_2, x_3, x_4 „erzeugt" werden. Das sind aber trotzdem echte Gravitationsfelder, wie oben dargelegt; die Gleichungen, denen die Koeffizienten g_{ik} zu gehorchen haben, hat Einstein ebenfalls gefunden. Man erhält schließlich folgende Auffassung: Die Gravitationskräfte sind in Wirklichkeit durch die Massen bestimmt, in der allgemeinen Relativitätstheorie durch die Koeffizienten g_{ik}; diese hängen also von der Massenverteilung ab, die ihrerseits die „Krümmung" des Weltkontinuums bedingt, diese schließlich die Gravitation. Die Bewegung eines Körpers im Schwerefelde wird in der Einsteinschen Theorie eine Trägheitsbewegung in einem nichteuklidischen Kontinuum, dessen Linienelement (389) durch die 16 Koeffizienten g_{ik} bestimmt wird.

Wer davon zum ersten Male hört, wird fragen, was man denn wissenschaftlich gewinnt, wenn man solche Komplikationen gegenüber der gewöhnlichen Auffassung in Kauf nehmen muß. Indem wir hier bewußt von erkenntnistheoretischen Erwägungen absehen, haben wir rein physikalisch anzuführen, daß die Einsteinsche Theorie der Gravitation mehr leistet als die Newtonsche: Denn nach der ersteren beeinflußt die Gravitation alle Naturerscheinungen, allerdings nur wenig. Aber drei Effekte sind groß genug, um meßbar zu sein; wir führen sie im folgenden an.

1. Die Ganggeschwindigkeit einer Uhr hängt vom Gravitationspotential des Ortes ab, an dem sie sich befindet. Als Uhr kann man jedes sich periodisch verhaltende Gebilde benutzen, z. B. ein Atom, das eine Spektrallinie (z. B. H_α) aussendet; die Schwingungsdauer dieser Spektrallinie wollen wir als Zeiteinheit benutzen. Wir wollen z. B. die Schwingungszahlen einer auf der Sonne befindlichen Strahlungsquelle messen, indem wir sie auf die gleichfalls auf der Sonne gemessene, eben festgelegte Zeiteinheit beziehen. Wenn wir ebenso die Schwingungszahlen einer identischen Strahlungsquelle, die sich auf der Erde befindet, auf die nunmehr auf der Erde gemessene gewählte Zeiteinheit beziehen, so bekommen wir identische Resultate für die auf Sonne und Erde auf diese Weise gemessenen Schwingungszahlen heraus. Denn wie auch die Ganggeschwindigkeiten der H_α-Uhren auf Sonne und Erde durch das Gravitationspotential verändert sein mögen, genau den gleichen Veränderungen unterliegen die zu messenden Frequenzen der beiden Strahlungsquellen. Anders aber ist es, wenn wir die Frequenzen der auf der Sonne befindlichen Strahlungsquelle nicht beziehen auf die Zeiteinheit, die durch die auf der Sonne befindliche H_α-Uhr bestimmt ist, sondern sie beziehen auf die Schwingungsdauer von auf der Erde befindlichen H_α-Uhren. Dann macht sich die verschiedene Größe der Zeiteinheit auf Sonne und Erde bemerkbar. Bezeichnen wir die zu messende Frequenz unserer Strahlungsquelle, wenn wir sie nur beziehen auf eine Uhr auf dem gleichen Gravitationspotential, mit ν_0, dagegen mit ν_E die Frequenz der gleichen Strahlungsquelle auf der Sonne, wenn sie bezogen wird auf eine

H_α-Uhr, die sich auf der Erde befindet, so muß $v_E \neq v_0$ ausfallen. Die Theorie ergibt allgemein (Φ_S, Φ_E Gravitationspotentiale auf Sonne und Erde):

(390) $$v_E = v_0 \left(1 + \frac{\Phi_S - \Phi_E}{c^2}\right).$$

Da man Φ_E neben Φ_S vernachlässigen kann und $\Phi_S = -\frac{kM}{R}$ ist (k = Gravitationskonstante, M = Sonnenmasse, R = Sonnenradius), so verwandelt sich (390) in:

(390 a) $$v_E = v_0 \left(1 - \frac{kM}{Rc^2}\right),$$

oder bei Benutzung von Wellenlängen:

(390 b) $$\lambda_0 = \lambda_E \left(1 - \frac{kM}{Rc^2}\right).$$

Dann folgt sofort

(391) $$v_E < v_0, \quad \text{oder} \quad \lambda_E > \lambda_0.$$

Das bedeutet, daß für einen irdischen Beobachter die Spektrallinien auf der Sonne nach Rot verschoben sind, da die Frequenz v_E kleiner geworden ist; rechnet man aus (390b) die Rotverschiebung $\lambda_E - \lambda_0$ aus, so erhält man hinreichend genau:

(391 a) $$\lambda_E - \lambda_0 = \frac{kM}{Rc^2} \lambda_0.$$

Für die Sonne ergibt dies mit $M = 1,96 \cdot 10^{33}$ g, $R = 6,955 \cdot 10^{10}$ cm, $k = 6,667 \cdot 10^{-8}$ g^{-1} cm^3 s^{-2} für eine mittlere Wellenlänge von 6000 Å eine Rotverschiebung $\lambda_E - \lambda_0 = 0,0127$ Å. An sich könnte eine solche Verschiebung genau genug gemessen werden; bei der Sonne aber liegt die Komplikation vor, daß es auch andere Gründe für eine Rotverschiebung von Spektrallinien gibt, z. B. infolge von hohem Druck, elektrischen Feldern usw., die man nicht ohne Willkür von der relativistischen Rotverschiebung trennen kann; daher haben die zahlreichen Versuche kein sicheres Ergebnis gehabt. Glücklicherweise gibt es einen Himmelskörper, der weit besser als die Sonne geeignet ist: das ist der sog. Siriusbegleiter, dessen Masse M' mit der Sonnenmasse vergleichbar ist ($M' = 0,85\, M$), dessen Radius R' aber um den Faktor $2,7 \cdot 10^{-2}$ kleiner ist als R ($R' = 2,72 \cdot 10^{-2}\, R$). Da M' im Zähler, R' im Nenner der rechten Seite von (391a) auftritt, bedeutet das bei der gleichen Wellenlänge eine Vergrößerung der Verschiebung um den Faktor 31,5, d. h. nach (391 a):

$$\lambda_E - \lambda_0 = 0,40 \text{ Å für } \lambda_0 = 6000 \text{ Å}.$$

Bei der grünen Wasserstofflinie H_β ($\lambda = 4860$ Å) fand E. F. Adams (1925) den Wert 0,38 Å (statt 0,32 Å), was als eine Bestätigung der Voraussage betrachtet werden darf.

Unter diesen Umständen ist es besonders erfreulich, daß man seit 1958 die Möglichkeit hat, die „Rotverschiebung" auch auf der Erde zu beobachten. Verschiebungen von der Größe, wie sie auf der Sonne oder dem Siriusbegleiter auftreten sollen, kann man natürlich nicht erhalten; aber man kann neuerdings die Genauigkeit der Beobachtung um das milliardenfache steigern. Mit normalen Spektrallinien wäre das freilich nicht durchzuführen, weil sie viel zu breit sind. Wenn man sehr kleine Verschiebungen von Spektrallinien zu messen hat, darf die Linie nicht erheblich breiter sein als die zu messende Verschiebung; sie sollte vielmehr so schmal sein wie überhaupt möglich. Und dies ist nun in erstaunlicher Weise erreicht worden: R. L. Mössbauer hat, zwar nicht mit Spektrallinien des sichtbaren Spektrums, sondern unter Benutzung einer geeigneten γ-Spektrallinie die Bedingungen aufgefunden, unter denen die Halbwertsbreite derselben $\Delta \lambda = 10^{-16} \lambda$ ist; $\frac{\Delta \lambda}{\lambda}$ ist,

also um den Faktor 10^{-8} kleiner als bei üblichen Spektrallinien des sichtbaren Gebiets. Die von Mössbauer erzielte Schmalheit der benutzten γ-Linie ist praktisch mit ihrer „natürlichen" Halbwertsbreite (Nr. 37) identisch. Dies wird erreicht durch die „rückstoßfreie Resonanzfluoreszenz", den Mössbauer-Effekt (Nr. 71). — Diese „natürliche" Linienbreite ist nicht nur bei der **Emission**, sondern auch bei der **Absorption** der in Frage kommenden γ-Linien vorhanden. Hat man zwei — unter einander identische — „Strahler" und „Absorber", so wird von letzterem die ihm zugesandte Strahlung des ersteren praktisch vollkommen absorbiert („Resonanz"); würde man aber dem „Absorber" eine kleine Geschwindigkeit — sagen wir von 1 cm/s — relativ zum „Strahler" erteilen, so würde die „Dopplerverschiebung" bereits eine so starke Verstimmung zwischen Strahler- und Absorber-Frequenz bewirken, daß von vollständiger Resonanz keine Rede mehr sein kann. Das gleiche muß eintreten, wenn der Einsteinsche Effekt vorhanden ist. Dann genügt es schon, etwa den Absorber 10 m höher aufzustellen als den Strahler; die Differenz der Gravitationspotentiale zwischen beiden ist dann schon groß genug, um die „Resonanz" sehr stark zu reduzieren bzw. zu stören. In solchen Versuchen, z. B. von Cranshaw und Schiffer (Lit) wurden 86% des erwarteten Effekts beobachtet, und zwar mit einer Ungenauigkeit von ± 10%. Aus (391a) folgt dann (g = 981 cm/s^2 die Erdbeschleunigung, Z die Höhe des „Absorbers" über dem Strahler)

$$\frac{\Delta \lambda_{\text{rot}}}{\lambda_0} = \frac{g}{c^2} Z = \frac{981}{9 \cdot 10^{20}} \cdot Z = 1{,}09 \cdot 10^{-18}\, Z\,;$$

für $Z = 10^3$ cm = 10 m hat man also eine Verschiebung

$$\frac{\Delta \lambda_{\text{rot}}}{\lambda_0} = 1{,}09 \cdot 10^{-15}$$

zu erwarten, die also schon größer als die „natürliche Breite" der benutzten γ-Linie ist. Dabei ist gZ an die Stelle von kM/R von (391a) getreten.

2. Eine weitere Folgerung der allgemeinen Relativitätstheorie besteht in der Behauptung, daß die Lichtstrahlen von einem Gravitationsfelde abgelenkt werden.

In der Abb. 504 ist angenommen, daß Lichtstrahlen im Abstande Δ vom Sonnenmittelpunkt verlaufen; sie sollen dann von der geradlinigen Bahn um einen Winkel δ abgelenkt werden, der gleichfalls in Abb. 504 eingetragen ist. Daß eine solche Ablenkung des Lichtes eintreten muß, sieht man am einfachsten folgendermaßen ein: Die Strahlung stellt ein bestimmtes Quantum von Energie E dar, das nach den Ausführungen in Nr. 83 eine bestimmte träge Masse $m = \dfrac{E}{c^2}$ besitzt. Wegen der Identität von schwerer und träger Masse muß also diese Masse m, wie jede Masse, von jeder anderen Masse angezogen werden. Natürlich ist der Effekt nur merkbar, wenn die anziehende Masse sehr groß ist, weswegen wir oben sogleich von der Sonne ausgegangen sind. Auch wenn man die nichteuklidische Struktur des Weltkontinuums vernachlässigt, d. h. von der allgemeinen Relativitätstheorie ganz absieht, muß eine derartige Ablenkung eintreten; Einstein hat gezeigt, daß die Nichteuklidizität nur bewirkt, daß die Ablenkung doppelt so groß wird. Für den Ablenkungswinkel δ gibt die exakte Theorie:

(392) $$\delta = \frac{4kM}{\Delta c^2}\,,$$

und für $\Delta = R$, d. h. für Strahlen, die dicht am Sonnenrande vorbeigehen:

(392a) $$\delta = \frac{4kM}{Rc^2}\,;$$

aus den bekannten Daten folgt:

(392b) $$\delta = 1{,}74''\,.$$

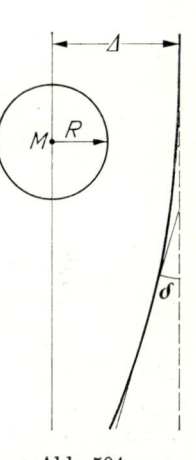

Abb. 504
Zur Lichtablenkung im Schwerefeld

Die Ablenkung hat den Effekt, die Winkelabstände von Sternen, die ihr Licht an der Sonne vorbei, zur Erde senden, zu vergrößern. Der Versuch wird so gemacht, daß eine geeignete Gegend des Himmels photographiert wird, wenn die Sonne weit von dieser Gegend entfernt ist. Eine zweite Aufnahme wird gemacht, wenn die Sonne gerade zwischen den zu photographierenden Sternen steht, was nur bei einer totalen Sonnenfinsternis ausführbar ist. Gleich die ersten Beobachtungen zweier englischer astronomischer Expeditionen bei der Sonnenfinsternis vom 25. 9. 1919 ergaben die Tatsache einer Lichtablenkung; die eine lieferte für δ den Wert $\delta = 1{,}90''$, die andere $1{,}64''$. Auch spätere Beobachtungen haben die Tatsache der Ablenkung außer Zweifel gestellt: 1922 wurde $\delta = 1{,}75''$ gemessen, 1929 glaubten Freundlich und v. Klüber einen Wert $\delta = 2{,}24''$ (also zu groß) festgestellt zu haben, während Trümpler bei Auswertung derselben Platten $\delta = 1{,}75''$ fand. Die letzte Finsternis im Jahre 1952 lieferte den vorläufigen Wert $\delta\ 1{,}70 \pm 0{,}07''$[1]). Die Tatsache der Ablenkung ist also bei allen Beobachtungen festgestellt. Fest steht auch mit Sicherheit, daß das Weltkontinuum nicht euklidisch sein kann. Denn wie oben angegeben, hätte dann $\delta = 0{,}87''$ sein müssen, was mit Sicherheit nicht der Fall war. Es muß also aus allen Messungen mit Sicherheit auf eine nichteuklidische Mannigfaltigkeit geschlossen werden.

Eine wichtige Bemerkung haben wir hier noch anzuschließen: Krümmung der Lichtstrahlen bedeutet, daß die Lichtgeschwindigkeit nicht mehr konstant ist wie in der speziellen Relativitätstheorie, sondern vom Gravitationspotential Φ abhängig ist. Die Theorie liefert für die variable Lichtgeschwindigkeit c_Φ

(393) $$c_\Phi = c\left(1 + \frac{\Phi}{c^2}\right) = c\left(1 - \frac{kM}{rc^2}\right)\,;$$

---

[1]) Das Mittel aus allen Messungen seit 1919 ist $1{,}789''$.

c_Φ wird also um so kleiner, je größer die Masse ist, die das Gravitationsfeld erzeugt, und je größer der Abstand r von derselben ist; immer ist, da $\Phi < 0$, nach (393) $c_\Phi < c$.

3. Wir erwähnten oben, daß Einstein die Gleichungen gefunden hat, denen die Gravitationspotentiale g_{ik} zu genügen haben. Diese Gleichungen liefern in erster Näherung das Newtonsche Gravitationsgesetz, damit auch die Keplerschen Gesetze über die Bewegung der Planeten. Aber die zweite Näherung fügt dem Newtonschen Gesetze eine kleine Korrektur hinzu, die bewirkt, daß die Planetenbahnen in Strenge keine im Fundamentalsystem festliegenden Ellipsen sind; vielmehr ergibt sich, daß die große Achse der Ellipse nicht festliegt, sondern eine langsame Drehung erfährt. Man erhält also folgendes Bild der Planetenbewegung (Abb. 505). Eine derartige Bewegung nennt man eine Perihelbewegung, da das Perihel sich auf einem (in Abb. 505 punktierten) Kreise fortbewegt. Diese Perihelbewegung muß für den sonnennächsten Planeten Merkur am stärksten sein, und in der Tat ist sie seit fast 100 Jahren bekannt. Nach den Rechnungen von J. J. Leverrier und S. Newcomb auf Grund astronomischer Beobachtungen beträgt die Drehung der großen Achse der Merkurellipse in einem Jahrhundert 43″. Diese Drehung kommt zusätzlich zu der durch die Störungen von anderen Planeten her verursachten Verschiebung, die hier aber nicht interessiert. Das im übrigen so glänzend bewährte Newtonsche Gravitationsgesetz vermochte sie nicht zu klären. Die Einsteinsche Theorie liefert aber für die Drehung α der großen Achse je Umlauf der Ellipse die Formel:

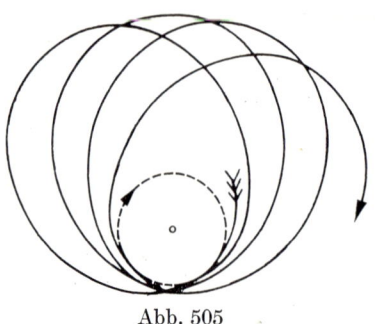

Abb. 505
Periheldrehung

$$(394) \qquad \alpha'' = 24\pi^3 \frac{a^2}{T^2 c^2 (1-e^2)} \,.$$

Darin ist a die große Halbachse, T die Umlaufsdauer des Planeten, e die Exzentrizität. Diese Gleichung liefert für die Merkurbahn im Jahrhundert den Wert 42,89″, d. h. völlige Übereinstimmung mit der Beobachtung, ein glänzender Triumph für die Theorie. —

Die im vorhergehenden mehrfach betonte Nichteuklidizität des Weltkontinuums hat eine interessante kosmologische Konstruktion der „Welt" ermöglicht. Solange man an der euklidischen Struktur des Raumes festhielt, mußte man denselben als unendlich ausgedehnt betrachten, wie es in der klassischen Physik tatsächlich üblich war. Dies brachte aber — und das war den Astronomen schon lange bekannt — gewisse Schwierigkeiten mit sich, deren man früher dadurch Herr zu werden suchte, daß man (H. von Seeliger) eine kleine Korrektur am Newtonschen Gesetze anbrachte, die zwar im Bereich unseres Sonnensystems unmerklich sein mußte, aber immer vorherrschender wurde, zu je größeren Entfernungen man ging. Natürlich war dies eine Hypothese ad hoc, nur geschaffen, um gewisse mathematische Schwierigkeiten des Gravitationsgesetzes zu beseitigen, durch keinerlei Beobachtung gestützt.

Die Schwierigkeiten verschwinden, wenn man den Raum zwar als unbegrenzt, aber als endlich, d. h. als geschlossen (z. B. als kugelförmig) betrachtet. Einstein hat zuerst (1917) ein derartiges Modell der Welt entworfen, und zwar ein statisches Modell, d. h. ein Modell, in dem alle konstituierenden Größen, z. B. der Krümmungsradius der Welt, zeitlich konstant sind. Es zeigte sich aber bei genauer Untersuchung, daß dieses Weltallmodell unbrauchbar, weil nicht stabil ist. Dann haben Friedmann, Lemaître u. a. ein nichtstatisches Modell durchgerechnet, z. B. ein sich ausdehnendes Universum. Und diese zunächst rein theoretische Untersuchung hat plötzlich eine starke Stütze bekommen durch die erstaunliche Beobachtung von Hubble und Humason, die feststellten, daß die außergalaktischen Nebel (d. h. die außerhalb unserer Milchstraße befindlichen anderen Galaxien) sich von uns fortbewegen, und zwar mit großen Geschwindigkeiten, die proportional ihrer Entfernung r sind. So wenigstens wird der kolossale Dopplereffekt (die Spektrallinien sind alle nach Rot verschoben) gedeutet, den diese fernen Nebel ausnahmslos zeigen, wenn ein gewisser Abstand überschritten ist. Auf S. 224 haben wir derartige Aufnahmen von einigen Linienspektren mitgeteilt. Die Hubbleschen Resultate lassen sich durch die Gleichung wiedergeben:

$$-\frac{\Delta \nu}{\nu} = kr\,,$$

wobei die sogenannte Hubblesche Konstante $k = 6{,}3 \cdot 10^{-28}$ cm^{-1} sein soll (möglicherweise ist sie nur halb so groß!). Da eine andere Erklärung für die kolossale Linienverschiebung bis heute nicht gegeben werden konnte, darf diese Beobachtung als eine Stütze für die Idee des sich ausdehnenden Universums betrachtet werden.

Literaturverzeichnis

Nach Kapiteln geordnet werden einige Bücher und andere zusammenfassende Literatur angegeben, die zum vertieften Studium von Teilgebieten dienen können. Außerdem sind einige wenige Originalarbeiten genannt, auf die im Text durch (*Lit*) hingewiesen wird. Dies dient im wesentlichen zum Nachweis für Angaben, die nicht als Allgemeingut der Lehr- und Handbuchliteratur angesehen werden können.

A. Zusammenfassende Literatur

I. Kapitel

1. Müller-Pouillet, Lehrbuch der Physik, hrsg. von O. Lummer, 2. Band 1. Hälfte, Kap. 3—10, 12, 13 (O. Lummer und A. König)
F. Vieweg & Sohn, Braunschweig 1926
2. Flügge, J., Praxis der geometrischen Optik
Vandenhoeck u. Ruprecht, Göttingen 1962

II. Kapitel

3. Kortüm, G., Kolorimetrie, Photometrie und Spektrometrie
Springer-Verlag, Berlin 1955
4. Kohn, H., Photometrie, in Müller-Pouillet (1), 2. Hälfte, Kap. 22
F. Vieweg & Sohn, Braunschweig 1926

III. Kapitel

5. Born, M., Optik
J. Springer, Berlin 1933
6. Born, M., und E. Wolf, Principles of Optics
Pergamon Press, London 1959
7. Brügel, W., Einführung in die Ultrarotspektroskopie
D. Steinkopff, Darmstadt 1957

IV. Kapitel

8. Handbuch der Physik, hrsg. von S. Flügge, Band 24
Artikel von
M. Françon, Interférences, diffraction et polarisation
H. Wolter, Optik dünner Schichten; Phasenkontrast- und Lichtschnittverfahren
Springer-Verlag, Berlin 1956
9. Müller-Pouillet (1), Kap. 14—16 (O. Lummer)
F. Vieweg & Sohn, Braunschweig 1926
10. Tolansky, S., Multiple-beam Interferometry
Oxford University Press, New York 1948
11. Bergmann, L., Der Ultraschall
S. Hirzel Verlag, Stuttgart 1949

V. Kapitel

12. Handbuch der Physik, hrsg. von H. Geiger und K. Scheel, Band 20
Artikel von W. König, Elektromagnetische Lichttheorie
J. Springer, Berlin 1928
Nr. 55
13. Bouma, P. J., Physical Aspects of Colour
N. V. Philips Gloeilampenfabrieken, Eindhoven 1947
14. Schrödinger, E., Die Gesichtsempfindungen, in Müller-Pouillet (1) Kapitel 11 III

VI. Kapitel

15. Planck, M., Vorlesungen über die Theorie der Wärmestrahlung
J. A. Barth, Leipzig 1923
16. Kohn, H., Temperaturbestimmung auf Grund von Strahlungsmessungen; Ziele und Grenzen der Lichttechnik in Müller-Pouillet (1), 2. Hälfte, Kap. 25 u. 26

VII. Kapitel

17. Suhrmann, R., u. H. Simon, Der lichtelektrische Effekt und seine Anwendungen
Springer-Verlag, Berlin 1958
18. Troup, G., Masers and Lasers
Methuen & Co., London 1963

VIII. Kapitel

19. Brüche, E., u. O. Scherzer, Geometrische Elektronenoptik
J. Springer, Berlin 1934
20. v. Ardenne, M., Elektronen-Übermikroskopie
J. Springer, Berlin 1940
21. Handbuch der Physik, hrsg. von S. Flügge, Band 33
Artikel von
W. Glaser, Elektronenoptik
S. Leisegang, Elektronenmikroskopie
Springer-Verlag, Berlin 1956

IX. Kapitel

22. v. Laue, M., Die Relativitätstheorie (2 Bände)
F. Vieweg & Sohn, Braunschweig 1921
23. Born, M., Die Relativitätstheorie Einsteins, 4. Auflage
Springer-Verlag, Berlin 1964

Historisches
24. Whittaker, E., History of the Theories of Aether and Electricity, 2 Bände Philosophical Library, New York 1951 u. 1954

B. Einzelveröffentlichungen

1. Gehrcke, E., u. E. Lau, Z.techn. Physik 8, 157 (1927). Zu Nr. 31
2. Krause, H., u. K. Krebs, Optik 20, 471 (1963). Zu Nr. 31
3. Harrison, G., u. Mitarbeiter, J. Opt. Soc. Amer. 39, 413, 522 (1949); 45, 112 (1955). Zu Nr. 37
4. Wolter, H., Ann. Physik 7, 341 (1950). Zu Nr. 39
5. Kossel, W., Z. Naturforschg. 4a, 506 (1949). Zu Nr. 40
6. Braunbek, W., Z. Naturforschg. 4a, 509 (1949). Zu Nr. 40
7. Goos, F., u. H. H. Hänchen, Ann. Physik 1, 333 (1947). Zu Nr. 43
8. Renard, R. H., J. Opt. Soc. Amer. 54, 1191 (1964). Zu Nr. 43
9. Fleischmann, R., u. H. Schopper, Z. Physik 129, 285 (1951). Zu Nr. 44
10. Czerny, M., Physik. Z. 45, 205 (1944). Zu Nr. 62
11. Kofink, W., Naturwiss. 38, 234 (1951). Zu Nr. 62
12. Mößbauer, R. C., Z. Physik 151, 124 (1958). Zu Nr. 71
13. Lamb, W. E. Phys. Rev. 55, 190 (1939). Zu Nr. 71
14. Barnes, R. B., u. M. Czerny, Z. Physik 79, 436 (1932). Zu Nr. 73
15. Weber, J., Trans. IRE 3, 1 (1953). Zu Nr. 74
16. Gordon, J. P., H. J. Zeiger u. C. H. Townes, Phys. Rev. 99, 1264 (1955). Zu Nr. 74
17. Menter, J. W., Proc. Roy. Soc. A 236, 119 (1956). Zu Nr. 76
18. Neider, R., Proc. Stockholm Conference on Electron Microscopy (1956), S. 93. Zu Nr. 76
19. Biberman, L., N. Suschkin u. W. Fabrikant, Dokl. Akad. Nauk 66, 185 (1949). Zu Nr. 77
20. Ives, H. E., J. Opt. Soc. Amer. 28, 215 (1938). Zu Nr. 81
21. Otting, G., Physik. Z. 40, 681 (1939). Zu Nr. 81
22. Cranshaw, T. E., u. J. P. Schiffer, Proc. Phys. Soc. (London) 84, 245 (1964). Zu Nr. 83

Wörterverzeichnis
(deutsch-englisch)

A

Abbesche Zahl Abbe number, reciprocal dispersive power
Abbildung image formation
Abbildungsfehler (image) aberration, (lens) aberration
Abbildungsgleichung lens equation, lens formula
Aberration (astron.) (astronomical) aberration
Ablenkung deviation, deflection
Abschattierung shading
Absorptionsbande, Absorptionsstreifen absorption band
Absorptionsvermögen absorption factor, absorptance, emissivity
Abweichungskreis circle of (least) confusion
achromatisch achromatic
Achse, optische optical axis
Aderhaut choroid membrane
Ähnlichkeit, größte maximum similarity
Äquipartition equipartition
Äther ether
äußerer lichtelektrischer Effekt external photoelectric effect
aktiv active
Aktivität, optische optical activity
akzidentelle Doppelbrechung accidental birefringence, photoelastic birefringence
alterssichtig presbyopic
Alterssichtigkeit presbyopia
Amplitudengitter amplitude grating
Analysator analyzer
angeregter Zustand excited state, excited energy level
angulare Vergrößerung angular magnification
anomale Dispersion anomalous dispersion
Anpassung accomodation
Anregung excitation
Aperturblende aperture stop
aplanatisch aplanatic
Astigmatismus astigmatism
Auerstrumpf Auer mantle
Auflösungsvermögen (e. Mikroskops) resolving power
Auflösungsvermögen, spektrales spectral resolving power
Augenkammer, vordere anterior eye chamber
Augenkreis Ramsden circle
Augenpunkt eye point
Augenspiegel ophthalmoscope
ausgezeichneter Lichtweg extremum optical path
außerordentlicher Strahl extraordinary ray
Austrittspupille exit pupil
Ausleuchtung (einer Fläche) uniform irradiation
außeraxial off-axis
Austrittsarbeit work function
Ausstrahlung radiation
Azimut azimuth

B

Bahn (e. Teilchens) trajectory, orbit (= Umlaufbahn)
Bandenspektrum band spectrum
Bauch (e. stehenden Welle) antinode
Beleuchtung illumination, irradiation
Beleuchtungsstärke illuminance
Bestrahlungsstärke irradiance
Beugung n^{ter} Ordnung n^{th} order diffraction
Beugungsgitter diffraction grating
Beugungsscheibchen diffraction disk
bezogene Farbe related color
Bild image
Bildwölbung curvature of field
Bildschale image surface
bildseitig image-side
Bildverstärker image amplifier
Bildwandler image converter
Bildweite image distance
Bildwinkel image-field angle
Bildzerdrehung rotational distortion, anisotropic distortion
Binormale optical axis
Biprisma biprism
Biradiale ray axis
Bisektrix, spitze — stumpfe acute — obtuse bisectrix
blank specularly reflecting
blinder Fleck optic papilla (im Auge), blind spot (im Objekt)
Blitz flash
Bogenlampe arc
Bogenspektrum arc spectrum
Bräunung browning, tanning
brechende Kante prism edge
brechender Winkel prism angle
Brechkraft refracting power
Brechung refraction
Brechungsexponent, -index, -quotient refractive index, index of refraction
Brechungswinkel angle of refraction
Brechzahl refractive index
Bremsspektrum bremsspectrum, retardation spectrum
Bremsstrahlung bremsstrahlung, retardation radiation
Brennfläche caustic surface
Brennebene, -punkt focal plane, focal point, focus
Brille spectacles, glasses
bunte Farbe chromatic color

C

chromatisch chromatic
Chromatizität chromaticity

D

Dämmerungssehen twilight vision, night vision, scotopic vision
Dämpfung attenuation, damping
Deckglas cover glass
deutliche Sehweite distance of most distinct vision, standard near point
Diagonalstellung diagonal position
Diagramm diagram, pattern
Diakaustik diacaustic
Diapositiv slide
Dichroismus dichroism
dichteres Medium more refracting medium, denser medium
Dielektrizitätskonstante dielectric constant
Diffraktionsplatte diffraction plate
diffuse Reflexion diffuse reflection
Diopter sight, sightvane
Dioptrie diopter
Dipol dipole
Dipolmoment dipole moment
diskret discrete, separate
dispansiv divergent
Dispersionsgebiet dispersion range
Distorsion distortion
Dochtkohle cored carbon
Doppelbrechung double refraction, birefringence
doppelte Brechung twofold refraction
Doppelplatte, Soleilsche Soleil compensator

Doppelstern double star
Drehimpuls angular momentum
Drehkristallverfahren rotating crystal method
Drehung rotation
Dualismus dualism
dünneres Medium rarer medium, less refracting medium
Dunkelfeld dark field
Dunkelheit darkness
Durchlässigkeit transmission, transmittance
durchscheinend diaphanous, translucent
durchsichtig transmissive

E

eben, Ebene plane
Echelette-Gitter echelette grating, echelle grating
Eichfarbe standard color
Eigenfrequenz eigenfrequency, normal frequency
Eigenfunktion eigenfunction
Eigenschwingung eigenfrequency, normal vibration, normal mode
Eigenstrahlung characteristic radiation, intrinsic radiation
Eigenwert eigenvalue
Eikonal eikonal
einachsig uniaxial
eindringend penetrating, entering
Eindringungstiefe depth of penetration
einfallend incident
Einfallsebene plane of incidence
Einfallslot normal of refracting surface
Einfallswinkel angle of incidence
Einstellung auf gleichen Farbeindruck color matching
Einstrahlung irradiation
Eintrittspupille entrance pupil
Einzellinse, elektronenoptische unipotential lens
Elektronenbahn electron orbit (umlaufende Bahn), electron trajectory
Elektronenbeugung electron diffraction
Elektronenlinse electron lens
Elektronenmikroskop electron microscope
Elektronenoptik electron optics
Elektronenwelle electron wave
Elementarwelle elementary wave, secondary wavelet
elliptisch polarisiert elliptically polarized
Emission emission
Emissionsvermögen (radiant) emittance
Empfangsinstrument detector
enantiomorph enantiomorphous
Energiedichte energy density
Energieniveau energy level
Energiequantum energy quantum
Energiesprung energy jump
Energiestrom energy flux
Energieverteilung, spektrale spectral energy distribution
Energieverteilungsgesetz law of energy distribution
Entropie entropy
Episkop episcope
erregende Linie exciting line
erzwungene Schwingung forced vibration

F

Fadenkreuz cross-hairs
Fall-Linie line of steepest decent
Farbdreieck color triangle
Farbempfindung color sensation
Farben dünner Plättchen colors of thin plates
Farbenmetrik color metric
Farbenmischapparat color-mixing instrument
farbig colored
Farbkegel color cone
Farbkoeffizient trichromatic coefficient
Farbkoordinate color coordinate
Farbkreisel color disk
Farbmannigfaltigkeit set of color sensations
Farbmessung (Kolorimetrie) colorimetry
Farbmischung color mixing, color mixture
Farbraum color space
Farbstoff pigment, dye
Farbtemperatur color temperature
Farbton hue (subjektiv), dominant wavelength (obj.)
farbtüchtig with normal color vision
farbuntüchtig with defective color vision
Faseroptik fiber optics
Fata morgana mirage, fata morgana
Fehlfarbe missing primary color, fehlfarbe
fehlsichtig ametropic
Feinstruktur fine structure
Feldstecher binoculars
Fernpunkt far point, punctum remotum
Fernrohr telescope
Fettfleck-Photometer Bunsen photometer, grease-spot photometer
Fixstern fixed star
Flächenhelligkeit luminance
Flächenintensität radiance, radiant intensity
Flamme flame
Flimmer-Photometer flicker photometer
Flintglas flint glass
Fluchtgeschwindigkeit velocity of flight
Fluoreszenz fluorescence
Flußspat fluorite, fluor spar
Fokometer focimeter
Fokussierung focussing
Fortpflanzungsgeschwindigkeit velocity of propagation
freie Schwingung free vibration
Freiheitsgrad degree of freedom
Frequenzbedingung frequency condition
Frontgeschwindigkeit front velocity
Funkenentladung spark discharge
Funkenlinie spark line, enhanced line
Furche groove

G

Gangdifferenz, Gangunterschied path difference
Gasentladung gas discharge
geborgte Strahlung borrowed radiation
Gedankenversuch imaginary experiment
Gegenfeld opposing field, counter field
gegenläufig retrograde, backward
Gegenstand object
Gegenstandsweite object distance
gekreuzte Polarisatoren crossed nicols, crossed polarizers
gekreuzte Spektren crossed spectra
gekrümmter Lichtstrahl bent light ray
gelber Fleck yellow spot, macula lutea
geradlinige Ausbreitung rectilinear propagation
Geradsichtprisma direct-vision prism
geradzahliges Vielfache even multiple
gerichtet directed
Gesamtstrahlung total radiation
Geschwindigkeitsfokussierung velocity focussing
Gesichtsfeld field of view
Gesichtsfeldblende field stop
Gesichtsfeldwinkel field angle
Gips gypsum
Gitter grating (Beugungsgitter), lattice (Kristallgitter)
Gitterfurche groove
Gitterstrich line
Gitterkonstante grating constant, lattice constant
Gitterspectrum grating spectrum
Glanz gloss
Glaskörper vitreous body
Glasplattensatz pile of glass plates
Glanzwinkel Bragg angle, grazing angle

gleichaussehende Farben matched colors
Gleichgewicht, bewegliches — detailliertes dynamic — detailed equilibrium
Gleichverteilung equipartition
Glied (e. Gleichung) term
Glimmentladung glow discharge
Glimmer mica
Glockenkurve bell-shaped curve
Glühlampe incandescent lamp, bulb
Grauglut gray heat
Grenzwinkel, physiologischer critical visual angle
Grenzwinkel (der Totalreflexion) critical angle
Grundfarbe primary color
Grundzustand ground state
Gruppengeschwindigkeit group velocity

H

Halblinse split lens
halbmatt semi-matt
Halbschatten penumbra (geom. Optik) half shadow (Photometrie)
Halbwertsbreite half width
Halo halo
Haltepotential bias potential, stopping potential
Haupt-... principal...
Hauptregenbogen primary rainbow
Heiligenschein glory, halo
Helligkeit brightness, luminance
Helligkeitsempfindlichkeit luminosity, relative luminous efficiency
heterochromatisch heterochromatic
Hochdruck-... high-pressure...
Hof corona
Hohlraumstrahlung cavity radiation, blackbody radiation
Hohlspiegel concave mirror
homogen homogeneous
homozentrisch homocentric
Hornhaut cornea
Hypermetropie hypermetropia, far-sightedness

I

Immersion immersion
Impuls momentum
inaktiv inactive
Indexfläche index surface, index ellipsoid, dielectric ellipsoid
induziert induced, stimulated
Inertialsystem inertial system
inhomogen inhomogeneous
inkohärent incoherent
innerer lichtelektrischer Effekt photoconductive effect
Intensität intensity
Interferenz interference

Interferenzstreifen interference fringe
inverser Photoeffekt inverse photoelectric effect
Ionisationskammer ionization chamber
Iris iris
Isochromate isochromatic curve
Isotherme isothermal curve

K

Kaleidoskop kaleidoscope
Kalkspat calcite
Kanalstrahl positive ray, canal ray
kannelliert channeled
Katakaustik catacaustic
Kathodenstrahl cathode ray
Katzenauge reflector, cat's eye
kaustische Fläche caustic surface
Kernschatten umbra
Kerze candle
Kimmung, geodätische dip of the horizon
kissenförmige Verzeichnung pincushion distortion
kleinster Lichtweg minimum optical path
Knoten (e. stehenden Welle) node
Knotenebene nodal plane
Knotenpunkt nodal point
kohärent coherent
Kohärenzlänge coherence length
Kohlefaden carbon filament
Koinzidenz coincidence
kollektives System converging system, collective system
Kollimator collimator
kollineare Abbildung collinear imagery, projective image formation
Koma coma
Kombinationsprinzip combination principle
Kompensator compensator
komplementäre Farben complementary colors
Kondensor condenser
konische Refraktion conical refraction
konjugierte Punkte conjugate points
konkav concave
konstante Ablenkung constant deviation
Kontaktpotentialdifferenz contact potential difference
kontinuierlich continuous
Kontrast contrast
Konvergenz vergence, convergence
Konvergenzverhältnis angular magnification
konvex convex
Korpuskel corpuscle, particle
Korrespondenzprinzip correspondence principle
Kraftkonstante force constant

Kranz corona
Kreisbahn circular orbit
Kreisfrequenz angular frequency
Kreuzgitter two-dimensional lattice, square lattice
Kristallpulververfahren (crystal) powder method
Kronglas crown glass
Krümmungsmittelpunkt center of curvature
Krümmungsradius radius of curvature
Kurven gleicher Dicke fringes of equal thickness
Kurven gleicher Neigung fringes of equal inclination
kurzsichtig short-sighted, myopic
kurzwellige Grenze short-wave limit

L

Längenkontraktion contraction of lengths
Längsaberration longitudinal aberration
$\lambda/4$-Platte, $\lambda/2$-Platte quarter-wave plate, half-wave plate
langwellige Grenze long-wave limit
Lateralvergrößerung lateral magnification
Laue-Diagramm Laue pattern
laufende Welle running wave
Lebensdauer life time
Leiter conductor
Leitvermögen conductivity, conductance
Leuchtdichte luminance
Leuchttechnik illumination engineering
Licht light
Lichtäquivalent least mechanical equivalent of light
Lichtausbreitung light propagation
lichtelektrisch photoelectric(al)
Lichtfalle light trap
Lichtgeschwindigkeit velocity of light
Lichtmühle Crookes radiometer
Lichtpunkt luminous spot, point
Lichtquant photon, quantum of light
Lichtquelle light source
Lichtstärke luminous intensity
Lichtsteuerung light modulation
Lichtstrom light flux, luminous flux
Lichtweg light path
linear polarisiert linearly polarized
Linienspektrum line spectrum
Linienumkehr line reversal
linksdrehend levorotatory
Linksquarz levorotatory quartz, left-handed quartz
Linse lens
Linsengleichung lens equation
Lochblende pinhole stop, diaphragm

Lochkamera pinhole camera
Lötstelle (e. Thermosäule) junction
Luftspiegelung mirage, fata morgana
Luke field stop, window
Lupe magnifying glass, magnifier

M

Massenveränderlichkeit variability of mass
Materiewelle particle wave
matt matt, dull
Mattscheibe ground glass
Maximum maximum, peak
Mehrfachspiegelung multiple reflection
Meniskus meniscus
meridionale Bildschale tangential image surface
Mikroskop microscope
Milchglas opal glass, opalescent glass, milky glass
Minimum der Ablenkung minimum deviation
Minimum-Strahlkennzeichnung marking by minimum ray
Mischfarbe mixed color
mitbewegtes Koordinatensystem moving coordinate system, coordinate system in motion
Mitführungskoeffizient dragging coefficient
Mittellinie bisectrix
mittlere Dispersion average dispersion
mittlere Strahlungsleistung mean radiative power
monochromatisch monochromatic
Monochromator monochromator

N

Nabelpunkt umbilical point
Nachbild after image
Nahpunkt near point, punctum proximum
natürliches Licht natural light, unpolarized licht
Nebel nebulum (Astron.), fog (Meteorol.)
Nebenmaximum secondary peak
Nebenquantenzahl secondary quantum number = 1 + orbital quantum number
Nebenregenbogen secondary rainbow
Nebensonne mock sun
Neigung (e. Geraden) slope
Neigung, Kurven gleicher ... fringes of equal inclination ...
Netzebene lattice plane
Netzhaut retina
Netzhautgrube central fovea
nicht-selbstleuchtend non-selfluminous

Nomogramm nomograph
Normale normal
normale Dispersion normal dispersion
Normalenfläche normal-velocity surface
Normalengeschwindigkeit normal velocity
Normal-Lichtquelle standard light source
normalsichtig emmetropic, with normal vision
Normalspektrum normal spectrum, grating spectrum
Normalvergrößerung normal magnification
numerische Apertur numerical aperture
Nutzeffekt, optischer optical economy, optical efficiency
Nutzeffekt, energetischer energetic efficiency
Nutzeffekt, visueller visual efficiency

O

Oberfläche surface
Objekt object
Objektiv objective, lens
Objektivvergrößerung magnification of the objective
objektseitig object-side
Objektträger support, mount
Öffnung aperture, opening
Öffnungsfehler longitudinal spherical aberration
Öffnungsverhältnis reciprocal f-number
Öffnungswinkel angle of aperture
Okular eyepiece
Okularvergrößerung magnification of the eyepiece
Opernglas binoculars
Ophthalmometer opthalmometer
Optik optics
optisches Intervall optical interval
optische Weglänge optical path
ordentlicher Strahl ordinary ray
Ordnung order
orthoskopisch orthoscopic
Oszillator oscillator

P

paraxial paraxial
Partialdruck partial pressure
partielle Dispersion partial dispersion
Partikel particle
Perihelbewegung motion of the perihelion
periodisch periodic(al)
Periskop periscope
Phase phase
Phasengeschwindigkeit phase velocity

Phasengitter phase grating, phase lattice
Phasenkontrast phase contrast
Phasenplatte phase plate
Phasenverschiebung phase shift
Phosphoreszenz phosphorescence
Photoelektron photoelectron
Photoelement photovoltaic cell
Photon photon
Photostrom photocurrent
Photowiderstand photoconductive cell, photoresistor
Photozelle photocell
Pigmentfarbe body color
Pleochroismus pleochroism
Polarisation polarization
Polarisationsebene plane of polarisation
Polarisationsfolie sheet polarizer
Polarisationswinkel Brewster's angle, angle of polarization
Polarisator polarizer
Potentialfeld (Elektr.-Optik) lens field
Potentialgebirge potential hill
Prallelektrode dynode
Prisma prism
Projektionsapparat (slide) projector
Protuberanz prominence
pumpen to pump
punktförmiger Strahler point source
Punkthelligkeit point brightness
Pyrometer pyrometer

Q

Quantelung quantization
Quantenäquivalent quantum equivalent
Quantenbedingung quantum condition
Quantenrauschen quantum noise
Quantensprung quantum jump, energy jump, quantum transition
Quantenübergang quantum transition, energy transition
Quantenzahl quantum number
Quantenzustand quantized state, energy level
Quarz quartz
Quarzkeil quartz wedge
Quarzlinsenmethode quartz lens method
Quecksilberdampflampe mercury lamp

R

Racemat, Racemverbindung racemic compound
Randbedingung boundary condition
rauh rough
Raumgitter space lattice
Raumwinkel solid angle

rechtläufig progressive, forward
rechtsdrehend dextrorotatory
Rechtsquarz dextrorotatory quartz, right-handed quartz
reelles Bild real image
reflektiert reflected
Reflexion reflection
Reflexionsgitter reflection grating
Reflexionsvermögen reflectance, reflectivity, reflection factor
Refraktometer refractometer
Refraktor refractor
Regenbogen rainbow
Regenbogenhaut iris
reguläre Reflexion specular reflection
Reizart chromaticity
relative Öffnung relative aperture, reciprocal f-number
Relativitätsprinzip relativity principle
Relaxationszeit relaxation time
Remission remission
Resonanzlinie resonance line
Reststrahlen residual rays
Richtungsfokussierung directional focussing
Ringlinse annular lens
Ritzen (von Gittern) ruling
Röntgenstrahlung X-rays, X-ray radiation
Rotationsdispersion rotatory dispersion
Rotglut red heat
rotierender Sektor (rotating) sector disk
Rotverschiebung red shift
Rückkoppelung feed-back
rückläufig retrograde, backward
Rückstoß recoil
Rückstrahler reflector
ruhendes Koordinatensystem coordinate system in rest
Ruhmasse rest mass

S

Saccharimeter saccharimeter
Sättigung (v. Farben) saturation (subjektiv) colorimetric purity (obj.)
Sättigungsstrom saturation current
sagittale Bildschale sagittal image surface
Sammellinse converging lens
Sattel saddle
Schamotte fire clay
Schatten shadow
scheinbare Größe angular size
Scheitelpunkt vertex
schiefer Einfall oblique incidence
Schirm screen
Schliere streak, schliere
Schnitt section
Schroteffekt shot effect
Schwärze blackness

Schwärzung (e. photogr. Platte) optical density
Schwankung fluctuation
schwarzer Körper black body
schwarzes Kreuz (in Interferenzfiguren) dark cross, brushes
schwarze Strahlung black-body radiation
schwarze Temperatur radiation temperature
Schwebung beat
Schwingungsdauer period of vibration
Schwingungsebene plane of vibration
Schwingungsform mode, vibration pattern
Schwingungsfrequenz, Schwingungszahl frequency
Sehachse axis of vision, visual axis
Sehen vision
sehen to see
Sehnenhaut sclerotic membrane, sclera
Sehschärfe visual acuity
Sehweite visual range
Sehwinkel visual angle, angle of vision
selbstleuchtend (self-)luminous
Selbstleuchter luminous source, primary source
selektiv selective
Seriengrenze series limit
Serienspektrum series spectrum
Sextant sextant
sichtbar visible
Sinnesempfindung sensation
Sinusbedingung sine condition
Sonnenbatterie solar battery
Spalt slit
Spaltbreite slit width
Spannungsdoppelbrechung, Spannungsoptik photoelasticity
Spektralanalyse spectrochemical analysis, spectral analysis
Spektralbereich spectral region, spectral range
Spektralfarbe spectral color
Spektrallinie spectral line
Spektralserie spectral series
Spektrometer spectrometer
Spektrum spectrum
Spiegel mirror
Spiegellinse thick mirror
spiegelnde Reflexion specular reflexion
Spiegelteleskop reflecting telescope, reflector
Spiralnebel spiral nebulum
Spitzenzähler point counter, Geiger counter
spontan spontaneous
Spule coil
Stablinse rod-shaped lens

Stäbchensehen rod vision, scotopic vision
Standardspektrum comparison spectrum
stationär stationary
statisch static
stehende Welle standing wave
Steinsalz rock salt, sodium chloride
Stern star
Stern- stellar
stimuliert stimulated
Störung perturbation
Stoß 1. Art collision of first kind
Stoßverbreiterung collision broadening
Strahl ray
Strahlenbegrenzung limitation of beam
Strahlenbündel beam (of rays)
Strahlenbüschel (ray) pencil
Strahlenfläche wave surface, ray-velocity surface
Strahlengang course of principal rays
Strahlengeschwindigkeit ray velocity
Strahlentemperatur radiation temperature
Strahlenverlauf course of rays
Strahler radiator, source (of radiation)
Strahlung radiation
Strahlungsdichte radiation density
Strahlungsdruck radiation pressure
Strahlungsfeld radiation field
Strahlungsgleichgewicht radiation equilibrium
Strahlungskonstante radiation constant
Strahlungsleistung radiant power, radiant flux
Strahlungsquelle radiation source
Strahlungsstärke intensity
Strahlungsverstärkung radiation amplification
Strahlversetzung beam shift
streifender Einfall grazing incidence
Streuung scattering
Streuwinkel scattering angle
Stufengitter echelon grating
Sucher view finder
Sylvin sylvite, potassium chloride
Szintillation scintillation

T

Tagessehen day-light vision, cone vision, photopic vision
Tangensbedingung tangent condition
Taschenspektroskop pocket spectroscope
Teilchen particle
Teilmaschine ruling machine

Teleobjektiv telelens, telephoto lens
teleskopisches System telescopic system
Temperaturstrahlung temperature radiation
Term term
terrestrisch terrestrial
Thermosäule thermopile
Tiefenschärfe depth of focus
Tiefenvergrößerung longitudinal magnification
tonnenförmige Verzeichnung barrel distortion
Totalreflexion total reflection
Trennungs-Maser segregating maser
Tubus tube
Tubuslänge, optische optical tube length

U

Überbesetzung excess population
Übergangswahrscheinlichkeit transition probability
Überlagerung, ungestörte undisturbed superposition
Übermikroskop super microscope, electron microscope
Uhrglas watch glass
Ulbrichtsche Kugel integrating sphere
ultrarot infrared
Ultraschall ultrasound
ultraviolett ultraviolet
Umkehr (v. Spektrallinien) line reversal
Umkehrbarkeit reversibility
Umkehrprisma inverting prism
Umlaufbahn orbit
unbezogene Farbe unrelated color
unbunte Farbe achromatic color

undurchlässig, undurchsichtig opaque
Unbestimmtheitsbeziehung indeterminacy relation
ungeradzahliges Vielfache odd multiple
Ungenauigkeitsbeziehung inaccuracy relation
ungerichtet undirected
ungesättigte Farbe non-saturated color
unverschobene Linie primary line, zero line, non-shifted line

V

Verfinsterung eclipse
Vergleichsspektrum comparison spectrum
Vergrößerung magnification
vergütet coated
Vergütung (non-reflecting) coating
Verschiebungsgesetz displacement law
Versetzung dislocation
Verteilung distribution
Verzeichnung distortion
Vielstrahlinterferenz multiple-beam interference
Vignettierung vignetting
virtuelles Bild virtual image

W

Wärmestrahlung thermal radiation
Wechselwirkung interaction
Weitwinkel-Objektiv wide-angle lens
Weißanteil whiteness, white content
weitsichtig far-sighted, hypermetropic
Welle wave
Wellenfläche wave surface
Wellengruppe wave group, group of waves

Wellenlänge wavelength
Wellenmechanik wave mechanics, quantum mechanics
Wellennormale (wave) normal
Wellenzahl wave number
Weltlinie world line
Wendel spiral, coil, coiled filament
wiederhergestellte Polarisation restored polarization
Winkelspiegel angled mirror, optical square (bei 90° Ablenkung)
Winkelvergrößerung angular magnification
Wirkungsquantum quantum of action
Wölbspiegel convex mirror

Z

Zählrohr Geiger-Müller counter, tube counter
Zapfen cone
Zapfensehen, Zäpfchensehen cone vision
Zeitdehnung, Zeitdilatation time dilatation
Zentralbild central image
Zentralspiegel triple mirror
Zerdrehung rotational distortion, anisotropic distortion
Zerlegung, spektrale color separation, spectral separation, dispersion
Zerstreuungskreis circle of confusion
Zerstreuungslinse diverging lens
Ziliarmuskel ciliary muscle
zirkular polarisiert circularly polarized
zweiachsig biaxial
Zweistrahlinterferenz two-beam interference
Zwischenbild intermediate image

Namenverzeichnis

A

Abbe, E. 28, 40, 46, 82, 99, 151, 173, 178, 218, 239, 282, 305ff.
Abbot, Chr. G. 456
Adams, E. F. 570
Airy, G. B. 99, 253, 408, 424f.
Amici, G. B. 43, 86, 175
Anderson, W. C. 159
Arago, D. F. 159, 381, 397, 425
Arkadiew, W. 271f.
Aschkinaß, E. 464
Auer v. Welsbach, C. 465

B

Babinet, J. 279, 389
Back, E. 412
Baeyer, O. v. 179
Balmer, J. 507
Barnes, R. B. 517
Barkla, C. G. 494, 499
Bartholinus, E. 351
Bauer, G. 250
Bauernfeind, K. M. v. 42
Beams, J. W. 478
Beck, A. 12
Becquerel, E. 267
Beer, A. 185
Bell, R. E. 501
Benedict, E. 467
Bergmann, L. 303, 344
Bergstrand, E. 159
Bessel, F. W. 81
Bevan, P. V. 194f.
Biberman, L. 537
Billet, M. F. 239
Biot, J. B. 399
Biquard, P. 294
Bishop, S. 422
Blondlot, R. 160
Bohr, N. 500
Bol, K. 161
Boltzmann, L. 451
Born, M. 474
Bothe, W. 501, 517
Boys, C. V. 180, 247
Bradley, J. 157, 542, 543
Bragg, W. H., und W. L. 300f.
Braunbek, W. 322
Brewster, D. 11, 262, 328, 375, 378
Brillouin, L. 166
Brodhun, E. 144
Broglie, L. de 165, 523f.
Browning, J. 217, 219
Brüche, E. 530, 532

Bruns, H. 130
Bucherer, A. H. 562
Bunsen, R. 142, 215, 217, 219
Busch, H. 527

C

Cassegrain, G. 121
Cauchy, A. 189
Chaulnes, Duc de 35
Christiansen, Ch. 190f., 225
Colladon, J. D. 33
Compton, A. H. 292, 494f., 498ff., 501
Conrad, F. 470
Cornu, A. 406, 412, 423
Cotton, A. 397
Cranshaw, T. E. 570
Crookes, W. 180
Czerny, M. 180, 460, 517

D

Davisson, C. I. 522, 525
Debye, P. 207, 294, 302, 474, 494, 499
Delaborne, J. L. 43
Descartes, R. 424
Descoudres, Th. 159
Doan, C. L. 292
Dollond, J. 176
Dorsey, N. E. 160
Doubt, Th. E. 161
Drude, P. 206, 213, 266, 349
Duane, W. 485f.
Duboscq, J. 125
Dunoyer, L. 492

E

Eckhard, W. 179
Ehrenfest, P. 163
Einstein, A. 473, 480ff., 499, 513, 516, 540, 549f., 554, 559, 567f., 571f.
Elster, J. 478
Epstein, P. 416
Essen, L. 161
Euler, L. 85, 178

F

Fabry, A. 160, 259
Faraday, M. 409, 413f.
Fermat, P. 126
Fitzgerald, G. 548
Fizeau, H. 158, 257, 542f.
Fleischmann, R. 349
Foucault, L. 159ff., 165

Fourier, D. B. 226, 237
Fowle, F. E. 456
Fragstein, C. v. 225, 347
Franck, J. 511
Fraunhofer, J. v. 169f., 283, 285, 290
Fresnel, A. 2, 83, 188, 234, 237f., 272, 324, 334, 344, 372, 381, 405, 542f.
Freundlich, E. 571
Friedman, A. 572
Friedrich, W. 299
Frisch, A. v. 425
Frisch, R. O. 492
Froome, K. D. 161

G

Galilei, G. 114, 156, 161
Gauß, C. F. 50, 58, 60
Gehrcke, E. 261f.
Geiger, H. 500f.
Geitel, H. 478
Genzel, L. 179
Germer, L. H. 522, 525
Gibson, G. E. 449
Glan, P. 376
Glazebrook, R. T. 364
Goethe, J. W. v. 150, 429
Golay, J. E. 180
Goos, F. 347f.
Gordon-Smith, A. C. 161
Goulier, C. M. 43
Grassmann, H. 428
Gregory, J. 121
Grimaldi, F. 270
Gross, G. 347
Gullstrand, A. 52, 102, 104
Guye, C.-E. 562

H

Hadley, J. 12
Hänchen, H. H. 347f.
Hagen, E. 215
Haidinger, W. 378
Hall, E. 346
Hallwachs, W. 475
Hamilton, W. R. 130
Harress, F. 562
Harrison, G. R. 291
Hastings, Ch. S. 364
Hefner v. Alteneck, F. 139.
Heine, H. 314
Heisenberg, W. 165, 535
Helmholtz, H. v. 22, 34, 60, 88, 103, 104, 116, 151f., 281, 305, 414, 426f., 432f.

Hering, E. 103
Herschel, F. W. 121, 179
Hertz, G. 511
Hertz, H. 474
Hoff, J. H. van't 408
Hofstadter, R. 501
Holborn, L. 472
Hooke, R. 246
Hubble, E. 223, 572
Hüttel, A. 159
Huggins, W. 223
Humason, M. 572
Hunt, F. L. 485f.
Huygens, Ch. 2, 324, 356, 366, 372

I
Ives, H. E. 149, 557

J
Jamin, J. C. 263
Jeans, J. H. 457
Joos, G. 547

K
Karmàn, Th. v. 474
Karolus, A. 159
Karrer, E. 470
Kepler, J. 29, 117, 120
Kerr, J. 396, 414
Ketteler, E. 212
Kirchhoff, G. 215, 217, 219, 221f., 443ff.
Klüber, H. v. 571
Knipping, P. 299
Köhler, A. 310
Kofink, W. 460
Kohlrausch, F., und W. 364
Kopfermann, H. 517
Kossel, W. 321
Kramers, H. A. 500, 517
Krause, H. 261
Krebs, K. 261
Kries, J. v. 103
Kundt, A. 191f., 194, 395, 414
Kurlbaum, F. 448, 457, 459, 472

L
Lachambre 126
Ladenburg, R. 446, 517
Lagrange, J. L. de 57
Lamb, W. E. 502
Lambert, I. H. 133, 185
Landsberg, G. 503
Langley, S. P. 179
Lau, E. 261
Laue, M. v. 299, 494
Lavanchy, Ch. 562
Lawrence, E. O. 478
Le Bel, J. A. 408
Leiss, C. 365
Lemaitre, G. 572
Lenard, Ph. 411, 475, 479
Le Roux, F. P. 190
Leslie, J. 442

Leverrier, J. J. 572
Levi ben Gerson 4
Lindman, K. F. 409
Lipperhey, H. 114
Lippich, F. 404
Lippmann, G. 266
Listing, J. B. 102
Lloyd, H. 239
Lorentz, H. A. 409, 543, 548, 550
Lo Surdo, A. 416
Lucas, R. 294
Lummer, O. 103, 144, 241, 261, 448, 452, 455ff., 459, 463
Lyman, Th. 184, 507

M
Mach, E. 264
Mac Lean, G. V. 160
Malus, E. L. 130, 324, 331
Mandelstam, L. 503
Mangin, A. 83
Marbach, H. 399
Martens, F. F. 379
Martin, K. 125
Mascart, C. 425
Maxwell, C. 168, 426, 542
McIntyre, J. A. 501
Melloni, M. 442
Menter, J. W. 534
Michel, G. 460
Michelson, A. 160f., 165, 248f., 293, 542, 545
Miller, W. H. 425
Millikan, R. A. 184, 481
Minkowski, H. 566
Mitscherlich, E. 403
Mittelstädt, O. 159
Möbius, W. 425
Mößbauer, R. 502, 570
Monge, G. 354
Morley, E. W. 547
Mouton, H. 397
Müller, J. 235

N
Neider, R. 533f.
Nernst, W. 266
Neumann, G. 562
Newcomb, S. 572
Newton, I. 12, 17, 121, 166, 168f., 178, 246, 346, 428, 431
Nichols, E. F. 179
Nicol, W. 375
Nörremberg, I. E. C. 326

O
Otting, G. 557

P
Paschen, F. 412, 446, 463, 507
Pasteur, L. 408

Pernter, J. M. 425
Perot, Ch. 160, 259
Perrotin, J. A. 158
Petzval, J. 123
Pflüger, A. 191, 446
Pfund, A. 35f., 203
Planck, M. 457, 459f., 462, 515
Pohl, R. W. 242
Poincaré, H. 550
Porro, J. 43, 120, 125
Porter, A. B. 308
Prigge, W. 396
Pringsheim, E. 448, 452, 455ff., 459, 463
Pulfrich, C. 45
Purkinje, J. E. 150

Q
Quincke, G. 346

R
Raman, C. V. 502
Ramsay, W. 222
Rayleigh, J. W., Lord 163f., 222, 283, 323, 457
Renard, R. H. 348
Reusch, E. 407
Ritchie, W. 142
Ritter, J. W. 181, 183
Ritz, W. 508
Rochon, A. M. de 379
Römer, O. 156
Rood, N. 147
Rosa, E. B. 160
Rowland, H. A. 289
Rubens, H. 179f., 205f., 215, 457, 459f., 465
Runge, C. 412
Rutherford, E. 509
Rutherford, L. M. 217, 291
Rydberg, R. 507

S
Sagnac, G. 562
Saunders, A. 160
Schaefer, Cl. 205, 303, 347, 365, 377, 562
Scheele, C. W. 183
Scherrer, P. 302
Scherzer, O. 530, 532
Schiffer, J. P. 570
Schmidt, B. 122
Schott, G. A. 173
Schrödinger, E. 165, 432
Schumann, V. 184
Schwarzschild, K. 416
Sears, F. W. 294
Seeliger, H. v. 572
Sénarmont, H. de 379
Senftleben, H. 467
Shea, D. 211f.
Siedentopf, H. 311
Siegbahn, M. 184
Simon, A. W. 501
Slater, J. C. 500

Smakula, A. 250
Smekal, A. 502
Snellius, W. 26
Soleil, N. 389, 403
Sommerfeld, A. 166, 562
Stark, J. 224, 415ff., 560f.
Stefan, J. 451
Steinheil, H. A. 95
Steubing, W. 417
Stokes, G. G. 182, 364
Straubel, R. 84
Studnitz, G. v. 433
Suhrmann, R. 488f.

T

Talbot, W. H. F. 145
Tear, J. D. 179
Thompson, S. P. 376
Thomson, J. J. 160, 411, 480
Toepler, A. 317
Tolansky, S. 255
Tomaschek, R. 548

Townes, C. H. 518
Trowbridge, J. 160
Trumpler, R. J. 571
Turner, A. F. 180
Tyndall, J. 25, 323

U

Ulbricht, R. 145

V

Verdet, M. E. 234, 413
Voigt, W. 413, 415

W

Wadsworth, F. L. O. 181
Warburg, E. 452
Wawilow, S. 517
Weber, H. F. 103
Weber, J. 518
Weierstrass, K. 47
Weigert, F. 225

Wiedemann, G. 413
Wien, W. 454, 459, 560
Wiener, O. 265f.
Wilsey, R. B. 211
Wilson, C. T. R. 501
Winkelmann, A. 239
Wollaston, W. H. 169, 378
Wolter, H. 316
Wood, R. W. 191, 194f., 206, 292

Y

Young, Th. 2, 234, 247f., 286, 324, 350, 424, 433

Z

Zeeman, P. 409, 543
Zehnder, L. 264
Zenker, W. 267
Zernike, F. 312, 314
Zsigmondy, R. 311

Sachverzeichnis

A

Abbesche Theorie des Mikroskops 305ff., 534
Abbesche Zahl 172
Abbildung, aberrationsfreie 86, 151
—, ausgedehnter Objekte 53ff.
—, Gaußsche 50, 78, 528
—, elektronenoptische 528
— durch Hohlspiegel 16ff.
—, durch Linsen 66ff.
—, kollineare 88
—, rechtläufige 50
—, rückläufige 24
Abbildungsfehler 14, 22, 84ff.
—, elektronenoptische 531
Abbildungsgleichung 16f., 20, 23, 51, 62, 75, 528
Abbildungsmaßstab 5, 19
Abendrot 323
Aberration, astronomische 157, 163, 543, 556, 558
—, chromatische 176
—, sphärische 14, 21, 84ff.
aberrationsfreie Punkte 48, 87
Ablenkung des Lichts im Schwerefeld 571
Abschattierung 99
Absorption 184ff.
—, schwache 187, 196ff.
—, starke 187, 208ff.
Absorptionsgesetze 185, 199
Absorptionsindex 186, 199, 440
Absorptionskoeffizient 199
Absorptionskonstante 185ff., 199
Absorptionslinien 187
Absorptionsspektrum 216ff.
Absorptionsvermögen 143, 187, 439
Abweichungskreis 85
Achromat 177
Achse, optische, von Kristallen 352, 374
— eines optischen Systems 49
Adaption des Auges 106, 148
Additionsfarbe 395
Additionstheorem d. Geschwindigkeiten 553ff., 567
additive Farbmischung 168, 426ff.
Additivität von Intensitäten 228
Aderhaut 101
Ähnlichkeit, Einstellung auf größte 146

Äquipartitionstheorem 458, 460, 473
Äquivalent, mechanisches, des Lichts 149
Äquivalenzprinzip, Einsteinsches 568
Äther 2, 324, 540
Ätherwind 542, 547
Airysche Spiralen 408
Akkomodationsvermögen 104
Aktivität, optische 398ff., 407
akzidentelle Doppelbrechung 351, 394ff.
Alterssichtigkeit 104
Amplitudengitter 293, 311
Analysator 326, 392
Anastigmat 94
angulare Vergrößerung 56, 59, 63
anisotrop 351
anti-Stokessche Linien 486, 505, 512
Apertur, numerische 28, 111, 152, 306
Aperturblende 96
aplanatische Fläche 129
— Punkte 88
Apochromat 178
Apostilb 141
Astigmatismus 90, 105
astronomisches Fernrohr 117ff.
asymmetrisches Kohlenstoffatom 409
Auerstrumpf 465ff.
Aufenthaltswahrscheinlichkeit 538f.
Auflösungsvermögen, optisches 279ff.
— — e. Mikroskops 281, 307, 310
Auflösungsvermögen, elektronenoptisches 533, 536
—, spektrales 259, 282, 290f.
Auge 100ff., 138, 280
Augenpunkt 99
Augenspiegel 22
Ausbreitung, geradlinige 2
ausgezeichneter Lichtweg 126ff.
außerordentlicher Strahl 353ff.
Austrittsarbeit 480ff.
Austrittspotential 493
Austrittspupille 96
axiale Vergrößerung 56

B

Babinetsches Theorem 278, 296, 318, 320
Babinetscher Kompensator 345
Balmer-Formel 507
Bandenspektren 216
Beersche Formel 189
Beleuchtungsstärke 135, 141
—, Steigerung durch optische Instrumente 154, 521
Bestrahlungsstärke 132
Beugung 7, 269ff.
— am Doppelspalt 285ff.
— am Gitter 283ff.
— am Kreuzgitter 296ff.
— an Molekülen 322ff.
— an Nebeltröpfchen 320
— an Öffnung 276ff.
— am Raumgitter 298ff.
— am Spalt 273ff., 537
— an Ultraschallwellen 294, 303
— an unregelmäßig verteilten Öffnungen 318ff.
— von Röntgenstrahlen 292, 299ff.
Beugungsgitter 283ff., 291
Beugungsscheibchen 138, 278
bezogene Farbe 430
Bild, primäres 306
—, reelles 9, 20, 75
—, sekundäres 306
—, virtuelles 9, 19, 23, 75
Bildebene 16, 93
Bildentstehung im Mikroskop 305ff.
Bildraum 78
Bildschale 93
Bildverstärker 532
Bildwandler 532
Bildweite 16, 49
Bildwinkel 100
Bildwölbung 22, 92ff.
Bildzerdrehung 531
Binormale 374, 393
Biolumineszenz 438
Biot-Savartsches Gesetz 196, 410
Biprisma 238
Biradiale 372
blanker Körper 440
Blenden 96ff.
blinder Fleck 101
Bogenlinien 219
Bolometer 135
Boltzmannsche Verteilung 512

Braggsche Bedingung 302, 524, 534
Brechkraft 52, 68
Brechung an ebenen Flächen 24ff.
— an Kugelflächen 47ff.
— am Prisma 36ff.
Brechungsgesetz 26ff., 162, 353ff.
Brechungsindex 26ff.
—, Bestimmung in Kristallen 363
— von Materiewellen 525
—, Zahlenwerte 27, 170, 211, 364, 375
Bremsstrahlung 302, 484, 498
Brennebene 16
Brennpunkt 14, 23, 50, 54
Brennweite 14, 18, 51, 58
— e. elektr. Einzellinse 529
— e. zentrierten Systems 65
Brennweitenbestimmung 80ff.
Brewstersches Gesetz 329, 335
Brewstersche Interferenzstreifen 260
Brille 105
Brockengespenst 423

C

Candela 140, 472
Cassinisches Oval 392
charakteristische Funktion 130
Chemilumineszenz 438
Chladnische Klangfiguren 395
Christiansenfilter 225
chromatische Aberration 176
Chromatizität 431
Compton-Effekt 494ff., 536
Compton-Wellenlänge 496
Cornu-Prisma 406
Cosinusgesetz von Lambert 133ff., 439

D

Dämmerungssehen 148, 426
Debye-Scherrer-Methode 302, 522f.
Defektelektronenleitung 491
depolarisierte Strahlung 340
Depression des Horizonts 420
Diagonalstellung 383
Diakaustik 53, 85
Diapositiv 125
Dichroismus 377
Dielektrizitätskonstante 202, 213
Diffraktionsplatte 307
diffuse Reflexion 7, 439
Dingebene 16
Diopter 12
Dioptrie 16
Dipol 207, 330
Dipolmoment 510
dispansives System 62, 66, 70, 110

Dispersion, anomale 191ff., 203
—, Maß der 170, 172ff.
—, negative 517
—, normale 166ff., 190, 506
— von Metallen 208ff.
Dispersionsformel nach Cauchy 189, 201
— nach Ketteler-Helmholtz 202, 206
Dispersionsgebiet 260
Dispersionskurven 171, 189, 192, 194, 203
Distorsion 94
Divergenz 57
Doppelbrechung 351ff.
—, akzidentelle 394ff.
—, elektrische 396
—, magnetische 397
—, zirkulare 406
Doppelplatte, Soleilsche 403
Doppelspat 285ff., 350
Doppelsterne 224
Dopplereffekt 222f., 226, 269, 295
—, quadratischer 557
Dopplersches Prinzip 556f.
Dopplerverbreiterung 513
Drehkristallverfahren 302
Drehung der Schwingungsebene 397ff.
— — —, magnetische 413
— — — bei Reflexion 337
— — —, spezifische 398
Drudesche Gleichungen 214, 464
Dualismus 2, 300, 494, 502, 526, 534ff.
dünne Linse 79ff.
Dulong-Petitsches Gesetz 460, 473
Dunkeladaption 106, 148
Dunkelfeldkondensator 311
Duplex-Interferometer 261
Durchlässigkeit 143, 336
Durchlässigkeitskoeffizient 334
durchscheinend 3
durchsichtig 3
Dynode 490

E

Echelette-Gitter 292
effektive Temperatur 518
Eichfarben 432, 435
Eigenschwingungen 197, 202ff., 377, 410, 457, 504
Eigenwert 539
Eikonal 130
einachsige Kristalle 356, 364
Einfallsebene 26
Einfallslot 8, 26
Einfallswinkel 26
Einsteinsches Prinzip 551
Eintrittspupille 96, 99
Einzellinse, elektrische 529
Elastogramm 303f.

elektrische Linsen 527
elektrische Wellen 160, 214, 229
Elektrolumineszenz 438
elektromagnetische Theorie des Lichts 1f., 196ff., 213ff.
Elektronen 475ff., 493
Elektronenaffinität 482
Elektronenbeugung 521ff.
Elektronenlinsen 527
Elektronenmikroskop 310, 532
Elektronenoptik 525ff.
Elektronenvolt 478
Elektronenwelle 523
Elementarwellen 272, 301, 425
elliptische Polarisation 341, 349, 388ff.
Emissionsbedingung für Maser 518
Emissionsspektren 215ff.
Emissionsvermögen 439
empfindliche Farbe 387
Empfindlichkeit des Auges 106, 147ff.
—, lichtelektrische 487
enantiomorph 407
Energie-Masse-Beziehung 491, 564ff.
Energiequanten 460ff., 480ff., 509
Energiestrom 131
Energieverteilung der Strahlung 457ff.
Episkop 126
Erhaltung von Masse und Energie 565
Erhaltungssätze, Gültigkeit der 499, 501, 506
erzwungene Schwingungen 514
Expansion des Weltalls 223, 572

F

Fabry-Perot-Interferometer 259ff., 293
Faraday-Effekt = Magnetorotation
Farbe, empfindliche 387
Farben dünner Plättchen 239, 246
Farbenblindheit 433
Farbendreieck 431
Farbenempfindlichkeit des Auges 149
Farbenkreisel 168, 426
Farbenmetrik 433, 436
Farbenreproduktion 436
Farbkegel 430ff.
Farbkoeffizienten 431, 433
Farbkoordinaten 428
Farbmessungen 426ff.
Farbmischung 426ff.
Farbnamen 436
Farbphotographie 267
Farbraum 428
Farbton 430, 432
Faser-Optik 33

Fata morgana 421
fehlsichtig 105
Fermatscher Satz 126ff.
Fernrohr 114ff., 153, 279f.
Filter 225, 256ff., 470
Fixstern 3
Fixsternhimmel als Fundamentalsystem 540f.
Flächenhelligkeit 136, 471
Flächenstrahler 133, 135, 151
Flimmerphotometer 147
Fluchtgeschwindigkeit v. Spiralnebeln 223, 572
Fluoreszenz 182, 302, 438, 498, 506, 511f.
Fokometer 82
Fortpflanzungsgeschwindigkeit d. Lichts 156ff.
Fraunhofersche Beugung 270ff.
Fraunhofersche Linien 170ff., 187, 221, 289, 398, 445
freie Schwingungen 514
Freiheitsgrad 458
Frequenzbedingung von Bohr 508, 515
Fresnelsche Beugung 270ff., 279, 321
Fresnelsche Formeln 188, 334ff., 341, 348
Fresnels Parallelepiped 344
Fresnelscher Spiegelversuch 234ff.
Frontgeschwindigkeit 165
Funkenlinien 219

G

Galilei-Transformation 550
Gamma-Strahlen 499
Gamma-Strahl-Mikroskop 535ff.
Gangunterschied 233, 240, 247, 263, 381, 385
Gaußsche Abbildung 50, 78, 528
Gegenstandsraum 78
Gegenstandsweite 16, 49
Geiger-Zähler 500
gelber Fleck 101
geometrische Optik 1ff., 277
geradlinige Ausbreitung 4
Geradsichtprisma 175
Geschwindigkeitsaddition, relativistische 553ff., 567
Geschwindigkeitsfokussierung 532
Gesichtsfeldblende 99
Gesichtsfeldwinkel 99, 117
Gespenstersehen 103
Gitter 283ff., 288, 293ff., 311ff.
Gitterkonstante 255, 284, 300
Gitterspektren 290
Glan-Thompson-Prisma 376
Glanzwinkel 301, 485
Glasplattenpolarisator 330

Gleichgewicht, bewegliches 441
Gleichverteilung = Äquipartition
Gleichzeitigkeit 551
Glorie 423
Golay-Zelle 180
Grassmannsche Gesetze 428f.
Grau 168
Grauer Strahler 463, 468
Grauglut 103
Gravitationseffekte 568ff.
Grenzgesetze der Strahlung 459f.
Grenzkurven der Totalreflexion 365
Grenzwinkel, physiologischer 104, 280
— der Totalreflexion 29ff., 46
grüner Strahl 420
Grundfarben 428ff., 433ff.
Grundzustand 511
Gruppengeschwindigkeit 163ff. 525
Gummilinse 125

H

Hagen-Rubenssche Beziehung 215
Halblinsen 239, 381
Halbschatten 6
Halbschattenpolarimeter 404
Halbwertsbreite 201, 203, 208, 226, 513, 519, 538, 570
Halo 422
Haltepotential 475, 481
Hauptabsorptionsindex 211
Hauptachsen, kristallogr. 352
Hauptazimut 349
Hauptbrechungsindex v. Kristallen 356, 372
— v. Metallen 211
Hauptebene 60ff., 68f., 77
Haupteinfallswinkel 349
Hauptmaxima von Interferenzen 253ff., 286
Hauptpunkt 60ff., 68f., 77
Hauptschnitt von Strahlen in Kristallen 352ff., 369
— e. Prismas 36
— von Strahlenbündeln 90
Hauptstrahlen 97
Hefnerkerze 139, 467
Heiligenschein 423
Helligkeit 122f., 147, 150ff.
— von Farben 426, 430
Helligkeitsempfindlichkeit 147f., 435, 469
Helligkeitsempfindung 135
Hertzscher Dipol 511
— Oszillator 326, 409
heterochromatische Photometrie 146
Himmelsblau 323ff., 503

Höfe um Sonne oder Mond 320, 422
Hohlraumstrahlung 140, 446ff., 457ff.
Hohlspiegel 13, 16ff., 75
holländisches Fernrohr 114ff.
homogene Strahlung 167, 226
homozentrisch 16, 50, 59
Hornhaut 100
Hubblesche Konstante 223, 572
Huygenssches Prinzip 161, 273, 356ff.
hyperbolischer Spiegel 24
Hyperfeinstruktur 260

I

Immersion 32, 111, 152
inaktive Schwingung 203
Indexfläche 362, 366
induzierte Emission 515, 517ff.
Inertialsystem 540, 546
Infrarot = Ultrarot
inkohärent 229, 516
integrierendes Photometer 145
Intensität 131, 135, 227
Interferenz 226ff.
— am Keil 243ff., 254
— von Materiewellen 523
— in optisch aktiven Kristallen 407ff.
— in Platten 262ff.
— von polarisiertem Licht 234, 380ff.
— in dünnen Schichten 239ff.
Interferenzfarben 239, 246, 381ff., 385
— (Tabelle) 387
Interferenzfiguren von Kristallen 392f.
Interferenzfilter 256f.
Interferenzkurven gleicher Dicke 244ff.
— — Neigung 241ff.
Interferenzmikroskopie 249
Interferenzspektroskopie 257ff.
Interferenzstreifen 228ff., 237, 245, 253, 386
Interferenzversuche von Billet 238
— — Fresnel 234ff.
— — Lloyd 238
— — Newton 246
— — Pohl 242
— — Young 286
Interferometer v. Fabry-Perot 259ff., 520
— — Jamin 264
— — Mach-Zehnder 264
— — Michelson 248, 546
Intervall, optisches 64ff.
Invariante, optische 28, 57
inverser Photoeffekt 484
— Zeemaneffekt 413

Ionisierungsenergie 512
Iris (Blende) 96, 123
Iris (Auge) 100
Isophote 245
Isopotentialen 485
Isothermen 455, 463
Isotropie der Lichtausbreitung 542f., 549

K

Kaleidoskop 11
Kalkspat 304, 352ff., 356, 364
Kamera, photographische 123ff.
Kanalstrahlen 224, 415
Karbonate 204f., 377
Katakaustik 14f.
Kathodenstrahlen 476, 486
Kathodolumineszenz 438, 468
Katzenauge 84
kaustische Fläche 53
„Kayser" (Wellenzahleneinheit) 199
Kernschatten 6
Kerreffekt 396, 414
Kerrzelle 295, 397
Kimmung 420
Kirchhoffsches Strahlungsgesetz 222, 443ff., 454
kissenförmige Verzeichnung 94f.
Knotenebene 60ff.
Knotenpunkt 63, 77
Koeffizienten, trichromatische 431
Kohärenz 229, 520
Kohärenzbedingung 234, 273, 287, 290
Kohärenzlänge 230ff., 243, 293
Koinzidenzen 500f.
kollektives System 62, 66, 70
Kollektivlinse 112
Kollimator 40, 217
kollineare Abbildung 88
Koma 89
Kombinationsprinzip 508
Kompensatoren 345, 389, 403
Komplementärfarben 168, 246, 428
komplexer Brechungsindex 197, 209, 213
Kondensor für Dunkelfeld 311
— — Mikroskop 113
— — Phasenkontrast 314
— — Projektion 125
konische Refraktion 374
konjugierte Punkte 48f.
Konkavgitter 291
Konkavspiegel = Hohlspiegel
konstante Ablenkung 180, 218
Konstanz der Lichtgeschwindigkeit 551
Kontaktpotential 476

kontinuierliche Spektren 215
Konvergenz 16, 52
Konvergenzverhältnis 56, 63
Konvexspiegel = Wölbspiegel
Koordinatensystem, mitbewegtes 546f.
—, rotierendes 562
Korpuskulartheorie des Lichts 2, 161, 165, 480
Korrespondenzprinzip 511
Kraftkonstante 200
Kreis der kleinsten Konfusion 90
Kreuzgitter 295ff.
Kristallbaufehler 534
Kristalllinse 100
Kristallpulververfahren 302
Kristallrefraktometer 46, 363, 365
Krümmung der Bildebene 92
Krümmung von Strahlen durch Brechung 419f.
— — — — Schwerefelder 571
Kundtscher Satz 192, 194
Kurven gleicher Dicke 244ff.
— — Neigung 241f.
Kurzsichtigkeit 105
kurzwellige Grenze des Bremsspektrums 484

L

Längenstandard 249
Längsaberration 84
Lagrange-Helmholtzsche Gleichungen 60, 88
Lambda-Viertel-Plättchen 385
Lambertsches Absorptionsgesetz 185, 199
— Cosinusgesetz 133ff.
Lambert-Beersches Gesetz 185
langwellige Grenze des lichtelektrischen Effekts 479, 481ff.
Laser 230, 269, 280, 518ff.
Lateralaberration 85
Lateralvergrößerung 19, 54, 59
Lauediagramm 299ff., 522
Lebensdauer von Mesonen 558
— — Quantenzuständen 513, 538
Leitvermögen 213
Leuchtdichte 136, 153
Leuchtfläche, äquivalente 154
Leuchtkraft 136
Licht 1ff.
Lichtäquivalent 149
lichtelektrischer Effekt, äußerer 183, 475, 487f.
— —, innerer 490
— —, inverser 484
— —, normaler 488
— —, selektiver 488
lichtelektrische Empfindlichkeit 487

Lichtfalle 414
Lichtgeschwindigkeit 156ff.
—, Konstanz der 551
Lichtmühle 180
Lichtpunkt 4
Lichtquant = Photon
Lichtquellen 3, 184, 219
Lichtstärke 135, 139ff.,
— eines Objektivs 124
Lichtsteuerung 348, 397
Lichtstrom 135
lichttechnische Daten 141
Lichttelephonie 348
Lichtvektor 266
Linienspektren 216ff., 507
Linienumkehr 222, 446, 448
Linsen 66ff.
—, achromatische 176
—, dünne 79ff.
—, elektrische 490, 527
—, magnetische 530
— mit Nullkrümmung 73
Lloydscher Spiegelversuch 239
Lochkamera 4
Lokalisierung von Interferenzen 245f.
Lorentzkontraktion 548, 552
Lorentztransformation 549f., 559f.
Loschmidtsche Zahl 323
Luftlinse 83
Luftspiegelung 33, 421
Luke 100
Lumen 141
Lumineszenz 222, 438, 449
Lummer-Brodhun-Würfel 144
Lummer-Gehrcke-Platte 262, 293
Lupe 98, 107
Lux 141
Lyman-Serie 507

M

magnetische Linse 530ff.
megnetooptischer Kerreffekt 414
Megnetorotation 413
Malussches Gesetz 331f., 377, 383
Malusscher Satz 130
Mangin-Spiegel 83
Maser 518ff.
Masse als Energie 491, 564ff.
—, schwere und träge 568
Massendefekt 565f.
Massenveränderlichkeit, relativistische 491, 562
Materiewellen 165, 523
Maxwellsche Beziehung 332
— Gleichungen 213, 542, 559f.
— Theorie = elektromagnet. Theorie

mechanisches Äquivalent des Lichts 149
Mehrfachspiegel 10, 44
Meniskus 66
Meridionalebene 90
Mesonen-Lebensdauer 558
Metalle 187
—, optische Konstanten 208 ff., 348 ff.
—, Strahlung der 463 ff.
Michelson-Interferometer 248 ff., 546
Michelson-Versuch 545 ff.
Mikron 178
Mikroradiometer 179
Mikroskop 108 ff.
—, Auflösungsvermögen 281
—, Bildentstehung 305 ff.
—, Objektive 110
—, Okulare 112
—, Phasenkontrast- 314
—, Polarisations- 390
—, Vergrößerung 109 ff., 310
Minimum der Ablenkung 37 ff.
Minimum-Strahlkennzeichnung 316
Mischfarbe 168, 191 f., 235, 256
Mitführung des Äthers 543
Mitführungskoeffizient 543, 553, 556
Mittellinie 374
Mittelpunkt, optischer 73, 76 f.
mittlere Dispersion 172
Modulation 186, 348, 397
Mößbauer-Effekt 502, 570
Mond 3, 7, 141, 422
monochromatisch 167, 225 f., 521
Monochromator 219, 224
Morgenrot 323
Müllersche Streifen 235
Multiplier 488

N

Nahpunkt 104
natürliches Licht 326
Nebel (astron.) 224, 572
— (meteorol.) 320
Nebenmaxima 253 ff., 288
Nebensonne 423
negative Kristalle 356
Netzebenen 300
—, Abbildung von 534
Netzhaut 101 ff.
Newtonsche Abbildungsgleichung 23, 52, 62, 75
— Ringe 246 f.
Nichtadditivität von Intensitäten 228
Nichtselbstleuchter 3, 305 ff.
Nicolsches Prisma 375 f.
Nomogramm 18
Normalenfläche 362

Normalengeschwindigkeit 360, 373
Normallichtquelle 139 ff.
normalsichtig 104
Normalspektrum 290, 441
Normalstellung e. Kristalls 383
Normalvergrößerung 116, 152
numerische Apertur 28, 111, 152, 306
Nutzeffekt, optischer 468 f.
—, visueller 469 f.

O

Oberflächenwelle 209 f., 212, 346
Objektive 94 f., 110 ff., 123 ff.
Öffnung, relative 117, 124
Öffnungsfehler 84
Öffnungsverhältnis 84
Öffnungswinkel 14, 97
Ölimmersion 111
Okulare 112 ff., 120
Okularblende 120
Okularkreis 99
Opernglas 117
Ophthalmometer 34
optische Aktivität 398
—, Antipoden 409
—, Instrumente 106 ff., 150 ff.
—, Konstanten 209 ff., 349
optisches Intervall 64 ff.
ordentlicher Strahl 353 ff.
Ordnung e. Beugung 285 ff.
— e. Interferenz 228, 237, 243, 245, 275
— v. Interferenzfarben 386 f.
orthoskopisch 95
Ortszeit (relativistisch) 550
Oszillator, Hertzscher 457, 461
Oval 374

P

Parabolspiegel 14
paraxiale Strahlen 13 f., 51, 54, 528
partielle Dispersion 172
Paschen-Back-Effekt 412
Paschen-Serie 507
Pentagonalprisma 43 f.
Periheldrehung 572
Periskop (Objektiv) 95
Petzval-Objektiv 123
Phase 228 ff.
Phasendifferenz 229
Phasengeschwindigkeit 163 ff., 192, 198, 525
Phasengitter 294, 534
Phasenkontrast 311 ff.
Phasenobjekt 312
Phasenplatte 314
Phasensprung bei Reflexion 240, 247
Phosphor (Leuchtstoff) 183
Phosphoreszenz 183, 438

Phot 141
photochemische Wirkung 183
Photoeffekt = lichtel. Effekt
Photoelektronen 475, 487
Photoelement 478, 490
Photographie 183
photographische Kamera 123
— Platte 131
Photometer 142 ff., 379, 491
Photometrie 130 ff.
—, heterochromatische 146
photometrische Einheiten 141
Photon 2, 106, 165, 480 ff., 491 ff.
Photowiderstand 478, 490
Photozelle 183, 478, 487 f.
physiologischer Faktor 281
—, Grenzwinkel 104, 280
Plancksche Konstante 417, 461, 486
—, Spektralgleichung 459
planparallele Platte 33, 239 ff., 262 f.
Pleochroismus 378
Poggendorffsche Spiegelablesung 8
Poissonscher Fleck 321
Polarimeter 402 ff.
Polarisation e. Mediums 196 ff.
Polarisation e. Welle durch Brechung 329 ff.
— — — Doppelbrechung 366 ff.
— — — Reflexion 324 ff., 348 ff.
— — — Streuung 326
—, des Himmelslichts 425
—, elliptische 341, 349, 388 ff.
—, lineare 324 ff., 331
—, zirkulare 343 ff., 388
Polarisationsapparat 326
Polarisationsebene 327
Polarisationsfilter 378
Polarisationsmikroskop 390
Polarisationsphotometer 379
Polarisationsprismen 375 f., 378 f.
Polarisatoren 326, 329, 375 ff.
positive Kristalle 356
Potentialgebirge 529
Prallelektrode 490
Prisma 36 ff.
—, Auflösungsvermögen 282
—, geradsichtiges 175
— für Spektrographen 217 f.
— für Umkehrung von Strahlen 43, 121
Prismenfernrohr 120
Prismen, gekreuzte 167, 192
Projektionsapparat 125
Projektionswinkel 97
Pumpen von Energie 518
Punktgitter 297
Punkthelligkeit 138, 155

Punktstrahler 133, 135, 155, 234
Pupille (Blende) 96
— (Auge) 100
Purkinje-Phänomen 150
Pyrometer 472

Q
quadratischer Dopplereffekt 557
Quantelung 462, 509
Quantenäquivalent 487
Quantenbedingung 509, 523 f.
Quantenausbeute 488
Quantenrauschen 520
Quantenzahl 509 f.
Quarz, Elastogramm von 304
—, Doppelbrechung 353, 356, 364
—, zirkulare Doppelbrechung 397 ff., 408
Quarzkeil 386
Quarzkeilkompensator 403
Quarzlinsenmethode 179, 206
Quecksilberdampflampe 179, 224 f., 467

R
Racemverbindung 409
Radiometer 135, 179 f.
Ramaneffekt 502 ff.
rauh 133
Raumgitter 298
Rayleigh-Gleichung 427
Rayleigh-Jeanssche Spektralgleichung 458, 460, 473, 515 f.
Rayleigh-Streuung 505
rechtläufige Abbildung 50
reduziertes Auge 102
reduzierte Empfindlichkeit des Auges 149
reelles Bild 9
Reflexion 7 ff.
— an Netzebenen 301 ff., 534
Reflexionsgesetz 8, 564
Reflexionsgitter 291
Reflexionskoeffizient 240, 334
Reflexionsverminderung 250
Reflexionsvermögen 143, 188, 336, 350, 439
Refraktion 420
Refraktometer 45 f., 363
Refraktor 114
Regenbogen 423 ff.
reguläre Reflexion 7
Reizart 431
relative Dispersion 172
relativistische Bewegungsgleichungen 561
Relativitätsprinzip der Elektrodynamik 549 ff.
— von Galilei 540 ff.
Relativitätstheorie 491, 540 ff.
Relaxationsdispersion 208

Relaxationszeit 208
Remission 7, 426, 439
Resonanz 196, 203, 207, 221
Resonanzfluoreszenz 486, 512
Reststrahlen 179, 205
Retina 101
Reuschsche Glimmerkombination 407
Reziprozitätsgesetz = Umkehrbarkeit des Lichtwegs
Richtungsfokussierung 532
Rillenplatte 321
Ringlinse 83
Röntgenspektrograph 302, 484
Röntgenstrahlen 483 ff.
Röntgenstrahlbeugung 292, 299 ff., 494 ff.
Rotationsdispersion 399
rotierendes Koordinatensystem 562
rotierender Sektor 186
Rotverschiebung von Spektrallinien 223
—, relativistische 569 f.
rückläufige Abbildung 24
Rückstoß 493
Rückstoßelektronen 495, 499 ff.
Rückstrahler 13, 84
Ruhmasse 491, 561
Rydbergkonstante 507

S
Saccharimeter 402 ff.
Sättigung von Farben 430, 432, 434
Sättigungsstrom 477 f.
Sagittalebene 90
Sagnacs Versuch 562 f.
Sammellinse 66, 530
Satz von Fermat 126 ff.
— — Lagrange 57
— — Malus 130
— — Sturm 90
Schallgeschwindigkeit 294
Schallwellen als Beugungsgitter 294
Schatten 5
scheinbare Größe 58
Scheinwerfer 83
Schlierenmethode 317
Schmidtsche Platte 122
Schrödingergleichung 539
Schwankungserscheinungen 516 f.
schwarzer Körper 140, 434 f., 440 ff., 457, 468 f.
schwarze Temperatur 453, 456, 467, 472
Schwebungen 267 ff.
Schwingungsebene 326, 368 ff.
Schwingungsform 521
Sehachse 101
Sehschärfe 104
Sehweite, deutliche 104
Sehwinkel 106

Seifenblase 239, 247
Sekundärelektronen-Vervielfacher 488
sekundäres Spektrum 178
Sekundärwellen = Elementarwellen
Selbstleuchter 3, 182, 281
Sektor, rotierender 186
selektive Absorption 200, 204
— Strahler 465 ff.
Serien 507
Seriengrenze 508
Sextant 11
sichtbare Strahlung 3, 468
Sichtbarkeit von Interferenzstreifen 241
Signalgeschwindigkeit 166
Sinussatz 88, 151
Solarkonstante 452 f.
Sonne 3, 7, 136, 141, 169, 216, 287, 452 f., 456
Sonnenfinsternis 7
Sonnenhof 422
Sonnenspektrum 221
Sonnenbatterie 491
Spalt, Beugung am 273 ff.
Spannungsoptik 395
Spektralanalyse 215 f.
Spektralapparate 217
Spektralfarben 166, 427, 429 f., 432 ff.
Spektralgleichung 457 ff., 513 ff.
Spektrallinien 216
Spektralphotometer 186, 380
Spektrograph 170, 217
Spektrometer 40, 217
Spektroskop 288
Spektrum 166
—, reines 169
—, sekundäres 178
spezifische Dispersion 172
— Wärme 473
— Drehung 398
sphärische Aberration 14, 21, 84 ff.
Spiegel 7 ff.
Spiegelablesung 8
Spiegellinse 83
Spiegelspektrometer 180
Spiegelteleskop 114, 121 f.
Spiegelversuch von Fresnel 234 ff.
— — Lloyd 239
Spin 513
Stablinse 66
Stäbchen 102, 148 f., 426
Starkeffekt 415 ff., 560
Stefan-Boltzmannsches Gesetz 450 ff.
stehende Lichtwellen 265 ff.
Stilb 141
Stöße 1. und 2. Art 518
Stokessche Regel 182, 486, 511, 532
Stoßverbreiterung 513

Strahl 2, 132
Strahlenachse 372
Strahlenbündel 4
Strahlenbüschel 4
—, homozentrisches 16, 50, 59
Strahlenfläche 356 ff., 360, 364, 372 ff.
Strahlengang 97
Strahlentemperatur 467 f.
Strahlgeschwindigkeit 355
Strahlneigung 56
Strahlung, schwarze 140, 446 ff., 457 ff., 468 ff., 471 f., 521
—, sichtbare 468 ff.
—, ultrarote 178 ff.
—, ultraviolette 181 ff.
Strahlungsäquivalent, photometrisches 149 f., 471
Strahlungsdichte 133
Strahlungsdruck 450
Strahlungsgesetz = Spektralgleichung
Strahlungsgleichgewicht 441, 513
Strahlungsleistung 131
Strahlungskonstante 452
Strahlungsmessung 130 ff.
Strahlungsstärke 131
Strahlungsverstärkung 517
Strahlversetzung 347
Streuung 8, 331, 401, 494, 503
Streuungsvermögen 8
Stroboskopie 295
Stufengitter 292 f.
Sturmscher Satz 90
subjektive Vergrößerung 106, 118
Subtraktionsfarbe 395
subtraktive Farbmischung 426
Sucherfernrohr 121
Superposition = Überlagerung
Szintillation 421

T

Tagessehen 148 f., 426
Talbotsches Gesetz 145
Talbotsche Streifen 235
Tangensbedingung 99
Taschenspektroskop 219
teilweise Polarisation 329
Teleobjektiv 125
teleskopisches System 60, 70, 80
Temperaturbestimmung von Flammen 448 ff.
Temperaturstrahlung 222, 437 ff., 449
Terme von Spektrallinien 508
terrestrische Linien 222
terrestrisches Fernrohr 120
Thermosäule 135
Tiefenschärfe 124

Tiefenvergrößerung 56
tonnenförmige Verzeichnung 94 f.
T-Optik 251
totalreflektierendes Prisma 42
Totalreflexion 29, 334, 338 ff.
—, Grenzkurven der 365
—, Oberflächenwelle bei 346
—, Strahlversetzung bei 347
Totalrefraktometer 45, 363
transversale Wellen 326
Triboluminszenz 438
Trichroismus 378
trichromatische Koeffizienten 431, 433 ff.
Tripelspiegel 44
Triplettsystem 123
Trockensystem 111
Tubuslänge, mechanische 113
—, optische 109
Turmalinzange 378
Tyndalleffekt 331, 400 f.

U

Übergangswahrscheinlichkeit 512, 514
Überlagerung, ungestörte 5, 226
Übermikroskop 533
Überschußleitung 490
Uhrenregelung, relativistische 551
Uhrenparadoxon 553
Ulbrichtsche Kugel 145
Ultramikroskop 311
ultrarote Strahlung 178 ff.
Ultraschallwelle als Phasengitter 294, 303
Ultraviolett-Katastrophe 458
ultraviolette Strahlung 181 ff., 474 ff.
Umkehr von Spektrallinien 222, 446, 448 ff.
Umkehrbarkeit des Lichtwegs 4, 414, 499, 531
Umkehrprisma 43, 121
Ungenauigkeitsbeziehung 534 ff.
Urmeter 249

V

Vakuumspektrograph 184
Verdetsche Konstante 413 f.
Vergrößerung 54 ff., 106 ff.
—, leere 310
Vergrößerungszahl 106 ff., 115, 118
Vergütung 250
Verschiebungsgesetz 455 ff.
Versetzung 534
Verzeichnung 94 ff.
Vielstrahlinterferenz 251 ff., 258, 284

Viertelwellenlängenplättchen 385
Vignettierung 99
virtuelles Bild 9, 19, 23
virtueller Brennpunkt 23, 54
virtuelle Farbe 432
visuelle Helligkeit 136
Voltgeschwindigkeit 477
Vorzeichen-Übereinkunft 49

W

Wadsworth-Einrichtung 180 f.
Wärmestrahlung 179, 222
Weber-Fechnersches Gesetz 135
Weglänge, optische 128
Weierstrasssche Konstruktion 48, 86
Weiß 3, 7, 168, 256, 387, 400, 429, 435
Weißgehalt 432
Weitsichtigkeit 105
Weitwinkelobjektiv 123
Wellenfläche 356 ff.
Wellengruppe 162, 237 f., 525, 535
Wellenmechanik 165, 524, 538
Wellenpaket 164
Wellentheorie 2, 165
Wellenzahl 199, 416
Weltallmodelle 572
Weltlinie 566
Wiensche Spektralgleichung 459, 468, 515 f.
Winkelspiegel 10, 44
Wirkungsquantum 462, 474
Wölbspiegel 13, 22 ff., 75
Wollastonprisma 379

Z

Zapfen 102, 136, 148 f., 426
Zeemaneffekt 326, 409 ff.
Zeitdilatation 553, 557 f.
Zentralbild 275
Zentralspiegel 12, 44
zentriertes System 58 ff.
Zerlegung weißen Lichts 166 ff.
Zerstreuungskreis 21
Zerstreuungslinse 66
Ziliarmuskel 104
zirkulare Doppelbrechung 397 ff., 406
Zirkularpolarisation 341, 343 ff., 388, 411
Zonenplatte 321 f.
zweiachsige Kristalle 372 ff.
Zylinderlinse 66
Zylinderfläche 91
Zylinderspiegel 15

Bergmann — Schaefer

Lehrbuch der Experimentalphysik

zum Gebrauch bei akademischen Vorlesungen
und zum Selbststudium

Neubearbeitet von
Prof. Dr.-Ing. H. Gobrecht und Prof. Dr. phil. F. Matossi †

Band I
Mechanik, Akustik, Wärme
8., völlig neubearbeitete Auflage 1970
mit einem Anhang über die erste Mondlandung
und 803 Abbildungen
von Prof. Dr.-Ing. H. Gobrecht
Gr.-Oktav. XVI, 838 Seiten. 1970. Werkstoff DM 68,—

Band II
Elektrizität und Magnetismus
6., neubearbeitete und erweiterte Auflage
mit 688 Abbildungen
von Prof. Dr.-Ing. H. Gobrecht
Gr.-Oktav. VIII, 576 Seiten. 1971. Werkstoff DM 68,—

Band IV
Aufbau der Materie
In Vorbereitung

Die Probleme der modernen Physik verlangen eine klare Kenntnis der Grundlagen der klassischen Physik und eine gute Schulung physikalischen Denkens. Das Lehrbuch der Experimentalphysik von Bergmann-Schaefer bietet eine ausgezeichnete Hilfe für solche physikalische Ausbildung. In der deutschen physikalischen Literatur steht das Werk in der Spitzengruppe. Die schnelle Folge der Auflagen zeigt die Wertschätzung, denen es sich sowohl bei den Studierenden als auch beim „fertigen" Physiker erfreut.
Atomenergie, München

Walter de Gruyter · Berlin · New York

ARBEITSMETHODEN DER MODERNEN NATURWISSENSCHAFTEN

Herausgegeben von Prof. Dr. Kurt Fischbeck, Heidelberg

H. A. Fischer-
G. Werner
Autoradiography
X, 199 pages. With 93 figures and 14 tables. 1971. Bound DM 64,—; $ 18.80

H. A. Fischer-
G. Werner
Autoradiographie
X, 214 Seiten. Mit 93 Abbildungen und 14 Tabellen. 1971. Gebunden DM 42,—

G. Pataki
Dünnschichtchromatographie
in der Aminosäure- und Peptid-Chemie

Mit 128 Abbildungen, 52 Tabellen, 1 Ausschlagtafel, 463 Literaturangaben. XX, 250 Seiten. 1966. Werkstoff DM 38,—

H. R. Maurer
Disc Electrophoresis
and Related Techniques of Polyacrylamide Gel Electrophoresis

2nd revised and expanded edition. XVI, 222 pages. With 88 figures, 16 tables and 948 literature references. 1971. Bound DM 68,—; $ 19.75

H. R. Maurer
Disk-Elektrophorese
Theorie und Praxis der diskontinuierlichen Polyacrylamidgel-Elektrophorese

Mit einem Geleitwort von E. Hecker.

XVI, 221 Seiten. Mit 82 Abbildungen, 15 Tabellen, 1 Ausschlagtafel, 578 Literaturangaben. 1968. Gebunden DM 36,—

Küster-
Thiel-
Fischbeck
Logarithmische Rechentafeln
für Chemiker, Pharmazeuten, Mediziner und Physiker

100., verbesserte und vermehrte Auflage. XVI, 310 Seiten. 1969. Werkstoff DM 22,—

K. Dorfner
Ionenaustauscher
3., völlig neubearbeitete und erweiterte Auflage. Mit 100 Abbildungen, 27 Tabellen im Text und 1 Tabellenanhang. XII, 320 Seiten. 1970. Werkstoff DM 58,—

E. Asmus
Einführung in die höhere Mathematik und ihre Anwendungen
Ein Hilfsbuch für Chemiker, Physiker und andere Naturwissenschaftler

5. Auflage. Mit 184 Abbildungen im Text. XI, 410 Seiten. 1969. Plast. flex. DM 24,—

Walter de Gruyter · Berlin · New York